Springer-Lehrbuch

50,—   118,—

82,—

599/98

2

Jürgen Bortz   Gustav A. Lienert   Klaus Boehnke

Verteilungsfreie Methoden in der Biostatistik

Mit 35 Abbildungen, 247 Tabellen und 47 Tafeln

Springer-Verlag
Berlin Heidelberg New York
London Paris Tokyo
Hong Kong Barcelona

Prof. Dr. Jürgen Bortz
Institut für Psychologie
der Technischen Universität Berlin
Fachbereich 2
Gesellschafts- und Planungswissenschaften
Dovestraße 1 – 5
D-1000 Berlin 10

Prof. Dr. Gustav Adolf Lienert
Erziehungswissenschaftliche Fakultät
der Universität Erlangen-Nürnberg
Regensburger Straße 160
D-8500 Nürnberg

Dr. Klaus Boehnke
Institut für Allgemeine
und Vergleichende Erziehungswissenschaften
Fabeckstraße 13
D-1000 Berlin

ISBN 3-540-50737-X Springer-Verlag Berlin Heidelberg New York

CIP-Titelaufnahme der Deutschen Bibliothek
Bortz, Jürgen: Verteilungsfreie Methoden in der Biostatistik / Jürgen Bortz;
Gustav A. Lienert ; Klaus Boehnke. – Berlin ; Heidelberg ;
New York ; London ; Paris ; Tokyo ; Hong Kong ; Barcelona :
Springer, 1990
    (Springer-Lehrbuch)
    ISBN 3-540-50737-X (Berlin ...) brosch.
NE: Lienert, Gustav A. ; Boehnke, Klaus

© Springer-Verlag Berlin Heidelberg 1990
Printed in Germany

Druck- und Bindearbeiten: Druckhaus Beltz, D-6944 Hemsbach/Bergstraße
2125/3130-54321 – Gedruckt auf säurefreiem Papier

Vorwort

Ein wissenschaftliches Werk, das auf eine nahezu 30jährige Geschichte zurückblicken kann, verdient es, zunächst in seinen wichtigsten Entwicklungsstufen vorgestellt zu werden. Als G.A. Lienert im Jahre 1962 die *Verteilungsfreien Methoden in der Biostatistik* beim Verlag Anton Hain veröffentlichte, war dies die erste deutschsprachige Bearbeitung eines damals noch weitgehend unbekannten Teilbereichs der analytischen Statistik. Die enorme Entwicklung und Akzeptanz dieser Verfahrensklasse dokumentiert die 2. Auflage. Allein der 1. Band (1973) war mehr als doppelt so umfangreich wie die Erstauflage. Als dann 1978 der 2. Band der 2. Auflage erschien, war aus den einst handlichen *Verteilungsfreien Methoden* ein wissenschaftliches Mammutwerk von ca. 2000 Seiten geworden. Die Vielzahl der behandelten Verfahren machte einen eigenständigen Tafelband erforderlich, der im Jahre 1975 erschien. Schließlich wurde der 1. Band noch durch einen Nachtrag mit Hinweisen auf neuere Entwicklung in der Biostatistik ergänzt (3. Auflage, 1986).

Dies war der Entwicklungsstand, als Prof. Lienert mit der Bitte an mich herantrat, eine weitere Auflage der *Verteilungsfreien Methoden* zu erarbeiten. Ich habe diese Aufgabe übernommen, wohl wissend, daß ich mit dieser Entscheidung viel Arbeit und Verantwortung auf mich nehmen würde.

Mit der neuen Koautorschaft verbunden war ein Verlagswechsel zum Springer-Verlag, Heidelberg, bei dem bereits zwei Lehrbücher des Koautors (Bortz 1984 und Bortz 1989[3]) erschienen sind. Ein solcher Verlagswechsel erfolgt natürlich auch unter ökonomischen Gesichtspunkten, und so war es naheliegend, die 3 Bände der 2. Auflage wieder in einem einzigen Band zu vereinen. Dieses Konzept fand die uneingeschränkte Zustimmung von Prof. Lienert. Damit war für die Neuauflage eine Lösung zu erarbeiten, bei der trotz erheblicher Textreduzierung auf möglichst wenig inhaltliche Substanz verzichtet werden sollte. Wie dieses Konzept realisiert wurde, zeigt der folgende *Vergleich* der 20 Kapitel der 2. Auflage mit den 11 Kapiteln der Neuauflage: Die Kapitel 1 – 4 wurden verdichtet, blieben jedoch in ihrer Grundstruktur als vorbereitende Kapitel auf die eigentliche Behandlung der verteilungsfreien Methoden erhalten. Das Kapitel 1 (Wahrscheinlichkeitslehre) behandelt die Grundlagen der Wahrscheinlichkeitsrechnung sowie die wichtigsten Wahrscheinlichkeitsverteilungen. Im 2. Kapitel (Beobachtungen, Hypothesen und Tests) wird beschrieben, wie man anhand unterschiedlich organisierter Beobachtungen (Stichprobenarten) über die Gültigkeit von Hypothesen befinden kann. Kapitel 3 befaßt sich mit Techniken der Datenerhebung und der Datenaufbereitung (ursprünglich: Messen und Testen), und in Kapitel 4 (verteilungsfreie und parametrische Tests) wird problematisiert, unter welchen Umständen parametrisch getestet werden darf bzw. wann ein verteilungsfreier Test seinem parametrischen Pendant vorzuziehen ist.

Die eigentliche Beschreibung verteilungsfreier Verfahren beginnt in Kapitel 5 mit der Analyse von Häufigkeiten. Dieses Kapitel vereint die ursprünglichen Kapitel 5 (Testmethoden, die auf Häufigkeitsinformationen beruhen), Kapitel 15 (Analyse zweidimensionaler Kontingenztafeln: Globalauswertung), Kapitel 16 (spezifizierte Kontingenzprüfungen in Mehrfeldertafeln), Kapitel 17 (Analyse dreidimensionaler Kontingenztafeln) und Teile von Kapitel 18 (mehrdimesionale Kontingenztafeln).

Die wichtigsten Veränderungen von Kapitel 5 gegenüber seinen Vorgängern lassen sich wie folgt zusammenfassen:

- Auf eine Wiedergabe der Likelihoodverhältnis-Kontingenztests (2 I-Tests) wurde wegen ihrer asymptotischen Äquivalenz zur „klassischen" χ^2-Analyse verzichtet.
- Korrelative bzw. rangstatistische Auswertungsvorschläge wurden in anderen Kapiteln (Kapitel 6, 8 und 9) untergebracht.

Kapitel 6 widmet sich in seiner ursprünglichen und auch in seiner neuen Fassung der Analyse von Rangdaten. Es behandelt Tests zum Vergleich von 2 und mehr abhängigen bzw. unabhängigen Stichproben. Auch hier seien die wichtigsten Veränderungen genannt:

- Auf Tests zur Überprüfung von sehr speziellen Fragestellungen wird unter Verzicht auf eine ausführliche Darstellung nur noch verwiesen.
- Einige bislang fehlende, aber für den Praktiker wichtige Testmöglichkeiten wurden neu aufgenommen bzw. neu konzipiert.

Auch in Kapitel 7 wurden – abgesehen von einer Straffung des Texts und einigen Korrekturen am Aufbau des Kapitels – die vorgegebenen Inhalte im wesentlichen übernommen. Im Mittelpunkt dieses Kapitels steht die verteilungsfreie Analyse von Meßwerten mit Intervall- (Kardinal-) Skalenniveau.

Das neue Kapitel 8 ist mit „Zusammenhangsmaße und Regression" überschrieben. Der Abschnitt über Nominaldaten (8.1) berücksichtigt unter Aussparung informationstheoretischer Zusammenhangsmaße einige Assoziations- und Kontingenzmaße des alten Kapitel 9. Es wird gezeigt, daß die wichtigsten Assoziations- und Kontingenzmaße als Spezialfälle des „Allgemeinen Linearen Modells" anzusehen sind und daß dieser Ansatz auch auf die Analyse mehrdimensionaler Kontingenztafeln übertragbar ist.

Dieses Teilkapitel „ersetzt" damit gewissermaßen die im alten Kapitel 18 behandelte Interaktionsstrukturanalyse sowie die im Kapitel 19 zusammengestellten Anregungen für die „Verteilungsfreie Auswertung uni- und multivariater Versuchspläne".

Abschnitt 8.2 befaßt sich mit Zusammenhangsmaßen für ordinal skalierte Merkmale. Im Mittelpunkt stehen hier die bekanntesten Rangkorrelationen, Spearmans ϱ (rho) und Kendalls τ (tau) sowie weitere aus diesen Korrelationen abgeleitete Zusammenhangsmaße.

Kapitel 9 beschreibt Verfahren zur Überprüfung der Urteilerübereinstimmung bzw. der Urteilskonkordanz und wird ergänzt durch die Analyse von Paarvergleichsurteilen. Vorgänger dieses Kapitels sind die alten Kapitel 10 und Abschnitt 16.9, die gekürzt und durch neue Verfahren ergänzt wurden.

Kapitel 10 behandelt mit einem neuen Aufbau die in der 2. Auflage in Kapitel 12 beschriebene verteilungsfreie Sequenzanalyse. Es beinhaltet die sequentielle Durchführung des Binomialtests sowie verschiedene Anwendungen. „Pseudosequentialtests" und weitere sequentielle Ansätze komplettieren dieses Kapitel.

Das neue Kapitel 11 (Abfolgen und Zeitreihen) basiert auf Kapitel 8 (Zufallsmäßigkeit, Unabhängigkeit und Homogenität von Sukzessivbeobachtungen), Kapitel 13 (verteilungsfreie Zeitreihenanalyse) und Kapitel 14 (verteilungsfreie Zeitreihentests).

Nicht übernommen wurden das alte Kapitel 11 (verteilungsfreie Schätzmethoden), da deren Behandlung in einer auf verteilungsfreies Testen ausgerichteten Gesamtkonzeption nicht unbedingt erforderlich ist. Auch auf Kapitel 20 (Analyse von Richtungs- und Zyklusmaßen) wurde verzichtet, weil diese Verfahrensklasse nur für sehr spezielle Fragestellungen relevant ist.

Bei Untersuchungen mit kleinen Stichproben wird die Durchführung exakter verteilungsfreier Tests durch *Tafeln* mit kritischen Signifikanzschranken erheblich erleichtert. Sie sind in einem Tafelband (Lienert, 1975) zusammengefaßt, der wegen seines Umfanges (ca. 700 Seiten) nur teilweise übernommen werden konnte. Eine vollständige Übernahme erschien auch nicht erforderlich, denn inzwischen werden von der Computerindustrie leistungsstarke Taschenrechner (mit Funktionstasten für e^x, ln x, y^x, x! etc.) kostengünstig angeboten, mit denen sich auch exakte Tests ohne besonderen Aufwand durchführen lassen. Intensiven Nutzern der verteilungsfreien Methoden sei das Buch von Fillbrandt (1986) empfohlen, in dem Computerprogramme für die wichtigsten Verfahren der 2. Auflage gelistet und kommentiert sind.

An der *didaktischen Konzeption*, die verteilungsfreien Methoden vor allem dem Anwender nahezubringen, wurde nichts geändert. Nach wie vor werden alle Verfahren an Beispielen numerisch entwickelt, die alle einem einheitlichen Schema folgen: Nach einem kurzen Problemaufriß wird die inhaltliche Hypothese formuliert, die mit dem jeweiligen Verfahren geprüft werden soll. Die Art der Hypothese (H_0 oder H_1), das Signifikanzniveau (α) und – falls erforderlich – die Art des Tests (ein- oder zweiseitig) sind jeweils in Klammern aufgeführt. Es folgen die Daten, ihre Auswertung, die statistische Entscheidung und eine kurze Interpretation.

Die kleingedruckten Textpassagen sind für das Verständnis des Gesamttextes von nachrangiger Bedeutung und können deshalb ggf. überlesen werden. Sie enthalten Hinweise zur statistischen Theorie, mathematische Ableitungen oder Verweise auf weniger wichtige Verfahren, die eher für „Spezialisten" gedacht sind.

Die an verteilungsfreien Methoden interessierten Leser gehören erfahrungsgemäß unterschiedlichen empirisch orientierten Fachgebieten an, wie Medizin, Biologie, Psychologie, Soziologie, Erziehungswissenschaft etc. Besondere mathematisch-statistische Vorkenntnisse werden nicht verlangt, wenn auch erste Erfahrungen mit den Grundlagen des statistischen Hypothesentestens für die Einarbeitung in die *Verteilungsfreien Methoden* von Vorteil sein dürften. Für diesen *Leserkreis* ist das Buch als Einführungslektüre und als Nachschlagewerk gleichermaßen geeignet.

Die in der Neuauflage vorgenommenen Eingriffe in die ursprüngliche Konzeption des Werks sind teilweise gravierend und können – im Einvernehmen mit Prof. Lienert – nur vom Erstautor allein verantwortet werden. Mängelreklamationen, *Korrekturvorschläge* oder sonstige Anregungen zur Verbesserung des Textes erbitte ich deshalb an meine Anschrift.

Mein Dank gilt natürlich in erster Linie Prof. Lienert, der mir die Gelegenheit bot, eigene Vorstellungen und Ideen zu den verteilungsfreien Methoden in ein fest etabliertes und renommiertes Werk einbinden zu können. Mein ganz besonderer Dank gilt auch Herrn Dr. K. Boehnke. Er fertigte erste Versionen der Kapitel 1 – 4 sowie der Kapitel 6 und 7 an, stellte das Literaturverzeichnis zusammen und war schließlich an der Endredaktion des Gesamttextes maßgeblich beteiligt.

Bedanken möchte ich mich ferner bei Frau Dr. Elisabeth Muchowski und Herrn Dipl.-Psych. G. Gmel; sie waren mir bei schwierigen Sachfragen und bei der inhaltlichen Kontrolle einiger Kapitel stets hilfreiche Berater. Frau cand. psych. Beate Schulz danke ich für die Überprüfung der Korrekturabzüge. Frau Helga Feige hat mit viel Geduld die Schreibarbeiten erledigt, wofür ihr ebenfalls herzlich gedankt sei. Schließlich gilt mein Dank den Mitarbeitern des Springer-Verlags für ihr großzügiges Entgegenkommen bei der drucktechnischen Gestaltung dieser Neuauflage.

Berlin, im Februar 1989   Jürgen Bortz

Vorwort zur ersten Auflage

Hätte man vor wenigen Jahren einen biomathematisch interessierten Forscher gefragt, was verteilungsfreie Methoden sind, hätte er wahrscheinlich betreten geschwiegen. Heute sind diese Methoden – zumindest dem Namen nach – weithin bekannt und finden mehr und mehr anstelle der klassischen mit den Namen Pearson, Student und Fisher verknüpften Methoden Anwendung.

Denn je weiter die biostatistische Forschung voranschreitet, um so weniger vertraut sie auf die Annahme, biologische Meßwerte seien im Regelfall normal verteilt; eine Annahme, die über lange Zeit das Feld des statistischen Denkens beherrschte und zugleich einengte. An dem Aufkommen solch fragwürdigen Vertrauens blieb die Statistik selbst nicht schuldlos: lehrt sie doch, man brauche eine Meßwerteverteilung nur auf die Güte ihrer Anpassung an eine Normalverteilung zu prüfen und dürfe – wenn die Hypothese der Normalität nicht widerlegt werden kann – klassische Methoden unbedenklich anwenden. Dieses Vorgehen ist zwar formalstatistisch gerechtfertigt, doch bleibt zu bedenken, daß die Normalverteilungshypothese meist bei nur geringer für sie sprechender Wahrscheinlichkeit aufrecht erhalten wird. Darf man unter solchen Umständen auf das Vorliegen einer normal verteilten Grundgesamtheit, wie die klassischen Methoden sie voraussetzen, wirklich vertrauen?

Seien wir aber ehrlich: wie oft prüfen wir schon eine empirische Verteilung auf Normalität, ehe wir mit der statistischen Analyse beginnen? Und dürfen wir andernfalls auf das signifikante Ergebnis einer klassischen Methode vertrauen, wenn deren Voraussetzungen nicht oder nicht mit Sicherheit erfüllt waren? Eine Ausweg aus diesem Dilemma weisen uns die verteilungsfreien statistischen Methoden.

Was sind verteilungsfreie Methoden, woher kommen sie und was leisten sie?

Ihre Geschichte führt auf kontinentaleuropäische Ansätze im 19. und beginnenden 20. Jahrhundert zurück. Den eigentlichen Anstoß zu der gegenwärtigen Entwicklung gab jedoch erst eine weit jüngere Arbeit von Hotelling und Pabst aus dem Jahre 1936. Während des Krieges sind die theoretischen Grundlagen der verteilungsfreien Methoden erarbeitet und differenziert worden. Seither ist die Zahl der einschlägigen Verfahren ständig angewachsen und ihre Anwendung hat einen Umfang erreicht, der ihre systematische Darstellung in Buchform zweckmäßig erscheinen läßt.

Trotz des umfangreichen Schrifttums ist das Gebiet der verteilungsfreien Methoden noch nicht klar umgrenzt worden. Der Begriff „verteilungsfrei" erfährt eine zunehmende Ausweitung: War ursprünglich nur die statistische Verarbeitung nichtnormal verteilter Meßwerte gemeint, so fallen heutzutage alle Methoden des Häufigkeitsvergleichs, voran die – klassischen – χ^2-Techniken, unter diesen Begriff. Diese Tendenz entspricht im methodologischen Bereich einer natürlichen Entwicklung vom Speziellen zum Allgemeinen.

Wenn überhaupt, so ist der Begriff „verteilungsfrei" am besten operational zu umschreiben: Verteilungsfreie Methoden sind Methoden, die auf jede Art der Häufigkeitsverteilung von Meßwerten, darüber hinaus aber auch auf Rangdaten und qualitative Informationen angewendet werden können. Das bedeutet, daß sie nicht an das Vorliegen einer Normalverteilung gebunden sind und auch dann herangezogen werden dürfen, wenn die Verteilung der Grundgesamtheit, der die Meßwerte angehören, von der Normalität abweicht oder überhaupt unbekannt ist. Gleichbedeutend mit dem Begriff „verteilungsfrei" sind die Begriffe „nicht parametrisch" oder „parameterfrei". Sie bringen zum Ausdruck, daß die Kenntnis der die Häufigkeitsverteilung der Population beschreibenden Maßzahlen – der Parameter – für die Anwendung dieser Methoden nicht erforderlich ist.

Eine weitere Frage drängt sich dem Interessenten, dem Fachwissenschaftler, naturgemäß auf: Für wen ist das Buch bestimmt, und was setzt es voraus?

Das Buch wendet sich an den Empiriker, nicht an den Statistiker und schon gar nicht an den Mathematiker. Es mußte daher unsere vornehmlichste Aufgabe sein, alle Methoden auf die logisch einfachste Formel zu bringen, um dem mathematisch nicht versierten Praktiker entbehrliche Belastungen zu ersparen. Es war unser Anliegen, eine Vielzahl konkreter Beispiele als anschaulichen Bezug, als Leitseil der Selbstkontrolle einzufügem. Wir haben uns außerdem bemüht, Symbolschreibung und Ausdrucksweise zu vereinfachen und zu vereinheitlichen, was durch weitgehende Abstraktion von den Originalarbeiten gelang. Noch unmittelbar vor der Drucklegung wurden verschiedene Termini dem deutschsprachigen Glossar des eben erschienenen statistischen Wörterbuches von Kendall und Buckland angeglichen.

An Voraussetzungen verlangt das Buch billigerweise nicht allzuviel: Das Vertrautsein mit den elementaren statistischen Begriffen, Prinzipien und Methoden, darüber hinaus ein wenig Algebra. Alles in allem kann der gebotene Stoff auch von einem Anfänger bewältigt werden.

Der Anlaß zur Abfassung des vorliegenden Buches war das durch zahlreiche Sonderdruckanforderungen bekundete Interesse an einem Aufsatz über verteilungsfreie Prüfverfahren in den *Psychologischen Beiträgen*. Die Anregung eines ihrer Herausgeber, Herrn Prof. H. von Brackens, das Stoffgebiet in einem weiteren Rahmen einführend darzustellen, fand im Verlag der *Psychologischen Beiträge* sofort eine bereitwillige Aufnahme. Diesem Umstand verdankt das Buch sein Erscheinen.

Ich übergebe es seinen künftigen Lesern mit einem warmen Wort des Dankes an Herrn Dr. R. Wette (Zoologisches Institut der Universität Heidelberg), der als namhafter Vertreter der modernen Biostatistik die erste Fassung des Manuskriptes Wort für Wort, Satz für Satz studiert und korrigiert hat; ihm und Herrn Prof. K. von Solth (Universität Marburg) verdanke ich viele wertvolle Anregungen. Dem Institut für Psychologie der Universität Marburg, seinem Direktor Herrn Prof. H. Düker und der Arzneimittel-Hersteller-Firma Dr. Karl Thomae GmbH bin ich für die geleistete finanzielle Unterstützung des Verlagsprojektes zu Dank verpflichtet. Nicht unerwähnt lassen möchte ich die wertvolle Hilfe bei der endgültigen Abfassung des Manuskriptes, die mir vonseiten mehrerer Studenten, besonders aber durch Herrn Raatz und Fräulein Franke zuteil wurde und den Gewinn, den das Buch mit dem Lesen der ersten Korrektur durch Herrn Fröhlich vom hiesigen mathematischen Institut erfahren hat.

Weiter danke ich den nachgenannten Autoren, die die im Anhang aufgeführten Signifikanztabellen ganz oder teilweise abzudrucken ohne Vorbehalt gestattet haben, den Herren Professoren E.N. David, D.J. Finney, M. Friedman, A.R. Kamat, M.G. Kendall, W.H. Kruskal, H.B. Mann, F.J. Massey jr., K.R. Nair, E.G. Olds, C. Eisenhart, J.E. Walsh, F. Wilcoxon und Frau Prof. Helen Walker; in gleicher Weise danke ich dem Herausgeber der Biometrika, Prof. E.S. Pearson, dem Herausgeber der *Annuals of Mathematical Statistics*, Prof. T.E. Harris und den Herausgebern des *Journal of the American Statistical Association* für die Erteilung ihres Einverständnisses. Zu Dank verpflichtet bin ich außerdem Prof. Sir Ronald A. Fisher, Cambridge, Dr. Frank Yates, Rothamsted, und den Herren Oliver and Boyd, Edinburgh, für die Erlaubnis, Tafel III und Tafel IV ihres Buches *Statistical Tables for Biological, Agricultural, and Medical Research* auszugsweise zu reproduzieren.

Mein Dank gilt nicht zuletzt dem Verlag Anton Hain für die wunschgerechte Ausstattung und die preiswerte Herausgabe des nunmehr vorliegenden Buches. Möge es seinen Auftrag erfüllen und dem Natur- und Verhaltensforscher neben dem nötigsten auch das nötige Rüstzeug der statistischen Beweisführung vermitteln.

Marburg, im November 1960   G. A. Lienert

Inhaltsverzeichnis

Kapitel 1   Wahrscheinlichkeitslehre

1.1 Grundlagen der Wahrscheinlichkeitsrechnung

Die Wahrscheinlichkeitslehre ist ein elementarer Bestandteil der Statistik. Die mathematische Wahrscheinlichkeitslehre umfaßt ein kompliziertes System unterschiedlicher Regeln und Gesetzmäßigkeiten, die hier nur insoweit dargestellt werden, als es für das Verständnis der verteilungsfreien Methoden erforderlich ist. Wir behandeln zunächst die wichtigsten Grundlagen der Wahrscheinlichkeitsrechnung und gehen anschließend auf die Darstellung einiger ausgewählter Wahrscheinlichkeitsverteilungen über.

1.1.1 Vorbemerkungen

Wir alle kennen das auf die beschreibende Statistik gemünzte Wort: „Mit Statistik kann man alles beweisen!" Richtiger müßte es – wenn man schon mit Aphorismen operiert – auf die Inferenzstatistik bezogen heißen: *Mit Statistik kann man gar nichts beweisen,* keinen Unterschied, keinen Zusammenhang, keine Gesetzmäßigkeit, sofern man von einem Beweis fordert, daß er logisch und sachlich unwidersprochen bleiben soll.

Was kann die moderne Statistik als wissenschaftliche Methode wirklich leisten? Sie gibt Auskunft darüber, mit welcher Wahrscheinlichkeit Unterschiede, Zusammenhänge und Gesetzmäßigkeiten, die wir in Stichprobenerhebungen gefunden haben, rein zufällig entstanden sein können und inwieweit sie als allgemein, auch für ein größeres Kollektiv gültig, anzusehen sind. Absolut sichere Aussagen und Voraussagen sind mit Hilfe der Statistik unmöglich. Jedoch liegt es an uns, das Risiko, das wir für unsere Aussage zulassen wollen, gemäß der wissenschaftlichen Fragestellung höher oder niedriger anzusetzen.

Naturwissenschaftliche Aussagen und Voraussagen gründen sich auf Messungen: Die (klassische) Physik kennt kein Problem der Messung, höchstens eines der Meßgenauigkeit, sie hat ihr Zentimeter-Gramm-Sekunden-System und kann damit die anstehenden Probleme adäquat lösen. Die biologischen wie auch die Sozialwissenschaften haben es nicht so leicht. In ihren empirisch ausgerichteten Bereichen sind sie unentwegt auf der Suche nach optimalen Dimensionen einer gültigen Messung, sind auf der Suche nach immer raffinierteren Methoden der Versuchsplanung zur Kontrolle des meist bedeutsamen Fehlers der individuellen Messung eines Merkmals. Ein ganzer Wissenschaftszweig, die Biometrie, beschäftigt sich mit den Voraussetzungen für objektive, zuverlässige und gültige Ausgangsdaten. Auf diesen Voraussetzungen erst baut die Statistik auf.

Die statistische Methode und ihre praktische Anwendung setzen eine eigene, dem Anfänger ungewohnte Art des induktiven Denkens voraus. Im logischen Denkakt folgt jeder Schluß stets zwingend und für den Einzelfall gültig aus seinen Prämissen; der statistische Denkakt dagegen führt zu Schlüssen, die nur für ein (theoretisch unendlich großes) Kollektiv von Ereignissen gelten und *für den Einzelfall nicht zwingend zutreffen.* Er orientiert sich an einem Beweissystem, das in der mathematischen Theorie der Statistik formal exakt begründet ist und das erst in dem Grad, in dem man seiner inne wird, ein Evidenz- und Stringenzerlebnis von ähnlicher Art vermittelt wie das Begriffssystem der Elementarlogik.

Grundlage allen statistischen Denkens ist der Wahrscheinlichkeitsbegriff. Beginnen wir deshalb mit einer kurzen Einführung zu diesem Begriff.

1.1.2 Begriff der Wahrscheinlichkeit

Die Wahrscheinlichkeit kann in verschiedener Weise eingeführt werden. Eine inzwischen klassische Einführung in Form von anschaulichen Vorlesungen mit engem Bezug zur Anwendung findet sich bei Mises (1931).

Für unsere Zwecke soll genügen: *Wenn unter n möglichen, einander ausschließenden Ereignissen, von denen eines mit Sicherheit eintrat, g von bestimmter Art sind, dann ist die Wahrscheinlichkeit, daß eines dieser g Ereignisse eintritt, gleich dem Bruch g/n (g günstige unter n möglichen Ereignissen).* Diese Wahrscheinlichkeit wird mit p bezeichnet. Dazu einige Beispiele: (A) Die Wahrscheinlichkeit, mit einem Würfel irgendeine Zahl von 1 bis 6 zu werfen, beträgt ohne Zweifel p = 1. (B) Die Wahrscheinlichkeit, aus einer Urne mit Losen von 1 bis 10 das Los 7 oder ein Los mit kleinerer Nummer herauszuziehen, beträgt entsprechend der obigen Definition p = 0, 7. (C) Die Wahrscheinlichkeit, aus einem verdeckten Bridgespiel gerade das Herzas zu ziehen, beträgt analog p = 1/52 ≈ 0, 02. (D) Die Wahrscheinlichkeit, aus demselben Kartenspiel mehr als 4 Asse zu ziehen, ist naturgemäß p = 0. (E) Die Wahrscheinlichkeit, mit einer Münze „Zahl" zu werfen, beträgt p = 0, 5. (F) Die Wahrscheinlichkeit, mit einem Würfel eine Sechs zu erzielen, ergibt p = 1/6 = 0, 167.

Jede Wahrscheinlichkeit hat einen Wert, der nicht negativ und nicht größer als 1 ist. Die Gesamtheit aller Wahrscheinlichkeitswerte konstituiert die im folgenden dargestellte Wahrscheinlichkeitsskala, die sich von 0 bis 1 erstreckt; sie enthält die oben herausgehobenen Wahrscheinlichkeitswerte an den entsprechenden Stellen markiert.

Die im Beispiel genannten Ereignisse A, B, C, D, E und F besitzen eine ihrer Skalenposition entsprechende Wahrscheinlichkeit.

Wir haben den Begriff der Wahrscheinlichkeit noch etwas näher zu erläutern. Halten wir uns dabei an das Würfelbeispiel (F): Von den 6 möglichen Augenzahlen

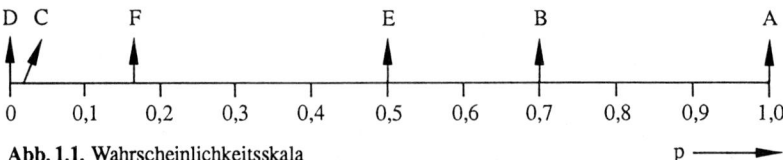

Abb. 1.1. Wahrscheinlichkeitsskala   p ⟶

tritt eine mit Sicherheit ein. Diese 6 Ereignisse sind auch gleichwertig, denn jedes Ereignis hat die gleiche Chance aufzutreten, wenn der Würfel nicht gefälscht ist.

Nehmen wir an, als günstiges Ereignis werde ein Wurf mit gerader Augenzahl angesehen. Drei Würfelflächen enthalten gerade Augenzahlen, daher beträgt die Wahrscheinlichkeit des Auftretens einer geraden Augenzahl $3/6 = 0,5$.

Die beiden Begriffe *„gleichwertig"* und *„einander ausschließend"* sollen noch an 2 Beispielen illustriert werden.

Beispiel 1: Jemand möchte die Wahrscheinlichkeit, aus einem Skatspiel entweder ein As oder eine Herzkarte zu ziehen, ermitteln. Das Kartenspiel enthält 32 Karten, darin befinden sich 4 Asse und 8 Herzkarten. Folglich stehen – so möchte man meinen – die günstigen Ereignisse im Verhältnis zu den möglichen Ereignissen wie 12:32, also ist $p = 0,375$. Diese Schlußfolgerung ist aber unrichtig, denn ein As (das Herzas) gilt zugleich auch als Herzkarte. Das Auftreten eines Asses schließt also das Auftreten einer Herzkarte nicht aus. Die Bedingung, daß die Ereignisse einander ausschließen sollen, ist nicht erfüllt. Daher sind wir zu einem unrichtigen Wahrscheinlichkeitswert gekommen. Der richtige beträgt $p = 11/32 = 0,344$.

Beispiel 2: Angenommen, jemand möchte die Wahrscheinlichkeit, bei 2 hintereinander durchgeführten Würfen mit einer Münze 2mal Zahl zu erhalten, ermitteln. Die 3 möglichen Ergebnisse, 2mal Zahl, 2mal Adler sowie 1mal Zahl und 1mal Adler, schließen sich gegenseitig aus. Man könnte schlußfolgern, die Wahrscheinlichkeit, 2mal Zahl zu werfen, betrage 1/3. Diese Überlegung ist falsch, denn die 3 Ereignisse sind nicht gleichwertig. Das 3. Ereignis (Zahl–Adler) kann nämlich in 2facher Weise zustandekommen: das erste Mal Zahl und das zweite Mal Adler oder umgekehrt das erste Mal Adler und das zweite Mal Zahl. Richtig wäre folgende Überlegung gewesen: Es resultieren 4 gleichwertige Ereignisse: Zahl–Zahl, Adler–Adler, Zahl–Adler und Adler–Zahl. Daraus ersehen wir, daß die Wahrscheinlichkeit, 2mal Zahl zu werfen, nicht $p = 1/3$, sondern $p = 1/4$ ausmacht. Dadurch, daß wir die Aufeinanderfolge von Zahl und Adler außer acht gelassen haben, sind die Ereignisse nicht mehr gleich wahrscheinlich.

1.1.3 Theoretische und empirische Wahrscheinlichkeit

Wenn wir eine Münze werfen, so erwarten wir das Resultat „Zahl" mit einer Wahrscheinlichkeit von $p = 1/2$. Wir folgern nämlich: Es gibt nur 2 mögliche Resultate, von denen eines im gegebenen Fall mit Sicherheit eintreten muß, so daß – wenn die Münze nicht verfälscht ist – jedes der beiden Resultate die gleiche Wahrscheinlichkeit für sich hat. Da wir dieses Resultat allein auf logischem Weg erzielt haben, sprechen wir von einer *theoretischen,* einer erwarteten oder einer **A-priori-Wahrscheinlichkeit.**

Werfen wir dagegen eine Münze, deren eine Kante stark abgenutzt wurde, so dürfen wir nicht mehr erwarten, daß bei einem beliebigen Wurf das Symbol „Zahl" mit der Wahrscheinlichkeit $p = 1/2$ nach oben zu liegen kommen wird. Auf die Größe der Wahrscheinlichkeit, in diesem Fall Zahl zu werfen, kann uns nur ein Experiment einen Hinweis geben: Wir werfen die Münze einige hundert Male und zählen aus, wie oft wir das Resultat Zahl erhalten. Bilden wir Quotienten aus der Anzahl der

„Zahlen" und der Anzahl der Würfe, so erhalten wir eine relative Häufigkeit, die wir als *empirische* oder als **A-posteriori-Wahrscheinlichkeit** bezeichnen. Mit einer zunehmenden Anzahl von Versuchen konvergiert die relative Häufigkeit auf einen konstanten Wert p (A): Bezeichnen wir die Häufigkeit eines Ereignisses A mit f (A) und die Anzahl aller Ereignisse einer Versuchsreihe mit n, so ergibt sich als Formel für die A-posteriori-Wahrscheinlichkeit:

$$p(A) = \lim_{n \to \infty} \frac{f(A)}{n} \quad . \tag{1.1}$$

Im folgenden wenden wir uns den wichtigsten Gesetzen der Wahrscheinlichkeitsrechnung zu, dem Additions- und Multiplikationssatz für Wahrscheinlichkeiten.

1.1.4 Additions- und Multiplikationssatz

Beispiel 1: Beim Würfelspiel können wir uns fragen, wie groß die Wahrscheinlichkeit ist, eine Sechs *oder* eine Fünf zu werfen. Da wir es hier mit 2 günstigen unter 6 möglichen Fällen zu tun haben, ist p = 2/6 $\cong$ 0,33. Die Wahrscheinlichkeit, eine Sechs, eine Fünf oder eine Zwei zu werfen, ist entsprechend durch 1/6+1/6+1/6 = 0,5 gegeben. Sie ist also die Summe der Wahrscheinlichkeiten, eine Sechs, eine Fünf oder eine Zwei zu werfen.

Die Verallgemeinerung dieser Überlegung führt zum **Additionssatz** der Wahrscheinlichkeit. Er lautet: Die Wahrscheinlichkeit p, daß von n einander ausschließenden Ereignissen das erste oder das zweite oder das dritte oder das n-te eintritt, ist gleich der Summe der Wahrscheinlichkeiten für das Auftreten der Einzelereignisse. Bezeichnen wir allgemein mit p_i die Wahrscheinlichkeit des i-ten Ereignisses, so beträgt die zusammengesetzte Wahrscheinlichkeit

$$p = p_1 + p_2 + p_3 + \ldots + p_i + \ldots + p_n = \sum_{i=1}^{n} p_i \quad . \tag{1.2}$$

Beispiel 2: Wenn wir einen Würfel 2mal hintereinander werfen, so können wir uns fragen: Wie groß ist die Wahrscheinlichkeit p, daß wir 2mal eine Sechs werfen? Dieselbe Frage wäre auch für den gleichzeitigen Wurf zweier Würfel zu stellen. Die theoretische Wahrscheinlichkeit könnten wir genauso wie im Beispiel 1 bestimmen; sie leitet sich aus folgender Überlegung her: Die Wahrscheinlichkeit, daß der 1. Wurf eine Sechs ist, beträgt $p_1 = 1/6$. Angenommen, wir hätten geworfen und wirklich eine Sechs erhalten. In diesem Fall besteht wiederum eine Wahrscheinlichkeit von $p_2 = 1/6$, daß auch der 2. Wurf eine Sechs ergibt. Dieselbe Wahrscheinlichkeit $p_2 = 1/6$ hätte auch in jenen 5 Fällen Geltung, in denen wir beim 1. Wurf keine Sechs erhalten hätten. Die beiden Würfe sind nämlich *voneinander unabhängig*.

Die Wahrscheinlichkeit p, 2mal nacheinander eine Sechs zu werfen, beträgt demgemäß nur 1/6 der Wahrscheinlichkeit, überhaupt eine Sechs zu werfen. Folglich ist $p = p_1 \cdot p_2 = 1/6 \cdot 1/6 = 1/36$. Entsprechend ist die Wahrscheinlichkeit, mit einer Münze 2mal „Zahl" zu werfen: $p = p_1 \cdot p_2 = 1/2 \cdot 1/2 = 1/4$. Wir können diesen als **Multiplikationssatz** der Wahrscheinlichkeit bekannten Tatbestand allgemein so formulieren: Die Wahrscheinlichkeit p, daß n voneinander unabhängige Ereignisse

gemeinsam auftreten, ist gleich dem Produkt der Einzelwahrscheinlichkeiten p_i dieser Ereignisse.

$$p = p_1 \cdot p_2 \cdot p_3 \cdot \ldots \cdot p_i \cdot \ldots \cdot p_n = \prod_{i=1}^{n} p_i \quad . \tag{1.3}$$

Additions- und Multiplikationssatz sind wichtige Ausgangspunkte der folgenden Ausführungen über die Kombinatorik und der späteren über die statistische Entscheidung.

1.1.5 Punktwahrscheinlichkeiten

Wenden wir uns von den Würfelversuchen, die 6 mögliche Resultate ergeben, wieder dem einfacheren Münzenversuch mit 2 Alternativen zu. Fragen wir uns, welche Kombinationen von „Zahl" (Z) und „Adler" (A) wir bei gleichzeitigem Wurf mit 3 Münzen theoretisch erhalten könnten. Im folgenden sind die Möglichkeiten vollzählig zusammengestellt: ZZZ, ZZA, ZAZ, ZAA, AAA, AAZ, AZA, AZZ.

Unter den $2^3 = 8$ möglichen Resultaten finden wir nur eins, bei dem alle Münzen auf „Zahl" fallen. Die Wahrscheinlichkeit, 3mal „Zahl" zu erhalten, ist demnach $p = 1/8$. Die Wahrscheinlichkeit, daß wir bei einem Wurf die Kombination 2mal „Zahl", 1mal „Adler" antreffen werden, beträgt 3/8 wie auch für die Kombination 1mal „Zahl" und 2mal „Adler". Die Wahrscheinlichkeit, 3mal „Adler" zu werfen, ergibt sich wiederum zu 1/8.

Die Wahrscheinlichkeit, *ein bestimmtes Ereignis* (z. B. $2 \times Z$, $1 \times A$) zu erzielen, nennt man *Punktwahrscheinlichkeit*. Man erhält die Punktwahrscheinlichkeit – mit (klein) p bezeichnet –, indem man die Häufigkeit der 4 im vorigen Absatz als Beispiel genannten Kombinationen von n = 3 Elementen durch 8 als Anzahl aller möglichen Kombinationen dividiert. Diese p-Werte erhalten wir auch, wenn wir die Zahlen der 4. Zeile aus Tabelle 1.1, dem sog. Pascalschen Dreieck, durch $2^3 = 8$ dividieren.

Das Pascalsche Dreieck in Tabelle 1.1 wurde für n = 1 bis n = 5 in Einserschritten oder kurz für n = 1(1)5 entwickelt. (Die in Klammern gesetzte Zeile n = 0

Tabelle 1.1

Überwiegen von „Zahl"						Überwiegen von „Adler"	n	2^n
			(1)				(0)	(1)
			1 Z	1 A			1	2
		1 ZZ	2 ZA	1 AA			2	4
	1 ZZZ	3 ZZA	3 ZAA	1 AAA			3	8
1 ZZZZ	4 ZZZA	6 ZZAA	4 ZAAA	1 AAAA			4	16
1 ZZZZZ	5 ZZZZA	10 ZZZAA	10 ZZAAA	5 ZAAAA	1 AAAAA		5	32

wurde der Vollständigkeit halber mit aufgenommen.) In allgemeiner Schreibweise kennzeichnet a(i)n, daß von a bis n in Intervallen der Größe i gezählt wird.

Wie man leicht erkennt, ergeben sich die Werte einer Zeile als Summen von jeweils 2 benachbarten Werten der vorangehenden Zeile, ergänzt durch die Zahl 1 am Anfang und am Ende der Zeile. Diesem Prinzip folgend, läßt sich das Pascalsche Dreieck in Tabelle 1.1 beliebig ergänzen.

Aus dieser Tabelle entnehmen wir weiter, daß bei einem Wurf mit n = 4 Münzen $p(4 \times Z) = 1/16$, $p(3 \times Z, 1 \times A) = 4/16$, $p(2 \times Z, 2 \times A) = 6/16$, $p(1 \times Z, 3 \times A) = 4/16$ und $p(4 \times A) = 1/16$ resultieren.

Entsprechend sind die Punktwahrscheinlichkeiten für bestimmte Adler-Zahl-Kombinationen für mehr als 4 Münzen zu berechnen (zur Herleitung des Pascalschen Dreiecks vgl. S. 14).

Die Berechnung von Punktwahrscheinlichkeiten ist essentiell für viele verteilungsfreie Verfahren. Allerdings werden wir dazu wie auch für die im folgenden zu besprechenden Überschreitungswahrscheinlichkeiten in der Regel kompliziertere Wahrscheinlichkeitsmodelle benötigen als das beispielhaft verwendete Wahrscheinlichkeitsmodell des Münzwurfes (vgl. 1.1.7).

1.1.6 Überschreitungswahrscheinlichkeiten

Wir wollen im folgenden noch eine andere Wahrscheinlichkeit kennenlernen, die sich am besten anhand eines Wettbeispiels einführen läßt: Angenommen, wir haben gewettet, mit n = 4 Münzen *mindestens* x = 3mal „Zahl" zu werfen. Wie groß ist die Wahrscheinlichkeit, diese Wette zu gewinnen? Die Antwort ist einfach: „Mindestens 3mal" bedeutet 3mal oder 4mal „Zahl" zu werfen; also ist die gesuchte Wahrscheinlichkeit – wir bezeichnen sie mit (groß) P und nennen sie **Überschreitungswahrscheinlichkeit** – nach dem Additionssatz gleich der Punktwahrscheinlichkeit, 3mal „Zahl" zu werfen: $p(x = 3) = 4/16$ plus der Punktwahrscheinlichkeit, 4mal „Zahl" zu werfen: $p(x = 4) = 1/16$; also ist $P = 4/16 + 1/16 = 5/16$. In gleicher Weise könnten wir nach der Wahrscheinlichkeit, mindestens 2mal „Zahl" zu werfen, fragen: Sie beträgt analog $P = 6/16 + 4/16 + 1/16 = 11/16$. *Wir können die Überschreitungswahrscheinlichkeit definieren als die Wahrscheinlichkeit des Auftretens eines bestimmten Ereignisses, vermehrt um die Wahrscheinlichkeiten aller „extremeren" Ereignisse.*

Statt nach der Wahrscheinlichkeit für „mindestens 3mal Zahl" hätten wir auch nach der Wahrscheinlichkeit für *„höchstens* 1mal Adler" fragen können. Für beide Fälle ist die Überschreitungswahrscheinlichkeit natürlich identisch. Allgemein: Die Wahrscheinlichkeit, daß ein Ereignis A bei n Versuchen mindestens xmal auftritt, entspricht der Wahrscheinlichkeit, daß das zu A komplementäre Ereignis $\overline{A}$ (lies: non-A) höchstens (n − x)mal auftritt.

In dem obigen Beispiel haben wir sozusagen *einseitig* gewettet. Was unter einer einseitigen Wette zu verstehen ist, wollen wir gleich am entgegengesetzten Fall einer zweiseitigen Wette illustrieren: Wir wetten, bei 4 Würfen entweder 4mal oder 0mal „Zahl" zu werfen. Wie groß ist die Chance, diese Wette zu gewinnen? Die Punktwahrscheinlichkeit für x = 4 beträgt $p(x = 4) = 1/16$, und die Punktwahrscheinlichkeit für x = 0 ist $p(x = 0) = 1/16$, so daß die zweisei-

tige Überschreitungswahrscheinlichkeit, die wir durch P' kennzeichnen, mit $P' = 2/16$ der doppelten einseitigen Überschreitungswahrscheinlichkeit entspricht. Hätten wir gewettet, mindestens 3mal „Zahl" oder höchstens 1mal „Zahl" zu werfen, so wäre dies ebenfalls eine zweiseitige Wette, deren Gewinnchancen nach dem Pascalschen Dreieck wie folgt zu berechnen wären: Mindestens 3mal „Zahl" heißt 3- oder 4mal „Zahl", deren Punktwahrscheinlichkeiten 4/16 und 1/16 betragen. Hinzu kommen die Wahrscheinlichkeiten für 1mal Zahl (p = 4/16) und für 0mal Zahl (p = 1/16). Die gesamte zweiseitige Überschreitungswahrscheinlichkeit ist also $P' = 1/16 + 4/16 + 4/16 + 1/16 = 10/16$.

Die Frage, ob es sich um eine einseitige oder zweiseitige Wette oder – in der Terminologie der Statistik – um einen *einseitigen oder zweiseitigen Test* handelt, ist für die Entscheidung bestimmter empirischer Fragestellungen von großer Bedeutung. Wir werden darauf an späterer Stelle (2.2.1) noch zurückkommen. Festzuhalten ist, daß die Wahrscheinlichkeit für die zweiseitige Frage durch Verdopplung der Wahrscheinlichkeit für die einseitige Frage zu ermitteln ist, sofern die Wahrscheinlichkeitsverteilung für x symmetrisch ist (vgl. 1.2).

1.1.7 Elemente der Kombinatorik

Es wäre unökonomisch, wollten wir A-priori-Wahrscheinlichkeiten für das Auftreten bestimmter Ereignisse auf die beschriebene Art ermitteln; außerdem würden wir komplexere Probleme mit unseren bisherigen Mitteln gar nicht bewältigen. Zur Berechnung komplexer A-priori-Wahrscheinlichkeiten bedienen wir uns verschiedener Formeln eines Teilgebietes der Mathematik, der *Kombinatorik*. Diese Formeln gründen sich auf 2 Prinzipien, die wir sofort als Analoga des Additions- und Multiplikationssatzes der Wahrscheinlichkeitsrechnung erkennen werden:

Prinzip 1: Wenn ein Ereignis A auf m-fache und ein anderes Ereignis B auf n-fache Weise entstehen kann, so kann das Ereignis A *oder* B auf (m + n)-fache Weise entstehen, vorausgesetzt, daß A und B nicht gleichzeitig auftreten können.

Prinzip 2: Wenn ein Ereignis A auf m-fache und ein Ereignis B auf n-fache Weise entstehen kann, dann kann das Ereignis (A, B), d.h. daß zunächst A *und* dann B eintritt, auf (m · n)-fache Weise entstehen, vorausgesetzt, daß alle Möglichkeiten auftreten können.

Was diese beiden Sätze beinhalten, wollen wir uns wieder an einem einfachen Beispiel überlegen: Das Ereignis A – eine Herzkarte aus einem Skatblatt zu entnehmen – kann auf 8 verschiedene Weisen verwirklicht werden; das Ereignis B – eine Kreuzkarte zu entnehmen – kann ebenfalls auf 8 verschiedene Weisen erfolgen. Es gibt also 8 + 8 = 16 verschiedene Möglichkeiten, eine Herz- oder eine Kreuzkarte aus einem Skatblatt von 32 Karten zu ziehen, oder die Wahrscheinlichkeit, eine Herz- oder Kreuzkarte aus dem Skatblatt zu ziehen, beträgt p = 16/32 = 0,5. Dies war das 1. Prinzip. Das 2. Prinzip können wir uns dadurch veranschaulichen, daß wir nacheinander 2 Karten aus dem Skatspiel entnehmen. Bleiben wir bei den Farben Herz und Kreuz. Eine Herzkarte konnten wir auf 8fache Weise entnehmen, ebenso eine Kreuz-

karte. Auf wievielfache Weise können wir nun eine Herzkarte und eine Kreuzkarte entnehmen? Wir können das Herzas mit einem Kreuzas, einen Kreuzkönig, einer Kreuzdame usw. paaren; es resultieren 8 Paarungsmöglichkeiten. Dieselbe Anzahl von Möglichkeiten ergibt sich für den Herzkönig, für die Herzdame, den Buben usw. bei der Paarung mit einer Kreuzkarte. Im ganzen gibt es also 8 · 8 = 64 Möglichkeiten.

Die beiden Prinzipien können von 2 auf k Ereignisse verallgemeinert werden. Für drei einander ausschließende Ereignisse A, B, C, die auf m-, n-, o-fache Weise entstehen können, gilt: Das Ereignis A oder B oder C kann auf (m + n + o)-fache Weise zustande kommen; das Ereignis (A, B, C) kann in (m · n · o)-facher Weise zustande kommen.

Permutationen und Variationen

Überlegen wir uns einmal, auf wieviele Weisen wir die 3 Buchstaben des Wortes ROT anordnen können. Versuchen wir es erst durch Probieren:

ROT RTO OTR ORT TRO TOR

Es haben sich 6 Anordnungen ergeben. Wie ist die Entstehung dieser Anordnungen zu denken? Wir haben 3 Möglichkeiten, einen der 3 Buchstaben an die 1. Stelle zu setzen. Nach der Entscheidung für eine Möglichkeit, z. B. das R, haben wir nur mehr 2 Möglichkeiten, einen der verbleibenden Buchstaben an die 2. Stelle zu setzen; wir wählen z. B. das O. Für die Besetzung der 3. Stelle ergibt sich nur noch eine Möglichkeit, das restliche T. Die 1. Stelle kann also auf 3fache, die 2. auf 2fache und die 3. Stelle auf 1fache Weise besetzt werden. Betrachten wir die Besetzung der 3 Stellen, so ergibt sich unmittelbar, daß sie auf 3 · 2 · 1 = 6fache Weise möglich ist.

Die 6 möglichen Anordnungen der 3 Buchstaben des Wortes ROT sind die **Permutationen** der Elemente R, T, O; die 4 Ziffern 3, 5, 6 und 9 ergeben nach derselben Regel 4 · 3 · 2 · 1 = 24 Permutationen, k Objekte liefern entsprechend k (k − 1) ... 2 · 1 Permutationen. Schreiben wir das fortlaufende Produkt der natürlichen Zahlen von 1 bis k vereinfachend als k! (lies: k Fakultät), so ist die Zahl der Permutationen P_k von k Elementen durch die Gleichung

$$P_k = k! \tag{1.4}$$

gegeben.

Wie steht es nun mit der Permutationszahl von n Elementen, wenn jeweils nur ein Teil, also z. B. k Elemente in einer Anordnung benutzt werden? Wieviele Permutationen zu je k = 4 Buchstaben lassen sich beispielsweise aus dem Wort MORGEN mit n = 6 bilden?

Stellen wir analoge Überlegungen wie oben an. Die 1. Stelle der Anordnung kann auf n-fache Weise besetzt werden, die 2. kann in (n − 1)-facher Weise besetzt werden, die 3. in (n − 2)-facher Weise usw. bis zur k-ten Stelle. Ehe wir die k-te Stelle einsetzen, haben wir (k − 1) von den n Elementen in der Anordnung untergebracht, und es verbleiben noch n − (k − 1) = n − k + 1 Elemente zur Disposition für die Besetzung der letzten Stelle. Die Anzahl dieser möglichen Permutationen beträgt demnach n(n − 1) ... (n − k + 1).

Daß auch hier wieder die Fakultätenschreibweise möglich ist, wird deutlich, wenn wir dieses Produkt erweitern, indem wir es mit der Anzahl aller Faktoren multiplizieren, die zwischen $(n-k+1)$ und 1 liegen, und es durch dieselben Faktoren dividieren:

$$\frac{n \cdot (n-1) \cdot (n-2) \ldots (n-k+1) \cdot (n-k) \cdot (n-k-1) \cdot (n-k-2) \cdot \ldots (2) \cdot (1)}{(n-k) \cdot (n-k-1) \cdot (n-k-2) \cdot \ldots (2) \cdot (1)} \cdot$$

Wenden wir auf diesen Ausdruck die Fakultätenschreibweise an, so erhalten wir die Anzahl der Permutationen von n Elementen zu je k Elementen oder – wie man auch sagt – **Variationen** von n Elementen zur k-ten Klasse nach der Gleichung:

$$_nP_k = \frac{n!}{(n-k)!} \cdot \qquad (1.5)$$

Aus dem Wort MORGEN lassen sich also $6!/(6-4)! = 360$ Permutationen zu je 4 Buchstaben herstellen.

Kann ein Element mehrfach eingesetzt werden, so spricht man von **Variationen mit Wiederholungen**. Die Zahl der Variationen von n Elementen zur k-ten Klasse (in Kombination zu je k Elementen mit Wiederholungen) beträgt:

$$_nV_k = n^k \cdot \qquad (1.6)$$

Demnach lassen sich z. B. aus dem Wort MOST $(n = 4)$ $4^2 = 16$ verschiedene Variationen zu je $k = 2$ Buchstaben bilden, wenn Buchstabenwiederholungen (MM, OO, SS und TT) zulässig sind.

Durch die Wiederholung von Elementen kann $k > n$ sein. Für $n = 2$ Elemente und k Klassen ist

$$_2V_k = 2^k \cdot \qquad (1.7)$$

Beim Werfen mit einer Münze z. B. haben wir $n = 2$ Elemente (Zahl und Adler). Diese lassen sich auf $2^3 = 8$fache Weise in Dreiervariationen anordnen. Dies sind die Zahl-Adler-Abfolgen, die sich bei $k = 3$ Münzwürfen ergeben können. Bei 5 Würfen wären also $2^5 = 32$ Abfolgen möglich. Um welche Abfolgen es sich hier jeweils handelt, läßt sich leicht dem Pascalschen Dreieck (vgl. Tabelle 1.1) entnehmen.

Kombinationen

Wenn wir aus n Elementen alle Gruppen von k Elementen bilden, erhalten wir alle Kombinationen von n Elementen zur k-ten Klasse. Zwei Kombinationen sind verschieden, wenn sie sich mindestens in einem Element unterscheiden. 123, 124, 234 etc. sind damit unterschiedliche Dreierkombinationen der Elemente 1234, aber nicht 123, 213, 312 etc. Dies wären Permutationen der Kombination 123.

Die in Gl. (1.5) errechnete Zahl der Permutationen von n Elementen zur k-ten Klasse umfaßt sowohl alle Kombinationen als auch deren Permutationen. (Die Buchstabenabfolgen MORG, MOGR, MROG etc. wurden hier als verschiedene Permutationen gezählt.) Bei der Bestimmung der Anzahl der Kombinationen lassen wir die Permutationen von Buchstaben außer acht, d. h. deren Reihenfolge ist beliebig. Wir wissen aus Gl. (1.4), daß jede Kombination zu k Elementen k!-fach permutiert werden kann. Die Anzahl der Kombinationen mal der Anzahl der Permutationen aus

jeder Kombination muß also die Gesamtzahl der Permutationen von n Elementen zur k-ten Klasse gemäß Gl. (1.5) ergeben. Bezeichnen wir mit $_nC_k$ die Anzahl der Kombinationen von n Elementen zur k-ten Klasse, so können wir schreiben:

$$k! \cdot {}_nC_k = {}_nP_k \quad . \tag{1.8}$$

Setzen wir den Wert für $_nP_k$ aus Gl. (1.5) ein und lösen die Gleichung nach $_nC_k$ auf, so erhalten wir den Ausdruck für die Berechnung der Kombinationszahl

$$_nC_k = \frac{n!}{k!(n-k)!} \quad . \tag{1.9}$$

Statt des verbleibenden Bruches auf der rechten Seite der Gleichung schreibt man meist das Symbol $\binom{n}{k}$, das von Euler eingeführt wurde und deshalb auch *Eulersches Symbol* genannt und als „n über k" gelesen wird:

$$_nC_k = \binom{n}{k} = \frac{n(n-1)(n-2)\ldots(n-k+1)}{k!} \quad . \tag{1.10}$$

Aus dem Wort MORGEN lassen sich also 15 Kombinationen mit jeweils 4 verschiedenen Buchstaben bilden:

$$_6C_4 = \frac{6 \cdot 5 \cdot 4 \cdot 3}{4 \cdot 3 \cdot 2 \cdot 1} = 15 \quad .$$

Aus Gl. (1.9) ergibt sich, daß $\binom{n}{k} = \binom{n}{n-k}$. So würden wir unsere Aufgabe, $_6C_4$ zu berechnen, auch so bewältigen: $_6C_4 = {}_6C_{6-4} = {}_6C_2 = \binom{6}{2} = 6 \cdot 5/2 \cdot 1 = 15$.

Setzen wir in Gl. (1.9) n = k, so ist $\binom{n}{n}$ = 1, andererseits muß dann aber $\binom{n}{n} = \binom{n}{n-n} = \binom{n}{0}$ ebenfalls 1 sein.

Ein weiteres Beispiel: Das Blatt eines Skatspielers repräsentiert eine Zehnerkombination aus den 32 Karten des Spiels. Danach kann ein Spieler im Verlauf seines Lebens höchstens

$$_{32}C_{10} = \frac{32 \cdot 31 \cdot 30 \cdot 29 \cdot 28 \cdot 27 \cdot 26 \cdot 25 \cdot 24 \cdot 23}{10 \cdot 9 \cdot 8 \cdot 7 \cdot 6 \cdot 5 \cdot 4 \cdot 3 \cdot 2 \cdot 1} = 64\,512\,240$$

verschiedene Blätter erhalten, eine Möglichkeit, die er in der Tat wohl kaum ausschöpfen kann und bei der die Spielregel, über den sog. Skat nochmals Karten austauschen zu können, noch gar nicht berücksichtigt ist.

1.2 Wahrscheinlichkeitsverteilungen

1.2.1 Verteilungsformen von Zufallsvariablen

Das n-fache Werfen einer Münze stellt einen beliebig oft wiederholbaren Vorgang dar, der nach einer ganz bestimmten Vorschrift ausgeführt wird und dessen Ergebnis vom Zufall bestimmt ist. Einen Vorgang dieser Art bezeichnen wir als **Zufallsexperiment**. Die Zahl x zur Kennzeichnung des Ergebnisses eines Zufallsexperimentes (z. B. x = 3mal Adler) stellt dabei eine **Realisierung der Zufallsvariablen** X dar. Kann die Zufallsvariable nur bestimmte Zahlenwerte annehmen, wie

0, 1, 2, 3, 4 als Anzahl der „Adler" beim Wurf von 4 Münzen, dann handelt es sich um eine **diskrete** Zufallsvariable; kann sie (u. U. auch nur innerhalb gewisser Grenzen) alle möglichen Werte annehmen, wie der Fußpunkt eines einmal gerollten Zylinders alle Werte zwischen 0 und $2r\pi$, dem Umfang des Zylinders, dann spricht man von einer **stetigen** Zufallsvariablen. Zufallsvariablen werden im allgemeinen mit lateinischen Großbuchstaben (X, Y, A, B) bezeichnet, wenn die Gesamtheit aller möglichen Werte gemeint ist, z. B. X = alle natürlichen Zahlen zwischen 0 und 4 oder Y = alle reellen Zahlen zwischen 0 und $2r\pi$; sie werden mit lateinischen Kleinbuchstaben (x, y, a, b) symbolisiert, wenn bestimmte, durch Zufallsexperimente gewonnene Werte (Realisationen) gemeint sind, z. B. x = (3, 0, 2) oder y = (6, 2r; 1, 76r; 0, 39r; 3, 14r) im Falle der obigen beiden Experimente.

Wahrscheinlichkeitsfunktion

Bei einer diskreten Zufallsvariablen ordnet die Wahrscheinlichkeitsfunktion f(X) jeder Realisation x_i eine Wahrscheinlichkeit p_i zu:

$$f(X) = \begin{cases} p_i & \text{für } X = x_i \\ 0 & \text{für alle übrigen } x \end{cases}.$$

Für x = 3mal Adler beim Werfen von n = 4 Münzen beträgt die Wahrscheinlichkeit nach 1.1.5 f(x = 3) = 4/16. Durch die Wahrscheinlichkeitsfunktion ist die Wahrscheinlichkeitsverteilung oder kurz die *Verteilung einer Zufallsvariablen* vollständig bestimmt. Die Summe der Wahrscheinlichkeiten aller möglichen Realisationen einer diskreten Zufallsvariablen ist 1 : $\sum f(x_i) = 1$.

Wird eine Wahrscheinlichkeitsverteilung von einer stetigen Variablen X gebildet, dann resultiert analog eine stetige Wahrscheinlichkeitsverteilung, die nicht durch Einzelwahrscheinlichkeiten, sondern durch eine sog. **Dichtefunktion** f(X) mathematisch beschrieben wird, deren Integral — wie oben die Summe — gleich 1 ist: $\int f(X)dX = 1$. Hier kann die Wahrscheinlichkeit, daß ein mögliches Ergebnis realisiert wird, nur auf ein bestimmtes Intervall J der Dichtefunktion bezogen werden: Man kann also — um dies am Zufallsexperiment des Zylinderrollens zu veranschaulichen — fragen, wie groß die Wahrscheinlichkeit ist, daß der Zylinder in einem Intervall zwischen den Marken 3, 14 r und 6, 28 r des Zylinderumfanges aufliegen werde. Diese Wahrscheinlichkeit ist im vorliegenden Fall (einer stetigen Gleichverteilung) mit p = 0, 5 ebenso groß wie die Wahrscheinlichkeit, daß der Fußpunkt des Zylinders nach dem Rollen zwischen 0, 00 r und 3, 14 r liegen werde.

Verteilungsfunktion

Wahrscheinlichkeitsverteilungen lassen sich auch so darstellen, daß sie angeben, wie groß die Wahrscheinlichkeit P ist, daß in einem Zufallsexperiment die Variable einen Wert kleiner oder gleich x annimmt. Aus derartigen Verteilungen lassen sich damit einfach die in 1.1.6 behandelten Überschreitungswahrscheinlichkeiten P ablesen. Diese Darstellungsform der Wahrscheinlichkeiten einer Zufallsvariablen bezeichnet man als *Verteilungsfunktion* F(X). Bei diskreten Zufallsvariablen erhält man sie — wie das folgende Beispiel zeigt — durch fortlaufende Summation (Kumulation)

der Punktwahrscheinlichkeiten der Wahrscheinlichkeitsfunktion. Für das Werfen von
n = 4 Münzen erhält man:

Anzahl der „Adler" = X_i	0	1	2	3	4
Wahrscheinlichkeitsfunktion $f(x_i)$	1/16	4/16	6/16	4/16	1/16
Verteilungsfunktion $F(x_i)$	1/16	5/16	11/16	15/16	16/16 .

Formalisiert man das Vorgehen der fortlaufenden Summierung bis jeweils zum Variablenwert x_k, so ergibt sich für diskrete Wahrscheinlichkeitsverteilungen

$$F(x_k) = \sum_{i=0}^{k} f(x_i) \quad .$$ (1.11a)

Die Verteilungsfunktion stetiger Zufallsvariablen $F(X)$ erhält man in entsprechender
Weise, wenn man statt von 0 bis x_k zu summieren von $-\infty$ bis x_k integriert:

$$F(x_k) = \int_{-\infty}^{x_k} f(X)dX \quad .$$ (1.11b)

Die stetige Wahrscheinlichkeitsverteilung unseres Zylinderbeispiels beginnt zwar bei
x = 0 (und nicht bei x = $-\infty$), doch können wir in gleicher Weise argumentieren:
Die Wahrscheinlichkeit, einen Variablenwert von $3,14\,r$ oder einen niedrigeren Wert
zu „errollen" (x≤3,14 r), beträgt P = F(3,14 r) = 0,5, die Wahrscheinlichkeit eines
Wertes x≤4,71 r ist 0,75 und die Wahrscheinlichkeit eines Wertes x≤6,28 r ist 1,00.

Erwartungswerte

Oft stellt sich die Frage, wieviele Realisationen einer bestimmten Art man bei einem Zufallsexperiment zu erwarten hat, beim Münzenwurf etwa, wie oft man bei
N Würfen mit n = 4 Münzen x = i „Adler" zu erwarten hat. Kennt man die Wahrscheinlichkeitsfunktion der Zufallsvariablen, dann bildet man einfach

E(N, x = i) = Nf(x = i) = N · p_i .

Mittels dieser Gleichung wären die theoretisch zu erwartenden Häufigkeiten $E(x_i)$
der Ergebnisse von N Zufallsexperimenten vorauszusagen: Werfen wir n = 4 Münzen
N = 128mal, so erwarten wir

E(x = 0) = 128 · (1/16) = 8mal   „0 Adler"   ,

E(x = 1) = 128 · (4/16) = 32mal   „1 Adler"   ,

E(x = 2) = 128 · (6/16) = 48mal   „2 Adler"   ,

E(x = 3) = 128 · (4/16) = 32mal   „3 Adler"

und

E(x = 4) = 128 · (1/16) = 8mal   „4 Adler"   .

Mit dieser theoretisch zu erwartenden Häufigkeitsverteilung könnten wir die Ergebnisse eines tatsächlich durchgeführten Experimentes – 128mal 4 Münzen werfen –

vergleichen und feststellen, wie gut Beobachtung und Erwartung übereinstimmen, wie gut sich die beobachtete der erwarteten Häufigkeitsverteilung anpaßt (vgl. 5.1.3).

Ebenso oft stellt sich die Frage, welchen durchschnittlichen Wert die Zufallsvariable X bei vielen Versuchen annimmt. Dieser Wert wird als *Erwartungswert einer Zufallsvariablen* X bezeichnet. Für diskrete Zufallsvariablen errechnet man den Erwartungswert E(X) nach folgender Gleichung:

$$E(X) = \sum_i f(x_i) \cdot x_i \quad . \tag{1.12a}$$

Der Erwartungswert E(X) der Zufallsvariablen „Anzahl der Adler" bei einem Wurf mit n = 4 Münzen lautet damit

$$E(X) = 0 \cdot 1/16 + 1 \cdot 4/16 + 2 \cdot 6/16 + 3 \cdot 4/16 + 4 \cdot 1/16$$
$$= 2 \quad .$$

Bei stetigen Zufallsvariablen errechnet man den Erwartungswert nach folgender Beziehung:

$$E(X) = \int_{-\infty}^{+\infty} X \cdot f(X) d(X) \quad . \tag{1.12b}$$

Für den Erwartungswert einer Zufallsvariablen verwendet man auch das Symbol μ. μ bzw. E(X) kennzeichnen damit den *Mittelwert* bzw. die *„zentrale Tendenz"* einer Verteilung. Ein weiteres wichtiges Maß zur Charakterisierung der Verteilung einer Zufallsvariablen ist die *Varianz* σ^2. Mit ihr wird die Unterschiedlichkeit, die die Werte einer Zufallsvariablen X aufweisen, beschrieben:

$$\sigma^2 = \sum_i (x_i - \mu)^2 \cdot f(x_i) \quad . \tag{1.13a}$$

Betrachten wir den Ausdruck $x_i - \mu$ als eine neue Zufallsvariable, erkennt man unter Bezug auf Gl. (1.12), daß die Varianz mit dem Erwartungswert der quadrierten Abweichung $(X - \mu)^2$ identisch ist:

$$\sigma^2 = E(X - \mu)^2 \quad . \tag{1.14}$$

Im oben genannten Münzwurfbeispiel errechnen wir eine Varianz von

$$\sigma^2 = (0 - 2)^2 \cdot 1/16 + (1 - 2)^2 \cdot 4/16 + (2 - 2)^2 \cdot 6/16$$
$$+ (3 - 2)^2 \cdot 4/16 + (4 - 2)^2 \cdot 1/16$$
$$= 1 \quad .$$

Ist die Zufallsvariable stetig, errechnet man die Varianz nach folgender Beziehung:

$$\sigma^2 = \int_{-\infty}^{+\infty} (X - \mu)^2 f(X) dX \quad . \tag{1.13b}$$

1.2.2 Die Binomialverteilung

Mit dem Münzbeispiel haben wir eine Wahrscheinlichkeitsverteilung verwendet, die für gleich mögliche Ereignisse („Z" und „A") gilt. Diese Verteilung heißt Binomialverteilung für gleich wahrscheinliche Alternativereignisse. Die Wahrscheinlichkeitsfunktion für die Zufallsvariable X (z. B. Häufigkeit für das Ereignis „Zahl") lautet:

$$p(X) = \binom{n}{X} \cdot (\tfrac{1}{2})^n \quad . \tag{1.15}$$

Diese Verteilung wurde bereits im Pascalschen Dreieck (Tabelle 1.1) tabelliert. Die Zahlenwerte im Dreieck entsprechen dem 1. Faktor $\binom{n}{x}$. In der rechten Randspalte finden wir den Kehrwert 2^n des 2. Faktors der Gl. (1.15). Wir können danach die Punktwahrscheinlichkeiten, x mal „Zahl" zu werfen, für Würfe mit beliebig vielen (n) Münzen berechnen.

Es ist nun der allgemeine Fall zu betrachten, daß die beiden Ereignisse nicht gleich wahrscheinlich sind.

Herleitung der Wahrscheinlichkeitsfunktion

Ein Ereignis E habe die Realisationswahrscheinlichkeit $\pi(E) \neq 1/2$ und das alternative Ereignis $\overline{E}$ (lies: Non-E) die komplementäre Wahrscheinlichkeit $\pi(\overline{E}) = 1 - \pi(E)$. Nach dem Multiplikationssatz gelten dann für die Sukzession des Auftretens von E oder $\overline{E}$ in n = 2 Versuchen, wobei zur Veranschaulichung E das Würfeln einer „Sechs" und $\overline{E}$ das Würfeln einer anderen Augenzahl bedeuten möge, folgende Wahrscheinlichkeiten [für $\pi(E)$ schreiben wir vereinfachend π]:

$$p\ (EE) = \pi \cdot \pi$$
$$p\ (E\overline{E}) = \pi \cdot (1 - \pi)$$
$$p\ (\overline{E}E) = (1 - \pi) \cdot \pi$$
$$p\ (\overline{E}\,\overline{E}) = (1 - \pi) \cdot (1 - \pi) \quad .$$

Läßt man die Reihenfolge der Ereignisse unberücksichtigt, ergeben sich die folgenden Wahrscheinlichkeiten:

$$p(EE) \qquad = \pi \cdot \pi \qquad\qquad = (1) \cdot \pi^2 \qquad = \binom{2}{2} \cdot \pi^2 \cdot (1 - \pi)^0$$

$$p(E\overline{E}\ \text{oder}\ \overline{E}E) = \pi \cdot (1 - \pi) + (1 - \pi) \cdot \pi \quad = (2) \cdot \pi \cdot (1 - \pi) \quad = \binom{2}{1} \cdot \pi^1 \cdot (1 - \pi)^1$$

$$p(\overline{E}\,\overline{E}) \qquad = (1 - \pi) \cdot (1 - \pi) \qquad = (1) \cdot (1 - \pi)^2 \qquad = \binom{2}{0} \cdot \pi^0 \cdot (1 - \pi)^2 \ .$$

In n = 3 Versuchen wären die entsprechenden Wahrscheinlichkeiten

$$p(EEE) \qquad\qquad = \pi \cdot \pi \cdot \pi \qquad\qquad = (1) \cdot \pi^3 \qquad = \binom{3}{3} \cdot \pi^3 \cdot (1 - \pi)^0$$

$$p(EE\overline{E}\ \text{oder}\ E\overline{E}E\ \text{oder}\ \overline{E}EE) \qquad = (3) \cdot \pi^2 \cdot (1 - \pi) \quad = \binom{3}{2} \cdot \pi^2 \cdot (1 - \pi)^1$$

$$p(E\overline{E}\,\overline{E}\ \text{oder}\ \overline{E}E\overline{E}\ \text{oder}\ \overline{E}\,\overline{E}E) \qquad = (3) \cdot (1 - \pi)^2 \cdot \pi \quad = \binom{3}{1} \cdot \pi^1 \cdot (1 - \pi)^2$$

$$p(\overline{E}\,\overline{E}\,\overline{E}) \qquad = (1 - \pi) \cdot (1 - \pi) \cdot (1 - \pi) \quad = (1) \cdot (1 - \pi)^3 \quad = \binom{3}{0} \cdot \pi^0 \cdot (1 - \pi)^3 \ .$$

Wir sehen, daß die eingeklammerten Faktoren den Zahlen der 2. und 3. Zeile des Pascalschen Dreiecks entsprechen, die sich als $\binom{n}{x}$ mit x = n, ..., 0 ergeben.

Verallgemeinern wir von n = 3 auf n Versuche, so erhalten wir folgende Wahrscheinlichkeiten für das x-malige Auftreten des Ereignisses E:

$$
\begin{aligned}
x = n \;:\quad & p(\text{n-mal E und 0mal }\overline{E}) &&= \binom{n}{n}\cdot\pi^n\cdot(1-\pi)^0 \\[4pt]
x = n-1 \;:\quad & p(n-1\text{mal E und 1mal }\overline{E}) &&= \binom{n}{n-1}\cdot\pi^{n-1}\cdot(1-\pi)^1 \\[4pt]
x = n-2 \;:\quad & p(n-2\text{mal E und 2mal }\overline{E}) &&= \binom{n}{n-2}\cdot\pi^{n-2}\cdot(1-\pi)^2 \\[4pt]
\vdots\;\; & && \\[4pt]
x = 0 \;:\quad & p(0\text{mal E und n-mal }\overline{E}) &&= \binom{n}{0}\cdot\pi^0\cdot(1-\pi)^n \,.
\end{aligned}
$$

Da mit x = n, n − 1, ..., 0 alle möglichen Realisierungen der Zufallsvariablen X erschöpft sind, muß die Summe der Wahrscheinlichkeiten dieser Realisierungen 1 ergeben. Setzt man p = π und q = 1 − π, muß wegen p + q = 1 folgende Gleichung gelten:

$$
\begin{aligned}
(p+q)^n = &\binom{n}{n}\cdot p^n\cdot q^0 + \binom{n}{n-1}\cdot p^{n-1}\cdot q^1 \binom{n}{n-2}\cdot p^{n-2}\cdot q^2 \\[4pt]
&+ ... + \binom{n}{0}\cdot p^0\cdot q^n \quad.
\end{aligned}
$$

Die rechte Seite dieser Verteilung stellt die Entwicklung des Binoms p+q für die n-te Potenz dar und heißt deshalb *binomische Entwicklung*. Die Koeffizienten $\binom{n}{x}$ heißen *Binomialkoeffizienten*, die nach dem Pascalschen Dreieck einfach zu berechnen sind. Setzt man weiterhin $\binom{n}{n-x} = \binom{n}{x}$, wobei x die Zahlen 0, 1, ..., n durchläuft, so erhält man

$$
p(x) = \binom{n}{x}\cdot\pi^x\cdot(1-\pi)^{n-x} = \frac{n!}{x!(n-x)!}\cdot\pi^x\cdot(1-\pi)^{n-x} \quad. \tag{1.16}
$$

Nach dieser Gleichung läßt sich die Wahrscheinlichkeit berechnen, genau x-mal E zu beobachten. Die Wahrscheinlichkeitsverteilung für alle Realisierungen der Zufallsvariablen X heißt *Binomialverteilung*. Ist $\pi = 1 - \pi = 1/2$, geht Gl.(1.16) in Gl.(1.15) über.

Wie man zeigen kann (vgl. etwa Kreyszig, 1973, Abschn. 40) beträgt der Erwartungswert E(X) der Binomialverteilung $\mu = n\cdot\pi$ und die Varianz $\sigma^2 = n\cdot\pi\cdot(1-\pi)$.

Verteilungsfunktion

Will man nicht Punktwahrscheinlichkeiten, sondern Überschreitungswahrscheinlichkeiten dafür ermitteln, daß X ≤ k, bedient man sich zweckmäßiger der Verteilungsfunktion bzw. der Summenfunktion der Binomialverteilung. Für den speziellen Fall $\pi = 1 - \pi = 1/2$ lautet sie

$$
P(X \le k) = \sum_{x=0}^{k}\binom{n}{x}\cdot\left(\frac{1}{2}\right)^n \quad. \tag{1.17}
$$

Für beliebiges π lautet die Summenfunktion der Binomialverteilung entsprechend

$$P(X \leq k) = \sum_{x=0}^{k} \binom{n}{x} \cdot \pi^x \cdot (1 - \pi)^{n-x} \quad . \tag{1.18}$$

Diese Verteilung ist für ausgewählte Werte π tabelliert (vgl. Tafel 1 des Anhangs).

Die Benutzung dieser Tafel sei anhand von Beispielen demonstriert. Bei einer Jahrmarktslotterie möge die Chance für ein Gewinnlos 10 % ($\pi = 0,1$) betragen. Wie groß ist die Wahrscheinlichkeit, beim Kauf von n = 15 Losen mindestens 4mal zu gewinnen? Wir entnehmen der Tafel für n = 15, $\pi = 0,1$ und x = 4; 5 ... 15 :

$$P = 0,0428 + 0,0105 + 0,0019 + 0,0003 + 8 \cdot (0) = 0,0555 \quad .$$

Oder als ein Beispiel für eine zweiseitige Fragestellung: Wie groß ist die Wahrscheinlichkeit, daß sich in einer Familie mit n = 10 Kindern höchstens 2 oder mindestens 8 Jungen befinden, wenn wir davon ausgehen, daß die Wahrscheinlichkeit für die Geburt eines Jungen bei $\pi = 0,5$ liegt? Für n = 10, $\pi = 0,5$ und x = 0; 1; 2 bzw. x = 8; 9; 10 entnehmen wir Tafel 1:

$$\begin{aligned} P' &= 0,0010 + 0,0098 + 0,0439 + 0,0439 + 0,0098 + 0,0010 \\ &= 2 \cdot 0,0547 = 0,1094 \quad . \end{aligned}$$

Liegt die Wahrscheinlichkeit für die untersuchte Alternative im Bereich $\pi > 0,50$, benutzt man die andere Alternative und deren Häufigkeiten n − x für die Ermittlung der Überschreitungswahrscheinlichkeit. Bezogen auf das 1. Beispiel ist die Wahrscheinlichkeit für mindestens 4 Gewinnlose ($\pi = 0,1$) mit der Wahrscheinlichkeit für höchstens 15 − 4 = 11 Nieten ($\pi = 0,9$) identisch.

1.2.3 Die Normalverteilungsapproximation der Binomialverteilung

Wird die Anzahl der Versuche groß (n > 50), dann ermittelt man die Überschreitungswahrscheinlichkeiten bei nicht zu kleiner oder nicht zu großer Wahrscheinlichkeit der betrachteten Alternative ($0,1 < \pi < 0,9$) ökonomischer über die sog. Normalverteilung, der sich die Binomialverteilung mit wachsender Anzahl der Versuche schnell nähert. (Zur Bedeutung der Normalverteilung für die Statistik vgl. z. B. Bortz, 1989, Kap. 2.8.) Die Gleichung für die Dichtefunktion der Normalverteilung lautet:

$$f(x) = \frac{1}{\sigma\sqrt{2\pi}} \cdot \exp[-(x - \mu)^2/2\sigma^2] \tag{1.19}$$

mit $\pi = 3.1416$. Ersetzt man die Parameter μ und σ durch die Parameter der Binomialverteilung, $\mu = np$ und $\sigma = \sqrt{npq}$, so lautet die Gleichung für die Normalapproximation der Binomialverteilung

$$f(x) = \frac{1}{\sqrt{2\pi npq}} \cdot \exp[-(x - np)^2/2npq] \quad . \tag{1.20}$$

Die Normalverteilung liegt als sog. *Standard-* oder *Einheitsnormalverteilung* mit $\mu = 0$ und $\sigma = 1$ tabelliert vor (vgl. Tafel 2 des Anhangs):

$$f(u) = \frac{1}{\sqrt{2\pi}} \cdot \exp(-u^2/2) \quad . \tag{1.21}$$

Hier kann zu jedem Wert x bzw. dem ihm entsprechenden Wert

$$u = \frac{x - np}{\sqrt{npq}} \qquad (1.22)$$

die zugehörige Überschreitungswahrscheinlichkeit P abgelesen werden (vgl. S. 34). Die Transformation überführt eine Verteilung mit beliebigem μ und σ in eine Verteilung mit $\mu = 0$ und $\sigma = 1$ (vgl. dazu etwa Bortz, 1989, unter dem Stichwort z-Transformation).

Die Wahrscheinlichkeit, beim Wurf von n = 10 Münzen mindestens x = 8 „Zahlen" zu erhalten, errechnen wir nach der exakten Binomialverteilung [Gl. (1.18)] zu P = 0,0547. Über die Normalverteilung erhalten wir für p = q = 1/2

$$u = \frac{8 - 10 \cdot (1/2)}{\sqrt{10 \cdot (1/2) \cdot (1/2)}} = 1,90 \quad .$$

Diesem Abszissenwert u der Standardnormalverteilung entspricht nach Tafel 2 des Anhangs ein P-Wert von 0,0287, der im Verhältnis zum exakt ermittelten P = 0,0547 zu niedrig ausgefallen ist. Offenbar ist unsere Stichprobe mit n = 10 zu klein für die Normalverteilungsapproximation. Die Unterschätzung läßt sich allerdings − wie wir in 5.1.1 sehen werden − mit Hilfe der sog. *Kontinuitätskorrektur* reduzieren.

Da die Normalverteilung symmetrisch ist, entspricht einem positiven u-Wert dieselbe Überschreitungswahrscheinlichkeit wie einem negativen u-Wert.

1.2.4 Die Polynomialverteilung

Lassen wir die Beschränkung auf 2 Ausprägungsarten fallen, so geht die Binomialverteilung in die *Polynomialverteilung* oder auch *Multinomialverteilung* über. Für m Ausprägungsarten mit den Wahrscheinlichkeiten $\pi_1, \pi_2, \ldots \pi_m$ ergibt sich die Punktwahrscheinlichkeit einer bestimmten Zusammensetzung einer Stichprobe des Umfanges n mit n_1 Elementen der ersten, n_2 Elementen der zweiten und n_m Elementen der m-ten Ausprägung zu

$$p(n_1, n_2, \ldots, n_m) = \frac{n!}{n_1! \cdot n_2! \cdot \ldots n_m!} \cdot \pi_1^{n_1} \cdot \pi_2^{n_2} \cdot \ldots \pi_m^{n_m} \quad . \qquad (1.23)$$

Die Überschreitungswahrscheinlichkeit P, die beobachtete oder eine extremere Zusammensetzung der Stichprobe durch Zufall anzutreffen, ergibt sich zu

$$P = \sum p^* = \sum p(n_1^*, n_2^*, \ldots, n_m^*) \quad , \qquad (1.24)$$

wobei die p^* alle Punktwahrscheinlichkeiten für Anordnungen mit $n_1^*, n_2^*, \ldots n_m^*$ Elementen bezeichnet, die kleiner oder gleich der Punktwahrscheinlichkeit der beobachteten Zusammensetzung sind.

Die Ermittlung von Punkt- und Überschreitungswahrscheinlichkeiten sei an einem Beispiel verdeutlicht. Angenommen, in einem akademischen Entscheidungsgremium befinden sich n = 4 Studenten, denen die folgenden Parteizugehörigkeiten nachgesagt werden:

Partei A: $n_1 = 0$;
Partei B: $n_2 = 1$
und
Partei C: $n_3 = 3$.

In der studentischen Population haben die 3 Parteien folgende Sympathisantenanteile: $\pi_1 = 0,5$, $\pi_2 = 0,3$ und $\pi_3 = 0,2$. Wir fragen nach der Wahrscheinlichkeit der Gremienzusammensetzung angesichts dieser Populationsverhältnisse. Nach Gl. (1.23) ergibt sich

$$p(n_1 = 0, \; n_2 = 1, \; n_3 = 3) = \frac{4!}{0! \cdot 1! \cdot 3!} \cdot 0,5^0 \cdot 0,3^1 \cdot 0,2^3 = 0,0096 \quad .$$

Diese Wahrscheinlichkeit ist sehr gering und spricht nicht für eine „repräsentative" Auswahl. Fragen wir – im Sinne der Überschreitungswahrscheinlichkeit –, wie wahrscheinlich diese und noch extremere Auswahlen sind (extremer im Sinne einer noch stärkeren Abweichung von der Populationsverteilung), benötigen wir die Punktwahrscheinlichkeiten der extremeren Auswahlen. In unserem Beispiel sind dies die Zusammensetzungen

$$n_1^* = 0, \quad n_2^* = 4, \quad n_3^* = 0 \text{ mit } p^* = 0,0081 \quad ,$$
$$n_1^* = 0, \quad n_2^* = 0, \quad n_3^* = 4 \text{ mit } p^* = 0,0016 \quad .$$

Alle übrigen Zusammensetzungen haben eine größere Punktwahrscheinlichkeit als die angetroffene. Als Überschreitungswahrscheinlichkeit errechnen wir damit

$$P = 0,0096 + 0,0081 + 0,0016 = 0,0193 \quad .$$

Die Polynomialverteilung spielt überall dort als Prüfverteilung eine Rolle, wo Elemente oder Ereignisse nach mehr als 2 Klassen aufgeteilt sind; sie wird, wie wir im nächsten Abschnitt sehen werden, durch eine andere, viel leichter zu handhabende Verteilung hinreichend gut angenähert, bei der die Bestimmung von Überschreitungswahrscheinlichkeiten keinerlei Mühe macht.

Ein Spezialfall der Polynomialverteilung ist die Gleichverteilung oder Rechteckverteilung, in der $\pi_1 = \pi_2 = \ldots \pi_m = 1/m$ für alle m Klassen ist. Die Punktwahrscheinlichkeit einer Stichprobe von $n_1, n_2, \ldots, n_m$ Elementen ist gegeben durch

$$
\begin{aligned}
p(n_1, n_2, \ldots, n_m) &= \frac{n!}{n_1! \cdot n_2! \cdot \ldots \cdot n_m!} (1/m)^{n_1 + n_2 + \ldots + n_m} \\
&= \frac{n!}{n_1! \cdot n_2! \cdot \ldots \cdot n_m!} \cdot \frac{1}{m^n} \quad .
\end{aligned}
\tag{1.25}
$$

Die Gleichverteilung für m = 2 Klassen ist die Binomialverteilung für $\pi = 0,5$. Nach der Terminologie von Gl. (1.15) entspricht $n_1 = x$ und $n_2 = n - x$, so daß

$$
\begin{aligned}
p(n_1, n_2) &= \frac{n!}{n_1 \cdot n_2!} \cdot \frac{1}{2^n} = \frac{n!}{x! \cdot (n-x)!} \cdot \frac{1}{2^n} \\
&= \binom{n}{x} \cdot \frac{1}{2^n} \quad .
\end{aligned}
$$

1.2.5 Die χ^2-Approximation der Polynomialverteilung

Die Ermittlung der Überschreitungswahrscheinlichkeiten nach der Polynomialverteilung ist schon für kleine Stichproben sehr mühsam. Glücklicherweise geht sie bereits für relativ kleine Stichprobenumfänge in eine andere theoretische Verteilung, die χ^2-Verteilung, über, die von Pearson (1900) nach Überlegungen von Helmert (1876) erarbeitet wurde. Diese Verteilung liegt ebenfalls tabelliert vor (vgl. Tafel 3 des Anhangs).

Die χ^2-Verteilung – genauer: die χ^2-Verteilung für k Freiheitsgrade – ist definiert als Verteilung der Summe der Quadrate von k unabhängigen Standardnormalvariablen $u_i = (x_i - \mu)/\sigma$ nach

$$\chi^2 = u_1^2 + u_2^2 + \ldots + u_k^2 \quad . \tag{1.26}$$

Durch infinitesimale Ableitung läßt sich zeigen, daß die Ordinate f der χ^2-Verteilung im Punkt χ^2 der Abszisse gegeben ist durch

$$f(\chi^2) = K \cdot \chi^{k-1} \cdot e^{-\chi^2/2} \tag{1.27}$$

wobei die Konstante K den folgenden Wert annimmt:

$$K = \frac{1}{(\frac{k-2}{2})! 2^{(k-2)/2}} \quad .$$

Wie die Polynomialverteilung eine Verallgemeinerung der Binomialverteilung ist, so ist auch die χ^2-Verteilung eine Verallgemeinerung der Normalverteilung: Entnimmt man jeweils nur k = 1 normalverteilte Zufallszahlen, dann geht der Ausdruck (1.27) in die Form

$$f(\chi^2) = K \cdot e^{-\chi^2/2} \tag{1.28}$$

über, die mit Gl. (1.21) identisch ist, wenn man χ^2 durch u^2 und K durch $1/\sqrt{2\pi}$ ersetzt.

Kritisch für die Bestimmung der zu einem bestimmten χ^2-Wert gehörenden Überschreitungswahrscheinlichkeit P ist die Zahl der *Freiheitsgrade* (Fg). In der Definitionsgleichung (1.26) ist Fg = k, also gleich der Zahl der unabhängigen u-Werte. Liegt aber $\sum u$ = const. fest, weil etwa $\mu_u = \sum u/k$ als Durchschnitt der u-Variablen gegeben ist, dann reduziert sich die Zahl der Freiheitsgrade um 1; dies ist auch bei m Klassen von Häufigkeiten f der Fall, wenn $\sum f = n$ = const.

Wie Pearson gezeigt hat, ist auch der folgende Ausdruck approximativ χ^2-verteilt:

$$\chi^2 = \sum_{i=1}^{m} \frac{(b_i - e_i)^2}{e_i} \quad . \tag{1.29}$$

Dabei sind b_i die in einer Kategorie i beobachteten und e_i die theoretisch erwarteten Häufigkeiten. Dieser Ausdruck ist χ^2-verteilt, wenn die erwarteten Häufigkeiten e_i genügend groß sind. Als Richtwerte für ein ausreichend großes e_i werden in der statistischen Literatur unter verschiedenen Bedingungen Werte $e_i = 5$, $e_i = 10$ oder $e_i = 30$ angegeben (vgl. dazu Kap. 5).

Zur Verdeutlichung von Gl. (1.29) greifen wir erneut das in 1.2.4 genannte Beispiel auf, nun allerdings mit einer größeren Stichprobe. Angenommen, von n = 30 Studenten sympathisieren $b_1 = 15$ mit Partei A, $b_2 = 11$ mit Partei B und $b_3 = 4$ mit

Partei C. Die theoretisch erwarteten Häufigkeiten erhalten wir, indem die auf S. 18 genannten π-Werte mit n multipliziert werden: $e_1 = 0,5 \cdot 30 = 15$, $e_2 = 0,3 \cdot 30 = 9$ und $e_3 = 0,2 \cdot 30 = 6$. Nach Gl. (1.29) resultiert damit ein χ^2 von

$$\chi^2 = \frac{(15-15)^2}{15} + \frac{(11-9)^2}{9} + \frac{(4-6)^2}{6} = 1,11 \quad .$$

Da die theoretischen Häufigkeiten in diesem Beispiel die gleiche Summe ergeben müssen wie die beobachteten, hat dieser χ^2-Wert $m - 1 = 2$ (m = Anzahl der Kategorien) Freiheitsgrade. Tafel 3 des Anhangs ist zu entnehmen, daß für Fg = 2 ein $\chi^2 = 1,022$ eine Überschreitungswahrscheinlichkeit von P = 0,60 und ein $\chi^2 = 1,386$ eine Überschreitungswahrscheinlichkeit von P = 0,50 aufweisen. Demnach hat der empirisch ermittelte χ^2-Wert eine Überschreitungswahrscheinlichkeit, die zwischen 0,50 und 0,60 liegt. Daraus wäre zu folgern, daß die theoretische Verteilung nicht gravierend von der empirischen Verteilung abweicht (Näheres dazu s. 5.1.3).

1.2.6 Die Poisson-Verteilung

Wenn die Anzahl der Ereignisse n sehr groß und die Wahrscheinlichkeit des untersuchten Ereignisses π sehr klein sind, wird die Ermittlung binomialer Wahrscheinlichkeiten nach Gl. (1.16) sehr aufwendig. In diesem Falle empfiehlt es sich, die exakten binomialen Wahrscheinlichkeiten durch die Wahrscheinlichkeiten einer anderen Verteilung, der Poisson-Verteilung, zu approximieren. Die Wahrscheinlichkeitsfunktion der Poisson-Verteilung lautet:

$$p(x) = \frac{\mu^x}{x!} \cdot e^{-\mu} \tag{1.30}$$

mit $\mu = n \cdot \pi$ und e = 2,7183 (Basis der natürlichen Logarithmen).

Die Binomialverteilung geht in die Poisson-Verteilung über, wenn $n \to \infty$, $\pi \to 0$ und $n \cdot \pi$ = const. (vgl. dazu etwa Kreyszig, 1973, Abschn. 42). Varianz und Mittelwert sind bei der Poisson-Verteilung identisch: $\mu = \sigma^2 = n \cdot \pi$.

Die Poisson-Verteilung wird gelegentlich auch als *Verteilung seltener Ereignisse* bezeichnet. Ihre Berechnung sei im folgenden an einem Beispiel verdeutlicht. (Weitere Anwendungen der Poisson-Verteilung findet man z. B. bei Hays, 1973, Kap. 5.21).

An einem Roulettetisch werden an einem Abend n = 300 Spiele gemacht. Ein Spieler behauptet, daß an diesem Abend die Zahl 13 nicht häufiger als 2mal fällt. Mit welcher Wahrscheinlichkeit hat der Spieler mit seiner Behauptung recht, wenn es sich um ein „faires" Roulette handelt, d. h. wenn $\pi = 1/37$? Nach Gl. (1.30) errechnen wir $\mu = 300/37 = 8,11$ und

$$p(x = 0) = \frac{8,11^0}{0!} \cdot e^{-8,11} = 0,0003$$

$$p(x = 1) = \frac{8,11^1}{1!} \cdot e^{-8,11} = 0,0024$$

$$p(x = 2) = \frac{8,11^2}{2!} \cdot e^{-8,11} = 0,0099 \quad .$$

Als Überschreitungswahrscheinlichkeit ergibt sich damit der Wert P = 0,0126. Es empfiehlt sich also nicht, der Intuition des Spielers zu folgen.

Unter Verwendung von Gl. (1.16) lautet die exakte Überschreitungswahrscheinlichkeit nach der Binomialverteilung P = 0,0003 + 0,0023 + 0,0094 = 0,0120. Die Poisson-Approximation kann damit bereits für n- und π-Werte in der Größenordnung des Beispiels als brauchbar angesehen werden.

1.2.7 Die hypergeometrische Verteilung

Wir haben nun abschließend noch eine Wahrscheinlichkeitsverteilung kennenzulernen, die sich dann ergibt, wenn Stichproben zweiklassiger Elemente aus einer endlich begrenzten Grundgesamtheit entnommen werden: die hypergeometrische Verteilung.

Die hypergeometrische Verteilung läßt sich anhand eines sog. Urnenmodells folgendermaßen herleiten: In einer Urne befinden sich K farbige und N−K farblose Kugeln, insgesamt also N Kugeln. Die Wahrscheinlichkeit, eine farbige Kugel zu ziehen, ist damit π = K/N. Die Wahrscheinlichkeit, genau x farbige Kugeln in einer Stichprobe von n Kugeln zu finden, ergibt sich aus folgenden Überlegungen: Es bestehen $\binom{K}{x}$ Möglichkeiten, x farbige Kugeln aus den K insgesamt vorhandenen farbigen Kugeln herauszugreifen; es bestehen weiterhin $\binom{N-K}{n-x}$ Möglichkeiten, n − x farblose Kugeln aus den insgesamt vorhandenen N − K farblosen Kugeln herauszugreifen. Daher ergeben sich nach dem Multiplikationssatz $\binom{K}{x} \cdot \binom{N-K}{n-x}$ Möglichkeiten, aus den N Kugeln x farbige und n − x farblose Kugeln zu ziehen. Da die Gesamtzahl aller Kombinationen für n Kugeln aus N Kugeln $\binom{N}{n}$ beträgt, ergibt sich die Wahrscheinlichkeit p(x) für x farbige Kugeln aus n Kugeln zu:

$$p(x) = \frac{\binom{K}{x}\binom{N-K}{n-x}}{\binom{N}{n}} \quad . \tag{1.31}$$

Der Ausdruck p(x) entspricht einer Punktwahrscheinlichkeit. Die Überschreitungswahrscheinlichkeit, x oder weniger farbige Kugeln zu ziehen, bestimmt man als Summe der zugehörigen Punktwahrscheinlichkeiten: P = p(x) + p(x − 1) + ... + p(0).

Die hypergeometrische Verteilung hat einen Mittelwert von n · π und eine Standardabweichung von $\sqrt{n \cdot \pi \cdot (1 - \pi) \cdot (N - n)/(N - 1)}$; sie hat also das gleiche Mittel wie die Binomialverteilung, nur eine um den Faktor $\sqrt{(N - n)/(N - 1)}$ kleinere Streuung. Sie geht in die Binomialverteilung über, wenn N→∞.

Auch diese Verteilung sei an einem Beispiel erläutert: Wenn wir berechnen wollen, wie hoch die Chance ist, im Zahlenlotto „6 aus 49" den niedrigsten Gewinnrang (x = 3 Richtige) zu haben, so wären einzusetzen: K = 6 (Anzahl der möglichen Treffer), x = 3 (Anzahl der tatsächlichen Treffer), N = 49 (Anzahl der Kugeln im Ziehungsgerät), n = 6 (Anzahl zu ziehender Kugeln), N − K = 43 und n − x = 3.

$$p(x = 3) = \frac{\binom{6}{3}\binom{43}{3}}{\binom{49}{6}} = \frac{20 \cdot 12341}{13983816} = 0,0177 \quad .$$

Kapitel 2 Beobachtungen, Hypothesen und Tests

Ein wichtiges − wenn nicht gar das wichtigste − Anliegen der empirischen Forschung ist darin zu sehen, allgemeine Vermutungen (*Hypothesen*) über die Art der Beziehung von Merkmalen an der Realität zu überprüfen. Dazu werden hypothesenrelevante Ausschnittc der Realität empirisch beobachtet und der hypothetischen Erwartung gegenübergestellt. Die Entscheidung, ob die empirischen Beobachtungen die Hypothese stützen oder nicht, erfordert einige Überlegungen, die Gegenstand dieses Kapitels sind.

Wir werden zunächst fragen, wie man hypothesenrelevante Ausschnitte der Realität in Form von Stichproben möglichst genau numerisch beschreiben bzw. erfassen kann. Daran anschließend wird zu prüfen sein, wie die stichprobenartigen Beobachtungen im Lichte der Hypothese zu bewerten sind. Dies geschieht mit Hilfe eines sog. Signifikanztests, der in seinen Grundzügen dargestellt wird.

2.1 Beobachtungen und Verteilungshypothesen

2.1.1 Übereinstimmung von Beobachtungen mit Hypothesen

Beim Werfen von Münzen und beim Ziehen von Spielkarten machen wir Beobachtungen und beurteilen diese dahingehend, ob sie mit einer Verteilungshypothese aufgrund eines statistischen Modells, wie etwa dem der Binomialverteilung, übereinstimmen. Dies geschieht im Beispiel des Münzwurfs auf folgende Weise: Wir beobachten ein Ereignis, z. B. den Wurf von 10 Münzen, und stellen fest, daß 9mal Zahl gefallen ist. Wir möchten nun wissen, ob dieses empirische Ereignis noch mit unserer Vorannahme der gleichen Wahrscheinlichkeit von Adler (A) und Zahl (Z) übereinstimmt oder ob wir davon ausgehen müssen, daß dieses Ergebnis nicht zufällig zustande gekommen ist. Dazu ermitteln wir die Wahrscheinlichkeit P, daß das beobachtete oder ein extremeres Ereignis bei Geltung der Binomialhypothese $\pi(Z) = \pi(A)$ zustandegekommen sei:

$$P = \binom{10}{9}/2^{10} + \binom{10}{10}/2^{10} = 0,0098 + 0,0010 = 0,0108 \quad .$$

Genau denselben Weg gehen wir bei der wissenschaftlichen Beurteilung der Übereinstimmung von Beobachtungen mit theoretischen Annahmen: Die Mendelschen Gesetze lassen uns erwarten, daß je eine Hälfte der Neugeborenen männlichen (M), die andere weiblichen (W) Geschlechts ist. Wir stellen deshalb die Hypothese auf, daß sich die Geschlechterkombinationen von Zwillingen binomialverteilen, daß also

gleichgeschlechtliche Zwillinge (MM und WW) mit der Wahrscheinlichkeit $\pi = 0,5$ auftreten. Daraufhin entnehmen wir eine Stichprobe von Zwillingen aus dem Geburtenregister eines Standesamtes und zählen die Geschlechterkombinationen aus. Dabei ergibt sich, daß gleichgeschlechtliche Zwillinge wesentlich häufiger vorkommen, als aufgrund der Binomialverteilung zu erwarten war, und daß diese Verteilung nur eine sehr geringe Wahrscheinlichkeit hat, mit der Binomialverteilung übereinzustimmen. Wir stehen angesichts dieses Ergebnisses vor der Wahl, die Binomialverteilungshypothese einfach zu verwerfen und aufgrund unseres empirischen Befundes eine neue Hypothese über die Verteilung der Geschlechterkombination von Zwillingen aufzustellen oder aber die Geltung der Binomialhypothese auf eine bestimmte Klasse von Beobachtungen einzuschränken.

In unserem Fall wäre der letzte Weg zu beschreiten, denn Zwillinge sind nach gegenwärtigem biologischen Erkenntnisstand entweder zweieiige Zwillinge, deren Geschlechtskombination dem Binomialverteilungsmodell folgen sollte, oder eineiige Zwillinge, die stets gleichen Geschlechts sind, für die also $\pi(MM) = \pi(WW) = 0,5$ gilt. Wir restringieren deshalb unsere Verteilungshypothese auf die Klasse der zweieiigen Zwillinge. Nachdem wir die eineiigen Zwillinge aus der Stichprobe entfernt und erneut auf Übereinstimmung mit dem Binomialmodell geprüft haben, stellen wir fest, daß nunmehr die beobachteten Häufigkeiten von MM, MW und WW mit relativ großer Wahrscheinlichkeit Realisationen des Binomialmodells darstellen. Diese Erkenntnis halten wir so lange als gültig fest, als weitere Beobachtungen ihr nicht widersprechen.

2.1.2 Stichproben und Grundgesamtheiten

Wie wir an dem Zwillingsbeispiel und zuvor an dem Münzenversuch gesehen haben, beobachten wir Merkmale – im Regelfall ein Merkmal (Geschlecht, Wurfergebnis) – üblicherweise an einer Stichprobe von Elementen oder Untersuchungseinheiten (Zwillingspaaren, Münzwürfen) und ziehen aus diesen Beobachtungen Schlußfolgerungen, die für die Population aller Untersuchungseinheiten gelten sollen.

Unter **Grundgesamtheit** oder **Population** wollen wir alle Untersuchungseinheiten verstehen, denen ein zu untersuchendes Merkmal gemeinsam ist. Dabei ist der Begriff der Population genereller oder spezifizierter zu fassen, je nach dem Allgemeinheitsgrad, den man für seine Schlußfolgerungen anstrebt. So spricht man von der Population der Ratten schlechthin, von der einer bestimmten Rasse, eines bestimmten Stammes und schließlich von der (zahlenmäßig sehr begrenzten) Population eines bestimmten Wurfes.

Man unterscheidet zwischen realen und endlichen Populationen (der eineiigen Zwillinge in Hamburg, der roten und weißen Kugeln in einer Urne, der Rinder in einem Zählbezirk, der Schulentlassenen eines Ortes und Jahrgangs etc.) und fiktiven und unendlichen Populationen von Beobachtungen (wie alle denkbaren Münzwurfergebnisse, alle Körperlängen, alle Reaktionszeiten usw.). Sofern die endlichen Populationen groß sind, können sie vom statistischen Gesichtspunkt her wie unendliche Populationen behandelt werden, was in allen weiteren Ausführungen – wenn nicht ausdrücklich anders vermerkt – stets geschehen wird. Als „groß" gelten

nach Dixon u. Massey (1957) endliche Populationen, deren Umfang mehr als etwa 20mal so groß ist wie aus ihnen entnommene Stichproben.

Unter **Stichprobe** verstehen wir einen „zufallsmäßig" aus der Population entnommenen Anteil von Untersuchungseinheiten. Zufallsmäßig heißt, daß jede Einheit (z. B. jedes Individuum) der Population die gleiche Chance haben muß, in die Stichprobe aufgenommen zu werden. Haben die Untersuchungseinheiten nicht die gleiche Chance, in die Stichprobe aufgenommen zu werden, dann entstehen *verzerrte Stichproben* („biased samples"), die nicht repräsentativ für die Grundgesamtheit sind und die daher keine oder nur bedingte Schlüsse auf letztere zulassen. Leider sind viele Stichproben, mit denen Biologie, Medizin und Sozialwissenschaften arbeiten, keine Zufallsstichproben, sondern sog. Ad-hoc-Stichproben, die gerade zugänglich oder – bei seltenen Erkrankungen etwa – allein verfügbar waren. Wenn überhaupt, so ist von solchen Stichproben lediglich auf eine fiktive Population zu schließen, auf eine Population, für welche die Ad-hoc-Stichprobe eine Zufallsstichprobe darstellt. Unter „Zufallsstichprobe" wird dabei nicht nur eine zufallsmäßig aus einer Population entnommene Stichprobe bezeichnet, sondern auch ein nach Zufall ausgewählter Anteil einer solchen Stichprobe. In diesem Zusammenhang spricht man auch von *randomisierten Stichproben*.

Stichproben und Populationen von qualitativen und quantitativen Beobachtungen müssen beschrieben und der wissenschaftlichen Kommunikation zugänglich gemacht werden. Die vollständigste und zugleich übersichtlichste Beschreibung erfolgt durch die (graphische oder tabellarische) Darstellung ihrer Häufigkeitsverteilungen in der Art, wie sie in 3.3 empfohlen wird.

Eine Beschreibung bestimmter Aspekte von Stichproben und Populationen ist aber auch durch **numerische Kennwerte** möglich: Solche Kennwerte sind etwa die Anteile der 4 Blutgruppen A, B, AB, O in der Gesamtbevölkerung, Mittelwert und Streuung der Körperlängen von Kindern bestimmten Alters, die Konfidenzgrenzen eines biochemischen Merkmals etc. Man nennt diese auf die Population bezogenen Kennwerte **Parameter** und bezeichnet sie mit griechischen Buchstaben wie π_A als den Anteil der Personen mit der Blutgruppe A, μ und σ_x als Durchschnitt und Standardabweichung der Körperlängen x und ν als die Gesamtzahl der Individuen einer Population. Die Kennwerte einer Stichprobe dagegen heißen **Statistiken** und werden mit lateinischen Buchstaben bezeichnet: So wäre p_A der Anteil der A-Blutgruppenträger in der Stichprobe von N Individuen, $\bar{x}$ und s_x der Mittelwert und die Standardabweichung der Körperlängen (vgl. 3.3.2). Mit griechischen Buchstaben werden wir aber nicht nur Populationsparameter, sondern auch Kennwerte für eine bestimmte, aufgrund einer Hypothese postulierte, theoretische Verteilung kennzeichnen. Mit dem Symbol N wird künftig der Umfang der untersuchten Stichprobe gekennzeichnet.

Stichproben werden hauptsächlich aus 2 Gründen erhoben: Erstens will man mit Hilfe von Stichprobenstatistiken auf die in der Regel unbekannten Parameter einer Population **schließen**, und zweitens will man anhand von Stichproben statistische Hypothesen über Populationen (z. B. der Mittelwert μ_A einer Population A ist größer als der Mittelwert μ_B einer Population B) **testen**.

Die Testproblematik wird in den folgenden Kapiteln ausführlich behandelt. Zum Problem des Schließens (Bestimmung von Konfidenzintervallen) findet der

Leser Ausführungen und Literatur bei Lienert (1978, Kap. 11 über verteilungsfreie Schätzmethoden) oder Bortz (1984, Kap. 4 über parametrische Methoden der Konfidenzintervallbestimmung).

Die Verbindlichkeit der aus Stichproben gezogenen Schlußfolgerungen hängt von der Repräsentativität der Stichproben ab. Entscheidend für die Repräsentativität einer Stichprobe ist der Modus ihrer Entnahme aus der Grundgesamtheit; sie muß zufallsgesteuert sein. Wie man zu repräsentativen Stichproben gelangt, wird im folgenden kurz erörtert.

2.1.3 Stichprobenarten

Eine Stichprobe soll – wie gesagt – ein repräsentatives, d. h. in allen Verteilungskennwerten mit der Population übereinstimmendes Abbild sein. Stichproben dieser Art erzielt man durch Entnahmetechniken, bei denen ein „Zufallsmechanismus und damit ein wahrscheinlichkeitstheoretisches Modell zur Geltung kommt" (Kellerer, 1960, S. 144).

Zur Frage der Bildung repräsentativer Stichproben liegen ältere Monographien von Cochran (1962), Strecker (1957), Kellerer (1953) und vom Statistischen Bundesamt (1960) vor. Eine neuere Arbeit zu Stichprobenverfahren hat Schwarz (1975) vorgestellt. Die Beziehung zwischen Umfang und Genauigkeit von Stichproben behandelt eine Arbeit von Koller (1958).

Eine grundsätzlichere, kritische Auseinandersetzung mit dem Repräsentativitätsbegriff wird bei Holzkamp (1983) geführt. Die Frage, inwieweit Repräsentativität einer Stichprobe für Populationen in den Sozialwissenschaften angesichts der heute aus Datenschutzgründen bestehenden Notwendigkeit, von jedem Untersuchungsteilnehmer eine schriftliche Einverständniserklärung einzuholen, a priori eingeschränkt ist, also zwangsläufig mit „biased samples" gearbeitet werden muß, kann hier nicht ausführlicher diskutiert werden (vgl. dazu etwa Boehnke, 1988). Vor dem Hintergrund solcher und ähnlicher Einschränkungen ist die folgende Unterscheidung von Erhebungstechniken nur als idealtypisch zu verstehen:

Die einfache **Zufallsstichprobe** simuliert weitgehend das Modell der Urnenentnahme: Man entnimmt aus einer definierten Population (z. B. der Infarktkranken einer Klinik) eine Stichprobe derart, daß man die ν Individuen der Population (die Krankenblätter) durchnumeriert und nach einer Tabelle von Zufallsziffern eine Stichprobe von N Individuen auswählt (etwa um das Alter der darin enthaltenen männlichen und weiblichen Patienten zum Zeitpunkt der Erkrankung zu vergleichen).

Läßt sich die Population in homogene Subpopulationen (Schichten oder Strata) aufgliedern (z. B. in männliche und weibliche Patienten mit Haupt-, Real- oder Gymnasialabschluß), dann empfiehlt sich eine **geschichtete** oder **stratifizierte Stichprobenerhebung**, bei der aus jeder Schicht proportional zu ihrem Umfang eine einfache Stichprobe gezogen wird. (Zur disproportional geschichteten Stichprobe vgl. etwa Bortz, 1984, Kap. 4.) Bei örtlich verstreuten Populationen wird meist eine **Klumpenstichprobe** gezogen. Man entnimmt dabei „naturgegebene" oder leicht zugängliche Kollektive von Individuen (Klumpen oder Cluster) nach Zufall aus der Gesamtheit der die Population konstituierenden Kollektive. Dieses Verfahren wird z. B. bei der Eichung von Schulfortschrittstests angewendet, wo man vollständige Schulklassen als Klumpen testet, die Schulklassen aus dem Schulbezirk aber nach Zufall auswählt.

Für klinische Untersuchungen eignet sich oft ein **mehrstufiges Stichprobenverfahren** am besten, wenn man Repräsentativität anstrebt: So wären für eine Arzneimittelwirkungskontrolle in einer 1. Stufe die Städte auszuwählen, in denen kontrolliert werden soll, dann müßten unter den dort niedergelassenen Ärzten in einer 2. Stufe ei-

nige nach Zufall ausgewählt und um Mitarbeit gebeten werden, und schließlich wäre das Arzneimittel in einer 3. Stufe an einigen Personen mit einschlägiger Diagnose zu erproben, die ebenfalls per Los aus den teilnahmebereiten Patienten auszuwählen sind.

Die Festlegung eines **optimalen Stichprobenumfanges** für ein Forschungsvorhaben wird aus den verschiedensten Blickrichtungen zu diskutieren sein. Entscheidend ist zunächst die angestrebte Genauigkeit der Aussagen über die Population. Jedem Leser ist ohne weiteres plausibel, daß etwa Wählerbefragungen mit N = 800 weniger verläßlich sind als Befragungen mit N = 2000.

Bei längsschnittlich angelegten Untersuchungen, auch *Paneluntersuchungen* genannt, muß die mutmaßliche Ausfallrate über die Zeit in die Überlegungen einbezogen werden (vgl. dazu St. Pierre, 1980). An späterer Stelle (2.2.7 und 2.2.8) werden wir darauf eingehen, daß auch der zwischen 2 Populationen zu erwartende Unterschied und der für die Überprüfung verschiedener Hypothesen verwendete statistische Test einen Einfluß auf den optimalen Stichprobenumfang haben sollten.

Untersucht man mehrere Stichproben, so ist es wichtig, zwischen unabhängigen und abhängigen Stichproben zu unterscheiden. Von **unabhängigen Stichproben** spricht man, wenn die Ziehungen beider bzw. aller Stichproben nach dem Zufallsprinzip erfolgt. Ebenso spricht man von unabhängigen Stichproben, wenn eine Stichprobe nach dem Zufallsprinzip z. B. in 2 Hälften aufgeteilt wird, wie dies in der experimentellen Forschung häufig erfolgt (*randomisierte Stichproben*).

Abhängige Stichproben (korrelierte Stichproben, Parallelstichproben oder „matched samples") liegen vor, wenn die Zusammensetzung einer Stichprobe durch die Zusammensetzung einer anderen Stichprobe determiniert ist. Dies wäre etwa dann der Fall, wenn wir zunächst eine Zufallsstichprobe von Anorexia-nervosa-Patientinnen ziehen und diese dann z. B. mit ihren Geschwistern vergleichen wollen. In diesem Falle wäre die Zusammensetzung der Geschwisterstichprobe von der Zusammensetzung der Ausgangsstichprobe abhängig. Jeder Person der einen Stichprobe ist eine bestimmte Person der anderen Stichprobe zugeordnet.

Ein häufiger Sonderfall einer abhängigen Stichprobe liegt bei Untersuchungen mit **Meßwiederholung** bzw. bei Längsschnittuntersuchungen vor. Man mißt ein Merkmal an ein und derselben Zufallsstichprobe von Individuen 2- oder mehrmals (möglicherweise) unter verschiedenen Bedingungen (Behandlungen), so daß mehrere voneinander abhängige (Daten-)Stichproben entstehen.

Die Einteilung in unabhängige und abhängige Stichproben ist deshalb so bedeutsam, weil für beide Erhebungsarten unterschiedliche statistische Tests angewendet werden, wobei die für abhängige Stichproben bestimmten Tests im allgemeinen „wirksamer" sind, ein Aspekt, auf den wir in 2.2.7 noch ausführlicher eingehen.

Bevor wir uns in Kap. 3 umfassender mit verschiedenen Techniken der Datenerhebung an Stichproben und der Aufbereitung der erhobenen Daten beschäftigen, wollen wir uns im folgenden zunächst mit einigen grundlegenden Begriffen der statistischen Hypothesenprüfung auseinandersetzen.

2.2 Statistische Hypothesen und Tests

2.2.1 Ein- und zweiseitige Fragestellungen

Die Darstellung der Theorie der statistischen Entscheidung wollen wir mit einem Beispiel einleiten, das die möglichen Arten der statistischen Fragestellung näher beleuchten wird.

Wenn wir wissen wollen, ob 2 Getreidesorten einen unterschiedlichen Ertrag liefern und wir keine Mutmaßung darüber besitzen, welche der beiden Sorten den höheren Ertrag liefert – Erfahrungen fehlen oder widersprechen einander –, so stellen wir an einen für diesen Zweck angestellten Versuch die folgende Frage: Liefert die Sorte I einen höheren Ertrag als die Sorte II oder liefert umgekehrt die Sorte II einen höheren Ertrag als die Sorte I? Dies wäre eine *zweiseitige* Fragestellung.

Bleiben wir bei den 2 Getreidesorten. Die Sorte I sei wohl bekannt und gut eingeführt, die Sorte II sei eine Neuzüchtung und erhebt den Anspruch, höhere Erträge als Sorte I zu liefern. Wir wollen also durch einen Versuch lediglich herausfinden, ob die Sorte II tatsächlich, wie vermutet, höhere Erträge liefert als die Sorte I; das Gegenteil interessiert uns nicht. Unser jetziges Anliegen ist eine *einseitige* Fragestellung an das Experiment.

Während die zweiseitige Fragestellung die übliche Ausgangsfragestellung empirisch-statistischer Untersuchungen ist, muß die einseitige stets speziell begründet werden. Eine einseitige Hypothese läßt sich formulieren:

a) auf der Basis einer „starken" Theorie oder Vorerfahrung, die eine begründete Hypothese über die Richtung des zu erwartenden Unterschiedes zuläßt;

b) im Falle logischer und/oder sachlicher Irrelevanz eines Unterschiedes in der anderen (durch die einseitige Fragestellung ausgeschlossenen) Richtung.

Zu a) und b) je ein Beispiel:

a) Aus theoretischen Überlegungen und empirischen Befunden wissen wir, daß ein egalitär-induktiver Erziehungsstil die Entwicklung altruistischer Helfensmotive fördert (vgl. Hoffman, 1977). Nun bereiten wir eine Untersuchung vor, mit der wir herausfinden wollen, ob der postulierte Zusammenhang kulturübergreifend, d.h. etwa auch für eine Stichprobe von türkischen Migrantenkindern, gilt. In diesem Falle ist eine einseitige Fragestellung angemessen, da die Richtung der Wirkweise des induktiven Erziehungsstils als ausreichend gesichert gelten darf.

b) Wenn eine Klinik ein neues Versuchspräparat daraufhin untersucht, ob es Harnausscheidungen bei Nierenkranken fördert, so darf einseitig gefragt werden, denn einmal interessiert nur eine diuresefördernde Wirkung, zum anderen käme das Versuchspräparat – sollte es die Harnausscheidung etwa hemmen – erst gar nicht in den Handel (sachliche Irrelevanz).

Allgemein gilt: **Die Art der Fragestellung, ein- oder zweiseitig, muß bereits vor der Gewinnung von Beobachtungs- oder Versuchsdaten festgelegt sein.** Im anderen Fall könnte man jeweils so fragen, wie es die Ergebnisse nahelegen. Mit der einseitigen Fragestellung sollte man sehr sparsam operieren, denn man muß bereit und in der Lage sein, ihre Anwendung gegen jeden möglichen Einwurf zu verteidigen. Für eine ausführlichere Auseinandersetzung mit der Frage der Formulierung

einseitiger vs. zweiseitiger Hypothesen sei auf Metzger (1953) und Steger (1971) verwiesen. Warum der Richtung der Fragestellung viel Gewicht beizumessen ist, wird im Zusammenhang mit der sog. Teststärke (vgl. 2.2.7) noch klarer werden.

2.2.2 Nullhypothesen

Ausgangspunkt statistischer Inferenz ist üblicherweise die sog. Nullhypothese. Sie kann z. B. lauten: Zwei oder mehrere Stichproben entstammen ein und derselben Grundgesamtheit. Diese Formulierung bezieht sich auf sämtliche (stetigen) Parameter der Populationsverteilung.

Soll die Nullhypothese nur für einen bestimmten Parameter gelten, so ist sie entsprechend zu präzisieren: Zwei oder mehrere Stichproben mit den Statistiken p_1, p_2 . . . stammen aus Grundgesamtheiten mit dem gleichen Parameter π.

Die große Bedeutung der Nullhypothese für die klassische Prüfstatistik beruht darauf, daß dem Inferenzschluß ein *Falsifikationsprinzip* zugrunde liegt. Grundsätzlich wird versucht zu überprüfen, ob das Eintreffen eines bestimmten Ereignisses mit den theoretischen Vorannahmen der Nullhypothese kompatibel ist. Im strengen Sinne ist ein statistischer Schluß nur zulässig, wenn die Kompatibilitätsannahme nicht mehr plausibel ist, wenn man „beim besten Willen" nicht mehr davon ausgehen kann, daß ein bestimmtes Ereignis bei Gültigkeit der Nullhypothese – sozusagen per Zufall – zustande gekommen sein könnte.

Die genannten Nullhypothesen – kurz H_0 – sind bewußt etwas leger formuliert. Strenger formuliert würde die H_0 – auf den anstehenden Vergleich spezifiziert und auf einen Parameter bezogen – lauten:

a) Beim Vergleich einer Stichprobe mit einer bekannten Grundgesamtheit: Der Parameter π der Grundgesamtheit, der die Stichprobe mit der Statistik p angehört, ist gleich dem Parameter π_0 der bekannten Grundgesamtheit. Symbolisch formuliert

$$H_0 : \pi = \pi_0 \quad .$$

b) Beim Vergleich zweier Stichproben: Der Parameter π_1 der Grundgesamtheit, der die Stichprobe mit der Statistik p_1 angehört, ist gleich dem Parameter π_2 der Grundgesamtheit, der die Stichprobe mit der Statistik p_2 angehört. Symbolisch formuliert bei zweiseitiger Fragestellung

$$H_0 : \pi_1 = \pi_2 \quad ,$$

und bei einseitiger Fragestellung

$$H_0 : \pi_1 \leq \pi_2 \quad \text{oder} \quad H_0 : \pi_1 \geq \pi_2 \quad .$$

c) Beim Vergleich von k Stichproben:

$$H_0 : \pi_1 = \pi_2 = \ldots = \pi_k \quad .$$

Nullhypothesen beziehen sich nicht nur auf Anteilsparameter, sondern z. B. auch auf Parameter der zentralen Tendenz, der Dispersion oder andere Parameter, auf die wir in 3.3.2 näher eingehen. Die Art der Nullhypothese richtet sich nach der Alternativhypothese, die wir im folgenden behandeln.

2.2.3 Alternativhypothesen

Der Nullhypothese stellen wir eine bestimmte, durch das Untersuchungsziel nahegelegte Alternativhypothese – kurz H_1 – entgegen. Die Alternativhypothese bezieht sich auf denselben oder dieselben Parameter wie die Nullhypothese. Sie beinhaltet eine mehr oder weniger spezifizierte Alternative zu dem, was durch die Nullhypothese behauptet wird; daher der Name „Alternativhypothese".

Obwohl vom Standpunkt der wissenschaftslogischen Abfolge die Nullhypothese der Alternativhypothese vorausgehen muß, beschreitet man in der Forschungspraxis oft – bewußt oder unbewußt – den umgekehrten Weg: Man bestätigt eine aus Theorie oder Beobachtung hergeleitete Alternativhypothese, indem man eine andere, eben die Nullhypothese, als unplausibel verwirft.

Bei der Gegenüberstellung von H_0 und H_1 ist zu beachten, daß die Nullhypothese meist einen höheren *Allgemeinheitsgrad* hat, zumindest aber von gleichem Allgemeinheitsgrad ist wie die Alternativhypothese. Anders formuliert: Die Nullhypothese umfaßt nicht weniger Parameter als die Alternativhypothese. Wenn es in der Nullhypothese heißt, 2 Stichproben stammten aus ein und derselben Grundgesamtheit, so ist mit dieser Aussage ausgedrückt, daß sich die Populationen, aus denen die Stichproben tatsächlich stammen, weder in ihren Mittelwerten noch in ihren Streuungen oder einem anderen Parameter unterscheiden. Die Alternativhypothese mit gleichem Allgemeinheitsgrad besagt, daß die Stichproben aus verschiedenen Populationen stammen, wobei diese H_1 bereits zu akzeptieren wäre, wenn ein Unterschied nur in bezug auf einen beliebigen Parameter besteht. Die Annahme von H_0 hingegen setzt Identität in allen Parametern voraus.

Zu einer allgemeinen Nullhypothese können Alternativhypothesen auf 3 Generalisierungsstufen formuliert werden:

a) Die spezielle Alternativhypothese, die sich auf einen definierten Parameter (z. B. den Mittelwert) richtet;

b) die generalisierte Alternativhypothese, die sich auf eine Klasse von Parametern (z. B. alle Maße der zentralen Tendenz) richtet und

c) die sog. Omnibusalternativhypothese, die sich auf alle möglichen Parameter richtet.

Reagiert ein verteilungsfreier Test nur auf einen einzigen Parameter, ist auch die H_0 entsprechend zu spezifizieren. Ablehnung dieser H_0 bedeutet, daß sich die verglichenen Populationen im geprüften Parameter unterscheiden; über mögliche Unterschiede hinsichtlich weiterer Parameter kann keine Aussage formuliert werden. Entsprechendes gilt für den Fall, daß die H_0 beizubehalten ist.

Die Alternativhypothese kann gerichtet (z. B. $\pi_1 > \pi_2$) oder ungerichtet sein (z. B. $\pi_1 \neq \pi_2$). Je nach Art der Alternativhypothese formuliert man die zur H_1 komplementäre H_0 als eine der in 2.2.2 beschriebenen Varianten:

$$H_1: \pi_1 \neq \pi_2 \quad (H_0: \pi_1 = \pi_2) \quad ,$$

$$H_1: \pi_1 > \pi_2 \quad (H_0: \pi_1 \leq \pi_2) \quad ,$$

$$H_1: \pi_1 < \pi_2 \quad (H_0: \pi_1 \geq \pi_2) \quad .$$

Das Testverfahren zur Überprüfung einer gerichteten oder ungerichteten Alternativhypothese nennt man einen einseitigen oder zweiseitigen Test (vgl. auch S. 40).

2.2.4 Das Risiko I

Haben wir die Nullhypothese und die Alternativhypothese klar formuliert, führen wir die Untersuchung durch und verarbeiten das resultierende Datenmaterial mit einer gegenstandsadäquaten Testmethode. Als letztes Ergebnis der statistischen Analyse erhalten wir schließlich einen Wahrscheinlichkeitswert P (oder P'). Rechnen wir diesen in einen Prozentwert um, dann können wir angeben, in wievielen von 100 Untersuchungen dieser Art wir einen solchen oder einen größeren Stichprobenunterschied durchschnittlich antreffen würden, sofern die Nullhypothese zutrifft. Greifen wir zur Verdeutlichung noch einmal das Münzwurfbeispiel aus 2.1.1 auf. Der dort berechnete Wahrscheinlichkeitswert von P = 0,0108 besagt, daß wir bei 100 Würfen mit 10 Münzen – wenn H_0 (Gleichverteilung von Adler und Zahl) gilt – etwa einmal (genauer: in 1,08 % aller Fälle) das Ereignis „9 Zahlen oder mehr" erwarten können. Wenn die Wahrscheinlichkeit P in einem konkreten Untersuchungsfall sehr gering ist, werden wir H_0 aufgeben und anstatt ihrer H_1 annehmen. Wir sind uns bei dieser Entscheidung eines gewissen Risikos bewußt; immerhin kann in einem kleinen Bruchteil der Fälle ein Ereignis bei Gültigkeit von H_0 auch per Zufall zustande gekommen sein. Die Statistiker haben dies **Risiko** oder **Fehler (Risiko I)** genannt; man bezeichnet es mit dem Symbol α, wobei α zugleich auch die Höhe des Risikos I angibt.

Ein Untersuchungs- oder Beobachtungsergebnis, aufgrund dessen wir H_0 aufgeben, nennen wir „**signifikant**". Dabei muß klar sein, daß diese Entscheidung nicht deterministischer Natur ist, sondern daß es sich um eine probabilistische Plausibilitätsaussage handelt. Eine Hypothese, die Alternativhypothese, wird einer anderen Hypothese vorgezogen, weil letztere vor dem Hintergrund festgelegter Konventionen nicht mehr als plausibel gelten kann (vgl. dazu auch Weber, 1964).

Welches Risiko I dürfen wir nun auf uns nehmen, wenn wir im Sinne unserer Arbeitshypothese H_0 verwerfen und H_1 akzeptieren wollen? In der angewandten Statistik haben sich 3 Werte von α unter der Bezeichnung „Signifikanzniveau" eingebürgert, nämlich $\alpha = 0,05$, $\alpha = 0,01$ und $\alpha = 0,001$. Erhalten wir als Untersuchungsergebnis $P \leq \alpha = 0,05$, so sagen wir, das Ergebnis (der Unterschied, der Zusammenhang etc.) sei auf dem 5%-Niveau gesichert. Erhalten wir ein $P \leq \alpha = 0,01$, so stellen wir entsprechend eine Signifikanz auf dem 1%-Niveau fest, usw. Die Wahl des richtigen Signifikanzniveaus muß sich am Forschungsgegenstand orientieren. Dies macht Anderson (1956, S. 123 f.) sehr anschaulich deutlich, wenn er schreibt:

„In Wirklichkeit hängt unsere Sicherheitsschwelle im höchsten Grade davon ab, welche Wichtigkeit man dem Eintreffen des unwahrscheinlichen, d.h. außerhalb der angenommenen Wahrscheinlichkeitsgrenze liegenden 'ungünstigen' Ereignisses zumißt. Wenn z. B. die Wahrscheinlichkeit dafür, daß es morgen regnet, auf 'nur 5 %' geschätzt wird, so hält man das bevorstehende gute Wetter für praktisch sicher. Wird unser Familienmitglied von einer Seuche befallen, die eine Sterblichkeit von 5 % aufweist, so stellen wir besorgt fest, es sei lebensgefährlich erkrankt. Und wenn die Wahrscheinlichkeit dafür, daß eine Eisenbahnbrücke demnächst beim Durchgang eines Zuges einstürzt, 'ganze 5 %' beträgt, so ist die Brücke nicht nur sofort zu schließen, sondern es werden auch die schuldigen Eisenbahnbeamten, die einen so katastrophalen Zustand überhaupt zugelassen haben, zur Verantwortung gezogen."

Zum Abschluß sei noch darauf hingewiesen, daß das Risiko I in der deutschsprachigen statistischen Literatur unter verschiedenen Begriffen behandelt wird: *Überschreitungswahrscheinlichkeit* (als die Wahrscheinlichkeit, mit der eine bestimmte

Abweichung von H_0 in der Stichprobe bei Geltung von H_0 in der Grundgesamtheit erreicht oder überschritten wird), *Zufallswahrscheinlichkeit* (weil man mit dieser Wahrscheinlichkeit annehmen muß, daß die Abweichung von H_0 durch Zufall bedingt ist), *Irrtumswahrscheinlichkeit* (weil man mit dieser Wahrscheinlichkeit irrt, wenn man H_1 anstelle von H_0 akzeptiert), *Gegenwahrscheinlichkeit* (weil diese Wahrscheinlichkeit gegen die Annahme von H_1 spricht).

Wir wollen im folgenden das Signifikanzniveau als Ausdruck des *zulässigen* Risikos I mit dem Symbol α bezeichnen; das jeweils *resultierende* Risiko I, das wir bei der Annahme von H_1 in einem konkreten Untersuchungsfall eingehen bzw. eingehen würden, wenn wir H_1 akzeptierten, wollen wir mit dem Buchstaben P symbolisieren.

Das Signifikanzniveau ist gemäß der Fragestellung vor der Durchführung der Untersuchung festzulegen und darf nicht etwa erst angesichts der Ergebnisse vereinbart werden. In der praktischen Analyse wird diese Forderung jedoch nur selten beachtet. Man prüft, ob und auf welcher Stufe die Ergebnisse gesichert sind und interpretiert sie dann entsprechend. Dieses Vorgehen ist, gemessen am wissenschaftstheoretischen Anspruch des quantitativ-statistischen Forschungsparadigmas, inkorrekt. Wir werden in unseren Beispielen das Signifikanzniveau stets – explizit oder implizit – im voraus festlegen.

Die Terminologie „Risiko I" legt nahe, daß es auch ein Risiko II gibt. Und in der Tat ist es denkbar, daß ein statistischer Test die Nullhypothese nicht verwirft, obwohl sie „in Wahrheit", z. B. für den Vergleich zweier Populationen, falsch ist. Die Gefahr, einen solchen Fehler zu begehen, nennen wir **Risiko II**. Auf die Bedeutsamkeit dieses Fehlers gehen wir in 2.2.6 näher ein.

2.2.5 Statistische Prüfgrößen und statistische Tests

Wenn wir vom Risiko I als dem Endresultat der statistischen Analyse gesprochen haben, so müssen wir uns jetzt fragen: Auf welche Weise ermitteln wir nun dieses Risiko I bzw. den Wahrscheinlichkeitswert P?

Die Bestimmung von P erfolgt in jedem Fall über eine sog. statistische Prüfgröße; diese ist eine Maßzahl, die sich aus Stichproben nach einer bestimmten Rechenvorschrift ableitet und unmittelbar oder mittelbar eine Wahrscheinlichkeitsaussage ermöglicht.

In Kap. 1 hatten wir verschiedene Verteilungen von Zufallsvariablen kennengelernt, die die Art der Verteilung bestimmter empirischer Ereignisse optimal beschreiben, z. B. die diskrete Gleichverteilung als „Würfelverteilung", die hypergeometrische Verteilung als „Lottoverteilung" oder die Normalverteilung als Verteilung z. B. der Armlängen bei Neugeborenen. Diese und andere Verteilungen sind aber nicht nur als empirische Verteilungen von Bedeutung, sondern vor allem als theoretische Verteilungen, nämlich sog. **Stichprobenkennwerteverteilungen** (englisch „sampling distributions") oder **Prüfverteilungen**.

Eine der wichtigsten statistischen Prüfverteilungen ist die **Standardnormalverteilung**. Ihre Bedeutung liegt darin, daß viele statistische Kennwerte normalverteilt sind und daß sich diese Normalverteilungen durch einfache Transformation [vgl. Gl. (2.1)] in die Standardnormalverteilung mit den Parametern $\mu = 0$ und $\sigma = 1$ überführen lassen.

Wählen wir als Beispiel für einen normalverteilten statistischen Kennwert das arithmetische Mittel $\bar{x}$. Die Zufallsvariable $\bar{X}$ ist unbeschadet der Verteilungsform des Merkmals in der Population bei hinreichend großen Stichproben normalverteilt. Oder anders formuliert: Ziehen wir aus einer beliebig verteilten Grundgesamtheit (mit endlicher Varianz) wiederholt Stichproben des Umfanges N, so verteilen sich die Mittelwerte dieser Stichproben – sofern N genügend groß ist – normal. Diesen Sachverhalt bezeichnet man als „zentrales Grenzwerttheorem", über dessen mathematische Herleitung z. B. Schmetterer (1966) informiert.

Die Wirkungsweise des zentralen Grenzwerttheorems kann man sich einfach anhand eines kleinen Experiments verdeutlichen. Man nehme einen Würfelbecher mit N = 3 Würfeln und notiere nach jedem Wurf den Durchschnitt der geworfenen Augenzahlen. Sehr bald wird man festellen, daß die Zufallsvariable „durchschnittliche Augenzahl" eine Verteilungsform annimmt, die der Normalverteilung stark ähnelt. Diese Ähnlichkeit wird noch offensichtlicher, wenn man statt 3 Würfel 4 oder mehr Würfel einsetzt. Obwohl das Merkmal (Augenzahlen beim Würfeln) gleichverteilt ist, nähert sich die Verteilung der Mittelwerte mit wachsendem N (= Anzahl der Würfel) einer Normalverteilung.

Hier interessiert nun vorrangig, wie man das Risiko I bzw. die Wahrscheinlichkeit P beim statistischen Hypothesentesten bestimmen kann. Der *allgemeine* Gedankengang, der jedem statistischen Test zugrundeliegt, ist folgender: Zunächst wird aus den erhobenen Stichprobendaten ein „hypothesenrelevanter" statistischer Kennwert berechnet (z. B. die Differenz zweier Stichprobenmittelwerte, ein Häufigkeitsunterschied, der Quotient zweier Stichprobenvarianzen, die Differenz von Rangsummen etc.). Dieser statistische Kennwert wird in eine statistische Prüfgröße transformiert. (Dies sind die Formeln für die verschiedenen sog. „Signifikanztests"). Vorausgesetzt, die Daten erfüllen bestimmte Zusatzannahmen, wie z. B. Unabhängigkeit, Varianzhomogenität oder Normalverteilung (dies sind die Voraussetzungen der Signifikanztests), folgen die Prüfgrößen unter der Annahme, die H_0 sei richtig, bestimmten klassischen Prüfverteilungen, wie z. B. der Standardnormalverteilung, der t-, F- oder χ^2-Verteilung.

Die Verteilungsfunktionen dieser Prüfverteilungen sind bekannt und liegen – zumindest auszugsweise – in tabellierter Form vor. Anhand dieser Tabellen läßt sich einfach ermitteln, ob die mit einer Prüfgröße assoziierte Wahrscheinlichkeit P größer oder kleiner als das zuvor festgelegte Signifikanzniveau ist. Ist der P-Wert für die empirisch ermittelte Prüfgröße kleiner als α, wird die H_0 verworfen und die H_1 angenommen. Das Ergebnis ist statistisch signifikant. Andernfalls, bei größeren P-Werten, wird die H_0 beibehalten.

Dieses vor allem in der *parametrischen Statistik* praktizierte Vorgehen bezeichnen wir als „mittelbare Bestimmung des Risikos I". Die verteilungsfreien Methoden ermitteln die Irrtumswahrscheinlichkeit P in der Regel nicht mit Hilfe der genannten klassischen Prüfverteilungen, sondern mit Prüfverteilungen, die aufgrund kombinatorischer Überlegungen auf die jeweilige Fragestellung zugeschnitten entwickelt wurden (unmittelbare Bestimmung des Risikos I; vgl. z. B. 5.1.1).

Viele der verteilungsfreien Prüfgrößen folgen jedoch auch, wenn sie auf größere Stichproben angewendet werden, klassischen Prüfverteilungen. Von besonderer Bedeutung ist auch hier die Normalverteilung. Wie man bei einer normalverteilten Prüfgröße die Überschreitungswahrscheinlichkeit P (bzw. P') bestimmt, sei im folgenden verdeutlicht.

Eine beliebige normalverteilte Zufallsvariable X mit dem Erwartungswert μ_x und der Streuung σ_x läßt sich durch die folgende Transformation in eine standardnormalverteilte Zufallsvariable u mit $\mu_u = 0$ und $\sigma_u = 1$ transformieren:

$$u = \frac{x - \mu_x}{\sigma_x} \ . \tag{2.1}$$

(In der psychologischen Statistik verwendet man üblicherweise statt des Symbols u den Buchstaben z.)

Betrachten wir als Prüfgröße z. B. die Differenz D von 2 Stichprobenmittelwerten ($D = \overline{x}_1 - \overline{x}_2$), von der bekannt ist, daß sie bei genügend großen Stichprobenumfängen normalverteilt ist, läßt sich Gl. (2.1) folgendermaßen anwenden:

$$u = \frac{D - \mu_D}{\sigma_D} \ . \tag{2.2}$$

μ_D ist hier die durchschnittliche Differenz, die wir bei Gültigkeit von H_0 erwarten. Da gemäß H_0 $\mu_1 = \mu_2$ gesetzt wird (von dieser Annahme können wir bei ein- und zweiseitiger Frage ausgehen; vgl. etwa Bortz, 1989, Kap. 4.5), ist natürlich $\mu_D = 0$. σ_D kennzeichnet die Streuung von Differenzen D (Standardfehler von D), die man erhält, wenn die Untersuchung mit anderen Zufallsstichproben identischen Umfanges theoretisch beliebig oft wiederholt wird. Auf die Bestimmung von σ_D ist hier nicht näher einzugehen.

Gemäß H_0 erwarten wir u-Werte „in der Nähe" von 0. Extreme u-Werte sind nach Zufall bzw. gemäß H_0 sehr unwahrscheinlich. Mit welcher Wahrscheinlichkeit nun ein empirisch ermittelter u-Wert oder gar extremere u-Werte bei Gültigkeit von H_0 auftreten können, veranschaulicht Abb. 2.1.

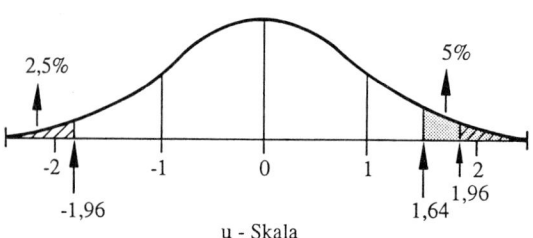

Abb. 2.1. Standardnormalverteilung mit $\mu = 0$ und $\sigma = 1$. Der Signifikanzbereich auf der 5%-Stufe ist für die einseitige Fragestellung grau markiert und für die zweiseitige Fragestellung schraffiert

Wird die Gesamtfläche unter der in Abb. 2.1 dargestellten Standardnormalverteilung gleich 1 gesetzt, kann man die zu jedem u-Wert gehörende Überschreitungswahrscheinlichkeit einfach in Tafel 2 ablesen. Wenn dabei ein Wert $P \leq \alpha$ resultiert, ist der Unterschied (allgemein das Ergebnis) auf dem entsprechenden α-Niveau signifikant. Die Bedingung $P \leq \alpha$ ist z. B. für $\alpha = 0,05$ und einseitigem Test für $u \geq 1,64$ erfüllt (vgl. auch S. 37f.). Hätten wir zweiseitig gefragt, so wäre ein $|u| \geq +1,96$ erforderlich; in diesem Falle verteilen sich die 5 % der Fläche symmetrisch auf 2,5 % des linken und des rechten Kurvenauslaufes.

Eine weitere für große Stichproben wichtige Prüfverteilung ist die bereits in 1.2.5 eingeführte χ^2-Verteilung. Die zweiseitige Überschreitungswahrscheinlichkeit

P' ermittelt man bei einer χ^2-verteilten Prüfgröße wie folgt: Zu jedem χ^2-Wert als einem bestimmten Abszissenpunkt der χ^2-Verteilung gehört eine bestimmte (rechts von diesem Punkt liegende) Verteilungsfläche, die jene Wahrscheinlichkeit P' angibt, mit der der erhaltene oder ein höherer χ^2-Wert unter der Nullhypothese erzielt werden kann, nach der die beobachteten Häufigkeiten mit den theoretischen Häufigkeiten übereinstimmen. Diese Wahrscheinlichkeitswerte sind unter der entsprechenden Anzahl von Freiheitsgraden Tafel 3 des Anhangs zu entnehmen.

Da der χ^2-Test auf überzufällig große χ^2-Werte prüft, ist er eigentlich einseitig (überzufällig kleine χ^2-Werte interessieren bei praktischen Forschungsfragen äußerst selten). Dennoch bezeichnen wir die im χ^2-Test ermittelten Überschreitungswahrscheinlichkeiten als zweiseitig. Die Begründung dafür liefert die sehr häufig eingesetzte Gl. (1.29): Wegen der quadrierten Abweichungen $(b - e)^2$ tragen beobachtete Häufigkeiten, die sowohl über als auch unter der Zufallserwartung liegen, zur Vergrößerung des χ^2-Wertes bei, d. h. die Richtung der Abweichungen ist für den χ^2-Test unerheblich.

Gelegentlich ist es wichtig, eine χ^2-verteilte Prüfgröße mit einer normalverteilten Prüfgröße zu vergleichen. Dafür gelten die folgenden Regeln:

Für Fg > 100 gilt (vgl. Fisher, 1925):

$$u = \sqrt{2\chi^2} - \sqrt{2Fg - 1} \quad . \tag{2.3}$$

Für Fg > 10 läßt sich eine χ^2-Verteilung mit der Transformation von Wilson u. Hilferty (1931) in eine Normalverteilung überführen (vgl. auch Vahle u. Tews, 1969):

$$u = \frac{\sqrt[3]{\chi^2/Fg} - \left(1 - \frac{2}{9 \cdot Fg}\right)}{\sqrt{\frac{2}{9 \cdot Fg}}} \quad . \tag{2.4}$$

Im speziellen Fall einer χ^2-Verteilung mit Fg=2 ist der χ^2-Wert mit der Überschreitungswahrscheinlichkeit P wie folgt verknüpft (vgl. Kendall, 1948, S. 123 f.):

$$\ln P = -\chi^2/2 \quad . \tag{2.5}$$

Für Fg $= 1$ gilt [s. auch Gl. (1.26)]:

$$u^2 = \chi^2 \quad . \tag{2.6}$$

Verfahren, die − wie oben beschrieben − zur Entscheidung über Beibehaltung oder Zurückweisung der Nullhypothese führen, bezeichnet man als statistische Tests oder als *Signifikanztests*. Gewöhnlich wird ein Test nach der von ihm benutzten Prüfgröße benannt; so spricht man von einem u-Test (in der psychologischen Statistik auch z-Test genannt), von einem χ^2- oder einem F-Test. Verschiedentlich werden Tests auch nach ihrem Autor (z. B. McNemar-Test) bzw. nach den geprüften statistischen Kennwerten (z. B. Mediantest) benannt.

Der Frage der Benennung eines Tests vorgeordnet ist die Frage seiner Charakterisierung als *parametrischer* oder *nichtparametrischer, verteilungsfreier* Test. Die erste Gruppe von Tests ist an das Vorliegen und das Bekanntsein bestimmter Vertei-

lungsformen gebunden. Diese Verfahren heißen deshalb verteilungsgebundene oder, weil innerhalb einer bestimmten Verteilungsform nur die Parameter der Verteilung von Interesse sind, parametrische Tests. Die andere Gruppe, die die verteilungsfreien, verteilungsunabhängigen oder nichtparametrischen Tests umfaßt, macht keine Annahmen über die genaue Form der Verteilung der geprüften statistischen Kennwerte.

Die verteilungsfreien Tests sind jene, die weniger oder schwächere Voraussetzungen implizieren als die verteilungsgebundenen. Die parametrischen Tests sind Methoden, die nur unter speziellen Voraussetzungen gültig und aussagekräftig sind. Daß diese Voraussetzungen gegeben sind, muß – formal gesehen – in jedem Einzelfall belegt werden.

Die Aussage, daß verteilungsfreie Tests weniger Voraussetzungen haben, bezieht sich auch auf die Qualität der Meßwerte, die mit einem Test verarbeitet werden sollen. Auf diesen Aspekt werden wir in Kap. 3 ausführlich eingehen.

Neben der Unterscheidung parametrischer und verteilungsfreier Tests sowie der Unterscheidung nach dem zu prüfenden statistischen Kennwert – Lokationstest, Dispersionstest etc. – werden in der statistischen Literatur Tests auch nach der Art der Alternativhypothese unterschieden. Zu erwähnen wären hier z. B. Tests, die:

a) die Anpassung einer Stichprobenverteilung an eine theoretische Verteilung prüfen (vgl. Kap. 5),
b) 2 oder mehrere beobachtete Verteilungen daraufhin prüfen, ob sie aus der gleichen Grundgesamtheit stammen können oder nicht (vgl. Kap. 6 und 7),
c) prüfen, ob eine (zeitliche) Folge von Daten aus einer gleichbleibenden oder sich ändernden Population entnommen wurde (vgl. Kap. 11).

2.2.6 Das Risiko II

In 2.2.4 hatten wir ausgeführt, daß statistische Entscheidungen immer ein Risiko einschließen: Wenn wir H_1 gegenüber H_0 akzeptieren, gehen wir das sog. Risiko 1. Art ein. Dieses Risiko ist um so größer, je höher wir α ansetzen, bei 0,05 also größer als bei 0,01. Wenn wir uns nun aufgrund eines bestimmten Risikos I dafür entscheiden, H_0 beizubehalten, nehmen wir ein anderes Risiko in Kauf, das die Statistiker als Risiko 2. Art kennen und mit dem Symbol β bezeichnen.

Das Risiko II ist die Wahrscheinlichkeit, daß wir die Nullhypothese beibehalten, obwohl sie falsch ist. Zwischen 2 Populationen mag der Unterschied $\mu_1 \neq \mu_2$ tatsächlich bestehen, dennoch wird es uns bei 100 Stichproben in einer bestimmten Anzahl von Fällen nicht gelingen, diesen Unterschied zu belegen. Die Wahl der Höhe des Risikos I liegt bekanntlich weitgehend in unserem Ermessen. Wie steht es nun mit der Höhe des Risikos II? Von welchen Faktoren hängt es ab, und können wir es im konkreten Analysefall numerisch bestimmen?

Betrachten wir zunächst, wie sich Risiko I und Risiko II bei Vorliegen eines bestimmten Unterschiedes und Verwendung eines bestimmten Tests zueinander verhalten. Es ist ohne weiteres einsichtig, daß wir das Risiko II erhöhen, d. h. einen tatsächlich bestehenden Unterschied eher übersehen, wenn wir die Alternativhypothese nur mit einem sehr geringen Risiko I akzeptieren, wenn wir also die Annahme von H_1 erschweren. **Risiko I und Risiko II verhalten sich demnach gegenläufig.** Es scheint unter diesen Umständen nicht opportun, das Risiko I durch eine überspitzte

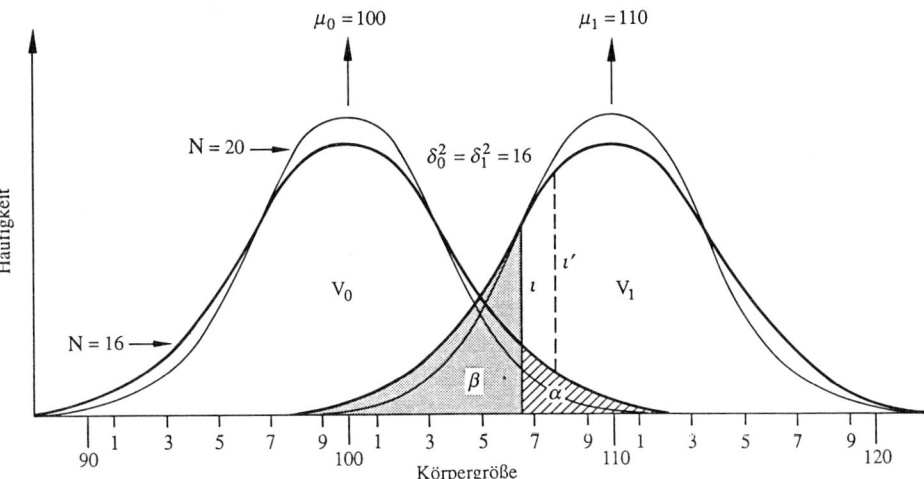

Abb. 2.2. Abhängigkeit des Risikos II von Risiko I und Stichprobenumfang

Signifikanzforderung allzu stark herabzudrücken, denn damit erhöht sich das Risiko II in einem entsprechenden Maße. Man beraubt sich dadurch zu einem gewissen Teil der Möglichkeit, tatsächlich vorhandene Unterschiede nachzuweisen.

In Abb. 2.2 wird unsere zunächst nur logisch begründete Feststellung anschaulich untermauert und ihr zugleich ein konkreter Inhalt gegeben.

Angenommen, wir entnehmen einige tausend Stichproben von je $N = 16$ Probanden im Vorschulalter, ermitteln die durchschnittliche Körpergröße einer jeden Stichprobe von Probanden und stellen diese Durchschnittsgrößen als Häufigkeitsverteilung dar. Es sei dies die Verteilung V_0 in Abb. 2.2 mit dem Mittelwert $\mu_0 = 100$ und der Streuung $\sigma_0 = 4$.

Nun entnehmen wir auf die gleiche Weise einige tausend Stichproben von je $N = 16$ Probanden, die sämtlich die 1. Klasse besuchen. Deren durchschnittliche Körpergrößen sollen die Verteilung V_1 ergeben haben, bei der der Mittelwert bei $\mu_1 = 110$ und die Streuung ebenfalls bei $\sigma_1 = 4$ liegt.

Von diesen Voraussetzungen ausgehend wollen wir überprüfen, ob eine Stichprobe von $N = 16$ 6jährigen Kindern, die in einem Heim erzogen wurden, ihrer Körpergröße nach eher zur Population der Vorschulkinder oder zur Population der Erstkläßler gehört. Die Nullhypothese möge eine Zugehörigkeit dieser Kinder zur Population der Vorschulkinder behaupten. Dieser H_0 stellen wir die einseitige Alternativhypothese entgegen, nach der die Kinder zur Population der Erstkläßler gehören.

Die durchschnittliche Körpergröße der 16 Kinder möge $\bar{x} = 106,6$ cm betragen. Wir fragen zunächst, wie groß das Risiko I bzw. der α-Fehler wäre, wenn man bei diesem Mittelwert die H_0 verwerfen und die H_1 akzeptieren würde. Dazu errichten wir in $\bar{x} = 106,6$ das Lot (ℓ) und betrachten die Fläche der Verteilung V_0 rechts von diesem Lot. Dieser auf 1 bezogene Flächenanteil entspricht der Wahrscheinlichkeit, fälschlicherweise die H_1 anzunehmen, denn mit dieser Wahrscheinlichkeit könnte ein $\bar{x}$-Wert von 106,6 bzw. ein noch größerer $\bar{x}$-Wert auch auftreten, wenn die H_0 gilt.

Diese Fläche, die der Überschreitungswahrscheinlichkeit P entspricht, ist in Abb. 2.2 schraffiert. Ihre Größe läßt sich leicht anhand Tafel 2 ermitteln, wenn wir die Normalverteilung V_0 mit $\mu_0 = 100$ und $\sigma_0 = 4$ in die Standardnormalverteilung mit $\mu = 0$ und $\sigma = 1$ transformieren. Nach Gl. (2.1) ermitteln wir u = $(106,6 - 100)/4 = 1,65$. Dieser u-Wert schneidet vom rechten Zweig der Standardnormalverteilung genau 5 % der Gesamtfläche ab, d. h. wir ermitteln $\alpha = 5\%$. Gemessen an den konventionellen Signifikanzgrenzen ($\alpha = 1\%$ bzw. $\alpha = 5\%$) wäre diese Abweichung gerade eben auf dem 5%-Niveau signifikant. Wir würden die H_0 zugunsten der H_1 verwerfen.

In diesem Beispiel, bei dem sowohl die unter H_0 als auch unter H_1 gültigen Verteilungen der $\bar{x}$-Werte bekannt sind, läßt sich auch der β-Fehler bestimmen. Wir fragen nach der Wahrscheinlichkeit für $\bar{x} \leq 106,6$ bei Gültigkeit der H_1. Diese Wahrscheinlichkeit entspricht der Fläche β von V_1 links vom Lot ℓ (grau markiert). Wir ermitteln $u_1 = (106,6 - 110)/4 = -0,85$ und nach Tafel 2 einen Flächenanteil von $0,1977$. Hätten wir uns bei $\bar{x} = 106,6$ zugunsten der H_0 entschieden, wäre mit dieser Entscheidung eine β-Fehlerwahrscheinlichkeit von 19,77 % verbunden.

Abbildung 2.2 verdeutlicht ferner, daß **die Streuung der Stichprobenkennwerteverteilung mit wachsendem Stichprobenumfang sinkt** (dünne Linie für N = 20). Damit wird ein allgemein plausibler Befund untermauert: Je größer der Stichprobenumfang, desto geringer ist das Risiko, in der statistischen Entscheidung einen Fehler zu begehen, und zwar sowohl bezogen auf α als auch auf β.

Wollten wir das Risiko I mit $\alpha = 0,025$ verringern, so würde sich – wie das gestrichelte Lot ℓ' andeutet – unter sonst gleichen Bedingungen das Risiko II entsprechend vergrößern. β läge in diesem Falle, wie man wiederum unter Zuhilfenahme von Tafel 2 berechnen kann, bei 0,29. Je geringer das Risiko I – so verdeutlicht Abb. 2.2 – desto größer wird das Risiko II.

Außer vom Risiko I und vom Umfang der Stichproben hängt das Risiko II vom Grad des Unterschiedes (z. B. hinsichtlich der zentralen Tendenz) in den zugrundeliegenden Populationen ab. Wir nennen diesen Populationsunterschied **Effektgröße** und bezeichnen ihn mit $\Delta = \mu_1 - \mu_0$. Eine Verschiebung der Verteilung V_1 nach links oder nach rechts führt uns diese Abhängigkeit unmittelbar vor Augen. Zusammenfassend ist also festzustellen, daß das Risiko II bei einer gegebenen Untersuchung abhängig ist von:

a)   dem Risiko I (α),
b)   dem Stichprobenumfang (N),
c)   der Effektgröße (Δ).

Ein numerischer Wert für das Risiko II, das wir bei Beibehaltung von H_0 eingehen, läßt sich allerdings – wie in unserem Beispiel – nur bestimmen, wenn neben dem Risiko I und dem Stichprobenumfang ein spezifischer H_1-Parameter bzw. eine Effektgröße vorgegeben sind. Die funktionale Verknüpfung von α, β, N und Δ hat natürlich auch Konsequenzen für die Wahl des Signifikanzniveaus bzw. eines angemessenen Stichprobenumfanges – Konsequenzen, die wir im folgenden Abschnitt diskutieren.

2.2.7 Die Stärke statistischer Tests

Mit β oder dem Risiko II wird die Wahrscheinlichkeit bezeichnet, eine an sich richtige H_1 fälschlicherweise abzulehnen. Folglich erhält man mit $1 - \beta$ die Wahrscheinlichkeit, in einer Untersuchung eine richtige H_1 auch als solche zu erkennen. Dies genau ist die Teststärke:

$$\varepsilon = 1 - \beta \quad . \tag{2.7}$$

Bei konstantem N und α ist ε eine Funktion von Δ, der Effektgröße. In den sog. *Teststärkekurven* (Abb. 2.3) veranschaulichen wir die Teststärke ε eines „starken" Tests (z. B. des t-Tests, vgl. etwa Bortz, 1989, Abschn. 5.1) und eines „schwachen" Tests (z. B. des Mediantests, vgl. 6.1.1.1) als Funktion der Effektgröße Δ zweier Populationsmittelwerte μ_0 einer bekannten Population und μ einer unbekannten Population, aus der die Stichprobe gezogen wurde. Wir setzen dabei eine Signifikanzstufe von $\alpha = 0,05$ und ein konstantes N voraus.

Was besagen die einer zweiseitigen Fragestellung entsprechenden Teststärkekurven?

a) Besteht kein Unterschied zwischen den Populationsmittelwerten ($\mu - \mu_0 = 0$), so werden wir – gleichgültig, ob wir den starken t-Test oder den schwachen Mediantest heranziehen – in 95 unter 100 Stichproben H_0 beibehalten und sie nur in 5 % der Fälle (zu Unrecht) aufgeben.

b) Besteht zwischen beiden Populationen ein sehr großer Unterschied (es liege etwa die Differenz der Mittelwerte bei −2,0), so ist es ebenfalls gleichgültig, welchen Test wir heranziehen. Beide haben praktisch die Teststärke $\varepsilon = 1$ bzw. beinhalten ein Risiko von $\beta = 0$. Alle Stichproben mit dem Umfang N, die wir aus der Population mit dem Mittelwert μ entnehmen und gegen μ_0 testen, werden in diesem Falle Signifikanz ergeben.

c) Liegt aber nun μ nur ein wenig abseits von μ_0 – sagen wir um 0,5 Einheiten von σ_0 – so wird der stärkere t-Test bei 100 Stichproben im Durchschnitt 85mal den bestehenden Unterschied nachweisen ($\varepsilon = 0,85$, $\beta = 0,15$). Dagegen wird

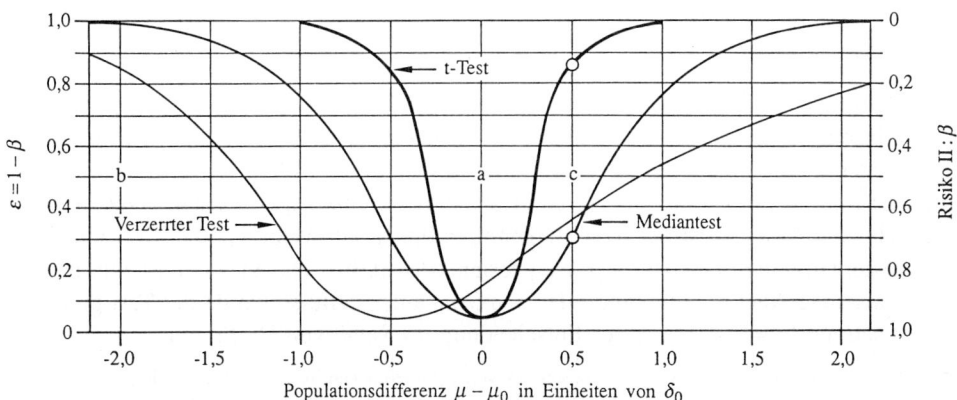

Abb. 2.3. Teststärkekurven verschiedener Tests bei zweiseitiger Fragestellung

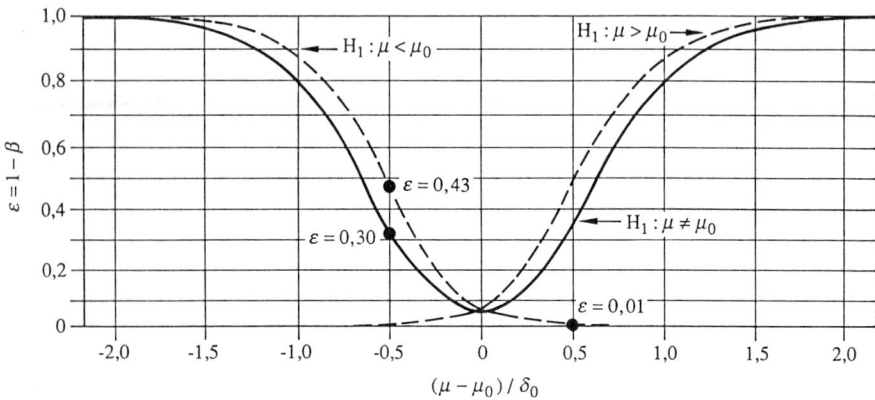

Abb. 2.4. Teststärkekurve bei zwei- und einseitiger Fragestellung

der schwächere Mediantest nur in 30 % der Fälle den Unterschied aufdecken ($\varepsilon = 0,30$, $\beta = 0,70$) (zur Erläuterung der Teststärkekurve des „verzerrten" Tests vgl. S. 46).

In Abb. 2.3 wurden die Teststärkekurven in ihren Verlaufsformen bei zweiseitiger Fragestellung wiedergegeben. Fragen wir aber einseitig, so fällt ein Auslauf der Kurve außer acht und es ergeben sich Verlaufsformen wie die in Abb. 2.4 dargestellten, wobei die ausgezogene Kurve sich auf die zweiseitige Fragestellung und die gestrichelten Linien auf die einseitigen Fragestellungen beziehen.

Ein einseitiger Test ist gegenüber der gewählten Alternativhypothese (wenn sie auf die Grundgesamtheiten zutrifft) stärker als der zweiseitige Test. Der einseitige Test ist jedoch gegenüber der anderen möglichen Alternativhypothese nahezu unempfindlich. Das Risiko II des einseitigen Tests ist bei konstantem Risiko I stets geringer als das des zweiseitigen Tests; anders formuliert: **Der einseitige Test deckt bestehende Unterschiede eher auf als der zweiseitige.** Darin liegt zweifelsohne eine gewisse Versuchung, den einseitigen Test mißbräuchlich oder unkritisch anzuwenden.

Zur Interpretation der 3 Kurven in Abb. 2.4 greifen wir wie vorhin einige spezielle Situationen heraus.

a) Liegt ein Unterschied zwischen μ_0 und μ nicht vor, so wird ein solcher vom einseitigen wie vom zweiseitigen Test in höchstens 5 % der Fälle zufällig angezeigt.

b) Ist μ um $0,5\sigma_0$ kleiner als μ_0, und testen wir die einseitige Alternativhypothese $H_1 : \mu < \mu_0$, so ist der Test stärker ($\varepsilon = 0,43$), als wenn wir die zweiseitige Alternativhypothese $H_1 : \mu \neq \mu_0$ testen ($\varepsilon = 0,30$). Hätten wir die (falsche) einseitige Alternativhypothese $H_1 : \mu > \mu_0$ aufgestellt, so würde der Test praktisch nie ($\varepsilon = 0,01$) zu einer Entscheidung im Sinne von H_1 führen.

Die Bestimmung von Teststärkekurven – besonders von parametrischen Tests – läßt sich ohne weiteres mathematisch herleiten (vgl. z. B. Mood, 1950). Jedoch können wir Teststärkekurven auch „empirisch" in Modellversuchen, sog. *Monte-Carlo-Studien*, gewinnen.

Stellen wir uns z. B. vor, wir hätten in 2 Urnen zwei normalverteilte Grundgesamtheiten, sozusagen Lose mit Meßwerten, aufbewahrt. Die eine Grundgesamtheit mit μ_0 und σ_0 als Parameter bildet das Bezugssystem und bestimmt den Abszissenmaßstab in Abb. 2.3 und 2.4. Die andere Grundgesamtheit ändert ihren Parameter μ entlang dieser Skala, besitzt aber die gleiche Streuung wie die Bezugspopulation. Immer, wenn diese 2. Population ihr μ geändert hat, entnehmen wir eine große Anzahl von Stichproben mit dem Umfang N und testen deren Mittel gegen die Nullhypothese H_0: $\mu = \mu_0$. Wenn wir z. B. den Parameter μ die 3 Werte $(\mu_0 + 1, 5\,\sigma_0)$, $(\mu_0 + 1\,\sigma_0)$, $(\mu_0 + 0, 5\,\sigma_0)$ durchlaufen lassen und aus jeder dieser 3 Grundgesamtheiten 1000 Stichproben entnehmen, sie gegen H_0 testen und abzählen, wieviele davon auf der 5%-Stufe signifikant sind, erhalten wir mit 3 Kurvenpunkten und dem 4. bei $\mu_0 = \mu = 0$ (in der Höhe $\beta = 1 - \alpha$) genügend viele Marken, um die eine Hälfte der Teststärkekurve zu zeichnen; die andere Hälfte ergibt sich aus dem Wissen um die Symmetrie der Kurve bei zweiseitiger Fragestellung. Für eine allgemeine Auseinandersetzung mit der besonders für die Ermittlung von Teststärkefunktionen bei verteilungsfreien Verfahren bedeutsamen Monte-Carlo-Methode sei der interessierte Leser auf Šhreider (1966) oder Müller (1975) verwiesen.

Für den Vergleich von 2 Tests gilt allgemein, daß derjenige Test eine höhere Teststärke aufweist, der:

— im Sinne des Skalenniveaus höherwertige Daten verwendet (ein Test, der z. B. auf Meßwerten aufbaut, hat eine höhere Teststärke als ein analoger Test, der nur Ranginformationen verwendet; vgl. Kap. 3);
— an mehr Verteilungsparameter gebunden ist (ein parametrischer Test, der Normalverteilung und Varianzhomogenität voraussetzt, ist stärker als sein verteilungsfreies Pendant, das an keinerlei Verteilungsvoraussetzung gebunden ist, es sei denn, die Voraussetzungen des parametrischen Tests sind nicht erfüllt).

An dieser Stelle wollen wir auf die Frage der *Wahl des Signifikanzniveaus* noch einmal näher eingehen. Welches der 3 üblichen Signifikanzniveaus $\alpha = 0, 05$, $\alpha = 0, 01$ und $\alpha = 0, 001$ soll in einem speziellen Fall zugrunde gelegt werden? Diese Frage ist nur vom Untersuchungsgegenstand her zu beantworten.

Im allgemeinen werden wir eine statistische Aussage dann an ein geringeres α-Risiko (0,01 oder 0,001) binden und damit ein höheres Risiko II eingehen, wenn:

a) H_1 einen wissenschaftstheoretisch bedeutsamen Tatbestand impliziert oder
b) H_1 einer bisher anerkannten Theorie oder Hypothese widerspricht.

Dazu einige Beispiele:

Zu a). H_1: Eine bestimmte natürliche Spurensubstanz fördere das Pflanzenwachstum. Wenn diese Hypothese zutrifft, so ist das von strukturverändernder Bedeutung für die gesamte Landwirtschaft. Wir werden unter diesen Umständen H_1 nur dann akzeptieren, wenn das damit verbundene Risiko I sehr gering ($\alpha = 0, 001$) ist.

Zu b). H_1: Zwischen mathematischer und altsprachlicher Begabung bestehe eine negative Korrelation. Diese Hypothese steht im Widerspruch zu der Lehrererfahrung, die für eine positive Korrelation plädiert. Daher werden wir auch in diesem Fall eine höhere Aussagesicherheit fordern, als wir sie ohne die Lehrererfahrung fordern würden, und etwa $\alpha = 0, 01$ festsetzen.

In den meisten anderen Fällen wird man z. B. im biologischen Bereich mit einem höheren α-Risiko von $\alpha = 0, 05$ arbeiten können, insbesondere dann:

a) wenn es sich um den ersten Abschnitt einer umfassenden Untersuchung handelt,
b) wenn eine allgemein anerkannte Hypothese durch H_1 bestätigt oder für einen Spezialfall belegt werden soll,

c)   wenn durch die Annahme von H_1 weitere Untersuchungen angeregt werden sollen.

In diesen Fällen hat das Risiko II eine größere Bedeutung. Sollen z. B. im Falle a) aus einer großen Anzahl von Substanzen in einer Vorselektion diejenigen ermittelt werden, die für eine nähere Untersuchung geeignet erscheinen, dann besteht das Risiko II in der Zurückweisung einer das Wachstum fördernden Substanz ohne ausreichende Prüfung. Dieses Risiko ist schwerwiegender als das Risiko I, so daß wir in diesem Fall $\alpha = 0,05$ oder sogar $\alpha = 0,10$ verwenden sollten.

Die angeführten Regeln und Beispiele sind keinesfalls als bindende Verpflichtung, sondern lediglich als Richtlinien aufzufassen. Ausdrücklich zu warnen ist davor, das Signifikanzniveau in irgendeiner Weise von den zu erwartenden oder gar von den bereits erhaltenen Ergebnissen abhängig zu machen.

Angesichts der immer weiteren Verbreitung der rechnergestützten Auswertung von Forschungsdaten wird diese Warnung noch bedeutsamer. Die Durchführung eines statistischen Tests per Computerprogramm ist selbstverständlich nicht an die vorherige Festlegung eines Signifikanzniveaus gebunden. Da die gängigen Computerprogramme im Regelfall keine Signifikanzentscheidung anhand von kritischen Schwellenwerten der Prüfgröße fällen, sondern die exakte Wahrscheinlichkeit eines empirischen Ergebnisses unter Gültigkeit der H_0 angeben, erhöht sich die Gefahr, daß im vorhandenen empirischen Material hypothesenunabhängig und theoriefern nach Signifikanzen gesucht wird. Zur Auswirkung dieses Problems nehmen z. B. Hager u. Westermann (1983) Stellung.

Hat man – wie bei der später zu behandelnden Sequenzanalyse – die Möglichkeit zur freien Wahl für das Risiko II (neben der für das Risiko I), so wird man hinsichtlich der partiellen Inkompatibilität von sachlichen und ökonomischen Anforderungen einen Kompromiß schließen müssen: Dem Untersuchungsgegenstand angemessen ist meistens ein geringes Risiko II; in dem Maße jedoch, in dem man dieser Forderung nachgibt, nimmt man bei gleichbleibendem Risiko I die Last eines wachsenden Stichprobenumfanges auf sich; die Ökonomie der Untersuchung verlangt daher ein höheres Risiko II.

Meist wird man gut daran tun, $\alpha \leq \beta$ zu wählen, denn es ist mit der tradierten Logik empirischer Forschung besser zu vereinbaren, einen real existenten Unterschied nicht zu entdecken als fälschlich einen Unterschied als echt auszugeben.

Oft ist das Risiko II bei Vorliegen eines *praktisch bedeutsamen Unterschieds* bzw. bei Effektgrößen Δ, die nach dem Kriterium der praktischen Bedeutsamkeit festgelegt wurden, genügend klein und nur bei unbedeutenden Unterschieden groß. Würde man das Risiko II etwa durch eine groß angelegte Untersuchungsreihe auch für kleine Δ-Werte erniedrigen, dann würden auch geringe, praktisch unerhebliche Unterschiede als signifikant herausgestellt werden. (Zur Bestimmung „optimaler" Stichprobenumfänge in Abhängigkeit von α, β und Δ vgl. Cohen, 1977, oder Bortz, 1984.)

Die Bewertung, was ein praktisch erheblicher Unterschied ist, erfolgt meistens auf der Grundlage einfacher Kosten-Nutzen-Analysen. Oft werden dabei natürlich auch subjektive Wertentscheidungen des Forschers eine Rolle spielen. **Festzuhalten ist, daß statistische Signifikanz eine notwendige, aber keine hinreichende Bedingung für praktische Bedeutsamkeit ist.**

Vom Standpunkt der praktischen Bedeutsamkeit betrachtet, ist es keineswegs sinnvoll, statistische Analysen an Mammutstichproben durchzuführen: Liegen praktisch bedeutsame Unterschiede vor, so müssen sie auch mit einer begrenzten Stichprobe nachgewiesen werden können, andernfalls sind sie mit großer Wahrscheinlichkeit praktisch unbedeutsam.

2.2.8 Die Effizienz statistischer Tests

Wir haben gesehen, daß durch die Festlegung des Risikos II zusätzlich zu der Wahl des Risikos I der durchschnittlich erforderliche Stichprobenumfang N festgelegt wird, den man zum Signifikanznachweis einer festgelegten Effektgröße Δ benötigt. Daraus folgt, daß man den zu vorgegebenem Δ, α und β erforderlichen Stichprobenumfang auch als Maß für die Stärke eines Tests definieren kann.

Will man 2 Tests, die die gleiche Alternativhypothese prüfen (z. B. Dispersionsunterschiede zwischen 2 unabhängigen Stichproben), hinsichtlich ihrer Teststärke vergleichen, so kann man unter Berufung auf den Zusammenhang zwischen β und N die relative Effizienz eines Tests T_1 im Vergleich zu einem Test T_2 durch den Quotienten der für gleiche α und β notwendigen Stichprobenumfänge ausdrücken:

$$E = \frac{N_2}{N_1} \quad .\tag{2.8}$$

In diesem „Effizienzindex" stehen N_1 und N_2 für die Stichprobenumfänge, bei denen die Tests T_1 und T_2 jeweils das gleiche Risiko II bzw. die gleiche Stärke ε haben. Wir hatten z. B. auf S. 39f. festgestellt, daß der t-Test bei einer Effektgröße von 0,5 Streuungseinheiten in 85 % der Fälle den bestehenden Unterschied nachweist, der Mediantest hingegen nur in 30 % der Fälle. Zur Berechnung der „lokalen relativen Effizienz", wie Marascuilo u. McSweeney (1977) es nennen, wird nun ermittelt, wie groß der Stichprobenumfang sein müßte, um bei gleicher Effektgröße auch mit dem Mediantest die gültige H_1 in 85 % der Fälle belegen zu können. Dies ist im Einzelfall ein recht mühsames Unterfangen. Festzuhalten ist, daß man im allgemeinen mit T_1 den schwächeren Test bezeichnet und E daher kleiner als 1 ist.

Einen allgemeinen Index für den Vergleich zweier Tests, der unabhängig ist vom Signifikanzniveau α und von der Effektgröße Δ, hat Pitman (1948) mit der sog. *asymptotischen relativen Effizienz* (ARE) vorgestellt. Diese Effizienzbewertung hat sich eingebürgert für den Vergleich parametrischer (p) und verteilungsfreier (v) Testverfahren. Die ARE ist als Grenzwert von

$$E = \frac{N_p}{N_v}\tag{2.9}$$

für $N_p \to \infty$ definiert. Eine ausführlichere mathematische Herleitung findet sich bei Büning u. Trenkler (1978).

Die ARE erhält man, indem man zu immer größeren Werten N_p übergeht und zu jedem N_p diejenige Effektgröße Δ betrachtet, bei der der Test das Risiko β hat. Bei gleichem β und mit wachsendem N_p wird der Populationsunterschied immer kleiner werden. Zu Δ wird der Wert N_v für den verteilungsfreien Test bestimmt, der das gleiche Risiko hat.

Die asymptotische relative Effizienz ist ein theoretischer Wert, der – wie gesagt – sowohl vom Signifikanzniveau als auch vom tatsächlichen Populationsunterschied unabhängig ist. Abhängig ist er hingegen von der Form der Populationsverteilung. Aus diesen Gründen ist die ARE ein wertvoller Anhaltspunkt beim Vergleich von parametrischen und verteilungsfreien Tests. Für alle gängigen Alternativen (z. B.) zu t-Test und F-Test existieren Berechnungen der ARE sowohl für normalverteilte Populationen als auch für Populationen mit anderen Verteilungsformen. Die besten verteilungsfreien Tests erreichen für normalverteilte Populationen eine ARE von ca. 0,955 zum stärksten parametrischen Analogon, d. h. unter vollständig parametrischen Bedingungen können 95,5 % der vom parametrischen Test als falsch zurückgewiesenen Nullhypothesen auch vom verteilungsfreien Test zurückgewiesen werden, bzw. der Stichprobenumfang muß bei verteilungsfreien Verfahren um 1:0,955 % erhöht werden, um gleiche Stärke zu erreichen.

Im Kontext der Bestimmung von Teststärkekurven durch Monte-Carlo-Experimente hat in Abwandlung der genannten theoretischen Definitionen folgender Teststärkequotient an Bedeutung gewonnen: Relative Effizienz ist der Quotient aus der Zahl der richtigen Entscheidungen des schwächeren Tests und der Zahl der richtigen Entscheidungen des stärkeren Tests, ermittelt jeweils an den gleichen Stichproben bei Gültigkeit der H_1 in der Population. Beispiel: Hat ein verteilungsfreier Test die falsche H_0 640mal zurückgewiesen und der parametrische 670mal, ergibt sich eine (lokale) relative Effizienz von 0,955.

Bei der Darstellung der verteilungsfreien Methoden (Kap. 5 ff.) werden häufig Effizienzwerte genannt; findet sich hier nur eine Angabe, so ist ohne ausdrücklichen Hinweis stets die asymptotische Effizienz gemeint, die Effizienz also, die ein verteilungsfreier Test bei Anwendung auf große Stichproben von normalverteilten Meßwerten gleicher Varianz zeigt; sind 2 oder mehrere Indizes aufgeführt, so betreffen diese, wenn nicht anders vermerkt, die lokale Effizienz für verschiedene Stichprobenumfänge.

Gelegentlich werden wir finden, daß der Effizienzindex für kleine Stichproben höher liegt als für große, daß also die asymptotische Effizienz geringer ist als die lokale. Darin liegt nur ein scheinbarer Widerspruch: Selbstverständlich sinkt mit abnehmendem Stichprobenumfang die Stärke eines jeden Tests; wenn jedoch bei bestimmten Verteilungscharakteristika in der Population die Stärke eines verteilungsfreien Tests bei abnehmendem N weniger sinkt als die des entsprechenden parametrischen Tests, steigt der nach Gl. (2.8) definierte Effizienzindex natürlich an.

Vereinzelt findet man in der Literatur den Hinweis, ein verteilungsfreier Test habe die asymptotische Effizienz Null. Man ist in diesem Fall geneigt anzunehmen, der Test sei wirkungslos; das ist aber falsch. Diese Aussage heißt lediglich gemäß Gl. (2.9), daß der verteilungsfreie Test bei unendlich vielen Beobachtungen „unendlich" viel mehr Beobachtungen erfordert als der klassische Test, um ihm an Teststärke gleichzukommen; es heißt nicht, daß er bei endlich vielen Beobachtungen keine Teststärke besitzt. Im Gegenteil, es ist gut möglich, daß derselbe Test in Anwendung auf kleine Stichproben aus nichtnormalverteilten Populationen eine hohe Teststärke besitzt.

Der Effizienzangabe sollte also nicht der Nutzen beigemessen werden, der in ihrem numerischen Betrag zum Ausdruck kommt. Man bedenke stets, daß es sich

hier um „eigentlich irrelevante Informationen" handelt, solange man nicht beabsichtigt, den Test auf Daten anzuwenden, die in vollem Umfang die Bedingungen einer parametrischen Auswertung erfüllen. Auch wäre es verfehlt, die verschiedenen verteilungsfreien Tests untereinander nach dem Grad ihrer asymptotischen Effizienz zu bewerten, weil sie gegenüber verschiedenen Abweichungen von den parametrischen Bedingungen verschiedene Teststärke besitzen. So kann es sein, daß ein asymptotisch wenig effizienter verteilungsfreier Test in Anwendung auf eine spitzgipflige Verteilung wirksamer ist als ein asymptotisch hoch effizienter Test. Stärkevergleiche zwischen verschiedenen verteilungsfreien Tests in Anwendung auf die gleichen Daten sind als empirische Methodenstudien bereits durchgeführt worden (vgl. Bradley, 1960), doch sind solche Studien relativ schlecht zu verallgemeinern.

Zusammenfassend wollen wir also festhalten: **Wenn verteilungsfreie und verteilungsgebundene Tests unter parametrischen Bedingungen angewendet werden, dann sind die verteilungsfreien Tests weniger effizient als die analogen parametrischen Tests. Werden dagegen verteilungsfreie Tests unter „nichtparametrischen" Bedingungen angewendet, dann erweisen sie sich insbesondere bei kleinen Stichproben häufig als effizienter, manchmal sogar als sehr viel effizienter als die parametrischen Tests.**

Ob allerdings die relative Effizienz eines Tests gegenüber einer Alternative wirklich Hauptkriterium bei der Auswahl eines statistischen Verfahrens sein kann, erscheint problematisch. Ein gewichtiger Einwand gegen die Berechnung eines Effizienzkoeffizienten ist die *Unterschiedlichkeit der Hypothesen* bei parametrischen und verteilungsfreien Verfahren.

So vergleichen z. B. verteilungsfreie Verfahren zur Überprüfung von Unterschieden in der zentralen Tendenz (z. B. H-Test, vgl. 6.1.2.2) Mediane und parametrische Verfahren (z. B. die Varianzanalyse) arithmetische Mittelwerte. Feir-Walsh u. Toothaker (1974) weisen mit Recht darauf hin, daß im Prinzip sehr wohl eine Differenz der Mediane in der Population bestehen kann, obwohl die Mittelwerte bzw. Erwartungswerte gleich sind und umgekehrt. Dieser Einwand wird in der Praxis jedoch kaum berücksichtigt. Er ist auch von untergeordneter Bedeutung für einen Effizienzvergleich unter vollständig parametrischen Bedingungen, da für die Normalverteilung gilt, daß alle Maße der zentralen Tendenz zusammenfallen, Median und Erwartungswert also identisch sind. Für andere Verteilungsformen ist dies jedoch nicht der Fall. Vor dem Hintergrund dieser Überlegungen kann die relative Effizienz nur ein Kriterium unter mehreren bei der Testwahl sein.

2.2.9 Andere Gütekriterien statistischer Tests

Neben der Stärke und der Effizienz wird der fortgeschrittene Leser in der Literatur noch auf 2 andere Gütebegriffe von Tests stoßen. Es sind dies die Begriffe der *Konsistenz* („consistency") und der *Unverzerrtheit* („unbiasedness"); letztere wird auch *Erwartungstreue* genannt. Im einzelnen bedeuten die beiden Begriffe folgendes:

Ein statistischer Test ist gegenüber einer spezifizierten Alternativhypothese H_1 **konsistent**, wenn die Teststärke $\varepsilon = 1 - \beta$ gegen den Wert 1 konvergiert, sofern N gegen unendlich wächst; dabei wird vorausgesetzt, daß H_1 zutrifft, daß sich also z. B. 2 Populationen hinsichtlich eines bestimmten Aspektes (z. B. zentrale Tendenz

oder Dispersion) unterscheiden. Anders formuliert: Die Wahrscheinlichkeit P, einen tatsächlich bestehenden Unterschied nachzuweisen, muß mit wachsendem Stichprobenumfang ebenfalls wachsen, und zwar immer so, daß selbst der geringste Unterschied bei entsprechend (unendlich) großer Stichprobe mit Sicherheit nachgewiesen werden kann. Die Bedeutung dieses scheinbar trivialen Kriteriums liegt darin, daß sich Tests konstruieren lassen, die diese Bedingung nicht erfüllen.

Formal läßt sich das Konsistenzkriterium folgendermaßen darstellen:

$$P(|k - K| < \varepsilon) \to 1 \quad \text{für} \quad N \to \infty \quad . \tag{2.10}$$

Die Wahrscheinlichkeit, daß der absolute Differenzbetrag zwischen dem Schätzwert k und dem Parameter K kleiner ist als eine beliebige Größe ε, geht gegen 1, wenn N gegen unendlich geht. Die Konsistenz eines Stichprobenkennwertes läßt sich unter Zuhilfenahme der sog. Tschebycheffschen Ungleichung überprüfen, mit der die Wahrscheinlichkeit beliebiger Abweichungen einer Zufallsvariablen von ihrem Erwartungswert kalkulierbar ist. Hays u. Winkler (1970) behandeln dieses Problem ausführlicher.

Tests, die auf mehrere Alternativhypothesen $H_1, \ldots H_k$ gleichzeitig ansprechen (z. B. Tests für zentrale Tendenz und Dispersion), müssen sich gegenüber all diesen Alternativhypothesen als konsistent erweisen. Das gilt vor allem für sog. *Omnibustests,* die auf Unterschiede jeglicher Art in der Verteilung von 2 oder mehr Populationen ansprechen.

Ein statistischer Test ist **unverzerrt** oder **erwartungstreu**, wenn seine Teststärke $\varepsilon = 1 - \beta$ dann ein Minimum (nämlich gleich dem Signifikanzniveau α) ist, wenn die Nullhypothese H_0 zutrifft. Anders formuliert: Die Wahrscheinlichkeit, H_0 abzulehnen, muß bei einem bestehenden Populationsunterschied größer sein als bei einem fehlenden Unterschied. Diese Forderung ist bei dem in Abb. 2.3 dargestellten verzerrten Test nicht erfüllt.

Der Nachweis von Konsistenz und Erwartungstreue ist bislang nur für wenige verteilungsfreie Tests geführt worden und wenn, dann oft nur im Hinblick auf spezielle Alternativhypothesen (vgl. z. B. Lehmann, 1951).

2.2.10 Zusammenfassung statistischer Entscheidungen

Der in den letzten Abschnitten behandelte statistische Signifikanztest ist das angemessene Verfahren, um in einer Untersuchung *eine* Alternativhypothese gegen eine Nullhypothese zu testen. Gelegentlich steht man jedoch vor dem Problem, die Ergebnisse mehrerer Untersuchungen, in denen die gleiche Hypothese getestet wurde, hinsichtlich ihrer statistischen Entscheidungen zusammenzufassen. Besonders gravierend wird dieses Problem bei Einzelfalluntersuchungen, wenn man die Gültigkeit von H_0 oder H_1 getrennt für mehrere Individuen überprüft hat und nun eine zusammenfassende Aussage über alle Individuen formulieren möchte. Problemfälle dieser Art tauchen insbesondere bei den in Kap. 11 zu besprechenden Zeitreihenanalysen auf.

Verfahren, die die statistischen Entscheidungen aus mehreren Untersuchungen zusammenfassen, nennt man **Agglutinationstests**. Für die Anwendung derartiger Agglutinationstests unterscheiden wir 3 Fälle:

a) Es ist lediglich bekannt, wie viele Untersuchungen bei einem gegebenen konstanten Signifikanzniveau α zu einem signifikanten Ergebnis geführt haben.

b) In allen Untersuchungen wurde eine ungerichtete Alternativhypothese getestet, und es liegen zweiseitige Überschreitungswahrscheinlichkeiten P' vor.

c) In allen Untersuchungen wurde eine einheitlich gerichtete Alternativhypothese getestet, und es liegen die einseitigen u-Werte der Standardnormalverteilung bzw. einseitige Überschreitungswahrscheinlichkeiten P vor.

Zu a). Wenn bekannt ist, daß von k Untersuchungsergebnissen x signifikant sind, bestimmen wir über die Binomialverteilung (vgl. 1.2.2) mit $\pi = \alpha$ und n = k die Wahrscheinlichkeit für x oder mehr signifikante Ergebnisse. Setzen wir k = 6, x = 2 und $\alpha = 0,05$, resultiert nach Gl. (1.18):

$$P(x \geq 2) = \binom{6}{2} \cdot 0,05^2 \cdot 0,95^4 + \binom{6}{3} \cdot 0,05^3 \cdot 0,95^3 + \binom{6}{4} \cdot 0,05^4 \cdot 0,95^2$$

$$+ \binom{6}{5} \cdot 0,05^5 \cdot 0,95^1 + \binom{6}{6} \cdot 0,05^6 \cdot 0,95^0 = 0,0328 \quad .$$

Da $P < \alpha$ ist, betrachten wir das Gesamtergebnis als auf der 5%-Stufe signifikant. Wilkinson (1951) hat diesen Test für die konventionellen Signifikanzstufen für n = 2 (1)20 vertafelt. Sind viele Untersuchungen zusammenzufassen, prüft man ökonomischer über die Poisson-Verteilungs-Approximation (vgl. 1.2.6) bzw. die Normalverteilungsapproximation (vgl. 1.2.3).

Bei der Anwendung dieses Tests ist darauf zu achten, daß in allen zusammengefaßten Untersuchungen ungerichtete Hypothesen oder einheitlich gerichtete Hypothesen geprüft wurden. Treten bei den zweiseitigen Tests einander widersprechende Signifikanzen auf (z. B. sowohl für $\pi_1 > \pi_2$ als auch für $\pi_1 < \pi_2$), ist in der Regel nur die Beibehaltung von H_0 sinnvoll interpretierbar, aber nicht deren Ablehnung.

Zu b). Gemäß Gl. (2.5) läßt sich eine zweiseitige Überschreitungswahrscheinlichkeit P' wie folgt transformieren:

$$\chi^2 = -2 \cdot \ln P' \quad . \tag{2.11}$$

Man erhält eine χ^2-verteilte Zufallsvariable mit Fg = 2. Da nun die Summe von k unabhängigen, χ^2-verteilten Zufallsvariablen ebenfalls χ^2-verteilt ist (wobei Fg = $2 \cdot k$ zusetzen ist), erhält man

$$\chi^2 = -2 \cdot \sum_{j=1}^{k} \ln P'_j \quad \text{mit} \quad Fg = 2 \cdot k \quad . \tag{2.12}$$

Hat man beispielsweise in k = 3 voneinander unabhängigen Untersuchungen die Überschreitungswahrscheinlichkeiten $P'_1 = 0,12$, $P'_2 = 0,04$ und $P'_3 = 0,06$ ermittelt, resultiert nach Gl. (2.12)

$$\chi^2 = -2 \cdot (-2,12 - 3,22 - 2,81)$$

$$= 16,31 \quad \text{mit} \quad Fg = 6 \quad .$$

Da gemäß Tafel 3 für Fg = 6 $\chi^2_{0,05} = 12.59 < 16,31$ ist, kann eine für $\alpha = 0,05$ stati-

stisch gesicherte Gesamtaussage formuliert werden. Auch hier ist eine Interpretation des Ergebnisses jedoch nur dann sinnvoll, wenn alle P'-Werte auf gleichgerichteten Effekten basieren.

Diese von Fisher (1932) und Pearson (1933) begründete Agglutinationstechnik setzt gleiches Gewicht für alle P'-Werte voraus, was bedeutet, daß die in den zusammengefaßten Untersuchungen verwendeten Stichproben gleich groß sind. Ist diese Voraussetzung nicht erfüllt, verwendet man die unter a) beschriebene Methode. Wenn alle Hypothesen gleichsinnig gerichtet sind, läßt sich der mit Gl. (2.12) beschriebene Test auch für einseitige Überschreitungswahrscheinlichkeiten P verwenden.

Zu c). Wird eine gleichsinnig gerichtete Alternativhypothese in mehreren Untersuchungen über den u-Test [Gl. (2.1)] geprüft, agglutiniert man die resultierenden u-Werte nach Wartmann u. Wette (1952; vgl. auch Zschommler, 1968, S. 690) auf folgende Weise:

$$u = \sum_{j=1}^{k} u_j/\sqrt{k} \quad . \tag{2.13}$$

Dieser Test basiert auf der Überlegung, daß unter H_0 die Summe von k u-Werten mit einer Standardabweichung von $\sqrt{k}$ wiederum um Null normalverteilt ist.

Wenn statt des u-Tests ein anderer Test eingesetzt wurde, können die für diesen Test resultierenden P-Werte über Tafel 2 in u-Werte transformiert werden, die ihrerseits über Gl. (2.13) auszuwerten sind. Für die Werte $P_1 = 0,12$, $P_2 = 0,04$ und $P_3 = 0,06$ ermittelt man die einseitigen u-Werte $u_1 = 1,17$, $u_2 = 1,75$ und $u_3 = 1,55$, so daß nach Gl. (2.13)

$$u = (1,17 + 1,75 + 1,55)/\sqrt{3} = 2,58$$

resultiert. Da $P(u = 2,58) = 0,0049 < 0,01$ ist, führt die Gesamtauswertung zu einer für $\alpha = 0,01$ gesicherten Aussage. Man beachte, daß das Ergebnis für die gleichen Werte nach Gl. (2.12) die 1%-Signifikanzschranke knapp verfehlt, das heißt der Test nach Gl. (2.13) ist geringfügig effizienter als der nach Gl. (2.12).

Auch bei dieser Technik sollten die u-Werte aus Untersuchungen mit (etwa) gleich großen Stichproben stammen; andernfalls ist auch hier die unter a) beschriebene Technik zu wählen.

Auf eine weitere Technik, die Agglutination von Vierfeldertests, gehen wir in 5.2.3 ausführlicher ein. Einen neuen Gesamtüberblick über Agglutinationstechniken geben Hedges u. Olkin (1985) unter dem Stichwort „Meta-Analyse".

2.2.11 α-Fehler-Adjustierung

Im letzten Abschnitt stand die Frage im Vordergrund, wie sich statistische Entscheidungen aus mehreren Untersuchungen zu einer Gesamtaussage zusammenfassen lassen. Das Problem der Bewertung mehrerer statistischer Entscheidungen stellt sich jedoch häufig auch im Rahmen einer einzigen Untersuchung, wenn über die erhobenen Daten *mehrere statistische Tests* gerechnet werden. Der Logik des Signifikanztests folgend wissen wir, daß bei einem signifikanten Ergebnis ($\alpha = 0,05$) die H_0 mit einer 5%igen Wahrscheinlichkeit zu Unrecht verworfen wird. Werden nun statt eines Signifikanztests mehrere durchgeführt, steigt natürlich die Wahrscheinlich-

keit, daß mindestens einer der Tests signifikant wird. Wenn in einer Untersuchung z. B. 100 Signifikanztests durchgeführt wurden, ist aus dem Signifikanzkonzept zu folgern, daß rein zufällig ca. 5 Tests „signifikant" ausfallen. Um in dieser Situation korrekt entscheiden zu können, ist ggf. eine sog. α-Fehler-Adjustierung bzw. eine α-Fehler-Korrektur erforderlich.

Die Tragweite dieses Problems sei zunächst anhand einiger Beispiele verdeutlicht. Es handelt sich hier um prototypische Fragen der angewandten Statistik, für deren Beantwortung es belanglos ist, ob parametrisch oder verteilungsfrei geprüft wird, denn das Problem der α-Fehler-Korrektur betrifft beide Verfahrensklassen gleichermaßen:

— Gibt es zwischen 8 physiologischen Variablen und 5 Variablen der subjektiven Befindlichkeit Zusammenhänge? Theoretisch wären hier $8 \cdot 5 = 40$ binäre Beziehungen statistisch zu testen.

— Sind Frauen oder Männer streßresistenter? Bei 12 Streßindikatoren könnte diese Hypothese mit 12 Signifikanztests geprüft werden.

— Ist die Leistung des Menschen von Umweltfaktoren abhängig? Wenn in dieser Untersuchung die Umweltfaktoren Lärm, Luftverschmutzung und Temperatur untersucht werden, sind im Rahmen einer varianzanalytischen Auswertung 7 Hypothesen (Haupteffekte und Interaktionen) überprüfbar.

— Unterscheiden sich 5 Therapeuten in ihren Behandlungserfolgen bei depressiven Patienten? Bei dieser Fragestellung wären theoretisch 25 sog. Einzelvergleichshypothesen zu testen.

— Unterscheiden sich die Verkaufszahlen von 3 Waschmitteln? Allein für diese einfache Frage sind 7 verschiedene Vergleiche möglich.

— Gibt es zwischen den 20 erhobenen Indikatoren des Erziehungsstiles von Eltern Zusammenhänge? Beschränkt man diese Fragestellung nur auf bivariate Zusammenhänge, wären 190 Zusammenhangshypothesen zu testen.

Diese Beispiele mögen genügen, um die Vielschichtigkeit der angesprochenen Problematik aufzuzeigen. Bevor wir die Frage klären, wie man in derartigen Forschungssituationen zu korrekten statistischen Entscheidungen gelangt, sind 2 Differenzierungen für Fragestellungen der genannten Art vorzunehmen:

Begründete A-priori-Hypothesen versus undifferenzierte Globalhypothesen. Die Beantwortung der Frage nach einer angemessenen α-Fehler-Adjustierung hängt davon ab, ob vor Untersuchungsbeginn eine oder mehrere begründete Alternativhypothesen aufgestellt wurden oder ob man explorierend nach globalen Zusammenhängen oder Unterschieden fragt. Alle genannten Hypothesen sind global gehalten und damit der 2. Hypothesenkategorie zuzuordnen, für die Formulierungen wie „es gibt Zusammenhänge" oder „es gibt Unterschiede" charakteristisch sind. Signifikanztests über Hypothesen dieser Art erfordern eine andere Behandlung als Signifikanztests für spezifische, a priori formulierte Hypothesen, bei denen zu jeder Hypothese eine speziell begründete Erwartung formuliert wird. Im ersten der genannten Beispiele hätte man in diesem Sinne beispielsweise begründen müssen, daß eine spezielle Variante der Hautwiderstandsmessung mit der subjektiv empfundenen inneren Erregung positiv korreliert sei. Selbstverständlich ist es denkbar, daß im Rahmen einer Unter-

suchung mehrere solcher begründeter Hypothesen aufgestellt werden. Lassen sich zu einigen Variablen begründete Hypothesen aufstellen und zu anderen nicht, sind diese beiden „simultan formulierten" Hypothesenarten inferenzstatistisch unterschiedlich zu behandeln.

Unabhängige versus abhängige Tests. Führt man in einer Untersuchung mehrere Tests durch, können diese Tests (bzw. genauer: die Testergebnisse) voneinander abhängig sein oder unabhängig sein. Dies wird unmittelbar einleuchtend, wenn man den Geschlechtervergleich im 2. Beispiel einmal mit 2 korrelierenden Streßindikatoren und ein anderes Mal mit 2 unkorrelierten Streßindikatoren durchführt. Im 1. Fall sind die Testergebnisse voneinander abhängig, im 2. Fall nicht.

Die Frage, ob 2 oder mehr Testergebnisse voneinander abhängen, läßt sich allerdings nicht immer so einfach beantworten wie in diesem Beispiel. Wie man erkennt, ob z. B. die in einem mehrfaktoriellen Plan geprüften Effekte, die Tests über mehrere Einzelvergleiche oder die χ^2-Komponenten einer Kontingenztafel voneinander abhängen oder nicht, werden wir im Kontext der einzelnen zu besprechenden Verfahren detailliert erörtern.

Eine unkorrekte α-Fehler-Korrektur kann zu falschen statistischen Entscheidungen führen. Dabei unterscheiden wir zwischen *progressiven* und *konservativen* Fehlentscheidungen, deren Bedeutung im folgenden erläutert wird:

Angenommen, eine globale „Es-gibt"-Hypothese der genannten Art soll mit k = 6 voneinander unabhängigen Tests überprüft werden (Beispiel: Die Hypothese „es gibt Beeinträchtigungen der Arbeitsleistungen durch Umweltfaktoren" wird durch 6 Tests, z. B. 3 Haupteffekttests und 3 Interaktionstests im Kontext einer orthogonalen Varianzanalyse, geprüft). Einer der Tests sei für $\alpha = 0,05$ signifikant. Kann daraufhin auch die globale Hypothese mit $\alpha = 0,05$ angenommen werden?

Sicherlich nicht, denn schließlich hatten 6 Tests die Chance, signifikant zu werden, und nicht nur einer. Würde man aufgrund einer Einzelsignifikanz mit $\alpha = 0,05$ die globale H_0 verwerfen, wäre diese Entscheidung mit einem erheblich höheren Risiko I (α-Fehler-Wahrscheinlichkeit) verbunden, als es die Einzelsignifikanz mit einem nominalen α-Niveau von $\alpha = 0,05$ nahelegt. Entscheidungen dieser Art, bei denen die wahre α-Fehler-Wahrscheinlichkeit größer ist als der nominelle α-Fehler, bezeichnen wir als progressiv. Bei progressiven Entscheidungsregeln kommt es zu mehr signifikanten Ergebnissen, als nach dem nominellen α-Niveau bei Gültigkeit von H_0 zu erwarten wäre.

Umgekehrt könnte man fordern, die globale H_0 sei nur dann zu verwerfen, wenn alle Einzeltests signifikant ausfallen. Diese Entscheidung wäre – wie noch gezeigt wird – zu konservativ, weil bei diesem Vorgehen die wahre α-Fehler-Wahrscheinlichkeit deutlich unter dem nominellen α-Fehler liegt. Konservative Entscheidungen resultieren in zu wenig signifikanten Resultaten, d. h. es werden eigentlich vorhandene Signifikanzen „übersehen".

Nach diesen Vorbemerkungen seien im folgenden die wichtigsten Techniken zur α-Fehler-Adjustierung vergleichend dargestellt.

a) Betrachten wir zunächst die genannte progressive Entscheidungsregel, nach der die globale H_0 zu verwerfen ist, wenn (mindestens) ein einzelner Test signifi-

kant wird. Wir fragen nach der tatsächlichen Irrtumswahrscheinlichkeit P, die man bei dieser Entscheidungsregel riskiert, bzw. genauer nach der Wahrscheinlichkeit, mindestens eine der k Nullhypothesen der Einzeltests zu verwerfen, wenn alle k Nullhypothesen richtig sind. Ferner nehmen wir an, daß alle Nullhypothesen für ein konstantes Signifikanzniveau α geprüft werden.

Die Wahrscheinlichkeit für *mindestens* eine Signifikanz ist komplementär zu der Wahrscheinlichkeit, daß keine H_0 verworfen, daß also kein Einzeltest signifikant wird. Für diese Wahrscheinlichkeit errechnen wir über die Binomialverteilung (mit $\pi = \alpha$ und $x = 0$):

$$p(x = 0) = \binom{k}{0} \cdot \alpha^0 \cdot (1 - \alpha)^k$$
$$= (1 - \alpha)^k \quad .$$

Die Komplementärwahrscheinlichkeit dazu (mindestens ein signifikantes Ergebnis) lautet also

$$P(x \geq 1) = 1 - (1 - \alpha)^k \quad . \tag{2.14}$$

Für $k = 6$ und $\alpha = 0,05$ errechnet man $P(x \geq 1) = 1 - (1 - 0,05)^6 = 0,2649$, d. h. die Wahrscheinlichkeit, mindestens eine der 6 Nullhypothesen fälschlicherweise zu verwerfen (und damit die globale H_0 zu verwerfen), beträgt 26,49 % statt der ursprünglich geplanten 5 %.

Um die globale Hypothese mit $\alpha = 0,05$ verwerfen zu können, ist statt α ein korrigierter α^*-Wert zu verwenden. Der α^*-Wert wird so bestimmt, daß nach Gl. (2.14) $P(x \geq 1) = \alpha$ resultiert. Lösen wir Gl. (2.14) nach α auf, erhält man

$$\alpha^* = 1 - (1 - \alpha)^{1/k} \tag{2.15}$$

bzw. für das Beispiel

$$\alpha^* = 1 - (1 - 0,05)^{1/6} = 0,0085 \quad .$$

Die globale H_0 darf also erst verworfen werden, wenn mindestens ein Einzeltest für $\alpha^* = 0,0085$ signifikant ist. Setzt man diesen Wert in Gl. (2.14) ein, resultiert der angestrebte Wert $P(x \geq 1) = \alpha = 0,05$.

Angenommen, wir hätten in unserer Untersuchung (mit $k = 6$) $x = 3$ signifikante Testergebnisse (jeweils mit $P_j = 0,04$) erzielt und $k - x = 3$ nicht signifikante Ergebnisse (jeweils mit $P_j = 0,10$), müßte die globale H_0 beibehalten werden, da für keinen Test $P_j < 0,0085$ gilt ($j = 1, \ldots k$).

b) Die Berechnung von $P(x \geq 1)$ nach Gl. (2.14) läßt sich für große k- und kleine α-Werte durch folgende einfache Gleichung approximieren:

$$P(x \geq 1) = k \cdot \alpha \quad . \tag{2.16}$$

Man erhält nach dieser Gleichung für unser Beispiel mit $\alpha = 0,05$ eine faktische Irrtumswahrscheinlichkeit von $P(x \geq 1) = 6 \cdot 0,05 = 0,30$. Will man die globale H_1 nur akzeptieren, wenn $P(x \geq 1)$ nicht größer als α ist, wäre das α-Niveau für die Einzeltests durch

$$\alpha^* = \alpha/k \tag{2.17}$$

zu adjustieren, d. h. ein Einzeltest müßte mindestens für $\alpha^* = 0,05/6 = 0,0083$ signifikant sein. Diese Art der α-Fehler-Adjustierung heißt **Bonferoni-Korrektur**. Die Bonferoni-Korrektur ist − wie man auch dem Beispiel entnehmen kann − geringfügig konservativer als die zuvor genannte Korrektur $(0,0083 < 0,0085)$. Auch hier wäre also die globale H_0 bei k = 6 und x = 3 mit den genannten P-Werten beizubehalten.

c) Bei den beiden genannten Varianten bleibt unberücksichtigt, *wieviele* Einzeltests tatsächlich signifikant geworden sind, denn hier gingen wir nur davon aus, daß mindestens ein Test signifikant wird. Ergebnisse, bei denen 2, 3 oder gar alle Einzeltests signifikant sind, werden nach diesen Regeln nicht differenziert. Es geht also wertvolle Information verloren, denn es ist leicht einzusehen, daß die globale Hypothese durch nur eine Einzelsignifikanz weniger bestätigt wird als durch mehrere Einzelsignifikanzen.

Dieser Sachverhalt wird berücksichtigt, wenn wir den bereits in 2.2.10 unter a) vorgestellten binomialen Ansatz verwenden. Da für jede Untersuchung bei Gültigkeit von H_0 ein signifikantes Ergebnis mit einer Wahrscheinlichkeit von α auftritt, errechnen wir die Wahrscheinlichkeit für x oder mehr signifikante, voneinander unabhängige Ergebnisse bei Gültigkeit aller k Nullhypothesen über Gl. (1.18). Für unser Beispiel mit k = 6, x = 3 und $\alpha = 0,05$ ergibt sich

$$P = \binom{6}{3} \cdot 0,05^3 \cdot 0,95^3 + \binom{6}{4} \cdot 0,05^4 \cdot 0,95^2 + \binom{6}{5} \cdot 0,05^5 \cdot 0,95^1$$
$$+ \binom{6}{6} \cdot 0,05^6 \cdot 0,95^0$$
$$= 0,002 \quad .$$

Nach diesem Ergebnis ist die globale H_0 abzulehnen $(P = 0,002 < 0,05)$.

Dieser Ansatz führt natürlich für x = 1 zum gleichen Ergebnis wie Ansatz a). Für x > 1 sind die unter a) und b) beschriebenen Korrekturen jedoch deutlich konservativer als die Korrekturvariante c).

Man beachte, daß im Ansatz c) keine α-Fehler-Adjustierung vorgenommen wird. Über Bestätigung oder Ablehnung der globalen Hypothese wird aufgrund der Überschreitungswahrscheinlichkeit P befunden, unter k Tests mindestens x signifikante Resultate zu finden. Die globale H_0 wird abgelehnt, wenn $P \leq \alpha$ ist. Auch hier ließe sich eine α-Fehler-Korrektur vornehmen, indem man für variable x-Werte ein α^* bestimmt, für das $P \leq \alpha$ resultiert. Dieser Weg ist jedoch rechnerisch sehr aufwendig und führt letztlich zur gleichen Entscheidung wie der genannte Weg.

Statt einen P-Wert zu berechnen, kann man in Tafel 1 einen x-Wert ablesen, der bei gegebenem k für $P \leq \alpha$ erforderlich ist. Bezogen auf die konventionellen Signifikanzgrenzen ist Tafel 1 allerdings nur für $\alpha = 0,05$ einzusetzen. Für k = 20 z. B. bestimmt man $P(x \geq 4) = 0,0158 < 0,05$, d. h. von 20 simultanen Tests müßten mindestens 4 signifikant sein, um die globale H_0 für $\alpha = 0,05$ verwerfen zu können. Für sehr viele Einzeltests verwendet man die in 1.2.3 beschriebene Normalverteilungs-Approximation bzw. die in 1.2.6 beschriebene Poisson-Verteilungsapproximation der Binomialverteilung.

d) Der unter c) beschriebene binomiale Ansatz verwendet nur binäre Informationen der Art „signifikant vs. nicht signifikant". Unterschiede zwischen den P_j-Werten

in der Gruppe der signifikanten Tests bzw. in der Gruppe der nicht signifikanten Tests bleiben dabei unberücksichtigt. Eine bessere Informationsausschöpfung erzielen wir deshalb, wenn die einzelnen P_j-Werte – soweit bekannt – über Gl. (2.12) agglutiniert werden. Diese Technik setzt jedoch – wie bereits erwähnt – voraus, daß die Einzeltests auf gleich großen Stichproben basieren. Angewendet auf das Beispiel erhält man

$$\chi^2 = -2 \cdot [3 \cdot (-3,22)] + [3 \cdot (-2,30)] = 33,12 \quad .$$

Dieser Wert ist für Fg = 12 auf der $\alpha = 0,001$-Stufe signifikant, d. h. im Beispiel sind – gleich große Stichprobenumfänge unterstellt – die Techniken a) bis c) deutlich konservativer als die 4. Technik. Würden die 3 nicht signifikanten Werte jedoch auf Überschreitungswahrscheinlichkeiten von $P_j = 0,80$ basieren, ergäbe sich mit $\chi^2 = 20,65$ ein Wert, dessen Überschreitungswahrscheinlichkeit größer ist als die nach der 3. Technik ermittelte Überschreitungswahrscheinlichkeit.

Die unter a) bis d) beschriebenen Techniken gelten für simultan durchgeführte Tests, die voneinander *unabhängig* sind. Es ist nun zu überprüfen, wie man bei *abhängigen* Tests vorgehen sollte.

Betrachten wir zunächst den Extremfall perfekter Abhängigkeit: In dieser (theoretischen) Extremsituation genügt ein einziges signifikantes Ergebnis, um die globale H_0 verwerfen zu können, denn in diesem Fall wären auch alle anderen Tests signifikant. Man braucht also nur einen Signifikanztest durchzuführen, denn alle übrigen Tests sind wegen der perfekten Abhängigkeit gegenüber diesem Test informationslos. Eine α-Fehler-Korrektur ist nicht erforderlich.

Bei empirischen Untersuchungen mit abhängigen Tests ist die genaue Abhängigkeitsstruktur der Tests in der Regel unbekannt. Sie liegt irgendwo zwischen den Extremen der perfekten Unabhängigkeit und der perfekten Abhängigkeit, d. h. eine angemessene α-Fehler-Korrektur müßte ihrem Effekt nach weniger konservativ sein als eine Korrektur für unabhängige Einzeltests, aber konservativer als das Vorgehen bei perfekt abhängigen Tests, bei denen auf eine α-Fehler-Korrektur verzichtet werden kann.

Die Bonferoni-Korrektur kann nach Krauth (1973, S. 40 ff.) auch bei abhängigen Tests eingesetzt werden; angewandt auf abhängige Tests fallen Entscheidungen über die globale H_0 noch konservativer aus als bei unabhängigen Tests. Weniger konservativ ist demgegenüber folgende von Cross u. Chaffin (1982) vorgeschlagene Korrektur der Bonferoni-Methode

$$\alpha^* = \alpha/(k - x + 1) \quad , \tag{2.18}$$

wobei k = Anzahl aller Tests und x = Anzahl der signifikanten Tests ist. Aber auch diese Entscheidungsregel dürfte für einige Untersuchungssituationen zu konservativ sein. Man denke an ein Untersuchungsergebnis, bei dem alle simultanen Tests die α-Schranke geringfügig unterschreiten. In diesem Falle wäre widersinnigerweise die globale H_0 beizubehalten, weil kein einziger Test die α^*-Schranke unterschreitet. Wir übernehmen deshalb die praktische Empfehlung von Cross u. Chaffin (1982), Variante c) auch bei abhängigen Tests einzusetzen.

Zusammenfassend wird folgendes Vorgehen für den Umgang mit simultanen Tests vorgeschlagen: Wurden *a priori spezifizierte* Einzelhypothesen formuliert, ist

eine α-Fehler-Korrektur überflüssig, und zwar sowohl bei abhängigen als auch bei unabhängigen Tests. In diesem Falle wird bei jeder Entscheidung riskiert, die H_0 fälschlicherweise mit einer Wahrscheinlichkeit von höchstens α zurückzuweisen. Forschungslogisch wäre allerdings zu fordern, voneinander unabhängige Hypothesen aufzustellen (s. unten), deren Interpretation im Falle ihrer Bestätigung frei von Redundanzen ist.

Bei der Überprüfung einer *globalen* H_0 sind mehrere Strategien möglich. Will man die globale H_0 ablehnen, wenn mindestens einer der k Einzeltests signifikant ausfällt, ist bei unabhängigen Tests das α-Niveau nach Methode a) bzw. – bei großem k und kleinem α – approximativ nach Methode b) zu adjustieren. Diese Vorgehensweisen sind bei simultanen Einzeltests, die „gerade eben" signifikant geworden sind, eher konservativ. Sie entscheiden jedoch gegenüber der Methode c) progressiv, wenn nur ein einziger Test auf einem sehr niedrigen α^*-Niveau signifikant wurde.

Für die Methode c) ist es irrelevant, wie gering die Irrtumswahrscheinlichkeit bei einem einzigen signifikanten Test ausgefallen ist. Hier interessiert nur die Anzahl der auf dem nominellen α-Niveau erzielten Signifikanzen. Methode c) ist gegenüber den Methoden a) und b) immer dann zu favorisieren, wenn sich die Ergebnisinterpretation hauptsächlich nur auf die globale Hypothese beziehen soll und die Frage, *welche* Einzeltests signifikant wurden, eigentlich unwichtig ist. Bei den Methoden a) und b) hingegen interessiert vorrangig die Frage, welcher der zur Überprüfung der Globalhypothese herangezogenen Tests von besonderer Bedeutung ist.

Methode d) schließlich ist dem Spezialfall vorbehalten, daß für k unabhängige Tests, die mit gleich großen Stichproben durchgeführt wurden, die Irrtumswahrscheinlichkeiten P_j bekannt sind.

Bevor man sich entschließt, über eine globale H_0 aufgrund mehrerer abhängiger Tests zu befinden, sollte überprüft werden, ob sich die abhängigen Tests auf eine kleinere Anzahl unabhängiger Tests reduzieren lassen, die als nicht redundante Tests den gleichen Informationsgehalt aufweisen wie die abhängigen Tests. Dies kann z. B. durch den Einsatz multivariater Tests geschehen (Überprüfung multipler oder kanonischer Korrelationen statt Überprüfung aller bivariaten Korrelationen bei 2 Variablensätzen; Überprüfung von Faktoren im Sinne der Faktorenanalyse statt Überprüfung aller bivariaten Korrelationen eines Variablensatzes; Einsatz einer multivariaten Varianzanalyse statt vieler unvariater Varianzanalysen etc.) oder – bei Einzelvergleichstests – durch die Verwendung sog. orthogonaler Einzelvergleiche. Ist der Einsatz abhängiger Tests nicht zu umgehen, kann über Gl. (2.18) bzw. behelfsmäßig auch über Methode c) geprüft werden (vgl. Cross u. Chaffin, 1982).

Gelegentlich werden an einem Datensatz mehrere Alternativhypothesen über *verschiedene Verteilungsparameter* getestet. Will man z. B. simultan auf Unterschiede in der zentralen Tendenz und auf Dispersionsunterschiede testen, sind die entsprechenden Tests (t-Test und F-Test im parametrischen Falle) nur bei Vorliegen einer normalverteilten Grundgesamtheit voneinander unabhängig; bei nicht normalverteilten Grundgesamtheiten ergeben sich Abhängigkeiten.

Auch hier richtet sich die Prüfstrategie nach der Art der Hypothese. Bei einer globalen Hypothese (z. B.: es gibt irgendwelche Unterschiede zwischen den verglichenen Populationen) sollte man – falls vorhanden – einen Omnibustest favorisieren, der auf Verteilungsunterschiede beliebiger Art reagiert (vgl. z. B. die einschlägigen

Abschnitte aus Kap. 7). Existiert kein geeigneter Omnibustest, sind für abhängige Tests α-Fehler-Korrekturen nach Gl. (2.18) und für unabhängige Tests nach den Methoden a) und b) vorzunehmen. Methode c) gilt auch hier für unabhängige Tests und behelfsmäßig für abhängige Tests.

Begründete A-priori-Hypothesen über einzelne Verteilungsparameter machen auch hier keine Korrektur erforderlich. Der gleichzeitige Einsatz eines t-Tests und eines U-Tests (vgl. 6.1.1.2) beispielsweise ließe sich also nur rechtfertigen, wenn man eine Hypothese über Mittelwertunterschiede und darüber hinaus eine Hypothese über Medianunterschiede begründen kann, was in der Praxis nur in extremen Ausnahmefällen vorkommt. Der Regelfall ist eher eine Globalhypothese über Unterschiede in der zentralen Tendenz, die entweder über einen Omnibustest oder über 2 (oder mehrere) Tests mit entsprechender Korrektur zu überprüfen wäre. Das „Ausprobieren" mehrerer, von ihrer Indikation her ähnlicher Tests ist deshalb praktisch in jedem Falle mit einer der genannten Korrekturmaßnahmen zu verbinden.

Die hier beschriebenen α-Fehler-Adjustierungen dienen der *expliziten* α-Fehler-Protektion. Was unter einer *impliziten* α-Fehler-Protektion zu verstehen ist, werden wir anhand konkreter Verfahren erläutern (vgl. z. B. S. 230).

Kapitel 3 Datenerhebung und Datenaufbereitung

Im folgenden werden Fragen des Messens sowie der Datenerhebung und -aufbereitung für quantitative Untersuchungen behandelt. Dabei wird die Vielfalt empirischen Materials erkennbar, das für die statistische Hypothesenprüfung geeignet ist. Grundsätzlich sei angemerkt, daß die zu untersuchende Fragestellung in der Regel nicht eindeutig vorschreibt, welche Art von Daten zu erheben und damit welcher statistische Test einzusetzen ist. Viele Merkmale der Bio- und Humanwissenschaften lassen sich auf unterschiedliche Weise operationalisieren, mit dem Effekt, daß je nach Art der *Operationalisierung* Daten mit unterschiedlichem Informationsgehalt auszuwerten sind.

Die Frage der angemessenen Operationalisierung von Variablen ist nur im Kontext des untersuchten Inhalts befriedigend zu beantworten. Diese sowie weitere Fragen, die im Vorfeld der eigentlichen statistischen Analyse stehen (Problemwahl und Hypothesenformulierung, Untersuchungsplanung, Designtechnik, Untersuchungsdurchführung etc.) können hier nicht behandelt werden. Informationen dazu findet der Leser z. B. bei Bortz (1984) und Roth (1984).

3.1 Theorie des Messens

Das Wort „Messen" haben wir bereits mehrmals gebraucht, und zwar meist im landläufigen Sinn als Anlegen einer „Meßlatte" an einen Untersuchungsgegenstand oder als Ablesen einer Zeigerstellung auf einer Meßskala. Dies entspricht der physikalischen oder klassischen Art des Messens, wobei die Meßwerte elementarer Art (wie Zentimeter, Gramm, Sekunden) sind oder von elementaren Meßwerten durch Operationsvorschriften abgeleitete Meßwerte (Volumina, spezifische Gewichte, Geschwindigkeiten) darstellen.

Spätestens seit die Frage des Messens auch für die Sozialwissenschaften bedeutsam geworden ist, wird der Begriff des Messens weiter gefaßt und etwa mit Campbell (1938, S. 126) als „assignment of numerals to represent properties of material systems other than number, in virtue of the laws governing these properties" bezeichnet. Daß in diesem Sinne Messen eine Abbildung von Realitäten auf ein abstraktes Bezugssystem darstellt, betont Sixtl (1967, S. 3) mit der Definition: „Messen bestehe darin, daß wir Objektrelationen, die nicht unsere Erfindung sind, auf Zahlenrelationen abbilden, die unsere Erfindung sind. Eine Abbildung dieser Art ist möglich, wenn bestimmte Eigenschaften der Zahlen *isomorph* zu bestimmten Eigenschaften der Objekte sind. Man sagt dann, bestimmte Eigenschaften des Zahlensystems die-

nen als Modell für bestimmte Objektrelationen". Dabei müsse die Angemessenheit eines bestimmten Meßmodells für den zu untersuchenden Aspekt der Objekte empirisch geprüft werden, und es gehe nicht an, durch Explizieren der Eigenschaften von Modellen „Entdeckungen" machen zu wollen; denn Folgerungen aus Modellen, die keinen Zugang zur Empirie bieten, seien wissenschaftlich unbrauchbar.

Diese Definitionen schließen eine Form der Zuordnung von Zahlen zu Objekten aus, nämlich die, in der bestimmte Relationen zwischen den Zahlen keine analogen Relationen zwischen den Objekten wiedergeben. Männlichen Individuen das Zahlensymbol „0" und weiblichen das Zahlensymbol „1" zuzuordnen, wäre danach keine Messung, ebensowenig eine Zuordnung von Individuen oder Objekten zu bestimmten, mit Zahlen symbolisierten qualitativen Klassen. Warum aber soll solch eine vereinbarungsgemäß getroffene und konsequent durchgeführte Zuordnung nicht auch als Messen gelten, wenn man diesen Begriff schon über seine klassische Denotation hinaus zu erweitern gewillt ist? Diesem Desiderat trägt die in den Verhaltenswissenschaften allgemein anerkannte Definition des Messens Rechnung, die Stevens (1951, S. 22) gegeben hat: „Measurement is the assignment of numerals to objects or events according to rules". Orth (1974, S. 13) präzisiert diese Definition, indem er ausführt: „Messen ist die Bestimmung der Ausprägung einer Eigenschaft eines Dinges. Messen erfolgt durch eine Zuordnung von Zahlen zu Dingen, die Träger der zu messenden Eigenschaften sind ... Notwendige Voraussetzungen für die Meßbarkeit einer Eigenschaft sind erstens das Vorhandensein einer Menge von Dingen, die Träger der zu messenden Eigenschaften sind, und zweitens das Vorhandensein mindestens einer beobachtbaren oder herstellbaren Relation auf dieser Menge". Auf der Grundlage dieser Definition ergeben sich 3 bzw. 4 Dignitätsgrade oder **Skalenniveaus der Messung**, die Stevens bereits (1939) in seiner Skalentheorie unterschieden hat.

Bevor wir in 3.1.2 näher auf die verschiedenen Aspekte dieser Theorie eingehen, soll noch zu zwei weiteren Fragen kurz Stellung genommen werden, die im Zusammenhang mit dem Messen außerhalb der klassischen Naturwissenschaften bedeutsam sind. Am Anfang von Auseinandersetzungen um das Messen in den Humanwissenschaften steht oftmals die Frage „Ist der Mensch überhaupt meßbar?" Wird die Frage nicht nur rhetorisch einzig zur Verdeutlichung des Menschenbildes des Fragestellers formuliert, so muß konstatiert werden, daß sie ein altes Mißverständnis tradiert: Messen in den Humanwissenschaften hat nicht das Ziel, den Menschen zu messen, sondern, wie Orths Definition deutlich macht, Eigenschaften bzw. Attribute des Menschen. „Der Mensch" ist in der Tat nicht meßbar, Eigenschaften aber sind es sehr wohl.

Mit dieser Feststellung ist im übrigen keineswegs eine Vorentscheidung in dem Sinne gefallen, daß Forschung in den Humanwissenschaften vorrangig mit Meßoperationen zu arbeiten hätte. Die Frage, ob ein *quantitativer* oder ein *qualitativer* Forschungsansatz gewählt wird, muß immer am Forschungsgegenstand entschieden werden. Eine gegenstandsadäquate Forschungsmethodik ist eines der wichtigsten Ziele der Humanwissenschaften; es wäre wünschenswert, wenn dabei in Zukunft paradigmatische Voreingenommenheiten – also Vorlieben z. B. für qualitative bzw. quantitative Methoden – an Bedeutung verlieren würden. Eine ausführliche Auseinandersetzung mit diesem Themenkomplex, also mit methodologischen Aspekten

des Messens in den Humanwissenschaften, ist an dieser Stelle nicht möglich. Festzuhalten ist, daß weder die Aussage, Wissenschaft ohne Meßoperationen sei keine Wissenschaft, noch die apriorische Ablehnung solcher Operationen in Humanwissenschaften hilfreich ist. Mit Leiser (1978, S. 188) ist – nicht nur für die Sozialwissenschaften – zu konstatieren, daß eine „kritische Aufarbeitung konkreter Ansätze zur Formalisierung, Quantifizierung, Mathematisierung sozialwissenschaftlicher Prozesse mehr zur Klärung der Tragfähigkeit des logisch-mathematischen Paradigmas und der Reichweite logisch-mathematischer Kategorien in den Sozialwissenschaften beiträgt als das pauschale Reden von der Nicht-Formalisierbarkeit sozialwissenschaftlicher Prozesse". Entscheidend ist nicht – wie bei Bortz (1984, S. 222) ausgeführt –, ob mit oder ohne Zahlen (also quantitativ oder qualitativ) gearbeitet wird, sondern welcher Gegenstand erforscht wird und welchen Status eine Untersuchung im Wissenschaftsprozeß hat.

Neben der Frage nach der grundsätzlichen Bedeutung des Messens ist noch eine weitere methodologische Frage zu klären. Meßoperationen in den Bio- und Humanwissenschaften beziehen sich nur z.T. auf deutlich zutage liegende Eigenschaften von „Dingen" (Orth, 1974), nur z.T. auf sogenannte *manifeste* Variablen. Häufig gelten sie angenommenen Eigenschaften, sogenannten *latenten* Variablen oder hypothetischen Konstrukten. Zwar sind z.B. für Psychologen ebenso wie für Mediziner auch Eigenschaften von Bedeutung, die einer direkten Messung zugänglich sind, wie etwa die Körpergröße eines Schulkindes oder der Blutalkoholgehalt eines Angeklagten. Diese manifesten Variablen interessieren aber oft nur als *Indikatoren* für latente Variablen, beispielsweise für die Schulreife des Kindes oder die Schuldfähigkeit des Angeklagten.

Ist man an der Messung latenter Variablen interessiert, so bedarf es *immer* einer Theorie darüber, welche manifesten Variablen in welcher Art Indikatoren für interessierende latente Variablen sein können. Theorien über die Messung von latenten Variablen auf der Grundlage von Meßoperationen an manifesten Variablen variieren in ihrer Komplexität erheblich. Einfache Theorien könnten z.B. davon ausgehen, daß die Addition der Meßwerte manifester Variablen (etwa gelöster Testaufgaben) Auskunft über die Ausprägung einer latenten Variablen (z.B. der Intelligenz) geben. Komplexere Theorien könnten behaupten, daß der Wert einer Person auf einer faktorenanalytisch ermittelten Dimension – der sog. Faktorwert – die beste Auskunft über die Ausprägung einer latenten Variable gibt. Ein solcher Faktorwert würde in diesem Fall z.B. aus der Beantwortung von verschiedenen Fragen eines Fragebogens (den manifesten Variablen) mathematisch hergeleitet werden (vgl. dazu Dwyer, 1983).

Je stärker man im Forschungsprozeß an Aussagen über latente Variablen (hypothetische Konstrukte) interessiert ist, um so wichtiger wird es, sich mit dem Problem auseinanderzusetzen, daß Messungen in Medizin, Soziologie, Biologie, Psychologie etc. in der Regel mit einem mehr oder weniger großen Meßfehler behaftet sind. Dieses Problem leitet über zur Frage nach den Kriterien einer „guten" Messung.

3.1.1 Gütekriterien des Messens

Grundsätzlich muß jede Messung bestimmte Kriterien – sog. Gütekriterien – erfüllen: Objektivität, Reliabilität und Validität.

a) Unter **Objektivität** einer Messung versteht man, daß die Meßoperation so weit
   wie möglich unabhängig von (subjektiven) Einflüssen des Messenden erfolgen
   muß bzw. daß 2 (oder mehrere) mit der Messung betraute Personen in ihren
   Meßergebnissen möglichst weitgehend übereinstimmen müssen. Eine Messung
   ist objektiv, wenn verschiedene mit der Messung betraute Personen bei denselben Meßoperationen zu gleichen Ergebnissen kommen.
      Bei Messungen höherer Skalendignität (vgl. 3.1.2) ist die Objektivität de-
   finiert als die Korrelation zwischen den von 2 unabhängigen Personen an einer
   Stichprobe von N Untersuchungseinheiten durchgeführten Messungen (r im parametrischen, r_s im nicht parametrischen Fall, vgl. 8.2.1), bei Messungen der
   niedrigsten Skalendignität als deren Kontingenz (vgl. 8.1.3). Die so definierte
   Objektivität sollte 0,9 erreichen oder nicht wesentlich unterschreiten; andernfalls ist der Meßfehler zu Lasten mangelnder Objektivität unvertretbar hoch.

b) Unter **Reliabilität** einer Messung versteht man ihre Reproduzierbarkeit unter
   gleichbleibenden Bedingungen, wobei Objektivität eine notwendige, wenngleich
   nicht hinreichende Voraussetzung der Reliabilität darstellt. Die Reliabilität ist
   in ihrer aus der klassischen Testtheorie hergeleiteten Definition (vgl. dazu z. B.
   Lord u. Novick, 1968) nicht nur Ausdruck des Meß- und Registrierfehlers,
   sondern auch Ausdruck zeitlicher Merkmalsfluktuation, wenn eine Zweitmes-
   sung nicht unmittelbar nach der Erstmessung vorgenommen werden kann. Im
   Unterschied zur Objektivität, die nur den Grad des Ablesungs- oder Bewer-
   tungsfehlers angibt, gehen in die Reliabilität alle zufälligen Fehlerquellen der
   Datengewinnung (z. B. Technik der Blutentnahme), der Datenverarbeitung (z. B.
   Ausstrich und Färbung) und der Ablesung oder Bewertung (Auszählung der
   Blutzellen) mit ein, ggf. auch Fehler der Primärfixation (im Krankenblatt), der
   Datenbereitstellung (Datenbelege) und der Sekundärfixation (auf elektronischen
   Datenträgern).
      Bei quantitativen Messungen ist die Reliabilität als die Korrelation zwi-
   schen 2 unter gleichen Bedingungen durchgeführten Messungen definiert. Bei
   qualitativen Beobachtungen wird dazu der Kontingenzkoeffizient eingesetzt. Die
   so definierte Reliabilität einer biologischen Beobachtung ist hoch, wenn sie 0,9
   erreicht, sie ist zufriedenstellend, wenn sie 0,7 erreicht, und ausreichend, wenn
   sie 0,5 erreicht. Je geringer die Reliabilität einer Beobachtung ist, um so mehr
   Beobachtungen werden erforderlich sein, um ein statistisch signifikantes Ergebnis zu erzielen.

c) Unter **Validität** einer Messung versteht man den Grad, in dem eine Messung
   dasjenige Merkmal der Untersuchungseinheit erfaßt, das der Messende zu erfassen wünscht. Zur Abschätzung der Validität einer Messung wurden verschiedene
   Kriterien definiert, auf die hier im einzelnen nicht eingegangen werden kann.
   Die wichtigste Validitätsart ist die *kriterienbezogene Validität,* die als Korrelation zwischen den Messungen und einem sinnvollen Außenkriterium definiert
   ist. Diese Art der Validitätsprüfung ist um so bedeutsamer, je stärker man an
   der Messung einer latenten Variablen interessiert ist, um so weniger es sich
   also bei der durchgeführten Meßoperation um eine sog. direkte Messung (vgl.
   Koller, 1956) handelt.

Niemand wird bezweifeln, daß man mit der Stoppuhr die Geschwindigkeit eines Hundertmeterläufers valide messen kann oder mit der Waage das Körpergewicht eines Jugendlichen. Die Validität anderer Messungen, z. B. der Zeugnisnoten als Maß der Leistungsfähigkeit in Schulfächern, ist weniger evident. Ob man mit dem Zitterkäfig oder mit der Lauftrommel die Motilität von Ratten besser erfaßt, ob man durch Krankheitstage oder durch Arbeitsplatzwechsel die Identifikation mit dem Arbeitsplatz zutreffender beurteilt, sind theoretische Fragen, deren Beantwortung einer ausführlichen Auseinandersetzung mit dem Verhältnis von Meßoperation und zu messender Variable bedarf. Weiterführende Informationen findet man in der Literatur zur klassischen psychologischen Testtheorie, wie etwa bei Anastasi (1961), Cronbach (1961), Lienert (1969a) oder Magnusson (1969).

3.1.2 Die Skalenniveaus

Im Anschluß an Stevens (1939) werden für die hierarchische Klassifikation von Meßoperationen außerhalb der Naturwissenschaften üblicherweise 3 bzw. 4 sog. Skalenniveaus angenommen. Die niedrigste Stufe ist eine Zuordnung von Individuen zu qualitativ-attributiven, meist durch „Nomina" bezeichneten Merkmalsklassen (Kategorien), zu einer **Nominalskala**. Die nächste Stufe besteht in einer Zuordnung von Individuen zu topologisch geordneten Klassen eines Merkmals, zu einer **Ordinalskala**. Die 3. Stufe ist schließlich diejenige, die wir aus dem Alltag als Messung kennen: Sie ermöglicht die Zuordnung der Individuen zu Intervallen einer äquidistant markierten Skala, zu einer **Intervallskala**.

Beispiele für eine Nominalskalenmessung sind: Klassifikation von Versuchstieren nach ihrem Geschlecht, Einordnung von Werktätigen in Berufskategorien, Gruppierung von Kranken nach nosologischen Einheiten.

Beispiele für eine Ordinalskalenmessung wiederum sind die Einstufung von Bewerbern um eine Lehrstelle nach ihrem Schulabschluß (Sonder-, Haupt-, Realschul- oder Gymnasialabschluß) oder das Ergebnis einer Agglutinationsprobe (negativ, fraglich, positiv). In diesen Beispielen wurde die Zahl der Merkmalsstufen k als stets kleiner als die Zahl der Individuen N angenommen; jede Stufe kann also mehr als ein Individuum enthalten. Man kann bei genügender Differenzierung des Merkmals aber auch so viele Stufen bilden, wie Individuen vorhanden sind, z. B. die Schüler einer Klasse nach dem Grade ihrer Mitarbeit in eine Rangreihe bringen oder Jungtiere nach der Tönung ihres Fells ordnen etc.

Beispiele für eine Intervallskalenmessung müssen kaum angeführt werden; hierher gehören Messungen wie Wachstumsraten, Ernteerträge, Reaktionszeiten und Wärmegrade nach Celsius. Auch Testergebnisse psychologischer Tests werden in der Praxis oft als intervallskaliert angesehen, was allerdings nicht unumstritten ist (vgl. Gutjahr, 1972). Mit Intervallskalen können wir je nach Präzisionsbedürfnis mehr oder weniger „genau" messen, wobei wir mehr oder weniger große Meßintervalle bilden und feststellen, in welches Intervall ein Individuum gehört.

Stevens (1939) hat außer den 3 genannten noch eine 4. hierarchisch höherstehende Meßoperation definiert: Die sog. Verhältnisskalenmessung, zu der u. a. alle Messungen im Zentimeter-Gramm-Sekunden-System gehören. Die **Verhältnisskala** („ratio scale") unterscheidet sich von einer Intervallskala dadurch, daß sie zusätzlich zur Intervallgleichheit einen „wahren" Nullpunkt besitzt. Man kann sich den Unterschied zwischen Verhältnisskala und Intervallskala am besten anhand der Temperaturmessung veranschaulichen: Die Celsius-Skala hat einen willkürlich festgelegten Nullpunkt, definiert durch die Temperatur der Eisschmelze; die Kelvin-Skala dagegen

hat einen absoluten Nullpunkt (−273°C). Die Kelvin-Skala erlaubt es, Verhältnisse von Meßwerten zu bilden, also etwa festzustellen, ein Metallkörper von 273° Kelvin (= 0° Celsius) sei halb so „heiß" wie ein solcher von 546° Kelvin (= 273° Celsius), was bei der Celsius-Skala nicht sinnvoll ist. Alle so oder ähnlich gebildeten Verhältniswerte setzen also voraus, daß die beteiligten Skalen einen absoluten Nullpunkt besitzen.

Verhältnis- und Intervallskalenmessung wollen wir mit einem gemeinsamen Oberbegriff als **Kardinalskalenmessungen** bezeichnen, da ihre Unterscheidung für die Anwendung statistischer Tests ohne Belang ist.

3.1.3 Informationsgehalt von Skalen

Um das bisher Gesagte etwas strenger zu fassen, wollen wir versuchen zu spezifizieren, welche formalen Bedingungen erfüllt sein müssen, um eine bestimmte Stufe der Messung zu erreichen. Messung ist nach Stevens (1939) definiert als die Zuordnung von Zahlen oder Symbolen zu Objekten (Individuen) gemäß bestimmten Vorschriften; diese Zuordnung konstituiert, je nachdem welche Vorschrift gegeben wird bzw. eingehalten werden kann, Skalen verschiedenen Niveaus, die ihrerseits Abbildungen der Merkmalsvarianten auf die reellen Zahlen darstellen.

a) Wenn wir die Spezies einer Tiergattung statt mit Namen mit Zahlen bezeichnen (*Nominalskala*), so kommt darin nicht mehr zum Ausdruck, als daß sich ein Tier mit dem Skalenwert 1 von einem mit dem Skalenwert 2 und ebenso von einem mit dem Wert 3 unterscheidet; die Information, die die Zahlen vermitteln, ist gering in Bezug auf das untersuchte Merkmal „Spezies".

b) Wenn wir Amtsbezeichnungen von Beamten als Stufen einer *Ordinalskala* mit Zahlen belegten (Studienrat = 1, Oberstudienrat = 2, Studiendirektor = 3 usw.), so besitzen diese Zahlen bereits erheblich mehr Informationsgehalt: Wir wissen nicht nur, daß sich 2 Personen mit den Skalenwerten 1 und 3 unterscheiden, sondern auch, daß die Person mit dem Skalenwert 3 rangmäßig über der mit dem Skalenwert 1 steht.

c) Noch mehr Informationen liefert die Numerik einer *Intervallskala*: Wenn ein Kind einen Intelligenzquotienten von 80, ein anderes einen solchen von 100 und ein drittes einen von 140 besitzt, so wissen wir damit − wenn wir den Grundannahmen der traditionellen Intelligenzdiagnostik folgen − nicht nur, daß das erste Kind schwach begabt, das zweite durchschnittlich begabt und das dritte Kind hoch begabt ist; wir wissen auch, daß das zweite Kind hinsichtlich der Begabung vom dritten doppelt so weit entfernt liegt wie vom ersten. Wir dürfen aber daraus nicht folgern, das dritte Kind sei 1,75 mal so intelligent wie das erste, denn die Intelligenzquotientenskala hat als Intervallskala keinen absoluten Nullpunkt.

d) Den höchsten Informationsgehalt hat eine *Verhältnisskala*: Messungen von Längen, Gewichten oder Zeiten sind solcher Art. Messen wir z.B. die „Schrecksekunden" dreier Führerscheinanwärter (A, B, C) und finden, daß A eine Reaktionszeit von 0,1, B von 0,2 und C von 0,4 s benötigt, um ein Gefahrensignal zu beantworten, so haben wir folgende Informationen: A, B und C unterschei-

den sich hinsichtlich ihrer Reaktionszeit (Nominalskaleninformation), sie bilden eine Rangordnung, denn A reagiert schneller als B und B reagiert schneller als C (Ordinalskaleninformation), sie haben ferner definierte Abstände, denn der Unterschied zwischen den Reaktionszeiten von B und C ist doppelt so groß wie zwischen denen von A und B (Intervallskaleninformation) und sie bilden sinnvolle Relationen, denn die Reaktionszeiten von A zu B und B zu C verhalten sich wie 1 zu 2, von A zu C wie 1 zu 4 (Verhältnisskaleninformation).

3.1.4 Konstituierungsmerkmale für Skalen

Kennzeichnend für eine Nominalskala ist:

a) daß zwischen den Merkmalswerten $I_1, \ldots, I_i, \ldots, I_j, \ldots, I_N$ der einzelnen Individuen nur Gleichheits- und Ungleichheitsrelationen bestehen:

$$I_i = I_j \quad \text{oder} \quad I_i \neq I_j \quad,$$

b) daß erschöpfende und einander ausschließende Merkmalskategorien $i_1, \ldots, i_k$ definiert worden sind, so daß jedes Individuum in eine und nur in eine Kategorie einzuordnen ist,

c) daß jede Kategorie mehr als ein Individuum enthalten kann.

Durch die Bedingung c) wird der Normalfall einer sog. *gruppierten Nominalskala,* d. h. einer Gruppierung von N Individuen in meist weniger als N Klassen (k), konstituiert. Muß man so viele Klassen bilden, wie Individuen vorhanden sind, also k = N festsetzen, so liegt der Grenzfall einer sog. *singulären Nominalskala* vor, dem keine praktische Bedeutung zukommt.

Kennzeichnend für eine Ordinalskala ist:

a) daß zwischen den Werten $I_1, \ldots, I_N$ der einzelnen Individuen Ordnungsrelationen bestehen derart, daß

$$I_i = I_j \quad \text{oder} \quad I_i < I_j \quad \text{oder} \quad I_i > I_j \quad,$$

b) daß erschöpfende und einander ausschließende Merkmalsstufen $i_1, \ldots, i_k$ definiert worden sind, die eine Rangordnung $i_1 < \ldots < i_k$ bilden,

c) daß die Anzahl der Stufen gleich groß oder kleiner als die Anzahl der Individuen ist, (genaueres hierzu vgl. Pfanzagl, 1959).

Die Kennzeichnung c) unterscheidet zwischen der *gruppierten* und der *singulären* Ordinalskala (k = N). Letzterer kommt große praktische Bedeutung für die meisten verteilungsfreien Tests zu. Der Fall der Ranggleichheit, $I_i = I_j$, kommt nur im Rahmen einer gruppierten Skala vor; im Fall der singulären Skala ist er ausgeschlossen.

Kennzeichnend für eine Kardinalskala ist:

a) daß neben der Bedingung a) für ordinalskalierte Daten die Ordnungsrelation der Ordinalskala auch für je zwei Paare I_i, I_j und I_m, I_n gilt (Ordnungsaxiom):

$$\frac{I_i + I_j}{2} = \frac{I_m + I_n}{2} \quad \text{oder} \quad \frac{I_i + I_j}{2} < \frac{I_m + I_n}{2} \quad \text{oder} \quad \frac{I_i + I_j}{2} > \frac{I_m + I_n}{2} \quad,$$

wobei statt des Mittelwerts auch eine andere Beziehung verwendet werden kann,

b) daß der Mittelwert der Mittelwerte zweier Paare I_i, I_j und I_m, I_n gleich dem Mittelwert derjenigen Paare ist, bei denen die Paarlinge symmetrisch vertauscht sind (Bisymmetrieaxiom),

c) daß möglichst wenig Gleichheitsrelationen resultieren: Frequenz ($I_i = I_j$) = Minimum (Präzisionsforderung), daß also die äquidistanten Merkmalsintervalle $i_1 \ldots i_k$ so klein gewählt werden, wie es die Präzision des Meßinstrumentes zuläßt.

Auch hier unterscheidet man, je nachdem ob ein Wert mehrfach auftreten kann oder nicht, zwischen gruppierten und singulären Messungen bzw. zwischen *stetiger* und *diskreter Kardinalskala*. Letztere liegt besonders bei Zählwerten vor, bei Meßwerten also, die durch Abzählung entstehen.

3.1.5 Zulässige Skalentransformationen

Definiert man die Stevensschen Skalen danach, welche Transformationen zulässig sind, ohne daß dadurch der Informationsgehalt der Messungen verändert wird, so läßt sich in aller Kürze zusammenfassen:

a) Nominalskalen sind Skalen, die gegenüber allen umkehrbar eindeutigen Transformationen invariant sind; z. B. gilt für die Berufsgruppen der Handwerker:

Maurer	Bau-tischler	Dach-decker		Maurer	Bau-tischler	Dach-decker
1	2	3	$\xrightarrow[\text{Transformation}]{}$	2	1	3

wie auch jede andere numerische Zuordnung, bei der nicht 2 verschiedene Berufe eine gleiche Nummer erhalten.

b) Ordinalskalen sind Skalen, die nur gegenüber **monotonen Transformationen** invariant sind. Eine Transformation $y = f(x)$ heißt monoton steigend, wenn eine Vergrößerung des x-Wertes mit einer Vergrößerung des y-Wertes einhergeht; sie heißt monoton fallend, wenn mit größer werdendem x-Wert der y-Wert kleiner wird. Zum Beispiel ist es für die Anordnung der Planeten nach der Größe nicht von Bedeutung, ob sie nach dem Durchmesser oder nach dem Volumen angeordnet werden (Kugelgestalt vorausgesetzt), da das Volumen eine monoton steigende Funktion des Durchmessers ist.

c) Kardinalskalen sind Skalen, die nur gegenüber linearen Transformationen invariant sind, was z. B. für die Umrechnung von Zentimeter in Zoll, von Celsius in Fahrenheit-Grade oder von einer Zeitrechnung in eine andere zutrifft.

Will man zwischen Intervall- und Verhältnisskalen ebenfalls durch Angabe der zulässigen Transformationsart unterscheiden, so gilt für Intervallskalen die Transformation: $y = bx + a$ und für Verhältnisskalen die Transformation: $y = bx$ (für $b \neq 0$).

Bei Verhältnisskalen sind also nur lineare Transformationen ohne die additive Konstante (d. h. Streckungen oder Stauchungen) zugelassen, wie etwa bei der Umrechnung von Zentimeter in Zoll.

Da die Konstituierung einer Skala aus den Vorschriften für die Meßoperation erfolgt, entscheiden diese Vorschriften und ihre Realisierbarkeit über das jeweilige Skalenniveau von Daten. Auch wenn dies dem Leser trivial erscheinen mag, so ist doch immer wieder hervorzuheben, daß die Tatsache, daß numerische Werte gewonnen worden sind, noch keinesfalls das Vorliegen einer kardinalskalierten Messung verbürgt. Das gilt insbesondere für Daten, die von dritter Seite erhoben wurden, ohne daß der Informationsgehalt der Messung nachträglich noch eindeutig feststellbar wäre. Man muß in der Biologie und in den Humanwissenschaften stets damit rechnen, daß numerische Werte nur Ausdruck einer ordinal-, nicht aber einer kardinalskalierten Messung sind.

3.1.6 Festlegung des Skalenniveaus

Mit der Frage der Bewertung des Skalenniveaus psychologischer Messungen setzt sich besonders ausführlich Gutjahr (1972) auseinander. **Festzuhalten ist, daß Messen nie ein rein technisches, sondern stets zugleich ein theoretisches Unterfangen ist.** Die Bedeutung dieses Satzes wollen wir an einem Beispiel verdeutlichen:

Wüßte man nahezu nichts über das System bundesdeutscher Schulabschlüsse, müßte man den Sonderschul-, den einfachen Hauptschul-, den Realschul-, den Gymnasial- und den Hochschulabschluß als nominalskalierte Messungen von Bildungsabschlüssen ansehen. Dieses bräuchte uns dennoch nicht davon abzuhalten, den Abschlüssen Zahlenwerte zuzuordnen, etwa Sonderschule = 0, Hauptschule = 1, Realschule = 2, Gymnasium = 3, Hochschule = 4; nur könnte man beim Vergleich von Meßwerten einzelner Personen nur Gleich-ungleich-Aussagen machen. Größer-kleiner-Aussagen und Unterschieds-(Differenz-)Aussagen wären hingegen unzulässig.

Geht in die Meßüberlegungen z. B. auch das gesellschaftliche Prestige der Schulabschlüsse ein, so läßt es sich in unserem Beispiel durchaus vertreten, von einem ordinalskalierten Merkmal „Bildungsgrad" zu sprechen. Aussagen wie die, der Realschulabschluß sei höherwertig als der Sonderschulabschluß, sind auf diesem Skalenniveau zulässig, nicht jedoch die Aussage, der Gymnasialabschluß wäre dem Hauptschulabschluß um genausoviel überlegen wie der Real- dem Sonderschulabschluß.

Gelänge es nun ferner, anhand statistischer Daten zu belegen, daß die Skalenwerte des Merkmals „Bildungsgrad" auch relativ exakt die Verdiensterwartungen der Befragten widerspiegeln, so könnte man das Merkmal auch als intervallskaliert auffassen. Würden z. B. Sonderschulabsolventen im Durchschnitt DM 900,–, Hauptschulabsolventen DM 1.600,–, Realschulabsolventen DM 2.300,– etc. verdienen, so spräche nichts dagegen, die Messung mit ihren möglichen Werten 0, 1, 2, 3 und 4 als intervallskaliert zu betrachten.

Die Art der Meßoperation und ihre theoretische Begründung entscheidet über die Skalendignität einer Messung, nicht die Zuordnung von numerischen Werten zu Eigenschaften von Objekten. Auch typischerweise als nominalskaliert angesehene Merkmale wie Haarfarbe oder Geschlecht lassen sich durchaus auf einem höheren Skalenniveau messen, beispielsweise anhand der Wellenlänge oder eines Androgynitätsfragebogens nach der Theorie von Bem (1974). Andererseits sagt die rechnerische Durchführbarkeit von Operationen, die kardinale Messungen erfordern, noch

nichts über die tatsächliche Skalendignität aus. Allgemein gilt der klassische Satz von Lord: „The numbers do not know where they come from" (1953, S. 751). Gerade weil man jedoch mit Zahlen „alles" machen kann, ist es für den wissenschaftlichen Entscheidungsprozeß unabdingbar, die Frage nach dem Niveau der Messung eines Merkmals vor der Durchführung statistischer Tests und nicht erst im Lichte der Ergebnisse zu beantworten.

Die Festlegung des richtigen Skalenniveaus ist kein statistisches, sondern ein interpretatives Problem. Es ist eine Sache zu überprüfen, ob das Datenmaterial den mathematisch-statistischen Voraussetzungen eines Tests (parametrisch oder verteilungsfrei) genügt. Darüber wird in Kap. 4 zu sprechen sein. Eine andere Sache hingegen ist es festzustellen, daß z. B. Differenzen oder Mittelwerte nominaler Messungen nichtssagend bzw. uninterpretierbar sind, obwohl die Voraussetzungen eines statistischen Tests (z. B. normalverteilte und varianzhomogene Fehleranteile) erfüllt sein können. (Weitere Einzelheiten zu dieser Problematik findet man bei Gaito, 1980).

Die Festlegung des Skalenniveaus hängt von der Art der Operationalisierung des untersuchten Merkmals ab, die ihrerseits durch die Genauigkeit der Kenntnisse oder theoretischen Annahmen über das zu messende Merkmal bestimmt ist. Können wir z. B. sagen, eine Person sei deshalb ängstlicher, weil sie für mehr Situationen Angst eingesteht als eine andere Person, oder müssen wir die Angststärke nach der Gewichtigkeit des Anlasses zur Ängstlichkeit einstufen? Wissen wir darüber nichts, sind nur nominale Vergleiche zulässig. Eine hinreichende Vorkenntnis mag ordinale Einstufungen zulassen. Erst eine gründliche Überprüfung eines Meßinstrumentes für Angst jedoch rechtfertigt es etwa, eine lineare Beziehung des Angstmaßes und der Intensität bestimmter Vermeidungsreaktionen und damit eine Intervallskala anzunehmen. Die Skalenqualität einer Messung ist also letztlich von theoretischen Entscheidungen abhängig.

3.2 Arten von Ausgangsdaten

Jedes statistische Prüfverfahren geht von empirisch gewonnenen Daten aus, seien dies Ergebnisse eines Experimentes, einer Beobachtung, eines Tests oder einer Befragung. Im allgemeinen gilt die Regel: Je strenger die Bedingungen, unter denen die Datenerhebung vonstatten geht, um so höher wird die *Präzision* der Messung ausfallen. Dagegen hängt das *Niveau* der Messung – ob also Nominal-, Ordinal- oder Kardinaldaten anfallen – von der jeweiligen operationalen Definition des untersuchten Merkmals ab. Welche Arten von Daten unter den jeweiligen Skalenniveaus in einer Untersuchung anfallen können, ist Gegenstand des folgenden Abschnittes.

3.2.1 Nominalskalierte Daten

Zweiklassenhäufigkeiten

Nominale Merkmale werden im einfachen Fall zweier Klassen dadurch erfaßt, daß man auszählt, wieviele Individuen einer Stichprobe in die eine Klasse fallen und wie-

viele in die andere. Man gewinnt auf diese Weise eine zweiklassige Häufigkeitsverteilung des betreffenden Merkmals.

Zweiklassige Merkmale bezeichnet man auch als *Alternativ*- oder als *dichotome
Merkmale.* Von einer natürlichen Dichotomie sprechen wir, wenn das Merkmal in
der Population tatsächlich nur in 2 Ausprägungen auftreten kann (Überleben oder
Tod eines Versuchstieres, männliches oder weibliches Geschlecht, Paarhufer oder
Unpaarhufer etc.). Künstliche Dichotomien haben Ordinalskalencharakter und sind
deshalb informativer als natürliche Dichotomien. Hier liegt in der Population ein
stetig verteiltes Merkmal vor, das künstlich in 2 Klassen geteilt wird (ein Lehrstel-
lenbewerber ist geeignet oder ungeeignet, ein Kind hat Schulreife oder nicht, die
Zahl der weißen Blutkörperchen ist „normal" oder „erhöht" etc.).

Mehrklassenhäufigkeiten

Nominalskalenmerkmale, die 3 oder mehr (k) Klassen (Kategorien) konstituieren,
wie Körperbau (leptosom, pyknisch, athletisch), Blutgruppen (A, B, AB, 0), Getreidesorten oder Hunderassen – man nennt sie auch „attributive Merkmale" –, liefern mehrklassige Häufigkeitsverteilungen. Das gleiche gilt für diskrete, gruppiert-
ordinale Merkmale, wie Haupt-, Real- und Gymnasialabschluß oder Opaleszenz,
Trübung, Flockung und Sedimentierung bei biologischen Tests – man nennt sie auch
„graduierte" Merkmale –, sowie für stetige, aber nur in Klassen erfaßte *polychotome
Merkmale,* wie Blond-, Braun- und Schwarzhaarigkeit, Kurz-, Normal- und Weit-
sichtigkeit oder Altersklassen (Säugling, Kleinkind, Kindergartenkind, Schulkind,
Jugendlicher, Erwachsener).

3.2.2 Ordinalskalierte Daten

Ordinaldaten können – so haben wir festgestellt – wie Nominaldaten erhoben werden, wenn ein graduiertes Merkmal zugrunde liegt. Wie gewinnen wir aber Ordinaldaten, die die Voraussetzungen einer singulären Skala erfüllen? Dazu muß vorausgesetzt werden, daß das Merkmal in der Population der Merkmalsträger *stetig* verteilt
ist. Die Festlegung der Rangplätze kann dann subjektiv oder objektiv erfolgen.

Objektive Rangreihen

Eine sog. objektive Rangreihe setzt voraus, daß N Individuen (oder Objekte) entlang
einer Kardinalskala so genau gemessen worden sind, daß gleiche Meßwerte nicht
auftreten. Man bildet sie in der Weise, daß man die N Meßwerte in N Rangzahlen
umwandelt, wobei vereinbarungsgemäß dem niedrigsten Meßwert die Rangzahl 1
und dem höchsten die Rangzahl N zugeordnet werden soll. Aus der Verfahrensvor-
schrift ist ersichtlich, daß der Umfang der Stichprobe (N) nicht begrenzt zu werden
braucht, wenn nur die Messungen so präzise sind, daß keine numerisch gleichen
Meßwerte (*Verbundwerte, Bindungen, „ties"*) vorkommen. Treten solche aber auf,
dann stellt sich für eine objektive Rangreihe ein besonderes Problem, auf das wir
auf S. 69f. zurückkommen.

Eine besondere Form der objektiven Rangreihe, bei der keine vorab erhobenen,
kardinalskalierten Messungen vorliegen, ist die sog. *originäre Rangreihe,* wie sie

etwa bei Sportturnieren entsteht. Wird z. B. ein Badmintonturnier nach dem System „doppeltes K.O. mit Ausspielung aller Plätze" durchgeführt, entsteht als Ergebnis eine Rangreihe von 1 bis N, vom Sieger bis zum Letztplazierten, ohne daß das fiktive Merkmal „Spielstärke" auf einer Kardinalskala gemessen worden wäre.

Subjektive Rangreihen

Eine subjektive Rangreihe gewinnt man durch Anwendung subjektiver Schätzverfahren auf Merkmale, die nicht direkt meßbar sind oder nicht gemessen werden. In der Regel wird gefordert, daß diese Schätzung für alle N Individuen (oder Objekte) vom selben Beurteiler vorgenommen wird, der als kompetent für die Beurteilungen des betreffenden Merkmals anerkannt sein soll. Die Beurteilung kann dabei in 2facher Weise vorgenommen werden:

a) Bei kleinem Stichprobenumfang (N) und ausgeprägter Merkmalsdifferenzierung wird eine subjektive Rangordnung direkt nach Augenschein hergestellt.

b) Bei größerem N und/oder geringerer Merkmalsdifferenzierung wird die Methode des *Paarvergleiches* angewendet, um so eine subjektive Rangordnung indirekt herzustellen, eine Methode, die auf Fechner (1860) zurückgeht und die von Thurstone (1927) zur Skalierungsmethode ausgebaut wurde. Sie besteht darin, daß man die N Merkmalsträger paarweise miteinander vergleicht – also $N(N - 1)/2$ Paarvergleiche durchführt und jeweils für den Paarling, der das Merkmal in stärkerer Ausprägung besitzt, eine 1 signiert; bei Gleichheit (oder Nichtunterscheidbarkeit nach dem Augenschein) wird für jeden Paarling der Wert 1/2 vergeben. Dann summiert man die Paarvergleichswerte je Merkmalsträger und verfährt mit ihnen wie mit Meßwerten bei objektiver Rangreihung.

Bei der Erstellung subjektiver Rangreihen empfiehlt es sich, mehrere Beurteiler – ein Beurteilerkollektiv – heranzuziehen, um die interindividuellen Unterschiede in Wahrnehmung und Bewertung möglichst weitgehend auszuschalten. Dabei werden die Medianwerte (vgl. 3.3.2) der ermittelten Rangzahlen, die die m Beurteiler an jeweils einen Merkmalsträger vergeben haben, als beste Schätzungen der wahren Merkmalsausprägungen betrachtet, d. h. die Merkmalsträger werden nach diesen Medianwerten in eine Rangreihe gebracht. Der Grad der Übereinstimmung zwischen den Beurteilern kann dabei über Konkordanz- oder Übereinstimmungskoeffizienten geprüft werden (vgl. Kap. 9). Treten vereinzelt gleiche Medianwerte auf, sollte auf diese gleichrangigen Merkmalsträger erneut ein Paarvergleichsverfahren angewendet werden.

Andere Methoden der Rangskalierung sind bei Torgerson (1962), Guilford (1954) oder Kendall (1948) beschrieben.

Gelegentlich lassen sich auch sog. semiobjektive Rangreihen erstellen, indem man den subjektiven Eindruck von der Merkmalsausprägung durch objektivierbare Kriterien zu stützen sucht. Dies geschieht z.B., wenn man das Gedeihen eines Jungtieres nach Gewicht, Motilität, Fellbeschaffenheit etc. im Vergleich zu anderen Jungtieren beurteilt oder wenn man sich bemüht, den Grad der vegetativen Labilität eines Patienten nach dem Ergebnis verschiedener mehr oder weniger objektiver Proben einzustufen. Oft werden sog. *Punkteskalen* zur Einstufung verwendet. Liegen Punktbeurteilungen hinsichtlich mehrerer Merkmale vor – wie im Fall des Jungtieres –, so kann behelfsweise ein Gesamtpunktwert erstellt werden, der dann als „Quasimeßwert" die Grundlage für eine „objektive" Rangordnung liefert.

Rangreihen mit gleichen Rangplätzen

Nicht immer gelingt es, eine eindeutige Rangordnung aufzustellen, insbesondere dann, wenn die kardinalen Messungen, auf der eine objektive Rangreihe basiert, diskret sind bzw. wenn einzelne Individuen hinsichtlich der Ausprägung des untersuchten Merkmals ohne Zuhilfenahme weiterer Informationen nicht zu unterscheiden sind. Dieser Umstand wäre kaum weiter beachtenswert, wenn nicht etliche verteilungsfreie Tests ausdrücklich eine eindeutige Rangreihung voraussetzen würden. Wie verfahren wir nun, um dieser Forderung wenigstens im Grundsatz gerecht zu werden?

Die in solchen Fällen am häufigsten verwendete Methode ist die der **Rangaufteilung**: Dabei teilt man den merkmalsgleichen Individuen das arithmetische Mittel derjenigen Rangwerte zu, die sie im Falle ihrer Unterscheidbarkeit erhalten hätten. Wie dies vor sich geht, sei an einem Beispiel illustriert: Angenommen, wir könnten von 18 Individuen 2 mit niedriger Merkmalsausprägung, 4 mit durchschnittlicher Merkmalsausprägung und 3 mit hoher Merkmalsausprägung nicht unterscheiden, dann würden sich – wenn wir jedes Individuum durch einen Kreis symbolisieren – die in Abb. 3.1 dargestellten Rangaufteilungen ergeben.

Abb. 3.1. Symbolisierte Darstellung von Rangaufteilungen

Die übereinanderstehenden Kreise entsprechen Individuen mit nicht unterscheidbarer Ausprägung des Merkmals. Wir berechnen die mittleren Rangplätze wie in Tabelle 3.1 angegeben.

Daraus ergibt sich eine Rangordnung mit 3 Aufteilungen zu 2, 4 und 3 Rängen: 1 2 3,5 3,5 5 6 8,5 8,5 8,5 8,5 11 12 13 15 15 15 17 18.

Obwohl die auf Rangordnungen aufbauenden Prüfverfahren eine eindeutige Rangreihung voraussetzen, sind viele von ihnen dahingehend modifiziert worden, daß sie nahezu ebenso exakt auf Rangaufteilungen angewendet werden können.

Tabelle 3.1

1	2	4 3	5	6	10 9 8 7	11	12	13	16 15 14	17	18
		$7/2 = 3,5$			$34/4 = 8,5$				$45/3 = 15$		

Sind Rangaufteilungen für ein Verfahren ausgeschlossen, muß man sich für eine der folgenden Rangordnungsmethoden entscheiden:

Methode der Randomisierung. Man läßt hier den Zufall die „wahre" Rangordnung bestimmen, etwa indem man den rangleichen Individuen (oder Objekten) zufällige Ränge (mit Hilfe von Zufallszahlen, Münz- oder Würfelwurf) zuteilt. Diese Methode der Zufallsrangordnung bei gleicher Merkmalsausprägung entspricht zwar dem statistischen Konzept der Prüfgrößenverteilung unter H_0 am besten (vgl. z.B. S. 202), doch bringt sie ein weiteres, unter Umständen nicht unproblematisches Zufallselement in die Daten.

A-fortiori-Methode. Methode besteht darin, daß man diejenige Rangzuordnung wählt, die die Nullhypothese begünstigt und also im Falle ihrer „Dennoch-Ablehnung" einer Entscheidung a fortiori gleichkommt. Man beachte, daß hier das Risiko 2. Art erhöht ist.

Pro-und-Kontra-Technik. Hier wird einmal eine Rangordnung zugunsten, das andere Mal eine Rangordnung zuungunsten der Nullhypothese gebildet und auf beide Rangordnungen der vorgesehene Test angewendet. Wird H_0 in beiden Fällen beibehalten oder verworfen, dann hat der Test unbeschadet etwaiger Unstetigkeiten der Merkmalsverteilung Aussagekraft. Im anderen Fall muß man sich allerdings mit einem uneindeutigen Testergebnis begnügen, das keine Aussage über die Gültigkeit von H_0 oder H_1 zuläßt.

Durchschnittliche Überschreitungswahrscheinlichkeiten. Liegen nur wenige paar-, tripel- oder n-tupelweise gleiche Merkmalswerte vor, dann kann man auch so vorgehen, daß man die Prüfgröße für alle möglichen Anordnungen bestimmt, die zugehörigen Überschreitungswahrscheinlichkeiten P_i ermittelt und daraus einen Durchschnitt $\overline{P}$ bildet. Diese Methode liefert jedoch oft weit auseinanderklaffende P_i-Werte, abgesehen davon, daß sie schon bei vereinzeltem Auftreten von gleichen Merkmalswerten höchst unökonomisch ist.

3.2.3 Kardinalskalierte Daten

Intervallskalen und Verhältnisskalen bezeichneten wir auf S. 62 zusammenfassend als Kardinalskalen. Verteilungsfreie Verfahren zur Auswertung von kardinalen Daten wurden bislang – im Vergleich zu Verfahren für ordinale oder nominale Daten – kaum entwickelt. Für die Auswertung derartiger Daten kommen – zumal bei größeren Stichprobenumfängen – in erster Linie parametrische Verfahren in Betracht. Die wenigen wichtigen verteilungsfreien Techniken werden zusammenfassend in Kap. 7 und in 11.4 dargestellt. Spezielle Datenprobleme (identische Messungen, Nullmessungen) werden wir im Kontext der einzelnen Verfahren erörtern.

Mit besonderen Problemen muß man rechnen, wenn man *Meßwertdifferenzen* als Veränderungswerte statistisch analysieren will. Da eine gründliche Behandlung dieser Thematik weit über den Rahmen eines Statistikbuches über verteilungsfreie Verfahren hinausgehen würde, sei der Leser auf Spezialliteratur verwiesen (z.B. Petermann, 1978; Cronbach u. Furby, 1970; Swaminathan u. Algina, 1977; Zielke, 1980; Tack et al., 1986).

3.3 Graphische und numerische Darstellung empirischer Daten

3.3.1 Die Häufigkeitsverteilung

Wir wenden uns nun der Frage zu, wie Meßwerte aus Stichproben so darzustellen sind, daß die Darstellung erstens erkennen läßt, welchem Verteilungstyp die Messungen folgen, und zweitens von subjektiven Beeinflussungen seitens des Messenden möglichst frei ist. Das 1. Ziel betrifft kardinale und nichtkardinale Messungen, das 2. Ziel ist nur für kardinale Messungen relevant, bei denen sich die Aufgabe stellt, Einzelwerte zu Klassen zusammenzufassen, um sie als Häufigkeitsverteilung darstellen zu können.

Haben wir an einer großen Stichprobe von N Individuen ein kardinalskaliertes Merkmal, z. B. Gewichtswerte, gemessen, so stellt sich zunächst die Frage, in *wieviele gleich große Klassenintervalle* k wir die Reihe der Meßwerte einteilen sollen, um weder ein zu grobes noch ein zu detailliertes Bild von der Verteilung der Meßwerte über den k Intervallklassen zu gewinnen. Meist heißt es, man solle $10 \leq k \leq 20$ wählen, womit aber eine subjektive Entscheidung verbunden ist. Dem läßt sich vorbeugen, wenn man vereinbart, $k = \sqrt{N}$ (ganzzahlig gerundet) festzusetzen, womit eine objektive Entscheidung über k durch N herbeigeführt wird, die mit der Empfehlung, $10 \leq k \leq 20$ zu wählen, durchaus im Einklang steht, sofern N nicht zu klein oder (was seltener der Fall ist) zu groß ist.

Sodann stellt sich die weitere Frage, wo das erste Klassenintervall beginnen und wo das letzte enden soll, denn auch diese Entscheidung verhindert – sofern sie subjektiv gefällt wird – die Konstruktion einer objektiven Häufigkeitsverteilung. Zwecks objektiver Beantwortung dieser Frage folgen wir einer Empfehlung von Lewis (1966), der vorschlägt, die Größe bzw. Breite eines Klassenintervalls J und den Beginn des ersten sowie das Ende des letzten Intervalls über folgende Formel zu bestimmen, nachdem man die Zahl k der Intervalle festgelegt hat:

$$ J = \frac{(M - m) - (k - 1)p + (Y + y)}{k} \quad . \tag{3.1} $$

Darin bedeutet M die größte, m die kleinste der N Beobachtungen, k die Zahl und J die Größe der Intervalle, Y den Betrag, um den das obere Skalenende über der höchsten Beobachtung, und y den Betrag, um den das untere Skalenende unter der niedrigsten Beobachtung liegt, wobei $Y = y = (Y + y)/2$, wenn $(Y + y)$ gradzahlig ist; schließlich ist p die Präzision der Beobachtungen, wobei z. B. $p = 0,001$ ist, wenn auf 3 Dezimalstellen genau beobachtet wurde.

Durch die Einführung eines Verbindungsintervalls der Größe p zwischen aufeinander folgenden Intervallklassen umgeht man noch eine weitere Schwierigkeit, die einer objektiven Definition der Häufigkeitsverteilung von Meßwerten entgegensteht, nämlich die, daß einzelne Meßwerte mit den Klassengrenzen zusammenfallen und dann – nach subjektiver Entscheidung – entweder zur darunter- oder zur darüberliegenden Klasse geschlagen werden. Wie Gl. (3.1) anzuwenden ist, zeigt das folgende Klassifizierungsbeispiel:

Beispiel 3.1

Aufgabe: Es soll festgestellt werden, ob die Serumkalziumwerte (mg/100 ml) von zufällig ausgewählten Erwachsenen normalverteilt sind.

Ergebnisse: Die Kalziumwerte wurden an N = 100 gesunden Erwachsenen bestimmt, und zwar auf 2 Dezimalstellen genau, so daß das Verbindungsintervall $p = 0,01$ beträgt. Die Ergebnisse der Bestimmung sind in der Reihenfolge ihrer Erhebung in Tabelle 3.2 verzeichnet.

Die Spalte R gibt die Rangfolge der N = 100 Beobachtungen an. Wir benötigen diese Rangfolge später z. B. für die Berechnung von Perzentilen (vgl. S. 75).

Konstruktion der Intervallklassen: Da die Zahl der Beobachtungen N = 100 beträgt, setzen wir die Zahl der Intervallklassen mit $k = \sqrt{100} = 10$ an. Der höchste

Tabelle 3.2 (aus Lewis 1966, S. 21)

	R		R		R		R		R
10,46	68	10,06	52	11,49	94	9,47	26	11,02	83
11,39	91	10,91	81	11,18	87	8,50	7	9,31	21
11,37	90	9,52	31	8,62	9	11,01	82	9,99	50
11,39	92	11,79	96	9,89	49	8,66	11	11,04	85
9,72	42	8,81	12	10,66	77	9,56	34	11,49	93
10,20	57	10,16	54	12,27	98	10,04	51	8,87	15
10,77	79	10,38	64	9,49	29	10,29	62	11,03	84
9,67	38	9,71	41	10,16	55	8,65	10	11,25	88
10,63	75	10,38	65	8,58	8	9,45	24	9,69	40
10,42	67	10,59	72	10,86	80	10,24	60	9,45	20
12,46	99	7,47	1	9,65	36	9,53	32	9,44	23
9,49	28	8,96	16	9,51	30	10,76	78	10,23	59
11,68	95	9,85	47	10,60	73	9,10	17	8,84	13
9,74	43	9,64	35	11,83	97	10,54	71	7,94	3
7,99	4	11,18	86	8,86	14	10,36	63	9,77	45
10,21	58	10,27	61	10,61	74	9,69	39	7,90	2
10,08	53	8,30	6	9,66	37	9,48	27	12,99	100
11,28	89	9,86	48	9,11	18	10,19	56	9,80	46
9,46	25	8,06	5	10,49	69	9,76	44	10,53	70
9,56	33	10,66	76	9,11	19	9,37	22	10,40	66

Meßwert ist M = 12,99 und der niedrigste m = 7,47. Die Klassenbreite J und den oberen (M + Y) und unteren (m − y) Skalenendpunkt erhalten wir durch Einsetzen in Gl. (3.1)

$$J = \frac{(12,99 - 7,47) - (10 - 1) \cdot (0,01) + (Y + y)}{10} = \frac{5,43 + (Y + y)}{10} .$$

Wir wählen nun den Betrag Y, um den das obere Skalenende über dem höchsten Meßwert liegen soll, und den Betrag y, um den das untere Skalenende unter dem niedrigsten Meßwert liegen soll, so, daß die aufgerundete Zählersumme in ihrer letzten Stelle 0 wird, d. h. 5,50 ergibt; daraus resultiert (Y + y) = 0,07. Wenn wir nun zusätzlich vereinbaren, 0,07 nicht zu halbieren, sondern dem Kleinbuchstaben y den kleineren Teil, also 0,03, und dem Großbuchstaben Y den größeren Teil, also 0,04, zuzugestehen, dann ergibt sich das untere Skalenende zu 7,47 − 0,03 = 7,44 und das obere Skalenende zu 12,99 + 0,04 = 13,03. Die Größe eines Intervalls beträgt – wenn man Y + y = 0,07 einsetzt – J = 5,50/10 = 0,55. Bei der Skalenkonstruktion braucht man nur noch zu berücksichtigen, daß zwischen aufeinanderfolgenden Intervallen das Verbindungsintervall von 0,01 liegen muß.

Gruppierung der Beobachtungen: Zwecks Erstellung einer tabellarischen Häufigkeitsverteilung ordnen wir die N = 100 Beobachtungen nach Art einer Strichlistenführung den gebildeten Klassen zu; wie ersichtlich, entstehen dabei keinerlei Ambiguitäten (Tabelle 3.3).

Verteilungsinspektion: Dem Augenschein nach zu urteilen, ähnelt die erhaltene Häufigkeitsverteilung der 100 Beobachtungen einer Normalverteilung. Verbindliche Auskunft würde aber erst ein Anpassungstest geben können, der auf Übereinstimmung

Tabelle 3.3

Untere Klassen- grenze	Obere Klassen- grenze		Klassen- häufigkeit	Klassen- mitte	Kumulierte häufigkeit
7.44	− 7.99	////	4	7,715	4
8,00	− 8,55	///	3	8,275	7
8,56	− 9,11	///// ///// //	12	8,835	19
9,12	− 9,67	///// ///// ///// ////	19	9,395	38
9,68	−10,23	///// ///// ///// ///// /	21	9,955	59
10,24	−10,79	///// ///// ///// /////	20	10,515	79
10,80	−11,35	///// /////	10	11,075	89
11,36	−11,91	///// ///	8	11,635	97
11,92	−12,47	//	2	12,195	99
12,48	−13,03	/	1	12,755	100 = N

zwischen beobachteten (empirischen) und erwarteten (theoretischen) Verteilungen prüft. Ein solcher Vergleich ist jedoch nur dann „exakt", wenn es gelingt, ohne jegliche subjektive Einflußnahme von Einzelbeobachtungen zu gruppierten Beobachtungen zu gelangen. Dazu ist das beschriebene Verfahren von Lewis eine geeignete Methode. Für den Vergleich empirischer und theoretischer Verteilungen sind χ^2-Tests (vgl. 5.1.3) oder der Kolmogoroff-Smirnov-Test (vgl. 7.3) einschlägig.

Vielfach erübrigt sich eine objektive Gruppierung von Meßwerten insofern, als diese bereits durch die Meßungenauigkeit auf bestimmte Klassenintervalle – meist die Einheiten der Intervallskala – reduziert worden sind. Eine solche Gruppierung ist insofern ebenfalls objektiv, als die Festlegung der Skalenintervalle bzw. der Einheiten ex definitione bereits vor der Beobachtung erfolgt ist; eine nachfolgende Änderung der Klassengrenzen ist nicht zulässig.

Wir haben in Beispiel 3.1 eine tabellarische Häufigkeitsverteilung erhalten, der eine Strichliste zugrunde lag. Zwar gibt die (um 90° entgegen dem Uhrzeigersinn gedrehte) Strichliste bereits eine anschauliche Vorstellung vom Verteilungstyp der Beobachtungen, doch wäre die Erstellung eines *Säulen-* oder eines *Stabdiagramms* instruktiver. Verbindet man in einem Stabdiagramm die Endpunkte der in den Klassenmitten der Abszissenachse errichteten Stäbe (deren Länge die Klassenhäufigkeit repräsentiert) durch gerade Linien, dann ergibt sich ein sog. *Häufigkeits-* oder *Frequenzpolygon*.

Einige verteilungsfreie Methoden gehen von einer anderen Form der Häufigkeitsverteilung, von einer *Summenhäufigkeitsverteilung* aus. Man gewinnt sie, indem man die Klassenhäufigkeiten „kumuliert", d. h. fortlaufend summiert. Stellt man sich diese Summenhäufigkeit als Stabdiagramm dar und verbindet die Endpunkte der Stäbe durch Geraden, so erhält man bei normalverteilten Merkmalen ein ogivenförmiges Summenpolygon.

Durch die Relativierung auf N = 1 ist es möglich, 2 Häufigkeitsverteilungen verschiedenen Umfangs direkt zu vergleichen. Dabei ist es gleichgültig, ob man die Klassenhäufigkeit eines Frequenzpolygons oder die Summenhäufigkeit des Summenpolygons relativiert, d. h. durch N dividiert.

3.3.2 Statistische Kennwerte

Hat man eine Häufigkeitsverteilung von Beobachtungen angefertigt, stellt sich meist die Aufgabe ihrer Beschreibung durch möglichst wenige Kennwerte (Reduktionsbeschreibung), als da sind: zentrale Tendenz und Dispersion, ggf. auch Schiefe und Exzeß.

Zentrale Tendenz

Die zentrale Tendenz (Lokation, Lage, Position) einer Verteilung kann durch verschiedene Maße beschrieben werden: Der *Modalwert* ist definiert als der häufigste Wert einer Verteilung. Der *Median* ist bei ungerader Zahl von N Einzelmeßwerten der mittlere unter den aufsteigend (oder absteigend) geordneten Meßwerten, bei gerader Beobachtungszahl ist er als arithmetisches Mittel der beiden mittleren Meßwerte definiert. Bei Vorliegen von gleichen Meßwerten und Meßwertgruppen kann der Median auch mit mehr als einem Meßwert zusammenfallen. Bei gruppierten Meßwerten errechnet man den Medianwert nach folgender Gleichung:

$$Md = U + \frac{J \cdot (N/2 - F)}{f} \quad . \tag{3.2}$$

Darin bedeuten U die (wahre) untere Grenze desjenigen Klassenintervalls, das den Median enthält (bei Lewis' Klassifikation also die Mitte des unteren Verbindungsintervalls), J die Größe der Klassenintervalle (bei Lewis' Klassifikation ist dies der Abstand von der Mitte des unteren zur Mitte des oberen Verbindungsintervalls), N den Umfang der Stichprobe, F die Summenfrequenz bis unterhalb der Medianklasse und f die Frequenz in der Medianklasse. In Beispiel 3.1 ergibt sich der Median zu

$$Md = 9,675 + \frac{0,56 \cdot (100/2 - 38)}{21} = 9,995 \quad .$$

Der aus den ungruppierten Beobachtungen ermittelte Median ist davon nur unwesentlich verschieden (Md = 10,015).

Das *arithmetische Mittel* $\bar{x}$ ist definiert als Quotient der Summe aller Meßwerte und der Anzahl der Meßwerte:

$$\bar{x} = \frac{\sum\limits_{i=1}^{N} x_i}{N} \quad . \tag{3.3}$$

Für gruppierte Meßwerte ist er definiert als

$$\bar{x} = \frac{\sum\limits_{\ell=1}^{k} f_\ell \cdot x_\ell}{N} \quad , \tag{3.4}$$

wobei f_ℓ die Anzahl der Meßwerte in einer Kategorie, x_ℓ die Mitte der Kategorie und k die Anzahl der Kategorien ist. Das arithmetische Mittel unseres Beispiels lautet nach Gl. (3.4) $\bar{x} = 10,005$ und nach Gl. (3.3) $\bar{x} = 10,024$.

Dispersion

Zur Kennzeichnung der Dispersion (oder Variabilität) einer Stichprobe von Meßwerten werden die folgenden Kennwerte eingesetzt: Die *Variationsbreite* (Spannweite oder englisch „range") errechnet man als Differenz zwischen höchstem und niedrigstem Meßwert. Der *mittlere Quartilabstand* Q

$$Q = \frac{P_{75} - P_{25}}{2} \tag{3.5}$$

bzw. die *Dezildifferenz* D

$$D = P_{90} - P_{10} \tag{3.6}$$

verwenden unterschiedliche Perzentile. Der mittlere Quartilabstand basiert auf den Grenzen des Wertebereiches für die mittleren 50 % aller Meßwerte und die Dezildifferenz auf den Grenzen des Wertebereiches für die mittleren 90 % aller Meßwerte. Das P-te *Perzentil* einer (aufsteigend geordneten) Folge von Einzelmeßwerten ist die Beobachtung mit der Rangnummer $P(N+1)/100$ oder – wenn die Rangnummer nicht ganzzahlig ist – der interpolierte Wert zwischen 2 aufeinanderfolgenden Meßwerten, unterhalb dessen P % aller Meßwerte gelegen sind. Danach erhalten wir für die ihrer Größe nach geordneten Meßwerte in Beispiel 3.1 für die Perzentile P_{25}, P_{75}, P_{10} und P_{90} folgende Werte:

Da der Wert für P_{25} nach $P(N+1)/100 = 25(100+1)/100 = 25,25$ keine ganze Zahl ist, müssen wir zwischen der 25. (9,46) und der 26. (9,47) Beobachtung interpolieren. Wir gehen dabei so vor, daß wir 0,25 der Differenz zwischen 9,46 und 9,47 zum niedrigeren Wert hinzuaddieren; wir erhalten dann den exakten Wert $P_{25} = 9,4625$. Ebenso berechnen wir die übrigen Perzentile und erhalten $P_{75} = 10,6525$, $P_{10} = 8,651$ und $P_{90} = 11,388$. Daraus ergeben sich der gesuchte mittlere Quartilabstand mit $Q = 0,595$ und die Dezildifferenz mit $D = 2,737$.

Das P-te *Perzentil bei gruppierten Daten* erhält man analog Gl. (3.2) für den Median als dem 50. Perzentil:

$$P_p = U_p + \frac{J \cdot (P \cdot N/100 - F_p)}{f_p} \quad . \tag{3.7}$$

Darin bedeuten U_p die untere Klassengrenze des Perzentils, F_p die Summenfrequenz bis zu dieser Grenze und f_p die Frequenz in der Klasse des Perzentils; im übrigen sind die Symbole wie in Gl. (3.2) definiert. Auf die gruppierten Meßwerte unseres Beispieles angewendet, erhalten wir:

$$P_{10} = 8,555 + 0,56 (10 \cdot 100/100 - 7)/12 = 8,695 \quad ,$$
$$P_{25} = 9,115 + 0,56 (25 \cdot 100/100 - 19)/19 = 9,292 \quad ,$$
$$P_{75} = 10,235 + 0,56 (75 \cdot 100/100 - 59)/20 = 10,683 \quad ,$$
$$P_{90} = 11,355 + 0,56 (90 \cdot 100/100 - 89)/8 = 11,425 \quad ,$$
$$Q = 1/2 (10,683 - 9,292) = 0,695 \quad ,$$
$$D = 11,425 - 8,695 = 2,730 \quad .$$

Wie man sieht, stimmen – wie bei allen anderen bisher berechneten Kennwerten – die aus den Einzelwerten und die aus den gruppierten Werten ermittelten Perzentile numerisch nicht genau überein; es sind jeweils nur Schätzungen der entsprechenden Parameter der Grundgesamtheit, wobei das Dezilmaß einen geringeren Stichprobenfehler aufweist als das Quartilmaß (vgl. Peters u. van Voorhis, 1940; Wallis u. Roberts, 1956; sowie Tate u. Clelland, 1957). Die Dispersionsschätzung mit dem kleinsten Stichprobenfehler ist $P_{93} - P_{07}$; die gebräuchlichere $P_{90} - P_{10}$ hat jedoch nur einen unbedeutend höheren Stichprobenfehler.

Das wichtigste Dispersionsmaß für Daten auf Kardinalskalenniveau ist die *Standardabweichung*:

$$s = \sqrt{\frac{\sum_{i=1}^{N}(x_i - \overline{x})^2}{N}} \; . \tag{3.8}$$

Für gruppierte Meßwerte lautet die Formel

$$s = \sqrt{\frac{\sum_{\ell-1}^{k} f_\ell \cdot (x_\ell - \overline{x})^2}{N}} \; , \tag{3.9}$$

wobei f_ℓ wie in Gl (3.4) für die Anzahl der Meßwerte der Klasse und x_ℓ für die Klassenmitte stehen. Für die gruppierten Meßwerte unseres Beispiels liegt die Standardabweichung bei $s = 1,042$, für die ungruppierten Meßwerte bei $s = 1,040$.

Das Quadrat der Standardabweichung bezeichnet man als *Varianz*.

Schiefe

Eine eingipflige, aber asymmetrische Verteilung von Meßwerten nennt man schief, wobei man von Rechtsschiefe spricht, wenn der längere Ast der Verteilung nach rechts ausläuft und von Linksschiefe, wenn er nach links ausläuft. Für den verteilungsfreien Fall empfehlen Tate u. Clelland (1957, S. 11) das folgende, auf den schon bekannten Perzentilen gründende Schiefemaß S_p

$$S_p = \frac{P_{90} - 2Md + P_{10}}{P_{90} - P_{10}} \; . \tag{3.10}$$

Handelt es sich um eine rechtsschiefe Verteilung, dann ist der Wert für S_p positiv, bei einer linksschiefen negativ. Seine Anwendung auf die Perzentile der gruppierten Beobachtungen erbringt $S_p = +0,048$. Der Schiefewert deutet auf eine geringfügig Rechtsschiefe hin, wie sie auch in der Strichlistengraphik unseres Beispiels zum Ausdruck kommt.

Ein anderes, nichtparametrisches Maß der Schiefe ist $(P_{75} + P_{25} - 2Md)/2Q$. Dieses Maß hat den Vorteil, von -1 bis $+1$ zu variieren, aber den Nachteil größerer Stichprobenfluktuation als das obige Maß (vgl. Yule u. Kendall, 1950, S. 160 ff.). Parametrische Schiefemaße sind das von Pearson (1895, S. 370): $S = (\overline{x} - Md)/s$, und ein Schiefemaß, das sich auf das Moment 3. Grades gründet: $S = \sum(x-\overline{x})^3/N \cdot s^3$ (vgl. Weber, 1964, S. 83 ff.).

Exzeß

Eine Häufigkeitsverteilung kann neben der Schiefe noch hinsichtlich ihres Exzesses von der Normalverteilung abweichen. Man spricht von hypoexzessiven Verteilungen bei einer arkadenähnlichen Verteilungsfigur mit vielen Meßwerten um den Median und wenigen Extremwerten sowie von hyperexzessiven Verteilungen bei einer pagodenähnlichen Figur mit relativ wenig zentralen und relativ vielen extremen Meßwerten. Geht man vom Exzeß der Normalverteilung aus bzw. setzt man diesen gleich Null, dann ergibt sich folgendes Exzeßmaß aufgrund der schon erhaltenen Perzentile:

$$E_p = 0,263 - \frac{P_{75} - P_{25}}{2 \cdot (P_{90} - P_{10})}$$
$$= 0,263 - Q/D \quad . \tag{3.11}$$

Die Konstante 0,263 ist gleich dem Ausdruck (Q/D), wenn eine Normalverteilung vorliegt, bei der dem Perzentilabstand $P_{75} - P_{25}$ ein Abszissenwert von 0,6745 und dem Abstand $P_{90} - P_{10}$ ein Abszissenwert von 1,2816 entspricht. Der Exzeß ist also 0, wenn es sich um eine Normalverteilung handelt, und positiv, wenn mehr, negativ, wenn weniger Extremwerte als bei einer Normalverteilung vorhanden sind (Tate u. Clelland, 1957, S. 11).

Ein parametrisches Maß für den Exzeß gründet auf dem Durchschnitt der 4. Potenz der standardisierten Abweichungen vom Mittelwert: $E = \sum (x - \bar{x})^4 / N \cdot s^4 - 3$ (vgl. Weber, 1964, S. 84 ff.).

Kapitel 4   Verteilungsfreie und parametrische Tests

Ehe wir in Kap. 5 vom allgemeinen in den speziellen statistischen Teil eintreten, wollen wir noch einige wichtige Überlegungen darüber anstellen, wann parametrisch (bzw. verteilungsgebunden) und wann verteilungsfrei (bzw. non- oder nichtparametrisch; zur Erläuterung dieser Begriffe vgl. S. 35f.) getestet werden sollte. Wir haben in 2.2.5 bereits zur Wahl eines geeigneten statistischen Tests Stellung bezogen, aber dort implizit angenommen, daß über die Frage, ob eine parametrische oder eine verteilungsfreie Auswertung vorgenommen werden soll, bereits entschieden ist; diese Vorentscheidung haben wir nunmehr zu treffen bzw. zu begründen.

Beim statistischen Testen sind 3 Entscheidungen zu fällen, nämlich erstens die Entscheidung über ein- oder zweiseitige Fragestellung und damit über einen Teilaspekt des Risikos 2. Art, zweitens die Festlegung des Signifikanzniveaus, d. h. des zulässigen Risikos 1. Art, und drittens die Auswahl eines bestimmten Tests, womit über einen anderen Teilaspekt des Risikos 2. Art vorentschieden wird, und zwar insofern, als ein starker Test ein geringeres und ein schwacher Test ein höheres Risiko II impliziert.

Unter den 3 vom Untersucher zu verantwortenden Entscheidungen ist die 3. insofern die bedeutsamste, als sie u. a. eine Vorentscheidung über die Alternative „parametrisch" gegen „nichtparametrisch" fordert. Hat man diese Vorentscheidung aufgrund der nachstehenden Argumente getroffen, dann ist es relativ einfach, auch die eigentliche Testentscheidung zu fällen, wenn man − unabhängig von der Anwendung eines parametrischen oder eines verteilungsfreien Tests − vereinbart, stets denjenigen Test zu wählen, der als statistisches Modell für die Auswertung am geeignetsten und unter mehreren möglichen Tests der stärkste ist und so einen etwa bestehenden Unterschied oder Zusammenhang am ehesten aufdeckt.

Die Frage, ob mit einem parametrischen oder verteilungsfreien Test gearbeitet werden soll, kann aus 3 Blickwinkeln diskutiert werden: Erstens im Hinblick auf das **Meßniveau** der erhobenen Daten, zweitens im Hinblick auf die Erfüllung der **mathematisch-statistischen Voraussetzungen** der in Frage kommenden Verfahren und drittens im Hinblick auf die sog. **Robustheit** der Verfahren gegen Voraussetzungsverletzungen. Auf alle 3 Aspekte soll im folgenden ausführlicher eingegangen werden.

4.1 Probleme des Meßniveaus

Die Ergebnisse parametrischer Tests (wie etwa der Vergleich zweier Stichprobenmittelwerte via t-Test oder der Vergleich zweier Stichprobenvarianzen via F-Test) sind

– so eine allgemeine Regel – nur dann interpretierbar, wenn die Daten kardinales Meßniveau aufweisen. Sind die Daten einem niedrigeren Skalenniveau zuzuordnen, muß verteilungsfrei getestet werden.

Diese an sich eindeutige Indikationsstellung nützt dem Anwender statistischer Tests allerdings wenig, wenn die Frage nach dem Skalenniveau erhobener Daten nicht eindeutig beantwortet werden kann (Beispiele dafür sind Schulnoten, Testwerte, Ratingskalen etc.). Die Entscheidung „parametrisch" oder „verteilungsfrei" ist daher unmittelbar mit dem meßtheoretischen Problem verknüpft, ob sich das Vorliegen von Kardinaldaten plausibel belegen läßt. Wir haben hierüber bereits ausführlich in 3.1.6 berichtet.

Auf der anderen Seite ist es natürlich erlaubt, die Frage zu stellen, was passiert, wenn man einen parametrischen Test einsetzt, obwohl das Datenmaterial den Anforderungen kardinaler Messungen nicht genügt. Eine Antwort auf diese Frage liefert u. a. eine Arbeit von Baker et al. (1966). In dieser Monte-Carlo-Studie wurde die Forderung nach Äquidistanz der Intervalle einer Intervallskala systematisch in folgender Weise verletzt: a) Die Intervallgrenzen wurden zufällig variiert; b) die Intervalle in den Extrembereichen der Skala waren breiter als im mittleren Bereich, und c) die Skala hatte nur halbseitig äquidistante Intervalle. Mit diesem Material wurden 4 000 t-Tests über Paare zufällig gezogener Stichproben (N = 5 bzw. N = 15) gerechnet. Das Resultat dieser Untersuchung fassen die Autoren wie folgt zusammen (S. 305): „If an investigator has a measuring instrument which produces either an intervall scale or an ordinal scale with randomly varied intervall sizes, he can safely use t for statistical decision under all circumstances examined in the study."

Offenbar sind parametrische Verfahren (hier der t-Test) gegenüber Verletzungen des Intervallskalenpostulats weitgehend insensitiv. Dies ändert jedoch nichts an der Tatsache, daß – unbeschadet der Korrektheit der statistischen Entscheidungen bei nicht kardinalen Messungen – z. B. die Größe eines *gemessenen* Mittelwertsunterschiedes zweier Stichproben nicht mit dem *realen* Unterschied übereinstimmen muß, denn die Differenz zweier Mittelwerte für ordinale Daten ist nicht interpretierbar. Wenn man also die Äquidistanz der Intervalle einer Meßskala nicht plausibel belegen kann, sollte man auf Verfahren verzichten, in denen Mittelwerte, Varianzen oder andere, nur für Kardinaldaten definierte Maße verwendet werden, und statt dessen ein verteilungsfreies Verfahren wählen, das nur die ordinale Information der erhobenen Daten nutzt.

Unter dem Blickwinkel der Skalenqualität der Daten läßt sich die Frage nach einem datenadäquaten Test bezogen auf Verfahren zum Vergleich von Stichproben folgendermaßen zusammenfassend beantworten:

– Werden in einer Untersuchung Häufigkeiten erhoben (dies können Auszählungen der Kategorien von natürlich oder künstlich dichotomen Merkmalen, von attributiven Merkmalen, von graduierten oder polychotomen Merkmalen sein; vgl. 3.2.1), kommen für die statistische Analyse die in Kap. 5 behandelten Verfahren in Betracht. Ob es sich dabei um verteilungsfreie oder parametrische Tests handelt, wird auf S. 109 diskutiert.

– Besteht das Datenmaterial aus subjektiven, semiobjektiven oder objektiven (originären) Rangreihen (vgl. 3.2.2), sind die in Kap. 6 behandelten verteilungs-

freien Verfahren einzusetzen. Wenn kardinalskalierte Daten die Voraussetzungen eines parametrischen Tests deutlich verletzen, sind die Daten in objektive Rangreihen zu transformieren und in dieser Form ebenfalls nach einem der in Kap. 6 zusammengestellten Verfahren auszuwerten.

– Für kardinalskalierte Daten, die den Anforderungen eines parametrischen Tests nicht genügen, sind auch die in Kap. 7 behandelten verteilungsfreien Verfahren einschlägig.

– Läßt sich die Kardinalsqualität der Daten plausibel belegen, sind parametrische Tests einzusetzen, soweit deren Voraussetzungen erfüllt sind (vgl. 4.2). Eine Zusammenstellung der wichtigsten parametrischen Verfahren findet man in Lehrbüchern über (parametrische) Statistik, wie z. B. bei Bortz (1989).

4.2 Probleme mathematisch-statistischer Voraussetzungen

Die Korrektheit statistischer Entscheidungen ist bei allen Signifikanztests an bestimmte mathematisch-statistische Voraussetzungen gebunden. Bei parametrischen Tests ist dies in der Regel die Normalverteilung der zu prüfenden statistischen Kennwerte bzw. bei kleineren Stichproben ($N < 30$) des untersuchten Merkmals und bei stichprobenvergleichenden Tests die Varianzhomogenität der jeweiligen Referenzpopulationen. Es werden damit Anforderungen an die Form der Populationsverteilungen bzw. deren Parameter gestellt.

Ähnliches gilt abgeschwächt auch für verteilungsfreie Tests. Ihre Anwendbarkeit setzt oft eine stetig verteilte Variable und vielfach auch **Homomerität** der Populationsverteilungen, d. h. Verteilungen gleichen Typs der untersuchten Populationen voraus.

Auch hinsichtlich der Voraussetzungen ist die Frage nach der richtigen Indikation parametrischer oder verteilungsfreier Verfahren also im Prinzip einfach zu beantworten: Wenn die Voraussetzungen parametrischer Tests nicht erfüllt sind, muß nonparametrisch getestet werden; sind weder die Voraussetzungen parametrischer noch die verteilungsfreier Tests erfüllt, muß u. U. ganz auf statistische Tests verzichtet werden.

Da jedoch im Regelfall die Populationscharakteristika nicht bekannt sind, sondern aus Stichprobendaten erschlossen werden müssen, geht es letztlich auch bei der Abschätzung, ob das Datenmaterial die jeweils geforderten mathematisch-statistischen Voraussetzungen erfüllt, um eine Plausibilitätsentscheidung. In verschiedenen Lehrbüchern wird vorgeschlagen, Normalverteilungs- und Varianzhomogenitätsvoraussetzung mit verschiedenen Tests (Kolmogoroff-Smirnov-Test, Bartlett-Test) anhand der Stichprobendaten zu prüfen (vgl. z. B. Clauss u. Ebner, 1970). Dieses Vorgehen dürfte besonders dann inadäquat sein, wenn es sich bei den voraussetzungsüberprüfenden Tests selbst – wie z. B. beim Bartlett-Test – um parametrische Tests handelt, deren Anwendbarkeit ihrerseits an das Vorliegen bestimmter Verteilungsvoraussetzungen gebunden ist.

Boehnke (1983) schlägt deshalb vor, die Überprüfung der Verteilungsvoraussetzungen nur dem Augenschein nach vorzunehmen, dabei allerdings nicht nur auf

die mathematisch-statistischen Voraussetzungen selbst zu achten, sondern bei der Testwahl auch Stichprobencharakteristika (wie z. B. die Korreliertheit von Stichprobenumfang und Stichprobenmittelwert) zu berücksichtigen. Sich ausschließlich auf die Resultate der voraussetzungsprüfenden Tests zu verlassen, wird nicht empfohlen.

Wie Games (1971) theoretisch und Boehnke (1984) an einem Beispiel zeigen, kann es durchaus vorkommen, daß ein parametrischer Test wahre Populationsunterschiede „übersieht", obwohl die mathematisch-statistischen Voraussetzungen des Tests (die man – um das β-Fehler-Risiko gering zu halten – wegen der Gegenläufigkeit von α und β z. B für $\alpha = 0,25$ prüfen sollte) offenbar erfüllt sind. Der vermeintlich schwächere verteilungsfreie Test ist hingegen in der Lage, die Unterschiede als signifikant zu belegen. Auch Illers (1982) resümiert, daß die Unverzerrtheit eines statistischen Tests von sehr viel mehr Fragen abhängt als von der Erfüllung der „klassischen" mathematisch-statistischen Voraussetzungen. Allgemein gilt deshalb: Eine sorgfältige Augenscheinprüfung der Verteilungscharakteristika der Stichproben reicht im Regelfall aus, um über die Zulässigkeit parametrischer Tests zu entscheiden. Deutliche Abweichungen von Normalverteilung und Varianzhomogenität dürften zusammen mit theoretischen Kenntnissen über die Populationsverteilung auch bei einer Augenscheinprüfung offenbar werden. Geringe Abweichungen hingegen können – zumal bei größeren Stichproben ($N > 30$) – vernachlässigt werden, denn diese verzerren die Resultate parametrischer Tests in der Regel nur unerheblich. Bei der Untersuchung größerer Stichproben kann man auf die Wirksamkeit des *zentralen Grenzwerttheorems* (vgl. 2.2.5) vertrauen, das gewährleistet, daß sich die meisten statistischen Kennwerte auch dann normalverteilen, wenn die untersuchten Merkmale selbst nicht normalverteilt sind.

Hat man bei der Augenscheinprüfung deutliche Voraussetzungsverletzungen festgestellt, so wird man im Regelfall verteilungsfrei testen. Lienert (1973) schlägt als möglichen Zwischenschritt unter bestimmten Bedingungen eine Transformation der Meßwerte vor und nennt dafür eine Reihe von Transformationsregeln. *Skalentransformationen* ermöglichen in bestimmten Fällen die Homogenisierung der Varianzen in Stichproben oder die Überführung links- oder rechtsschiefer Verteilung in Normalverteilungen.

Die Durchführung von Skalentransformationen ist jedoch nicht unumstritten und sollte nur vorgenommen werden, wenn die Transformationen nicht nur mathematisch-statistisch adäquat, sondern auch sachlogisch plausibel sind. Ist die abhängige Variable z. B. die Reaktionszeit in Sekunden oder der Monatslohn in DM, so hat man es dabei normalerweise mit einer rechtsschiefen Verteilung zu tun. Die Überführung in eine Normalverteilung wäre hier z. B. durch eine logarithmische Transformation mathematisch-statistisch durchaus adäquat, sachlogisch ist sie jedoch nur schwer begründbar: Die transformierten Meßwerte sind dann zwar normalverteilt, die interessierende Variable – z. B. Monatslohn der Bürger der Bundesrepublik Deutschland – ist es aber de facto nicht, und gerade dies ist inhaltlich bedeutsam (vgl. Boehnke et al., 1987)

Weniger problematisch ist die Transformation von Meßwerten, wenn Verteilungs- oder Varianzbesonderheiten der abhängigen Variablen sozusagen „konstruktionsbedingt" sind, wenn die abhängige Variable z. B. ein Prozentwert oder eine Proportion aus 2 ursprünglich normalverteilten Variablen ist. In solchen Fällen kann

z. B. eine Winkeltransformation wie etwa die Arkus-Sinus-Transformation durchaus angebracht sein.

Weitere Einzelheiten über die Auswahl einer datenadäquaten Transformation findet man bei Lienert (1973, Kap. 4.3) oder bei Winer (1971, Kap. 5.21).

4.3 Probleme der Robustheit statistischer Verfahren

Insgesamt läßt sich eine begründete Testwahl nicht ohne Überlegungen zur Robustheit der in Frage kommenden Tests treffen. **Unter Robustheit versteht man die Unempfindlichkeit von Tests gegenüber Voraussetzungsverletzungen und gegenüber ungewöhnlichen Stichprobencharakteristika.** Robustheitsanalysen parametrischer und in selteneren Fällen auch verteilungsfreier Tests werden üblicherweise als *Monte-Carlo-Studien* durchgeführt. Aus bekannten Populationen, für die die H_0 gilt (z. B. gleichverteilten Zufallszahlen) werden viele (z. B. 1 000) Zufallsstichproben gezogen, die Anzahl der falschen und richtigen Entscheidungen des untersuchten Tests wird tabelliert und mit den erwarteten Werten bei vollständiger Erfüllung der mathematisch-statistischen Voraussetzung verglichen.

Von einem robusten Test spricht man, wenn bei verletzten Voraussetzungen dennoch mit nur unwesentlich mehr Fehlentscheidungen gerechnet werden muß als bei erfüllten Voraussetzungen. Viele parametrische Verfahren, so z. B. alle, die die F-Verteilung, die χ^2-Verteilung bzw. die t-Verteilung als Prüfverteilung verwenden, haben sich gegenüber einfachen Voraussetzungsverletzungen (also der Verletzung einer von mehreren Voraussetzungen) als relativ robust erwiesen. Wie Bradley (1984) aufzeigt, ist jedoch mit erheblichen Verzerrungen zu rechnen, wenn 2 Voraussetzungen gleichzeitig verletzt sind oder eine Voraussetzung bei gleichzeitigem Vorliegen ungewöhnlicher Stichprobencharakteristika verletzt ist. Bradleys Analysen (vgl. auch Bradley, 1980, 1982) zeigen, daß in diesen Fällen eine A-priori-Abschätzung der Robustheit eines statistischen Verfahrens sehr schwierig ist. In ähnlicher Weise argumentieren Hübner u. Hager (1984).

4.4 Entscheidungsschema: parametrisch oder verteilungsfrei?

Für die Testwahl in einem empirischen Forschungszusammenhang empfehlen wir zusammenfassend eine Entscheidungspragmatik, die in Abb. 4.1 dargestellt ist. Das Diagramm bezieht sich auf die in der Praxis am häufigsten vorkommenden kritischen Situationen, in denen zu entscheiden ist, ob bei Vorliegen von kardinalen Daten parametrisch ausgewertet werden darf bzw. ob eine verteilungsfreie Auswertung der ordinalen Information der erhobenen Daten angemessen ist. Werden Häufigkeiten für nominale Merkmalskategorien analysiert, sind die in Kap. 5 bzw. in 8.1 behandelten Verfahren anzuwenden.

Abbildung 4.1 macht folgenden Entscheidungsgang deutlich: Zunächst bedarf es einer Prüfung, ob die abhängige Variable kardinales Skalenniveau hat. Eine allzu

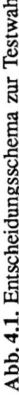

Abb. 4.1. Entscheidungsschema zur Testwahl

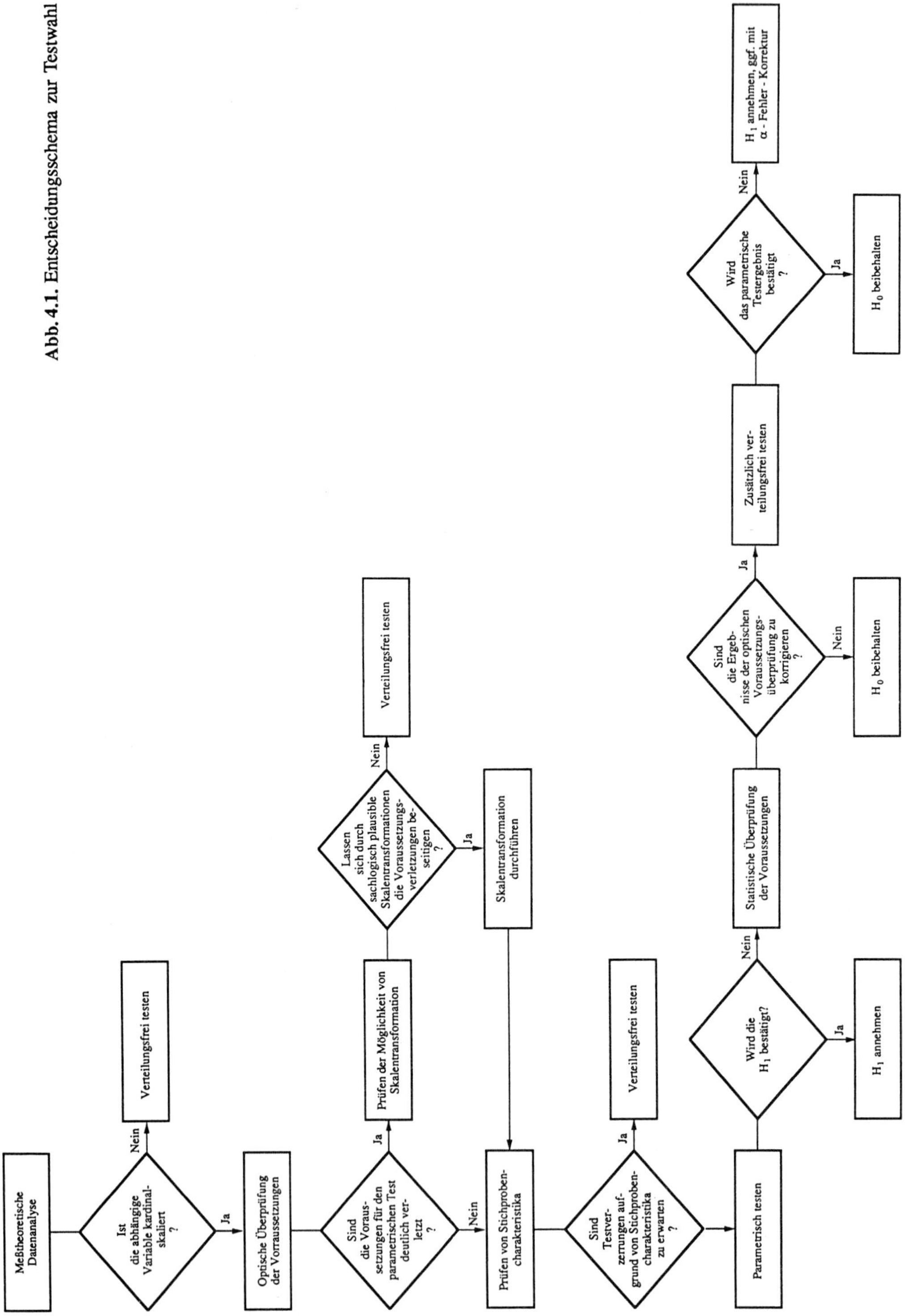

strenge Bewertung der Meßqualität ist nicht erforderlich, da ein im Sinne der Interessen des Forschers wunschgemäßes Testergebnis, das nur durch die fälschliche Annahme von Intervallskalenniveau zustande kommt, sowieso keinen Bestand haben wird, wenn man dem in Abb. 4.1 gemachten Verfahrensvorschlag folgt.

An die meßtheoretische Datenanalyse schließt sich die Prüfung der Frage an, ob die mathematisch-statistischen Voraussetzungen des einzusetzenden parametrischen Tests erfüllt sind – vorrangig also eine Prüfung der Frage, ob varianzhomogene bzw. bei kleineren Stichproben (N < 30) normalverteilte Meßwerte vorliegen. Für diesen Entscheidungsschritt empfehlen wir, nur eine Augenscheinprüfung vorzunehmen, da problematische Verzerrungen parametrischer Tests im allgemeinen erst bei stärkerer Verletzung einer oder mehrerer Voraussetzungen auftreten, die man auch bei einer Augenscheinprüfung feststellen dürfte. Deutet die Augenscheinprüfung auf verletzte Voraussetzungen hin, so prüfe man, ob die abhängige Variable mathematisch-statistisch und sachlogisch eine einfache Skalentransformation zuläßt und führe diese ggf. durch. Ist eine Skalentransformation nicht eindeutig indiziert bzw. nicht in der erhofften Weise wirksam, teste man verteilungsfrei.

Erfüllt das Datenmaterial – ggf. nach einer Skalentransformation – offensichtlich die Voraussetzung des parametrischen Tests, prüfe man als nächstes, ob Stichprobencharakteristika vorliegen, die Verzerrungen des parametrischen Tests erwarten lassen. Bei den häufig durchgeführten Mehrgruppenvergleichen wäre besonders auf die Korrelation zwischen den Stichprobenumfängen und den Stichprobenstreuungen (Standardabweichungen) zu achten. Ist diese deutlich negativ, sollte verteilungsfrei getestet weden (vgl. Boehnke 1983, Abschn. 4.3).

Wenn keiner der bisherigen Prüfschritte ein verteilungsfreies Verfahren erforderlich macht, wird die Nullhypothese parametrisch getestet. Läßt sich die Nullhypothese nicht aufrechterhalten, kann die Alternativhypothese akzeptiert werden, obwohl das Vorliegen der Voraussetzungen des parametrischen Tests rechnerisch nicht überprüft wurde.

Diese Entscheidung läßt sich zum einen damit begründen, daß – wie bereits erwähnt – die voraussetzungsprüfenden Tests ihrerseits in starkem Maße von Verteilungsannahmen abhängen, so daß an den Resultaten derartiger Tests Zweifel berechtigt sind. Zum anderen ist davon auszugehen, daß ein parametrischer Test bei Voraussetzungsverletzungen in der Regel an Teststärke verliert, d. h. eine trotz Verletzung der Voraussetzungen und damit trotz des Teststärkeverlustes bestätigte Alternativhypothese würde erst recht bestätigt werden, wenn die Bedingungen für den parametrischen Test optimal wären.

Andererseits sollte, wenn die Nullhypothese beibehalten werden muß, überprüft werden, ob dafür ein möglicher Teststärkeverlust des parametrischen Verfahrens verantwortlich ist. Erst an dieser Stelle des Entscheidungsganges werden also die Voraussetzungen rechnerisch getestet. Bei dieser Überprüfung ist der β-Fehler durch Erhöhung des α-Fehler-Risikos z. B. auf $\alpha = 0,25$ gering zu halten. Zeigt die Überprüfung keine signifikante Abweichung von den parametrischen Voraussetzungen, ist die Nullhypothese beizubehalten.

Sind die parametrischen Voraussetzungen verletzt, kann der parametrische Test dadurch mehr an Teststärke verlieren als sein verteilungsfreies Pendant (vgl. Boehnke, 1983). Die Nullhypothese wird deshalb zusätzlich verteilungsfrei geprüft. Bestätigt

diese Überprüfung das parametrische Testergebnis, wird die Nullhypothese endgültig beibehalten. Bei einem signifikanten Ergebnis des verteilungsfreien Tests hingegen ist die Alternativhypothese trotz der anderslautenden Entscheidung aufgrund des parametrischen Tests zu akzeptieren. Eine α-Fehler-Korrektur im Sinne von 2.2.11 ist hier nicht erforderlich, wenn die geprüften statistischen Kennwerte hoch korreliert sind, was z. B. auf die im H-Test (vgl. 6.1.2.2) verglichenen Mediane und die in der parametrischen Varianzanalyse verglichenen Mittelwerte bei beliebigen symmetrischen Verteilungen zutrifft. Sind hingegen die statistischen Kennwerte, wie z. B. die Mediane und die Mittelwerte, bei stark asymmetrischen Verteilungen nahezu unkorreliert (was damit gleichzusetzen wäre, daß sich die parametrisch und verteilungsfrei getesteten Hypothesen deutlich unterscheiden), ist die Annahme von H_1 von der Anwendung einer der in 2.2.11 beschriebenen Techniken abhängig zu machen.

Kapitel 5   Analyse von Häufigkeiten

Die einfachste Stufe der Messung, so haben wir in 3.1.2 festgestellt, besteht in der Zuordnung von Individuen zu 2 oder mehr einander ausschließenden und alle Merkmalsträger umfassenden Kategorien. Durch Auszählung des Auftretens der Kategorien eines dichotomen, attributiven, graduierten oder polychotomen Merkmales (vgl. 3.2.1) in einer Stichprobe erhält man *Häufigkeitsverteilungen,* deren Analyse Gegenstand dieses Kapitels ist. Dabei ist es unerheblich, ob die Kategorien auf nominalem (z.B. Rinderrassen), gruppiert-ordinalem (z.B. soziale Schichten) oder gar kardinalem Skalenniveau (z.B. Körpergewichtsklassen) gebildet wurden. Die entscheidende Frage ist die, ob sich die erhobenen Daten so adaptieren lassen, daß sie als Häufigkeiten in Erscheinung treten.

In 5.1 überprüfen wir, ob eine empirisch beobachtete Häufigkeitsverteilung nur zufällig oder systematisch von einer bestimmten, theoretisch erwarteten Häufigkeitsverteilung abweicht. Dabei wird zwischen zwei- und mehrfach gestuften Merkmalen zu unterscheiden sein. Da es sich in diesem Abschnitt um Häufigkeiten der Kategorien einer einzelnen Merkmalsdimension handelt, bezeichnen wir diese Häufigkeitsverteilungen als *eindimensionale* (bzw. *univariate*) *Häufigkeitsverteilungen.*

Eine *zweidimensionale* oder *bivariate Häufigkeitsverteilung* erhalten wir, wenn ausgezählt wird, wie häufig die Kombinationen der Kategorien von 2 Merkmalen in einer Stichprobe realisiert sind. Hinter der Analyse einer zweidimensionalen Häufigkeitsverteilung steht meistens die Frage nach dem Zusammenhang (der *Kontingenz*) der beiden untersuchten Merkmale (Beispiel: Besteht zwischen dem Geschlecht und der Lieblingsfarbe von Menschen ein Zusammenhang?). Die dafür einschlägigen Verfahren werden in Abhängigkeit von der Anzahl der Kategorien der untersuchten Merkmale in 5.2 (Vierfelderkontingenztafeln für 2 zweifach gestufte Merkmale), in 5.3 (k × 2-Kontingenztafeln für ein k-fach und ein zweifach gestuftes Merkmal) bzw. in 5.4 (k × m-Kontingenztafeln für ein k-fach und ein m-fach gestuftes Merkmal) behandelt.

In 5.5 kommen Verfahren zur Analyse von Häufigkeitsverteilungen zur Sprache, die – um beispielsweise Veränderungen in den Merkmalsausprägungen zu prüfen – wiederholt an einer Stichprobe erhoben wurden. In der Terminologie von 2.1.3 handelt es sich hier um *abhängige* (Daten-) *Stichproben.* In 5.6 schließlich wird die Analyse zweidimensionaler Kontingenztafeln auf drei- oder mehrdimensionale Kontingenztafeln verallgemeinert.

5.1 Analyse eindimensionaler Häufigkeitsverteilungen

5.1.1 Binomialtest

Wenn wir eine alternativ verteilte Grundgesamtheit vor uns haben und den Anteil π kennen, mit dem eine der beiden Alternative – etwa die Positivvariante – innerhalb der Grundgesamtheit vertreten ist, so können wir durch folgende Überlegungen prüfen, welche Wahrscheinlichkeit dafür besteht, daß eine bestimmte Stichprobe des Umfanges N, die X Individuen mit positiver und N – X Individuen mit negativer Merkmalsausprägung enthält, der bekannten Population angehört (H_0).

Die Wahrscheinlichkeit p(x), daß sich genau x Individuen durch Zufall in der einen und N – x Individuen in der anderen Kategorie befinden, ist durch das Glied

$$p(x) = \binom{N}{x} \pi^x (1 - \pi)^{N-x} \tag{5.1}$$

des Binoms $[\pi + (1 - \pi)]^N$ gegeben (vgl. 1.2.2). Die *einseitige* Überschreitungswahrscheinlichkeit P, daß sich x oder weniger Individuen in der Kategorie befinden, beträgt nach dem Additionssatz der Wahrscheinlichkeit

$$P = p(x) + p(x - 1) + \dots + p(i) + \dots + p(0) \quad .$$

Setzt man in Gl. (5.1) ein und schreibt das Ergebnis als Summe, so resultiert

$$P = \sum_{i=0}^{x} \binom{N}{i} \pi^i (1 - \pi)^{N-i} \quad . \tag{5.2a}$$

Der Wert P gibt die Überschreitungswahrscheinlichkeit an, mit der wir entsprechend dem vorher vereinbarten Signifikanzniveau α über Beibehaltung ($P > \alpha$) oder Ablehnung ($P \leq \alpha$) der Nullhypothese entscheiden.

Gleichung (5.2) gilt zwar für $x \gtrless N/2$, doch ist zu bemerken, daß P einfacher aus

$$P = 1 - \sum_{i=x+1}^{N} \binom{N}{i} \pi^i (1 - \pi)^{N-i} \tag{5.3}$$

berechnet werden kann, sofern $x > N/2$, da in diesem Fall weniger Glieder zu addieren sind.

Sind die beiden Merkmalsalternativen in der Population gleich häufig vertreten, ist also

$$\pi = 1 - \pi = \frac{1}{2} \quad ,$$

nimmt das Produkt $\pi^i(1 - \pi)^{N-i}$ in Gl. (5.2) den konstanten Wert $(\frac{1}{2})^N$ an, so daß sich Gl. (5.2) wie folgt vereinfacht:

$$P = (\tfrac{1}{2})^N \sum_{i=0}^{x} \binom{N}{i} \quad . \tag{5.2b}$$

Sowohl im allgemeinen Fall wie auch im speziellen Fall mit $\pi = 1/2$ entspricht die Überschreitungswahrscheinlichkeit P einem einseitigen Test, mit dem wir die

Alternative prüfen, daß der Anteil π_1 in der Grundgesamtheit kleiner als π ist. Soll geprüft werden, ob $\pi_1 > \pi$ ist, so sind beide Kategorien zu vertauschen, d. h. x durch N − x und π durch $1 - \pi = \pi'$ zu ersetzen und wie oben zu verfahren: Man prüft dann, ob $\pi_1' = 1 - \pi_1 < 1 - \pi = \pi'$. Der Binomialtest ist in Tafel 1 des Anhangs tabelliert.

Beispiel 5.1

Problem: Es war aufgefallen, daß in einem Stadtbezirk relativ viele Menschen an Krebs starben. Daher wurde beschlossen, die Todesfälle und -ursachen in der nächsten Zeit genau zu registrieren. Während des folgenden Jahres war in diesem Bezirk in 5 von 7 Fällen Krebs die Todesursache. Dagegen stellte die Diagnose „Krebs" im gesamten Stadtgebiet nur 25 % aller Todesursachen. Die statistisch zu beantwortende Frage lautet also: Ist das gehäufte Vorkommen von Krebsfällen in diesem Stadtbezirk noch mit dem Zufall zu vereinbaren, oder müssen wir einen außerzufälligen Einfluß annehmen? Zunächst formulieren wir die Ausgangshypothese.

Hypothese: Die Wahrscheinlichkeit π_1 für die Todesursache „Krebs" ist in dem beobachteten Stadtbezirk gleich der Wahrscheinlichkeit $\pi = 1/4$ im gesamten Stadtgebiet (H_0; einseitiger Test; $\alpha = 0,05$).

Definitionen: Für den Binomialtest benötigen wir die Kennwerte x, N und π. Die Stichprobengröße beträgt N = 7 und die Zahl der Krebsfälle x = 5. Gemäß unserer Vereinbarung, wonach zu $\pi' = 1 - \pi$ und $\pi_1' = 1 - \pi_1$ übergegangen werden soll, wenn bei einseitiger Fragestellung geprüft wird, ob $\pi_1 > \pi$ ist, sei x′ die Zahl der Todesfälle, die nicht durch Krebs verursacht worden sind: x′ = 7 − 5 = 2. Dementsprechend ist π' als der Anteil der Nicht-Krebsfälle in der Grundgesamtheit zu definieren: $\pi' = 3/4$. Damit sind die Voraussetzungen für die Anwendung des Binomialtests geschaffen.

Testanwendung: Die Wahrscheinlichkeit, x′ = 2 oder weniger nicht krebsbedingte Todesfälle in einer Zufallsstichprobe von N = 7 Todesfällen zu finden, ist durch Gl. (5.2) gegeben; es ergibt sich

$$P = \sum_{i=0}^{2} \binom{7}{i} \left(\frac{3}{4}\right)^i \left(1 - \frac{3}{4}\right)^{7-i} \ .$$

Wir setzen zunächst i = 0 und erhalten als 1. Glied der obigen Summe:

$$P(i=0) = \binom{7}{0} \left(\frac{3}{4}\right)^0 \left(\frac{1}{4}\right)^7 = (1)\cdot(1)\cdot \left(\frac{1}{4}\right)^7 = \frac{1}{16384} \ .$$

Nun setzen wir i = 1 und erhalten das 2. Glied der Summe.

$$P(i=1) = \binom{7}{1} \left(\frac{3}{4}\right)^1 \left(\frac{1}{4}\right)^6 = \binom{7}{1}\cdot \left(\frac{3}{4}\right)\cdot \left(\frac{1}{4}\right)^6 = \frac{21}{16384} \ .$$

Für das 3. und letzte Glied resultiert:

$$P(i=2) = \binom{7}{2} \left(\frac{3}{4}\right)^2 \left(\frac{1}{4}\right)^5 = \frac{7\cdot6}{2\cdot1}\cdot \left(\frac{3}{4}\right)^2 \cdot \left(\frac{1}{4}\right)^5 = \frac{189}{16384} \ .$$

Addiert man die drei Glieder, so erhält man den gesuchten P-Wert.

$$P = \frac{1}{16384} + \frac{21}{16384} + \frac{189}{16384} = 0,0129 \quad .$$

Dieses Ergebnis erhalten wir auch über Tafel 1, indem wir $N = 7$ und $\pi = 0,25$ setzen und die Einzelwahrscheinlichkeiten für $x = 5$, $x = 6$ und $x = 7$ addieren.

Entscheidung: Da der ermittelte P-Wert kleiner ist als das vereinbarte Signifikanzniveau ($0,0129 < 0,05$), verwerfen wir die H_0.

Interpretation: Es muß davon ausgegangen werden, daß nicht zufällige Einflüsse vorliegen. Eine eingehendere Ursachenforschung ist dringend notwendig.

Für den **zweiseitigen** Test ist die Überschreitungswahrscheinlichkeit P' wie folgt zu bestimmen: Für $\pi = 1 - \pi = 1/2$ ist die Binomialverteilung symmetrisch; folglich ist die Überschreitungswahrscheinlichkeit P' doppelt so groß wie P beim einseitigen Test gemäß Gl. (5.2), vorausgesetzt, daß $x < N/2$. Für $x > N/2$ setzt man $P' = 2 \cdot (1 - P)$.

Für $\pi \neq 1 - \pi$, ist die Binomialverteilung asymmetrisch; deshalb muß in diesem Fall P' als Summe aus der oberen und der unteren kritischen Region berechnet werden. Für $x < N/2$ ergibt sich demnach

$$P' = \sum_{i=0}^{x} \binom{N}{i} \pi^i (1 - \pi)^{N-i} + \sum_{i=N-x}^{N} \binom{N}{i} \pi^i (1 - \pi)^{N-i} \quad . \tag{5.4}$$

Wie man unter Zuhilfenahme der Tafel 1 eine zweiseitige Überschreitungswahrscheinlichkeit P' ermittelt, wurde bereits anhand eines Beispiels auf S. 16 gezeigt.

Die Gl. (5.1–5.4) führen zu exakten Überschreitungswahrscheinlichkeiten; man spricht deshalb bei ihrer Anwendung von einem *exakten Test*. Bei größeren Stichproben ($N > 15$ und $\pi \neq 1/2$) wird der exakte Test sehr aufwendig. Hier macht man zwecks *asymptotischer* Bestimmung des P-Wertes von dem Umstand Gebrauch, daß sich die Binomialverteilung mit wachsendem Stichprobenumfang (N) relativ rasch der Normalverteilung annähert, insbesondere wenn π nicht allzu weit von 1/2 abweicht und wenn α nicht zu niedrig angesetzt wird, denn in den Extrembereichen ($\alpha < 0,01$) stimmen Binomial- und Normalverteilung weniger gut überein als im mittleren Bereich (vgl. Hoel, 1954, S. 65–67).

Im *asymptotischen Test* hat die Prüfgröße X unter der Nullhypothese einen Erwartungswert von

$$E(X) = N \cdot \pi \tag{5.5}$$

und eine Standardabweichung von

$$\sigma_x = \sqrt{N \cdot \pi \cdot (1 - \pi)} \quad , \tag{5.6}$$

so daß die Wahrscheinlichkeit P, ein bestimmtes oder ein extremeres x bei Geltung von H_0 durch Zufall zu erhalten, über die Standardnormalverteilung ($N = 1$, $\mu = 0$ und $\sigma = 1$) zu ermitteln ist (vgl. 2.2.5):

$$u = \frac{x - E(X)}{\sigma_x} \quad . \tag{5.7}$$

Die Prüfgröße u ist je nach Fragestellung ein- oder zweiseitig anhand von Tafel 2 des Anhangs zu beurteilen.

Da die Prüfgröße X des Binomialtests nur ganzzahlige Werte annehmen kann, also diskret verteilt ist, andererseits aber der asymptotische Test eine stetig verteilte Prüfgröße u benutzt, empfiehlt sich – insbesondere bei kleinerem Stichprobenumfang ($15 < N < 60$) – die Anwendung der von Yates (1934) eingeführten und oft nach ihm benannten *Kontinuitäts-* oder *Stetigkeitskorrektur.* Sie besteht darin, daß man vom absoluten Zählerbetrag des kritischen Bruches u eine halbe Einheit subtrahiert:

$$u = \frac{|x - E(X)| - 0,5}{\sigma_x} \quad . \tag{5.8}$$

Bedeutung und Wirkung der Kontinuitätskorrektur kann man sich am besten anhand von Abb. 5.1 klarmachen. Es sei die Prüfgröße $x = 2$ und (z. B. wegen $N = 15$ und $\pi = 0,5$) $E(X) = 7,5$.

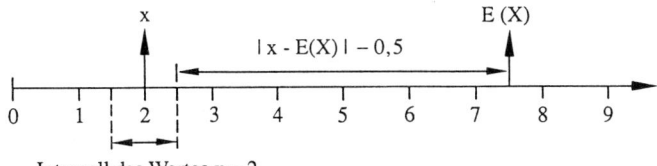

Abb. 5.1. Schematische Darstellung der Kontinuitätskorrektur

Da der diskrete Meßwert $x = 2$ in der stetigen Verteilung einem Intervall von $1,5 \leq x < 2,5$ entspricht, betrachten wir die Abweichung der obereren Intervallgrenze von $E(X)$, d. h. der Differenzbetrag $x - E(X)$ wird um eine halbe Maßeinheit reduziert. Durch diese Maßnahme wird das Risiko I (eine zufallsbedingte Abweichung als reale anzuerkennen) zugunsten eines erhöhten Risikos II (eine reale Abweichung als zufallsbedingte anzuerkennen) verringert. Man nennt ein solches Vorgehen auch *konservativ testen*, womit gemeint ist, daß man eher auf den Nachweis eines bestehenden Unterschiedes verzichtet als einen nicht bestehenden Unterschied als bestehend ausgibt (vgl. S. 50).

Beispiel 5.2

Problem: In einer Frauenklinik wurde das Blutserum aller Frauen, bei denen es zu einer Fehlgeburt gekommen war, auf den Rhesusfaktor (Rh) hin untersucht. Es ist bekannt, daß 1/6 aller Frauen diesen Faktor nicht besitzt und daß es dann, wenn das ungeborene Kind diesen Faktor vom Vater ererbt, bei der Mutter zur Bildung von Abwehrkörpern im Blutserum kommt, die beim Kind einen Blutkörperchenzerfall und damit seinen Tod einleiten können. Die Untersuchung soll feststellen, ob es bei Rh-negativen Müttern häufiger zu einem Abort kommt.

Hypothese: Rh-negative Mütter abortieren häufiger als Rh-positive Mütter (H_1; $\alpha = 0,05$; einseitiger Test).

Auswertung: In 180 Fällen von Fehlgeburten fanden sich 44 Fälle mit negativem Rh-Faktor. Wir berechnen zunächst den Erwartungswert der Rh-negativen Fälle unter H_0 für unsere Stichprobe von $N = 180$ Aborte:

$$E(X) = 180 \cdot (1/6) = 30 \quad .$$

Bei 30 von 180 Frauen erwarten wir ein Rh-negatives Blutserum, bei 44 Frauen haben wir dies beobachtet. Um die resultierende Differenz in Standardabweichungseinheiten auszudrücken, benötigen wir σ_x:

$$\sigma_x = \sqrt{180 \cdot (1/6) \cdot (5/6)} = 5 \quad .$$

Wir testen nun nach Gl. (5.8) unter Berücksichtigung der Kontinuitätskorrektur:

$$u = \frac{|44 - 30| - 0,5}{5} = 2,70 \quad .$$

Entscheidung: In Tafel 2 des Anhangs finden wir für $u = 2,70$ bei einseitiger Fragestellung eine Überschreitungswahrscheinlichkeit von $P = 0,0035$. Wir verwerfen daher H_0 und akzeptieren H_1.

Die Effizienz des Binomialtests in Anwendung auf normalverteilte Meßwerte, die am Populationsmedian dichotomisiert wurden, fällt mit zunehmendem Stichprobenumfang von $3/\pi = 0,95$ für $N = 6$ auf den asymptotischen Wert von $2/\pi = 0,64$ für $N \to \infty$. Das bedeutet für Meßwerte (Kardinaldaten) einen erheblichen Informationsverlust, der es geraten erscheinen läßt, den Binomialtest nur auf Alternativdaten anzuwenden.

5.1.2 Polynomialtest

Ist die Grundgesamtheit der Merkmalsträger nicht in 2, sondern in 3 oder k *Kategorien* aufgeteilt, wobei sich die Kategorien – wie im binomialen Fall – wechselseitig ausschließen und die Einordnung eines jeden Individuums gewährleisten müssen, dann ist der Binomialtest nicht mehr anwendbar; sofern man sich nicht aus sachlichen Erwägungen dazu entschließt, die Zahl der Kategorien durch Zusammenwerfen (aus dem Englischen eingedeutscht: Poolen) auf 2 zu reduzieren, tritt der Polynomialtest an seine Stelle.

Bezeichnen wir die Populationsanteile der Individuen für jede der k Kategorien unter H_0 mit $\pi_1, \pi_2, ..., \pi_k$, sind die beobachteten Häufigkeiten, wenn H_0 gilt, polynomial (multinomial) verteilt: $(\pi_1 + \pi_2 + ... + \pi_k)^N$. Danach beträgt die Wahrscheinlichkeit p, daß unter N als Zufallsstichprobe erhobenen Individuen genau x_1 in die Kategorie 1, x_2 in die Kategorie 2, ... und x_k in die Kategorie k fallen, nach kombinatorischen Überlegungen:

$$p(x_1, x_2, ... x_k) = p_0^* = \frac{N!}{x_1! \, x_2! \ldots x_k!} \cdot (\pi_1)^{x_1} (\pi_2)^{x_2} \ldots (\pi_k)^{x_k} \quad . \qquad (5.9)$$

Die vorstehende Gl. (5.9) gibt jedoch, wie im Binomialtest die Gl. (5.1), nur die (Punkt-)Wahrscheinlichkeit an, daß man bei einer vorgegebenen theoretischen Verteilung eben die beobachtete (und keine andere) Verteilung als Stichprobe erhält. Um zu der für die Anpassungsprüfung allein relevanten Überschreitungswahrscheinlichkeit

P' zu gelangen, müssen wir nach Gl. (5.9) die Punktwahrscheinlichkeiten aller a extremeren oder gleich extremen Beobachtungsmöglichkeiten berechnen – wir bezeichnen sie mit p_i^* – und über diese summieren:

$$P' = \sum_{i=0}^{a} p_i^* \quad .$$ (5.10)

Eine *extremere* als die beobachtete Verteilung liegt dann vor, wenn Gl. (5.9) ein $p_i^* \leq p_0^*$ liefert. Leider gibt es kein Rationale, nach dem man vorweg ermitteln könnte, welche der möglichen Verteilungen als extremer oder gleich extrem zu gelten haben. Deshalb empfiehlt es sich, alle „nach dem Augenschein verdächtigen" Frequenzanordnungen nach Gl. (5.9) auszuwerten, sofern man nicht – was außerordentlich zeitraubend ist – alle überhaupt möglichen Anordnungen auf die Zufallswahrscheinlichkeit p_i^* ihres Auftretens hin untersucht.

Aus dem Gesagten geht bereits hervor, daß der Polynomialtest praktisch nur auf sehr kleine *Stichproben* von Kategorialdaten angewendet werden kann. Aber gerade hier ist er von besonderem Wert, da bei kleinen Stichproben der im folgenden zu besprechende χ^2-Anpassungstest versagt. Wie nützlich dieser Test zur „Frühentdeckung" außerzufälliger Einflußgrößen sein kann, mag das (fiktive) Beispiel seiner Anwendung auf Fehlbildungshäufigkeiten zeigen.

Beispiel 5.3

Problem: Unter den Skelettanomalien bei Neugeborenen und Kleinkindern finden sich in der überwiegenden Mehrzahl der Fälle Fehlbildungen des Beckens (in erster Linie Hüftgelenkluxationen); erst mit Abstand folgen Mißbildungen des übrigen Skeletts und der Extremitäten. Angenommen, eine diesbezügliche Statistik hätte $\pi_1 = 0,7$ Beckenfehlbildungen, $\pi_2 = 0,2$ Extremitätenfehlbildungen und $\pi_3 = 0,1$ sonstige Fehlbildungen des Skeletts ergeben und in einer Stichprobe von $N = 3$ einschlägigen Behandlungsfällen hätte man folgende Zahlen für Skelettanomalien ermittel: $x_1 = 0$; $x_2 = 3$ und $x_3 = 0$.

Hypothese: Das beobachtete Ergebnis ist mit der theoretischen Erwartung vereinbar (H_0; $\alpha = 0,05$; zweiseitiger Test).

Testanwendung: Wir berechnen zunächst die Zufallswahrscheinlichkeit der vorliegenden Verteilung unter der Annahme, daß H_0 gilt:

$$p_0^* = \frac{3!}{(0!)(3!)(0!)}(0,7)^0(0,2)^3(0,1)^0 = 0,008 \quad .$$

Es gibt in diesem Fall offensichtlich keine extremere Verteilung, sondern nur zwei gleich extrem erscheinende, nämlich $x_1 = 3$, $x_2 = 0$, $x_3 = 0$ und $x_1 = 0$, $x_2 = 0$, $x_3 = 3$; deren Zufallswahrscheinlichkeit bestimmt sich in analoger Weise:

$$\frac{3!}{(3!)(0!)(0!)}(0,7)^3(0,2)^0(0,1)^0 = 0,343 \quad ,$$

$$\frac{3!}{(0!)(0!)(3!)}(0,7)^0(0,2)^0(0,1)^3 = 0,001 = p_1^* \quad .$$

Wie wir sehen, ist nach unserer Definition der erste Fall (mit $x_1 = 3$) nicht extremer oder gleich extrem, da seine Zufallswahrscheinlichkeit mit 0,343 höher liegt als die des Beobachtungsfalles. Der zweite Fall dagegen zählt als extremer, da sein p-Wert kleiner ist als 0,008; deswegen haben wir ihn definitionsgemäß mit einem Stern versehen.

Wir müssen nun noch untersuchen, ob zusätzlich eine augenscheinlich „verdächtige" Verteilung, z. B. $x_1 = 0$; $x_2 = 2$; $x_3 = 1$ oder $x_1 = 0$, $x_2 = 1$, $x_3 = 2$ ein $p \leq p_0^*$ ergibt:

$$\frac{3!}{(0!)(2!)(1!)}(0,7)^0(0,2)^2(0,1)^1 = 0,012 \quad ,$$

$$\frac{3!}{(0!)(1!)(2!)}(0,7)^0(0,2)^1(0,1)^2 = 0,006 = p_2^* \quad .$$

Mit p_1^* und p_2^* haben wir, wie man leicht nachrechnen kann, alle gleich- und weniger wahrscheinlichen Fälle numerisch erfaßt, so daß wir in Gl. (5.10) einsetzen können:

$$P' = 0,008 + 0,001 + 0,006 = 0,015 \quad .$$

Entscheidung: Da $P' < \alpha$ ist, wird die H_0 verworfen. Die beobachtete Verteilung weicht von der unter H_0 erwarteten Verteilung ab.

Interpretation: Es sieht so aus, als ob sich Extremitätenmißbildungen häufen, was zu einer Erforschung der Bedingungsfaktoren dieser Häufung veranlassen sollte.

Anmerkungen: Das instruktive Anwendungsbeispiel ist in vieler Hinsicht nicht optimal: Weder können die Patienten als populationsrepräsentativ angesehen werden, noch ist wegen der Ähnlichkeit der Mißbildungen die Gewähr für deren Unabhängigkeit (evtl. Erbkrankheiten) gegeben. Die gewählten Kategorien wiederum sind zwar erschöpfend (durch die Hinzunahme einer Kategorie „Sonstige"), schließen sich jedoch wechselseitig nicht vollkommen aus, da ein Kind gleichzeitig 2 Fehlbildungstypen aufweisen kann (wie Hüftgelenkluxation und Klumpfuß). Alle diese Voraussetzungen müßten eigentlich erfüllt sein, wenn der Polynomialtest gültig sein soll.

Der Polynomialtest entspricht im Unterschied zum Binomialtest stets einer *zweiseitigen Fragestellung*, da alle Abweichungen von der Erwartung, gleich welcher Größe und Richtung, bewertet werden, sofern sie nur ebenso selten oder seltener als die beobachtete Abweichung per Zufall eintreten. Er wird in der Literatur auch als *Tate-Clelland-Test* bezeichnet. Eine vergleichende Untersuchung der Effizienz dieses Tests findet man bei Gurian et al. (1964). Da die Polynomialverteilung bis heute nicht tabelliert ist, sind ihrer Anwendung als Prüfverteilung enge Grenzen gesetzt; sie läßt sich jedoch bei größeren Stichproben durch die im folgenden beschriebene Approximation der Polynomialverteilung ersetzen.

5.1.3 χ^2-Anpassungstests

Für große Stichproben sind bei wiederholten Versuchen beobachtbare Frequenzen in den k Kategorien – wir bezeichnen sie im Unterschied zum Binomial- und Polynomialtest mit $f_i(i = 1, \ldots, k)$ – um ihre unter H_0 erwarteten Frequenzen $e_i = N\pi_i$ asymptotisch normalverteilt. Die Polynomialverteilung geht für $N \to \infty$ in eine *multivariate Normalverteilung* über. Das bedeutet, daß der Ausdruck

$$\sum_{i=1}^{k} \frac{(f_i - e_i)^2}{e_i} \quad ,$$

der für die auf Pearson (1900) zurückgehenden χ^2-Techniken zentral ist, für $N \to \infty$ gegen die Verteilungsfunktion der χ^2-Verteilung mit $k - 1$ Freiheitsgraden strebt (zum Beweis vgl. Cramér, 1958).

Hat man also für eine nicht zu kleine Stichprobe von kategorialen Daten beobachtete Frequenzen f_i (i = 1, …, k) mit theoretisch aufgrund der Nullhypothese zu erwartenden Frequenzen e_i (i = 1, …, k) zu vergleichen, so kann man unter der Voraussetzung, daß möglichst keiner der Erwartungswerte $e_i < 5$ ist, anstelle des Polynomialtests den χ^2-Test

$$\chi^2 = \sum_{i=1}^{k} \frac{(f_i - e_i)^2}{e_i} \tag{5.11}$$

für

$$Fg = k - 1$$

anwenden. Die Übereinstimmung („goodness of fit") eines beobachteten Frequenzmusters gegenüber einem erwarteten beurteilt man unter Zugrundelegung von $k - 1$ Fg zweiseitig nach Tafel 3 des Anhangs oder nach Gl. (2.3) bzw. (2.4) asymptotisch. Ist der errechnete χ^2-Wert größer als der für das gewählte Signifikanzniveau α erforderliche Wert χ^2_α, so ist die Nullhypothese (Beobachtung ist mit der Erwartung vereinbar) abzulehnen und Art oder Richtung der Abweichung substanzwissenschaftlich zu interpretieren.

Beispiel 5.4

Problem: Dominant blau blühende Bohnen (B) werden mit rund-pollenkörnigen Bohnen (l) gekreuzt; rot blühende Bohnen (b) werden mit dominant lang-pollenkörnigen (L) gekreuzt. Die resultierenden F_1-Generationen Bl und bL werden untereinander gekreuzt und die 16 Mitglieder der F_2-Generation sollen – im Falle der Unabhängigkeit der 4 Merkmale – nach der Mendelschen Regel die Phänotypen BL, Bl, bL und bl im Verhältnis 9:3:3:1 aufweisen.

Hypothese: Die 4 genannten Phänotypen verteilen sich im Verhältnis 9:3:3:1 (H_0; $\alpha = 0,05$; zweiseitiger Test).

Auswertung: Von 168 Bohnenpflanzen der F_2-Generation erhält man im Experiment folgende Phänotypen: 107 (BL), 26 (Bl), 28 (bL) und 7 (bl). Aufgrund der Verteilungshypothese erwarten wir aber $\frac{9}{16} \cdot 168 = 94,5$ (BL), je $\frac{3}{16} \cdot 168 =$

$31,5$ (Bl) und (bL) sowie $\frac{1}{16} \cdot 168 = 10,5$ (bl). Nach Gl. (5.11) ergibt sich:

$$\chi^2 = (107 - 94,5)^2/94,5 + (26 - 31,5)^2/31,5 + (28 - 31,5)^2/31,5$$
$$+ (7 - 10,5)^2/10,5$$
$$= 1,65 + 0,96 + 0,39 + 1,17$$
$$= 4,17 \quad .$$

Entscheidung: In Tafel 3 des Anhangs finden wir für Fg = 3 und $\alpha = 0,05$ einen Grenzwert von $\chi^2 = 7,82$. Der enthaltene χ^2-Wert erlaubt also die Beibehaltung von H_0 im Sinne der Mendelschen Gesetze.

Ein weiteres Beispiel findet man auf S. 19f.

Eine spezielle, häufig eingesetzte Variante der χ^2-Anpassungstests prüft, ob eine empirische Verteilung von der unter H_0 erwarteten *Gleichverteilung* abweicht. In diesem Falle erhält man als erwartete Häufigkeiten e_i = N/k. Andere unter H_0 postulierte Verteilungsmodelle, wie z.B. die *Normalverteilung*, setzen voraus, daß das untersuchte Merkmal kardinalskaliert ist. Hat man eine Kardinalskala in Intervalle unterteilt, läßt sich über die Häufigkeiten in den Intervallen überprüfen, ob das Merkmal normalverteilt ist. Je nach Art der Intervallbildung unterscheidet man dabei 2 Vorgehensweisen: Den Äquiintervall- und den Äquiarealtest.

Äquiintervalltest: Im Regelfall wird die Abzissenachse bei einem Stichprobenumfang von N in etwa $\sqrt{N}$ *gleiche Intervalle* unterteilt (vgl. 3.3.1) und für jedes Intervall die Erwartungsfrequenz aufgrund der Verteilungshypothese berechnet. Die extrem liegenden Intervalle faßt man dabei meist so zusammen, daß Erwartungswerte ≥ 5 resultieren. Die Bildung gleicher Abzissenintervalle ist bei großem Stichprobenumfang (N > 100) die Methode der Wahl. Einzelheiten zur Durchführung dieser Äquiintervalltests (Überprüfung der Anpassung einer empirischen Verteilung an eine Normalverteilung bzw. an eine Poisson-Verteilung) findet man bei Bortz (1989, S. 167ff.).

Äquiarealtest: Bei kleinerem Stichprobenumfang ($25 < N \leq 60$) empfiehlt sich zur Vermeidung „unterschwelliger" Erwartungswerte folgende Prozedur: Man bildet 5 – 6 *ungleiche Intervalle*, und zwar so, daß die Flächen der darüber errichteten theoretischen Verteilung für alle Intervalle gleich groß sind. Dann sind auch die erwarteten Häufigkeiten je Intervall gleich groß, d.h. sie bilden eine *Rechteck- oder Gleichverteilung*. Und wenn die Nullhypothese gilt, werden die beobachteten Häufigkeiten je Skalenintervall ebenfalls annähernd gleich sein. Abbildung 5.2 veranschaulicht diese Vorgehensweise an einem Beispiel (auf den ebenfalls veranschaulichten Nullklassentest gehen wir in 5.1.4 ein).

Wir haben in Abb. 5.2 zu einer beobachteten Verteilung (N = 25 senkrechte Striche über der x-Skala) unter der Annahme, daß die betreffende Variable in der Population normalverteilt ist, eine *Normalkurve* ($\mu = 50$; $\sigma = 20$) konstruiert und diese in 5 *gleiche Areale* unterteilt. Die Grenzen dieser Areale ermittelt man folgendermaßen: Der Standardnormalverteilung (Tafel 2) ist zu entnehmen, daß die 5 gleichen Flächenanteile durch die u-Werte $-\infty$; $-0,85$; $-0,26$; $0,26$; $0,85$ und

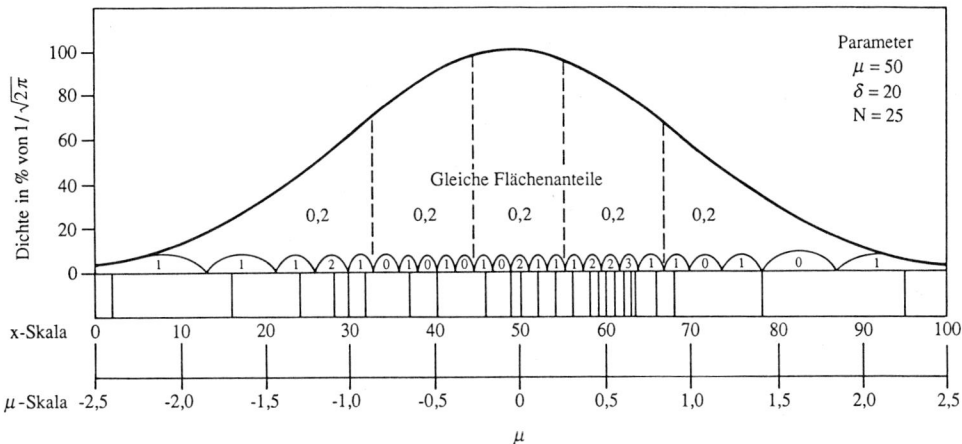

Abb. 5.2. Veranschaulichung des Äquiarealtests und des Nullklassentests

$+\infty$ begrenzt sind. Diese u-Werte werden gemäß Gl. (2.1) in x-Werte transformiert: $x = u \cdot \sigma + \mu$. Man erhält so die eingezeichneten Grenzen der x-Skala: 33; 44,8; 55,2 und 67. Wenn H$_0$ gilt, darf erwartet werden, daß in jedes dieser 5 Areale N/k = 25/5 Meßwerte fallen. Wir zählen nun ab, wie viele Werte pro Areal tatsächlich beobachtet werden, und testen die Übereinstimmung nach der allgemeinen χ^2-Formel (Tabelle 5.1).

Tabelle 5.1

Beobachtet	6	2	5	9	3
Erwartet	5	5	5	5	5

$$\chi^2 = \frac{1^2}{5} + \frac{(-3)^2}{5} + \frac{0^2}{5} + \frac{4^2}{5} + \frac{(-2)^2}{5} = 6,0$$

Ein $\chi^2 = 6,0$ ist bei $5 - 1 = 4$ Fg und $\alpha = 0,05$ nach Tafel 3 des Anhangs nicht signifikant, d. h. wir müssen H$_0$ beibehalten und die (offensichtlich linksasymmetrische) Verteilung der beobachteten Meßwerte noch als „normale" akzeptieren. Testen wir hingegen mit $\alpha = 25\%$ (was geboten wäre, wenn der Test – etwa im Kontext einer Voraussetzungsüberprüfung – zum *Nachweis* einer Normalverteilung eingesetzt wird; vgl. S. 82), muß die H$_0$ verworfen werden.

Bei der Prüfung, ob eine Normalverteilung vorliegt, müssen oft die Parameter μ und σ erst aus der Stichprobe geschätzt werden. In diesem Fall ist der gleiche Test mit Benutzung der Werte $\bar{x}$ und s als Schätzer für μ und σ anzuwenden. Die Anzahl der Freiheitsgrade ist damit um 2 weitere zu verringern. Wären im vorstehenden Beispiel Mittelwert und Standardabweichung geschätzt worden, so würde die Anzahl der Freiheitsgrade $4 - 2 = 2$ betragen, und die Abweichung wäre auf einem Signifikanzniveau von 5% gesichert.

Eine Anpassungsprüfung braucht nicht immer darauf abzuzielen, die Übereinstimmung einer Beobachtung mit einer aufgrund eines theoretischen Verteilungsmodells erstellten Erwartung zu prüfen. Die
erwarteten Häufigkeiten können auch aufgrund bestimmter *empirischer* Verteilungen ermittelt werden: Die
Nullhypothese muß in diesem Fall lauten: Kann die beobachtete Verteilung von Frequenzen als Zufallsstichprobe derjenigen empirischen Verteilung aufgefaßt werden, die als empirische Vergleichspopulation
zur Verfügung steht?

Mit einer weiteren Anwendungsvariante des χ^2-Anpassungstests wird überprüft, ob eine bestimmte
Kategorie gegenüber den restlichen über- bzw. unterfrequentiert ist. Die Häufigkeit dieser a priori festzulegenden Kategorie wird dabei den zusammengefaßten Häufigkeiten der übrigen Kategorien gegenübergestellt.
Die erwartete Häufigkeit für die Einzelkategorie errechnet man nach $e_1 = N/k$, und für die zusammen-
gefaßten Kategorien erhält man als erwartete Häufigkeit $N - e_1$. Der nach Gl. (5.11) resultierende χ^2-Wert
hat einen Freiheitsgrad und ist bei zweiseitiger Fragestellung mit dem χ^2_α-Wert bzw. bei (der für einen
Freiheitsgrad zulässigen) einseitigen Fragestellung mit dem $\chi^2_{(2\alpha)}$-Wert der Tafel 3 zu vergleichen (vgl.
Fleiss, 1973, S. 20 ff.).

In ähnlicher Weise können 2 (oder mehr) zusammenfassende Kategorien verglichen werden (z. B.
Kategorien, in denen man überdurchschnittlich, durchschnittlich oder unterdurchschnittlich viele Personen erwartet). Man beachte, daß k in diesem Falle die Anzahl der zusammenfassenden Kategorien kennzeichnet und daß die erwarteten Häufigkeiten größer als 5 sind. Bei kleineren erwarteten Häufigkeiten
verwendet man den Binomialtest (5.1.1) oder den Polynomialtest (5.1.2).

Bei der Anwendung des χ^2-Tests wird eine seiner wesentlichsten *Voraussetzungen* immer wieder verletzt: die der *wechselseitigen Unabhängigkeit* der Ereignisse.
Diese ist im allgemeinen nur dann gegeben, wenn ein einzelnes Individuum nur
einmal gezählt wird, wenn also die Summe der beobachteten Frequenzen gleich der
Zahl der untersuchten Individuen ist: $\sum f_i = N$. Aber auch wenn einzelne Individuen untereinander enger „verwandt" sind als andere (z. B. eineiige unter zweieiigen
Geschwistern einer Großfamilie), ist das Postulat bereits verletzt.

Eine zweite schwerwiegende Verletzung der Voraussetzungen einer χ^2-
Anpassungsprüfung besteht darin, daß die *Kategorisierung* oder die Intervallklas-
sifizierung erst ex post und nicht − wie gefordert − a priori vorgenommen wird.
Gumbel (1943) hat demonstriert, in welch starkem Maße der Ausgang eines An-
passungstests für Kardinalskalen allein von der Wahl des ersten Intervalls abhängt.
Das gleiche gilt für die Zahl und die Breite der Intervalle (Mann u. Wald, 1942;
Williams, 1950).

Hinsichtlich der *Mindestgröße der erwarteten Häufigkeiten* für einen
validen χ^2-Test gibt es in der Literatur unterschiedliche Auffassungen (vgl.
zusammenfassend Delucchi, 1983). Für die Mehrzahl der Anwendungsfälle dürfte
der Ratschlag Cochrans (1954) − nicht mehr als 20 % aller Kategorien mit e < 5 −
die Validität des χ^2-Anpassungstests sicherstellen.

5.1.4 Nullklassentest

Wir haben im Äquiarealtest (vgl. S. 96f.) die Fläche der theoretischen Normalverteilung in 5 gleiche Teile zerlegt und auf diese Weise erwartete Häufigkeiten von 5 je
Klasse erhalten. Hätten wir die Fläche unter der Kurve nun aber in 25 gleiche Teile
zerlegt, dann hätten wir erwartete Häufigkeiten von 1 je Klasse gehabt. Holt man
dies nach, so gewinnt man Abszissenintervalle, die in Abb. 5.2 durch Arkaden abge-
grenzt worden sind. Wie man sieht, sind einzelne Klassen mit 1, 2 oder 3 Meßwerten
besetzt, während andere, die *Nullklassen* („zero classes"), leer geblieben sind.

Wie viele Nullklassen dürfen wir nun bei Geltung von H_0 (die Stichprobe
stammt aus der postulierten, z. B. normalverteilten Population) erwarten? Diese Frage

hat David (1950) aufgeworfen und als Antwort die kumulative Verteilung einer Prüfgröße Z (Zahl der Nullklassen) ermittelt und tabelliert (vgl. Tafel 42). Das allgemeine Problem von k Elementen auf n Plätzen haben Hetz u. Klinger (1958) untersucht und tabelliert (vgl. hierzu auch 11.5.1).

Wie man durch kombinatorische Überlegungen zu der Verteilung von Z unter H_0 gelangt, verdeutlicht das folgende Beispiel für N = 6 Meßwerte und Z = 4 Nullklassen: 4 Nullklassen kann man aus 6 Klassen in $\binom{6}{4}$ = 15facher Weise bilden. Die 6 Meßwerte müssen dann die verbleibenden 2 Klassen (t_1, t_2) ausfüllen; das können sie — wie die nachfolgende Rechnung zeigt — in 62facher Weise tun [Summe der Kombinationen von 6 Elementen zu 1., 2., ..., 5. Klasse nach Gl. (1.9)]:

$$\frac{6!}{1!5!} + \frac{6!}{2!4!} + \frac{6!}{3!3!} + \frac{6!}{4!2!} + \frac{6!}{5!1!} = 62 \quad .$$

Es gibt also (15)·(62) = 930 Möglichkeiten, 4 Nullklassen aus 6 Meßwerten zu erhalten.

Wie wahrscheinlich ist es nun, daß eine dieser 930 Möglichkeiten unter H_0 realisiert wird? Dazu brauchen wir nur zu wissen, in wievielfacher Weise die 6 Meßwerte auf 6 Klassen verteilt werden können. Die Variationen von 6 Elementen zur 6. Klasse betragen 6^6 = 46656. Somit ist p_0^* = 930/46656 = 0,0199 die Wahrscheinlichkeit für das zufallsmäßige Auftreten von genau 4 Nullklassen. Dies ist der in Tafel 42 für N = 6 und z = 4 aufgeführte Wahrscheinlichkeitswert.

Um die für die statistische Entscheidung relevante Überschreitungswahrscheinlichkeit P zu erhalten, müssen wir die Wahrscheinlichkeiten p_i^* für mehr als 4 Nullklassen hinzuzählen. Die Wahrscheinlichkeit für das Auftreten von 5 Nullklassen beträgt p_1^* = 0,0001. Da 6 Nullklassen naturgemäß nicht auftreten können, ergibt sich die Überschreitungswahrscheinlichkeit P zu

$$P = 0,0199 + 0,0001 = 0,0200 \quad .$$

Allgemein formuliert: Die Wahrscheinlichkeit des Auftretens von Z Nullklassen bei N Meßwerten ist unter H_0 gleich der Zahl der Möglichkeiten, N Meßwerte so auf N Klassen zu verteilen, daß (irgendwelche) Z Klassen leer bleiben, dividiert durch die Zahl der Möglichkeiten, N Meßwerte ohne Restriktion auf N Klassen zu verteilen:

$$p_Z^* = \frac{\binom{N}{Z}}{N^N} \sum \frac{N!}{t_1! t_2! \ldots t_{N-Z}!} \quad . \tag{5.12}$$

Dabei erfolgt die Summierung über alle möglichen Aufteilungen von N auf t_{N-Z} Klassen, wobei jeweils keiner der (N − Z) t-Werte Null wird und $\sum t_i$ = N. Die Überschreitungswahrscheinlichkeit P ergibt sich dann als Summe aller $p_i^* \leq p_Z^*$:

$$P = \sum p_i^* \quad , \tag{5.13}$$

wobei p_i^* jene p_i bezeichnet, die kleiner oder gleich p_Z^* sind, p_Z^* selbst eingeschlossen.

Es versteht sich, daß Z in den Grenzen zwischen 0 und N − 1 variieren kann: $0 \leq Z \leq N - 1$; ein Z nahe an 0 bedeutet eine sehr gute, ein Z nahe an N eine sehr schlechte Anpassung der beobachteten an die theoretische Verteilung.

Davids Nullklassentest setzt − wie alle Anpassungstests − voraus, daß
die Individuen der Stichprobe aus der Gesamtheit zufallsmäßig, wechselseitig
unabhängig und eindeutig klassifizierbar sind.

Der Nullklassentest hat die größte *Effizienz* dann, wenn er auf eine vorher
bekannte theoretische Verteilung angewendet wird. In diesem und nur in diesem
Fall wirkt er als Omnibustest, spricht also auf Abweichungen aller Art mit
Zunahme der Nullklassen an. Benützt man jedoch zur Konstruktion der theoretischen
Verteilung eine Schätzung aus der (bereits erhobenen) Stichprobe, etwa, indem man
der theoretischen Verteilung gleiche zentrale Tendenz unterstellt, wie sie in der
Stichprobe vorgefunden wurde, dann spricht der so „geschwächte" Test trivialerweise
auf Unterschiede in der zentralen Tendenz nicht mehr an; schätzt man zusätzlich auch
noch die Varianz der theoretischen Verteilung aus der Stichprobe, dann fallen auch
Dispersionsunterschiede für die Entstehung von Nullklassen nicht mehr ins Gewicht,
und es bleiben − im Falle der Normalverteilung − nur noch Abweichungen von der
Glockenform wirksam.

Die Anwendung des Nullklassentests ist nur dann ökonomisch, wenn die
theoretische Verteilung tabelliert vorliegt, so daß die Flächenteilung ohne Mühe
und Rechenaufwand gelingt, wie im Fall der Normalverteilung. Der Nullklassentest
kann wesentlich verschärft werden, wenn sich im voraus Hypothesen über die
zu erwartende Richtung der Abweichung der empirischen von der theoretischen
Verteilung aufstellen lassen. Weitere Einzelheiten zu dieser Nullklassentestvariante
findet man bei David (1950).

5.1.5 Trendtest

Wird eine eindimensionale Häufigkeitsverteilung für ein *gruppiert ordinales Merkmal* untersucht, stellt sich gelegentlich die Frage, ob die Häufigkeiten der geordneten
Kategorien einem bestimmten Trend folgen. Der Nullhypothese der Gleichverteilung
wird hier also nicht − wie in 5.1.3 − eine Omnibusalternative gegenübergestellt,
sondern eine spezifizierte Alternative in Form einer Trendhypothese (*Positionshy-
pothese*). Die praktisch bedeutsamste Trendhypothese ist die, daß die Besetzungszahlen f_i mit den Positionsnummern i steigen ($f_1 < f_2 \ldots < f_k$) oder fallen; man
spricht von einem monotonen (steigenden oder fallenden) Trend. Der Trend kann
sich auf k zeitlich oder räumlich geordnete Stufen (Positionen) (wie z. B. epochale
Zunahme bestimmter Erkrankungen oder Abnahme des Pflanzenwuchses mit steigender Höhenlage) oder auf andere ordinal gruppierte Merkmalskategorien beziehen.

Zur Beantwortung der Frage, ob N geordnete Beobachtungen mit den
Rangnummern i = 1(1)k und den Frequenzen f_i einem *monotonen Trend* folgen,
hat Pfanzagl (1974, S. 191) einen asymptotischen Test angegeben. Danach ist die
Prüfgröße

$$T = \sum_{i=1}^{k} i \cdot f_i \quad \text{mit} \quad i = 1(1)k \tag{5.14}$$

unter H_0 eines fehlenden Trends (Gleichverteilung der f_i) über einem Erwartungswert

$$E(T) = N(k + 1)/2 \tag{5.15}$$

mit einer Varianz von

$$Var(T) = N(k^2 - 1)/12$$

genähert normalverteilt, wenn N/k nicht kleiner als 3 ist (vgl. Wise, 1963). Man prüft also über den u-Test (s. Gl. 2.1) gemäß

$$u = (T - E(T))/\sqrt{Var(T)} \quad . \tag{5.16}$$

Beispiel 5.5

Fragestellung: Es wird aufgrund einschlägiger Erfahrung vermutet, daß die Siegeschancen für ein Rennpferd mit größerwerdender Startnummer (1 am inneren und 8 am äußeren Rand der Startbahn) abnehmen.

Hypothesen: Auf jede der k = 8 Startpositionen entfällt der gleiche Anteil von Gewinnern (H_0; $\alpha = 0,01$; einseitiger Test).

Datenerhebung: In einer Saison mit N = 144 Rennen (und je einem Sieger) ergab sich die in Tabelle 5.2 dargestellte Gewinnverteilung für die k = 8 jeweils ausgelosten Startpositionen (aus Pfanzagl, 1974, S. 191).

Tabelle 5.2

i	f_i	$i \cdot f_i$
1	29	29
2	19	38
3	18	54
4	25	100
5	17	85
6	10	60
7	15	105
8	11	88
N = 144		$\sum i \cdot f_i = 559$

Auswertung: Die Prüfgröße T = 559 ist unter H_0 über einem Erwartungswert von E(T) = $144 \cdot (8 + 1)/2 = 648$ mit einer Varianz von Var(T) = $144 \cdot (8^2 - 1)/12 = 756$ genähert normalverteilt, so daß sich u = $(559 - 648)/\sqrt{756} = -3,24$ ergibt, was einem P = 0,0006 < 0,01 = α entspricht.

Entscheidung: Wir verwerfen H_0 und akzeptieren H_1, wonach die Siegeschancen tatsächlich mit steigender Startnummer fallen, d. h. die auf Innenbahnen startenden Pferde haben bessere Siegeschancen als die auf Außenbahnen startenden.

Bemerkungen: Hätten wir die Beobachtungen f_i mit ihren Erwartungen e = 144/8 = 18 nach dem trendinsensitiven χ^2-Anpassungstest verglichen, so wäre

$$\chi^2 = \frac{(29 - 18)^2}{18} + \frac{(19 - 18)^2}{18} + \ldots + \frac{(11 - 18)^2}{18} = 16,33$$

nach $k - 1 = 8 - 1 = 7\,Fg$ zu beurteilen und H_0 beizubehalten gewesen. Darin äußert sich die höhere Effizienz des Trendtests gegenüber dem Omnibusanpassungstest.

Pfanzagls Trendtest geht implizit von der Annahme aus, die Positionen $i = 1(1)k$ seien intervallskaliert. Trifft diese Implikation zu, dann prüft der Test am schärfsten gegen *linearen Trend*; trifft sie nicht zu, dann prüft er um so schärfer gegen monotonen Trend, je mehr sich dieser einem quasilinearen (auf Rangwerte bezogenen) Trend annähert.

Gelegentlich stellt sich die Frage, ob das Datenmaterial (ggf. zusätzlich zu einem nachgewiesenen monotonen Trend) durch einen nicht monotonen Trend beschreibbar ist. Der Nachweis eines nicht monotonen Trends ist wie folgt zu erbringen: Man berechnet das χ^2 für die Anpassung der beobachteten Positionsverteilung an eine Positionsgleichverteilung (vgl. 5.1.3) und subtrahiert davon die χ^2-Komponente zu Lasten des monotonen Trends. Wegen $u^2 = \chi^2$ für 1 Fg gilt für die Residualkomponente

$$\chi^2_{res} = \chi^2 - u^2 \quad \text{mit} \quad k - 2\,Fg \quad . \tag{5.17}$$

Überschreitet χ^2_{res} die zugehörige α-Schranke, dann besteht neben dem monotonen auch noch ein ihn überlagernder nicht monotoner Trend.

Im Beispiel 5.5 wurde im Omnibusanpassungstest $\chi^2 = 16,33$ mit 7 Fgn errechnet. Wegen $u^2 = \chi^2 = (-3,24)^2 = 10,50$ ermittelt man nach Gl.(5.17) $\chi^2_{res} = 16,33 - 10,50 = 5,83$. Die χ^2-Restkomponente ist für $8 - 2 = 6$ Fgn nicht signifikant.

Sind die unter der Gleichverteilungsnullhypothese erwarteten Häufigkeiten $e = N/k$ kleiner als 3, ist die Anwendung des asymptotischen Tests u. U. problematisch. Man prüft in diesem Fall exakt nach Fishers *Randomisierungsprinzip* (vgl. dazu auch S. 295).

Die k Frequenzen f_i werden allen $k!$ möglichen Positionen zugeordnet und die zugehörigen $k!$ Prüfgrößen $T = \sum if_i$ berechnet. Bezeichnet man mit a die Zahl der Prüfgrößen, die die beobachtete Prüfgröße erreichen oder überschreiten (bzw. erreichen oder unterschreiten), dann ergibt der **exakte Trendtest** eine *einseitige* Überschreitungswahrscheinlichkeit von $P = a/k!$. Nehmen wir auf Beispiel 5.5 Bezug, so wäre auszuzählen, wie viele der $8! = 40320$ T-Werte der H_0-Verteilung den beobachteten Wert $T = 559$ erreichen oder *unter*schreiten (negativer Positionstrend bei einseitigem Test).

Bei *zweiseitigem Test* müßten zusätzlich zu den a T-Werten ≤ 559 noch jene a' T-Werte ausgezählt werden, deren Komplementärgrößen $T' = N(k + 1) - T = 144 \cdot (9) - 559 = 737$ *über*schreiten. Es gälte sodann $P' = (a+a')/k!$ für die zweiseitige Überschreitungswahrscheinlichkeit.

Im speziellen Fall von $k = 3$ Positionen kann ein exakter Trendtest auf die Tafeln der *Trinomialverteilung* (Heinze u. Lienert, 1980) gegründet werden, wobei die Gleichverteilungs-H_0 gegen eine Trendalternative zu prüfen ist.

5.2 Analyse von Vierfelderkontingenztafeln

Im folgenden wenden wir uns der Analyse *zweidimensionaler bzw. bivariater Häufigkeitsverteilungen* zu, wobei zunächst die Kombination zweier 2fach gestufter Merkmale, wie z. B. Geschlecht (männlich/weiblich) und Führerscheinbesitz (ja/nein), untersucht wird. Zählt man die Häufigkeiten der 4 Merkmalskombinationen aus, lassen

sich diese Häufigkeiten in einer Vierfelderhäufigkeitstabelle (Vierfelderkontingenztafel oder kurz *Vierfeldertafel*) anordnen, die die Datenbasis einer Reihe statistischer Verfahren darstellt, die dieser Abschnitt behandelt.

In der Literatur werden gelegentlich 2 Arten von Nullhypothesen unterschieden, die man mit der Analyse von Vierfeldertafeln verbinden kann: Die eine Nullhypothese behauptet *stochastische Unabhängigkeit* der beiden untersuchten Merkmale (zwischen Geschlecht und Führerscheinbesitz besteht kein Zusammenhang), und die andere geht von der *Homogenität der Merkmalsanteile* in einer Merkmalsalternative bei 2 unabhängigen Stichproben aus (der Anteil der Führerscheinbesitzer in der Population der Männer ist gleich dem Anteil der Führerscheinbesitzerinnen in der Population der Frauen). Die entsprechenden Alternativhypothesen sind damit als Zusammenhangshypothese bzw. als Unterschiedshypothese formulierbar.

Obwohl beiden Nullhypothesen unterschiedliche Zufallsmodelle zugrunde liegen (bei der Zusammenhangshypothese interessiert eine bivariate Zufallsvariable, deren Realisierung an einer Stichprobe untersucht wird, und bei der Unterschiedshypothese eine univariate Zufallsvariable, deren Realisierung an 2 unabhängigen Stichproben untersucht wird), führen die statistischen Tests dieser beiden Nullhypothesen zu identischen Resultaten (vgl. S. 106f.). **Hier wie auch bei allen folgenden Verfahren zur Analyse zwei- oder mehrdimensionaler Häufigkeitstafeln ist es statistisch unerheblich, ob die forschungsleitende Hypothese als Zusammenhangs- oder als Unterschiedshypothese formuliert wird.**

Forschungslogisch ist es jedoch durchaus von Belang, ob eine Stichprobe ex post nach den Kategorien der beiden untersuchten Merkmale klassifiziert wird oder ob z. B. 2 randomisierte Stichproben (etwa Experimental- und Kontrollgruppe) hinsichtlich der Anteile einer abhängigen Merkmalsalternative (z. B. in einem Behandlungsexperiment: Reaktion vorhanden/Reaktion nicht vorhanden) zu vergleichen sind. Der erste *quasi-experimentelle Untersuchungsaufbau* hat eine geringere **interne Validität** als die zweite *experimentelle Untersuchung* (zu den Zusammenhängen zwischen experimentellen/quasi-experimentellen Untersuchungen und interner/externer Validität vgl. z. B. Bortz, 1984, Kap. 1.4.3).

Beim Vergleich zweier (randomisierter oder nicht randomisierter) unabhängiger Stichproben hinsichtlich der Häufigkeiten des Auftretens einer Merkmalsalternative kann man designtechnisch zwischen *prospektiven und retrospektiven* Untersuchungen unterscheiden (vgl. Fleiss, 1973). Bei einer prospektiven Untersuchung wählt man beispielsweise 2 unabhängige Stichproben aus, von denen die eine Behandlung A_1 und die andere Behandlung A_2 erhält. Die Häufigkeiten der Behandlungserfolge (B_1) bzw. Mißerfolge (B_2) in den beiden Stichproben konstituieren dann die zu analysierende Vierfeldertafel.

Bei einer retrospektiven Untersuchung würde man aus der Population der erfolgreich behandelten (B_1) und der nicht erfolgreich behandelten Personen (B_2) jeweils eine Stichprobe ziehen (man beachte, daß dabei eine Randomisierung nicht möglich ist, d. h. die retrospektive Studie hat gegenüber einer prospektiven Studie mit randomisierten Stichproben eine geringere interne Validität). In diesem Falle erhält man die Häufigkeiten der Vierfeldertafel, in dem für jede Stichprobe ausgezählt wird, wie viele Personen nach Methode A_1 bzw. Methode A_2 behandelt wurden.

Beide Untersuchungsvarianten haben gegenüber der Ex-post-Klassifikation einer Stichprobe nach den 4 Merkmalskombinationen den Vorteil, daß es in der Hand des Untersuchenden liegt, den Umfang der zu vergleichenden Stichprobe festzulegen. Dabei erweist es sich als besonders günstig, gleich große Stichprobenumfänge zu wählen, denn bei gleich großen Stichproben hat die statistische Analyse der Vierfeldertafel eine höhere Teststärke als bei ungleich großen Stichproben (vgl. dazu S. 330).

5.2.1 Asymptotische Analyse

Haben wir N Individuen nach den 2 Kategorien eines Merkmals A und nach den
2 Kategorien eines Merkmals B klassifiziert, resultiert eine Vierfeldertafel nach Art
der Tabelle 5.3.

Tabelle 5.3

Merkmal A		Merkmal B B_1	B_2	Zeilensummen
	A_1	a	b	a + b
	A_2	c	d	c + d
Spaltensummen		a + c	b + d	N

Die Buchstaben a, b, c und d stehen hier für die Frequenzen f_{ij} der 4 Merkmalskombinationen. Es gilt N = (a + b) + (c + d) = (a + c) + (b + d).

Die Nullhypothese soll lauten: Die beiden Merkmale A und B sind stochastisch
unabhängig. Bezeichnen wir mit $\pi_{1.}$ und $\pi_{2.}$ die Wahrscheinlichkeiten für das Auftreten der Kategorien A_1 und A_2 und mit $\pi_{.1}$ und $\pi_{.2}$ die Wahrscheinlichkeiten
für B_1 und B_2, ergibt sich unter der H_0 der stochastischen Unabhängigkeit der
Merkmale nach dem Multiplikationssatz der Wahrscheinlichkeiten (vgl. S. 4f.) für
das gemeinsame Auftreten von A_1 und B_1 die Wahrscheinlichkeit

$$\pi_{11} = \pi_{1.} \cdot \pi_{.1} \quad . \tag{5.18}$$

Entsprechendes gilt für die 3 übrigen Merkmalskombinationen. Sind – wie in den
meisten Anwendungsfällen – die Randwahrscheinlichkeiten $\pi_{1.}$, $\pi_{2.}$, $\pi_{.1}$ und $\pi_{.2}$ unbekannt, werden sie über die Randverteilungen als relative Häufigkeiten (p) geschätzt:

$$p_{1.} = \frac{a+b}{N} \quad ; \quad p_{2.} = \frac{c+d}{N}$$

$$p_{.1} = \frac{a+c}{N} \quad ; \quad p_{.2} = \frac{b+d}{N} \quad . \tag{5.19}$$

Die geschätzte Wahrscheinlichkeit für das gemeinsame Auftreten von z. B. A_1 und
B_1 lautet damit gemäß der H_0

$$p_{11} = p_{1.} \cdot p_{.1} \quad . \tag{5.20}$$

Analog dazu werden die Wahrscheinlichkeiten für die übrigen Merkmalskombinationen bestimmt. Wir multiplizieren diese geschätzten Wahrscheinlichkeiten mit dem
Stichprobenumfang N und erhalten so die gemäß H_0 erwarteten Häufigkeiten.

$$e_{11} = N \cdot p_{11} = \frac{(a+b) \cdot (a+c)}{N}$$

$$e_{12} = N \cdot p_{12} = \frac{(a+b) \cdot (b+d)}{N}$$

$$e_{21} = N \cdot p_{21} = \frac{(c+d) \cdot (a+c)}{N}$$

$$e_{22} = N \cdot p_{22} = \frac{(c+d) \cdot (b+d)}{N} \quad . \tag{5.21}$$

Man erkennt unschwer, daß sich die erwarteten Häufigkeiten nach der Regel

$$e_{ij} = \frac{\text{Zeilensumme } i \cdot \text{Spaltensumme } j}{\text{Gesamtsumme}} \tag{5.22}$$

errechnen lassen. Unter Verwendung der allgemeinen χ^2-Formel [Gl. (5.11)] ergibt sich das Vierfelder-χ^2 nach der Gleichung

$$\begin{aligned}
\chi^2 &= \sum_{i=1}^{2} \sum_{j=1}^{2} \frac{(f_{ij} - e_{ij})^2}{e_{ij}} \\
&= \frac{(a - e_{11})^2}{e_{11}} + \frac{(b - e_{12})^2}{e_{12}} + \frac{(c - e_{21})^2}{e_{21}} + \frac{(d - e_{22})^2}{e_{22}} \quad .
\end{aligned} \tag{5.23}$$

Setzt man für e_{ij} gemäß Gl. (5.21) ein, läßt sich das Resultat zu folgender Gleichung zusammenfassen:

$$\chi^2 = \frac{N \cdot (ad - bc)^2}{(a+b) \cdot (a+c) \cdot (b+d) \cdot (c+d)} \quad . \tag{5.24}$$

Der resultierende χ^2-Wert ist – da bei festliegenden Randsummen nur eine der Felderhäufigkeiten frei gewählt werden kann (vgl. auch S. 132) – nach 1 Fg anhand Tafel 3 des Anhangs zu beurteilen.

Gleichung (5.24) entspricht einer *zweiseitigen* Fragestellung. Wünscht man *einseitig* zu testen, so kann man von der Beziehung $\chi^2 = u^2$, die bei χ^2 mit *einem* Freiheitsgrad gilt, Gebrauch machen und die zu

$$u = \frac{(ad - bc)\sqrt{N}}{\sqrt{(a+b)(c+d)(a+c)(b+d)}} \tag{5.25}$$

gehörige Überschreitungswahrscheinlichkeit P in Tafel 2 des Anhanges nachlesen.

Die χ^2- bzw. die u-Statistik sind stetig verteilt und werden hier als asymptotische Tests auf diskret verteilte Häufigkeitswerte angewendet. Man sollte deshalb die von Yates (1934) vorgeschlagene *Kontinuitätskorrektur* berücksichtigen, wenn die Stichprobe von nur mäßigem Umfang ist ($20 < N < 60$):

$$\chi^2 = \frac{N(|ad - bc| - \frac{N}{2})^2}{(a+b)(c+d)(a+c)(b+d)} \quad . \tag{5.26}$$

Beispiel 5.6

Fragestellung: Es soll untersucht werden, ob zwischen familiärer Belastung (+, −) und Manifestationsalter (prä-, postpuberal) jugendlicher Epilepsien ein Zusammenhang besteht.

Hypothese: Die beiden Merkmale sind voneinander unabhängig (H_0; $\alpha = 0,05$; zweiseitiger Test).

Datenerhebung: N = 40 Epileptiker werden je binär nach Belastung und Manifestationsalter (7–12, 13–18 Jahre) klassifiziert und in einer Vierfeldertafel angeordnet (Tabelle 5.4).

Tabelle 5.4

		Manifestationsalter		
		7 – 12	13 – 18	Σ
Familiäre	+	5	5	10
Belastung	−	6	24	30
Σ		11	29	40

Auswertung: Nach Gl. (5.26) ermittelt man

$$\chi^2 = \frac{40 \cdot (|5 \cdot 24 - 5 \cdot 6| - 40/2)^2}{10 \cdot 30 \cdot 11 \cdot 29} = 2,05 \quad .$$

Entscheidung: Dieser χ^2-Wert ist gemäß Tafel 3 für Fg = 1 nicht signifikant, d. h. die H_0 wird beibehalten.

Einseitiger Test: Bestünde eine begründete Vermutung, daß früh auftretende Epilepsien eine Folge erblicher Belastung seien, dann wäre der Nullhypothese die folgende Alternative gegenüberzustellen: Es besteht eine Kontingenz in dem Sinne, daß kindliche Epilepsien bei familiärer Belastung früher manifest werden als ohne familiäre Belastung. Da die Häufigkeiten der Vierfeldertafel die Richtung dieser Kontingenz bestätigen, testen wir einseitig mit $u = \sqrt{\chi^2} = \sqrt{2,05} = 1,43$. Nach Tafel 2 hat dieser u-Wert eine Überschreitungswahrscheinlichkeit von $P = 0,0764$, d. h. die H_0 muß auch bei einseitiger Fragestellung beibehalten werden.

Wir hatten eingangs erwähnt, daß die Überprüfung der H_0 „Die Merkmale A und B sind voneinander unabhängig" und die Überprüfung der H_0 „Die Populationsanteile einer Kategorie eines alternativen Merkmals A sind in den zwei durch ein weiteres alternatives Merkmal B definierten Populationen identisch" statistisch gleichwertig seien. In Beispiel 5.6 hätten wir also auch als (zweiseitige) H_1 formulieren können, daß sich der Anteil der Frühmanifesten in der Population der familiär belasteten Patienten vom Anteil der Frühmanifesten in der Population der nicht be-

lasteten Patienten unterscheidet. Wenn die *abhängige* Variable und die *unabhängige* Variable inhaltlich nicht eindeutig vorgegeben sind, können wir auch nach den Anteilen von B in 2 durch Merkmal A gebildeten Populationen fragen. Im Beispiel würde man also den Anteil familiär belasteter Patienten in der Population der Früh- bzw. Spätmanifesten vergleichen. Beide Fragestellungen sind statistisch äquivalent.

Der Signifikanztest zur Überprüfung von Anteilsunterschieden lautet nach Fleiss (1973, Kap. 2):

$$u = \frac{|d| - C}{\sqrt{Var(d)}} \tag{5.27}$$

mit

$$d = p_1 - p_2 = \frac{a}{a+b} - \frac{c}{c+d}$$

$$C = \frac{1}{2} \cdot \left(\frac{1}{a+b} + \frac{1}{c+d} \right) \quad \text{(Kontinuitätskorrektur)}$$

$$Var(d) = \bar{p} \cdot \bar{q} \cdot \left(\frac{1}{a+b} + \frac{1}{c+d} \right)$$

$$\bar{p} = \frac{a+c}{N}$$

$$\bar{q} = 1 - \bar{p} \quad .$$

Die in Gl. (5.27) definierte Zufallsvariable u ist für $N \geq 20$ angenähert standardnormalverteilt.

Im Beispiel 5.6 errechnet man

$$d = \frac{5}{10} - \frac{6}{30} = 0,30$$

$$C = \frac{1}{2} \cdot \left(\frac{1}{10} + \frac{1}{30} \right) = 0,0667$$

$$Var(d) = \frac{11}{40} \cdot \frac{29}{40} \cdot \left(\frac{1}{10} + \frac{1}{30} \right) = 0,0266$$

und damit

$$u = \frac{0,30 - 0,0667}{\sqrt{0,0266}} = 1,43 \quad .$$

Da für Fg = 1 gilt, daß $\chi^2 = u^2$ ist, erhält man mit $1,43^2 = 2,05$ exakt den nach Gl. (5.26) ermittelten χ^2-Wert.

Vierfelderanpassungstest

Wenn die Randwahrscheinlichkeiten $\pi_1.$, $\pi_2.$, $\pi_{.1}$ und $\pi_{.2}$ *bekannt* sind, läßt sich mit Hilfe eines Vierfelderanpassungstests neben der Globalanpassung überprüfen, ob:

– die Zeilenhäufigkeiten den Zeilenwahrscheinlichkeiten entsprechen,
– die Spaltenhäufigkeiten den Spaltenwahrscheinlichkeiten entsprechen und
– die Häufigkeiten der 4 Felder zeilenweise den Spaltenwahrscheinlichkeiten und spaltenweise den Zeilenwahrscheinlichkeiten entsprechen.

Verwendet man die üblichen Symbole a, b, c und d für die 4 Felder, so resultiert für die *Globalanpassung* bei gegebenen Randanteilen $\pi_{1.}$, $\pi_{2.}$ und $\pi_{.1}$, $\pi_{.2}$ die asymptotische Prüfgröße

$$\chi^2_V = \frac{(a - N\pi_{1.}\pi_{.1})^2}{N\pi_{1.}\pi_{.1}} + \ldots + \frac{(d - N\pi_{2.}\pi_{.2})^2}{N\pi_{2.}\pi_{.2}} \quad . \tag{5.28}$$

Dieses χ^2 hat $2 \cdot 2 - 1 = 3$ Fg, da nur die Gesamtsumme (aber nicht die Zeilen- und Spaltensummen) der erwarteten Häufigkeiten mit der Summe der beobachteten Häufigkeiten übereinstimmen muß. Auf *Marginalanpassung* prüft man mittels der folgenden beiden χ^2-Komponenten für Zeilen- und Spaltensummen:

$$\chi^2_{ZV} = \frac{(a + b - N\pi_{1.})^2}{N\pi_{1.}} + \frac{(c + d - N\pi_{2.})^2}{N\pi_{2.}}$$

$$= \frac{(a + b - N\pi_{1.})^2}{N\pi_{1.}\pi_{2.}} \quad , \tag{5.29}$$

$$\chi^2_{SV} = \frac{(a + c - N\pi_{.1})^2}{N\pi_{.1}} + \frac{(b + d - N\pi_{.2})^2}{N\pi_{.2}}$$

$$= \frac{(a + c - N\pi_{.1})^2}{N\pi_{.1}\pi_{.2}} \quad . \tag{5.30}$$

Beide Komponenten sind nach je einem Freiheitsgrad zu beurteilen. Das gleiche gilt für die Restkomponente zu Lasten der *Kontingenz* zwischen den Merkmalen.

$$\chi^2_{KV} = \chi^2_V - \chi^2_{ZV} - \chi^2_{SV} \quad . \tag{5.31}$$

Sie kann, wie im folgenden Beispiel (aus Rao, 1965, S. 338), die Hauptkomponente ausmachen. Aufgrund dominanter Vererbung erwartet man für eine Kreuzung zweier Bohnensorten je ein Verhältnis von 3 zu 1 für die Merkmale Pollenform (Zeilenmerkmal) und Blütenfarbe (Spaltenmerkmal). Der Kreuzungsversuch lieferte die in Tabelle 5.5 dargestellten Vierfelderfrequenzen.

Tabelle 5.5

		Blütenfarbe		
		lila	rot	Σ
	lang	296	27	323
Pollenform				
	rund	19	85	104
	Σ	315	112	N = 427

Man errechnet $\chi_V^2 = 222,1221$, $\chi_{ZV}^2 = 0,0945$ und $\chi_{SV}^2 = 0,3443$, so daß für die Kontingenzkomponente $\chi_{KV}^2 = 221,6833$ verbleibt. Die Zeilenkomponente und die Spaltenkomponente sind nicht signifikant, d. h. die Bohnen können sowohl hinsichtlich des Merkmals Pollenform als auch hinsichtlich der Blütenfarbe als populationsrepräsentativ angesehen werden. Dies gilt jedoch nicht für die 4 Merkmalskombinationen. Die für 1 Fg hoch signifikante Kontingenz besagt, daß die beobachtete Felderverteilung von der unter H_0 erwarteten Felderverteilung im Verhältnis von $a : b : c : d = 9 : 3 : 3 : 1$ zugunsten der Felder a und d erheblich abweicht, so daß lilafarbene Bohnen mit langen Pollen und rote Bohnen mit runden Pollen häufiger auftreten, als nach Mendel zu erwarten war.

Voraussetzungen

Wie alle χ^2-Tests setzt auch der Vierfelder-χ^2-Test voraus, daß jede Beobachtung eindeutig nur einer Merkmalskombination zugeordnet ist und daß die erwarteten Häufigkeiten nicht zu klein sind (e > 5). Allerdings konnten Camilli u. Hopkins (1979) zeigen, daß der Vierfelder-χ^2-Test auch dann noch valide entscheidet, wenn $N \geq 8$ und die jeweils seltenere Merkmalsalternative $\pi_{1.}$ bzw. $\pi_{.1}$ nicht unter 0,20 liegt. Wenn die Voraussetzungen für einen validen Vierfelder-χ^2-Test offensichtlich verletzt sind, sollte der im nächsten Abschnitt behandelte exakte Test eingesetzt werden.

Man beachte, daß der u-Test für Anteilsunterschiede [Gl. (5.27)] zu den gleichen statistischen Entscheidungen führt wie der Vierfelder-χ^2-Test. Wenn die Voraussetzungen für den χ^2-Test erfüllt sind, entscheidet auch der parametrische u-Test valide (vgl. dazu Bortz u. Muchowski, 1988). Daher stellt sich natürlich die Frage, warum die χ^2-Techniken in der Regel zur Klasse der verteilungsfreien Methoden gezählt werden, obwohl sie an die gleichen Voraussetzungen gebunden sind wie ihr jeweiliges parametrisches Pendant. Der Grund dafür dürfte vor allem darin liegen, daß χ^2-Techniken auch auf nominalem Datenniveau anwendbar sind, was – so die übliche Auffassung – auf die parametrischen Verfahren im engeren Sinne nicht zutrifft.

Diese Auffassung wird hier nicht geteilt. Die Validität des in Gl. (5.27) vorgestellten parametrischen u-Tests ist an die gleichen Voraussetzungen geknüpft wie die Validität des χ^2-Tests in Gl. (5.26), nämlich genügend große Stichproben. Große Stichproben gewährleisten im einen Falle eine normalverteilte Prüfgröße und im anderen Falle eine χ^2-verteilte Prüfgröße. Die asymptotische Äquivalenz dieser beiden Ansätze läßt es obsolet erscheinen, den einen Ansatz als parametrisch und den anderen als verteilungsfrei zu klassifizieren. Wir werden diese Sichtweise der χ^2-Techniken ausführlicher in 8.1 diskutieren und untermauern.

Im Unterschied zur asymptotischen χ^2-Analyse von Vierfeldertafeln ist die folgende exakte Analyse verteilungsfrei zu nennen, weil die hier zu entwickelnde Prüfgröße nicht an die Normalverteilung oder eine andere, aus der Normalverteilung abgeleitete Prüfverteilung gebunden ist.

5.2.2 Exakte Analyse

Liegen dieselben Bedingungen vor wie beim Vierfelder-χ^2-Test, ist jedoch der Stichprobenumfang gering (N < 20), dann muß der asymptotische Test durch einen exakten ersetzt werden. Die Entwicklung des exakten Tests geht auf mehrere Autoren, nämlich Fisher (1934), Irwin (1935) und Yates (1934) zurück, weshalb der im folgenden zu besprechende Test in der Literatur uneinheitlich als Fishers (exakter) Test, Irwin-Fisher-Test oder Fisher-Yates-Test bezeichnet wird. Wir werden im folgenden die letztgenannte Bezeichnung übernehmen.

Ausgehend von Tabelle 5.3 fragen wir nach der Wahrscheinlichkeit, daß sich N Beobachtungen exakt mit den Häufigkeiten a, b, c und d auf die 4 Merkmalskombinationen verteilen. Wenn die Randwahrscheinlichkeiten durch die relativen Randhäufigkeiten geschätzt werden, sind die Randhäufigkeiten als Parameter fixiert. Wir prüfen deshalb die Wahrscheinlichkeit, daß sich von N_1 = a + b Beobachtungen exakt a unter B_1 und b unter B_2 befinden, wenn insgesamt a+c Beobachtungen unter B_1 und b+d Beobachtungen unter B_2 gemacht wurden. Dazu benötigen wir die Wahrscheinlichkeitsverteilung der Zufallsvariablen a bei wiederholter Entnahme von N_1 Beobachtungen aus N Beobachtungen „ohne Zurücklegen". Diese Wahrscheinlichkeitsverteilung haben wir in 1.2.7 als hypergeometrische Verteilung kennengelernt. In Analogie zu Gl. (1.31) schreiben wir für die Wahrscheinlichkeit p(a), daß genau a von N_1 Fällen unter B_1 beobachtet werden:

$$p(a) = \frac{\binom{a+c}{a} \cdot \binom{b+d}{b}}{\binom{N}{a+b}} \quad . \tag{5.32}$$

Umgesetzt in Fakultätenschreibweise erhalten wir für Gl. (5.32)

$$p(a) = \frac{(a + b)! \cdot (c + d)! \cdot (a + c)! \cdot (b + d)!}{N! \cdot a! \cdot b! \cdot c! \cdot d!} \quad . \tag{5.33}$$

Man beachte, daß lediglich die Wahrscheinlichkeitsverteilung für a (bzw. für eine beliebige andere Häufigkeit der Vierfeldertafel) benötigt wird, da wegen der fixierten Randsummen durch die Festlegung von a die gesamte Vierfeldertafel bestimmt ist.

Die Überschreitungswahrscheinlichkeit P ergibt sich wie beim Binomialtest durch Aufsummieren aller „extremeren" Felderverteilungen einschließlich der beobachteten Verteilung, wobei darauf zu achten ist, daß die Randverteilungen unverändert bleiben. Zur Definition dessen, was als extremere Verteilung zu gelten habe, muß festliegen, ob ein- oder zweiseitig gefragt wird. Bei einseitiger Fragestellung gelten jene Verteilungen als extremer, die von der empirischen Verteilung in der unter H_1 vorausgesagten Richtung abweichen.

Sind die beiden Zeilensummen und/oder die beiden Spaltensummen identisch, erhält man die Überschreitungswahrscheinlichkeit für den zweiseitigen Test einfach durch Verdoppelung der einseitigen Überschreitungswahrscheinlichkeit, weil in diesem Falle die hypergeometrische Verteilung symmetrisch ist. Bei zweiseitiger Fragestellung und asymmetrischen Randverteilungen gelten all jene Aufteilungen als extremer, für die der Differenzbetrag |a/(a + b) − c/(c + d)| mindestens genauso groß ist wie der des Beobachtungsfalles.

Beispiel 5.7

Problem: Angenommen, wir wollten die Spezifität der sogenannten Diazoreaktion als Typhusdiagnostikum überprüfen. $N_1 = 5$ einwandfrei festgestellte Typhusfälle werden mit $N_2 = 10$ Paratyphusfällen hinsichtlich des Ausfalls der Reaktion verglichen.

Hypothese: Die Typhusfälle zeigen häufiger positive Reaktionen als die Paratyphusfälle (H_1; $\alpha = 0,05$; einseitiger Test).

Datenerhebung: Tabelle 5.6 zeigt das Untersuchungsergebnis.

Tabelle 5.6

	Ausfall der Diazoreaktion		
	+	−	Summe
Typhus-fälle	4 a	1 b	$N_1 = a + b = 5$
Paratyphus-fälle	c 3	d 7	$N_2 = c + d = 10$
Summe	7	8	$N = 15$

Auswertung: Zunächst ermitteln wir die Wahrscheinlichkeit der obigen Verteilung nach Gl. (5.33)

$$p(a = 4) = \frac{5! \cdot 10! \cdot 7! \cdot 8!}{15! \cdot 4! \cdot 1! \cdot 3! \cdot 7!} = \frac{8,84902 \cdot 10^{16}}{9,49058 \cdot 10^{17}} = 0,09324 \quad .$$

Nun prüfen wir, wieviele im Sinne der H_1 extremeren Häufigkeitsverteilungen bei gleichbleibenden Randsummen möglich sind. Wir „verschieben" in jeder Gruppe ein Individuum in Richtung der Erwartung unter H_1 (Tabelle 5.7a).

Tabelle 5.7a

	Reaktion		
	+	−	Σ
Typhus	5	0	5
Paratyphus	2	8	10
Σ	7	8	15

Für p(a = 5) ermitteln wir nach Gl. (5.33)

$$p(a = 5) = \frac{5! \cdot 10! \cdot 7! \cdot 8!}{15! \cdot 5! \cdot 0! \cdot 2! \cdot 8!} = \frac{8,84902 \cdot 10^{16}}{1,26541 \cdot 10^{19}} = 0,00699 \quad .$$

Eine noch extremere Verteilung als die letztgewonnene zu erhalten, ist unmöglich, da bereits ein Feld (b) mit der Häufigkeit Null besetzt ist. Die Wahrscheinlichkeit, daß unsere beobachtete oder eine noch extremere Verteilung bei Gültigkeit der H_0 zustande kommt, ergibt sich durch Addition der beiden Einzelwahrscheinlichkeiten

$$P = 0,09324 + 0,00699 = 0,10023 \quad .$$

Entscheidung und Interpretation: Da $P > \alpha$, behalten wir H_0 bei und vertrauen nicht auf die Spezifität der Diazoreaktion als Indikator einer Erkrankung an Typhus.

Zweiseitige Fragestellung: Zu Demonstrationszwecken wollen wir am gleichen Beispiel auch die zweiseitige Fragestellung überprüfen. Da keine symmetrischen Randverteilungen vorliegen, fertigt man sich dazu einfachheitshalber eine entsprechende Tabelle an (Tabelle 5.7b).

Tabelle 5.7 b

Aufteilung		$|a/N_1 - c/N_2|$	$p(a)$
5	0		
2	8	0,8*	0,00699
4	1		
3	7	0,5*	0,09324
3	2		
4	6	0,2	
2	3		
5	5	0,1	
1	4		
6	4	0,4	
0	5		
7	3	0,7*	0,01865
			$P' = 0,11888$

In der 1. Spalte von Tabelle 5.7b sind alle möglichen Aufteilungen aufgeführt. Die beobachtete Verteilung ist durch einen *Pfeil* markiert. In der 2. Spalte sind diejenigen Beträge $|a/N_1 - c/N_2|$ mit einem * markiert, die mindestens so groß sind wie der Betrag der beobachteten Tafel. Man berechnet für diese Tafeln die p(a)-Werte nach Gl. (5.33), deren Summe die zweiseitige Überschreitungswahrscheinlichkeit $P' = 0,11888 > \alpha$ ergibt.

Gelegentlich ist die Wahrscheinlichkeit π des Auftretens einer Merkmalsalternative bekannt. Wüßten wir etwa – um an das Beispiel 5.7 anzuknüpfen –, daß der Anteil positiver Diazoreaktionen in der Grundgesamtheit typhös erkrankter Patienten $\pi = 0,4$ beträgt, dann könnten wir die Nullhypothese zum Fisher-Yates-Test wie folgt spezifizieren: $\pi_1 = \pi_2 = \pi = 0,4$. Für diesen Fall bestimmt man die Punktwahrscheinlichkeit p des zufälligen Auftretens einer bestimmten Vierfelderhäufigkeitsverteilung nach Barnard (1947) wie folgt:

$$p = \frac{N_1! N_2!}{a!b!c!d!} \pi^{(a+c)} \cdot (1 - \pi)^{(b+d)} \quad . \tag{5.34}$$

Die Überschreitungswahrscheinlichkeit P ergibt sich wie beim Fisher-Yates-Test als Summe der Punktwahrscheinlichkeiten aus der beobachteten und den extremeren Verteilungen.

Für den Fisher-Yates-Test stehen verschiedene Tafelwerke zur Verfügung. Das bekannteste ist das von Finney (1948); es wurde von Latscha (1963) erweitert.

Computerprogramme zur Berechnung exakter Wahrscheinlichkeiten werden bei Berry u. Mielke (1985) diskutiert. Wie man die exakten Wahrscheinlichkeiten relativ einfach berechnen kann, zeigen Feldman u. Klinger (1963). Eine Alternative zum Fisher-Yates-Test wurde von Radlow u. Alf (1975) entwickelt.

5.2.3 Agglutination von Vierfeldertafeln

Wurden an k Stichproben merkmalsidentische (homomorphe) Vierfeldertafeln erhoben, stellt sich die Frage, ob sich die k Tafeln zu einer Gesamtvierfeldertafel zusammenfassen bzw. agglutinieren lassen, um den Merkmalszusammenhang an der vereinigten Stichprobe zu überprüfen. Die Agglutinierung bereitet Probleme, wenn sich a) die Stichprobenumfänge und b) die korrespondierenden Randwahrscheinlichkeiten der Vierfeldertafeln deutlich unterscheiden, weil dann evtl. in Einzeltafeln vorhandene Zusammenhänge zwischen den untersuchten Merkmalen durch die Zusammenfassung verdeckt werden können (vgl. dazu auch S. 187). In diesem Falle sollte die H_0 der stochastischen Unabhängigkeit der beiden Merkmale nach der folgenden von Cochran (1954) vorgeschlagenen Agglutinationsmethode überprüft werden. (Die Frage, ob 2 bzw. k Vierfeldertafeln als homogen anzusehen und daher agglutinierbar sind, werden wir auf S. 123 bzw. S. 159 behandeln.)

Cochran hat gezeigt, daß bei Geltung der Nullhypothese für alle k Vierfeldertafeln die Prüfgröße

$$g = \sum_{i=1}^{k} w_i g_i \tag{5.35}$$

über einem Erwartungswert von $E(g) = 0$ mit einer Standardabweichung von

$$\sigma_g = \sqrt{\sum_{i=1}^{k} w_i p_i q_i} \quad (\text{mit } q_i = 1 - p_i) \tag{5.36}$$

asymptotisch normalverteilt ist, so daß der kritische Bruch

$$u = \frac{g}{\sigma_g} \tag{5.37}$$

wie eine Standardnormalvariable einseitig beurteilt werden kann. Die einzelnen Symbole in den Gl. (5.35–5.37) sind wie folgt definiert: Die „Gewichtsfaktoren" sind

$$w_i = N_{i1} N_{i2} / N_i \quad , \tag{5.38}$$

wobei N_{i1} und N_{i2} die Zeilensummen und N_i den Gesamtumfang der Vierfeldertafel i bezeichnen. Die Merkmalsanteile sind

$$p_{i1} = a_i / N_{i1} \quad , \tag{5.39}$$

$$p_{i2} = c_i / N_{i2} \quad , \tag{5.40}$$

wobei a_i und c_i die Felderhäufigkeiten der Tafel i in der üblichen Weise symbolisieren, so daß p_{i1} und p_{i2} die Positivanteile des Alternativmerkmals in der 1. und 2. Zeile (Stichprobe) der Tafel i bezeichnen. Ihre Differenz symbolisieren wir mit

$$g_i = p_{i1} - p_{i2} \quad . \tag{5.41}$$

Unter H_0 erwarten wir für jede Tafel i, daß $g_i = 0$ ist, daß also in beiden Zeilen (Stichproben) gleiche Merkmalsanteile auftreten; unter H_1 hingegen erwarten wir, daß entweder $g_i > 0$ oder $g_i < 0$ ist, die Merkmalsanteile sich also in der unter H_1 vorausgesagten Richtung unterscheiden.

Beispiel 5.8

Problem: Die fetale Erythroblastose, ein durch Rh-negatives mütterliches Blut bedingter Zerfall von roten Blutkörperchen des noch ungeborenen, durch väterliches Erbe Rh-positiven Kindes, wird nach der Geburt durch Austauschtransfusion behandelt. Es wird dabei beobachtet, daß das Blut männlicher Spender von den Neugeborenen schlechter vertragen wird als das Blut weiblicher Spender.

Hypothesen: Es sterben mehr Erythroblastosekinder nach Übertragung „männlichen" Blutes als nach Übertragung „weiblichen" Blutes (H_1; $\alpha = 0,05$; einseitiger Test).

Datenerhebung: Zwei Stichproben von Kindern (mit männlichem und weiblichem Spenderblut) werden nach einem Alternativmerkmal (Sterben, Überleben) klassifiziert. Ferner unterteilt man die Patienten nach der Schwere der Erythroblastosesymptomatik in $k = 4$ homogene, aber verschieden große Stichproben, so daß die in Tabelle 5.8 dargestellten Vierfeldertafeln resultieren (aus Cochran, 1954).

Tabelle 5.8

Symptom-ausprägungs-kategorie	Geschlecht der Blut-spender	Anzahl der Verstor-benen	Über-lebenden	Zeilen-summen	Anteil der Verstorbenen in Prozent
1 (fehlend)	männlich	2	21	$23 = N_{11}$	$8,7 = p_{11}$
	weiblich	0	10	$10 = N_{12}$	$0,0 = p_{12}$
	Σ	2	31	$33 = N_1$	$6,1 = p_1$
2 (gering)	männlich	2	40	$42 = N_{21}$	$4,8 = p_{21}$
	weiblich	0	18	$18 = N_{22}$	$0,0 = p_{22}$
	Σ	2	58	$60 = N_2$	$3,3 = p_2$
3 (mäßig)	männlich	5	33	$38 = N_{31}$	$13,2 = p_{31}$
	weiblich	1	10	$11 = N_{32}$	$9,1 = p_{32}$
	Σ	6	43	$49 = N_3$	$12,2 = p_3$
4 (stark)	männlich	17	16	$33 = N_{41}$	$51,5 = p_{41}$
	weiblich	0	4	$4 = N_{42}$	$0,0 = p_{42}$
	Σ	17	20	$37 = N_4$	$45,9 = p_4$

Auswertung: Wir haben gut daran getan, die k = 4 Stichproben gesondert zu betrachten; denn es variieren nicht nur die Stichprobenumfänge zwischen $N_1 = 33$ und $N_2 = 60$, sondern auch die Merkmalsanteile (Mortalitätsraten) zwischen $p_2 = 3,3\%$ und $p_4 = 45,9\%$ ganz erheblich, so daß es auch von daher unstatthaft wäre, die 4 Stichproben zusammenzufassen. Rechnen wir weiter mit Prozentanteilen (p%) statt mit Anteilen von 1 (p), was auf dasselbe hinausläuft, so resultiert die in Tabelle 5.9 dargestellte schematische Auswertung.

Tabelle 5.9

Symptom-ausprägungs-kategorie	g_i	p_i	$p_i q_i$	$w_i = \dfrac{N_{i1} N_{i2}}{N_i}$	$w_i g_i$	$w_i p_i q_i$
1 (fehlend)	$8,7-0,0 = 8,7$	6,1	573	7,0	60,90	4011,0
2 (gering)	$4,8-0,0 = 4,8$	3,3	319	12,6	60,48	4019,4
3 (mäßig)	$13,2-9,1 = 4,1$	12,2	1071	8,6	34,85	9103,5
4 (stark)	$51,5-0,0 = 51,5$	45,9	2483	3,6	185,40	8938,8
Σ					341,63	26072,7

In der 1. Spalte stehen die Differenzen der Prozentanteile, in der 2. Spalte die Mortalitätsraten p_i%, in der 3. Spalte das Produkt $p\% \cdot q\%$ (z. B. $p_1 q_1 = 6,1 (100 - 6,1) = 572,79 \approx 573$ usw.). Die 4. Spalte enthält die Gewichte der Differenzen g_i; sie variieren zwischen $w_4 = 3,6$ bei sehr unterschiedlichen Spenderzahlen (33 männliche versus 4 weibliche) und $w_2 = 12,6$ bei weniger unterschiedlichen Spenderzahlen (42 männliche versus 18 weibliche). Nach Gl. (5.37) errechnet man

$$u = 341,63/\sqrt{26072,7} = 2,12 \quad,$$

das bei der vorliegenden einseitigen Fragestellung einer Überschreitungswahrscheinlichkeit von $P = 0,017\%$ entspricht.

Entscheidung und Interpretation: Da $P < \alpha$ ist, verwerfen wir H_0 und akzeptieren H_1, wonach männliche Blutspender für Austauschtransfusionen an neugeborenen Erythroblastosepatienten weniger geeignet sind als weibliche Blutspender.

In diesem Beispiel ist das Verhältnis der Positivvarianten des Alternativmerkmals (p_{1i} versus p_{2i}) teilweise sehr extrem. Die Abweichungen gehen stets in die gleiche Richtung (einer erhöhten Mortalitätsrate bei männlichen Blutspendern). Wäre in einer der $k = 4$ Tafeln eine entgegengesetzte Tendenz aufgetreten, so hätte die entsprechende Differenz g_i ein negatives Vorzeichen erhalten, womit der Zähler in Gl. (5.37) reduziert und die Chance einer Zurückweisung von H_0 vermindert worden wäre. In diesem Fall wäre es ,,vorteilhafter'' gewesen, H_1 zweiseitig zu formulieren und zweiseitig zu prüfen. Diese Möglichkeit sieht Cochrans Agglutinationstest leider nicht vor.

Weitere Hinweise zur Agglutination von Vierfeldertafeln findet man bei Fleiss (1973, Kap. 10).

5.2.4 Kontrolle von Drittmerkmalen

Der Zusammenhang zwischen 2 Alternativmerkmalen A und B ist oft nur dann von Interesse, wenn er den etwaigen Einfluß eines drittseitigen Merkmals C berücksichtigt. Wenn dieses Drittmerkmal ebenfalls alternativ ist, kann dessen Bedeutung mit Hilfe des Partialassoziationstests nach Cole (1957) ermittelt werden. Auf dieses Verfahren gehen wir auf S. 336 ein. Für ein k-fach gestuftes Drittmerkmal läßt sich die in 5.2.3 beschriebene Technik einsetzen.

Ist das 3. interagierende Merkmal C nicht nominal-, sondern kardinalskaliert, läßt sich – wie Bross (1964) anhand eines Falles aus der pädiatrischen Praxis gezeigt hat – ein Test für den nach C bereinigten Zusammenhang von A und B entwickeln, der für bestimmte Indikationen wesentlich schärfer arbeitet als der gewöhnliche Vierfelder-χ^2-Test oder der Fisher-Yates-Test: der sog. *Covast-Test* (Covast für *Covariable Adjusted Sign Test*). Wir illustrieren seine Indikation und Anwendung am Beispiel des Autors.

Ein Pädiater hat $N = 25$ Fälle von Neugeborenen mit Hyalinmembranerkrankung behandelt, die über Atmungsbehinderung oft zum Tod führt. Einige ($a + b = 11$) Kinder wurden mit einem gängigen Plasmin (PL), die anderen ($c + d = 14$) mit dem neu entwickelten Plasmin Urokinase (UK) behandelt, in der Hoffnung, die hyalinen

Membranen der Lungenbläschen aufzulösen und die Überlebenschancen der Neugeborenen zu verbessern. Die Behandlung wird hier als ein *unabhängiges* Alternativmerkmal und das Schicksal der Neugeborenen als *abhängiges* Merkmal registriert.

Der *unbereinigte Zusammenhang* zwischen Behandlung *(PL, UK)* und Behandlungserfolg *(D, R)* ist in der in Tabelle 5.10 dargestellten Vierfeldertafel verzeichnet (*D* = deletär, *R* = rekonvaleszent).

Tabelle 5.10

	D	R	$\sum$
PL	6	5	$N_{PL} = 11$
UK	2	12	$N_{UK} = 14$
$\sum$	8	17	$N = 25$

Der Vierfelder-χ^2-Test mit Yates-Korrektur ergibt $\chi^2 = 2,92$, das für 1 Fg auf der geforderten 5%-Stufe nicht signifikant ist, wenn man − wie geboten − zweiseitig fragt.

Bross kam nun auf die Idee zu fragen, ob außer der Behandlung noch eine weitere Einflußgröße die Überlebenschance mitbestimme. Als eine derartige Einflußgröße ließ sich unschwer das Geburtsgewicht ausmachen, denn untergewichtige Neugeborene haben a priori geringere Überlebenschancen als normalgewichtige Neugeborene. Diese Tatsache bietet folgende Möglichkeit zur Verschärfung des Vierfeldertests:

Wir ordnen die N = 25 Kinder nach dem stetig verteilten Geburtsgewicht aufsteigend an und vergleichen jedes plasminbehandelte Kind mit jedem urokinasebehandelten Kind, woraus (a+b)·(c+d) = 11·14 = 154 Paarvergleiche resultieren. Dabei zählen wir aus, wie oft ein urokinasebehandeltes Kind mit niedrigerem Geburtsgewicht (und damit schlechterer Prognose) überlebt hat, während ein mit ihm gepaartes plasminbehandeltes Kind von höherem Geburtsgewicht (und damit besserer Prognose) gestorben ist; wir nennen diese Zahl Z_g (= Zahl der UK-begünstigenden Vergleiche gegen die Erwartung nach dem Geburtsgewicht). Desgleichen zählen wir aus, wie oft ein plasminbehandeltes Kind mit niedrigerem Geburtsgewicht überlebt hat, während ein mit ihm gepaartes urokinasebehandeltes Kind mit höherem Geburtsgewicht gestorben ist; wir nennen die Zahl dieser Vergleiche Z_f (= Zahl der PL-begünstigenden Vergleiche entgegen der Erwartung nach dem Geburtsgewicht).

Unter der *Nullhypothese*, wonach das abhängige Merkmal Behandlungserfolg (D, R) weder von der Behandlung (PL, UK) als unabhängigem Merkmal noch vom Geburtsgewicht als drittem Merkmal beeinflußt wird, erwarten wir, daß Z_g gleich Z_f ist. Wie Ury (1966) gezeigt hat, ist die Prüfgröße $Z = Z_g - Z_f$ unter H_0 mit einem Erwartungswert von

$$E(Z) = \frac{(a + c) \cdot (b + d) \cdot (a + b) \cdot (c + d) \cdot (2w - 1)}{N^2 \cdot \sqrt{(Z_g + Z_f) \cdot (N + 4)/12}} \tag{5.43}$$

und einer Varianz von

$$\sigma_Z^2 = (Z_g + Z_f) \cdot (N + 4)/12 \tag{5.44}$$

asymptotisch normalverteilt, d. h. der Ausdruck

$$u = \frac{Z - E(Z)}{\sigma_Z} \tag{5.45}$$

kann wie eine Standardnormalvariable ein- oder zweiseitig anhand Tafel 2 beurteilt werden, wenn $N \geq 25$ ist und die N Beobachtungstripel wechselseitig unabhängig sind. Ferner setzt der Covast-Test einen monotonen Zusammenhang zwischen dem Drittmerkmal und dem abhängigen Merkmal voraus.

Der Ausdruck w in Gl. (5.43) kennzeichnet den Anteil der „potentiell günstigen" Vergleiche für eine der beiden Behandlungen (z. B. UK) an der Gesamtheit aller Vergleiche $N_{PL} \cdot N_{UK}$. Ein für UK „potentiell günstiger" Vergleich liegt vor, wenn ein UK-behandeltes Kind untergewichtig und ein verglichenes PL-behandeltes Kind normalgewichtig ist. Wenn in diesem Falle das UK-behandelte Kind überlebt, und das (schwerere) PL-behandelte Kind stirbt, wäre dies ein Indiz für die Überlegenheit der UK-Behandlung.

Ist die Anzahl der „potentiell günstigen" Vergleiche für beide Behandlungen gleich (dies ist bei Gleichheit der durchschnittlichen Gewichtsränge der Fall), wird $w = 0,5$ und $E(Z) = 0$. Man sollte darauf achten, daß w nicht allzu stark von 0,5 abweicht, was vor allem in experimentellen Untersuchungen mit randomisierten Stichproben zu gewährleisten ist.

Beispiel 5.9

Daten des Textbeispiels: In Tabelle 5.11 finden sich in der zweiten Spalte die Ausgangsdaten nach aufsteigendem Geburtsgewicht (G) angeordnet und nach dem unabhängigen Merkmal Behandlung (B) sowie dem abhängigen Merkmal Prognose (P) gekennzeichnet; Rangbindungen wurden einem (hier nicht näher zu erläuternden) röntgenologischen Befund gemäß nach $+/-$ aufgelöst:

Vorauswertung: In Spalte R von Tabelle 5.11 findet sich die Zahl der Paarvergleiche, die potentiell UK begünstigen, d. h. die Zahl der jeweils folgenden PL-behandelten Kinder. Auf das UK-behandelte Kind mit der Rangnummer 1 folgen $r_1 = 11$ PL-behandelte Kinder (mit höheren Gewichten), desgleichen auf das UK-Kind 2, so daß auch $r_2 = 11$. Auf das nächstfolgende UK-behandelte Kind 4 folgen $r_4 = 10$ PL-behandelte Kinder usw. Wir errechnen $\sum r_i = 72$ und damit $w = 72/(11 \cdot 14) = 0,47$.

In der Spalte (UK $>$ PL) zählen wir aus, wie oft eine erfolgreich verlaufene UK-Behandlung vor einer erfolglos verlaufenen PL-Behandlung rangiert, d. h. wir bestimmen die Zahl der Paarvergleiche, die tatsächlich (nicht nur potentiell) UK begünstigen. Die erste erfolgreich verlaufene UK-Behandlung betrifft Kind 2; auf dieses Kind folgen 6 erfolglos behandelte PL-Kinder (mit den Nummern 3, 6, 9, 10, 11, 15). Auf das 2. erfolgreich UK-behandelte Kind 4 folgen 5 erfolglos behandelte PL-Kinder (mit den Nummern 6, 9, 10, 11 und 15), desgleichen auf das 3. erfolgreich UK-behandelte Kind 5 usw. Die Spaltensumme beträgt $Z_g = 21$.

Tabelle 5.11

Nr.	G	B	P	R	UK > PL	UK < PL
1	1,08	UK	D	11		
2	1,13	UK	R	11	6	
3	1,14	PL	D			
4	1,20	UK	R	10	5	
5	1,30	UK	R	10	5	
6	1,40	PL	D			
7	1,59	UK	D	9		
8	1,69	UK	R	9	4	
9	1,88	PL	D			
10	2,00 −	PL	D			
11	2,00	PL	D			
12	2,00 +	PL	R			0
13	2,10	PL	R			0
14	2,13	UK	R	4	1	
15	2,14	PL	D			
16	2,15	UK	R	3	0	
17	2,18	PL	R			0
18	2,30	UK	R	2	0	
19	2,40	UK	R	2	0	
20	2,44	PL	R			0
21	2,50 −	UK	R	1	0	
22	2,50 +	PL	R			0
23	2,70 −	UK	R	0	0	
24	2,70	UK	R	0	0	
N = 25	2,70 +	UK	R	0	0	
				72	$Z_g = 21$	$Z_f = 0$

In der Spalte (UK < PL) zählen wir analog aus, wie oft eine erfolgreiche PL-Behandlung vor einer erfolglosen UK-Behandlung rangiert, d. h. wir bestimmen die Zahl der Paarvergleiche, die PL begünstigen. Auf das 1. erfolgreich PL-behandelte Kind 12 folgen 0 erfolglos UK-behandelte Kinder, desgleichen auf das 2. Kind 13 und alle weiteren erfolgreich PL-behandelten Kinder (mit den Rangnummern 17, 20 und 22). Die Spaltensumme Z_f ist deshalb ebenfalls Null.

Auswertung: Wir errechnen

$$Z = 21 - 0 = 21$$

$$E(Z) = \frac{8 \cdot 17 \cdot 11 \cdot 14 \cdot (2 \cdot 0,47 - 1)}{25^2 \cdot \sqrt{(21 + 0) \cdot (25 + 4)/12}} = -0,28$$

$$\sigma_Z^2 = (21 + 0) \cdot (25 + 4)/12 = 50,75$$

und damit

$$u = \frac{21 - (-0,28)}{\sqrt{50,75}} = 2,99 \quad .$$

Entscheidung: Dieser u-Wert überschreitet die zweiseitige 1%-Schranke von 2,58. Es besteht demnach eine signifikante Abhängigkeit des Merkmals „Prognose" vom Merkmal „Behandlung"; sie ist wegen des positiven Vorzeichens von u im Sinne größerer Wirksamkeit von UK im Vergleich zu PL zu deuten.

5.2.5 Optimale Stichprobenumfänge

Untersucht man 2 Stichproben hinsichtlich eines dichotomen Merkmals, resultieren Häufigkeiten für eine Vierfeldertafel. Dabei stellt sich zuweilen die Frage, wie groß die Stichprobenumfänge sein müssen, um einen bestimmten, für *praktisch bedeutsam* erachteten Mindestunterschied zwischen den Stichproben auch als statistisch signifikant nachweisen zu können.

Wir kennen z. B. den Erfolgsanteil π_1 unter einer Standardbehandlung und postulieren aufgrund unserer Vorüberlegungen den Erfolgsanteil π_2 einer neuen Behandlung; es stellt sich die Frage, wie groß wir 2 umfangsgleiche Stichproben zum Vergleich der neuen mit der alten Behandlung wählen müssen, um den postulierten Populationsunterschied $\pi_1 - \pi_2$, falls er existiert, auch nachweisen zu können.

Aus 2.2.7 wissen wir, daß der Nachweis eines Unterschiedes nicht nur von der Differenz der Populationsparameter abhängt, sondern auch von der Wahl des Risikos 1. Art (α) und von der Wahl des Risikos 2. Art (β). Es läßt sich nun zeigen (vgl. Fleiss, 1975, Kap. 3.2), daß die zum Nachweis eines zwischen π_1 und π_2 bestehenden Unterschiedes erforderlichen Stichprobenumfänge $N_1 = N_2 = N$ bei vereinbartem α und β durch die folgende Gleichung geschätzt werden können:

$$N = \left(\frac{u_{\alpha/2} \cdot \sqrt{2\pi(1-\pi)} - u_{1-\beta} \cdot \sqrt{\pi_1(1-\pi_1) + \pi_2(1-\pi_2)}}{\pi_2 - \pi_1} \right)^2 . \qquad (5.46)$$

Darin bedeuten π_1 und π_2 die postulierten Erfolgsanteile und $\pi = (\pi_1 + \pi_2)/2$ deren arithmetisches Mittel. Die Variablen $u_{\alpha/2}$ und $u_{1-\beta}$ bezeichnen die zu $\alpha/2$ und zu $1 - \beta$ gehörenden Abszissenpunkte der Standardnormalverteilung; sie betragen z. B. 1,96 für $\alpha/2 = 0,025$ bzw. $\alpha = 0,05$ und $-0,84$ (man beachte das negative Vorzeichen!) für $1 - \beta = 0,80$ bzw. $\beta = 0,20$. Gl. (5.46) gilt für zweiseitige Tests. Bei einseitigem Test ist das Risiko 1. Art zu verdoppeln.

Hat der Untersucher wie üblich nur α festgelegt und keine Veranlassung, die beiden Risiken als gleich bedeutsam zu erachten, d. h. $\alpha = \beta$ zu setzen, dann empfiehlt Cohen (1969, S. 54), β etwa 4mal so groß wie α zu wählen, was oben mit $\alpha = 0,05$ und $\beta = 0,20$ geschehen ist.

Berücksichtigt man nach einem Vorschlag von Kramer u. Greenhouse (1959) bei der Schätzung von N eine Stetigkeitskorrektur, dann müssen die beiden Stichprobenumfänge mit

$$N' = \frac{N}{4} \cdot \left(1 + \sqrt{1 + \frac{8}{N \cdot |\pi_2 - \pi_1|}} \right)^2 \qquad (5.47)$$

etwas größer als nach Gl. (5.46) gewählt werden.

Ein Beispiel: Mit einem herkömmlichen Antidepressivum hat man bislang eine Heilungsquote von $\pi_1 = 0,55$ erzielt. Diese soll mit einem neuen Medikament auf

mindestens $\pi_2 = 0,70$ verbessert werden. Es wird gefragt, welcher Stichprobenumfang optimal ist, wenn dieser Unterschied mit $\alpha = 0,05$ und $\beta = 0,20$ nachgewiesen werden soll. Tafel 2 des Anhanges entnehmen wir für $1 - \beta = 0,80$ den Wert $u = -0,84$ und (wegen der einseitigen Fragestellung) für $\alpha = 10\%$ den Wert $u_{\alpha/2} = 1,65$. Da $\pi = (0,55 + 0,70)/2 = 0,625$ ist, resultiert nach Gl. (5.46) N = 128 bzw. nach Gl. (5.47) $N' = 153$. Der Vergleich der beiden Medikamente sollte also mit 2 Stichproben von jeweils 153 Patienten vorgenommen werden.

Die nach Gl. (5.47) ermittelten optimalen Stichprobenumfänge sind bei Fleiss (1973, Tabelle A3) und im Anhang (Tafel 43) für unterschiedliche π_1, π_2, α und β tabelliert.

5.3 Analyse von k × 2-Felder-Kontingenztafeln

Das χ^2 einer Vierfelder-Tafel überprüft die H_0 der Unabhängigkeit zweier dichotomer Merkmale. Ist nur eines der beiden Merkmale (z. B. B) dichotom, das andere (A) jedoch k-fach gestuft, resultieren Häufigkeiten, die sich in eine k × 2-Feldertafel in der Art von Tabelle 5.12 eintragen lassen.

Tabelle 5.12

		Merkmal B		
		B_1	B_2	Zeilensummen
Merkmal A	A_1	a_1	b_1	N_1
	A_2	a_2	b_2	N_2
	⋮	⋮	⋮	⋮
	A_i	a_i	b_i	N_i
	⋮	⋮	⋮	⋮
	A_k	a_k	b_k	N_k
Spaltensummen		N_a	N_b	N

Wir behandeln im folgenden einen asymptotischen und einen exakten Ansatz zur Überprüfung der *Nullhypothese* der Unabhängigkeit dieser beiden Merkmale.

Untersuchungstechnisch lassen sich — ähnlich wie beim Vierfelder-χ^2-Test — 3 Varianten zur Erstellung von k × 2-Felder-Tafeln unterscheiden:

— k Stichproben werden den 2 Kategorien eines dichotomen Merkmales zugeordnet.
— 2 Stichproben werden den k Kategorien eines k-fach gestuften Merkmales zugeordnet.
— Eine Stichprobe wird den k × 2 Merkmalskombinationen eines k-fach gestuften und eines dichotomen Merkmales zugeordnet.

Statt der genannten Nullhypothese können wir auch formulieren: „Der Anteil der einen Merkmalsalternative des dichotomen Merkmals ist in allen k untersuchten

Populationen gleich" oder: „Zwei Stichproben sind hinsichtlich der Merkmalsanteile in einem k-fach gestuften Merkmal homogen". **Die statistische Überprüfung dieser 3 Nullhypothesen läuft auf ein und denselben Test, den χ^2-Test für k × 2-Felder-Tafeln, hinaus.**

Man beachte jedoch, daß die Interpretation dieses Signifikanztests von der realisierten Untersuchungsvariante abhängt. Eine Untersuchung, die nach Variante 1 oder 2 randomisierte Stichproben vergleicht, hat eine höhere interne Validität als eine Untersuchung, die nach Art der Variante 3 eine ex post klassifizierte Stichprobe verwendet, um z. B. die H_0 der Unabhängigkeit der untersuchten Merkmale zu überprüfen.

Eine k × 2-Felder-Tafel ist − wie auch eine Vierfeldertafel − als Spezialfall der allgemeinen k × m-Tafel anzusehen, die wir in 5.4 behandeln. Die dort aufgegriffenen Analysetechniken sind deshalb auch auf k × 2-Tafeln übertragbar. In diesem Kapitel werden nur jene Verfahren behandelt, die speziell auf die Besonderheiten einer k × 2-Tafel zugeschnitten sind.

5.3.1 Asymptotische Analyse

Die Herleitung des k × 2-χ^2-Tests entspricht der des Vierfelder-χ^2-Tests (vgl. 5.2.1). Ausgehend von der H_0 der stochastischen Unabhängigkeit der untersuchten Merkmale resultieren nach Gl. (5.22) erwartete Häufigkeiten e_{ij}, die zusammen mit den beobachteten Häufigkeiten in Gl. (5.23) eingesetzt werden. Wie beim Vierfeldertest kann man aber auch hier numerisch vereinfachen und ausschließlich mit den in der k × 2-Felder-Tafel enthaltenen Ausgangsdaten rechnen, wenn man die sog. Snedecor-Brandt-Formel (Snedecor, 1956, S. 227 f.) benutzt:

$$\chi^2 = \frac{N^2}{N_a N_b} \left[\left(\sum_{i=1}^{k} \frac{a_i^2}{N_i} \right) - \frac{N_a^2}{N} \right] \quad \text{mit} \quad Fg = k - 1 \quad . \tag{5.48}$$

Die Symbole dieser Gleichung sind Tabelle 5.12 zu entnehmen.

Überschreitet der nach Gl. (5.48) ermittelte und nach k − 1 Fg beurteilte χ^2-Wert den kritischen Wert der Tafel 3 des Anhangs, dann ist die Nullhypothese bei zweiseitigem Test abzulehnen.

Beispiel 5.10

Problem: Wir wollen wissen, ob die verschiedenen Formen der Schizophrenie Männer und Frauen gleich häufig befallen. Dazu wird eine Stichprobe von Hebephrenien, eine von Katatonien und eine dritte von paranoiden Schizophrenien hinsichtlich des Alternativmerkmals „Geschlecht" untersucht.

Hypothese: Zwischen dem Geschlecht und der Art der Schizophrenie besteht kein Zusammenhang (H_0; $\alpha = 0,05$; zweiseitiger Test).

Datenerhebung Die Daten sind in Tabelle 5.13 zusammengefaßt (aus Leonhard, 1957, S. 508).

Tabelle 5.13

Stichprobe	Männlich	Weiblich	Σ
Hebephrene	30	25	55
Katatone	60	55	115
Paranoide	61	93	154
Σ	151	173	324

Auswertung: Wir errechnen nach Gl. (5.48):

$$\chi^2 = \frac{324^2}{151 \cdot 173} \left[\left(\frac{30^2}{55} + \frac{60^2}{115} + \frac{61^2}{154} \right) - \frac{151^2}{324} \right] = 5,85 \quad .$$

Entscheidung und Interpretation: Ein $\chi^2 = 5,85$ erreicht den für $3 - 1 = 2$ Freiheitsgrade abzulesenden kritischen Wert von $\chi^2_{0,05} = 5,99$ nicht. Die Geschlechterverteilung ist also selbst bei niedrigster Signifikanzstufe noch mit der Nullhypothese vereinbar.

An Voraussetzungen gehen in den $k \times 2$-Felder-χ^2-Test ein:

— wechselseitige Unabhängigkeit der N Merkmalsträger,
— apriorische Definition von einander ausschließenden und die beobachtete Mannigfaltigkeit erschöpfenden Merkmalskategorien und
— nicht zu kleine erwartete Häufigkeiten.

Nach Cochran (1954) sollten mindestens 80 % der erwarteten Häufigkeiten ≥ 5 sein; andernfalls ist die χ^2-Approximation der Polynomialverteilung unzureichend und der χ^2-Test nicht mehr aussagekräftig. Sind die erwarteten Häufigkeiten zu klein, ist der im Abschnitt 5.3.2 behandelte, exakte $k \times 2$-Felder-Test nach Freeman-Halton einzusetzen.

Auf S. 113 wurde die Frage aufgeworfen, ob mehrere homomorphe *Vierfeldertafeln* homogen und damit *agglutinierbar* seien. Diese Frage läßt sich nun – zumindest für 2 zu vergleichende Vierfeldertafeln – beantworten (für mehr als 2 Vierfeldertafeln vgl. S. 159). Le Roy (1962) schlägt vor, jede 2×2-Felder-Tafel als eine 4×1-Felder-Tafel zu redefinieren und die 4×2 Frequenzen der beiden 4×1-Felder-Tafeln asymptotisch nach Art eines $k \times 2$-Felder-χ^2-Tests paarweise zu vergleichen. Die nach Gl. (5.48) definierte Prüfgröße ist dann annähernd wie χ^2 mit $(4 - 1) \times (2 - 1) = 3$ Fg verteilt.

Die Tatsache, daß Le Roys Test seinem Konzept nach ein Omnibustest ist, der auf Unterschiede aller Art anspricht, bedingt, daß auch Unterschiede, die durch Diagonalspiegelung einer Vierfeldertafel (Vertauschen von a mit d oder von b mit c) entstehen, erfaßt werden. Will man den Omnibuscharakter des LeRoy-Tests interpretativ ausschöpfen, so muß man sich an den Abweichungen der beobachteten Frequenzen der 4×2-Tafel von den unter H_0 erwarteten Frequenzen orientieren (vgl. 5.4.6).

5.3.2 Exakte Analyse

Sind die erwarteten Häufigkeiten einer $k \times 2$-Tafel zu klein, ist statt des χ^2-Tests nach Gl. (5.48) der folgende, auf Freeman u. Halton (1951) zurückgehende kombinatorische Test einzusetzen. Dieser Test stellt eine Verallgemeinerung des in 5.2.2 behandelten Fisher-Yates-Tests dar.

Die Wahrscheinlichkeit, die beobachteten Häufigkeiten a_i und b_i einer $k \times 2$-Tafel bei fixierten Randsummen per Zufall zu erhalten, ergibt sich nach der Polynomialverteilung (vgl. 1.2.4) zu

$$p = \frac{N_a! \cdot N_b! \cdot N_1! \cdot N_2! \cdot \ldots \cdot N_k!}{N! \cdot a_1! \cdot a_2! \cdot \ldots \cdot a_k! \cdot b_1! \cdot b_2! \cdot \ldots \cdot b_k!} \quad . \tag{5.49}$$

Wie kommt man nun von der Punktwahrscheinlichkeit p zu der für eine Testentscheidung notwendigen Überschreitungswahrscheinlichkeit? Freeman u. Halton (1951) geben folgende Testvorschrift: Man erstelle alle bei festen Randsummen möglichen $k \times 2$-Felder-Tafeln, berechne deren Punktwahrscheinlichkeiten p_t und summiere alle jene p_t^*-Werte, die kleiner oder gleich sind der Punktwahrscheinlichkeit p der beobachteten $k \times 2$-Felder-Tafeln ($p^* \leq p$):

$$P' = \sum p_t^* \quad . \tag{5.50}$$

Durch diese Testvorschrift werden implizit all jene Tafeln als extremer von H_0 abweichend definiert, deren Realisationswahrscheinlichkeit unter H_0 geringer ist als die der beobachteten Tafel. Es wird damit also eine Überschreitungswahrscheinlichkeit für eine *zweiseitige Fragestellung* ermittelt. Wir illustrieren diese Testvorschrift am Zahlenbeispiel der Testautoren.

Zwei unabhängige Gruppen von $N_1 = 5$ und $N_2 = 12$ Lehrgangsbewerbern sind den Unterweisungsmethoden B_1 und B_2 zugeteilt worden. Die $N = 17$ Lehrgangsbewerber haben bei einer Abschlußbeurteilung die Zensuren A_1 (beste), A_2 und A_3 (schlechteste) erhalten; sie konstituieren die in Tabelle 5.14 dargestellte 2×3-Feldertafel.

Tabelle 5.14

Unter-weisungen	Zensuren				
	A_1	A_2	A_3		
B_1	0	3	2	$N_1 =$	5
B_2	6	5	1	$N_2 =$	12
N_i	6	8	3	$N =$	17

Die Hypothese lautet: Hat eine der beiden Methoden bessere Zensuren erbracht als die andere bzw. sind die Zensuren von den Unterweisungen unabhängig (H_0) oder abhängig (H_1)? Wegen zu niedriger erwarteter Häufigkeiten – die niedrigste beträgt $5 \cdot 3/17 = 0,88$ – muß diese Hypothese mittels des exakten $k \times 2$-Felder-Tests geprüft werden. Zu diesem Zweck werden alle bei den gegebenen Randsummen möglichen Tafeln konstruiert und ausgezählt. Weil es sich nur um eine Erkundungsstudie handelt, setzen wir $\alpha = 0,10$.

Bei der Erstellung aller möglichen Häufigkeitstafeln empfehlen wir, wie folgt vorzugehen: Da eine 2×3-Tafel 2 Fg besitzt, können wir 2 Frequenzen der Tafeln frei wählen; die übrigen ergeben sich als Differenzen zu den Randsummen. Wir

wählen zweckmäßigerweise 2 Felder (die rechtsseitigen) der schwächer besetzten Zeile (der oberen Zeile 1) und permutieren deren Frequenzen, wobei wir darauf achten, daß die Spaltensummen nicht überschritten werden. In der Aufstellung in Tabelle 5.15a wurde so permutiert, daß die Summe dieser beiden Frequenzen zunächst (in den Tafeln 1–4) gleich der zugehörigen Randsumme ist (Tafelzeile 1) und sich dann schrittweise um je 1 vermindert (Tafeln 5–8 usf.). Als Ergebnis dieses Vorgehens erhalten wir 18 Tafeln, die wir zeilenweise durchnumeriert haben (Tabelle 5.15a).

Tabelle 5.15a

Tafel Nr.	Tafelvarianten												Bemerkungen
1 – 4	0	$\underline{2}$	$\underline{3}$	0	$\underline{3}$	$\underline{2}$	0	$\underline{4}$	$\underline{1}$	0	$\underline{5}$	$\underline{0}$	Die unterstrichenen Frequenzen
	6	6	0	6	5	1	6	4	2	6	3	3	ergeben als Zeilensumme $\underline{5}$
5 – 8	1	$\underline{1}$	$\underline{3}$	1	$\underline{2}$	$\underline{2}$	1	$\underline{3}$	$\underline{1}$	1	$\underline{4}$	$\underline{0}$	Die unterstrichenen Frequenzen
	5	7	0	5	6	1	5	5	2	5	4	3	ergeben als Zeilensumme $\underline{4}$
9 – 12	2	$\underline{0}$	$\underline{3}$	2	$\underline{1}$	$\underline{2}$	2	$\underline{2}$	$\underline{1}$	2	$\underline{3}$	$\underline{0}$	Die unterstrichenen Frequenzen
	4	8	0	4	7	1	4	6	2	4	5	3	ergeben als Zeilensumme $\underline{3}$
13 – 15	3	$\underline{0}$	$\underline{2}$	3	$\underline{1}$	$\underline{1}$	3	$\underline{2}$	$\underline{0}$				Die unterstrichenen Frequenzen
	3	8	1	3	7	2	3	6	3				ergeben als Zeilensumme $\underline{2}$
16 – 17	4	$\underline{0}$	$\underline{1}$	4	$\underline{1}$	$\underline{0}$							Die unterstrichenen Frequenzen
	2	8	2	2	7	3							ergeben als Zeilensumme $\underline{1}$
18	5	$\underline{0}$	$\underline{0}$										Die unterstrichenen Frequenzen
	1	8	3										ergeben als Zeilensumme $\underline{0}$

Wie man sich leicht überzeugen kann, haben alle Tafeln die gleichen Zeilen- und Spaltensummen wie die beobachtete Tafel. Um den exakten k × 2-Felder-Test „lege artis" anzuwenden, müssen wir die *Punktwahrscheinlichkeiten* p aller 18 Tafeln nach Gl. (5.49) berechnen. Für die beobachtete, durch ein Rechteck hervorgehobene Tafel Nr. 2 erhalten wir den folgenden p-Wert:

$$p_2 = \frac{(5!)(12!)(3!)(8!)(6!)}{(17!)(2!)(3!)(0!)(1!)(5!)(6!)} = 0,0271 \quad .$$

Analog werden die p-Werte der übrigen 17 Tafeln berechnet (Tabelle 5.15b).

Tabelle 5.15b

$p_1 = 0,0045*$	$\underline{p_2 = 0,0271*}$	$p_3 = 0,0339$	$p_4 = 0,0090*$
$p_5 = 0,0078*$	$p_6 = 0,0815$	$p_7 = 0,1629$	$p_8 = 0,0679$
$p_9 = 0,0024*$	$p_{10} = 0,0582$	$p_{11} = 0,2036$	$p_{12} = 0,1357$
$p_{13} = 0,0097*$	$p_{14} = 0,0776$	$p_{15} = 0,0905$	
$p_{16} = 0,0073*$	$p_{17} = 0,0194*$		$\sum p^* = 0,0882 = P'$
$p_{18} = 0,0010*$			$\sum p = 1,0000$

Die Wahrscheinlichkeit der beobachteten Tafel mit $p = 0,0271$ (unterstrichen) wird von 8 weiteren p-Werten (mit * signiert) unterschritten. Die Summe dieser 9 p-Werte ergibt $P' = 0,0882$ als Überschreitungswahrscheinlichkeit. Da $P' = 0,0882 < 0,10 = \alpha$, verwerfen wir die Nullhypothese: Zwischen der Unterweisungsart und der Abschlußnote besteht ein Zusammenhang.

Um sicher zu sein, daß tatsächlich alle möglichen Häufigkeitsanordnungen geprüft wurden, empfiehlt es sich, die Summe aller p-Werte zu berechnen. Diese muß 1 ergeben. Man beachte, daß der Zähler in Gl. (5.49) für alle p-Werte konstant bleibt (Produkt der Fakultäten aller Zeilen- und Spaltensummen), was die Auswertung erheblich vereinfacht. Die Überschreitungswahrscheinlichkeiten P' für eine Reihe ausgewählter 3×2-Tafeln findet man in Tafel 44 für $N = 6(1)15$.

Krauth (1973) empfiehlt, für alle Tafeln nach Gl. (5.48) (die sich wegen der identischen Erwartungswerte vereinfachen läßt) χ^2-Werte zu berechnen. Es wird dann der p-Wert der empirischen Tafel mit den p-Werten derjenigen Tafeln zu einer Überschreitungswahrscheinlichkeit P' zusammengefaßt, deren χ^2-Werte mindestens so groß sind wie der χ^2-Wert der empirischen Tafel. Bei diesem Vorgehen werden tatsächlich all jene Tafeln zusammengefaßt, die deutlicher von der unter H_0 erwarteten Tafel abweichen als die empirische Tafel, was bei dem von Freeman u. Halton vorgeschlagenen Procedere nicht gewährleistet ist (vgl. dazu auch Agresti u. Wackerly, 1977).

In der 2. Auflage der *Verteilungsfreien Methoden* berichtet Lienert (1978, S. 425 ff.) in diesem Zusammenhang über den quasiexakten $k \times 2$-Felder-χ^2-Test von Haldane (1955). Auf die Wiedergabe dieses Tests wird hier verzichtet, da dieser Test mit dem asymptotischen χ^2-Test nach Gl. (5.48) identisch ist.

5.3.3 Einzelvergleiche

Ein signifikanter $k \times 2 - \chi^2$-Test ist ein Beleg dafür, daß die untersuchten Merkmale voneinander abhängen. Daran anschließend wird häufig gefragt, ob dieser Zusammenhang für die gesamte Tafel gilt oder ob *spezielle Teiltafeln* für die Signifikanz verantwortlich sind. Diese Frage läßt sich mit Hilfe gezielter Einzelvergleiche von Teilen der gesamten Tafel beantworten.

Orthogonale Einzelvergleiche

Wir behandeln zunächst ein von Kimball (1954) entwickeltes Einzelvergleichsverfahren, das zu *orthogonalen χ^2-Komponenten* führt, d.h. zu χ^2-Komponenten, die voneinander unabhängige Kontingenzanteile erfassen. Ist das k-fach gestufte Zeilenmerkmal ordinal abgestuft, so resultiert eine ordinale $k \times 2$-Felder-Tafel, die sich durch fortlaufende Zusammenfassung der Zeilen: 1 gegen 2, $1 + 2$ gegen 3, $1 + 2 + 3$ gegen 4 usw. in Vierfeldertafeln aufteilen läßt, für die χ^2-Werte berechnet werden können, die in bezug auf das Gesamt-χ^2 additiv sind (im Rahmen der Varianzanalyse bzw. des Allgemeinen Linearen Modells werden diese Einzelvergleiche „umgekehrte Helmert-Kontraste" genannt; vgl. S. 347).

Bezeichnet man die Frequenzen der 1. Spalte mit a_i und die der 2. Spalte mit b_i, wobei $i = 1(1)k$, ermittelt man die $k - 1$ χ^2-Komponenten nach der folgenden allgemeinen Gleichung:

$$\chi_t^2 = \frac{N^2 \cdot (b_{t+1} \cdot S_t^{(a)} - a_{t+1} \cdot S_t^{(b)})^2}{N_a \cdot N_b \cdot N_{t+1} \cdot S_t^{(n)} \cdot S_{t+1}^{(n)}} \quad , \tag{5.51}$$

wobei $t = 1, 2 \ldots (k - 1)$

$$S_t^{(a)} = \sum_{i=1}^{t} a_i \quad ; \quad S_t^{(b)} = \sum_{i=1}^{t} b_i \quad ; \quad S_t^{(n)} = \sum_{i=1}^{t} N_i \quad .$$

(Die übrigen Symbole sind Tabelle 5.12 zu entnehmen.)

Jeder der $k - 1$ χ^2-Komponenten hat einen Freiheitsgrad.

Für eine 4×2-Felder-Tafel lassen sich aus Gl. (5.51) die folgenden χ^2-Komponenten berechnen:

$$\chi_1^2 = \frac{N^2(b_2 \cdot a_1 - a_2 \cdot b_1)^2}{N_a N_b N_2 N_1 (N_1 + N_2)} \tag{5.52}$$

$$\chi_2^2 = \frac{N^2(b_3(a_1 + a_2) - a_3(b_1 + b_2))^2}{N_a N_b N_3 (N_1 + N_2)(N_1 + N_2 + N_3)} \tag{5.53}$$

$$\chi_3^2 = \frac{N^2(b_4(a_1 + a_2 + a_3) - a_4(b_1 + b_2 + b_3))^2}{N_a N_b N_4 (N_1 + N_2 + N_3)(N_1 + N_2 + N_3 + N_4)} \quad . \tag{5.54}$$

Man beachte, daß diese χ^2-Gleichungen nicht mit der üblichen Gl. (5.24) für Vierfeldertafeln übereinstimmen.

Nach diesen expliziten Gleichungen werden im folgenden Beispiel anhand einer 4×2-Felder-Tafel 3 simultane und nach Hypothesen spezifizierte Kontingenztests durchgeführt.

Beispiel 5.11

Problem: Es soll überprüft werden, wie sich unterschiedliche Bestrahlungsarten auf die Entwicklung von Heuschreckenneuroblasten auswirken.

Hypothese: Es besteht Unabhängigkeit zwischen der Art der Bestrahlung und dem Erreichen bzw. Nicht-Erreichen des Mitosestadiums (H_0; $\alpha = 0,001$; zweiseitiger Test).

Datenerhebung: $N = 145$ Heuschreckenneuroblasten wurden etwa im Verhältnis 3:3:3:4 auf 4 Stichproben verteilt und $k = 4$ Bestrahlungsarten (Röntgen weich, Röntgen hart, β-Strahlen, Licht = Kontrolle) ausgesetzt. Ausgezählt wurde, wie viele Zellen das Mitosestadium innerhalb von 3 h erreicht hatten (a_i) und wieviele nicht (b_i). (Daten umgedeutet aus Castellan, 1965.) Die Ergebnisse sind in Tabelle 5.16 dargestellt.

Tabelle 5.16

	Mitose		
	nicht erreicht (−)	erreicht (+)	Σ
1. Röntgen weich	21	14	35
2. Röntgen hart	18	13	31
3. β-Strahlen	24	12	36
4. Licht	13	30	43
Σ	76	69	145

Auswertung: Wir haben die Zeilen bereits so angeordnet, daß Teilhypothesen mittels der Kimballschen k × 2-Felder-χ^2-Zerlegung geprüft werden können.

Teilhypothese H_1: Die Zeilen 1 und 2 sind inhomogen hinsichtlich der Spalten ($-$) und (+). Wir errechnen nach Gl. (5.52):

$$\chi_1^2 = \frac{145^2 \cdot (21 \cdot 13 - 18 \cdot 14)^2}{76 \cdot 69 \cdot 35 \cdot 31 \cdot 66} = 0,0247 \quad .$$

Teilhypothese H_2: Die Zeilen 1 + 2 und 3 sind inhomogen hinsichtlich der Spalten ($-$) und (+). Wir errechnen nach Gl. (5.53):

$$\chi_2^2 = \frac{145^2 \cdot (39 \cdot 12 - 27 \cdot 24)^2}{76 \cdot 69 \cdot 66 \cdot 36 \cdot 102} = 0,5360 \quad .$$

Teilhypothese H_3: Die Zeilen 1+2+3 und 4 sind inhomogen hinsichtlich der Spalten ($-$) und (+). Wir errechnen nach Gl. (5.54):

$$\chi_3^2 = \frac{145^2 \cdot (63 \cdot 30 - 39 \cdot 13)^2}{76 \cdot 69 \cdot 102 \cdot 43 \cdot 145} = 12,0582 \quad .$$

Entscheidung: Die Prüfgröße χ_3^2 überschreitet die χ^2-Schranke $\chi_{0,001}^2 = 10,828$, so daß wir H_0 zugunsten von H_3 verwerfen können. Dies wäre auch der Fall, wenn wir sehr konservativ mit Bonferoni-Korrektur (vgl. 2.2.11) testen würden: Es resultiert $\alpha^* = 0,001/3 = 0,00033$ und damit $\chi_{0,00033}^2 = u_{0,00033}^2 = 3,40^2 = 11,56 < 12,06$.

Interpretation: Es bestehen offenbar keine Wirkungsunterschiede (a) zwischen weicher und harter Röntgen-Bestrahlung und (b) zwischen Röntgen- und β-Bestrahlung auf das Mitoseverhalten der Neuroblasten von Heuschrecken. Dagegen bestehen (c) Unterschiede zwischen Bestrahlung und Nichtbestrahlung.

Gesamtkontingenzvergleich: Für die gesamte Tafel ermitteln wir nach Gl. (5.48) $\chi^2 = 12,6189$ mit Fg = 3. Dieser Gesamtwert entspricht der Summe $\chi_1^2 + \chi_2^2 + \chi_3^2$. Der globale χ^2-Test erfordert für $\alpha = 0,001$ eine Schranke von $\chi^2 = 16,27$, d. h. wir hätten ohne spezifizierte Kontingenzprüfung die Nullhypothese beibehalten müssen.

   Bei der Anwendung von Kimballs k × 2-Felder-Tests auf *nominale* Kontingenztafeln sind die k Zeilen beliebig zu vertauschen. Zweckmäßigerweise ordnet man die Zeilen von vornherein so an, daß die fortschreitenden Zeilenzusammenfassungen sachlogisch sinnvoll erscheinen. Wie diese Einzelvergleiche im Kontext des Allgemeinen Linearen Modells überprüft werden, zeigen wir auf S. 347f.

Nicht-orthogonale Einzelvergleiche

Verschiedentlich ist es von inhaltlichem Interesse, in k × 2-Felder-Tafeln mit k Behandlungen und 2 Behandlungswirkungen (ja/nein) eine bestimmte Behandlung (z. B. Plazebo) mit allen k $-$ 1 übrigen Behandlungen zu vergleichen. Tabelle 5.17 enthält ein Untersuchungsergebnis (auszugsweise aus Everitt, 1977), in dem ein Plazebo mit 3 verschiedenen Antidepressiva an je $N_i = 30$ Patienten verglichen wird. Nach zwei Wochen wurde beurteilt, ob sich die Depression aufgehellt hatte (X = 1) oder nicht (X = 0).

Tabelle 5.17

X	Plazebo	Antidepressivum			
		1	2	3	$\sum$
1	8	12	21	15	56
0	22	18	9	15	64
$\sum$	30	30	30	30	N = 120

In diesem Beispiel ergeben sich die in Tabelle 5.18 dargestellten $k - 1 = 4 - 1 = 3$ verschiedenen Paarvergleiche des Plazebos (P) mit jedem der 3 Antidepressiva (A_i).

Tabelle 5.18

	a			b			c	
	P	A_1		P	A_2		P	A_3
1	8	12	1	8	21	1	8	15
0	22	18	0	22	9	0	22	15
$\chi_1^2 = 1,20$			$\chi_2^2 = 11,28$			$\chi_3^2 = 3,45$		

Die χ^2-Werte der 3 Teiltafeln bestimmt man nach Gl. (5.24). Für die gesamte 4×2-Tafel errechnet man $\chi_{ges}^2 = 12,05$ und erkennt, daß $\chi_{ges}^2 \neq \chi_1^2 + \chi_2^2 + \chi_3^2$ ist. Deshalb ist es nicht statthaft, jedes der 3 Einzelvergleichs-χ^2 für Fg = 1 mit χ_α^2 zu vergleichen, denn dabei könnten Signifikanzen (Scheinsignifikanzen) resultieren, die lediglich durch die Abhängigkeitsstruktur der χ^2-Komponenten bedingt sind.

Einem Vorschlag von Brunden (1972) folgend, ist in diesem Falle das α-Niveau in folgender Weise zu korrigieren:

$$\alpha^* = \frac{\alpha}{2 \cdot (k - 1)} \qquad . \tag{5.55}$$

Sollen die Einzelvergleichsnullhypothesen mit $\alpha = 5\%$ überprüft werden, ist jeder χ^2-Wert mit Fg = 1 und $\alpha^* = 0,05/(2 \cdot 3) = 0,0083$ zu beurteilen. Danach wäre lediglich das Antidepressivum 2 bei der klinisch zu rechtfertigenden einseitigen Frage als wirksam zu betrachten. Den χ^2-Schwellenwert für $\alpha^* = 2 \cdot 0,0083 = 0,0167$ (einseitiger Test, vgl. S. 98) bestimmen wir wegen $\chi_1^2 = u^2$ (s. Gl. 2.8) anhand Tafel 2 mit $u_{(0,0167)}^2 = 2,13^2 = 4,54 < 11,28$, d. h. die H_0 hinsichtlich des Vergleiches „Plazebo gegen Antidepressivum 2" ist zu verwerfen.

Weitere Hinweise zur Durchführung von Einzelvergleichen in $k \times 2$-Tafeln findet man in 8.1.2.2

5.3.4 Trendtests

Ist bei einer k × 2-Tafel das k-fach gestufte Merkmal (mindestens) ordinalskaliert, kann man prüfen, ob die Merkmalsanteile der k Stufen für die Kategorien des dichotomen Merkmals einem monotonen Trend folgen. Pfanzagl (1974, S. 193) hat dafür einen einfachen und hoch effizienten Test vorgeschlagen, der auf metrisierten Rangwerten aufbaut. Seine Prüfgröße T ist unter der Nullhypothese der Unabhängigkeit des k-stufigen Zeilen- und des zweistufigen Spaltenmerkmals in der Notation der Tabelle 5.12 wie folgt definiert:

$$T = \frac{N \sum_{i=1}^{k} i \cdot a_i - N_a \sum_{i=1}^{k} i \cdot N_i}{\sqrt{\frac{N_a \cdot N_b}{N-1} \left[N \sum_{i=1}^{k} i^2 \cdot N_i - \left(\sum_{i=1}^{k} i \cdot N_i \right)^2 \right]}} \; . \tag{5.56}$$

Die Prüfgröße T ist asymptotisch standardnormalverteilt, so daß T wie u je nach Alternativhypothese ein- oder zweiseitig beurteilt werden darf. Man beachte, daß Pfanzagls T-Gradienten-Test Rangwerte wie Meßwerte behandelt, d. h. die Teststärke dieses Verfahrens ist optimal, wenn die Rangabstände äquidistant sind. Die Normalverteilungsapproximation von T kann als ausreichend betrachtet werden, wenn alle $e_{ij} > 5$ sind.

Beispiel 5.12

Problem: Wenn der Nikotinkonsum von Schwangeren einen Einfluß auf das Geschlecht des geborenen (nicht notwendig auch des gezeugten) Kindes haben soll, muß man annehmen, daß zunehmender Konsum das Austragen von Jungen- oder (robusteren?) Mädchenfeten begünstigt; es sollte sich ein monotoner Anteilstrend in einer Kontingenztafel mit 2 Stufen für das Geschlecht und k Stufen des Nikotinkonsums ergeben.

Hypothese: Für die Höhe des Nikotinkonsums und das Geschlecht der Neugeborenen gilt die Unabhängigkeitshypothese (H_0; $\alpha = 0,001$; zweiseitiger Test).

Datenerhebung: In einer geburtshilflichen Klinik wurden N = 1096 Mütter nach ihren Rauchgewohnheiten befragt und nach der während der Schwangerschaft konsumierten Zahl von Zigaretten in k = 4 Konsumstufen eingeteilt (0, < 2000, 2000–4000, > 4000). Zusammen mit der Klassifikation des Geschlechts der Kinder (pro Mutter ein Kind) ergab sich die in Tabelle 5.19 dargestellte Verteilung.

Auswertung: Setzen wir die Zwischenergebnisse in Gl. (5.56) ein, resultiert

$$T = \frac{1096 \cdot 1364 - 537 \cdot 2743}{\sqrt{\frac{537 \cdot 559}{1096-1} (1096 \cdot 8457 - 2743^2)}} = +1,004 \; .$$

Entscheidung und Interpretation: Ein T = +1,004 erreicht die für $\alpha = 0,001$ und zweiseitigem Test geltende Schranke von u = 3,29 bei weitem nicht, so daß H_0 trotz gegenteiligen Anscheins eines mit zunehmendem Zigarettenkonsum abnehmenden

Tabelle 5.19

Zigaretten	i	Mädchen a_i	Jungen b_i	N_i	$b_i\%$	$i \cdot a_i$	$i \cdot N_i$	$i^2 \cdot N_i$
0	1	150	171	321	53%	150	321	321
<2000	2	118	123	241	51%	236	482	964
2000–4000	3	98	98	196	50%	294	588	1764
>4000	4	171	167	338	49%	684	1352	5408
Summen		537	559	1096	51%	1364	2743	8457

Anteils von Jungen ($b_i\%$) beizubehalten ist. Offenbar sind die Anteilsunterschiede nicht groß genug, um bei $k = 4$ gegen Zufall abgesichert werden zu können.

Ein weiterer Trendtest für ordinale k × 2-Tafeln wurde von Bartholomew (1959) entwickelt. Dieser Test empfiehlt sich vor allem dann, wenn geringfügige Abweichungen vom vorhergesagten Trend erwartet werden. Wird in einer k × 2-Tafel ein kardinalgruppiertes Merkmal überprüft, läßt sich die Gesamtkontingenz mit einem dichotomen Merkmal in einen linearen, quadratischen, kubischen usw. Anteil zerlegen. Darüber berichten wir in 8.1.2.3.

5.4 Analyse von k × m-Kontingenztafeln

Der allgemeine Fall einer zweidimensionalen Kontingenztafel ist die k × m-Tafel, bei der die Häufigkeiten f_{ij} in den Kombinationen eines k-fach gestuften Merkmals A und eines m-fach gestuften Merkmals B untersucht werden (vgl. Tabelle 5.20).

Tabelle 5.20

Merkmal A		Merkmal B					
		B_1	$B_2 \ldots B_j \ldots B_m$				
	A_1	f_{11}	$f_{12} \cdots f_{1j} \cdots f_{1m}$				$f_1.$
	A_2	f_{21}	$f_{22} \cdots f_{2j} \cdots f_{2m}$				$f_2.$
	A_i	f_{i1}	$f_{i2} \cdots f_{ij} \cdots f_{im}$				$f_i.$
	A_k	f_{k1}	$f_{k2} \quad f_{kj} \quad f_{km}$				$f_k.$
		$f_{.1}$	$f_{.2} \cdots f_{.j} \cdots f_{.m}$				N

Die Zeilensummen werden mit $f_1., f_2. \ldots f_i. \ldots f_k.$ und die Spaltensummen mit $f_{.1}, f_{.2}, \ldots f_{.j} \ldots f_{.k}$ bezeichnet.

Wie bei allen zweidimensionalen Häufigkeitstafeln interessiert auch hier die *Nullhypothese* der stochastischen Unabhängigkeit der beiden untersuchten Merkmale. (Eine dazu äquivalente Nullhypothese lautet, daß die beobachteten Häufigkeiten proportional zu den Zeilen- und Spaltensummen sind.) Die untersuchungstechnischen Varianten, die auf S. 103 für eine Vierfeldertafel bzw. auf S. 121f. für k × 2-Tafeln beschrieben wurden, gelten analog für k × m-Tafeln.

5.4.1 Asymptotische Analyse

Die gemäß der genannten H_0 erwarteten Häufigkeiten e_{ij} werden auch bei einer $k \times m$-Tafel nach Gl. (5.22) bzw. nach

$$e_{ij} = \frac{f_{i.} \cdot f_{.j}}{N} \qquad (5.57)$$

bestimmt (zur Herleitung dieser Beziehung vgl. die Ausführungen auf S. 104f.). Um die Frage zu überprüfen, ob die Abweichungen der beobachteten Häufigkeiten von den erwarteten Häufigkeiten zufällig sind bzw. ob die H_0 (Unabhängigkeit der Merkmale) aufrechterhalten werden kann, definieren wir die bereits bekannte Prüfgröße

$$\chi^2 = \sum_{i=1}^{k} \sum_{j=1}^{m} \frac{(f_{ij} - e_{ij})^2}{e_{ij}} \qquad . \qquad (5.58)$$

Die in Gl. (5.58) definierte Prüfgröße ist approximativ mit $(k-1) \cdot (m-1)$ Freiheitsgraden χ^2-verteilt. Die Freiheitsgrade ergeben sich durch die folgenden Überlegungen: Insgesamt werden in Gl. (5.58) $k \times m$ Summanden addiert, wobei zu überprüfen ist, wieviele dieser Summanden frei variieren können, denn **die Anzahl der frei variierbaren Summanden legt die Anzahl der Freiheitsgrade fest.**

Würden wir die e_{ij}-Werte nach der Beziehung $e_{ij} = N/k \times m$ bestimmen (was erforderlich wäre, wenn wir die H_0 „gleichverteilte Häufigkeiten in allen $k \times m$ Feldern" überprüfen wollten), wäre ein Summand festgelegt, denn die Summe aller e_{ij}-Werte (und aller f_{ij}-Werte) muß N ergeben. Die Anzahl der frei variierenden Summanden beliefe sich damit auf $k \times m - 1$.

Überprüfen wir hingegen die H_0 „Unabhängigkeit der Merkmale", benötigen wir üblicherweise – wie auf S. 104f. gezeigt wurde – für die Bestimmung der erwarteten Häufigkeiten die Zeilen- und Spaltensummen. Die erwarteten Häufigkeiten ergeben sich durch $N \cdot \pi_{ij}$, wobei die π_{ij}-Werte in der Regel durch $f_{i.} \cdot f_{.j}/N^2$ gemäß der H_0 geschätzt werden. Damit sind die Zeilen- und Spaltensummen festgelegt. Da die Summe der erwarteten (und der beobachteten) Häufigkeiten pro Zeile $f_{i.}$ und pro Spalte $f_{.j}$ ergeben muß, ist pro Zeile und pro Spalte jeweils ein e_{ij}-Wert (und f_{ij}-Wert) festgelegt, d. h. insgesamt sind $k + m - 1$ Summanden nicht frei variierbar (daß es $k + m - 1$ und nicht $k + m$ Summanden sind, liegt daran, daß bei der Addition von $k + m$ ein Wert doppelt gezählt wird). Damit ergibt sich für den χ^2-Test auf Unabhängigkeit der Merkmale

$$Fg = k \cdot m - (k + m - 1) = k \cdot m - k - m + 1 = (k-1) \cdot (m-1) \qquad .$$

Die Berechnung eines χ^2-Wertes nach Gl. (5.58) ist bei größeren Kontingenztafeln auch mit Hilfe eines Taschenrechners recht aufwendig. Wir nennen deshalb im folgenden alternative Rechenvorschriften von Gl. (5.58), die je nach Art der Daten den Rechenaufwand verringern:

$$\chi^2 = \sum_{i=1}^{k} \sum_{j=1}^{m} (f_{ij}^2 / e_{ij}) - N \qquad , \qquad (5.58a)$$

$$\chi^2 = N \cdot \left(\sum_{i=1}^{k} \sum_{j=1}^{m} \frac{f_{ij}^2}{f_{i.} \cdot f_{.j}} - 1 \right) \qquad , \qquad (5.58b)$$

$$\chi^2 = \sum_{i=1}^{k} \frac{N}{f_{i.}} \sum_{j=1}^{m} \frac{f_{ij}^2}{f_{.j}} - N \quad , \tag{5.58c}$$

$$\chi^2 = \frac{N}{n} \cdot \sum_{j=1}^{m} \frac{\sum_{i=1}^{k} f_{ij}^2}{f_{.j}} - N \tag{5.59}$$

(bei gleichen Zeilensummen $f_{i.} = n$) ,

$$\chi^2 = \frac{k \cdot m}{N} \cdot \sum_{i=1}^{k} \sum_{j=1}^{m} f_{ij}^2 - N \tag{5.60}$$

(bei gleichen Zeilensummen $f_{i.} = f_{i'}$ und gleichen Spaltensummen $f_{.j} = f_{.j'}$).
Weitere Kalküle findet man bei McDonald-Schlichting (1979).

Beispiel 5.13

Problem: Es wird gefragt, ob verschiedene Altersklassen von Erwachsenen zu gleichen Anteilen a) ihr Geld von der Bank abholen, b) sich unentschieden verhalten oder c) ihr Geld auf der Bank lassen würden, wenn sich die Wirtschaftslage abrupt verschlechtern sollte.

Hypothese: Die Altersklassen unterscheiden sich nicht hinsichtlich ihres „Bankverhaltens" (H_0; $\alpha = 0,01$; zweiseitiger Test).

Datenerhebung: Je $N_i = n = 100$ Befragte haben wie in Tabelle 5.21 dargestellt geantwortet (Zahlen aus Hofstätter, 1963, Tabelle 12).

Tabelle 5.21

	a	b	c	n
18 – 29jährige:	33	25	42	100
30 – 44jährige:	34	19	47	100
45 – 59jährige:	33	19	48	100
üb. 60jährige:	36	21	43	100
	$N_a = 136$	$N_b = 84$	$N_c = 180$	$N = 400$

Auswertung: Da die Umfänge der $k = 4$ Stichproben gleich sind, rechnen wir nach der einfacheren Gl. (5.59) und erhalten:

$$\chi^2 = \frac{400}{100} \left(\frac{33^2 + 34^2 + 33^2 + 36^2}{136} + \frac{25^2 + 19^2 + 19^2 + 21^2}{84} + \right.$$
$$\left. \frac{42^2 + 47^2 + 48^2 + 43^2}{180} \right) - 400$$
$$= 4 \cdot (34,044 + 21,286 + 45,144) - 400 = 1,897 \quad .$$

Den gleichen Wert erhalten wir nach den Gl. (5.58), (5.58a) und (5.58b).

Entscheidung: Ein χ^2 dieser Größe ist für $(4-1) \cdot (3-1) = 6$ Fg insignifikant, so daß wir H_0 beibehalten.

Interpretation: Die Altersklassen unterscheiden sich hinsichtlich ihrer Antwortanteile für a, b und c nicht, d. h. zwischen dem Alter der Personen und ihrem mutmaßlichen „Bankverhalten" in Krisensituationen besteht kein Zusammenhang.

Der $k \times m$-Felder-χ^2-Test ist ein zweiseitiger Omnibustest, der auf Verteilungsunterschiede aller Art anspricht, unbeschadet der Möglichkeit, daß sich einige der k Stichproben ganz erheblich, andere nicht unterscheiden. Hat man eine Hypothese dieser Art *vor* der Datenerhebung aufgestellt, dann lassen sich spezifischere Tests durchführen, die wir in 5.4.3 bis 5.4.6 behandeln.

Anpassungstests

Gelegentlich stellt sich dem Untersucher die Aufgabe, eine beobachtete Mehrfelderkontingenztafel daraufhin zu untersuchen, ob sie als Zufallsstichprobe einer bekannten oder aufgrund theoretischer Argumente erwarteten Mehrfelderpopulation betrachtet werden kann (H_0) oder nicht (H_1 = Omnibusalternative). Wir haben dieses Problem bereits im Zusammenhang mit Vierfeldertafeln kennengelernt (vgl. S. 107ff.). Bei der folgenden Verallgemeinerung beschränken wir uns auf jene Fälle, in denen beide Randverteilungen hinsichtlich ihrer Anteile $\pi_{i\cdot}$ und $\pi_{\cdot j}$ bekannt sind.

Für die Globalanpassung einer beobachteten Verteilung an die theoretisch erwartete Verteilung errechnen wir erwartete Häufigkeiten $e_{ij} = N \cdot \pi_{i\cdot} \cdot \pi_{\cdot j}$, die mit den beobachteten Häufigkeiten verglichen werden. Der nach Gl. (5.58) errechnete χ^2-Wert informiert über die Güte der Globalanpassung. Da hier lediglich die Summe der beobachteten mit der Summe der erwarteten Häufigkeiten übereinstimmen muß, hat dieser χ^2-Wert $k \cdot m - 1$ Fg.

Ferner überprüfen wir die Anpassung der beobachteten Randverteilungen an die erwarteten Randverteilungen:

$$\chi_Z^2 = \sum_{i=1}^{k} (f_{i\cdot} - e_{i\cdot})^2 / e_{i\cdot}$$

(Zeilenanpassung mit Fg = $k - 1$)   ;   (5.61)

$$\chi_S^2 = \sum_{j=1}^{m} (f_{\cdot j} - e_{\cdot j})^2 / e_{\cdot j}$$

(Spaltenanpassung mit Fg = $m - 1$)   .   (5.62)

Subtrahiert man vom Gesamt-χ^2 des Globalanpassungstests χ_Z^2 und χ_S^2, verbleibt eine Restkomponente χ_K^2, die zu Lasten des Zusammenhangs zwischen den beiden Merkmalen geht:

$$\chi_K^2 = \chi^2 - \chi_Z^2 - \chi_S^2 \quad .$$ (5.63)

Diese Restkomponente χ_K^2 ist nach $(k \cdot m - 1) - (k - 1) - (m - 1) = (k - 1) \cdot (m - 1)$ Fg zu beurteilen. Sie ist eine Prüfgröße für die Abweichung der beobachteten Felderverteilung von der unter der Nullhypothese der Unabhängigkeit beider Merkmale zu erwartenden Verteilung (vgl. Rao, 1965, S. 338). Man beachte, daß χ_K^2 nicht iden-

tisch ist mit dem $k \times m$-χ^2-Test für die beobachtete Tafel, denn dieser Test geht von den beobachteten und nicht von den erwarteten Randsummen aus.

Beispiel 5.14

Problem: Eine Stichprobe von $N = 400$ Patienten wurde hämatologisch untersucht und nach AB0-Blutgruppen sowie nach dem Landsteiner-System (MM, MN, NN) klassifiziert.

Hypothese: Es soll untersucht werden, ob sich die Stichprobe der Patienten der Normalpopulation anpaßt, in der hinsichtlich der Blutgruppen die Erfahrungsanteile $A : B : 0 : AB = 40 : 15 : 40 : 5$ gelten sowie hinsichtlich des Landsteiner-Systems das Hardy-Weinberg-Gesetz gilt, wonach $MM : MN : NN = 1 : 2 : 1$ verteilt ist. Wir erwarten danach die in Tabelle 5.22 dargestellte Tafel, bei der die Häufigkeiten proportional zu den Randverteilungen sind.

Tabelle 5.22

	MM	MN	NN	Σ
A	40	80	40	160
B	15	30	15	60
O	40	80	40	160
AB	5	10	5	20
Σ	100	200	100	400

Wir überprüfen die Hypothese, daß die beobachtete Verteilung dieser theoretisch erwarteten Verteilung entspricht (H_0; $\alpha = 0,05$; zweiseitiger Test).

Datenerhebung: Die Klassifikation der 400 Patienten ergab die in Tabelle 5.23 dargestellte empirische Verteilung.

Tabelle 5.23

	MM	MN	NN	Σ
A	38	80	40	158
B	2	22	18	42
O	48	80	32	160
AB	14	20	6	40
Σ	102	202	96	400

Auswertung: Wir prüfen zunächst die Globalanpassung und erhalten

$$
\begin{aligned}
\chi^2 &= \frac{(38-40)^2}{40} + \frac{(80-80)^2}{80} + \frac{(40-40)^2}{40} + \ldots + \frac{(20-10)^2}{10} + \frac{(6-5)^2}{5} \\
&= 0,100 + 0,000 + 0,000 + \ldots + 10,000 + 0,200 \\
&= 43,700 \quad .
\end{aligned}
$$

Für die Anpassung der Randverteilungen resultiert

$$\chi_Z^2 = \frac{(158-160)^2}{160} + \frac{(42-60)^2}{60} + \frac{(160-160)^2}{160} + \frac{(40-20)^2}{20}$$
$$= 0,025 + 5,400 + 0,000 + 20,000$$
$$= 25,425 \quad ,$$

$$\chi_S^2 = \frac{(102-100)^2}{100} + \frac{(202-200)^2}{200} + \frac{(96-100)^2}{100}$$
$$= 0,040 + 0,020 + 0,160$$
$$= 0,220$$

und für die Kontingenzkomponente

$$\chi_K^2 = 43,700 - 25,425 - 0,220 = 18,055 \quad .$$

Entscheidung und Interpretation: Tafel 3 entnehmen wir als χ^2-Schranken 19,68 für 11 Fg, 7,81 für 3 Fg, 5,99 für 2 Fg sowie 12,59 für 6 Fg. Damit ist die bivariate Blutgruppenverteilung nicht als populationsrepräsentativ anzusehen ($\chi^2 = 43,7 > 19,68$). Beim univariaten Vergleich stellt sich zusätzlich heraus, daß die beobachtete Blutgruppenverteilung von der erwarteten signifikant abweicht ($\chi_Z^2 = 25,425 > 7,81$). Die Patientenstichprobe enthält offenbar zu viele AB- und zu wenig B-Patienten im Vergleich zur Normalpopulation. Das Hardy-Weinberg-Gesetz hingegen gilt auch in der Stichprobe ($\chi_S^2 = 0,22 < 5,99$). Ferner ist festzustellen, daß zwischen den beiden Blutgruppenmerkmalen ein Zusammenhang besteht ($\chi_K^2 = 18,055 > 12,59$).

Voraussetzungen und Alternativen

Wie bei allen bislang behandelten χ^2-Tests gilt auch beim k $\times$ m-χ^2-Test die Forderung, daß in der Regel mindestens 80 % aller $e_{ij} > 5$ und kein $e_{ij} < 1$ sein sollte und daß jede Beobachtung nur einer der k $\times$ m-Merkmalskombinationen eindeutig zugeordnet werden kann. Wie Wise (1963) gezeigt hat, ist der χ^2-Test mit gleichen Erwartungswerten [vgl. Gl. (5.60)] auch dann noch valide, wenn die $e_{ij} < 5$ sind. Conover (1971, S. 161) begnügt sich bei großen Kontingenztafeln und gleichen Erwartungswerten mit $e_{ij} > 1$.

Ist eine χ^2-Prüfung einer Kontingenztafel wegen zu kleiner erwarteter Häufigkeiten fragwürdig, dann stellt sich dem Anwender das Problem, welche Alternativen in Betracht zu ziehen sind. Eine Alternative besteht darin, Zeilen und/oder Spalten der Kontingenztafel zusammenzufassen. Derartige Zusammenfassungen müssen jedoch sachlogisch zu rechtfertigen sein, wie es z. B. bei der Zusammenfassung benachbarter Kategorien eines ordinalskalierten Merkmals der Fall wäre. Führt die Zusammenfassung zu genügend großen erwarteten Häufigkeiten, kann die χ^2-Prüfung anhand der reduzierten Tafel vorgenommen werden (vgl. dazu jedoch die Ausführungen auf S. 148 ff.).

Oftmals verbietet die Untersuchungsfrage jedoch das Zusammenlegen von Merkmalskategorien. In diesem Falle kann eines der folgenden *Alternativverfahren* zur Anwendung kommen:

– Ist die Kontingenztafel klein (2×3 oder 3×3 Felder) und sind alle Felder schwach besetzt, dann kommt ein exakter Kontingenztest in Betracht (vgl. 5.4.2).

– Haben schwach besetzte Kontingenztafeln höchstens 5×5 Felder und sind alle Erwartungswerte größer als 1, wählt man den empirisch approximierten χ^2-Test von Craddock u. Flood (1970), der auf S. 139f. beschrieben wird.

– Haben Kontingenztafeln mit niedrigen Besetzungszahlen deutlich mehr als 5×5 Felder, dann prüft man, selbst wenn die Erwartungswerte teilweise kleiner als 1 sind, mittels eines für diese Bedingungen modifizierten χ^2-Tests, den wir im folgenden unter der Beziehung Haldane-Dawson-Test behandeln.

Haldane-Dawson-Test für große, schwach besetzte Tafeln

Das hier als Haldane-Dawson-Test bezeichnete Verfahren (vgl. Haldane, 1939, 1940; Dawson, 1954; oder auch Maxwell, 1961, Kap. 2) operiert mit der wie üblich definierten Prüfgröße χ^2 einer $k \times m$-Felder-Tafel; er vergleicht sie aber wegen der kleinen Erwartungswerte nicht mit der theoretischen Chiquadratverteilung für $(k-1)(m-1)$ Fg, sondern mit der für die betreffende Tafel unter der Nullhypothese geltenden theoretischen Verteilung der Prüfgröße χ^2. Da diese Verteilung aber bei großen Tafeln ohne EDV-Anlage nicht zu erstellen ist, wird sie von den Autoren asymptotisch approximiert.

Erwartungswert und Varianz der für große, aber schwach besetzte Kontingenztafeln berechneten *Prüfgröße* χ^2 sind wie folgt zu bestimmen:

$$E(\chi^2) = \frac{N(k-1)(m-1)}{N-1} \quad ; \tag{5.64}$$

$$\mathrm{Var}(\chi^2) = \frac{2N}{N-3}(v_1 - w_1)(v_2 - w_2) + \frac{N^2}{N-1}(w_1 w_2) \tag{5.65}$$

mit

$$v_1 = (k-1)(N-k)/(N-1) \quad ,$$

$$v_2 = (m-1)(N-m)/(N-1) \quad ,$$

$$w_1 = \left(\sum_{i=1}^{k} N/N_i - k^2 \right)/(N-2) \quad ,$$

$$w_2 = \left(\sum_{j=1}^{m} N/N_j - m^2 \right)/(N-2) \quad .$$

Die Prüfgröße χ^2 ist bei Geltung der Nullhypothese (Unabhängigkeit zwischen dem Zeilen- und dem Spaltenmerkmal) über dem Erwartungswert $E(\chi^2)$ mit der Varianz $\mathrm{Var}(\chi^2)$ genähert normalverteilt, wenn die Kontingenztafel mindestens 30 Fg aufweist. Über die Gültigkeit von H_0 wird anhand des folgenden, standardnormalverteilten u-Wertes entschieden:

$$u = \frac{\chi^2 - E(\chi^2)}{\sqrt{\mathrm{Var}(\chi^2)}} \quad . \tag{5.66}$$

Da nur ein zu großes χ^2 auf Kontingenz hinweist (nicht aber ein zu kleines χ^2),

beurteilt man u *einseitig* und vergleicht den zugehörigen einseitigen P-Wert mit dem vereinbarten α-Risiko. Wie der Test durchgeführt wird, zeigt Beispiel 5.15.

Beispiel 5.15

Problem: In einer Bibliothek, die für Studenten aus 6 Fachrichtungen zugänglich ist, befinden sich 8 einschlägige Statistiklehrbücher. Die Bibliothekskommission möchte prüfen, ob bestimmte Fachrichtungen bestimmte Bücher häufiger ausleihen als andere.

Hypothese: Studenten unterschiedlicher Fachrichtungen präferieren unterschiedliche Lehrbücher (H_1; $\alpha = 0,05$; einseitiger Test).

Datenerhebung: Als Untersuchungszeitraum interessiert jeweils eine Woche vor einer anstehenden Klausur. Die Auszählung der Ausleihfrequenzen für die angesprochenen Bücher durch die Studenten der sechs Fachrichtungen führt zu der in Tabelle 5.24 dargestellten 6 × 8-Tafel.

Tabelle 5.24

Fach-richtungen	Lehrbücher								
	1	2	3	4	5	6	7	8	Σ
1	1	0	0	0	4	0	0	0	5
2	0	1	0	3	4	0	1	2	11
3	0	2	0	2	0	2	1	2	9
4	2	5	4	0	0	0	1	4	16
5	1	0	0	0	4	0	3	0	8
6	0	1	1	0	3	1	0	0	6
Σ	4	9	5	5	15	3	6	8	55

Auswertung: Da die erwarteten Häufigkeiten für einen validen k × m-χ^2-Test zu klein sind, wählen wir wegen Fg > 30 den Haldane-Dawson-Test. Nach Gl. (5.58) errechnet man zunächst $\chi^2 = 59,83$. Ferner ergeben sich

$$E(\chi^2) = \frac{55 \cdot 5 \cdot 7}{54} = 35,65 \quad,$$

$$Var(\chi^2) = \frac{2 \cdot 55}{52} \cdot (4,54 - 0,11) \cdot (6,09 - 0,30) + \frac{55^2}{54} \cdot 0,11 \cdot 0,30$$
$$= 56,11$$

und

$$u = \frac{59,83 - 35,65}{\sqrt{56,11}} = 3,23 \quad.$$

Entscheidung: Als Schwellenwert entnehmen wir Tafel 2 für $\alpha = 0,05$ bei einseitiger Frage $u_{0,05} = 1,65$, d. h. der empirische u-Wert ist statistisch signifikant.

Interpretation: Wir verwerfen H_0 zugunsten von H_1. Die Art der Lehrbuchwahl ist fachspezifisch. Eine weitergehende inhaltliche Interpretation (welches sind die von den Fachrichtungen bevorzugten Lehrbücher?) ist den Abweichungen $f_{ij} - e_{ij}$ zu entnehmen (vgl. 5.4.6).

Während es beim $k \times m$-χ^2-Test gelegentlich sinnvoll sein kann, inhaltlich ähnliche Kategorien zusammenzufassen, um genügend große erwartete Häufigkeiten zu erhalten, ist es beim Haldane-Dawson-Test ratsam bzw. gelegentlich erforderlich, darauf zu achten, daß die Merkmale genügend fein abgestuft sind, um $Fg > 30$ sicherzustellen.

Craddock-Floods approximierter χ^2-Test

Im Haldane-Dawson-Test wurde die empirische χ^2-Verteilung einer $k \times m$-Felder-Kontingenztafel an eine Normalverteilung angenähert. Das ist nur möglich, wenn die Zahl der Felder bzw. der Fg einer Kontingenztafel groß ist. Für kleinere Tafeln mit weniger Fg kann die empirische χ^2-Verteilung unter der Nullhypothese durch *Monte-Carlo-Methoden* via EDV approximiert werden (vgl. Craddock, 1966; Craddock u. Flood, 1970).

Tafel 4 des Anhangs enthält die (graphisch) geglätteten χ^2-Verteilungen für Kontingenztafeln von 3×2 bis 5×5 für Stichprobenumfänge von etwa $N = k \cdot m$ bis $N = 5 \cdot k \cdot m$. Überschreitet das nach Gl. (5.58) berechnete χ^2 einer $k \times m$-Felder-Tafel die α-Schranke, die für den beobachteten Stichprobenumfang N der Tafel gilt, so besteht eine auf der Stufe α signifikante Kontingenz zwischen Zeilen- und Spaltenmerkmalen.

Beispiel 5.16

Problem: Es soll überprüft werden, welche von 3 Futtermischungen von 4 untersuchten Hunderassen bevorzugt wird.

Hypothese: Zwischen Hunderasse und bevorzugtem Futter besteht kein Zusammenhang (H_0; $\alpha = 0,05$; einseitiger Test).

Datenerhebung: Die in einem Tierlabor ermittelten Futterwahlen führten zu der in Tabelle 5.25 dargestellten 4×3-Kontingenztafel.

Tabelle 5.25

Hunderassen	Futterart			Σ
	1	2	3	
1	0	5	3	8
2	3	1	3	7
3	4	0	6	10
4	0	0	4	4
Σ	7	6	16	N = 29

Auswertung: Da das Tierlabor nur über eine begrenzte Zahl von Versuchstieren verfügt, ist der k × m-χ^2-Test wegen zu geringer erwarteter Häufigkeiten kontraindiziert. Da zudem Fg < 30, kommt statt des Haldane-Dawson-Tests der approximierte χ^2-Test von Craddock-Flood zur Anwendung. Wir ermitteln nach Gl. (5.58) $\chi^2 = 16,89$ mit Fg = 6.

Entscheidung: Die auf dem 5%-Niveau gültige Schranke des Craddock-Flood-Tests beträgt nach Tafel 4 für N = 29 $\approx$ 30 als Stichprobenumfang 12,3. Da unser $\chi^2 = 16,89$ diese Schranke übersteigt, verwerfen wir H_0 und akzeptieren H_1.

Interpretation: Zwischen den 4 Hunderassen und dem bevorzugten Futter besteht ein Zusammenhang. Die 4 Hunde der Rasse Nr. 4 wählen beispielsweise ausnahmslos die 3. Futtervariante. Weitere Interpretationshinweise sind den Abweichungen $f_{ij} - e_{ij}$ zu entnehmen (vgl. 5.4.6).

5.4.2 Exakte Analyse

Kann bei kleinen Kontingenztafeln wegen N < k · m der Craddock-Flood-χ^2-Test nicht angewendet werden, ist eine exakte Analyse der k × m-Tafel nach Freeman u. Halton (1951) erforderlich. Wir haben diesen Test bereits in 5.3.2 für k × 2-Tafeln kennengelernt. In der für k × m-Tafeln verallgemeinerten Variante errechnet sich die Punktwahrscheinlichkeit der angetroffenen Tafel bei Gültigkeit von H_0 (Unabhängigkeit der Merkmale) zu

$$p = \frac{(f_{1.}! \cdot f_{2.}! \cdot \ldots \cdot f_{k.}!) \cdot (f_{.1}! \cdot f_{.2}! \cdot \ldots \cdot f_{.m}!)}{N! \cdot (f_{11}! \cdot f_{12}! \cdot \ldots \cdot f_{km}!)}. \tag{5.67}$$

Die Wahrscheinlichkeit der angetroffenen Tafel ergibt – zusammen mit allen Tafeln, die bei Gültigkeit der H_0 gleich wahrscheinlich oder weniger wahrscheinlich sind (Nulltafeln) – die Überschreitungswahrscheinlichkeit P'. Statt der Tafeln mit kleineren oder gleich großen Punktwahrscheinlichkeiten können nach Krauth (1973) auch die Punktwahrscheinlichkeiten der Tafeln mit einem kleineren oder gleich großen χ^2-Wert zusammengefaßt werden (vgl. S. 126).

Das Ermitteln aller Nulltafeln ist bereits bei k × m-Tafeln mit mittlerem Stichprobenumfang recht aufwendig. Auch dabei sind – unter Wahrung der Randsummen – so viele Frequenzen vollständig zu permutieren als die Tafel Freiheitsgrade aufweist. Ein Auswertungsschema findet man bei Lienert (1978, S. 409 ff.). Einen weiteren Testalgorithmus beschreiben Mehta u. Patel (1983). Eine Testalternative für den Freeman-Halton-Test wurde von Berry u. Mielke (1986) entwickelt. Die Durchführung eines Freeman-Halton-Tests für 3 × 3-Tafeln wird durch eine von Krüger (1975) entwickelte und im Anhang als Tafel 45 wiedergegebene Tabelle erleichtert. Diese Tabelle gilt für N = 6 (1) 20.

Ist eine Mehrfeldertafel sehr schwach besetzt, aber deren **Randverteilung bekannt** oder theoretisch zu postulieren, dann prüft man mit dem auf zwei Dimensionen verallgemeinerten *Polynomialtest* (vgl. 5.1.2) wirksamer, als wenn man die beobachteten Randverteilungen zugrunde legt, wie dies bei dem exakten Test für die Kontingenz in schwach besetzten Mehrfeldertafeln der Fall ist. Wir wollen die Arbeitsweise dieses Tests der Einfachheit halber an einem k × 2-Beispiel erläutern.

Nehmen wir an, im Beispiel 5.3 wären die Mißbildungen von Neugeborenen einmal nach dem Typ (1 = Becken, 2 = Extremitäten und 3 = Andere) und zum anderen nach der Behandlung der Mütter (mit und ohne Schlafmittel) aufgegliedert worden. Eine Großerhebung habe $\pi_{1.} = 40\%$ Mütter ergeben, die während der Schwangerschaft Schlafmittel genommen haben und $\pi_{2.} = 60\%$, die keine Medikamente genommen haben. Aus medizinischen Statistiken sei bekannt, daß der Anteil von Beckenmißbildungen $\pi_{.1} = 70\%$, die der Extremitätenmißbildungen $\pi_{.2} = 20\%$ und andere Mißbildungen $\pi_{.3} = 10\%$ ausmachen. Nach dem Multiplikationssatz der Wahrscheinlichkeit ergeben sich damit für eine 2 × 3-Felder-Tafel die in Tabelle 5.26 dargestellten, theoretisch zu erwartenden Anteilsparameter π_{ij} (z. B. $\pi_{11} = 0,40 \cdot 0,70 = 0,28$).

Tabelle 5.26

	1	2	3	
1	$\pi_{11} = 0,28$	$\pi_{12} = 0,08$	$\pi_{13} = 0,04$	0,40
2	$\pi_{21} = 0,42$	$\pi_{22} = 0,12$	$\pi_{23} = 0,06$	0,60
	0,70	0,20	0,10	1,00

Wenn sich nun zeigt, daß alle N = 3 Mißbildungen auf die Kombination „Mißbildungen von Extremitäten bei Neugeborenen von Müttern mit Schlafmittel" entfallen, so entsteht die in Tabelle 5.27 dargestellte empirische Kontingenztafel.

Tabelle 5.27

	1	2	3	Σ
1	$x_{11} = 0$	$x_{12} = 3$	$x_{13} = 0$	3
2	$x_{21} = 0$	$x_{22} = 0$	$x_{23} = 0$	0
Σ	0	3	0	N = 3

Die *Punktwahrscheinlichkeit*, bei Geltung der Nullhypothese (Unabhängigkeit von Behandlung und Mißbildungstyp) die beobachtete 2 × 3-Felder-Verteilung zu erhalten, ergibt sich analog Gl. (5.9) zu

$$p_0^* = \frac{N!}{x_{11}! \ldots x_{23}!}(\pi_{11})^{x_{11}} \ldots (\pi_{23})^{x_{23}} \quad . \tag{5.68}$$

Bedenkt man, daß 0! = 1 definiert ist, so resultiert

$$p_0^* = \frac{6}{6}(0,28)^0(0,08)^3(0,04)^0 \ldots (0,06)^0 = (0,08)^3 = 0,000512 \quad .$$

Es gibt noch 5 andere Feldverteilungen, die eine *kleinere* als die beobachtete Punktwahrscheinlichkeit liefern (Tabelle 5.28).

Tabelle 5.28

0 0 3 0 0 0	mit $p_1^* = 0,04^3 = 0,000064$
0 0 0 0 0 3	mit $p_2^* = 0,06^3 = 0,000216$
0 0 2 0 0 1	mit $p_3^* = 3 \cdot 0,04^2 \cdot 0,06 = 0,000288$
0 0 1 0 0 2	mit $p_4^* = 3 \cdot 0,04 \cdot 0,06^2 = 0,000432$
0 1 2 0 0 0	mit $p_5^* = 3 \cdot 0,08 \cdot 0,04^2 = 0,000384$

Wir ermitteln $\sum p_i^* = 0,0019$, d. h. H_0 wäre für $\alpha = 0,01$ zu verwerfen.

Die *Alternative* zur H_0 ist dahin zu interpretieren, daß zwischen Behandlung und Mißbildungstyp eine Kontingenz besteht, die bewirkt, daß Extremitätenmißbildungen bei Müttern, die Schlafmittel genommen haben, häufiger als theoretisch zu erwarten aufgetreten sind.

Der hier vorgestellte Polynomialtest ist das exakte Pendant zum asymptotischen Globalanpassungstest (vgl. S. 134ff.), der eine beobachtete mit einer theoretisch zu erwartenden Kontingenztafel vergleicht; er bezieht neben Abweichungen zugunsten von Kontingenz auch solche zu Lasten mangelnder Übereinstimmung zwischen beobachteten und erwarteten Randsummen mit ein. In unserem Beispiel reicht die Marginalabweichung, wie Beispiel 5.3 gezeigt hat, allein aus, um H_0 auf dem 5%-Niveau zu verwerfen.

5.4.3 Fusion einzelner Felder

Alle bislang besprochenen χ^2-Kontingenztests setzen voraus, daß N Individuen nach 2 Merkmalen zu k und m Stufen *eindeutig klassifiziert* werden. Vereinzelt kommt es vor, daß diese Voraussetzung in bezug auf 2 benachbarte Felder der $k \times m$-Kontingenztafel aus sachlichen Gründen nicht erfüllt werden kann. Man arbeitet hier nach Rao (1965, S. 343) mit verschmolzenen oder *fusionierten Feldern,* wenn es darum geht, auf Kontingenz zwischen den beiden Merkmalen zu prüfen. Dazu ein Beispiel:

Aus Sonderschulen für sprachgestörte Kinder wurde eine Stichprobe von N = 217 Kindern sowohl hinsichtlich organischer Defekte im Sprechapparat (D_1 = keine, D_2 = geringe, D_3 = schwere) als auch hinsichtlich der Art der Sprachstörung (S_1 = Sprachfehler, S_2 = Nasalität, S_3 = Lallen) klassifiziert. Da bei schweren Defekten (D_3) Nasalität (S_2) mit Sprachfehlern (S_1) meist gekoppelt war, wurden diese beiden Klassen fusioniert, d. h. in Tabelle 5.29 durch eine Klammer umschlossen.

Tabelle 5.29

Merkmal	S_1	S_2	S_3	Σ
D_1	45	26	12	83
D_2	32	50	21	103
D_3	(4 +	10)	17	31
Σ	81	86	50	N = 217

Die erwarteten Häufigkeiten der nicht-fusionierten Felder berechnen wir unter der Nullhypothese der Unabhängigkeit von D und S wie üblich nach $f_{i.} \cdot f_{.j}/N$. Zur Berechnung der erwarteten Häufigkeiten der fusionierten Felder verwenden wir nun nicht die Spaltensumme $f_{.1} = 81$ und $f_{.2} = 86$, sondern aufgrund einer – hier nicht weiter erläuterten – Maximum-likelihood-Schätzung die korrigierten Spaltensummen $f'_{.1}$ und $f'_{.2}$; sie ergeben sich aus den beiden Gleichungen

$$\frac{f'_{.1}}{f_{11} + f_{21}} = \frac{f'_{.2}}{f_{12} + f_{22}} \quad , \tag{5.69}$$

$$N - f'_{.1} - f'_{.2} = f_{.3} \quad . \tag{5.70}$$

Aus Gl. (5.69) resultiert $f'_{.1}/(32+45) = f'_{.2}/(50+26)$ bzw. $f'_{.1} = (77/76)f'_{.2}$. Da N = 217 und $f_{.3} = 50$, erhalten wir durch Einsetzen in Gl. (5.70)

$$217 - \frac{77}{76}f'_{.2} - f'_{.2} = 50$$

oder

$$217 - 50 = f'_{.2} \left(\frac{77}{76} + 1 \right)$$

bzw.

$$f'_{.2} = \frac{76}{153}(217 - 50) = 82,954$$

und

$$f'_{.1} = \frac{77}{76}(f'_{.2}) = \frac{77}{76} \cdot 82,954 = 84,046 \quad .$$

Mit diesen beiden korrigierten Spaltensummen resultieren erwartete Häufigkeiten von $e_{31} = (84,046)(31)/217 = 12,007$ und $e_{32} = (82,954)(31)/217 = 11,851$. In Tabelle 5.30 sind alle erwarteten Häufigkeiten aufgeführt.

Tabelle 5.30

30,982	32,894	19,124
38,447	40,820	23,733
(12,007 + 11,851)		7,143

Berechnet man nun in gewohnter Weise für die 7 nicht-fusionierten Felder $\sum(f - e)^2/e$ und addiert die χ^2-Komponente für das fusionierte Feld, so erhält man

χ^2 = 31,577, das für $(3-1)(3-1)-1 = 3$ Fg auf der 0,1%-Stufe signifikant ist und damit eine (höchst plausible) Kontingenz zwischen organischen Defekten des Sprechapparates und Art der Sprachstörungen anzeigt. Ohne Fusion hätten wir $\chi^2 = 32,884$ für 4 Fg erhalten, das ungefähr die gleiche Überschreitungswahrscheinlichkeit aufweist.

Man kann Raos Fusionstest oder einen komplizierten von Chernoff u. Lehman (1954) auch zum „Poolen" von Feldern mit zu niedrigen Erwartungswerten heranziehen, wenn die Felder ein natürlich geordnetes Merkmal betreffen. Ein Näherungsverfahren besteht darin, daß man die Beobachtungs- und die Erwartungswerte der Felder poolt und das resultierende χ^2 konservativ für (k − 1)(m − 1) Fg beurteilt.

5.4.4 Anpassung von Teiltafeln an die Gesamttafel

Häufig interessiert den hypothesengeleiteten Untersucher nicht die Gesamtkontingenz zweier Merkmale innerhalb einer k × m-Felder-Tafel, sondern die Kontingenz zwischen z ≤ k Klassen des Zeilenmerkmals und s ≤ m Klassen des Spaltenmerkmals: Man spricht von *Teilkontingenz* in einer Gesamttafel, wobei die Gesamttafel auch als Referenztafel und die Teiltafel als Inferenztafel bezeichnet wird. Dazu ein Beispiel: Wurden N Patienten einmal nach k Diagnosen und zum anderen nach m Berufsgruppen klassifiziert, resultiert eine k × m-Felder-Tafel. Aus dieser Tafel interessieren den Psychosomatiker jedoch nur psychosomatische Diagnosen (wie Asthma und Gastritis) sowie jene Berufsgruppen, die hoher oder niedriger Streßbelastung unterliegen. Es wird gefragt, ob innerhalb der Gesamttafel eine Teilkontingenz derart besteht, daß *Streß* und *Psychosomatosen* überzufällig oft gemeinsam auftreten.

Der naive Untersucher wird u.U. in einem solchen Fall einfach aus der Gesamttafel eine Teiltafel mit den ihn interessierenden Stufen des einen und des anderen Merkmals konstruieren und diese nach Gl. (5.58) auswerten. Dieses Vorgehen ist jedoch statistisch unstatthaft, insbesondere wenn die Entscheidung über die auszuwählenden Stufen erst angesichts der Gesamttafel – also post hoc – erfolgt. Tatsächlich kann man auf diese Weise auch in Tafeln, für die die Nullhypothese der Unabhängigkeit beider Merkmale nicht zu verwerfen ist, meistens Teiltafeln finden, für die sie zu verwerfen wäre.

Wenn wir auf Kontingenz innerhalb einer z × s-*Teiltafel* der gesamten k × m-Tafel korrekt prüfen wollen, können wir uns folgende Überlegung zunutze machen: Wir betrachten die Gesamttafel als theoretischen Bezugsrahmen (Referenztafel) und leiten aus ihr unsere Annahme über die Randverteilungen der zu prüfenden Teiltafel (Inferenztafel) ab. Geprüft wird die Anpassung der Teiltafel an die Gesamttafel (vgl. auch S. 134ff.).

Bezeichnet man die beobachteten Frequenzen der zur χ^2-Zerlegung anstehenden z × s-Felder-Teiltafel einer k × m-Felder-Gesamttafel mit f_{ij}, i = 1(1)z und j = 1(1)s, so ist die Prüfgröße

$$\chi^2 = \sum_{i=1}^{z} \sum_{j=1}^{s} \frac{(f_{ij} - np_{i.}p_{.j})^2}{np_{i.}p_{.j}} \quad \text{mit zs} - 1 \text{ Fg} \tag{5.71}$$

wie χ^2 verteilt, wenn die *Nullhypothese*, wonach die beobachteten Frequenzen f_{ij} der Teiltafel von den aufgrund der *Randverteilungen der Gesamttafel* erwarteten Frequenzen $np_{i.}p_{.j}$ nur zufällig abweichen, gilt. Die Zeilen- und Spaltenanteile $p_{i.}$ und $p_{.j}$ und n sind wie folgt definiert:

$$p_{i\cdot} = f_{i\cdot}/N_z \quad \text{mit} \quad N_z = \sum_{i=1}^{z} f_{i\cdot} \quad,$$

$$p_{\cdot j} = f_{\cdot j}/N_s \quad \text{mit} \quad N_s = \sum_{j=1}^{s} f_{\cdot j} \quad,$$

$$n = \sum_{i=1}^{z} \sum_{j=1}^{s} f_{ij} \quad.$$

Darin sind $f_{i\cdot}$ die Zeilensummen und $f_{\cdot j}$ die Spaltensummen der Gesamttafel (nicht der Teiltafel!) und n der Stichprobenumfang der Teiltafel (nicht der Gesamttafel). Der Stichprobenumfang der Gesamttafel wird unverändert mit N bezeichnet.

Die Teilkomponenten dieses χ^2-Wertes für die Globalanpassung sind:

– das χ^2 für die Zeilenanpassung:

$$\chi_z^2 = \sum_{i=1}^{z} \frac{(n_{i\cdot} - n \cdot p_{i\cdot})^2}{n \cdot p_{i\cdot}} \quad \text{mit } z - 1 \text{ Fg} \quad; \tag{5.72}$$

– das χ^2 für die Spaltenanpassung:

$$\chi_s^2 = \sum_{j=1}^{s} \frac{(n_{\cdot j} - n \cdot p_{\cdot j})^2}{n \cdot p_{\cdot j}} \quad \text{mit } s - 1 \text{ Fg} \quad; \tag{5.73}$$

– und das χ^2 für die Kontingenzanpassung:

$$\chi_k^2 = \sum_{i=1}^{z} \sum_{j=1}^{s} \frac{(f_{ij} - n_{i\cdot} \cdot p_{\cdot j} - n_{\cdot j} \cdot p_{i\cdot} + n \cdot p_{i\cdot} \cdot p_{\cdot j})^2}{n \cdot p_{i\cdot} \cdot p_{\cdot j}} \tag{5.74}$$

mit

$$(z - 1) \cdot (s - 1) \, \text{Fg} \quad,$$

wobei $n_{i\cdot}(n_{\cdot j}) = $ Zeilen-(Spalten)-Summen der Teiltafel.

Es gilt: $\chi^2 = \chi_z^2 + \chi_s^2 + \chi_k^2$. Die Prüfgröße χ_k^2 entscheidet über die Frage, ob die vom Untersucher aus einer $k \times m$-Felder-Tafel ausgewählten z Stufen des Zeilenmerkmals und die s Stufen des Spaltenmerkmals als unabhängig angenommen werden dürfen (H_0) oder nicht (H_1).

Beispiel 5.17

Problem: Es interessiert die Frage, ob bei Fehldiagnosen blinddarmoperierter Kinder die Fehldiagnose „Atemwegsinfekt" vom 2. bis zum 7. Lebensjahr abnimmt und die Fehldiagnose „Harnwegsinfekt" vom 2. bis zum 7. Lebensjahr zunimmt, wie es die klinische Erfahrung nahelegt. Zur Bearbeitung dieses Problems steht eine umfangreiche medizinische Statistik zur Verfügung mit 6 Arten von Fehldiagnosen und 6 Altersstufen der Kinder.

Hypothesen: Die z = 2 Diagnosen und die s = 3 Altersstufen sind innerhalb der k = 6 Diagnosen und der m = 6 Altersstufen voneinander unabhängig (H_0, $\alpha = 0,01$; zweiseitiger Test).

Datenerhebung: N = 1175 aufgrund verschiedener Fehldiagnosen blinddarmoperierte Kinder verteilten sich auf verschiedene Altersstufen nach Tabelle 5.31 (aus Jesdinsky, 1968).

Tabelle 5.31

Fehl-diagnosen	Alter in Jahren						Summe $f_i.$
	2 – 3	4 – 5	6 – 7	8 – 9	10 – 11	12 – 14	
1	3	10	7	9	11	10	50
2	119	165	145	105	113	97	744
3	9	23	32	24	11	17	116
4	42	37	32	14	11	17	153
5	1	10	9	14	7	16	57
6	10	8	11	10	7	9	55
Summe $f._j$	184	253	236	176	160	166	N = 1175

Fehldiagnosenschlüssel:
1 = „Appendizitische Reizung"
2 = Enteritis, Gastroduodenitis, etc.
3 = „Wurmenteritis"
4 = Infekt der oberen Atemwege
5 = Infekt der Harnwege
6 = Kein krankhafter Befund erhoben

Auswertung: Für die Ermittlung von χ_k^2 nach Gl. (5.74) berechnen wir zunächst die Anteilswerte für die Zeilen 4 und 5 mit $N_z = 153 + 57 = 210$:

$$p_4. = 153/210 \qquad\qquad = 0,7286$$
$$p_5. = 57/210 \quad = 1 - p_4. = 0,2714$$
$$\overline{1,0000.}$$

Sodann berechnen wir die Anteilswerte für die Spalten 1, 2 und 3 mit $N_s = 184 + 253 + 236 = 673$:

$$p._1 = 184/673 = 0,2734$$
$$p._2 = 253/673 = 0,3759$$
$$p._3 = 236/673 = 0,3507$$
$$\overline{1,0000.}$$

Ferner ermitteln wir die Randsummen der 2 × 3-Felder-Teiltafel:

$$n_4. = 42 + 37 + 32 = 111 \qquad n._1 = 42 + 1 = 43$$
$$n_5. = 1 + 10 + 9 = 20 \qquad n._2 = 37 + 10 = 47$$
$$\overline{n = 131} \qquad n._3 = 32 + 9 = 41$$
$$\overline{n = 131.}$$

Weiter benötigen wir die folgenden Zwischenwerte für Gl. (5.74):

Auswertung und Interpretation: Da es um Kontingenzen in verdichteten Teiltafeln geht und die Tafel ausreichend besetzt ist, führen wir 3 A-priori-Einzelvergleichstests durch. Für Test 1 fertigen wir die in Tabelle 5.32 dargestellte zusammenfassende Teiltafel an.

Tabelle 5.32

Diagnose	Alter		
	2 – 7 Jahre	8 – 14 Jahre	
4	111	42	$f_{I.} = 153$
5	20	37	$f_{K.} = 57$
	$f_{.J} = 673$	$f_{.L} = 502$	$N - 1175$

Nach Gl. (5.75) ermitteln wir

$d_{IJL} = 111 \cdot (502) - 42 \cdot (673) = 27456$

$d_{KJL} = 20 \cdot (502) - 37 \cdot (673) = -14861$,

so daß

$$\chi_1^2 = \frac{1175}{673 \cdot 502 \cdot 1175} \cdot \left(\frac{27456^2}{153} + \frac{(-14861)^2}{57} - \frac{12595^2}{210} \right) = 23,82 \quad .$$

Wegen der einseitigen Frage beurteilen wir $\chi^2 = 23,82$ für 1 Fg nach $2\alpha = 0,002$. Die zugehörige Schranke von $\chi^2 = u^2 = 2,88^2 = 8,29$ wird überschritten, so daß Frage 1 zu bejahen ist. Unter den mit Appendizitisverdacht operierten Kindern sind mithin Harnwegsinfekte bei älteren, Atemwegsinfekte bei jüngeren Kindern häufiger die richtigen Diagnosen.

Test 2 geht von der in Tabelle 5.33 dargestellten 2 × 6-Felder-Tafel aus:

Tabelle 5.33

Diagnose	2 – 3	4 – 5	6 – 7	8 – 9	10 – 11	12 – 14	
1	3	10	7	9	11	10	$f_{I.} = 50$
6	10	8	11	10	7	9	$f_{K.} = 55$
$f_{.J}$	184	253	236	176	160	166	$N = 1175$

Nach Gl. (5.76) errechnen wir:

$$\chi_2^2 = \frac{1175}{50} \left(\frac{3^2}{184} + \ldots + \frac{10^2}{166} \right) + \frac{1175}{55} \left(\frac{10^2}{184} + \ldots + \frac{9^2}{166} \right)$$
$$- \frac{1175}{105} \left(\frac{13^2}{184} + \ldots + \frac{19^2}{166} \right) = 5,21 \quad .$$

Ein $\chi_2^2 = 5,21$ ist kleiner als die für 5 Fg gültige 0,1%-Schranke von $\chi^2 = 20,52$, so daß wir H_0, wonach die Diagnosen 1 und 6 vom Alter unabhängig sind, nicht verwerfen können. Es besteht daher kein Anlaß anzunehmen, daß es bei den eigentlich gesunden Kindern (1+6) von deren Alter abhängt, ob die Verlegenheitsdiagnose „appendizitische Reizung" (1) gestellt oder ganz auf diese Diagnose verzichtet wird (6). Da bei dieser Fragestellung weder Zeilen noch Spalten verdichtet werden, erhält man das gleiche Resultat auch nach Gl. (5.74).

Test 3 erfordert die in Tabelle 5.34 dargestellte Zusammenfassung der Gesamttafel.

Tabelle 5.34

Diagnose	Alter in Jahren						
	$2-3$	$4-5$	$6-7$	$8-9$	$10-11$	$12-14$	
1+6	13	18	18	19	18	19	$f_{I.} = 105$
2+3+4+5	171	235	218	157	142	147	$f_{K.} = 1070$
$f_{.J}$:	184	253	236	176	160	166	$N = 1175$

Wir verwenden erneut Gl. (5.76) und errechnen:

$$\frac{1175}{105} \cdot \left(\frac{13^2}{184} + \ldots + \frac{19^2}{166} \right) + \frac{1175}{1070} \cdot \left(\frac{171^2}{184} + \ldots + \frac{147^2}{166} \right)$$

$$- \frac{1175}{105 + 1070} \cdot \left[\frac{(13+171)^2}{184} + \ldots + \frac{(19+147)^2}{166} \right]$$

$$= 109,9221 + 1070,4830 - 1175$$

$$= 5,41 \quad .$$

Da in diesem Fall der gesamte Stichprobenumfang (N = 1175) in der verdichteten Tafel vertreten ist, errechnen wir den gleichen Wert einfacher nach der Brandt-Snedecor-Formel für k × 2-Tafeln [Gl. (5.48)].

Auch dieser Kontingenztest ist nicht signifikant. Es darf daher nicht geschlossen werden, der Anteil der praktisch gesunden (6 = kein Befund und 1 = Verlegenheitsdiagnose „Reizung") an den obsoleterweise appendektomierten Kindern ändere sich (steige) mit dem Alter.

Die 3 gezielt durchgeführten Kontingenztests haben somit gezeigt, daß nur die dem Test 1 entsprechende Nullhypothese verworfen und die zugehörige Alternative angenommen werden muß: Danach führen bei jüngeren Kindern vornehmlich Atemwegsinfekte, bei älteren vornehmlich Harnwegsinfekte zur Fehldiagnose einer Blinddarmentzündung bzw. zu einer kontraindizierten Blinddarmoperation. Die übrigen 2 Nullhypothesen müssen beibehalten werden.

Gelegentlich ist es von Interesse, die Gesamtkontingenz einer k × m-Tafel in *additive Teilkomponenten* zu zerlegen. Gesucht werden diejenigen Teiltafeln, de-

ren χ^2-Werte voneinander unabhängig sind und die sich zum Gesamt-χ^2-Wert der k × m-Tafel addieren. Teiltafeln mit dieser Eigenschaft bezeichnet man als **orthogonale Tafeln**. Orthogonale Teiltafeln interessieren vor allem dann, wenn der Untersucher nur solche Hypothesen zu prüfen wünscht, die formallogisch unabhängig, sachlogisch klar voneinander zu trennen und je eigenständig zu interpretieren sind, wie es für orthogonale Einzelvergleiche (Kontraste) im Rahmen der parametrischen Varianzanalyse gilt (vgl. z. B. Bortz, 1989, Kap. 7.3).

Im folgenden betrachten wir verdichtete Vierfeldertafeln, die zusammengenommen einen Satz orthogonaler Teiltafeln darstellen. Weitere Hinweise zu orthogonalen Teiltafeln findet man in 8.1.3.3. (Man beachte, daß die varianzanalytischen Konstruktionsprinzipien für orthogonale Kontraste nicht ohne weiteres auf Kontingenztafeln übertragbar sind. Dies gilt insbesondere für Kontingenztafeln mit ungleichen Randsummen.)

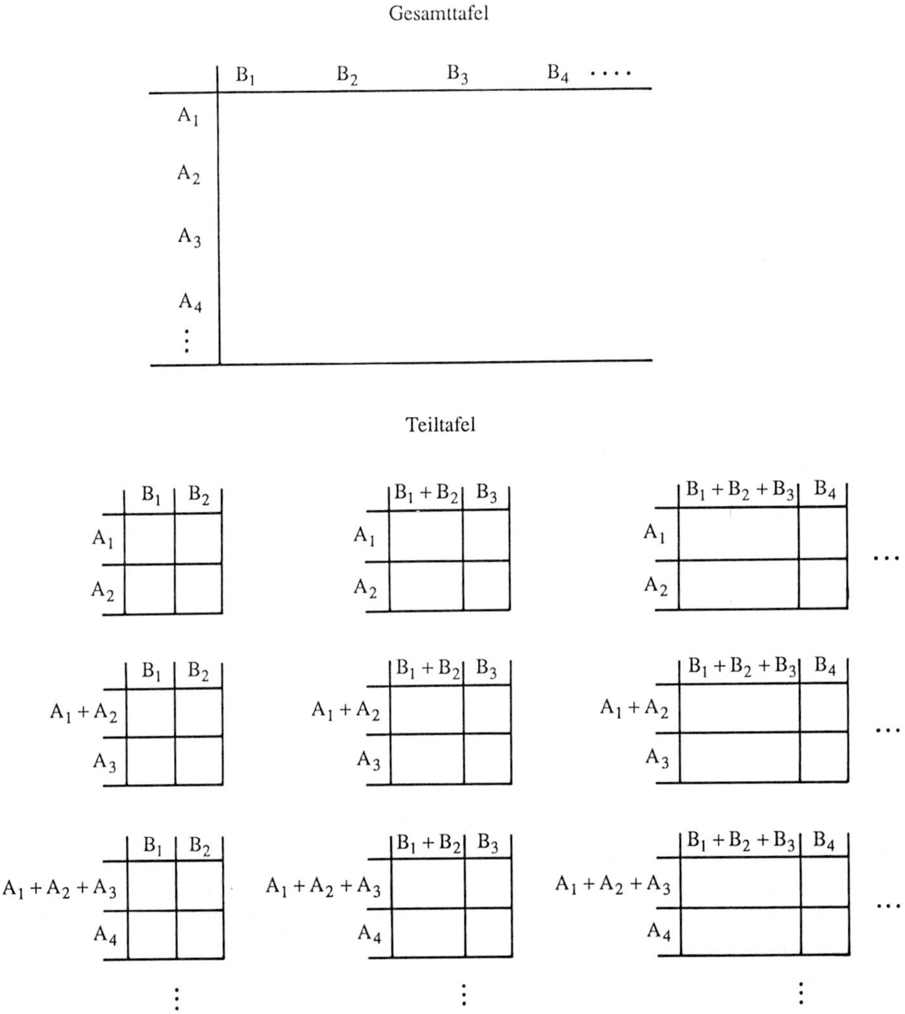

Abb. 5.4. Entwicklung orthogonaler Vierfeldertafeln

Auf S. 126f. wurde bereits aufgeführt, wie sich eine k × 2-Tafel in orthogonale Vierfeldertafeln zerlegen läßt. Dieses Prinzip soll im folgenden verallgemeinert werden (vgl. dazu auch Irwin, 1949; Lancaster, 1950; Kimball, 1954; Kastenbaum, 1960 und Castellan, 1965).

Die Abb. 5.4 zeigt eine allgemeine k × m-Tafel sowie deren Zerlegung in (k − 1)·(m − 1) orthogonale Vierfeldertafeln. Man erkennt unschwer, daß die 1. Zeile (bzw. die 1. Spalte) der Entwicklung der Teiltafeln dem Verdichtungsprinzip entspricht, das wir bereits bei k × 2-Tafeln (oder 2 × k-Tafeln) kennengelernt haben.

Wegen der Verdichtungen in den Teiltafeln sind die χ^2-Komponenten nach Gl. (5.75) zu bestimmen. [Bei den Vierfelderteiltafeln einer k × 2-Gesamttafel führt diese Gleichung zu den gleichen Resultaten wie Gl. (5.51)]. Das in Tabelle 5.35 dargestellte Zahlenbeispiel demonstriert die Additivität der χ^2-Werte der Teiltafeln numerisch.

Tabelle 5.35

	B_1	B_2	B_3	B_4	
A_1	20	40	10	30	100
A_2	30	10	50	10	100
A_3	40	10	10	60	120
	90	60	70	100	N = 320

$\chi^2 = 119{,}4075$

	B_1	B_2
A_1	20	40
A_2	30	10

$\chi^2 = 21{,}5111$

	$B_1 + B_2$	B_3
A_1	60	10
A_2	40	50

$\chi^2 = 37{,}9290$

	$B_1 + B_2 + B_3$	B_4
A_1	70	30
A_2	90	10

$\chi^2 = 9{,}3091$

	B_1	B_2
$A_1 + A_2$	50	50
A_3	40	10

$\chi^2 = 11{,}8519$

	$B_1 + B_2$	B_3
$A_1 + A_2$	100	60
A_3	50	10

$\chi^2 = 7{,}3882$

	$B_1 + B_2 + B_3$	B_4
$A_1 + A_2$	160	40
A_3	60	60

$\chi^2 = 31{,}4182$

Die 6 nach Gl. (5.75) bestimmten χ^2-Werte haben jeweils 1 Fg. Als Summe dieser orthogonalen χ^2-Komponenten errechnet man $\chi^2 = 119,4075$ mit Fg = 6, was dem nach Gl. (5.58) ermittelten χ^2-Wert der Gesamttafel entspricht.

Hinsichtlich der inferenzstatistischen Bewertung der orthogonalen χ^2-Komponenten sei auf 2.2.11 verwiesen. Die Einbindung der hier behandelten Einzelvergleiche in das Allgemeine Lineare Modell wird in 8.1.3.3 gezeigt.

5.4.6 Einfeldertests (KFA)

Das Gesamt-χ^2 einer k × m-Felder-Kontingenztafel setzt sich bekanntlich aus so vielen χ^2-Komponenten zusammen, wie Felder vorhanden sind. Jede einzelne Komponente ist ein Maß für die Abweichung der beobachteten Frequenz f dieses Feldes von der unter der Nullhypothese der Unabhängigkeit beider Merkmale erwarteten Frequenz e.

Ist die beobachtete Frequenz größer als die erwartete Frequenz, dann sprechen wir von einer Überfrequentierung dieses Feldes; ist die beobachtete Frequenz kleiner als die erwartete Frequenz, dann sprechen wir von Unterfrequentierung. Über- wie Unterfrequentierung von Feldern ist Ausdruck mangelnder Übereinstimmung von Beobachtung und Erwartung und damit Ausdruck einer zwischen den beiden Merkmalen bzw. ihren Stufen bestehenden Kontingenz.

Aus Gründen, die historisch bedingt sind (Lienert, 1969b), bezeichnen wir die Einfelderaufteilung und die Einfelderbeurteilung einer Kontingenztafel als **Konfigurationsfrequenzanalyse (KFA)**. Eine *Konfiguration* ist dabei jede der k × m möglichen Kombinationen von Ausprägungen (Klassen, Stufen) der beiden Merkmale. Frequenzanalyse soll heißen, daß die Frequenzen einiger oder aller Felder der Kontingenztafel durch einen Vergleich zwischen Beobachtung und Erwartung unter H_0 analysiert werden.

Die KFA wurde als *heuristische Methode* von Lienert (1969b) konzipiert und zusammen mit Krauth (Krauth u. Lienert, 1973) als inferentielle Methode vorgestellt (vgl. zusammenfassend auch Krauth, 1985b). Sie gewinnt ihre besondere und für sie spezifische Bedeutung erst bei der Auswertung mehrdimensionaler Kontingenztafeln, wie in 5.6 verdeutlicht wird. Modifikationen sind in einer Artikelserie der *Zeitschrift für klinische Psychologie und Psychotherapie* zusammengefaßt (Lienert, 1971, 1972; Lienert u. Krauth, 1973, 1974; Lienert u. Straube, 1980; Lienert u. Wolfrum, 1979). Die Beziehung der KFA zum Allgemeinen Linearen Modell diskutiert v. Eye (1988). Die Durchführung von Einfeldertests via KFA sei im folgenden an einem Beispiel demonstriert:

N = 570 Studenten wurden nach ihrer Studienrichtung (S) und nach ihrer Einstellung (E) zur Gentechnologie klassifiziert. Die k = 4 Studienrichtungen (n = Naturwissenschaftler, t = Techniker, g = Geisteswissenschaftler und j = Juristen) und die beiden Einstellungen (+ = Zustimmung, − = Ablehnung) sind in Tabelle 5.36 hinsichtlich der 4 × 2 = 8 möglichen Kombinationen (Konfigurationen) samt ihren Beobachtungs- und Erwartungswerten verzeichnet.

Die KFA beurteilt die Felderkomponenten des Gesamt-χ^2 nun daraufhin, ob sie eine vereinbarte Schranke (z.B. $\chi^2_{0,01} = 3,84$ für 1 Fg) überschreiten. „Signifikant" überfrequentierte Konfigurationen werden als *Konfigurationstypen* bezeichnet und mit einem Pluszeichen versehen. „Signifikant" unterfrequentierte Konfigurationen werden als *Antitypen* bezeichnet und mit einem Minuszeichen signiert.

In Tabelle 5.36 findet sich ein Typ n+ der positiv eingestellten Naturwissenschaftler. Diese Konfiguration wurde bei 135 Studenten beobachtet, wird aber unter H_0 (Unabhängigkeit von S und E) nur bei 112 Studenten erwartet. Weiter findet sich ein dazu komplementärer Antityp der negativ eingestellten Naturwissenschaftler, der 108mal beobachtet wurde, aber bei Unabhängigkeit von S und E 131mal erwartet wird.

Tabelle 5.36

Konfiguration		f_{ij}	e_{ij}	$(= f_{i.}f_{.j}/N)$	$\chi^2_{ij} = (f-e)^2/e$
S	E				
n	+	135	111,69	$(= 243 \cdot 262/570)$	4,86 +
n	−	108	131,30	$(= 243 \cdot 308/570)$	4,14 −
t	+	31	32,64	$(= 71 \cdot 262/570)$	0,08
t	−	40	38,36	$(= 71 \cdot 308/570)$	0,07
g	+	57	69,87	$(= 152 \cdot 262/570)$	2,37
g	−	95	82,13	$(= 152 \cdot 308/570)$	2,02
j	+	39	47,80	$(= 104 \cdot 262/570)$	1,62
j	−	65	56,20	$(= 104 \cdot 308/570)$	1,38
$f_{1.} = 243$ $f_{.1} = 262$		570	570		$\chi^2 = 16,54$
$f_{2.} = 71$ $f_{.2} = 308$					
$f_{3.} = 152$					
$f_{4.} = 104$					

Will man Typen und Antitypen aus Stichproben verschiedenen Umfangs hinsichtlich ihrer Ausgeprägtheit (Prägnanz) vergleichen, so beschreibt man sie durch einen zwischen 0 und 1 variierenden *Prägnanzkoeffizienten* Q, der wie folgt definiert ist (Krauth u. Lienert, 1973, S. 34):

$$Q = \frac{2|f - e|}{N + |2e - N|} \quad . \tag{5.77}$$

Der *Prägnanzkoeffizient* entspricht seinen numerischen Werten nach dem parametrischen Determinationskoeffizienten r^2, wobei r den parametrischen Produkt-Moment-Korrelationskoeffizienten bezeichnet. Will man die Prägnanz entsprechend r beschreiben, so hat man $Q_r = \sqrt{Q}$ zu bilden.

In Tabelle 5.36 hat der Typ der positiv eingestellten Naturwissenschaftler eine Prägnanz von $Q = 2|135 - 112|/(570 + |224 - 570|) = 0,0502$ oder $Q_r = 0,22$.

Typen bzw. Antitypen wurden bislang als „signifikant" über- bzw. unterfrequentierte Konfigurationen definiert. „Signifikant" steht hier in Anführungszeichen, weil der Vergleich der einzelnen χ^2-Komponenten mit der für ein gegebenes α und Fg = 1 kritischen χ^2-Schranke zu falschen Entscheidungen führen kann. Zwar addieren sich die einzelnen χ^2-Komponenten zum Gesamt-χ^2-Wert der k × m-Tafel; die Summe der Freiheitsgrade der einzelnen χ^2-Komponenten (im Beispiel Fg = 8) stimmt jedoch nicht mit der Anzahl der Fg des Gesamt-χ^2-Wertes überein (im Beispiel Fg = 6). Anders als die im letzten Abschnitt behandelten χ^2-Werte der orthogonalen Vierfeldertafeln sind die χ^2-Komponenten der einzelnen Felder voneinander abhängig. Das bisherige Vorgehen kann deshalb nur als ein heuristisches Verfahren zum Aufsuchen von Hypothesen über Typen (Antitypen) gelten, die anhand eines neuen Datenmaterials zu bestätigen sind.

Unter inferenzstatistischem Blickwinkel haben wir bei A-posteriori-Einfeldertests das α-Risiko so zu adjustieren, daß der Tatsache mehrerer simultaner Tests Rechnung getragen wird. Bezeichnet r die Zahl der vereinbarten Einfeldertests, so ist bei konservativem Vorgehen (vgl. 2.2.11) $\alpha^* = \alpha/r$ als adjustiertes α zu benutzen.

Ohne gezielte Alternativhypothesen über Typen im voraus zu formulieren, hätten wir für Tabelle 5.36 r = 8 Einfeldertests planen und $\alpha^* = \alpha/8$ setzen müssen, was für $\alpha = 0,05$ ein $\alpha^* = 0,05/8 = 0,00625$ ergibt. In diesem Fall läge die zweiseitige Signifikanzschranke für r = 8 simultane χ^2-Komponententests bei $\chi^2_\alpha = u^2_{\alpha/2} = u^2_{0,003125} = 2,74^2 = 7,51$. Keine unserer χ^2_{ij}-Komponenten erreicht diese Schranke, d. h. die Nullhypothese fehlender Typen darf nicht verworfen werden.

Dieser *asymptotische* χ^2-*Komponententest* setzt voraus, daß die erwarteten Häufigkeiten e_{ij} durchweg größer als 5 sind. Ist diese Bedingung nicht erfüllt, dann muß statt dessen der *exakte Binomialtest* mit $X = f_{ij}$ als Variable und N sowie $p = f_i.f._j/N^2 = e_{ij}/N$ als Parametern durchgeführt werden, um Typen nachzuweisen (Krauth u. Lienert, 1973, Kap. 2.3):

$$P = \sum_{j=x}^{N} \binom{N}{j} \cdot p^j \cdot (1-p)^{N-j}. \tag{5.78}$$

Nur wenn die einseitige Überschreitungswahrscheinlichkeit P des Binomialtests kleiner ist als das adjustierte α-Risiko $\alpha^* = \alpha/r$, darf die Existenz eines Typus als gesichert gelten.

In unserem Beispiel wären für die Konfiguration (n+) $p = 243 \cdot 262/570^2 = 0,1959557$ und $x = 135$ zu setzen, so daß

$$P = \sum_{j=135}^{570} \binom{570}{j} (0,1959557)^j (1 - 0,1959557)^{570-j} = 0,007 \quad.$$

Da in diesem Falle N genügend groß ist, um die Binomialverteilung durch eine Normalverteilung zu approximieren ($N > 50$ und $e_{ij} > 5$), bestimmt man vorzugsweise folgende einfacher zu berechnende Prüfgröße [s. auch Gl. (1.22)]:

$$u = \frac{f-e}{\sqrt{e(1-p)}} \quad. \tag{5.79}$$

In unserem Beispiel gilt $u = (135 - 112)/\sqrt{112(0,8040443)} = 2,42$, dem ein P-Wert von 0,0078 entspricht. Der Typus (n+) wäre demnach sowohl nach Gl. (5.78) als auch nach Gl. (5.79) signifikant, wenn er a priori als Hypothese formuliert worden wäre. Er wäre jedoch nicht signifikant überfrequentiert, wenn man alle 8 Konfigurationen a posteriori getestet hätte.

Ist p klein, so ist $1-p$ nahe 1 und kann in Gl. (5.79) fortfallen. Setzt man $u^2 = \chi^2$ (1 Fg), dann ist der eingangs empfohlene χ^2-Komponententest als Näherungslösung für den Binomialtest zu erkennen.

Wenn N nicht genügend groß ist, um eine gute Approximation der Binomialverteilung durch die Normalverteilung sicherzustellen, kann statt des aufwendigen Binomialtests auch für $e_{ij} < 5$ die folgende F-verteilte Prüfgröße berechnet werden (vgl. Pfanzagl, 1974, S. 117):

$$F = \frac{f_{ij}}{N - f_{ij} + 1} \cdot \frac{1-p}{p} \quad \text{(für den Nachweis von Typen)} \tag{5.80a}$$

mit

$$Fg_Z = 2 \cdot (N - f_{ij} + 1) \quad \text{und}$$
$$Fg_N = 2 \cdot f_{ij} \quad,$$

$$F = \frac{N - f_{ij}}{f_{ij} + 1} \cdot \frac{p}{1-p} \quad \text{(für den Nachweis von Antitypen)} \tag{5.80b}$$

mit

$$Fg_Z = 2 \cdot (f_{ij} + 1) \quad \text{und}$$
$$Fg_N = 2 \cdot (N - f_{ij}) \quad .$$

Für den Typus (n+) errechnet man nach Gl. (5.80a):

$$F = \frac{135}{570 - 135 + 1} \cdot \frac{1 - 0,1960}{0,1960} = 1,27 \quad .$$

Wie man der F-Tabelle (vgl. Tafel 18 im Anhang) entnehmen kann, ist dieser F-Wert für $Fg_Z = 872$ und $Fg_N = 270$ auf dem $\alpha = 1\%$-Niveau signifikant.

Für den Antitypus (n−) in Tabelle 5.36 resultiert nach Gl. (5.80b)

$$F = \frac{570 - 108}{109} \cdot \frac{0,2304}{1 - 0,2304} = 1,27 \quad .$$

Auch dieser Typus wäre – bei a priori formulierter Hypothese – mit $Fg_Z = 218$ und $Fg_N = 924$ für $\alpha = 0,01$ signifikant.

5.4.7 Vergleich mehrerer Kontingenztafeln

Auf S. 123 wurde ein Verfahren dargestellt, mit dem 2 Vierfeldertafeln verglichen werden können. Man faßt die 4 Merkmalskombinationen als ein neues Merkmal mit 4 Abstufungen auf und erhält mit den Häufigkeiten der beiden Vierfeldertafeln eine 4×2-Tafel, die nach Gl. (5.48) auszuwerten ist.

In ähnlicher Weise gehen wir vor, wenn 2 homomorphe $k \times m$-Tafeln zu vergleichen sind. Ein Beispiel soll diesen Ansatz verdeutlichen. (Die Verallgemeinerung dieses Ansatzes auf k Tafeln findet man auf S. 159. Wie man mit Hilfe der partiellen Kontingenz Homogenitätsprüfungen vornimmt, wird auf S. 187ff. gezeigt.)

Männliche Suizidenten (N = 262) werden nach 3 Motivkategorien M (S = somatische Krankheit, P = psychische Krankheit, A = Alkoholismus) und nach dem „Erfolg" E im versuchten (−) und vollendeten (+) Selbstmord in einer 3×2-Felder-Tafel angeordnet. In gleicher Weise werden 220 weibliche Suizidenten kategorisiert, so daß die in Tabelle 5.37 dargestellte 6×2-Tafel resultiert (Daten nach Zwingmann, 1965, S. 82).

Überprüft wird die Nullhypothese, daß Männer und Frauen hinsichtlich der 6 Merkmalskombinationen als homogen anzusehen sind (bzw. daß die Häufigkeiten der 6 Merkmalskombinationen vom Geschlecht der Suizidenten unabhängig sind).

Tabelle 5.37

Konfi-guration	Merk-mal M	E	Männer a_i	Frauen b_i	Beide N_i	$\frac{N}{N_i} \cdot \left(\frac{a_i^2}{N_a} + \frac{b_i^2}{N_b} - N_i \right) = \chi_i^2$
1	S	+	86	64	150	$3,21 \cdot (28,23 + 18,62) - 150 = 0,39$
2	S	−	16	18	34	$14,18 \cdot (0,98 + 1,47) - 34 = 0,74$
3	P	+	61	76	137	$3,52 \cdot (14,20 + 26,25) - 137 = 5,38$
4	P	−	25	47	72	$6,69 \cdot (2,39 + 10,04) - 72 = 11,16$
5	A	+	47	7	54	$8,93 \cdot (8,43 + 0,22) - 54 = 23,24$
6	A	−	27	8	35	$13,77 \cdot (2,78 + 0,29) - 35 = 7,27$
			$N_a = 262$	$N_b = 220$	$N = 482$	$\chi^2 = 48,18$

Wir ermitteln $\chi^2 = 48,18$, das bei $(6-1) \cdot (2-1) = 5$ Fg auf dem $\alpha = 1\%$-Niveau signifikant ist. (Bei der Berechnung des χ^2-Wertes in Tabelle 5.37 wurde Gl. (5.48) so umgeformt, daß die χ_i^2-Beträge der einzelnen Konfigurationen zum Gesamt-χ^2 als Summanden getrennt berechnet werden können; vgl. Gebhardt u. Lienert, 1978. Da mit gerundeten Zwischenergebnissen gerechnet wurde, weicht das ermittelte χ^2 vom exakten $\chi^2 = 48,36$ geringfügig ab.)

Der signifikante χ^2-Wert besagt, daß Männer und Frauen hinsichtlich der Selbstmordmotive und des „Selbstmorderfolges" nicht als homogen anzusehen sind. Der KFA über die einzelnen χ^2-Komponenten (vgl. 5.4.6) ist heuristisch zu entnehmen, daß die Konfigurationen (A+ = Alkoholismus in Verbindung mit vollendetem Selbstmord) zwischen den Geschlechtern am stärksten diskriminiert: Während in der gesamten (vereinten) Stichprobe ein Männeranteil von 54 % registriert wird, entfallen in dieser Kategorie 87 % der Suizidenten auf Männer.

Neben dieser heuristischen Analyse stehen dem Untersucher nun eine Reihe von Möglichkeiten offen, den Vergleich der Kontingenztafeln zu detaillieren. Dabei können theoretisch alle in 5.4.3 – 5.4.6 behandelten Verfahren zum Einsatz kommen. Es sei jedoch nochmals mit Nachdruck davor gewarnt, Testmöglichkeiten „auszuprobieren", denn diese Vorgehensweise ist wegen des nicht mehr kalkulierbaren α-Fehlers unwissenschaftlich. Zulässig ist es jedoch, diverse Ex-post-Analysen von Teiltafeln vorzunehmen, um deren Ergebnisse als Hypothesen in weiterführenden Untersuchungen mit neuem Datenmaterial zu überprüfen.

Falls möglich, sollten bereits vor der Datenerhebung Hypothesen über spezielle Unterschiede zwischen den zu vergleichenden Kontingenztafeln aufgestellt werden. (Zur inferenzstatistischen Absicherung dieser Hypothesen vgl. 2.2.11.) Dazu einige Beispiele:

- In der Konfiguration (A+) ist der Männeranteil größer als in den übrigen Kategorien. Zur Überprüfung dieser Hypothese wäre die 5. Kategorie den verdichteten Kategorien 1, 2, 3, 4 und 6 gegenüberzustellen und die resultierende Vierfeldertafel nach Gl. (5.75) einseitig auszuwerten.
- Männer und Frauen unterscheiden sich hinsichtlich des Anteils vollendeter bzw. versuchter Suizide. Für diese Hypothese wären die Kategorien 1, 3 und 5 sowie 2, 4 und 6 zu verdichten und die resultierende Vierfeldertafel nach Gl. (5.75) zweiseitig auszuwerten.
- Frauen sind in der Kategorie P– überfrequentiert. Die Überprüfung dieser Hypothese liefe auf einen Einfeldertest nach Gl. (5.78) bzw. Gl. (5.79) hinaus mit $f_{ij} = 47$, $p = 220 \cdot 72/482^2 = 0,07$ und $N = 482$.

Sollen K homomorphe $k \times m$-Tafeln verglichen werden, resultiert eine $k \cdot m \times K$-Gesamttafel, deren χ^2 über die Homogenität der K Tafeln entscheidet. Auch hier sind a priori formulierte Hypothesen mit den in den letzten Abschnitten beschriebenen Verfahren zu überprüfen.

Weitere Auswertungsmöglichkeiten ergeben sich, wenn man die K zu vergleichenden Stichproben (Schichten, Diagnosen, Schulklassen etc.) als eine 3. Dimension auffaßt, so daß ein dreidimensionaler $k \times m \times K$-Kontingenzquader resultiert. Die Analyse drei- und mehrdimensionaler Kontingenztafeln wird in 5.6 behandelt.

Man beachte, daß weitere Anregungen zur Auswertung mehrdimensionaler Kontingenztafeln auch in 8.1 (Regressions- und Zusammenhangsmaße) zu finden sind.

5.5 Abhängige Stichproben

Wenn wir ein und dieselbe Stichprobe von Individuen zwei- oder mehrmal – etwa in einem gewissen zeitlichen Abstand oder unter veränderten Bedingungen – auf ein bestimmtes Merkmal hin untersuchen, so haben wir es nicht mehr mit unabhängigen, sondern mit abhängigen (korrelierenden oder gepaarten) Stichproben zu tun (vgl. auch S. 27). Dabei liefert also jedes Individuum 2 oder mehr Beobachtungen. Abhängige Stichproben erhalten wir auch, wenn wir nach einem bestimmten Kriterium Parallelstichproben bilden, d. h. etwa Paare, Tripel, Quadrupel etc. von Individuen gleichen Gewichts oder gleicher Antigensensibilität bilden und die Individuen einer jeden merkmalshomogenen Gruppe nach Zufall einer der 2, 3, 4 usw. Stichproben zuteilen.

Im folgenden behandeln wir zunächst die Häufigkeiten, die sich ergeben, wenn eine Stichprobe hinsichtlich eines dichotomen Merkmals zweimal untersucht wird (bzw. die Häufigkeiten zweier Parallelstichproben bezogen auf ein dichotomes Merkmal). Der dafür einschlägige Test ist der χ^2-Test von McNemar (1947). Zur Sprache kommen ferner Verallgemeinerungen des McNemar-Tests in Form des Bowker-Tests (zweimalige Untersuchung eines mehrstufigen Merkmals) bzw. des Cochran-Tests (mehrmalige Untersuchung eines zweistufigen Merkmals).

5.5.1 Zweimalige Messung eines dichotomen Merkmals

5.5.1.1 McNemar-Test

Betrachten wir den Fall, daß ein und dieselbe Gruppe von Patienten zweimal (etwa während und nach einer Erkrankung) hinsichtlich eines dichotomen Merkmals, z. B. des Auftretens einer biologischen Reaktion (+, −), untersucht worden ist, dann sieht das Tafelschema von McNemar wie in Tabelle 5.38 dargestellt aus.

Tabelle 5.38

Untersuchung I	Untersuchung II	
	+	−
+	a	b
−	c	d

In Tabelle 5.38 erscheint die Zahl der Patienten, die in der Untersuchung I positiv und in der Untersuchung II negativ reagierte, in Feld b; im Feld c dagegen

finden sich die Patienten mit negativer Reaktion in Untersuchung I und mit positiver Reaktion in Untersuchung II. Die Zahl der Patienten, deren Reaktion unverändert positiv oder negativ geblieben ist, steht in den Feldern a und d.

Wenn wir nun ausschließlich die Fälle b+c betrachten, in denen eine Veränderung der Reaktion zustande kam, so erwarten wir unter *der Annahme, daß diese Veränderung rein zufälliger Natur ist* (H_0), daß die eine Hälfte der Veränderungen in Richtung von Plus nach Minus (Feld b) und die andere in Richtung von Minus nach Plus (Feld c) führt. Unter H_0 gilt also für die beobachteten Häufigkeiten b und c eine Erwartungshäufigkeit von $e_b = e_c = e = (b + c)/2$, d. h. wir erwarten eine symmetrische Häufigkeitsverteilung um die durch die Felder a und d verlaufende Symmetrieachse. Je mehr b und c von ihrem Durchschnitt (b+c)/2 abweichen, um so weniger werden wir auf die Geltung der Nullhypothese vertrauen.

Die Wahrscheinlichkeit, daß die beobachteten Häufigkeiten b und c der unter H_0 erwarteten Häufigkeit (b+c)/2 entsprechen, ergibt sich gemäß Gl. (5.58) aus der Prüfgröße χ^2 wie folgt:

$$\chi^2 = \frac{\left(b - \dfrac{b + c}{2}\right)^2}{\dfrac{b + c}{2}} + \frac{\left(c - \dfrac{b + c}{2}\right)^2}{\dfrac{b + c}{2}} \quad .$$

Algebraisch vereinfacht resultiert daraus die übliche Formel des χ^2-Tests von McNemar:

$$\chi^2 = \frac{(b - c)^2}{b + c} \quad \text{mit Fg} = 1 \quad . \tag{5.81}$$

Berücksichtigt man – was bei $(b + c) < 30$ zweckmäßig erscheint –, daß die Frequenzen diskret, χ^2 aber stetig verteilt ist, ergibt sich die kontinuitätskorrigierte χ^2-Formel zu

$$\chi^2 = \frac{(|b - c| - 0,5)^2}{b + c} \quad \text{mit Fg} = 1 \quad . \tag{5.82}$$

Den resultierenden χ^2-Wert beurteilen wir nach Tafel 3 des Anhanges im üblichen (zweiseitigen) Sinn. Wurde über die Richtung der Änderung der Reaktion bereits vor der Durchführung des Versuches eine begründete Voraussage gemacht, dann ist auch ein einseitiger Test zulässig: Man bildet zu diesem Zweck $u = \sqrt{\chi^2}$ oder liest in Tafel 3 des Anhanges P' bei 2α ab.

Ein Beispiel soll die Anwendung des McNemar-Tests bzw. – wie er auch genannt wird – des *Vierfeldersymmetrietests* auf die Therapieerfolgsforschung veranschaulichen.

Beispiel 5.19

Problem: Ein Kombinationspräparat, das Vitamine, Hormone und Nervennährstoffe enthält, soll die allgemeine Leistungsfähigkeit erhöhen.

Hypothese: Voll- und Leerpräparat sind gleich wirksam (H_0; $\alpha = 0,05$; einseitiger Test).

Datenerhebung: Ein praktischer Arzt behandelt eine Stichprobe von 38 Patienten in einem Abstand von 1 Monat einmal mit dem Vollpräparat und ein zweites Mal mit einem Leerpräparat (Plazebo). Aufgrund der Aussagen der Patienten stuft der Arzt die Wirkung als „gering" oder „stark" ein. Die Zuordnungen aufgrund der Behandlung der 38 Patienten sind in Tabelle 5.39 dargestellt.

Tabelle 5.39

Wirkung	Leerpräparat		Σ
	stark	gering	
Vollpräparat			
stark	9	15	24
gering	4	10	14
Σ	13	25	38

Auswertung: Unsere Erwartung unter H_1, daß das Vollpräparat häufiger stärker wirkt als das Leerpräparat, daß also $b > c$, scheint der Dateninspektion nach zuzutreffen. Die Prüfung nach Gl. (5.82) ergibt:

$$\chi^2 = \frac{(|15 - 4| - 0,5)^2}{15 + 4} = 5,80 \quad .$$

Entscheidung: Bei der gebotenen einseitigen Fragestellung lesen wir für 1 Fg bei $2 \cdot \alpha = 0,10$ einen kritischen χ^2-Wert von 2,71 ab. Unser Wert von 5,80 übersteigt ihn weit und ist so auf der 5%-Stufe signifikant.

Interpretation: Die Wirkung des Vollpräparates übersteigt die des Leerpräparates (der Suggestion) wesentlich. Man kann allerdings nicht ausschließen, daß der aufgetretene Effekt auf die Reihenfolge, in der die beiden Medikamente verabreicht wurden (1. Vollpräparat, 2. Leerpräparat), zurückzuführen ist (vgl. dazu 5.5.1.2).

Der McNemar-Test ist auch zu verwenden, wenn die Differenz zweier Prozentwerte aus abhängigen Stichproben auf Signifikanz getestet werden soll. In Beispiel 5.19 stellen wir fest, daß das Vollpräparat bei

$$P_1 = \frac{a + b}{N} \cdot 100 = \frac{24}{38} \cdot 100 = 63,16 \%$$

aller Patienten stark wirksam war, das Leerpräparat hingegen nur bei

$$P_2 = \frac{a + c}{N} \cdot 100 = \frac{13}{38} \cdot 100 = 34,21 \% \quad .$$

Es resultiert damit eine Differenz von

$$P_1 - P_2 = 100 \cdot \left(\frac{a + b}{N} - \frac{a + c}{N} \right) = 100 \cdot \frac{b - c}{N}$$

$$= 100 \cdot \frac{15 - 4}{38} = 28,95 \% \quad .$$

Den Standardfehler der Differenz zweier Prozentwerte schätzen wir nach McNemar (1947) mit

$$\hat{\sigma}_{(P_1 - P_2)} = \frac{\sqrt{b+c}}{N} \cdot 100 \quad .$$

Relativieren wir die Differenz am Standardfehler, resultiert bei genügend großem N folgende normalverteilte Prüfgröße u:

$$u = \frac{P_1 - P_2}{\hat{\sigma}_{(P_1 - P_2)}} = \frac{b - c}{\sqrt{b+c}}$$

bzw. wegen $u^2 = \chi^2$ für Fg = 1

$$\chi^2 = \frac{(P_1 - P_2)^2}{\hat{\sigma}^2_{(P_1 - P_2)}} = \frac{(b - c)^2}{b + c} \quad . \tag{5.83}$$

Die vielfältigen Einsatzmöglichkeiten des McNemar-Tests seien anhand einiger Beispiele verdeutlicht:

- Es soll geprüft werden, ob eine Aufgabe 1 schwerer zu lösen (+) ist als eine Aufgabe 2 (Schwierigkeitsvergleich von Aufgaben in der Testkonstruktion). Einer Stichprobe von N Personen werden beide Aufgaben gestellt, und man ermittelt die Häufigkeiten für die 4 Felder, wobei a = ++, b = +−, c = −+ und d = − − gesetzt werden. Die weitere Auswertung erfolgt nach Gl. (5.81).
- Zwei Prüfer A und B werden hinsichtlich ihrer Prüfungsstrenge verglichen. Man ermittelt, wieviele von N Prüflingen bei A (P_A) und bei B (P_B) bestanden haben (+) und vergleicht die P-Werte nach Gl. (5.83). Die Vierfeldertafel erhält man wieder mit a = ++, b = +−, c = −+ und d = − − .
- Eine weitere Anwendungsvariante wurde von Sarris (1967) vorgeschlagen. Betrachten wir N = 12 Probanden, die einmal unter Normalbedingungen (B) und ein anderes Mal unter Wettbewerbsbedingungen (A) untersucht werden, und zwar mit 2 Tests, einem Rechenschnelligkeitstest X und einem motorischen Koordinationstest Y, deren Testpunktwerte nicht vergleichbar sind. Die Wettbewerbssituation hat gegenüber der Normalsituation die in Tabelle 5.40 dargestellten Zuwachsraten $d_{xi} = x_{ai} - x_{bi}$ und $d_{yi} = y_{ai} - y_{bi}$ erbracht.

Tabelle 5.40

Nummer des Probanden	1	2	3	4	5	6	7	8	9	10	11	12
d_{xi}:	77	94	112	162	125	116	56	− 23	85	120	226	− 5
d_{yi}:	38	− 7	− 21	− 58	52	− 10	− 32	− 19	− 11	99	− 3	− 8

Wie man bereits aus den Vorzeichen der Differenz ersieht, wird die Rechenschnelligkeit (X) durch Wettbewerb gefördert, während die motorische Koordination (Y) gehemmt wird. Ist diese unterschiedliche Wirkung des Wettbewerbs gesichert?

Wir prüfen diese Frage, indem wir die Vorzeichen (sgn) der Differenzen d_x und d_y bzw. deren Paarkombinationen auszählen (Tabelle 5.41).

Tabelle 5.41

Merkmale $\operatorname{sgn}(x_{ai} - x_{bi})$	$\operatorname{sgn}(y_{ai} - y_{bi})$	
	+	−
+	3	7
−	0	2

Der Test nach Gl. (5.82) liefert ein $\chi^2 = (|7 - 0| - 0,5)^2/(7 + 0) = 6,04$, das bei 1 Fg auf der 5%-Stufe signifikant ist, d. h. unsere Vermutung aufgrund der Dateninspektion wird bestätigt.

Der McNemar-Test setzt voraus:

- daß die Untersuchungseinheiten – Individuen oder Individuenpaare – zufallsmäßig und wechselseitig unabhängig aus einer definierten Population entnommen worden sind,
- daß sie sich eindeutig und vollständig in ein Vierfelderschema für abhängige Stichproben einordnen lassen und
- daß die erwarteten Häufigkeiten $e_b = e_c > 5$ sind. Ist diese Voraussetzung nicht erfüllt, rechnet man mit der Häufigkeit des Feldes b (oder c) einen Binomialtest (vgl. 5.1.1) mit $\pi = 1/2$ und $N = b + c$ als Parameter. (Dieser führt im Beispiel zu $P = 0,0078$ und bestätigt damit das Ergebnis des wegen $e < 5$ eigentlich kontraindizierten McNemar-Tests.)

5.5.1.2 Gart-Test

Die „klassische" Indikation des McNemar-Tests ist die wiederholte Untersuchung eines dichotomen Merkmals an einer Stichprobe. Sind nun die beiden Untersuchungen wie in Beispiel 5.19 an unterschiedliche Behandlungen geknüpft, stellt sich die Frage nach der **Bedeutung der Abfolge der Behandlungen**, denn diese könnte für die Interpretation des McNemar-χ^2-Tests nicht unerheblich sein.

Beispiel 5.19 führt zu einem signifikanten χ^2-Wert, was dahingehend interpretiert wurde, daß das Vollpräparat wirksamer sei als das Plazebo. Wie bereits ausgeführt, kann man nun fragen, ob das Vollpräparat (V) nur deshalb wirksamer sei, weil es öfter vor dem Plazebo (P) verabreicht wurde, denn es ist bekannt, daß es so etwas wie einen Novitätseffekt gibt, der bewirkt, daß das zuerst verabfolgte Mittel (was immer es sein mag) besser wirkt als das danach verabfolgte Mittel.

Um diesem Einwand zu begegnen, nehmen wir an, daß von den 19 Patienten, die nur auf ein Präparat positiv reagierten (die übrigen Patienten tragen nicht zur Unterscheidung der Präparate bei), $N_{VP} = 8$ Patienten in der Reihenfolge $V - P$ und $N_{PV} = 11$ Patienten in der Reihenfolge $P - V$ behandelt wurden. Bei den $N_{VP} = 8$ Patienten sei V 8mal ($v_1 = 8$) und P 0mal ($p_2 = 0$) und bei den $N_{PV} = 11$ Patienten sei P 4mal ($p_1 = 4$) und V 7mal ($v_2 = 7$) wirksam gewesen. Diese Häufigkeiten ordnen wir nach Gart (1969) in 2 Vierfeldertafeln an, mit denen einerseits die Drogenwirkung und andererseits die Abfolgewirkung beurteilt werden kann (Tabelle 5.42).

Tabelle 5.42

	Anordnung für					
	Drogenwirkungstest			Abfolgewirkungstest		
	VP	PV		VP	PV	
1. Droge wirkt	$v_1 = 8$	$p_1 = 4$	12	V wirkt	$v_1 = 8$	$v_2 = 7$	15
2. Droge wirkt	$p_2 = 0$	$v_2 = 7$	7	P wirkt	$p_2 = 0$	$p_1 = 4$	4
	8	11	19		8	11	19

Diese beiden Vierfeldertafeln werden in üblicher Weise nach dem Vierfelder-χ^2-Test [Gl. (5.24)] ausgewertet bzw. bei zu kleinen erwarteten Häufigkeiten – wie im vorliegendem Falle – nach Fisher-Yates [Gl. (5.33)]. Der Drogenwirkungstest vergleicht die Wirkung von V (Hauptdiagonale) mit der Wirkung von P (Nebendiagonale) und der Abfolgewirkungstest die Wirkung der 1. Droge (Hauptdiagonale) mit der Wirkung der 2. Droge (Nebendiagonale). Wir ermitteln für den Drogen-wirkungstest $P = 0,007$ und für den Abfolgewirkungstest $P = 0,085$ als einseitige Überschreitungswahrscheinlichkeiten. Legen wir $\alpha = 0,05$ zugrunde, so gilt für 2 simultane Tests $\alpha^* = 0,025$. Dieses Risiko wird vom Drogenwirkungstest eindeutig unterschritten, so daß wir auf die Wirksamkeit des Vollpräparates vertrauen. Der Novitätseffekt ist zwar auffällig ($p_1 + v_1 = 12$; $p_2 + v_2 = 7$), aber mit $P = 0,085$ nicht signifikant.

Der Drogen- und der Abfolgewirkungstest sind je für sich zu interpretieren. Das bedeutet, daß eine Drogenwirkung unabhängig von der Folgewirkung signifikant sein kann und umgekehrt. In unserem Beispiel wird die ursprüngliche Interpretation des McNemar-Tests (das Vollpräparat ist wirksamer als das Plazebo) durch das Ergebnis des Drogenwirkungstests unterstützt. Dies hätte jedoch nicht zu sein brauchen, da McNemars Test beide Wirkungen konfundiert.

Wie Zimmermann u. Rahlfs (1978) gezeigt haben, wirkt Garts Test in bestimmten Fällen konser-vativ, da er nicht alle Zellenfrequenzen benutzt. Der von den Autoren als Alternative vorgeschlagene und zur varianzanalytischen Auswertung eines Überkreuzungsplanes („cross-over-designs") homologe Test benutzt eine sog. Minimum-χ^2-Statistik, um je gesondert auf Behandlungs- und Abfolgewirkungen zu prüfen. Andere Tests für Überkreuzungspläne stammen von Bennett (1971), George u. Desu (1973) und Berchtold (1976).

5.5.2 Zweimalige Messung eines k-fach gestuften Merkmals

5.5.2.1 Bowker-Test

Eine Erweiterung des auf Vierfeldertafeln bezogenen McNemar-Tests auf k × k-Tafeln wurde von Bowker (1948) vorgeschlagen. Die Indikation dieses Test wird deutlich, wenn wir in Beispiel 5.19 nicht nur nach starker (+) und geringer (±), sondern auch nach fehlender (−) Wirkung fragen.

Nehmen wir an, ein entsprechender Versuch mit dieser Dreierklassifikation (+, ±, −) hätte bei N = 100 Patienten die in Tabelle 5.43 dargestellte 3 × 3-Tafel ergeben.

Tabelle 5.43

Wirkungseinschätzung des Vollpräparats	Wirkungs- einschätzung des Leerpräparates			
	+	±	−	Σ
+	14	7	9	30
±	5	26	19	50
−	1	7	12	20
Σ	20	40	40	100

Der Bowker-Test (oder auch *k × k-Felder-Symmetrietest*) prüft in diesem Beispiel die Nullhypothese, daß Voll- und Leerpräparat gleich wirksam sind, d. h. daß sich die Häufigkeiten hinsichtlich der Hauptdiagonale symmetrisch verteilen. Dabei werden wie beim McNemar-Test die Felder der Hauptdiagonale außer acht gelassen (denn in ihnen kommen die gleichwertigen Reaktionen unter beiden Behandlungsarten zum Ausdruck) und die übrigen zur Hauptdiagonale symmetrisch gelegenen Felder hinsichtlich ihrer Frequenzanteile paarweise miteinander verglichen.

Bezeichnen wir die Zeilen der Mehrfeldertafel mit $i = 1, \ldots, k$, die Spalten mit $j = 1, \ldots, k$ und die beobachtete Frequenz in dem von der Zeile i und der Spalte j gebildeten Feld mit f_{ij}, so kann die Symmetrie der über die Patienten abhängigen Stichproben von Voll- und Leerpräparatdaten wie folgt geprüft werden:

$$\chi^2 = \sum_{i=1}^{k} \sum_{j=1}^{k} \frac{(f_{ij} - f_{ji})^2}{f_{ij} + f_{ji}} \ , \quad i > j \tag{5.84}$$

$$\text{mit } Fg = \binom{k}{2} = \frac{k \cdot (k-1)}{2} \ .$$

Setzt man die Werte des Zahlenbeispiels ein, so erhält man:

$$\chi^2 = \frac{(7-5)^2}{7+5} + \frac{(9-1)^2}{9+1} + \frac{(19-7)^2}{19+7} = 12,27$$
$$\text{für } 3(3-1)/2 = 3\,Fg \ .$$

Bei zweiseitiger Fragestellung und einem vereinbarten Risiko I von $\alpha = 0,01$ ist die Nullhypothese nach Tafel 3 des Anhanges abzulehnen. Tatsächlich ist es angesichts der Daten offenkundig, daß die Wirkung des Vollpräparats (repräsentiert durch die Frequenzen oberhalb der Hauptdiagonale) stärker ist als die des Leerpräparats (repräsentiert durch die Frequenzen unterhalb der Hauptdiagonale). Der Bowker-Test setzt erwartete Häufigkeiten $e_{ij} = (f_{ij} + f_{ji})/2 \geq 5$ bzw. bei annähernd gleich großen erwarteten Häufigkeiten $e_j > 2$ voraus (vgl. Wise, 1963). Ist diese Voraussetzung verletzt, kann man nach Krauth (1973) folgenden *exakten Test* durchführen: Man bestimmt zunächst alle Tafeln, die extremer von der Symmetrie abweichen als die angetroffene Tafel. Für jede dieser Tafeln wird die Punktwahrscheinlichkeit nach folgender Gleichung ermittelt:

$$p_T = \prod_{i<j} \binom{f_{ij}+f_{ji}}{f_{ij}} \cdot \left(\frac{1}{2}\right)^{f_{ij}} \cdot \left(\frac{1}{2}\right)^{f_{ji}} \ . \tag{5.85}$$

Bei dieser Auswertung bleiben Zellen mit $f_{ij} = f_{ji} = 0$ unberücksichtigt. In jeder Tafel können nun die Häufigkeiten f_{ij} und f_{ji} ausgetauscht werden, ohne daß dadurch die Punktwahrscheinlichkeit verändert wird. Wenn für $k(T)$ Paare von Zellen $f_{ij}+f_{ji} > 0$ und $f_{ij} \neq f_{ji}$ gilt, erhält man für jede Tafel $2^{k(T)}$ verschiedene Anordnungen, so daß man die Überschreitungswahrscheinlichkeit nach folgender Gleichung berechnen kann:

$$P = \sum 2^{k(T)} \cdot p_T \ . \tag{5.86}$$

Die Summe läuft hier über die beobachtete und alle extremeren Tafeln.

Ein kleines Zahlenbeispiel soll diesen Test verdeutlichen. Tabelle 5.44 zeigt unter der Ziffer 1 die empirisch angetroffene Tafel und unter den Ziffern 2 bis 4 die extremeren Tafeln.

Tabelle 5.44

(1)	a_1	a_2	a_3	(2)	a_1	a_2	a_3	(3)	a_1	a_2	a_3	(4)	a_1	a_2	a_3
a_1	2	1	1	a_1	2	2	1	a_1	2	1	1	a_1	2	2	1
a_2	1	1	3	a_2	0	1	3	a_2	1	1	4	a_2	0	1	4
a_3	0	1	2	a_3	0	1	2	a_3	0	0	2	a_3	0	0	2

Wir errechnen nach Gl. (5.85)

$$p_1 = \left[\binom{1+1}{1}\cdot\left(\frac{1}{2}\right)^1\cdot\left(\frac{1}{2}\right)^1\right]\cdot\left[\binom{1+0}{1}\cdot\left(\frac{1}{2}\right)^1\cdot\left(\frac{1}{2}\right)^0\right]\cdot\left[\binom{3+1}{3}\cdot\left(\frac{1}{2}\right)^3\cdot\left(\frac{1}{2}\right)^1\right] = \frac{8}{128} \ ,$$

$$p_2 = \left[\binom{2+0}{2}\cdot\left(\frac{1}{2}\right)^2\cdot\left(\frac{1}{2}\right)^0\right]\cdot\left[\binom{1+0}{1}\cdot\left(\frac{1}{2}\right)^1\cdot\left(\frac{1}{2}\right)^0\right]\cdot\left[\binom{3+1}{3}\cdot\left(\frac{1}{2}\right)^3\cdot\left(\frac{1}{2}\right)^1\right] = \frac{4}{128} \ ,$$

$$p_3 = \left[\binom{1+1}{1}\cdot\left(\frac{1}{2}\right)^1\cdot\left(\frac{1}{2}\right)^1\right]\cdot\left[\binom{1+0}{1}\cdot\left(\frac{1}{2}\right)^1\cdot\left(\frac{1}{2}\right)^0\right]\cdot\left[\binom{4+0}{4}\cdot\left(\frac{1}{2}\right)^4\cdot\left(\frac{1}{2}\right)^0\right] = \frac{2}{128} \ ,$$

$$p_4 = \left[\binom{2+0}{2}\cdot\left(\frac{1}{2}\right)^2\cdot\left(\frac{1}{2}\right)^0\right]\cdot\left[\binom{1+0}{1}\cdot\left(\frac{1}{2}\right)^1\cdot\left(\frac{1}{2}\right)^0\right]\cdot\left[\binom{4+0}{4}\cdot\left(\frac{1}{2}\right)^4\cdot\left(\frac{1}{2}\right)^0\right] = \frac{1}{128} \ ,$$

In Tafel 1 ergeben sich durch Austausch von $f_{13}(=1)$ und $f_{31}(=0)$ und durch Austausch von $f_{23}(=3)$ und $f_{32}(=1)$ $k(1)=2$ und damit $2^2=4$ gleichwertige Anordnungen. Die Zellen $f_{12}(=1)$ und $f_{21}(=1)$ in Tafel 1 sind gleich besetzt und bleiben deshalb unberücksichtigt. Auf diese Weise erhalten wir $k(2)=3$, $k(3)=2$ und $k(4)=3$ und damit nach Gl. (5.86)

$$P = \frac{2^2\cdot 8 + 2^3\cdot 4 + 2^2\cdot 2 + 2^3\cdot 1}{128} = \frac{80}{128} = 0,625 \ .$$

Die Wahrscheinlichkeit, die beobachtete oder eine extremere Tafel zufällig anzutreffen, beträgt also 62,5 %. Ein weiteres Beispiel findet man in 11.3.4.2.

Der Bowker-Test eignet sich einschließlich seiner Erweiterungen auch zur Überprüfung des Unterschiedes zweier abhängiger 3×3-Tafeln. Hat man beispielsweise 2 dreifach gestufte Merkmale an einer Stichprobe zweimal untersucht, sind 2 abhängige 3×3-Tafeln zu vergleichen. Für diesen Vergleich fertigen wir eine 9×9-Tafel an, deren Zeilen und Spalten aus den Kombinationen der beiden dreifach gestuften Merkmale gebildet werden. Mit dem Bowker-Test läßt sich dann überprüfen, ob die Häufigkeiten hinsichtlich der Hauptdiagonale symmetrisch verteilt sind. Bei einem signifikanten Bowker-Test läßt sich mit gezielten (ggf. α-adjustierten) McNemar-Tests überprüfen, hinsichtlich welcher Merkmalskombinationen signifikante Veränderungen eingetreten sind. Man beachte allerdings, daß diese Anwendungsvariante des Bowker-Tests große Stichprobenumfänge erfordert, um sicherzustellen, daß mindestens 80 % aller $e = (f_{ij} + f_{ji})/2 > 5$ sind.

5.5.2.2 Marginalhomogenitätstest

Wie man sich leicht überzeugen kann, spricht der Bowker-Test auf beliebige Abweichungen von der gemäß H_0 postulierten Symmetrie an. Häufig interessieren jedoch nur *bestimmte Formen der Asymmetrie*. Betrifft der zu untersuchende Symmetrieaspekt nur die Zeilen- und Spaltensummen, überprüft man für 3×3-Tafeln mit folgendem *Marginalhomogenitätstest* von Fleiss u. Everitt (1971) die Nullhypothese $f_{i.} = f_{.i}$:

$$\chi^2 = \frac{n_{23} \cdot d_1^2 + n_{13} \cdot d_2^2 + n_{12} \cdot d_3^2}{2 \cdot (n_{12} \cdot n_{13} + n_{12} \cdot n_{23} + n_{13} \cdot n_{23})} \qquad (5.87)$$

mit Fg = 2,

$$n_{ij} = (f_{ij} + f_{ji})/2 \quad \text{und}$$
$$d_i = f_{i.} - f_{.i} \quad .$$

Bezogen auf Tabelle 5.43 errechnen wir

$$\chi^2 = \frac{13 \cdot 100 + 5 \cdot 100 + 6 \cdot 400}{2 \cdot (6 \cdot 5 + 6 \cdot 13 + 5 \cdot 13)} = 12,14 \quad .$$

Überschreitet χ^2 eine vereinbarte Schranke χ^2_α, unterscheiden sich die beiden Randverteilungen. Im Beispiel ist die H_0 für $\alpha = 0,01$ und zweiseitigen Test wegen $\chi^2_{0,01} = 9,21 < 12,14$ (Fg = 2) zu verwerfen. Tabelle 5.43 entnehmen wir, daß das Vollpräparat bei 30 %, das Leerpräparat jedoch nur bei 20 % aller Probanden wirksam war. Umgekehrt zeigte das Vollpräparat bei 20 % und das Leerpräparat bei 40 % aller Probanden keine Wirkung.

Der Test von Fleiss u. Everitt (1971) für 3×3-Felder-Tafeln ist nur ein Spezialfall des von Stuart (1955) und Maxwell (1970) entwickelten Tests für größere Tafeln, der mit den Differenzen $d_{1(1)k}$ anstelle der Differenzen $d_{1(1)3}$ arbeitet. Dieser Test erfordert jedoch ebenso wie seine Vorgänger (Bhapkar, 1966; Grizzle et al., 1969 und Ireland et al., 1969) die Inversion von Matrizen.

Ersatzweise können für $k > 3$ die Häufigkeiten f_{ij} und $f_{ji}(i \neq j)$ via Binomialtest (bzw. dessen Normalverteilungsapproximation, vgl. 1.2.3) verglichen werden. In Tabelle 5.43 befinden sich N = 48 Patienten außerhalb der Diagonale (Ungleichreaktoren), von denen x = 7 + 9 + 19 = 35 Patienten für die Überlegenheit des Vollpräparats sprechen. Mit $\pi = 0,5$ errechnet man nach Gl. (5.8) u = $(|35 - 24| - 0,5)/\sqrt{12} = 3,03 > 2,33 = u_{0,01}$, d.h. es resultiert die gleiche Entscheidung wie nach Gl. (5.87).

5.5.3 Mehrfache Messung eines dichotomen Merkmals

5.5.3.1 Q-Test von Cochran

Beim McNemar-Test wird ein dichotomes Merkmal zweimal an einer Stichprobe (oder einmal an 2 Parallelstichproben) untersucht. Wird das dichotome Merkmal nicht zweifach, sondern m-fach gemessen, läßt sich mit Hilfe des *Q-Tests* von Cochran (1950) prüfen, ob die Häufigkeiten für die Merkmalskategorien konstant bleiben (H_0) oder ob Veränderungen eintreten (H_1). Bei Anwendung auf m Parallelstichproben überprüft der Q-Test die Unterschiedlichkeit der Parallelstichproben.

Für die Durchführung eines Q-Tests fertigen wir ein $N \times m$-Datenschema an (N = Anzahl der Personen, m = Anzahl der Messungen oder Behandlungen), in das wir die Reaktionen einer jeden Person (z.B. positive Reaktion = +, negative Reaktion = −) eintragen. Bezeichnen wir weiter mit L_i die Zahl der positiven Reaktionen des Individuums i auf die m Behandlungen (Zeilensumme = individuelle Reaktionstendenz) und mit T_j die Zahl der positiven Reaktionen der N Individuen auf die Behandlung j (Spaltensumme = Behandlungswirkung), so ist die Prüfgröße

$$Q = \frac{(m-1) \cdot \left[m \cdot \sum_{j=1}^{m} T_j^2 - \left(\sum_{j=1}^{m} T_j \right)^2 \right]}{m \cdot \sum_{i=1}^{N} L_i - \sum_{i=1}^{N} L_i^2} \qquad (5.88)$$

unter H_0 (keine Behandlungswirkung) annähernd wie χ^2 mit $m-1$ Freiheitsgraden verteilt.

Der Berechnung der Verteilung des Prüfmaßes Q liegt die Annahme zugrunde, daß die Reaktionstendenz, d.h. die Gesamtzahl der Plusreaktionen für jedes Individuum konstant ist; nur die Art, wie sich diese Gesamtzahl auf die m Behandlungen verteilt, ist veränderlich, und zwar zufallsmäßig veränderlich unter H_0 (keine Änderung der Reaktionsbereitschaft) und systematisch veränderlich unter H_1 (Änderung der Reaktionsbereitschaft). Unter H_0 können sich die L_i positiven Reaktionen des Individuums i in $\binom{m}{L_i}$-facher Weise auf die m Spalten verteilen, wobei jede Verteilung gleich wahrscheinlich ist, so daß je Spalte etwa gleich viele Plusreaktionen resultieren werden. Unter H_1 sind bestimmte Spalten hinsichtlich der Plusreaktion bevorzugt, andere benachteiligt, so daß die T_j-Werte mehr voneinander abweichen, als bei Geltung von H_0 zugelassen wird.

Ist L_i entweder gleich 0 oder gleich m, so tragen diese Individuen nichts zur Differenzierung zwischen H_0 und H_1 bei. Sie fallen ebenso außer Betracht wie beim McNemar-Test die Individuen in den Feldern a und d. Man braucht also im Nenner von Gl. (5.88) nur die L_i-(L_i^2)-Werte derjenigen Vpn zu summieren, für die $0 < L_i < m$ ist.

Die asymptotische Gl. (5.88) sollte nur verwendet werden, wenn $N \times r \geq 24$ ist. Cochran gibt Anweisungen, wie man kleinere Stichproben auswertet; die Prozedur ist im Verhältnis zur Häufigkeit ihres Einsatzes jedoch so umständlich, daß wir auf die Originalarbeit verweisen müssen. Stattdessen verwendet man bei kleinen Stichproben ($N \times r < 24$) den von Tate u. Brown (1964, 1970) vertafelten exakten Q-Test (vgl. Tafel 46).

Für den Spezialfall zweier Behandlungen (m = 2) geht der Q-Test in den McNemar-Test über: Es ist nämlich dann $T_1 = c + d$, $T_2 = b + d$, $\sum L_i = b + c + 2d$ und $\sum L_i^2 = b + c + 4d$, so daß nach Gl. (5.88) $Q = (b - c)^2/(b + c)$ resultiert.

Beispiel 5.20

Problem: Wie wir wissen, ändert sich die Reaktionsbereitschaft des Organismus, wenn er mehrmals von den gleichen Erregern befallen wird (Allergie). Im Falle der Diphtherieimpfung tritt eine Immunisierung ein, von der allerdings nicht feststeht, wie lange sie anhält; dieser Frage soll nachgegangen werden.

Untersuchungsplan: 18 Kinder werden im Alter von 12 Monaten geimpft und 4mal in angemessenen zeitlichen Abständen auf ihre Diphtherieempfänglichkeit untersucht. Ein positiver Ausfall der verwendeten Hautreaktion (Schick-Test) deutet auf Anfälligkeit hin, ein negativer Ausfall auf Immunität.

Hypothese: Die individuelle Wahrscheinlichkeit, auf den Hauttest positiv zu reagieren, bleibt während der 4 Immunitätskontrollen unverändert (H_0; $\alpha = 0,01$; einseitiger Test).

Datenerhebung und Auswertung: In Tabelle 5.45 ist für jedes der N = 18 Kinder und jeden der m = 4 Untersuchungstermine der Ausfall der Hautprobe (+, −) angegeben.

Tabelle 5.45

Kind	nach der Diphtherieschutzimpfung				L_i	L_i^2
	3 Wochen	2 Jahre	4 Jahre	6 Jahre		
A	−	−	−	−	0	0
B	−	−	−	+	1	1
C	−	+	+	+	3	9
D	−	−	−	−	0	0
E	−	−	−	+	1	1
F	−	−	+	+	2	4
G	−	+	+	+	3	9
H	−	−	+	−	1	1
I	−	−	−	+	1	1
J	−	−	−	−	0	0
K	+	−	−	+	2	4
L	+	+	+	+	4	16
M	−	−	+	+	2	4
N	−	+	+	+	3	9
O	−	−	−	−	0	0
P	+	+	+	+	4	16
Q	−	−	−	−	0	0
R	−	−	+	+	2	4
	3	5	9	12	29	79
	T_1	T_2	T_3	T_4	$\sum L_i$	$\sum L_i^2$

Wir haben bereits die Zeilen- und Spaltsummen in der Tabelle verzeichnet und erhalten nach Gl. (5.88):

$$Q = \frac{(4-1)[4(3^2 + 5^2 + 9^2 + 12^2) - 29^2]}{4 \cdot 29 - 79} = 15,81 \quad .$$

Entscheidung: Wir akzeptieren H_1, denn für $4 - 1 = 3$ Fg ist das errechnete Q – wie Tafel 3 anzeigt – auf dem geforderten Niveau von $\alpha = 0,01$ bedeutsam. (Durch die einseitige Fragestellung erzielen wir keine Testverschärfung, da χ^2 für mehr als 1 Fg nur zweiseitig zu beurteilen ist.)

Interpretation: Der Schutz vor einer Diphtherieerkrankung, soweit er sich an dem Ausfall des Schick-Tests ermessen läßt, nimmt über die Zeit ab.

Eine spezielle Anwendungsvariante des Q-Tests liegt dann vor, wenn die Untersuchungsteilnehmer angeben sollen, ob m Untersuchungsobjekte hinsichtlich eines als stetig angenommenen Merkmals eher überdurchschnittlich (+) oder unterdurchschnittlich (−) ausgeprägt sind und wenn zusätzlich gefordert wird, daß die Anzahl der (+)-Signierungen gleich der Anzahl der (−)-Signierungen sein soll. Ist m ungerade, erhebt man zusätzlich eine neutrale Kategorie, die jedoch für die Auswertung irrelevant ist.

Beispiel: Eine Umfrage unter N = 15 Medizinstudenten soll klären, ob für m = 5 Fächer der 2. Staatsprüfung (Pathologie, Pharmakologie, Innere Medizin, Kinderheilkunde und Psychiatrie) unterschiedlich viel Vorbereitung nötig ist (H_1) oder nicht (H_0). Die 15 Studenten hatten durch Pluszeichen die beiden Fächer zu kennzeichnen, in denen sie ihrer Meinung nach relativ viel, und durch Minuszeichen, in denen sie relativ wenig gearbeitet hatten. Das Fach mit eher durchschnittlichem Arbeitsaufwand blieb unberücksichtigt.

Gleich häufige (+)- und (−)-Signierungen resultieren auch, wenn man wiederholte Messungen eines Merkmals für jede Person am *Median dichotomisiert*, d. h. die Werte oberhalb des Medians durch ein + und unterhalb des Medians durch ein − ersetzt. (Bei ungeradem m bleibt der Median selbst unberücksichtigt.) Auch hier ist – im Unterschied zum Q-Test – die Wahrscheinlichkeit einer Plus- bzw. Minussignierung für alle N Individuen gleich. Unter diesen einschränkenden Randbedingungen läßt sich Gl. (5.88) wie folgt vereinfachen (vgl. Mood, 1950):

$$Q = \frac{m \cdot (m-1)}{N \cdot a \cdot (m-a)} \cdot \sum_{j=1}^{m} \left(T_j - \frac{N \cdot a}{m} \right)^2 \tag{5.89}$$

mit

$a = m/2$ (m geradzahlig) oder

$a = (m-1)/2$ (m ungeradzahlig)   .

Bei der m-fachen Messung eines dichotomen Merkmals ist zu beachten, daß neben der Veränderungshypothese, die mit dem Q-Test von Cochran bzw. seinen Modifikationen geprüft wird, auch eine Überprüfung der sog. Axialsymmetrie von Bedeutung sein kann. Wir werden darüber in 5.6.5 berichten.

5.5.3.2 Einzelvergleiche

Ergänzend zum Q-Test von Cochran können *Einzelvergleiche* durchgeführt werden, bei denen eine Teilmenge der Messungen (Stichproben) m_1 einer anderen Teilmenge von Messungen (Stichproben) m_2 gegenübergestellt wird ($m_1 + m_2 = m$). In Beispiel 5.20 könnte man etwa fragen, ob die Anzahl der Positivreaktionen zu den Zeitpunkten „3 Wochen" und „2 Jahre" anders ausfällt als zu den Zeitpunkten „4 Jahre" und „6 Jahre". Zur Überprüfung dieser Hypothese berechnen wir nach Fleiss (1973, Kap. 8.4) folgenden approximativ χ^2-verteilten Q_{Diff}-Wert:

$$Q_{Diff} = \frac{m-1}{m_1 \cdot m_2 \cdot V} \cdot (m_2 \cdot U_1 - m_1 \cdot U_2)^2 \text{ mit Fg} = 1 \quad , \tag{5.90}$$

wobei

$$V = m \cdot T - \sum_{i=1}^{N} L_i^2 \quad ,$$

$$T = \sum_{j=1}^{m} T_j = \sum_{i=1}^{N} L_i \quad ,$$

$$U_1 = \sum_{j=1}^{m_1} T_j \quad ,$$

$$U_2 = \sum_{j=m_1+1}^{m} T_j \quad .$$

In Beispiel errechnen wir $V = 4 \cdot 29 - 79 = 37$; $T = 29$, $U_1 = 8$ und $U_2 = 21$ und damit nach Gl. (5.90)

$$Q_{Diff} = \frac{4-1}{2 \cdot 2 \cdot 37} \cdot (2 \cdot 8 - 2 \cdot 21)^2 = 13,7027 \quad .$$

Dieser Wert ist für Fg = 1 hoch signifikant.

Ferner können wir überprüfen, ob es Unterschiede *innerhalb* der m_1 (bzw. m_2) Messungen gibt:

$$Q_1 = \frac{m \cdot (m-1)}{m_1 \cdot V} \cdot \left(m_1 \cdot \sum_{j=1}^{m_1} T_j^2 - U_1^2 \right) \tag{5.91a}$$

$$\text{mit } Fg = m_1 - 1 \quad ,$$

$$Q_2 = \frac{m \cdot (m-1)}{m_2 \cdot V} \cdot \left(m_2 \cdot \sum_{j=m_1+1}^{m} T_j^2 - U_2^2 \right) \tag{5.91b}$$

$$\text{mit } Fg = m_2 - 1 \quad .$$

Für den Vergleich „3 Wochen" gegen „2 Jahre" errechnen wir:

$$Q_1 = \frac{4 \cdot 3}{2 \cdot 37} \cdot [2 \cdot (3^2 + 5^2) - 8^2] = 0,6486 \quad (Fg = 1)$$

und für „4 Jahre" gegen „6 Jahre":

$$Q_2 = \frac{4 \cdot 3}{2 \cdot 37} \cdot [2 \cdot (9^2 + 12^2) - 21^2] = 1,4595 \quad (Fg = 1) \quad .$$

Beide χ^2-Werte sind nicht signifikant. Die stärkste Abnahme des Impfschutzes findet demnach zwischen dem 2. und dem 4. Jahr nach der Impfung statt.

Wie man sich leicht überzeugen kann, sind Q_1, Q_2 und Q_{Diff} *orthogonale Einzelvergleiche*. Es gilt $Q = Q_1 + Q_2 + Q_{Diff}$ bei entsprechender Additivität der Freiheitsgrade.

5.6 Analyse drei- und mehrdimensionaler Kontingenztafeln

Eine dreidimensionale Kontingenztafel erhält man, wenn 3 nominale Merkmale (bzw. gruppiert ordinale oder gruppiert kardinale Merkmale) an N Personen erhoben und die Häufigkeiten aller Dreierkombinationen der Merkmalskategorien ausgezählt werden. Entsprechendes gilt für höher dimensionierte Kontingenztafeln. Die Analyse derartiger Kontingenztafeln ist Gegenstand des folgenden Abschnittes.

Abweichend von Lienert (1978) werden hier jedoch nur diejenigen Ansätze aufgegriffen, bei denen eine Unterteilung der Merkmale in abhängige und unabhängige Merkmale sachlogisch *nicht* zu rechtfertigen ist. Wenn eine Unterscheidung von abhängigen und unabhängigen Merkmalen möglich bzw. sinnvoll ist, wenn also die Überprüfung des Effektes der unabhängigen Variablen auf die abhängige Variable interessiert, sollte auf Verfahren zurückgegriffen werden, die in 8.1 behandelt werden.

Das typische Datenmaterial für drei- oder mehrdimensionale Kontingenztafeln besteht aus einer Stichprobe von N Individuen, die ex post nach den Stufen der untersuchten Merkmale klassifiziert werden. Hier interessieren vorrangig die wechselseitigen Zusammenhänge (*Interdependenzen*) der Merkmale. (Beispiel: Existiert bei der Basedow-Erkrankung tatsächlich die sog. Merseburger Trias mit E = Exophthalmus, S = Struma und T = Tachykardie, wie sie der Merseburger Arzt C. A. von Basedow klassisch beschrieben hat?) Man beachte, daß für Analysen derartiger Kontingenztafeln genügend große Stichprobenumfänge vorliegen müssen, um die Voraussetzungen der χ^2-Tests (mindestens 80 % der e > 5) zu erfüllen.

Dreidimensionale Kontingenztafeln oder kurz Dreiwegtafeln enthalten neben einem k-stufigen Zeilen- und einem m-stufigen Spaltenmerkmal noch ein s-stufiges Schichten- oder Lagenmerkmal; sie bilden eine k × m × s-Felder-Tafel oder – anschaulich formuliert – einen Kontingenzquader mit k Zeilen, m Spalten und s Schichten.

Im folgenden wird zunächst untersucht, ob zwischen den 3 Merkmalen ein Zusammenhang, eine Dreiwegkontingenz, existiert. Mit der asymptotischen Analyse der Dreiwegkontingenz befassen wir uns in 5.6.2 und mit der exakten Analyse einer speziellen dreidimensionalen Tafel, der 2^3-Tafel, in 5.6.3.

Weiter interessiert, ob zwischen bestimmten, a priori ausgewählten oder zwischen den 3 möglichen Paaren von Merkmalen Zusammenhänge bestehen (Zweiwegkontingenzen). Diese sowie weitere spezielle Zweiwegkontingenzen sind Gegenstand von 5.6.4. In 5.6.5 schließlich werden wir Symmetrieaspekte in dreidimensionalen Kontingenztafeln mit abhängigen Stichproben untersuchen. Neben der ausführlichen Behandlung von Dreiwegtafeln enthält jeder Abschnitt Hinweise zur Verallgemeinerung auf die Analyse von Kontingenztafeln mit mehr als 3 Dimensionen.

Wenn man sich fragt, warum die Kontingenzanalyse in der Vergangenheit häufig auf zweidimensionale Tafeln beschränkt geblieben ist, obwohl meist mehr als 2 Merkmale simultan an N Individuen erhoben wurden, so dürfte dafür folgendes Mißverständnis von Bedeutung sein: Vom Anwender wird – zu Unrecht – angenommen, daß die Gesamtzusammenhang zwischen 3 Merkmalen durch die 3(3 − 1)/2 = 3 Zusammenhänge zwischen je 2 Merkmalen durch sog. unbedingte Kontingenzen (Doublekontingenzen) bestimmt sei. Diese Vermutung trifft jedoch nur dann zu, wenn eine trivariate Normalverteilung dreier stetiger Merkmale durch Intervallgruppierung in eine Dreiwegtafel überführt wird, nicht aber, wenn dies für eine beliebige trivariate Verteilung geschieht: Hier wird der Zusammenhang zwischen den 3 Merk-

malen keineswegs immer durch die Zusammenhänge zwischen 2 Merkmalen aufgeklärt. Dies ist z.B.
bei der Analyse vieler bivariater Korrelationen via Faktorenanalyse zu beachten, mit der die wechselseitigen Merkmalsbeziehungen nur dann vollständig beschrieben werden, wenn die Merkmale multivariat
normalverteilt sind.

Wenn im folgenden und in 8.1 der Versuch unternommen wird, Mehrwegtafeln erschöpfend zu analysieren und das Analyseergebnis inhaltlich zu interpretieren, dann aus der Überzeugung, daß zukünftige
biomedizinische und sozialwissenschaftliche Forschung von multivariaten Kontingenzanalysen viel mehr
zu erwarten hat als von der bisher geübten mehrfachen bivariaten Analyse.

Weitere Ansätze zur Analyse mehrdimensionaler Kontingenztafeln wurden unter den Stichworten
„MNA" (Multivariate Nominal Scale Analysis) von Andrews u. Messenger (1973), „GSK" (Grizzle et
al., 1969) oder „Loglineare Modelle" (z.B. Bishop et al., 1978) entwickelt. Auf eine Behandlung dieser
Verfahren wird hier verzichtet.

Bevor wir uns der Analyse von Dreiwegtafeln zuwenden, treffen wir die folgenden terminologischen Vereinbarungen:

5.6.1 Terminologische Vorbemerkungen

Für die Kennzeichnung der Elemente eines Kontingenzquaders betrachten wir Abb.
5.5a, in der eine Dreiwegtafel mit $k = 3$ Zeilen, $m = 4$ Spalten und $s = 2$ Schichten
prototypisch dargestellt ist.

Der Kontingenzquader besteht aus $3 \times 4 \times 2 = 24$ Zellen (Feldern), deren Frequenzen mit $f_{ij\ell}$, $i = 1(1)k$, $j = 1(1)m$ und $\ell = 1(1)s$ bezeichnet sind. (Aus darstel-
lungstechnischen Gründen sind in Abb. 5.5a nur einige der 24 Häufigkeiten eingetragen.) Der Kontingenzquader besteht ferner aus $3+4+2$ *Untertafeln,* und zwar a) aus 2
$k \times m$-Felder-Untertafeln (Zeilen-Spalten-Tafeln), b) aus 4 $k \times s$-Felder-Untertafeln

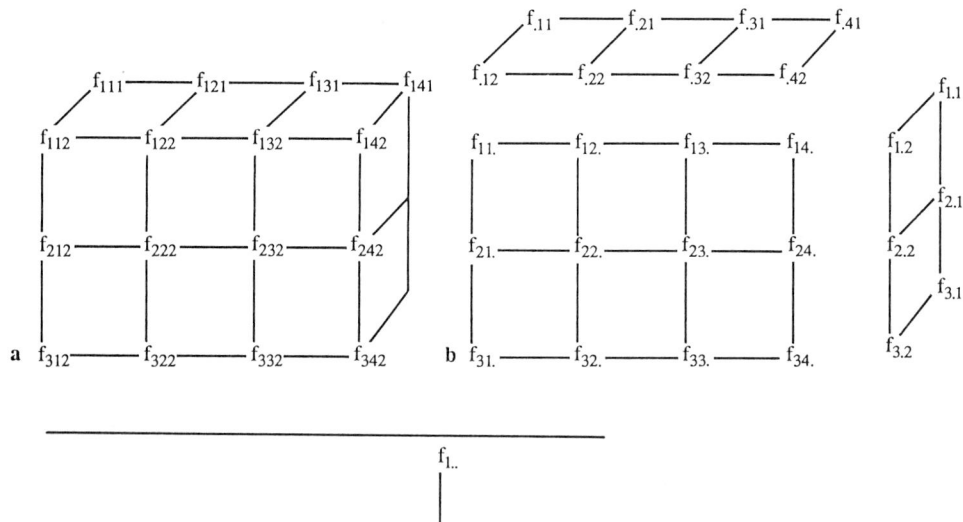

Abb. 5.5a–c. Perspektivische
Darstellung eines $3 \times 4 \times 2$-
Felder-Kontingenzquaders (**a**),
der drei Randtafeln eines Kon-
tingenzquaders (**b**) und der
Randsummen (**c**)

(Zeilen-Schichten-Tafeln) und c) aus 3 m × s-Felder-Untertafeln (Spalten-Schichten-Tafeln). Man spricht auch von frontalen, vertikalen und horizontalen Untertafeln.

Faßt man gleichartige Untertafeln bzw. deren Frequenzen zusammen, so resultieren sog. *Randtafeln*. Randtafeln entstehen durch Zusammenfassen von Untertafeln nach je einer Dimension. In Abb. 5.5b sind die möglichen 3 Randtafeln veranschaulicht und durch die zugehörigen Randverteilungen ergänzt: Die frontale Randtafel enthält die Randtafelfrequenzen $f_{ij.}$, die vertikale Randtafel enthält die Randtafelfrequenzen $f_{i.\ell}$ und die horizontale Randtafel enthält die Randtafelfrequenzen $f_{.j\ell}$.

Die Randtafeln einer Dreiwegtafel sind Zweiwegtafeln. Die *Randsummen* dieser Zweiwegtafeln sind „Einwegtafeln" und als solche in Abb. 5.5c dargestellt. Gemäß der Punkt-Index-Notation werden die Zeilenrandsummen mit $f_{i..}$, die Spaltenrandsummen mit $f_{.j.}$ und die Schichtenrandsummen mit $f_{..\ell}$ bezeichnet. Randsummen entstehen durch Zusammenfassung von Randtafeln nach je einer ihrer 2 Dimensionen bzw. durch Zusammenfassung des Kontingenzquaders nach je 2 seiner 3 Dimensionen. Die Randsummen in Abb. 5.5c werden analog zu den *zweidimensionalen Randverteilungen* in Abb. 5.5b auch als *eindimensionale Randverteilungen* bezeichnet.

5.6.2 Asymptotische Analyse

Zunächst wenden wir uns der Frage zu, ob Zusammenhänge irgendwelcher Art zwischen 3 Merkmalen A, B und C bestehen, d. h. ob mindestens 1 Merkmal mit mindestens einem anderen Merkmal zusammenhängt. Wir gehen dabei von der Nullhypothese aus, wonach die 3 Merkmale allseitig unabhängig sind, und verwerfen diese H_0, wenn die Prüfgröße χ^2 des Tests auf Globalkontingenz signifikant ausfällt.

Fragt man nach der Globalkontingenz dreier Merkmale, bietet sich für große Stichproben von N Individuen der asymptotische k × m × s-Felder-χ^2-Test als die Methode der Wahl an, zumal er leicht herzuleiten ist: Bei allseitiger Unabhängigkeit der 3 Merkmale (H_0) ist die Wahrscheinlichkeit $p_{ij\ell}$, daß eines der N Individuen in das Feld $ij\ell$ fällt, nach dem Multiplikationssatz der Wahrscheinlichkeit (vgl. S. 4) gegeben durch

$$p_{ij\ell} = (p_{i..})(p_{.j.})(p_{..\ell}) \quad . \tag{5.92}$$

Dabei ist $p_{i..}$ der Anteil der N Individuen, die das Merkmal A in der Ausprägung i aufweisen. Analog sind $p_{.j.}$ und $p_{..\ell}$ definiert.

Setzt man $p_{i..} = f_{i..}/N$ als Schätzwert in Gl. (5.92) ein und analog $p_{.j.} = f_{.j.}/N$ sowie $p_{..\ell} = f_{..\ell}/N$, resultiert

$$p_{ij1} = (f_{i..})(f_{.j.})(f_{..\ell})/N^3 \quad . \tag{5.93}$$

Aus den Punktwahrscheinlichkeiten $p_{ij\ell}$ ergeben sich die unter H_0 erwarteten Frequenzen daher zu

$$e_{ij\ell} = p_{ij\ell} \cdot N = (f_{i..})(f_{.j.})(f_{..\ell})/N^2 \quad . \tag{5.94}$$

Wie in einer Zweiwegtafel, so ist auch in einer Dreiwegtafel die Prüfgröße

$$\chi^2 = \sum_{i=1}^{k} \sum_{j=1}^{m} \sum_{\ell=1}^{s} (f_{ij\ell} - e_{ij\ell})^2/e_{ij\ell} \tag{5.95a}$$

oder

$$\chi^2 = \sum_{i=1}^{k} \sum_{j=1}^{m} \sum_{\ell=1}^{s} (f_{ij\ell}^2/e_{ij\ell}) - N \tag{5.95b}$$

unter H_0 wie χ^2 verteilt, wenn mindestens 80 % aller $e_{ij\ell} > 5$ sind. Für die Freiheitsgrade resultiert analog den Ausführungen auf S. 132

$$Fg = (k \cdot m \cdot s - 1) - (k - 1) - (m - 1) - (s - 1)$$

oder

$$Fg = k \cdot m \cdot s - k - m - s + 2 \quad . \tag{5.96}$$

Die Zahl der Fg ergibt sich daraus, daß die $k \cdot m \cdot s$ Felder wegen des festen N nur $k \cdot m \cdot s - 1$ Fg haben und daß ferner wegen der festliegenden Zeilen-, Spalten- und Schichtenanteile der 3 Merkmale nochmals $k - 1$, $m - 1$ und $s - 1$ Fg verlorengehen. Es resultiert also Gl. (5.96) und nicht, wie man in Analogie zur Zweiwegtafel meinen könnte, $(k - 1) \cdot (m - 1) \cdot (s - 1)$. Nach Einsetzen von Gl. (5.94) in Gl. (5.95b) kann die χ^2-Prüfgröße auch mit folgender Gleichung bestimmt werden:

$$\chi^2 = N^2 \cdot \sum_{i=1}^{k} \sum_{j=1}^{m} \sum_{\ell=1}^{s} \frac{f_{ij\ell}^2}{f_{i..} \cdot f_{.j.} \cdot f_{..\ell}} - N \quad . \tag{5.95c}$$

Weitere Rechenformeln, die die Berechnung der χ^2-Prüfgröße bei speziellen Kontingenzquadern erleichtern, findet man Lienert u. Wolfrum (1979).

Beispiel 5.21

Daten: In Tabelle 5.37 wurde eine Stichprobe von N = 482 Suizidenten danach klassifiziert, (A) welchen Geschlechts (M = Männer, F = Frauen) die Suizidenten waren, (B) ob der Selbstmord gelungen ist (SM = Selbstmord) oder nicht (SMV = Selbstmordversuch) und (C) welche Motive (S = somatische Krankheit, P = psychische Krankheit, A = Alkoholismus) den Suizid initiiert hatten. Tabelle 5.46 zeigt die Häufigkeiten in einer nicht-perspektivischen Darstellung für eine Dreiwegtafel (nach Zwingmann, 1965, S. 82).

Tabelle 5.46

	M		F		C-Summen
	SM	SMV	SM	SMV	
S	86	16	64	18	184
P	61	25	76	47	209
A	47	27	7	8	89
A-Summen	262		220		
B-Summen	341		141		N = 482

Hypothese: Zwischen den 3 untersuchten Merkmalen besteht kein Zusammenhang (H_0; $\alpha = 0,01$).

Auswertung: Wir ermitteln nach Gl. (5.94) die erwarteten Häufigkeiten und errechnen nach Gl. (5.95) $\chi^2 = 66,38$.

Entscheidung: Da der kritische χ^2-Wert von 18,48 für $2 \cdot 2 \cdot 3 - 2 - 2 - 3 + 2 = 7$ Fg durch den empirischen χ^2-Wert weit überschritten wird, ist H_0 (Unabhängigkeit) zu verwerfen und H_1 (Kontingenz) zu akzeptieren.

Interpretation: Zur Interpretation fertigen wir uns die in Tabelle 5.47 dargestellte Aufstellung an, in der die empirischen Häufigkeiten mit den erwarteten Häufigkeiten nach den Regeln der KFA (vgl. 5.4.6) verglichen werden.

Tabelle 5.47

Merkmals-kombination	f_{ijl}	e_{ijl}	$(f_{ijl} - e_{ijl})^2/e_{ijl}$
M, SM, S	86	70,76	3,28
M, SM, P	41	80,37	4,67
M, SM, A	47	34,23	4,76
M, SMV, S	16	29,26	6,01 *
M, SMV, P	25	33,23	2,04
M, SMV, A	27	14,15	11,67 *
F, SM, S	64	59,41	0,35
F, SM, P	76	67,49	1,07
F, SM, A	7	28,74	16,44 *
F, SMV, S	18	24,57	1,76
F, SMV, P	47	27,91	13,06 *
F, SMV, A	8	11,88	1,27
	482	482,00	$\chi^2 = 66,38$

Die Vergleiche von f- und e-Werten werden anhand der χ^2-Komponenten $(f - e)^2/e$ durchgeführt (4. Spalte). Die mit einem * gekennzeichneten Komponenten überschreiten den für Fg = 1 kritischen Wert von $\chi^2 = 5,99$. Man beachte allerdings, daß diese „Signifikanztests" nur heuristischen Wert haben. Die χ^2-Komponenten sind nicht voneinander unabhängig, was aus der Tatsache hervorgeht, daß die Summe der Fg für die Einzelkomponenten mit 12 größer ist als die Anzahl der Fg für die Gesamttafel (vgl. S. 156).

Der inferenzstatistische Nachweis einer über- oder unterfrequentierten Konfiguration macht eine Adjustierung von α erforderlich. Bei 12 simultanen Tests wäre nach Bonferoni (vgl. 2.2.11) $\alpha^* = 0,01/12 = 0,0008$ zu setzen, d.h. nach Tafel 3 sind nur diejenigen Konfigurationen signifikant, die den für Fg = 1 kritischen Wert von $\chi^2 = 11,24$ überschreiten. Demnach läßt sich der signifikante Gesamt-χ^2-Wert wie folgt interpretieren:

- Männer versuchen sich überzufällig häufig, bei Alkoholismus umzubringen;
- Frauen töten sich überzufällig selten bei Alkoholismus;
- dagegen versuchen sie sich überzufällig häufig (aber erfolglos) zu töten, wenn sie an einer psychischen Krankheit leiden.

Anmerkung: Auf S. 158f. wurde die Frage überprüft, ob die 6 Merkmalskombinationen, die sich aus den Merkmalen versuchter bzw. vollendeter Selbstmord und den 3 Selbstmordmotiven ergeben, vom Geschlecht unabhängig sind. Diese Frage war zu verneinen. Es wurde festgestellt, daß das Merkmal Alkoholismus in Verbindung mit vollendetem Selbstmord bei Männern häufiger auftritt als bei Frauen. Dieses Ergebnis wird durch die hier durchgeführte Analyse bestätigt. Darüber hinaus ist festzuhalten, daß die komplette, in diesem Beispiel durchgeführte Dreiweganalyse sämtliche die 3 Merkmale betreffenden Zusammenhänge berücksichtigt und nicht nur diejenigen, die aus dem Geschlechtervergleich resultieren.

Weitere Hinweise zur Analyse von Dreiwegtafeln gibt 5.6.4.

Werden nicht nur 3, sondern allgemein t Merkmale an einer Stichprobe von N Individuen beobachtet, kann ein globaler Test auf Unabhängigkeit dieser t Merkmale in gleicher Weise konstruiert werden wie der Test auf Unabhängigkeit von t = 3 Merkmalen: Man geht von den t eindimensionalen Randverteilungen (Einwegrandtafeln) aus und schätzt unter der H_0 allseitiger Unabhängigkeit der t Merkmale die Erwartungswerte e = Np gemäß dem Multiplikationssatz der Wahrscheinlichkeit (vgl. S. 4 und S. 105).

Für z. B. t = 5 Merkmale A B C D E mit den Ausprägungen a, b, c, d und e gilt danach

$$e_{ijk\ell m} = N \cdot (p_{i....}) \cdot (p_{.j...}) \cdot (p_{..k..}) \cdot (p_{...\ell .}) \cdot (p_{....m}) \quad . \tag{5.97}$$

Schätzt man die p-Werte durch p = f/N aus den Einwegrandtafeln, erhält man

$$e_{ijk\ell m} = (f_{i....})(f_{.j...})\ldots(f_{....m})/N^4 \quad . \tag{5.98}$$

Dann setzt man die a · b · c · d · e beobachteten Zellfrequenzen f zu den erwarteten Frequenzen nach $(f - e)^2/e$ in Beziehung und erhält die Prüfgröße

$$\chi^2 = \sum_i^a \ldots \sum_m^e (f_{ijk\ell m} - e_{ijk\ell m})^2/e_{ijk\ell m} \quad , \tag{5.99}$$

die nach

$$Fg = abcde - (a + b + c + d + e) + (5 - 1) \tag{5.100}$$

zu beurteilen ist. Wird H_0 auf der Stufe α verworfen, so sind mindestens 2 der t Merkmale voneinander abhängig.

Bei t Merkmalen enthält der Zähler von Gl. (5.98) das Produkt von t Randhäufigkeiten, das durch N^{t-1} zu dividieren ist. Bei der Bestimmung der χ^2-Prüfgröße wird über alle Merkmalskombinationen summiert. Das resultierende χ^2 hat a · b · c · d . . . − (a + b + c + d . . .) + (t − 1)Fg.

Das folgende Beispiel 5.22 (das wegen zu geringer erwarteter Häufigkeiten nur Demonstrationszwecken dienen kann) ist der Erstarbeit über die KFA entnommen (Lienert, 1969b) und betrifft den Zusammenhang zwischen t = 5 Depressionssymptomen, die als vorhanden (+) oder fehlend (−) beurteilt worden sind.

Beispiel 5.22

Datensatz: Aus den 50 Items der Hamburger Depressionsskala wurden die Items Q (qualvolles Erleben), G (Grübelsucht), A (Arbeitsunfähigkeit), N (Nicht-Aufstehen-Mögen) und D (Denkstörung) von N = 150 ambulanten Patienten alternativ (ja = +, nein = −) beantwortet, so daß q = g = a = n = d = 2. Die in Tabelle 5.48 dargestellten Daten ergaben sich.

Tabelle 5.48

Q	G	A	N	D	f	e	$(f-e)^2/e$	Q	G	A	N	D	f	e	$(f-e)^2/e$
+	+	+	+	+	12	3,4	21,8*	−	+	+	+	+	7	7,7	0,1
+	+	+	+	−	4	3,3	0,1	−	+	+	+	−	4	7,4	1,6
+	+	+	−	+	7	4,7	1,1	−	+	+	−	+	11	10,6	0,0
+	+	+	−	−	1	4,5	2,7	−	+	+	−	−	7	10,3	1,0
+	+	−	+	+	7	3,9	2,5	−	+	−	+	+	7	8,7	0,3
+	+	−	+	−	2	3,8	0,9	−	+	−	+	−	8	8,5	0,0
+	+	−	−	+	7	5,3	0,5	−	+	−	−	+	9	12,0	0,8
+	+	−	−	−	1	5,2	3,4	−	+	−	−	−	17	11,7	2,4
+	−	+	+	+	0	1,2	1,2	−	−	+	+	+	2	2,7	0,2
+	−	+	+	−	2	1,2	0,6	−	−	+	+	−	1	2,6	1,0
+	−	+	−	+	1	1,6	0,2	−	−	+	−	+	2	3,7	0,8
+	−	+	−	−	0	1,6	1,6	−	−	+	−	−	9	3,6	8,1*
+	−	−	+	+	0	1,4	1,4	−	−	−	+	+	0	3,1	3,1
+	−	−	+	−	2	1,3	0,4	−	−	−	+	−	5	3,0	1,3
+	−	−	−	+	0	1,9	1,9	−	−	−	−	+	4	4,2	0,0
+	−	−	−	−	0	1,8	1,8	−	−	−	−	−	11	4,1	11,6*

$$N = 150 \qquad\qquad \chi^2 = 74,4*$$

Hypothese: Die 5 Items sind allseitig unabhängig (H_0; $\alpha = 0,01$).

Auswertung: Die erwarteten Häufigkeiten ergeben sich aus den eindimensionalen Randsummen $f_{+\dots} = 46$, $f_{.+\dots} = 111$, $f_{..+..} = 70$, $f_{...+.} = 63$ und $f_{....+} = 76$. Die f_--Randsummen erhält man wegen der Zweifachstufung der Merkmale einfach mit $f_- = N - f_+$ (z. B. $f_{-\dots} = N - f_{+\dots} = 150 - 46 = 104$). Wir ermitteln:

$$e_{+++++} = (46 \cdot 111 \cdot 70 \cdot 63 \cdot 76)/150^4 = 3,4 \quad,$$
$$e_{++++-} = (46 \cdot 111 \cdot 70 \cdot 63 \cdot 74)/150^4 = 3,3 \quad \text{usw.}$$

Da mehr als 20 % der erwarteten Häufigkeiten unter 5 liegen, kann − wie gesagt − dieses Beispiel nur den Rechengang verdeutlichen. Nach Gl. (5.99) resultiert $\chi^2 = 74,4$, das bei $2^5 - 2 \cdot 5 + (5 - 1) = 26$ Fg auf der 5%-Stufe signifikant wäre.

Entscheidung: Die 5 Items erfassen keine unabhängigen Aspekte des Leiderlebens, denn die Nullhypothese ihrer allseitigen Unabhängigkeit müßte verworfen werden.

Interpretation: Um die Interpretation zu erleichtern, führen wir eine Mehrweg-KFA in Form einzelner χ^2-Tests über die χ^2-Komponenten durch. Diese Tests werden mit Fg = 1 und $\alpha = 0,01$ heuristisch bewertet. Der inferenzstatistische Typennachweis macht eine α-Fehlerkorrektur ($\alpha^* = 0,01/32 = 0,0003$) erforderlich.

Die 5 Symptome bilden demnach 3 (mit * signierte) Syndrome aus, und zwar ein pentasymptomatisches Syndrom der schweren Depression, ein asymptomatisches Syndrom und ein monosymptomatisches Syndrom (− − + − −) der bloßen Arbeitsunfähigkeit. Gemessen am adjustierten α-Niveau ist jedoch nur das pentasymptomatische Syndrom signifikant.

Ein signifikantes χ^2 weist darauf hin, daß die H_0 der allseitigen Unabhängigkeit der t Merkmale zu verwerfen ist. Um zu erfahren, zwischen welchen Merkmalen eine wechselseitige Abhängigkeit besteht, kann man die χ^2-Werte aller Randtafeln berechnen. Bei t = 5 Merkmalen A,B,C,D und E wären $\binom{5}{4}$ = 5 vierdimensionale, $\binom{5}{3}$ = 10 dreidimensionale und $\binom{5}{2}$ = 10 zweidimensionale Randtafeln zu analysieren. Ein Vergleich der resultierenden χ^2-Werte vermittelt einen detaillierten Überblick über die Zusammenhangsstruktur der t Merkmale. Will man die Überschreitungswahrscheinlichkeiten der χ^2-Werte vergleichen, wählt man wegen der unterschiedlichen Freiheitsgrade einfachheitshalber eine der auf S. 35 genannten Transformationen, mit denen χ^2-Werte in u-Werte der Standardnormalverteilung überführt werden.

Dieses heuristische Vorgehen, das von Lienert (1978, Kap. 18.1.3) als *hierarchische Mehrweg-KFA* bezeichnet wird, dient u.a. dazu, diejenigen Merkmale zu isolieren, die mit den übrigen Merkmalen in einem zu vernachlässigenden Zusammenhang stehen und damit zur Definition von Syndromen im Sinne des Beispiels 5.22 wenig beitragen.

Mit einer speziellen Variante des k × 2- oder k × m-χ^2-Tests läßt sich überprüfen, ob *homomorphe Mehrwegtafeln für 2 oder mehr unabhängige Stichproben* als homogen erachtet werden können. Wie im Fall des Vergleiches zweier Zweiwegtafeln (vgl. 5.4.7), so können auch 2 Mehrwegtafeln nach Art einer Zweistichproben-KFA verglichen werden: Man bildet z. B. für t = 4 Merkmale A, B, C und D alle a · b · c · d Merkmalskonfigurationen in jeder der beiden Stichproben. Dann ordnet man die Konfigurationen als Zeilen und die Stichproben als Spalten in einer a · b · c · d × 2-Feldertafel an. Das Gesamt-χ^2 dieser Tafel, das einfachheitshalber nach Gl. (5.48) berechnet wird, ist unter der Nullhypothese (Homogenität der beiden Mehrwegtafeln) wie χ^2 mit (a · b · c · d − 1) · (2 − 1) = a · b · c · d − 1 Fg verteilt und im Sinne einer globalen Homogenität zu interpretieren.

Die χ^2-Komponenten der a · b · c · d-Zeilen können als differentielle (konfigurationsanalytische) Homogenitätstests gesondert nach 1 Fg beurteilt und als Diskriminationstypen interpretiert werden, wobei man das α-Risiko mit $\alpha^* = \alpha/(a \cdot b \cdot c \cdot d)$ zu adjustieren hat. Kommen in beiden Stichproben bestimmte Merkmalskombinationen (Konfigurationen) nicht vor, kann die Anzahl der zu vergleichenden Merkmalskombinationen (und damit auch die Anzahl der Freiheitsgrade) entsprechend reduziert werden.

Will man die Hypothese überprüfen, daß eine bestimmte a priori festgelegte Konfiguration in 2 Stichproben unterschiedlich häufig realisiert ist, fertigt man eine Vierfeldertafel an, wobei in der 1. Zeile die Häufigkeiten der untersuchten Konfiguration und in der 2. Zeile die zusammengefaßten Häufigkeiten aller übrigen Konfigurationen eingetragen werden. Die Auswertung erfolgt nach Gl. (5.24) bzw. − bei geringen erwarteten Häufigkeiten − nach dem Fisher-Yates-Test (vgl. 5.2.2).

Bei der Überprüfung der *Homogenität von k Mehrwegtafeln* geht man folgendermaßen vor: Man erstellt eine Zweiwegtafel, in der die K Merkmalskonfigurationen als Zeilen und die k-Tafeln als Spalten fungieren. Sodann prüft man mittels eines $K \times k$-Felder-χ^2-Tests oder eines anderen in 5.4 beschriebenen Verfahrens auf Unabhängigkeit zwischen Zeilen und Spalten. Dieses Vorgehen entspricht einem globalen Homogenitätstest.

Will man untersuchen, ob sich die k Mehrwegtafeln hinsichtlich bestimmter Merkmalskonfigurationen unterscheiden, dann beurteilt man die χ^2-Komponenten der K Zeilen nach je $(k - 1)$ Fg und verwirft H_0 hinsichtlich einer Konfiguration, wenn ihr χ^2 eine Schranke $\chi^2_{\alpha*}$ überschreitet. Im A-posteriori-Vergleich ist man mit $\alpha^* = \alpha/K$ auf der „sicheren Seite" (vgl. 2.2.11).

Gelegentlich stellt sich das Problem, *2 abhängige, mehrdimensionale Kontingenztafeln* miteinander zu vergleichen. [Beispiel: Die Kontingenztafel mit den Merkmalen Rauchen $(+, -)$, Trinken $(+, -)$ und ungesunde Ernährung $(+, -)$ vor und nach einer Behandlung]. Die Frage, hinsichtlich welcher Merkmalskombinationen Veränderungen aufgetreten sind, prüft man mit der auf S. 168 für zweidimensionale Kontingenztafeln beschriebenen Anwendungsvariante des Bowker-Tests.

5.6.3 Exakte Analyse einer 2^3-Tafel

Sind die Erwartungswerte einer 2^3-Feldertafel bzw. eines $2 \times 2 \times 2$-Kontingenzwürfels sehr niedrig (mehr als 20 % aller $e < 5$), muß statt eines asymptotischen χ^2-Tests ein exakter Kontingenztest durchgeführt werden. Wir betrachten in der Folge nur den exakten Test auf allseitige Unabhängigkeit dreier binärer Merkmale, also den 2^3-Feldertest.

Die Punktwahrscheinlichkeit einer 2^3-Feldertafel unter der H_0 dreier allseitig unabhängiger Alternativmerkmale läßt sich in analoger Weise herleiten wie Gl. (5.33) für Vierfeldertafeln. Es resultiert:

$$p = \frac{(f_{1..}!)(f_{2..}!)\ldots(f_{..2}!)/(N!)^2}{(f_{111}!)\ldots(f_{222}!)} \quad . \tag{5.101}$$

Auch hier gewinnt man die Überschreitungswahrscheinlichkeit P, indem man alle bei gegebenen 3×2 Randsummen möglichen Tafeln herstellt und die p-Werte jener Tafeln summiert, die kleiner oder gleich dem beobachteten p-Wert sind (vgl. dazu auch S. 141f.)

Während im 2^2-Feldertest mit 1 Fg nur eine Felderfrequenz (z.B. $a = f_{11}$) festliegen muß, um die restlichen 3 Frequenzen zu bestimmen, müssen beim 2^3-Feldertest entsprechend seinen 4 Fg (vgl. Gl. 5.96) 4 Felderfrequenzen festgelegt werden, um die restlichen 4 zu bestimmen. Legen wir z.B. in der oberen Vierfeldertafel eines Kontingenzwürfels die Frequenzen f_{111} und f_{122} der Hauptdiagonale fest und in der unteren Vierfeldertafel die Frequenzen f_{212} und f_{221} der Nebendiagonale, so ergeben sich die übrigen 4 Frequenzen aus den 3×2 Randsummen wie folgt:

$$f_{112} = (f_{1..} + f_{.1.} - f_{..1} + f_{221} - f_{111} - f_{122} - f_{212})/2 \quad , \tag{5.102a}$$

$$f_{121} = (f_{1..} + f_{..1} - f_{.1.} + f_{212} - f_{111} - f_{122} - f_{221})/2 \quad . \tag{5.102b}$$

Dies sind die Frequenzen der oberen Nebendiagonalfelder; die Frequenzen der unteren Hauptdiagonalfelder betragen

$$f_{211} = (f_{..1} + f_{.1.} - f_{1..} + f_{122} - f_{111} - f_{212} - f_{221})/2 \quad , \tag{5.102c}$$

$$f_{222} = N - (f_{1..} + f_{.1.} + f_{..1} + f_{122} + f_{212} + f_{221} - f_{111})/2 \quad . \tag{5.102d}$$

Zur Frequenzbestimmung wurden nur die Randsummen $f_{1..}$, $f_{.1.}$ und $f_{..1}$ benutzt, also die Zahl der Positivausprägungen der 3 Alternativmerkmale; die Negativausprägungen ergeben sich aus $f_{2..} = N - f_{1..}$ usw. als Komplement zum Stichprobenumfang.

Da der Rechenaufwand für einen 2^3-Feldertest ohne EDV-Anlage erheblich sein kann, empfehlen wir, den Test mit Hilfe der von Brown et al. (1975) entwickelten Tafeln, die als Tafel 5 auszugsweise im Anhang wiedergegeben sind, durchzuführen. Die Tafel gilt für N = 3 (1) 20 und bezieht sich auf die Prüfgröße

$$S = \sum_{i=1}^{2} \sum_{j=1}^{2} \sum_{\ell=1}^{2} \log(f_{ij\ell}!) \quad . \tag{5.103}$$

Die Eingangsparameter sind N, $f_{1..}$, $f_{.1.}$ und $f_{..1}$, wobei ohne Einschränkung der Allgemeinheit $f_{1..} \geq f_{2..}$, $f_{.1.} \geq f_{.2.}$ und $f_{..1} \geq f_{..2}$ vereinbart wird. Ferner bezeichnen wir die Merkmale so, daß $f_{1..} \geq f_{.1.} \geq f_{..1}$ ist. Erreicht oder überschreitet die Prüfgröße S nach Gl. (5.103) den für α geltenden Tafelwert, ist die Nullhypothese der stochastischen Unabhängigkeit der 3 untersuchten Merkmale zu verwerfen.

Ein kleines Beispiel soll die Tafelbenutzung erläutern. Für die Kombinationen von 3 Alternativmerkmalen (Symptomen) wurden bei N = 10 Individuen die in Tabelle 5.49 dargestellten Häufigkeiten registriert.

Tabelle 5.49

	a_1		a_2	
	b_1	b_2	b_1	b_2
c_1	4	1	0	0
c_2	0	3	1	1

Wir errechnen nach Gl. (5.103)

$$S = \log 4! + \log 1! + \ldots + \log 1! = 2,1584$$

Für N = 10, $f_{1..} = 8$, $f_{.1.} = 5$, $f_{..1} = 5$ und $\alpha = 0,01$ entnehmen wir Tafel 5 einen kritischen Wert S = 2,76042. Da der gefundene Wert kleiner ist, besteht keine signifikante Kontingenz zwischen den 3 Merkmalen. Die Wahrscheinlichkeit dieser sowie aller extremeren Tafeln bei Gültigkeit der H_0 ist größer als 1 %. Als extremer gelten dabei alle Verteilungen, deren Punktwahrscheinlichkeit bei gegebenen Randverteilungen höchstens so groß ist wie die Punktwahrscheinlichkeit der beobachteten Verteilung.

Striche in Tafel 5 weisen darauf hin, daß bei den gegebenen Randverteilungen keine Tafel mit der entsprechenden Überschreitungswahrscheinlichkeit existiert. Ergänzende Informationen für die Analyse beliebiger Dreiwegtafeln mit kleinen erwarteten Häufigkeiten findet man bei Wall (1972) oder Hommel (1978).

5.6.4 Kontingenzaspekte in Dreiwegtafeln

Neben der bisher untersuchten Frage nach der allseitigen Unabhängigkeit von 3
oder mehr Merkmalen interessieren bei drei- und mehrdimensionalen Kontingenztafeln weitere Kontingenzaspekte, die im folgenden einfachheitshalber am Kontingenzwürfel verdeutlicht werden. Wir betrachten zunächst die Abb. 5.6a, b mit jeweils
72 Individuen, die nach je 3 Alternativmerkmalen klassifiziert und auf die 8 Felder
(Oktanten) verteilt worden sind.

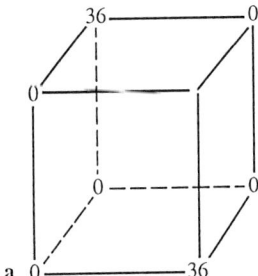 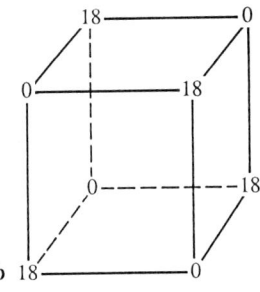

Abb. 5.6a,b. Kontingenzwürfel mit 3
Doublekontingenzen (a) und mit einer
Triplekontingenz (b)

Der Würfel in Abb. 5.6a ist dadurch gekennzeichnet, daß sich die N = 72
Individuen je zur Hälfte auf die beiden Oktanten der Hauptraumdiagonale (von oben-
links-hinten nach unten-rechts-vorn) verteilen, während die übrigen 6 Oktanten leer
sind: Komprimiert man den so besetzten Würfel einmal frontal (von hinten nach
vorn), dann horizontal (von links nach rechts) und schließlich vertikal (von unten
nach oben), so erhält man die in Abb. 5.7a veranschaulichten Vierfelderrandtafeln.

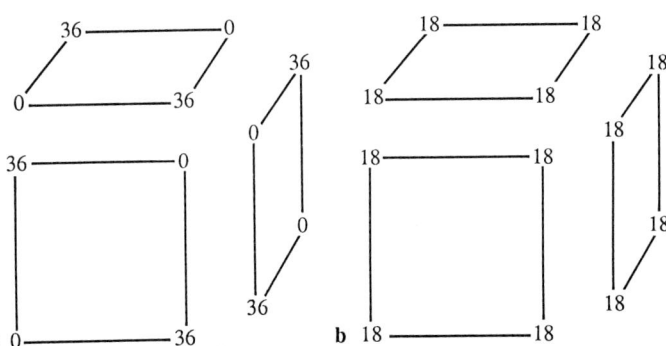

Abb. 5.7a,b. Randverteilungen der 3 Doublekontingenzen (a) und der Triplekontingenz (b)

Die 3 Randtafeln in Abb. 5.7a zeigen, daß je 2 Merkmale perfekt voneinander
abhängen. Offenbar ist die Kontingenz zwischen allen 3 Merkmalen durch die Kontingenzen zwischen je 2 Merkmale vollständig determiniert. Abbildung 5.6a ist in
der Tat ein Prototyp einer Dreiwegtafel, deren Gesamtkontingenz auf die Kontingenzen zwischen je 2 Merkmalen (*Doublekontingenzen*) zurückzuführen ist. Derartige
Kontigenzen treten z. B auf, wenn eine trivariate Normalverteilung nach jeder ihrer

3 Merkmale mediandichotomisiert wird: Es resultieren dann stets 2 „überbesetzte"
und 6 „unterbesetzte" Raumdiagonalfelder, wenn je 2 der 3 Merkmale korreliert
sind.

Daß die Kontingenz zwischen allen 3 Merkmalen vollständig durch die Kontingenz zwischen je 2 Merkmalen bestimmt ist, läßt sich auch numerisch zeigen.
Für den Würfel in Abb. 5.6a errechnen wir nach Gl. (5.95) $\chi^2 = 216$ mit Fg = 4
und für die 3 Randtafeln jeweils $\chi^2 = 72$ mit Fg = 1. Wegen $3 \times 72 = 216$ ist das
Gesamt-χ^2 durch die 3 Randtafel-χ^2-Werte vollständig erklärt.

Betrachten wir nun Abb. 5.6b. Hier sind die N = 72 Individuen gleichzahlig
auf die 4 einen Tetraeder bildenden Oktanten aufgeteilt, während die restlichen 4
Oktanten leer sind. Komprimiert man, wie oben, auch diesen Würfel nach seinen 3
Dimensionen, erhält man die Vierfelderrandtafeln der Abb. 5.7b. Die 3 gleichbesetz-
ten Randtafeln zeigen an, daß je 2 Merkmale voneinander völlig unabhängig sind.
Offenbar ist die Kontingenz im Würfel der Abb. 5.6b nicht durch Kontingenzen zwischen je 2 Merkmalen zu erklären. Wir wollen Dreiwegkontingenzen, die sich nicht
in Zweiwegkontingenzen niederschlagen, als *Triplekontingenzen* bezeichnen.

Auch diese gelegentlich als *Meehlsches Paradoxon* (Meehl, 1950) bezeichneten
Kontingenzverhältnisse seien numerisch verdeutlicht. Das dreidimensionale χ^2 für
den Würfel in Abb. 5.6b lautet $\chi^2 = 72$ (Fg = 4), und für die Vierfelder-χ^2-Werte
der 3 Randtafeln errechnet man jeweils $\chi^2 = 0$ (Fg = 1). Offensichtlich ist hier die
Gesamtkontingenz der 3 Merkmale nicht durch Kontingenzen von je 2 Merkmalen
erklärbar.

Die Bedeutung dieser beiden Kontingenzaspekte wollen wir uns an einem Beispiel veranschaulichen. Nehmen wir an, bei den 3 Merkmalen handele es sich um
3 Aufgaben A, B und C, die gelöst (+) bzw. nicht gelöst (−) sein können. Den
Daten in Abb. 5.6a zufolge hätten 36 Personen alle Aufgaben (A+, B+, C+) und
36 Personen keine davon gelöst (A−, B−, C−). Wenn z. B. bekannt ist, daß eine
Person Aufgabe A gelöst hat, weiß man damit gleichzeitig, daß auch Aufgabe B und
Aufgabe C gelöst wurden. Allgemein: Kennt man die Ausprägung eines Merkmals,
sind damit auch die Ausprägungen der übrigen Merkmale bekannt.

Bei einer Triplekontingenz hingegen ist aus der Tatsache, daß eine Person z. B.
Aufgabe A gelöst hat, nicht ableitbar, ob die beiden übrigen Aufgaben gelöst oder
nicht gelöst wurden. Dies wird deutlich, wenn wir den Kontingenzwürfel in Abb. 5.6b
tabellarisch darstellen (Tabelle 5.50).

Tabelle 5.50

	A+		A−	
	B+	B−	B+	B−
C+	18	0	0	18
C−	0	18	18	0

Eine Person, die Aufgabe A gelöst hat (A+), hat die Aufgaben B und C entweder gelöst (B+, C+) oder nicht gelöst (B−, C−). Entsprechendes gilt für Personen mit A−. Das Bekanntsein einer Merkmalsausprägung ist damit ohne Information für die beiden übrigen Merkmalsausprägungen.

Sind hingegen 2 Merkmalsausprägungen bekannt (z. B. A+, B+), ist bei einer perfekten Triplekontingenz die 3. Merkmalsausprägung eindeutig bestimmt (C+). Zwischen den Kombinationen zweier Merkmale (A+ B+, A+ B−, A− B+, A− B−) und einem 3. Merkmal (C+, C−) besteht eine perfekte Kontingenz.

Die Gesamtkontingenz − auch Globalkontingenz genannt − besteht in den bisher behandelten Beispielen ausschließlich aus Doublekontingenzen (Abb. 5.6a) oder aus der Triplekontingenz (Abb. 5.6b). In der Empirie werden wir jedoch im Regelfall Globalkontingenzen ermitteln, die sowohl Doublekontingenzen als auch Triplekontingenzen beinhalten. Tabelle 5.51 gibt dafür ein Beispiel.

Tabelle 5.51

	a_1		a_2	
	b_1	b_2	b_1	b_2
c_1	54	0	0	14
c_2	0	18	16	30

	a_1	a_2	
b_1	54	16	70
b_2	18	44	62
	72	60	

	a_1	a_2	
c_1	54	14	68
c_2	18	46	64
	72	60	

	b_1	b_2	
c_1	54	14	68
c_2	16	48	64
	70	62	

Wir ermitteln zunächst für die Globalkontingenz nach Gl. (5.95) $\chi^2 = 131,87$. Die in Tabelle 5.51 ebenfalls aufgeführten Randtafeln enthalten Doublekontingenzen von $\chi^2_{A \times B} = 30,69$, $\chi^2_{A \times C} = 34,98$ und $\chi^2_{B \times C} = 39,19$. Subtrahieren wir nach Lancaster (1950) die 3 Doublekontingenzen von der Globalkontingenz, resultiert eine Restkomponente von $\chi^2_{Rest} = 27,01$.

Diese subtraktiv ermittelte Restkomponente stellt nur dann eine korrekte Schätzung der Triplekontingenz $\chi^2_{A \times B \times C}$ dar, wenn die einzelnen χ^2-Komponenten additiv sind, wenn also $\chi^2 = \chi^2_{A \times B} + \chi^2_{A \times C} + \chi^2_{B \times C} + \chi^2_{A \times B \times C}$ gilt (zur Additivität χ^2-verteilter Zufallsvariablen vgl. auch 1.2.5). Sind − wie im vorliegenden Falle oder allgemein bei nicht-orthogonalen Kontingenztafeln (vgl. 8.1.4) − die χ^2-Komponenten voneinander abhängig, resultiert als Restkomponente ein Konglomerat unterschiedlicher Kontingenzanteile. In diesem Falle sind weder die Doublekontingenzen noch die Restkomponente eindeutig interpretierbar.

Dieser Sachverhalt gilt auch für die χ^2-Zerlegung nach Sutcliffe (1957, vgl. auch Lienert, 1978, Kap. 17.8.1), bei der die Anteilsparameter der Randverteilung nicht über die Randhäufigkeiten geschätzt, sondern als bekannt vorausgesetzt werden; auch dieser Ansatz basiert auf dem nur unter sehr restriktiven Bedingungen gültigen Lancaster-Rationale der Additivität der χ^2-Komponenten. (Weitere kritische Hinweise zum Lancaster-Ansatz findet man bei Goodman, 1978, S. 131 ff., Plackett, 1962 oder Bishop et al., 1978, Kap. 10.5.)

Aus den Ausführungen zur Double- und zur Triplekontingenz folgt, daß bei wechselseitiger Unabhängigkeit von je 2 Merkmalen durchaus Zusammenhänge zwischen allen 3 Merkmalen im Sinn einer Triplekontingenz bestehen können. Fällt jedoch der Test auf allseitige Unabhängigkeit der 3 Merkmale nach Gl. (5.95) nicht signifikant aus, existieren weder Double- noch Triplekontingenzen.

Zwei weitere Kontingenzaspekte in dreidimensionalen Kontingenztafeln betreffen die sog. **Kontingenzverdeckung** und die **Scheinkontingenz**. Für beide Aspekte ist es erforderlich, zuvor die *bedingte Doublekontingenz* als die Kontingenz zweier Merkmale A und B, bezogen auf die einzelnen Stufen des Merkmals C, einzuführen.

Das in Tabelle 5.52 dargestellte Beispiel erläutert, was unter der bedingten Doublekontingenz zu verstehen ist.

Tabelle 5.52

	a_1		a_2				
	b_1	b_2	b_1	b_2		b_1	b_2
c_1	15	10	45	30	c_1	60	40
c_2	10	15	30	45	c_2	40	60

In Tabelle 5.52 betrachten wir zunächst die beiden B × C-Untertafeln für die Stufen von a_1 und a_2 getrennt. Für die Vierfeldertafel unter a_1 ermitteln wir

$$\chi^2_{B \times C.a_1} = 2,00$$

und für die Vierfeldertafel unter a_2

$$\chi^2_{B \times C.a_2} = 6,00 \quad .$$

Die Summe dieser beiden Untertafel-χ^2-Werte definiert die bedingte (Double-) Kontingenz $\chi^2_{B \times C.A}$

$$\chi^2_{B \times C.A} = \chi^2_{B \times C.a_1} + \chi^2_{B \times C.a_2} = 2,00 + 6,00 = 8,00 \quad .$$

Wegen der Unabhängigkeit der Untertafel-χ^2-Werte hat dieses χ^2 $2 \cdot (2-1) \cdot (2-1) = 2$ Fg. (Allgemein: $p \cdot (m-1) \cdot (s-1)$ für $\chi^2_{B \times C.A}$. Entsprechendes gilt für $\chi^2_{A \times B.C}$ und $\chi^2_{A \times C.B}$.)

Die bedingte Kontingenz erfaßt den Zusammenhang zweier Merkmale unter Konstanthaltung eines 3. Merkmals. In Analogie zur Partialkorrelation (vgl.

etwa Bortz, 1989, Kap. 13.1) wird diese Kontingenz deshalb auch als *partielle Kontingenz* bezeichnet (vgl. Escher u. Lienert, 1971).

Berechnen wir nun den χ^2-Wert für die Randtafel B × C, resultiert ebenfalls $\chi^2_{B \times C} = 8,00$. In diesem Beispiel sind also bedingte und unbedingte Kontingenz identisch. Die Art der Kontingenz, die sich in den Randtafeln niederschlägt, entspricht den Untertafelkontingenzen. Die Untertafeln sind homogen.

Betrachten wir nun Tabelle 5.53.

Tabelle 5.53

	a_1		a_2				b_1	b_2
	b_1	b_2	b_1	b_2				
c_1	50	5	5	50		c_1	55	55
c_2	6	60	60	6		c_2	66	66

Hier errechnen wir $\chi^2_{B \times C.a_1} = \chi^2_{B \times C.a_2} = 80,8$, so daß $\chi^2_{B \times C.A} = 80,8 + 80,8 = 161,6$. Dieser hohen bedingten Kontingenz steht eine unbedingte Kontingenz von $\chi^2_{B \times C} = 0,00$ gegenüber. Durch Zusammenfassen zweier Untertafeln mit unterschiedlich gerichteter Assoziation (positiv für die a_1-Untertafel und negativ für die a_2-Untertafel) gleichen sich die beiden Untertafelkontingenzen aus: Es kommt zur *Kontingenzverdeckung*. Obwohl die beiden Untertafel-χ^2-Werte identisch sind, handelt es sich um extrem heterogene Tafeln, denn nicht die Höhe, sondern die Art der Kontingenz entscheidet über ihre Homogenität bzw. Heterogenität.

Ein weiterer Kontingenzaspekt, die *Scheinkontingenz*, wird in Tabelle 5.54 verdeutlicht.

Tabelle 5.54

	a_1		a_2				b_1	b_2
	b_1	b_2	b_1	b_2				
c_1	90	30	5	16		c_1	95	46
c_2	30	10	15	48		c_2	45	58

Hier sind die Verhältnisse gegenüber Tabelle 5.53 genau umgekehrt: Die Kontingenzen für die beiden Untertafeln sind jeweils Null ($\chi^2_{B \times C.a_1} = \chi^2_{B \times C.a_2} = 0$), so daß für die bedingte Kontingenz $\chi^2_{B \times C.A} = 0$ resultiert. Die Zusammenfassung der beiden Untertafeln führt jedoch zu einer B × C-Randtafel mit einer deutlichen Kontingenz von $\chi^2_{B \times C} = 13,65$. Da diese Kontingenz weder auf der Stufe a_1 noch auf a_2 auftritt, bezeichnen wir diese unbedingte Kontingenz als Scheinkontingenz.

Homogene Untertafeln, Kontingenzverdeckung und Scheinkontingenz wurden in den genannten Beispielen idealtypisch vorgestellt. Für die Praxis empfehlen wir folgende Entscheidungspragmatik:

– Ist sowohl die bedingte als auch die unbedingte Kontingenz signifikant, kann die unbedingte Kontingenz der entsprechenden Randtafel bedenkenlos interpretiert werden. Die Untertafeln sind homogen, d. h. die Interpretation der Randtafel gilt gleichermaßen für die Untertafeln.
– Ist die unbedingte Kontingenz einer Randtafel nicht signifikant, sollte in jedem Falle geprüft werden, ob dieses Resultat Folge einer möglichen Kontingenzverdeckung ist. Diese liegt vor, wenn die bedingte Kontingenz der entsprechenden Merkmale signifikant ist. Bei dieser Konstellation sind die Untertafeln mit signifikanter Kontingenz getrennt zu interpretieren. Der Signifikanznachweis ist bei r Untertafeln mit $\alpha^* = \alpha/r$ zu erbringen, es sei denn, man interessiert sich nur für einen einzigen, vorgeplanten Untertafeltest.
– Bei einer signifikanten unbedingten Kontingenz einer Randtafel muß geprüft werden, ob eine Scheinkontingenz vorliegt. Dies ist der Fall, wenn die bedingte Kontingenz nicht signifikant ist. Die Merkmale sind dann in allen Untertafeln unabhängig, so daß die Randtafelkontingenz nichtssagend ist; sie sollte trotz der Signifikanz nicht interpretiert werden. Wie Scheinkontingenzen in klinischen Untersuchungen zu typischen Trugschlüssen führen können, hat Rümke (1970) anhand von Krankenblatterhebungen demonstriert.

Doublekontingenz, Triplekontingenzen sowie bedingte, verdeckte und scheinbare Kontingenzen sind die Grundlage einer Klassifikationsprozedur für dreidimensionale Kontingenztafeln, die von Victor (1972; vgl. auch Lienert, 1978, Kap. 17.4) vorgeschlagen wurde. Das folgende Beispiel für die Analyse einer dreidimensionalen Kontingenztafel nimmt auf dieses Klassifikationsschema indirekt Bezug.

Beispiel 5.23

Problem: Um die Zusammenhänge zwischen Berufstätigkeit der Mutter eines Vorschulkindes (A+, A−), dessen Kindergartenbesuch (B+, B−) und der Existenz von Geschwistern (C+, C−) aufzuklären, wurden die N = 247 Teilnehmer einer Vorlesung in bezug auf die Merkmalskombination ihrer eigenen Kindheit befragt.

Hypothesen: Es werden keine speziellen Hypothesen formuliert. Mit der Analyse soll überprüft werden, welche Art von Kontingenzen zwischen den drei genannten Merkmalen existieren ($\alpha = 0,05$).

Daten: Tabelle 5.55 zeigt die Besetzungszahlen des Kontingenzwürfels und dessen ein- und zweidimensionale Randverteilungen.

Auswertung: Nach Gl. (5.95) ermitteln wir für die Globalkontingenz $\chi^2 = 30,345$ mit Fg = 4. Um deren Doublekontingenzanteile zu überprüfen, werden die χ^2-Werte für die 3 Randtafeln bestimmt. Sie lauten $\chi^2_{A \times B} = 1,70$, $\chi^2_{A \times C} = 16,80$ und $\chi^2_{B \times C} = 11,59$ mit jeweils Fg = 1. Die Summe dieser 3 χ^2-Werte beträgt 30,09, d. h. die Globalkontingenz ist praktisch vollständig auf Doublekontingenzen (insbesonders A × C und B × C) zurückzuführen.

Tabelle 5.55

	A +		A −	
	B +	B −	B +	B −
C +	20	32	33	56
C −	41	26	22	17

	A +	A −				A +	A −				B +	B −	
B +	61	55	116		C +	52	89	141		C +	53	88	141
B −	58	73	131		C −	67	39	106		C −	63	43	106
	119	128	247			119	128	247			116	131	247

Interpretationswürdig erscheinen die A × C- und B × C-Kontingenz. Für diese Randtafeln wird deshalb überprüft, ob Scheinkontingenzen vorliegen oder ob von homogenen Untertafeln auszugehen ist. Für die Untertafeln von A × C errechnen wir $\chi^2_{A \times C.B+} = 8,63$ und $\chi^2_{A \times C.B-} = 6,80$, womit sich eine bedingte Kontingenz von $\chi^2_{A \times C.B} = 8,63 + 6,80 = 15,43$ ergibt. Da $\chi^2_{A \times C} \approx \chi^2_{A \times C.B}$ ist, folgern wir, daß die Untertafeln homogen sind und daß mit $\chi^2_{A \times C}$ keine Scheinkontingenz erfaßt wird. Die entsprechenden Berechnungen für $\chi^2_{B \times C}$ resultieren in $\chi^2_{B \times C.A+} = 6,06$ und $\chi^2_{B \times C.A-} = 4,14$, so daß $\chi^2_{B \times C.A} = 10,20$. Da auch hier $\chi^2_{B \times C} \approx \chi^2_{B \times C.A}$ ist, kann die B × C-Kontingenz ebenfalls nicht als Scheinkontingenz interpretiert werden.

Als nächstes untersuchen wir die geringe A × B-Kontingenz auf mögliche Kontingenzverdeckung. Auch dafür benötigen wir die Untertafelkontingenzen, die in diesem Beispiel die Werte $\chi^2_{A \times B.C+} = 0,03$, $\chi^2_{A \times B.C-} = 0,23$ und damit $\chi^2_{A \times B.C} = 0,26$ ergeben. Die A × B-Kontingenz ist also auch in den Untertafeln unbedeutend, d. h. es liegt keine Kontingenzverdeckung vor. Die A × B-Kontingenz ist zu vernachlässigen.

Entscheidung: Da ohne A-priori-Hypothesen 4 Signifikanztests durchgeführt werden, ist α mit $\alpha^* = \alpha/4 = 0,0125$ zu korrigieren. Tafel 3 des Anhangs entnehmen wir, daß χ^2, $\chi^2_{A \times C}$ und $\chi^2_{B \times C}$ auf dieser Stufe signifikant sind.

Interpretation: Die signifikante Globalkontingenz ist darauf zurückzuführen, daß zwischen den Merkmalen Berufstätigkeit der Mutter (A) und Existenz von Geschwistern (C) sowie den Merkmalen Kindergartenbesuch (B) und Existenz von Geschwistern (C) eine signifikante Kontingenz besteht. Der A × C-Randtafel ist durch Vergleich beobachteter und erwarteter Häufigkeiten zu entnehmen, daß z. B. nicht berufstätige Mütter überproportional häufig mehrere Kinder haben. Dieser Befund ist unabhängig davon, ob die Kinder im Kindergarten sind oder nicht. Die

B × C-Kontingenz besagt, daß Kinder mit Kindergartenbesuch eher keine Geschwister haben, und zwar unabhängig davon, ob die Mutter berufstätig ist oder nicht.

Die hier diskutierten Kontingenzaspekte sind natürlich keine spezielle Besonderheit von Dreiwegtafeln, sondern können generell bei höher dimensionierten Kontingenztafeln auftreten. Allgemein ist zunächst zu überprüfen, ob sich das χ^2 auf allseitige Unabhängigkeit additiv aus unbedingten Doublekontingenzen ergibt. Ist dies nicht der Fall, sind im globalen χ^2-Wert Anteile von Triplekontingenz, Quadrupelkontingenz, Quintupelkontingenz etc. enthalten.

Um die Größe dieser Kontingenzanteile zu bestimmen und statistisch bewerten zu können, hat Lienert (1978) die *Assoziationsstrukturanalyse* (ASA, für binäre Merkmale) bzw. die *Kontingenzstrukturanalyse* (KSA, für multinäre Merkmale) vorgeschlagen. Beide Analysen setzen strikte Unabhängigkeit der χ^2-Komponenten voraus, die bei mehrdimensionalen Tafeln nur höchst selten erfüllt ist (vgl. S. 372 u. 400). Wir verzichten deshalb auf die Wiedergabe dieser Verfahren und verweisen statt dessen auf 8.1.

Die Prinzipien der Analyse von Scheinkontingenz und Kontingenzverdeckung lassen sich ebenfalls für mehrdimensionale Kontingenztafeln erweitern. Hinweise dazu findet man bei Enke (1974) bzw. bei Lienert (1978, Kap. 18.4).

5.6.5 Symmetrietests bei abhängigen Stichproben

In 5.5.1.1 haben wir mit dem McNemar-Test ein Verfahren kennengelernt, das die Veränderung der Ausprägungen eines dichotomen Merkmals bei wiederholter Untersuchung einer Stichprobe überprüft (Beispiel: Hat sich der Anteil der Befürworter einer legislativen Maßnahme nach einer Aufklärungskampagne erhöht?). Der Test prüft die H_0, daß die Anzahl der „Wechsler", die in den Feldern b und c der Vierfeldertafel (Tabelle 5.38) registriert werden (d. h. also die Anzahl derjenigen, die ihre Meinung von + nach − bzw. von − nach + ändern), gleich groß sei. Die H_0 behauptet damit, daß die Felder b und c gleich bzw. symmetrisch besetzt seien. Es wurde darauf hingewiesen, daß diese H_0 der H_0 entspricht, nach der sich die Merkmalsanteile (z. B. die Anzahl der Befürworter) in der 1. und in der 2. Untersuchung nicht unterscheiden (vgl. S. 162 f.).

Beim McNemar-Test sind damit die Überprüfung der Anteilsunterschiede bei abhängigen Stichproben und die Symmetrieüberprüfung in einem Verfahren vereint: Symmetrie impliziert Anteilsgleichheit und umgekehrt. Dies ist − wie noch zu zeigen sein wird − bei der *drei- und mehrdimensionalen Erweiterung des Ansatzes von McNemar* nicht der Fall.

Untersuchen wir zunächst die behauptete Anteilsgleichheit bei symmetrischen McNemar-Tafeln etwas genauer. Wir nehmen an, 60 Personen hätten 2 Aufgaben A und B mit dem in Tabelle 5.56 dargestellten Ergebnis gelöst.

Wie man erkennt, sind beide Aufgaben mit den Lösungsanteilen p(A) = p(B) = 45/60 = 0,75 gleich schwierig. Wir fragen nun, ob die Aussage „gleiche Schwierigkeit" für *alle Personen* gilt. Dabei unterscheiden wir zwischen Personen, die (1) beide Aufgaben gelöst haben (a = 35), die (2) nur eine Aufgabe gelöst haben (b + c = 20) und solchen, die (3) keine Aufgabe gelöst haben (d = 5). In der 1. Gruppe haben beide Aufgaben trivialerweise einen Lösungsanteil von 1, d. h. in

Tabelle 5.56

	A +	A –	
B +	35	10	45
B –	10	5	15
	45	15	60

dieser Gruppe sind beide Aufgaben gleich schwierig. Das gleiche gilt für die 3. Gruppe, in der beide Aufgabe einen Lösungsanteil von 0 % erzielen. Bezogen auf die übrigen 20 Personen, die nur eine Aufgabe gelöst haben, resultiert für Aufgabe A ein Lösungsanteil von $p_1(A) = 10/20 = 0,5$ und für Aufgabe B ebenfalls $p_1(B) = 10/20 = 0,5$. Auch in dieser Gruppe sind damit beide Aufgaben gleich schwierig.

Die Aufgaben sind damit nicht nur insgesamt gleich schwierig, sondern auch innerhalb einer jeden Gruppe mit Personen gleicher Leistungsstärke, d. h. mit gleicher Anzahl gelöster Aufgaben. (Daß sich die Schwierigkeit einer Aufgabe in Gruppen mit Personen verschiedener Leistungsstärke unterscheidet, ist selbstverständlich.)

Aufgaben mit dieser Charakteristik sollen nicht nur gleich schwierig, sondern *gleichwertig* genannt werden. Mit dieser Bezeichnung wird zum Ausdruck gebracht, daß die Aufgaben untereinander austauschbar sind, daß also bei Vorgabe von nur einer Aufgabe jede der beiden Aufgaben gewählt werden könnte, ohne eine Person zu benachteiligen.

Grundsätzlich gilt, daß 2 gleich schwierige Aufgaben immer auch gleichwertig sind und umgekehrt. Zu prüfen bleibt jedoch, ob diese Aussage auch für 3 oder mehr gleich schwierige Aufgaben gilt, ob also gleiche Schwierigkeit von 3 Aufgaben auch Gleichwertigkeit impliziert.

Dazu betrachten wir die in Tabelle 5.57 wiedergegebenen Lösungshäufigkeiten für 3 Aufgaben bei N = 60 Personen.

Zunächst stellen wir fest, daß alle 3 Aufgaben gleich schwierig sind: p(A) = p(B) = p(C) = 35/60. **Die Gleichwertigkeit überprüfen wir, indem wir die Schwierigkeiten der Aufgaben für leistungshomogene Teilgruppen ermitteln.** Gleiche Schwierigkeit liegt trivialerweise wieder in den Extremgruppen mit +++(17 Personen) und mit – – – (4 Personen) vor. Personen mit nur einer gelösten Aufgabe sind durch eines der Lösungsmuster + – –, – + – oder – – + gekennzeichnet. Zusammengenommen handelt es sich dabei um 8 + 8 + 8 = 24 Personen. Aufgabe A hat in dieser Gruppe einen Lösungsanteil von $p_1(A) = 8/24$ erzielt. Das gleiche gilt für die Aufgaben B und C: $p_1(B) = 8/24$ und $p_1(C) = 8/24$.

Personen mit 2 gelösten Aufgaben sind durch die Lösungsmuster + + –, + – + oder – + + gekennzeichnet. Zusammengenommen sind dies 5 + 5 + 5 = 15 Personen. Auch in dieser Teilstichprobe haben die Aufgaben gleiche Schwierigkeit: $p_2(A) = p_2(B) = p_2(C) = 10/15$.

Die Aufgaben in Tabelle 5.57 sind damit nicht nur gleich schwierig, sondern auch gleichwertig und damit austauschbar. Mehrdimensionale Kontingenztafeln mit diesen Eigenschaften bezeichnen wir als *axialsymmetrische Kontingenztafeln*.

Tabelle 5.57

	A +		A −	
	B +	B −	B +	B −
C +	17	5	5	8
C −	5	8	8	4

Gleichwertigkeit impliziert auch bei drei- und mehrdimensionalen Kontingenztafeln immer gleiche Schwierigkeit.

Das umgekehrte gilt jedoch, wie Tabelle 5.58 zeigt, nicht.

Tabelle 5.58

	A +		A −	
	B +	B −	B +	B −
C +	30	5	20	5
C −	4	21	6	9

Hier sind die Aufgaben zwar gleich schwierig $[p(A) = p(B) = p(C) = 60/100]$, dennoch sind die Aufgaben nicht gleichwertig und damit nicht austauschbar. Für die $21 + 6 + 5 = 32$ Personen, die nur eine Aufgabe lösten, rechnen wir $p_1(A) = 21/32$, $p_1(B) = 6/32$ und $p_1(C) = 5/32$. Für diese Personengruppe war also Aufgabe A am leichtesten und Aufgabe C am schwersten zu lösen. Für die $4 + 5 + 20 = 29$ Personen mit 2 gelösten Aufgaben gilt $p_2(A) = 9/29$, $p_2(B) = 24/29$ und $p_2(C) = 25/29$. Damit ist belegt, daß die Aufgaben trotz gleicher Schwierigkeit nicht gleichwertig sind.

Tabelle 5.57 stellt den theoretischen Idealfall der Axialsymmetrie dar. Ob ein beobachteter Kontingenzwürfel axialsymmetrisch und die ihn konstituierenden Alternativmerkmale gegeneinander austauschbar sind, prüft man mittels des von Wall (1976) angegebenen und zu McNemar (vgl. 5.5.1.1) homologen Tests.

Bezeichnet man mit e_1 die erwarteten Häufigkeiten für Lösungsmuster mit einem Pluszeichen und mit e_2 die erwarteten Häufigkeiten für Lösungsmuster mit zwei Pluszeichen, dann gilt für die beobachteten Frequenzen $f_{ij\ell}$, $i = j = \ell = 1, 2$ unter H_0 (Axialsymmetrie) bei $e_1, e_2 \geq 5$ der Wallsche χ^2-Test auf Axialsymmetrie.

$$\chi^2 = (f_{112} - e_2)^2/e_2 + (f_{121} - e_2)^2/e_2 + (f_{211} - e_2)^2/e_2$$
$$+ (f_{122} - e_1)^2/e_1 + (f_{212} - e_1)^2/e_1 + (f_{221} - e_1)^2/e_1 \tag{5.104}$$
$$\text{mit } Fg = (3 - 1) + (3 - 1) - 1 = 3 \quad .$$

Schätzt man e_2 durch das arithmetische Mittel der 3 Beobachtungswerte und analog e_1, erhält man in Analogie zum McNemar-Test die folgenden erwarteten Häufigkeiten unter der H_0 der Axialsymmetrie:

$$e_2 = (f_{112} + f_{121} + f_{211})/3$$
$$e_1 = (f_{122} + f_{212} + f_{221})/3 \quad . \tag{5.105}$$

Da $\sum (f - e)^2/e$ für konstantes e gleich $(1/e) \sum f^2 - N$ ist, erhalten wir

$$\chi^2 = \frac{3(f_{122}^2 + f_{121}^2 + f_{211}^2)}{f_{112} + f_{121} + f_{211}} + \frac{3(f_{122}^2 + f_{212}^2 + f_{221}^2)}{f_{122} + f_{212} + f_{221}} - n \qquad (5.106)$$

mit Fg = 3 ,

wobei $n = N - f_{111} - f_{222}$ die Summe der am Symmetrietest beteiligten Felderfrequenzen bezeichnet (wie $N - a - d = b + c$ im McNemar Test). Man beachte, daß die
$2 \times 3 = \chi^2$-Komponenten in Gl. (5.106) wegen der Schätzung von e_1 und e_2 aus den
Summen von jeweils 3 Frequenzen je 1 Fg verlieren, so daß nur $2 \times 2 = 4$ Fg verbleiben. Ein weiterer Fg geht dadurch verloren, daß $3(e_1 + e_2)$ gleich $N - f_{111} - f_{222}$
sein muß.

Wir wollen im folgenden Beispiel den Symmetrietest von Wall zur Arzneimittel-
wirkungsbeurteilung in ähnlicher Weise anwenden, wie dies für den McNemar-Test
in Beispiel 5.19 geschehen ist.

Beispiel 5.24

Problem und Datenerhebung: An N = 180 über Schlafstörungen klagende Patienten über 70 Jahre wurden in Zufallsabfolge 3 Schlafmitteltypen, ein Barbiturat (B),
ein Diazepamderivat (D) und ein Phenothiazinderivat (P) in 1wöchigem Abstand
(Wash-out-Periode) verabreicht. Befragt, ob das Mittel im Sinne der Erwartung ge-
wirkt habe (ja/nein), antworteten die Patienten wie in Tabelle 5.59 zusammengestellt.

Tabelle 5.59

	B+		B−	
	D+	D−	D+	D−
P+	66	24	27	9
P−	18	18	15	3

	B+	B−			B+	B−			D+		
D+	84	42	126	P+	90	36	126	P+	93	33	126
D−	42	12	54	P−	36	18	54	P−	33	21	54
	126	54	180		126	54	180		126	54	180

Hypothese: Es wird gefragt, ob die 3 Schlafmitteltypen in Anwendung auf Schlafstörungen untereinander austauschbar sind. Dies liegt nahe, da alle 3 Schlafmittel
die gleiche Erfolgsquote aufweisen (gleiche „Schwierigkeit"): $p(B) = p(D) = p(P) =$
$126/180 = 0,70$. Die notwendige Voraussetzung für Austauschbarkeit ist also gegeben. Die für die Austauschbarkeit hinreichende Voraussetzung der Gleichwertigkeit
überprüfen wir mit dem Axialsymmetrietest (H$_0$; $\alpha = 0,01$).

Auswertung: Gemäß der H$_0$ (Axialsymmetrie) erwarten wir für die Beobachtungen
f_{122}, f_{212} und f_{221} den Wert $e_1 = (18 + 15 + 9)/3 = 14$ und für f_{112}, f_{121}, f_{211}
den Wert $e_2 = (18 + 24 + 27)/3 = 23$. Wir errechnen nach Gl. (5.106)

$$\chi^2 = \frac{(18-23)^2}{23} + \frac{(24-23)^2}{23} + \frac{(27-23)^2}{23} + \frac{(18-14)^2}{14}$$
$$+ \frac{(15-14)^2}{14} + \frac{(9-14)^2}{14} = 4,83 \quad .$$

Dieser Wert ist bei Fg = 3 und $\alpha = 0,01$ nicht signifikant.

Interpretation: Die Abweichungen von der Axialsymmetrie sind für $\alpha = 0,01$ zu gering, um H_0 verwerfen zu können. Die Schlafmittel sind gleichwertig und damit austauschbar.

Anmerkung: Wäre die H_0 die „Wunschhypothese" (etwa um mögliche Indikationsprobleme des Arztes auszuräumen), sollte mit $\alpha = 0,25$ das β-Risiko (falsche Annahme von H_0) klein gehalten werden. In diesem Fall wäre die H_0 zu verwerfen. Bei den $18 + 24 + 27 = 69$ „sensibleren" Patienten, die auf 2 Medikamente ansprechen, zeigt das Phenothiazinderivat (P) die beste Wirkung (p = 51/69 = 0,74), und bei denjenigen Patienten, die nur auf ein Medikament reagieren, ist das Diazepamderivat (D) am wirksamsten (p = 18/42 = 0,43).

Wie bereits erwähnt, bedeutet Axialsymmetrie Gleichwertigkeit bei gleicher Schwierigkeit. Liegt keine Axialsymmetrie vor, können die Merkmalsanteile – wie Tabelle 5.58 zeigt – dennoch gleich sein (gleiche Schwierigkeit). Will man bei nicht vorhandener Axialsymmetrie die H_0 der gleichen Merkmalsanteile überprüfen, wählt man den in 5.5.3.1 beschriebenen Q-Test von Cochran.

Neben der Axialsymmetrie kann man bei Kontingenzwürfeln einen weiteren Symmetrieaspekt, die *Punktsymmetrie,* untersuchen. Eine punktsymmetrische Vierfeldertafel ist dadurch gekennzeichnet, daß nicht nur b = c, sondern auch zusätzlich a = d ist. Bei einem punktsymmetrischen Kontingenzwürfel müssen komplementäre Häufigkeiten gleich sein, also $f_{111} = f_{222}$, $f_{122} = f_{211}$, $f_{212} = f_{121}$ etc. Die Gesamtkontingenz einer punktsymmetrischen Tafel setzt sich ausschließlich aus Doublekontingenzen bei fehlender Triplekontingenz zusammen (vgl. Abb. 5.6a).

Einen punktsymmetrischen Kontingenzwürfel erhält man z. B., wenn 3 trivariat-symmetrisch verteilte stetige Merkmale am arithmetischen Mittel dichotomisiert werden. Da normalverteilte Merkmale ebenfalls symmetrisch sind, gilt dies natürlich auch für trivariate Normalverteilungen. Punktsymmetrie ist damit eine notwendige, aber keine hinreichende Bedingung für die im Rahmen vieler multivariat-parametrischer Verfahren (wie z. B. der Faktorenanalyse) geforderten multivariaten Normalverteilung. Ein darauf gründender Test wird bei Wall u. Lienert (1976) beschrieben. Wir verzichten auf die Wiedergabe dieses Tests, weil er generell auf symmetrische Verteilungen (also z. B. auch u-förmige Verteilungen oder Gleichverteilungen) positiv anspricht und nicht nur auf Normalverteilungen; er ist damit als Verfahren, mit dem das Vorliegen einer multivariaten Normalverteilung nachgewiesen werden soll, nur bedingt geeignet. Besser dazu geeignet ist ein von Stelzl (1980) vorgeschlagenes Verfahren.

Werden nicht nur 3, sondern allgemein t binäre Merkmale (z. B. t gelöste bzw. nicht gelöste Aufgaben) an einer Stichprobe untersucht, überprüft man die H_0 der Axialsymmetrie und damit die Gleichwertigkeit der Merkmale (Aufgaben) folgendermaßen (vgl. auch Krüger et al., 1979): Man unterteilt die N Personen in $t-1$ leistungshomogene Gruppen, die jeweils 1 Aufgabe, 2 Aufgaben, 3 Aufgaben, ..., $t-1$ Aufgaben gelöst haben. Die Gruppe der n_1 Personen mit einer gelösten Aufgabe setzt sich z. B. für t = 4 aus Personen mit einem der $k_1 = 4$ verschiedenen Lösungsmuster $(+ - - -, - + - -, - - + -$ und $- - - +)$ zusammen. Bezeichnen wir

die Anzahl der Personen mit dem Lösungsmuster j mit f_{1j}, ergeben sich für jedes Lösungsmuster j gemäß der H_0 die folgenden erwarteten Häufigkeiten:

$$e_1 = \sum_{j=1}^{k_1} f_{1j}/k_1 = n_1/k_1 \quad . \tag{5.107}$$

Dem entsprechend ermitteln wir die erwarteten Häufigkeiten für die Personengruppen mit $2, 3, \ldots, t-1$ gelösten Aufgaben:

$$e_2 = \sum_{j=1}^{k_2} f_{2j}/k_2 = n_2/k_2$$

$$e_3 = \sum_{j=1}^{k_3} f_{3j}/k_3 = n_3/k_3$$

$$\vdots$$

$$e_{t-1} = \sum_{j=1}^{k_{t-1}} f_{t-1,j}/k_{t-1} = n_{t-1}/k_{t-1} \quad .$$

Die Prüfgröße χ^2 errechnen wir nach folgender Gleichung:

$$\chi^2 = \sum_{i=1}^{t-1} \sum_{j=1}^{k_i} \frac{(f_{ij} - e_i)^2}{e_i} \quad , \tag{5.108}$$

wobei

$$k_1 = \binom{t}{1} \quad , \quad k_2 = \binom{t}{2} \quad , \quad k_3 = \binom{t}{3} \ldots \quad \text{und}$$

$$k_{t-1} = \binom{t}{t-1} \quad \text{sowie}$$

$$Fg = \sum_{i=1}^{t-1} (k_i - 1) - 1 \quad .$$

Ist einem am Nachweis der Axialsymmetrie gelegen (z. B. um einen Satz gleichwertiger und damit austauschbarer Aufgaben zu entwickeln), sollte $\alpha = 0,25$ gesetzt werden. Axialsymmetrie impliziert auch im allgemeinen Fall gleiche Schwierigkeit (Lösungsanteile) und Gleichwertigkeit (Austauschbarkeit) aller Aufgaben. Muß die H_0 der Axialsymmetrie verworfen werden, prüft man mit dem Cochran-Test (vgl. 5.5.3.1) auf gleiche Schwierigkeit der Aufgaben. Bei nichtsignifikantem Cochran-Test sind die Aufgaben gleich schwierig, aber nicht gleichwertig, d. h. bezogen auf die gesamte untersuchte Stichprobe existieren keine Schwierigkeitsunterschiede, wohl aber innerhalb der einzelnen leistungshomogenen Gruppen (mit einer gelösten Aufgabe, mit 2 gelösten Aufgaben, ..., mit $t-1$ gelösten Aufgaben).

Ein Vergleich der Schwierigkeitsindizes der Aufgaben innerhalb einer jeden leistungshomogenen Gruppe informiert in diesem Falle darüber, welche Aufgaben gruppenspezifisch als homogen anzusehen sind bzw. welche Aufgaben in ihrer Schwierigkeit von den übrigen abweichen. Dieser Vergleich kann per Inspektion

oder – bei genügend großen, leistungshomogenen Gruppen – mit gruppenspezifischen Cochran-Tests vorgenommen werden. Gegebenenfalls sind Aufgaben, die in einer oder in mehreren leistungshomogenen Gruppen eine zu hohe oder eine zu niedrige Schwierigkeit aufweisen, aus dem Aufgaben- (Merkmals-)Satz zu entfernen. Der so reduzierte Aufgaben- bzw. Merkmalssatz kann dann erneut auf Axialsymmetrie geprüft werden.

Die Überprüfung weiterer Symmetrieaspekte wird bei Bishop et al. (1978, Kap. 8) beschrieben.

Kapitel 6 Analyse von Rangdaten

In diesem Kapitel wollen wir verteilungsfreie Testverfahren vorstellen, die angewendet werden können, wenn Daten mit mindestens ordinalem Meßniveau auszuwerten sind. Ohne an dieser Stelle noch einmal ausführlich auf meßtheoretische Einzelheiten einzugehen (vgl. dazu 3.1), sei angemerkt, daß es dabei unerheblich ist, ob originäre Rangdaten vorliegen oder ob von Daten höherer Skalendignität nur die ordinale Information genutzt wird. Man beachte jedoch, daß originäre Rangdaten nur dann zu verwenden sind, wenn sich die Rangordnungsprozedur auf alle Individuen der zu vergleichenden Stichproben bezieht. Rangordnungen, die jeweils nur für die Individuen einer Stichprobe erstellt wurden, sind für stichprobenvergleichende Untersuchungen ungeeignet (vgl. dazu auch S. 292).

Im einzelnen werden Verfahren behandelt, die Unterschiede in der zentralen Tendenz zweier oder mehrerer unabhängiger Stichproben testen (6.1), wobei dieser Teilabschnitt auch Verfahren für Einzelvergleiche bei mehreren Stichproben und Trendtests beinhaltet. Im zweiten Teilabschnitt geht es um Tests für die gleichen Fragestellungen bei abhängigen Stichproben (6.2). Beide Teilabschnitte beschäftigen sich außerdem mit Verfahren, die sich zur Prüfung von Dispersionsunterschieden eignen.

6.1 Tests für Unterschiedshypothesen bei unabhängigen Stichproben

Dieser Teil befaßt sich mit dem Vergleich von 2 unabhängigen Stichproben (6.1.1), von mehreren unabhängigen Stichproben (6.1.2), mit Einzelvergleichsverfahren (6.1.3) sowie mit Trendtests (6.1.4). In 6.1.5 werden Verallgemeinerungen für sogenannte mehrfaktorielle Pläne vorgenommen, und in 6.1.6 schließlich geht es um den Vergleich von Dispersionen in 2 oder mehr unabhängigen Stichproben.

6.1.1 Tests für zwei Stichproben

Von den unterschiedlichen Varianten für den nonparametrischen Vergleich zweier unabhängiger Stichproben hinsichtlich ihrer zentralen Tendenz werden im folgenden die wichtigsten dargestellt: Mediantest (6.1.1.1), U-Test (6.1.1.2) und Normalrangtests (6.1.1.3). In 6.1.1.4 (weitere Tests) wird ein Weg aufgezeigt, wie man 2 Stichproben hinsichtlich der zentralen Tendenz in mehreren abhängigen Variablen vergleichen kann (multivariater Test). Ferner gibt dieser Abschnitt einen kurzen Überblick über sog. Quicktests, mit denen die Frage nach Unterschieden in der zentralen Tendenz ohne größeren Rechenaufwand überschlägig beantwortet werden kann.

6.1.1.1 Mediantest

Wie bereits hervorgehoben, können die mit den folgenden statistischen Tests zu bearbeitenden Rangdaten auf sehr unterschiedliche Weise zustande kommen. Auf der einen Seite können Daten als kardinalskalierte Messungen vorliegen, wobei die Verteilungsvoraussetzungen für die Anwendung parametrischer Tests jedoch verletzt sind, so daß man sich für ein verteilungsfreies Prüfverfahren entscheidet, das nur ordinale Meßinformation verwendet. Auf der anderen Seite können originäre Rangdaten hinsichtlich der zusammengefaßten (gepoolten) Stichproben vorliegen. In einzelnen Fällen können sogar Zweifel am Ordinalskalencharakter der Daten berechtigt sein. Unter diesen Bedingungen, die Beispiel 6.1 näher erläutert, läßt sich ein Test anwenden, der die ordinale Information der Daten nur insoweit nutzt, als zu entscheiden ist, ob ein Meßwert über oder unter dem Median (Md) der beiden zusammengefaßten Stichproben liegt, der Mediantest.

Die Nullhypothese des Mediantests lautet H_0: $E(Md_1) = E(Md_2)$ und die Alternativhypothese dementsprechend $H_1 : E(Md_1) \neq E(Md_2)$. Die H_0 behauptet also, daß die Erwartungswerte der Mediane in den zu vergleichenden Stichproben identisch seien. Bei Gültigkeit der H_0 befinden sich in beiden Stichproben 50 % aller Messungen über und 50 % aller Messungen unter dem Erwartungswert des Medianes, der über die Meßwerte der zusammengefaßten (gepoolten) Stichproben geschätzt wird.

Zur Überprüfung der H_0 zählen wir in jeder Stichprobe aus, wie viele Meßwerte über bzw. unter dem gemeinsamen Median beider Stichproben liegen. Diese Häufigkeiten konstituieren eine Vierfeldertafel, die wir nach Gl. (5.24) bzw. bei kleinen erwarteten Häufigkeiten mit dem exakten Vierfeldertest nach Gl. (5.33) auswerten. Fällt bei ungeradzahligem $N = N_1 + N_2$ der Median auf einen Meßwert, kann dieser für die weiteren Berechnungen außer acht gelassen werden. Dies gilt auch für eine kleine Anzahl von Messungen mit medianidentischem Rang. Bedeutet das Weglassen dieser Messungen jedoch eine zu starke Reduktion der Gesamtstichprobe, zählt man sie einheitlich in beiden Stichproben zu den submedianen oder supramedianen Messungen. Handelt es sich bei den medianidentischen Messungen jedoch um Messungen *einer* Stichprobe, werden diese zu gleichen Teilen als sub- bzw. supramedian gezählt. Ist die Anzahl dieser Messungen ungeradzahlig, bleibt eine unberücksichtigt. Bei einseitiger Fragestellung empfiehlt es sich, die medianidentischen Messungen so zu verteilen, daß eine Ablehnung der H_0 erschwert wird.

Beispiel 6.1

Problem: In einer sportsoziologischen Untersuchung soll der Stand der Schulbildung in zwei Fußballvereinen A und B untersucht werden. Aus den Mitgliedskarteien beider Vereine werden jeweils 10 % der Mitglieder per Zufall ausgewählt und schriftlich um Auskunft über ihren Schulabschluß gebeten. Man nimmt sich vor, den Schulabschluß ordinal nach 5 Typen zu klassifizieren: 1 = kein Hauptschulabschluß, 2 = Hauptschulabschluß, 3 = Realschulabschluß, 4 = Allgemeine Hochschulreife, 5 = Hochschulabschluß. Bei Eingang der Auskünfte stellt sich allerdings heraus, daß insgesamt 6 Fußballer Ausländer sind, deren Bildungsabschlüsse sich nur sehr bedingt nach dem vorgegebenem Schema klassifizieren lassen. Zwar entschließt man

sich, dennoch eine Zuordnung vorzunehmen; die unbestreitbaren Unwägbarkeiten der Klassifikation führen jedoch zu dem Entschluß, einen Test anzuwenden, der nur einen Teil der ordinalen Informationen verwendet, nämlich den Mediantest.

Hypothesen: Man vermutet, daß der erfolgreichere Verein B über Spieler mit besserer Schulbildung verfügt (H_1) und testet deshalb einseitig mit $\alpha = 0,05$.

Daten: Tabelle 6.1 zeigt die Ergebnisse der Untersuchung.

Tabelle 6.1

Schulabschlüsse in Verein A	Schulabschlüsse in Verein B
1	1
4	4
1	4
2	1
2	3
1	2
5	4
1	4
2	5
	4
	4
$N_1 = 9$	$N_2 = 11$

Auswertung: Der Median der $N_1 + N_2 = 20$ Messungen befindet sich zwischen den Werten 2 und 3, d. h. alle Schulabschlüsse der Kategorien 1 und 2 befinden sich unterhalb und alle mit 3, 4 und 5 oberhalb des Medians. Die für beide Stichproben getrennt vorgenommene Auszählung führt zu den in Tabelle 6.2 dargestellten Häufigkeiten.

Tabelle 6.2

	A	B	
> Md	2	8	10
< Md	7	3	10
	9	11	20

Für diese Vierfeldertafel errechnen wir nach Gl. (5.24) $\chi^2 = 5,0505$ bzw. u = $\sqrt{5,0505} = 2,25$. Dieser Wert ist gemäß Tafel 2 bei einseitigem Test auf dem $\alpha = 5\%$-Niveau signifikant. Über den exakten Test nach Gl. (5.33) errechnet man eine einseitige Überschreitungswahrscheinlichkeit von P = 0,03215+0,00268+0,00006 = 0,03489, die zur gleichen Entscheidung führt.

Interpretation: Der Verein B ist nicht nur sportlich, sondern auch hinsichtlich der schulischen Ausbildung dem Verein A überlegen.

Wie Marascuilo u. McSweeney (1977) ausführen, testet der Mediantest nur dann die Nullhypothese $E(Md_1) = E(Md_2)$, wenn der Gesamtstichprobenmedian in der Tat die beste Schätzung des Populationsmedians $E(Md_0)$ ist. Mit Büning u. Trenkler (1978) ist ausdrücklich darauf hinzuweisen, daß der Mediantest nur auf Unterschiede in der zentralen Tendenz anspricht und nicht auf Differenzen in der Gestalt der Verteilung (kein Omnibustest). Dies hat den Nachteil, daß auch dann, wenn die Nullhypothese beibehalten werden muß, sehr wohl Verteilungsunterschiede bestehen können, auf die der Mediantest jedoch nicht anspricht. Diese Eigenschaft kann allerdings von Vorteil sein, da der Test auch bei vermuteten, aber für die Forschungsfragestellung irrelevanten Unterschieden der Verteilungsform die Unterschiedshypothese hinsichtlich der zentralen Tendenzen ohne gravierende Verzerrungen testet.

Im Vergleich zu seinem parametrischen Pendant, dem t-Test, hat der Mediantest bei normalverteilten Zufallsvariablen eine asymptotische, relative Effizienz (ARE, vgl. S. 43) von $2/\pi = 0,64$. Bei doppelt-exponentialverteilten Meßwerten erreicht der Mediantest eine ARE von 2,0.

Angesichts der im Prinzip sehr niedrigen Effizienz kann die Anwendung des Mediantests zusammenfassend nur dann empfohlen werden, wenn große Unsicherheit über die Verteilungsform und über das Meßniveau der erhobenen Daten herrscht, wenn also die ordinale Information der Messungen nur in dichotomer Form (oberhalb oder unterhalb des Medians) genutzt werden soll.

6.1.1.2 U-Test

Als ein häufig verwendeter verteilungsfreier Test für den Vergleich der zentralen Tendenz zweier unabhängiger Stichproben hat sich der von Wilcoxon (1945) sowie von Mann u. Whitney (1947) entwickelte U-Test bewährt. Ein Test mit ähnlichem Rationale wurde von Festinger (1946) vorgestellt.

Die Indikation des U-Tests läßt sich folgendermaßen beschreiben: Es liegen Daten aus 2 unabhängigen Zufallsstichproben vor. Pro Untersuchungseinheit wurde eine Messung der abhängigen Variablen erhoben. Die Stichprobe A möge N_1 und die Stichprobe B N_2 Messungen umfassen. Liegt nicht bereits eine originäre Rangreihe der zusammengefaßten Stichproben vor, werden die Messungen rangtransformiert, indem allen Untersuchungseinheiten der zusammengefaßten Stichproben A und B Ränge von 1 (für den kleinsten Wert) bis $N_1 + N_2 = N$ (für den größten Wert) entsprechend ihrer Meßwertausprägungen zugeteilt werden.

Mit dem U-Test läßt sich die Nullhypothese testen, daß sich der durchschnittliche Rang der Individuen beider Stichproben nicht unterscheidet; $H_0 : E(\overline{R}_1) = E(\overline{R}_2)$ (vgl. Marascuilo u. McSweeney, 1977).

Den Aufbau des U-Tests wollen wir uns an einem Beispiel erarbeiten. Es soll überprüft werden, ob die Beeinträchtigung der Reaktionszeit unter Alkoholeinfluß durch die Einnahme eines Präparates A wieder aufgehoben werden kann. Da wir nicht davon ausgehen können, daß Reaktionszeiten normalverteilt sind, entscheiden wir uns für ein Verfahren, das nur die ordinale Information der Daten berücksichtigt und das nicht an die Normalverteilungsvoraussetzung geknüpft ist.

An einem Reaktionsgerät werden 12 Personen mit einer bestimmten Alkohol-menge und 15 Personen, die zusätzlich zum Alkohol Präparat A eingenommen haben, getestet. Es mögen sich die in Tabelle 6.3 dargestellten Reaktionszeiten ergeben haben.

Tabelle 6.3

Mit Alkohol		Mit Alkohol und Präparat A	
Reaktionszeit (ms)	Rangplatz	Reaktionszeit (ms)	Rangplatz
85	4	96	10
106	17	105	16
118	22	104	15
81	2	108	19
138	27	86	5
90	8	84	3
112	21	99	12
119	23	101	13
107	18	78	1
95	9	124	25
88	7	121	24
103	14	97	11
		129	26
	$T_1 = 172$	87	6
		109	20
			$T_2 = 206$

In Tabelle 6.3 wurde in aufsteigender Reihenfolge eine gemeinsame Rangreihe aller 27 Meßwerte gebildet. Wenn eine der beiden Gruppen langsamer reagiert, müßten die Rangplätze dieser Gruppe höher sein als die in der anderen Gruppe. Der Unterschied der Summen der Rangplätze in den einzelnen Gruppen kennzeichnet also mögliche Unterschiede in den Reaktionszeiten. Für die 1. Gruppe erhalten wir eine Rangsumme von $T_1 = 172$ und für die 2. Gruppe $T_2 = 206$, wobei T_1 und T_2 nach der Beziehung

$$T_1 + T_2 = \frac{N \cdot (N + 1)}{2} \qquad (6.1)$$

miteinander verknüpft sind.

Als nächstes wird eine Prüfgröße U (bzw. U') bestimmt, indem wir auszählen, wie häufig ein Rangplatz in der einen Gruppe größer ist als die Rangplätze in der anderen Gruppe. In unserem Beispiel erhalten wir den U-Wert folgendermaßen: Die 1. Person in Gruppe 1 hat den Rangplatz 4. In Gruppe 2 befinden sich 13 Personen, die einen höheren Rangplatz aufweisen. Als nächstes betrachten wir die 2. Person in Gruppe 1 mit dem Rangplatz 17. Dieser Rangplatz wird von 5 Personen in Gruppe 2 übertroffen. Die 3. Person der Gruppe 1 hat Rangplatz 22; hier befinden sich 3 Personen in Gruppe 2 mit höherem Rangplatz usw. Addieren wir diese aus den $N_1 \cdot N_2$ Vergleichen resultierenden Werte, ergibt sich der gesuchte U-Wert (in unserem Beispiel U = 13+5+3+...). Ausgehend von der Anzahl der *Rangplatzunterschreitungen* erhalten wir U'. U und U' sind nach folgender Beziehung miteinander verknüpft:

$$U = N_1 \cdot N_2 - U' \quad . \tag{6.2}$$

Die recht mühsame Zählarbeit bei der Bestimmung des U-Wertes kann man sich ersparen, wenn folgende Beziehung eingesetzt wird:

$$U = N_1 \cdot N_2 + \frac{N_1 \cdot (N_1 + 1)}{2} - T_1 \quad . \tag{6.3}$$

Danach ist U in unserem Beispiel

$$U = 12 \cdot 15 + \frac{12 \cdot 13}{2} - 172 = 86$$

bzw.

$$U' = 12 \cdot 15 + \frac{15 \cdot 16}{2} - 206 = 94 \quad .$$

Zur Rechenkontrolle überprüfen wir, ob die Beziehung aus Gl. (6.2) erfüllt ist:

$$86 = 12 \cdot 15 - 94 \quad .$$

Ausgehend von diesen Überlegungen läßt sich der folgende **exakte U-Test** konstruieren: Bei insgesamt N zu vergebenden Rangplätzen ergeben sich unter H_0 für die Gruppe 1 mit N_1 Individuen $\binom{N}{N_1}$ verschiedene Rangplatzkombinationen. Jeder dieser Rangplatzkombinationen in Gruppe 1 entspricht eine Rangplatzkombination in der Gruppe 2, d. h. $\binom{N}{N_1} = \binom{N}{N_2}$. Wir ermitteln die Anzahl der Kombinationen Z_U, die den kleineren der beiden beobachteten U-Werte (U oder U') nicht überschreiten, und errechnen mit

$$P = Z_U / \binom{N}{N_1} \tag{6.4}$$

die einseitige Überschreitungswahrscheinlichkeit des gefundenen U-Wertes. Bei zweiseitigem Test erhöht sich Z_U um die Anzahl derjenigen Kombinationen, die zu U-Werten führen, die den größeren der beiden beobachteten U-Werte (U oder U') nicht unterschreiten.

Dies ist der theoretische Hintergrund der in Tafel 6 wiedergegebenen Überschreitungswahrscheinlichkeiten ($N_1 = N_2 \leq 10$) bzw. der kritischen U-Werte ($N_2 \leq 20$ und $N_1 \leq N_2$). Die kritischen U-Werte sind mit dem kleineren der beiden beobachteten U-Werte (U oder U') zu vergleichen ($N_1 \leq N_2$). *Unterschreitet* U oder U' den für ein bestimmtes α-Niveau bei ein- oder zweiseitiger Fragestellung angegebenen kritischen U-Wert, ist die H_0 zu verwerfen.

In unserem Beispiel hat das kleinere U den Wert 86. Tafel 6 entnehmen wir für $N_1 = 12$, $N_2 = 15$ und $\alpha = 0,05$ für den hier gebotenen einseitigen Test $U_{krit} = 55$, d. h. H_0 ist beizubehalten.

Tafel 6 ist nur für $N_1 \leq N_2 \leq 20$ ausgelegt. Eine ausführlichere Tafel ($N_1 \leq 20$, $N_2 \leq 40$) findet man bei Milton (1964). Nach Conover (1980) kann man sich jedoch für $N_1 > 20$ oder $N_2 > 20$ die **Normalverteilungsapproximation von U** zunutze machen. Unterscheiden sich die Populationen, aus denen die Stichproben entnommen wurden, nicht, erwarten wir unter der H_0 einen U-Wert von

$$E(U) = \frac{N_1 \cdot N_2}{2} \quad . \tag{6.5}$$

Die H_0-Verteilung der U-Werte ist um E(U) symmetrisch. Die Streuung der U-Werte-Verteilung (Standardfehler des U-Wertes) lautet

$$\sigma_U = \sqrt{\frac{N_1 \cdot N_2 \cdot (N_1 + N_2 + 1)}{12}} \quad . \tag{6.6}$$

Die Verteilung der U-Werte um E(U) ist bei größeren Stichproben angenähert normal, so daß der folgende (klein -) u-Wert nach Tafel 2 auf seine statistische Bedeutsamkeit hin überprüft werden kann:

$$u = \frac{U - E(U)}{\sigma_U} \quad . \tag{6.7}$$

Wenden wir Gl. (6.7) auf unser Beispiel an, kommen wir mit

$$u = (86 - 90)/\sqrt{12 \cdot 15 \cdot (12 + 15 + 1)/12}$$
$$= -4/20, 49 = -0, 20$$

gemäß Tafel 2 zu der gleichen Entscheidung wie nach dem exakten Text.

Dies ist die von Mann u. Whitney (1947) entwickelte Testvariante. Eine dazu algebraisch äquivalente Testform wurde von Wilcoxon (1947) vorgestellt. Diese Testform definiert eine Prüfgröße auf der Basis der Rangsumme der kleineren Stichprobe und wird deshalb als *Rangsummentest* bezeichnet. Wir verzichten auf eine Behandlung des Rangsummentests, da dieser − wie gesagt − gegenüber dem U-Test keinerlei Zusatzinformationen beinhaltet. Einzelheiten zu diesem Verfahren erfährt man z. B. bei Lienert (1973, Kap. 6.1.2).

Anzumerken wäre noch, daß es sich empfiehlt, beim U-Test eine Kontinuitätskorrektur vorzunehmen, wenn die Stichprobenumfänge N_1 und N_2 stärker differieren.

$$u = \frac{|U - E(U)| - \frac{1}{2}}{\sigma_U} \quad . \tag{6.8}$$

Für sehr große Differenzen der Stichprobenumfänge ($N_1 : N_2 > 1 : 3$) schlägt Verdooren (1963) folgende Korrekturformel vor, in der N_1 den kleineren Stichprobenumfang bezeichnet:

$$u_{corr} = u + \left(\frac{1}{10 \cdot N_1} - \frac{1}{10 \cdot N_2} \right) \cdot (u^3 - 3u) \quad . \tag{6.9}$$

Weitere Approximationsvorschläge findet man bei Iman (1976).

Verbundene Ränge bei größeren Stichproben

Liegen bei einer empirischen Untersuchung − aus welchen Gründen auch immer − gleiche Meßwerte in beiden Stichproben vor, so führt dies zu verzerrten U-Werten, da die Varianz der U-Werte sinkt, wenn für Untersuchungseinheiten mit gleichen Meßwerten Durchschnittsränge (Verbundränge, vgl. S. 69) vergeben werden (vgl. Lehmann, 1975). Für den Umgang mit diesem Problem gibt es verschiedene Vorschläge, die einheitlich darauf hinauslaufen, daß eine geringe Anzahl von Verbundrängen bei der Berechnung der Prüfgröße U nicht berücksichtigt zu werden braucht (vgl. etwa Schaich u. Hamerle, 1984). Im übrigen empfiehlt sich bei Vorlie-

gen von Verbundrängen eine Korrektur, die bei größeren Stichproben ($N_1, N_2 \geq 10$) den in Gl. (6.6) angegebenen Standardfehler durch einen für Verbundränge korrigierten Standardfehler ersetzt. Wie Conover (1973) herleitet, lautet der korrigierte Standardfehler

$$\sigma_{u(corr)} = \sqrt{\frac{N_1 \cdot N_2}{N \cdot (N-1)} \cdot \sum_{i=1}^{N} R_i^2 - \frac{N_1 \cdot N_2 \cdot (N+1)^2}{4 \cdot (N-1)}} \quad , \qquad (6.10)$$

wobei R_i den pro Meßwert vergebenen Rangplatz bezeichnet.

Diese algebraische Form scheint uns einfacher zu sein als die folgende, in der Literatur häufiger genannte Gleichung, die auf Walter (1951) zurückgeht:

$$\sigma_{u(corr)} = \sqrt{\frac{N_1 \cdot N_2}{N \cdot (N-1)} \cdot \left(\frac{N^3 - N}{12} - \sum_{i=1}^{m} \frac{t_i^3 - t_i}{12} \right)} \quad . \qquad (6.11)$$

Für diese Gleichung muß zusätzlich festgestellt werden, wieviele Meßwerte t_i bei den $i = 1, \ldots, m$ Durchschnittsbildungen jeweils ein- und denselben Verbundrang erhalten haben. Beide Gleichungen führen − wie das folgende Beispiel zeigt − zu identischen Ergebnissen.

Beispiel 6.2

Problem: Es soll untersucht werden, ob die Diffusionsfähigkeit des biologisch wichtigen Kohlendioxids in Erden verschiedener Porosität gleich ist. Dafür werden die Diffusionsraten von CO_2 in 12 Proben mit grobkörniger und in 13 Proben mit feinkörniger Erde im quantitativen Verfahren bestimmt.

Hypothese: Es besteht hinsichtlich der Diffusionsfähigkeit kein Unterschied zwischen den Bodenarten (H_0; $\alpha = 0,05$; zweiseitige Fragestellung).

Daten und Auswertung: Da man mit Ausreißerwerten rechnet, wird statt des parametrischen t-Tests der U-Test durchgeführt. Die in Tabelle 6.4 angegebenen Mengen diffundierten Kohlendioxids wurden als Karbonatsalz ausgewogen. (Die Daten des Beispiels stammen von Smith u. Brown, 1933, S. 413.)

Die Summe der Ränge der kleineren Stichprobe mit $N_1 = 12$ Meßwerten beträgt T = 187. Wir bestimmen U nach Gl. (6.3):

$$U = 12 \cdot 13 + 12 \cdot (12+1)/2 - 187 = 47 \quad .$$

Weiter errechnen wir den Erwartungswert von U nach Gl. (6.5):

$$E(U) = 12 \cdot 13/2 = 78$$

und nach Gl. (6.10) den verbundrangkorrigierten Standardfehler der U-Werte:

$$\sigma_{u(corr)} = \sqrt{\frac{12 \cdot 13}{25 \cdot 24} \cdot 5518,5 - \frac{12 \cdot 13 \cdot (25+1)^2}{4 \cdot (25-1)}}$$
$$= \sqrt{1434,81 - 1098,5}$$
$$= 18,34 \quad .$$

Tabelle 6.4

Grobkörnige Erde			Feinkörnige Erde		
Menge (Unzen)	Rangplatz (R_i)	Quadrierter Rang (R_i^2)	Menge (Unzen)	Rangplatz (R_1)	Quadrierter Rang (R_i^2)
19	6	36	20	7	49
30	20	400	31	21	441
32	22	484	18	4,5	20,25
28	18,5	342,25	23	9	81
15	2	4	23	9	81
26	14	196	28	18,5	342,25
35	24,5	600,25	23	9	81
18	4,5	20,25	26	14	196
25	11,5	132,25	27	16,5	272,25
27	16,5	272,25	26	14	196
35	24,5	600,25	12	1	1
34	23	529	17	3	9
			25	11,5	132,25
	187,0	3616,50		138,0	1902,00

Für eine Berechnung nach Gl. (6.11) wäre zunächst der Wert des Ausdrucks $\sum(t_i^3 - t_i)/12$ festzustellen. Wir haben m = 7 Gruppen ranggleicher Meßwerte, nämlich:

$t_1 = 2$ mit dem Rang 4,5

$t_2 = 3$ mit dem Rang 9

$t_3 = 2$ mit dem Rang 11,5

$t_4 = 3$ mit dem Rang 14

$t_5 = 2$ mit dem Rang 16,5

$t_6 = 2$ mit dem Rang 18,5

$t_7 = 2$ mit dem Rang 24,5 .

Daher ist der Summenausdruck wie folgt zu berechnen:

$$\sum_{i=1}^{m}(t_i^3 - t_i)/12$$

$$= \frac{2^3 - 2}{12} + \frac{3^3 - 3}{12} + \frac{2^3 - 2}{12} + \frac{3^3 - 3}{12} + \frac{2^3 - 2}{12} + \frac{2^3 - 2}{12} + \frac{2^3 - 2}{12}$$

$$= 6,5 .$$

Nun setzen wir in Gl. (6.11) ein und ermitteln die bindungskorrigierte Standardabweichung

$$\sigma_{u(corr)} = \sqrt{\frac{12 \cdot 13}{25 \cdot (25 - 1)} \cdot \left(\frac{25^3 - 25}{12} - 6,5\right)} = 18,34 .$$

Dieser Wert stimmt mit dem nach Gl. (6.10) ermittelten Wert überein. Nach Gl. (6.7) erhält man

$$u = \frac{47 - 78}{18,34} = -1,69 \quad .$$

Entscheidung: Nach Tafel 2 des Anhangs wäre erst ein $u = -1,96$ auf dem 5%-Niveau signifikant. Wir behalten daher H_0 bei.

Interpretation: Der Porositätsgrad des Bodens spielt bei der Diffusion des Kohlendioxids keine wesentliche Rolle.

Die hier vorgenommene Verbundrangkorrektur des U-Wertes sollte – wie gesagt – nur verwendet werden, wenn die Stichproben ausreichend groß sind ($N_1, N_2 \geq 10$). Für den Fall besonders kleiner Stichproben ($N_1, N_2 < 10$) hat Uleman (1968) einen kombinatorischen U-Test für viele Verbundränge vorgelegt. Bevor wir uns diesem Verfahren zuwenden, soll eine weitere Testvariante vorgestellt werden, die besonders dann einen hohen Ökonomiegewinn erzielt, wenn man sie auf große Stichproben anwendet, für die statt singulärer Rangwerte **gruppierte Rangplätze** (bzw. in Rangplätze gruppierte Meßwerte) vorliegen. Es handelt sich dabei um eine von Raatz (1966a,b) entwickelte Variante des *Rangsummentests,* der – wie bereits erwähnt – mit dem U-Test algebraisch äquivalent ist.

Die Häufigkeiten, mit denen die Ranggruppen 1 bis k in den beiden zu vergleichenden Stichproben auftreten, werden bei diesem Test in einer 2 × k-Tafel dargestellt. Entscheidend ist, daß dabei die sonst üblichen multiplen Rangaufteilungen nicht erforderlich sind und daß statt dessen den Ranggruppen 1 bis k die Ränge 1 bis k (und nicht 1 bis N) zugeordnet werden (vgl. Beispiel 6.3).

Der Ermittlung der Prüfgröße T liegen die folgenden Überlegungen zugrunde: In einer Meßwertgruppe j ($j = 1, \ldots, k$) befinden sich im ganzen N_j Meßwerte beider Stichproben 1 und 2. In den Gruppen 1 bis $j - 1$ liegen dann

$$\sum_{i=1}^{j-1} N_i = F_{j-1}$$

Meßwerte. Den Meßwerten der Gruppe j wären die Ränge ($F_{j-1} + 1$), ($F_{j-1} + 2$), $\ldots$, ($F_{j-1} + N_j$) zuzuordnen; da alle Meßwerte dieser Klasse gleich sind (bei primärer Gruppierung) oder als gleich betrachtet werden (bei sekundärer Gruppierung), ergibt sich für die Klasse j ein mittlerer Rang als arithmetisches Mittel der extremen Ränge

$$\overline{R}_j = [(F_{j-1} + 1) + (F_{j-1} + N_j)]/2$$

oder, da $F_{j-1} + N_j = F_j$ ist,

$$\overline{R}_j = (F_j + F_{j-1} + 1)/2 \quad .$$

Dieser mittlere Rang tritt in der kleineren Stichprobe in der Klasse j genau f_{1j} mal auf; daher ist sein Beitrag T_j zur Prüfgröße T

$$T_j = f_{1j} \cdot (F_j + F_{j-1} + 1)/2 \quad .$$

Die Prüfgröße T selbst ergibt sich dann als Summation über alle n Klassen:

$$T = \sum_{j=1}^{k} T_j = \frac{1}{2} \cdot \sum_{j=1}^{k} f_{1j} \cdot (F_j + F_{j-1} + 1) \quad . \tag{6.12}$$

Mit:

$j = 1, \ldots, k = $ Zahl der Häufigkeitsklassen (Ranggruppen)

$f_{1j} = $ Zahl der Individuen der (kleineren) Stichprobe 1 in der Klasse j und

$F_j = $ kumulierte Gesamthäufigkeit beider Stichproben einschließlich Klasse j (entsprechend F_{j-1}).

Dieses T ist für große Stichproben mit einem Erwartungswert von

$$E(T) = \frac{N_1 \cdot (N + 1)}{2} \tag{6.13}$$

annähernd normalverteilt mit einer für k Häufigkeitsklassen gleicher Meßwerte bzw. gruppengleicher Ränge korrigierten Standardabweichung von

$$\sigma_{T(corr)} = \sqrt{\frac{N_1 \cdot N_2}{12 \cdot N \cdot (N - 1)} \cdot \left(N^3 - \sum_{j=1}^{k} N_j^3 \right)} \quad . \tag{6.14}$$

Der kritische Bruch

$$u = \frac{T - E(T)}{\sigma_{T(corr)}} \tag{6.15}$$

ist also als Standardnormalvariable je nach Voraussage ein- oder zweiseitig zu beurteilen.

Zur Illustration der Anwendung des Rangsummentests für gruppierte Meßwerte folgen wir dem Beispiel des Autors (Raatz, 1966a).

Beispiel 6.3

Problem: Es soll überprüft werden, ob sich Jungen und Mädchen in ihren Deutschleistungen unterscheiden.

Hypothese: Zwischen den Deutschnoten von Jungen und Mädchen besteht kein Unterschied (H_0; $\alpha = 0,01$; zweiseitig).

Daten und Ergebnisse: Gegeben sind die Deutschnoten $j = 1, \ldots, 6$ von $N_1 = 100$ Jungen und $N_2 = 110$ Mädchen (Tabelle 6.5).

Tabelle 6.5

Deutschnote (j)	1	2	3	4	5	6
Jungen (f_{1j})	10	25	16	38	8	3
Mädchen (f_{2j})	15	43	26	18	7	1
Gesamt N_j	25	68	42	56	15	4

Wir berechnen zunächst die Prüfgröße T nach Gl. (6.12) und bedienen uns dazu der Tabelle 6.6, in der wir zur Vereinfachung $F_j + F_{j-1} + 1 = F_j^*$ setzen.

Tabelle 6.6

Note	f_{1j}	N_j	F_j	F_{j-1}	F_j^*	$f_{1j} \cdot F_j^*$	N_j^3
1	10	25	25	0	25 + 0 + 1 = 26	260	15625
2	25	68	93	25	93 + 25 + 1 = 119	2975	314432
3	16	42	135	93	135 + 93 + 1 = 229	3664	74088
4	38	56	191	135	191 + 135 + 1 = 327	12426	175616
5	8	15	206	191	206 + 191 + 1 = 398	3184	3375
6	3	4	210	206	210 + 206 + 1 = 417	1251	64
k = 6		N = 210				23760	583200

T = 23760/2 = 11880

Nach Gl. (6.13–15) ergibt sich

$$\sigma_{T(corr)} = \sqrt{\frac{100 \cdot 110}{12 \cdot 210 \cdot 209} \cdot (210^3 - 583200)} = 425,7$$

$$u = \frac{11880 - 100 \cdot (210 + 1)/2}{425,7} = 3,12 \quad .$$

Entscheidung und Interpretation: Der erhaltene u-Wert überschreitet die für die zweiseitige Fragestellung und $\alpha = 1\%$ gültige Signifikanzschranke von u = 2,58. Mädchen und Jungen unterscheiden sich in ihren Deutschnoten. Den Daten ist zu entnehmen, daß Mädchen bessere Deutschnoten erhalten als Jungen.

Anmerkung: Die χ^2-Auswertung von Tabelle 6.5 nach der Gl. (5.48) für k × 2-Tafeln führt zu $\chi^2 = 15,92$. Dieser Wert ist zwar ebenfalls signifikant, hat jedoch eine größere Irrtumswahrscheinlichkeit als der oben ermittelte u-Wert.

Verbundene Ränge bei kleineren Stichproben

Die von Uleman (1968) vorgeschlagene und von Buck (1976) ausführlich tabellierte Version des U-Tests für kleine Stichproben ($N_1, N_2 \leq 10$) mit vielen Verbundrängen basiert auf der Erkenntnis, daß U in diesem Falle nicht mehr normalverteilt ist und deshalb eine Anwendung des bindungskorrigierten Standardfehlers nicht in Betracht kommt, so daß statt dessen ein exakter Test einzusetzen ist. Für die Berechnung der Prüfgröße U nach Uleman werden, wie bei der Mann-Whitney-Version, zunächst Ränge für die gepoolten Meßwerte vergeben. Dabei erhalten gleiche Meßwerte wie beim Verfahren von Raatz (vgl. S. 206) gleiche Ränge, ohne daß eine Durchschnittsbildung erfolgt.

Man fertigt auch dazu einfachheitshalber eine k × 2-Häufigkeitstafel an, in der das k-fach gestufte Merkmal die Ränge 1 bis k bezeichnet und das zweifach gestufte Merkmal die beiden zu vergleichenden Stichproben A und B. Wir kennzeichnen mit

$a_j (j = 1, \ldots, k)$ die Häufigkeit des Rangplatzes j in der Stichprobe A und mit b_j die Häufigkeit des Rangplatzes j in der Stichprobe B und errechnen nach Uleman folgende Prüfgröße U:

$$U = \sum_{j=2}^{k} a_j \cdot (b_1 + b_2 + \ldots + b_{j-1}) + \frac{\sum_{j=1}^{k} a_j \cdot b_j}{2} \quad . \tag{6.16}$$

Um die exakte Verteilung von U unter H_0 zu gewinnen, ermittelt man die U-Werte für sämtliche möglichen $k \times 2$-Tafeln bei festgelegten Randverteilungen. Schließlich zählt man – bei einseitigem Test – aus, wieviele dieser U-Werte mindestens so groß sind (oder höchstens so groß sind) wie der beobachtete U-Wert. Resultiert für die Häufigkeit dieser Werte die Zahl Z_u, erhält man nach Gl. (6.4) den gesuchten P-Wert.

Die Ermittlung von P nach Gl. (6.4) erfordert viel Rechenaufwand (es sind nicht nur die unterschiedlichen $k \times 2$-Tafeln zu zählen, sondern auch die für jede $k \times 2$-Tafel aufgrund der Rangbindungen möglichen und gleich wahrscheinlichen Rangzuordnungen). Es empfiehlt sich deshalb, den Signifikanztest mittels der von Buck (1976) entwickelten und in Tafel 7 auszugsweise wiedergegebenen Tabellen durchzuführen.

Die in Tafel 7 wiedergegebenen oberen (UR) und unteren (UL) kritischen U-Schranken gelten für $N = 6 (1) 10$, für $k = 2 (1) 4$ Rangbindungsgruppen und einseitigem Test. Für zweiseitige Tests ist $\alpha^* = 2 \cdot \alpha$ zu setzen. Ausführlichere Tafeln mit $N = 6 (1) 10$ und $k = 2 (1) 9$ findet man bei Buck (1976). Den Spezialfall gleichgroßer Rangbindungsgruppen mit $N_1 = N_2$ behandeln Lienert u. Ludwig (1975). Tafeln dafür findet man bei Buck (1976) oder Lienert (1975, Tafel XVI-5-4). (Weitere Einzelheiten zum exakten Test sind der Originalarbeit von Uleman, 1968 bzw. Lienert, 1973, S. 219 ff. zu entnehmen. Ein Fortranprogramm wurde von Buck, 1983 vorgelegt.)

Das folgende, an Buck (1976) angelehnte Beispiel verdeutlicht, wie der exakte U-Test von Uleman anzuwenden ist bzw. wie die Tabellen von Buck eingesetzt werden.

Beispiel 6.4

Problem: In einem Erkundungsversuch soll die Wirksamkeit eines homöopathischen Präparates (Belladonna D 12) auf die Häufigkeit nächtlichen Einnässens bei 3- bis 6jährigen überprüft werden. 10 Kinder werden nach Zufall 2 Behandlungsgruppen zugeordnet; ein Kind der Gruppe A fällt jedoch vor dem eigentlichen Behandlungsbeginn aus. In einem Doppelblindversuch erhält die Gruppe A das Therapeutikum, die Gruppe B wird mit einem Leerpräparat behandelt. Am Ende der Behandlung beurteilt ein Kinderarzt die Wirksamkeit der Präparate mit 0 = keine Wirkung, 1 = schwache Wirkung, 2 = mittlere Wirkung und 3 = starke Wirkung.

Hypothese: Das Therapeutikum ist wirksamer als das Leerpräparat (H_1; $\alpha = 0,05$; einseitiger Test).

Daten und Ergebnisse: Es ergaben sich die in Tabelle 6.7 dargestellten Meßwerte:

Tabelle 6.7

Therapeutikum (Gruppe A)	Leerpräparat (Gruppe B)
2	0
2	1
3	2
3	2
	3

Da ordinalskalierte Meßwerte von 2 kleinen Stichproben mit vielen Verbund-rängen vorliegen, ist der U-Test nach Uleman einschlägig. Ausgehend von den Ratings des Arztes fertigen wir die in Tabelle 6.8 dargestellte 4 × 2-Tafel an.

Tabelle 6.8

Rang	1	2	3	4	
A	0	0	2	2	4
B	1	1	2	1	5
T_i:	1	1	4	3	9

Das Rating 0 (keine Wirkung) erhält den Rangplatz 1, das Rating 1 (schwache Wirkung) Rangplatz 2 etc. Nach Gl. (6.16) ermitteln wir

$$U = 0 \cdot 1 + 2 \cdot (1 + 1) + 2 \cdot (1 + 1 + 2) + (0 \cdot 1 + 0 \cdot 1 + 2 \cdot 2 + 2 \cdot 1)/2$$
$$= 15 \quad .$$

Die für Tafel 7 benötigten Eingangsparameter lauten für unser Beispiel $N = 9$, $M = \min(N_A, N_B) = 4$, $T_1 = 1$, $T_2 = 1$, $T_3 = 4$ und $T_4 = 3$. Für diese Parameterkon-stellation und $\alpha = 0,05$ lesen wir UR = 16 ab. Da der empirische Wert diesen Wert weder erreicht noch überschreitet, ist H_0 beizubehalten.

Interpretation: Eine gegenüber dem Leerpräparat überlegene Wirksamkeit des The-rapeutikums kann nicht nachgewiesen werden.

Weitere Varianten des U-Tests

Verschiedentlich – besonders im Zusammenhang mit der Beurteilung von Lernver-suchen – sind 2 unabhängige Meßreihen an einem definierten Skalenpunkt *gestutzt,* etwa weil einige Versuchstiere (Vte) ein vorgegebenes Lernziel bereits erreicht ha-ben, während andere Vte unterhalb des Lernzieles noch Übungsfortschritte zeigen. Hier handelt es sich um eine Stutzung im oberen Skalenbereich. Stutzungsprobleme sind auch in der Testforschung bekannt: Bei zu leichten Tests erreicht ein Teil der Probanden (Pbn) den höchsten Testwert („ceiling-effect"), und bei zu schwierigen Tests bleibt ein Teil der Pbn ohne Punkterfolg („floor-effect").

Kann man es beim Vergleich der zentralen Tendenz zweier unabhängiger Stichproben so einrichten, daß eine Stutzung nicht zugleich an beiden Polen der Merkmalsskala eintritt, sondern höchstens an einem Pol, dann ist eine spezielle Version des bindungskorrigierten U-Tests anzuwenden, wie Halperin (1960) gezeigt hat. Vorausgesetzt wird bei diesem U-Test, daß beide Populationen bis auf Unterschiede in der zentralen Tendenz stetig und homomer verteilt sind, und daß die Stutzung an einem für beide Populationen verbindlichen Skalenpunkt erfolgt (fixierte Stutzung).

Nehmen wir an, die Population 2 liege höher als die Population 1, und nehmen wir weiter an, aus der Population 1 seien r_1 gestutzte und $N_1 - r_1$ ungestutzte Beobachtungen gewonnen worden und aus der Population 2 entsprechend r_2 gestutzte und $N_2 - r_2$ ungestutzte Beobachtungen. Unter diesen Bedingungen ist Halperins Prüfgröße U_c ($c =$ „censored") wie folgt definiert:

$$U_c = U' + r_1 \cdot (N_2 - r_2) \quad , \tag{6.17}$$

wobei U' die Prüfgröße gemäß Gl. (6.3) für die $N_1' = N_1 - r_1$ und die $N_2' = N_2 - r_2$ ungestutzten Beobachtungen repräsentiert.

Die Prüfverteilung von U_c läßt sich exakt ermitteln, indem man alle Aufteilungen von $N = N_1 + N_2$ Beobachtungen mit allen Aufteilungen von $r = r_1 + r_2$ herstellt und deren U_c-Werte registriert. Kritische Werte findet man in Tafel 47.

Treten (ein- oder beidseitig) gestutzte Beobachtungen nur in einer Stichprobe auf (z. B. in der Experimentalgruppe, aber nicht in der Kontrollgruppe), dann prüft man möglicherweise effizienter nach einem von Saw (1966) angegebenen asymptotischen U-Test als nach Halperins Test. Da Saw aber auf Halperins Test nicht Bezug nimmt, bleibt offen, gegenüber welchen Klassen von Alternativhypothesen die beiden Tests differieren.

Weitere Verfahren zur statistischen Bearbeitung gestutzter Beobachtungen beim Vergleich der zentralen Tendenz zweier unabhängiger Stichproben wurden von Gehan (1965a,b) und Mantel (1967) vorgeschlagen. Auf eine ausführliche Darstellung dieser Verfahren wird wegen ihrer geringen praktischen Bedeutung verzichtet. Interessierte Leser seien auf Lienert (1973) verwiesen.

Eine weitere U-Test- (bzw. Rangsummentest-) Variante wurde von Gastwirth (1965) vorgeschlagen. Dieser Test berücksichtigt bei der Bildung der Prüfgröße U extreme Meßwerte stärker als mittlere. Da Fragestellungen, die die Anwendung dieses Tests rechtfertigen, in der Praxis äußerst selten auftreten, begnügen wir uns mit einem Verweis auf die Originalliteratur bzw. auf Lienert (1973, Kap. 6.1.5).

Anwendungsbedingungen und Effizienz

Der U-Test spricht nur dann ausschließlich auf Unterschiede in der zentralen Tendenz an, wenn die den Stichproben zugrunde liegenden Populationen gleiche Verteilungsformen besitzen (vgl. Mann u. Whitney, 1947). Ist dieses Homomeritätspostulat nicht erfüllt — etwa weil die eine Population links-, die andere rechtsgipflig verteilt ist —, dann spricht der Test bis zu einem gewissen Grade auch auf andere Unterschiede — hier auf solche der Schiefe — an. Dennoch darf man nach Bradley (1968, S. 106) erwarten, daß der U-Test auch bei fehlender Homomerität hauptsächlich auf Unterschiede der zentralen Tendenz reagiert.

Ist das Homomeritätspostulat erfüllt, so hat der U-Test stets eine hohe Effizienz; sie liegt in Anwendung auf normalverteilte Populationen asymptotisch bei $3/\pi = 0,955$, wie Dixon (1954) gezeigt hat; die minimale asymptotische relative Effizienz liegt bei 0,864 (vgl. Hodges u. Lehmann, 1956). Für nicht normalverteilte Populationen kann der U-Test „unendlich" viel effizienter sein als der zu Unrecht eingesetzte t-Test (Witting, 1960; Boneau, 1962). Ist das Homomeritätspostulat dadurch verletzt, daß die hinsichtlich ihrer zentralen Tendenz zu vergleichenden Populationen unterschiedliche Dispersionen besitzen, dann entscheidet der U-Test — wie Illers (1982) belegt — leider nicht immer konservativ. Illers zeigt, daß sich inverse Zusammenhänge von Stichprobenumfang und Dispersion (kleine Stichprobe aus weit streuender, große Stichprobe aus wenig streuender Population) progressiv auf das nominale α-Niveau auswirken. Man prüft deshalb bei solchen Konstellationen u.U. adäquater mit Potthoffs (1963) generalisiertem U-Test, der Unterschiede in der zentralen Tendenz auch bei ungleicher Dispersion optimal erfaßt.

Neben dem Homomeritätspostulat gelten die bereits erwähnten Bedingungen für die Validität eines statistischen Tests: Zufallsmäßige und wechselseitig unabhängige Entnahme der Merkmalsträger aus 2 unter H_0 als identisch verteilt angenommenen Populationen. Diese Forderung ist allgemein erfüllt, wenn von jedem Merkmalsträger nur ein Beobachtungswert vorliegt. Das Merkmal selbst soll stetig verteilt sein, so daß Verbundwerte bei genügend genauer Beobachtung nicht auftreten. Die Geltung des Stetigkeitspostulats ist zwar eine hinreichende, aber keine notwendige Voraussetzung für die Anwendung des U-Tests (vgl. Conover, 1973).

6.1.1.3 Normalrangtests

Im folgenden Abschnitt befassen wir uns mit Tests, die „als Verknüpfung eines parametrischen mit einem nichtparametrischen Ansatz aufgefaßt werden können" (Büning u. Trenkler, 1978, S. 151), den sog. Normalrang- oder „normal-scores"-Tests. Diese Tests haben die Überlegung gemeinsam, daß für die Ausgangsdaten normalverteilte Transformationswerte eingesetzt werden. Sie haben gegenüber einfachen Rangtests wie dem oben vorgestellten U-Test den Vorteil, daß mehr Informationen der Ausgangsdaten bei der Berechnung der Prüfgröße berücksichtigt werden, machen aber implizit Annahmen zur Verteilungsform der gemessenen Variable und sind damit nicht im ganz strengen Sinne verteilungsfrei. Gegenüber dem t-Test haben sie den Vorteil, daß ihre Anwendung bereits auf ordinalem Meßniveau möglich ist, wobei den Rängen idealerweise ein normalverteiltes Merkmal zugrunde liegt. In diesem Fall spricht der Test optimal auf Unterschiede in der zentralen Tendenz an.

In der statistischen Literatur gibt es 3 unterschiedliche Ansätze für Normalrangtests: a) Einen auf van der Waerden (1953) zurückgehenden Ansatz, der mit Normalrangtransformationen arbeitet, b) einen Ansatz von Hoeffding (1951) und Terry (1952), der mit sog. Normalrangerwartungswerten operiert und c) den Ansatz von Bell u. Doksum (1965), die die Verwendung normalverteilter Zufallszahlen vorschlagen.

Es herrscht weitgehend Einigkeit, daß der Test von Bell u. Doksum für Anwender kaum von Interesse ist (wohl aber für die Weiterentwicklung mathematisch-statistischer Theorie, vgl. Conover, 1971, 1980). Wir werden für diesen Test

deshalb nur kurz den Gedankengang schildern, ohne auf seine Berechnung weiter einzugehen. Präferenzentscheidungen zwischen den beiden anderen Testversionen scheinen eher von persönlichen Vorlieben der jeweiligen Autoren abzuhängen als von überprüfbaren Argumenten. Beide Tests sind – wie Büning u. Trenkler (1978) zeigen – im übrigen asymptotisch äquivalent.

Normalrangtest nach van der Waerden

Der Normalrangtest von van der Waerden (1952, 1953) gleicht im ersten Schritt dem U-Test bzw. dem Rangsummentest. Hat man keine originäre Rangreihe, sondern kardinalskalierte Meßwerte erhoben, werden die Messungen zunächst in eine gemeinsame Rangreihe gebracht. In einem zweiten Schritt führt man eine weitere monotone Transformation durch, die die Ränge in sog. inverse Normalränge überführt. Dafür dividiert man den Rang, den ein Meßwert in der zusammengefaßten Stichprobe erhalten hat, durch N + 1. Der auf diese Weise errechnete Wert wird als Fläche unter der Standardnormalverteilung aufgefaßt, für die der entsprechende Abszissenwert u Tafel 2 bzw. genauer Tafel 8 zu entnehmen ist. Die Transformation läßt sich wie folgt symbolisieren:

$$u_R = \psi \left(\frac{R}{N+1} \right) \quad , \tag{6.18}$$

wobei ψ die Verteilungsfunktion der Standardnormalverteilung bezeichnet. Der Wert u_R wird anhand der Standardnormalverteilungstabelle so bestimmt, daß die Fläche der Normalverteilung von $-\infty$ bis u_R dem Wert $R/(N+1)$ entspricht. $R/(N+1)$ gibt damit den Anteil der Messungen in den vereinten Stichproben an, der sich – bei normalverteiltem Merkmal – unterhalb von R befindet. Als Prüfgröße dient die Summe der u_R-Werte der kleineren Stichprobe mit N_1 Beobachtungen

$$X = \sum_{R=1}^{N_1} u_R \quad . \tag{6.19}$$

Die Verteilung von X unter der Nullhypothese ist von van der Waerden u. Nievergelt (1956) für $N < 50$ tabelliert worden (vgl. Tafel 9 im Anhang).

Das im folgenden dargestellte Beispiel für die Durchführung des Van-der-Waerden-Tests versucht die oben geäußerte Vorstellung von „normalverteilten Rangdaten" zu konkretisieren.

Beispiel 6.5

Problem: Die Badmintonverbände von Hamburg und Berlin mögen sich entschlossen haben, ein überregionales Sichtungsturnier für 10jährige Turnierneulinge durchzuführen. Beide Verbände verständigen sich auf ein 16 Kinder umfassendes Teilnehmerfeld, in dem nach dem System „jeder gegen jeden" die Plätze ausgespielt werden. Über das Turnier soll die Jugendnachwuchsarbeit evaluiert werden. Da man sich gegen Zufallseinflüsse absichern möchte, kommt eine einfache Feststellung der mittleren Ränge beider Verbände nicht in Frage, sondern man entschließt sich zu einer statistischen Absicherung der Ergebnisse. Dieses Problem kann als prototypischer

Fall für die Anwendung von Normalrangtests gelten. Es liegen originäre Rangdaten vor (ein parametrisches Verfahren kommt somit nicht in Frage); die zugrundeliegende Variable „Leistungsfähigkeit im Badmintonspiel" kann jedoch durchaus als normalverteilt angenommen werden.

Hypothese: Hamburger und Berliner Turnierneulinge unterscheiden sich nicht in ihrer Leistungsfähigkeit (H_0; $\alpha = 0,05$; zweiseitiger Test).

Daten und Ergebnisse: Wir nehmen an, die beiden Verbände hätten sich geeinigt, jeweils 8 Teilnehmer zu dem Turnier zu schicken; 2 der Berliner Teilnehmer seien aber am Turnierort nicht angekommen, so daß insgesamt nur 14 Kinder das Turnier bestreiten. Tabelle 6.9 zeigt die Rangplätze der Hamburger und Berliner Teilnehmer, die Quotienten $R/(N + 1)$ und die in Tafel 8 nachgeschlagenen u_R-Werte.

Tabelle 6.9

Hamburger Teilnehmer			Berliner Teilnehmer		
Rang	$R_i/(N+1)$	u_R	Rang	$R_i/(N+1)$	u_R
1	0,067	$-1,50$	2	0,133	$-1,11$
13	0,867	$+1,11$	5	0,333	$-0,43$
11	0,733	0,62	8	0,533	$+0,08$
14	0,933	1,50	3	0,200	$-0,84$
12	0,800	0,84	4	0,267	$-0,62$
9	0,600	0,25	6	0,400	$-0,25$
10	0,667	0,43			
7	0,467	$-0,08$			$X = -3,17$
		$X' = 3,17$			

Summiert man die u_R-Werte der kleineren Stichprobe, so ergibt sich nach Gl. (6.19) $X = -3,17$. Man beachte, daß X' (= Summe der u_R-Werte in der größeren Stichprobe) $+ X = 0$ ergibt. Der Wert $X = -3,17$ ist nach Tafel 9 bei zweiseitiger Fragestellung auf dem 5%-Niveau signifikant. Der kritische Wert in Tafel 9 wird bestimmt, indem man zunächst vom Stichprobenumfang $N = N_1 + N_2$ ausgeht und dann innerhalb des Werteblocks für diesen Stichprobenumfang den zutreffenden Absolutbetrag von $N_1 - N_2$ sucht. In dieser Zeile sind die kritischen Werte für den einseitigen Signifikanztest abzulesen. Bei zweiseitigem Test ist α zu verdoppeln. In unserem Beispiel lautet der kritische Wert $X_{krit} = 3,06$. Das negative Vorzeichen des empirischen X-Wertes kann unberücksichtigt bleiben, da die Verteilung von X symmetrisch ist.

Interpretation: Obwohl ein Hamburger das Turnier gewonnen hat, muß der Hamburger Verband konzedieren, daß in Berlin die bessere Nachwuchsarbeit geleistet wurde.

Der Van-der-Waerden-Test ist nur für den tabellierten Bereich von $N = 8$ bis $N = 50$ ökonomisch anwendbar. Bei größeren Stichproben kann die Prüfverteilung zwar durch eine Normalverteilung mit dem Erwartungswert $E(X) = 0$ und einer Streuung von

$$\sigma_X = \sqrt{\frac{N_1 \cdot N_2}{N \cdot (N-1)} \cdot \sum_{i=1}^{N} \left[\psi \left(\frac{R_i}{N+1} \right) \right]^2} \qquad (6.20)$$

approximiert werden, doch ist der „Nachschlageaufwand" und der rechnerische Aufwand bei größeren Stichproben erheblich. Will man sich dennoch dieser Mühe unterziehen, so kann man für den Bereich $50 < N < 120$ auf Hilfstafeln von van der Waerden (1971) zurückgreifen. Diese (hier nicht übernommenen) Tafeln geben Näherungswerte für die Streuung der X-Werte nach Gl. (6.20) an.

Der Van-der-Waerden-Test hat unter parametrischen Bedingungen die gleiche Effizienz wie der analoge t-Test. Bei nicht normalverteilter Populationsverteilung ist er immer effizienter als der t-Test. Im Vergleich zur verteilungsfreien Alternative, dem U-Test, ist der Van-der-Waerden-Test bei normalverteilten, darüber hinaus aber auch bei exponentialverteilten Meßwerten überlegen (vgl. Marascuilo u. McSweeney, 1977). Bei gleich-, doppelexponential- oder logistisch verteilten Meßwerten hingegen ist der U-Test effizienter. Ist die Homomeritätsannahme, die auch für den Van-der-Waerden-Test gilt, verletzt, so ist die Robustheit gegenüber einer solchen Voraussetzungsverletzung ähnlich der des U-Tests. Wie Illers (1982) zeigt, spricht der Van-der-Waerden-Test allerdings ausgeprägter auf starke Zusammenhänge zwischen Stichprobenumfang und Dispersion an: Bei einem hohen positiven Zusammenhang (große Stichprobe aus weit streuender Population) ist der Van-der-Waerden-Test konservativer, bei einem hohen inversen Zusammenhang progressiver als der U-Test.

Normalrangtest nach Terry-Hoeffding

Für den Normalrangtest nach Terry-Hoeffding gelten — geringfügig — andere Überlegungen als für den Van-der-Waerden-Test. Marascuilo u. McSweeney (1977, S. 280) machen die Grundüberlegung sehr anschaulich deutlich, wenn sie sinngemäß schreiben: Man möge sich vorstellen, die Originaldaten einer Untersuchung seien verlorengegangen und nur die Rangtransformationsreihe noch vorhanden. Nun versuche man, die Originaldaten zu rekonstruieren. Dabei geht man von der Vorstellung aus, daß alle möglichen Messungen u_R, denen in der vereinten Stichprobe ($N = N_1 + N_2$) einheitlich der Rangplatz R zuzuweisen wäre, eine Normalverteilung konstituieren, deren Erwartungswert $E(u_R)$ den gesuchten „expected normal score" darstellt.

Die Berechnung der $E(u_R)$-Werte ist kompliziert; es müssen dafür Erwartungswerte sog. Positionsstichprobenfunktionen bestimmt werden, die der interessierte Leser bei Schaich u. Hamerle (1984, S. 128) findet (vgl. dazu auch Pearson u. Hartley, 1972, S. 27 ff.). Für Stichprobenumfänge von $N \leq 20$ sind die $E(u_R)$-Werte der Tafel 10 im Anhang zu entnehmen. Für $N \leq 200$ findet man $E(u_R)$-Werte bei Pearson u. Hartley (1972, Tabelle 9).

Ausgehend von den $E(u_R)$-Werten verwendet der Terry-Hoeffding-Test folgende Prüfgröße:

$$SNR = \sum_{R=1}^{n} E(u_R) \qquad (6.21)$$

mit $n = \min(N_1; N_2)$.

Die H_0-Verteilung der Prüfgröße SNR ergibt sich aus den $\binom{N}{n}$ möglichen Summanden der Normalränge. Sie ist für n = 2 (1)10 und N = 6 (1)20 in Tafel 11 des Anhangs nach ihrem Absolutbetrag tabelliert, wobei jeweils unter dem Prüfgrößenwert die zugehörige Überschreitungswahrscheinlichkeit P aufgeführt ist. Dieser exakte Terry-Hoeffding-Test gilt für einseitige Fragestellung; bei zweiseitiger Fragestellung ist das abgelesene P zu verdoppeln. Ein beobachteter SNR-Wert muß den kritischen SNR-Wert dem Betrag nach erreichen oder überschreiten, wenn er auf der bezeichneten Stufe signifikant sein soll.

Für größere Stichproben (N > 20) ist SNR asymptotisch normalverteilt mit dem Erwartungswert E(SNR) = 0 und einer Streuung von

$$\sigma_{SNR} = \sqrt{\frac{N_1 \cdot N_2}{N \cdot (N-1)} \cdot \sum_{i=1}^{N} [E(u_{Ri})]^2} \quad . \tag{6.22}$$

Kommen wir zur numerischen Verdeutlichung des Vorgehens beim Terry-Hoeffding-Test noch einmal auf das Beispiel 6.5 zurück. Aus Tafel 10 lassen sich für N = 14 mit den Rängen 2, 5, 8, 3, 4 und 6 der Stichprobe der Berliner Teilnehmer die folgenden „expected normal scores" (in obiger Reihenfolge) ablesen und zur Prüfgröße SNR aufaddieren:

$$SNR = -1,2079 + (-0,4556) + 0,0882 + (-0,9011) + (-0,6618) + (-0,2673)$$
$$= -3,4055 \quad .$$

Auch dieser Wert ist nach Tafel 11 für N = 14 und n = 6 auf dem 5%-Niveau signifikant; der kritische SNR-Wert für $\alpha^* = 2\alpha = 2 \cdot 0,025 = 0,05$ liegt bei 3,395. Man kommt also mit dem Terry-Hoeffding-Test zur gleichen Entscheidung wie mit dem Van-der-Waerden-Test.

Der Terry-Hoeffding-Test ist optimal effizient, wenn sich 2 verbundwertfreie Stichproben breit überlappen und die zugehörigen, homomer verteilten Populationen nur geringe Unterschiede in ihrer zentralen Tendenz aufweisen. Seine Effizienz ist – außer im Fall ideal normalverteilter Populationen – stets größer als die des t-Tests. Im Vergleich zum U-Test hat der Terry-Hoeffding-Test eine Mindesteffizienz von $\pi/6$ und eine unbegrenzte Höchsteffizienz (Klotz, 1963).

Der Terry-Hoeffding-Test setzt in der vorgeschlagenen Form voraus, daß keine Rangbindungen vorliegen. Treten solche trotz stetig verteilter Merkmale auf oder muß mit ihnen gerechnet werden, dann sollte eher der U-Test, evtl. in der Version von Uleman (1968), gerechnet werden.

Für die Indikation des Terry-Hoeffding-Tests gelten die bereits beim Van-der-Waerden-Test gemachten Aussagen analog. Bradley (1968), der den Test propagiert, empfiehlt, ihn immer dann zu bevorzugen, wenn man vermutet, daß die beiden Populationen normalverteilt und homogen variant sind, dessen aber nicht sicher ist, also überall dort, wo man sonst ohne ernsthafte Bedenken den t-Test anwenden würde. Diese Empfehlung gilt vornehmlich dann, wenn geringe Unterschiede in der zentralen Tendenz bei niedrigen Stichprobenumfängen erwartet werden. Der Terry-Hoeffding-Test ist auch dann zu bevorzugen, wenn zwar die Stichprobenwerte nicht normalverteilt sind, aber das untersuchte Merkmal in der Population bei geeigneter Meßvorschrift linksgipflige exponentielle Verteilungen aufweist (wie Reaktions-

oder Problemlösungszeiten), obschon es bei Messung entlang einer Frequenzskala (wie Reaktions- oder Problemlösungsfrequenzen pro Zeiteinheit) Normalverteilungen geliefert hätte.

Der Terry-Hoeffding-Test hat verschiedene Varianten; eine davon ist der Vergleich der zentralen Tendenz von (heterogenen) Gruppen (Terry, 1960), eine andere der Vergleich der zentralen Tendenz von abhängigen Stichproben (Klotz, 1963) und eine dritte die Korrelationsprüfung zwischen gepaarten Stichproben (Bhuchongkul, 1964). Auf die ersten beiden Testversionen, die z.T. auch analog für den Van-der-Waerden-Test vorliegen (vgl. z. B. van Eeden, 1963 bzw. Conover, 1971, 1980) gehen wir an späterer Stelle noch ein (vgl. S. 228ff. und S. 274).

Der Normalrangtest nach Bell und Doksum

Dieser Test beruht auf der Idee, die Ränge bzw. rangtransformierten Meßwerte durch *standardnormalverteilte Zufallszahlen* zu ersetzen: Aus einer Zufallszahlentabelle werden die ersten N Werte abgelesen, der Größe nach geordnet und den N Rängen der beiden Stichproben zugewiesen. Prüfgröße ist die Differenz der Durchschnittswerte beider Stichproben.

Der Test ist asymptotisch ebenfalls dem Van-der-Waerden-Test äquivalent. Obwohl die Berechnung seiner Prüfgröße den geringsten Aufwand aller Normalrangtests erfordert, ist dieser Test für Anwender, die mit kleinen Stichproben arbeiten, unbrauchbar, da die Benutzung verschiedener Zufallszahlentabellen bei gleichen Daten zu unterschiedlichen statistischen Entscheidungen führen kann.

6.1.1.4 Weitere Tests

Zweistichprobentests für Unterschiede in der zentralen Tendenz wurden auch von Šidák u. Vondráček (1957), Hudimoto (1959), Tamura (1963), Wheeler u. Watson (1964), Bhattacharyya u. Johnson (1968), Mielke (1972) sowie Pettitt (1976) vorgestellt. Keiner dieser Tests hat jedoch bisher größere Bedeutung erlangt.

Quicktests

Eine weitere Gruppe von Tests, auf die wir in diesem Abschnitt kurz eingehen wollen, sind sog. Quicktests. Es handelt sich hierbei um Tests, die von sog. *Überschreitungswerten* ausgehen: Die Meßwerte beider Stichproben werden zusammengefaßt und anschließend wird festgestellt, a) wie viele Meßwerte der Stichprobe A größer sind als der größte Wert der Stichprobe B und b) wie viele Meßwerte der Stichprobe B kleiner sind als der kleinste Wert der Stichprobe A. Prüfgröße ist nach Tukey (1959) die Summe von a + b bzw. nach Rosenbaum (1954) der numerisch größere Wert. Von beiden Autoren wurden auch Tabellen für Signifikanzschranken vorgelegt. Eine weitere Version eines auf Überschreitungswerten basierenden Quicktests hat Haga (1960) entwickelt.

Rosenbaum (1965) zeigt, daß bei Quicktests, die auf Überschreitungswerten basieren, keineswegs mit gravierenden Güteeinbußen zu rechnen ist. Dennoch haben die Verfahren im Zeichen der fast ausschließlich über EDV-Anlagen erfolgenden Datenauswertung kaum noch praktische Bedeutung. „Ungeduldigen" Wissenschaftlern seien sie allerdings für die Phase des „data-snooping" (vgl. Hogg, 1976) – der

Auswertungsphase, in der die Rohdaten vorliegen, aber noch nicht auf elektronische Datenträger übertragen wurden – als durchaus geeignet für eine erste Prüfung der Frage, ob die „Wunschhypothese" überhaupt eine Chance hat, zu empfehlen.

Multivariate Tests

Die bisher behandelten Testverfahren zur Überprüfung von Unterschieden in der zentralen Tendenz bezogen sich auf den Fall, daß pro Untersuchungseinheit eine Messung hinsichtlich *einer* abhängigen Variablen vorliegt. Hat man pro Untersuchungseinheit Messungen auf *mehreren* abhängigen Variablen erhoben, sind die beiden Stichproben mit einem multivariaten Verfahren zu vergleichen. Im folgenden wird ein solches Verfahren (*bivariater Rangsummentest*) vorgestellt, das davon ausgeht, daß 2 Stichproben simultan hinsichtlich zweier abhängiger Variablen X und Y zu vergleichen sind.

Die Prüfgröße für den bivariaten Rangsummentest lautet

$$\chi^2 = \frac{12 \cdot \left(\sum\limits_{i=1}^{N_1} R'^2_{x_i} - 2\varrho \cdot \sum\limits_{i=1}^{N_1} R'_{x_i} \cdot R'_{y_i} + \sum\limits_{i=1}^{N_1} R'^2_{y_i} \right)}{(N-n) \cdot (N+1) \cdot (1-\varrho^2)} \tag{6.23}$$

mit Fg = 2. Darin bedeuten:

$N = N_1 + N_2 \ (N_1 < N_2)$

$n = \min(N_1; N_2)$

$\varrho = $ Rangkorrelation (Spearmans ϱ, vgl. 8.2.1) beider Meßwertreihen.

R'_{x_i} und R'_{y_i} bezeichnen sog. Abweichungsränge der Meßwerte beider abhängiger Variablen in der zusammengefaßten Stichprobe. Abweichungsränge erhält man, wenn – anders als bei den bisher durchgeführten Rangtransformationen – bei ungeraden Stichprobenumfängen dem Median der Rangwert 0, den über dem Median liegenden Werten die Ränge 1 bis $(N-1)/2$ und den unter dem Median liegenden Werten die „Ränge" -1 bis $-(N-1)/2$ zugeordnet werden. Bei geradem Stichprobenumfang erhalten die dem (theoretischen) Median benachbarten Werte die Ränge 1 bzw. -1, die nächst höheren bzw. niedrigeren Werte die entsprechenden Ränge bis $N/2$ bzw. $-N/2$. Die Rangtransformation im Sinne von Abweichungsrängen hat den Vorteil, daß sich die Rangkorrelation ϱ vereinfacht nach

$$\varrho = \frac{12 \cdot \sum\limits_{i=1}^{N} R'_{x_i} \cdot R'_{y_i}}{N^3 - N} \tag{6.24}$$

berechnen läßt. Man beachte, daß für die Berechnung von ϱ (die Produkte der) Abweichungsränge der Gesamtstichprobe einbezogen werden müssen, während für die Berechnung der Summanden in Gl. (6.23) nur die Abweichungsränge der kleineren Teilstichprobe von Bedeutung sind.

Das folgende Beispiel erläutert den Einsatz des bivariaten Rangsummentests.

Beispiel 6.6

Problem: Zwei Institutionen, die Hochbegabte fördern, sollen hinsichtlich ihrer Auswahlprinzipien evaluiert werden. Dazu werden bei beiden Institutionen 10 % der im Studienfach Psychologie gerade neu in die Förderung aufgenommene Studenten nach dem Zufallsprinzip angeschrieben und zu einer Testsitzung gebeten. In dieser Sitzung müssen die Studenten – Institution A: $N_1 = 5$; Institution B: $N_2 = 10$ – einen „klassischen" Intelligenztest und eine 28 Items umfassende Empathieskala von Davis (1983) ausfüllen. Angesichts der Untersuchungsteilnehmer (Hochbegabte!) wird nicht von einer Normalverteilung der abhängigen Merkmale ausgegangen und deshalb nonparametrisch getestet.

Hypothese: Zwischen den beiden Institutionen bestehen hinsichtlich der beiden abhängigen Variablen keine Unterschiede (H_0; $\alpha = 0,05$; zweiseitiger Test).

Daten und Auswertung: Die Untersuchung führte zu den in Tabelle 6.10 dargestellten Ergebnissen.

Tabelle 6.10

Institution A		Institution B	
IQ-Wert	Empathiewert	IQ-Wert	Empathiewert
126	1,2	121	1,7
110	2,1	128	0,2
142	2,4	105	4,0
149	2,9	112	3,8
155	3,4	158	3,6
		101	0,8
		119	0,1
		141	0,9
		148	2,8
		135	1,6

Ordnet man die Rohdaten aus Tabelle 6.10 entsprechend den Erfordernissen der Gleichungen (6.23) und (6.24) an, so lassen sich die Summanden der Prüfgröße χ^2 leicht berechnen (Tabelle 6.11).

Eingesetzt in Gl. (6.24) ergibt sich zunächst

$$\varrho = \frac{12 \cdot 70}{15^3 - 15} = 0,25 \quad .$$

Damit errechnen wir χ^2 nach Gl. (6.23) zu

$$\chi^2 = \frac{12 \cdot [96 - (2 \cdot 0,25 \cdot 45) + 35]}{(15 - 5) \cdot (15 + 1) \cdot (1 - 0,25^2)} = 8,68 \quad .$$

Entscheidung: Dieser Wert ist nach der χ^2-Verteilung (vgl. Tafel 3) mit 2 Freiheitsgraden auf seine Signifikanz hin zu bewerten. Der kritische χ^2–Wert liegt auf dem 5%-Niveau bei 5,99, d. h. der empirische χ^2–Wert ist signifikant.

Tabelle 6.11

Stichprobe	x_i	y_i	R'_{x_i}	R'_{y_i}	$R'_{x_i}R'_{y_i}$	$R'^2_{x_i}$	$R'^2_{y_i}$
A	126	1,2	−1	−3	3	1	9
	110	2,1	−5	0	0	25	0
	142	2,4	3	1	3	9	1
	149	2,9	5	3	15	25	9
	155	3,4	6	4	24	36	16
B	121	1,7	−2	−1	2		
	128	0,2	0	−6	0		
	105	4,0	−6	7	−42		
	112	3,8	−4	6	−24		
	158	3,6	7	5	35		
	101	0,8	−7	−5	35		
	119	0,1	−3	−7	21		
	141	0,9	2	−4	−8		
	148	2,8	4	2	8		
	135	1,6	1	−2	−2		

$$\sum_{i=1}^{N} x_i = 1950 \qquad \sum_{i=1}^{N} y_i = 31,5 \qquad \sum_{i=1}^{N} R'_{x_i} = 0 \qquad \sum_{i=1}^{N} R'_{y_i} = 0 \qquad \sum_{i=1}^{N} R'_{x_i}R'_{y_i} = 70$$

Interpretation: Wie man den Untersuchungsdaten entnehmen kann, sind die Studenten der Institution A den Studenten der Institution B sowohl hinsichtlich Intelligenz als auch Empathie überlegen. Allerdings sind diese Unterschiede im univariaten Vergleich nicht signifikant. Erst die Kombination beider abhängigen Variablen macht die Überlegenheit der Instituition A deutlich.

Der bivariate Rangsummentest ist bei Anwendung auf bivariat normalverteilte Merkmale kaum weniger effizient als Hotellings T^2-Test als parametrisches Analogon (vgl. Bortz, 1989, S. 710 ff.). Er impliziert, daß beide Stichproben bivariat homomer verteilt sind, also bis auf zugelassene Unterschiede der zentralen Tendenz in einer oder beiden abhängigen Variablen gleiche zweidimensionale Verteilungen aufweisen, was gleiche eindimensionale Randverteilungen einschließt. Bei Verletzung dieser Voraussetzung reagiert der Test als Omnibustest.

Bivariate Zweistichprobenrangsummentests lassen sich einmal auf k Stichproben, zum anderen auf m Merkmale verallgemeinern. Es resultieren dann multivariate Rangsummentests, die von Puri u. Sen (1971) entwickelt wurden. David u. Fix (1961) entwickelten einen kovarianzanalytischen Zweistichprobenvergleich (eine abhängige Variable, eine Kontrollvariable), dessen Konstruktion dem hier beschriebenen bivariaten Rangsummentest stark ähnelt (vgl. Lienert, 1978, Kap. 19.17.1). Eine Verallgemeinerung des kovarianzanalytischen Ansatzes von David u. Fix auf k Stichproben und p Kontrollvariablen wurde von Quade (1967) vorgeschlagen.

Eine spezielle Art multivariater Pläne liegt dann vor, wenn eine abhängige Variable mehrfach gemessen wurde. Sind z.B. 2 Observablen X und Y in jeder von 2 unabhängigen Stichproben wiederholte Messungen ein- und desselben Merkmals, dann vergleicht man die beiden Stichproben am wirksamsten mit dem Paardifferenzen-U-Test von Buck (1976), wenn X z.B. einen Ausgangswert bezeichnet. Man berechnet die Differenzen $D_1 = Y_1 - X_1$ sowie die Differenzen $D_2 = Y_2 - X_2$ und vergleicht sie nach dem univariaten Rangsummentest (Näheres vgl. 6.2.5.1). Bei mehreren Meßwiederholungen kann der von Krauth (1973) vorgeschlagene multivariate Rangsummentest zum Vergleich von 2 oder k Stichproben von Verlaufskurven eingesetzt werden.

Wir behandeln wiederholte Messungen desselben Merkmals in 6.2, in dem es um den Vergleich zweier oder mehrerer abhängiger Stichproben geht.

6.1.2 Tests für mehrere Stichproben

Sind allgemein k unabhängige Stichproben von nicht normalverteilten Meßwerten zu vergleichen, lautet die Nullhypothese: Die k Stichproben stammen aus k Populationen mit gleicher zentraler Tendenz. Dieser Nullhypothese stellen wir die Alternativhypothese gegenüber, wonach sich mindestens 2 der k Populationen hinsichtlich ihrer zentralen Tendenzen unterscheiden. Zur Überprüfung dieser Alternativhypothese behandeln wir im folgenden den Mehrstichproben-Mediantest (6.1.2.1), die Rangvarianzanalyse (H-Test; vgl. 6.1.2.2) und Normalrangtests (vgl. 6.1.2.3).

6.1.2.1 Mehrstichproben-Mediantest

Der in 6.1.1.1 behandelte Mediantest läßt sich in folgender Weise für den Vergleich von k Stichproben verallgemeinern: Man erstellt für alle k Stichproben eine gemeinsame Rangreihe und zählt aus, wieviele Individuen in jeder der k Stichproben Rangplätze oberhalb ($>$ Md) bzw. unterhalb des Medians ($<$ Md) erhalten haben. Bei Meßwerten, die mit dem Median der Gesamtstichprobe verbunden sind, verfährt man entsprechend den Vorschlägen auf S. 198.

Die Nullhypothese lautet wie folgt: Das Häufigkeitsverhältnis der Meßwerte über und unter dem gemeinsamen Median Md ist in den k Grundgesamtheiten, denen die Stichproben angehören, das gleiche. Die Alternativhypothese negiert diese Annahme. Wir entscheiden zwischen H_0 und H_1 gemäß Gl. (5.48).

Beispiel 6.7

Problem: Die Tenniscomputerweltrangliste soll daraufhin untersucht werden, ob sich an einem bestimmten Stichtag die durchschnittliche Plazierung von US-Amerikanern, Europäern und Spielern anderer Kontinente unter den besten 100 statistisch bedeutsam unterscheidet. Die zu verrechnenden Daten sind originäre Rangdaten. Da in der Fachpresse aber häufig Kritik an ihrem Zustandekommen geübt wird, soll ein schwacher Test gewählt werden, der geringe Ansprüche an das Meßniveau stellt.

Hypothese: Spieler aus Amerika, Europa und anderen Kontinenten sind gleich gut plaziert (H_0; $\alpha = 0,05$).

Auswertung und Ergebnisse: Bei der Auswertung der Rangliste an einem bestimmten Stichtag stellt sich heraus, daß sich unter den ersten 100 Spielern $N_1 = 45$ Amerikaner, $N_2 = 33$ Europäer und $N_3 = 22$ Spieler aus anderen Kontinenten befinden. Als nächstes wird ausgezählt, wie viele Spieler jeder Region jeweils unterhalb und oberhalb des Medians plaziert sind, der bei originären Rangreihen durch (N+1)/2 festgelegt ist, in unserem Falle also bei 50,5 liegt. Die Aufstellung in Tabelle 6.12 zeigt die entsprechenden Häufigkeiten.

Nach Gl. (5.48) ermitteln wir

$$\chi^2 = \frac{100^2}{50 \cdot 50} \cdot \left(\frac{20^2}{45} + \frac{13^2}{33} + \frac{17^2}{22} - \frac{50^2}{100} \right)$$
$$= 8,59 \quad .$$

Dieser Wert ist für Fg = 2 und $\alpha = 0,05$ statistisch signifikant.

Tabelle 6.12

	USA	Europa	Andere	
$R_i < Md$	20	13	17	50
$R_i > Md$	25	20	5	50
	45	33	22	100

Interpretation: Auf der Basis der 100 weltbesten Tennisspieler gibt es Unterschiede in der Spielstärke von Amerikanern, Europäern und Spielern anderer Kontinente. Bei den Amerikanern befinden sich 55,6 %, bei den Europäern 60,6 % und bei den anderen Kontinenten 22,7 % aller Spieler, die zu den besten 100 zählen, oberhalb des Medians.

Da der Mehrstichproben-Mediantest ein Spezialfall des $k \times 2$-χ^2-Tests ist, führt der Test nur dann zu verläßlichen Ergebnissen, wenn mindestens 80 % der erwarteten Häufigkeiten den Wert 5 nicht unterschreiten (vgl. S. 123). Die relative Effizienz des k-Stichproben-Mediantests ist – wie bei der Zweistichprobenversion – mit $2/\pi = 0,64$ sehr gering, so daß seine Anwendung nur dann in Frage kommen dürfte, wenn die Ordinalskaleninformation der Daten nicht sichergestellt ist und man sich deshalb mit der dichotomen Information ($>$, $< Md$) zufrieden geben muß.

6.1.2.2 Rangvarianzanalyse (H-Test)

Will man k Stichproben unter vollständiger Ausschöpfung der ordinalen Information hinsichtlich ihrer zentralen Tendenz vergleichen, wählt man dazu statt des Mediantests die Rangvarianzanalyse. Dabei handelt es sich um eine Verallgemeinerung des in 6.1.1.2 besprochenen Rangsummentests (U-Test) von 2 auf k Stichproben. Während die von Whitney (1951) und Terpstra (1954) vorgeschlagenen Mehrstichproben-U-Tests nahezu unbeachtet geblieben sind, ist Wilcoxons Rangsummenverfahren in seiner Verallgemeinerung durch Kruskal (1952) und Kruskal u. Wallis (1952) allgemein bekannt geworden. Dieser Test ist als das verteilungsfreie Analogon zur einfaktoriellen parametrischen Varianzanalyse anzusehen und wird deshalb als Rangvarianzanalyse bezeichnet.

Wir vereinigen k Stichproben von je N_j Individuen (die etwa k verschiedenen Behandlungen ausgesetzt worden sind) unter der Annahme, daß sie aus Populationen mit derselben Verteilungsform und zentralen Tendenz stammen (H_0), zu einer Gesamtstichprobe des Umfanges $N = \sum N_j$ und teilen den Meßwerten dieser Individuen Ränge von 1 bis N zu. Ferner berechnen wir die Durchschnitte $\overline{R}_j$ der Spaltenrangsummen T_j.

Die Herleitung der Prüfgröße H orientiert sich an der parametrischen Varianzanalyse. Die $H_0 : \mu_1 = \mu_2 = \ldots = \mu_k$ überprüfen wir für normalverteilte Zufallsvariablen und bekannter Populationsvarianz über folgende χ^2-verteilte Prüfgröße (Fg = k − 1):

$$\chi^2 = \sum_{j=1}^{k} \frac{(\overline{X}_j - \overline{X})^2}{\sigma^2/N_j} \quad . \tag{6.25}$$

Wir ersetzen $\overline{X}_k$ durch $\overline{R}_k$ und betrachten zunächst die Abweichungen der $\overline{R}_k$-Werte vom Erwartungswert aller Rangplätze $E(R) = (N+1)/2$. (Erwartungswert und Varianz von Rängen lassen sich einfach herleiten, wenn man von den Beziehungen $1 + 2 + 3 + \ldots + N = N \cdot (N+1)/2$ und $1^2 + 2^2 + 3^2 + \ldots + N^2 = N \cdot (N+1) \cdot (2N+1)/6$ Gebrauch macht.) Da die Richtung der Abweichung von $\overline{R}_k$ von ihrem Erwartungswert beim Vergleich von k Stichproben (im Unterschied zum Vergleich zweier Stichproben) nicht berücksichtigt wird, können wir den Zähler in Gl. (6.25) durch $\sum [\overline{R}_j - (N + 1)/2]^2$ ersetzen. σ^2 entspricht bei Rangplätzen der Varianz der Zahlen $1, 2, 3, \ldots, N$, für die sich $\sigma_R^2 = (N^2 - 1)/12$ ergibt. Berücksichtigt man noch eine Korrektur für die endliche Grundgesamtheit $(N - 1)/N$, so erhält man die gesuchte Prüfgröße

$$H = \frac{N-1}{N} \cdot \sum_{j=1}^{k} \frac{(\overline{R}_j - \frac{N+1}{2})^2}{\frac{N^2-1}{12 \cdot N_j}} \quad . \tag{6.26}$$

Wenn man $\overline{R}_j = T_j/N_j$ algebraisch umformt, resultiert die übliche Schreibweise des Prüfkalküls.

$$H = \frac{12}{N \cdot (N+1)} \cdot \sum_{j=1}^{k} \frac{T_j^2}{N_j} - 3(N+1) \quad . \tag{6.27}$$

(Weitere Einzelheiten zur Herleitung der Prüfgröße H findet man z. B. bei Marascuilo u. McSweeney, 1977, Kap. 12.1).

Sind die k Einzelstichproben gleich groß, ist also $N_j = N/k$, rechnet man bequemer mit

$$H = \frac{12 \cdot k}{N^2 \cdot (N+1)} \cdot \sum_{j=1}^{k} T_j^2 - 3 \cdot (N+1) \quad . \tag{6.28}$$

Wie für den U-Test, so besteht auch für den H-Test die Möglichkeit einer Korrektur der Prüfgröße, wenn zahlreiche Rangaufteilungen zwischen und innerhalb der Stichproben erforderlich sind. Die Korrekturformel lautet

$$H_{corr} = \frac{H}{C} \quad , \tag{6.29}$$

wobei der Korrekturfaktor C wie folgt definiert ist:

$$C = 1 - \frac{\sum_{i=1}^{m} (t_i^3 - t_i)}{N^3 - N} \quad . \tag{6.30}$$

Die Verbundwerte t_i haben hier dieselbe Bedeutung wie beim U-Test in Gl. (6.11). Zu Gl. (6.29) äquivalent ist folgende, von Conover (1971, 1980) vorgeschlagene Gleichung:

$$H_{corr} = \frac{(N-1) \cdot \left[\sum_{j=1}^{k} T_j^2/N_j - N \cdot (N+1)^2/4 \right]}{\sum_{i=1}^{N} R_i^2 - N \cdot (N+1)^2/4} \tag{6.31}$$

mit R_i = Rangplatz der Person i. (Bei sehr vielen Rangaufteilungen läßt sich der Rechenaufwand reduzieren, wenn man das auf S. 226f. beschriebene Verfahren von Raatz einsetzt.)

Die Prüfgröße H ist asymptotisch χ^2-verteilt mit Fg = k − 1. Die Durchführung der Rangvarianzanalyse nach Kruskal u. Wallis wird anhand des folgenden Beispiels illustriert.

Beispiel 6.8

Problem: Der Einsatz von Psychopharmaka bei der Behandlung (leichter) „endogener Depressionen" wird zunehmend kritisch gesehen. Ein Ärzte- und Psychologenteam plant eine Untersuchung zur Auswirkung verschiedener Behandlungsmethoden auf die subjektive Befindlichkeit von Patienten, bei denen die Eingangsdiagnose (leichte) endogene Depression gestellt wurde. 20 Patienten werden per Zufall 4 Behandlungsgruppen zugewiesen; je 5 erhalten eine psychotherapeutische Behandlung ohne Medikamente (a_1), eine psychotherapeutische Behandlung plus Psychopharmaka (a_2), eine psychotherapeutische Behandlung plus Plazebo (a_3) sowie eine Behandlung nur mit Psychopharmaka (a_4). Nach einer ersten Phase der Behandlung von einem halben Jahr werden die Patienten ausführlich zu ihrer subjektiven Befindlichkeit befragt. Von unabhängigen Experten wird auf der Basis eines Vergleiches von Protokollen der Erstgespräche und des aktuellen Interviews ein Veränderungswert auf einer 15stufigen Skala mit den Polen „die subjektive Befindlichkeit hat sich überhaupt nicht verbessert" (Skalenwert 1) und „die subjektive Befindlichkeit hat sich extrem verbessert" (Skalenwert 15) festgelegt.

Hypothese: Die 4 Behandlungsarten haben keine unterschiedliche Wirkung (H_0; α = 0,01).

Daten und Auswertung: Tabelle 6.13 zeigt die Ergebnisse.

Tabelle 6.13

a_1		a_2		a_3		a_4	
Rating	Rang	Rating	Rang	Rating	Rang	Rating	Rang
8	15,5	4	6,5	11	18,5	1	1,5
5	8	6	11,5	9	17	6	11,5
4	6,5	8	15,5	13	20	3	4
1	1,5	6	11,5	11	18,5	3	4
6	11,5	6	11,5	6	11,5	3	4
$T_1 = 43$		$T_2 = 56,5$		$T_3 = 85,5$		$T_4 = 25$	

Kontrolle: $\sum T_j = N \cdot (N + 1)/2 = 210$. Die Prüfgröße H errechnet sich nach Gl. (6.28) wie folgt:

$$H = \frac{12 \cdot 4}{20^2 \cdot (20 + 1)} \cdot (43^2 + 56,5^2 + 85,5^2 + 25^2) - 3 \cdot (20 + 1)$$
$$= 11,15 \quad .$$

Da eine erhebliche Anzahl von Verbundrängen vorliegt, ist es angemessen, H_{corr} als Prüfgröße zu benutzen. Für H_{corr} ergibt sich nach Gl. (6.29)

$$C = 1 - \frac{2^3 - 2 + 3^3 - 3 + 2^3 - 2 + 6^3 - 6 + 2^3 - 2 + 2^3 - 2}{20^3 - 20} = 0,968 \quad ;$$

$$H_{corr} = \frac{11,15}{0,968} = 11,52 \quad .$$

Den gleichen Wert errechnen wir auch nach Gl. (6.31):

$$H_{corr} = \frac{19 \cdot \left(\frac{43^2}{5} + \frac{56,5^2}{5} + \frac{85,5^2}{5} + \frac{25^2}{5} - \frac{20 \cdot 21^2}{4} \right)}{2848,5 - \frac{20 \cdot 21^2}{4}} = 11,52 \quad .$$

Entscheidung: Nach der χ^2-Tabelle sind Werte über 11,34 bei 3 Fg auf dem 1%-Niveau signifikant.

Interpretation: Wir können davon ausgehen, daß sich die 4 Behandlungsmethoden unterschiedlich auf die subjektive Befindlichkeit der leicht endogen depressiven Patienten auswirken. Welche Behandlungen sich in ihrer Wirkung unterscheiden, werden wir in 6.1.3 über ein Einzelvergleichsverfahren prüfen.

Exakter H-Test

Der beschriebene asymptotische Test ist nur für k = 3 mit $N_j > 8$, k = 4 mit $N_j > 4$, k = 5 mit $N_j > 3$ oder k > 5 verläßlich. Sind diese Bedingungen nicht erfüllt, dann muß ein exakter Test durchgeführt werden. Für diesen Fall stehen Tabellen mit kritischen Schwellenwerten für $P \approx 0,05$ bzw. $P \approx 0,01$ zur Verfügung (vgl. Tafel 12 nach Krishnaiah u. Sen, 1984).

Wie der exakte Test funktioniert, sei an einem Beispiel aus Bradley (1960, S. 284) erläutert: Angenommen, die Schnelligkeit, einen Standardtext zu lesen, soll unter k = 3 Beleuchtungsbedingungen (A, B, C) getestet werden. Wir wählen 9 Probanden zufällig aus der Bürobelegschaft eines Betriebes aus und teilen je $N_j = 3$ einer der k Bedingungen zu. Während der Durchführung des Versuches fällt eine Person aus, so daß nur die in Tabelle 6.14 dargestellten N = 8 offenbar nicht normalverteilten Meßwerte (Sekunden) verbleiben.

Tabelle 6.14

Meßwerte			Ränge		
A	B	C	A	B	C
22	36	39	1	4	6
31	37	44	2	5	7
35	–	51	3	–	8
N_j: 3	2	3	T_j: 6	9	21

Da die $N_j < 9$ und $k = 3$ sind, testen wir exakt nach Tafel 12 des Anhangs. Ein

$$H = \frac{12}{8 \cdot (8+1)} \cdot \left(\frac{6^2}{3} + \frac{9^2}{2} + \frac{21^2}{3} \right) - 3 \cdot (8+1) = 6,25$$

ist größer als der dort für $N_1 = 3 \geq N_2 = 3 > N_3 = 2$ genannte Schwellenwert von $h = 5,139$. Der H-Wert ist demnach auf dem $\alpha = 0,05$-Niveau signifikant.

Um zu vermitteln, wie die Testautoren zu dem exakten P-Wert für $H = 6,25$ kommen, wollen wir deren kombinatorische Überlegungen nachvollziehen: Die $N = 8$ Ränge können permutativ in $N! = 8!$ verschiedenen Anordnungen auf die 8 Felder der Tabelle 6.14 mit 8! möglichen Spaltensummen verteilt werden. Allerdings ergeben die 3! Permutationen zwischen den 3 Rängen der Spalte A die gleichen Spaltensummen; dasselbe gilt für die 2! Permutationen der Spalte B und die 3! Permutationen der Spalte C. Da die beiden Spalten A und C gleich viele Ränge enthalten, sind sie vertauschbar, so daß nochmals 2! Permutationen für Unterschiede in den Spaltensummen außer Betracht fallen. Hätten alle 9 Personen an der Untersuchung teilgenommen, wäre folglich die Anzahl der Ränge in den 3 Spalten gleich. In diesem Falle hätten dementsprechend 3! Anordnungen außer Betracht gelassen werden können. Wir haben also $8!/3! \cdot 2! \cdot 3! \cdot 2! = 280$ Anordnungsmöglichkeiten zu unterscheiden, deren H-Werte die exakte Prüfverteilung konstituieren. Von diesen 280 Anordnungen liefern nur die in Tabelle 6.15 dargestellten 2 Anordnungen H-Werte, die größer oder gleich dem H-Wert der beobachteten Anordnung sind.

Tabelle 6.15

A	B	C	A	B	C
3	1	6	1	7	4
4	2	7	2	8	5
5		8	3		6

Einschließlich der beobachteten Anordnung ergeben also 3 Anordnungen H-Werte mit $H \geq 6,25$. Die Zufallswahrscheinlichkeit für die beobachtete oder eine extremere Anordnung ist daher $3/280 = 0,011$; die oben getroffene Entscheidung wird also durch diese Überlegungen bestätigt.

H-Test für gruppierte Daten

Liegen gruppierte Daten vor, dann ist die Rangzuteilung sehr erschwert, insbesondere bei großen Stichproben. Man wendet hier – wie beim Zweistichprobenvergleich (vgl. S. 206f.) – mit Vorteil das Verfahren von Raatz (1966a) an, dessen Verallgemeinerung von 2 auf k Stichproben anhand des folgenden Beispiels illustriert wird.

Es soll untersucht werden, ob der Kuckuck in Nester verschiedener Vogelarten (Heckenbraunelle, Teichrohrsänger, Zaunkönig) verschieden große Eier (Länge in mm) legt (Daten von Latter, 1901). Tabelle 6.16 zeigt in den ersten 3 Spalten die Häufigkeiten, mit denen Eier unterschiedlicher Größe in Nestern der genannten Vögel angetroffen wurden,

wobei: f_{ij} = Anzahl der Meßwerte aus dem Intervall j für die Stichprobe i

$$f_j = \sum_{i=1}^{k} f_{ij} = \text{Anzahl aller Meßwerte aus dem Intervall j}$$

$$F_j = \sum_{i=1}^{j} f_i = \text{kumulierte Anzahl der Meßwerte aus den Intervallen}$$

$1, 2, \ldots, j$

$$F_j^* = F_{j-1} + F_j + 1 \; .$$

Tabelle 6.16

j	Klasse	f_{1j}	f_{2j}	f_{3j}	f_j	F_j	F_j^*	$f_{1j}F_j^*$	$f_{2j}F_j^*$	$f_{3j}F_j^*$	f_j^3
1	25 mm	1	0	0	1	1	2	2	0	0	1
2	24 mm	5	1	0	6	7	9	45	9	0	216
3	23 mm	5	7	0	12	19	27	135	189	0	1728
4	22 mm	2	7	5	14	33	53	106	371	265	2744
5	21 mm	1	1	7	9	42	76	76	76	532	729
6	20 mm	0	0	3	3	45	88	0	0	264	27
		14	16	15	45			364	645	1061	5445
		N_1	N_2	N_3	N			$2T_1$	$2T_2$	$2T_3$	$\sum f_j^3$

Die Summen der Spalten $f_{1j} \cdot F_j^*$, $F_{2j} \cdot F_j^*$ und $f_{3j} \cdot F_j^*$ ergeben die Werte $2T_1, 2T_2$ und $2T_3$, d. h. wir ermitteln für Gl. (6.27) $T_1 = 182, T_2 = 322,5$ und $T_3 = 530,5$ (Kontrolle: $182 + 322,5 + 530,5 = 45 \cdot 46/2 = 1035$). Damit errechnen wir

$$H = \frac{12}{45 \cdot (45 + 1)} \cdot \left(\frac{182^2}{14} + \frac{322,5^2}{16} + \frac{530,5^2}{15} \right) - 3 \cdot (45 + 1) = 22,16 \quad .$$

Um die Klassenbildung bzw. die Ranggleichheit der Meßwerte in den 3 Klassen zu berücksichtigen, dividieren wir das erhaltene H durch den Korrekturfaktor C gemäß Gl. (6.30). Für m = 6 Verbundklassen mit $t_i = f_j$ gemäß Tabelle 6.16 ermittelt man

$$C = 1 - \frac{1^3 - 1 + 6^3 - 6 + 12^3 - 12 + 14^3 - 14 + 9^3 - 9 + 3^3 - 3}{45^3 - 45} = 0,941$$

und damit

$$H_{corr} = \frac{22,16}{0,941} = 23,55 \quad ,$$

das für Fg = 3 − 1 = 2 gemäß Tafel 3 auf der 0,1%-Stufe signifikant ist. Die Kuckuckseier in den Nestern der 3 Vogelarten sind somit nicht gleich lang.

Der H-Test für gruppierte Daten setzt Gruppierung nach einer Intervallskala oder mindestens nach einer Ordinalskala voraus. Sind die N Beobachtungen lediglich nach einer Nominalskala gruppiert, wendet man den in 5.4.1 beschriebenen k × m-χ^2-Test an.

Anmerkungen und Hinweise

An Annahmen für die Gültigkeit des H-Tests gehen ein: 1) daß die N Merkmalsträger im Sinne einer experimentellen Versuchsanordnung zufallsmäßig und wechselseitig unabhängig aus einer definierten Population von Merkmalsträgern entnommen und nach einem Zufallsprozeß den k Behandlungen zugeteilt worden sind, 2) daß die k Behandlungen nur die zentralen Tendenzen, aber nicht die Formen der Verteilungen beeinflussen (Homomeritätsforderung) und daß 3) das Merkmal möglichst stetig verteilt ist. Zu Annahme 1 ist anzumerken, daß die Gültigkeit des H-Tests auch dann gegeben ist, wenn aus k vorgegebenen Populationen (z.B. neurotische, depressive und schizophrene Patienten) Zufallsstichproben gezogen werden, die hinsichtlich der zentralen Tendenz in einer abhängigen Variablen (z.B. Wirkung eines Psychopharmakons) zu vergleichen sind (quasi-experimenteller Ansatz).

Ist die Homomeritätsforderung nicht erfüllt, so arbeitet der H-Test zumindest nicht mehr konsistent, d.h. eine Ablehnung von H_0 ist durch die Vergrößerung von N nicht mehr gewährleistet, auch wenn H_0 nicht gilt. Dieser Tatbestand wirkt sich besonders ungünstig aus, wenn die k Stichproben neben Unterschieden in der zentralen Tendenz auch solche der Dispersion erkennen und daher für die Populationen vermuten lassen. Man kann also vereinfachend sagen: Dispersionsheterogenität wirkt sich bei Anwendung des H-Tests ebenso effizienzmindernd aus wie Varianzheterogenität bei der Anwendung der Varianzanalyse, mit dem Unterschied, daß der H-Test dadurch im allgemeinen weniger verzerrt und damit invalidiert wird. Der H-Test ist besonders dann robuster gegenüber Dispersionsunterschieden als die parametrische Varianzanalyse, wenn die Streuungen σ_j und Stichprobenumfänge N_j negativ korreliert sind (vgl. Boehnke, 1980).

Auch beim H-Test ist es jedoch empfehlenswert, eine überschlägige Voraussetzungsüberprüfung vor der Anwendung vorzunehmen, da der Test z.B. bei gleichzeitiger Verletzung der Stetigkeits- und der Homomeritätsvoraussetzung zu progressiven Fehlentscheidungen führen kann. Sind Stichproben aus Populationen mit hohen Ausläufen („heavy tails") zu vergleichen, empfehlen Bhapkar u. Deshpande (1968) einen von Deshpande (1965) von 2 auf k Stichproben verallgemeinerten U-Test (vgl. Lienert, 1973, Kap. 6.2.3).

H-Test-Varianten wurden von Basu (1967) und Breslow (1970) entwickelt. Weitere Varianten und Alternativen zum H-Test diskutieren Matthes u. Truax (1965), Sen u. Govindarajulu (1966) sowie Odeh (1967). Multivariate Formen des H-Tests sind ebenfalls entwickelt worden (vgl. Puri u. Sen 1971), haben bisher jedoch angesichts recht hoher mathematischer Anforderungen, die sie an den Anwender stellen, kaum eine Bedeutung für den Praktiker erlangt.

6.1.2.3 Normalrangtests

Die in 6.1.1.3. behandelten Normalrangtests für 2 Stichproben in den Varianten von Terry (1952), Hoeffding (1951) bzw. van der Waerden (1952, 1953) lassen sich ebenfalls auf k Stichproben verallgemeinern (vgl. z.B. McSweeney u. Penfield, 1969). Problematisch ist sowohl für die Terry-Hoeffding-Variante als auch für die Van-der-Waerden-Variante die Behandlung von verbundenen Rängen, für die keine tabellierten Werte vorliegen. Marascuilo u. McSweeney (1977) empfehlen, in diesem Fall die betreffenden Normalrangwerte arithmetisch zu mitteln, was allerdings zur Konsequenz hat, daß die Summe der Normalrangwerte nicht mehr unbedingt Null

ergibt. Die Prüfstatistik, die für beide Varianten gilt, lautet in einer an McSweeney u. Penfield (1969) angelehnten Form:

$$W = \frac{(N-1) \cdot \sum\limits_{j=1}^{k} \frac{1}{N_j} \cdot \left(\sum\limits_{i=1}^{N_j} R'_{ij} \right)^2}{\sum\limits_{j=1}^{k} \sum\limits_{i=1}^{N_j} R'^2_{ij}} \quad , \tag{6.32}$$

wobei R'_{ij} die Normalrangwerte der jeweiligen Testvariante bezeichnet.

Für größere Stichprobenumfänge ($N \geq 20$) ist die W-Statistik annähernd χ^2-verteilt mit $k - 1$ Fg.

Zur Darlegung des Rechenganges greifen wir noch einmal auf Beispiel 6.8 zurück. Die dort bereits aufgeführten Ränge werden nunmehr in „erwartete" (Terry-Hoeffding-Variante) bzw. „inverse" (Van-der-Waerden-Variante) Normalrangwerte umgewandelt. Bei verbundenen Rängen ersetzen wir die tabellierten Normalrangwerte, die ohne Rangbindung zu vergeben wären, durch deren Mittelwert. Es ergeben sich die in Tabelle 6.17 dargestellten Werte.

Tabelle 6.17

	Terry-Hoeffding-Variante				Van-der-Waerden-Variante			
	a_1	a_2	a_3	a_4	a_1	a_2	a_3	a_4
	0,67	−0,52	1,27	−1,64	0,64	−0,50	1,19	−1,54
	−0,31	0,13	0,92	0,13	−0,30	0,12	0,88	0,12
	−0,52	0,67	1,87	−0,93	−0,50	0,64	1,67	−0,89
	−1,64	0,13	1,27	−0,93	−1,54	0,12	1,19	−0,89
	0,13	0,13	0,13	−0,93	0,12	0,12	0,12	−0,89
$\sum\limits_{i=1}^{N_j} R'_i$	−1,67	0,54	5,46	−4,30	−1,58	0,50	5,05	−4,09

Für die Terry-Hoeffding-Variante resultiert als Gesamtsumme für R'^2_{ij} der Wert 17,18 und für die Van-der-Waerden-Variante der Wert 15,01. Setzen wir diese Werte in Gl. (6.32) ein. ergibt sich für die Terry-Hoeffding-Variante

$$W = \frac{(20-1)}{17,18} \cdot \left(\frac{-1,67^2}{5} + \frac{0,54^2}{5} + \frac{5,46^2}{5} + \frac{-4,30^2}{5} \right) = 11,37$$

und für die van-der-Waerden-Variante

$$W = \frac{(20-1)}{15,01} \cdot \left(\frac{-1,58^2}{5} + \frac{0,50^2}{5} + \frac{5,05^2}{5} + \frac{-4,09^2}{5} \right) = 11,39 \quad .$$

Nach der χ^2-Tabelle sind beide Werte auf dem 1%-Niveau signifikant und fällen somit die gleiche Entscheidung wie der H-Test.

Der H-Test ist ähnlich effizient wie die beiden Normalrangtestvarianten. Dennoch wird der höhere Rechenaufwand bei den Normalrangtests in der Regel dazu führen, daß der H-Test vorgezogen wird. Priorität sollten die Normalrangtests jedoch dann haben, wenn Grund zu der Annahme besteht, daß in der Population eine Verteilungsform vorliegt, bei der der H-Test an Stärke verliert (vgl. S. 228 oder Boehnke, 1983).

6.1.3 Einzelvergleiche

Wir haben in 6.1.2 Mehrstichprobentests kennengelernt, die Unterschiede in der zentralen Tendenz zwischen k Stichproben zu prüfen gestatten. Ein signifikantes Ergebnis dieser Tests besagt lediglich, daß die Nullhypothese gleicher zentraler Tendenz nicht zutrifft bzw. daß mindestens eine der k Populationen eine andere zentrale Tendenz aufweist als mindestens eine andere der k Populationen. Jede weitergehende Spezifizierung der Aussage aufgrund eines solchen globalen Tests ist spekulativ.

Interessieren nicht nur globale Unterschiede in der zentralen Tendenz, sondern Unterschiede zwischen einzelnen Stichproben, müssen differentielle Tests in Form von Einzelvergleichen (Kontrasten) durchgeführt werden. Wir behandeln im folgenden zwei Einzelvergleichsvarianten, die als A-posteriori-Tests nach Zurückweisung der globalen H_0 einzusetzen sind. Dabei handelt es sich um 1) den k-Stichprobenvergleich, bei dem jede der k Stichproben jeder anderen als Paarling gegenübergestellt wird, um festzustellen, bei welchen Paaren bedeutsame Unterschiede in der zentralen Tendenz bestehen, und 2) den Einstichprobenvergleich, bei dem eine bestimmte der k Stichproben (z. B. eine Kontrollgruppe) mit den restlichen $k-1$ Stichproben (z. B. Experimentalgruppen) paarweise verglichen wird.

Alle hier behandelten Einzelvergleiche basieren auf dem Prinzip der *impliziten α-Fehlerprotektion*, bei dem das vereinbarte α-Fehlerrisiko für den gesamten Satz der im Einzelvergleichsverfahren zu treffenden Entscheidungen gilt. (Eine explizite α-Fehlerprotektion liegt vor, wenn man bei p durchgeführten Vergleichen ein $\alpha^* = \alpha/p$ zugrundelegt; vgl. auch 2.2.11).

Die im folgenden behandelten Einzelvergleiche bauen auf dem Kalkül des H-Tests von Kruskal u. Wallis auf. Einzelvergleiche, die von Normalrangstatistiken ausgehen, findet man z. B. bei Marascuilo u. McSweeney (1977).

Will man **alle k Stichproben paarweise** miteinander vergleichen, ermittelt man nach Schaich u. Hamerle (1984) folgende kritische Differenz $\Delta_{\overline{R}(crit)}$:

$$\Delta_{\overline{R}(crit)} = \sqrt{H_{(N_j,k,\alpha)}} \cdot \sqrt{\frac{N(N+1)}{12}} \cdot \sqrt{\frac{1}{N_j} + \frac{1}{N_{j'}}} \quad , \qquad (6.33)$$

wobei $H_{(N_j,k,\alpha)}$ =   kritischer H-Wert für ein vorgegebenes α-Niveau und eine vorgegebene $N_1, N_2, \ldots, N_k$-Konstellation gemäß Tafel 12

N_j, N_j' =   Stichprobenumfänge der verglichenen Stichproben j und j'

Für k- und N_j-Konstellationen, die in Tafel 12 nicht verzeichnet sind, ersetzt man $H_{(N_j,k,\alpha)}$ durch $\chi^2_{(k-1,\alpha)}$, d. h. den für $k-1$ Fg und α Tafel 3 zu entnehmenden χ^2-Schrankenwert.

$\Delta_{\overline{R}(crit)}$ wird mit allen Rangdurchschnittsdifferenzen $|\overline{R}_j - \overline{R}_{j'}|$ verglichen. Einzelvergleiche, für die $|\overline{R}_j - \overline{R}_{j'}| \geq \Delta_{\overline{R}(crit)}$ gilt, sind auf dem mit $H_{(N_j,k,\alpha)}$ (bzw. $\chi^2_{(k-1,\alpha)}$) festgelegten α-Niveau signifikant.

Zur Verdeutlichung dieses Verfahrens verwenden wir erneut Beispiel 6.8. Da die Konstellation $k = 4$ und $N_1 = N_2 = N_3 = N_4 = 5$ den Bedingungen des approximativen Tests genügt und deshalb in Tafel 12 nicht aufgeführt ist, setzen wir in Gl. (6.33) $\chi^2_{(3;0,01)} = 11,34$ ein und erhalten

$$\Delta_{\overline{R}(crit)} = \sqrt{11,34} \cdot \sqrt{20 \cdot 21/12} \cdot \sqrt{1/5 + 1/5} = 12,6 \quad .$$

Da in diesem Beispiel alle $N_j = 5$ sind, gilt diese kritische Differenz für alle Paarvergleiche. Die empirischen Rangdurchschnittsdifferenzen lauten:

$$\overline{R}_1 - \overline{R}_2 = 8,6 - 11,3 = -2,7, \quad \overline{R}_2 - \overline{R}_3 = 11,3 - 17,1 = -5,8 \quad ,$$
$$\overline{R}_1 - \overline{R}_3 = 8,6 - 17,1 = -8,5, \quad \overline{R}_2 - \overline{R}_4 = 11,3 - 5,0 = 6,3 \quad ,$$
$$\overline{R}_1 - \overline{R}_4 = 8,6 - 5,0 = 3,6, \quad \overline{R}_3 - \overline{R}_4 = 17,1 - 5,0 = 12,1 \quad .$$

Keiner der Absolutbeträge dieser Differenzen ist größer als $\Delta_{\overline{R}(crit)}$, d. h., keiner der Einzelvergleiche ist für $\alpha = 0,01$ signifikant, obwohl die globale H_0 im Beispiel 6.8 für $\alpha = 0,01$ zu verwerfen war. Dies kann als Beleg dafür angesehen werden, daß der nach Gl. (6.33) durchgeführte Einzelvergleichstest eher konservativ entscheidet.

Ein weniger konservatives, allerdings nur asymptotisch gültiges Verfahren hat Conover (1971, 1980) vorgeschlagen:

$$\Delta_{\overline{R}(crit)} = t_{(N-k,\alpha/2)} \cdot \sqrt{\frac{N \cdot (N+1)}{12} \cdot \frac{N-1-H_{emp}}{N-k}} \cdot \sqrt{\frac{1}{N_j} + \frac{1}{N_{j'}}} \quad , \tag{6.34}$$

mit $t_{(N-k;\alpha/2)} =$ kritischer t-Wert für $N - k$ Freiheitsgrade und α (auf eine Wiedergabe der t-Tabelle wird unter Verweis auf die einschlägigen Lehrbücher zur parametrischen Statistik verzichtet).

$H_{emp} =$ empirischer H-Wert gemäß Gleichung 6.27, 6.28, 6.29 oder 6.31.

Im Beispiel errechnen wir

$$\Delta_{\overline{R}(crit)} = 2,929 \cdot \sqrt{\frac{20 \cdot 21}{12} \cdot \frac{20-1-11,52}{16}} \cdot \sqrt{1/5 + 1/5}$$
$$= 7,49 \quad .$$

Damit wären die Vergleiche $|\overline{R}_1 - \overline{R}_3| = 8,5 > 7,49$ und $|\overline{R}_3 - \overline{R}_4| = 12,1 > 7,49$ auf dem 1%-Niveau signifikant. Inhaltlich bedeutet dieses Ergebnis, daß die zusätzliche Gabe eines Plazebos die Wirkung von Psychotherapie bei leichten endogenen Depressionen erhöht, während die Behandlung nur mit Psychopharmaka gegenüber einer „plazeboverstärkten" psychotherapeutischen Behandlung weniger positiv auf die subjektive Befindlichkeit wirkt.

Für den **Vergleich einer Stichprobe mit den verbleibenden k–1 Stichproben** wählen wir ein Verfahren, das von Wilcoxon u. Wilcox (1964) entwickelt wurde. Dieser Test setzt gleich große Stichprobenumfänge $n = N_i$ pro Untersuchungsbedingung voraus.

Die Vorgehensweise ist äußerst einfach. Ausgehend von den im H-Test bereits ermittelten Rangsummen T_i errechnen wir

$$D_i = T_i - T_0 \tag{6.35}$$

mit T_0 =   Rangsumme der Referenzgruppe (z. B. Kontrollgruppe) und

      T_i =   Rangsummen der $k-1$ Vergleichsgruppen (z. B. Experimentalgruppen)

Tafel 13 enthält die gemäß H_0 höchstzulässigen ein- und zweiseitigen Differenzbeträge für $k - 1 = 2$ (1) 9 Stichproben zu je $n = 3(1)$ 25 Meßwerten. Beobachtete D_i-Werte, deren Absolutbeträge die Schranken erreichen oder überschreiten, sind auf der jeweiligen α-Stufe signifikant.

Verwenden wir zur Demonstration erneut Beispiel 6.8. Hier interessiert primär der Vergleich der Gruppe $a_1 = a_0$ (ohne Medikamente) mit den 3 übrigen Gruppen. Wir errechnen:

$$D_1 = 56,5 - 43 = 13,5 \quad ,$$
$$D_2 = 85,5 - 43 = 42,5 \quad ,$$
$$D_3 = 25,0 - 43 = -18 \quad .$$

Prüfen wir einseitig ($a_i > a_0$) mit $\alpha = 0,05$, ist festzustellen, daß die durch ein Plazebo suggestiv verstärkte Psychotherapie (a_3) der einfachen Psychotherapie überlegen ist ($D_{crit} = 39 < 42,5$).

Für größere Stichproben – so argumentieren die Verfasser – sei D_i mit einem Erwartungswert von 0 und einer Standardabweichung von

$$\sigma_D = \sqrt{\frac{N(k \cdot N) \cdot (k \cdot N + 1)}{6}} \tag{6.36}$$

für Fg$\to\infty$ angenähert verteilt wie die von Dunnett (1955, 1964) entwickelte Prüfgröße t_{k-1} für parametrische Einzelvergleiche. Man beurteilt danach den kritischen Bruch

$$t_{k-1} = \frac{|D_i|}{\sigma_D} \tag{6.37}$$

ein- oder zweiseitig gemäß Tafel 14 des Anhangs.

Ähnlich wie für parametrische Einzelvergleiche im Rahmen der Varianzanalyse wurden auch für verteilungsfreie Einzelvergleiche weitere Verfahren entwickelt, die im folgenden summarisch genannt seien. Zur Klasse der k-Stichprobenvergleiche (Paarvergleiche) zählen die von Steel (1960), Dwass (1960) und Nemenyi (1961) entwickelten Verfahren. Zum Problem der Einstichprobenvergleiche („treatments vs. control") hat Steel (1959) ein Verfahren vorgeschlagen, das auf dem Prinzip mehrfacher U-Tests basiert. Dieser Test hat gegenüber dem hier vorgestellten D_i-Test von Wilcoxon u. Wilcox den Nachteil, daß Unterschiede zwischen denjenigen Experimentalgruppen nicht berücksichtigt werden, deren Ränge außerhalb der Spannweite der Ränge der Kontrollgruppe liegen.

Will man Gruppen von Stichproben paarweise miteinander vergleichen, empfiehlt sich ein von Dunn (1964) entwickeltes Verfahren.

6.1.4 Trendtests

Beim Zweistichprobenvergleich (z. B. mit dem U-Test) konnten wir ein- oder zweiseitig prüfen, je nachdem, ob eine Voraussage der Richtung des Unterschiedes der zentralen Tendenz möglich war oder nicht. Der globale Mehrstichprobenvergleich via H-Test oder Normalrangtest sieht eine solche Möglichkeit nicht vor, da nur die Größe, nicht aber das Vorzeichen der Abweichungen der Rangsummen von ihrem Erwartungswert in die Prüfgröße eingeht.

In vielen Untersuchungen sind wir jedoch in der Lage, die Alternativhypothese H_1 als Trendhypothese zu spezifizieren, etwa derart, daß die Medianwerte $E(Md_j)(j = 1, \ldots, k)$ der zu den k Stichproben gehörigen Populationen eine bestimmte Rangordnung bilden. Die H_1 lautet in diesem Falle: $E(Md_1) \leq E(Md_2) \leq \ldots \leq E(Md_k)$ oder $E(Md_1) \geq E(Md_2) \geq \ldots \geq E(Md_k)$, wobei mindestens für eine Ungleichung „ $>$ " bzw. „ $<$ " gelten soll.

Derartige Hypothesen sind z. B. einschlägig, wenn man die Wachstumsraten von Nutzpflanzen an verschieden günstigen Standorten beobachtet, wenn man Arbeitsleistungen bei ansteigenden Graden physischer Belastung untersucht usw.

Für diese Fälle haben Jonckheere (1954), Whitney (1951), Terpstra (1954), Krishna-Iyer (1951), Ferguson (1965), Still (1967), Rao u. Gore (1984) sowie Berenson (1976; vgl. auch Bortz 1989, S. 341 f.) gerichtete Mehrstichprobentests oder Trendtests entwickelt, die den einseitigen Zusammenhang zwischen den Durchschnittsrängen der k Stichproben und deren unter H_1 vorausgesagter Folgeordnung prüfen. Wir werden im folgenden 2 Tests vorstellen, und zwar die Methode von Jonckheere (1954) und einen bei Marascuilo u. McSweeney (1977) beschriebenen Test, der mit orthogonalen Trendkomponenten arbeitet.

6.1.4.1 Trendtest von Jonckheere

Wie der Trendtest von Jonckheere arbeitet, erkennt man am besten, wenn man die Gewinnung der Prüfgröße S anhand eines Zahlenbeispiels verfolgt. Knüpfen wir dazu an das Beispiel des H-Tests (Beispiel 6.8) an: Angenommen, wir hätten statt einer unspezifischen Alternativhypothese eine gerichtete Alternativhypothese formuliert, und zwar auf der Basis der Vermutung einer additiven Wirkung von Psychotherapie und Psychopharmaka bei höherer eigenständiger Wirksamkeit von Psychotherapie. In diesem Falle würde die H_1 lauten:

$$a_4 \leq a_1 \leq a_3 \leq a_2 \quad .$$

Der Trendtest nach Jonckheere, der auch von Terpstra (1954) beschrieben wurde, ist von seinem Rationale her ein additives Verfahren einseitiger U-Tests. Die Prüfgröße lautet (vgl. Schaich u. Hamerle, 1984, Kap. 5.1.5):

$$S = \sum_{j < \ell}^{k} (N_j \cdot N_\ell - U'_{j\ell}) \quad , \tag{6.38}$$

wobei N_j den Stichprobenumfang der Stichprobe mit dem gemäß H_1 kleineren erwarteten Durchschnittsrang bezeichnet, N_ℓ den Stichprobenumfang der Stichprobe mit dem größeren erwarteten Durchschnittsrang und $U'_{j\ell}$ den nach Gl. (6.3) berechneten U-Wert des Zweistichprobenvergleiches der Stichproben j und ℓ, bei denen j kleiner als ℓ ist. (Man beachte, daß sich die Indizes j und ℓ auf die gemäß H_1 festgelegte Abfolge beziehen. Beim ersten anzustellenden Vergleich – a_4 gegen a_1 – wären also wegen der gemäß H_1 erwarteten Ordnungsrelation $a_4 \leq a_1$ die Stichprobe a_4 mit j = 1 und die Stichprobe a_1 mit ℓ = 2 zu indizieren.) Formt man Gl. (6.38) unter Verwendung von Gl. (6.2) und Gl. (6.3) um, ergibt sich:

$$S = \sum_{j < \ell}^{k} \left[N_j \cdot N_\ell - \left(T_j - \frac{N_j \cdot (N_j + 1)}{2} \right) \right] \quad . \tag{6.39}$$

Bevor wir den Rechengang anhand der Werte des Beispiels 6.8 verdeutlichen, muß geklärt werden, wie Verbundränge zu behandeln sind. Bei den bisher eingesetzten Rangprüfstatistiken sind wir bei Verbundwerten nach der Methode der Rangaufteilung vorgegangen. Diese Methode ist im Prinzip auch beim Trendtest nach Jonckheere möglich; allerdings ist die dann resultierende exakte Verteilung der Prüfgröße S bei Gültigkeit der H_0 bis dato nicht tabelliert. Wir schlagen deshalb vor, für den Trendtest eine konservative Rangaufteilung vorzunehmen, bei der die Rangwerte so zugeteilt werden, daß die Ablehnung von H_0 erschwert wird. Bei den im Beispiel 6.8 möglichen 6 Teilstichprobenvergleichen ergäbe sich im Sinne einer solchen Aufteilung Tabelle 6.18.

Tabelle 6.18

A4	A1	A4	A3	A4	A2	A1	A3	A1	A2	A3	A2
x_i R_i	x_i R_i	x_i R_i	x_i R_i	x_i R_i	x_i R_i	x_i R_i	x_i R_i	x_i R_i	x_i R_i	x_i R_i	x_i R_i
1 2	8 10	1 1	11 9	1 1	4 5	8 6	11 8	8 10	4 2	11 8	4 1
6 9	5 7	6 6	9 7	6 9	6 6	5 3	9 7	5 4	6 5	9 7	6 2
3 3	4 6	3 2	13 10	3 2	8 10	4 2	13 10	4 3	8 9	13 10	8 6
3 4	1 1	3 3	11 8	3 3	6 7	1 1	11 9	1 1	6 6	11 9	6 3
3 5	6 8	3 4	6 5	3 4	6 8	6 5	6 4	6 8	6 7	6 5	6 4
$T_1 = 23$		$T_2 = 16$		$T_3 = 19$		$T_4 = 17$		$T_5 = 26$		$T_6 = 39$	

Wie man an den kursiv gehaltenen Rangwerten in Tabelle 6.18 erkennt, sind niedrigere Ränge bei Verbundranggruppen, die sich über die jeweils verglichenen Teilstichproben erstrecken, immer den Teilstichproben zugewiesen worden, für die nach H_1 ein höherer Durchschnittsrang erwartet wird. Verbundwerten innerhalb einer Stichprobe können Durchschnittsränge oder − wie in Tabelle 6.18 − die jeweiligen Einzelränge zugewiesen werden. Beide Ansätze führen zu identischen S-Werten.

Setzen wir die (konservativen) T_j-Werte in Gl. (6.39) ein, ergibt sich:

$$S = [25 - (23 - 15)] + [25 - (16 - 15)] + [25 - (19 - 15)]$$
$$+ [25 - (17 - 15)] + [25 - (26 - 15)] + [25 - (39 - 15)] = 100 \quad .$$

Kritische S-Werte für Untersuchungen mit k = 3 und $N_j \leq 5$ sind in Tafel 15 tabelliert. Diese Tafel geht davon aus, daß keine Rangbindungen vorliegen. (Umfangreichere Tabellen für $N \leq 30$ hat Ludwig, 1962 vorgelegt.) Für größere Stichproben gilt eine Normalapproximation. S hat den Erwartungswert von

$$E(S) = \frac{N^2 - \sum_{j=1}^{k} N_j^2}{4} \tag{6.40}$$

und die Streuung

$$\sigma_S = \sqrt{\frac{N^2 \cdot (2N + 3) - \sum_{j=1}^{k} N_j^2 \cdot (N_j + 3)}{72}} \quad . \tag{6.41}$$

Gleichung (6.41) gilt für verbundwertfreie Messungen (bzw. bei konservativer Rangaufteilung). Für Verbundränge kompliziert sich die Streuung der S-Werte erheblich; wir verzichten hier auf eine Darstellung und verweisen auf Schaich u. Hamerle (1984, S. 208) bzw. auf Kendall (1970, S. 72). Der u-Wert für die Prüfgröße S ergibt sich wie üblich zu

$$u = \frac{S - E(S)}{\sigma_S} \quad . \tag{6.42}$$

Die Vornahme einer Kontinuitätskorrektur durch Subtraktion des Wertes 1 vom Zähler (vgl. Quade, 1984) ist nur zu empfehlen, wenn der Stichprobenumfang $N \leq 60$ ist und − anders als in unserem Beispiel − keine konservative Rangaufteilung von Verbundwerten vorgenommen wurde. Eine durchgängige Kontinuitätskorrektur ohne Rücksicht auf die verwendete Rangaufteilungsprozedur würde zu übermäßig konservativen Entscheidungen führen.

Setzen wir die Werte unseres Beispiels in Gl. (6.42) ein, ergibt sich

$$u = \frac{100 - \frac{400 - (25+25+25+25)}{4}}{\sqrt{\frac{400 \cdot (40+3) - [25 \cdot (5+3) + 25 \cdot (5+3) + 25 \cdot (5+3) + 25(5+3)]}{72}}} = 1,66 \quad .$$

Der kritische u-Wert liegt für das 1%-Niveau (einseitiger Test) bei 2,33. Wir müssen also H_0 beibehalten.

Die Anwendung des nonparametrischen Trendtests nach Jonckeere setzt − wie die Durchführung eines einseitigen Tests − voraus, daß eine inhaltlich begründete Trendhypothese a priori, d. h. vor der Datenerhebung, aufgestellt wurde. Eine empirisch ermittelte Ordnungsrelation im nachhinein als Trendhypothese aufzustellen und mit einem Trendtest zu überprüfen (bzw. zu „bestätigen"), ist wissenschaftlich nicht legitim, denn mit diesem Vorgehen lassen sich letztlich beliebige theoriefreie Ordnungsrelationen bestätigen.

6.1.4.2 Trendtest mit orthogonalen Polynomen

Eine andere Variante des Trendtests bedient sich der bekannten Methode der Partitionierung der Treatmentquadratsumme (im parametrischen Fall) bzw. der χ^2-approximierten Prüfgröße H (im nonparametrischen Fall) mittels sogenannter orthogonaler Polynome. [Zur Berechnung orthogonaler Polynome verweisen wir auf S. 606 ff.; Tafel 16 enthält die numerischen Werte der Polynome für k = 3 (1) 10 Teilstichproben.]

Im einzelnen gilt − analog zur parametrischen Variante des mit Polynomen arbeitenden Trendtests − bei einem im Anschluß an einen signifikanten H-Test durchgeführten „polynomialen" Trendtest die Beziehung

$$H = H_{lin} + H_{nonlin} \quad . \tag{6.43}$$

H_{lin} bezeichnet hierbei den linearen Trend bezogen auf die Rangdurchschnitte der k gemäß H_1 geordneten Stichproben. H_{nonlin} faßt sämtliche nonlinearen Trends (quadratisch, kubisch, quartisch etc.) zusammen. Wurden Messungen in Rangwerte transformiert, kennzeichnet H_{lin} den monotonen Trend der durchschnittlichen Meßwerte und H_{nonlin} entsprechend den nicht-monotonen Trend. H_{lin} wird wie folgt berechnet:

$$H_{lin} = \frac{\left(\sum\limits_{j=1}^{k} c_j \cdot \overline{R}_j\right)^2}{\frac{N \cdot (N+1)}{12} \cdot \sum\limits_{j=1}^{k} \frac{c_j^2}{N_j}}, \tag{6.44}$$

wobei c_j die Tafel 16 für lineare Polynome zu entnehmenden Trendkoeffizienten und $\overline{R}_j$ die Durchschnittsränge der Teilstichproben (T_j/N_j) bezeichnen.

In ihrer allgemeinen Bedeutung kann Gl. (6.44) unter Verwendung entsprechender Gewichtungskoeffizienten c_j zur Überprüfung beliebiger (orthogonaler oder nichtorthogonaler) Einzelvergleiche bzw. Kontraste herangezogen werden. Die Bedingungen, welche die c_j Koeffizienten für die Definition eines Einzelvergleiches bzw. zweier orthogonaler Einzelvergleiche erfüllen müssen, findet man auf S. 345. Jeder mit Gl. (6.44) definierte Einzelvergleich führt zu einer approximativ χ^2-verteilten Prüfgröße mit Fg = 1.

Angewendet auf die oben bereits formulierte Trendhypothese ergibt sich für die Daten aus Beispiel 6.8:

$$H_{lin} = \frac{\left(-3 \cdot \frac{25}{5} - 1 \cdot \frac{43}{5} + 1 \cdot \frac{85,5}{5} + 3 \cdot \frac{56,5}{5}\right)^2}{\frac{20 \cdot 21}{12} \cdot \frac{(-3^2)+(-1^2)+(1)^2+(3)^2}{5}} = 5,36 \quad .$$

Dieser Wert ist nach Tafel 3 für Fg = 1 und $\alpha = 0,01$ nicht signifikant; das nach Gl. (6.42) ermittelte Ergebnis wird also bestätigt.

Der Vollständigkeit halber prüfen wir auch noch den quadratischen und den kubischen Trendanteil:

$$H_{quad} = \frac{\left(1 \cdot \frac{25}{5} - 1 \cdot \frac{43}{5} - 1 \cdot \frac{85,5}{5} + 1 \cdot \frac{56,5}{5}\right)^2}{\frac{20 \cdot 21}{12} \cdot \frac{(1)^2+(-1)^2+(-1)^2+(1)^2}{5}} = 3,16 \quad ,$$

$$H_{cub} = \frac{\left(-1 \cdot \frac{25}{5} + 3 \cdot \frac{43}{5} - 3 \cdot \frac{85,5}{5} + 1 \cdot \frac{56,5}{5}\right)^2}{\frac{20 \cdot 21}{12} \cdot \frac{(-1)^2+(3)^2+(-3)^2+(1)^2}{5}} = 2,63 \quad .$$

Es resultiert damit $H_{nonlin} = 3,16 + 2,63 = 5,79$. Diesen Wert erhalten wir auch nach Gl. (6.43): $H_{nonlin} = 11,15 - 5,36 = 5,79$. Auch der nonlineare Anteil ist für Fg = 2 nicht signifikant ($\alpha = 0,01$).

Mit der Darstellung des polynomialen Trendtests wollen wir die Behandlung von Tests für Trendhypothesen abschließen. Testversionen für spezifische Trendhypothesen wie z. B. extreme Abweichungen (Aberrationen) einer oder mehrerer Stichproben von der zentralen Tendenz der restlichen Stichproben wurden von Mosteller (1948) bzw. von Conover (1968) entwickelt.

Auch ein von Cronholm u. Revusky (1965) entwickelter Test zum Vergleich der zentralen Tendenz sehr kleiner Stichproben läßt sich in seiner k-Stichproben-Verallgemeinerung von Revusky (1967) zur Prüfung von Trendhypothesen benutzen. Für Anwender könnte der Cronholm-Revusky-Test u.U. dann interessant sein, wenn nur sehr wenige Untersuchungsobjekte einer experimentellen Behandlung unterworfen werden können oder sollen, wie z.B in der Weltraummedizin oder bei Tierversuchen.

6.1.5 Tests für zwei- und mehrfaktorielle Pläne

Von zweifaktoriellen Plänen sprechen wir, wenn *2 unabhängige Merkmale* hinsichtlich ihrer Bedeutung für *eine abhängige Variable* untersucht werden. Parametrisch werten wir derartige Pläne mit der zweifaktoriellen Varianzanalyse (ANOVA) aus. Kommt eine varianzanalytische Auswertung wegen verteilungs- oder meßtheoretischer Bedenken nicht in Betracht, können ersatzweise einige nichtparametrische Auswertungstechniken eingesetzt werden, die jedoch alle mehr oder weniger problematisch sind (vgl. zusammenfassend Erdfelder u. Bredenkamp, 1984). Es wird deshalb empfohlen, mehrfaktorielle Untersuchungen von vornherein so anzulegen, daß einer parametrischen, varianzanalytischen Auswertung nichts im Wege steht. (Ausführliche Hinweise zur Indikation und zu den Voraussetzungen der Varianzanalyse findet man z. B. bei Bortz, 1989, Teil II).

Nonparametrische mehrfaktorielle Varianzanalysen sind in den meisten Fällen Erweiterungen des in 6.1.2.2 vorgestellten H-Tests. Wir wollen einleitend zunächst eine naheliegende Anwendungsvariante des H-Tests und deren Schwächen an einem kleinen Beispiel verdeutlichen. Es interessieren die Leistungen von Jungen (a_1) und Mädchen (a_2) in 2 verschiedenen Testdiktaten b_1 und b_2. Als abhängige Variable wird die Anzahl der Fehler in den Diktaten untersucht. Jeweils 2 Schüler werden den 4 Faktorstufenkombinationen der beiden Faktoren A (mit p = 2 Stufen) und B (mit q = 2 Stufen) zugewiesen. Tabelle 6.19 zeigt die Ergebnisse der Untersuchung. Man erkennt, daß Jungen ($\overline{A}_1 = 7,5$) schlechter abschneiden als Mädchen ($\overline{A}_2 = 1,5$) und daß das 2. Diktat ($\overline{B}_2 = 2,5$) offensichtlich leichter ist als das 1. Diktat ($\overline{B}_1 = 6,5$). Ferner ist festzuhalten, daß Faktor A die abhängige Variable stärker beeinflußt als Faktor B.

Tabelle 6.19

	a_1	a_2	$\overline{B}_j$
b_1	10 11	2 3	6,5
b_2	4 5	0 1	2,5
$\overline{A}_i$	7,5	1,5	$\overline{G} = 4,5$

Neben den Haupteffekten wird eine Interaktion deutlich: Im 1. Diktat ist der Unterschied zwischen Jungen und Mädchen erheblich größer als im 2. Diktat.

Bevor wir eine verteilungsfreie Auswertung der Untersuchung durchführen, überprüfen wir – ungeachtet möglicher Verletzungen der Verteilungsvoraussetzungen – die beiden Haupteffekthypothesen und die Interaktionshypothese mit einer parametrischen zweifaktoriellen Varianzanalyse. Dieser Zwischenschritt hat lediglich die Funktion, die Korrektheit der in 6.1.5.1 vorzunehmenden Datentransformationen zu belegen.

Nach den z. B. bei Bortz (1989, Kap. 8) beschriebenen Rechenregeln erhalten wir (unter Verwendung der dort eingeführten Terminologie) die in Tabelle 6.20

Tabelle 6.20

Quelle der Variation	QS	Fg	$\hat{\sigma}^2$	F
A	72	1	72	144
B	32	1	32	64
A $\times$ B	8	1	8	16
Fehler	2	4	0,5	
Total	114	7		

dargestellten Resultate. Diese Ergebnisse bestätigen unsere aufgrund der Dateninspektion formulierten Vermutungen.

Für die Durchführung von H-Tests transformieren wir probeweise die Messungen in Rangwerten (Tabelle 6.21). Ausgehend von den Rangsummen T_{ij} (z. B. $T_{11} = 7 + 8 = 15$) ermitteln wir z. B. nach Gl. (6.31) zunächst einen H_{tot}-Wert, der die Unterschiedlichkeit der 4 Zellen reflektiert.

Tabelle 6.21

	Rangwerte		
	a_1	a_2	$T_{\cdot j}$
b_1	7 8	3 4	22
b_2	5 6	1 2	14
$T_{i \cdot}$	26	10	

$$H_{tot} = \frac{(8-1) \cdot (15^2/2 + 11^2/2 + 7^2/2 + 3^2/2 - 8 \cdot 9^2/4)}{204 - 8 \cdot 9^2/4} = 6,\overline{66} \quad .$$

Unter Verwendung von $T_{i \cdot}$ bzw. $T_{\cdot j}$ bestimmen wir H-Werte für die Haupteffekte A und B :

$$H_A = \frac{(8-1) \cdot (26^2/4 + 10^2/4 - 8 \cdot 9^2/4)}{204 - 8 \cdot 9^2/4} = 5,\overline{33} \quad ,$$

$$H_B = \frac{(8-1) \cdot (22^2/4 + 14^2/4 - 8 \cdot 9^2/4)}{204 - 8 \cdot 9^2/4} = 1,\overline{33} \quad .$$

Nach Bredenkamp (1974) errechnen wir daraus den H-Wert für die Interaktion nach der Beziehung $H_{A \times B} = H_{tot} - H_A - H_B$

$$H_{A \times B} = 6,\overline{66} - 5,\overline{33} - 1,\overline{33} = 0 \quad .$$

Die H-Test-Ergebnisse reflektieren zumindest die Größenordnung der beiden Haupteffekte: $H_A > H_B$. Die vermutete Interaktion hingegen wird mit dieser Variante einer mehrfaktoriellen Rangvarianzanalyse nicht bestätigt ($H_{A \times B} = 0$). Daran ändert sich

auch nichts, wenn wir den Interaktionseffekt dadurch vergrößern, daß wir für die Kombination ab_{11} noch größere Fehlerzahlen annehmen. Hätten die beiden Jungen im Diktat z. B. 20 und 21 Fehler gemacht, müßte man auch diesen Werten die Ränge 7 und 8 zuordnen, d. h. die H-Test-Ergebnisse wären die gleichen.

Hier zeigt sich die Schwäche des von Bredenkamp (1974) vorgestellten Verfahrens. Erdfelder u. Bredenkamp (1984, S. 278) schreiben dazu: „Spezielle rangvarianzanalytische Tests sind korrekt und unproblematisch, wenn neben dem speziell zu testenden Effekt kein weiterer besteht. In diesem Fall sind rangvarianzanalytische Hypothesen und ANOVA-Hypothesen äquivalent und auch der Varianzschätzer für die Rangstatistiken ist korrekt. .... In allen anderen Fällen ist die Anwendung mehrfaktorieller Rangvarianzanalysen kontraindiziert, weil der Varianzschätzer falsch ist und/oder Hypothesen getestet werden, die nicht sinnvoll interpretierbar sind."

Mit anderen Worten: **Sind in einem zweifaktoriellen Plan mindestens 2 von 3 Effekten von Null verschieden, führt die zweifaktorielle Rangvarianzanalyse via H-Test zu unbrauchbaren Ergebnissen.** Da nun jedoch in der Regel vor der Datenauswertung nicht bekannt ist, wieviele Effekte von Null verschieden sind, sollte man davon Abstand nehmen, das hier skizzierte Verfahren einzusetzen.

Die Konfundierung der Effekte in einer mehrfaktoriellen Rangvarianzanalyse läßt sich jedoch aufheben, wenn man auf ein Auswertungsprinzip zurückgreift, das bereits 1962 von Hodges und Lehmann eingeführt wurde. Dieses „ranking-after-alignement"-Prinzip ist Gegenstand des folgenden Abschnitts (vgl. auch Mehra u. Sarangi, 1967; Puri u. Sen, 1971; Marascuilo u. McSweeney, 1977).

6.1.5.1 Rangvarianzanalyse mit Datenalignement

Das Datenalignement hat zum Ziel, die Daten vor Durchführung eines H-Tests für einen speziellen Effekt hinsichtlich anderer möglicher Effekte (außer den Fehlereffekten) zu bereinigen. Zur Verdeutlichung des von Hildebrand (1980) vorgeschlagenen Verfahrens greifen wir erneut das oben bereits angeführte Beispiel auf.

Bevor wir den *Haupteffekt A* testen, eliminieren wir aus den Daten den Einfluß des Faktors B und der Interaktion A × B. Dies geschieht, indem wir von den Ausgangsdaten den jeweiligen Zellenmittelwert $\overline{AB}_{ij}$ subtrahieren und den Spaltenmittelwert $\overline{A}_i$ addieren. (Dabei setzen wir voraus, daß $\overline{G} - \overline{A}_i$ der beste Schätzer für den Haupteffekt α_i und $\overline{G} - \overline{A}_i - \overline{B}_j + \overline{AB}_{ij}$ der beste Schätzer für den Interaktionseffekt $\alpha\beta_{ij}$ ist. $\overline{G}$ stellt jeweils das arithmetische Mittel aller Meßwerte dar. Bei ordinalen Daten wird das Datenalignement mit Medianwerten durchgeführt. Wir präferieren hier das arithmetische Mittel, um die Analogie des Verfahrens zur parametrischen Varianzanalyse verdeutlichen zu können):

$$x'_{ijm} = x_{ijm} - \overline{AB}_{ij} + \overline{A}_i, \tag{6.45}$$

mit $i = 1, \ldots, p$; $j = 1, \ldots, q$ und $m = 1, \ldots, N_{ij}$, wobei zunächst ein konstantes N_{ij} für alle Zellen angenommen wird.

Da die Unterschiedlichkeit der $\overline{AB}_{ij}$-Werte sowohl die beiden Haupteffekte als auch die Interaktion beinhaltet, reflektieren die x'_{ijm}-Werte durch das Hinzufügen von $\overline{A}_i$ neben Fehlereffekten nur den Haupteffekt A. Die Tabellen 6.22a und b zeigen die x'-Werte (z. B. $x'_{111} = 10 - 10,5 + 7,5 = 7$) sowie deren Rangplätze.

Tabelle 6.22 a

	x'_{ijm}-Werte	
	a_1	a_2
b_1	7	1
	8	2
b_2	7	1
	8	2

Tabelle 6.22 b

	$R(x'_{ijm})$-Werte	
	a_1	a_2
b_1	5,5	1,5
	7,5	3,5
b_2	5,5	1,5
	7,5	3,5
$T'_{i.}$	26	10

Zur Überprüfung der Richtigkeit des Datenalignements rechnen wir zunächst über die x'_{ijm}-Werte eine einfaktorielle Varianzanalyse zum Vergleich der Stufen a_1 und a_2. Wir erhalten die in Tabelle 6.23 dargestellten Resultate (vgl. z.B. Bortz, 1989, Kap. 7).

Tabelle 6.23

Quelle der Variation	QS	Fg	$\hat{\sigma}^2$	F
A	72	1	72	144
Fehler	2	4	0,5	
Total	74			

Die Fehlerfreiheitsgerade sind hier abweichend von einer „normalen" einfaktoriellen Varianzanalyse zu bestimmen. Da jeder Zellenmittelwert der x'_{ijm}-Werte $\overline{A}_i$ betragen muß, sind pro Zelle nur $N_{ij} - 1$ Werte (im Beispiel $2 - 1 = 1$ Wert) frei variierbar, d.h. wir erhalten $p \cdot q \cdot (N_{ij} - 1) = 4$ Fg für die Fehlervarianz. Wir stellen damit fest, daß das Ergebnis der einfaktoriellen Varianzanalyse über die alignierten Daten mit dem entsprechenden Teilergebnis der zweifaktoriellen Varianzanalyse (vgl. Tabelle 6.20) übereinstimmt, d.h. das Datenalignement ist korrekt.

Für die verteilungsfreie Auswertung via H-Test verwenden wir die Ränge $R(x'_{ijm})$ in Tabelle 6.22b und errechnen nach Gl. (6.31)

$$H_A = \frac{(8 - 1) \cdot (26^2/4 + 10^2/4 - 8 \cdot 9^2/4)}{202 - 8 \cdot 9^2/4} = 5,6 \quad .$$

Den *Haupteffekt B* überprüfen wir analog.

$$x''_{ijm} = x_{ijm} - \overline{AB}_{ij} + \overline{B}_j \quad . \tag{6.46}$$

Die Tabellen 6.24a und b zeigen die hinsichtlich Haupteffekt A und der Interaktion A × B alignierten x''-Werte bzw. deren Rangtransformationen (z.B. $x''_{111} = 10 - 10,5 + 6,5 = 6$).

Auch dieses Datenalignement kontrollieren wir zunächst mit einer einfaktoriellen Varianzanalyse über die Stufen von B und erhalten die in Tabelle 6.25 dargestellten Resultate; es sind die gleichen Ergebnisse wie in Tabelle 6.20.

Tabelle 6.24a

	x''_{ijm}-Werte	
	a_1	a_2
b_1	6 7	6 7
b_2	2 3	2 3

Tabelle 6.24b

	$R(x''_{ijm})$-Werte		
	a_1	a_2	$T''_{\cdot j}$
b_1	5,5 7,5	5,5 7,5	26
b_2	1,5 3,5	1,5 3,5	10

Tabelle 6.25

Quelle der Variation	QS	Fg	$\hat{\sigma}^2$	F
B	32	1	32	64
Fehler	2	4	0,5	
Total	34			

Für H_B errechnen wir unter Verwendung der $R(x''_{ijm})$-Werte und Gl. (6.31):

$$H_B = \frac{(8-1) \cdot (26^2/4 + 10^2/4 - 8 \cdot 9^2/4)}{202 - 8 \cdot 9^2/4} = 5,6 \quad .$$

Die *Interaktionsüberprüfung* macht eine Bereinigung der einzelnen Zellen sowohl hinsichtlich A als auch hinsichtlich B erforderlich.

$$x'''_{ijm} = x_{ijm} - \overline{A}_i - \overline{B}_j + 2\overline{G} \quad . \tag{6.47}$$

Das Hinzufügen der Konstante $2 \cdot \overline{G}$ ($\overline{G}$ = Gesamtmittel aller Daten) kann auch unterbleiben, da die Rangtransformation davon unberührt bleibt. Nach Gl. (6.47) resultieren (z. B. $x'''_{ijm} = 10 - 7,5 - 6,5 + 2 \cdot 4,5 = 5$) die Tabellen 6.26a und b.

Tabelle 6.26a

	x'''_{ijm}-Werte	
	a_1	a_2
b_1	5 6	3 4
b_2	3 4	5 6

Tabelle 6.26b

	$R(x'''_{ijm})$-Werte	
	a_1	a_2
b_1	5,5 7,5	1,5 3,5
b_2	1,5 3,5	5,5 7,5

Zunächst behandeln wir die 4 Zellen wie 4 Stufen eines Faktors und führen eine einfaktorielle Varianzanalyse durch (Tabelle 6.27).

Tabelle 6.27

Quelle der Variation	QS	Fg	$\hat{\sigma}^2$	F
A × B	8	1	8	16
Fehler	2	4	0,5	
Total	10			

Obwohl wir die einfaktorielle Varianzanalyse über 4 Gruppen gerechnet haben, hat die $QS_{A \times B}$ nur einen Freiheitsgrad, weil sich die Zellenmittelwerte zeilen- und spaltenweise zu $2\overline{G}$ addieren müssen. Damit stimmt auch dieses Ergebnis mit den in Tabelle 6.20 genannten Werten überein.

Für den H-Test nach Gl. (6.31) verwenden wir die Zellenrangsummen T_{ij} (z. B. $T_{11} = 5,5 + 7,5 = 13$). Wir errechnen

$$H_{A \times B} = \frac{(8-1) \cdot (13^2/2 + 5^2/2 + 5^2/2 + 13^2/2 - 8 \cdot 9^2/4)}{202 - 8 \cdot 9^2/4} = 5,6 \quad .$$

Der $H_{A \times B}$-Test ist allerdings nur dann korrekt, wenn sich für jede Zeile und jede Spalte der Rangwerte von x_{ijm}''' der Mittelwert $(N+1)/2$ ergibt. Dies ist im Beispiel mit $\overline{R}_{i.} = \overline{R}_{.j} = (8+1)/2 = 4,5$ der Fall. Die Unterschiedlichkeit der Ränge ist damit – wie auch die Unterschiedlichkeit der x_{ijm}'''-Werte – frei von A- und B-Einflüssen.

Die Rangtransformation der hinsichtlich der Haupteffekte A und B bereinigten Werte kann jedoch dazu führen, daß die Zeilen- und Spaltenmittelwerte der Ränge nicht identisch vom Betrag $(N+1)/2$ sind. In diesem Falle empfiehlt es sich, die $\overline{R}_{ij}$-Werte hinsichtlich der ausschließlich durch die Rangtransformation künstlich entstandenen Haupteffekte zu bereinigen. Dafür ermitteln wir die Prüfgröße H einfachheitshalber nach folgender Gleichung (vgl. Kubinger, 1986):

$$H_{A \times B}^{*} = \frac{12}{p \cdot q \cdot (N+1)} \cdot \sum_{i=1}^{p} \sum_{j=1}^{q} (R_{ij} - \overline{R}_{i.} - \overline{R}_{.j} + \overline{R})^2 \quad . \tag{6.48}$$

Bei Rangbindungen der $R(x_{ijm}''')$-Werte ist $H_{A \times B}$ gemäß Gl. (6.29) zu korrigieren.

Die H-Werte der 3 Effekte sind nach dem Alignement identisch. Die unter parametrischem Blickwinkel formulierte Erwartung, daß Haupteffekt A stärker sei als Haupteffekt B, wird also nicht bestätigt. Ferner gilt auch für diesen Ansatz, daß sich eine Erhöhung des Interaktionseffektes, z. B. durch Verdoppelung der Messungen in der Zelle ab_{11}, nicht auf den $H_{A \times B}$-Wert auswirkt. Dies sind Konsequenzen der Rangtransformation, die man in Kauf nehmen muß, wenn verteilungstheoretische Bedenken gegen den Einsatz einer parametrischen ANOVA sprechen und man stattdessen verteilungsfrei testen muß.

Für die alignierten H-Werte der Haupteffekte gelten die gleichen Verteilungseigenschaften wie für die Prüfgröße H der einfaktoriellen Rangvarianzanalyse (vgl. 6.1.2.2). Die Prüfgröße für die Interaktion $H_{A \times B}$ ist entweder asymptotisch nach Tafel 3 oder exakt nach Tafel 12 zu beurteilen.

Sind für einen Haupteffekt nur 2 Stichproben zu vergleichen (wie im Beispiel für die Haupteffekte A und B), kann man statt des H-Tests aus den Rangsummen $T_{i.}'$ bzw. $T_{.j}''$ nach Gl. (6.3) einen U-Wert berechnen, der anhand Tafel 6 zufallskritisch

zu bewerten ist. Für unser Beispiel ergibt sich $U_A = U_B = 0$ bzw. nach Tafel 6 $P' = 2 \cdot 0,014 = 0,028$.

Im dargestellten Beispiel wurde das Datenalignement anhand der Zeilen-, Spalten- bzw. Zellenmittelwerte vorgenommen, was voraussetzt, daß die abhängige Variable intervallskaliert ist. Wie jedoch – so bleibt zu fragen – ist zu verfahren, wenn die abhängige Variable nicht intervallskaliert ist bzw. wenn als abhängige Variable eine *originäre Rangreihe* (über $p \cdot q$ zusammengefaßte Stichproben) erhoben wurde?

Dazu hat Kubinger (1986) einen Vorschlag unterbreitet. Diesem Vorschlag folgend werden die Messungen zunächst in eine gemeinsame Rangreihe überführt (was sich erübrigt, wenn bereits eine originäre Rangreihe aller Untersuchungseinheiten vorliegt). Das Datenalignement erfolgt nun anhand der Rangmittelwerte für die Zellen, die Spalten und die Zeilen. Völlig analog zu Gl. (6.45) bis (5.47) erhalten wir

$$R'_{ijm} = R_{ijm} - \overline{R}_{ij} + \overline{R}_{i.} \quad , \tag{6.49}$$

$$R''_{ijm} = R_{ijm} - \overline{R}_{ij} + \overline{R}_{.j} \quad , \tag{6.50}$$

$$R'''_{ijm} = R_{ijm} - \overline{R}_{i.} - \overline{R}_{.j} + 2\overline{R} \quad . \tag{6.51}$$

Die so alignierten Rangwerte werden erneut einer Rangtransformation (Rangwerte R^+) unterzogen, deren Resultat das Ausgangsmaterial für die H-Tests darstellen.

Diese Anwendungsvariante erfordert damit 3 Transformationsschritte:

– Überführung der Ausgangsdaten in eine gemeinsame Rangreihe,
– Alignement der Rangdaten,
– Rangtransformation der alignierten Ränge.

Das folgende Beispiel erläutert das Vorgehen.

Beispiel 6.9

Problem: Nehmen wir an, ein großer Kinderteehersteller möchte die geschmackliche Beurteilung verschiedener Zuckerersatzstoffe (a_1 = Süßholzwurzel, a_2 = Saccharin, a_3 = Aspartam) in verschiedenen Geschmacksrichtungen von Tee (b_1 = Fenchel/Anis; b_2 = Hagebutte; b_3 = Mischfrucht) untersuchen. Je 4 Kinder werden per Zufall den 9 möglichen Kombinationen zugeteilt und nach Genuß jeweils einer Tasse Tee nach Geschmacksbeurteilungen gefragt. Drei Experten klassifizieren die Beurteilungen unabhängig voneinander danach, ob eine gute (1), indifferente (2) oder schlechte (3) Geschmackseinschätzung abgegeben wurde. Die Ratings der Experten werden addiert, so daß Werte zwischen 3 und 9 möglich sind. Da nicht von kardinalem Meßniveau ausgegangen werden kann, ist ein nonparametrisches Auswertungsverfahren einschlägig.

Hypothesen: Alle 3 Effekte (Unterschiede zwischen den Zuckerersatzstoffen, zwischen den Teesorten und deren Interaktion) werden für $\alpha = 0,01$ geprüft.

Daten und Auswertung: Es mögen sich die in Tabelle 6.28 dargestellten Ergebnisse ergeben haben.

Tabelle 6.28

a_1			a_2			a_3		
b_1	b_2	b_3	b_1	b_2	b_3	b_1	b_2	b_3
3	5	9	6	6	7	9	3	3
3	6	6	7	9	5	9	4	3
5	7	8	6	9	5	9	3	6
4	7	8	4	4	5	9	5	7

Wir beginnen mit dem 1. Transformationsschritt und überführen die Messungen in eine gemeinsame Rangreihe (Tabelle 6.29).

Tabelle 6.29

Rangwerte R_{ijm}

a_1			a_2			a_3		
b_1	b_2	b_3	b_1	b_2	b_3	b_1	b_2	b_3
3,5	13,5	33	19,5	19,5	25	33	3,5	3,5
3,5	19,5	19,5	25	33	13,5	33	8,5	3,5
13,5	25	28,5	19,5	33	13,5	33	3,5	19,5
8,5	25	28,5	8,5	8,5	13,5	33	13,5	25

Zur Kontrolle errechnen wir

$$\sum_i \sum_j \sum_m R_{ijm} = 36 \cdot 37/2 = 666 \quad .$$

Zur Vorbereitung des 2. Transformationsschrittes bestimmen wir die Rangmittelwerte $\bar{R}_{ij}, \bar{R}_{i.}$ und $\bar{R}_{.j}$ (Tabelle 6.30).

Tabelle 6.30

Rangmittelwerte $\bar{R}_{ij}$, $\bar{R}_{i.}$ und $H\bar{R}_{.j}$

	a_1	a_2	a_3	$\bar{R}_{.j}$
b_1	7,250	18,125	33,000	19,458
b_2	20,750	23,500	7,250	17,167
b_3	27,375	16,375	12,875	18,875
$\bar{R}_{i.}$	18,458	19,333	17,708	$\bar{R}.. = 18,500$

Davon ausgehend errechnen wir als 2. Tranformationsschritt R'_{ijm} nach Gl. (6.49) (z. B. $R'_{111} = 3,5 - 7,250 + 18,458 = 14,708$) (Tabelle 6.31).

Tabelle 6.31

$R'_{ijm} = R_{ijm} - \bar{R}_{ij} + \bar{R}_{i.}$								
a_1			a_2			a_3		
b_1	b_2	b_3	b_1	b_2	b_3	b_1	b_2	b_3
14,708	11,208	24,083	20,708	15,333	27,958	17,708	13,958	8,333
14,708	17,208	10,583	26,208	28,833	16,458	17,708	18,958	8,333
24,708	22,708	19,583	20,708	28,833	16,458	17,708	13,958	24,333
19,708	22,708	19,583	9,708	4,333	16,458	17,708	23,958	29,833

Der 3. Transformationsschritt überführt diese alignierten Werte in eine gemeinsame Rangreihe (Tabelle 6.32).

Tabelle 6.32

R^+_{ijm}-Werte								
a_1			a_2			a_3		
b_1	b_2	b_3	b_1	b_2	b_3	b_1	b_2	b_3
9,5	6	29	24,5	11	33	17,5	7,5	2,5
9,5	15	5	32	34,5	13	17,5	20	2,5
31	26,5	21,5	24,5	34,5	13	17,5	7,5	30
23	26,5	21,5	4	1	13	17,5	28	36
$T_{i.}$:	224			238			204	

Für Gl. (6.31) ermitteln wir $T_{1.} = 224, T_{2.} = 238, T_{3.} = 204$ und $\sum R^{+2}_{ijm} = 16195,5$. Es resultiert

$$H_A = \frac{(36-1) \cdot (224^2/12 + 238^2/12 + 204^2/12 - 36 \cdot 37^2/4)}{16195,5 - 36 \cdot 37^2/4} = 0,44 \quad .$$

Für die Berechnung von H_B beginnen wir erneut mit dem 2. Transformationsschritt unter Verwendung von Gl. (6.50) (Tabelle 6.33).

Tabelle 6.33

$R''_{ijm} = R_{ijm} - \bar{R}_{ij} + \bar{R}_{.j}$								
a_1			a_2			a_3		
b_1	b_2	b_3	b_1	b_2	b_3	b_1	b_2	b_3
15,708	9,917	24,500	20,833	13,167	27,500	19,458	13,417	9,500
15,708	15,917	11,000	26,333	26,667	16,000	19,458	18,417	9,500
25,708	21,417	20,000	20,833	26,667	16,000	19,458	13,417	25,500
20,708	21,417	20,000	9,833	2,167	16,000	19,458	23,417	31,000

Daraus bilden wir die Ränge R_{ijm}^{++} (Tabelle 6.34).

Tabelle 6.34

R_{ijm}^{++}-Werte								
a_1			a_2			a_3		
b_1	b_2	b_3	b_1	b_2	b_3	b_1	b_2	b_3
10,5	5	29	24,5	7	35	18,5	8,5	2,5
10,5	12	6	32	33,5	14	18,5	16	2,5
31	26,5	21,5	24,5	33,5	14	18,5	8,5	30
23	26,5	21,5	4	1	14	18,5	28	36

$T_{.1} = 234$
$T_{.2} = 206$
$T_{.3} = 226$

Es resultieren $T_{.1} = 234, T_{.2} = 206, T_{.3} = 226, \sum R_{ijm}^{++2} = 16195,5$ und damit

$$H_B = \frac{(36-1) \cdot (234^2/12 + 206^2/12 + 226^2/12 - 36 \cdot 37^2/4)}{16195,5 - 36 \cdot 37^2/4} = 0,31 \quad .$$

Schließlich bereiten wir über Gl. (6.51) die Berechnung von $H_{A \times B}$ vor (Tabelle 6.35).

Tabelle 6.35

$R_{ijm}''' = R_{ijm} - \bar{R}_{i.} - \bar{R}_{.j} + 2\bar{R}_{..}$								
a_1			a_2			a_3		
b_1	b_2	b_3	b_1	b_2	b_3	b_1	b_2	b_3
2,584	14,875	32,667	17,709	20,000	23,792	32,834	5,625	3,917
2,584	20,875	19,167	23,209	33,500	12,292	32,834	10,625	3,917
12,584	26,375	28,167	17,709	33,500	12,292	32,834	5,625	19,917
7,584	26,375	28,167	6,709	9,000	12,292	32,834	15,625	25,417

Tabelle 6.36 zeigt die Rangfolge der R_{ijm}'''-Werte.

Tabelle 6.36

R_{ijm}^{+++}-Werte								
	a_1			a_2			a_3	
b_1	b_2	b_3	b_1	b_2	b_3	b_1	b_2	b_3
1,5	15	30	17,5	21	24	32,5	5,5	3,5
1,5	22	19	23	35,5	12	32,5	10	3,5
14	26,5	28,5	17,5	35,5	12	32,5	5,5	20
8	26,5	28,5	7	9	12	32,5	16	25
T_{ij}: 25,0	90,0	106,0	65,0	101,0	60,0	130,0	37,0	52,0

Unter Verwendung der T_{ij}-Werte in Tabelle 6.36 errechnet man

$$H_{A \times B} = \frac{(36-1) \cdot (25^2/4 + 90^2/4 + \ldots + 37^2/4 + 52^2/4 - 36 \cdot 37^2/4)}{16195,5 - 36 \cdot 37^2/4}$$
$$= 21,85 \quad .$$

Zur Kontrolle überprüfen wir, ob die $\bar{R}_{i\cdot}$- und die $\bar{R}_{\cdot j}$-Werte mit $\bar{R}_{\cdot\cdot} = 18,5$ identisch sind. Wie Tabelle 6.37 zeigt, ergeben sich geringfügige Abweichungen.

Tabelle 6.37

Rangmittelwerte $\bar{R}_{ij}^{+++}$, $\bar{R}_{i\cdot}^{+++}$ und $\bar{R}_{\cdot j}^{+++}$

	a_1	a_2	a_3	$\bar{R}_{\cdot j}$
b_1	6,25	16,25	32,50	18,33
b_2	22,50	25,25	9,25	19,00
b_3	26,50	15,00	13,00	18,17
$\bar{R}_{i\cdot}$	18,42	18,83	18,25	$\bar{R} = 18,5$

Wir korrigieren deshalb nach Gl. (6.48) und erhalten

$$H_{A \times B}^* = \frac{12}{3 \cdot 3 \cdot (36+1)} \cdot [(6,25 - 18,42 - 18,38 + 18,5)^2 + \ldots$$
$$+ (13,00 - 18,25 - 18,17 + 18,5)^2]$$
$$= 21,73$$

bzw. nach Bindungskorrektur

$$H_{A \times B(corr)}^* = 21,73/0,997 = 21,79 \quad .$$

Entscheidung: Gemäß Tafel 3 sind H_A und H_B mit jeweils Fg = 2 nicht signifikant; $H_{A \times B}$ hingegen überschreitet die kritische Grenze von $\chi^2_{(4;0,01)} = 13,28$ deutlich.

Interpretation: Zwischen den Teesorten und den Süßstoffen besteht eine Wechselwirkung. Den Rangsummen T_{ij} in Tabelle 6.36 ist zu entnehmen, daß die Geschmackskombination ab_{11} (Fenchel-Anis-Tee mit Süßholzwurzel) den Kindern am besten schmeckt. Am schlechtesten hat der mit Aspartam gesüßte Fenchel-Anis-Tee (ab_{31}) abgeschnitten.

Anmerkung: Da in diesem Beispiel praktisch nur die Interaktion A × B bedeutsam von Null abweicht, hätten wir die Daten auch nach der von Bredenkamp (1974) vorgeschlagenen Variante auswerten können (vgl. S. 237ff.). Dies hätte zu den Ergebnissen $H_A = 0,15$, $H_B = 0,30$ und $H_{A \times B} = 22,02$ geführt.

Die Auswertung dreifaktorieller p × q × r-Pläne via H-Test setzt folgende Datenalignements voraus (i = 1 ... p, j = 1 ... q, k = 1 ... r, m = 1 ... N_{ijk}):

Faktor   A : $x'_{ijkm} = x_{ijkm} - \overline{ABC}_{ijk} + \overline{A}_i$

Faktor   B : $x'_{ijkm} = x_{ijkm} - \overline{ABC}_{ijk} + \overline{B}_j$

Faktor   C : $x'_{ijkm} = x_{ijkm} - \overline{ABC}_{ijk} + \overline{C}_k$ (6.52)

Interaktion A $\times$ B : $x'_{ijkm} = x_{ijkm} - \overline{ABC}_{ijk} + \overline{AB}_{ij} - \overline{A}_i - \overline{B}_j + 2\overline{G}$

Interaktion A $\times$ C : $x'_{ijkm} = x_{ijkm} - \overline{ABC}_{ijk} + \overline{AC}_{ik} - \overline{A}_i - \overline{C}_k + 2\overline{G}$

Interaktion B $\times$ C : $x'_{ijkm} = x_{ijkm} - \overline{ABC}_{ijk} + \overline{BC}_{jk} - \overline{B}_j - \overline{C}_k + 2\overline{G}$

Interaktion A $\times$ B $\times$ C : $x'_{ijkm} = x_{ijkm} - \overline{AB}_{ij} - \overline{AC}_{ik} - \overline{BC}_{jk} + \overline{A}_i + \overline{B}_j + \overline{C}_k$.

(Abweichend von der Notation im zweifaktoriellen Plan sind hier alle transformierten Werte mit einem Strich gekennzeichnet.) Für die Berechnung eines H-Wertes werden die dem zu testenden Effekt zugeordneten x'_{ijkm}-Werte in Ränge transformiert und die entsprechenden T-Summen in Gl. (6.31) eingesetzt. Sind die Ausgangsdaten Ränge (oder rangtransformierte Messungen), ersetzt man in Gl. (6.52) die Rohwerte x_{ijkm} durch Ränge R_{ijkm} und die jeweils benötigten Mittelwerte durch die entsprechenden Rangmittelwerte. Gegebenenfalls sind die Interaktionen analog zu Gl. (6.48) zu korrigieren.

Wie Gl. (6.31) zu entnehmen ist, setzt der H-Test keine gleichgroßen Stichprobenumfänge voraus. Da nun in mehrfaktoriellen Plänen jeder Effekt über einen H-Test mit alignierten Daten geprüft wird, liegt es nahe, auch mehrfaktorielle Pläne mit *ungleich großen Stichproben* pro Faktorstufenkombination (nicht-orthogonale Pläne) auf diese Weise zu prüfen. Dabei sind allerdings die für das Datenalignement benötigten Mittelwerte wie folgt zu berechnen: $\overline{A}_i = \sum_j \overline{AB}_{ij}/q$, $\overline{B}_j = \sum_i \overline{AB}_{ij}/p$ und $\overline{G} = \sum_i \sum_j \overline{AB}_{ij}/p \cdot q$. Entsprechend ist in drei- und mehrfaktoriellen Plänen zu verfahren.

Wie die übliche einfaktorielle Rangvarianzanalyse nach Kruskal u. Wallis stellt auch die hier eingesetzte Variante des H-Tests mit alignierten Daten einen Omnibustest dar, d. h. die Tests zur Überprüfung der Haupteffekte und der Interaktionen sprechen auf Verteilungsunterschiede verschiedenster Art an. Als Einzelvergleichsverfahren kommen die bereits in 6.1.3 behandelten Ansätze in Betracht, wenn man – im zweifaktoriellen Falle – die beiden Haupteffekttests als p- bzw. q-Stichproben-Vergleiche und den Interaktionstest als einen p $\times$ q-Stichproben-Vergleich auffaßt.

6.1.5.2 Weitere Verfahren

Marascuilo u. McSweeney (1977) weisen darauf hin, daß der H-Test mit Datenalignement ohne Probleme auch als *Normalrangtest* durchzuführen ist und daß sich aus dem von Hodges u. Lehmann (1962) gemachten Vorschlag des „ranking after alignement" auch Einzelvergleichsprozeduren ableiten lassen. Quade (1984) gibt einen recht anspruchsvollen Überblick über die verschiedenen mehrfaktoriellen nonparametrischen Tests, für die sie auch erste Effizienzstudien vorstellt. Diese zeigen, daß die durchschnittliche ARE für die wichtigsten Verfahren nur unwesentlich differiert und bei 2 $\times$ 2-Plänen zwischen 0,889 bei gleichverteilten Meßfehlern und 1,238 für Laplace-verteilte Fehler liegen.

Kovarianzanalytische Prozeduren wurden von Keith u. Cooper (1974), Quade (1967), David u. Fix (1961) sowie von Puri u. Sen (1969), vorgestellt. All diese

Verfahren beruhen auf der Überlegung, vom Rangplatz einer Untersuchungseinheit hinsichtlich der abhängigen Variablen den durch die Rangkorrelation gewichteten Rangplatz dieser Untersuchungseinheit hinsichtlich der Kovariate zu subtrahieren. Eine Beispielrechnung findet man bei Keith u. Cooper (1974).

6.1.6 Tests für Dispersionsunterschiede

Tests, die Dispersionsunterschiede von unabhängigen Stichproben verteilungsfrei überprüfen, orientieren sich – wie auch die Tests auf Unterschiede in der zentralen Tendenz – an den 3 bereits erwähnten Grundideen: a) Rangsummen, b) Normalrängen und c) Überschreitungswerten. Wir werden im folgenden für Zweistichprobenvergleiche eine Variante von a) vorstellen sowie zusätzlich eine darauf aufbauende Mehrstichprobenverallgemeinerung. Ferner behandeln wir eine Testform, die – ähnlich wie der parametrische F-Test – von Abweichungsquadratsummen ausgeht.

Für alle verteilungsfreien Tests auf Dispersionsunterschiede gilt, daß sie nur dann wie reine Dispersionstests reagieren, wenn 2 oder mehr Stichproben unterschiedlich dispers, aber im übrigen homomer verteilt sind. Anders als beim parametrischen F-Test wirkt sich dieser Omnibuscharakter vor allem dann nachteilig aus, wenn sich die zu vergleichenden Stichproben nicht nur hinsichtlich ihrer Dispersionen, sondern auch ihrer zentralen Tendenzen unterscheiden. Bei stärkeren Unterschieden in der zentralen Tendenz werden verteilungsfreie Dispersionstests sogar „wertlos", d. h. ihre ARE geht gegen Null. Auf einen möglichen Ausweg aus diesem Dilemma werden wir auf S. 252 hinweisen.

6.1.6.1 *Rangdispersionstest von Siegel und Tukey*

Ein originelles Verfahren zur Prüfung von Dispersionsunterschieden zwischen *zwei* unabhängigen Stichproben haben Siegel u. Tukey (1960) entwickelt, indem sie die Prüfgröße T des Rangsummentests (U-Test, vgl. 6.1.1.2) in folgender Weise redefinieren: Während im Rangsummentest niedrigen Meßwerten niedrige Rangwerte und hohen Meßwerten hohe Rangwerte zugeordnet werden, lassen Siegel u. Tukey extremen Meßwerten niedrige und zentralen Meßwerten hohe Rangwerte zuordnen.

Die genaue Zuordnungsvorschrift lautet: Man fasse die beiden Stichproben mit N_1 und N_2 Meßwerten zusammen und weise dem niedrigsten Meßwert der vereinten Stichproben den Rang 1, dem höchsten Meßwert den Rang 2, dem zweithöchsten Meßwert den Rang 3, dem zweitniedrigsten Meßwert den Rang 4, dem drittniedrigsten den Rang 5, dem dritthöchsten den Rang 6 und dem vierthöchsten den Rang 7 zu usw. bis zum letzten Meßwert mit dem Rang N, wobei $N = N_1 + N_2$ geradzahlig sein muß. Ist N ungeradzahlig, lasse man den Medianwert der vereinigten Stichproben bei der Rangzuordnung außer acht und reduziere so den Umfang der Gesamtstichprobe auf $N' = N - 1$. Dann bilde man die Rangsumme T_1 der kleineren Stichprobe $N_1 \leq N_2$ und berechne gemäß Gl. (6.3) U bzw. U'.

Der kleinere der beiden Werte U oder U' wird anhand Tafel 6 zufallskritisch bewertet. Je nach Formulierung der Alternativhypothese liest man einseitig oder zweiseitig ab. Einseitig ist nur dann abzulesen, wenn unter H_1 spezifiziert wurde, welche der beiden Populationen die höhere Dispersion aufweist. Für Stichproben,

die außerhalb des Tafelumfanges liegen, prüfe man U asymptotisch über die Normalverteilung gemäß Gl. (6.7).

Beispiel 6.10

Problem: Es wurde der Chlorgehalt einer Verbindung an $N_1 = 5$ und $N_2 = 8$ Proben nach 2 verschiedenen Methoden 1 und 2 bestimmt, um deren Genauigkeit (Dispersionen des Cl-Gehaltes der beiden Proben) zu vergleichen.

Hypothese: Die Dispersionen der beiden Proben unterscheiden sich nicht (H_0; $\alpha = 0,05$; zweiseitiger Test).

Datenerhebung: Es ergaben sich die in Tabelle 6.38 dargestellten Cl-Prozentanteile (aus Weber, 1967, S. 197).

Tabelle 6.38

Methode 1:	27,5	27,0	27,3	27,6	27,8			
Methode 2:	27,9	26,5	27,2	26,3	27,0	27,4	27,3	26,8

Auswertung: Bevor wir den Siegel-Tukey-Test durchführen, überprüfen wir mittels des „normalen" U-Tests auf Unterschiede in der zentralen Tendenz. Dazu bringen wir die Messungen in eine gemeinsame Rangreihe (Tabelle 6.39).

Tabelle 6.39

Methode 1		Methode 2	
X_i	R_i	X_i	R_i
27,5	10	27,9	13
27,0	4,5	26,5	2
27,3	7,5	27,2	6
27,6	11	26,3	1
27,8	12	27,0	4,5
		27,4	9
		27,3	7,5
		26,8	3

Nach Gl. (6.3) ermitteln wir $U = 10$; dieser Wert ist gemäß Tafel 6 (die allerdings wegen der beiden Verbundränge nur approximativ gilt) nicht signifikant. Wir wenden deshalb den Siegel-Tukey-Test an, obwohl man beachten muß, daß trotz des nicht signifikanten normalen U-Tests Unterschiede in der zentralen Tendenz bestehen können (β-Fehler-Problematik).

Für die Verteilung der Siegel-Tukey-Ränge R_i' fertigen wir uns einfachheitshalber eine Hilfstabelle an, die von den aufsteigend geordneten Messungen ausgeht (Tabelle 6.40).

Tabelle 6.40

X_i	Stichproben- zugehörigkeit	R_i'
26,3	2	*1*
26,5	2	4
26,8	2	5
27,0	1	*8,5*
27,0	2	8,5
27,2	2	13
27,3	1	*11,5*
27,3	2	(11,5)←Median
27,4	2	10
27,5	1	7
27,6	1	*6*
27,8	1	*3*
27,9	2	2

Die Summe der „kursiven" Ränge (Ränge der kleineren Stichprobe) ergibt den für Gl. (6.3) benötigten Wert $T = 36$. Da $N_1 + N_2 = 13$ ungeradzahlig ist, reduzieren wir den Gesamtstichprobenumfang um den Median auf $N' = 12$. Der Median fällt in diesem Beispiel auf eine stichprobenübergreifende Rangbindung (zweimal 27,3 mit dem Rang 11,5), so daß wir wahlweise N_1 oder N_2 reduzieren können. Wir empfehlen im Zweifelsfall, die größere Stichprobe zu reduzieren, so daß wir von $N_1 = 5$ und $N_2 = 7$ ausgehen. Man errechnet nach Gl. (6.3)

$$U = 5 \cdot 7 + \frac{5 \cdot 6}{2} - 36 = 14$$

bzw.

$$U' = 5 \cdot 7 - 14 = 21 \quad .$$

Entscheidung: Für $\min(U, U') = 14$ lesen wir zweiseitig in Tafel 6 $P' = 2 \cdot 0,319 = 0,638$ ab, d. h. der Dispersionsunterschied ist nicht signifikant.

Interpretation: Man kann nicht behaupten, daß die beiden Methoden unterschiedlich genau arbeiten.

Die Verbundwerte wurden im Beispiel nach der Methode der Rangaufteilung in Ränge umgewandelt. Dieses Vorgehen ist nicht ganz unproblematisch, da es bei Verbundwertgruppen mit 3 oder mehr Verbundrängen zu einer veränderten H_0-Verteilung der Prüfgröße U kommen kann. Diese Abweichungen sind jedoch bei einer geringen Anzahl von Verbundwertgruppen nach van Eeden (1964) zu vernachlässigen.

Wie man bei einer größeren Verbundwertgruppe die Verbundränge im Siegel-Tukey-Ansatz bestimmt, zeigt das in Tabelle 6.41 dargestellte kleine Zahlenbeispiel.

Jeder Rang der Verbundwertgruppe 1,1,1,1 wird also durch den Rang 4,25 ersetzt.

Zur Indikation des Siegel-Tukey-Tests: Der Test ist sehr effizient, wenn die hinsichtlich ihrer Dispersion verschiedenen, aber sonst formgleich verteilten Populationen eine identische oder nahezu identische zentrale Tendenz aufweisen. Der

Tabelle 6.41

X_i:	1	1	1	1	5	6	7
R_i:	1	4	5	7	6	3	2

$$14/4 = 4{,}25$$

Test verliert an Effizienz und Validität (in Richtung eines Omnibustests), wenn zum Dispersionsunterschied auch Unterschiede in der zentralen Tendenz hinzukommen. Liegen größere Stichproben vor und sind Unterschiede in der zentralen Tendenz zweier Stichproben gegeben, so bietet es sich an, vor der Berechnung der Prüfgröße von jedem Meßwert einer Stichprobe den Median (bzw. das arithmetische Mittel) der Stichprobe abzuziehen und den Test erst nach diesem Datenalignement vorzunehmen.

Die relative Effizienz des Siegel-Tukey-Tests in Anwendung anstelle des F-Tests beträgt 0,61, wenn normalverteilte, aber heterogen variante Populationen verglichen werden. Die Effizienz des Tests im Vergleich zu anderen Dispersionstests wechselt in Abhängigkeit vom Verteilungstyp der Populationen und variiert von Null bis ∞ (vgl. Klotz, 1963).

6.1.6.2 Rangdispersionstest von Mood

Einen Dispersionstest von hoher Effizienz (0,76 für einseitige und 0,87 für zweiseitige Fragestellungen) hat Mood (1954) vorgeschlagen. Der Test geht davon aus, daß die $N_1 + N_2 = N$ Meßwerte zweier unabhängiger Stichproben aus Populationen gleicher zentraler Tendenz in eine aufsteigende Rangordnung von 1 bis N Rängen gebracht werden. Man betrachtet nun die Rangplätze R_i der kleineren Stichprobe ($N_1 \leq N_2$) und bildet deren Abweichungsquadrate vom mittleren Rangplatz der vereinten Stichproben 1 und 2, nämlich $(N+1)/2$; ihre Summe ist zugleich die Prüfgröße

$$W = \sum_{i=1}^{N_1} \left(R_i - \frac{N+1}{2} \right)^2 \quad . \tag{6.53}$$

W nimmt mit steigender Dispersion zu. Die Wahrscheinlichkeit des zufallsmäßigen Auftretens eines bestimmten W-Wertes ergibt sich aus dem Anteil der insgesamt $\binom{N}{N_1}$ Möglichkeiten, N_1 Ränge in der einen und N_2 Ränge in der anderen Stichprobe zu erhalten, die das beobachtete oder ein höheres W liefern. Exakte Wahrscheinlichkeiten der Prüfgröße W für kleine Stichprobenumfänge ($N_1 + N_2 \leq 20$) wurden von Laubscher et al. (1968) bzw. Büning u. Trenkler (1978) tabelliert und sind Tafel 17 zu entnehmen.

Zur Verdeutlichung dieser Tafel greifen wir nochmals auf Beispiel 6.10 zurück. Ausgehend vom mittleren Rangplatz $(13+1)/2 = 7$ errechnen wir für die Rangplätze R_i der kleineren Stichprobe nach Gl. (6.53)

$$W = (10-7)^2 + (4,5-7)^2 + (7,5-7)^2 + (11-7)^2 + (12-7)^2 = 56,5 \quad .$$

Dieser Wert ist auf dem 5%-Niveau nicht signifikant, da dazu $W < 26$ bzw. $W > 113$ erforderlich wären (vgl. Tafel 17).

Mood konnte zeigen, daß W für $N_1, N_2 \geq 15$ unter H_0 mit einem Erwartungswert von

$$E(W) = \frac{N_1 \cdot (N + 1) \cdot (N - 1)}{12} \qquad (6.54)$$

und einer Standardabweichung von

$$\sigma_W = \sqrt{\frac{N_1 \cdot N_2 \cdot (N + 1) \cdot (N + 2) \cdot (N - 2)}{180}} \qquad (6.55)$$

angenähert normalverteilt ist, so daß man über die Normalverteilung

$$u = \frac{W - E(W)}{\sigma_W} \qquad (6.56)$$

zu prüfen berechtigt ist, und zwar einseitig, wenn in H_1 die höher disperse Population bezeichnet wurde, andernfalls zweiseitig.

Vorausgesetzt werden bei Anwendung des Tests von Mood $N = N_1 + N_2$ wechselseitig unabhängige Beobachtungen, die mindestens entlang einer Ordinalskala angeordnet werden können und die zwei bis auf Dispersionsunterschiede homomeren und lagegleichen Populationen entstammen. Die Effizienz des Tests von Mood ist oft höher als die des Siegel-Tukey-Tests (vgl. Klotz, 1962); dies gilt vor allem, wenn die Überdispersion durch Hyperexzessivität verursacht ist.

6.1.6.3 Mehrstichprobendispersionsvergleiche

Will man $k \geq 2$ unabhängige Stichproben aus Populationen gleicher zentraler Tendenz hinsichtlich ihrer Dispersion vergleichen, dann läßt sich dafür der Siegel-Tukey-Test in ähnlicher Weise verallgemeinern, wie sich der Rangsummentest zum H-Test verallgemeinern läßt (Meyer-Bahlburg, 1970): Ordnet man nämlich den $N = N_1 + N_2 + \ldots + N_k$ Meßwerten Ränge von 1 bis N nach der Anweisung von Siegel u. Tukey zu, so verteilen sich die k Rangsummen T_j unter H_0 (keine Dispersionsunterschiede zwischen den k Populationen) entsprechend der Prüfgröße H (vgl. 6.1.2.2). Wegen der starken Abhängigkeit des Rangdispersionstests von Unterschieden in der zentralen Tendenz empfiehlt sich folgendes Vorgehen in Schritten:

— Die k Stichproben werden mittels H-Test auf Unterschiede in der zentralen Tendenz geprüft. Kann H_0 beibehalten werden, wirft man die Stichproben zusammen und ordnet die N Meßwerte aufsteigend unter Kennzeichnung ihrer Stichprobenzugehörigkeit. Andernfalls werden die Meßwerte vor der Rangtransformation am stichprobenspezifischen Medianwert (bzw. Mittelwert) aligniert.

— Dann wendet man die Siegel-Tukey-Rangzuordnungsprozedur an: Der niedrigste Meßwert erhält den Rang 1, der höchste den Rang 2 und der zweithöchste den Rang 3, der zweitniedrigste und der drittniedrigste erhalten die Ränge 4 und 5 usw. bis zum Rang N.

— Schließlich bildet man die Rangsummen $T_j (j = 1, \ldots, k)$, berechnet die Prüfgröße H und beurteilt diese nach Tafel 12 bei kleineren und nach Tafel 3 bei größeren Stichproben.

Greifen wir zur Verdeutlichung der Arbeitsweise des Tests von Meyer-Bahlburg noch einmal Beispiel 6.9 auf. Beim Vergleich verschiedener Süßstoffe in verschiedenen Kindertees hatte sich gezeigt, daß die Haupteffekte nicht signifikant sind. Wollen wir nun die Frage prüfen, ob eine Süßstoffsorte Kinder zu extremeren Urteilen anregt als eine andere Sorte, so ist als Overalltest die von Meyer-Bahlburg vorgeschlagene k-Stichproben-Verallgemeinerung des Siegel-Tukey-Tests einschlägig, für den sich Tabelle 6.42 ergibt.

Tabelle 6.42

X_i	Stich-proben Nr.	(R_i')	R_i'	X_i	Stich-proben Nr.	(R_i')	R_i'	X_i	Stich-proben Nr.	(R_i')	R_i'
3	1	1	6,5	5	2	25	26,5	7	2	23	23,4
3	1	4	6,5	5	2	28	26,5	7	2	22	23,4
3	3	5	6,5	5	2	29	26,5	7	3	19	23,4
3	3	8	6,5	5	3	32	26,5	8	1	18	16,5
3	3	9	6,5	6	1	33	33 1/6	8	1	15	16,5
3	3	12	6,5	6	1	36	33 1/6	9	1	14	7 4/7
4	1	13	16,5	6	2	35	33 1/6	9	2	11	7 4/7
4	2	16	16,5	6	2	34	33 1/6	9	2	10	7 4/7
4	2	17	16,5	6	2	31	33 1/6	9	3	7	7 4/7
4	3	20	16,5	6	3	30	33 1/6	9	3	6	7 4/7
5	1	21	26,5	7	1	27	23,4	9	3	3	7 4/7
5	1	24	26,5	7	1	26	23,4	9	3	2	7 4/7

Da Rangaufteilungen bei diesem Test schwierig zu errechnen sind, empfiehlt es sich, einen Zwischenschritt einzulegen, indem man zunächst eine Rangzuteilung (R_i') ohne Aufteilung vornimmt und die zugeteilten Ränge erst im 2. Schritt gemäß der Rangbindungen mittelt.

Fassen wir die Ränge R_i' der Stichprobe 1 zusammen, resultiert $T_1 = 236,2$. Für Stichprobe 2 ergibt sich $T_2 = 273,9$ und für Stichprobe 3 $T_3 = 155,9$ (Kontrolle: $236,2 + 273,9 + 155,9 = 36 \cdot 37/2 = 666$). Eingesetzt in Gl. (6.31) erhält man

$$H_{corr} = \frac{(36-1)\cdot(\frac{236,2^2}{12} + \frac{273,9^2}{12} + \frac{155,9^2}{12} - \frac{36\cdot 37^2}{4})}{15840 - \frac{36\cdot 37^2}{4}}$$

$$= 6,02 \quad .$$

Da der kritische χ^2-Wert auf dem 5%-Niveau für $k-1 = 2$ Fg bei 5,99 liegt, ist davon auszugehen, daß sich die Stichproben hinsichtlich ihrer Dispersion signifikant unterscheiden. Berechnen wir ferner nach Gl. (6.34) die kritische Differenz der durchschnittlichen Ränge pro Teilstichprobe, ergibt sich:

$$\Delta_{\overline{R}(crit)} = 2,036 \cdot \sqrt{\frac{36\cdot 37}{12} \cdot \frac{36-1-6,02}{33}} \cdot \sqrt{\frac{1}{12} + \frac{1}{12}}$$

$$= 8,21 \quad .$$

Für die Durchschnittsränge resultieren $\overline{R}_1' = 19,68$; $\overline{R}_2' = 22,83$ und $\overline{R}_3' = 12,99$,

d. h. a_2 und a_3 unterscheiden sich signifikant ($\alpha = 0,05$) in ihren Dispersionen: Aspartam ruft extremere Urteile hervor als Saccharin.

Die Voraussetzungen sind die gleichen wie beim Siegel-Tukey-Test: Zufallsmäßige und wechselseitig unabhängige Meßwerte aus k Populationen, die bis auf Dispersionsunterschiede homomer verteilt sind. Die weitere Forderung nach Stetigkeit der Merkmalsverteilung ist nur dann von Belang, wenn Verbundwerte zwischen den Stichproben in Erscheinung treten. Man verfährt – wie das Beispiel zeigt – in einem solchen Fall analog wie beim H-Test, um zu einer Näherungsentscheidung zu gelangen.

6.1.6.4 Weitere Rangdispersionstests

Weitere Rangdispersionstests haben Freund u. Ansari (1957), Ansari u. Bradley (1960) sowie David u. Barton (1958) vorgeschlagen. Ihre Prüfgrößen sind mit der des Tests von Siegel u. Tukey (1960) linear verknüpft, so daß sich eine gesonderte Behandlung erübrigt.

Das Rationale des Tests von Mood mit der Idee eines Normalrangtests zu verknüpfen, haben Capon (1961; Terry-Hoeffding-Variante) und Klotz (1962; Vander-Waerden-Variante) vorgeschlagen, jedoch haben diese Tests kaum praktische Bedeutung erlangt. Ähnliches läßt sich für die Verfahren von Moses (1952), Kamat (1956), Haga (1960), Gastwirth (1965) und Hollander (1963) sagen. Auch dem Dispersionstest von Rosenbaum (1953), bei dem die Anzahl der Werte der stärker streuenden Stichprobe ermittelt wird, die außerhalb der Spannweite der geringer streuenden Stichprobe liegen, kommt nur noch historische Bedeutung zu, da seine Effizienz zu gering ist und er sich bestenfalls als *Quicktest* eignet.

6.2 Tests für Unterschiedshypothesen bei abhängigen Stichproben

Nachdem wir in 6.1 Rangtests für verschiedene Unterschiedshypothesen bei unabhängigen Stichproben vorgestellt haben, wollen wir uns nun Tests zuwenden, die die gleichen Hypothesen bei abhängigen Stichproben prüfen. (Zum Stichwort „abhängige Stichproben" vgl. S. 27.) Generell ist anzumerken, daß sich die Präzision einer Untersuchung durch den Einsatz abhängiger Stichproben gegenüber Untersuchungen mit unabhängigen Stichproben steigern läßt. Beispiele dafür findet man bei Lienert (1973, S. 320 f.). Die im folgenden behandelten Verfahren sind einschlägig, wenn Wiederholungsmessungen (die Untersuchungsteilnehmer werden – mindestens – zweimal, z. B. vor und nach einer Behandlung, gemessen) bzw. Messungen für Parallelstichproben auszuwerten sind.

6.2.1 Tests für zwei Stichproben

Zunächst behandeln wir in diesem Abschnitt einen auch bei größeren Stichproben einfach und ökonomisch durchzuführenden Test, den Vorzeichentest. Dieser Test ist vermutlich der historisch älteste Test überhaupt, denn er wurde – zumindest seinem logischen Konzept nach – bereits von Arbuthnott (1710) verwendet. Von

Fisher (1934) wurde er wiederentdeckt. Dixon u. Mood (1946) haben verschiedene Anwendungen und Bennett (1962) Möglichkeiten der Verallgemeinerung dieses Tests auf mehrere Variablen beschrieben. Ferner stellen wir in diesem Abschnitt den auf Wilcoxon (1945, 1947) zurückgehenden Vorzeichenrangtest (6.2.1.2) bzw. Varianten dieses Tests vor (6.2.1.3).

6.2.1.1 Vorzeichentest

Liegen Meßwerte x_{Ai} und x_{Bi} (i = 1, ..., N) zweier abhängiger Stichproben A und B vor, bei denen sich für jedes Meßwertpaar nur bestimmen läßt, ob der zweite Meßwert im Vergleich zum ersten größer (+) oder kleiner (−) ist, so kann mit dem Binomialtest die H_0 überprüft werden, daß die abhängigen Stichproben 2 abhängigen und stetig verteilten Grundgesamtheiten mit gleicher zentraler Tendenz angehören. Man betrachtet zu diesem Zweck die Differenzen zwischen den Beobachtungspaaren, $x_{Ai} - x_{Bi}$ bzw. lediglich deren Vorzeichen und zählt die Häufigkeit X des selteneren Vorzeichens aus.

Gilt die Nullhypothese, so ist X als Prüfgröße mit den Parametern N und $\pi = 1/2$ binomial verteilt, so daß man die Wahrscheinlichkeit eines beobachteten samt aller extremeren x-Werte exakt nach Tafel 1 des Anhanges oder asymptotisch nach Gl. (5.7) bzw. Gl. (5.8) bestimmen kann. Da E(X) für $\pi = 1/2$ den Wert N/2 und σ_X den Wert $\sqrt{N/4}$ annimmt, vereinfachen sich beide Gleichungen zu

$$u = \frac{x - N/2}{\sqrt{N/4}} = \frac{2 \cdot x - N}{\sqrt{N}} \qquad (6.57)$$

bzw. mit Stetigkeitskorrektur zu

$$u = \frac{|2x - N| - 1}{\sqrt{N}} \quad . \qquad (6.58)$$

Statt über die Normalverteilung mit Stetigkeitskorrektur kann man auch über die F-Verteilung testen, indem man F = (N − x)/(x + 1) bildet und diesen F-Wert mit $Fg_Z = 2 \cdot (x + 1)$ und $Fg_N = 2 \cdot (N - x)$ anhand Tafel 18 beurteilt (vgl. Pfanzagl, 1974, S. 116).

Als Annahmen gehen in den Vorzeichentest ein: Die Meßwertpaare und damit (bei Meßwiederholung) die Meßwertträger müssen voneinander unabhängig sein, d. h. keines der N Individuen darf zwei- oder mehrmal in der Stichprobe vertreten sein. Die Daten müssen so beschaffen sein, daß bei jedem Meßwertpaar entschieden werden kann, welche der beiden Messungen pro Meßwertträger größer ist, d. h. die einem Meßwertträger zugeordneten Daten müssen mindestens ordinalskaliert sein. (Zum Problem der Nulldifferenzen s. unten).

Beispiel 6.11

Problem: Es soll festgestellt werden, ob die biologische Wertigkeit der Eiweißkörper von Erdnüssen durch den Röstprozeß verändert wird. Bei 10 Rattengeschwisterpaaren wurden rohe Erdnüsse an den einen − nach Zufall ausgewählten − Paarling und geröstete an den anderen Paarling verfüttert.

Hypothese: Der Röstprozeß bedingt eine Herabsetzung der biologischen Wertigkeit der Eiweißkörper (H_1; $\alpha = 0,05$; einseitiger Test).

Datenerhebung: Die in Tabelle 6.43 dargestellten Daten wurden in einem Experiment durch die Analyse von Muskelzellen gewonnen.

Tabelle 6.43

Rohe Erdnüsse (R)	61	60	56	63	56	63	59	56	44	61
Geröstete Erdnüsse (G)	55	54	47	59	51	61	57	54	62	58
Differenzen (R − G)	6	6	9	4	5	2	2	2	− 18	3

Auswertung: Die Wahrscheinlichkeit, daß unter 10 Differenzen höchstens $x = 1$ Differenz bei Geltung von H_0 negativ ausfällt, bestimmt man nach Gl. (5.2a) zu

$$P = \left(\frac{1}{2}\right)^{10} \cdot \left[\binom{10}{0} + \binom{10}{1}\right] = \frac{1}{1024} \cdot (1 + 10) = 0,0107 \quad .$$

Entscheidung: Da $P < \alpha$ ist, verwerfen wir H_0 und akzeptieren H_1.

Interpretation: Die biologische Wertigkeit der Eiweißkörper wird durch den Röstprozeß herabgesetzt.

Treten Nulldifferenzen ($x_{Ai} - x_{Bi} = 0$) auf, so stellen sie neben Plus- und Minusdifferenzen eine dritte Kategorie von Ereignissen dar, die im Binomialtest nicht vorgesehen ist. In diesem Falle bieten sich die folgenden Vorgehensalternativen an:

— Man versieht die Nulldifferenzen per Münzwurf mit einem Vorzeichen.
— Man läßt die Nulldifferenzen außer acht und reduziert entsprechend N auf N' (vgl. Hemelrijk, 1952 oder Bahadur u. Savage, 1956).
— Die Nulldifferenzen werden in der Weise mit einem Vorzeichen versehen, daß die Ablehnung von H_0 erschwert wird, d. h. die Nulldifferenzen erhalten das seltenere Vorzeichen (vgl. Marascuilo u. McSweeney, 1977).
— Ist die Anzahl der Nulldifferenzen gradzahlig, erhält die eine Hälfte der Nulldifferenzen ein positives, die andere ein negatives Vorzeichen. Bei ungradzahliger Anzahl läßt man eine Nulldifferenz außer acht und reduziert damit von N auf N − 1.

Wir plädieren dafür, im Regelfall Variante 4 anzuwenden. Den Nachteil von Variante 2 gegenüber Variante 4 macht folgendes Zahlenbeispiel deutlich: Für N = 5 und x = 0 ermittelt man ohne Nulldifferenzen P = 0,03<0,05. Eine Untersuchung mit N = 15, x = 0 und 10 Nulldifferenzen würden nach Variante 2 (Weglassen der Nulldifferenzen) ebenfalls zu P = 0,03 führen. Dieses Ergebnis ist wenig plausibel, denn die Untersuchung mit N = 15 und 10 Nulldifferenzen spricht weniger für die Annahme von H_1 als die Untersuchung mit N = 5 und keiner Nulldifferenz. (Die Zahl der Nulldifferenzen läßt sich beliebig erhöhen, denn nach Variante 2 ist die Anzahl der Nulldifferenzen für das Ergebnis unerheblich.)

Wenden wir hingegen Variante 4 an, resultiert mit N = 15 der Wert x = 5, für den sich eine Überschreitungswahrscheinlichkeit von P = 0, 15>0, 05 ergibt, d. h. H_0 wäre beizubehalten. In Variante 4 wird also die Anzahl der Nulldifferenzen, die ja eigentlich ein Indikator für die Richtigkeit von H_0 ist, angemessen berücksichtigt.

Bei Anwendung von Variante 1 besteht die Gefahr, daß vor allem bei kleineren Stichproben das Ergebnis der Untersuchung vom zufälligen Ergebnis des Münzwurfes abhängt. Variante 3 hingegen dürfte bei einer großen Anzahl von Nulldifferenzen zu konservativ entscheiden.

Wegen seiner Ökonomie in Anwendung auf große Stichproben von Meßwertpaaren zählt der Vorzeichentest zu den sog. *Quicktests*. Er läßt in seiner allgemeinen Form nur Rückschlüsse auf die Populationsmedianwerte der verglichenen Stichproben zu. Macht man jedoch die zusätzliche Annahme, daß die beiden gepaarten Populationen symmetrisch (wenn auch nicht normal) verteilt sind, dann prüft der Test auch auf Unterschiede der Populationsmittelwerte.

Für die praktische Anwendung des Vorzeichentests ist bedeutsam, daß er lediglich Homogenität innerhalb, nicht aber zwischen den Meßwertpaaren voraussetzt — im Gegensatz zum U-Test (und zum t-Test). Das bedeutet für die Versuchsplanung, daß Individuen unterschiedlicher Art — Tiere verschiedener Rassen, Versuchspersonen verschiedener Schulbildung, Patienten verschiedenen Geschlechts — in den Versuch mit einbezogen werden können, sofern sie 2 Meßwerte der gleichen Variablen liefern, wie z. B. je einen Meßwert vor und nach einer Behandlung. Bei Homogenität der Meßwertträger (im Sinne einer Zufallstichprobe aus einer wohl definierten Population) können mit den Vorzeichentests auch die folgenden verallgemeinerten Nullhypothesen geprüft werden:

$$Md_A = Md_B + C \quad bzw. \quad Md_A = C \cdot Md_B \ (mit \ C \neq 0) \ .$$

In diesem Falle sind die Vorzeichen aufgrund der Vergleiche $x_{Ai} - (x_{Bi} + C)$ bzw. $x_{Ai} - C \cdot x_{Bi}$ zu vergeben.

Teststärke und Effizienz sind von zahlreichen Autoren (Dixon, 1953; Walsh, 1951; Hodges u. Lehmann, 1956; Marascuilo u. McSweeney, 1977) untersucht worden. Die relative Effizienz im Vergleich zum t-Test nimmt danach mit steigenden Werten von N, α und d — dem Abstand der Populationsmediane unter H_1 — ab.

Werden 2 *Merkmale X und Y wiederholt untersucht*, erhält man aufgrund der Differenzen $x_{Ai} - x_{Bi}$ und $y_{Ai} - y_{Bi}$ Vorzeichenverteilungen für die Differenzen d_x und d_y. Wie sich diese bivariate Vorzeichenverteilung mit Hilfe des χ^2-Tests nach McNemar auswerten läßt, wurde bereits auf S.163f. gezeigt. In dieser Anwendung entscheidet der McNemar-Test, ob sich eines der beiden Merkmale stärker verändert hat als das andere.

Ausgehend von den Häufigkeiten der 4 verschiedenen Vorzeichenkombinationen (++, +−, −+, −−) läßt sich eine Reihe weiterer Veränderungshypothesen überprüfen. Interessiert beispielsweise die H_0, daß alle 4 Vorzeichenmuster gleich wahrscheinlich sind, wendet man auf die Häufigkeiten der 4 Vorzeichenmuster einen χ^2-Test auf Gleichverteilung (vgl. 5.1.3) bzw. – bei kleineren Stichproben – den Polynomialtest an (vgl. 5.1.2). Für das Beispiel auf S.163f. wäre zu fragen, ob z. B. die Vorzeichenkonfiguration +− mit $N_{+-} = 7$ (verbesserte Rechenschnelligkeit bei verschlechterter motorischer Koordination) mit der H_0 zu vereinbaren ist. Differenziertere Interpretationen eines signifikanten Ergebnisses sind auch hier mit einer KFA (vgl. 5.4.6) abzusichern. (Entsprechendes gilt für 9 Vorzeichenmuster der Veränderung von 3 Merkmalen, über die ebenfalls ein χ^2-Test auf Gleichverteilung gerechnet werden kann.)

Setzt man $N_{++} = a$, $N_{+-} = b$, $N_{-+} = c$ und $N_{--} = d$, resultieren Häufigkeiten für eine Vierfeldertafel, deren Auswertung nach McNemar auf S.163f. beschrieben wurde. Interessieren nur Veränderungen der zentralen Tendenz, die gleichzeitig in beiden Variablen und/oder nur in einer Va-

riablen auftreten, dann ist der *bivariate Vorzeichentest* von Bennett (1962) der bestindizierte Test. Seine Prüfgröße lautet in der üblichen Vierfeldernotation:

$$\chi^2 = [(a-d)^2/(a+d)] + [(b-c)^2/(b+c)] \text{ mit Fg} = 2 \quad . \tag{6.59}$$

Beide χ^2-Komponenten können getrennt beurteilt werden, wenn man $\alpha^* = \alpha/2$ vereinbart. Ist die Hauptdiagonalkomponente signifikant, verändern sich beide Merkmale gleichsinnig. Bei signifikanter Nebendiagonalkomponente verändern sich beide Merkmale gegensinnig.

Die Frage, ob zwischen der Veränderung der Merkmale ein (positiver oder negativer) Zusammenhang besteht, läßt sich mit einem Vierfelder-χ^2-Test nach Gl. (5.24) überprüfen (vgl. Kohnen u. Lienert, 1979).

6.2.1.2 Vorzeichenrangtest

Liegen für 2 abhängige Stichproben nicht nur Einschätzungen der Richtung (wie im Vorzeichentest), sondern auch der Größe der Veränderung vor, wendet man statt des Vorzeichentests besser den von Wilcoxon (1945, 1947) entwickelten Vorzeichenrangtest an. Dazu bildet man zunächst für alle Meßwertpaare $(i = 1, \ldots, N)$ die Differenzen der unter den Behandlungen A und B gewonnenen Meßwerte:

$$d_i = x_{Ai} - x_{Bi} \quad . \tag{6.60}$$

Dann ordnet man diesen Differenzen nach ihrem Absolutbetrag (!) Rangwerte von 1 (für die absolut niedrigste Differenz) bis N (für die absolut höchste Differenz) zu. Schließlich werden die Rangwerte in 2 Klassen geteilt, in solche mit positivem Vorzeichen der zugehörigen Differenz und in solche mit negativem Vorzeichen. Es wird zunächst davon ausgegangen, daß Nulldifferenzen nicht vorkommen.

Zur Definition der Prüfgröße T berechnen wir nun die Summen der Ränge T_-, denen ein negatives Vorzeichen zugeordnet wurde, sowie die Summe der Ränge T_+, denen ein positives Vorzeichen zugeordnet wurde, wobei

$$T_+ = N \cdot (N+1)/2 - T_- \quad . \tag{6.61}$$

Als Prüfgröße betrachten wir

$$T = \min(T_+, T_-) \quad . \tag{6.62}$$

Wie verteilt sich nun diese Prüfgröße T bei Geltung der Nullhypothese (kein Unterschied zwischen den Verteilungen der Populationen A und B)? Da jeder der N Ränge ein positives oder ein negatives Vorzeichen erhalten kann, ergibt sich die Zahl der unterschiedlichen und unter H_0 gleich wahrscheinlichen Zuordnungen von 2 Vorzeichen zu N Rängen als die Zahl der Variationen (mit Wiederholung) von 2 Elementen zur Nten Klasse: 2^N. Jede dieser 2^N Zuordnungen liefert eine Rangsumme T_- und eine dazu nach Gl. (6.61) komplementäre Rangsumme T_+. Bezogen auf eine Vorzeichenrangsumme – z. B. die T_--Rangsumme – konstituiert die Gesamtheit aller 2^N Vorzeichenrangsummen die H_0-Verteilung der Prüfgröße T. Sie hat einen unteren Grenzwert von $T_{min} = 0$ (kein Rang mit negativem Vorzeichen) und einen oberen Grenzwert von $T_{max} = N \cdot (N+1)/2$ (alle Ränge mit negativem Vorzeichen). Da jeder Vorzeichenzuordnung (z. B. $-1, 2, -3, 4, 5$) eine zu ihr komplementäre Zuordnung $(1, -2, 3, -4, -5)$ entspricht, ist die Prüfverteilung von T symmetrisch mit einem Durchschnitt, der die Spannweitenmitte $(T_{max} - T_{min})/2 = N \cdot (N+1)/4$ bezeichnet.

Um deutlich zu machen, wie eine diskrete Prüfverteilung von T entsteht, betrachten wir N = 4 Differenzen (2,-3,4,8) und die Rangwerte ihrer Absolutbeträge (1, 2, 3, 4). Unter H_0 kann jeder dieser 4

Rangwerte mit gleicher Wahrscheinlichkeit zu einer negativen wie zu einer positiven Differenz gehören. Die $2^4 = 16$ möglichen Vorzeichenzuordnungen bestehen aus $\binom{4}{0} = 1$ Zuordnung ohne negatives Vorzeichen, $\binom{4}{1} = 4$ Zuordnungen mit einem negativen Vorzeichen, $\binom{4}{2} = 6$ Zuordnungen mit 2 negativen Vorzeichen, $\binom{4}{3} = 4$ Zuordnungen mit 3 negativen Vorzeichen und $\binom{4}{4} = 1$ Zuordnung mit 4 negativen Vorzeichen. In Tabelle 6.44 sind alle 16 Zuordnungen mit dem zu jeder Zuordnung gehörenden T_--Wert (als Summe der Ränge mit negativem Vorzeichen) aufgeführt.

Tabelle 6.44

R				T	R				T	R				T	R				T	R				T
1	2	3	4	0	-1	2	3	4	1	-1	-2	3	4	3	-1	-2	-3	4	6	-1	-2	-3	-4	10
					1	-2	3	4	2	-1	2	-3	4	4	-1	-2	3	-4	7					
					1	2	-3	4	3	-1	2	3	-4	5	-1	2	-3	-4	8					
					1	2	3	-4	4	1	-2	-3	4	5	1	-2	-3	-4	9					
										1	-2	3	-4	6										
										1	2	-3	-4	7										

Gruppiert man die erhaltenen T_--Werte, resultiert die in Tabelle 6.45 dargestellte Prüfverteilung, deren Symmetrie augenfällig ist:

Tabelle 6.45

T_-:	0	1	2	3	4	5	6	7	8	9	10	
$f(T_-)$:	1	1	1	2	2	2	2	2	1	1	1	$\sum f(T_-) = 16$

Die in unserem Beispiel beobachtete Vorzeichenrangzuordnung $(1, -2, 3, 4)$ hat eine Prüfgröße von $T = \min(2; 4 \cdot 5/2 - 2 = 8) = 2$. Da es nur eine Zuordnung gibt, die ein $T_- = 2$ liefert, ist die Punktwahrscheinlichkeit p, unter H_0 ein $T_- = 2$ zu beobachten, gleich $1/16 = 0,0625$. Die Überschreitungswahrscheinlichkeit, ein $T_- \leq 2$ zu beobachten, ergibt sich aus der Zahl der Zuordnungen, die ein $T_- \leq 2$ liefern. Das sind 3 Zuordnungen, so daß $P = 3/16 = 0,1875$ (einseitiger Test) resultiert.

Wie beurteilen wir nun allgemein eine beobachtete Prüfgröße T in bezug auf H_0? Nehmen wir zunächst den Fall einer einseitigen Fragestellung mit der Alternativhypothese H_1 an, die Populationsverteilung der x_A-Werte habe eine höhere zentrale Tendenz als die Populationsverteilung der x_B-Werte. In diesem Fall werden die Differenzen $x_{Ai} - x_{Bi}$ und damit die Ränge $1, \ldots, N$ in ihrer Mehrheit positive Vorzeichen tragen, so daß T gegen sein Minimum strebt. Ist nun unser T-Wert der höchste (oder einer von mehreren höchsten) unter den Z_r niedrigsten der 2^N T-Werte, beträgt die Wahrscheinlichkeit seines Auftretens unter H_0

$$P = Z_r/2^N \quad . \tag{6.63}$$

Ist $P \leq \alpha$, so werden wir vereinbarungsgemäß H_0 ablehnen und H_1 annehmen.

Um einen exakten einseitigen Test dieser Art durchzuführen, brauchen wir also nur – wie oben geschehen – festzustellen, wie viele T-Werte unter den 2^N T-Werten vorkommen, die niedriger bzw. nicht höher sind als der beobachtete T-Wert. Dies ist die gesuchte Zahl Z_r. Auf diese Weise lassen sich P-Werte für beliebige Prüfgrößen und Stichprobenumfänge berechnen. Für ein gegebenes N kann man also bestimmen, wie groß ein T-Wert höchstens sein darf, um eine Überschreitungswahrscheinlichkeit $P \leq \alpha$ sicherzustellen. Diese kritischen T-Werte sind für N = 4 (1) 50 in Tafel 19

des Anhanges aufgeführt. [Exakte Überschreitungswahrscheinlichkeiten für T-Werte findet man für N = 3 (1) 20 bei Lienert, 1975, Tafel VI-4-1-1.]

Fragen wir zweiseitig, muß zu der Überschreitungswahrscheinlichkeit des gefundenen T-Wertes noch die Wahrscheinlichkeit für alle T-Werte addiert werden, die mindestens so groß sind wie $T' = \frac{N \cdot (N+1)}{2} - T$. Im genannten Beispiel mit N = 4 haben wir für $T \leq 2$ eine einseitige Überschreitungswahrscheinlichkeit P = 3/16 = 0,1875 errechnet. Bei einem zweiseitigen Test wäre die Wahrscheinlichkeit für $T' \geq 4 \cdot 5/2 - 2 \geq 8$ zu addieren, d. h. wir erhalten P' = 3/16 + 3/16 = 0,375.

Man beachte, daß die Verdopplung der einseitigen P-Werte nicht immer die zweiseitigen P'-Werte ergibt. So ermitteln wir im Beispiel für N = 4 und T = 5 eine einseitige Überschreitungswahrscheinlichkeit von P = 9/16. Wenn wir diese verdoppeln, resultiert ein Wert über 1, was nicht zulässig ist. Der Grund für diese scheinbare Unstimmigkeit ist darin zu sehen, daß die Rangsumme T = 5 auf zweifache Weise entstehen kann: $-1, 2, 3, -4$ und $1, -2, -3, 4$. Zählen wir einen dieser T-Werte zum oberen und den anderen zum unteren Ast der Prüfverteilung, resultiert als zweiseitige Überschreitungswahrscheinlichkeit exakt der Wert 8/16 + 8/16 = 1.

Beispiel 6.12

Problem: Es wurde eine neue winterharte Weizensorte W_2 gezüchtet. Gefragt wird, ob sie sich von einer Standardsorte W_1 hinsichtlich des Ernteertrages unterscheidet. Beide Sorten werden an paarweise gleichen Standorten zufällig verschiedener Höhenlage und zufällig verschiedener Bodenbeschaffung angebaut. Die Erträge in Kilogramm pro Flächeneinheit werden je Sorte an den paarweise gleichen Standorten ermittelt, so daß Parallelstichproben resultieren.

Hypothese: Beide Sorten W_1 und W_2 ergeben gleiche Erträge (H_0; $\alpha = 0,05$; zweiseitiger Test).

Datenerhebung und Auswertung: Die Sorten W_1 und W_2 haben die in Tabelle 6.46 dargestellten Erträge X_1 und X_2 an den N = 8 Standorten geliefert.

Tabelle 6.46

Standort	I	II	III	IV	V	VI	VII	VIII
X_1	117	136	83	150	99	114	103	122
X_2	121	108	88	130	82	111	94	109
$X_1 - X_2$	-4	28	-5	20	17	3	9	13
Rang	$(-)2$	8	$(-)3$	7	6	1	4	5

Da die Differenzen nicht normalverteilt zu sein scheinen, überprüfen wir die H_0 mit dem Vorzeichenrangtest. Die Summe der Ränge mit dem selteneren (negativen) Vorzeichen ist T = 5. Nach Tafel 19 ist für N = 8 und $\alpha = 0,05$ (zweiseitig) ein Höchstwert von T = 3 zugelassen. Unser T = 5 ist also auf der 5%-Stufe nicht signifikant.

Interpretation: Die neue Weizensorte W_2 liefert zwar einen anscheinend geringeren Ernteertrag als die Standardsorte W_1; der Unterschied ist jedoch statistisch nicht bedeutsam.

Abhängige Stichproben größeren Umfangs können **asymptotisch** verglichen werden. Wie man leicht einsieht, ist der Erwartungswert für T unter H_0 gleich der Hälfte der Summe aller Ränge $N(N + 1)/2$, also

$$E(T) = \frac{N \cdot (N + 1)}{4} \quad . \tag{6.64}$$

Die T-Werte der Prüfverteilung sind für $N > 30$ über diesem Erwartungswert mit einer Standardabweichung von

$$\sigma_T = \sqrt{\frac{N \cdot (2N + 1) \cdot (N + 1)}{24}} \tag{6.65}$$

angenähert normalverteilt, so daß die Überschreitungswahrscheinlichkeit eines beobachteten T-Wertes über die Normalverteilung nach

$$u = \frac{T - E(T)}{\sigma_T} \tag{6.66}$$

oder für $N \leq 60$ mit Kontinuitätskorrektur nach

$$u = \frac{|T - E(T)| - 0,5}{\sigma_T} \tag{6.67}$$

beurteilt werden kann.

Als Prüfgröße T dient entweder die Summe der Ränge mit positivem Vorzeichen T_+ oder die Summe mit negativem Vorzeichen T_-, da eine Einschränkung auf die kleinere der beiden Rangsummen wegen der Symmetrie der Prüfverteilung nicht erforderlich ist.

Null- und Verbunddifferenzen

Wie Buck (1979) deutlich macht, sind beim Vorzeichenrangtest nach Wilcoxon 2 Typen von Verbundwerten von Bedeutung:

— sog. Nulldifferenzen, die auftreten, wenn trotz geforderter Stetigkeit des untersuchten Merkmals identische Messungen x_{Ai} und x_{Bi} auftreten, so daß $d_i = 0$ wird;
— verbundene Differenzen, die auftreten, wenn 2 oder mehr Differenzen ihrem Absolutbetrag nach identisch ausfallen.

Für die Behandlung von Nulldifferenzen und Verbunddifferenzen wurden unterschiedliche Vorschläge unterbreitet. Einer dieser Vorschläge läuft darauf hinaus, Nulldifferenzen außer acht zu lassen und die Prüfgröße T für die verbleibenden N' Meßwertpaare zu bilden. Dadurch bleiben Differenzen, die eigentlich für die Richtigkeit der H_0 sprechen, unberücksichtigt, d. h. diese Strategie führt (wie auch beim Vorzeichentest) zu progressiven Entscheidungen.

Wir empfehlen deshalb das von Marascuilo u. McSweeney (1977) vorgeschlagene Verfahren, nach dem die Nulldifferenzen in die Rangordnungsprozedur mit einbezogen werden. Treten p Nulldifferenzen auf, erhalten diese einheitlich den Rang $(p + 1)/2$, wobei die eine Hälfte der Ränge mit einem positiven und die andere mit einem negativen Vorzeichen versehen wird. Ist p ungeradzahlig, wird der Rang für eine Nulldifferenz zur Hälfte T_+ und T_- zugeschlagen.

Verbunddifferenzen werden wie üblich dadurch aufgelöst, daß dem Betrag nach identischen Differenzen einheitlich der mittlere Rangplatz zugewiesen wird. Diese Rangplätze werden dann mit dem jeweiligen Vorzeichen der algebraischen Differenz $d_i = x_{Ai} - x_{Bi}$ versehen.

Sowohl die hier vorgeschlagene Behandlung der Nulldifferenzen als auch die der Verbunddifferenzen beeinflussen die Streuung der Prüfverteilung von T, d. h. die in Tafel 19 aufgeführten kritischen T-Werte gelten nur approximativ. Der in dieser Weise durchgeführte Vorzeichenrangtest mit Null- und Verbunddifferenzen ist nicht mehr exakt; er führt jedoch zu konservativen Entscheidungen. Treten neben Nulldifferenzen auch Verbunddifferenzen in größerer Zahl auf, sollte der konservative Vorzeichenrangtest nach Tafel 19 durch einen für Rangbindungen exakten Test ersetzt werden, der von Buck (1975) vertafelt wurde. Wegen ihres Umfanges müssen wir auf eine Wiedergabe dieser Tafeln verzichten.

Das an Buck (1979) angelehnte Beispiel 6.13 verdeutlicht das Vorgehen.

Beispiel 6.13

Problem: Es soll untersucht werden, ob sich Testwerte auf Skalen zur sog. manifesten Angst trotz gegenteiliger theoretischer Postulate durch potentiell Angst induzierende Reize manipulieren lassen. 15 Kinder werden mit der Revidierten Manifesten Angstskala für Kinder (vgl. Boehnke et al., 1986) getestet. Anschließend wird ihnen ein sog. Zombiefilm gezeigt; direkt nach Ende des Film erhebt man erneut Angstwerte.

Hypothese: Die Angstwerte bleiben nach dem Betrachten des Zombiefilmes unverändert (H_0; $\alpha = 0,05$; zweiseitiger Test).

Datenerhebung und Auswertung: Es sollen sich die in Tabelle 6.47 dargestellten Messungen ergeben haben.

Tabelle 6.47

1. Messung	2. Messung	Differenz	Rangzuweisung
9	13	$(-)4$	$-14,5$
14	15	$(-)1$	$-8,5$
8	9	$(-)1$	$-8,5$
11	12	$(-)1$	$-8,5$
14	16	$(-)2$	$-12,5$
10	10	0	$+3$
8	8	0	$+3$
14	13	$(+)1$	$+8,5$
12	12	0	-3
14	16	$(-)2$	$-12,5$
13	9	$(+)4$	$+14,5$
9	10	$(-)1$	$-8,5$
15	16	$(-)1$	$-8,5$
12	12	0	-3
9	9	0	± 3

Es resultieren 5 Nulldifferenzen, denen der Verbundrang 3 zugewiesen wird. Den übrigen Differenzen werden unter Berücksichtigung der Verbundwertgruppen gemäß ihrer Absolutbeträge die Rangplätze 6 bis 15 zugeordnet. Zwei der Nulldifferenzenränge erhalten ein Plus und zwei ein Minus. Der 5. Nulldifferenzenrang wird zur Hälfte (+1,5) der Rangsumme + (mit dem selteneren Vorzeichen) zugeschlagen. Die Vorzeichen der übrigen Ränge entsprechen den Vorzeichen der Differenzen. Es resultiert $T_+ = 30,5$ (Kontrolle: $T_- = 15 \cdot 16/2 - 30,5 = 89,5$).

Entscheidung: In Tafel 19 lesen wir einen kritischen T-Wert von $T_{crit} = 25$ ab, d. h. die H_0 kann nicht verworfen werden.

Interpretation: Angst induzierende Reize (hier in Form eines Zombiefilmes) verändern die Angstwerte der manifesten Angstskala nur unbedeutend.

Bei größeren Stichproben ($N > 30$) prüfen wir T über die Normalverteilungsapproximation gemäß Gl. (6.66) [oder Gl. (6.67) mit Kontinuitätskorrektur], wobei σ_T bezüglich der Verbundränge, die sich nicht auf Nulldifferenzen beziehen (diese sind durch die gleichmäßige Verteilung auf T_+ und T_- gewissermaßen neutralisiert), nach Cureton (1967) folgendermaßen zu korrigieren ist:

$$\sigma_{T(corr)} = \sqrt{\frac{N \cdot (N+1) \cdot (2N+1) - \sum_{i=1}^{m}(t_i^3 - t_i)/2}{24}}, \qquad (6.68)$$

m = Anzahl der Verbundwertgruppen (vgl. S. 205).

Zu Demonstrationszwecken errechnen wir für unser Beispiel:

$$T \quad = 30,5 \quad,$$

$$E(T) \quad = 15 \cdot 16/4 = 60 \quad,$$

$$\sigma_{T(corr)} = \sqrt{\frac{15 \cdot 16 \cdot 31 - \frac{1}{2} \cdot [(6^3 - 6) + (2^3 - 2) + (2^3 - 2)]}{24}} = 17,47 \quad \text{und}$$

$$u = \frac{30,5 - 60}{17,47} = -1,69 \quad .$$

Auch dieser Wert ist gemäß Tafel 2 bei zweiseitigem Test und $\alpha = 0,05$ nicht signifikant.

Anwendungsbedingungen und Indikationen

Der Vorzeichenrangtest setzt voraus, daß die N Paare von Beobachtungen wechselseitig unabhängig sind und daß die Paare der Stichprobe aus einer homogenen Population von Paaren stammen müssen. Stammen die Beobachtungspaare von je ein und demselben Individuum, so müssen folglich diese Individuen aus einer definierten Population von Individuen stammen und dürfen nicht – wie beim Vorzeichentest – aus verschiedenen Populationen stammen. Handelt es sich bei den Messungen um Meßwertpaare von je 2 gepaarten Individuen, müssen auch die $2 \cdot N$ Individuen ein und derselben Population zugehören und nach Zufall einer der beiden Bedingungen zugeordnet worden sein. Die Stichproben müssen damit auch homogen sein.

Bezüglich der Populationsverteilungen ist zu fordern, daß die Population der Differenzen gemäß dem Randomisierungsprinzip symmetrisch (wenngleich nicht normal) verteilt sein muß. Das ist dann der Fall, wenn

- die beiden Populationen A und B homomer verteilt sind oder wenn
- die beiden Populationen A und B mit gleicher oder unterschiedlicher Dispersion symmetrisch verteilt sind.

Die Lockerung des Homomeritätspostulats zugunsten verschieden disperser, wenn auch im übrigen formähnlicher Populationen bedeutet für die Forschungspraxis, daß Unterschiede in der zentralen Tendenz zwischen A und B auch dann valide erfaßt werden, wenn sie von Unterschieden der Dispersion begleitet sind: Damit ist der Vorzeichenrangtest auch auf Untersuchungspläne mit Behandlungen anzuwenden, die gleichzeitig auf die zentrale Tendenz und auf die Dispersion verändernd wirken. Es muß allerdings damit gerechnet werden, daß die Effizienz des Vorzeichenrangtests zur Erfassung von Unterschieden in der zentralen Tendenz durch simultan auftretende Dispersionsänderungen unter Umständen sogar geringer ist als die des im Prinzip schwächeren Vorzeichentests.

Zur Frage, wann der Vorzeichenrangtest im Vergleich zum t-Test einerseits und zum Vorzeichentest andererseits am besten indiziert ist, lautet die Antwort:

- Sind die Differenzen $x_A - x_B$ in der Population normalverteilt, ist der t-Test am besten indiziert.
- Sind die Differenzen bloß symmetrisch (mit normalem Exzeß) verteilt, dann ist der Vorzeichenrangtest dem t-Test vorzuziehen.
- Sind die Differenzen asymmetrisch verteilt, dann ist der Vorzeichentest besser indiziert und meist auch effizienter als die beiden anderen Tests.
- Auch bei symmetrisch (und überexzessiv) verteilten Differenzen ist der Vorzeichentest immer dann wirksamer als der Vorzeichenrangtest, wenn Ausreißer nach beiden Verteilungsästen in der Population erwartet und/oder in der Stichprobe beobachtet werden (Klotz 1965).

Arnold (1965) hat die Effizienz des Vorzeichenrangtests mit der des Vorzeichentests und des t-Tests für kleine Stichproben $(5 < N < 10)$ und für Lokationsverschiebungen von $1/4\sigma$ bis 3σ verglichen und dabei gefunden, daß die 3 Tests in Anwendung auf hyperexzessive Verteilungen (vom Cauchy-Typ) sich genau umgekehrt verhalten wie bei Anwendung auf Normalverteilungen; der t-Test erwies sich als der schwächste, der Vorzeichentest als der stärkste Test.

Abschließend wollen wir kurz auf die grundsätzliche Frage eingehen, welches *Meßniveau* die Anwendung des Vorzeichenrangtests voraussetzt. Obwohl der Test letztlich nur die ordinale Information der Meßwertdifferenzen verwendet (was seine Behandlung in diesem Kapitel rechtfertigt), sollten die Ausgangsdaten x_{A_i} und x_{B_i} kardinalskaliert sein, denn nur für dieses Skalenniveau sind Differenzen sinnvoll definiert (vgl. auch Conover, 1971, 1980). Gegen die Anwendung des Tests bei ordinalen Ausgangsdaten (z. B. eine originäre Rangreihe zum 1. und eine weitere zum 2. Meßzeitpunkt) bestehen erhebliche Bedenken, weil diese - wie das folgende kleine Zahlenbeispiel zeigt - zu falschen Ergebnissen führen kann. Wir gehen zunächst davon aus, für 5 Personen lägen intervallskalierte Meßwertpaare vor (Tabelle 6.48).

Tabelle 6.48

x_A	x_B	d	R(d)
7	6	1	(+)1
6	8	−2	2
4	9	−5	3
3	10	−7	4
1	11	−10	5

Wir ermitteln $T_+ = 1$, d. h. die x_B-Werte haben eine höhere zentrale Tendenz als die x_A-Werte. Nun nehmen wir an, wir würden nur die ordinale Information der Messungen kennen, d. h. wir transformieren die x_A- und die x_B-Werte jeweils in Rangreihen (Tabelle 6.49).

Tabelle 6.49

$R(x_A)$	$R(x_B)$	d	R(d)
5	1	4	(+)4,5
4	2	2	(+)2,5
3	3	0	± 1
2	4	−2	(−)2,5
1	5	−4	(−)4,5

Wir ermitteln mit $T_+ = T_- = 7,5$ exakt den Erwartungswert E(T), d. h. der sich bei den Meßwerten zeigende Unterschied ist nicht mehr vorhanden. Rangwerte sind also als Ausgangsdaten für den Vorzeichenrangtest ungeeignet.

6.2.1.3 Varianten des Vorzeichenrangtests

Neben der im letzten Abschnitt beschriebenen „klassischen Variante" des Vorzeichenrangtests gibt es einige spezielle Anwendungsformen, auf die wir im folgenden kurz eingehen wollen. Ähnlich dem Vorzeichentest kann auch der Vorzeichenrangtest die Frage beantworten, ob eine Population A um einen Mindestbetrag C über oder unter einer Population B liegt. Dafür werden die Differenzen $x_{Ai} - (x_{Bi} + C)$ der Auswertungsprozedur des Vorzeichenrangtests unterzogen. Liegen Daten einer Verhältnisskala mit einem absoluten Nullpunkt vor, läßt sich der Vorzeichenrangtest auf die Differenzen $x_{Ai} - C \cdot x_{Bi}$ ($C \neq 0$) anwenden. Diese Anwendungsvariante setzt homogene Meßwertträger und formgleiche bzw. − bei ungleichen Dispersionen − symmetrische Populationen voraus.

Ferner sei die Möglichkeit erwähnt, den Vorzeichenrangtest in modifizierter Form auf *gestutzte Messungen* anzuwenden (Gehan, 1965a). Diese Testvariante ist einzusetzen, wenn die Meßwerte aufgrund einer (an sich unglücklichen) Meßvorschrift einen Minimalwert nicht unterschreiten (Flooreffekt) bzw. einen Maximalwert nicht überschreiten können (Ceilingeffekt), so daß die wahren Merkmalsausprägungen bei Messungen, die den Maximal- bzw. Minimalwert erreichen, unbekannt sind. Eine ausführliche Darstellung dieser Auswertungsvariante findet man bei Lienert (1973, S. 338 ff.).

Wie der U-Test bzw. der H-Test läßt sich auch der Vorzeichenrangtest als Normalrangtest durchführen. Dieser Ansatz wird bei Marascuilo u. McSweeney (1977) beschrieben. Weitere Hinweise zur Anwendung des Vorzeichenrangtests findet man bei Buck (1979).

6.2.2 Tests für mehrere Stichproben

Haben wir statt zweier abhängiger Stichproben mehrere (k) abhängige Stichproben hinsichtlich ihrer zentralen Tendenz zu vergleichen, so benötigen wir eine Methode höheren Allgemeinheitsgrades, als sie der Vorzeichentest oder der Vorzeichenrangtest bieten. Eine solche Methode wurde von Friedman (1937) entwickelt.

6.2.2.1 Friedmans verallgemeinerter Vorzeichentest

Der Friedman-Test dient in der Hauptsache der nichtparametrischen Auswertung *einfaktorieller Meßwiederholungspläne,* in denen N Individuen den k Stufen eines Faktors (z. B. k verschiedenen Behandlungen) ausgesetzt werden. Ordnet man die N Individuen als Zeilen und die k Behandlungen als Spalten an, so ergibt sich das in Tabelle 6.50 dargestellte Datenschema der $N \cdot k$ Meßwerte x_{ij} ($i = 1, \ldots, N$; $j = 1, \ldots, k$).

Tabellen 6.50

Individuen	Behandlungen					
	1	2	...	j	...	k
1	x_{11}	x_{12}	$\cdots$	x_{1j}	$\cdots$	x_{1k}
2	x_{21}	x_{22}	$\cdots$	x_{2j}	$\cdots$	x_{2k}
.	.	.		.		.
.	.	.		.		.
.	.	.		.		.
i	x_{i1}	x_{i2}	$\cdots$	x_{ij}		x_{ik}
.				.		
N	x_{N1}	x_{N2}	$\cdots$	x_{Nj}	$\cdots$	x_{Nk}

Überlegen wir uns, wie verteilungsfrei zu testen wäre, ob die Stichproben 1 bis k aus Populationen mit gleicher zentraler Tendenz stammen (H_0) oder nicht (H_1). Zunächst bietet es sich an, die Meßwerte innerhalb jeder Zeile in Rangwerte von 1 bis k zu transformieren und zu sehen, ob die Spaltensumme dieser Ränge sehr ähnlich (pro H_0) oder sehr verschieden (pro H_1) ausfallen. Diesen Weg beschritt Friedman, um zu einer Prüfverteilung für die Summe S der Abweichungsquadrate der Spaltensummen T_j von ihrem Erwartungswert zu gelangen, der sich wie folgt errechnet: Für jeden Wert einer Zeile ergibt sich bei Gültigkeit von H_0 der Erwartungswert $(k + 1)/2$. Da eine Spaltensumme aus N Zeilenwerten besteht, ist deren Erwartungswert N-mal so groß, also

$$E(T_j) = \frac{N \cdot (k + 1)}{2} \quad . \tag{6.69}$$

Unter H_0 sind die k! Permutationen der Rangzahlen innerhalb jeder Zeile gleich

wahrscheinlich. Für jede Permutation der Ränge der 1. Zeile gibt es wiederum k! verschiedene Rangpermutationen für die 2. Zeile, d. h. insgesamt resultieren also für 2 Zeilen $(k!)^2$ verschiedene Anordnungen. Für N Zeilen beträgt die Gesamtzahl aller möglichen Rangpermutationen $(k!)^N$.

Wir bilden nun in jeder dieser $(k!)^N$ Rangordnungstabellen die Spaltensummen und subtrahieren von jeder Spaltensumme ihren Erwartungswert. Quadrieren wir weiter für jede Rangordnungstabelle diese Differenzen (um die Abweichungsrichtungen irrelevant zu machen) und summieren wir die Abweichungsquadrate über die k Spalten, so erhalten wir die für den exakten Friedman-Test gebräuchliche Prüfgröße

$$S = \sum_{j=1}^{k} [T_j - E(T_j)]^2 \quad . \tag{6.70}$$

Die Gesamtheit der $(k!)^N$ Prüfgrößenwerte bildet die diskrete Prüfverteilung von S, auf deren Basis wir in bekannter Manier einen exakten Test durchführen. Die Überschreitungswahrscheinlichkeit eines beobachteten S-Wertes ist danach gleich dem Quotienten

$$P = Z_r/(k!)^N \quad , \tag{6.71}$$

wobei Z_r die Zahl derjenigen Anordnungen angibt, die einen S-Wert liefern, der den beobachteten Wert erreicht oder übersteigt.

Wie man sieht, läßt sich ein exakter Test dieser Art selbst bei sehr kleinem k und N nicht ohne viel Aufwand durchführen, da man alle $(k!)^N$ Anordnungen tatsächlich bilden und deren S-Werte berechnen müßte. Für den speziellen Fall k = 2 ist der Test mit dem Vorzeichentest identisch, d. h. die Auswertung kann, wie in 6.2.1.1 beschrieben, über den Binomialtest erfolgen. Für k > 2 benutzt man zweckmäßiger die für kleine k und N in Tafel 20 tabellierte Prüfverteilung von χ_r^2. Diese ist mit der Prüfgröße S funktional nach folgender Beziehung verknüpft:

$$\chi_r^2 = \frac{12 \cdot S}{N \cdot k \cdot (k+1)} \quad . \tag{6.72}$$

Geht man von den Spaltensummen T_j aus, ergibt sich χ_r^2 zu

$$\chi_r^2 = \frac{12}{N \cdot k \cdot (k+1)} \cdot \sum_{j=1}^{k} T_j^2 - 3 \cdot N \cdot (k+1) \quad . \tag{6.73}$$

Die in Tafel 20 auszugsweise wiedergegebenen Prüfverteilungen wurden von Owen (1962, Kap. 14.1) bzw. Michaelis (1971) ermittelt; sie gelten für k = 3 Stichproben zu je N = 2 (1) 15 Individuen und für k = 4 Stichproben zu je N = 5 (1) 8 Individuen (Owen, 1962) bzw. für k = 5 mit N = 4 und k = 6 mit N = 3 (Michaelis, 1971). Die Tafel enthält alle möglichen χ_r^2-Werte mit ihren Überschreitungswahrscheinlichkeiten. Für die in Tafel 20 enthaltene „Lücke" (k = 5 und N = 3) lauten die kritischen χ_r^2-Werte nach Michaelis (1971), $\chi_{r(0,05)}^2 = 8,53$ und $\chi_{r(0,01)}^2 = 10,13$.

Bei Vorliegen von Rangaufteilungen läßt sich der Friedman-Test unter Verwendung von Gl. (6.74) verschärfen:

$$\chi^2_{r(corr)} = \frac{\chi^2_r}{1 - \frac{1}{N \cdot k \cdot (k^2 - 1)} \cdot \sum\limits_{i=1}^{m}(t_i^3 - t_i)} \quad, \tag{6.74}$$

mit m = Anzahl der Verbundwertgruppen (vgl. S. 205).

Nach Conover (1971, 1980) erhält man den verbundrangkorrigierten χ^2_r-Wert auch nach folgender Gleichung:

$$\chi^2_{r(corr)} = \frac{(k-1) \cdot [\sum\limits_{j=1}^{k} T_j^2 - N^2 \cdot k \cdot (k+1)^2/4]}{\sum\limits_{i=1}^{N}\sum\limits_{j=1}^{k} R_{ij}^2 - N \cdot k \cdot (k+1)^2/4} \quad, \tag{6.75}$$

mit R_{ij} = Rangwert der Untersuchungseinheit i unter der Bedingung j.

Diese Gleichung kann für Daten mit bzw. ohne Verbundränge verwendet werden. Tafeln für die exakte Behandlung von Rangaufteilungen findet man bei Kendall (1955).

Beispiel 6.14

Problem: Ein neuer, zentral erregender Stoff soll in zwei Dosen (ED = einfache Dosis, DD = doppelte Dosis) auf seine Wirkung im Vergleich zu einem Leerpräparat (LP) und zu einem bekannten, zentral erregenden Stoff (Co = Koffein) untersucht werden. Es sind also k = 4 Behandlungen zu vergleichen.

Methode: 20 Ratten werden nach dem Grad ihrer Spontanaktivität (gemessen in einem Vortest) in N = 5 Gruppen eingeteilt. Gruppe I zeigt die stärkste, Gruppe V die geringste Motilität; die Ratten innerhalb einer Gruppe sind gleich aktiv. Die 4 Ratten einer jeden Gruppe werden nach Zufall den k = 4 Bedingungen zugeordnet (Parallelstichproben). Daraufhin werden sie einzeln in eine einseitig drehbar aufgehängte, zylindrische Lauftrommel gesetzt, die Drogen werden injiziert und die Anzahl der Umdrehungen pro Minute als Maß für den Grad der zentralen Erregung registriert.

Hypothese: Die 4 Präparate bewirken den gleichen Grad der Spontanmotilität (H_0; $\alpha = 0,05$; zweiseitiger Test).

Datenerhebung und Auswertung: Es resultieren die in Tabelle 6.51 dargestellten Umdrehungszahlen.

Tabelle 6.51

Gruppe	Co	ED	DD	LP	Zeilen-summe
I	14	11	16	13	54
II	13	12	15	12	52
III	12	13	14	11	50
IV	11	14	13	10	48
V	10	15	12	9	46
Spaltensumme	60	65	70	55	250

Wir bilden innerhalb jeder Gruppe eine eigene Rangordnung und summieren zur Ermittlung der T_j-Werte die Spaltenwerte (Tabelle 6.52).

Tabelle 6.52

Gruppe	Co	ED	DD	LP	Zeilen-summe
I	3	1	4	2	(10)
II	3	1,5	4	1,5	(10)
III	2	3	4	1	(10)
IV	2	4	3	1	(10)
V	2	4	3	1	(10)
Spalten-summe T_j	12	13,5	18	6,5	(50)

Zur Berechnung des Friedmanschen χ_r^2-Wertes setzen wir die T_j-Werte in Gl. (6.73) ein.

$$\chi_r^2 = \frac{12}{5 \cdot 4 \cdot (4+1)} \cdot (12^2 + 13,5^2 + 18^2 + 6,5^2) - 3 \cdot 5 \cdot (4+1) = 8,1 \quad .$$

Unter Berücksichtigung der Rangbindungen erhält man nach Gl. (6.74)

$$\chi_{r(corr)}^2 = \frac{8,1}{1 - \frac{1}{5 \cdot 4 \cdot (4^2-1)} \cdot (2^3 - 2)} = \frac{8,1}{0,98} = 8,3$$

bzw. nach Gl. (6.75)

$$\chi_{r(corr)}^2 = \frac{(4-1) \cdot (12^2 + 13,5^2 + 18^2 + 6,5^2) - 5^2 \cdot 4 \cdot 5^2/4}{(3^2 + 1^2 + 4^2 + \dots + 4^2 + 3^2 + 1^2) - 5 \cdot 4 \cdot 5^2/4}$$

$$= \frac{202,5}{24,5} = 8,3 \quad .$$

Entscheidung: Ein $\chi_r^2 = 8,3$ ist für k = 4 und N = 5 gemäß Tafel 20 auf der 5%-Stufe signifikant. Wir akzeptieren H_1.

Interpretation: Die Ratten zeigen unter den 4 Bedingungen eine unterschiedliche Spontanaktivität.

Anmerkung: Die varianzanalytische Auswertung der Meßwerte (einfaktorielle Varianzanalyse mit Meßwiederholungen; vgl. etwa Bortz, 1989, Kap. 9.1) führt mit F = 3,32, drei Zähler- und zwölf Nennerfreiheitsgraden zu einem nicht signifikanten Ergebnis. In diesem speziellen Fall entscheidet also die parametrische Varianzanalyse gegenüber der Friedman-Analyse eher konservativ.

Sind k und/oder N größer als in Tafel 20 angegeben, prüft man **asymptotisch**. Für $k \cdot N \leq 40$ verwendet man folgende stetigkeitskorrigierte Prüfgröße:

$$\chi_r^2 = \frac{12 \cdot N \cdot (k-1) \cdot (S-1)}{N^2 \cdot (k^3 - k) + 24} \quad . \tag{6.76}$$

Im Falle von Rangbindungen ist dieser Wert gemäß Gl. (6.74) zu korrigieren. χ_r^2 ist mit Fg = k − 1 asymptotisch χ_r^2-verteilt. Für $40 \leq k \cdot N \leq 60$ wird die über Gl. (6.72) bzw. (6.73) errechnete Prüfgröße anhand der χ^2-Verteilung mit k − 1 Fg beurteilt. Für große Stichproben (k · N > 60) wählt man nach Iman u. Davenport (1980) besser folgende approximativ F-verteilte Prüfgröße:

$$F = \frac{(N-1) \cdot [\frac{1}{N} \cdot \sum\limits_{j=1}^{k} T_j^2 - N \cdot k \cdot (k+1)^2/4]}{\sum\limits_{i=1}^{N} \sum\limits_{j=1}^{k} R_{ij}^2 - \frac{1}{N} \cdot \sum\limits_{j=1}^{k} T_j^2} \tag{6.77}$$

mit k − 1 Zählerfreiheitsgraden und (N − 1) · (k − 1) Nennerfreiheitsgraden. Kritische F-Werte sind Tafel 18 zu entnehmen. F läßt sich auch nach folgender Gleichung aus χ_r^2 errechnen:

$$F = \frac{(N-1) \cdot \chi_r^2}{N \cdot (k-1) - \chi_r^2} \; . \tag{6.78}$$

Bei maximaler Unterschiedlichkeit der T_j-Werte (bzw. maximalem Wert der Prüfgröße S) wird der Nenner in Gl. (6.78) Null. In diesem Fall kann H_0 verworfen werden, denn es gilt dann $P(S) = (\frac{1}{k!})^{N-1}$.

Der Friedman-Test kann – zumindest formal – auch „quasi-bifaktoriell" eingesetzt werden, indem man in Tabelle 6.51 Zeilen und Spalten vertauscht und pro Individuum (Gruppe) Rangsummen T_i über die k verschiedenen Behandlungen bestimmt. Im Beispiel 6.14 würde man also überprüfen, ob die im Vortest gemessene unterschiedliche Motilität der 5 Rattengruppen auch im Haupttest nachweisbar ist.
Darüber hinaus wirft die bi- oder mehrfaktorielle Anwendung des Friedman-Tests die gleichen Probleme auf wie mehrfaktorielle H-Tests (vgl. 6.1.5): Die einzelnen zu testenden Effekte sind – anders als in der orthogonalen, parametrischen Varianzanalyse – nicht voneinander unabhängig. Dies gilt auch für die von Bredenkamp (1974) vorgeschlagene Auswertung bi- oder mehrfaktorieller Pläne mit 2 oder mehr Meßwiederholungsfaktoren. Wir verzichten deshalb an dieser Stelle auf eine ausführlichere Darstellung mehrfaktorieller Anwendungen des Friedman-Tests und verweisen auf 6.2.5.2, wo wir uns ausführlich mit der Auswertung mehrfaktorieller Meßwiederholungspläne unter Verwendung des „ranking after alignement" befassen.

Der Friedman-Test setzt voraus, daß die N Individuen wechselseitig unabhängig sind, daß also nicht etwa ein- und dasselbe Individuum zweimal oder mehrmals im Untersuchungsplan auftritt. Im übrigen gelten die gleichen Annahmen wie beim Vorzeichentest.

Bei Anwendung auf k = 2 Bedingungen geht – wie bereits erwähnt – der Friedman-Test in den Vorzeichentest über. Dem entsprechend hat er für k = 2 eine ARE von $2/\pi = 0,637$. Unter den Bedingungen eines validen F-Tests der parametrischen Varianzanalyse mit k Behandlungen erreicht der Friedman-Test einen ARE von $(3/\pi) \cdot k/(k+1)$. Umgekehrt steigt sie unbegrenzt über 1 an, wenn man den Friedman-Test auf beliebig verteilte Stichproben anwendet. (Zur Beziehung der Prüfgröße χ_r^2 zur Spearman'schen Rangkorrelation vgl. S. 470 und zum Konkordanzkoeffizienten von Kendall vgl. S. 468.)

6.2.2.2 Der Spannweitenrangtest von Quade

Einen weiteren Test zur Überprüfung von Unterschiedshypothesen bei mehreren abhängigen Stichproben hat Quade (1972, 1979) vorgestellt. Der Test eignet sich besonders für eine mittlere Anzahl von Behandlungsstufen ($k \approx 5$), wenn nicht normalverteilte Meßwerte mit unterschiedlichen Spannweiten vorliegen. Er ist allerdings – anders als der Friedman-Test – nicht einschlägig, wenn pro Untersuchungseinheit (Individuum) jeweils originäre Rangdaten erhoben wurden, denn er setzt kardinales Datenniveau voraus.

Zunächst geht der Test genauso vor wie der Friedman-Test: Den Meßwerten einer Untersuchungseinheit (eines Individuums) werden über alle Behandlungsstufen Rangplätze zugewiesen (entsprechendes gilt für die Individuen eines homogenen Blockes bei der Verwendung von Parallelstichproben). In einem 2. Schritt bestimmt man pro Untersuchungseinheit die Spannweite der Meßwerte, die ihrerseits über alle Untersuchungseinheiten in eine Rangreihe gebracht werden. Man erhält also pro Individuum einen Spannweitenrangplatz Q_i, wobei $Q_i = 1$ für die kleinste und $Q_i = N$ für die größte Spannweite gesetzt werden. Die mit Q_i gewichtete Abweichung eines individuellen Rangplatzes R_{ij} vom Rangdurchschnitt $(k+1)/2$ definiert den Kennwert S_{ij}:

$$S_{ij} = Q_i \cdot (R_{ij} - \frac{k+1}{2}) \quad . \tag{6.79}$$

Die Gewichtung der Rangabweichungen mit dem Spannweitenrang hat folgenden Effekt: Unterscheiden sich Individuen in der intraindividuellen Streubreite der Meßwerte, so wird diese Information durch die Transformation der Meßwerte in Rangplätze aufgegeben. Durch die Multiplikation mit der Spannweite bzw. deren Rangplatz werden Spannweitenunterschiede im nachhinein wieder berücksichtigt; identische Rangplätze bzw. Rangabweichungen erhalten bei Individuen mit stark streuenden Messungen einen höheren S_{ij}-Wert als bei Individuen mit wenig streuenden Messungen.

Ähnlich dem Rationale der klassischen Varianzanalyse werden schließlich pro Untersuchungsbedingung die Summen von S_{ij} gebildet:

$$S_j = \sum_{i=1}^{N} S_{ij} \quad . \tag{6.80}$$

Daraus erhält man nach folgender Gleichung die Prüfgröße T_Q :

$$T_Q = \frac{(N-1) \cdot \frac{1}{N} \cdot \sum_{j=1}^{k} S_j^2}{\sum_{i=1}^{N} \sum_{j=1}^{k} S_{ij}^2 - \frac{1}{N} \cdot \sum_{j=1}^{k} S_j^2} \quad . \tag{6.81}$$

Da die exakte Verteilung von T_Q für kleinere Stichproben nicht bekannt ist, können wir T_Q nur approximativ ($N \cdot k > 40$) anhand der F-Verteilung (Tafel 18) mit $k-1$ Zählerfreiheitsgraden und $(N-1) \cdot (k-1)$ Nennerfreiheitsgraden testen. Der Test wird durch Rangbindungen nicht invalidiert.

Beispiel 6.15

Problem: Die Langzeiterträge einer neuen Weizensorte sollen über 6 Jahre erkundet werden. Sieben Bauern stellen ihre Felder für das Experiment zur Verfügung. Auf gleich großer Anbaufläche wird Weizen angebaut und im konventionellen Landbau gedüngt. Vom Ernteertrag wird von Jahr zu Jahr jeweils soviel Saatgut zurückbehalten, daß die gleiche Anbaufläche im folgenden Jahr erneut bestellt werden kann. Abhängige Variable ist der Ertrag pro Jahr in Doppelzentnern.

Hypothese: Der Ernteertrag bleibt von Jahr zu Jahr konstant (H_0; $\alpha = 0,01$).

Datenerhebung und Auswertung: Wegen unklarer Verteilungseigenschaften der abhängigen Variablen wird ein nonparametrischer Test gewählt. Die in Tabelle 6.53 dargestellten Ernteerträge wurden registriert.

Tabelle 6.53

Bauer	Jahr 1 x_{ij}	R_{ij}	Jahr 2 x_{ij}	R_{ij}	Jahr 3 x_{ij}	R_{ij}	Jahr 4 x_{ij}	R_{ij}	Jahr 5 x_{ij}	R_{ij}	Jahr 6 x_{ij}	R_{ij}	Spannweite	Q_i
A	420	3	440	4	445	5,5	445	5,5	415	2	385	1	60	2,5
B	510	1	540	3	550	4	555	5,5	555	5,5	530	2	45	1
C	490	1	530	2,5	540	4	550	5,5	550	5,5	530	2,5	60	2,5
D	485	1	535	4	540	5	550	6	520	3	505	2	65	4,5
E	600	1	660	4,5	660	4,5	665	6	635	3	625	2	65	4,5
F	595	1,5	665	6	660	5	600	3,5	600	3,5	595	1,5	70	6
G	435	1	515	2	525	3	530	5	530	5	530	5	95	7
T_j		9,5		26		31		37		27,5		16		

Die einzelnen Rangwerte R_{ij} sind gemäß Gl. (6.79) durch S_{ij}-Werte zu ersetzen (Tabelle 6.54).

Tabelle 6.54

S_{ij}-Werte

Bauer	Jahr 1	Jahr 2	Jahr 3	Jahr 4	Jahr 5	Jahr 6
A	−1,25	1,25	5,00	5,00	−3,75	−6,25
B	−2,50	−0,50	0,50	2,00	2,00	−1,50
C	−6,25	−2,50	1,25	5,00	5,00	−2,50
D	−11,12	2,25	6,75	11,25	−2,25	−6,75
E	−11,25	4,50	4,50	11,25	−2,25	−6,75
F	−12,00	15,00	9,00	0,00	0,00	−12,00
G	−17,50	−10,50	−3,50	10,50	10,50	10,50
S_j:	−62,00	9,50	23,50	45,00	9,25	−25,25

Aus Tabelle 6.54 errechnet sich die Prüfgröße nach Gl. (6.81) zu

$$
T_Q = \frac{(7-1) \cdot \frac{1}{7} \cdot [(-62,00)^2 + 9,50^2 + \ldots + 9,25^2 + (-25,25)^2]}{[(-1,25)^2 + \ldots + 10,50^2] - \frac{1}{7} \cdot [(-62,00)^2 + \ldots + (-25,25)^2]}
$$

$$
= \frac{0,857 \cdot 7234,625}{2278,50 - \frac{1}{7} \cdot 7234,625} = 4,98 \quad .
$$

Entscheidung: Dieser T_Q-Wert ist gemäß Tafel 18 für 5 Zählerfreiheitsgrade und 30 Nennerfreiheitsgrade auf dem 1%-Niveau signifikant.

Interpretation: Die Ernteerträge sind in den 6 Untersuchungsjahren nicht gleich. Bis zum 4. Jahr ist eine Zunahme, danach eine Abnahme zu verzeichnen.

Der Test von Quade läßt sich auch quasi-multivariat anwenden, wenn pro Individuum mehrere abhängige Variablen wiederholt gemessen werden. Dabei bringt man die Messungen zunächst für jede abhängige Variable getrennt in eine Rangreihe. Es wird dann für jede Bedingung (Meßzeitpunkt) und jedes Individuum der durchschnittliche Rangplatz $\overline{R}_{ij}$ über die abhängigen Variablen ermittelt. Genauso verfährt man mit den Spannweiten: Zunächst berechnet man die Spannweiten der Meßwerte pro Individuum für jede abhängige Variable getrennt. Diese werden als nächstes für jede abhängige Variable über alle Individuen in Rangreihe gebracht. Durch Mittelung dieser Ränge über die abhängigen Variablen erhält man pro Individuum $\overline{Q}_i$-Werte, aus denen unter Verwendung der durchschnittlichen Ränge $\overline{R}_{ij}$ nach Gl. (6.79) S_{ij}-Werte bestimmt werden. Diese Anwendungsvariante ist deshalb als *quasi*-multivariat zu bezeichnen, weil nur durchschnittliche Ränge und durchschnittliche Q_i-Werte wie in einer univariaten Analyse verwendet werden. Dementsprechend bleiben die Freiheitsgrade von T_Q gegenüber der univariaten Anwendung unverändert.

Der Spannweitenrangtest von Quade hat für k = 2 eine ARE von 0,955. Nach Conover (1971, 1980) ist er besonders dann dem Test von Friedman überlegen, wenn deutliche Spannweitenunterschiede über die Treatmentstufen zwischen den Untersuchungseinheiten vorliegen.

6.2.2.3 Weitere Verfahren

Wie bereits für unabhängige Stichproben ausführlich geschildert, besteht auch für abhängige Stichproben die Möglichkeit, *Normalrangtests* als Alternative zum Vorzeichenrangtest für k = 2 Stichproben, zum Friedman-Test und zum Test von Quade zu verwenden. Das genaue Vorgehen wird bei Marascuilo u. McSweeney (1977, S. 371 f.) geschildert. Das Prinzip dieser Anwendungsvarianten von Normalrangtests geht von der Rangordnungsprozedur des Friedman-Tests aus, verwendet jedoch statt der Ränge „inverse normal scores". Die resultierende Prüfgröße wird an der χ^2-Verteilung mit k − 1 Fg auf Signifikanz geprüft. Marascuilo u. McSweeney (1977) schlagen Normalrangtests besonders für den Vergleich vieler Stichproben vor.

Eine weitere Alternative für den Mehrstichprobenvergleich abhängiger Stichproben stellt schließlich die mehrfache Anwendung des Vorzeichenrangtests nach Wilcoxon auf jeweils 2 Stichproben dar. Dabei sind jedoch α-Fehler-Korrekturen gemäß 2.2.11 erforderlich, es sei denn, man beschränkt sich auf wenige, a priori geplante Vergleiche.

6.2.3 Einzelvergleiche

Führt der Friedman-Test bzw. der Quade-Test zu einem signifikanten Resultat, empfiehlt es sich, ähnlich wie bei der Ablehnung der globalen H_0 beim Vergleich
mehrerer unabhängiger Stichproben (vgl. 6.1.3), Einzelvergleiche durchzuführen, die
eine detailliertere Ergebnisinterpretation gestatten. Auch hier wollen wir über k-
Stichprobenvergleiche (vollständige Paarvergleiche) und über Einstichprobenvergleiche (Paarvergleiche mit einer Kontrollgruppe) berichten.

Unter Verwendung der χ_r^2-Prüfgröße des Friedman-Tests berechnet man bei
kleineren Stichproben nach Schaich u. Hamerle (1984, Kap. 5.3.4) folgende kritische
Differenz für den Paarvergleich zweier abhängiger Stichproben j und j' :

$$\Delta_{\overline{R}\,(\text{crit})} = \sqrt{\chi_{r(k,N,\alpha)}^2} \cdot \sqrt{\frac{k \cdot (k+1)}{6 \cdot N}} \quad . \tag{6.82}$$

$\chi_{r(k;N;\alpha)}^2$ ist der in Tafel 20 nachzulesende, kritische Schwellenwert für ein zuvor
festgesetztes α-Niveau. Für Konstellationen von N und k, die in Tafel 20 nicht aufgeführt sind, ersetzt man $\chi_{r(k,N,\alpha)}^2$ durch den entsprechenden Schwellenwert $\chi_{(k-1,\alpha)}^2$
der χ^2-Verteilung für k − 1 Fg (vgl. Tafel 3). Zwei Stichproben j und j' sind signi-
fikant verschieden, wenn $|\overline{R}_j - \overline{R}_{j'}| \geq \Delta_{\overline{R}_{(\text{crit})}}$ ist. Für Beispiel 6.14 entnehmen wir
Tafel 20 $\chi_{r(4;5;0,0)}^2 = 7,8$, d. h. nach Gl. (6.82) resultiert

$$\Delta_{\overline{R}(\text{crit})} = \sqrt{7,8} \cdot \sqrt{\frac{4 \cdot 5}{6 \cdot 5}} = 2,28 \quad .$$

Als durchschnittliche Ränge für die 4 Stichproben ergeben sich $\overline{R}_1 = 2,4$; $\overline{R}_2 =
2,7$; $\overline{R}_3 = 3,6$ und $\overline{R}_4 = 1,3$. Demnach unterscheiden sich nur die Stichproben 3
und 4 ($3,6 - 1,3 = 2,3 > 2,28$) auf dem $\alpha = 0,05$-Niveau. Die doppelte Dosis
(DD) führt zu einer signifikant höheren Motilität der Ratten als das Leerpräparat
(LP). Hinsichtlich der übrigen Paarvergleiche ist die H_0 (keine Unterschiede in der
zentralen Tendenz) beizubehalten.

Weniger konservativ als Gl. (6.82) entscheidet folgende von Conover (1971, 1980) vorgeschlagene
Gleichung:

$$\Delta_{\overline{R}(\text{crit})} = t_{[(N-1) \cdot (k-1);\alpha/2]} \cdot \sqrt{\frac{2 \cdot \left(\sum_{i=1}^{N}\sum_{j=1}^{k} R_{ij}^2 - \frac{1}{N} \cdot \sum_{j=1}^{k} T_j^2\right)}{N \cdot (N-1) \cdot (k-1)}} \quad . \tag{6.83}$$

Für das gleiche Beispiel entnimmt man der t-Tabelle (vgl. etwa Bortz, 1989, Tab. D) $t_{(12;0,025)} = 2,179$
und errechnet gemäß Gl. (6.83)

$$\Delta_{\overline{R}(\text{crit})} = 2,179 \cdot \sqrt{\frac{2 \cdot (149,5 - \frac{1}{5} \cdot 692,5)}{5 \cdot 4 \cdot 3}} = 1,32 \quad .$$

Demnach wäre auch der Unterschied zwischen Stichprobe 2 (einfache Dosis) und Stichprobe 4 (Leerpräparat)
auf dem $\alpha = 0,05$-Niveau signifikant.

Ein zu Gl. (6.83) analoges Verfahren schlägt Conover (1980) auch für die Berechnung einer kritischen Differenz bei Vorliegen eines signifikanten Spannweiten-
rangtestes nach Quade vor. Die kritische Differenz bezieht sich dabei auf Differenzen
zwischen verschiedenen S_j-Werte und nicht auf Durchschnittsränge:

$$\varDelta_{S(crit)} = t_{[(N-1)\cdot(k-1);\alpha/2]} \cdot \sqrt{\frac{2\cdot N(\sum\limits_{i=1}^{N}\sum\limits_{j=1}^{k} S_{ij}^2 - \frac{1}{N}\cdot\sum\limits_{j=1}^{k} S_j^2)}{(N-1)\cdot(k-1)}} \quad . \qquad (6.84)$$

Setzen wir hier die Werte aus Beispiel 6.15 ein, ergibt sich für das $\alpha = 1\%$-Niveau

$$\varDelta_{S(crit)} = 2,75 \cdot \sqrt{\frac{2\cdot 7\cdot(2278,50 - \frac{1}{7}\cdot 7234,625)}{6\cdot 5}} = 66,29 \quad .$$

Bezogen auf die S_j-Summen in Beispiel 6.15 ist festzustellen, daß sich das 1. Erntejahr von den Jahren 2 bis 5 und das 4. Erntejahr vom 6. signifikant unterscheiden. Richtung und Größe der Unterschiede legen die Vermutung nahe, daß die Erntebeträge einem quadratischen Trend folgen (Zunahme der Erntebeträge bis zum 4. Jahr, danach Abnahme). Wir werden auf diese Vermutung in 6.2.4 zurückkommen.

Für den Vergleich einer Stichprobe mit den restlichen $k-1$ Stichproben (**Einstichprobenvergleiche**) greifen wir erneut auf Wilcoxon u. Wilcox (1964) zurück. Ausgehend von den Rangsummen T_i ($i = 1, \dots, k-1$) und T_0 (z.B. für die Kontrollgruppe) ermitteln wir Differenzen

$$d_i = T_i - T_0 \quad , \qquad (6.85)$$

die asymptotisch mit einem Erwartungswert von Null und einer Standardabweichung von

$$\sigma_d = \sqrt{\frac{N\cdot k\cdot(k+1)}{6}} \qquad (6.86)$$

proportional zu der parametrischen t_k-Statistik von Dunnett (1955, 1964) verteilt sind:

$$t_k = \frac{|d_i|}{\sigma_d} \quad . \qquad (6.87)$$

t_k-Werte sind (ein- oder zweiseitig) zufallskritisch für große Stichproben ($N > 25$) anhand Tafel 14 zu bewerten. Bei einer begrenzten Anzahl von Untersuchungseinheiten und/oder Untersuchungsbedingungen prüft man die $|d_i|$-Werte anhand Tafel 21. Wenn wir davon ausgehen, daß in Beispiel 6.14 die 3 Bedingungen Co, ED und DD mit LP als Kontrollbedingung zu vergleichen sind, ermittelt man $|d_1| = 5,5$; $|d_2| = 7,0$ und $|d_3| = 11,5$. Da die Alternativhypothesen zur Nullhypothese (keine Unterschiede in der zentralen Tendenz) für alle 3 Einzelvergleiche einseitig zu formulieren sind (Behandlung > Kontrolle), lesen wir für das vereinbarte $\alpha = 0,05$ bei $k-1 = 3$ und $N = 5$ in Tafel 21 eine untere Schranke von $d_i = 8$ ab. Diese Schranke wird nur vom Vergleich DD gegen LP übertroffen, so daß nur DD als signifikant wirksam angesehen werden darf, wenn lediglich die Unterschiede zwischen den 3 Behandlungen und der Kontrollgruppe interessieren.

Die exakte Prüfverteilung von d_i unter der Nullhypothese ist vorläufig noch unbekannt. Die Autoren äußern sich auch nicht über die Effizienz der von Dunnetts t_k-Test abgeleiteten Einzelvergleichtests.

An Voraussetzungen implizieren alle in diesem Abschnitt genannten Tests, daß:

- die k Populationen homomer verteilt sind, insbesondere daß sie vergleichbar streuen, was durch einen Dispersionsvergleich der k Stichproben abzuschätzen ist,
- die N Individuen (bzw. die N k-Tupel von Individuen) homogen und wechselseitig unabhängig sind und
- keine Wechselwirkungen zwischen Behandlungen und Individuen bestehen.

Ist die Voraussetzung 2 nicht erfüllt, etwa weil Individuen veschiedenen Alters, Geschlechts etc. als Ad-hoc-Stichproben dienten, sollte statt der hier genannten Einzelvergleichsverfahren ein von Steel (1959) bzw. Rhyne u. Steel (1965) entwickeltes Einstichprobenvergleichsverfahren eingesetzt werden.

Weitere Einzelvergleichsverfahren wurden von Belz u. Hooke (1954), Dunn-Rankin u. Wilcoxon (1966), Dunn-Rankin (1965), Steel (1960), Miller (1966) sowie Whitfield (1954) konzipiert. Das von Rosenthal u. Ferguson (1965) entwickelte Verfahren zur Bestimmung multipler Konfidenzintervalle wird bei Marascuilo u. McSweeney (1977, S. 367 f.) beschrieben. Für eine spezielle Einzelvergleichsindikation (H_1: Eine Population liegt außerhalb des Bereiches der restlichen $k - 1$ Populationen) haben Thompson u. Wilke (1963) ein auf Überlegungen von Youden (1963) basierendes Verfahren entwickelt.

6.2.4 Trendtests

6.2.4.1 Trendtest von Page

Der bekannteste Trendtest für Rangdaten geht auf Page (1963) zurück. Dieser Test stellt der Nullhypothese nicht – wie der Friedman-Test – eine Omnibusalternativhypothese gegenüber, sondern eine Trendalternativhypothese, die besagt, daß die Behandlungsstufen 1 bis k einen zunehmend stärkeren Einfluß auf die untersuchte Variable ausüben und einen Anstieg der Populationsmediane bewirken.

Bezeichnen wir wie beim Friedman-Test die nach aufsteigenden Rangzahlen geordneten Spalten mit j und deren Rangsummen mit T_j ($j = 1, \ldots, k$), so ist die Prüfstatistik des Trendtests von Page definiert durch die Produktsumme

$$L = \sum_{j=1}^{k} j \cdot T_j \quad . \tag{6.88}$$

Die kombinatorisch von Page für $k = 3$ (1)9 und $N = 2$ (1)20 ermittelten exakten Signifikanzschranken dieser Prüfstatistik sind in Tafel 22 des Anhanges verzeichnet. Der Test ist immer als einseitiger Test zu verstehen.

Hätten wir in Beispiel 6.14 aufgrund zusätzlicher Informationen vermutet, daß der neue, zentral erregende Stoff bereits in Einzeldosis (ED) stärker wirkt als Koffein, dann hätten wir eine gerichtete Wirkungsvoraussage folgender Art machen können: Leerpräparat < Koffein < Einzeldosis < Doppeldosis. Ob diese Trendhypothese gegenüber H_0 akzeptabel ist, soll der Trendtest von Page entscheiden. Tabelle 6.55 zeigt seine Anwendung.

Aus Tafel 22 entnehmen wir, daß für $k = 4$ Behandlungen und $N = 5$ Gruppen die folgenden Schranken gelten: $L_{0,05} = 137$ und $L_{0,01} = 141$. Der empirische L-Wert von 143 überschreitet die 1%-Niveau-Schranke und liefert demgemäß einen

Tabelle 6.55

Wirk-stoff	LP	<	Co	<	ED	<	DD	$\sum j \cdot T_j = L$
j:	1		2		3		4	
T_j:	6,5		12,0		13,5		18,0	
$j \cdot T_j$:	6,5		24,0		40,5		72,0	143,0

überzeugenderen Wirkungsnachweis als der auf der 5%-Stufe signifikante Friedman-Test.

Für größere Werte von k und N als in Tafel 22 angegeben, ist L genähert normalverteilt mit einem Erwartungswert von

$$E(L) = \frac{N \cdot k \cdot (k+1)^2}{4} \tag{6.89}$$

und einer Standardabweichung von

$$\sigma_L = \sqrt{\frac{N \cdot k^2 \cdot (k^2 - 1) \cdot (k+1)}{144}} \quad . \tag{6.90}$$

Wir testen gegen die Nullhypothese asymptotisch über den kritischen Bruch

$$u = \frac{L - E(L)}{\sigma_L} \tag{6.92}$$

und beurteilen diesen gemäß der gebotenen einseitigen Fragestellung.

Zwischen dem Test von Page und dem Friedman-Test besteht die gleiche Relation wie zwischen dem Trendtest von Jonckheere und dem H-Test von Kruskal und Wallis: Stets ist der erstere unter sonst gleichen Bedingungen effizienter als der letztere. Wie Boersma et al. (1964) belegen konnten, prüft der Test von Page selbst bei Erfüllung parametrischer Bedingungen in der Regel schärfer als die parametrische Varianzanalyse, was von keinem anderen verteilungsfreien Test gesagt werden kann.

6.2.4.2 Trendtests mit orthogonalen Polynomen

Bereits in 6.1.4.2 haben wir orthogonale Polynome eingesetzt, um Trendhypothesen unterschiedlicher Art zu überprüfen. Diese Möglichkeit besteht auch beim Vergleich geordneter, abhängiger Stichproben. Die asymptotisch normalverteilte Prüfgröße lautet für diese Anwendungsvariante

$$u = \frac{\sum\limits_{j=1}^{k} c_j \cdot \overline{R}_j}{\sqrt{\frac{k \cdot (k+1)}{12 \cdot N} \cdot \sum\limits_{j=1}^{k} c_j^2}} \quad . \tag{6.93}$$

Die c_j-Koeffizienten sind auch hier Tafel 16 zu entnehmen. Mit den c_j-Koeffizienten für den linearen Trend prüfen wir bei ordinalen Daten auf monotonen Trend, mit

den c_j-Koeffizienten für den quadratischen Trend auf bitonen Trend (u-förmig oder umgekehrt u-förmig) etc.

Zur Verdeutlichung von Gl. (6.93) greifen wir noch einmal auf Beispiel 6.14 zurück, obwohl diese Anwendung wegen des geringen Stichprobenumfangs nicht unproblematisch ist. Für die Überprüfung der Hypothese LP < Co < ED < DD errechnet man

$$u = \frac{(-3) \cdot 1,3 + (-1) \cdot 2,4 + 1 \cdot 2,7 + 3 \cdot 3,6}{\sqrt{\frac{4 \cdot 5}{12 \cdot 5} \cdot [(-3)^2 + (-1)^2 + 1^2 + 3^2]}} = \frac{7,2}{2,58} = 2,79 \quad .$$

Dieser Wert ist gemäß Tafel 2 bei einseitigem Test auf der $\alpha = 0,01$-Stufe signifikant und bestätigt damit trotz des geringen Stichprobenumfanges die aufgrund des exakten Trendtests von Page getroffene Entscheidung.

Der Test auf monotonen Trend gemäß Gl. (6.93) ist mit der asymptotischen Variante des Trendtests von Page identisch. Zur Kontrolle berechnen wir gemäß Gl. (6.92)

$$u = \frac{143 - 5 \cdot 4 \cdot 5^2/4}{\sqrt{5 \cdot 16 \cdot 15 \cdot 5/144}} = 2,79 \quad .$$

Bezogen auf Beispiel 6.15 haben wir auf S. 276 die Vermutung geäußert, die Ernteerträge könnten über die sechs Jahre hinweg einem bitonen (quadratischen) Trend folgen. Diese Vermutung sei im folgenden anhand Gl. (6.93) unter Verwendung der c_j-Koeffizienten des quadratischen Trends und k = 6 gemäß Tafel 16 überprüft. Wir errechnen

$$u = \frac{5 \cdot 1,36 + (-1) \cdot 3,71 + (-4) \cdot 4,43 + (-4) \cdot 5,29 + (-1) \cdot 3,93 + 5 \cdot 2,29}{\sqrt{\frac{6 \cdot 7}{12 \cdot 7} \cdot [5^2 + (-1)^2 + (-4)^2 + (-4)^2 + (-1)^2 + 5^2]}}$$
$$= -4,36 \quad .$$

Unsere Hypothese wird damit eindeutig bestätigt: $P(u) < 0,001$. Dem negativen Vorzeichen des u-Wertes ist zu entnehmen, daß der bitone Trend – wie vorhergesagt – umgekehrt u-förmig ist.

6.2.5 Tests für mehrfaktorielle Untersuchungspläne

Wir werden im folgenden 2 Möglichkeiten diskutieren, Untersuchungspläne mit einem p-fach gestuften Gruppierungsfaktor A und einem q-fach gestuften Meßwiederholungsfaktor B zu analysieren. Der Begriff des Meßwiederholungsfaktors bezieht dabei Pläne mit q Parallelstichproben mit ein.

Wenden wir uns zunächst dem Sonderfall zu, bei dem p = 2 und q = 2 sind.

6.2.5.1 U-Test für Paardifferenzen

Für die Auswertung eines sog. 2 × 2-Plans mit einem Meßwiederholungsfaktor hat Buck (1975) den U-Test für Paardifferenzen vorgeschlagen. Er ist besonders für ein „klassisches" Untersuchungsdesign der pharmakologischen Forschung einschlägig, mit dem 2 Medikamente A und B geprüft werden. Dabei erhält eine Stichprobe a_1 Medikament A und eine weitere Stichprobe a_2 Medikament B. Beide Stichproben

sollten zur Sicherung der internen Validität der Untersuchung randomisiert sein. Die Untersuchungsteilnehmer werden vor und nach der Behandlung hinsichtlich einer durch das Medikament potentiell beeinflußten abhängigen Variablen gemessen.

Das Erkenntnisinteresse, das sich mit diesem Untersuchungsplan verbindet, bezieht sich ausschließlich auf die Frage, ob Medikament A stärker/schwächer wirkt als Medikament B. Hierzu wird über die *Meßwertdifferenzen* ein U-Test (vgl. 6.1.1.2) gerechnet. Bei einem signifikanten Ergebnis unterscheiden sich die Meßwertdifferenzen der Stichprobe a_1 von denen der Stichprobe a_2, was wiederum den Rückschluß zuläßt, daß Medikament B stärker/schwächer wirkt als Medikament A.

Damit entspricht der U-Test für Paardifferenzen einem varianzanalytischen Test auf Interaktion zwischen einem Meßwiederholungsfaktor B und einem Gruppierungsfaktor A. Beispiel 6.16 soll die Durchführung eines U-Tests für Paardifferenzen verdeutlichen.

Beispiel 6.16

Problem: Zwei vermeintlich konzentrationsfördernde Medikamente A und B sollen hinsichtlich ihrer Wirksamkeit verglichen werden. Man wählt eine Zufallsstichprobe von 10 Schülern, die zufällig in 2 Gruppen a_1 und a_2 mit jeweils 5 Schülern aufgeteilt werden (Randomisierung). Beide Gruppen führen in einem Vortest (1. Messung) einen Konzentrationstest durch. Danach erhält die Gruppe a_1 Medikament A und die Gruppe a_2 Medikament B. Nach einer angemessenen Wirkdauer wird die Konzentrationsfähigkeit erneut gemessen (2.Messung).

Hypothese: Die beiden Medikamente unterscheiden sich nicht in ihrer Wirkung (H_0; $\alpha = 0,05$; zweiseitiger Test).

Datenerhebung und Auswertung: Tabelle 6.56 zeigt die Testwerte der Schüler. Da die Verteilungseigenschaften der Testwerte unbekannt sind, werden die Daten nicht mit einer zweifaktoriellen Varianzanalyse mit Meßwiederholungen, sondern

Tabelle 6.56

Vpn-Nr.	1. Messung	2. Messung	d_i	$R(d_i)$	S_i	$R(S_i)$	$R(|d_i|)$
a_1							
1	16	22	-6	2	38	8	9
2	17	21	-4	4	38	8	7
3	13	19	-6	2	32	4	9
4	18	18	0	7	36	6	$(\pm)0,5$
5	19	25	-6	2	44	10	9
				$T_1 = 17$		$T(A)_1 = 36$	
a_2							
1	14	15	-1	6	29	1,5	3
2	15	14	1	8,5	29	1,5	$(+)3$
3	18	17	1	8,5	35	5	$(+)3$
4	20	18	2	10	38	8	$(+)5$
5	14	17	-3	5	31	3	6
				$T_2 = 38$		$T(A)_2 = 19$	$T_+ = 11,5$

verteilungsfrei mit einem U-Test für Paardifferenzen ausgewertet. Dazu bildet man zunächst für jeden Schüler die Differenz d_i der beiden Messungen. Auf diese Differenzen wird der in 6.1.1.2 beschriebene U-Test angewendet, d. h. man überführt die Differenzen in eine gemeinsame Rangreihe $R(d_i)$ und ermittelt $T_1 = 17$ und $T_2 = 38$. Daraus resultiert nach Gl. (6.3) $U = 2$ bzw. nach Tafel 6 $P(U) = 0,016$. Als zweiseitige Überschreitungswahrscheinlichkeit errechnet man $P' = 2 \cdot 0,016 = 0,032 < 0,05$, d. h. die Differenzen unterscheiden sich signifikant in ihrer zentralen Tendenz.

Interpretation: Die beiden Medikamente sind in ihrer Wirkung nicht vergleichbar. Medikament A wirkt in höherem Maße konzentrationsfördernd als Medikament B.

Zusatzauswertung: In der parametrischen zweifaktoriellen Varianzanalyse mit Meßwiederholungen werden neben dem Interaktionseffekt auch die beiden Haupteffekte überprüft. Haupteffekt A gibt an, ob sich die Medikamente insgesamt, d. h. zusammengefaßt über beide Messungen, unterscheiden, und Haupteffekt B überprüft, ob zwischen den beiden Messungen unabhängig von den Medikamenten Unterschiede existieren. Beide Haupteffekthypothesen sollen im folgenden verteilungsfrei getestet werden. (Ein allgemeinerer Ansatz zur verteilungsfreien Auswertung mehrfaktorieller Meßwiederholungspläne wird 6.2.5.2 behandelt.)

Für die Überprüfung des Haupteffektes A wählen wir erneut den U-Test. Statt der Differenzen der Messungen werden nun jedoch deren Summen S_i rangtransformiert. Die Spalte $R(S_i)$ in Tabelle 6.56 zeigt das Ergebnis. Es resultieren $T(A)_1 = 36$ und $T(A)_2 = 19$ und damit $U = 4$. Gemäß Tafel 6 entspricht diesem Ergebnis eine zweiseitige Irrtumswahrscheinlichkeit von $P' = 2 \cdot 0,048 = 0,096 > 0,05$, d. h. die H_0 hinsichtlich des Haupteffektes A ist beizubehalten.

Wegen der Rangbindungen im Beispiel entscheidet der U-Test eher konservativ; eine Testverschärfung ließe sich mit dem bindungskorrigierten U-Test nach Uleman (vgl. S. 208ff.) erzielen. In diesem Falle wären $N = 10, M = 5, T1 = 2, T2 = 1, T3 = 1, T4 = 1, T5 = 1, T6 = 3$ und $T7 = 1$ zu setzen. Da 7 Bindungsgruppen in Tafel 7 nicht mehr aufgenommen wurden, sind wir auf das Originalwerk von Buck (1976) angewiesen, das die gleiche Entscheidung nahelegt wie der oben durchgeführte „normale" U-Test.

Für die Überprüfung des Haupteffektes B wählen wir den Vorzeichenrangtest nach Wilcoxon (vgl. 6.2.1.2). Für diesen Test sind – unter Berücksichtigung der Ausführungen auf S. 262f. – die Absolutbeträge der Differenzen d_i in Rangreihe zu bringen, was in Spalte $R(|d_i|)$ der Tabelle 6.56 geschehen ist. Die Rangsumme für die Differenzen mit dem selteneren Vorzeichen beträgt $T_+ = 11,5$. Dieser Wert ist nach Tafel 19 für $N = 10$ nicht signifikant, d. h. die beiden Medikamente zusammengenommen können die Konzentrationswirkung nicht überzufällig steigern.

(Die Auswertung der Daten nach den Richtlinien einer parametrischen zweifaktoriellen Varianzanalyse mit Meßwiederholungen führt zu den Resultaten $F_A = 3,91$, $F_B = 8,96$ und $F_{A \times B} = 8,96$. Für einen Zählerfreiheitsgrad und acht Nennerfreiheitsgrade sind hier der Haupteffekt B und die Interaktion $A \times B$ auf dem 5%-Niveau signifikant.)

6.2.5.2 Rangvarianzanalysen mit Datenalignement

Bei der Auswertung beliebiger mehrfaktorieller Pläne mit Meßwiederholungen empfiehlt es sich, wieder auf das bereits in 6.1.5.1 eingeführte Prinzip des Datenalignements zurückzugreifen. Das Vorgehen sei exemplarisch an einem zweifaktoriellen
Plan mit einem Meßwiederholungsfaktor verdeutlicht.

In einem Feldversuch soll die Wirksamkeit zweier Insektenvertilgungsmittel erprobt werden. Aus einer Stichprobe von 9 zufällig ausgewählten, mit Mais bebauten
Feldern werden 3 mit dem Mittel a_1 und 3 weitere mit dem Mittel a_2 behandelt. Die
restlichen 3 Felder bleiben als Kontrolle unbehandelt (a_3). Jeweils eine Woche (b_1),
2 Wochen (b_2) bzw. 3 Wochen (b_3) nach Ausbringen der Insektenvertilgungsmittel
sucht man die Felder stichprobenartig nach Insektenlarven ab. Die in Tabelle 6.57
dargestellten Meßwerte (Zahl der Larven) wurden registriert.

Tabelle 6.57

Feld		b_1	b_2	b_3	P_{im}	A_i
	1	16	15	12	43	
a_1	2	18	12	13	43	109
	3	7	9	7	23	
	1	13	14	15	42	
a_2	2	7	7	8	22	94
	3	11	9	10	30	
	1	12	13	18	43	
a_3	2	6	9	10	25	125
	3	11	24	22	57	
B_j:		101	112	115	$G = 328$	

Um die Bedeutung der erforderlichen Datentransformationen besser transparent
machen zu können, werten wir die Untersuchung zunächst nach den Richtlinien
einer zweifaktoriellen parametrischen Varianzanalyse mit Meßwiederholungen aus
(vgl. z. B. Bortz, 1989, Kap. 9.2). Die Daten werden dann so transformiert, daß die
hier interessierenden Effekte – Haupteffekte A und B sowie die Interaktion A × B
– mit *einfaktoriellen* Varianzanalysen *ohne* Meßwiederholungen bzw. deren nonparametrischen Pendant, dem H-Test von Kruskal und Wallis (vgl. 6.1.2.2), überprüft
werden können.

Die Ergebnisse der zweifaktoriellen Varianzanalyse mit Meßwiederholungen
sind in Tabelle 6.58 zusammengefaßt. (Wir verwenden hier die bei Bortz, 1989,
S. 410 f., eingeführte Terminologie, wobei in unserem Beispiel die „Vpn" durch
„Felder" zu ersetzen wären.)

Nach dieser Analyse ist lediglich die Interaktion A × B signifikant ($P' < 0,05$).
Auf den nicht behandelten Feldern (a_3) ist im Verlaufe der 3 Wochen eine Zunahme (29;46;50) und bei den mit a_1 behandelten Feldern eine Abnahme der Larven zu verzeichnen (41;36;32). Mittel a_2 hingegen hält die Larvenzahl nahezu konstant (31;30;33). Da nicht sichergestellt ist, ob die Verteilungseigenschaften der Lar-

Tabelle 6.58

Quelle der Variation	QS	Fg	$\hat{\sigma}^2$	F
A	53,41	2	26,71	0,49
Vpn in S	328,00	6	54,67	
zwischen Vpn	381,41	8		
B	12,08	2	6,04	1,10
A×B	85,92	4	21,48	3,91*
B×Vpn in Vpn	66,00	12	5,50	
	164,00	18		
Total	545,41	26		

venhäufigkeiten den Anforderungen einer parametrischen Varianzanalyse genügen, überprüfen wir die gleichen Effekte mit einfachen H-Tests über die zuvor effektspezifisch alignierten Daten. Die Richtigkeit des Datenalignements soll jeweils zuvor mit einfaktoriellen Varianzanalysen ohne Meßwiederholungen geprüft werden.

Faktor A (ohne Meßwiederholung) vergleicht 3 Stichproben zu drei Feldern und kann deshalb ohne Datenalignement unter Verwendung der $\bar{P}_{im}$-Werte (z. B. $\bar{P}_{11} = 43/3 = 14,33$) als abhängige Variable direkt nach den Richtlinien einer einfaktoriellen Varianzanalyse ausgewertet werden (vgl. z. B. Bortz, 1989, Kap. 7). Die Tabellen 6.59a und b zeigen – in der für einfaktorielle Pläne üblichen Schreibweise – die Daten und ihre Auswertung.

Tabelle 6.59a

	a_1	a_2	a_3
	14,33	14,00	14,33
	14,33	7,33	8,33
	7,67	10,00	19,00
A_i:	36,33	31,33	41,66

Tabelle 6.59b

Quelle der Variation	Qs	Fg	$\hat{\sigma}^2$	F
A	17,79	2	8,90	0,49
Fehler	109,33	6	18,22	
Total	127,12	8		

Es resultiert der gleiche F-Wert wie in Tabelle 6.58. (Man beachte, daß sich sowohl $\hat{\sigma}_A^2$ als auch $\hat{\sigma}_{Fehler}^2$ um den Faktor 1/3 von der $\hat{\sigma}_A^2$ und $\hat{\sigma}_{Vpn\,in\,S}^2$ in Tabelle 6.58 unterscheiden.)

Die verteilungsfreie Auswertung der Ränge in Tabelle 6.60 via H-Test führt gemäß Gl. (6.31) zu folgendem Ergebnis:

$$H_{A(corr)} = \frac{(9-1) \cdot [\frac{1}{3} \cdot (16^2 + 10^2 + 19^2) - \frac{1}{4} \cdot 9 \cdot (9+1)^2]}{7^2 + 7^2 + \ldots + 3^2 + 9^2 - \frac{1}{4} \cdot 9 \cdot (9+1)^2} = 1,93$$

Dieser Wert ist nach Tafel 12 nicht signifikant; H-Test und Varianzanalyse kommen also zum gleichen Resultat.

Tabelle 6.60

	a_1	a_2	a_3
	7	5	7
	7	1	3
	2	4	9
T_i:	16	10	19

Für die Überprüfung des Faktors B (und der Interaktion A × B) machen wir uns folgende Äquivalenz zunutze: Die einfaktorielle Varianzanalyse mit Meßwiederholungen ist mit der einfaktoriellen Varianzanalyse ohne Meßwiederholungen, gerechnet über ipsative Meßwerte, identisch (vgl. Bortz, 1989, S. 408 f.; ipsative Meßwerte erhält man durch Subtraktion des durchschnittlichen Meßwertes einer Untersuchungseinheit von den Einzelwerten der Untersuchungseinheit).

Diese einfache Form des Datenalignements soll im folgenden auf zweifaktorielle Pläne mit Meßwiederholungen erweitert werden. Ziel dieses Datenalignements ist es, Meßwerte zu erhalten, deren Unterschiedlichkeit – von Fehlereffekten abgesehen – ausschließlich durch Faktor B hervorgerufen wird. Dies erreichen wir durch folgende Transformation:

$$x'_{ijm} = x_{ijm} - \overline{P}_{im} - \overline{AB}_{ij} + \overline{A}_i + \overline{B}_j \tag{6.94}$$

mit

$i = 1 \dots p$ (Anzahl der Faktorstufen des Faktors A),

$j = 1 \dots q$ (Anzahl der Faktorstufen des Faktors B),

$m = 1 \dots n$ (Anzahl der Messungen pro Faktorstufenkombination).

Die Subtraktion von $\overline{P}_{im}$ bewirkt eine Bereinigung der x_{ijm}-Werte hinsichtlich der Personen- (im Beispiel Felder-) Unterschiede. Ziehen wir zusätzlich die Zellenmittelwerte $\overline{AB}_{ij}$ von den x_{ijm}-Werten ab, werden diese hinsichtlich der beiden Haupteffekte A und B sowie hinsichtlich des Interaktionseffektes A × B bereinigt. Da die auf Faktor A zurückgehende Unterschiedlichkeit jedoch bereits in den $\overline{P}_{im}$-Werten enthalten ist, werden die A-Effekte durch Subtraktion von $\overline{P}_{im}$ und $\overline{AB}_{ij}$ zweimal abgezogen. Eine einfache Bereinigung hinsichtlich des Faktors A erreichen wir durch eine weitere Addition von $\overline{A}_i$. Schließlich sind die durch die Subtraktion von $\overline{AB}_{ij}$ „verlorengegangenen" B-Effekte, deren Bedeutung hier überprüft werden soll, durch Addition von $\overline{B}_j$ wieder hinzuzufügen, so daß zusammenfassend das in Gl. (6.94) genannte Datenalignement vorzunehmen ist.

Für die Transformation der Daten nach Gl. (6.94) berechnen wir zunächst eine Hilfstabelle aller benötigten Mittelwerte (Tabelle 6.61).

Davon ausgehend errechnet man nach Gl. (6.94) die in Tabelle 6.62a dargestellten Ausgangsdaten für die Bestimmung des B-Effektes (z. B. $x'_{111} = 16 - 14,33 - 13,67 + 12,11 + 11,22 = 11,33$).

Die einfaktorielle Varianzanalyse über die Stufen des Faktors B (vgl. Tabelle 6.62b) führt – bis auf Rundungsungenauigkeiten – zu den gleichen Ergebnissen wie in Tabelle 6.58.

Tabelle 6.61

	b$_1$	b$_2$	b$_3$	$\bar{P}_{im}$	$\bar{A}_i$
a$_1$ 1				14,33	
a$_1$ 2	13,67	12,00	10,67	14,33	12,11
a$_1$ 3				7,67	
a$_2$ 1				14,00	
a$_2$ 2	10,33	10,00	11,00	7,33	10,44
a$_2$ 3				10,00	
a$_3$ 1				14,33	
a$_3$ 2	9,67	15,33	16,67	8,33	13,89
a$_3$ 3				19,00	
$\bar{B}_j$:	11,22	12,44	12,77	$\bar{G} = 12,15$	

Tabelle 6.62a

b$_1$	b$_2$	b$_3$
11,33	13,22	11,88
13,33	10,22	12,88
8,99	13,88	13,54
10,33	12,88	13,21
11,00	12,55	12,88
12,33	11,88	12,21
13,11	9,67	13,66
13,11	11,67	11,66
7,44	16,00	12,99
100,97	111,97	114,91

Tabelle 6.62b

Quelle der Variation	QS	Fg	$\hat{\sigma}^2$	F
B	12,00	2	6,00	1,09
Fehler	65,99	12	5,50	
Total	77,99	18		

Man beachte, daß sich die Freiheitsgrade der Fehlervarianz in dieser Analyse mit alignierten Daten nicht – wie sonst üblich – zu 27 – 3 = 24 ergeben. Die korrekte Anzahl der Freiheitsgrade erhält man, wenn berücksichtigt wird, wie vielen Restriktionen die 27 x'_{ijm}-Werte des Beispiels unterliegen. Ein Freiheitsgrad geht durch die Festlegung des Gesamtmittelwertes $\overline{G}'$ verloren. Mit $\overline{G}'$ ist ein $\overline{B}'_j$-Wert bestimmt, d.h. die Festlegung der $\overline{B}'_j$-Werte macht 2 weitere Restriktionen erforderlich. Ferner gilt für die x'_{ijm}-Werte $\overline{A}'_i = \overline{G}'$, d.h. wegen des bereits berücksichtigten $\overline{G}'$ gehen 2 weitere Freiheitsgrade verloren. Da wegen des Datenalignements auch $\overline{P}'_{im} = \overline{A}'_i = \overline{G}'$ gelten muß, sind die $\overline{P}'_{im}$-Werte ebenfalls festgelegt. Durch die Festlegung der $\overline{A}'_i$-Werte sind bereits 3 $\overline{P}'_{im}$ Werte bestimmt, d.h. es sind 9 – 3 = 6 weitere Restriktionen zu berücksichtigen. Schließlich hat das Datenalignement $\overline{AB}'_{ij} = \overline{B}'_j$ zur Folge; wegen der bereits berücksichtigten $\overline{A}'_i$- und $\overline{B}'_j$-Werte ergeben sich damit (3 – 1)·(3 – 1) = 4 weitere Restriktionen. Zusammengenommen erhält man also 27 – 1 – 2 – 2 – 6 – 4 = 12 Fg. Allgemein: $n \cdot p \cdot q - (p-1) - (q-1) - p \cdot (n-1) - (p-1) \cdot (q-1) - 1 = p \cdot (q-1) \cdot (n-1)$. QS_{Fehler} und Fg_{Fehler} in Tabelle 6.62b stimmen also mit QS_{BxVpn} und Fg_{BxVpn} in Tabelle 6.58 überein.

Um verteilungsfrei auszuwerten, müssen alle x'_{ijm}-Werte in Tabelle 6.62a in eine gemeinsame Rangreihe gebracht werden (Tabelle 6.63).
Wir errechnen nach Gl. (6.31)

$$H_{B(corr)} = \frac{(27 - 1) \cdot [\frac{1}{9} \cdot (96^2 + 131,5^2 + 150,5^2) - \frac{1}{4} \cdot 27 \cdot (27 + 1)^2]}{7^2 + 23^2 + \ldots + 16^2 + 12^2 - \frac{1}{4} \cdot 27 \cdot (27 + 1)^2}$$
$$= 2,70 \ .$$

Tabelle 6.63

	b_1	b_2	b_3
	7	22	10,5
	23	4	16
	2	26	24
	19,5	3	25
	19,5	9	8
	1	27	18
	5	16	21
	6	14	16
	13	10,5	12
T_j:	96	131,5	150,5

$R(x'_{ijm})$

Dieser Wert ist gemäß Tafel 3 ($\chi^2_{(2;0,05)} = 5,99 > 2,70$) nicht signifikant, d. h. der H-Test kommt auch hier zum gleichen Ergebnis wie die parametrische Varianzanalyse.

Für die Überprüfung der A × B-Interaktion wird ein Datenalignement benötigt, das die Messungen hinsichtlich der Personen-(Feld-)Effekte, der A-Effekte und der B-Effekte bereinigt. Dies geschieht mit folgender Transformation:

$$x''_{ijm} = x_{ijm} - \overline{P}_{im} - \overline{B}_j + 2\overline{G} \quad . \tag{6.95}$$

Die Subtraktion der $\overline{P}_{im}$-Werte bewirkt eine Bereinigung hinsichtlich der Personen-(Feld-)Effekte und der A-Effekte und die Subtraktion von $\overline{B}_j$ eine Bereinigung hinsichtlich der B-Effekte. Um negative Werte zu vermeiden, wird der Gesamtmittelwert aller Meßwerte ($\overline{G}$) zweimal addiert. (Die Addition der Konstante $2\overline{G}$ hat keinen Einfluß auf das Ergebnis der Rangtransformation.)

Wenden wir Gl. (6.95) auf die Ausgangsdaten an, resultiert (z. B. $x''_{111} = 16 - 14,33 - 11,22 + 2 \cdot 12,15 = 14,75$) Tabelle 6.64a.

Tabelle 6.64a

	ab_{11}	ab_{12}	ab_{13}	ab_{21}	ab_{22}	ab_{23}	ab_{31}	ab_{32}	ab_{33}
	14,75	12,53	9,20	12,08	11,86	12,53	10,75	10,53	15,20
	16,75	9,53	10,20	12,75	11,53	12,20	10,75	12,53	13,20
	12,41	13,19	10,86	14,08	10,86	11,53	5,08	16,86	14,53
AB_{ij}:	43,91	35,25	30,26	38,91	34,25	36,26	26,58	39,92	42,93

Tabelle 6.64b

Quelle der Variation	QS	Fg	$\hat{\sigma}^2$	F
A × B	85,93	4	21,48	3,91 *
Fehler	66,00	12	5,50	
Total	151,93			

Erneut überprüfen wir die Richtigkeit des Datenalignements, indem wir über die 9 ab_{ij}-Kombinationen eine einfaktorielle Varianzanalyse rechnen (Tabelle 6.64b). Die Ergebnisse stimmen mit dem in Tabelle 6.58 berichteten Ergebnis überein.

Man beachte auch hier die Freiheitsgrade der Fehlervarianz, deren Berechnung von der üblichen Berechnung im Rahmen einer „normalen" einfaktoriellen Varianzanalyse abweicht. Wegen $\overline{G}'' = \overline{A}_i'' = \overline{B}_j'' = \overline{P}_{im}''$ unterliegen die x_{ijm}''-Werte zunächst 1+2+2+6 = 11 Restriktionen. Da sich die Werte einer Zelle zu AB_{ij}'' addieren müssen, sind weitere 9 Werte festgelegt, von denen jedoch durch die Fixierung der $\overline{A}_i''$-Werte bereits 5 bestimmt sind. Es verbleiben damit weitere 4 Restriktionen, so daß insgesamt 11+4 = 15 Restriktionen bzw. (wie in Tabelle 6.58 für die QS_{BxVpn}) 27 − 15 = 12 Fg resultieren. Die Freiheitsgrade der $QS_{A \times B}$ ergeben sich wegen der durch das Datenalignement festgelegten $\overline{A}_i'' = \overline{B}_j'' = \overline{G}''$-Werte zu $(p-1) \cdot (q-1)$.

Für die Überprüfung der A × B-Interaktion via H-Test bringen wir zunächst die x_{ijm}''-Werte der Tabelle 6.64 a in eine gemeinsame Rangreihe (Tabelle 6.65).

Tabelle 6.65

	ab_{11}	ab_{12}	ab_{13}	ab_{21}	ab_{22}	ab_{23}	ab_{31}	ab_{32}	ab_{33}
	24	17	2	13	12	17	6,5	5	25
	26	3	4	19	10,5	14	6,5	17	21
	15	20	8,5	22	8,5	10,5	1	27	23
T_{ij}:	65	40	14,5	54	31	41,5	14	49	69

Nach Gl. (6.31) errechnen wir

$$H_{A \times B(corr)} = \frac{(27-1) \cdot [\frac{1}{3} \cdot (65^2 + 40^2 + \ldots + 49^2 + 69^2) - \frac{1}{4} \cdot 27 \cdot (27+1)^2]}{24^2 + 26^2 + \ldots + 21^2 + 23^2 - \frac{1}{4} \cdot 27 \cdot (27+1)^2}$$
$$= 16,29 \quad .$$

Bevor wir diesen Wert akzeptieren, ist zu überprüfen, ob durch die Rangtransformation „künstliche Haupteffekte" entstanden sind (vgl. S. 242). Dazu fertigen wir uns eine Tabelle der Rangmittelwerte an (Tabelle 6.66).

Tabelle 6.66

	a_1	a_2	a_3	$\overline{R}_{.j}$
b_1	21,67	18,00	4,67	14,78
b_2	13,33	10,33	16,33	13,33
b_3	4,83	13,83	23,00	13,89
$\overline{R}_{i.}$:	13,28	14,06	14,67	$\overline{R}_{..} = 14$

Wie man erkennt, weichen die $\overline{R}_{i.}$- und die $\overline{R}_{.j}$-Werte geringfügig von $\overline{R}_{..}$ ab. Wir errechnen deshalb genauer nach Gl. (6.48)

$$H^*_{A \times B} = \frac{12}{3 \cdot 3 \cdot (27+1)} \cdot [(21,67 - 13,28 - 14,78 + 14,00)^2 + \ldots$$

$$+ (23,00 - 14,67 - 13,89 + 14,00)^2] = 16,20$$

bzw. unter Berücksichtigung der aufgetretenen Rangbindungen nach Gl. (6.29)

$$H^*_{A \times B(corr)} = \frac{16,20}{1 - 0,00214} = 16,23 \quad .$$

Dieser Wert ist bei 4 Fg gemäß Tafel 3 auf dem $\alpha = 1\%$-Niveau signifikant. Das varianzanalytische Ergebnis in Tabelle 6.58 wird damit übertroffen; der verteilungs-freie Interaktionstest mit Datenalignement entscheidet in diesem Beispiel weniger konservativ als sein parametrisches Analogon.

Das in diesem Beispiel entwickelte Datenalignement läßt sich mit der gleichen Zielsetzung auf **dreifaktorielle Meßwiederholungspläne** erweitern: Das Datenalig-nement muß jeweils so geartet sein, daß Unterschiede der transformierten Messungen (bzw. deren Rangtransformationen) neben Fehlereffekten nur den jeweils zu testen-den Effekt reflektieren, der seinerseits über einen einfachen H-Test zu prüfen ist.

Bei dreifaktoriellen Meßwiederholungsanalysen unterscheiden wir einen Plan, bei dem die Untersuchungseinheiten nach den Kombinationen zweier Faktoren A und B gruppiert sind und Meßwiederholungen über die Stufen eines Faktors C vor-liegen (Plan 1) und einen weiteren Plan mit Faktor A als Gruppierungsfaktor und Meßwiederholungen über die Kombinationen zweier Faktoren B und C (Plan 2). Die folgende Darstellung des für die Überprüfung der einzelnen Effekte erforderlichen Datenalignements verwendet die bei Bortz (1989, S. 414 ff.) eingeführte Symbolik. (Im Unterschied zum oben dargestellten zweifaktoriellen Plan werden hier die trans-formierten Werte für alle Effekte nur mit einem Strich gekennzeichnet.)

Plan 1   (6.96)

Faktor A : $\quad \overline{P}'_{ijm} = \overline{P}_{ijm} - \overline{AB}_{ij} + \overline{A}_i$

Faktor B : $\quad \overline{P}'_{ijm} = \overline{P}_{ijm} - \overline{AB}_{ij} + \overline{B}_j$

Interaktion $A \times B$: $\quad \overline{P}'_{ijm} = \overline{P}_{ijm} - \overline{A}_i - \overline{B}_j + 2\overline{G}$

Faktor C : $\quad x'_{ijkm} = x_{ijkm} - \overline{P}_{ijm} - \overline{ABC}_{ijk} + \overline{AB}_{ij} + \overline{C}_k$

Interaktion $A \times C$: $\quad x'_{ijkm} = x_{ijkm} - \overline{P}_{ijm} - \overline{ABC}_{ijk} + \overline{AB}_{ij}$
$$+ \overline{AC}_{ik} - \overline{A}_i - \overline{C}_k + 2\overline{G}$$

Interaktion $B \times C$: $\quad x'_{ijkm} = x_{ijkm} - \overline{P}_{ijm} - \overline{ABC}_{ijk} + \overline{AB}_{ij}$
$$+ \overline{BC}_{jk} - \overline{B}_j - \overline{C}_k + 2\overline{G}$$

Interaktion $A \times B \times C$: $x'_{ijkm} = x_{ijkm} - \overline{P}_{ijm} - \overline{AC}_{ik} - \overline{BC}_{jk}$
$$+ \overline{A}_i + \overline{B}_j + \overline{C}_k$$

Plan 2 (6.97)

Faktor A :	$\overline{P}'_{im} = \overline{P}_{im}$
Faktor B :	$\overline{ABP}'_{ijm} = \overline{ABP}_{ijm} - \overline{P}_{im} - \overline{AB}_{ij} + \overline{A}_i + \overline{B}_j$
Interaktion A × B :	$\overline{ABP}'_{ijm} = \overline{ABP}_{ijm} - \overline{P}_{im} - \overline{B}_j + 2\overline{G}$
Faktor C :	$\overline{ACP}'_{ikm} = \overline{ACP}_{ikm} - \overline{P}_{im} - \overline{AC}_{ik} + \overline{A}_i + \overline{C}_k$
Interaktion A × C :	$\overline{ACP}'_{ikm} = \overline{ACP}_{ikm} - \overline{P}_{im} - \overline{C}_k + 2\overline{G}$
Interaktion B × C :	$x'_{ijkm} = x_{ijkm} - \overline{ABP}_{ijm} - \overline{ACP}_{ikm} - \overline{ABC}_{ijk}$

$$+ \overline{P}_{im} + \overline{AB}_{ij} + \overline{AC}_{ik} + \overline{BC}_{jk}$$

$$- \overline{A}_i - \overline{B}_j - \overline{C}_k + 2\overline{G}$$

Interaktion A × B × C : $x'_{ijkm} = x_{ijkm} - \overline{ABP}_{ijm} - \overline{ACP}_{ikm} + \overline{P}_{im}$

$$- \overline{BC}_{jk} + \overline{B}_j + \overline{C}_k$$

Die H-Tests sind je nach Art des zu testenden Effektes über die transformierten Meßwerte (bzw. deren Rangtransformationen) oder über die jeweils angegebenen transformierten Mittelwerte zu rechnen. Die bei Gültigkeit von H_0 resultierenden Zufallsverteilungen der H-Werte folgen im asymptotischen Test χ^2-Verteilungen, deren Freiheitsgrade den Freiheitsgraden des geprüften Effektes in der parametrischen Varianzanalyse entsprechen. Bei den H-Tests über die Interaktion 1. Ordnung ist darauf zu achten, daß die Rangtransformation keine artifiziellen Haupteffekte hervorruft. Gegebenenfalls ist der H-Wert in Analogie zu Gl. (6.48) zu korrigieren.

Die Interaktion 2. Ordnung ist im Falle künstlich auftretender Haupteffekte bzw. Interaktionen 1. Ordnung wie folgt zu prüfen:

$$H_{A \times B \times C} \tag{6.98}$$

$$= \frac{12}{p \cdot q \cdot r \cdot (N+1)} \cdot \sum_{i=1}^{p} \sum_{j=1}^{q} \sum_{k=1}^{r} (\overline{R}_{ijk} - \overline{R}_{ij} - \overline{R}_{ik} - \overline{R}_{jk} + \overline{R}_i + \overline{R}_j + \overline{R}_k - \overline{R})^2 \quad .$$

Bei ungleich großen Stichproben verfährt man analog zu der auf S. 248 beschriebenen Vorgehensweise.

Das in diesem Abschnitt beschriebene Datenalignement geht von den jeweiligen arithmetischen Mittelwerten aus. Ist der Kardinalskalencharakter der Daten jedoch zweifelhaft, sind in den Gl. (6.94) bis (6.97) die jeweiligen Mittelwerte durch die entsprechenden Medianwerte zu ersetzen.

6.2.5.3 Balancierte unvollständige Pläne

Die in 6.2.2.1 beschriebene Rangvarianzanalyse von Friedman setzt voraus, daß jede Untersuchungseinheit (z. B. Vp) unter jeder der k Behandlungsstufen beobachtet wird. Im folgenden wollen wir einen auf Durbin (1951) zurückgehenden Test kennenlernen, mit dem sich die H_0 „keine Treatmentwirkungen" auch dann überprüfen läßt, wenn jede Untersuchungseinheit nur unter einer bestimmten Teilmenge von w (w < k) Treatmentstufen beobachtet wird. Dabei ist allerdings vorauszusetzen, daß

die Anzahl der „realisierten" Treatmentstufen w pro Untersuchungseinheit konstant ist und daß pro Treatmentstufe die gleiche Anzahl von v (v < N) Untersuchungseinheiten beobachtet wurde, d. h. daß der Plan in bezug auf die Treatmentstufen und die Untersuchungseinheiten balanciert ist („balanced incomplete block design").

Liegen pro Untersuchungseinheit keine originären Rangwerte, sondern Meßwerte für w Treatmentstufen vor, transformiert man die Meßwerte – wie beim Friedman-Test – ggf. unter Berücksichtigung von Rangbindungen in Rangreihen. Mit T_j (j = 1, ..., k) als Rangsumme für die Treatmentstufe j ist die Durbinsche Prüfgröße χ_D^2 wie folgt definiert:

$$\chi_D^2 = \frac{12 \cdot (k-1)}{k \cdot v \cdot (w^2 - 1)} \cdot \sum_{j=1}^{k} T_j^2 - \frac{3 \cdot v \cdot (k-1) \cdot (w+1)}{w-1} \quad . \tag{6.99}$$

Diese Prüfgröße ist mit k − 1 Fg approximativ χ^2-verteilt. Da es in vielen Fällen äußerst schwierig ist, die exakte Verteilung der Prüfgröße χ_D^2 zu ermitteln, ist man in der Praxis darauf angewiesen, den asymptotischen Test auch bei einer geringeren Anzahl von Treatmentstufen (k ≥ 3) einzusetzen. Allerdings sollte die Genauigkeit der ermittelten Irrtumswahrscheinlichkeit bei wenigen Treatmentstufen nicht überschätzt werden.

Für Verbundränge schlägt Conover (1971, 1980) ein Korrekturverfahren vor, das rechnerisch allerdings sehr aufwendig ist. Wir empfehlen deshalb, für die Bindungskorrektur folgenden Korrekturfaktor zu verwenden:

$$C = 1 - \frac{\sum_{i=1}^{m} (t_i^3 - t_i)}{N \cdot (w^3 - w)} \quad , \tag{6.100}$$

mit

m = Anzahl der Rangbindungen und
t_i = Anzahl der pro Rangbindung i zusammengefaßten Ränge.

Der korrigierte χ_D^2-Wert ergibt sich dann wie üblich zu

$$\chi_{D(corr)}^2 = \frac{\chi_D^2}{C} \quad . \tag{6.101}$$

Beispiel 6.17

Problem: Acht neue, umweltfreundliche Waschmittel sollen getestet werden. 14 Personen werden gebeten, je w = 4 der Mittel zu prüfen und in eine Rangreihe zu bringen. Der Untersuchungsplan wird so „balanciert", daß jedes Waschmittel gleich häufig (v = 7) beurteilt wird.

Hypothese: Die 8 Waschmittel unterscheiden sich nicht (H_0; $\alpha = 1\,\%$).

Datenerhebung: Tabelle 6.67 zeigt die Ergebnisse der Untersuchung.

Tabelle 6.67

Test-person	Waschmittel							
	A	B	C	D	E	F	G	H
1	1		2			3		4
2		1			3	2	4	
3	3		1	2				4
4	2	1			3			4
5		1		2	3	4		
6	2		1			3	4	
7	1				2	3		4
8		1	2	3				4
9		1			3	2	4	
10	1		2	3			4	
11		1	3	2			4	
12				3	2	1	4	
13	1		2	3				4
14		1			3	2		4
T_j:	11	7	13	19	18	16	28	28

Auswertung: Gemäß Gl. (6.99) resultiert

$$\chi_D^2 = \frac{12 \cdot (8-1)}{8 \cdot 7 \cdot (4^2-1)} \cdot (11^2 + 7^2 + \ldots + 28^2 + 28^2) - \frac{3 \cdot 7 \cdot (8-1) \cdot (4+1)}{4-1}$$

$$= \frac{84}{840} \cdot 2848 - 245$$

$$= 39,8 \quad.$$

Entscheidung: Der kritische χ^2-Wert mit Fg $= 8 - 1 = 7$ für das $\alpha = 1\%$-Niveau liegt bei 18,48, d. h. wir erhalten $P(\chi^2 = 39,8) < 0,01$. Die H_0 ist damit abzulehnen.

Interpretation: Die Waschmittel unterscheiden sich im Urteil der Testpersonen. Detailliertere Interpretationshinweise sind dem folgenden Einzelvergleichstest zu entnehmen.

Als kritische Differenz für A-posteriori-Einzelvergleiche wählt man nach Conover (1971, 1980)

$$\Delta_{T(crit)} = t_{(N \cdot w - k - N + 1; \alpha/2)} \cdot \sqrt{V} \quad, \tag{6.102}$$

t ist hier der kritische Wert der entsprechenden t-Verteilung. V wird nach folgender Gleichung berechnet:

$$V = \frac{v \cdot (w+1) \cdot (w-1) \cdot [N \cdot w \cdot (k-1) - k \cdot \chi_D^2]}{6 \cdot (k-1) \cdot (N \cdot w - k - N + 1)} \quad. \tag{6.103}$$

Für das Beispiel 6.17 ergibt sich

$$V = \frac{7 \cdot (4+1) \cdot (4-1) \cdot [14 \cdot 4 \cdot (8-1) - 8 \cdot 39,8]}{6 \cdot 7 \cdot (14 \cdot 4 - 8 - 14 + 1)} = 5,26$$

und wegen $t_{(35;0,005)} = 2,73$

$$\Delta_{T(crit)} = 2,73 \cdot \sqrt{5,26} = 6,26 \quad .$$

Zwei Waschmittel j und j', für die $|T_j - T_{j'}| > 6,26$ gilt, unterscheiden sich signifikant auf der $\alpha = 0,01$-Stufe.

Die ARE des Tests von Durbin in bezug auf sein parametrisches Pendant entspricht der ARE des Friedman-Tests in bezug auf die einfaktorielle Varianzanalyse mit Meßwiederholungen. Verallgemeinerungen des Durbin-Tests findet man bei Benard und van Elteren (1953) sowie bei Noether (1967).

Für die verteilungsfreie Auswertung eines lateinischen Quadrates mit Meßwiederholungen hat Seidenstücker (1977) einen Vorschlag unterbreitet. Man beachte allerdings, daß die korrekte Auswertung dieses Planes ein Datenalignement erforderlich macht, das den in 6.2.5.2 entwickelten Richtlinien entspricht.

6.2.6 Tests für Dispersionsunterschiede

Wie wir gesehen haben, stehen für den Vergleich der Dispersionen zweier unabhängiger Stichproben zahlreiche Tests zur Verfügung, und zwar so viele, daß es nachgerade schwierig ist, einen geeigneten Test vor der Datenerhebung auszuwählen, wie es theoretisch gefordert werden muß. In einer diametral gegensätzlichen Lage befinden sich hingegen Untersucher, die Dispersionen zweier abhängiger Stichproben zu vergleichen suchen, zumal, wenn die untersuchte Variable lediglich ordinalskaliert ist.

Der Grund dafür liegt auf der Hand: Bringt man N Individuen hinsichtlich eines Kriteriums in eine Rangreihe und vergleicht diese mit einer weiteren, z. B. nach einer Behandlung erhobenen Rangreihe, so unterscheiden sich diese für sich genommen weder in ihrer zentralen Tendenz noch in ihrer Dispersion. Für die Feststellung von Dispersionsunterschieden sind – wie beim Vorzeichenrangtest zur Überprüfung von Unterschieden der zentralen Tendenz bei zwei abhängigen Stichproben – reine Ordinalskalen ungeeignet.

Dies voraussetzend läßt sich ein verteilungsfreier Test auf Dispersionsunterschiede konstruieren, der pro Individuum die Abweichung der 1. Messung vom Mittelwert der 1. Meßreihe mit der Abweichung der 2. Messung vom Mittelwert der 2. Meßreihe vergleicht. (Denkbar wären bei zweifelhaftem Kardinalskalencharakter der Daten auch Abweichungen vom Medianwert.) Da nicht das Vorzeichen, sondern lediglich die Größe der Abweichungen interessiert, verwendet man dafür zweckmäßigerweise die Absolutbeträge der Abweichungen. (Ein dazu analoger Test ließe sich auf der Basis der quadrierten Abweichung konstruieren.)

$$D_i = |x_{i1} - \overline{x}_1| - |x_{i2} - \overline{x}_2| \quad . \tag{6.104}$$

Die H_0 (keine Dispersionsunterschiede zwischen den beiden abhängigen Stichproben) prüft man verteilungsfrei mit einem auf die D_i-Werte angewandten Vorzeichenrangtest (vgl. 6.2.1.2) bzw. – bei heterogenen Populationen – mit dem Vorzeichentest (vgl. 6.2.1.1), denn bei Gültigkeit der H_0 erwartet man gleich viele positive wie negative D_i-Werte (Vorzeichentest) bzw. gleich große Rangsummen mit positivem bzw.

negativem Vorzeichen (Vorzeichenrangtest). Der so konzipierte Test ist gegenüber Unterschieden in der zentralen Tendenz invariant.

Beispiel 6.18

Problem: Es sollen die interindividuellen Unterschiede in der Beurteilung des „Wohlgeschmacks" von Zucker- und Salzlösungen vergleichbarer Konzentration untersucht werden.

Untersuchungsplan: N = 16 unausgelesene Vpn werden gebeten, den Wohlgeschmack einer Zuckerlösung (a_1) und den einer Salzlösung (a_2) vergleichend zu beurteilen, und zwar durch eine Marke auf einer Sechspunkteskala. Die Reihenfolge „Zucker – Salz" wird ausgelost. Zur Vermeidung von Wechselwirkungen wird zwischen beiden Geschmacksproben klares Wasser getrunken.

Hypothese: Zucker wird interindividuell homogener beurteilt als Salz, d. h. die Zuckerbeurteilungen haben eine geringere Disperison als die Salzbeurteilungen (H_1; $\alpha = 0,05$; einseitiger Test). Daß die Zuckerbeurteilungen insgesamt positiver ausfallen als die Salzbeurteilungen, ist trivial und interessiert in diesem Zusammenhang nicht.

Datenerhebung und Auswertung: Tabelle 6.68 zeigt die Ergebnisse der Untersuchung sowie die Auswertung. Da wir davon ausgehen, daß unsere Untersuchungsteilnehmer einer homogenen Population entstammen, überprüfen wir die H_0 (keine Dispersionsunterschiede) mit dem Vorzeichenrangtest. Wir erkennnen, daß positive D_i-Werte seltener vorkommen als negative, was der Tendenz nach unsere Alternativhypothese bestätigt: Die unter der Bedingung „Zucker" abgegebenen Urteile (x_{i1}-Werte) weichen weniger deutlich von ihrem Mittelwert ab als die unter der Bedingung „Salz" erhobenen x_{i2}-Werte. Mit $T_+ = 34,5 < 35$ (vgl. Tafel 19) ist dieses

Tabelle 6.68

i	x_{i1}	x_{i2}	$|x_{i1} - \bar{x}_1|$	$|x_{i2} - \bar{x}_2|$	D_i	$R(|D_i|)$
1	2,3	0,7	1,04	0,53	0,51	(+)9
2	2,4	0,6	0,94	0,63	0,31	(+)5,5
3	2,9	0,1	0,44	1,13	−0,69	14
4	2,6	0,8	0,74	0,43	0,31	(+)5,5
5	3,2	0,5	0,14	0,73	−0,59	10,5
6	3,2	0,7	0,14	0,53	−0,39	8
7	3,4	0,6	0,06	0,73	−0,67	13
8	3,6	0,6	0,26	0,63	−0,37	7
9	3,4	1,0	0,06	0,23	−0,17	3
10	3,4	1,1	0,06	0,13	−0,07	2
11	3,5	1,4	0,16	0,17	−0,01	1
12	3,7	1,3	0,36	0,07	0,29	(+)4
13	3,4	1,9	0,06	0,67	−0,61	12
14	3,3	2,6	0,04	1,37	−1,33	15
15	4,9	2,2	1,56	0,97	0,59	(+)10,5
16	4,3	3,7	0,96	2,47	−1,51	16
	$\bar{x}_1 = 3,34$	$\bar{x}_2 = 1,23$				$T_+ = 34,5$

Ergebnis mit einer Irrtumswahrscheinlichkeit von $P < 0,05$ statistisch abgesichert. Der weniger effiziente Vorzeichentest ($x = 5$, $N = 16$) führt mit $P = 0,105$ zu einem nicht signifikanten Dispersionsunterschied (vgl. Tafel 1).

Interpretation: Wir können davon ausgehen, daß Zucker geschmacklich interindividuell homogener beurteilt wird als Salz.

Die Idee des in Beispiel 6.18 erläuterten Dispersionstests läßt sich auch auf den Vergleich von k abhängigen Stichproben übertragen. Für jede der k Stichproben bestimmt man zunächst die Absolutbeträge der Abweichungen: $d_{ij} = |x_{ij} - \bar{x}_j|$ mit $j = 1, \ldots, k$ ($\bar{x}_j$ kann auch hier durch andere Maße der zentralen Tendenz ersetzt werden). Die d_{ij}-Werte stellen dann das Ausgangsmaterial für eine Rangvarianzanalyse nach Friedman (vgl. 6.2.2.1) oder auch einen Spannweitenrangtest nach Quade (vgl. 6.2.2.2.) dar, d. h. die d_{ij}-Werte einer jeden Untersuchungseinheit werden zunächst in eine Rangreihe gebracht. Bei Gültigkeit der H_0 (keine Dispersionsunterschiede zwischen den Stichproben) wäre zu erwarten, daß sich die Rangsummen T_j nur zufällig unterscheiden. Andernfalls, bei Gültigkeit von H_1, ist mit hohen T_j-Werten für diejenigen Stichproben (Behandlungen) zu rechnen, für die stärkere Abweichungen der x_{ij}-Werte vom jeweiligen Mittelwert $\bar{x}_j$ registriert werden, d. h. für Stichproben mit hoher Dispersion.

Einen anderen Weg zur Überprüfung von Dispersionsunterschieden bei abhängigen Stichproben hat Boehnke (1989) beschritten. Auch hier stehen am Anfang die am stichprobenspezifischen Mittelwert (Medianwert) alignierten Messungen. Im 2. Schritt werden diese Abweichungen unter Berücksichtigung ihrer Vorzeichen nach der Siegel-Tukey-Prozedur (vgl. 6.1.6.1) in eine gemeinsame Rangreihe gebracht, bei der extreme Abweichungen niedrige und mittlere Abweichungen hohe Rangplätze erhalten. Als Prüfgröße wird die Differenz der Rangsummen verwendet (die höher disperse Stichprobe hat eine kleinere Rangsumme als die weniger disperse Stichprobe), die sich nach Boehnke in Anlehnung an die Hotelling-Papst-Statistik (vgl. S. 416) asymptotisch testen läßt. Dieser Test hat jedoch – wie numerische Beispiele zeigen – eine geringere Teststärke als der in Beispiel 6.18 beschriebene Ansatz.

Kapitel 7 Analyse von Meßwerten

Will man Meßwerte mit kardinalem Meßniveau ohne Informationsverlust, d. h. ohne Transformation in Rangwerte, zum Zwecke der statistischen Hypothesenüberprüfung nutzen und kommen die dazu eigentlich indizierten parametrischen Verfahren nicht in Betracht, weil – insbesondere bei kleineren Stichproben – die untersuchten Merkmale nicht normalverteilt sind, stehen dem Anwender eine Reihe von Testverfahren zur Verfügung, die Gegenstand des vorliegenden Kapitels sind. Das Problem der vollständigen Nutzung nicht normalverteilter Meßwerte zur Signifikanzprüfung wurde bereits früh von Fisher (1936) in Angriff genommen und von Pitman (1937) systematisch bearbeitet. Zur Lösung dieses Problems dient u. a das sogenannte Randomisierungsverfahren, weshalb die einschlägigen Signifikanztests auch **Randomisierungstests** heißen. (Eine Zusammenfassung der Entwicklung der Randomisierungstests findet man bei Edgington, 1980.) Mit ihrer Hilfe können sowohl unabhängige (7.1) als auch abhängige Stichproben (7.2) von Meßwerten verglichen werden. Dieses Prinzip wird auch verwendet, wenn es um den Vergleich einer empirischen Verteilung mit einer theoretisch erwarteten Verteilung geht (7.3). Ein allgemeiner Algorithmus zur Konstruktion exakter Prüfverteilungen für zahlreiche Rang- und Randomisierungstests wurde von Streitberg u. Römel (1987) entwickelt.

Die Randomisierungstests bauen entgegen allen bisher behandelten Tests auf der Voraussetzung auf, daß die vorliegenden Stichproben genaue Abbilder der zugehörigen Population sind. Man spricht daher auch von „bedingten" Tests im Gegensatz zu den „unbedingten" Tests, die diese Voraussetzung nicht implizieren. Die bedingten Randomisierungstests unterscheiden sich von den unbedingten Tests dadurch, daß sie eine jeweils von den Stichproben bestimmte, also von Test zu Test verschiedene Prüfverteilung besitzen; deshalb kann die Prüfgröße nicht – wie z. B bei den Rangtests – generell für bestimmte Stichprobenumfänge tabelliert werden. Diese Feststellung wird aus der Definition der Prüfgrößen für die Randomisierungstests unmittelbar einsichtig werden.

7.1 Tests für Unterschiedshypothesen bei unabhängigen Stichproben

Wie bereits in Kap. 6 (Analyse von Rangdaten), gliedern wir auch in diesem Kapitel die Verfahren danach, ob Unterschiede zwischen unabhängigen oder abhängigen Stichproben interessieren. Wir beginnen mit der Behandlung von Tests für unabhängige Stichproben, wobei wir auch hier zwischen Zweistichprobenvergleichen (7.1.1) und k-Stichprobenvergleichen (7.1.2) unterscheiden.

7.1.1 Tests für zwei Stichproben

Für Zweistichprobenvergleiche stehen mehrere Verfahren mit jeweils unterschiedlicher Indikation zur Verfügung. Interessieren vorrangig Unterschiede in der zentralen Tendenz, verwendet man zur Überprüfung dieser Unterschiedshypothese den Randomisierungstest von Fisher und Pitman (7.1.1.1). In 7.1.1.2 stellen wir eine Randomisierungstestvariante vor, mit der sich 2 unabhängige Stichproben hinsichtlich ihrer Streuungen vergleichen lassen. Der in 7.1.1.3 beschriebene Kolmogoroff-Smirnov-Omnibustest (KSO-Test) ist einzusetzen, wenn beliebige Verteilungsunterschiede hypothesenrelevant sind. Weitere Testideen werden summarisch in 7.1.1.4 vorgestellt.

7.1.1.1 Mittelwertsunterschiede

Sind 2 unabhängige Stichproben von Meßwerten $x_{1i}(i = 1, \ldots, N_1)$ und $x_{2i}(i = 1, \ldots, N_2)$ hinsichtlich der zentralen Tendenz ihrer Populationen 1 und 2 zu vergleichen, lassen sich folgende Überlegungen zur Begründung eines Randomisierungstests anstellen: Wir gehen zunächst davon aus, daß die Gesamtstichprobe der $N_1 + N_2 = N$ Meßwerte – wobei $N_1 \leq N_2$ angenommen werden soll – auf $\binom{N}{N_1}$ = $\binom{N}{N_2}$ Arten in 2 Einzelstichproben zu N_1 und N_2 Meßwerten geteilt werden kann; jede dieser Aufteilungen ist unter der Nullhypothese gleichwahrscheinlich. Wenn wir nun vereinbaren, als Prüfgröße für den Mittelwertsunterschied die Differenz D der beobachteten arithmetischen Mittel, $D = \bar{x}_1 - \bar{x}_2$, anzusehen, können wir für alle $\binom{N}{N_1}$ Zweistichprobenkombinationen die D-Werte berechnen und ermitteln, wie viele Differenzen gleich groß oder extremer sind als die beobachtete Differenz. Relativieren wir bei einseitigem Test die Anzahl z aller gleichgroßen Differenzen plus die Anzahl Z aller größeren (kleineren) Differenzen an der Anzahl aller möglichen Differenzen, resultiert die einseitige Überschreitungswahrscheinlichkeit P.

Aus rechnerischen Gründen empfiehlt es sich, als Prüfgröße nicht die Differenz D, sondern die Summe S der Meßwerte in der kleineren Stichprobe zu verwenden. S und D sind nach folgender Beziehung funktional verknüpft:

$$S = \left(D + \frac{T}{N_2}\right) \cdot \frac{N_1 \cdot N_2}{N_1 + N_2} \tag{7.1}$$

mit

T = Gesamtsumme aller Meßwerte.

Die Prüfverteilung von S ist entsprechend dem Charakter eines bedingten Tests ganz von den jeweils spezifischen $N_1 + N_2 = N$ Meßwerten determiniert und daher nicht tabelliert. Die H_0 (keine Mittelwertsunterschiede zwischen den Populationen 1 und 2) wird nach folgender Gleichung einseitig geprüft:

$$P = \frac{Z + z}{\binom{N}{N_1}} \quad . \tag{7.2}$$

Bei zweiseitiger Fragestellung sind die S-Werte zu berücksichtigen, die den Wert $S' = T - S$ überschreiten und S unterschreiten (mit $S < S'$); wegen der Symmetrie der Prüfverteilung ergibt sich

$$P' = \frac{2Z + z}{\binom{N}{N_1}}. \tag{7.3}$$

Der exakte Test besteht nun wie üblich darin, daß man den resultierenden P- bzw. P'-Wert mit dem vereinbarten α-Risiko vergleicht und H_0 verwirft, wenn $P \leq \alpha$ bzw. $P' \leq \alpha$.

Beispiel 7.1

Problem: Manche Kinder haben bekanntlich trotz ausreichender Intelligenz Lernschwierigkeiten und versagen besonders leicht, wenn sie überfordert werden. Diese aus der Erfahrung gewonnene Hypothese soll experimentell untersucht werden. $N = 10$ zufällig ausgewählte Schüler der 5. Gymnasialklasse wurden einem Schulleistungstest unterworfen. $N_1 = 3$ nach Los bestimmte Schüler hatte der Klassenlehrer unmittelbar zuvor in einem Einzelgespräch überfordert, indem er ihnen Aufgaben stellte, die lösbar erschienen, aber unlösbar waren. Den übrigen $N_2 = 7$ Schülern blieb diese Überforderung erspart.

Hypothese: Die Population 1 der Überforderten zeigt niedrigere Testleistungen als die Population 2 der Nicht-Überforderten (H_1; $\alpha = 0,05$; einseitiger Test).

Daten und Auswertung: Die Punktwerte der $N_1 = 3$ Schüler der Überforderungsstichprobe und der $N_2 = 7$ Schüler der Kontrollstichprobe sind in Tabelle 7.1 dargestellt.

Tabelle 7.1

x_1:	18		24	25						$S = 67$
x_2:		21			29	29	30	31	31	31	

Die Prüfgröße als die Summe der Meßwerte der kleineren Stichprobe 1 beträgt $S = 18 + 24 + 25 = 67$, und wir fragen im Sinne des einseitigen Tests, wieviele der $\binom{10}{3}$ möglichen x_1-Summen (zu je 3 Meßwerten) die beobachtete Prüfgröße $S = 67$ erreichen oder unterschreiten.

Die niedrigste Dreiwertekombination ist $S = 18 + 21 + 24 = 63$; die zweitniedrigste ist $S = 18 + 21 + 25 = 64$, und die drittniedrigste entspricht bereits der beobachteten Kombination: $S = 18 + 24 + 25 = 67$. (Die viertniedrigste wäre $S = 18 + 21 + 29 = 68 > 67$.) Die Wahrscheinlichkeit, daß die beobachtete oder eine im Sinne von H_1 extremere Prüfgröße bei Geltung von H_0 zustande gekommen ist, beträgt also bei $Z = 2$ ($S < 67$) und $z = 1$ ($S = 67$)

$$P = \frac{2 + 1}{\binom{10}{3}} = \frac{3}{\frac{10 \cdot 9 \cdot 8}{3 \cdot 2 \cdot 1}} = 0,025 \quad .$$

Entscheidung und Interpretation: Da $P < \alpha$ ist, akzeptieren wir H_1 anstelle von H_0 und vertrauen darauf, daß Überforderung die schulische Leistungsfähigkeit (gemessen durch einen Schulleistungstest) herabsetzt.

Der exakte Test ist nur für kleine Stichproben ($N_1 + N_2 \leq 15$) einigermaßen ökonomisch anwendbar; für größere Stichproben geht der Randomisierungstest asymptotisch in den parametrischen t-Test über, der z. B. bei Bortz (1989, Kap. 5.1.2) beschrieben wird.

Der Randomisierungstest für unabhängige Stichproben ist nur dann ausschließlich gegenüber Mittelwertsunterschieden zweier Populationen sensitiv, wenn die Populationen homomer verteilt sind. Weitere Voraussetzungen für die Anwendung des Tests sind zufallsmäßige und wechselseitig unabhängige Stichprobenwerte. Mit Verbundwerten verfährt man so, als ob es sich um doppelt bzw. mehrfach belegte Meßwerte handelt.

Die relative asymptotische Effizienz des Randomisierungstests im Vergleich zum parametrischen Analogon – dem t–Test – ist 1, da er alle verfügbaren Informationen zur Konstruktion der Prüfverteilung heranzieht.

7.1.1.2 Streuungsunterschiede

Das Randomisierungsprinzip, das wir in 7.1.1.1 zur Überprüfung des Unterschieds zweier Mittelwerte kennengelernt haben, läßt sich auch für einen Test auf Dispersionsunterschiede nutzbar machen. Der resultierende Test ist in Anwendung auf nicht-normale Verteilungen von Meßwerten maximal effizient (Lienert u. Schulz, 1969).

Sind N_1 Meßwerte $x_{1i}(i = 1, 2, \ldots, N_1)$ aus der einen Population und N_2 Meßwerte $x_{2i}(i = 1, 2, \ldots, N_2)$ aus der anderen Population entnommen worden, bildet man zunächst alle $\binom{N}{N_1}$ Zweistichprobenkombinationen der $N = N_1+N_2(N_1 \leq N_2)$ Meßwerte und ermittelt für all diese unter H_0 gleich wahrscheinlichen Kombinationen bei einseitiger Frage $(s_1^2 > s_2^2)$ die folgende Prüfgröße F_R:

$$F_R = s_1^2/s_2^2 \quad . \tag{7.4}$$

mit s_1^2 = Varianz der Messungen in der Stichprobe $1(= \sum(x_{1i} - \bar{x}_1)^2/N_1)$ (entsprechend s_2^2).

Hat man dagegen zweiseitig zu prüfen, dann ist stets die größere der beiden Stichprobenvarianzen in den Zähler zu setzen:

$$F_R = s_{max}^2/s_{min}^2 \quad . \tag{7.5}$$

Zwecks Entscheidung über die Nullhypothese (kein Dispersionsunterschied zwischen den 2 Populationen) ermittelt man die exakte Überschreitungswahrscheinlichkeit nach Gl. (7.2), wobei $Z + z$ wiederum die Zahl derjenigen F_R-Werte bezeichnet, die ebenso groß oder größer sind als der beobachtete F_R-Wert, und stellt fest, ob $P \leq \alpha$. Auch die Anwendung dieses Randomisierungstests soll an einem kleinen numerischen Beispiel illustriert werden.

Angenommen, wir hätten $N_1 = 2$ Meßwerte $(2; 9)$ und $N_2 = 3$ Meßwerte $(5; 6; 7)$ unter den Behandlungen 1 und 2 erhoben und wir wollten wissen, ob die Behandlung 1 zu einer höheren Dispersion führt als die Behandlung 2. Zur Anwendung des gebotenen einseitigen Tests berechnen wir die Varianzen aller Kombinationen zu 2 und 3 Meßwerten und bilden die Varianzquotienten s_1^2/s_2^2, wie dies in Tabelle 7.2 geschehen ist.

Die von uns beobachtete Kombination von $N_1 = 2$ und $N_2 = 3$ Meßwerten (kursiv gesetzt) ergibt den größten Wert der Prüfverteilung aller $\binom{5}{2} = 10$ F_R-Werte ($F_R = 18, 28$), so daß $Z+z = 0+1 = 1$ und damit nach Gl. (7.2) $P = 1/10 = 0, 10$ ist.

Hätten wir zweiseitig prüfen wollen, wäre die Prüfverteilung durch Bildung der Varianzquotienten nach Gl. (7.5) zu bilden gewesen, wie dies in der letzten Spalte

Tabelle 7.2

x_1	x_2	s_1^2	s_2^2	s_1^2/s_2^2	s_{max}^2/s_{min}^2
2 5	6 7 9	2,25	1,56	1,44	1,44
2 6	5 7 9	4,00	2,67	1,50	1,50
2 7	5 6 9	6,25	2,89	2,16	2,16
2 9	*5 6 7*	*12,25*	*0,67*	*18,28*	*18,28*
5 6	2 7 9	0,25	8,67	0,03	34,67
5 7	2 6 9	1,00	8,22	0,12	8,22
5 9	2 6 7	4,00	4,67	0,86	1,17
6 7	2 5 9	0,25	8,22	0,03	32,89
6 9	2 5 7	2,25	4,22	0,53	1,88
7 9	2 5 6	1,00	2,89	0,35	2,89

der Tabelle 7.2 geschehen ist: In dieser Spalte wird der beobachtete F_R-Wert von $z = 1$ F_R-Wert (ihm selbst) erreicht und von $Z = 2$ F_R-Werten übertroffen, so daß sich $P' = 3/10 = 0,30$ ergibt.

Auch dieser Randomisierungstest macht außer der Forderung nach wechselseitiger Unabhängigkeit aller N Meßwerte keine Voraussetzungen und bleibt auch bei Vorhandensein von Verbundwerten (die wie infinitesimal unterschiedliche Werte zu behandeln sind) gültig. Bestehen neben den Dispersionsunterschieden auch solche der zentralen Tendenz, so haben diese keinen Einfluß auf die Prüfgröße. Statt die gesamte (direkte) Prüfverteilung zu ermitteln, geht man arbeitssparender vor, wenn man nur diejenigen F_R-Werte der Prüfverteilung berechnet, die den beobachteten F_R-Wert erreichen oder überschreiten (vgl. dazu Tabelle 7.12).

7.1.1.3 Omnibusunterschiede

Ein Test, der auf Verteilungsunterschiede aller Art zwischen 2 unabhängigen Stichproben anspricht, ist der auf dem Anpassungstest (vgl. 7.3) von Kolmogoroff (1933, 1941) aufbauende und von Smirnov (1939, 1948) auf das Zweistichprobenproblem zugeschnittene *Kolmogoroff-Smirnov-Test*, der von Massey (1952) erstmals extensiv als Omnibustest tabelliert wurde. Der Einfachheit halber führen wir für den Test die Abkürzung KSO-Test ein. Der KSO-Test geht zwar von stetig verteilten Meßwerten aus und gehört daher zu Recht in dieses Kapitel; er macht aber implizit nur von ordinaler Information Gebrauch. Daraus folgt, daß der KSO-Test nicht ebenso effizient ist wie die in den vorangegangenen Abschnitten besprochenen Randomisierungstests. Er läßt sich jedoch tabellieren und ist deshalb einfacher anzuwenden. Der KSO-Test ist der schärfste derzeit verfügbare Test zur Prüfung der Nullhypothese (2 Stichproben stammen aus identisch verteilten Populationen) gegenüber der Omnibusalternativhypothese, nach der die beiden Stichproben aus unterschiedlich verteilten Populationen stammen, wobei die Art des Verteilungsunterschiedes (zentrale Tendenz, Dispersion, Schiefe, Exzeß etc.) nicht näher spezifiziert wird.

Die Vorgehensweise des KSO-Tests wollen wir an einem kleinen Zahlenbeispiel mit $N_1 = N_2$ verdeutlichen. Je 5 Vpn wurden einer Dauerbelastung unterworfen, wobei die eine Gruppe (1) prophylaktisch mit Phenobarbital (als Sedativum), die andere (2) mit Amphetamin (als Aktivanz) vorbehandelt wurde. Als Ermüdungsindikator

(X) wurde die visuelle Flimmerverschmelzungsfrequenz (FVF, Lichtblitze pro Sekunde) gemessen, wobei sich für die Gruppe 1 die Meßwerte 19, 21, 24, 26 und 29 und für die Gruppe 2 die Meßwerte 22, 31, 35, 38 und 40 ergaben. Es wird nach Verteilungsunterschieden zwischen X_1 und X_2 gefragt.

Die beiden Stichproben werden zunächst in eine gemeinsame Rangreihe mit den Rangplätzen $R_i (i = 1, \ldots, N; N = N_1 + N_2)$ gebracht (Tabelle 7.3).

Tabelle 7.3

R_i	x_1	x_2	$S_1(x_i)$	$S_2(x_i)$	$D_i = \lvert S_1(x_i) - S_2(x_1) \rvert$
1	19		0,20	0,00	0,20
2	21		0,40	0,00	0,40
3		22	0,40	0,20	0,20
4	24		0,60	0,20	0,40
5	26		0,80	0,20	0,60
6	29		1,00	0,20	*0,80*
7		31	1,00	0,40	0,60
8		35	1,00	0,60	0,40
9		38	1,00	0,80	0,20
10		40	1,00	1,00	0,00

Man berechnet nun für jede Stichprobe die Verteilungsfunktion (vgl. S. 11f.) $S_1(X)$ und $S_2(X)$, d. h. man bestimmt in jeder geordneten Stichprobe über alle 10 Rangplätze die kumulierten relativen Häufigkeiten. $S_1(X)$ gibt also an, wie sich die 5 Meßwerte der Stichprobe 1 kumulativ über die 10 Rangplätze verteilen, wobei statt der absoluten Häufigkeiten die relativen Häufigkeiten kumuliert werden.

Als Prüfgröße D definieren wir den maximalen Absolutbetrag der Abweichungen der beiden Verteilungsfunktionen.

$$D = \max \left\lvert S_1(x_i) - S_2(x_i) \right\rvert \ . \tag{7.6}$$

In unserem Beispiel resultiert $D = 0,80$.

Um eine beobachtete Prüfgröße D beurteilen zu können, müssen wir wissen, wie sich D unter der Nullhypothese gleicher Populationsherkunft der beiden Stichproben verteilt. Wir erhalten die exakte Prüfverteilung von D ähnlich wie in 7.1.1.1 durch Randomisierung, indem wir alle $\binom{N}{N_1} = \binom{N}{N_2}$ Kombinationen der $N = N_1 + N_2$ Meßwerte in Klassen zu N_1 und N_2 Meßwerten bilden, für jede Kombination die beiden Verteilungsfunktionen bestimmen und deren D ermitteln. Die exakte **zweiseitige** Überschreitungswahrscheinlichkeit eines beobachteten D-Wertes ergibt sich dann unter H_0, wonach alle möglichen Kombinationen gleich wahrscheinlich sind, nach Gl. (7.2). In diesem Falle bezeichnet Z die Zahl der D-Werte der Prüfverteilung, die größer sind als der beobachtete D-Wert und z die Anzahl der D-Werte, die gleich dem beobachteten D-Wert sind.

Ausgehend von diesen Überlegungen lassen sich Tabellen konstruieren, denen kritische D-Werte zu entnehmen sind, für die $P'(D) \leq \alpha$ gilt. Tafel 23 zeigt die kritischen D-Werte für $N_1 = N_2 = 1(1)40$ und einige ausgewählte Signifikanzstufen. H_0 ist zu verwerfen, wenn der beobachtete D-Wert *größer* ist als der kritische Wert.

Für $N_1 = N_2 = 5$ entnehmen wir dieser Tafel, daß $D = 0,8 > 3/5$ bei zweiseitigem Test nur auf der $\alpha = 0,1$-Stufe abgesichert ist. Der für $\alpha = 0,05$ kritische D-Wert von 4/5 wird zwar erreicht, aber nicht überschritten, d. h. H_0 ist auf dieser Signifikanzstufe beizubehalten.

Der Signifikanztest nach Tafel 23 fällt der Tendenz nach konservativ aus. Da die H_0-Verteilung von D diskret ist, liegt die Irrtumswahrscheinlichkeit in der Regel etwas unter dem vorgegebenen α-Wert.

Die exakte zweiseitige Irrtumswahrscheinlichkeit ermittelt man nach folgender Gleichung (vgl. Drion, 1952, oder auch Feller, 1965, Kapitel 14).

$$P' = \frac{\binom{2n}{n-k} - \binom{2n}{n-2k} + \binom{2n}{n-3k} - \binom{2n}{n-4k} + \ldots \pm \binom{2n}{n-c \cdot k}}{\frac{1}{2} \cdot \binom{2n}{n}} \tag{7.7}$$

mit

$$n = N_1 = N_2$$

und

$$k = n \cdot D \quad .$$

In diese Rekursionsformel werden c Glieder mit wechselndem Vorzeichen eingesetzt, wobei c der Ungleichung $n - c \cdot k \geq 0$ genügen muß. Für $n = 50$ und $k = 12$ wären es z.B. $c = 4$ Glieder, denn für das 5. Glied ist die Ungleichung $50 - 5 \cdot 12 \geq 0$ nicht mehr erfüllt.

In unserem Beispiel errechnen wir

$$P' = \frac{\binom{10}{5-4}}{\frac{1}{2} \cdot \binom{10}{5}} = \frac{\frac{10}{1}}{\frac{1}{2} \cdot \frac{10 \cdot 9 \cdot 8 \cdot 7 \cdot 6}{5 \cdot 4 \cdot 3 \cdot 2 \cdot 1}} = 0,079 \quad .$$

Gleichung (7.7) kommt somit zur gleichen Entscheidung wie Tafel 23.

Bei einem signifikanten Verteilungsunterschied sind detailliertere Interpretationen hinsichtlich der Parameter, in denen sich die Verteilungen unterscheiden, einfachheitshalber einer grafischen Darstellung zu entnehmen, bei der auf der X-Achse eines Koordinatensystems die beobachteten Meßwerte und auf der Y-Achse die kumulierten relativen Häufigkeiten gemäß den Spalten $S_1(x_i)$ und $S_2(x_i)$ in Tabelle 7.3 abgetragen werden. Wie Abb. 7.1 zeigt, erhält man auf diese Art für jede Stichprobe eine „Treppenkurve", aus deren Vergleich Einzelheiten der Verteilungsunterschiede abzuleiten sind.

Nach den Treppenfunktionen der Stichproben zu urteilen, ist die Population 1 symmetrisch, die Population 2 dagegen links asymmetrisch (rechtsgipflig) verteilt,

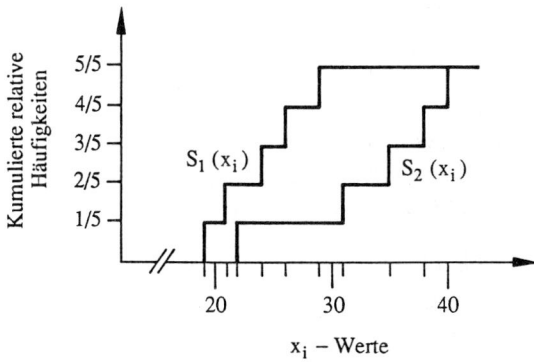

Abb. 7.1. Treppenfunktionen zweier Stichproben $S_1(x)$ und $S_2(x)$ zu je N=5 Meßwerten der Flimmerverschmelzungsfrequenz unter Phenobarbital (1) und Amphetamin (2)

wobei die Population 2 außerdem einen höheren Mittelwert aufweist als die Population 1. Letzteres ist plausibel, da Amphetamin die Ermüdung verhütet (FVF steigert), während Phenobarbital sie verstärkt (d. h. die FVF herabsetzt).

Der zweiseitige KSO-Test prüft die H_0 der Gleichheit von 2 Populationsverteilungen: $S_1(x_i) = S_2(x_i)$. Beim **einseitigen Test** gelten die Nullhypothesen $S_1(x_i) \leq S_2(x_i)$ bzw. $S_1(x_i) \geq S_2(x_i)$. Bezogen auf unser Beispiel hätte man – wegen der vermuteten FVF-Steigerung durch Amphetamin – auch die einseitige Alternativhypothese $S_1(x_i) > S_2(x_i)$ aufstellen können, nach der man erwartet, daß sich (bezogen auf die grafische Darstellung in Abb. 7.1) die Treppenkurve der Stichprobe 1 oberhalb der Treppenkurve der Stichprobe 2 befindet. Für diesen einseitigen Test ist nicht der maximale Absolutbetrag der Differenzen D_i, sondern die maximale Differenz D_i' aller Differenzen $S_1(x_i) - S_2(x_i)$ die entsprechende Prüfgröße, die anhand Tafel 23 einseitig zufallskritisch zu bewerten ist.

Da in unserem Beispiel $D = D' = 0,8$ ist, wäre H_0 wegen $0,8 > 0,6$ zugunsten der einseitigen H_1 auf der $\alpha = 0,05$-Stufe zu verwerfen. Obwohl der einseitige Test vor allem auf Mittelwertunterschiede anspricht, bedeutet dieses Ergebnis nicht, daß damit die $H_1 : \mu_1 < \mu_2$ bestätigt ist, denn der Omnibuscharakter des KSO-Tests bleibt auch in der einseitigen Variante bestehen.

Sind die zu vergleichenden **Stichproben ungleich groß** ($N_1 \neq N_2$), werden die kumulierten relativen Häufigkeiten der Verteilungsfunktionen $S_1(X)$ und $S_2(X)$ unter Berücksichtigung der verschiedenen Stichprobenumfänge errechnet. Die resultierende Prüfgröße D ist in diesem Falle anhand Tafel 24 zufallskritisch zu bewerten. Auch hier ist H_0 zu verwerfen, wenn der tabellierte Wert vom beobachteten Wert überschritten wird. Beispiel 7.2 verdeutlicht das Vorgehen.

Verbundwerte, die als Folge einer begrenzt genauen Messung eines stetig verteilten Merkmals auftreten, haben keinen Einfluß auf die Prüfgröße D, wenn sie innerhalb einer Stichprobe liegen; sie werden dann wie unverbundene Meßwerte behandelt. Treten Verbundwerte zwischen den Stichproben auf, so sind sie von Belang, wenn sie den Maximalabstand mitbestimmen. Nach einem Vorschlag von Bradley (1960, S. 267) sind im Sinne eines konservativen Vorgehens die kritischen Verbundwerte dann so zu unterscheiden, daß D möglichst klein wird. Dieser Vorschlag wird ebenfalls im folgenden Beispiel aufgegriffen.

Beispiel 7.2

Problem: Um etwaige Unterschiede zwischen Männern und Frauen hinsichtlich ihres Risikoverhaltens zu erfassen, wurden $N_1 = 10$ Studenten und $N_2 = 8$ Studentinnen nach Zufall aus einer größeren Zahl Freiwilliger ausgewählt und einem Risikotest unterworfen.

Hypothese: Studenten und Studentinnen unterscheiden sich hinsichtlich ihrer Risikobereitschaft, ohne daß die Art des Unterschiedes (Lokation, Dispersion, Schiefe etc.) spezifiziert werden kann ($H_1; \alpha = 0,05$; zweiseitiger Test).

Daten und Auswertung: Tabelle 7.4 zeigt in den Spalten x_1 und x_2 die geordneten Meßwerte.

Tabelle 7.4

R_i	x_1	x_2	$S_1(x_i)$	$S_2(x_i)$	$D_i = \lvert S_1(x_i) - S_2(x_i) \rvert$
1	11		0,1	0,000	0,100
2		14	0,1	0,125	0,025
3		16	0,1	0,250	0,150
4		17	0,1	0,375	0,275
5		17	0,1	0,500	0,400
6		17	0,1	0,625	0,525
7		17	0,1	0,750	0,650
8	18		0,2	0,750	0,550
9		18	0,2	0,875	*0,675*
10	19		0,3	0,875	0,575
11	19		0,4	0,875	0,475
12	19		0,5	0,875	0,375
13	20		0,6	0,875	0,275
14	20		0,7	0,875	0,175
15	20		0,8	0,875	0,075
16	25		0,9	0,875	0,025
17	29		1,0	0,875	0,125
18		30	1,0	1,000	0,000
	$N_1 = 10$	$N_2 = 8$			

Die zwischen den beiden Stichproben im Meßwert 18 vorliegende Rangbindung wird so aufgelöst, daß der Wert 18 in Stichprobe 1 den Rangplatz 8 und der gleiche Wert in Stichprobe 2 den Rangplatz 9 erhält, denn diese Rangaufteilung führt zu einem konservativen Test (s.u.). Im nächsten Schritt bestimmen wir die Verteilungsfunktionen $S_1(X)$ und $S_2(X)$, wobei identische Werte innerhalb einer Stichprobe wie geringfügig verschiedene Werte behandelt werden. Der Spalte D_i ist $D = \max(D_i) = 0,675$ zu entnehmen. Dieser Wert ist größer als der für die Stichprobenumfänge 8 und 10 in Tafel 24 für $\alpha = 0,05$ und zweiseitigen Test ausgewiesene kritische Wert von 23/40 ($0,675 > 23/40 = 0,575$), d. h. die H_0 ist zu verwerfen.

Anmerkung: Hätten wir für den doppelt aufgetretenen Wert 18 Rangplatz 8 der Stichprobe 2 und Rangplatz 9 der Stichprobe 1 zugeteilt, würde sich die Prüfgröße $D = 0,775$ ergeben. Die von uns vorgenommene Auflösung der Rangbindung begünstigt damit eine konservative Testentscheidung.

Wenn die Durchführung eines exakten Tests nicht möglich ist, weil die verfügbaren Tabellen nicht ausreichen, prüft man **asymptotisch**. Nach Smirnov (1948) und Feller (1948) ermittelt man bei großem N_1 und N_2 folgende kritische Prüfgröße D_α:

$$D_\alpha = K_\alpha \cdot \sqrt{\frac{N_1 + N_2}{N_1 \cdot N_2}} \quad . \tag{7.8}$$

Die Schranken von K_α bzw. von D_α gemäß Gl. (7.8) für verschiedene Irrtumswahrscheinlichkeiten sind ebenfalls den Tafeln 23 und 24 zu entnehmen.

Wie beim exakten, so bleibt auch beim asymptotischen Test offen, worauf eine eventuelle Signifikanz beruht. Meist handelt es sich um Unterschiede der zentralen Tendenz, die gelegentlich mit Unterschieden der Dispersion und/oder der Schiefe vereint sind.

Der asymptotische KSO-Test findet – wie im folgenden Beispiel – hauptsächlich auf größere Stichproben gruppierter Meßwerte mit stetiger Merkmalsverteilung Anwendung.

Beispiel 7.3

Problem: Von klinischer Seite wird oft behauptet, die Gefahr, einem Herzinfarkt zu erliegen, sei im „mittleren" Alter besonders groß. Dieser Behauptung soll durch eine Erhebung des Alters (X) von Infarktkranken und dessen Gruppierung nach $k = 6$ Dezennien als Klassenintervalle nachgegangen werden.

Hypothese: Die Population 1 der Überlebenden hat eine andere Altersverteilung als die Population 2 der Verstorbenen (H_1; $\alpha = 0,05$; zweiseitiger Test).

Daten: Das Resultat der Erhebung ist in Tabelle 7.5 angegeben. Die Daten stammen von $N = 143$ in den Jahren 1950 bis 1955 wegen eines Infarktes in die Klinik eingelieferten Patienten, die epikritisch in eine Stichprobe von $N_1 = 101$ Überlebenden und $N_2 = 42$ Verstorbenen eingeteilt wurden (nach Koch, 1957, S. 825).

Auswertung: Ausgehend von den beiden Häufigkeitsverteilungen der Überlebenden f_1 und der Verstorbenen f_2 bilden wir die Verteilungsfunktionen $S_1(X)$ und $S_2(X)$, d. h. wir berechnen die kumulierten relativen Häufigkeiten.

Tabelle 7.5

Altersklasse	f_1	f_2	$S_1(x)$	$S_2(x)$	$S_1(x) - S_2(x)$
31 – 40	2	0	$2/101 = 0,020$	$0/42 = 0,000$	0,020
41 – 50	15	1	$17/101 = 0,168$	$1/42 = 0,024$	0,144
51 – 60	34	9	$51/101 = 0,505$	$10/42 = 0,238$	0,267
61 – 70	43	17	$94/101 = 0,931$	$27/42 = 0,643$	*0,288* (= D)
71 – 80	7	14	$101/101 = 1,000$	$41/42 = 0,976$	0,024
über 80	0	1	$101/101 = 1,000$	$42/42 = 1,000$	0,000

Als absolut größte Differenz und damit als Prüfgröße ergibt sich $D = 0,288$. Die 5%-Schranke der Prüfgröße D beträgt nach Tafel 24 und Gl. (7.8)

$$D_{0,05} = 1,36 \cdot \sqrt{\frac{101 + 42}{101 \cdot 42}} = 0,250 \quad .$$

Entscheidung: Da $D = 0,288 > 0,250 = D_{0,05}$ ist, verwerfen wir H_0 und akzeptieren H_1, wonach die Altersverteilungen der überlebenden und die der verstorbenen Infarktpatienten verschieden sind.

Interpretation: Obwohl H_0 verworfen wurde, ist die klinische Vermutung eher widerlegt als gestützt worden: Nicht die Infarktpatienten mittleren, sondern die höheren

Alters werden stärker vom Herztod bedroht, wenn man die Häufigkeiten $f(x_{1i})$ und $f(x_{2i})$ nach Augenschein vergleicht.

In Anwendung auf gruppierte Meßwerte konkurriert der KSO-Test mit dem $k \times 2$-Felder-χ^2-Test (vgl. 5.3.1), der ebenfalls auf Unterschiede aller Art reagiert, wenn er auf intervallskalierte Daten angewendet wird. Der KSO-Test hat gegenüber dem χ^2-Test jedoch den Vorteil, daß er auch auf Unterschiede in den auslaufenden Ästen der beiden Stichproben vorbehaltlos anspricht, während der χ^2-Test diese Unterschiede nivelliert, indem er fordert, daß schwach besetzte Extremklassen zusammengelegt werden. Man behalte jedoch im Auge, daß der KSO-Test primär auf stetig verteilte Merkmale anzuwenden ist, wohingegen der χ^2-Test primär für diskret verteilte und nominalskalierte Merkmale in Betracht kommt (vgl. Schmid, 1958).

Eine *quasi-sequentielle Anwendung* des KSO-Tests ergibt sich, wenn man die „Treppenkurven" als Funktion der Zeitachse (z.B. Tage) auffaßt. Will man z.B. die Verweildauer von Psychiatriepatienten mit der Diagnose „endogene Depression" zwischen Krankenhaus A und Krankenhaus B vergleichen, kann man beim quasi-sequentiellen KSO-Test wie folgt vorgehen: Wird ein Patient des Krankenhauses A entlassen, steigt die Treppenkurve A an diesem Tag um eine Einheit an. Wird kein Patient entlassen, wird sie horizontal um einen Tag weitergeführt; das gleiche gilt für die Vergleichsgruppe B. An dem Tag, an dem der Ordinatenabstand erstmals die für das jeweilige N gültige Schranke D_α erreicht, wird H_0 verworfen und H_1 angenommen, d.h. die Verlaufsbeobachtung kann abgebrochen werden. Man beachte jedoch auch bei dieser Anwendungsvariante den Omnibuscharakter des KSO-Tests: Die Ablehnung von H_0 ist nicht gleichbedeutend mit signifikant unterschiedlicher Verweildauer.

Diese sequentielle Anwendung des KSO-Tests impliziert, daß über die endgültige Beibehaltung von H_0 erst nach vollständigem Ausschöpfen beider Stichproben A und B entschieden werden kann. Will (oder muß) man die in zeitlicher Sukzession durchzuführende Stichprobenerhebung unter Beibehaltung von H_0 bereits früher abbrechen, empfiehlt es sich, einen von Tsao (1954) entwickelten gestutzten KSO-Test einzusetzen. Einzelheiten findet man bei Lienert (1973, S. 445) oder bei Conover (1967).

Über die **Effizienz** des KSO-Tests herrscht keine einheitliche Auffassung. Nach Siegel (1956, S. 136) soll er in Anwendung auf homomer verteilte Populationen unterschiedlicher zentraler Tendenz bei kleinen Stichproben relativ wirksamer sein als der zweiseitige U-Test, während sich bei großen Stichproben das Wirksamkeitsverhältnis umkehrt. Wendet man den KSO-Test bei normalverteilten Populationen anstelle des (zweiseitigen) t-Tests an, so kann man nach Dixon (1954) bei kleinem N mit einer ARE = 0,96 rechnen. Bei großen Stichproben ist nach Capon (1965) mindestens mit einer ARE = 0,64 zu rechnen. Relativ wirksam auch im Vergleich zu t- und U-Test ist der KSO-Test, wenn man ihn zur zweiseitigen Prüfung von Unterschieden der zentralen Tendenz in Populationen mit weit auslaufenden Verteilungsästen (Cauchy- und doppelt exponentielle Verteilung) anwendet: Hier beträgt die ARE mindestens 0,81 und höchstens 1,00.

Für den Vergleich zweier unabhängiger Stichproben aus nicht homomer verteilten Populationen ist der KSO-Test im allgemeinen besser geeignet als alle übrigen

in Kap. 6 und 7 behandelten Zweistichprobenvergleiche, die vor allem auf Verteilungsunterschiede hinsichtlich der zentralen Tendenz reagieren.

Die Frage, wann der KSO-Test optimal indiziert ist, läßt sich nach 2 Richtungen beantworten: (1) Wenn man lediglich erfahren will, ob 2 unabhängige Stichproben aus ein- und derselben Grundgesamtheit stammen, und (2) wenn man erwartet, daß eine Behandlung im Vergleich zu einer anderen nicht nur Unterschiede in der zentralen Tendenz, sondern auch in anderen Verteilungsparametern (z. B. Dispersion, Schiefe, Exzeß) bewirkt. Letzteres ist häufig der Fall, wenn die behandelten Personen auf die Behandlungen individuell unterschiedlich reagieren (Wechselwirkung zwischen Behandlung und Personen). Die Untersuchung individueller Behandlungswirkungen ist damit das Hauptindikationsgebiet des KSO-Tests.

7.1.1.4 Weitere Tests

Im folgenden seien einige weitere Tests genannt, die wegen geringer praktischer Bedeutung, zu spezieller Indikationsstellung oder vergleichsweise geringer Effizienz hier nicht ausführlich behandelt werden:

— *Cramér-von Mises-Test*: Dieser von Cramér (1928) und von von Mises (1931) entwickelte Test stellt eine Testalternative zum KSO-Test dar, wenn sich die „Treppenkurven" überschneiden, was primär auf Dispersionsunterschiede der verglichenen Stichproben hinweist. Seine Prüfgröße

$$C = \frac{N_1 \cdot N_2}{(N_1 + N_2)^2} \cdot \sum_{i=1}^{N} D_i^2 \qquad (7.9)$$

wurde von Burr (1964) für kleine Stichproben vertafelt. Für größere Stichproben sei auf die asymptotisch gültigen Schranken verwiesen, die von Anderson u. Darling (1952) tabelliert wurden.

— *Lokationstest nach Drion (1952)*: Dieser als Schnelltest konzipierte Zweistichprobenvergleich unterscheidet zwei Varianten: a) den Dekussationstest, der die H_0 überprüft, daß sich die Treppenkurven nicht überkreuzen; dieser Test ist besonders effizient bei alternierend ansteigenden Verteilungsfunktionen; b) den Tangentialtest, der von der H_0 ausgeht, daß sich die Treppenkurven — mit Ausnahme des gemeinsamen Endauslaufes — nicht berühren. Die Effizienz beider Tests wird bei globalen Omnibusalternativen im allgemeinen niedrig eingeschätzt.

— *Iterationstest von Wald u. Wolfowitz (1943)*: Dieser Omnibustest ist zwar einfach durchzuführen; er hat jedoch im Vergleich zum KSO-Test bei Unterschieden in der zentralen Tendenz oder der Dispersion eine geringere Effizienz als der KSO-Test. Seine Durchführung ist aus dem in 11.1.1.1 beschriebenen Iterationstest einfach abzuleiten.

— Ein Test, der im Prinzip wie der KSO-Test funktioniert, aber die Abstände zwischen den Treppenkurven vor Aufsuchen des Maximalabstandes so gewichtet, daß Abstände im unteren Meßwertebereich bedeutsamer werden als Abstände im oberen Meßwertebereich, wurde von Renyi (1953) entwickelt. Der Test ist in Anwendung auf exponentielle (linksgipflige) Verteilungen z. B. beim Vergleich von Reaktionszeitmeßreihen wirksamer als der KSO-Test.

— Eine weitere Gruppe von Omnibustests geht auf das Prinzip zurück, alle möglichen Quadrupel von je 2 Meßwertpaaren zu bilden und die Zahl jener Quadrupel zu bestimmen, für die entweder beide x_1-Werte kleiner sind als beide x_2-Werte oder beide x_1-Werte größer sind als beide x_2-Werte. Tests dieser Art stammen von Lehmann (1951), Renyi (1953), Sundrum (1954) und Wegener (1956).

— Multivariate Erweiterungen des KSO-Tests gehen auf Saunders u. Laud (1980) sowie Bickel (1969) zurück.

— Weitere Verfahren zum Vergleich zweier unabhängiger Stichproben wurden von Watson (1969), Csörgo (1965), Percus u. Percus (1970), Conover (1972) sowie Mason u. Scheunemeyer (1983) entwickelt. Einen bivariaten, auf dem Randomisierungsprinzip aufbauenden Test haben Gabriel u. Hall (1983) vorgelegt.

7.1.2 Tests für k Stichproben

Beim Vergleich von k unabhängigen Stichproben können wir auf Mittelwertsunterschiede und nicht näher spezifizierte Verteilungsunterschiede (Omnibusunterschiede) prüfen. Ein verteilungsfreier Test zur Überprüfung von Streuungsunterschieden steht derzeit nicht zur Verfügung.

7.1.2.1 Mittelwertsunterschiede

Das Randomisierungsprinzip kann nach Pitman (1937) auch dazu benutzt werden, $k > 2$, z. B. unterschiedlich behandelte unabhängige Stichproben hinsichtlich ihrer zentalen Tendenz zu vergleichen. Mit dieser — wenn man so will — „Randomisierungsvarianzanalyse" wird die H_0 überprüft, daß die Mittelwerte von k Populationen identisch seien bzw. daß k Stichproben aus Populationen mit identischen Mittelwerten stammen. Der Test ist sowohl für experimentelle als auch quasi-experimentelle Pläne geeignet; er setzt allerdings gleichgroße Stichproben $n = N_1 = N_2 = \ldots = N_k$ voraus. Der einschlägige Untersuchungsplan zum Nachweis von Mittelwertsunterschieden bei k Behandlungen gestaltet sich wie in Tabelle 7.6 dargestellt.

Tabelle 7.6

		Behandlungen	
1	2	...	k
x_{11}	x_{21}	...	x_{k1}
x_{12}	x_{22}	...	x_{k2}
$\vdots$			
x_{1n}	x_{2n}	...	x_{kn}

Ausgehend von diesem dargestellten Datenschema können die Meßwerte der Zeile 1 in k!-facher Weise permutiert werden, wobei jeder der k! Permutationen unter H_0 die gleiche Realisierungswahrscheinlichkeit zukommt. Für die Zeilen 1 und 2 ergeben sich demnach $(k!) \cdot (k!) = (k!)^2$ gleich wahrscheinliche Permutationen und für alle n Zeilen entsprechend $(k!)^n$ Permutationen der $N = k \cdot n$ Meßwerte. Von

diesen $(k!)^n$ Permutationen bzw. Meßwertanordnungen sind jedoch nur $(k!)^{n-1}$ voneinander verschieden, da es auf die Reihenfolge der k Spalten (Behandlungen) nicht ankommt. Man kann nun − wie in der parametrischen einfaktoriellen Varianzanalyse − einen Varianzquotienten berechnen, indem man die Varianz zwischen den k Spalten zur zusammengefaßten Varianz innerhalb der k Spalten in Beziehung setzt.

$$F_R = \frac{s_{zw}^2}{s_{in}^2} = \frac{n \cdot \sum_{j=1}^{k}(\overline{A}_j - \overline{G})^2 \cdot k \cdot (n-1)}{\sum_{j=1}^{k} \sum_{i=1}^{n}(x_{ij} - \overline{A}_j)^2 \cdot (k-1)} \tag{7.10}$$

mit

$\overline{A}_j$ = Mittelwert der Stichprobe j

$\overline{G}$ = Gesamtmittelwert .

Angewandt auf alle $(k!)^{n-1}$ Meßwertanordnungen gewinnt man $(k!)^{n-1}$ F_R-Werte, deren Gesamtheit die Prüfverteilung für die Randomisierungsvarianzanalyse liefert. (Man beachte, daß die Prüfverteilung F_R, die von den Permutationen der in der Stichprobe realisierten Meßwerte ausgeht und damit diskret ist, natürlich nicht mit der stetigen Prüfverteilung F der parametrischen Varianzanalyse übereinstimmt).

Wie bei allen Randomisierungstests untersuchen wir nun, ob sich der empirische F_R-Wert unter den α % größten F_R-Werten der F_R-Verteilung befindet oder nicht. Addiert man die F_R-Werte der Prüfverteilung, die größer oder gleich dem beobachteten F_R-Wert sind, und bezeichnet deren Anzahl mit Z + z, so beträgt die Überschreitungswahrscheinlichkeit eines beobachteten F_R-Wertes

$$P = \frac{Z + z}{(k!)^{n-1}} \quad . \tag{7.11}$$

Diese Überschreitungwahrscheinlichkeit P entspricht formal (wie bei der parametrischen Varanzanalyse) einer einseitigen Fragestellung, da nur gegen überzufällig große und nicht auch gegen überzufällig kleine Unterschiede der zentralen Tendenz zwischen den k Stichproben (Behandlungen) geprüft wird. Wir verwenden den Test jedoch insoweit zweiseitig, als die Art der Unterschiede unter H_1 nicht näher spezifiziert wird (z. B. keine Trendvoraussage).

Muß man die Prüfverteilung von Hand ermitteln, ist der Pitman-Test bereits für Kleinstanordnungen von k = 3 Behandlungen sehr aufwendig. Hat man dagegen ein Rechenprogramm zur Verfügung, das die $(k!)^{n-1}$ verschiedenen Meßwertanordnungen generiert und sukzessiv zur Berechnung der F_R-Werte abruft, kann man auch relativ große Stichproben gleichen Umfangs exakt auswerten.

Ein einfaches Beispiel soll die Anwendung des Pitman-Tests verdeutlichen. Angenommen, es seien k = 3 Behandlungen (A = ovulationsneutrales, B = ovulationshemmendes und C = ovulationsförderndes Hormon) an je n = 2 Hündinnen einer bestimmten Rasse erprobt worden. Tabelle 7.7 zeigt die Anzahl der Welpen im darauffolgenden Wurf.

Zur Beantwortung der Frage, ob die 3 Hormone die Fertilität der N = k · n = 6 Hündinnen in unterschiedlichem Maße beeinflussen, bilden wir bei Festhalten der

Tabelle 7.7

	A	B	C
	1	0	5
	4	2	6
Σ	5	2	11

Tabelle 7.8

	1	0	5	1	5	0	0	1	5	0	5	1	5	1	0	5	0	1
	4	2	6	4	2	6	4	2	6	4	2	6	4	2	6	4	2	6

Σ	5 2 11	5 7 6	4 3 11	4 7 7	9 3 6	9 2 7
S_{zw}^2	10,5	0,5	9,5	1,5	4,5	6,5
S_{in}^2	2,3	9,0	3,0	8,3	6,3	5,0
F_R	4,56	0,06	3,17	0,18	0,71	1,30

Werte einer Zeile, z. B. der Zeile 2, die $(k!)^{n-1} = (3!)^{2-1} = 6$ möglichen Meßwertanordnungen durch Permutationen der Meßwerte der 1. Zeile, wie im oberen Teil der Tabelle 7.8 geschehen.

Unser beobachteter F_R-Wert von 4,50 wird von keinem anderen F_R-Wert übertroffen, so daß $Z + z = 0 + 1 = 1$ ist. Nach Gl. (7.11) ergibt sich $P = 1/(3!)^{2-1} = 1/6 = 0,17$, was den Eindruck, daß die Behandlung C mit dem ovulationsfördernden Hormon fertilitätswirksamer ist als die Behandlungen A und B, nicht bestätigt, auch wenn man nur ein Signifikanzniveau von $\alpha = 0,10$ zugrunde legt.

Der verallgemeinerte Randomisierungstest von Pitman eignet sich vor allem für die Anwendung auf Kleinststichproben aus nicht normalverteilten Populationen sowie für die Anwendung auf Kleinststichproben mit Ausreißerwerten. Da er im Unterschied zu dem in 6.1.2.2 behandelten rangvarianzanalytischen Verfahren keinerlei Homomeritätvoraussetzungen impliziert, ist er auch auf Stichproben bzw. Populationen mit ungleicher Dispersion und/oder ungleicher Schiefe anwendbar, ohne deswegen seinen Charakter als Test auf Mittelwertsunterschiede einzubüßen und in einen Omnibustest überzugehen. Die ARE des Tests im Vergleich zum parametrischen F-Test der einfaktoriellen Varianzanalyse ist 1,0, da er – wie die Varianzanalyse – sämtliche verfügbaren Informationen ausschöpft (vgl. auch Witting, 1960).

Weitere Arbeiten über Randomisierungstests für unabhängige Stichproben stammen von Foutz (1984) und von John u. Robinson (1983). Hinweise zur Entwicklung von Computerprogrammen bei Randomisierungstests findet man bei Ray u. Schabert (1972).

7.1.2.2 Omnibusunterschiede

Der in 7.1.1.3 vorgestellte Zweistichprobenomnibustest von Kolmogoroff-Smirnov wurde von Conover (1965, 1967) für den Vergleich von k unabhängigen und gleich großen Stichproben des Umfanges n verallgemeinert. Der H_0 (identische Verteilungen der k Populationen) steht hier die *zweiseitige* H_1 gegenüber, wonach sich mindestens 2 Populationen in ihrer Verteilungsform hinsichtlich beliebiger Verteilungsparameter unterscheiden. (Für den Vergleich von k = 3 Stichproben haben Birnbaum u. Hall, 1960, ein Verfahren entwickelt, auf dessen Wiedergabe wir hier verzichten. Einzelheiten findet man z. B. bei Conover, 1971, S. 317 ff.)

Die Durchführung des verallgemeinerten KSO-Tests ist denkbar einfach. Man bestimmt zunächst in jeder Gruppe den Maximalwert und vergleicht diejenigen Stichproben miteinander, in denen sich der größte und der kleinste Maximalwert befinden. Die für diese beiden Stichproben nach Gl. (7.6) ermittelte Prüfgröße wird zufallskritisch anhand Tafel 25 bewertet. Die H_0 ist abzulehnen, wenn die empirisch ermittelte Prüfgröße größer ist als der durch n zu dividierende, tabellarische Wert.

Beispiel 7.4

Problem: Es soll überprüft werden, ob die sensomotorische Koordinationsfähigkeit durch Training verändert wird. Vier Stichproben zu je 6 Vpn nehmen an der Untersuchung teil. Die 1. Stichprobe dient als Kontrollgruppe (ohne Übung), und die Stichproben 2 bis 4 konnten vor einem abschließenden Test 1, 2 bzw. 3 Stunden an einem Reaktionsgerät trainieren.

Hypothese: Die 4 Stichproben stammen aus derselben Grundgesamtheit (H_0; $\alpha = 0,01$; zweiseitiger Test).

Daten: Tabelle 7.9 zeigt die im Abschlußtest aufgetretenen Fehlerzahlen.

Tabelle 7.9

Kontrolle (1)	1 Stunde (2)	2 Stunden (3)	3 Stunden (4)
8	*11*	*8*	5
10	11	6	*6*
10	7	4	6
12	11	6	5
9	5	6	4
12	5	4	6

Auswertung: In jeder Stichprobe sind die Maximalwerte kursiv gesetzt. Der größte Maximalwert (12) wurde in der Kontrollgruppe und der kleinste (6) in der Stichprobe mit dreistündigem Training registriert. Wie in 7.1.1.3 beschrieben, fertigen wir uns zur Ermittlung der D_i-Werte eine Tabelle an (Tabelle 7.10). Wir registrieren D = 6/6 = 1 als größten aller D_i-Werte.

Tabelle 7.10

R_i	x_1	x_4	$S(x_{1i})$	$S(x_{4i})$	D_i
1		4	0	1/6	1/6
2		5	0	2/6	2/6
3		5	0	3/6	3/6
4		6	0	4/6	4/6
5		6	0	5/6	5/6
6		6	0	6/6	6/6
7	8		1/6	6/6	5/6
8	9		2/6	6/6	4/6
9	10		3/6	6/6	3/6
10	10		4/6	6/6	2/6
11	12		5/6	6/6	1/6
12	12		6/6	6/6	0/6

Entscheidung: Tafel 25 entnehmen wir für n = 6 und $\alpha = 0,01$ einen kritischen Wert von 5 bzw. – nach Division durch n – von 5/6. Dieser Wert gilt für den Vergleich von $2 \leq k \leq 6$ Stichproben, also auch für 4 Stichproben. Da D = 6/6 > 5/6 ist, wird die H_0 zugunsten der H_1 verworfen.

Interpretation: Mindestens 2 der 4 unterschiedlich trainierten Stichproben stammen aus Populationen mit unterschiedlichen Verteilungsformen der sensomotorischen Koordinationsleistung.

Bei großen Stichproben (n > 50) geht der exakte Test in einen asymptotischen Test über, dessen kritische Grenzen ebenfalls in Tafel 25 tabelliert sind. (Zur Herleitung der asymptotischen Prüfverteilung von D vgl. Conover, 1965.) Man erkennt, daß der asymptotische Test für k Stichproben mit dem einseitigen Test für 2 gleich große Stichproben (vgl. Tafel 23) identisch ist. Dies ist eine Konsequenz daraus, daß der k-Stichproben KSO-Test letztlich auch nur auf dem Vergleich von 2 Stichproben basiert.

Die bislang behandelte Verallgemeinerung des KSO-Tests betrifft zweiseitige Fragestellungen, bei denen beliebige Abweichungsrichtungen der Verteilungsfunktionen für die Gültigkeit von H_1 sprechen. Wie zu verfahren ist, wenn einseitig getestet werden soll [$H_1 : S_j(X) > S_{j+1}(X)$ für mindestens 2 „benachbarte" Stichproben] wird bei Conover (1971, S. 320 ff.) behandelt. Wir verzichten auf die Wiedergabe des einseitigen Tests, weil es Beispiele gibt, bei denen widersinnigerweise die H_1 bei zweiseitigem Test, aber nicht bei einem (adäquat gerichteten) einseitigen Test verworfen wird.

Ein weiterer, im Vergleich zum KSO-Test allerdings weniger effizienter Omnibustest für k unabhängige Stichproben läßt sich leicht aus dem multiplen Iterationstest ableiten, den wir in 11.2.1 behandeln.

7.2 Tests für Unterschiedshypothesen bei abhängigen Stichproben

Wie schon bei unabhängigen Stichproben wollen wir auch bei abhängigen Stichproben Zweistichprobenvergleiche und k-Stichprobenvergleiche unterscheiden.

7.2.1 Tests für zwei Stichproben

In 7.2.1.1 werden wir das Randomisierungsprinzip, das wir bereits für die Überprüfung von Mittelwertsunterschieden bei 2 bzw. k unabhängigen Stichproben kennengelernt haben, als Grundlage eines Tests zur Überprüfung von Mittelwertsunterschieden in 2 abhängigen Stichproben kennenlernen. Für die Überprüfung von Streuungsunterschieden schlagen wir in 7.2.1.2 einen Ansatz vor, der analog dem Streuungstest für unabhängige Stichproben (7.1.1.2) aufgebaut ist. Ein „etablierter" Test für den Omnibusvergleich zweier abhängiger Stichproben fehlt derzeit ebenfalls noch. Wir stellen dazu in 7.2.1.3 zwei Testideen vor, die als Behelfslösung für die anstehende Problematik aussichtsreich erscheinen.

7.2.1.1 Mittelwertsunterschiede

Wenn N Individuen einmal der Behandlung A, das andere Mal der Behandlung B unterworfen und in bezug auf ein stetig verteiltes Merkmal untersucht werden, erhält man 2 abhängige Stichproben von Meßwerten x_{ai} und x_{bi} mit $i = 1, \ldots, N$. Bildet man die Differenzen der Meßwertpaare

$$d_i = x_{ai} - x_{bi} \quad ,$$

so darf man bei Geltung der Nullhypothese – beide Stichproben entstammen einer Population mit identischem Mittelwert – erwarten, daß je eine Hälfte der Differenzen, die nicht den Wert Null haben, positiv und negativ ausfällt, denn bei gleicher Wirksamkeit der Behandlungen ist die Wahrscheinlichkeit einer positiven Differenz gleich der Wahrscheinlichkeit einer negativen Differenz.

Sind die Behandlungen hingegen unterschiedlich wirksam bzw. stammen die Stichproben der Meßwerte aus symmetrisch verteilten, aber nicht notwendigerweise homomeren Populationen mit unterschiedlicher zentraler Tendenz (Alternativhypothese), so wird man je nach Richtung der Wirkung mehr positive oder mehr negative Differenzen erwarten. Wir könnten daher mittels des Vorzeichentests prüfen, ob ein beobachtetes Vorzeichenverhältnis noch mit H_0 vereinbar ist oder nicht. Wollten wir schärfer prüfen, könnten wir die Vorzeichen mit den Rängen der zu ihnen gehörenden Meßwertdifferenzen gewichten und mit Hilfe des Vorzeichenrangtests (vgl. 6.2.1.2) über H_0 befinden. In dem von Fisher (1936) vorgeschlagenen *Randomisierungstest* gehen wir aber noch einen Schritt weiter und gewichten die Vorzeichen nicht nach Rangplätzen, sondern direkt mit den numerischen Werten der Differenzen (vgl. dazu auch Streitberg u. Römel, 1987). Zur Gewinnung einer geeigneten Prüfgröße, die dieser Gewichtungsforderung entspricht, stellen wir die folgenden kombinatorischen Überlegungen an:

Läßt man Nulldifferenzen außer Betracht, so sind unter H_0 bei $N = 1$ Individuum $2^1 = 2$ Differenzen mit unterschiedlichem Vorzeichen möglich und gleich

wahrscheinlich (p = 1/2), nämlich eine positive und eine negative Differenz (+−). Bei N = 2 Individuen kann man den resultierenden zwei Differenzen in 2^2 = 4facher Weise Vorzeichen zuordnen (++, +−, −+, −−), wobei jede Zuordnung unter H_0 die gleiche Wahrscheinlichkeit (p = 1/4) besitzt; bei N = 3 Individuen ergeben sich 2^3 = 8 Vorzeichenzuordnungen (+++, ++−, +−+, −++, +−−, −+−, −−+, −−−) und bei N Individuen 2^N gleich wahrscheinliche Zuordnungen gemäß der Variationszahl von zwei Elementen zur N-ten Klasse [vgl. Gl. (1.7)].

Wenn man nun als Prüfgröße die algebraische Summe der N beobachteten Differenzen d_i

$$S = \sum d_i \qquad (7.12)$$

definiert und diese algebraische Summe für alle 2^N Vorzeichenkombinationen der N Differenzen bildet, erhält man die Verteilung der Prüfgröße S unter der Nullhypothese, also die Prüfverteilung für die spezielle Stichprobe der Differenzen d_i. Man sieht auch hier, daß die Prüfverteilung von den d_i-Werten abhängt, also von Stichprobe zu Stichprobe bzw. von Test zu Test variiert und sich daher − wie eingangs vermerkt − nicht allgemeingültig tabellieren läßt.

Zur Überprüfung der H_0 stellen wir wie üblich fest, ob sich die von uns beobachtete Prüfgröße S unter den extremen S-Werten der Prüfverteilung befindet, also etwa unter den extremen 5 % für $\alpha = 0,05$. Unter „extrem" sind je nach Fragestellung zu verstehen: (1) bei einseitiger Frage entweder die höchsten oder die niedrigsten S-Werte, die jeweils 5 % der (2^N) S-Werte der Prüfverteilung umfassen, und (2) bei zweiseitiger Frage die höchsten und niedrigsten S-Werte, die jeweils höchstens 2,5 % aller (2^N) S-Werte umfassen.

Die Überschreitungswahrscheinlichkeit P einer beobachteten Prüfgröße S läßt sich exakt bestimmen, wenn man abzählt, wie viele der 2^N möglichen S-Werte größer (kleiner) als der beobachtete S-Wert bzw. gleich groß sind. Nennt man diese Zahlen wiederum Z und z, gilt bei einseitiger Fragestellung

$$P = \frac{Z + z}{2^N} \qquad . \qquad (7.13)$$

Bei zweiseitiger Fragestellung gilt entsprechend

$$P' = \frac{2Z + z}{2^N} \qquad . \qquad (7.14)$$

Beispiel 7.5

Problem: Durch einen Fütterungsversuch soll festgestellt werden, ob 2 Mastfutterarten A und B unterschiedliche Gewichtszunahme bei Jungschweinen bedingen. Es werden N = 10 Paare von Jungschweinen verschiedener Rassen so gebildet, daß die Paarlinge aus dem gleichen Wurf stammen und gleiches Ausgangsgewicht besitzen. Nach Los wird entschieden, welcher der beiden Paarlinge Futter A bzw. B erhält. Als Meßwerte x_{ai} und x_{bi}(i = 1, ..., 10) dienen die Gewichtszunahmen in kg pro 100 kg aufgenommenen Futters.

Hypothese: Die Futterart A bewirkt eine höhere Gewichtszunahme als die Futterart B (H_1; einseitiger Test; $\alpha = 0,05$).

Daten und Auswertung: Die Gewichtszunahmen der N = 10 Paare von Jungschweinen sind in Tabelle 7.11 wiedergegeben, wobei die 3 auswertungsirrelevan-
ten Nulldifferenzen in Klammer gesetzt wurden, so daß $N' = 10 - 3 = 7$ Nicht-
Nulldifferenzen verbleiben.

Tabelle 7.11

Paar i	1	2	3	4	5	6	7	8	9	10	N = 10
x_{ai}	20	21	21	22	24	22	23	21	22	23	$\bar{x}_a = 21,9$
x_{bi}	17	22	22	15	24	22	21	21	17	21	$\bar{x}_b = 20,2$
d_i	3	-1	-1	7	(0)	(0)	2	(0)	5	2	S = 17

Statt alle $2^7 = 128$ S-Werte zu ermitteln, berechnen wir nur die Zahl derjenigen
S-Werte, die den beobachteten Prüfwert S = 17 erreichen (z) oder überschreiten (Z).
Dazu gehen wir schematisch nach Art der Tabelle 7.12 vor: Wir setzen zunächst alle
7 absteigend geordneten Beträge der Differenzen positiv und erhalten S = 21; dann
setzen wir die letzte Differenz negativ und erhalten S = 19. In der 3. Zeile setzen
wir die vorletzte Differenz negativ und erhalten ebenfalls S = 19. Damit ist die Zahl
der S-Werte, die 17 überschreiten, erschöpft, d. h. wir erhalten Z = 3.

Tabelle 7.12

7	5	3	2	2	1	1	S = 21	
7	5	3	2	2	1	-1	S = 19	Z = 3
7	5	3	2	2	-1	1	S = 19	
7	5	3	2	-2	1	1	S = 17	
7	5	3	-2	2	1	1	S = 17	z = 3
7	5	3	2	2	-1	-1	S = 17	
7	5	3	2	-2	1	-1	S = 15	

Setzen wir die dritt- oder die viertletzte Differenz negativ, erhalten wir S-Werte
von 17. Dieser Wert resultiert auch, wenn wir die letzten beiden Differenzen negativ
setzen. Also ist z = 3, denn wenn wir die letzte und die drittletzte Differenz negativ
setzen, erhalten wir bereits einen S-Wert von 15 < 17, der nicht mehr in die obere
Ablehnungsregion der Prüfverteilung fällt.

Entscheidung: Wegen $Z + z = 3 + 3 = 6$ resultiert für $N' = 7$ nach Gl. (7.13) P =
$6/2^7 = 0,047$. Danach ist H_0 auf der 5%-Stufe zu verwerfen und H_1 zu akzeptieren.

Interpretation: Das Futter A bewirkt eine höhere Gewichtszunahme als das Futter
B.

Anmerkung: Bei zweiseitigem Test ergäbe sich $P' = (2 \cdot 3 + 3)/2^7 = 0,070$. Hätten
wir die Nullen nicht außer acht gelassen, sondern wie verbundene Differenzen behandelt, würde $Z + z = 48$ und $2^N = 1024$ resultieren, d. h. wir hätten das gleiche

einseitige P erhalten: $P = 48/2^{10} = 0,047$. Im Unterschied zum Vorzeichenrangtest sind hier also die Nulldifferenzen vorbehaltlos wegzulassen.

Fishers Randomisierungstest für abhängige Stichproben setzt voraus, daß die N Meßwertpaare wechselseitig unabhängig aus einer definierbaren, nicht notwendig homogenen Population von Paaren entnommen worden sind bzw. daß eine Population existiert, für die die erhobene Stichprobe repräsentativ ist. Stetigkeit der Merkmalsverteilung wird im Unterschied zum Vorzeichenrangtest nicht vorausgesetzt, so daß Nulldifferenzen und Verbunddifferenzen ausdrücklich zugelassen sind. Es ist für die Prüfverteilung von S belanglos, ob man die Nulldifferenzen fortläßt oder wie Verbunddifferenzen behandelt; man gelangt auf beiden Wegen zur gleichen Überschreitungswahrscheinlichkeit. Mit Verbunddifferenzen verfährt man − wie in Beispiel 7.1 bereits vorweggenommen − so, als ob sie zu unterscheiden wären.

Wird beim t-Test für abhängige Stichproben vorausgesetzt, daß die Population der Differenzen normalverteilt ist, und beim Vorzeichenrangtest, daß die Population der Differenzen symmetrisch verteilt ist, so setzt der Randomisierungstest für abhängige Stichproben nichts voraus, was auf eine Restriktion seiner Anwendung hinausliefe.

Der exakte Test ist nur für kleine Stichproben − etwa bis N = 15 − halbwegs ökonomisch durchzuführen, und dies auch nur, wenn die Prüfgröße S relativ extrem liegt, so daß sich Z und z leicht abzählen lassen. Bei größeren Stichproben verwendet man den t-Test für abhängige Stichproben (vgl. etwa Bortz, 1989, Kap. 5.1.3), dessen Voraussetzung − normalverteilte Differenzen − mit wachsendem N wegen des zentralen Grenzwerttheorems (vgl. S. 33) zunehmend an Bedeutung verliert.

Wir haben nun 3 Tests zum Vergleich der zentralen Tendenz zweier abhängiger Stichproben kennengelernt: Den Vorzeichentest (vgl. 6.2.1.1), den Vorzeichenrangtest (vgl. 6.2.1.2) und den Randomisierungstest. Unterschiede dieser Tests lassen sich wie folgt charakterisieren:

— Der *Vorzeichentest* nimmt nur auf das Vorzeichen der Meßwertdifferenzen Bezug und prüft, ob die Zahl der positiven gleich der Zahl der negativen Vorzeichen ist oder nicht. Der Vorzeichentest spricht somit allein auf den Medianwert der Differenzenverteilung und daher auf den Unterschied der Medianwerte der beiden abhängigen Populationen A und B an. Seine Prüfgröße stellt gewissermaßen die algebraische Summe der mit dem Gewicht 1 versehenen Vorzeichen dar.

— Der *Randomisierungstest* geht von der algebraischen Summe der Meßwertdifferenzen, also dem N-fachen ihres arithmetischen Mittels aus und prüft, ob sie vom Erwartungswert Null bedeutsam abweicht. Der Test spricht also eindeutig auf den Unterschied der arithmetischen Mittelwerte der beiden Populationen A und B an. Die Vorzeichen werden im Randomisierungstest gewissermaßen mit den numerischen Größen der zugehörigen Differenzen gewichtet, ehe sie zur Prüfgröße S addiert werden.

— Ein ähnlicher Prozeß charakterisiert den *Vorzeichenrangtest*: Auch hier werden die Vorzeichen gewichtet, ehe sie die Prüfgröße T konstituieren, aber nicht mit den numerischen Größen der Differenzen, sondern mit ihren Rangzahlen. Das bedeutet, daß der Vorzeichenrangtest einen Aspekt von Unterschieden der

zentralen Tendenz erfaßt, der „irgendwo" zwischen dem Medianwert und dem arithmetischen Mittel der Differenzen liegt.

Die Unterschiede zwischen den 3 Tests beeinflussen neben anderen Faktoren natürlich die Testwahl: Je nachdem, welcher Aspekt der zentralen Tendenz für die Interpretation des Testergebnisses der angemessenste ist, wird man sich für den einen oder anderen Test entscheiden. Sind z. B. Ausreißerdifferenzen zu erwarten, wird durch sie zwar das arithmetische Mittel, nicht aber der Median beeinflußt; man würde folglich den Vorzeichentest gegenüber dem Randomisierungstest bevorzugen. Hinsichtlich der Ausreißerdifferenzen nimmt der Vorzeichenrangtest eine mittlere Stellung ein, denn er macht weder alle Differenzen „gleichgewichtig", noch gibt er den Ausreißern ein unverhältnismäßig großes Gewicht.
Ähnliche Überlegungen wie für die Ausreißer gelten für asymmetrische Verteilungen von Differenzen: Auch hier stellt der Vorzeichenrangtest den besten Kompromiß dar; seine Wahl ist allerdings im Unterschied zur Wahl der beiden anderen Tests von der Voraussetzung homogener Beobachtungspaare abhängig. Ist diese Voraussetzung erfüllt, dann sprechen die besten Argumente für seine Anwendung, sofern nicht sehr kleine Stichproben ($N \leq 10$) vorliegen, auf die mit geringem Effizienzgewinn der Randomisierungstest angewendet werden sollte.

Randomisierungstests für 2 abhängige Stichproben werden auch zur Auswertung von Überkreuzungsplänen („cross-over-designs") eingesetzt (vgl. Zerbe, 1979). Neuere Arbeiten zur Auswertung derartiger Pläne findet man bei Zimmermann u. Rahlfs (1978), Lienert (1978), Brown (1980), Koch et al. (1983) sowie Hüsler u. Lienert (1985).

7.2.1.2 Streuungsunterschiede

In 7.1.1.2 haben wir auf der Basis der Randomisierungstechnik einen Test kennengelernt, mit dem die Varianzen aus 2 unabhängigen Stichproben auf Unterschiedlichkeit geprüft werden. Will man die Varianzunterschiede aus 2 abhängigen Stichproben auf Signifikanz prüfen, um z. B. festzustellen, daß sich die Behandlung einer Stichprobe varianzverändernd auswirkt, kann man auf den Varianzhomogenitätstest für abhängige Stichproben (vgl. z. B. Walker u. Lev, 1953, S. 190 f.) zurückgreifen:

$$t_R = \frac{(s_1^2 - s_2^2) \cdot \sqrt{N-2}}{2 \cdot s_1^2 \cdot s_2^2 \cdot \sqrt{1 - r_{12}^2}} \quad , \tag{7.15}$$

mit r_{12} = Produktmomentkorrelation zwischen den beiden Meßwertreihen.
Der nach dieser Gleichung ermittelte empirische t_R-Wert hat $N - 2$ Fg und wird im parametrischen Fall anhand der t-Verteilung auf Signifikanz geprüft. In seiner verteilungsfreien Anwendung konstruieren wir uns − in völliger Analogie zur Entwicklung der F_R-Verteilung gemäß Gl. (7.5) − die Prüfverteilung von t_R, indem wir für alle 2^N-Meßwertanordnungen die entsprechenden t_R-Werte berechnen. Seien Z und z wiederum diejenigen t_R-Werte, die, verglichen mit dem empirischen t_R-Wert, größer oder gleich groß sind, errechnet man die Überschreitungswahrscheinlichkeit nach Gl. (7.13) (einseitiger Test) bzw. Gl. (7.14) (zweiseitiger Test).

7.2.1.3 Omnibusunterschiede

Ein Test, der speziell für den Omnibusvergleich zweier abhängiger Stichproben konzipiert ist, fehlt derzeit noch. Unter Vorgriff auf 7.3, wo es um die Anpassung einer empirischen Verteilung an eine theoretisch erwartete Verteilung geht, ließe sich jedoch ein Test konstruieren, der die hier angesprochene „Testlücke" zumindest theoretisch füllen könnte.

Zunächst definieren wir die Differenzwerte $d_i = x_{ai} - x_{bi}$ als empirische Verteilung. Gemäß H_0 erwarten wir für alle d_i-Werte den Wert 0. Dies ist die theoretische Verteilung, mit der die empirische Verteilung der d_i-Werte zu vergleichen wäre. Letztere dürfte gemäß H_0 nur zufällig von der H_0-Verteilung abweichen.

Die Vorgehensweise entspräche weitgehend der des in 7.1.1.3 beschriebenen KSO-Tests für 2 unabhängige Stichproben. In bekannter Manier bestimmt man zunächst die Verteilungsfunktion der d_i-Werte. Ihr wird die Verteilungsfunktion der H_0-Verteilung gegenübergestellt, für die man eine einstufige Treppenfunktion mit $F_0(X) = 0$ für alle $d_i < 0$, $F_0(X) = 1$ für alle $d_i = 0$ und $F_0(X) = 1$ für alle $d_i > 0$ erhält. Da der Kolmogoroff-Smirnov-Anpassungstest keinerlei Einschränkungen hinsichtlich der Art der theoretisch erwarteten Verteilungsfunktion macht (vgl. etwa Schaich u. Hamerle, 1984, S. 88), müßte auch diese „degenerierte" Verteilungsfunktion als erwartete Verteilungsfunktion zulässig sein.

Wie üblich bestimmen wir bei zweiseitigem Test die absolut größte Ordinatendifferenz der beiden Verteilungsfunktionen, die zufallskritisch nach Tafel 26 zu bewerten wäre. Bei einseitigem Test wäre – je nach Fragestellung – die größte negative oder positive Ordinatendifferenz mit den ebenfalls in Tafel 26 genannten kritischen Schwellenwerten zu vergleichen. H_0 wäre zu verwerfen, wenn der empirische D-Wert größer ist als der für ein bestimmtes α-Niveau kritische Wert.

Diese Anwendungsvariante des Anpassungstests bereitet Probleme, wenn empirische Nulldifferenzen auftreten (was wegen der geforderten Stetigkeit des untersuchten Merkmals eigentlich auszuschließen ist). Auch eine konservative Aufteilung dieser Rangbindungen (vgl. S. 302f.) würde bei vielen Nulldifferenzen zur Ablehnung von H_0 führen, obwohl gerade die Nulldifferenzen für die Richtigkeit von H_0 sprechen. Man sollte deshalb die Nulldifferenzen unberücksichtigt lassen und den Stichprobenumfang entsprechend reduzieren.

Liegen keine Nulldifferenzen vor (bzw. wurden diese eliminiert), ist die H_0 immer zu verwerfen, wenn der Stichprobenumfang genügend groß ist. Dies trifft auch auf eine Datenkonstellation zu, bei der die Anzahl der positiven Differenzen gleich der Anzahl der negativen Differenzen ist – ein Fall, bei dem nach dem Vorzeichentest (vgl. 6.2.1.1) in jedem Fall H_0 beizubehalten wäre. Hier zeigt sich der Omnibuscharakter des Anpassungstests, der nicht nur auf Unterschiede in der zentralen Tendenz anspricht. Kann die H_0 nach diesem Ansatz verworfen werden, unterscheidet sich die empirische Differenzenverteilung in mindestens einem Verteilungsparameter von der unter H_0 zu erwartenden Verteilung.

Ein zweiter Lösungsansatz, der von ipsativen Messungen ausgeht, wird in 7.2.2.2 für den Vergleich von k Stichproben beschrieben. Setzen wir k = 2, läßt sich dieser Ansatz natürlich auch auf Zweistichprobenvergleiche anwenden.

7.2.2 Tests für k Stichproben

Ein eigenständiges verteilungsfreies Verfahren für den Vergleich von k abhängigen Stichproben von Meßwerten ist derzeit nicht bekannt. Verfahren dieser Art lassen sich jedoch einfach konstruieren, wenn man die Abhängigkeitsstruktur der Daten dadurch eliminiert, daß man von den Meßwerten eines jeden Individuums den jeweiligen durchschnittlichen Meßwert subtrahiert (*ipsative Meßwerte*). Aufbauend auf den so alignierten Daten lassen sich sowohl Tests für Mittelwertsvergleiche (7.2.2.1) als auch für Omnibusvergleiche (7.2.2.2) durchführen.

7.2.2.1 Mittelwertsunterschiede

Die Randomisierungstechnik auch auf den Vergleich von k abhängigen Stichproben anzuwenden, war von Fisher-Pitman ursprünglich nicht intendiert; sie kann jedoch mit ähnlichen Überlegungen auf den Vergleich mehrerer abhängiger Stichproben übertragen werden, wie wir sie zur Begründung des Randomisierungstests für k unabhängige Stichproben eingesetzt haben.

Von der parametrischen Varianzanalyse her wissen wir, daß sich die einfaktorielle Varianzanalyse mit bzw. ohne Meßwiederholungen bei Erfüllung der Voraussetzungen des jeweiligen Verfahrens statistisch nur in der Art der eingesetzten Prüfvarianzen unterscheiden: Bei der Varianzanalyse ohne Meßwiederholungen ist dies die Fehlervarianz (s_{in}^2) und bei der Varianzanalyse mit Meßwiederholungen bzw. abhängigen Stichproben die sog. Residualvarianz (s_{res}^2), die sich aus Fehler- und Interaktionsanteilen zusammensetzt (vgl. dazu etwa Bortz, 1989, Kap. 9.1). Es lassen sich also auch hier datenbedingte Prüfverteilungen erstellen, indem man alle durch Randomisierung entstehenden Varianzquotienten $F_R = s_{zw}^2/s_{res}^2$ berechnet und die Anzahl der F_R-Brüche, die mindestens genauso groß sind wie der empirische F_R-Wert, zur Ermittlung der Überschreitungswahrscheinlichkeit durch die Anzahl aller $(k!)^{N-1}$ möglichen F_R-Brüche dividiert.

Dieser Ansatz läßt sich dadurch vereinfachen, daß man die Randomisierungstechnik nicht auf die Ausgangsdaten anwendet, sondern auf die hinsichtlich der Personenmittelwerte alignierten Daten (ipsative Daten, vgl. auch S. 284), denn die Fehlervarianz s_{in}^2 dieser Daten ist mit der Residualvarianz s_{res}^2 der ursprünglichen Daten identisch. Die Lösung des Problems, Mittelwertsunterschiede bei k abhängigen Stichproben verteilungsfrei zu testen, läuft damit darauf hinaus, in einem ersten Schritt die Ausgangsdaten in ipsative Meßwerte zu transformieren, auf die anschließend der in 7.1.2.1 beschriebene Randomisierungstest von Pitman (Gl. (7.10)) anzuwenden ist.

7.2.2.2 Omnibusunterschiede

Durch das im letzten Abschnitt beschriebene Datenalignement ist es möglich, abhängige Stichproben wie unabhängige Stichproben zu behandeln. Wir können deshalb auf diese Daten nicht nur die Randomisierungstechnik, sondern auch die von Kolmogoroff-Smirnov vorgeschlagene Technik zum Vergleich von k unabhängigen Verteilungen anwenden. Kann nach diesem in 7.1.2.2 ausführlich beschriebenen Test die H0 verworfen werden, ist davon auszugehen, daß sich die unter k Bedingungen (z.B. k Behandlungen) für eine Stichprobe resultierenden Verteilungen überzufällig

in bezug auf einen oder mehrere Verteilungsparameter unterscheiden. Diese Verteilungsunterschiede sind unabhängig vom Unterschied zwischen den Individuen der Stichprobe, aber nicht unabhängig von spezifischen Reaktionsweisen der Individuen auf die Behandlungen (Interaktion Behandlung × Individuum).

Theoretisch wäre es denkbar, die Messungen auch hinsichtlich eventueller Streuungsunterschiede zwischen den Individuen zu bereinigen. In diesem Falle wäre der KSO-Test auf die pro Individuum z-transformierten Daten ($z_{ij} = (x_{ij} - \bar{x}_i)/s_i$ mit $i = 1, \ldots, N$ und $j = 1, \ldots, k$) anzuwenden.

7.3 Anpassungstests

Gelegentlich stellt sich die Frage, ob eine Stichprobe von Meßwerten aus einer bekannten und ihren Verteilungsparametern nach genau spezifizierten Grundgesamtheit stammen kann oder nicht. Ein Test für große und gruppierte Stichproben zur Beantwortung dieser Frage ist der χ^2-Anpassungstest (vgl. 5.1.3). Auf sekundär gruppierte Stichproben angewendet, bedeutet der Test einen Informationsverlust, insbesondere was die Verteilungsäste betrifft, da durch die Gruppierung die Eigenart der Ausläufe verschleiert wird.

Will man Stichproben kleinen und mittleren Umfangs ($N \leq 100$) auf Anpassung an eine bestimmte theoretische Verteilung wie die Normalverteilung, die logarithmische Normalverteilung, die Gleichverteilung etc. prüfen, wählt man besser den in seiner Grundstruktur auf Kolmogoroff (1933) zurückgehenden Kolmogoroff-Smirnov-Anpassungstest (kurz: KSA-Test). Dieser in 7.3.1 behandelte Test setzt voraus, daß die Verteilungsparameter der theoretischen Verteilung vorgegeben sind. Werden die Verteilungsparameter jedoch aus der Stichprobe, deren Anpassung man überprüfen möchte, geschätzt, ist als Anpassungstest der in 7.3.2 beschriebene KSA-Test mit Lilliefors-Schranken einzusetzen.

7.3.1 Kolmogoroff-Smirnov-Anpassungstest (KSA-Test)

Der KSA-Test vergleicht die Verteilungsfunktion S(X) einer empirischen Verteilung mit der Verteilungsfunktion F(X) einer bekannten theoretischen Verteilung, die gemäß H_0 der empirischen Verteilung zugrunde liegt. Wie beim Vergleich zweier empirischer Verteilungen wird auch hier die Prüfgröße D als größter absoluter Ordinatenabstand der beiden Verteilungsfunktionen definiert, die anhand Tafel 26 zufallskritisch zu bewerten ist. (Zur Herleitung der H_0-Verteilung von D vgl. z.B. van der Waerden, 1971, S. 67 ff., Gibbons, 1971, S. 75 f., Schmetterer, 1956, S. 355 und Bradley, 1968, S. 269). Ist die Alternativhypothese einseitig formuliert (H_1: Bei mindestens einem Meßwert liegt die theoretische Verteilungsfunktion unter/über der empirischen Verteilungsfunktion), wählt man als Prüfgröße D die größte positive bzw. negative Ordinatendifferenz. Über die Annahme oder Ablehnung einer einseitigen H_1 kann ebenfalls anhand Tafel 26 entschieden werden.

Häufig dienen Anpassungstests dazu, nachzuweisen, daß eine empirische Verteilung einer theoretisch postulierten Verteilung entspricht (z.B. für den Nachweis,

daß eine empirische Verteilung nur zufällig von einer Normalverteilung abweicht, um parametrisch auswerten zu können). In diesem Falle will man also die H_0 bestätigen, was nur unter Inkaufnahme einer geringen β-Fehlerwahrscheinlichkeit geschehen sollte. Da jedoch die β-Fehlerwahrscheinlichkeit bei Annahme von H_0 nur bestimmt werden kann, wenn gegen eine spezifische H_1 getestet wird (die bei Anpassungstests sehr selten formuliert werden kann), ist man darauf angewiesen, die β-Fehlerwahrscheinlichkeit durch ein hohes α-Fehlerniveau (z. B. $\alpha = 0,20$) niedrig zu halten. Eine in diesem Zusammenhang typische Fragestellung wird im folgenden Beispiel behandelt.

Beispiel 7.6

Problem: Ein Biologietest wurde an einer repräsentativen Eichstichprobe von Schülern der 9. Klasse normiert. Die Testwerte sind normalverteilt mit $\mu = 5$ und $\sigma = 2$. Es wird nun gefragt, ob die Normen auch für Schüler der 9. Klasse von Realschulen gültig oder ob für diese Schulart spezifische Normen erforderlich sind. Zur Beantwortung dieser Frage läßt man den Test von 10 zufällig ausgewählten Realschülern der 9. Klasse durchführen.

Hypothese: Die Testwerte von Schülern der 9. Realschulklasse sind genauso verteilt wie die Testwerte von Schülern aller 9. Klassen (H_0; zweiseitig). Da wir daran interessiert sind, H_0 beizubehalten (in diesem Falle wären die bereits vorliegenden Testnormen auch auf Realschüler anzuwenden, d. h. man könnte sich den Aufwand einer speziellen Normierung für Realschüler ersparen), erschweren wir die Annahme von H_0, indem wir $\alpha = 0,2$ setzen. Damit wird die Wahrscheinlichkeit, H_0 irrtümlicherweise zu akzeptieren, also die β-Fehlerwahrscheinlichkeit, niedriger gehalten als mit den konventionellen Signifikanzgrenzen.

Daten und Auswertung: Tabelle 7.13 zeigt in der Spalte x_i die nach ihrer Größe geordnete Testwerte.

Tabelle 7.13

x_i	z_i	$S(z_i)$	$F(z_i)$	D_i
4,0	$-0,50$	0,1	0,31	$-0,21$
4,1	$-0,45$	0,2	0,33	$-0,13$
4,3	$-0,35$	0,3	0,36	$-0,06$
4,7	$-0,15$	0,4	0,44	$-0,04$
4,9	$-0,05$	0,5	0,48	$0,02$
5,1	$0,05$	0,6	0,52	$0,08$
5,5	$0,25$	0,7	0,60	$0,10$
5,6	$0,30$	0,8	0,62	$0,18$
5,9	$0,45$	0,9	0,67	$0,23$
5,9	$0,45$	1,0	0,67	*0,33*

Wir vereinfachen uns den Vergleich der empirischen Verteilung mit der Normalverteilung mit $\mu = 5$ und $\sigma = 2$, indem wir die ursprünglichen Meßwerte x_i nach der Beziehung $z_i = (x_i - \mu)/\sigma$ in z_i-Werte transformieren, deren Verteilungsfunktion

mit der Verteilungsfunktion der Standardnormalverteilung verglichen wird. Die Verteilungsfunktion $S(z_i)$ entspricht wegen der linear transformierten x_i-Werte natürlich der Verteilungsfunktion $S(x_i)$. Die theoretische Verteilungsfunktion $F(u_i = z_i)$ entnehmen wir Tafel 2, in der die Verteilungsfunktion der Standardnormalverteilung tabelliert ist. Die Verteilungsfunktion hat an der Stelle u_i einen Wert, der der Fläche von $-\infty$ bis u_i entspricht. Wie Spalte D_i zeigt, weichen die Verteilungsfunktionen mit $D = 0,33$ an der Stelle $x_i = 5,9$ (bzw. $z_i = 0,45$) am stärksten voneinander ab. Tafel 26 entnehmen wir für $N = 10, \alpha = 0,2$ und zweiseitigem Test den kritischen Wert von 0,323.

Entscheidung: Da $0,33 > 0,323$ ist, wird die H_0 verworfen.

Interpretation: Die Verteilung der Testwerte der 10 Realschüler weicht bedeutsam von der theoretisch erwarteten Normalverteilung mit $\mu = 5$ und $\sigma = 2$ ab. Da die Verteilungsfunktionen an den Extremen am meisten divergieren, unterscheidet sich die Streuung der empirischen Verteilung offenbar von der Streuung der theoretischen Verteilung. Sie ist mit $s = 0,68$ deutlich kleiner als die Streuung der Population ($\sigma = 2$). Da die Mittelwerte identisch sind ($\overline{x} = \mu = 5$), liegt der Hauptgrund für die Ablehnung von H_0 in Streuungsunterschieden.

Anmerkung: Das Ergebnis des KSA-Tests darf nicht dahin mißverstanden werden, daß die 10 Testwerte in keinem Falle aus einer normalverteilten Population stammen. Es wurde lediglich nachgewiesen, daß die Stichprobenwerte nicht aus einer normalverteilten Grundgesamtheit mit $\mu = 5$ und $\sigma = 2$ stammen. Die grundsätzliche Frage nach der Normalverteilung als Referenzpopulation werden wir in 7.3.2 beantworten.

Der über Tafel 26 durchzuführende exakte Test gilt nur für Stichproben mit $N \leq 40$. Die kritischen Schwellenwerte des asymptotischen Tests ($N > 40$), die bei Ablehnung von H_0 zu überschreiten sind, kann man ebenfalls Tafel 26 entnehmen.

Der KSA-Test läßt sich auch grafisch durchführen. Dazu fertigt man zunächst die „Treppenkurve" der empirischen Verteilungsfunktion an (vgl. S. 301). Dann zeichnet man 2 parallel verlaufende Treppenfunktionen, deren Abstand von der empirischen Treppenfunktion dem kritschen Schwellenwert D_α gemäß Tafel 26 bei zweiseitigem Test entspricht. Das so resultierende Konfidenzband wird also durch die Funktionen $S(X) + D_\alpha$ und $S(X) - D_\alpha$ begrenzt. Für $S(X) + D_\alpha > 1$ erhält die obere Grenze des Konfidenzbandes den Wert 1, und für $S(X) - D_\alpha < 0$ erhält die untere Grenze den Wert 0. Befindet sich die theoretisch postulierte Verteilungsfunktion innerhalb des Konfidenzbandes, ist die H_0 beizubehalten.

Weitere Arbeiten zum KSA-Test wurden von Smirnov (1939), Wald u. Wolfowitz (1939), Massey (1950) sowie Birnbaum u. Tingey (1951) vorgelegt. Die Anwendung des KSA-Tests auf gestutzte Daten behandeln Pettitt u. Stephens (1976); KSA-Tests bei diskreten Verteilungen haben Horn u. Pyne (1976), Horn (1977), Bartels et al. (1977) sowie Pettitt u. Stephens (1977) entwickelt.

7.3.2 KSA-Test mit Lilliefors-Schranken

Der im letzten Abschnitt beschriebene KSA-Test ist nur zur Prüfung einer sog. einfachen Nullhypothese der Anpassung geeignet, wobei die theoretische Verteilung $F(X)$ von vornherein sowohl hinsichtlich ihrer analytischen Form als auch der vorhandenen Parameter vollständig bestimmt ist. Schätzt man die Parameter der theoretischen

Verteilung aus der auf Anpassung zu beurteilenden Stichprobe, handelt es sich um eine sog. zusammengesetzte Nullhypothese. Dabei fällt der KSA-Test häufiger zugunsten von H_0 aus, da die empirische und die theoretische Verteilung in ihren Parametern identisch sind, so daß der KSA-Test nur noch auf jene Verteilungsunterschiede anspricht, die nicht durch die Parameter gedeckt sind.

Für den speziellen Fall der Überprüfung einer empirischen Verteilung auf Normalität mit den durch die Stichprobenkennwerte $\bar{x}$ und s geschätzten Parametern μ und σ hat Lilliefors (1967) Schrankenwerte bestimmt, die in Tafel 27 aufgeführt sind und die die in Tafel 26 genannten zweiseitigen KSA-Schranken zur Überprüfung einer einfachen Nullhypothese ersetzen. Grundlage dieser Tafel ist eine Monte-Carlo-Studie, bei der viele Stichproben des Umfanges N aus einer standardnormalverteilten Population gezogen wurden. Die D-Werte aller Stichproben konstituieren die H_0-Verteilung für Stichproben des Umfanges N, deren Quantile für ausgewählte α-Fehlerwahrscheinlichkeiten in Tafel 27 zusammengefaßt sind.

Zur Anwendung dieser Tafel greifen wir noch einmal Beispiel 7.6 auf. Ausgehend von den in Tabelle 7.13 genannten x-Werten errechnen wir $\bar{x} = 5$ und $s = 0,68$, d. h. wir überprüfen die H_0, daß die empirische Verteilung aus einer Normalverteilung mit $\mu = 5$ und $\sigma = 0,68$ stammt.

Tabelle 7.14 zeigt die gemäß $z_i = (x_i - \bar{x})/s$ transformierten Werte sowie deren Verteilungsfunktion $S(z_i)$.

Tabelle 7.14

z_i	$S(z_i)$	$F(z_i)$	D_i
$-1,47$	0,1	0,07	0,03
$-1,32$	0,2	0,09	0,11
$-1,03$	0,3	0,15	*0,15*
$-0,44$	0,4	0,33	0,07
$-0,15$	0,5	0,44	0,06
0,15	0,6	0,56	0,04
0,73	0,7	0,77	$-0,07$
0,88	0,8	0,81	$-0,01$
1,32	0,9	0,91	$-0,01$
1,32	1,0	0,91	0,09

Dieser empirischen Verteilungsfunktion wird die theoretische Verteilungsfunktion $F(u_i = z_i)$ der Standardnormalverteilung gegenübergestellt, die einfach Tafel 2 zu entnehmen ist, indem man die Flächenanteile abliest, die sich zwischen $-\infty$ und $u_i = z_i$ befinden. In Spalte D_i der Tabelle 7.14 mit den Ordinatendifferenzen $S(z_i) - F(z_i)$ finden wir die Prüfgröße $D = 0,15$ als maximalen Ordinatenabstand, die mit dem für $N = 10$ und $\alpha = 0,2$ in Tafel 27 ausgewiesenen kritischen Wert von 0,215 zu vergleichen ist (da der KSA-Test mit Lilliefors-Schranken üblicherweise zur Überprüfung der Normalverteilungsvoraussetzung eingesetzt wird, bei der man an der Beibehaltung von H_0 interessiert ist, setzen wir auch hier $\alpha = 0,2$). Wir stellen fest, daß der empirische D-Wert den kritischen Wert weder erreicht noch überschreitet und können deshalb H_0 beibehalten. Die Hypothese, nach der die Re-

ferenzpopulation der 10 Testwerte mit $\mu = 5$ und $\sigma = 0,68$ normalverteilt ist, wird bestätigt.

Tafel 27 enthält ebenfalls die Schrankenwerte des approximativen Tests ($N > 30$). Zu diesem Test ist zu bemerken, daß er sich im Kontext einer Voraussetzungsüberprüfung für parametrische Verfahren in der Regel erübrigt. Man kann davon ausgehen, daß sich die zu vergleichenden statistischen Kennwerte (wie z. B. die 2 Mittelwerte beim t-Test) bei größeren Stichproben gemäß dem zentralen Grenzwertsatz (vgl. S. 33) unabhängig von der Verteilungsform der Referenzpopulation normalverteilen, daß also die Voraussetzungen des parametrischen Tests erfüllt sind.

Zur Überprüfung der Anpassung einer empirischen Verteilung an eine exponentiell- bzw. γ-verteilte Referenzpopulation sei auf Lilliefors (1969, 1973), Durbin (1975) bzw. Margolin u. Maurer (1976) verwiesen. Ein weiterer Test zur Überprüfung der Normalverteilungshypothese, der bei Conover (1971, 1980) ausführlich beschrieben wird, stammt von Shapiro u. Wilk (1965, 1968).

Neben dem in 5.1.4 behandelten Nullklassentest haben der χ^2-*Anpassungstest* (Goodness-of-fit, vgl. 5.1.3) und der KSA-Test die größte praktische Bedeutung erlangt. Vor- und Nachteile der beiden letztgenannten Verfahren seien im folgenden summarisch skizziert:

- Der χ^2-Test kann als asymptotischer Test nur auf große Stichproben angewendet werden. Der KSA-Test eignet sich als exakter Test besonders für kleinere Stichproben.

- Der KSA-Test kann im Unterschied zum χ^2-Test, der grundsätzlich zweiseitig einzusetzen ist, auch einseitig verwendet werden.

- Der χ^2-Test operiert mit gruppierten Meßwerten, was einerseits Informationsverlust und andererseits Willkür bei der Festlegung der Klassengrenzen impliziert. Im Unterschied dazu verwendet die KSA-Test-Statistik sämtliche Einzeldaten.

- Der KSA-Test erfordert weniger Rechenaufwand als der χ^2-Test.

- Der KSA-Test mit Lilliefors-Schranken hat für unterschiedliche Typen nicht normalverteilter Populationen eine höhere Teststärke als der χ^2-Test (Lilliefors, 1967).

- Der KSA-Test unterstellt stetige Verteilungen, während der χ^2-Test mit Vorteil auf diskrete Verteilungen anzuwenden ist. In diesem Falle entscheidet der KSA-Test konservativ.

- Der KSA-Test läßt sich grafisch gut veranschaulichen und ist auch quasi-sequentiell einsetzbar; in dieser Hinsicht ist er dem χ^2-Test überlegen.

Kapitel 8   Zusammenhangsmaße und Regression

Werden 2 Merkmale an jedem Individuum einer Stichprobe erhoben, besteht die Möglichkeit festzustellen, ob die beiden Merkmale über die Identität der Merkmalsträger zusammenhängen (korrelieren) und ob dieser Zusammenhang (die Korrelation) statistisch signifikant ist. Der Begriff des Zusammenhanges bzw. der Korrelation wird hier sehr allgemein verwendet. Er umfaßt im engeren Sinne die Korrelation zweier kardinalskalierter Merkmale (*linearer Zusammenhang*), die Korrelation zweier ordinalskalierter Merkmale (*monotoner Zusammenhang*) oder auch die Korrelation zweier nominalskalierter Merkmale (*kontingenter Zusammenhang*). Dieser Gliederung folgend behandeln 8.1 bis 8.3 Zusammenhangsmaße für die 3 genannten Skalenniveaus, beginnend mit Verfahren zur Bestimmung kontingenter Zusammenhänge. Die Korrelationsmaße für kardinale Messungen werden dabei nur kurz erwähnt, da diese üblicher Gegenstand der parametrischen Statistik sind. (Eine vergleichende Übersicht der wichtigsten Zusammenhangsmaße findet man bei Kubinger, 1989.)

Diese Klassifikation von Zusammenhangsmaßen ist insoweit unvollständig, als nicht selten Zusammenhänge zwischen Merkmalen mit unterschiedlichem Skalenniveau zu bestimmen sind. Für Zusammenhangsprobleme dieser Art gilt die generelle Regel, daß das Merkmal mit dem höheren Skalenniveau auf das Niveau des anderen Merkmales transformiert wird, daß also z. B. ein kardinalskaliertes Merkmal in eine Rangskala zu transformieren wäre, um den Zusammenhang mit einem ordinalen Merkmal zu bestimmen, oder daß es gruppiert wird, um den Zusammenhang mit einem nominalen Merkmal zu ermitteln. Existiert für eine spezielle Merkmalskombination ein eigenständiges Korrelationsmaß, wird dieses im Kontext der Korrelationstechnik für das höhere Skalenniveau behandelt.

Eng verknüpft mit der Korrelationsrechnung ist die *Regressionsrechnung*. Besteht zwischen 2 Merkmalen ein statistisch abgesicherter Zusammenhang, wird man sich häufig dafür interessieren, wie sich das eine Merkmal aus dem anderen vorhersagen läßt. Diese Frage gewinnt vor allem dann Bedeutung, wenn man inhaltlich begründet zwischen abhängigen Merkmalen (Kriteriumsvariablen) und unabhängigen Merkmalen (Prädiktorvariablen) unterscheiden kann. In der parametrischen Regressionstechnik für kardinalskalierte Merkmale verwendet man dafür eine Regressionsgleichung, mit der sich bestimmen (prognostizieren) läßt, welche Ausprägung der Kriteriumsvariablen bei Vorgabe einer bestimmten Prädiktorvariablenausprägung am wahrscheinlichsten ist. Es wird zu überprüfen sein, ob ähnliche Aussagen auch dann möglich sind, wenn die untersuchten Merkmale nominal- bzw. ordinalskaliert sind.

Die enge Verknüpfung von Korrelation und Regression läßt es angeraten erscheinen, Fragen der Regression unmittelbar im Anschluß an die Behandlung der skalenspezifischen Korrelationstechniken zu diskutieren.

Interpretativ ist zu beachten, daß Korrelationsaussagen keine Kausalaussagen sind. Korrelationen sind Maßzahlen für die Enge des Kovariierens zweier Merkmale und sagen nichts darüber aus, ob z. B. ein Merkmal X von einem anderen Merkmal Y kausal abhängt, ob Y das Merkmal X bedingt, ob sich die beiden Merkmale wechselseitig beeinflussen, ob ein drittes Merkmal Z für den Zusammenhang von X und Y verantwortlich ist etc. Kausale Modelle sind mittels der Korrelationsrechnung nicht zu verifizieren, wohl aber zu falsifizieren (man vergleiche die Literatur zum Thema Pfadanalyse, wie z. B. Blalock, 1971, oder Weede, 1970). Der empirische Kausalitätsnachweis ist ein forschungslogisches Problem, das im Kontext der internen Validität von empirischen Untersuchungen diskutiert wird (vgl. z. B. Bortz, 1984).

8.1 Nominalskalierte Merkmale

Die Analyse nominalskalierter Merkmale ist – wie Kap. 5 zeigte – gleichbedeutend mit der Analyse ein- oder multidimensionaler Häufigkeitsverteilungen. Die in diesem Kapitel zu behandelnden Korrelations- und Regressionstechniken setzen – wie bereits gesagt – mindestens bivariate Häufigkeitsverteilungen voraus. Die darauf bezogenen χ^2-Verfahren in Kap. 5 überprüfen, ob zwischen 2 (oder mehr) Merkmalen ein Zusammenhang (Kontingenz) besteht (H_1) oder ob von stochastischer Unabhängigkeit der überprüften Merkmale auszugehen ist (H_0). Für die Beschreibung der Enge eines Zusammenhanges ist die χ^2-Prüfgröße jedoch nur bedingt geeignet, denn ihr numerischer Wert hängt nicht nur vom Zusammenhang, sondern auch vom Stichprobenumfang ab.

Will man beispielsweise die Enge des Zusammenhanges zweier Merkmale in 2 homomorphen Kontingenztafeln (vgl. S. 113) vergleichen, sind die entsprechenden χ^2-Werte dafür untauglich, wenn die Stichprobenumfänge differieren. Besser geeignet sind stichprobenunabhängige Korrelationsmaße, die gewissermaßen auf einer normierten Skala über die Höhe des Zusammenhanges informieren. Dabei wird man allerdings feststellen, daß gerade für nominale Daten eine Reihe von Zusammenhangsmaßen entwickelt wurde, die dem Anspruch einer „normierten Skala" nicht genügen. Es handelt sich oftmals um ad hoc auf spezifische Fragestellungen zugeschnittene Maße, die konstruiert wurden, um bestimmten Interpretationsbedürfnissen zu genügen, und die untereinander nur wenig vergleichbar sind. Wir werden deshalb die wichtigsten dieser Maße nur kurz erläutern.

Unser Hauptaugenmerk ist auf Zusammenhangsmaße gerichtet, die sich als Derivate der „klassischen" Produkt-Moment-Korrelation darstellen lassen und die deshalb untereinander vergleichbar sind. Dabei ist zu beachten, daß die Produkt-Moment-Korrelation – ursprünglich konzipiert als Maßzahl zur Beschreibung des linearen Zusammenhanges zweier kardinalskalierter Variablen – lediglich einen Spezialfall der allgemeineren *kanonischen Korrelation* darstellt, mit der sich Zusammenhänge zwischen 2 Variablensätzen analysieren lassen. Es wird zu zeigen sein, daß sich dieser multivariate Ansatz unter Verwendung von Kodierungsregeln, die im Rahmen des *Allgemeinen Linearen Modells* (ALM) entwickelt wurden, auch für die Korrelations- und Regressionsanalyse komplexer Kontingenztafeln nutzbar ma-

chen läßt, wenn eine Unterscheidung von abhängigen und unabhängigen Merkmalen möglich ist.

8.1.1 Vierfeldertafeln

8.1.1.1 ϕ-Koeffizient

Das geläufigste Zusammenhangsmaß für zwei dichotome Merkmale ist der ϕ- (Phi-) Koeffizient:

$$\phi = \sqrt{\frac{\chi^2}{N}} \quad , \tag{8.1}$$

wobei χ^2 das nach Gl. (5.24) ermittelte Vierfelder-χ^2 ist. Gemäß der Bestimmungsgleichung für das Vierfelder-χ^2 können wir für Gl. (8.1) auch schreiben:

$$\phi = \pm \frac{(a \cdot d - b \cdot c)}{\sqrt{(a + b) \cdot (c + d) \cdot (a + c) \cdot (b + d)}} \quad . \tag{8.2}$$

Das Vorzeichen von ϕ ist bedeutungslos, wenn die untersuchten Merkmale natürlich dichotom sind. Lediglich bei künstlich dichotomen Merkmalen, bei denen die Kategorien ordinale Information im Sinne einer Größer-kleiner-Relation enthalten, gibt das Vorzeichen von ϕ die Richtung des Zusammenhanges an.

Der ϕ-Koeffizient ist statistisch signifikant, wenn der dazugehörende Vierfelder-χ^2-Wert signifikant ist. Bei einseitiger Frage vergleichen wir den empirischen χ^2-Wert mit den für Fg = 1 kritischen Schwellenwerten von $\chi^2_{2\alpha}$ oder wir ermitteln $u = \sqrt{\chi^2}$ (vgl. S. 35) und entscheiden über die H_0 der stochastischen Unabhängigkeit anhand der Standardnormalverteilung (Tafel 2 des Anhangs). Wurde ein exakter Vierfelderkontingenztest (vgl. 5.2.2) durchgeführt und eine Überschreitungswahrscheinlichkeit P ermittelt, so kann man das zu P gehörende u_P in Tafel 2 aufsuchen und ϕ durch $\phi = u_P/\sqrt{N}$ definieren, da $\chi^2/N = u_P^2/N$ für Fg = 1 gilt.

Der ϕ-Koeffizient hat bei Berücksichtigung des Vorzeichens einen Wertebereich von -1 bis $+1$, wenn $\chi^2_{max} = N$ ist, wobei χ^2_{max} diejenige Tafel charakterisiert, bei der die Häufigkeiten so angeordnet sind, daß bei Beibehaltung der empirisch angetroffenen Randverteilungen der höchstmögliche Zusammenhang resultiert. Mit vorgegebenen Randsummen errechnet man χ^2_{max} nach folgender Gleichung:

$$\chi^2_{max} = N \cdot \frac{a + c}{b + d} \cdot \frac{c + d}{a + b} \tag{8.3}$$

mit

$$a + b \geq c + d \quad ,$$
$$a + c \geq b + d$$

und

$$a + b \geq a + c \quad .$$

Man erkennt unschwer, daß der maximale χ^2-Wert theoretisch nur bei solchen Tafeln erzielt werden kann, bei denen die Nebendiagonale (Felder b und c) identisch besetzt sind (b = c). In diesem Falle sind (a + b) = (a + c) und (b + d) = (c + d), so daß das Produkt der beiden Quotienten in Gl. (8.3) den Wert 1 ergibt. [Für Tafeln, bei denen

die Hauptdiagonale – also die Felder a und d – identisch besetzt sind, errechnet man ebenfalls χ^2_{max} = N. Da man in diesem Falle jedoch die mit Gl. (8.3) genannten Bedingungen verletzt, sind die Häufigkeiten durch Umbenennung der Kategorien so zu arrangieren, daß die Nebendiagonalfelder identisch besetzt sind. Ein Spezialfall dieser Bedingungen ist die Gleichverteilung aller 4 Randsummen.]

Die Höhe eines empirisch ermittelten ϕ-Wertes ist danach zu bewerten, wie groß der ϕ-Wert bei fixierten Randsummen maximal werden kann. Der volle Wertebereich $(-1 \leq \phi \leq 1)$ kann nur realisiert werden, wenn (a + b) = (a + c) und damit auch (b+d) = (c+d) sind bzw. wenn die Häufigkeiten um die Haupt- oder Nebendiagonale symmetrisch verteilt sind. In diesem Falle ist χ^2_{max} = N und damit nach Gl. (8.1) $\phi = \pm 1$.

In allen übrigen Fällen ist χ^2_{max} < N und damit $-1 < \phi_{max} < 1$. Hier sind die Randsummen so geartet, daß ein maximaler Zusammenhang von $|\phi_{max}|$ = 1 auch theoretisch nicht zustande kommen kann. Tabelle 8.1 erläutert diesen Sachverhalt an einem Beispiel.

Tabelle 8.1(a) zeigt eine Vierfeldertafel mit $\phi = 0,30$. Nach Gl. (8.3) errechnen wir für diese Tafel $\phi_{max} = 1,00$. Die Tafel, die diesem ϕ_{max} entspricht, zeigt Tabelle 8.1(b). Hier wurden die Häufigkeiten der Nebendiagonale so in die Hauptdiagonale

Tabelle 8.1

(a) $\phi = 0,30$	b_1	b_2	
a_1	80	20	100
a_2	20	20	40
	100 $\downarrow$	40	140
(b) $\phi_{max} = 1,00$	b_1	b_2	
a_1	100	0	100
a_2	0	40	40
	100	40	140
(c) $\phi = 0,41$	b_1	b_2	
a_1	70	30	100
a_2	10	30	40
	80 $\downarrow$	60	140
(d) $\phi_{max} = 0,73$	b_1	b_2	
a_1	80	20	100
a_2	0	40	40
	80	60	140

verschoben, daß ein maximaler Zusammenhang resultiert, ohne die Randverteilungen zu verändern.

Für Tabelle 8.1(c) errechnet man $\phi = 0,41$ und nach Gl. (8.3) $\phi_{max} = 0,73$. Wie Tabelle 8.1(d) zeigt, ist dies der höchstmögliche Zusammenhang, der erzielt werden kann, ohne die Randverteilungen zu verändern.

Diese Eigenschaft des ϕ-Koeffizienten veranlaßte Cureton (1959) zu dem Vorschlag, den empirisch ermittelten ϕ-Koeffizienten am maximal möglichen ϕ-Koeffizienten zu relativieren. Damit wird der Wertebereich des relativierten ϕ-Koeffizienten einheitlich auf -1 bis $+1$ festgelegt.

Diese „Aufwertung" von ϕ ist nach unserer Auffassung nur dann zu rechtfertigen, wenn die Voraussetzung für $|\phi_{max}| = 1$, d. h. die Bedingung $(a + b) = (a + c)$, nur stichprobenbedingt verletzt ist und Vorkenntnisse darüber bestehen, daß diese Voraussetzung in der Population erfüllt ist. Dies wäre der Fall, wenn bekannt ist, daß z. B. die Kategorie a_1 in der Population mit gleicher Wahrscheinlichkeit auftritt wie die Kategorie b_1 und die entsprechenden Häufigkeiten $(a + b)$ und $(a + c)$ nur stichprobenbedingt geringfügig voneinander abweichen.

Werden hingegen – wie in den meisten Anwendungsfällen – die Populationsverhältnisse über die empirisch ermittelten Randverteilungen geschätzt, ist diese Korrektur nicht statthaft, wenn $|\phi_{max}| < 1$ ist. In diesem Falle sind die (geschätzten oder realen) Populationsverhältnisse so geartet, daß die Kriteriumsvariable auch unter den theoretisch günstigsten Bedingungen nicht perfekt vorhersagbar ist. Betrachten wir dazu erneut Tabelle 8.1(d). Hier sind die Häufigkeiten so angeordnet, daß bei den gegebenen Randsummen der höchstmögliche Zusammenhang von $\phi_{max} = 0,73$ resultiert. Die Bedeutung dieses reduzierten ϕ_{max}-Wertes wird offenkundig, wenn z. B. das Merkmal A aufgrund des Merkmals B vorhergesagt wird: Eine Untersuchungseinheit in b_1 befindet sich zwar mit Sicherheit in a_1; für Untersuchungseinheiten in b_2 ist eine ebenso eindeutige Vorhersage nicht möglich: Sie befinden sich mit einer Wahrscheinlichkeit von $p(a_1|b_2) = 1/3$ in der Kategorie a_1 und mit $p(a_2|b_2) = 2/3$ in der Kategorie a_2. [Die Schreibweise $p(a_i|b_2)$ bezeichnet die Wahrscheinlichkeit von a_i unter der Bedingung von b_2].

Der perfekte Zusammenhang von $\phi_{max} = 1,00$ in Tabelle 8.1(b) hingegen bedeutet eindeutige Vorhersagbarkeit. Untersuchungseinheiten in b_1 sind mit Sicherheit auch in a_1 und Untersuchungseinheiten in b_2 mit Sicherheit in a_2.

Beispiel 8.1

Problem: Wir wollen feststellen, ob zwischen Händigkeit ($x = 1$ für Linkshändigkeit oder Beidhändigkeit, $x = 0$ für Rechtshändigkeit) und Legasthenie ($y = 1$ für „vorhanden", $y = 0$ für „fehlend") ein Zusammenhang besteht.

Hypothese: Zwischen den Merkmalen „Händigkeit" und „Legasthenie" besteht ein Zusammenhang (H_1; $\alpha = 0,05$; einseitiger Test).

Daten: Eine Untersuchung an $N = 110$ Grundschülern lieferte die in Tabelle 8.2 dargestellte Vierfeldertafel.

Auswertung: Nach Gl. (5.24) ermitteln wir $\chi^2 = 18,99$, das bei einseitigem Test signifikant ist. Diesem χ^2-Wert entspricht nach Gl. (8.1) $\phi = \sqrt{18,99/110} = 0,42$.

Tabelle 8.2

Y	X		
	1	0	
1	14	7	21
0	17	72	89
	31	79	110

Da wir Rechts- bzw. Linkshändigkeit als natürlich dichotomes Merkmal betrachten, bleibt das Vorzeichen des Zusammenhanges unberücksichtigt.

Interpretation: Nach Umstellung der Häufigkeiten (a = 72, b = 17, c = 7 und d = 14) errechnen wir nach Gl. (8.3) $\chi^2_{max} = 66,14$ und nach Gl. (8.1) $\phi_{max} = 0,78$. Da keine Vorkenntnisse darüber bestehen, daß der Anteil der Linkshänder in der Population dem Anteil der Legastheniker entspricht, akzeptieren wir die Randverteilungen als bestmögliche Schätzung der Populationsverhältnisse: p(Linkshänder) = 31/110 und p(Legastheniker) = 21/110. Eine Aufwertung von ϕ (im Sinne von ϕ/ϕ_{max}) ist nicht zu rechtfertigen, da auch bei theoretisch maximalem Zusammenhang keine perfekte Vorhersagbarkeit gegeben ist: Linkshänder wären in diesem Extremfall mit einer Wahrscheinlichkeit von 21/31 Legastheniker und mit einer Wahrscheinlichkeit von 10/31 keine Legastheniker.

Resümierend ist festzuhalten, daß der Zusammenhang zweier dichotomer Merkmale nur dann maximal werden kann, wenn beide Merkmale identische Randverteilungen aufweisen. Nur in diesem Falle ist $\chi^2_{max} = N$, d. h. die *Teststärke* des Vierfelder-χ^2-Tests erreicht bei identischen Randverteilungen ihr Maximum.

Der ϕ-Koeffizient ist mit der Produkt-Moment-Korrelation zweier dichotom skalierter Merkmale identisch. Die Produkt-Moment-Korrelation r zwischen zwei intervallskalierten Merkmalen X und Y ergibt sich nach der Gleichung

$$r = \frac{N \cdot \sum_{i=1}^{N} x_i \cdot y_i - \left(\sum_{i=1}^{N} x_i\right) \cdot \left(\sum_{i=1}^{N} y_i\right)}{\sqrt{N \cdot \sum_{i=1}^{N} x_i^2 - \left(\sum_{i=1}^{N} x_i\right)^2} \cdot \sqrt{N \cdot \sum_{i=1}^{N} y_i^2 - \left(\sum_{i=1}^{N} y_i\right)^2}} \, . \tag{8.4}$$

Sind X und Y mit den Ausprägungen 0 und 1 dichotom skaliert, ergibt sich $\sum X = \sum X^2$ und $\sum Y = \sum Y^2$. Übertragen auf die Nomenklatur einer Vierfeldertafel gelten ferner folgende Entsprechungen: $\sum XY = a$, $\sum X = (a + c)$ und $\sum Y = (a + b)$. Damit resultiert für den Zähler von Gl. (8.4):

$$N \cdot a - (a + c) \cdot (a + b)$$
$$= (a + b + c + d) \cdot a - (a + b) \cdot (a + c)$$
$$= a \cdot d - b \cdot c \quad .$$

Im Nenner erhalten wir für die 1. Wurzel

$$N \cdot (a + c) - (a + c)^2$$
$$= (a + c) \cdot (N - a - c)$$
$$= (a + c) \cdot (b + d)$$

und für die 2. Wurzel

$$N \cdot (a + b) - (a + b)^2$$
$$= (a + b) \cdot (N - a - b)$$
$$= (a + b) \cdot (c + d) \quad .$$

Zusammengenommen vereinfacht sich Gl.(8.4) zu der bereits bekannten Gleichung für ϕ

$$\phi = \frac{a \cdot d - b \cdot c}{\sqrt{(a + b) \cdot (c + d) \cdot (a + c) \cdot (b + d)}} \quad .$$

Der ϕ-Koeffizient – so wurde ausgeführt – kann theoretisch die maximalen Grenzen von ± 1 nur erreichen, wenn die Randverteilungen beider Merkmale identisch sind. Hier ist nun zu fragen, ob die Produkt-Moment-Korrelation r diese Eigenschaft mit ϕ teilt oder ob es sich dabei um eine spezielle, nur für ϕ gültige Eigenschaft handelt.

Die aufgrund der formalen Äquivalenz von ϕ und r naheliegende Antwort läßt sich bestätigen: Auch die Produkt-Moment-Korrelation hat keineswegs bei beliebig verteilten intervallskalierten Merkmalen X und Y einen Wertebereich von $-1 \leq r \leq 1$. Das theoretische Maximum von $r = +1$ kann nur erreicht werden, wenn X und Y identische Verteilungsformen (wie z. B. Normalverteilungen) aufweisen; der Wert $r = -1$ hingegen wird theoretisch nur erreicht, wenn X und Y exakt gegenläufig verteilt sind (vgl. Carroll, 1961). Übertragen auf dichotome Merkmale bedeutet „gleiche Verteilungsform von X und Y" nichts anderes als identische Randverteilungen.

Man beachte allerdings, daß ϕ bei mediandichotomisierten Merkmalen theoretisch maximal werden kann, ohne daß gleichzeitig auch r maximal werden muß. Durch die Mediandichotomisierung erhält man nicht nur identische, sondern jeweils auch symmetrische Verteilungen; dessen ungeachtet können die zugrunde liegenden Verteilungen von X und Y völlig verschieden sein, was zur Folge hätte, daß $|r_{max}| < 1$ ist.

Wegen der Bedeutung für die weiteren Ausführungen sei die Äquivalenz von ϕ und r an einem kleinen Beispiel numerisch veranschaulicht. Angenommen, wir hätten die in Tabelle 8.3a wiedergegebene Vierfeldertafel ermittelt.

Wir errechnen $\chi^2 = 2,74$ und nach Gl.(8.1) $\phi = 0,48$. Die Produkt-Moment-Korrelation r bestimmen wir, nachdem die Vierfeldertafel in folgender Weise umkodiert wurde: Wir bestimmen eine sog. Dummyvariable X, mit der die Zugehörigkeit der Personen zu den Stufen des Merkmals A kodiert wird: Eine Person erhält auf X

Tabelle 8.3a

	a_1	a_2	
b_1	3	2	5
b_2	1	6	7
	4	8	12

$\phi = \sqrt{2,74/12} = 0,48$

Tabelle 8.3b

Vpn.-Nr.	X	Y
1	1	1
2	1	1
3	1	1
4	1	0
5	0	1
6	0	1
7	0	0
8	0	0
9	0	0
10	0	0
11	0	0
12	0	0

$r_{xy} = 0,48$

eine 1, wenn sie zu a_1 gehört und eine 0, wenn sie zu a_2 gehört. Die Zugehörigkeit zu den Stufen von B kodieren wir mit der Dummyvariablen Y. Wir setzen Y = 1 für b_1 und Y = 0 für b_2. Drei Personen erhalten damit das Kodierungsmuster (bzw. den Kodierungsvektor) 11, eine Person 10, zwei Personen 01 und sechs Personen 00. Werden X und Y nach Gl. (8.4) korreliert, resultiert $r_{xy} = \phi = 0,48$.

Da es sich bei ϕ formal um eine Produkt-Moment-Korrelation handelt, könnte man die Ansicht vertreten, die Signifikanz von ϕ sei genauso zu überprüfen wie die einer Produkt-Moment-Korrelation. In der parametrischen Statistik ist dafür der folgende t-Test einschlägig:

$$ t = \frac{r \cdot \sqrt{N-2}}{\sqrt{1-r^2}} \text{ mit } Fg = N - 2 \quad . \tag{8.5}$$

Für unser Beispiel ermitteln wir t = 1,72 mit Fg = 10. Bevor wir uns der Frage zuwenden, ob der t-Test nach Gl. (8.5) und der Vierfelder-χ^2-Test zu gleichen statistischen Entscheidungen führen, sei auf eine weitere Äquivalenz aufmerksam gemacht: Nehmen wir einmal an, wir gruppieren die 12 Personen nach Merkmal A und betrachten Merkmal B als ein dichotomes abhängiges Merkmal, wobei eine 1 für b_1 und eine 0 für b_2 kodiert wird. Damit resultiert das in Tabelle 8.4 dargestellte Datenschema in Form eines Zweistichprobenvergleiches.

Tabelle 8.4

a_1	a_2
1	1
1	1
1	0
0	0
	0
	0
	0
	0
$\bar{x}_1 = 3/4$	$\bar{x}_2 = 2/8$

Die H_0 $\mu_1 = \mu_2$ überprüfen wir in der parametrischen Statistik üblicherweise mit folgendem Test (t-Test für unabhängige Stichproben; vgl. etwa Bortz, 1989, Kap. 5.1.2):

$$ t = \frac{\bar{x}_1 - \bar{x}_2}{\sqrt{\dfrac{\sum\limits_{i=1}^{N_1}(x_{i1}-\bar{x}_1)^2 + \sum\limits_{i=1}^{N_2}(x_{i2}-\bar{x}_2)^2}{(N_1-1)+(N_2-1)} \cdot \left(\dfrac{1}{N_1} + \dfrac{1}{N_2}\right)}} \tag{8.6}$$

mit N_1, N_2 = Umfänge der zu vergleichenden Stichproben.

Die in Gl. (8.6) definierte Prüfgröße ist bei normalverteilter abhängiger Variable und homogenen Varianzen unter a_1 und a_2 mit Fg = $N_1 + N_2 - 2$ t-verteilt.

Unbeschadet der offenkundigen Verletzung der Verteilungsvoraussetzungen (das abhängige Merkmal im Beispiel ist dichotom und nicht normalverteilt), wollen wir die beiden Mittelwerte in Tabelle 8.4 ($\bar{x}_1$ = 3/4 und $\bar{x}_2$ = 2/8) nach Gl. (8.6) vergleichen. Es resultiert t = 1,72 mit Fg = 10. Dieser Wert ist exakt mit dem nach Gl. (8.5) ermittelten t-Wert zur Überprüfung von r (bzw. ϕ) identisch. (Man würde den gleichen Wert ermitteln, wenn die Personen in Tabelle 8.3a nach dem Merkmal B gruppiert wären mit A als dichotomem, abhängigem Merkmal).

Fassen wir zusammen: Der ϕ-Koeffizient ist eine Produkt-Moment-Korrelation und damit zunächst formal nach Gl. (8.5) auf Signifikanz überprüfbar. Der t-Wert dieses Signifikanztests entspricht exakt dem Ergebnis des t-Tests für unabhängige Stichproben, bei dem ein dichotomes Merkmal als unabhängige Variable und das andere dichotome Merkmal als abhängige Variable fungiert.

Damit stehen im Prinzip 3 Signifikanztests zur Überprüfung ein- und derselben Nullhypothese zur Auswahl: (1) der χ^2-Test nach Gl. (5.24), (2) der t-Test auf Signifikanz einer Produkt-Moment-Korrelation nach Gl. (8.5) und (3) der t-Test für unabhängige Stichproben [nach Gl. (8.6)]. Die Nullhypothese läßt sich, wie auf S. 103 ausgeführt, wahlweise als Zusammenhangshypothese (die Merkmale sind stochastisch unabhängig) bzw. als Unterschiedshypothese formulieren (der Anteil der Personen mit b_1 unter a_1 entspricht dem Anteil der Personen mit b_1 unter a_2). Die Hypothesen sind äquivalent.

Es fragt sich jedoch, ob die über die 3 Signifikanztests herbeigeführten Entscheidungen auch äquivalent sind. Den Ergebnissen der Testvarianten 2 und 3 würden wir im Beispiel sicherlich mißtrauen, da die Voraussetzungen dieser Tests offenkundig verletzt sind. Aber auch der Vierfelder-χ^2-Test über die Tafel in Tabelle 8.3a dürfte wegen der zu kleinen erwarteten Häufigkeiten nicht valide sein.

Wir wollen deshalb überprüfen, wie die Tests 2 und 3 entscheiden, *wenn die Voraussetzungen für einen validen Vierfelder-χ^2-Test erfüllt sind.* (Dabei ist eine Unterscheidung von Test 2 und Test 3 nicht mehr erforderlich, da man mit beiden Verfahren numerisch identische t-Werte bei gleichen Freiheitsgraden ermittelt.) Zunächst jedoch wollen wir die Größe der Diskrepanz zwischen dem χ^2-Test und dem t-Test bei Vierfeldertafeln mit N = 12 überprüfen.

Angenommen, für eine Vierfeldertafel mit N = 12 möge χ^2 = 3,841 resultieren. Dieser χ^2-Wert hat gemäß Tafel 3 für Fg = 1 exakt eine Überschreitungswahrscheinlichkeit von P' = 0,05, d. h. für alle $\chi^2 \geq$ 3,841 wäre die H_0 zu verwerfen. Überprüfen wir, wie in diesem Falle der t-Test nach Gl. (8.5) entscheiden würde. Dazu transformieren wir zunächst den kritischen χ^2-Wert von χ^2 = 3,841 nach Gl. (8.1) in einen ϕ-Wert. Wir erhalten $\phi = \sqrt{3,841/12} = 0,566$. Für diesen ϕ-Wert errechnen wir nach Gl. (8.5) t = $0,566 \cdot \sqrt{10}/\sqrt{1 - 0,566^2} = 2,171$ mit Fg = 10. Der in Lehrbüchern zur parametrischen Statistik wiedergegebenen t-Verteilungstabelle (vgl. etwa Bortz, 1989, Tabelle D) entnehmen wir für $\alpha = 0,05$ und Fg = 10 bei zweiseitigem Test einen kritischen t-Wert von 2,228, d. h. nach dem t-Test wäre die H_0 beizubehalten. Als exakte Überschreitungswahrscheinlichkeit errechnet man mit Hilfe eines Algorithmus zur Integrierung der t-Verteilung (vgl. etwa Jaspen, 1965) für den gefundenen t-Wert P'(t $\geq$ |2,171|) = 0,055, d. h. der t-Test führt gegenüber dem χ^2-Test zu einer eher konservativen Entscheidung.

Dieser Schluß ist jedoch nicht überzeugend, da – wie gesagt – die Validität des χ^2-Tests bei N = 12 anzuzweifeln ist. (Bei gleichverteilten Randsummen ergäbe sich für alle 4 Felder $f_e = 12/4 = 3$). Erhöhen wir den Stichprobenumfang auf N = 20, errechnet man

$$\phi = \sqrt{3,841/20} = 0,438 \quad \text{mit } P' = 0,05 \text{ bzw.}$$

$$t = 0,438 \cdot \sqrt{18}/\sqrt{1 - 0,438^2} = 2,067.$$

Dieser t-Wert hat eine Überschreitungswahrscheinlichkeit von $P'(t \geq |2,067|) = 0,053$, die – auf 2 Nachkommastellen gerundet – der Überschreitungswahrscheinlichkeit des χ^2-Wertes entspricht. Mit wachsendem Stichprobenumfang stimmen die Überschreitungswahrscheinlichkeiten von χ^2 und t zunehmend mehr überein. Wie der Tabelle 8.5 zu entnehmen ist, gilt dies auch für $\alpha = 0,01$.

Tabelle 8.5

N	$\chi^2_{0,05}$	$\phi = \sqrt{\chi^2_{0,05}/N}$	$t(\phi)$	$P'(\chi^2 \geq 3,841)$	$P'[t \geq |t(\phi)|]$
12	3,841	0,566	2,171	0,050	0,055
20	3,841	0,438	2,067	0,050	0,053
32	3,841	0,346	2,020	0,050	0,052
N	$\chi^2_{0,01}$	$\phi = \sqrt{\chi^2_{0,01}/N}$	$t(\phi)$	$P'(\chi^2 \geq 6,635)$	$P'[t \geq |t(\phi)|]$
12	6,635	0,744	3,521	0,010	0,006
20	6,635	0,576	2,989	0,010	0,008
32	6,635	0,455	2,799	0,010	0,009

Begnügt man sich mit einer für praktische Zwecke ausreichenden Genauigkeit von 2 Nachkommastellen für die Überschreitungswahrscheinlichkeiten, ist für $\alpha = 0,05$ und $\alpha = 0,01$ festzustellen, daß der Vierfelder-χ^2-Test und der t-Test approximativ zu identischen statistischen Entscheidungen führen. Berücksichtigt man die 3. Nachkommastelle, ist der t-Test gegenüber dem χ^2-Test für $\alpha = 0,05$ der Tendenz nach eher konservativ und für $\alpha = 0,01$ eher progressiv. Dabei wird unterstellt, daß die nach Gl. (5.24) definierte Prüfgröße für N > 20 approximativ χ^2-verteilt ist (was bis auf die Ausnahme extrem asymmetrischer Randverteilungen der Fall sein dürfte).

Aus diesen Überlegungen ergeben sich folgende Schlußfolgerungen: **Sind die Voraussetzungen für einen validen Vierfelder-χ^2-Test erfüllt, führt der parametrische t-Test zu den gleichen Entscheidungen wie der χ^2-Test.** Die Validität des χ^2-Tests hängt von der Größe der erwarteten Häufigkeiten ab, die ihrerseits vom Stichprobenumfang abhängen. Ein genügend großer Stichprobenumfang sichert also einerseits genügend große erwartete Häufigkeiten; andererseits ist die Forderung nach einer normalverteilten abhängigen Variablen für einen validen t-Test mit wachsendem Stichprobenumfang zu vernachlässigen, weil die Verteilung der Prüfgröße $(\bar{x}_1 - \bar{x}_2)$ unabhängig von der Verteilungsform der abhängigen Variablen nach dem zentralen Grenzwerttheorem (vgl. S. 33) in eine Normalverteilung übergeht. **Der χ^2-Test und der t-Test sind damit für die Analyse von Vierfeldertafeln gleichwertig und damit austauschbar.**

Da keine Notwendigkeit besteht, von der bisher üblichen Auswertung von Vierfelatertafeln nach Gl. (5.24) bzw. Gl. (8.1) abzuweichen, ist die Äquivalenz von χ^2 und t bei der Analyse von Vierfeldertafeln für praktische Zwecke unerheblich. Sie wird jedoch von großer Bedeutung, wenn wir diese Äquivalenz analog für komplexere Kontingenztafeln entwickeln (vgl. 8.1.3 ff.).

8.1.1.2 Weitere Zusammenhangsmaße

Im folgenden nennen wir eine Reihe weiterer Zusammenhangsmaße für Vierfeldertafeln, die in der Literatur gelegentlich erwähnt wurden, die aber bei weitem nicht die Bedeutung erlangt haben wie der ϕ-Koeffizient. Es wird deshalb darauf verzichtet, die Bestimmung dieser Kenngrößen an Beispielen zu demonstrieren.

— Ein einfaches Assoziationsmaß ist der *Q-Koeffizient* von Yule (vgl. Yule u. Kendall, 1950, S. 35), der in der üblichen Vierfelderkennzeichnung wie folgt definiert ist:

$$Q = \frac{ad - bc}{ad + bc} \quad . \tag{8.7}$$

Q erreicht seine untere Grenze -1, wenn a und/oder d gleich Null sind, und seine obere Grenze, wenn b und/oder c gleich Null sind. Wie ϕ, so ist auch Q gleich Null, wenn die Differenz der Kreuzprodukte verschwindet. Im Unterschied zu ϕ ist Q jedoch gegenüber Veränderungen der Randsummenverhältnisse *invariant*.

— Ein anderes von Yule (1912) vorgeschlagenes Vierfelder*interdependenzmaß* ist der sogenannte *Verbundheitskoeffizient* („coefficient of colligation"); er ist wie folgt definiert:

$$Y = \frac{1 - \sqrt{bd/ad}}{1 + \sqrt{bc/ad}} \tag{8.8}$$

und ist mit dem Assoziationskoeffizienten Q funktional wie folgt verknüpft:

$$Q = 2Y/(1 + Y^2) \quad .$$

Im Unterschied zu Q ist Y für Felderwerte von Null nicht definiert. Im übrigen liegt Y numerisch näher bei ϕ als bei Q.

— Der *interspezifische Assoziationskoeffizient* von Cole (1949) ist bei positiver Assoziation (ad > bc) definiert durch

$$C_{AB} = \frac{d_{AB}}{z_2 + d_{AB}} \tag{8.9}$$

und bei negativer Assoziation (ad < bc) durch

$$C_{AB} = \frac{d_{AB}}{z_1 - d_{AB}} \quad . \tag{8.10}$$

Dabei bedeuten

$d_{AB} = (ad - bc)/N$,

$z_1 = \min(a, d)$,

$z_2 = \min(b, c)$.

Bei halbwegs symmetrischen Tafeln stimmen C_{AB} und der ϕ-Koeffizient weitgehend überein. Der Colesche Koeffizient überschätzt den Zusammenhang zweier Merkmale, wenn eines der 4 Felder unbesetzt ist.

Bei Geltung der Nullhypothese (kein Zusammenhang) ist C_{AB} über einem Erwartungswert von Null asymptotisch normalverteilt, wenn $N \geq 20$ ist und die $e_i > 3$ sind. Die Standardabweichung kann je nach Felderbesetzung folgende Größen annehmen: Bei positiver Assoziation ($ad > bc$) gilt in jedem Fall

$$\sigma(C_{AB}) = \sqrt{\frac{(a+c)(c+d)}{N(a+b)(b+d)}} \quad . \tag{8.11}$$

Bei negativer Assoziation ($ad < bc$) gilt unter der Nebenbedingung $a \leq d$

$$\sigma(C_{AB}) = \sqrt{\frac{(b+c)(c+d)}{N(a+b)(a+c)}} \tag{8.12}$$

und unter der Nebenbedingung $a > d$

$$\sigma(C_{AB}) = \sqrt{\frac{(a+b)(a+c)}{N(b+d)(c+d)}} \quad . \tag{8.13}$$

Man prüft dann je nach Fragestellung ein- oder zweiseitig über den u-Test

$$u = C_{AB}/\sigma(C_{AB}) \tag{8.14}$$

unter Benutzung der richtigen Standardabweichung.

— Verschiedentlich interessiert den Untersucher, ob der Zusammenhang zwischen 2 Alternativmerkmalen A und B von einem intervenierenden 3. Alternativmerkmal C beeinflußt wird. Zur Beantwortung dieser Frage kann man den *partiellen Assoziationskoeffizienten* berechnen. Man untersucht dabei die Zusammenhänge zwischen A und B getrennt in den beiden Varianten von C (C+ und C−) und beobachtet, ob sich die Assoziationen zwischen A und B in den nach C+ = 1 und C− = 2 aufgegliederten Teilstichproben unterscheiden oder nicht, und zwar sowohl ihrem numerischen Wert wie ihrer statistischen Bedeutsamkeit nach.

Für die positive Partialassoziation zwischen A und B gelten die folgenden partiellen Assoziationsdefinitionen:

$$C_{AB \cdot C+} = \frac{d_{AB \cdot C+}}{z_{21} + d_{AB \cdot C+}} \quad , \tag{8.15}$$

$$C_{AB \cdot C-} = \frac{d_{AB \cdot C-}}{z_{12} + d_{AB \cdot C-}} . \tag{8.16}$$

Die entsprechenden Formeln für negative Partialassoziation zwischen A und B lauten:

$$C_{AB \cdot C+} = \frac{d_{AB \cdot C+}}{z_{12} - d_{AB \cdot C+}} \quad , \tag{8.17}$$

$$C_{AB \cdot C-} = \frac{d_{AB \cdot C-}}{z_{21} - d_{AB \cdot C-}} \quad . \tag{8.18}$$

(Man beachte, daß der negative Summand im Nenner positiv wird, da d_{AB} in diesem Fall negativ ist!). Im übrigen gelten für die Teilstichproben C+ = 1 und C− = 2 mit N(C+) = N_1 und N(C−) = N_2 als Umfängen und den Vierfelderbesetzungszahlen a_1 bis d_1 sowie a_2 bis d_2 die folgenden Definitionen:

$$d_{AB \cdot C+} = (a_1 d_1 - b_1 c_1)/N_1 \quad ,$$

$$d_{AB \cdot C-} = (a_2 d_2 - b_2 c_2)/N_2 \quad ,$$

$$z_{12} = \min(a_1, d_1; b_2, c_2) \quad ,$$

$$z_{21} = \min(a_2, d_2; b_1, c_1) \quad .$$

Die Frage, ob sich die partiellen Assoziationskoeffizienten $C_{AB \cdot C+}$ und $C_{AB \cdot C-}$ im Falle eines numerischen Unterschiedes auch zufallskritisch unterscheiden, beantwortet folgende Überlegung: Je nachdem, welche der 4 Ausprägungskombinationen beider Merkmale A und B am meisten interessiert, betrachtet man eines der 4 Felder. Nehmen wir an, es interessiert der Unterschied im Anteil der Positiv-Positiv-Varianten der Merkmale A und B der nach C zweigeteilten Vierfeldertafel. In diesem Fall wählen wir als Prüfgröße die Differenz der Anteile des Feldes a in beiden Stichproben C+ = 1 und C− = 2:

$$D_a = \frac{a_1}{N_1} - \frac{a_2}{N_2} \quad . \tag{8.19}$$

Diese Prüfgröße D_a ist bei Geltung der Nullhypothese über einem Erwartungswert von null mit der Standardabweichung

$$\sigma(D_a) = \sqrt{\frac{a}{N}\left(1 - \frac{a}{N}\right)\left(\frac{1}{N_1} + \frac{1}{N_2}\right)} \tag{8.20}$$

asymptotisch normalverteilt, wenn N_1 und N_2 größer als 20 und a_1 sowie a_2 größer als 5 sind. Es bedeuten $a = a_1 + a_2$, und $N = N_1 + N_2$. Gibt es keine spezielle Präferenz für den Vergleich eines der 4 Felderanteile, dann sollte zwecks Objektivierung des Tests das Feld mit der stärksten Gesamtbesetzung zur Signifikanzprüfung herangezogen werden.

— Sind die 2 Merkmale so dichotomisiert worden, daß sie eine annähernd symmetrische Vierfeldertafel mit größenordnungsmäßig gleichen Randsummen liefern, dann schätzt man den sog. *tetrachorischen Korrelationskoeffizienten* r_{tet} am einfachsten über die von Pearson (1901) angegebene *Cosinus-π-Formel*. Sie lautet in der Schreibweise von Hofstätter u. Wendt (1967, S. 165)

$$r_{tet} = \cos\left(\frac{180°}{1 + \sqrt{ad/bc}}\right) \quad . \tag{8.21}$$

Dabei wird ad > bc angenommen, andernfalls geht bc/ad in die Formel ein (negatives r_{tet}). Gefordert wird, daß a, b, c, d $\neq 0$, weil r_{tet} sonst nicht definiert ist. Ob r_{tet} signifikant von null verschieden ist, beurteilt man indirekt über χ^2.

8.1.1.3 Regression

Da sich der ϕ-Koeffizient als Spezialfall der Produkt-Moment-Korrelation darstellen läßt, liegt es nahe zu überprüfen, ob auch die parametrische lineare Regres-

sionsrechnung zur Vorhersage einer intervallskalierten Kriteriumsvariablen Y aufgrund einer intervallskalierten Prädiktorvariablen X auf dichotome Merkmale sinnvoll übertragbar ist. Die Regressionsgerade

$$\hat{y}_j = \hat{\beta}_{yx} x_j + \hat{\alpha}_{yx} \tag{8.22}$$

ergibt sich nach dem sog. Kriterium der kleinsten Quadrate (vgl. z. B. Bortz, 1989, Kap. 6.1.1) mit

$\hat{y}_j$ = vorhergesagter Kriteriumswert für die Prädiktorausprägung x_j,

$$\hat{\beta}_{yx} = \frac{N \cdot \sum_{i=1}^{N} x_i y_i - \sum_{i=1}^{N} x_i \cdot \sum_{i=1}^{N} y_i}{N \cdot \sum_{i=1}^{N} x_i^2 - \left(\sum_{i=1}^{N} x_i\right)^2}$$

und

$$\hat{\alpha}_{yx} = \overline{y} - \hat{\beta}_{yx} \cdot \overline{x} \quad .$$

Unter Berücksichtigung der auf S. 330 genannten Vereinfachungen bei Anwendung von Gl. (8.4) auf die Häufigkeiten einer Vierfeldertafel erhält man für die Regressionskoeffizienten

$$\hat{\beta}_{yx} = \frac{a \cdot d - b \cdot c}{(a + c) \cdot (b + d)} \tag{8.23}$$

(vgl. auch Deuchler, 1915, oder Steingrüber, 1970).

Ferner gilt nach den Ausführungen auf S. 330 $\sum x = a + c$ und $\sum y = a + b$, so daß

$$\hat{\alpha}_{yx} = \frac{a + b}{N} - \hat{\beta}_{yx} \cdot \frac{a + c}{N} \quad . \tag{8.24}$$

Zur Verdeutlichung dieses Regressionsansatzes greifen wir auf Beispiel 8.1 zurück. Aus sachlogischen Gründen definieren wir als unabhängige Variable X das Merkmal Händigkeit (X = 1 für Links- und Beidhändigkeit, X = 0 für Rechtshändigkeit) und als abhängige Variable Y das Merkmal Legasthenie (Y = 1 für „vorhanden" und Y = 0 für „nicht vorhanden"). Für die in Beispiel 8.1 genannten Häufigkeiten ergeben sich dann:

$$\hat{\beta}_{yx} = \frac{14 \cdot 72 - 7 \cdot 17}{31 \cdot 79} = 0,3630 \text{ und}$$

$$\hat{\alpha}_{yx} = \frac{21}{110} - 0,363 \cdot \frac{31}{110} = 0,0886 \quad .$$

Die Regressionsgleichung heißt damit

$$\hat{y}_j = 0,3630 x_j + 0,0886 \quad .$$

Setzen wir die möglichen Realisierungen für X ein, resultieren

für Linkshändigkeit $(x_1 = 1)$: $\hat{y}_1 = 0,3630 \cdot 1 + 0,0886 = 0,4516$

für Rechtshändigkeit $(x_2 = 0)$: $\hat{y}_2 = 0,3630 \cdot 0 + 0,0886 = 0,0886$.

Wie man sich anhand der Vierfeldertafel im Beispiel 8.1 leicht überzeugen kann, beinhalten die vorhergesagten $\hat{y}$-Werte Wahrscheinlichkeitsschätzungen für das Auftreten von Legasthenie (bzw. allgemein für die mit „1" kodierte Merkmalsausprägung). Von 31 Linkshändern ($x_1 = 1$) sind 14 Legastheniker, d. h. die relative Häufigkeit beträgt 14/31 = 0,4516 ($= \hat{y}_1$). Von den 79 Rechtshändern ($x_2 = 0$) sind 7 Legastheniker, was einer relativen Häufigkeit von 7/79 = 0,0886 ($= \hat{y}_2$) entspricht.

Zusammengefaßt: **Die Anwendung der linearen Regressionsrechnung auf eine dichotome unabhängige Variable und eine dichotome abhängige Variable führt zu Wahrscheinlichkeitsschätzungen für das Auftreten der mit 1 kodierten Kategorie der abhängigen Variablen, wenn die abhängige Variable insgesamt mit 1/0 kodiert wird.** Wie in der Regressionsrechnung generell sind auch hier die Regressionsvorhersagen nur informativ, wenn der Merkmalszusammenhang statistisch gesichert, wenn also der Vierfelder-χ^2-Wert signifikant ist.

Der Regressionskoeffizient $\hat{\alpha}_{yx}$ entspricht der bedingten Wahrscheinlichkeit $p(Y = 1|X = 0)$, d. h. der Wahrscheinlichkeit für Legasthenie bei Rechtshändern. Der $\hat{\beta}_{yx}$-Koeffizient zeigt an, wie stark die Wahrscheinlichkeit $p(Y = 1|X = 1)$ von der Wahrscheinlichkeit $p(Y = 1|X = 0)$ abweicht. Im Beispiel besagt $\hat{\beta}_{yx} = 0,3630$ also, daß die Wahrscheinlichkeit für Legasthenie bei einer linkshändigen Person 36,30 Prozentpunkte höher ist als bei einer rechtshändigen Person.

Diese Interpretation von $\hat{\beta}_{yx}$ wurde bereits 1915 von Deuchler als „Abnahme der 'partial-relativen Häufigkeit' der Positivvariante des abhängigen Merkmals beim Übergang von der Positiv- zur Negativvariante des unabhängigen Merkmals" vorgeschlagen (vgl. Lienert, 1973, S. 536). Diese Interpretation von $\hat{\beta}_{yx}$ läßt sich einfach nachvollziehen, wenn man Gl. (8.23) folgendermaßen umschreibt:

$$\hat{\beta}_{yx} = \frac{a}{a+c} - \frac{b}{b+d} \quad . \tag{8.23a}$$

Eberhard (1977) nennt diese Anteilsdifferenz „*Manifestationsdifferenz*" (MD).

Die im Beispiel vorgenommene 1/0-Kodierung für die *unabhängige Variable* heißt in der Terminologie des ALM „*Dummykodierung*". Eine andere Kodierungsvariante ist die sogenannte *Effektkodierung*, bei der die Kategorien des unabhängigen Merkmals mit 1/−1 kodiert werden (vgl. Cohen u. Cohen, 1975). Ersetzen wir in Tabelle 8.3b für die Variable X jede Null durch den Wert −1, resultiert erneut $r_{yx} = 0,48$. *Die Produkt-Moment-Korrelation ist gegenüber der Kodierungsart invariant.* Als Regressionskoeffizienten ermitteln wir für diese Kodierungsvariante

$$\hat{\beta}_{yx} = \frac{ad - bc}{2 \cdot (a+c) \cdot (b+d)} \tag{8.25}$$

und

$$\hat{\alpha}_{yx} = \frac{a+b}{N} - \hat{\beta}_{yx} \cdot \frac{(a+c) - (b+d)}{N} \quad .$$

Diese Koeffizienten ergeben sich, wenn man in Gl. (8.22) $\sum xy = a - b$, $\sum x = (a+c) - (b+d)$, $\sum y = a + b$ und $\sum x^2 = N$ setzt.

Verwenden wir erneut die Vierfeldertafel in Beispiel 8.1, erhält man als Regressionsgleichung

$$\hat{y}_j = 0,1815 \cdot x_j + 0,2701 \quad .$$

Setzt man für X die möglichen Realisationen ein, resultiert für

$$x_1 = 1 : \hat{y}_1 = 0,1815 \cdot 1 + 0,2701 = 0,4516,$$
$$x_2 = -1 : \hat{y}_2 = 0,1815 \cdot (-1) + 0,2701 = 0,0886 \quad .$$

Die Effektkodierung führt damit zu den gleichen Regressionsvorhersagen wie die Dummykodierung. In beiden Fällen werden Wahrscheinlichkeitsschätzungen vorhergesagt.

Allerdings haben die Regressionskoeffizienten bei der Effektkodierung der unabhängigen Variablen eine andere Bedeutung als bei der Dummykodierung: $\hat{\alpha}_{yx}$ entspricht der durchschnittlichen Wahrscheinlichkeit für das Auftreten der mit 1 kodierten Kategorie der abhängigen Variablen, im Beispiel also der durchschnittlichen Wahrscheinlichkeit für das Auftreten von Legasthenie. Diese Wahrscheinlichkeit wird als *ungewichteter Durchschnitt* der beiden bedingten Wahrscheinlichkeiten geschätzt.

$$\hat{\alpha}_{yx} = [p(y = 1 \mid x = 1) + p(y = 1 \mid x = -1)]/2 \quad . \tag{8.26}$$

Im Beispiel errechnen wir

$$\hat{\alpha}_{yx} = (14/31 + 7/79)/2 = 0,2701 \quad .$$

Man beachte, daß diese Wahrscheinlichkeit nicht dem Gesamtanteil der Legastheniker (21/110 = 0, 1909) entspricht. Dieses wäre der *gewichtete Durchschnitt*, der die Legasthenikerwahrscheinlichkeit in der Gruppe der Rechtshänder wegen des größeren Stichprobenumfanges stärker berücksichtigt als die Legasthenikerwahrscheinlichkeit in der Gruppe der Linkshänder.

Der Regressionskoeffizient $\hat{\beta}_{yx}$ gibt an, in welchem Ausmaß die Wahrscheinlichkeit für y = 1 in der mit + 1 kodierten Kategorie der unabhängigen Variablen gegenüber der ungewichteten durchschnittlichen Wahrscheinlichkeit erhöht (bzw. erniedrigt) ist.

$$\hat{\beta}_{yx} = p(y = 1 \mid x = 1) - \hat{\alpha}_{yx} \quad . \tag{8.27}$$

Im Beispiel ermittelt man

$$\hat{\beta}_{yx} = 14/31 - 0,2701 = 0,1815 \quad .$$

Die Wahrscheinlichkeit eines Legasthenikers in der Gruppe der Linkshänder ist also gegenüber der ungewichteten durchschnittlichen Wahrscheinlichkeit für Legasthenie um 18,15 Prozentpunkte erhöht. Da die Kategorie Linkshändigkeit und Rechtshändigkeit einander ausschließende und erschöpfende Kategorien des Merkmals „Händigkeit" sind, folgt daraus, daß die Wahrscheinlichkeit für Legasthenie in der Gruppe der Rechtshänder gegenüber dem ungewichteten Durchschnitt um 18,15 Prozentpunkte kleiner ist.

8.1.1.4 Weitere Vorhersagemodelle

Im folgenden werden weitere Ansätze vorgestellt, die gelegentlich ebenfalls für prognostische Zwecke eingesetzt werden.

— Goodman u. Kruskal (1954, 1959) haben ein *Dependenzmaß* λ (Lambda) entwickelt, das die Zugehörigkeit eines Individuums zu einer der m Klassen eines abhängigen Merkmals aufgrund seiner Zugehörigkeit zu einer der k Klassen eines unabhängigen Merkmals mit einer durch λ bezeichneten Verbesserungsrate zu prognostizieren erlaubt. Die Entwicklung von λ sei am Beispiel 8.1 verdeutlicht. Angenommen, wir sollen raten, ob ein beliebig herausgegriffener Schüler ein Legastheniker ist oder nicht, ohne seine Händigkeit zu kennen. Aufgrund der Zeilensummen der Vierfeldertafel wäre unser bester Tip vermutlich „kein Legastheniker", weil diese Kategorie wahrscheinlicher ist als die andere. Sie beträgt p = 89/110, d. h. für die Wahrscheinlichkeit eines Ratefehlers resultiert bei diesem Tip $P_1 = 1 - 89/110 = 0, 191$. Allgemein formuliert:

$$P_1 = \frac{N - \max(a + b, c + d)}{N} \quad . \tag{8.28}$$

Nun nehmen wir an, es sei bekannt, ob der Schüler Rechtshänder oder Linkshänder ist. Wäre er Linkshänder, würden wir wegen der größeren Häufigkeit auf

„Nichtlegasthenie" tippen und dabei mit einer Wahrscheinlichkeit von $1 - 17/31$ einen Ratefehler begehen. Bei Rechtshändern tippen wir ebenfalls auf „Nichtlegasthenie" mit einem Ratefehler von $1 - 72/79$. Berücksichtigen wir ferner die unterschiedlichen Wahrscheinlichkeiten für Linkshändigkeit und Rechtshändigkeit ($31/110$ und $79/110$), resultiert bei Bekanntheit der Händigkeit der folgende durchschnittliche Ratefehler:

$$P_2 = \frac{31}{110} \cdot (1 - \frac{17}{31}) + \frac{79}{110} \cdot (1 - \frac{72}{79})$$

$$= 0,127 + 0,064 = 0,191 \quad .$$

Allgemein:

$$P_2 = \frac{N - \max(a, c) - \max(b, d)}{N} \quad . \tag{8.29}$$

Das gesuchte λ-Maß ergibt sich zu

$$\lambda = \frac{P_1 - P_2}{P_2} \quad . \tag{8.30}$$

In unserem Beispiel resultiert wegen $P_1 = P_2$ der Wert $\lambda = 0$. Dieses nur schwer nachvollziehbare Ergebnis zeigt die Schwäche von λ, denn obwohl in Beispiel 8.1 ein signifikanter Zusammenhang von Händigkeit und Legasthenie nachgewiesen wurde, ist es nach diesem Ergebnis offenbar unerheblich, ob für die Vorhersage von Legasthenie die Händigkeit der Person bekannt ist oder nicht. Die Wahrscheinlichkeit eines Vorhersagefehlers bleibt davon unberührt.

Formal wird durch Vergleich von Gl. (8.28) und Gl. (8.29) deutlich, daß für $\max(a, c) + \max(b, d) = \max(a + b, c + d)$ grundsätzlich $\lambda = 0$ gilt. Dies ist immer der Fall, wenn – wie in unserem Beispiel – die maximalen Häufigkeiten der beiden Spalten in die gleiche Zeile fallen.

Für $\max(a, c) + \max(b, d) \neq \max(a + b, c + d)$ interpretiert man $\lambda \cdot 100$ als Prozentzahl, die angibt, um wieviel Prozentpunkte der Ratefehler sinkt, wenn das unabhängige Merkmal bekannt ist. Wir werden diese Interpretation anhand eines Beispieles aufzeigen, mit dem die Verallgemeinerung von λ auf kxm-Tafeln verdeutlicht wird (vgl. 8.1.3.5).

– Das *relative Risiko* (rR) (Cornfield, 1951) ist definiert als der Quotient der Wahrscheinlichkeiten für die Kategorien eines dichotomen abhängigen Merkmals. Mit der Symbolik einer Vierfeldertafel errechnet man

$$rR = \frac{a/(a + c)}{b/(b + d)} \quad . \tag{8.31}$$

Für das Beispiel 8.1 resultiert

$$rR = \frac{14/31}{7/79} = 5,10 \quad ,$$

d. h. das Risiko der Legasthenie ist bei Linkshändern ca. fünfmal so groß wie bei Rechtshändern. Den gleichen Wert erhalten wir, wenn die auf S. 338 regressionsanalytisch ermittelten Wahrscheinlichkeitswerte ins Verhältnis gesetzt werden: $0,4516/0,0886 = 5,10$.

— Die *relative Erfolgsdifferenz* f nach Sheps (1959) wird gelegentlich verwendet, um 2 Behandlungen mit den Erfolgsquoten P_1 und P_2 (z. B. eine Standardbehandlung und eine neue Behandlung) zu vergleichen. Die Wirksamkeitsveränderung (Wirksamkeitssteigerung bei $P_2 > P_1$) ergibt sich nach

$$f = (P_2 - P_1)/(1 - P_1) \tag{8.32}$$

mit $P_1 = a/(a + c)$ und $P_2 = b/(b + d)$ bei entsprechender Anordnung einer Vierfeldertafel mit den Merkmalen „Behandlung (A und B)" und „Erfolg (ja/nein)". f ist ein Maß für die relative Wirksamkeit einer neuen Behandlung im Vergleich zu einer Standardbehandlung.

— Wenn für eine Behandlung A (z. B. alte Behandlung) eine Erfolgsrate P_1 ermittelt wird, dann beträgt die Chance für eine erfolgreiche Behandlung $P_1:(1 - P_1)$. Hat nun eine andere Behandlung B (z. B. eine neue Behandlung) eine Erfolgschance von $P_2:(1 - P_2)$, errechnet man nach Fisher (1962) den folgenden *Erfolgsquotienten* (auch Kreuzproduktquotient oder „odd ratio" genannt; vgl. Cornfield, 1951 bzw. Mosteller, 1968):

$$\omega = \frac{P_2 \cdot (1 - P_1)}{P_1 \cdot (1 - P_2)} = \frac{a \cdot d}{b \cdot c} \tag{8.33}$$

Wird für Behandlung A z. B. $P_1 = 0,40$ und für Behandlung B $P_2 = 0,60$ ermittelt, ist die Chance eines Erfolges für Methode B 2,25mal so hoch wie die Erfolgschance für die Methode A.

8.1.2 k × 2-Tafeln

8.1.2.1 ϕ'-Koeffizient

Ermittelt man nach Gl. (5.48) für eine k × 2-Tafel einen χ^2-Wert, ergibt sich daraus – in völliger Analogie zu Gl. (8.1) – das Zusammenhangsmaß ϕ' nach folgender Gleichung:

$$\phi' = \sqrt{\chi^2/N} \tag{8.34}$$

ϕ' ist statistisch signifikant, wenn der entsprechende k × 2-χ^2-Wert signifikant ist. Interpretativ ist ein negativer ϕ'-Koeffizient nur bei einer k × 2-Tafel mit einem k-fach gruppiert-ordinalen oder gruppiert-kardinalen Merkmal sinnvoll. In allen anderen Fällen hat das Zusammenhangsmaß ϕ' einen Wertebereich von $0 \leq \phi' \leq 1$, $\chi^2_{max} = N$ vorausgesetzt. Diese Voraussetzung trifft jedoch nur zu, wenn die Randverteilungen so geartet sind, daß – in der Terminologie von Tabelle 5.12 – theoretisch bei jedem Häufigkeitspaar a_i und b_i entweder $a_i = 0$ oder $b_i = 0$ werden kann. (Ferner gilt natürlich $N_a > 0$ und $N_b > 0$.)

Im Beispiel 5.10 auf S. 122f. gingen wir der Frage nach, ob verschiedene Formen der Schizophrenie Männer und Frauen gleich häufig befallen. Es wurde $\chi^2 = 5,85$ ermittelt, was nach Gl. (8.34) einem Zusammenhang von $\phi' = \sqrt{5,85/324} = 0,13$ entspricht. Diese Korrelation ist – wie der χ^2-Wert – nicht signifikant.

Der ϕ'-Koeffizient für k × 2-Tafeln ist mit der multiplen Korrelation zwischen den $p = k - 1$ Kodiervariablen des k-fach gestuften Merkmals und dem dichotomen

Merkmal identisch (zum Beweis vgl. Küchler, 1980). Wir wollen diesen Sachverhalt an einem kleinen Zahlenbeispiel verdeutlichen.

Tabelle 8.6a zeigt eine 4×2-Tafel für N = 15. (Hier und im folgenden wählen wir aus räumlichen Gründen eine horizontale Darstellungsweise für $k \times 2$-Tafeln und nicht die in Tabelle 5.12 angegebene vertikale Darstellung. Gleichzeitig vereinbaren wir für Regressionsfragen, daß das spaltenbildende Merkmal – im Beispiel also die 4 Stufen von A – die unabhängige Variable und das zeilenbildende Merkmal – im Beispiel das dichotome Merkmal B – die abhängige Variable darstellen.)

Tabelle 8.6a

	a_1	a_2	a_3	a_4	
b_1	2	4	0	5	11
b_2	1	0	1	2	4
	3	4	1	7	15

$\phi' = \sqrt{4,2857/15} = 0,5345$

Tabelle 8.6b

Vpn Nr.	X_1	X_2	X_3	Y
1	1	0	0	1
2	1	0	0	1
3	1	0	0	0
4	0	1	0	1
5	0	1	0	1
6	0	1	0	1
7	0	1	0	1
8	0	0	1	0
9	-1	-1	-1	1
10	-1	-1	-1	1
11	-1	-1	-1	1
12	-1	-1	-1	1
13	-1	-1	-1	1
14	-1	-1	-1	0
15	-1	-1	-1	0

$R_{y,x_1x_2x_3} = 0,5345$

Tabelle 8.6b verdeutlicht die Kodierung der $k \times 2$-Tafel. (Das Kodierungsschema heißt in der Terminologie des ALM auch „*Designmatrix*"). Die hier gewählte Effektkodierung ergibt sich aus folgenden Zuordnungsvorschriften:

Für Personen unter a_1 gilt: $X_1 = 1$; $X_2 = 0$; $X_3 = 0$
(Kodierungsvektor 100).
Für Personen unter a_2 gilt: $X_1 = 0$; $X_2 = 1$; $X_3 = 0$
(Kodierungsvektor 010).
Für Personen unter a_3 gilt: $X_1 = 0$; $X_2 = 0$; $X_3 = 1$
(Kodierungsvektor 001).
Für Personen unter a_4 gilt: $X_1 = -1$; $X_2 = -1$; $X_3 = -1$
(Kodierungsvektor $-1-1-1$).

Die Verallgemeinerung dieser Kodierungsvorschrift liegt auf der Hand: Für Personen unter a_i ($i = 1, \ldots, k-1$) gilt $X_i = 1$, ansonsten $X_i = 0$. Für Personen unter a_k gilt $X_1, X_2, \ldots, X_{k-1} = -1$. Die dichotome abhängige Variable kodieren wir mit Y = 1 für b_1 und Y = 0 für b_2.

Für die $k \times 2$-Tafel in Tabelle 8.6a errechnet man $\chi^2 = 4,2857$ und damit $\phi' = \sqrt{4,2857/15} = 0,5345$. Für die multiple Korrelation R zwischen X_1 bis X_3 und

Y ergibt sich der gleiche Wert: $R_{y,x_1x_2x_3} = 0,5345$. (Zur Berechnung einer multiplen Korrelation vgl. z. B. Bortz, 1989, Kap. 13.2.)

ϕ' ist also mit R in der hier vorgeführten Anwendung identisch. Damit liegt es nahe zu fragen, ob der $k \times 2$-χ^2-Test auch zu den gleichen statistischen Entscheidungen führt wie der Signifikanztest für eine multiple Korrelation. Die entsprechende Frage stellten wir uns auf S. 332ff. angesichts der Äquivalenz von ϕ und r.

Multiple Korrelationen werden anhand der folgenden approximativ F-verteilten Prüfgröße auf Signifikanz getestet:

$$F = \frac{R^2 \cdot (N - p - 1)}{(1 - R^2) \cdot p} \quad \text{mit} \tag{8.35}$$

$$p = k - 1 \quad .$$

Dieser F-Test hat p Zählerfreiheitsgrade und $N - p - 1$ Nennerfreiheitsgrade. Für das Beispiel in Tabelle 8.6b ergibt sich $F = 1,4667$ mit 3 Zählerfreiheitsgraden und 11 Nennerfreiheitsgraden. (Den gleichen F-Wert erhält man über eine einfaktorielle Varianzanalyse mit 4 Gruppen und einer dichotomen abhängigen Variablen. Das Datenschema dieser Analyse ist analog Tabelle 8.4 für 4 Gruppen zu erstellen.)

Für die Überprüfung der Äquivalenz der statistischen Entscheidungen via χ^2 und F ist das in Tabelle 8.6 gewählte Beispiel ungeeignet, denn die Validität des χ^2-Tests ist wegen der zu geringen erwarteten Häufigkeiten nicht sichergestellt. Erst wenn der Stichprobenumfang bzw. die f_e-Werte für einen validen $k \cdot 2$-χ^2-Test genügend groß sind, kann die Frage beantwortet werden, ob F wie χ^2 entscheidet, d. h. ob F ebenfalls valide entscheidet.

Diese Äquivalenzfrage beantworten wir genauso wie die Frage nach der Äquivalenz von t und χ^2 auf S. 334. Wir gehen z. B. von einem χ^2-Wert einer 3×2-Tafel von 5,99 mit N = 23 aus, der bei Fg = 2 genau auf dem 5%-Niveau signifikant ist $[P(\chi^2 \geq 5,99) = 0,05]$, und fragen nach der Überschreitungswahrscheinlichkeit des damit korrespondierenden F-Wertes.

Nach Gl. (8.34) errechnet man $\phi'^2 = R^2 = 5,99/23 = 0,26$ und damit nach Gl. (8.35) F = 3,52. Dieser F-Wert hat bei 2 Zählerfreiheitsgraden und 20 Nennerfreiheitsgraden eine Überschreitungswahrscheinlichkeit von $P(F \geq 3,52) = 0,049$.

Nach dem gleichen Prinzip ergeben sich die in Tabelle 8.7 zusammengestellten Werte. In dieser Tabelle wurde auf die Wiedergabe der χ^2- und R^2-Werte verzichtet; es werden nur die mit $P(\chi^2) = 0,10$, $P(\chi^2) = 0,05$ und $P(\chi^2) = 0,01$ korrespondierenden P(F)-Werte angegeben. Man erkennt unschwer, daß für unterschiedliche k bzw. Fg_{χ^2}-Werte die P(F)-Werte den $P(\chi^2)$-Werten entsprechen, wenn N genügend groß bzw. $\bar{f}_e = N/(k \cdot 2) > 5$ ist und man erneut auf 2 Nachkommastellen rundet.

Die Schlußfolgerung liegt auch hier auf der Hand. **Sind die Voraussetzungen für einen validen $k \times 2$-χ^2-Test erfüllt, resultiert der F-Test in der gleichen statistischen Entscheidung wie der χ^2-Test, d. h. beide Signifikanztests sind gleichwertig.**

An dieser Stelle wurden in 8.1.1 weitere Zusammenhangsmaße für Vierfeldertafeln behandelt. Wir verzichten hier auf eine Darstellung weiterer Zusammenhangsmaße speziell für $k \times 2$-Tafeln und verweisen auf die Verfahren in 8.1.3.2 für $k \times m$-Tafeln, die natürlich auch für $k \times 2$-Tafeln gelten.

Tabelle 8.7

N	Fg_{χ^2}	f_e	Fg_Z	Fg_N	P(F)-Werte für		
					$P(\chi^2)=0,10$	$P(\chi^2)=0,05$	$P(\chi^2)=0,01$
12	1	3,00	1	10	0,119	0,055	0,006
20	1	5,00	1	18	0,111	0,053	0,008
32	1	8,00	1	30	0,106	0,052	0,009
23	2	3,83	2	20	0,108	0,049	0,006
33	2	5,50	2	30	0,105	0,049	0,007
43	2	7,17	2	40	0,104	0,050	0,008
34	3	4,25	3	30	0,103	0,047	0,006
44	3	5,50	3	40	0,102	0,048	0,007
64	3	8,00	3	60	0,101	0,049	0,008
46	5	3,83	5	40	0,098	0,044	0,006
66	5	5,50	5	60	0,099	0,046	0,007
126	5	10,50	5	120	0,100	0,048	0,008
71	10	3,23	10	60	0,092	0,040	0,005
131	10	5,95	10	120	0,096	0,045	0,007
211	10	9,59	10	200	0,098	0,047	0,008
136	15	4,25	15	120	0,092	0,042	0,006
216	15	6,75	15	200	0,095	0,045	0,008
1016	15	31,75	15	1000	0,099	0,049	0,009
231	30	3,73	30	200	0,089	0,040	0,006
1031	30	16,63	30	1000	0,098	0,048	0,009

8.1.2.2 Einzelvergleiche

Nachdem sich der k × 2-χ^2-Test bislang lückenlos als Spezialfall des ALM darstellen ließ, soll im folgenden gezeigt werden, daß die in 5.3.3 und 5.4.5 behandelten Einzelvergleiche ebenfalls aus dem ALM ableitbar sind. Dafür verwenden wir zunächst das kleine Zahlenbeispiel in Tabelle 8.8.

Für die 4 × 2-Tafel errechnet man $\chi^2 = 5,3333$. Ferner werden für die 3 in Tabelle 8.8a genannten Teiltafeln χ^2-Werte für Einzelvergleiche berechnet. (1. Vergleich: a_1 gegen a_2; 2. Vergleich: a_3 gegen a_4; 3. Vergleich: a_1+a_2 gegen a_3+a_4.)

Da es sich hier um unverdichtete (Tafel 8.8a1 und a2) bzw. verdichtete (Tafel 8.8a3) Teiltafeln einer Gesamttafel handelt, berechnen wir die Einzelvergleichs-χ^2-Werte nicht nach Gl. (5.24), sondern nach Gl. (5.75) (Jesdinski-Tests). Es resultieren $\chi_1^2 = 2,1333$, $\chi_2^2 = 2,1333$ und $\chi_3^2 = 1,0667$ mit jeweils Fg = 1. Die Einzelvergleiche sind **orthogonal**, so daß $\chi_1^2 + \chi_2^2 + \chi_3^2 = \chi^2 = 5,333$ ist.

Nach dem ALM gehen wir wie in Tabelle 8.8b beschrieben vor: Wir wählen für die Kodiervariable X_1 eine sog. *Kontrastkodierung*, die die Stufen $a_1(X_1=1)$ und $a_2(X_1=-1)$ kontrastiert. Alle Personen, die weder zu a_1 noch zu a_2 gehören, erhalten auf dieser Variablen eine 0. X_2 kontrastiert dementsprechend $a_3(X_2=1)$ mit $a_4(X_2=-1)$. Mit X_3 schließlich werden die zusammengefaßten Stufen $a_1+a_2(X_3=1)$ und die zusammengefaßten Stufen a_3+a_4 ($X_3=-1$) kontrastiert.

Allgemein muß bei einer Kontrastkodierung jede Kodiervariable X_j die Bedingung $\sum_i x_{ij} = 0$ erfüllen. Gilt für 2 Kodiervariablen X_j und $X_{j'}$ ferner $\sum_i x_{ij} \cdot x_{ij'} = 0$, sind die entsprechenden Kodiervariablen (bzw. die mit ihnen kodierten Einzelvergleiche) orthogonal. Wie man leicht erkennt, erfüllen die 3 Kodiervariablen in Tabelle 8.8b sowohl die Kontrastbedingung als auch jeweils paarweise die Orthogonalitätsbedingung.

Tabelle 8.8a

	a_1	a_2	a_3	a_4	
b_1	2	0	3	1	6
b_2	2	4	1	3	10
	4	4	4	4	16

$\chi^2 = 5{,}3333$

1)

	a_1	a_2
b_1	2	0
b_2	2	4

$\chi_1^2 = 2{,}1333$

2)

	a_3	a_4
b_1	3	1
b_2	1	3

$\chi_2^2 = 2{,}1333$

3)

	$a_1 + a_2$	$a_3 + a_4$
b_1	2	4
b_2	6	4

$\chi_3^2 = 1{,}0667$

Tabelle 8.8b

X_1	X_2	X_3	Y	
1	0	1	1	
1	0	1	1	
1	0	1	0	$r_{yx_1} = 0{,}3651;\ \chi_1^2 = 16 \cdot 0{,}3651^2 = 2{,}1333$
1	0	1	0	
-1	0	1	0	
-1	0	1	0	$r_{yx_2} = 0{,}3651;\ \chi_2^2 = 16 \cdot 0{,}3651^2 = 2{,}1333$
-1	0	1	0	
-1	0	1	0	
0	1	-1	1	$r_{yx_3} = -0{,}2582;\ \chi_3^2 = 16 \cdot (-0{,}2582)^2 = 1{,}0667$
0	1	-1	1	
0	1	-1	1	
0	1	-1	0	
0	-1	-1	1	
0	-1	-1	0	
0	-1	-1	0	
0	-1	-1	0	

Wir korrelieren nun die Variablen X_1 bis X_3 einzeln mit der abhängigen Variablen Y und erhalten $r_{yx_1} = 0,3651$, $r_{yx_2} = 0,3651$ sowie $r_{yx_3} = -0,2582$. Da nach Gl. (8.34) $\chi^2 = N \cdot r^2$, resultieren die bereits nach Gl. (5.75) errechneten χ^2-Werte: $\chi_1^2 = 16 \cdot 0,3651^2 = 2,1333$; $\chi_2^2 = 16 \cdot 0,3651^2 = 2,1333$ und $\chi_3^2 = 16 \cdot (-0,2582)^2 = 1,0667$. Mit $N \cdot R_{y,x_1 x_2 x_3}^2$ erhalten wir den Gesamtwert $\chi^2 = 16 \cdot 0,3333 = 5,3333$.

Die Besonderheit des Beispiels in Tabelle 8.8 besteht darin, daß unter den 4 Stufen des Merkmals A gleich große Stichproben ($n_i = 4$) beobachtet wurden. Sind die **Stichprobenumfänge ungleich groß**, gehen wir bei der Überprüfung der Einzelvergleiche a_1 gegen a_2, a_3 gegen a_4 und a_1+a_2 gegen a_3+a_4 wie in Tabelle 8.9 beschrieben vor.

Für die Gesamttafel errechnet man $\chi^2 = 2,5732$ und für die 3 Teiltafeln nach Gl. (5.75) $\chi_1^2 = 1,2964$, $\chi_2^2 = 0,2161$ und $\chi_3^2 = 1,0607$. Erneut sind die 3 Teil-χ^2-Werte additiv.

Die Kontrastkodierung in Tabelle 8.9b wählen wir so, daß trotz unterschiedlicher Stichprobenumfänge die Kontrastbedingung ($\sum_i x_{ij} = 0$) und die Orthogonalitätsbedingung ($\sum_i x_{ij} \cdot x_{ij'} = 0$) erfüllt sind. Dies wird am einfachsten dadurch gewährleistet, daß die Personen der 1. Gruppe eines Vergleiches (z. B. a_1 gegen a_2) mit dem negativen Stichprobenumfang der zweiten Gruppe kodiert werden (also z. B. $X_1 = -1$ für die 5 Personen unter a_1) und die Personen der 2. Gruppe mit dem positiven Stichprobenumfang der 1. Gruppe (also $X_1 = 5$ für die Person unter a_2). Die im Einzelvergleich nicht enthaltenen Personen werden wiederum mit 0 kodiert.

X_2 kodiert den Vergleich a_3 gegen a_4, d. h. wir setzen $X_2 = -4$ für die eine Person unter a_3 und $X_2 = 1$ für die 4 Personen unter a_4. X_3 kontrastiert die verdichteten Gruppen (a_1+a_2) gegen (a_3+a_4). Da $N_1 + N_2 = 6$ und $N_3 + N_4 = 5$, erhalten die 6 Personen unter a_1 und a_2 die Kodierung $X_3 = -5$ und die 5 Personen unter a_3 und a_4 die Kodierung $X_3 = 6$.

Werden diese Kodiervariablen mit der abhängigen Variablen Y korreliert, resultieren die in Tabelle 8.9b wiedergegebenen Werte, die nach der Beziehung $\chi^2 = N \cdot r^2$ zu den bereits über Gl. (5.75) ermittelten Einzelvergleichs-χ^2-Werten führen.

Eine andere Variante orthogonaler Einzelvergleiche wurde im Beispiel 5.11 auf S. 127f. behandelt (sog. *Kimball-Tests*). Diese Einzelvergleiche sind im Rahmen des ALM wie in Tabelle 8.10a und b darstellbar.

Tabelle 8.10a zeigt noch einmal die 4 × 2-Tafel des Beispiels. Die Auswertung führte zu folgenden Ergebnissen: $\chi^2 = 12,6189$ für die Gesamttafel, $\chi_1^2 = 0,0247$ für den Vergleich a_1 gegen a_2, $\chi_2^2 = 0,5360$ für den Vergleich (a_1+a_2) gegen a_3 und $\chi_3^2 = 12,0582$ für den Vergleich ($a_1+a_2+a_3$) gegen a_4. Die χ^2-Werte für die Einzelvergleiche wurden nach den Gl. (5.52) bis (5.54) errechnet.

Tabelle 8.10b zeigt die verkürzte Designmatrix für die Kodierung der genannten Einzelvergleiche, die in der Terminologie des ALM *„umgekehrte Helmert-Kontraste"* heißen. Die vollständige Designmatrix kodiert jede einzelne Person, hat also 145 Zeilen. Da Personen, die gemeinsam einer Merkmalskombination angehören, die gleiche Kodierung (den gleichen Kodierungsvektor) erhalten, werden nur die Kodierungen für die 8 Merkmalskombinationen aufgeführt und in der Spalte N_i ($i = 1, \ldots, Z$ mit $Z = $ Anzahl der Zellen = $k \times 2$) die Anzahl der Personen mit der entsprechenden Merkmalskombination genannt.

Tabelle 8.9 a

	a_1	a_2	a_3	a_4	
b_1	2	1	0	1	4
b_2	3	0	1	3	7
	5	1	1	4	11

$\chi^2 = 2{,}5732$

1)

	a_1	a_2
b_1	2	1
b_2	3	0

$\chi_1^2 = 1{,}2964$

2)

	a_3	a_4
b_1	0	1
b_2	1	3

$\chi_2^2 = 0{,}2161$

3)

	$a_1 + a_2$	$a_3 + a_4$
b_1	3	1
b_2	3	4

$\chi_3^2 = 1{,}0607$

Tabelle 8.9 b

X_1	X_2	X_3	Y	
-1	0	-5	1	
-1	0	-5	1	$r_{yx_1} = 0{,}3433;\ \chi_1^2 = 11 \cdot 0{,}3433^2 = 1{,}2964$
-1	0	-5	0	
-1	0	-5	0	$r_{yx_2} = 0{,}1402;\ \chi_2^2 = 11 \cdot 0{,}1402^2 = 0{,}2161$
-1	0	-5	0	
5	0	-5	1	$r_{yx_3} = -0{,}3105;\ \chi_3^2 = 11 \cdot (-0{,}3105)^2 = 1{,}0607$
0	-4	6	0	
0	1	6	1	
0	1	6	0	
0	1	6	0	
0	1	6	0	

Tabelle 8.10a

	a_1	a_2	a_3	a_4	
b_1	21	18	24	13	76
b_2	14	13	12	30	69
	35	31	36	43	145

$\chi^2 = 12{,}6189$

1)

	a_1	a_2
b_1	21	18
b_2	14	13

$\chi_1^2 = 0{,}0247$

2)

	$a_1 + a_2$	a_3
b_1	39	24
b_2	27	12

$\chi_2^2 = 0{,}5360$

3)

	$a_1 + a_2 + a_3$	a_4
b_1	63	13
b_2	39	30

$\chi_3^2 = 12{,}0582$

Tabelle 8.10b

Zelle (= Merkmals-kombination i)	X_1	X_2	X_3	Y	N_i
ab_{11}	-31	-36	-43	1	21
ab_{12}	-31	-36	-43	0	14
ab_{21}	35	-36	-43	1	18
ab_{22}	35	-36	-43	0	13
ab_{31}	0	66	-43	1	24
ab_{32}	0	66	-43	0	12
ab_{41}	0	0	102	1	13
ab_{42}	0	0	102	0	30

$r_{yx_1} = -0{,}0130 \quad \chi_1^2 = 145 \cdot (-0{,}0130)^2 = 0{,}0247$

$r_{yx_2} = 0{,}0608 \quad \chi_2^2 = 145 \cdot 0{,}0608^2 = 0{,}5360$

$r_{yx_3} = -0{,}2884 \quad \chi_3^2 = 145 \cdot (-0{,}2884)^2 = 12{,}0582$

Das Kodierungsprinzip ist das gleiche wie in Tabelle 8.9. Die 1. Gruppe eines Vergleiches wird mit dem negativen Stichprobenumfang der 2. Gruppe und die 2. Gruppe mit dem positiven Stichprobenumfang der 1. Gruppe kodiert. X_3 kodiert beispielsweise den Vergleich der Gruppen $(a_1+a_2+a_3)$ gegen a_4. Unter a_4 werden 43 Personen beobachtet, d. h. sämtliche Personen unter a_1, a_2 und a_3 erhalten die Kodierung $X_3 = -43$. Da sich unter $a_1+a_2+a_3$ insgesamt 102 Personen befinden, werden die 43 Personen unter a_4 mit $X_3 = 102$ kodiert. Y kodiert das Merkmal B, wobei $Y = 1$ für b_1 und $Y = 0$ für b_2 gesetzt werden.

Die Korrelationen r_{yx_1}, r_{yx_2} und r_{yx_3} sind in Tabelle 8.10b genannt. Über die Beziehung $\chi^2 = N \cdot r^2$ erhält man die bereits nach dem Kimball-Test bekannten χ^2-Werte für die Einzelvergleiche.

Für beliebige $k \times 2$-Tafeln resultieren generell $k - 1$ orthogonale Einzelvergleiche. Die Art der Kontrastkodierung wird durch die Auswahl der Einzelvergleiche bestimmt, die im jeweiligen inhaltlichen Kontext interessieren. Man beachte, daß die Kodiervariablen sowohl die Kontrastbedingungen als auch die Orthogonalitätsbedingungen (vgl. S. 345) erfüllen. (Zur inferenzstatistischen Absicherung der Einzelvergleichs-χ^2-Werte vgl. 2.2.11.)

Auf S. 128f. wurde ein Plazebo mit 3 verschiedenen Antidepressiva (Vera) paarweise verglichen. Dabei handelt es sich um **nicht-orthogonale Einzelvergleiche**. Auch diese Einzelvergleiche lassen sich mit dem ALM darstellen, indem man mit X_1 den Vergleich Plazebo gegen Verum 1, mit X_2 den Vergleich Plazebo gegen Verum 2 und mit X_3 den Vergleich Plazebo gegen Verum 3 kodiert. Da die Stichprobenumfänge in diesem Beispiel gleich groß sind, wählt man einfachheitshalber für jeden Vergleich die Kodierungen 1, 0, −1. Diese Einzelvergleiche sind nicht orthogonal, d. h. es gilt $\chi^2 \neq \chi_1^2 + \chi_2^2 + \chi_3^2$.

8.1.2.3 Trendtests

In 5.3.4 haben wir einen Test kennengelernt, mit dem sich bei einem k-fach gruppierten ordinalen Merkmal überprüfen läßt, ob das dichotome Merkmal einem monotonen Trend folgt (monotoner Trendtest). Im folgenden behandeln wir einen Test, der bei einem **k-fach gruppierten kardinalen Merkmal** überprüft, ob das dichotome abhängige Merkmal einem linearen, quadratischen, kubischen usw. Trend folgt.

Dabei sind 2 Varianten zu unterscheiden: Die erste, speziellere Variante ist nur anzuwenden, wenn die Kategorien des Merkmals äquidistant gestuft und die unter den einzelnen Stufen beobachteten Stichproben gleich groß sind. Die 2. Variante läßt sowohl nicht äquidistante Abstufungen als auch ungleich große Stichprobenumfänge zu.

Variante 1. Nehmen wir an, jeweils 3 Rheumapatienten werden mit einer einfachen Dosis (a_1), einer doppelten Dosis (a_2), einer dreifachen Dosis (a_3) und einer vierfachen Dosis (a_4) eines Antirheumatikums behandelt. Die Patienten bekunden, ob sie nach der Behandlung schmerzfrei (b_1) sind oder nicht (b_2). Tabelle 8.11a zeigt das fiktive Ergebnis der Untersuchung.

Tabelle 8.11 a

	a_1	a_2	a_3	a_4	
b_1	0	1	2	3	6
b_2	3	2	1	0	6
	3	3	3	3	12

$\chi^2 = 6{,}6667$

Tabelle 8.11 b

X_1	X_2	X_3	Y
-3	1	-1	0
-3	1	-1	0
-3	1	-1	0
-1	-1	3	1
-1	-1	3	0
-1	-1	3	0
1	-1	-3	1
1	-1	-3	1
1	-1	-3	0
3	1	1	1
3	1	1	1
3	1	1	1

$r_{yx_1} = 0{,}7454;\ \chi^2_{\text{lin}} = 12 \cdot 0{,}7454^2 = 6{,}6667$

$r_{yx_2} = 0;\qquad x^2_{\text{quad}} = 0$

$r_{yx_3} = 0;\qquad \chi^2_{\text{cub}} = 0$

Für die 4×2-Tafel ermitteln wir $\chi^2 = 6,6667$. Die Daten wurden so gewählt, daß das dichotome abhängige Merkmal exakt einem linearen Trend folgt: $p(b_1|a_1) = 0$; $p(b_1|a_2) = 1/3$; $p(b_1|a_3) = 2/3$ und $p(b_1|a_4) = 1$. Wir wollen überprüfen, ob der Gesamt-χ^2-Wert tatsächlich ausschließlich durch das auf den linearen Trend zurückgehende χ^2_{lin} erklärbar ist.

Bei $k = 4$ Stufen sind grundsätzlich ein linearer, ein quadratischer und ein kubischer Trendanteil bestimmbar. (Allgemein: Bei k Stufen existieren $k - 1$ voneinander unabhängige Trendanteile, die den Polynomen 1., 2., ... $k - 1$. Ordnung entsprechen). Als Kodiervariablen wählen wir folgende Trendkodierungen mit den orthogonalen Polynomen zur Kodierung der Stufen a_1 bis a_4: (Eine Tabelle der orthogonalen Polynome findet man im Anhang, Tafel 16; vgl. auch S. 606ff.)

Linearer Trend:
$X_1 = -3$ für a_1; $X_1 = -1$ für a_2; $X_1 = 1$ für a_3; $X_1 = 3$ für a_4.
Quadratischer Trend:
$X_2 = 1$ für a_1; $X_2 = -1$ für a_2; $X_2 = -1$ für a_3; $X_2 = 1$ für a_4.
Kubischer Trend:
$X_3 = -1$ für a_1; $X_3 = 3$ für a_2; $X_3 = -3$ für a_3; $X_3 = 1$ für a_4.

Tabelle 8.11b zeigt die vollständige Designmatrix. Wir ermitteln $r_{yx_1} = 0,7454$ bzw. $\chi^2_{\text{lin}} = 12 \cdot 0,7454^2 = 6,6667 = \chi^2$ und $r_{yx_2} = r_{yx_3} = 0$. Wie eingangs vermutet, ist die Gesamtkontingenz ausschließlich durch den linearen Trend erklärbar. Die χ^2-Werte für den quadratischen und den kubischen Trendanteil sind jeweils 0. Wegen

der zu kleinen erwarteten Häufigkeiten müssen wir allerdings auf eine inferenzstatistische Absicherung des χ^2_{lin}-Wertes verzichten. Für jede χ^2- Komponente gilt Fg = 1.

Variante 2. Die 2. Variante läßt ungleich große Stichproben und nicht äquidistante Abstände auf dem kardinal gruppierten unabhängigen Merkmal zu (z. B. n_1 = 20 Studenten des 1. Semesters, n_2 = 15 Studenten des 2. Semesters, n_3 = 22 Studenten des 4. Semesters und n_4 = 12 Studenten des 7. Semesters). Auf X_1 erhält jede Person diejenige Ziffer zugewiesen, die ihre Position auf der Kardinalskala charakterisiert (also die Ziffer 1 für Studenten des 1. Semesters, die Ziffer 2 für Studenten des 2. Semesters, die Ziffer 4 für Studenten des 4. Semesters etc.; statt dieser Ziffern können auch beliebig linear transformierte Ziffern eingesetzt werden). X_2 erzeugt man durch Quadrierung der Werte auf X_1: $X_2 = X_1^2$ und X_3 durch $X_3 = X_1^3$. Die abhängige Variable Y wird wie üblich dummykodiert (also z. B. Y = 1 für positive und Y = 0 für negative Studieneinstellung). Die Trend-χ^2-Werte errechnet man nach folgenden allgemeinen Beziehungen:

$$\chi^2_{lin} = N \cdot r^2_{yx_1} \quad , \tag{8.36a}$$

$$\chi^2_{quad} = N \cdot (R^2_{y,x_1x_2} - r^2_{yx_1}) \quad , \tag{8.36b}$$

$$\chi^2_{cub} = N \cdot (R^2_{y,x_1x_2x_3} - R^2_{y,x_1x_2}) \quad , \tag{8.36c}$$

$$\chi^2_{k-1} = N \cdot (R^2_{y,x_1x_2...x_{k-1}} - R^2_{y,x_1x_2...x_{k-2}}) \quad . \tag{8.36d}$$

In unserem Beispiel mit k = 4 wären also $\chi^2_{lin}, \chi^2_{quad}$ und χ^2_{cub} zu bestimmen. Jeder dieser χ^2-Werte hat Fg = 1, und es gilt $\chi^2 = \chi^2_{lin} + \chi^2_{quad} + \cdots + \chi^2_{k-1}$. Die Gleichungen (8.36b–d) verwenden Semipartialkorrelationen; $R^2_{y,x_1x_2} - r^2_{yx_1}$ stellt z. B. die Korrelation zwischen den Variablen X_2 und Y dar, wobei X_2 bzgl. X_1 linear bereinigt ist. Beispiel 8.2 erläutert diese Variante ausführlicher.

Beispiel 8.2

Problem: Es soll überprüft werden, wie sich unterschiedliche finanzielle Anreize auf das Problemlösungsverhalten von Schülern auswirken. Fünf zufällig zusammengestellten Schülergruppen mit N_1 = 12, N_2 = 11, N_3 = 13, N_4 = 10 und N_5 = 11 werden nach erfolgreicher Lösung der vorgelegten Aufgabe die in Tabelle 8.12 genannten DM-Beträge in Aussicht gestellt.

Hypothese: Die Anzahl der Problemlösungen steigt mit der Höhe der Belohnungen (DM-Beträge) linear an (H_1; α = 5 %; einseitiger Test).

Daten: Tabelle 8.12 zeigt die Ergebnisse des Versuchs.

Für die Durchführung der (vollständigen) Trendanalyse fertigen wir die in Tabelle 8.13 dargestellte Designmatrix in der Schreibweise von Tabelle 8.10b an.

Die abhängige Variable wird dummykodiert mit Y = 1 für gelöst und Y = 0 für nicht gelöst.

Tabelle 8.12

		a_1 0 DM	a_2 1 DM	a_3 2 DM	a_4 5 DM	a_5 10 DM	
Gelöst	(b_1)	5	6	9	7	5	32
Nicht gelöst	(b_2)	7	5	4	3	6	25
		12	11	13	10	11	57

Tabelle 8.13

Zelle	X_1	X_2	X_3	X_4	Y	N_i
ab_{11}	0	0	0	0	1	5
ab_{12}	0	0	0	0	0	7
ab_{21}	1	1	1	1	1	6
ab_{22}	1	1	1	1	0	5
ab_{31}	2	4	8	16	1	9
ab_{32}	2	4	8	16	0	4
ab_{41}	5	25	125	625	1	7
ab_{42}	5	25	125	625	0	3
ab_{51}	10	100	1000	10000	1	5
ab_{52}	10	100	1000	10000	0	6

Auswertung: Zur Überprüfung des linearen Zusammenhanges zwischen der Höhe der Belohnung und dem Problemlösungsverhalten errechnen wir $r^2_{yx_1} = 0,00025$ bzw. $\chi^2_{\text{lin}} = 57 \cdot 0,00025 = 0,0142$.

Interpretation: Der ermittelte χ^2_{lin}-Wert ist für Fg = 1 und $\alpha = 0,05$ nicht signifikant. Die Anzahl der Problemlösungen steigt nicht linear mit der Höhe der Belohnung.

Zusatzauswertung: Um die Trendanalysen zu komplettieren, errechnen wir ferner:

$$R^2_{y,x_1x_2} = 0,05155 \quad ,$$

$$R^2_{y,x_1x_2x_3} = 0,05566 \quad ,$$

$$R^2_{y,x_1x_2x_3x_4} = 0,05662 \quad .$$

Daraus folgt nach Gl. (8.36):

$$\chi^2_{\text{quad}} = 57 \cdot (0,05155 - 0,00025) = 2,9241 \quad ,$$

$$\chi^2_{\text{cub}} = 57 \cdot (0,05566 - 0,05155) = 0,2343 \quad ,$$

$$\chi^2_{\text{quart}} = 57 \cdot (0,05662 - 0,05566) = 0,0547 \quad .$$

Wie man sich leicht überzeugen kann, entspricht der $k \times 2$-χ^2-Wert ($\chi^2 = 3,2273$) der Summe aus $\chi^2_{\text{lin}} + \chi^2_{\text{quad}} + \chi^2_{\text{cub}} + \chi^2_{\text{quart}}$.

8.1.2.4 Regression

Bei einer k-fach gestuften unabhängigen Variablen verwenden wir zur Vorhersage einer dichotomen abhängigen Variablen die in der parametrischen Statistik bekannte multiple Regressionsgleichung

$$\hat{y}_j = \hat{\beta}_1 x_{1j} + \hat{\beta}_2 x_{2j} + \ldots + \hat{\beta}_{k-1} x_{k-1,j} + \hat{\alpha} \quad (j = 1, \ldots, k) \quad . \tag{8.37}$$

[Zur Bestimmung der Regressionskoeffizienten vgl. z. B. Bortz, 1989, Kap. 13.3 bzw. für den speziellen Fall einer k × 2-Tafel Gl. (8.38).] Um die Anwendung dieser Regressionsgleichung zu demonstrieren, greifen wir auf Beispiel 5.11 zurück. Hier ging es um die Frage, wie 4 verschiedene Bestrahlungsarten (a_1 = Röntgen weich, a_2 = Röntgen hart, a_3 = Beta, a_4 = Licht) das Erreichen des Mitosestadiums bei N = 145 Heuschrecken-Neuroblasten (b_1 = nicht erreicht, b_2 = erreicht) beeinflussen. Tabelle 8.14a-c zeigt die Daten und die entsprechende Designmatrix in verkürzter Schreibweise.

Tabelle 8.14a

	a_1	a_2	a_3	a_4	
b_1	21	18	24	13	76
b_2	14	13	12	30	69
	35	31	36	43	145

Tabelle 8.14b

Zelle	X_1	X_2	X_3	Y	N_i
ab_{11}	1	0	0	1	21
ab_{12}	1	0	0	0	14
ab_{21}	0	1	0	1	18
ab_{22}	0	1	0	0	13
ab_{31}	0	0	1	1	24
ab_{32}	0	0	1	0	12
ab_{41}	-1	-1	-1	1	13
ab_{42}	-1	-1	-1	0	30

$$\hat{y}_j = 0{,}0626 x_{1j} + 0{,}0432 x_{2j} + 0{,}1293 x_{3j} + 0{,}5374$$

Tabelle 8.14c

Prädiktor-kategorie	Kodierungsvektor			$\hat{y}_j$
a_1	1	0	0	0,6000
a_2	0	1	0	0,5806
a_3	0	0	1	0,6667
a_4	-1	-1	-1	0,3023

Die unabhängige Variable wurde auch in diesem Beispiel effektkodiert. Wir ermitteln für die 4 × 2-Tafel $\chi^2 = 12{,}619$, was mit $N \cdot R^2_{y,x_1 x_2 x_3} = 145 \cdot 0{,}08703 = 12{,}619$ übereinstimmt. Der χ^2-Wert ist für Fg = 3 und $\alpha = 0{,}01$ signifikant. Als multiple Regressionsgleichung zwischen X_1 bis X_3 und Y ermittelt man die in Tabelle 8.14b genannte Gleichung. Setzen wir die 4 möglichen Kodierungsvektoren in diese Gleichung ein, ergeben sich die in Tabelle 8.14c genannten $\hat{y}_j$-Werte. Wie bei der Vierfeldertafelregression (vgl. 8.1.1.3) handelt es sich auch hierbei um Wahrscheinlichkeitsschätzungen $p(b_1 | a_j)$ für das Auftreten der mit 1 kodierten Kategorie des dichotomen abhängigen Merkmals. Bezogen auf das Beispiel werden also Wahrscheinlichkeiten vorhergesagt, mit denen das Mitosestadium unter den verschiedenen Beleuchtungsarten nicht auftritt. Die $\hat{y}_j$-Werte können damit auch folgendermaßen bestimmt werden:

$$\hat{y}_1 = 21/35 = 0,6000 \quad ; \quad \hat{y}_2 = 18/31 = 0,5806 \quad ;$$
$$\hat{y}_3 = 24/36 = 0,6667 \quad ; \quad \hat{y}_4 = 13/43 = 0,3023 \quad .$$

Die Regressionskoeffizienten haben folgende Bedeutung: $\hat{\alpha}$ gibt die ungewichtete durchschnittliche Wahrscheinlichkeitsschätzung für das Ausbleiben des Mitosestadiums an: $\sum \hat{y}_j/4 = 0,5374$. $\hat{\beta}_1 = 0,0626$ besagt, daß die Wahrscheinlichkeit für das Ausbleiben des Mitosestadiums unter weicher Röntgenbestrahlung gegenüber der durchschnittlichen Wahrscheinlichkeit um 6,26 Prozentpunkte erhöht ist. Dem entsprechend sind auch $\hat{\beta}_2$ und $\hat{\beta}_3$ als Wahrscheinlichkeitsschätzungen zu interpretieren. Allgemein ergeben sich die $\hat{\beta}$-Gewichte nach der Gleichung

$$\hat{\beta}_j = p(b_1|a_j) - \hat{\alpha}$$

mit

$$\hat{\alpha} = \sum_{j=1}^{k} p(b_1|a_j)/k = \sum_{j=1}^{k} \hat{y}_j/k \quad . \tag{8.38}$$

Gleichung (8.37) verwendet nur $k-1$ $\hat{\beta}$-Gewichte. Das $\hat{\beta}$-Gewicht für die Kategorie k kann nach Gl. (8.38) oder als Komplementärwahrscheinlichkeit über die Beziehung $\hat{\beta}_k = 0 - \sum \hat{\beta}_j$ $(j = 1, \ldots, k-1)$ bestimmt werden. Im Beispiel resultiert

$$\hat{\beta}_k = 0 - 0,0626 - 0,0432 - 0,1293 = -0,2351 \quad .$$

Die Wahrscheinlichkeit für das Ausbleiben des Mitosestadiums unter Lichtbestrahlung ist damit um 23,51 Prozentpunkte gegenüber der durchschnittlichen Wahrscheinlichkeit verringert.

Hätten wir für das Prädiktormerkmal statt einer Effektkodierung eine *Dummykodierung* gewählt (dabei wären die −1-Werte in Tabelle 8.14b durch Nullen zu ersetzen), würde eine Regressionsgleichung resultieren, mit der die gleichen Wahrscheinlichkeitswerte vorhergesagt werden wie bei der Effektkodierung. Allerdings wären die Regressionskoeffizienten in diesem Falle anders zu interpretieren: $\hat{\alpha}$ gäbe die Wahrscheinlichkeit für b_1 in der nur mit Nullen kodierten Merkmalskategorie an, und die $\hat{\beta}_j$-Werte wären als Wahrscheinlichkeitsabweichungen von dieser „Nullkategorie" zu interpretieren. Will man in einer Untersuchung mehrere Behandlungsarten mit einer Kontrollbedingung vergleichen (im Beispiel könnte dies die Kategorie $a_4 = $ Licht sein), liegt es nahe, die Kontrollbedingung als „Nullkategorie" zu kodieren. In diesem Fall läßt sich den $\hat{\beta}$-Gewichten einfach entnehmen, wie die verschiedenen Behandlungsarten von der Kontrollbehandlung abweichen.

8.1.3 k × m-Tafeln

8.1.3.1 *Cramérs Index*

Zur Beschreibung des Zusammenhanges bzw. der *Kontingenz* zweier nominaler (bzw. ordinal- oder kardinalgruppierter) Merkmale verwendet man als Verallgemeinerung von ϕ bzw. ϕ' Cramérs ϕ-Koeffizienten oder Cramérs Index (CI).

$$CI = \sqrt{\frac{\chi^2}{N \cdot (L-1)}} \quad , \tag{8.39}$$

wobei

$$L = \min(k, m) \quad .$$

CI ist signifikant, wenn der entsprechende $k \times m$-Felder-χ^2-Wert signifikant ist (vgl. Kap. 5.4.1). CI ist positiv definiert, wenn mindestens eines der beiden Merkmale nominalskaliert ist. In diesem Falle hat CI einen Wertebereich von $0 \le CI \le 1$, vorausgesetzt, die Randverteilungen sind so geartet, daß $\chi^2_{max} = N(L-1)$ theoretisch möglich ist.

In Beispiel 5.13 wurde festgestellt, daß zwischen verschiedenen Altersklassen von Erwachsenen und deren Umgang mit erspartem Geld angesichts einer Wirtschaftskrise mit $\chi^2 = 1,8971$ kein bedeutsamer Zusammenhang besteht. Für $N = 400$ untersuchte Personen ermitteln wir für das in Tabelle 8.15a nochmals aufgeführte Beispiel nach Gl. (8.39)

$$CI = \sqrt{\frac{1,8971}{400 \cdot (3-1)}} = 0,0487 \quad .$$

In 8.1.1 und 8.1.2 wurde gezeigt, daß ϕ mit der Produkt-Moment-Korrelation und ϕ' mit der multiplen Korrelation zwischen den kodierten abhängigen und unabhängigen Merkmalen identisch ist. Im folgenden wollen wir überprüfen, ob CI ebenfalls im Kontext des ALM darstellbar ist.

Dazu fertigen wir uns zunächst eine (verkürzte) Designmatrix für die 4×3-Tafel an (vgl. Tabelle 8.15b; zur Erläuterung von Tabelle 8.15c vgl. S. 362).

Tabelle 8.15a

	a_1	a_2	a_3	a_4	
b_1	33	34	33	36	136
b_2	25	19	19	21	84
b_3	42	47	48	43	180
	100	100	100	100	400

$\chi^2 = 1,8971$

$CI = \sqrt{1,8971/(400 \cdot 2)} = 0,0487$

Tabelle 8.15b

Zelle	X_1	X_2	X_3	Y_1	Y_2	N_i
ab_{11}	1	0	0	1	0	33
ab_{12}	1	0	0	0	1	25
ab_{13}	1	0	0	0	0	42
ab_{21}	0	1	0	1	0	34
ab_{22}	0	1	0	0	1	19
ab_{23}	0	1	0	0	0	47
ab_{31}	0	0	1	1	0	33
ab_{32}	0	0	1	0	1	19
ab_{33}	0	0	1	0	0	48
ab_{41}	-1	-1	-1	1	0	36
ab_{42}	-1	-1	-1	0	1	21
ab_{43}	-1	-1	-1	0	0	43

$CR^2_1 = 0,004073$

$CR^2_2 = 0,000670$

$\chi^2 = 400 \cdot (0,004073 + 0,000670) = 1,8971$

Tabelle 8.15c

$\hat{y}_{1j} = -0,01x_{1j} + 0,00x_{2j} - 0,01x_{3j} + 0,34$

$\hat{y}_{2j} = 0,04x_{1j} - 0,02x_{2j} - 0,02x_{3j} + 0,21$

Prädiktor-kategorie	Kodierungs-vektor			$\hat{y}_{1j}$	$\hat{y}_{2j}$
a_1	1	0	0	0,33	0,25
a_2	0	1	0	0,34	0,19
a_3	0	0	1	0,33	0,19
a_4	-1	-1	-1	0,36	0,21

Die unabhängige Variable (4 Altersklassen) wurde hier nach der von uns bevorzugten Effektkodierung verschlüsselt. Für die Verschlüsselung des dreistufigen abhängigen Merkmals („Bankverhalten") verwenden wir 2 Dummyvariablen: Auf Y_1 erhalten diejenigen Personen eine 1, die zu b_1 gehören und alle übrigen eine 0. Auf Y_2 werden die zu b_2 gehörenden Personen mit 1 kodiert und alle übrigen mit 0. Damit sind die 3 Stufen des abhängigen Merkmals eindeutig durch folgende Kodierungsvektoren gekennzeichnet: b_1 durch 10, b_2 durch 01 und b_3 durch 00. In der Spalte N_i (i = 1, ..., Z mit Z = Anzahl der Zellen) sind wiederum die Stichprobenumfänge für Personen mit identischer Merkmalskombination notiert.

Führen wir nun zwischen den Variablensätzen X_1 bis X_3 und Y_1, Y_2 eine *kanonische Korrelationsanalyse* durch (Theorie und Rechengang dieses Verfahrens findet man z. B. bei Bortz, 1989, Kap. 18.4), resultieren 2 kanonische Korrelationen mit

$$CR_1^2 = 0,004073$$

und

$$CR_2^2 = 0,000670 \quad .$$

Zwischen diesen (quadrierten) kanonischen Korrelationen und dem χ^2-Wert der k × m-Tafel besteht folgende einfache Beziehung:

$$\chi^2 = N \cdot \sum_{i=1}^{t} CR_i^2 \qquad (8.40)$$

mit

$$t = \min(k - 1, \ m - 1) \quad .$$

(Zur Herleitung dieser Gleichung vgl. Kshirsagar, 1972, Kap. 9.6.) Setzen wir die Werte unseres Beispiels in diese Gleichung ein, resultiert der bereits bekannte χ^2-Wert: $\chi^2 = 400 \cdot (0,004073 + 0,000670) = 1,8971$.

Damit läßt sich CI auch in folgender Weise bestimmen:

$$CI = \sqrt{\frac{1}{t} \cdot \sum_{i=1}^{t} CR_i^2} \quad . \qquad (8.41)$$

CI^2 entspricht dem arithmetischen Mittel der quadrierten kanonischen Korrelationen zwischen dem beliebig kodierten (d. h. dummy-, effekt-, kontrast- oder ggf. trendkodierten) Prädiktormerkmal und dem dummykodierten Kriteriumsmerkmal. (Für das Kriteriumsmerkmal bevorzugen wir die Dummykodierung, weil — wie bereits gezeigt wurde — dies für Regressionsanalysen von Vorteil ist.) Der in Gl. (8.41) definierte CI-Wert heißt nach Cohen (1980) auch „*trace-correlation*" (vgl. auch Cramer u. Nicewander, 1979). Da die Produkt-Moment-Korrelation und die multiple Korrelation Spezialfälle der kanonischen Korrelation sind, kann man sowohl ϕ als auch ϕ' als Spezialfälle von CI darstellen.

Der Ausdruck $V = \sum CR_i^2$ wird in der Literatur über multivariate Prüfstatistiken auch *Spurkriterium* genannt (vgl. z. B. Olson, 1976). Errechnet man $N \cdot V$, resultiert eine Prüfgröße, die mit Fg = (k − 1)·(m − 1) approximativ χ^2-verteilt ist (vgl. auch Isaac u. Milligan, 1983). Da diese Prüfgröße exakt dem k × m-χ^2 entspricht

($\chi^2 = N \cdot V$), ist $N \cdot V$ immer dann χ^2-verteilt, wenn die Voraussetzungen für den $k \times m$-χ^2-Test erfüllt sind.

Die Nullhypothese der stochastischen Unabhängigkeit zweier nominaler Merkmale kann damit wahlweise über Gl. (5.58) oder Gl. (8.40) überprüft werden. Unabhängig von dieser Äquivalenz (deren Bedeutung erst bei der Analyse komplexer Kontingenztafeln zum Tragen kommt), werden wir natürlich Gl. (5.58) wegen des geringeren Rechenaufwandes den Vorzug geben.

8.1.3.2 Weitere Zusammenhangsmaße

Ein häufig benutztes Maß zur Kennzeichnung der Enge oder Straffheit des Zusammenhangs zweier Merkmale ist der *Kontingenzkoeffizient* von Pearson (1904); er ist wie folgt definiert:

$$CC = \sqrt{\frac{\chi^2}{N + \chi^2}} \quad . \tag{8.42}$$

CC ist stets größer als der in Gl. (8.39) definierte CI-Koeffizient. Er hat gegenüber CI den Nachteil, daß er nicht einmal theoretisch den Maximalwert von 1 erreichen kann. Sein Maximalwert ist nach Pawlik (1959) durch $CC_{max} = \sqrt{(L-1)/L}$ mit $L = \min(k, m)$ definiert. Von einer „Aufwertung" von CC durch CC/CC_{max} raten wir ab, da diese Aufwertung einer Verfälschung der Populationsverhältnisse gleich käme (vgl. S. 329).

Ein wenig gebräuchliches Zusammenhangsmaß ist *Tschuprows Kontingenzmaß*. Dieses Maß ist von k und m unabhängig. Es ist nach Yule u. Kendall (1950, S. 54) wie folgt definiert:

$$CT = \sqrt{\frac{\chi^2}{N\sqrt{(k-1)(m-1)}}} \quad . \tag{8.43}$$

Wie man sieht, geht Tschuprows Koeffizient im Fall einer Vierfeldertafel für $k = m = 2$ in den ϕ-Koeffizienten über. Er ist numerisch stets etwas kleiner als der entsprechende Kontingenzkoeffizient von Pearson.

8.1.3.3 Einzelvergleiche

In Beispiel 5.17 überprüften wir den Zusammenhang zwischen dem Alter von $N = 1175$ blinddarmoperierten Kindern (Merkmal A) und der Art der Fehldiagnose (Merkmal B). Unter Rückgriff auf diesen Datensatz sollen die beiden folgenden Einzelvergleiche durchgeführt werden:

— Unterscheiden sich 2- bis 7jährige (a_1, a_2, a_3) von 8- bis 14jährigen (a_4, a_5, a_6) hinsichtlich der beiden „eigentlichen" Fehldiagnosen b_1 und b_6 ($\alpha = 0,05$, zweiseitig)?

— Kommt die Fehldiagnose 1 (b_1) bei jüngeren Kindern ($a_1 + a_2$) im Vergleich zu älteren Kindern ($a_5 + a_6$) häufiger vor als die Fehldiagnose 6 (b_6) ($\alpha = 0,05$; einseitig)?

Tabelle 8.16a zeigt die den beiden Einzelvergleichen entsprechenden Vierfeldertafeln. Im 1. Vergleich wurde die Gesamttafel verdichtet; im 2. Vergleich handelt es sich um eine spaltenverdichtete Teiltafel (die in Klammern aufgeführten Werte geben die Randsummen der vollständigen Tafel wieder).

Tabelle 8.16a

	$a_1 + a_2 + a_3$	$a_4 + a_5 + a_6$			$a_1 + a_2$	$a_5 + a_6$	
$b_1 + b_6$	49	56	105	b_1	13	21	(50)
$b_2 + b_3 + b_4 + b_5$	624	446	1070	b_6	18	16	(55)
	673	502	1175		(437)	(326)	(1175)

Tabelle 8.16b

X_1	X_2	Y_1	Y_2	N_i
		−1070	−55	3
		105	0	119
		105	0	9
		105	0	42
		105	0	1
	−326	−1070	50	10
		−1070	−55	10
−502		105	0	165
		105	0	23
		105	0	37
		105	0	10
		−1070	50	8
		−1070	−55	7
		105	0	145
		105	0	32
		105	0	32
		105	0	9
	0	−1070	50	11
		−1070	−55	9
		105	0	105
		105	0	24
		105	0	14
		105	0	14
		−1070	50	10
673		−1070	−55	11
		105	0	113
		105	0	11
		105	0	11
		105	0	7
	437	−1070	50	7
		−1070	−55	10
		105	0	97
		105	0	17
		105	0	17
		105	0	16
		−1070	50	9

Nach Gl. (5.75) berechnen wir

$$\chi_1^2 = \frac{1175}{673 \cdot 502 \cdot 1175} \cdot \left(\frac{13090^2}{105} + \frac{13090^2}{1070} \right) = 5,3043$$

und

$$\chi_2^2 = \frac{1175}{437 \cdot 326 \cdot (437 + 326)} \cdot \left[\frac{-4939^2}{50} + \frac{-1124^2}{55} - \frac{(-4939 - 1124)^2}{105} \right]$$
$$= 1,7377 \quad .$$

Der χ_1^2-Wert kann auch nach Gl. (5.24) ermittelt werden. Für jeweils Fg = 1 ist der 1. Einzelvergleich signifikant, der 2. nicht.

Tabelle 8.16b gibt (in verkürzter Form) die Designmatrix für die Durchführung der Einzelvergleiche nach dem ALM wieder. (Auf die Spalte „Zelle" wurde hier verzichtet; die einzelnen Zellen der 6 × 6-Tafel lassen sich mühelos auch über die Stichprobenumfänge in der Spalte N_i identifizieren.) X_1 kodiert die Personen für die Kontrastierung von a_1 bis a_3 gegen a_4 bis a_6. Es stehen 673 jüngere Kinder 502 älteren gegenüber, d. h. die Kinder unter a_1 bis a_3 erhalten die Kodierung -502 und die Kinder unter a_4 bis a_6 die Kodierung 673.

Y_1 kodiert die Personen für die Kontrastierung von b_1+b_6 gegen $b_2+b_3+b_4+b_5$. In der Gruppe $b_1 + b_6$ befinden sich 105 Kinder und in der Restgruppe 1070 Kinder. Folglich werden die Kinder unter b_1 und b_6 mit -1070 und die übrigen Kinder mit 105 kodiert.

Wir errechnen $r_{y_1x_1} = 0,067188$ bzw. mit $\chi_1^2 = 1175 \cdot 0,067188^2 = 5,3043$ den bereits bekannten χ_1^2-Wert.

X_2 kodiert die Kinder für die Kontrastierung von $a_1 + a_2$ gegen $a_5 + a_6$. Aus den Häufigkeiten für diese beiden Gruppen ergeben sich wiederum die Kodierungen: -326 für die Kinder unter $a_1 + a_2$ und 437 für die Kinder unter $a_5 + a_6$. Die an diesem Vergleich nicht beteiligten Kinder (a_3 und a_4) erhalten auf X_2 eine Null.

Y_2 kodiert die Kinder für die Kategorien b_1 und b_6. Kinder unter b_1 erhalten die Kodierung -55, Kinder unter b_6 die Kodierung 50 und die übrigen die Kodierung Null.

Man errechnet $r_{y_2x_2} = -0,0384560$ bzw. den nach Gl. (5.75) errechneten Wert $\chi_2^2 = 1175 \cdot -0,0384560^2 = 1,7377$.

Die Korrelation $r_{y_2x_1}$ würde den Zusammenhang zwischen a_1 bis a_3 gegen a_4 bis a_6 mit b_1 gegen b_6 und die Korrelation $r_{y_1x_2}$ den Zusammenhang zwischen a_1+a_2 gegen a_5+a_6 mit b_1+b_6 gegen b_2 bis b_5 überprüfen. Durch $N \cdot r^2$ ergeben sich auch hier die entsprechenden Einzelvergleichs-χ^2-Werte.

Man beachte allerdings, daß diese Einzelvergleiche nicht orthogonal sind. Wie man sich leicht überzeugen kann, ist $\sum N_i \cdot x_{1i} \cdot x_{2i} \neq 0$. (Diese Orthogonalitätsbedingung bezieht sich – anders als auf S. 347 erläutert – auf die verkürzte Designmatrix.) Die Tatsache, daß $\sum N_i \cdot y_{1i} \cdot y_{2i} = 0$ ist, ändert daran nichts. Orthogonale Einzelvergleiche in k × m-Tafeln setzen sowohl $\sum N_i \cdot x_{1i} \cdot x_{2i} = 0$ als auch $\sum N_i \cdot y_{1i} \cdot y_{2i} = 0$ voraus. Dies soll im folgenden an einem kleinen Beispiel für einen vollständigen Satz orthogonaler Einzelvergleiche demonstriert werden.

In Tabelle 5.35 wurde eine 4 × 3-Tafel in 6 orthogonale Einzelvergleiche zerlegt. Tabelle 8.17a zeigt diese Tabelle in der in diesem Kapitel verwendeten Schreib-

Tabelle 8.17a

	a_1	a_2	a_3	a_4	
b_1	20	40	10	30	100
b_2	30	10	50	10	100
b_3	40	10	10	60	120
	90	60	70	100	N = 320

Tabelle 8.17b

Zelle	X_1	X_2	X_3	Y_1	Y_2	N_i
ab_{11}	-60	-70	-100	-100	-120	20
ab_{12}	-60	-70	-100	100	-120	30
ab_{13}	-60	-70	-100	0	200	40
ab_{21}	90	-70	-100	-100	-120	40
ab_{22}	90	-70	-100	100	-120	10
ab_{23}	90	-70	-100	0	200	10
ab_{31}	0	150	-100	-100	-120	10
ab_{32}	0	150	-100	100	-120	50
ab_{33}	0	150	-100	0	200	10
ab_{41}	0	0	220	-100	-120	30
ab_{42}	0	0	220	100	-120	10
ab_{43}	0	0	220	0	200	60

weise. Die χ^2-Resultate für die Einzelvergleiche ermittelten wir nach Gl. (5.75). Im ALM definieren wir folgende Kodiervariablen (Tabelle 8.17b):

X_1 kodiert a_1 vs. a_2,
X_2 kodiert $a_1 + a_2$ vs. a_3,
X_3 kodiert $a_1 + a_2 + a_3$ vs. a_4,
Y_1 kodiert b_1 vs. b_2,
Y_2 kodiert $b_1 + b_2$ vs. b_3.

Die Kodierung orientiert sich dabei wiederum an den Umfängen der jeweils kontrastierten Stichproben. Korrelieren wir X_1 bis X_3 mit Y_1 und Y_2, resultieren

$$r_{y_1x_1} = -0,2593, \qquad r_{y_2x_1} = -0,1924 \quad,$$
$$r_{y_1x_2} = 0,3443, \qquad r_{y_2x_2} = -0,1519 \quad,$$
$$r_{y_1x_3} = -0,1706, \qquad r_{y_2x_3} = 0,3133 \quad.$$

Unter Verwendung von $\chi^2 = N \cdot r^2$ erhält man die in Tabelle 5.35 genannten χ^2-Werte für die Einzelvergleiche, deren Summe das Gesamt-χ^2 für die 4 × 3-Tafel ergibt. Man beachte, daß sowohl X_1 bis X_3 als auch Y_1 und Y_2 die *Orthogonalitätsbedingungen* erfüllen:

$$\left(\sum N_i \cdot x_{1i} \cdot x_{2i} = \sum N_i \cdot x_{1i} \cdot x_{3i} = \sum N_i \cdot x_{2i} \cdot x_{3i} = 0; \quad \sum N_i \cdot y_{1i} \cdot y_{2i} = 0 \right) \quad.$$

Im Bedarfsfalle kann eine k × m-Tafel über multiple Korrelationen auch in *multivariate orthogonale Einzelvergleiche* zerlegt werden. Im Beispiel ergibt sich

$$R^2_{y_1,x_1x_2x_3} = r^2_{y_1x_1} + r^2_{y_1x_2} + r^2_{y_1x_3},$$
$$R^2_{y_2,x_1x_2x_3} = r^2_{y_2x_1} + r^2_{y_2x_2} + r^2_{y_2x_3}$$

sowie

$$\sum_i CR^2_i = R^2_{y_1,x_1x_2x_3} + R^2_{y_2,x_1x_2x_3} \quad.$$

Multipliziert mit N resultieren die jeweiligen Einzelvergleichs-χ^2-Werte. Der Wert $\chi^2 = N \cdot R^2_{y_1,x_1x_2x_3}$ (mit Fg = 3) z. B. gibt darüber Auskunft, ob b_1 gegen b_2 in den

4 Stufen von A homogen verteilt sind und $\chi^2 = N \cdot R^2_{y_2,x_1x_2x_3}$ informiert über die Homogenität der Häufigkeiten $(b_1 + b_2)$ gegen b_3 in den 4 Stufen des Merkmals A.

8.1.3.4 Regression

Vorhersageprobleme in k × m-Tafeln werden konsistenterweise ebenfalls über das ALM gelöst. Die Vorgehensweise läßt sich leicht anhand des in Tabelle 8.15 wiederholt aufgegriffenen Beispiels 5.13 erläutern: Die Zugehörigkeit der Personen zu den k Stufen des Prädiktormerkmals wird durch k − 1 Kodiervariablen bestimmt. Die Art der Kodierung (Dummy-, Effekt- oder Kontrastkodierung) ist beliebig; sie entscheidet lediglich über die Bedeutung der Regressionskoeffizienten. Die Zugehörigkeit der Personen zu den m Stufen des Kriteriumsmerkmals wird – wie in Tabelle 8.15 geschehen – durch m − 1 Kodiervariablen mit Dummykodierung festgelegt: Personen unter b_1 erhalten auf Y_1 eine 1, die übrigen Personen eine 0; Y_2 kodiert durch eine 1 die Zugehörigkeit zu b_2 etc. bis zur Kodiervariablen Y_{m-1}, auf der alle Personen unter b_{m-1} eine 1 erhalten. Personen unter b_m sind durch Nullen auf allen m − 1 Kodiervariablen gekennzeichnet.

Man ermittelt m − 1 multiple Regressionsgleichungen mit X_1 bis X_{k-1} als Prädiktorvariablen und Y_1 oder Y_2 oder ... Y_{m-1} als Kriteriumsvariablen. Jede Regressionsgleichung sagt die Wahrscheinlichkeit des Auftretens der in der jeweiligen Kriteriumsvariablen mit 1 kodierten Merkmalskategorie vorher.

Zur Demonstration erläutern wir das Vorgehen anhand der Daten in Tabelle 8.15a-c. Es resultieren die in Tabelle 8.15c wiedergegebenen Regressionsgleichungen. Die unter Verwendung dieser Regressionsgleichungen vorhergesagten $\hat{y}_{1j}$- und $\hat{y}_{2j}$-Werte schätzen die Wahrscheinlichkeiten $p(b_1|a_j)$ bzw. $p(b_2|a_j)$. Unter Bezugnahme auf die Fragestellung des Beispiels wäre z. B. zu interpretieren, daß 18- bis 29jährige mit einer Wahrscheinlichkeit von $p(b_1|a_1) = 0,33$ im Krisenfall ihr Geld von der Bank abheben bzw. daß sich Personen im Alter von 30 bis 44 Jahren mit einer Wahrscheinlichkeit von $p(b_2|a_2) = 0,19$ unentschieden verhalten würden. Man beachte jedoch, daß der Zusammenhang zwischen Alter und „Bankverhalten" im Beispiel statistisch nicht gesichert ist.

Auch hier sind – wie in Tabelle 8.14 – die $\hat{y}_{ij}$-Werte relative Häufigkeiten, die sich auch ohne Regressionsgleichung leicht den Häufigkeiten der 4 × 3-Tafel entnehmen lassen: $\hat{y}_{11} = p(b_1|a_1) = 33/100 = 0,333$ etc. Die Wahrscheinlichkeitswerte $p(b_3|a_j)$ ergeben sich zwangsläufig zu $1 - p(b_1|a_j) - p(b_2|a_j)$ bzw. direkt aus der Tafel als relative Häufigkeit: $p(b_3|a_1) = 1 - 0,33 - 0,25 = 42/100 = 0,42$ etc.

Für die Regressionskoeffizienten $\hat{\alpha}_1$ und $\hat{\alpha}_2$ ermitteln wir analog zu Gl. (8.38)

$$\hat{\alpha}_1 = (33/100 + 34/100 + 33/100 + 36/100)/4 = 0,34$$

und

$$\hat{\alpha}_2 = (25/100 + 19/100 + 19/100 + 21/100)/4 = 0,21 \quad .$$

Auch hier verwendet man ungewichtete Anteilsdurchschnitte als geschätzte mittlere Wahrscheinlichkeiten für b_1 und b_2. Die $\hat{\beta}$-Gewichte geben an, wie diese mittleren Wahrscheinlichkeiten durch die Zugehörigkeit zu einer bestimmten Prädiktorkategorie verändert werden. Der Wert $\hat{\beta}_{11} = -0,01$ bedeutet also, daß die durchschnittliche

Wahrscheinlichkeit von 0,34, in Krisensituationen das Geld von der Bank abzuheben, bei 18- bis 29jährigen um 0,01 reduziert ist. (Daß die $\hat{\beta}$-Gewichte durchgehend nahezu vom Betrage Null sind, ist auf den äußerst geringfügigen Zusammenhang der untersuchten Merkmale zurückzuführen).

Die in den Regressionsgleichungen nicht enthaltenen $\hat{\beta}$-Gewichte ($\hat{\beta}_{14}$ und $\hat{\beta}_{24}$) ergeben sich auch hier subtraktiv als Komplementärwahrscheinlichkeiten:

$$\hat{\beta}_{1k} = 0 - \sum_{j=1}^{k-1} \hat{\beta}_{1j}$$

bzw.

$$\hat{\beta}_{2k} = 0 - \sum_{j=1}^{k-1} \hat{\beta}_{2j} \ .$$

Es resultiert z. B. $\beta_{24} = 0 - 0,04 + 0,02 + 0,02 = 0$; die älteren Menschen zeigen also mit der gleichen Wahrscheinlichkeit ein unentschiedenes Verhalten wie die Gesamtstichprobe.

Bei *dummykodierten Prädiktorvariablen* (mit der Merkmalskategorie „über 60jährige" als Nullkategorie) ergäbe sich $\hat{\alpha}_1 = p(b_1 | a_4)$ und $\hat{\alpha}_2 = p(b_2 | a_4)$. Die $\hat{\beta}$-Gewichte wären in diesem Falle als Wahrscheinlichkeitsabweichungen von $\hat{\alpha}_1$ und $\hat{\alpha}_2$ zu interpretieren (vgl. S. 355).

8.1.3.5 Weitere Vorhersagemodelle

Auf S. 340f. haben wir das *Dependenzmaß* λ für Vierfeldertafeln kennengelernt, das im folgenden für beliebige k × m-Tafeln verallgemeinert wird. Bezeichnen wir bei einer k × m-Tafel die Spalten mit den Stufen eines unabhängigen Merkmales A (a_1, $a_2 \ldots a_i \ldots a_k$) und die Zeilen mit den Stufen eines abhängigen Merkmals B (b_1, $b_2 \ldots b_j \ldots b_m$), ergibt sich folgendes λ-Maß:

$$\lambda = \frac{\sum_i (\max_i f_{ij}) - \max f_{.j}}{N - \max f_{.j}} \tag{8.44}$$

mit

$\max_i f_{ij}$ = maximale Häufigkeit in Spalte i

$\sum_i \max_i f_{ij}$ = Summe der k Spaltenmaxima

$\max f_{.j}$ = maximale Zeilensumme .

Ein kleines Beispiel (nach Goodman u. Kruskal, 1954) erläutert die Anwendung von Gl. (8.44). Es wird gefragt, wie sich die Vorhersage der Familienplanung (b_1 = streng, b_2 = mäßig, b_3 = gering, b_4 = fehlend) in Familien verbessern läßt, wenn die formale Bildung der Eltern (a_1 = höhere Schule, a_2 = mittlere Schule, a_3 = Grundschule) bekannt ist. Eine entsprechende Untersuchung führte zu der in Tabelle 8.18 dargestellten 3 × 4-Tafel.

Die maximalen Häufigkeiten pro Spalte sind kursiv gesetzt. Wir errechnen $\sum_i \max_i f_{ij} = 102 + 215 + 223 = 540$. Mit $\max f_{.3} = 451$ als maximaler Zeilensumme erhalten wir

Tabelle 8.18

	a_1	a_2	a_3	
b_1	*102*	191	110	403
b_2	35	80	90	205
b_3	68	*215*	168	451
b_4	34	122	*223*	379
	239	608	591	1438

$$\lambda = \frac{540 - 451}{1438 - 451} = 0,09 \quad .$$

$\lambda = 0,09$ besagt, daß die Kenntnis der formalen Schulbildung eines Elternpaares die Wahrscheinlichkeit einer richtigen Einschätzung des Grades der Familienplanung um durchschnittlich (d.h. bezogen auf alle 12 Felder) 9 Prozentpunkte erhöht.

Man beachte, daß das verallgemeinerte λ-Maß (wie auch das Vierfelder-λ-Maß, vgl. S. 340f.) Null wird, wenn $\sum (\max_i f_{ij}) = \max f_{\cdot j}$ ist, wenn sich also alle Spaltenmaxima in derselben Zeile befinden. Dieser Fall kann eintreten, selbst wenn der Zusammenhang der untersuchten Merkmale statistisch signifikant ist.

8.1.4 Mehrdimensionale Tafeln: ein zweifach gestuftes abhängiges Merkmal

In 5.6 wurden Techniken zur Analyse mehrdimensionaler Kontingenztafeln vorgestellt, die eingesetzt werden, wenn eine Unterscheidung der untersuchten Merkmale nach abhängigen und unabhängigen Merkmalen nicht möglich oder sinnvoll ist. Hat man nun eine mehrdimensionale Kontingenztafel mit einem zweifach gestuften abhängigen Merkmal erhoben, steht die Überprüfung der Frage im Vordergrund, welchen Einfluß die unabhängigen Merkmale bzw. deren Kombinationen (Interaktion) auf das abhängige Merkmal ausüben. (Hier und im folgenden behandeln wir nur Merkmale mit einer festen Stufenauswahl bzw. „fixed factors"; vgl. etwa Bortz, 1989, S. 365f.)

Beim Testen derartiger Effekthypothesen unterscheiden wir 2 Arten von Kontingenztafeln: Wir sprechen von einer **orthogonalen Kontingenztafel**, wenn die unter den Stufenkombinationen der unabhängigen Merkmale beobachteten Stichproben gleich groß sind. Pläne mit ungleich großen Stichproben bezeichnen wir in Analogie zur nicht-orthogonalen Varianzanalyse als **nicht-orthogonale Kontingenztafeln**.

Orthogonale Tafeln dürften zum überwiegenden Teil das Resultat experimenteller Studien mit randomisierten Stichproben sein. So würde beispielsweise eine Untersuchung zur Überprüfung der Wirkung (abhängiges Merkmal mit den Stufen vorhanden/nicht vorhanden) von 3 Behandlungsarten (1. unabhängiges Merkmal mit 3 Stufen) bei männlichen und weiblichen Patienten (2. unabhängiges Merkmal mit 2 Stufen) einen orthogonalen Plan ergeben, wenn unter den 6 Stufenkombinationen der beiden unabhängigen Merkmale gleich große Stichproben untersucht werden.

Nicht orthogonale Tafeln erhält man in der Regel bei der Ex-post-Klassifikation einer Stichprobe nach den Stufen von 3 oder mehr Merkmalen. Hat man beispielsweise eine Stichprobe von N Studenten nach ihrer Studienrichtung (z. B. naturwissenschaftlich, geisteswissenschaftlich und sozialwissenschaftlich als 1. unabhängiges Merkmal mit 3 Stufen) und ihrem Geschlecht (männlich/weiblich als 2. unabhängiges Merkmal mit 2 Stufen) klassifiziert und erhebt als abhängiges Merkmal deren Einstellung zur Nutzung von Kernenergie (positiv/negativ), wäre das Ergebnis eine nicht orthogonale Kontingenztafel, wenn das Verhältnis „männliche zu weibliche Studenten" von Studienrichtung zu Studienrichtung anders ausfällt.

8.1.4.1 Orthogonale Tafeln

Zur Erläuterung des Vorgehens bei der Analyse einer mehrdimensionalen Kontingenztafel mit einem zweistufigen abhängigen Merkmal wählen wir zunächst ein kleines Zahlenbeispiel mit N = 12 (Tabelle 8.19a und b). Diese Tafel bezeichnen wir kurz als $(2 \times 2) \times 2$-Tafel, wobei sich die eingeklammerten Stufenzahlen auf die unabhängigen Merkmale beziehen.

Wir behandeln die $(2 \times 2) \times 2$-Tafel zunächst wie eine 4×2-Tafel und errechnen nach Gl. (5.48) $\chi^2_{tot} = 6,5143$ mit Fg = 3. Dieser Wert reflektiert den Effekt, den Merkmal A, Merkmal B und die Kombination $A \times B$ insgesamt auf C ausüben. In Analogie zur varianzanalytischen Terminologie bezeichnen wir diese Effekte als Haupteffekte A und B sowie deren Interaktion $A \times B$. Die χ^2-Werte für die Haupteffekte bestimmen wir über die $A \times C$ bzw. $B \times C$-Randtafel. Es resultieren $\chi^2_A = 3,0857$ und $\chi^2_B = 3,0857$ mit jeweils Fg = 1.

Das χ^2 für die Interaktion $A \times B$ errechnen wir bei orthogonalen Tafeln nach folgender Gleichung (vgl. Muchowski, 1988):

$$\chi^2_{A \times B} = \sum_{i=1}^{p} \sum_{j=1}^{q} \sum_{k=1}^{2} \frac{\left(f_{ijk} - \frac{f_{i \cdot k}}{q} - \frac{f_{jk}}{p} + \frac{f_{\cdot \cdot k}}{p \cdot q} \right)^2}{\frac{f_{\cdot \cdot k}}{p \cdot q}} \qquad (8.45)$$

mit

p = Anzahl der Stufen von A ,

q = Anzahl der Stufen von B .

Dieser χ^2-Wert hat $(p-1) \cdot (q-1)$ Fg.

Im Beispiel ergibt sich

$$
\begin{aligned}
\chi^2_{A \times B} &= (2 - 2/2 - 5/2 + 7/4)^2/(7/4) \\
&+ (1 - 4/2 - 1/2 + 5/4)^2/(5/4) \\
&+ (0 - 2/2 - 2/2 + 7/4)^2/(7/4) \\
&+ (3 - 4/2 - 4/2 + 5/4)^2/(5/4) \\
&+ (3 - 5/2 - 5/2 + 7/4)^2/(7/4) \\
&+ (0 - 1/2 - 1/2 + 5/4)^2/(5/4) \\
&+ (2 - 5/2 - 2/2 + 7/4)^2/(7/4) \\
&+ (1 - 1/2 - 4/2 + 5/4)^2/(5/4) \\
&= 0,3429 \text{ mit Fg} = 1 \quad .
\end{aligned}
$$

Tabelle 8.19a

	a_1		a_2			
	b_1	b_2	b_1	b_2		
c_1	2	0	3	2		$\chi^2 = 6{,}5143$
c_2	1	3	0	1		
	3	3	3	3	12	

	a_1	a_2	
c_1	2	5	$\chi^2_A = 3{,}0857$
c_2	4	1	

	b_1	b_2	
c_1	5	2	$\chi^2_B = 3{,}0857$
c_2	1	4	

	$ab_{11}+ab_{22}$	$ab_{12}+ab_{21}$	
c_1	4	3	$\chi^2_{A \times B} = 0{,}3429$
c_2	2	3	

Tabelle 8.19b

Zelle	X_1	X_2	X_3	Y	N_i
abc_{111}	1	1	1	1	2
abc_{112}	1	1	1	0	1
abc_{121}	1	-1	-1	1	0
abc_{122}	1	-1	-1	0	3
abc_{211}	-1	1	-1	1	3
abc_{212}	-1	1	-1	0	0
abc_{221}	-1	-1	1	1	2
abc_{222}	-1	-1	1	0	1

$$r^2_{yx_1} = 0{,}25714 \qquad \chi^2_A = 12 \cdot 0{,}25714 = 3{,}0857$$
$$r^2_{yx_2} = 0{,}25714 \qquad \chi^2_B = 12 \cdot 0{,}25714 = 3{,}0857$$
$$r^2_{xy_3} = 0{,}02857 \qquad \chi^2_{A \times B} = 12 \cdot 0{,}02857 = 0{,}3429$$
$$R^2_{y,x_1x_2x_3} = 0{,}54286 \qquad \chi^2_{tot} = 12 \cdot 0{,}54286 = 6{,}5143$$

Im speziellen Fall einer $(2 \times 2) \times 2$-Tafel erhalten wir diesen Wert einfacher, indem wir die Kombinationen ab_{11} und ab_{22}, sowie ab_{12} und ab_{21} zusammenfassen und die so resultierende Vierfeldertafel nach Gl. (5.24) auswerten (vgl. Tabelle 8.19a). Wie man sich überzeugen kann, gilt $\chi^2_{tot} = \chi^2_A + \chi^2_B + \chi^2_{A \times B}$.

Tabelle 8.19b zeigt die Designmatrix der $(2 \times 2) \times 2$-Tafel mit einer Effektkodierung der unabhängigen Merkmale. X_1 kodiert die Zugehörigkeit zu den Stufen

von A ($X_1 = 1$ für a_1 und $X_1 = -1$ für a_2), X_2 die Zugehörigkeit zu den Stufen von B ($X_2 = 1$ für b_1 und $X_2 = -1$ für b_2) und X_3 die Interaktion von A $\times$ B. X_3 wird durch einfache *Produktbildung* ($X_3 = X_1 \cdot X_2$) berechnet. Mit Y kodieren wir die Zugehörigkeit zu den Stufen des abhängigen Merkmals C: $Y = 1$ für c_1 und $Y = 0$ für c_2 (Dummykodierung).

Wir bestimmen die 3 Korrelationen zwischen den Prädiktorvariablen X_1 bis X_3 und der Kriteriumsvariablen Y und erhalten nach der Beziehung $\chi^2 = N \cdot r^2$ die bereits bekannten Effekt-χ^2-Werte. Ermitteln wir ferner die multiple Korrelation $R_{y,x_1 x_2 x_3}$, resultiert mit $N \cdot R^2_{y,x_1 x_2 x_3}$ der Gesamtwert χ^2_{tot}. **Bei einer orthogonalen Tafel sind die χ^2-Komponenten der Haupteffekte und der Interaktion voneinander unabhängig und damit additiv.** Die Unabhängigkeit kommt darin zum Ausdruck, daß die 3 Prädiktorvariablen X_1 bis X_3 wechselseitig zu Null korrelieren.

Wie prüft man nun die statistische Bedeutsamkeit der 3 Effekt-χ^2-Werte bzw. allgemein die mit einem Haupteffekt bzw. einer Interaktion verbundene Hypothese h? Es liegt nahe, dafür − wie üblich − vergleichend den für ein gegebenes α-Niveau und Fg_h kritischen χ^2-Schwellenwert gemäß Tafel 3 heranzuziehen und bei größerem empirischen χ^2 auf Signifikanz zu schließen. **Diese Vorgehensweise wäre allerdings sehr konservativ.**

Der Grund dafür wird ersichtlich, wenn wir das Prinzip der Varianzanalyse auf die hier vorliegende χ^2-Problematik übertragen. (Die folgenden Ausführungen setzen varianzanalytische Grundkenntnisse voraus, die man sich z. B bei Bortz, 1989, Kap. 7 und 8 aneignen kann.) In der einfaktoriellen Varianzanalyse relativieren wir die Effektvarianz an der Fehlervarianz ($\hat{\sigma}^2_{treat}/\hat{\sigma}^2_{Fehler}$) bzw. den durch die unabhängige Variable erklärten Varianzanteil $R^2_{y,h}$ am verbleibenden, nicht erklärten Varianzanteil: $R^2_{y,h}/(1 - R^2_{y,h})$. Versehen mit den entsprechenden Freiheitsgraden resultiert eine F-verteilte Prüfgröße, die bei einem dichotomen abhängigen Merkmal praktisch zu den gleichen statistischen Entscheidungen führt wie der k $\times$ 2-χ^2-Test (vgl. dazu Tabelle 8.7).

In einer zweifaktoriellen Varianzanalyse relativieren wir eine Effektvarianz σ^2_h (z. B. $\sigma^2_h = \sigma^2_A$) an der Fehlervarianz, deren Quadratsumme (QS) sich aus $QS_{tot} - QS_A - QS_B - QS_{A \times B}$ ergibt. Die Fehlervarianz beinhaltet hier die *durch alle 3 Effekte* nicht erklärte Varianz und nicht − wie in der einfaktoriellen Varianzanalyse − die durch den jeweils zu prüfenden Effekt nicht erklärte Varianz. Die Fehlervarianz der zweifaktoriellen Varianzanalyse ist in der Regel kleiner als die Fehlervarianz der entsprechenden einfaktoriellen Varianzanalysen, was den Teststärkevorteil der zweifaktoriellen Varianzanalyse gegenüber der einfaktoriellen Varianzanalyse begründet.

Verschlüsseln wir im ALM die Stufen des Faktors A mit $p - 1$ Kodiervariablen X_A, die Stufen des Faktors B mit $q - 1$ Kodiervariablen X_B und die Interaktion mit $(p-1) \cdot (q-1)$ Kodiervariablen $X_{A \times B}$, ist in einer orthogonalen Varianzanalyse mit Y als abhängiger Variable z. B. der durch Faktor A gebundene Varianzanteil R^2_{y,x_A} an $1 - R^2_{y,x_A,x_B,x_{A \times B}}$ zu relativieren und nicht an $1 - R^2_{y,x_A}$. Wenn nun die abhängige Variable dichotom skaliert ist, entspricht die zweifaktorielle Varianzanalyse einer Kontingenzanalyse für eine $(p \cdot q) \times 2$-Tafel. Der „normale" χ^2-Test über die p $\times$ 2-Randtafel wäre dann dem einfaktoriellen varianzanalytischen F-Test mit $1 - R^2_{y,x_A}$ als Fehlervarianzanteil äquivalent, d.h. der „normale" χ^2-Test behandelt die durch B bzw. A $\times$ B erklärten Kontingenzanteile als unerklärte Kontingenzanteile.

Wir schlagen deshalb vor, eine (p · q) × 2-Kontingenztafel (Analoges gilt für Kontingenztafeln mit mehr als 2 unabhängigen Merkmalen) wie eine zweifaktorielle orthogonale Varianzanalyse mit einer dichotomen abhängigen Variablen auszuwerten. Der einschlägige F-Test lautet (vgl. etwa Bortz, 1989, Kap. 14.6)

$$F = \frac{R^2_{y,x_h} \cdot Fg_N}{(1 - R^2_{y,x_{tot}}) \cdot Fg_Z} \quad , \tag{8.46}$$

wobei

R^2_{y,x_h} = Quadrat der multiplen Korrelation zwischen der dummykodierten abhängigen Variablen Y und den hypothesenrelevanten Kodiervariablen X_h (also z. B. X_A, X_B oder $X_{A \times B}$),

$R^2_{y,x_{tot}}$ = Quadrat der multiplen Korrelation zwischen der dummykodierten abhängigen Variablen Y und den Kodiervariablen X_{tot} aller Effekte (also z. B. X_A, X_B und $X_{A \times B}$),

Fg_Z = v_h (Anzahl der hypothesenrelevanten Kodiervariablen)

Fg_N = $N - v_{tot} - 1$,

v_{tot} = Anzahl aller Kodiervariablen für die unabhängigen Merkmale.

Die nach Gl. (8.46) definierte Prüfgröße ist wie F verteilt, wenn die Voraussetzungen für einen validen χ^2-Test (mindestens 80 % aller $f_e > 5$) erfüllt sind (vgl. Lunney, 1970, oder Muchowski, 1988).

Der Ausdruck $R^2_{y,x_h}/(1 - R^2_{y,x_{tot}})$ in Gl. (8.46) läßt sich wegen $\chi^2 = N \cdot R^2$ auch als $\chi^2_h/(N - \chi^2_{tot})$ schreiben. Da N das maximale χ^2 darstellt (vgl. S. 342), entspricht $N - \chi^2_{tot}$ der nicht aufgeklärten Kontingenz in der Kontingenztafel und $\chi^2_h/(N - \chi^2_{tot})$ dem Verhältnis der durch den Effekt h erklärten Kontingenz an der insgesamt nicht aufgeklärten Kontingenz.

Der Vollständigkeit halber wenden wir Gl. (8.46) auf das in Tabelle 8.19 genannte Zahlenbeispiel an. Es ergeben sich

$$F_A \quad = \frac{0,2571 \cdot 8}{1 - 0,5429} = 4,50 \quad ,$$

$$F_B \quad = \frac{0,2571 \cdot 8}{1 - 0,5429} = 4,50 \quad ,$$

$$F_{A \times B} = \frac{0,0286 \cdot 8}{1 - 0,5429} = 0,50 \quad .$$

Eine inferenzstatistische Bewertung dieser F-Brüche muß wegen der zu kleinen erwarteten Häufigkeiten unterbleiben.

Beispiel 8.3 demonstriert zusammenfassend das Vorgehen. Es zeigt gleichzeitig, wie man Kontingenztafeln mit mehr als 2 Prädiktormerkmalen analysiert.

Beispiel 8.3

Problem: Aus 4 unterschiedlich verschmutzten Flüssen werden Proben entnommen (Faktor A mit den Stufen a_1 bis a_4) und in jede dieser Wasserproben jeweils 3 Fischarten (Faktor B mit den Stufen b_1 = Hecht, b_2 = Forelle, b_3 = Barsch) ausgesetzt, und zwar von jeder Fischart 10 Alttiere und 10 Jungtiere (Faktor C mit den Stufen c_1 = alt und c_2 = jung). Nach einer Woche zählt man in jeder der $4 \times 3 \times 2 = 24$ Fischgruppen die Anzahl der überlebenden bzw. verendeten Fische aus (abhängiges Merkmal D mit den Stufen d_1 = überlebend und d_2 = verendet).

Hypothesen: Der Untersuchungsplan gestattet die Überprüfung von 3 Haupteffekten (A, B, C), 3 Interaktionen 1. Ordnung ($A \times B$, $A \times C$ und $B \times C$) sowie einer Interaktion 2. Ordnung ($A \times B \times C$). Alle Hypothesen werden als A-priori-Hypothesen aufgefaßt und sollen – wie in der Varianzanalyse üblich – zweiseitig mit $\alpha = 0,01$ getestet werden.

Daten: Tabelle 8.20 zeigt das Resultat der Auszählung.

Auswertung: Für die 24×2-Tafel ermitteln wir einen Gesamtwert von $\chi^2_{tot} = 94,7899$ mit Fg = 23. Zur Überprüfung der 3 Haupteffekte bestimmen wir zunächst die Randtafeln für $A \times D$, $B \times D$ und $C \times D$ bzw. deren χ^2-Werte (Tabellen 8.21–8.23).

Für den χ^2-Wert der $A \times B$-Interaktion erstellen wir die entsprechende dreidimensionale Randtafel (Tabelle 8.24). Dieser χ^2-Wert beinhaltet die Haupteffekte A und B sowie den $A \times B$-Interaktionseffekt. Den $\chi^2_{A \times B}$-Wert erhalten wir, wenn von diesem χ^2-Wert die bereits bekannten χ^2_A- und χ^2_B-Werte subtrahiert werden:

$$\chi^2_{A \times B} = 85,7893 - 44,4531 - 16,2345 = 25,1017 \quad .$$

Den gleichen Wert errechnen wir nach Gl. (8.45). Die Freiheitsgrade werden ebenfalls subtraktiv bestimmt:

$$Fg_{A \times B} = 11 - 3 - 2 = (4 - 1) \cdot (3 - 1) = 6 \quad .$$

Nach dem gleichen Verfahren bestimmen wir $\chi^2_{A \times C}$ und $\chi^2_{B \times C}$ (Tabellen 8.25, 8.26). Damit erhält man

$$\chi^2_{A \times C} = 47,5866 - 44,4531 - 2,8169 = 0,3166 \quad ,$$
$$Fg_{A \times C} = 7 - 3 - 1 = (4 - 1) \cdot (2 - 1) = 3$$

und

$$\chi^2_{B \times C} = 19,2847 - 16,2345 - 2,8169 = 0,2333 \quad ,$$
$$Fg_{B \times C} = 5 - 2 - 1 = (3 - 1) \cdot (2 - 1) = 2$$

Die Interaktion 2. Ordnung ($\chi^2_{A \times B \times C}$) ist ebenfalls Bestandteil des χ^2_{tot}-Wertes der 24×2-Tafel. Weil die Tafel orthogonal ist, ermitteln wir $\chi^2_{A \times B \times C}$ subtraktiv, indem wir von χ^2_{tot} die Haupteffekt-χ^2-Werte (χ^2_A, χ^2_B und χ^2_C) sowie die χ^2-Werte

Tabelle 8.20

a_1

	b_1 c_1	b_1 c_2	b_2 c_1	b_2 c_2	b_3 c_1	b_3 c_2
d_1	8	7	3	1	10	10
d_2	2	3	7	9	0	0
	10	10	10	10	10	10

a_2

	b_1 c_1	b_1 c_2	b_2 c_1	b_2 c_2	b_3 c_1	b_3 c_2
d_1	5	5	9	6	8	9
d_2	5	5	1	4	2	1
	10	10	10	10	10	10

a_3

	b_1 c_1	b_1 c_2	b_2 c_1	b_2 c_2	b_3 c_1	b_3 c_2
d_1	4	1	6	6	7	7
d_2	6	9	4	4	3	3
	10	10	10	10	10	10

a_4

	b_1 c_1	b_1 c_2	b_2 c_1	b_2 c_2	b_3 c_1	b_3 c_2
d_1	2	0	1	2	4	0
d_2	8	10	9	8	6	10
	10	10	10	10	10	10

Tabelle 8.21

	a_1	a_2	a_3	a_4	
d_1	39	42	31	9	121
d_2	21	18	29	51	119
	60	60	60	60	

$\chi_A^2 = 44{,}4531;\ Fg_A = 3$

Tabelle 8.22

	b_1	b_2	b_3	
d_1	32	34	55	121
d_2	48	46	25	119
	80	80	80	

$\chi_B^2 = 16{,}2345;\ Fg_B = 2$

Tabelle 8.23

	c_1	c_2	
d_1	67	54	121
d_2	53	66	119
	120	120	

$\chi_C^2 = 2{,}8169;\ Fg_C = 1$

Tabelle 8.24

	a_1			a_2		
	b_1	b_2	b_3	b_1	b_2	b_3
d_1	15	4	20	10	15	17
d_2	5	16	0	10	5	3
	20	20	20	20	20	20

	a_3			a_4			
	b_1	b_2	b_3	b_1	b_2	b_3	
d_1	5	12	14	2	3	4	121
d_2	15	8	6	18	17	16	119
	20	20	20	20	20	20	

$\chi^2 = 85{,}7893;\ Fg = 11$ (vgl. S. 365)

Tabelle 8.25

	a_1		a_2		a_3		a_4		
	c_1	c_2	c_1	c_2	c_1	c_2	c_1	c_2	
d_1	21	18	22	20	17	14	7	2	121
d_2	9	12	8	10	13	16	23	28	119
	30	30	30	30	30	30	30	30	

$\chi^2 = 47{,}586666;\ Fg = 7$

Tabelle 8.26

	b_1		b_2		b_3		
	c_1	c_2	c_1	c_2	c_1	c_2	
d_1	19	13	19	15	29	26	121
d_2	21	27	21	25	11	14	119
	40	40	40	40	40	40	

$\chi^2 = 19{,}2847;\ \text{Fg} = 5$

für die Interaktionen 1. Ordnung ($\chi^2_{A \times B}$, $\chi^2_{A \times C}$ und $\chi^2_{B \times C}$) abziehen.

$$\begin{aligned}
\chi^2_{A \times B \times C} &= 94{,}7899 - 44{,}4531 - 16{,}2345 - 2{,}8169 \\
&\quad - 25{,}1017 - 0{,}3166 - 0{,}2333 \\
&= 5{,}6338 \quad .
\end{aligned}$$

Dementsprechend bestimmen wir die Freiheitsgrade.

$$\text{Fg}_{A \times B \times C} = 23 - 3 - 2 - 1 - 6 - 3 - 2 = (4-1)\cdot(3-1)\cdot(2-1) = 6 \quad .$$

Damit resultiert $\chi^2_{\text{tot}} = \chi^2_A + \chi^2_B + \chi^2_C + \chi^2_{A \times B} + \chi^2_{A \times C} + \chi^2_{B \times C} + \chi^2_{A \times B \times C}$.
Die entsprechenden Freiheitsgrade sind ebenfalls additiv.

Die bislang vorgenommene Auswertung entspricht einer *Interaktionsstruktur-analyse* (ISA) nach Krauth (vgl. Krauth u. Lienert, 1973, Kap. 9, oder Lienert, 1978, Kap. 18.3). Man beachte allerdings, daß diese additive χ^2-Zerlegung nur bei orthogonalen Tafeln möglich ist und daß Entscheidungen auf der Basis der χ^2_h-Werte extrem konservativ ausfallen. (Zur Analyse nichtorthogonaler Tafeln vgl. 8.1.4.2) Für die weiterführende Analyse nach Gl. (8.46) verwenden wir die bereits ermittelten χ^2-Werte. Wegen $R^2 = \chi^2/N$ erhalten wir die folgenden, für Gl. (8.46) benötigten Varianzanteile:

$$R^2_{y,x_A} = 44{,}45/240 = 0{,}185;\ R^2_{y,x_B} = 16{,}23/240 = 0{,}068 \quad ;$$

$$R^2_{y,x_C} = 2{,}82/240 = 0{,}012 \quad ;$$

$$R^2_{y,x_{A \times B}} = 25{,}10/240 = 0{,}105 \quad ;\ R^2_{y,x_{A \times C}} = 0{,}32/240 = 0{,}001 \quad ;$$

$$R^2_{y,x_{B \times C}} = 0{,}23/240 = 0{,}001 \quad ;$$

$$R^2_{y,x_{A \times B \times C}} = 5{,}63/240 = 0{,}023 \quad ;\ R^2_{y,x_{\text{tot}}} = 94{,}79/240 = 0{,}395 \quad .$$

Die resultierenden F-Werte sind in Tabelle 8.27 zusammengefaßt.

Interpretation: Die Überlebenschancen der Fische hängen überzufällig von den hier untersuchten unabhängigen Merkmalen ab ($F_{\text{tot}} = 6{,}13$). Sie werden vom jeweiligen Gewässer ($F_A = 22{,}02$), von der Fischart ($F_B = 12{,}14$) und vom Alter der Tiere ($F_C = 4{,}28$) bestimmt. Ferner ist festzustellen, daß die Tiere auf unterschiedlich

Tabelle 8.27

Effekt (h)	R^2_{y,x_h}	Fg_Z	Fg_N	F
A	0,185	3	216	22,02**
B	0,068	2	216	12,14**
C	0,012	1	216	4,28**
A × B	0,105	6	216	6,25**
A × C	0,001	3	216	0,12
B × C	0,001	2	216	0,18
A × B × C	0,023	6	216	1,37
Total	0,395	23	216	6,13**

verschmutzte Gewässer in artspezifischer Weise reagieren ($F_{A \times B}$ = 6,25). Die übrigen Interaktionen sind nicht signifikant.

Wie der C × D-Randtafel zu entnehmen ist, überleben Alttiere insgesamt mit einem Anteil von 55,8 % häufiger als Jungtiere (45,0 %).

Bevor wir die Haupteffekte A und B interpretieren, ist zu überprüfen, von welchem Typ die A × B-Interaktion ist. Bei einer ordinalen Interaktion wären beide Haupteffekte, bei einer hybriden Interaktion nur ein Haupteffekt, bei einer disordinalen Interaktion keiner der beiden Haupteffekte sinnvoll interpretierbar (vgl. etwa Bortz, 1989, S. 663 f.). Um über den Typus der Interaktion entscheiden zu können, fertigen wir uns Interaktionsdiagramme an (Abb. 8.1a,b).

Da sich in beiden Diagrammen die Linienzüge überschneiden, liegt eine disordinale Interaktion vor. Gewässerunterschiede sind nach der Fischart und Fischunterschiede nach der Art der Gewässer zu spezifizieren.

Man erkennt, daß im Gewässer a_4 praktisch kein Fisch eine Überlebenschance hat. Für Hecht und Barsch sinkt die Überlebenschance in der Reihenfolge a_1, a_2, a_3 und a_4, d. h. in a_1 haben diese Fische die beste Überlebenschance. Die Forelle hingegen kommt mit diesem Gewässer weniger gut zurecht. Ihre Überlebenschance ist in a_2 am größten.

Diese Interpretation ließe sich durch eine nachträgliche KFA über die A × B × D-Randtafel untermauern. Die erwartete Häufigkeit für die überlebenden Fische (1. Zeile) lautet für alle 12 Zellen f_e = 20·121/240 = 10, 1.

Anmerkung: Der Haupteffekt C wäre nach dem „üblichen" χ^2-Test nicht signifikant (χ^2_C = 2, 82 mit Fg = 1).

Auswertungsalternativen: Die gleichen Ergebnisse erhalten wir, wenn die $(4 \times 3 \times 2) \times 2$-Tafel nach den Regeln des ALM ausgewertet wird. Mit Y kodieren wir zunächst das abhängige Merkmal D (Y = 1 für d_1 und Y = 0 für d_2). Für die unabhängigen Merkmale wählen wir eine Effektkodierung, d. h. für A benötigen wir 3 Kodiervariablen mit folgenden Kodierungen:

Merkmalsstufe	X_1	X_2	X_3
a_1	1	0	0
a_2	0	1	0
a_3	0	0	1
a_4	−1	−1	−1

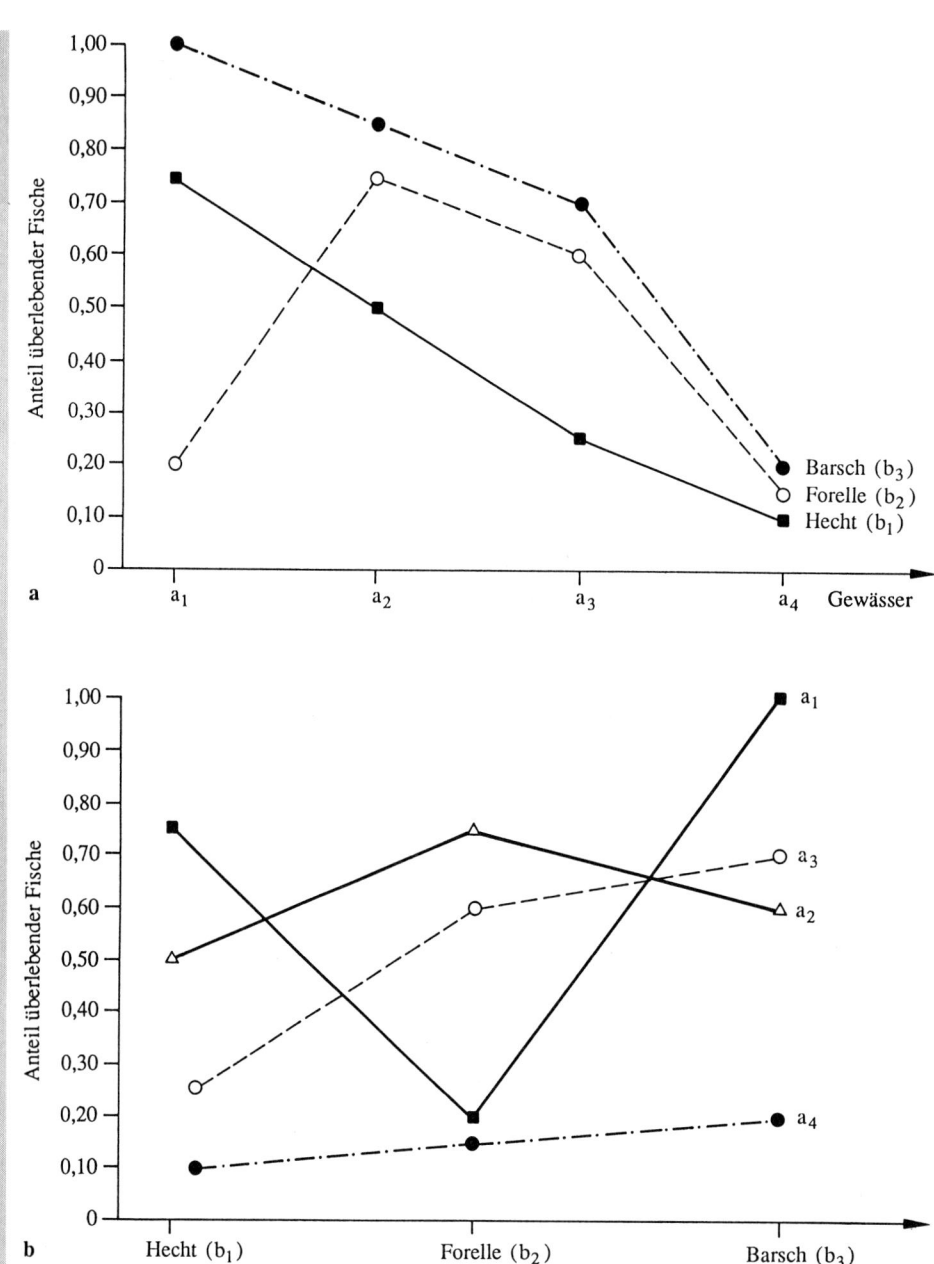

Abb. 8.1a,b. Interaktionsdiagramme für die A × B-Interaktion mit Merkmal A als Abszisse (a) und mit Merkmal B als Abszisse (b)

Für B erhält man

Merkmalsstufe	X_4	X_5
b_1	1	0
b_2	0	1
b_3	−1	−1

und für C

Merkmalsstufe	X_6
c_1	1
c_2	−1

Für die Kodierung der Interaktion $A \times B$ setzen wir $3 \cdot 2 = 6$ Dummyvariablen ein, die sich durch Produktbildung der Variablen X_1 bis X_3 mit X_4 und X_5 ergeben.

$$A \times B: \quad X_7 = X_1 \cdot X_4, \quad X_8 = X_2 \cdot X_4, \quad X_9 = X_3 \cdot X_4 .. X_{12} = X_3 \cdot X_5 \quad .$$

Analog hierzu ergeben sich Kodiervariablen für die Interaktion $A \times C$ und $B \times C$.

$$A \times C: \quad X_{13} = X_1 \cdot X_6; \quad X_{14} = X_2 \cdot X_6; X_{15} = X_3 \cdot X_6 \quad .$$

$$B \times C: \quad X_{16} = X_4 \cdot X_6; \quad X_{17} = X_5 \cdot X_6 \quad .$$

Für die $A \times B \times C$-Interaktion benötigen wir weitere $3 \cdot 2 \cdot 1 = 6$ Kodiervariablen.

$$A \times B \times C: \quad X_{18} = X_1 \cdot X_4 \cdot X_6; \quad X_{19} = X_2 \cdot X_4 \cdot X_6 \quad ;$$
$$X_{20} = X_3 \cdot X_4 \cdot X_6 \ldots X_{23} = X_3 \cdot X_5 \cdot X_6 \quad .$$

Geht man nach diesem Prinzip vor, resultieren folgende Kodierungsvektoren (als Spalten) für einige ausgewählte Stufenkombinationen:

Kodiervariable	abc_{111}	abc_{222}	abc_{322}	abc_{432}
x_1	1	0	0	−1
x_2	0	1	0	−1
x_3	0	0	1	−1
x_4	1	0	0	−1
x_5	0	1	1	−1
x_6	1	−1	−1	−1
x_7	1	0	0	1
x_8	0	0	0	1
x_9	0	0	0	1
x_{10}	0	1	0	1
x_{11}	0	0	0	1
x_{12}	0	0	1	1
x_{13}	1	0	0	1
x_{14}	0	−1	0	1
x_{15}	0	0	−1	1
x_{16}	1	0	0	1
x_{17}	0	−1	−1	1
x_{18}	1	0	0	−1
x_{19}	0	0	0	−1
x_{20}	0	0	0	−1
x_{21}	0	−1	0	1
x_{22}	0	0	0	1
x_{23}	0	0	−1	−1

Jeder Kodierungsvektor wird doppelt eingesetzt (für $Y = 0$ und für $Y = 1$), so daß die (verkürzte) Designmatrix insgesamt $24 \cdot 2 = 48$ Zeilen hat.

Dieses Kodierungsprinzip läßt sich mühelos für komplexere Tafeln verallgemeinern. Im Beispiel erhalten wir 23 Kodiervariablen mit folgenden Zuordnungen:

$$X_A = (X_1, X_2, X_3) \quad ,$$

$$X_B = (X_4, X_5) \quad ,$$

$$X_C = (X_6) \quad ,$$

$$X_{A \times B} = (X_7, X_8 \dots X_{12}) \quad ,$$

$$X_{A \times C} = (X_{13}, X_{14}, X_{15}) \quad ,$$

$$X_{B \times C} = (X_{16}, X_{17}) \quad ,$$

$$X_{A \times B \times C} = (X_{18}, X_{19} \dots X_{23}) \quad ,$$

$$X_{tot} = (X_1, X_2 \dots X_{23}) \quad .$$

Unter Zuhilfenahme dieser Kodiervariablen erhält man die bereits bekannten Korrelationsquadrate $R^2_{y,x_A} = 0,185$, $R^2_{y,x_B} = 0,068 \dots R^2_{y,x_{tot}} = 0,395$.

Zusammenfassend ist festzustellen, daß die hier vorgeschlagene Auswertung mehrdimensionaler Kontingenztafeln mit einem zweifach gestuften abhängigen Merkmal in ihrem ersten Teil (Bestimmung der Effekt-χ^2-Werte) der Interaktionsstrukturanalyse (ISA) von Krauth (Krauth u. Lienert, 1973, Kap. 9, oder Lienert, 1978, Kap. 18.3) entspricht. Die Hypothesenprüfung läßt sich jedoch – wie gezeigt wurde – gegenüber der ISA verschärfen. Man beachte allerdings, daß die Ermittlung der χ^2_h-Werte via ISA nur bei orthogonalen Tafeln zu richtigen Entscheidungen führt. Bei nichtorthogonalen Tafeln ist das Vorgehen – wie in 8.1.4.2 gezeigt wird – zu modifizieren.

Einzelvergleiche

Mit wachsender Anzahl unabhängiger Merkmale erhöht sich rasch die Anzahl der in einem vollständigen Modell prüfbaren Effekte. Waren in Beispiel 8.3 „nur" 3 Haupteffekte, 3 Interaktionen 1. Ordnung und eine Interaktion 2. Ordnung und damit 7 Effekte prüfbar, ergeben sich für 4 unabhängige Merkmale bereits 4 Haupteffekte, 6 Interaktionen 1. Ordnung, 4 Interaktionen 2. Ordnung und eine Interaktion 3. Ordnung, also 15 Effekte, d. h. die Anzahl der in einem vollständigen Modell prüfbaren Effekte steigt mit wachsender Anzahl der unabhängigen Merkmale rasch an.

Häufig ist man jedoch nur an bestimmten Effekten interessiert und will ausschließlich diese Effekte testen. Dadurch wird unnötiger Rechenaufwand vermieden, denn nach dem ALM-Lösungsansatz braucht man in der Designmatrix nur die interessierenden Effekte zu kodieren, wenn man $R^2_{y,x_{tot}}$ für Gl. (8.47) über $N \cdot \chi^2_{tot}$ bestimmt.

In Beispiel 8.3 wurden zu Demonstrationszwecken alle 7 Effekthypothesen unspezifisch geprüft. Im folgenden soll demonstriert werden, wie vorzugehen ist, wenn hinsichtlich der Haupteffekte und Interaktionen a priori gezielte Einzelvergleichshypothesen aufgestellt wurden. Wir demonstrieren das Vorgehen an einem Einzelvergleich für den Haupteffekt A, an 2 Einzelvergleichen für die Interaktion $A \times B$ und

an einem Einzelvergleich für die Interaktion B × C unter Bezugnahme auf Beispiel 8.3.

1. Einzelvergleich: In den Flüssen a_1 und a_2 überleben mehr Fische als in den Flüssen a_3 und a_4.
2. Einzelvergleich: Im Fluß a_1 überleben weniger Hechte als Barsche.
3. Einzelvergleich: Im Fluß a_4 überleben Hechte seltener als Forellen und Barsche.
4. Einzelvergleich: Junge Forellen überleben seltener als alte Forellen.

Auf die Überprüfung einer Einzelvergleichshypothese für die Interaktion 2. Ordnung wollen wir verzichten, da derart spezielle Hypothesen nur selten theoretisch begründet werden können. (Beispiel: Die Anzahl der überlebenden jungen Forellen im Fluß a_1 ist größer als die Anzahl der überlebenden alten Barsche im Fluß a_2.)

Für die 4 genannten Einzelvergleiche definieren wir die folgenden Kontrastkodierungen:

X_1: Für alle $abc_{1..}$ und alle $abc_{2..}$ gilt: $X_1 = 1$
     Für alle $abc_{3..}$ und alle $abc_{4..}$ gilt: $X_1 = -1$

X_2: Für alle $abc_{11.}$ gilt: $X_2 = 1$
     Für alle $abc_{13.}$ gilt: $X_2 = -1$
     Rest: $X_2 = 0$

X_3: Für alle $abc_{41.}$ gilt: $X_3 = 2$
     Für alle $abc_{42.}$ und alle $abc_{43.}$ gilt: $X_3 = -1$
     Rest: $X_3 = 0$

X_4: Für alle $abc_{.21}$ gilt: $X_4 = 1$
     Für alle $abc_{.22}$ gilt: $X_4 = -1$
     Rest: $X_4 = 0$

Ein Punkt steht hier stellvertretend für alle möglichen Indizes an der entsprechenden Stelle (also z. B. $abc_{11.} \cong abc_{111}$ und abc_{112}).

Korreliert man X_1 bis X_4 einzeln mit Y, erhält man:

$$r_{yx_1}^2 = 0,1167; \quad r_{yx_2}^2 = 0,0104; \quad r_{yx_3}^2 = 0,0013; \quad r_{yx_4}^2 = 0,0033 \ .$$

Unter Verwendung von $\chi^2 = N \cdot r^2$ resultieren:

$$\chi_1^2 = 28,02; \quad \chi_2^2 = 2,50; \quad \chi_3^2 = 0,30; \quad \chi_4^2 = 0,80 \ .$$

Faßt man die $(4 \times 3 \times 2) \times 2$-Tafel in Beispiel 8.3 als eine 24×2-Tafel auf, ergeben sich nach Gl. (5.69) identische Einzelvergleichs χ^2-Werte. Die Überprüfung der Einzelvergleiche erfolgt jedoch in Analogie zu Gl. (8.46) nach

$$F = \frac{r_{y,x_c}^2 \cdot (N - v_{tot} - 1)}{1 - R_{y,x_{tot}}^2} \tag{8.47}$$

mit c = Nummer der Einzelvergleichshypothese

$$Fg_Z = 1 \quad und \quad Fg_N = N - v_{tot} - 1 \ .$$

Für unser Beispiel errechnen wir:

$$F_1 = \frac{0,1167 \cdot 216}{1 - 0,395} = 41,66^{**} \quad ,$$

$$F_2 = \frac{0,0104 \cdot 216}{1 - 0,395} = 3,71^{**} \quad ,$$

$$F_3 = \frac{0,0013 \cdot 216}{1 - 0,395} = 0,46 \quad ,$$

$$F_4 = \frac{0,0033 \cdot 216}{1 - 0,395} = 1,17 \quad .$$

Die beiden ersten Einzelvergleiche sind signifikant ($\alpha = 0,01$). Man beachte, daß der über den χ^2-Test geprüfte 2. Einzelvergleich ($\chi_2^2 = 2,50$) nicht signifikant wäre.

Bei Orthogonalität zweier Einzelvergleiche j und j' gilt auch für mehrdimensionale Kontingenztafeln $\sum_i x_{ij} \cdot x_{ij'} = 0$.

Einen vollständigen Satz orthogonaler Einzelvergleiche erhält man, wenn alle Haupteffekte beispielsweise nach den Regeln für umgekehrte Helmert-Kontraste (vgl. S. 347) kodiert werden, aus denen durch Produktbildung (vgl. Beispiel 8.3) die Kodiervariablen für die Interaktionseinzelvergleiche resultieren. Jeder Einzelvergleich hat einen Zählerfreiheitsgrad, d. h. im Beispiel 8.3 erhält man einen vollständigen Satz von 23 verschiedenen orthogonalen Einzelvergleichen.

Regression

Die multiple Regressionsgleichung zwischen dummykodierten Kriteriumsvariablen und den Kodiervariablen zur Verschlüsselung der unabhängigen Merkmale bzw. deren Interaktionen führt wiederum zur Schätzung von Wahrscheinlichkeitswerten für die mit 1 kodierte abhängige Merkmalskategorie. Diese Wahrscheinlichkeitschätzungen entsprechen bei einem vollständigen Modell, das alle Haupteffekte und alle Interaktionen berücksichtigt, den relativen Häufigkeiten der mit 1 kodierten abhängigen Merkmalsalternative für die einzelnen Stufenkombinationen der unabhängigen Merkmale.

Die Interpretation der Regressionskoeffizienten hängt − wie bereits in 8.1.2.4 ausgeführt − von der Art der Kodierung der unabhängigen Merkmale ab. Wählen wir beispielsweise eine Effektkodierung, entspricht die Regressionskonstante $\hat{\alpha}$ der durchschnittlichen Wahrscheinlichkeit $\bar{p}(d_1)$ für die mit 1 kodierte abhängige Merkmalskategorie. Die einzelnen $\hat{\beta}$-Gewichte geben an, wie diese durchschnittliche Wahrscheinlichkeit durch die Stufen der Haupteffekte bzw. Interaktionen verändert wird.

Werden auch die unabhängigen Merkmale dummykodiert, gibt $\hat{\alpha}$ die Wahrscheinlichkeit an, mit der die mit 1 kodierte Stufe des abhängigen Merkmals in der durchgängig mit Nullen kodierten Merkmalskombination der unabhängigen Merkmale („Nullzelle") auftritt. Die $\hat{\beta}$-Gewichte sind wiederum als Abweichungswerte von $\hat{\alpha}$ zu interpretieren.

In Beispiel 8.3 wählten wir zur Kodierung der unabhängigen Merkmale eine Effektkodierung. Die Berechnung der multiplen Regression zwischen den 23 effektkodierten Prädiktorvariablen und der dichotomen Kriteriumsvariablen führt zu folgenden Regressionskoeffizienten (um die Interpretation zu erleichtern, nennen wir

in Klammern die mit den einzelnen Kodiervariablen kodierten Stufen bzw. Stufen-kombinationen):

$$\hat{\beta}_1 = 0,1458 \ (a_1) \qquad \hat{\beta}_4 = -0,1042 \ (b_1) \qquad \hat{\beta}_6 = 0,0542 \ (c_1)$$
$$\hat{\beta}_2 = 0,1958 \ (a_2) \qquad \hat{\beta}_5 = -0,0792 \ (b_2)$$
$$\hat{\beta}_3 = 0,0125 \ (a_3)$$

$$\hat{\beta}_7 = 0,2042 \ (ab_{11}) \qquad \hat{\beta}_{13} = -0,0042 \ (ac_{11}) \qquad \hat{\beta}_{16} = 0,0208 \ (bc_{11})$$
$$\hat{\beta}_8 = -0,3708 \ (ab_{12}) \qquad \hat{\beta}_{14} = -0,0208 \ (ac_{21}) \qquad \hat{\beta}_{17} = -0,0042 \ (bc_{21})$$
$$\hat{\beta}_9 = -0,0958 \ (ab_{21}) \qquad \hat{\beta}_{15} = -0,0042 \ (ac_{31})$$
$$\hat{\beta}_{10} = 0,1292 \ (ab_{22})$$
$$\hat{\beta}_{11} = -0,1625 \ (ab_{31})$$
$$\hat{\beta}_{12} = 0,1625 \ (ab_{32})$$

$$\hat{\beta}_{18} = -0,0208 \ (abc_{111}) \qquad \hat{\beta}_{20} = -0,0542 \ (abc_{211}) \qquad \hat{\beta}_{22} = 0,0792 \ (abc_{311})$$
$$\hat{\beta}_{19} = 0,0542 \ (abc_{121}) \qquad \hat{\beta}_{21} = 0,1208 \ (abc_{221}) \qquad \hat{\beta}_{23} = -0,0458 \ (abc_{321})$$

$$\hat{\alpha} = 0,5042 \ .$$

Setzen wir die 4 auf S. 375 genannten Kodierungsvektoren in die Regressionsglei-chung ein, erhält man die auch aus der ursprünglichen Datentabelle im Beispiel 8.3 ablesbaren relativen Häufigkeiten als Wahrscheinlichkeitsschätzungen: $p(d_1|abc_{111})$ = 0,8; $p(d_1|abc_{222}) = 0,6$; $p(d_1|abc_{322}) = 0,6$ und $p(d_1|abc_{432}) = 0,0$.

Die Wahrscheinlichkeit, daß ein ausgewachsener Hecht im Wasser a_1 überlebt, wird also mit 80 % geschätzt: $p(d_1|abc_{111}) = 0,8$.

Die Gesamtwahrscheinlichkeit, daß ein Fisch von der Art der hier untersuch-ten Fische in den Flüssen a_1 bis a_4 überlebt, ergibt sich zu $\overline{p}(d_1) = 50,42\%$ ($\hat{\alpha} = 0,5042$). Den $\hat{\beta}$-Gewichten entnehmen wir z. B., daß diese Wahrscheinlichkeit im Gewässer a_1 um 14,58 Prozentpunkte erhöht ist ($\hat{\beta}_1 = 0,1458$). Die Wahrscheinlich-keit, daß ein Fisch der genannten Arten im Fluß a_1 überlebt, beträgt damit 65 %:

$$p(d_1|a_1) = \beta_1 + \hat{\alpha} = 0,1458 + 0,5042 = 0,6500 \ .$$

Die spezifische Wirkung (Interaktionswirkung) der Kombination ab_{12} (Forelle in Gewässer a_1) senkt die Überlebenswahrscheinlichkeit um 37,08 Prozentpunkte ($\hat{\beta}_8 = -0,3708$). Die Wahrscheinlichkeit, daß eine Forelle im Fluß a_1 überlebt, ergibt sich unter Berücksichtigung der Wirkungen (Haupteffekte) von a_1 und b_2 zu

$$\begin{aligned}
p(d_1|ab_{12}) &= \hat{\beta}_8 + p(d_1|a_1) + p(d_1|b_2) - \hat{\alpha} \\
&= \hat{\beta}_8 + \hat{\beta}_1 + \hat{\beta}_5 + \hat{\alpha} \\
&= -0,3708 + 0,1458 - 0,0792 + 0,5042 \\
&= 0,20 \ .
\end{aligned}$$

Dieser Wert entspricht der relativen Häufigkeit für d_1 unter der Kombination ab_{12} (4/20).

Die spezifische Wirkung (Interaktionswirkung 2. Ordnung) der Dreierkombination abc_{111} (ausgewachsener Hecht in Gewässer a_1) senkt die Überlebenswahrscheinlichkeit 2,08 Prozentpunkte. ($\hat{\beta}_{18} = -0,0208$). Für die Wahrscheinlichkeit, daß ein Fisch dieser Art im Fluß a_1 überlebt, errechnet man unter Berücksichtigung der Wirkungen von $a_1, b_1, c_1, ab_{11}, ac_{11}$ und bc_{11}:

$$
\begin{aligned}
p(d_1|abc_{111}) &= \hat{\beta}_{18} + p(d_1|ab_{11}) + p(d_1|ac_{11}) + p(d_1|bc_{11}) \\
&\quad - p(d_1|a_1) - p(d_1|b_1) - p(d_1|c_1) + \hat{\alpha} \\
&= \hat{\beta}_{18} + \hat{\beta}_7 + \hat{\beta}_{13} + \hat{\beta}_{16} + \hat{\beta}_1 + \hat{\beta}_4 + \hat{\beta}_6 + \hat{\alpha} \\
&= -0,0208 + 0,2042 - 0,0042 + 0,0208 + 0,1458 - 0,1042 \\
&\quad + 0,0542 + 0,5042 \\
&= 0,8000 \quad .
\end{aligned}
$$

Auch dieser Wert stimmt mit der relativen Häufigkeit (8/10) für d_1 in der Kombination abc_{111} überein.

Die in der Regressionsgleichung nicht enthaltenen $\hat{\beta}$-Gewichte werden subtraktiv als Komplementärwahrscheinlichkeiten bestimmt (Tabelle 8.28).

In diesen Tabellen errechnen wir z. B.

$$
\begin{aligned}
\hat{\beta}(a_4) &= 0 - (0,1458 + 0,1958 + 0,0125) = -0,3541 \quad , \\
\hat{\beta}(ab_{13}) &= 0 - (0,2042 - 0,3708) = 0,1666 \quad , \\
\hat{\beta}(abc_{411}) &= 0 - (-0,0208 - 0,0542 + 0,0792) = -0,0042 \quad .
\end{aligned}
$$

Gegenüber der durchschnittlichen Überlebenswahrscheinlichkeit von 50,42 % ist die Überlebenswahrscheinlichkeit im Fluß a_4 35,41 Prozentpunkte niedriger. Die spezifische Kombination „Barsch im Gewässer a_1" erhöht als Interaktionseffekt die Überlebenswahrscheinlichkeit um 16,66 Prozentpunkte. Der Interaktionseffekt 2. Ordnung in der Kombination „alter Hecht in Gewässer a_4" senkt die Überlebenswahrscheinlichkeit um 0,42 Prozentpunkte.

Auch hier addieren wir die geschätzten Effektparameter $\hat{\beta}$, um die relativen Häufigkeiten für d_1 in den Tabellen 8.20 bis 8.26 zu bestimmen:

$$
\begin{aligned}
p(d_1|a_4) &= -0,3541 + 0,5042 = 0,15 \\
p(d_1|ab_{13}) &= 0,1666 + 0,1458 + 0,1834 + 0,5042 = 1,00 \\
p(d_1|abc_{411}) &= -0,0042 + 0,0541 + 0,0292 + 0,0208 \\
&\quad - 0,3541 - 0,1042 + 0,0542 + 0,5042 = 0,20 \quad .
\end{aligned}
$$

8.1.4.2 Nichtorthogonale Tafeln

Eine $(p \times q) \times 2$-Tafel bezeichnen wir als nichtorthogonal, wenn die Stichprobenumfänge unter den $p \times q$ Stufenkombinationen zweier unabhängiger Merkmale A und B ungleich groß sind. Die Besonderheiten einer nichtorthogonalen Tafel gegenüber einer orthogonalen Tafel seien an folgendem Beispiel verdeutlicht:

Ein pharmazeutischer Betrieb will die Wirksamkeit zweier Antirheumatika a_1 und a_2 bei Patienten mit Morbus Bechterew (b_1) bzw. Gelenkrheumatismus (b_2) überprüfen. In einer ärztlich kontrollierten Laboruntersuchung werden jeweils 40

Tabelle 8.28

$$\hat{\beta}(a_4) = 0 - 0{,}1458 - 0{,}1958 - 0{,}0125 = -0{,}3541*$$
$$\hat{\beta}(b_3) = 0 - (-0{,}1042) - (-0{,}0792) = 0{,}1834*$$
$$\hat{\beta}(c_2) = 0 - 0{,}0542 = -0{,}0542*$$

	a_1	a_2	a_3	a_4	
b_1	0,2042	−0,0958	−0,1625	0,0541*	0
b_2	−0,3708	0,1292	0,1625	0,0791*	0
b_3	0,1666*	−0,0334*	0,0000*	−0,1332*	0
	0	0	0	0	

	a_1	a_2	a_3	a_4	
c_1	−0,0042	−0,0208	−0,0042	0,0292*	0
c_2	0,0042*	0,0208*	0,0042*	−0,0292*	0
	0	0	0	0	

	b_1	b_2	b_3	
c_1	0,0208	−0,0042	−0,0166*	0
c_2	−0,0208*	0,0042*	0,0166*	0
	0	0	0	

	a_1		a_2		a_3		a_4		
	c_1	c_2	c_1	c_2	c_1	c_2	c_1	c_2	
b_1	−0,0208	0,0208*	−0,0542	0,0542*	0,0792	−0,0792*	−0,0042*	0,0042*	0
b_2	0,0542	−0,0542*	0,1208	−0,1208*	−0,0458	0,0458*	−0,1292*	0,1292*	0
b_3	−0,0334*	0,0334*	−0,0666*	0,0666*	−0,0334*	0,0334*	0,1334*	−0,1334*	0
	0	0	0	0	0	0	0	0	

* = durch Subtraktion ermittelte $\hat{\beta}$-Werte

Patienten der Kategorien b_1 und b_2 mit Medikament a_1 und jeweils 40 weitere Patienten mit Medikament a_2 behandelt. Nach einer einwöchigen Behandlungsdauer werden die Patienten gefragt, ob sich der Krankheitszustand verbessert hat ($+$ = c_1) oder nicht ($-$ = c_2).

Tabelle 8.29a faßt die Ergebnisse der Untersuchung zusammen.

Es resultiert eine orthogonale $(2 \times 2) \times 2$-Tafel, bei der — wie man leicht erkennt — $\chi_A^2 = \chi_{A \times B}^2 = 0$ sind. Die Medikamente unterscheiden sich in ihrer Wirkung weder global (kein Haupteffekt A) noch krankheitsspezifisch (keine Interaktion A × B). Ferner ist festzustellen, daß die Medikamente bei Gelenkrheumatismus (b_2) deutlich besser ansprechen als bei Morbus Bechterew (b_1). Sowohl Medikament a_1

Tabelle 8.29 a

	a_1		a_2		
	b_1	b_2	b_1	b_2	
$c_1\ (+)$	10	30	10	30	$\chi^2 = 40{,}00$
$c_2\ (-)$	30	10	30	10	
	40	40	40	40	

	a_1	a_2			b_1	b_2
$c_1\ (+)$	40	40	$c_1\ (+)$		20	60
$c_2\ (-)$	40	40	$c_2\ (-)$		60	20
	$\chi_A^2 = 0{,}00$				$\chi_B^2 = 40{,}00$	

	$ab_{11} + ab_{22}$	$ab_{12} + ab_{21}$
$c_1\ (+)$	40	40
$c_2\ (-)$	40	40
	$\chi_{A \times B}^2 = 0{,}00$	

Tabelle 8.29 b

	a_1		a_2		
	b_1	b_2	b_1	b_2	
$c_1\ (+)$	10	30	10	120	
$c_2\ (-)$	30	10	30	40	$\chi^2 = 59{,}89$
	40	40	40	160	

	a_1	a_2			b_1	b_2
$c_1\ (+)$	40	130	$c_1\ (+)$		20	150
$c_2\ (-)$	40	70	$c_2\ (-)$		60	50
	$\chi_A^2 = 5{,}39$				$\chi_B^2 = 59{,}89$	

	$ab_{11} + ab_{22}$	$ab_{12} + ab_{21}$
$c_1\ (+)$	130	40
$c_2\ (-)$	70	40
	$\chi_{A \times B}^2 = 5{,}39$	

Tabelle 8.29 c

Zelle	X_1	X_2	X_3	Y	N_i	
abc_{111}	1	1	1	1	10	$R_{y,x_1 x_2 x_3}^2 = 0{,}2139$
abc_{112}	1	1	1	0	30	
abc_{121}	1	-1	-1	1	30	$R_{y,x_1 x_2}^2 = 0{,}2139$
abc_{122}	1	-1	-1	0	10	
abc_{211}	-1	1	-1	1	10	$R_{y,x_1 x_3}^2 = 0{,}0296$
abc_{212}	-1	1	-1	0	30	
abc_{221}	-1	-1	1	1	120	$R_{y,x_2 x_3}^2 = 0{,}2139$
abc_{222}	-1	-1	1	0	40	

als auch Medikament a_2 führen bei 25 % der Bechterew-Patienten und bei 75 % der Gelenkrheumatiker zu einer Besserung (Haupteffekt B).

Man beschließt, die Untersuchung zur Kontrolle in einer Feldstudie zu replizieren. Dies geschieht in einer Rheumaklinik, in der sich 80 Patienten mit der relativ seltenen Bechterew-Krankheit (b_1) und 200 Patienten mit Gelenkrheumatismus (b_2) befinden. Von den 80 Patienten der Kategorie b_1 wurden jeweils 40 Patienten mit a_1 und mit a_2 behandelt. Von den 200 Patienten der Kategorie b_2 erhielten 40 das Medikament a_1 und die verbleibenden 160 Patienten a_2. Tabelle 8.29b faßt die Behandlungserfolge dieser Studie zusammen.

Die Ex-post-Klassifikation der N = 280 Rheumapatienten nach Art der Erkrankung und Art der Behandlung führt zu einer nichtorthogonalen (2 × 2) × 2-Tafel. Vergleicht man die Behandlungserfolge mit denen der genannten Laboruntersuchung, sind – abgesehen von der größeren Anzahl der mit a_2 behandelten Gelenkrheumatiker – keine Unterschiede festzustellen:

Medikament a_1 führt auch hier bei 25 % aller Bechterew-Erkrankungen und bei 75 % aller Gelenkrheumatiker zu einer Besserung. Das gleiche gilt für Medikament a_2; auch dieses Medikament zeigt bei 25 % der Bechterew-Kranken und bei 75 % der Gelenkrheumatiker eine positive Wirkung. Die Feldstudie kann damit ebenfalls weder globale (kein Haupteffekt A) noch krankheitsspezifische Wirkungsunterschiede (keine Interaktion A × B) nachweisen. Der Befund, daß man bei Gelenkrheumatismus sowohl mit a_1 als auch mit a_2 bessere Behandlungserfolge erzielt als bei Morbus Bechterew, wird durch beide Untersuchungen bestätigt.

Nun wollen wir versuchen, diese durch einfache Dateninspektion ermittelten Ergebnisse statistisch abzusichern. Dazu führen wir zunächst – wie in der Laboruntersuchung – χ^2-Analysen über die entsprechenden Randtafeln durch, mit dem überraschenden Resultat, daß der Unterschied zwischen den Medikamenten mit $\chi_A^2 = 5,39$ und Fg = 1 statistisch signifikant ist. Medikament a_1 führt bei 50 % aller Patienten und Medikament a_2 bei 65 % aller Patienten zu einer Besserung. Zudem ist bei dieser Auswertungsstrategie die Interaktion A × B mit $\chi_{A \times B}^2 = 5,39$ und Fg = 1 ebenfalls statistisch signifikant. Die mit a_1 behandelten Bechterew-Patienten und die mit a_2 behandelten Gelenkrheumatiker zeigen insgesamt zu 65 % eine positive Reaktion, während die mit a_2 behandelten Bechterew-Patienten zusammen mit den a_1-behandelten Gelenkrheumatikern nur in 50 % aller Fälle positiv reagieren. Muß aus diesen signifikanten χ^2-Werten nun gefolgert werden, daß sich die Medikamente a_1 und a_2 sowohl global als auch krankheitsspezifisch in ihrer Wirkung unterscheiden, daß also unsere per Dateninspektion gewonnenen Ergebnisse falsch sind?

Die Antwort heißt eindeutig nein. Die hier vorgenommene χ^2-Zerlegung, die wir zu Recht bei orthogonalen Tafeln anwenden können, führt bei nichtorthogonalen Tafeln zu irreführenden Resultaten. Wenn wir davon ausgehen, daß die Wirkquote des Medikamentes a_2 bei Gelenkrheumatikern 75 % beträgt, läßt sich bei sonst gleichbleibenden Bedingungen allein durch Vergrößerung der Stichprobe der Gelenkrheumatiker, die mit a_2 behandelt werden, ein beliebig großer χ^2-Wert für Haupteffekt A und die Interaktion A × B erzielen. (Um diesen Gedanken nachvollziehen zu können, möge man einfach die Anzahl der mit a_2 behandelten Gelenkrheumatiker auf 320 verdoppeln. Wenn wiederum 75 % aller Behandlungen erfolgreich verlaufen, resultiert bereits $\chi_A^2 = 11,01$).

Der Grund für diese Unstimmigkeit ist darin zu sehen, daß die χ^2-Komponenten bei einer nichtorthogonalen Tafel nicht voneinander unabhängig sind. Während bei einer orthogonalen Tafel $\chi^2_{tot} = \chi^2_A + \chi^2_B + \chi^2_{A \times B}$ gilt, das Gesamt-χ^2 der $(p \times q) \times 2$-Tafel also in voneinander unabhängige χ^2-Komponenten zerlegbar ist, errechnen wir für das vorliegende Beispiel einer nichtorthogonalen Tafel $\chi^2_A + \chi^2_B + \chi^2_{A \times B} = 5,39 + 59,89 + 5,39 = 70,67 > 59,89 = \chi^2_{tot}$. Die Abhängigkeit der χ^2-Komponenten (die sich durch korrelierende Kodiervariablen für die beiden Haupteffekte und die Interaktion nachweisen läßt) hat zur Folge, daß die mit den Randtafel-χ^2-Werten erfaßten Kontingenzanteile einander überlappen und damit nicht mehr eindeutig interpretierbar sind.

Diese Problematik läßt sich ausräumen, wenn wir den im ALM eingesetzten Lösungsweg (Bereinigung der korrelierenden Effekte wie in der nichtorthogonalen Varianzanalyse) analog auf nichtorthogonale Kontingenztafeln anwenden (vgl. Tabelle 8.29c). Wir kodieren zunächst die beiden Haupteffekte und die Interaktion durch 3 Kodiervariablen (Effektkodierung). Korreliert man nun jede dieser 3 Kodiervariablen mit der dummykodierten Kriteriumsvariablen Y, resultieren Korrelationen, die über die Beziehung $\chi^2 = N \cdot r^2$ zu den bereits bekannten, voneinander abhängigen χ^2-Komponenten führen.

Die multiple Korrelation aller 3 Kodiervariablen mit Y führt zu $R_{y,x_1x_2x_3} = 0,4625$ bzw. mit $\chi^2_{tot} = N \cdot R^2_{y,x_1x_2x_3} = 280 \cdot 0,4625^2 = 59,89$ zu dem bereits bekannten χ^2_{tot}-Wert für die $(2 \times 2) \times 2$-Tafel. Zieht man nun von $R^2_{y,x_1x_2x_3}$ denjenigen Varianzanteil der Kriteriumsvariablen Y ab, der auf X_2 und auf X_3 zurückgeht, verbleibt ein Varianzanteil, der ausschließlich auf X_1 bzw. dem Haupteffekt A beruht und der von X_2 und X_3 (d. h. dem Haupteffekt B und der Interaktion A × B) unabhängig ist. Diesen bereinigten Varianzanteil überprüfen wir analog Gl. (8.46) am Fehlervarianzanteil.

$$F_h = \frac{(R^2_{y,x_{tot}} - R^2_{y,x_{\bar{h}}}) \cdot (N - v_{tot} - 1)}{(1 - R^2_{y,x_{tot}}) \cdot v_h} \quad , \tag{8.48}$$

$$Fg_Z = v_h \text{ und } Fg_N = N - v_{tot} - 1 \quad .$$

Mit $X_{\bar{h}}$ ($\bar{h}$ lies: non h) werden die bei der Überprüfung einer Effekthypothese irrelevanten Kodiervariablen bezeichnet. (Bei der Überprüfung des Haupteffektes A mit $X_h = X_1$ wären $X_{\bar{h}}$ die Variablen X_2 und X_3.) Die nach Gl. (8.48) definierte Prüfgröße ist nach Muchowski (1988) für Kontingenztafeln mit mindestens 80 % aller $f_e > 5$ wie F verteilt. Sie führt bei orthogonalen Kontingenztafeln zu den gleichen Resultaten wie Gl. (8.46).

Wir ermitteln für unser Beispiel (vgl. Tabelle 8.19c):

$$F_A = \frac{(0,2139 - 0,2139) \cdot 276}{1 - 0,2139} = 0 \quad ,$$

$$F_B = \frac{(0,2139 - 0,0296) \cdot 276}{1 - 0,2139} = 64,71 \quad ,$$

$$F_{A \times B} = \frac{(0,2139 - 0,2139) \cdot 276}{1 - 0,2139} = 0 \quad .$$

Wie aufgrund der Dateninspektion zu erwarten war, ist nur der Haupteffekt B signifikant; die Werte $F_A = F_{A \times B} = 0$ hingegen zeigen an, daß hinsichtlich des Haupteffektes A und der Interaktion $A \times B$ keine Unterschiede bestehen.

Abschließend wollen wir fragen, welche interpretativen Konsequenzen es hat, wenn wir auf eine Bereinigung der Effekte bei einer nichtorthogonalen Tafel verzichten, wenn wir also die in Tabelle 8.29b genannten und nach Gl. (8.46) geprüften χ^2-Werte als Ergebnis der Feldstudie ansehen. Zur Beantwortung diese Frage ist eine Studie von Howell u. McConaughy (1982) einschlägig, in der gezeigt wird, daß eigentlich nur 2 der vielen genannten Strategien zur Bereinigung abhängiger Effekte im Rahmen des ALM sinnvoll sind (Modell I und Modell II, vgl. dazu auch Bortz, 1989, Kap. 14.3.7).

Das hier eingesetzte Modell I (Gl. (8.48)) vergleicht **ungewichtete** Mittelwerte, d. h. bezogen auf unser Beispiel werden mit dem Haupteffekt A identische Werte für $p(+|a_1) = (10/40 + 30/40)/2 = 0,5$ und $p(+|a_2) = (10/40 + 120/160)/2 = 0,5$ als durchschnittliche Besserungswahrscheinlichkeiten verglichen.

Die Überprüfung der Haupteffekte A und B mit Gl. (8.46) entspricht dem Modell II. Dieses Modell impliziert den Vergleich **gewichteter** Anteilsdurchschnitte, d. h. bezogen auf den Haupteffekt A unseres Beispiels werden $p(+|a_1) = (40 \cdot 10/40 + 40 \cdot 30/40)/80 = 0,5$ und $p(+|a_2) = (40 \cdot 10/40 + 160 \cdot 120/160)/200 = 0,65$ einander gegenübergestellt. Der hier resultierende Unterschied basiert – wie anhand des Beispiels bereits ausgeführt – einzig und allein auf der Tatsache, daß das Medikament a_2 häufiger bei Gelenkrheumatismus als bei Bechterew eingesetzt wurde. Gäbe es tatsächlich Unterschiede zwischen den Medikamenten a_1 und a_2, hätte man mit dem unbereinigten χ^2_A-Wert eine Prüfgröße ermittelt, die sowohl vom Wirkungsunterschied als auch vom Unterschied der Stichprobengrößen beeinflußt ist.

Wie wären also – um unsere eingangs gestellte Frage aufzugreifen – der unbereinigte χ^2_A-Wert bzw. der unbereinigte $\chi^2_{A \times B}$-Wert in unserem Beispiel zu interpretieren? Mit Sicherheit wäre es falsch, aus der Signifikanz des unbereinigten χ^2_A-Wertes zu folgern, Medikament a_2 sei wirksamer als Medikament a_1. Dieser χ^2-Wert reflektiert lediglich das Faktum, daß Ärzte (im Beispiel) dazu neigen, bei den gegenüber den Bechterew-Patienten erfolgreicher zu behandelnden Gelenkrheumatikern Medikament a_1 seltener und a_2 häufiger zu verordnen. Da nun Gelenkrheumatismus unter Rheumatikern stärker verbreitet ist als Morbus Bechterew, ist der gewichtete Anteil der erfolgreichen Behandlungen für Medikament a_2 natürlich größer als für Medikament a_1. Wenn also der Pharmabetrieb daran interessiert wäre, Medikament a_2 aus irgendwelchen Gründen häufiger zu verkaufen als Medikament a_1, müßte er den Ärzten empfehlen, a_2 vorrangig bei Gelenkrheumatismus und a_1 bei Morbus Bechterew zu verordnen.

Es wäre allerdings – gelinde gesagt – unseriös, diese Entscheidung damit zu begründen, Medikament a_2 sei – wie es der signifikante, unbereinigte $\chi^2_{A \times B}$-Wert suggeriert – speziell bei Gelenkrheumatismus wirksamer und Medikament a_1 bei Morbus Bechterew. Die korrekte Interpretation der unbereinigten Effekte müßte lauten: Unter den Kombinationen ab_{11} und ab_{12} werden weniger Patienten behandelt als unter den Kombinationen ab_{21} und $ab_{22} (\chi^2_A)$ bzw. unter den Kombinationen ab_{11} und ab_{22} werden mehr Patienten behandelt als unter den Kombinationen ab_{12} und $ab_{21} (\chi^2_{A \times B})$. Wegen dieser ungleich großen Stichprobenumfänge wird der signifi-

kante B-Effekt gewissermaßen in den Haupteffekt A und in die Interaktion A × B „hineingezogen": Das Resultat sind voneinander abhängige χ^2-Komponenten, die – als Indikatoren für die Wirksamkeit der verschiedenen Behandlungen isoliert interpretiert – zu falschen Schlüssen führen.

Das folgende Beispiel faßt das Vorgehen bei der Analyse einer nichtorthogonalen Kontingenztafel noch einmal zusammen.

Beispiel 8.4

Problem: Es soll überprüft werden, ob der Gebißzustand von Blasmusikern (Faktor A mit den Stufen a_1 = vollbezahnt, a_2 = lückenhaft) und die Gaumenneigung (Faktor B mit den Stufen b_1 = steil, b_2 = mittel, b_3 = flach) deren berufliche Qualifikation (abhängiges Merkmal C mit den Stufen c_1 = Sonderklasse, c_2 = sonstiges) beeinflussen. Eine Untersuchung von 298 Blasmusikern führte zu den in Tabelle 8.30 dargestellten Häufigkeiten.

Tabelle 8.30

	a_1			a_2			
	b_1	b_2	b_3	b_1	b_2	b_3	
c_1	18	22	7	4	4	1	56
c_2	64	82	26	5	29	36	242
	82	104	33	9	33	37	298

Hypothesen: Die berufliche Qualifikation wird durch die beiden Faktoren A und B bzw. deren Interaktion beeinflußt (H_1; $\alpha = 0,05$).

Auswertung: Wegen der Nichtorthogonalität der $(2 \times 3) \times 2$-Tafel wählen wir eine Auswertung nach den Richtlinien des ALM. Es resultiert die in Tabelle 8.31 dargestellte Designmatrix (effektkodierte Prädiktorvariablen und dummykodierte Kriteriumsvariable).

Tabelle 8.31

Zelle	X_1	X_2	X_3	X_4	X_5	Y	N_i
abc_{111}	1	1	0	1	0	1	18
abc_{112}	1	1	0	1	0	0	64
abc_{121}	1	0	1	0	1	1	22
abc_{122}	1	0	1	0	1	0	82
abc_{131}	1	−1	−1	−1	−1	1	7
abc_{132}	1	−1	−1	−1	−1	0	26
abc_{211}	−1	1	0	−1	0	1	4
abc_{212}	−1	1	0	−1	0	0	5
abc_{221}	−1	0	1	0	−1	1	4
abc_{222}	−1	0	1	0	−1	0	29
abc_{231}	−1	−1	−1	1	1	1	1
abc_{232}	−1	−1	−1	1	1	0	36

Wir ermitteln:

$$R^2_{y,x_{tot}} = 0,0408$$

$$R^2_{y,x_2x_3x_4x_5} = 0,0406$$

$$R^2_{y,x_1x_4x_5} = 0,0184$$

$$R^2_{y,x_1x_2x_3} = 0,0200 \quad .$$

Zur Kontrolle errechnen wir den χ^2-Wert für die 6 × 2-Tafel. Es ergibt sich $\chi^2_{tot} = 12,16 = 298 \cdot 0,0408$. Nach Gl. (8.48) resultieren die in Tabelle 8.32 dargestellten Ergebnisse.

Tabelle 8.32

Effekt	$R^2_{y,x_{tot}} - R^2_{y,x_{\bar{\imath}}}$	Fg_Z	Fg_N	F
A	0,0002	1	292	0,06
B	0,0224	2	292	3,41*
A × B	0,0208	2	292	3,17*
Total	0,0408	5	292	2,48*

Interpretation: Haupteffekt B und die Interaktion A × B beeinflussen den Berufserfolg signifikant. Wir errechnen als ungewichtete Anteilswerte für Faktor B:

$$p(c_1|b_1) = (18/82 + 4/9)/2 = 0,33 \quad ,$$

$$p(c_1|b_2) = (22/104 + 4/33)/2 = 0,17 \quad ,$$

$$p(c_1|b_3) = (7/33 + 1/37)/2 = 0,12 \quad .$$

Ein steiler Gaumen (b_1) ist für den beruflichen Erfolg eines Blasmusikers demnach am meisten ausschlaggebend. Aufgrund der signifikanten Interaktion gilt dieses Ergebnis jedoch in erster Linie für Musiker mit einem lückenhaften Gebiß. Bei vollbezahnten Musikern ist die Gaumenform für den beruflichen Erfolg praktisch irrelevant.

Anmerkung: Aufgrund der Randtafeln würde man $\chi^2_A = 3,86$, $\chi^2_B = 4,22$ und $\chi^2_{A \times B} = 1,95$ ermitteln, d. h. es wäre lediglich Haupteffekt A signifikant.

Das Beispiel macht damit deutlich, daß mit unbereinigten χ^2-Werten völlig andere Ergebnisse erzielt werden können als mit bereinigten und zusätzlich nach Gl. (8.48) geprüften Werten. **Bei nichtorthogonalen Tafeln kann die χ^2-Analyse zu einer Über- oder Unterschätzung der Effekte führen.** Ein Vergleich der gewichteten Anteilswerte (p') zeigt, warum der unbereinigte χ^2_A-Wert signifikant ist:

$$p'(c_1|a_1) = (18 + 22 + 7)/(82 + 104 + 33) = 0,21 \quad ,$$

$$p'(c_1|a_2) = (4 + 4 + 1)/(9 + 33 + 37) = 0,11 \quad .$$

Hätte man z. B. statt 9 Musiker in der Kategorie ab_{21} 90 Musiker untersucht, würde man bei gleichem beruflichen Erfolgsanteil in dieser Kategorie $p'(c_1|a_2) = 0,28$ bzw.

$\chi_A^2 = 2,23$ (n.s.) errechnen. Die Größe des unbereinigten χ_A^2-Wertes hängt also nicht nur von der Wirkung ab, die Faktor A auf das abhängige Merkmal ausübt, sondern auch von den unter den ab_{ij}-Kombinationen beobachteten Stichprobenumfängen. Die Anzahl der in einer Kombination der unabhängigen Merkmale angetroffenen Personen sollte jedoch für die Wirkung der unabhängigen Merkmale irrelevant sein.

Dies wird durch die Bereinigung gewährleistet. Durch sie kommt die Unterschiedlichkeit der ungewichteten durchschnittlichen Anteilswerte zum Ausdruck.

$$p(c_1|a_1) = (18/82 + 22/104 + 7/33)/3 = 0,21 \quad,$$
$$p(c_1|a_2) = (4/9 + 4/33 + 1/37)/3 = 0,20 \quad.$$

Die geringe Differenz von 0,01 findet ihren Niederschlag in dem Ergebnis $F_A = 0,06$.

Einzelvergleiche

Auch bei nichtorthogonalen Tafeln können Unterschiede zwischen Faktorstufen bzw. Faktorstufenkombinationen in Form von Einzelvergleichen auf Signifikanz getestet werden. Bezogen auf das Beispiel 8.4 wollen wir überprüfen, ob

— Blasmusiker mit steilem Gaumen (b_1) bessere Berufsaussichten haben als Musiker mit mittelsteilem Gaumen (b_2) und zwar unabhängig von der Qualität des Gebisses: ($ab_{11} + ab_{21}$) gegen ($ab_{12} + ab_{22}$);
— bei Musikern mit flachem Gaumen (b_3) die Qualität des Gebisses (vollständig $= a_1$ oder lückenhaft $= a_2$) für den Berufserfolg von Bedeutung ist: ab_{13} gegen ab_{23}.

Tabelle 8.33 zeigt mit X_1 und X_2, wie diese beiden Einzelvergleiche (unter Berücksichtigung der ungleich großen Stichprobenumfänge, vgl. S. 350) kodiert werden. Wir errechnen $r_{yx_1}^2 = 0,0033$ und $r_{yx_2}^2 = 0,0131$ bzw. über die Beziehung $\chi^2 = N \cdot r^2$ Werte $\chi_1^2 = 0,98$ und $\chi_2^2 = 3,90$. Die gleichen χ^2-Werte ermittelt man, wenn die $(2 \times 3) \times 2$-Tafel wie eine 6×2-Tafel aufgefaßt wird und die den Einzelvergleichen entsprechenden (im 1. Vergleich verdichteten) Teiltafeln nach Gl. (5.75) ausgewertet werden. Wie man sich leicht überzeugen kann, sind die beiden Einzelvergleiche wechselseitig orthogonal ($\sum_i N_i \cdot x_{1i} \cdot x_{2i} = 0$).

Tabelle 8.33

Zelle	X_1	X_2	X_1'	X_2'	X_3'	X_4'	X_5'	Y	N_i
abc_{111}	137	0	1	0	1	1	1	1	18
abc_{112}	137	0	1	0	1	1	1	0	64
abc_{121}	−91	0	−1	0	1	1	−1	1	22
abc_{122}	−91	0	−1	0	1	1	−1	0	82
abc_{131}	0	37	0	1	−2	0	0	1	7
abc_{132}	0	37	0	1	−2	0	0	0	26
abc_{211}	137	0	1	0	1	−1	−1	1	4
abc_{212}	137	0	1	0	1	−1	−1	0	5
abc_{221}	−91	0	−1	0	1	−1	1	1	4
abc_{222}	−91	0	−1	0	1	−1	1	0	29
abc_{231}	0	−33	0	−1	−2	0	0	1	1
abc_{232}	0	−33	0	−1	−2	0	0	0	36

Hilfsmatrix

$X_1:$ $(ab_{11} + ab_{21})$ gegen $(ab_{12} + ab_{22})$

X_2 ab_{13} gegen ab_{23}

$r_{yx_1}^2 = 0,0033;$ $r_{yx_2}^2 = 0,0131$

$\chi_1^2 = 298 \cdot 0,0033 = 0,98;$ $\chi_2^2 = 298 \cdot 0,0131 = 3,90$

$$R_{y,x'_1 x'_2 x'_3 x'_4 x'_5}^2 = 0,0408$$

$$R_{y,x'_2 x'_3 x'_4 x'_5}^2 = 0,0260$$

$$R_{y,x'_1 x'_3 x'_4 x'_5}^2 = 0,0277$$

Es besteht jedoch die Möglichkeit, daß diese Einzelvergleiche *von anderen* Einzelvergleichen abhängen. Um derartige Abhängigkeiten zu berücksichtigen und entsprechend zu bereinigen, schlagen wir folgende Auswertungsstrategie vor:

Man fertigt sich zunächst eine Hilfsdesignmatrix an, in der X'_1 und X'_2 (allgemein: die voneinander unabhängigen, a priori formulierten Einzelvergleiche) die entsprechenden Einzelvergleiche *ohne* Berücksichtigung der Stichprobenumfänge kodieren. Diese Kodiervariablen werden durch drei weitere Kodiervariablen (X'_3, X'_4, X'_5) ergänzt, so daß wiederum ohne Berücksichtigung der Stichprobenumfänge ein vollständiger Satz wechselseitig orthogonaler Kodiervariablen entsteht. Ein vollständiger Satz besteht allgemein aus v_{tot} Kodiervariablen.

Bei gleich großen Stichproben (oder orthogonalem Plan) korrelieren die Kodiervariablen der Hilfsmatrix wechselseitig zu 0. Berücksichtigt man hingegen die in Spalte N_i aufgeführten Häufigkeiten, resultieren korrelierende Kodiervariablen bzw. eine Korrelationsmatrix der Kodiervariablen, die die Nichtorthogonalitätsstruktur der Kontingenztafel charakterisiert.

Zur Kontrolle berechnen wir zunächst $R_{y,x'_{tot}}^2 = 0,0408$. Dieser Wert stimmt mit dem in Beispiel 8.4 errechneten Wert überein, d. h. die Variablen X'_1 bis X'_5 erklären den gleichen Varianzanteil wie die Effekte A, B und A × B. Die bereinigten Einzelvergleiche erhalten wir, wenn wir die a priori formulierten Einzelvergleiche X'_h nach Gl. (8.48) testen, wobei wir $R_{y,x'_{tot}}^2$ als Quadrat der multiplen Korrelation zwischen der abhängigen Variablen und den Kodiervariablen aller Einzelvergleiche einsetzen. Da für jeden Einzelvergleich Fg = 1 ist, gilt $v_h = 1$.

Wir errechnen für die uns interessierenden Einzelvergleiche

$$F_1 = \frac{(R_{y,x'_{tot}}^2 - R_{y,x'_2 x'_3 x'_4 x'_5}^2) \cdot (N - v_{tot} - 1)}{1 - R_{y,x'_{tot}}^2} = \frac{(0,0408 - 0,0260) \cdot 292}{1 - 0,0408}$$
$$= 4,50 \quad ,$$

$$F_2 = \frac{(R_{y,x'_{tot}}^2 - R_{y,x'_1 x'_3 x'_4 x'_5}^2) \cdot (N - v_{tot} - 1)}{1 - R_{y,x'_{tot}}^2} = \frac{(0,0408 - 0,0277) \cdot 292}{1 - 0,0408}$$
$$= 3,99 \quad .$$

Beide Einzelvergleiche sind – bereinigt und an der adäquaten Prüfvarianz geprüft – statistisch signifikant. [Bei den nach Gl. (5.75) berechneten Einzelvergleichs-χ^2-Werten wäre nur der 2. Einzelvergleich signifikant.]

Den 1. Einzelvergleich interpretieren wir wie folgt: Für den Anteil der Blas-musiker der Sonderklasse (c_1) errechnen wir als ungewichtete Anteilsdurchschnitte für

$$ab_{11} + ab_{21} : (18/82 + 4/9)/2 = 0,332$$

und für

$$ab_{12} + ab_{22} : (22/104 + 4/33)/2 = 0,166 .$$

Hypothese 1 wird also bestätigt. Vergleichen wir hingegen die gewichteten Anteils-durchschnitte, ergibt sich eine viel geringere Differenz:

$$ab_{11} + ab_{21} : 22/91 = 0,242 ,$$
$$ab_{12} + ab_{22} : 26/137 = 0,190 .$$

Diese geringe Differenz hat zur Folge, daß der χ^2-Wert für den unbereinigten Ein-zelvergleich ($\chi_1^2 = 0,98$) nicht signifikant ist.

Betrachten wir nun den 2. Einzelvergleich. Hier sind keine Anteilswerte zu-sammenzufassen, d. h. die Frage, ob gewichtet oder ungewichtet gemittelt wird, ist irrelevant. Wir ermitteln für

$$p(c_1 | ab_{13}) = 7/33 = 0,212$$

und für

$$p(c_1 | ab_{23}) = 1/37 = 0,027 .$$

Der Unterschied ist signifikant, d. h. bei Musikern mit flachem Gaumen ist die Qua-lität des Gebisses von Bedeutung (Hypothese 2).

Wir stellen damit zusammenfassend fest, daß die Bereinigung nur im 1. Vergleich wirksam ist. Der Grund dafür ist einfach. Der 1. Vergleich basiert auf zusammen-gefaßten Anteilswerten, die aus unterschiedlich großen Stichproben stammen, der 2. Vergleich hingegen nicht. Auf eine Bereinigung eines Einzelvergleiches kann also verzichtet werden, wenn der Einzelvergleich keine Anteilsaggregierung impliziert. Wir hätten den 2. Einzelvergleich also auch nach Gl. (8.47) testen können:

$$F = \frac{0,0131 \cdot 292}{1 - 0,0408} = 3,99 .$$

In allen anderen Fällen sollte – wie im Beispiel demonstriert – über einen „ursprüng-lich" (d. h. ohne Berücksichtigung der Stichprobenumfänge) orthogonalen Satz von Einzelvergleichen bereinigt werden. Dabei ist zu beachten, daß zu einem vorge-gebenen Einzelvergleich mehrere verschiedene Sätze orthogonaler Einzelvergleiche konstruiert werden können. Welcher Satz hierbei gewählt wird, ist für den Effekt der Bereinigung ohne Belang. Die Erstellung eines orthogonalen Satzes wird erleichtert, wenn man sich z. B. das Konstruktionsprinzip der umgekehrten Helmert-Kontraste (vgl. S. 347) zunutze macht.

Die Einzelvergleiche nach Jesdinski (1968) – vgl. 5.4.5 –, die man auch über $N \cdot r_{y,x_c}^2$ erhält, unterscheiden sich von den hier aufgeführten Einzelvergleichen damit in 2 Punkten:

– Die Einzelvergleiche sind weniger teststark, weil sie implizit von einer inadäquaten Fehlervarianz ausgehen. Dieser Unterschied besteht auch zu Einzelvergleichen in orthogonalen Plänen.

– Die auf mehrdimensionale nichtorthogonale Tafeln angewendeten Jesdinski-Einzelvergleiche können von anderen Einzelvergleichen abhängig sein und sollten in diesem Falle bereinigt werden.

Regression

Verwenden wir die Kodiervariablen X_1 bis X_5 im Beispiel 8.4 als Prädiktoren der dichotomen Kriteriumsvariablen Y, resultiert als Regressionsgleichung

$$\hat{y}_j = 0,0084x_{1j} + 0,1260x_{2j} - 0,0396x_{3j} - 0,1209x_{4j} + 0,0368x_{5j} + 0,2060 \quad .$$

Mit dieser Gleichung lassen sich Wahrscheinlichkeiten für den beruflichen Erfolg aufgrund der Merkmale A und B schätzen. Setzen wir beispielsweise den Kodierungsvektor für vollbezahnte Musiker mit flachem Gaumen (ab_{13}:1 − 1 − 1 − 1 − 1) in die Regressionsgleichung ein, errechnet man $\hat{y} = 0,2121$. Dieser Wert entspricht der relativen Häufigkeit für c_1 in der Gruppe ab_{13} (7/33=0,2121).

Die Regressionskoeffizienten sind hier wie folgt zu interpretieren: Die Höhenlage $\hat{\alpha}$ ergibt sich als ungewichteter Durchschnitt der 2 × 3 = 6 Anteilswerte für c_1:

$$\hat{\alpha} = (18/82 + 22/104 + 7/33 + 4/9 + 4/33 + 1/37)/6 = 0,2060 \quad .$$

Auch hier wie bei allen anderen bisher behandelten Regressionsanwendungen geben die $\hat{\beta}$-Gewichte an, wie dieser Durchschnittswert durch eine Faktorstufe bzw. Faktorstufenkombination verändert wird. $\hat{\beta}_2 = 0,1260$ besagt also, daß ein steiler Gaumen (b_1) die durchschnittliche Wahrscheinlichkeit, als Blasmusiker zur Sonderklasse zu zählen, um 0,126 erhöht. Den gleichen Wert erhält man als Differenz $p(c_1|b_1) - p(c_1) = (18/82 + 4/9)/2 - 0,2060 = 0,1260$. Für die Errechnung der in der Regressionsgleichung nicht enthaltenen $\hat{\beta}$-Gewichte gelten die auf S. 380 genannten Regeln.

8.1.5 Mehrdimensionale Tafeln: ein mehrfach gestuftes abhängiges Merkmal

Im Vordergrund des letzten Abschnittes stand die Untersuchung eines dichotomen abhängigen Merkmales in einer mehrdimensionalen Kontingenztafel. Nicht selten jedoch ist es sinnvoll oder erforderlich, das abhängige Merkmal in mehr als 2 Stufen zu erfassen. Wir denken in diesem Zusammenhang beispielsweise an die Untersuchung unterschiedlicher Nebenwirkungen eines Medikamentes (z. B. Übelkeit, Schwindelgefühle, keine Nebenwirkung) in Abhängigkeit von der Dosierung eines Medikamentes und der Art der behandelten Krankheit, an Farbwahlen in Abhängigkeit vom Geschlecht und vom Alter der untersuchten Person, an die Untersuchung von Parteipräferenzen in Abhängigkeit von der sozialen Schicht und Wohngegend der Befragten etc. Alle genannten Fragestellungen sind als $(p \times q) \times r$-Pläne darstellbar, mit p und q als Anzahl der Stufen der unabhängigen Merkmale A und B sowie r als Anzahl der Stufen des abhängigen Merkmals C. Verallgemeinerungen dieser Pläne auf mehr als 2 unabhängige Merkmale liegen auf der Hand und sind aus-

wertungstechnisch aus den bereits behandelten, mehrdimensionalen Plänen mühelos ableitbar.

Wie bei Plänen mit einem dichotomen abhängigen Merkmal unterscheiden wir auch bei mehrfach gestuften abhängigen Merkmalen zwischen orthogonalen und nichtorthogonalen Plänen. Wie bereits bekannt, bezeichnen wir einen Plan als nichtorthogonal, wenn die unter den Stufenkombinationen der unabhängigen Merkmale beobachteten Stichproben ungleich groß sind; andernfalls, bei gleich großen Stichproben, sprechen wir von einer orthogonalen Tafel.

8.1.5.1 Orthogonale Tafeln

Die Prinzipien der Analyse orthogonaler Tafeln mit einem mehrfach gestuften abhängigen Merkmal leiten sich teilweise aus der in 8.1.3 behandelten Analyse einer $k \times m$-Tafel und der im letzten Abschnitt behandelten Analyse mehrdimensionaler orthogonaler Tafeln mit einem dichotomen abhängigen Merkmal ab. Wir wollen deshalb das Vorgehen zunächst ohne weitere theoretische Vorbemerkungen an einem Beispiel demonstrieren.

Drei Ovulationshemmer (Faktor A mit den Stufen a_1, a_2 und a_3) sollen auf Nebenwirkungen bei jüngeren und älteren Frauen (Faktor B mit den Stufen b_1 und b_2) untersucht werden ($\alpha = 0,01$). Vorrangig interessiert Thromboseneigung als Stufe c_1 des abhängigen Merkmals C neben den Stufen „andere Nebenwirkungen" (c_2) und „keine Nebenwirkungen" (c_3). In einem klinischen Experiment werden mit jedem Medikament 20 junge und 20 ältere Frauen behandelt. Tabelle 8.34a zeigt die Ergebnisse der Untersuchungen.

Tabelle 8.34a

	a_1		a_2		a_3	
	b_1	b_2	b_1	b_2	b_1	b_2
c_1	1	5	4	9	0	3
c_2	7	5	3	2	2	6
c_3	12	10	13	9	18	11
	20	20	20	20	20	20

$$\chi^2_{tot} = 23,66$$
$$\chi^2_A = 11,48$$
$$\chi^2_B = 8,90$$
$$\chi^2_{A \times B} = 3,28$$

Tabelle 8.34 b

Zelle	X_1	X_2	X_3	X_4	X_5	Y_1	Y_2	N_i
abc_{111}	1	0	1	1	0	1	0	1
abc_{112}	1	0	1	1	0	0	1	7
abc_{113}	1	0	1	1	0	0	0	12
abc_{121}	1	0	-1	-1	0	1	0	5
abc_{122}	1	0	-1	-1	0	0	1	5
abc_{123}	1	0	-1	-1	0	0	0	10
abc_{211}	0	1	1	0	1	1	0	4
abc_{212}	0	1	1	0	1	0	1	3
abc_{213}	0	1	1	0	1	0	0	13
abc_{221}	0	1	-1	0	-1	1	0	9
abc_{222}	0	1	-1	0	-1	0	1	2
abc_{223}	0	1	-1	0	-1	0	0	9
abc_{311}	-1	-1	1	-1	-1	1	0	0
abc_{312}	-1	-1	1	-1	-1	0	1	2
abc_{313}	-1	-1	1	-1	-1	0	0	18
abc_{321}	-1	-1	-1	1	1	1	0	3
abc_{322}	-1	-1	-1	1	1	0	1	6
abc_{323}	-1	-1	-1	1	1	0	0	11

$$CR^2_{A(1)} = 0,07604$$

$$CR^2_{A(2)} = 0,01966$$

$$\sum_{i=1}^{2} CR^2_{A(i)} = 0,09570$$

$$CR^2_{B(1)} = 0,07417$$

$$CR^2_{A \times B(1)} = 0,02611$$

$$CR^2_{A \times B(2)} = 0,00117$$

$$\sum_{i=1}^{2} CR^2_{A \times B(i)} = 0,02728$$

$$CR^2_{tot(1)} = 0,14303$$

$$CR^2_{tot(2)} = 0,05412$$

$$\sum_{i=1}^{2} CR^2_{tot(i)} = 0,19715$$

$$\chi^2_A = 120 \cdot 0,09570 = 11,48$$

$$\chi^2_B = 120 \cdot 0,07417 = 8,90$$

$$\chi^2_{A \times B} = 120 \cdot 0,02728 = 3,28$$

$$\sum_{i=1}^{2} CR^2_{tot(i)} = \sum_{i=1}^{2} CR^2_{A(i)} + CR^2_{B(1)} + \sum_{i=1}^{2} CR^2_{A \times B(i)}$$
$$= 0,09570 + 0,07417 + 0,02728$$
$$= 0,19715$$

$$\chi_{tot}^2 \quad = \chi_A^2 + \chi_B^2 + \chi_A^2 \times_B$$
$$= 11,48 + 8,90 + 3,28$$
$$= 23,66 \quad .$$

Wir beginnen zunächst – wie bisher – mit der χ^2-Analyse der Kontingenztafel. Der χ^2-Wert für die gesamte (3 × 2) × 3-Tafel ($\chi_{tot}^2 = 23,66$) ist für Fg = 10 und $\alpha = 0,01$ signifikant. Aus den A × C- bzw. B × C-Randtafeln errechnen wir die ebenfalls auf dem $\alpha = 0,01$-Niveau signifikanten Werte $\chi_A^2 = 11,48$ und $\chi_B^2 = 8,90$. Den χ^2-Wert für die A × B-Interaktion bestimmen wir wegen der Orthogonalität des Planes subtraktiv: $\chi_{A \times B}^2 = 23,66 - 11,48 - 8,90 = 3,28$. Dieser Wert ist nicht signifikant.

Die gleichen Ergebnisse erhalten wir über die in Tabelle 8.34b angegebenen Rechenschritte. In der Designmatrix kodieren X_1 und X_2 den Haupteffekt A, X_3 den Haupteffekt B sowie X_4 und X_5 die Interaktion A × B (Effektkodierung). Das abhängige Merkmal ist durch 2 Dummyvariablen Y_1 und Y_2 kodiert (vgl. S. 357).

Wir führen als nächstes 4 kanonische Korrelationsanalysen durch: Die 1. kanonische Korrelationsanalyse überprüft den Gesamtzusammenhang und verwendet X_1 bis X_5 als Prädiktorvariablen sowie Y_1 und Y_2 als Kriteriumsvariablen. Es resultieren 2 kanonische Korrelationen mit $CR_{tot(1)}^2 = 0,1430$ und $CR_{tot(2)}^2 = 0,0541$.

Die 2. kanonische Korrelationsanalyse überprüft den Haupteffekt A und verwendet X_1 und X_2 als Prädiktorvariablen sowie Y_1 und Y_2 als Kriteriumsvariablen. Es resultieren zwei kanonische Korrelationen mit $CR_{A(1)}^2 = 0,0760$ und $CR_{A(2)}^2 = 0,0197$.

Die 3. kanonische Korrelationsanalyse überprüft den Haupteffekt B und verwendet X_3 als Prädiktorvariable sowie Y_1 und Y_2 als Kriteriumsvariablen. Es resultiert eine Korrelation mit $CR_B^2 = 0,0742$. Dieser Wert entspricht dem Quadrat der multiplen Korrelation $R_{y_1y_2,x_3}^2$.

Die 4. kanonische Korrelationsanalyse überprüft die Interaktion A × B und verwendet X_4 und X_5 als Prädiktorvariablen sowie Y_1 und Y_2 als Kriteriumsvariablen. Es resultieren 2 kanonische Korrelationen mit $CR_{A \times B(1)}^2 = 0,0261$ und $CR_{A \times B(2)}^2 = 0,0012$.

Im nächsten Schritt wird für jede kanonische Korrelationsanalyse die Summe der quadrierten kanonischen Korrelationen errechnet. Multiplizieren wir gemäß Gl. (8.40) diese Summen mit N, resultieren die bereits bekannten χ^2-Werte.

Eine Effektüberprüfung anhand dieser χ^2-Werte entspricht der χ^2-Analyse einer k × m-Tafel mit *einem* unabhängigen Merkmal, d. h. es handelt sich – wie auf S. 367 ausgeführt – um eine Auswertung, die einer einfaktoriellen (hier multivariaten) Varianzanalyse (mit Y_1 und Y_2 als abhängigen Variablen) entspricht. Da wir jedoch einen zweifaktoriellen (allgemein mehrfaktoriellen) Plan analysieren, läßt sich der Signifikanztest verschärfen, wenn wir eine Prüfmöglichkeit finden, die den durch alle unabhängigen Merkmale nicht erklärten Varianzanteil der abhängigen Variablen als Fehlervarianz verwendet.

Dazu betrachten wir erneut Gl. (8.48). Diese Gleichung ist nach Cohen [1977, S. 412, Gl. (9.27)] mit folgender Gleichung äquivalent (vgl. dazu auch Bredenkamp u. Erdfelder, 1985):

$$F = \frac{R^2_{(y \cdot x_{\bar{h}}),(x_h \cdot x_{\bar{h}})} \cdot Fg_N}{(1 - R^2_{(y \cdot x_{\bar{h}}),(x_h \cdot x_{\bar{h}})}) \cdot Fg_Z} \quad . \tag{8.48a}$$

Es bedeutet $Y \cdot X_{\bar{h}}$ die bezüglich $X_{\bar{h}}$ linear bereinigte, d. h. über eine lineare Regression hinsichtlich $X_{\bar{h}}$ residualisierte abhängige Variable Y. Dementsprechend bezeichnet $X_h \cdot X_{\bar{h}}$ die hypothesenrelevanten Variablen X_h, die hinsichtlich der hypothesenirrelevanten Variablen $X_{\bar{h}}$ bereinigt sind. (Diese Bereinigung ist für orthogonale Kontingenztafeln überflüssig, da hier X_h und $X_{\bar{h}}$ unabhängig sind. Wir wählen hier jedoch gleich den allgemeinen Ansatz, der auch für nichtorthogonale Kontingenztafeln gilt.) Die für Gl. (8.48) genannten Definitionen für Fg_N und Fg_Z gelten auch hier.

$R^2_{(y \cdot x_{\bar{h}}),(x_h \cdot x_{\bar{h}})}$ stellt damit den gemeinsamen Varianzanteil zwischen den unabhängigen Variablen X_h und der abhängigen Variablen Y dar, wobei die hypothesenirrelevanten Variablen $X_{\bar{h}}$ sowohl aus Y als auch aus X_h herauspartialisiert sind. $1 - R^2_{(y \cdot x_{\bar{h}}),(x_h \cdot x_{\bar{h}})}$ bezeichnet damit denjenigen Varianzanteil von Y, der weder durch X_h noch durch $X_{\bar{h}}$ erklärbar ist. Dies ist üblicherweise der Fehlervarianzanteil.

Nun haben wir es jedoch nicht nur mit einer abhängigen Variablen Y, sondern mit mehreren abhängigen Variablen zu tun, d. h. Gl. (8.48a) muß multivariat erweitert werden. Statt einer multiplen Korrelation über die residualisierten Variablen Y und X_h errechnen wir mit folgendem Prüfkriterium V_p (partielles V-Kriterium) kanonische Korrelationen zwischen mehreren residualisierten abhängigen Variablen Y und X_h:

$$V_p = \sum_{i=1}^{s} CR^2_{i(y \cdot x_{\bar{h}}),(x_h \cdot x_{\bar{h}})} \quad . \tag{8.49}$$

Die in Gl. (8.49) verwendeten Symbole haben folgende Bedeutung: $Y \cdot X_{\bar{h}}$ und $X_h \cdot X_{\bar{h}}$ symbolisieren 2 Variablensätze Y und X_h, aus denen der Variablensatz $X_{\bar{h}}$ herauspartialisiert ist. Die kanonische Korrelationsanalyse über diese residualisierten Variablensätze führt zu $s = \min(v_h, w)$ kanonischen Korrelationen mit v_h = Anzahl der hypothesenrelevanten Kodiervariablen und w = Anzahl der abhängigen Variablen Y.

Der V_p-Wert läßt sich rechentechnisch einfacher über folgende Gleichung bestimmen (zur Herleitung dieser Gleichung aus Gleichung 17 bei Cohen, 1982, vgl. Bortz u. Muchowski, 1988):

$$V_p = \left(\sum_{i=1}^{t} CR^2_{i(yx_{\bar{h}}),(x_h x_{\bar{h}})} \right) - v_{\bar{h}} \quad . \tag{8.49a}$$

Die Summe der quadrierten kanonischen Korrelationen in Gl. (8.49) ist identisch mit der Summe der quadrierten kanonischen Korrelationen zwischen einem Variablensatz $YX_{\bar{h}}$, der die Kriteriumsvariablen Y und die hypothesenirrelevanten Kodiervariablen $X_{\bar{h}}$ enthält und einem Variablensatz $X_h X_{\bar{h}}$ mit den hypothesenrelevanten und den hypothesenirrelevanten Kodiervariablen X_h und $X_{\bar{h}}$ (also allen Kodiervariablen X_{tot}), abzüglich der Anzahl der hypothesenirrelevanten Kodiervariablen $v_{\bar{h}}$. Die kanonische Korrelationsanalyse dieser beiden Variablensätze führt zu $t = \min(v_{\bar{h}} + w, v_{tot})$ kanonischen Korrelationen (v_{tot} = Anzahl aller Kodiervariablen X_{tot}).

Das partielle V-Kriterium testen wir in Anlehnung an Pillai (1960, S. 19) approximativ über die F-Verteilung:

$$F = \frac{V_p \cdot (N - Z - w + s)}{b \cdot (s - V_p)} \tag{8.50}$$

mit

Z = Anzahl der Zellen (= Stufenkombinationen der unabhängigen Merkmale)

w = Anzahl der abhängigen Variablen (= $r - 1$)

s = min (v_h, w)

b = max (v_h, w)

Die in Gl. (8.50) definierte Prüfgröße ist mit $Fg_Z = v_h \cdot w$ und $Fg_N = s \cdot (N-Z-w+s)$ approximativ F-verteilt, wenn mindestens 80 % aller $f_e > 5$ sind (vgl. Muchowski, 1988).

Es kommt gelegentlich vor, daß man die Bedeutung eines Effektes h nicht in bezug auf alle r Stufen eines abhängigen Merkmals überprüfen will, sondern nur in bezug auf eine Teilmenge von r' Stufen. In diesem Falle ermittelt man folgenden, hinsichtlich $X_{\bar{h}}$ und $Y_{\bar{h}}$ bereinigten V_{pp}-Wert:

$$V_{pp} = \left(\sum_{i=1}^{t} CR^2_{i(y_h y_{\bar{h}} x_{\bar{h}}),(x_h x_{\bar{h}} y_{\bar{h}})} \right) - (v_{\bar{h}} + w_{\bar{h}}) \tag{8.51}$$

mit

t = min ($w_{tot} + v_{\bar{h}}, v_{tot} + w_{\bar{h}}$),

Y_h = Satz der hypothesenrelevanten Kriteriumsvariablen Y,

$Y_{\bar{h}}$ = Satz der hypothesenirrelevanten Kriteriumsvariablen Y.

$w_{\bar{h}}$ = $r - r'$=Anzahl der hypothesenirrelevanten Kriteriumsvariablen Y

Auch V_{pp} wird approximativ über Gl. (8.50) getestet mit $s = \min(v_h, w_h)$, $b = \max(v_h, w_h)$ und $w_h = r' - 1$. Für die Zählerfreiheitsgrade setzen wir $Fg_Z = v_h \cdot w_h$ bei unveränderten Nennerfreiheitsgraden (zur inhaltlichen Bedeutung des doppelt bereinigten V_{pp}-Wertes vgl. S.407).

Bezogen auf das Beispiel in Tabelle 8.34 errechnet man nach Gl. (8.49a) und Gl. (8.50) die folgenden Resultate:

Faktor A

1. Variablensatz: Y_1, Y_2, X_3, X_4, X_5;   2. Variablensatz: X_1, X_2, X_3, X_4, X_5;

$$V_p = (1 + 1 + 1 + 0,08103 + 0,02049) - 3 = 0,10152$$

$$F_A = \frac{0,10152 \cdot (120 - 6 - 2 + 2)}{2 \cdot (2 - 0,10152)} = 3,05^{**}$$

$$Fg_Z = 2 \cdot 2 = 4; Fg_N = 2 \cdot (120 - 6 - 2 + 2) = 228 \quad .$$

Faktor B

1. Variablensatz: $Y_1, Y_2, X_1, X_2, X_4, X_5$;   2. Variablensatz: X_1, X_2, X_3, X_4, X_5;

$$V_p = (1 + 1 + 1 + 1 + 0,07914) - 4 = 0,07914$$

$$F_B = \frac{0,07914 \cdot (120 - 6 - 2 + 1)}{2 \cdot (1 - 0,07914)} = 4,86^{**}$$

$$Fg_Z = 1 \cdot 2 = 2; Fg_N = 120 - 6 - 2 + 1 = 113 \quad .$$

Interaktion $A \times B$
1. Variablensatz: Y_1, Y_2, X_1, X_2, X_3; 2. Variablensatz: X_1, X_2, X_3, X_4, X_5;

$$V_p = (1 + 1 + 1 + 0,02698 + 0,00136) - 3 = 0,02834$$

$$F_{A \times B} = \frac{0,02834 \cdot (120 - 6 - 2 + 2)}{2 \cdot (2 - 0,02834)} = 0,82$$

$$Fg_Z = 2 \cdot 2 = 4; Fg_N = 2 \cdot (120 - 6 - 2 + 2) = 228 \quad .$$

Total
1. Variablensatz: Y_1, Y_2; 2. Variablensatz: X_1, X_2, X_3, X_4, X_5;

$$V_p = 0,14303 + 0,05412 = 0,19715$$

$$F_{tot} = \frac{0,19715 \cdot (120 - 6 - 2 + 2)}{5 \cdot (2 - 0,19715)} = 2,49^{**}$$

$$Fg_Z = 5 \cdot 2 = 10; Fg_N = 2 \cdot (120 - 6 - 2 + 2) = 228 \quad .$$

Diese Ergebnisse sind in Tabelle 8.35 zusammengefaßt.

Tabelle 8.35

Effekt	V_p	Fg_Z	Fg_N	F
A	0,10152	4	228	3,05**
B	0,07914	2	113	4,86**
$A \times B$	0,02834	4	228	0,82
Total	0,19715	10	228	2,49**

Die statistischen Entscheidungen stimmen in diesem Beispiel mit den aufgrund der χ^2-Analysen zu treffenden Entscheidungen überein. Die 3 Ovulationshemmer unterscheiden sich hinsichtlich ihrer Nebenwirkungen. Detailliertere Informationen sind der $A \times C$-Randtafel (ggf. ergänzt durch eine KFA, vgl. 5.4.6) zu entnehmen. Beim 3. Medikament beläuft sich das Thromboserisiko auf p = 3/40 = 0,075 und beim 2. Medikament auf p = 13/40 = 0,325. Auch hinsichtlich der Kategorie „keine Nebenwirkungen" schneidet Medikament a_3 mit p = 29/40 = 0,725 besser ab als die übrigen Medikamente.

Der signifikante Haupteffekt B besagt, daß auch das Alter der Frauen für das Nebenwirkungsrisiko bedeutsam ist. Bei älteren Frauen ist das generelle Thromboserisiko mit p = 17/60 = 0,283 etwa dreimal so hoch wie bei jüngeren Frauen mit p = 5/60 = 0,083.

Die $A \times B$-Interaktion ist nicht signifikant.

Die mit Gl. (8.50) angegebene Prüfstatistik können wir auch bei nichtorthogonalen Tafeln einsetzen (vgl. 8.1.5.2). Ferner kann man zeigen, daß die Gleichungen (8.46) bis (8.48) Spezialfälle von Gl. (8.50) darstellen.

Einzelvergleiche

Zur Demonstration von Einzelvergleichen fahren wir mit der Analyse des genannten Beispiels fort. Es interessieren 2 a priori formulierte Einzelvergleiche:

- Ältere Frauen neigen bei dem Ovulationshemmer a_2 häufiger zu Thrombose als beim Ovulationshemmer a_3. Dieser Vergleich kontrastiert auf seiten der unabhängigen Merkmale ab_{22} gegen ab_{32}. Hinsichtlich des abhängigen Merkmals ist Thrombose mit keine Thrombose, also c_1 gegen $c_2 + c_3$ zu kontrastieren.
- Die Art der Nebenwirkungen von a_1 unterscheidet sich nicht von der Art der Nebenwirkungen von a_2 und a_3. Hier ist also a_1 gegen $a_2 + a_3$ hinsichtlich aller 3 Stufen des abhängigen Merkmals zu kontrastieren.

Tabelle 8.36 zeigt mit X_1 und X_2 die Kodierung dieser beiden Einzelvergleiche.

Tabelle 8.36

X_1	X_2	X_3	X_4	X_5	Y_1	Y_2	N_i
0	2	1	0	0	1	0	1
0	2	1	0	0	0	1	7
0	2	1	0	0	0	0	12
0	2	-1	0	0	1	0	5
0	2	-1	0	0	0	1	5
0	2	-1	0	0	0	0	10
0	-1	0	1	1	1	0	4
0	-1	0	1	1	0	1	3
0	-1	0	1	1	0	0	13
1	-1	0	-1	0	1	0	9
1	-1	0	-1	0	0	1	2
1	-1	0	-1	0	0	0	9
0	-1	0	1	-1	1	0	0
0	-1	0	1	-1	0	1	2
0	-1	0	1	-1	0	0	18
-1	-1	0	-1	0	1	0	3
-1	-1	0	-1	0	0	1	6
-1	-1	0	-1	0	0	0	11

X_1: ab_{22} gegen ab_{32} und c_1 gegen $C_2 + C_3$
X_2: a_1 gegen $a_2 + a_3$

Da Y_1 die Stufen c_1 gegen $c_2 + c_3$ kontrastiert (d. h. zwischen anderen Nebenwirkungen und keinen Nebenwirkungen wird bei diesem Einzelvergleich nicht unterschieden), gibt $r^2_{y_1 x_1} = 0,0501$ den durch den ersten Einzelvergleich erklärten Varianzanteil wieder. Dieser Einzelvergleich wird genauso überprüft wie ein Einzelvergleich aus einer Kontingenztafel mit einer dichotomen abhängigen Variablen, d. h. wir können Gl. (8.47) verwenden.

Den Fehlervarianzanteil bestimmen wir einfachheitshalber über die Designmatrix in Tabelle 8.34b, wobei allerdings nur Y_1 als abhängige Variable eingesetzt wird. Wir errechnen $R^2_{y_1, x_{tot}} = 0,1429$ und nach Gl. (8.47):

$$F = \frac{0,0501 \cdot (120 - 6)}{1 - 0,1429} = 6,66^* \quad Fg_Z = 1; Fg_N = 114 \quad .$$

Dieser Einzelvergleich ist auf dem 5%-Niveau signifikant. Tabelle 8.34a ist zu entnehmen, daß ältere Frauen unter a_2 häufiger an Thrombose erkranken (p = 9/20 = 0,45) als unter a_3 (p = 3/20 = 0,15).

Der 2. Einzelvergleich bezieht sich auf beide abhängigen Variablen, d.h. es handelt sich um einen *multivariaten Einzelvergleich*. Wir testen ihn deshalb über Gl. (8.49) und müssen dabei klären, was die hypothesenirrelevanten Variablen $X_{\bar{h}}$ sind. Diese finden wir, indem wir den hypothesenrelevanten Einzelvergleich X_2 zu einem vollständigen Satz orthogonaler Einzelvergleiche ergänzen. Dies ist in Tabelle 8.36 mit den Variablen X_1, X_3, X_4 und X_5 geschehen. Die Einzelvergleiche X_1 bis X_5 stellen einen Satz orthogonaler Einzelvergleiche dar. Mit X_1, X_3, X_4 und X_5 als $X_{\bar{h}}$ ermitteln wir nach Gl. (8.49a):

$$V_p = (1 + 1 + 1 + 1 + 0,02705) - 4 = 0,02705$$

und nach Gl. (8.50):

$$F = \frac{0,02705 \cdot (120 - 6 - 2 + 1)}{2 \cdot (1 - 0,02705)} = 1,57 \quad (Fg_Z = 1; Fg_N = 113) \quad .$$

Dieser F-Wert ist für $Fg_Z = 2$ und $Fg_N = 113$ nicht signifikant. Medikament a_1 unterscheidet sich von den Medikamenten a_2 und a_3 nicht in bezug auf seine Nebenwirkungen.

Regression

Die Regressionsanalyse bei einer mehrdimensionalen Kontingenztafel mit einem mehrfach gestuften abhängigen Merkmal läßt sich einfach aus den bisherigen Ausführungen ableiten. Ausgehend von Tabelle 8.34b ermitteln wir 2 Regressionsgleichungen mit jeweils X_1 bis X_5 als Prädiktorvariablen und Y_1 bzw. Y_2 als Kriteriumsvariablen. Für das Beispiel errechnen wir:

$$\hat{y}_{1i} = -0,0333x_{1i} + 0,1417x_{2i} - 0,1000x_{3i} + 0,0000x_{4i}$$
$$- 0,0250x_{5i} + 0,1833 \quad ,$$

$$\hat{y}_{2i} = 0,0917x_{1i} - 0,0833x_{2i} - 0,0083x_{3i} + 0,0583x_{4i}$$
$$+ 0,0333x_{5i} + 0,2083 \quad .$$

Die 1. Regressionsgleichung schätzt für die verschiedenen Faktorstufenkombinationen (Kodierungsvektoren) Wahrscheinlichkeiten für Thrombose und die 2. Regressionsgleichung Wahrscheinlichkeiten für andere Nebenwirkungen. Die Wahrscheinlichkeiten für „keine Nebenwirkungen" ergeben sich − wie das folgende Zahlenbeispiel zeigt − subtraktiv. Für junge Frauen mit dem Ovulationshemmer a_2(Kodierungsvektor 01101) resultiert eine Thrombosewahrscheinlichkeit von $p(c_1|ab_{21}) = 0,20$ und eine Wahrscheinlichkeit für andere Nebenwirkungen von $p(c_2|ab_{21}) = 0,15$. Die Wahrscheinlichkeit, daß bei diesen Frauen keine Nebenwirkungen auftreten, beträgt damit $p(c_3|ab_{21}) = 1 - 0,20 - 0,15 = 0,65$. Diese Werte sind auch als relative Häufigkeiten direkt aus Tabelle 8.34a ablesbar.

Hinsichtlich der Interpretation der Regressionskoeffizienten verweisen wir auf 8.1.3.4.

8.1.5.2 Nichtorthogonale Tafeln

Orthogonale Tafeln dürften bei Kontingenztafelanalysen eher die Ausnahme sein als die Regel, denn viele Kontingenztafeln werden durch Ex-post-Klassifikation einer Stichprobe nach den Stufen der unabhängigen und abhängigen Merkmale gebildet, wobei − anders als bei geplanten experimentellen Studien mit randomisierten Stichproben − der Untersuchende keinen Einfluß auf die unter den einzelnen Stufenkombinationen der unabhängigen Merkmale anfallenden Stichproben hat.

Die Nichtorthogonalität einer Kontingenztafel hat − so haben wir im Abschnitt 8.1.4.2 gesehen − zur Folge, daß die einzelnen Effekt-χ^2-Werte wechselseitig konfundiert und damit nicht interpretierbar sind. Sie müssen deshalb hinsichtlich der hypothesenirrelevanten Kodiervariablen $X_{\bar{h}}$ bereinigt werden. Diese Bereinigung erfolgt − wie bereits ausgeführt − über Gl. (8.49) bzw. Gl. (8.49a). Wir können uns deshalb sogleich einem (leider fiktiven) Beispiel für die Analyse einer nichtorthogonalen Kontingenztafel mit einem mehrfach gestuften abhängigen Merkmal zuwenden.

Beispiel 8.5

Problem: Nach massiven Aufklärungskampagnen über die Gefahren der Immunschwäche Aids führt das Bundesgesundheitsministerium bei 200 homosexuellen und 800 nicht homosexuellen Männern (unabhängiges Merkmal A mit den Stufen a_1 = homosexuell und a_2 = nicht homosexuell) anonyme Befragungsaktionen über deren Sexualverhalten durch. Die freiwillig an der Untersuchung teilnehmenden Befragten werden zudem nach ihrem Schulabschluß klassifiziert (unabhängiges Merkmal B mit den Stufen b_1 = Gymnasium, b_2 = Realschule, b_3 = Hauptschule). Das abhängige Merkmal wird durch 4 Antwortkategorien auf die Frage erfaßt, wie sich die Aidsgefahr auf das eigene Sexualverhalten auswirkt: c_1 = Sexuelle Einschränkung, c_2 = „safer sex" praktizieren, c_3 = Kondome benutzen, c_4 = Keine Auswirkungen.

Daten: Die Befragten hatten nur die „überwiegend zutreffende" Antwortalternative anzukreuzen. Tabelle 8.37 zeigt die Ergebnisse der Befragung.

Es resultiert eine nichtorthogonale $(2 \times 3) \times 4$-Tafel.

Tabelle 8.37

	a_1			a_2			
	b_1	b_2	b_3	b_1	b_2	b_3	
c_1	2	5	7	42	16	58	130
c_2	18	19	26	14	74	81	232
c_3	8	12	12	68	90	148	338
c_4	12	39	40	66	110	33	300
	40	75	85	190	290	320	1000

Hypothesen: Es soll überprüft werden, ob sich die Aidsgefahr unterschiedlich auf die Sexualpraktiken homosexueller und nicht homosexueller Männer auswirkt (Haupteffekt A); ferner interessieren Unterschiede zwischen Männern mit Gymnasial-, Real- und Hauptschulabschluß (Haupteffekt B) sowie die Interaktion A × B ($\alpha = 0,01$).

Auswertung: Zunächst übertragen wir die (2 × 3) × 4-Tafel in eine Designmatrix (mit effektkodierten Prädiktoren und dummykodierten Kriterien) (Tabelle 8.38).

Tabelle 8.38

X_1	X_2	X_3	X_4	X_5	Y_1	Y_2	Y_3	N_i
1	1	0	1	0	1	0	0	2
1	1	0	1	0	0	1	0	18
1	1	0	1	0	0	0	1	8
1	1	0	1	0	0	0	0	12
1	0	1	0	1	1	0	0	5
1	0	1	0	1	0	1	0	19
1	0	1	0	1	0	0	1	12
1	0	1	0	1	0	0	0	39
1	−1	−1	−1	−1	1	0	0	7
1	−1	−1	−1	−1	0	1	0	26
1	−1	−1	−1	−1	0	0	1	12
1	−1	−1	−1	−1	0	0	0	40
−1	1	0	−1	0	1	0	0	42
−1	1	0	−1	0	0	1	0	14
−1	1	0	−1	0	0	0	1	68
−1	1	0	−1	0	0	0	0	66
−1	0	1	0	−1	1	0	0	16
−1	0	1	0	−1	0	1	0	74
−1	0	1	0	−1	0	0	1	90
−1	0	1	0	−1	0	0	0	110
−1	−1	−1	1	1	1	0	0	58
−1	−1	−1	1	1	0	1	0	81
−1	−1	−1	1	1	0	0	1	148
−1	−1	−1	1	1	0	0	0	33

Die weitere Auswertung unterteilen wir in 4 Schritte:

Total: Die kanonische Korrelationsanalyse über die Variablensätze X_1 bis X_5 und Y_1 bis Y_3 führt zu folgenden Ergebnissen:

$$CR_1^2 = 0,1194$$
$$CR_2^2 = 0,0467$$
$$\underline{CR_3^2 = 0,0066}$$
$$V_p = 0,1727 \quad \chi_{tot}^2 = 1000 \cdot 0,1727 = 172,7 \ (Fg = 15) \quad .$$

Den χ_{tot}^2-Wert ermitteln wir auch, wenn die (2 × 3) × 4-Tafel als 6 × 4-Tafel aufgefaßt und nach Gl. (5.58) ausgewertet wird.

Haupteffekt A: Wir bilden 2 Variablensätze. Der 1. Variablensatz enthält die Variablen Y_1 bis Y_3 und X_2 bis X_5; der 2. Variablensatz enthält die Variablen X_1 bis X_5. Das Ergebnis der kanonischen Korrelationsanalyse sind die folgenden 5 quadrierten kanonischen Korrelationen:

$$CR_1^2 = 1$$
$$CR_2^2 = 1$$
$$CR_3^2 = 1$$
$$CR_4^2 = 1$$
$$\underline{CR_5^2 = 0,0543}$$
$$V_p \;\; = 4,0543 - 4 = 0,0543 \quad .$$

Hier resultiert ein bereinigter χ_A^2-Wert von $1000 \cdot 0,0543 = 54,3$, dem ein unbereinigter χ^2-Wert von 57,8 gegenübersteht.

Haupteffekt B: Wir bilden 2 Variablensätze: Der 1. Variablensatz enthält die Variablen Y_1 bis Y_3, X_1, X_4 und X_5; der 2. Variablensatz enthält die Variablen X_1 bis X_5. Für diese beiden Variablensätze ergeben sich die folgenden 5 quadrierten kanonischen Korrelationen:

$$CR_1^2 = 1$$
$$CR_2^2 = 1$$
$$CR_3^2 = 1$$
$$CR_4^2 = 0,0213$$
$$\underline{CR_5^2 = 0,0003}$$
$$V_p \;\; = 3,0216 - 3 = 0,0216 \quad .$$

Der bereinigte χ_B^2-Wert ergibt sich also zu $1000 \cdot 0,0216 = 21,6$. Der für die B $\times$ C-Randtafel unbereinigte Wert beträgt demgegenüber $\chi^2 = 77,9(!)$.

Interaktion A $\times$ B: Zu korrelieren sind der 1. Variablensatz mit Y_1 bis Y_3 und X_1 bis X_3 sowie der 2. Variablensatz mit X_1 bis X_5. Die kanonische Korrelationsanalyse führt zu folgenden Ergebnissen:

$$CR_1^2 = 1$$
$$CR_2^2 = 1$$
$$CR_3^2 = 1$$
$$CR_4^2 = 0,0269$$
$$\underline{CR_5^2 = 0,0123}$$
$$V_p \;\; = 3,0392 - 3 = 0,0392 \quad .$$

Diesem V_p-Wert entspricht ein bereinigter $\chi_{A \times B}$-Wert von $1000 \cdot 0,0392 = 39,2$. Hätten wir nicht bereinigt, würden wir $\chi^2 = 97,3$ ermitteln.

Tabelle 8.39 faßt die nach Gl. (8.50) geprüften Ergebnisse zusammen.

Tabelle 8.39

Effekt	V_p	Fg_Z	Fg_N	F
A	0,0543	3	992	18,99 **
B	0,0216	6	1986	3,61 **
A × B	0,0392	6	1986	6,62 **
Total	0,1727	15	2982	12,14 **

Sämtliche Effekte sind (vor allem bedingt durch die große Stichprobe von N = 1000) für $\alpha = 0,01$ statistisch signifikant.

Interpretation: Zur Interpretation betrachten wir die ungewichteten Anteilsdurchschnitte (Tabelle 8.40a,b).

Tabelle 8.40a

	a_1	a_2
c_1	0,07	0,15
c_2	0,34	0,19
c_3	0,17	0,38
c_4	0,43	0,28

Tabelle 8.40b

	b_1	b_2	b_3
c_1	0,14	0,06	0,13
c_2	0,26	0,25	0,28
c_3	0,28	0,24	0,30
c_4	0,32	0,45	0,29

Der Wert 0,07 z. B. in der Zelle ac_{11} ergibt sich aus der Berechnung $(2/40 + 5/75 + 7/85)/3 = 0,07$.

Etwa 7 % der homosexuellen Männer schränken sich sexuell ein (c_1) gegenüber 15 % der nicht homosexuellen Männer. 34 % der homosexuellen Männer praktizieren „safer sex" (c_2) gegenüber 19 % der nicht homosexuellen Männer etc.

Der B × C-Tabelle ist zu entnehmen, daß der größte Teil der Gymnasiasten die Kategorie „keine Änderung" (c_4) angekreuzt hat (32 %); dieser Wert wird von den Realschülern mit 45 % deutlich übertroffen. In der Kategorie „safer sex" (c_2) machen sich die unterschiedlichen Schulabschlüsse am wenigsten bemerkbar. (Man beachte, daß in dieser Kategorie die gewichteten Anteilsdurchschnitte, die dem unbereinigten χ_B^2-Wert entsprechen, deutlich anders ausfallen. Sie betragen für b_1 $32/230 = 0,14$, für b_2 $93/365 = 0,25$ und für b_3 $107/405 = 0,26$.)

Hinsichtlich der A × B-Interaktion wollen wir es dabei bewenden lassen, die Reaktionen auf die Kategorie c_4 (keine Änderung) zu analysieren. Hier ergibt sich das in Tabelle 8.41 dargestellte Bild.

Tabelle 8.41

	Homosexuelle	Nicht Homosexuelle
Gymnasium	0,30	0,35
Realschule	0,52	0,38
Hauptschule	0,47	0,10

Der größte Unterschied zeigt sich bei den Hauptschülern. Hier kreuzen 47 % (40 von 85) der Homosexuellen und nur 10 % (33 von 320) der nicht Homosexuellen die Kategorie „keine Änderung" an. Dementsprechend wären die 3 übrigen Antwortkategorien zu untersuchen (und ggf. in Interaktionsdiagrammen darzustellen; vgl. S. 374).

Einzelvergleiche

Zu der in Beispiel 8.5 genannten Problematik sollen aus Demonstrationsgründen 2 a priori formulierte Einzelvergleiche überprüft werden:

— Der Anteil der Kondombenutzer ist bei homosexuellen Männern mit Gymnasialabschluß geringer als bei nicht homosexuellen Männern mit Gymnasialabschluß: ab_{11} gegen ab_{21} und $(c_1 + c_2 + c_4)$ gegen c_3.
— Der Anteil derjenigen, die angesichts der Aidsgefahr ihr Sexualverhalten nicht ändern bzw. nur einschränken, ist bei Männern mit Gymnasialabschluß größer als bei Männern ohne Gymnasialabschluß: $ab_{.1}$ gegen $(ab_{.2} + ab_{.3})$ und $(c_1 + c_4)$ gegen $(c_2 + c_3)$.

Tabelle 8.42 zeigt die Designmatrix für die Prüfung dieser beiden Einzelvergleiche.

Tabelle 8.42

X_1	X_2	X_3	X_4	X_5	Y_1	Y_2	N_i
1	2	0	0	0	0	1	2
1	2	0	0	0	0	0	18
1	2	0	0	0	1	0	8
1	2	0	0	0	0	1	12
0	−1	1	1	0	0	1	5
0	−1	1	1	0	0	0	19
0	−1	1	1	0	1	0	12
0	−1	1	1	0	0	1	39
0	−1	−1	1	0	0	1	7
0	−1	−1	1	0	0	0	26
0	−1	−1	1	0	1	0	12
0	−1	−1	1	0	0	1	40
−1	2	0	0	0	0	1	42
−1	2	0	0	0	0	0	14
−1	2	0	0	0	1	0	68
−1	2	0	0	0	0	1	66
0	−1	0	−1	−1	0	1	16
0	−1	0	−1	−1	0	0	74
0	−1	0	−1	−1	1	0	90
0	−1	0	−1	−1	0	1	110
0	−1	0	−1	1	0	1	58
0	−1	0	−1	1	0	0	81
0	−1	0	−1	1	1	0	148
0	−1	0	−1	1	0	1	33

X_1: ab_{11} gegen ab_{21}
mit Y_1: c_3 gegen $(c_1 + c_2 + c_4)$
X_2: $ab_{.1}$ gegen $(ab_{.2} + ab_{.3})$
mit Y_2: $(c_1 + c_4)$ gegen $(c_2 + c_3)$

X_1 und X_2 kodieren die beiden Einzelvergleiche, wobei X_1 mit Y_1 (c_3 gegen $c_1 + c_2 + c_4$) und X_2 mit Y_2 ($c_1 + c_4$ gegen $c_2 + c_3$) in Beziehung zu setzen sind. Die beiden Einzelvergleiche sind (ohne Berücksichtigung der Stichprobenumfänge) orthogonal. Die für Gl. (8.48) (bzw. Gl. 8.49a) benötigten hypothesenirrelevanten Kodiervariablen erhalten wir – wie auf S. 389 bzw. 399 beschrieben – durch Ergänzung der beiden Einzelvergleiche zu einem orthogonalen Satz (X_1 bis X_5). Damit ergibt sich für den 1. Einzelvergleich nach Gl. (8.49a)

$$V_p = \sum_{i=1}^{5} CR^2_{i(y_1 x_2 x_3 x_4 x_5),(x_1 \ldots x_5)} - v_{\bar{h}}$$
$$= (1 + 1 + 1 + 1 + 0,00387) - 4 = 0,00387 \quad,$$

bzw. nach Gl. (8.50)

$$F = \frac{0,00387 \cdot (1000 - 6 - 1 + 1)}{1 - 0,00387} = 3,86^{**} \quad (Fg_Z = 1; \ Fg_N = 994) \quad.$$

Für den 2. Einzelvergleich errechnen wir

$$V_p = \sum_{i=1}^{5} CR^2_{i(y_2 x_1 x_3 x_4 x_5),(x_1 \ldots x_5)} - v_{\bar{h}}$$
$$= (1 + 1 + 1 + 1 + 0,00001) - 4 = 0,00001$$

und

$$F = \frac{0,00001 \cdot (1000 - 6 - 1 + 1)}{1 - 0,00001} = 0,01 \quad (Fg_Z = 1; \ Fg_N = 994) \quad.$$

Nur der 1. Einzelvergleich ist signifikant. (Da sich die Einzelvergleiche jeweils nur auf eine abhängige Variable beziehen, erhalten wir die gleichen F-Werte auch nach Gl. 8.48.) Die mit dem 1. Einzelvergleich formulierte Hypothese wird bestätigt: Homosexuelle Männer mit Gymnasialabschluß benutzen Kondome seltener (8/40 = 0,20) als nicht homosexuelle Männer mit Gymnasialabschluß (68/190 = 0,36).

Der 2. nicht signifikante Einzelvergleich führt zu praktisch identischen Anteilswerten: (14/40 + 108/190)/2 = 0,459 gegen (44/75 + 47/85 + 126/290 + 91/320)/4 = 0,465. Ohne Bereinigung würde man 122/230 = 0,53 mit 308/770 = 0,40 vergleichen!

Regression

Merkmalsvorhersagen können auch bei Kontingenztafeln der hier behandelten Art auf übliche Weise vorgenommen werden. Ausgehend von der Designmatrix in Beispiel 8.5 sind 3 multiple Regressionsgleichungen mit Y_1, Y_2 und Y_3 als Kriteriumsvariablen aufzustellen. Sie lauten:

$$\hat{y}_{1i} = -0,0431 x_{1i} + 0,0261 x_{2i} - 0,0485 x_{3i} - 0,0425 x_{4i}$$
$$+ 0,0488 x_{5i} + 0,1094 \quad,$$

$$\hat{y}_{2i} = 0,0712 x_{1i} - 0,0034 x_{2i} - 0,0110 x_{3i} + 0,1170 x_{4i}$$
$$- 0,0721 x_{5i} + 0,2652 \quad,$$

$$\hat{y}_{3i} = -0,1049x_{1i} + 0,0070x_{2i} - 0,0368x_{3i} + 0,0260x_{4i}$$
$$+ 0,0298x_{5i} + 0,2720 \quad .$$

Mit diesen 3 Regressionsgleichungen werden Wahrscheinlichkeiten für die Merk-malskategorien c_1 bis c_3 vorhergesagt. Die entsprechenden multiplen Korrelationen sind mit $R_{y_1,x_1...x_5} = 0,2058$, $R_{y_2,x_1...x_5} = 0,2046$ und $R_{y_3,x_1...x_5} = 0,2286$ zwar niedrig, aber – wegen des großen Stichprobenumfanges – signifikant. Hinsichtlich der Interpretation der Regressionskoeffizienten wird auf die vorangegangenen Re-gressionsabschnitte verwiesen.

8.1.6 Mehrdimensionale Tafeln: mehrere abhängige Merkmale

Zur Illustration einer mehrdimensionalen Kontingenztafel mit mehreren abhängigen Merkmalen wählen wir folgendes Beispiel: Es wird die Wirkung von 3 verschiede-nen Medikamenten (unabhängiges Merkmal A) an Kopfschmerzpatienten mit 4 ver-schiedenen Schmerzsymptomen überprüft (unabhängiges Merkmal B). Als abhängige Merkmale interessieren Schmerz (abhängiges Merkmal C mit den Stufen erheb-lich/unerheblich), Körpertemperatur (abhängiges Merkmal D mit den Stufen erhöht, gleichbleibend, erniedrigt) und Schwindelgefühle (abhängiges Merkmal E mit den Stufen vorhanden/nicht vorhanden). Es handelt sich damit zusammenfassend um einen $(3 \times 4) \times (2 \times 3 \times 2)$-Plan, dessen vollständige Auswertung einen Mindest-stichprobenumfang von ca. 720 Patienten erforderlich macht. (Diese Kalkulation geht von $f_e = 5$ pro Zelle der fünfdimensionalen Tafel aus. Bei extrem schiefen Rand-verteilungen ist ein größerer Stichprobenumfang zu veranschlagen.)

Auch bei Tafeln dieser Art muß man zwischen orthogonalen und nichtortho-gonalen Tafeln unterscheiden, wenngleich orthogonale Tafeln in der Praxis höchst selten vorkommen dürften. Orthogonalität setzt in diesem Falle nicht nur gleich große Stichproben unter den Stufenkombinationen der unabhängigen Merkmale, sondern auch unter den Stufenkombinationen der abhängigen Merkmale voraus. Während die Besetzung der Stufenkombinationen der unabhängigen Merkmale – außer bei Ex-post-Klassifikationen – in der Hand des Untersuchenden liegt, sind die Häufigkeiten für die Stufenkombinationen der abhängigen Merkmale untersuchungstechnisch nicht manipulierbar, d. h. hinsichtlich der abhängigen Merkmale ist die Orthogonalität der Tafel nicht planbar.

Die Nichtorthogonalitätsstruktur hinsichtlich der unabhängigen Merkmale läßt sich durch das Hinzufügen von Personen zu den Stichproben unter den Stufenkombi-nationen bzw. durch Reduktion einzelner Stichproben verändern; die Nichtorthogo-nalität hinsichtlich der abhängigen Merkmale hingegen ist bereits ein Untersuchungs-ergebnis, das Gemeinsamkeiten bzw. Zusammenhänge der untersuchten abhängigen Merkmale widerspiegelt. Wenn im eingangs erwähnten Beispiel erhöhte Temperatur und Schwindelgefühle häufig gemeinsam auftreten bzw. gleichermaßen durch ein Medikament reduziert werden, ist dies ein inhaltlich bedeutsames Ergebnis, das mit der untersuchungstechnisch manipulierbaren Abhängigkeit der unabhängigen Merk-male nicht vergleichbar ist.

Wir empfehlen deshalb, auf eine Bereinigung der abhängigen Merkmale hin-sichtlich ihrer wechselseitigen Zusammenhänge in der Regel zu verzichten. Jedes

abhängige Merkmal wird für sich nach den in 8.1.4 bzw. in 8.1.5 beschriebenen Regeln analysiert. Die Interpretation der Effekte der unabhängigen Merkmale auf die abhängigen Merkmale sollte jedoch durch eine Analyse der Zusammenhangsstruktur der abhängigen Merkmale ergänzt werden.

Doppelt bereinigte Effekte, d. h. Effekte, die hinsichtlich der Abhängigkeitsstruktur der abhängigen und der unabhängigen Merkmale bereinigt sind, testet man nach Gl. (8.51). Dabei werden die hypothesenirrelevanten Prädiktorvariablen $X_{\bar{h}}$ und die hypothesenirrelevanten Kriteriumsvariablen $Y_{\bar{h}}$ aus den hypothesenrelevanten Variablen X_h und Y_h herauspartialisiert. Eine solche Bereinigung wäre angezeigt, wenn man z. B. erfahren möchte, wie sich die Medikamente auf Schwindelgefühle auswirken würden, wenn die Schwindelgefühle von der Körpertemperatur unbeeinflußt wären. Das partielle V-Kriterium V_{pp} wird in diesem Falle ebenfalls über Gl. (8.50) auf Signifikanz getestet (vgl. S. 396).

Der Vorteil des multivariaten Ansatzes (mehrere abhängige Merkmale) gegenüber dem univariaten Ansatz (ein abhängiges Merkmal) ist darin zu sehen, daß neben den spezifischen Wirkungen der unabhängigen Merkmale auf die einzelnen abhängigen Merkmale auch Wirkungen auf die *Kombinationen* der abhängigen Merkmale geprüft werden können. In unserem Beispiel erfährt man also nicht nur, wie sich z. B. die Medikamente hinsichtlich des Anteils schwindelfreier Patienten *oder* schmerzfreier Patienten unterscheiden, sondern auch, ob es Unterschiede zwischen den Medikamenten hinsichtlich des Anteils von Patienten gibt, die sowohl schwindelfrei als auch schmerzfrei sind. Beispiel 8.6 erläutert, wie hierbei auswertungstechnisch vorzugehen ist.

Beispiel 8.6

Problem: In einem medizinischen Belastungsversuch mit dem Behandlungsfaktor A (a_1=LSD, a_2=Alkohol, a_3=Plazebo) und dem Geschlecht (Merkmal B mit b_1=männlich, b_2=weiblich) als unabhängige Merkmale soll die künstlerische Qualität von Zeichnungen (Merkmal C mit c_1=gut, c_2=schlecht) sowie die klinische Auffälligkeit der Personen (Merkmal D mit d_1=auffällig und d_2=unauffällig) als abhängige Merkmale untersucht werden. Tabelle 8.43 zeigt die in einer (3 × 2) × (2 × 2)-Tafel zusammengefaßten Häufigkeiten.

Tabelle 8.43

		a_1		a_2		a_3		
		b_1	b_2	b_1	b_2	b_1	b_2	
c_1	d_1	3	9	8	10	8	16	54
	d_2	5	1	9	4	18	9	46
c_2	d_1	14	15	4	6	4	3	46
	d_2	10	7	11	12	6	8	54
		32	32	32	32	36	36	200

Hypothesen: Es wird gefragt, ob die beiden unabhängigen Merkmale und/oder deren Interaktion einen Einfluß ausüben auf

- alle abhängigen Merkmale, d. h. also die künstlerische Qualität der Zeichnungen, die klinische Auffälligkeit der Personen sowie deren Kombination $(C, D, C \times D)$,
- das abhängige Merkmal „künstlerische Qualität der Zeichungen" (C),
- das abhängige Merkmal „klinische Auffälligkeit der Personen" (D),
- den Anteil klinisch auffälliger Personen mit künstlerisch wertvollen Zeichnungen $(C \times D)$.

Wir vereinbaren für alle Hypothesen $\alpha = 0,05$.

Auswertung: Tabelle 8.44 zeigt die Designmatrix der Kontingenztafel. Für die unabhängigen Merkmale wählen wir eine Effektkodierung und für die abhängigen Merkmale eine Dummykodierung.

Tabelle 8.44

X_1	X_2	X_3	X_4	X_5	Y_1	Y_2	Y_3	N_i
1	0	1	1	0	1	1	1	3
1	0	1	1	0	1	0	0	5
1	0	1	1	0	0	1	0	14
1	0	1	1	0	0	0	0	10
1	0	-1	-1	0	1	1	1	9
1	0	-1	-1	0	1	0	0	1
1	0	-1	-1	0	0	1	0	15
1	0	-1	-1	0	0	0	0	7
0	1	1	0	1	1	1	1	8
0	1	1	0	1	1	0	0	9
0	1	1	0	1	0	1	0	4
0	1	1	0	1	0	0	0	11
0	1	-1	0	-1	1	1	1	10
0	1	-1	0	-1	1	0	0	4
0	1	-1	0	-1	0	1	0	6
0	1	-1	0	-1	0	0	0	12
-1	-1	1	-1	-1	1	1	1	8
-1	-1	1	-1	-1	1	0	0	18
-1	-1	1	-1	-1	0	1	0	4
-1	-1	1	-1	-1	0	0	0	6
-1	-1	-1	1	1	1	1	1	16
-1	-1	-1	1	1	1	0	0	9
-1	-1	-1	1	1	0	1	0	3
-1	-1	-1	1	1	0	0	0	8

Durch die Wahl der Kodierung für die Merkmale C (Y_1=1 für c_1=gute künstlerische Qualität der Zeichnungen) und D (Y_2=1 für d_1=klinisch auffällige Personen) kontrastiert $Y_3 = Y_1 \cdot Y_2$ klinisch auffällige Personen mit künsterlisch wertvollen Zeichnungen gegen die restlichen Personen. Soll mit Y_3 eine andere Kombination geprüft werden, müssen Y_1 und Y_2 entsprechend umkodiert werden.

Da wir auf eine Bereinigung der abhängigen Merkmale hinsichtlich ihrer Zusammenhangsstruktur verzichten wollen, sind für die 4 Hypothesen jeweils 4 V_p-Werte nach Gl. (8.49a) zu berechnen. Dabei setzen wir in Abhängigkeit von der zu testenden Hypothese für Y die Variablen Y_1, Y_2 und Y_3 (Hypothese 1), Y_1 (Hypothese 2), Y_2 (Hypothese 3) und Y_3 (Hypothese 4) ein. Mit der Wahl für X_h wird entschieden, welches unabhängige Merkmal überprüft werden soll: Wir ersetzen X_h durch X_1 bis X_5 für die Überprüfung der Wirkung aller unabhängigen Merkmale, durch X_1 und X_2 für die Überprüfung von A, durch X_3 für die Überprüfung von B sowie durch X_4 und X_5 für die Überprüfung der Interaktion A × B. Der hierzu jeweils komplementäre Variablensatz definiert die für Gl. (8.49a) benötigten Variablen $X_{\bar{h}}$.

Aus den Ergebnissen der 16 kanonischen Korrelationsanalysen errechnen wir die folgenden V_p-Werte:

$$\text{A mit C, D, C} \times \text{D}: \quad V_p = \sum_{i=1}^{t} CR^2_{i(y_1y_2y_3x_3x_4x_5),(x_1x_2x_3x_4x_5)} - v_{\bar{h}}$$

$$= 1 + 1 + 1 + 0,1717 + 0,0248 - 3 = 0,1965$$

$$\text{B mit C, D, C} \times \text{D}: \quad V_p = \sum_{i=1}^{t} CR^2_{i(y_1y_2y_3x_1x_2x_4x_5),(x_1x_2x_3x_4x_5)} - v_{\bar{h}}$$

$$= 1 + 1 + 1 + 1 + 0,0592 - 4 = 0,0592$$

$$\text{A} \times \text{B mit C, D, C} \times \text{D}: \quad V_p = \sum_{i=1}^{t} CR^2_{i(y_1y_2y_3x_1x_2x_3),(x_1x_2x_3x_4x_5)} - v_{\bar{h}}$$

$$= 1 + 1 + 1 + 0,0084 + 0,0053 - 3 = 0,0137$$

$$\text{A, B, A} \times \text{B mit C, D, C} \times \text{D}: \quad V_p = \sum_{i=1}^{t} CR^2_{i(y_1y_2y_3),(x_1x_2x_3x_4x_5)} - v_{\bar{h}}$$

$$= 0,1803 + 0,0621 + 0,0248 - 0 = 0,2672 \quad .$$

$$\text{A mit C}: \quad V_p = \sum_{i=1}^{t} CR^2_{i(y_1x_3x_4x_5),(x_1x_2x_3x_4x_5)} - v_{\bar{h}}$$

$$= 1 + 1 + 1 + 0,1246 - 3 = 0,1246$$

$$\text{B mit C}: \quad V_p = \sum_{i=1}^{t} CR^2_{i(y_1x_1x_2x_4x_5),(x_1x_2x_3x_4x_5)} - v_{\bar{h}}$$

$$= 1 + 1 + 1 + 1 + 0,0004 - 4 = 0,0004$$

$$\text{A} \times \text{B mit C}: \quad V_p = \sum_{i=1}^{t} CR^2_{i(y_1x_1x_2x_3),(x_1x_2x_3x_4x_5)} - v_{\bar{h}}$$

$$= 1 + 1 + 1 + 0,0045 - 3 = 0,0045$$

$$\text{A, B, A} \times \text{B mit C}: \quad V_p = \sum_{i=1}^{t} CR^2_{i(y_1),(x_1x_2x_3x_4x_5)} - v_{\bar{h}}$$

$$= 0,1284 - 0 = 0,1284 \quad .$$

A mit D : $V_p = \sum\limits_{i=1}^{t} CR^2_{i(y_2x_3x_4x_5),(x_1x_2x_3x_4x_5)} - v_{\bar{h}}$

$= 1 + 1 + 1 + 0,0386 - 3 = 0,0386$

B mit D : $V_p = \sum\limits_{i=1}^{t} CR^2_{i(y_2x_1x_2x_4x_5),(x_1x_2x_3x_4x_5)} - v_{\bar{h}}$

$= 1 + 1 + 1 + 1 + 0,0334 - 4 = 0,0334$

A $\times$ B mit D : $V_p = \sum\limits_{i=1}^{t} CR^2_{i(y_2x_1x_2x_3),(x_1x_2x_3x_4x_5)} - v_{\bar{h}}$

$= 1 + 1 + 1 + 0,0016 - 3 = 0,0016$

A, B, A $\times$ B mit D : $V_p = \sum\limits_{i=1}^{t} CR^2_{i(y_2),(x_1x_2x_3x_4x_5)} - v_{\bar{h}}$

$= 0,0712 - 0 = 0,0712$

A mit C $\times$ D : $V_p = \sum\limits_{i=1}^{t} CR^2_{i(y_3x_3x_4x_5),(x_1x_2x_3x_4x_5)} - v_{\bar{h}}$

$= 1 + 1 + 1 + 0,0193 - 3 = 0,0193$

B mit C $\times$ D : $V_p = \sum\limits_{i=1}^{t} CR^2_{i(y_3x_1x_2x_4x_5),(x_1x_2x_3x_4x_5)} - v_{\bar{h}}$

$= 1 + 1 + 1 + 1 + 0,0322 - 4 = 0,0322$

A $\times$ B mit C $\times$ D : $V_p = \sum\limits_{i=1}^{t} CR^2_{i(y_3x_1x_2x_3),(x_1x_2x_3x_4x_5)} - v_{\bar{h}}$

$= 1 + 1 + 1 + 0,0063 - 3 = 0,0063$

A, B, A $\times$ B mit C $\times$ D : $V_p = \sum\limits_{i=1}^{t} CR^2_{i(y_3),(x_1x_2x_3x_4x_5)} - v_{\bar{h}}$

$= 0,0570 - 0 = 0,0570$

Gemäß Gl. (8.50) fertigen wir die Ergebnistabellen an (Tabellen 8.45a-d).

Interpretation: Bevor wir die 4 Ergebnistabellen interpretieren, fragen wir nach dem Zusammenhang der beiden abhängigen Merkmale. Dieser ist mit $\phi = 0,08$ unbedeutend, d. h. die Merkmale „künstlerische Qualität der Zeichnungen" und „klinische Auffälligkeit" sind nahezu unabhängig. Dieser für die C $\times$ D-Randtafel ermittelte Wert muß natürlich nicht für alle durch die Stufen von A bzw. von B definierten Teiltafeln gelten. In der Tat ermitteln wir für die C $\times$ D-Teiltafeln der Stufen a_2 und b_2 statistisch bedeutsame ϕ-Koeffizienten von $\phi = 0,28$ bzw. $\phi = 0,25$, d. h. in der Gruppe der mit Alkohol „behandelten" Personen und für die Frauen sind diese beiden Merkmale nicht unabhängig. In diesen Teilstichproben ist die Wahrscheinlichkeit künstlerisch wertvoller Zeichnungen bei klinisch auffälligen Personen erhöht. Der

Tabelle 8.45 a

Effekte hinsichtlich C, D und C × D

Effekt	V_p	Fg_Z	Fg_N	F
A	0,1965	6	386	7,01*
B	0,0592	3	192	4,03*
A × B	0,0137	6	386	0,44
Total	0,2672	15	582	3,79*

Tabelle 8.45 b

Effekte hinsichtlich C

Effekt	V_p	Fg_Z	Fg_N	F
A	0,1246	2	194	13,81*
B	0,0004	1	194	0,08
A × B	0,0045	2	194	0,44
Total	0,1284	5	194	5,72*

Tabelle 8.45 c

Effekte hinsichtlich D

Effekt	V_p	Fg_Z	Fg_N	F
A	0,0386	2	194	3,90*
B	0,0334	1	194	6,70*
A × B	0,0016	2	194	0,16
Total	0,0712	5	194	2,97*

Tabelle 8.45 d

Effekte hinsichtlich C × D

Effekt	V_p	Fg_Z	Fg_N	F
A	0,0193	2	194	1,91
B	0,0322	1	194	6,46*
A × B	0,0063	2	194	0,62
Total	0,0570	5	194	2,35*

Zusammenhang ist insgesamt jedoch nicht hoch genug, um auf die Analyse eines abhängigen Merkmals (C oder D) verzichten zu können. (Bei einem hohen Zusammenhang zwischen den abhängigen Merkmalen wären die Ergebnisse der Analyse für ein abhängiges Merkmal angesichts der Ergebnisse der Analyse über das korrelierende Merkmal weitgehend redundant.) Wir wenden uns deshalb im folgenden der Interpretation aller 4 Ergebnistabellen zu.

Tabelle 8.45a zeigt, daß zwischen allen abhängigen Merkmalen und allen unabhängigen Merkmalen ein signifikanter Zusammenhang besteht. ($F_{tot} = 3,79$). Sowohl die Art der Behandlung ($F_A = 7,01$) als auch das Geschlecht ($F_B = 4,03$) beeinflussen die künstlerische Qualität der Zeichnungen und die klinische Auffälligkeit der Personen. Geschlechtsspezifische Reaktionsweisen auf die Behandlungen sind nicht von Bedeutung ($F_{A \times B} = 0,44$).

Tabelle 8.45b ist zu entnehmen, wie sich die unabhängigen Merkmale speziell auf die künstlerische Qualität der angefertigten Zeichnungen auswirken. Insgesamt wird dieses Merkmal von den unabhängigen Merkmalen signifikant beeinflußt ($F_{tot} = 5,72$). Dieser signifikante Gesamtzusammenhang wird fast ausschließlich von der Art der Behandlung getragen ($F_A = 13,81$). Wir entnehmen der Kontingenztafel, daß unter LSD 28,1 % aller Personen künstlerisch wertvolle Zeichnungen anfertigen; unter Alkohol sind es 48,4 % und unter Plazebo 70,8 %. Keine Droge vermag damit die künsterische Qualität der Zeichnungen über das Normal-(Plazebo-)Niveau hinaus zu steigern. Das Geschlecht und die Interaktion Geschlecht × Behandlung beeinflussen die künstlerische Qualität nur unbedeutend.

Tabelle 8.45c verdeutlicht, daß die klinische Auffälligkeit der Personen ebenfalls nicht zufällig variiert ($F_{tot} = 2,97$). Sie ist abhängig von der Art der Behandlung ($F_A = 3,90$) und vom Geschlecht ($F_B = 6,70$), aber nicht von der Interaktion dieser beiden Merkmale ($F_{A \times B} = 0,16$). Der Kontingenztafel entnehmen wir, daß 64,1 % der LSD-behandelten Personen, 43,8 % der alkoholbehandelten Personen und 43,1 % der plazebobehandelten Personen klinisch auffällig reagieren.

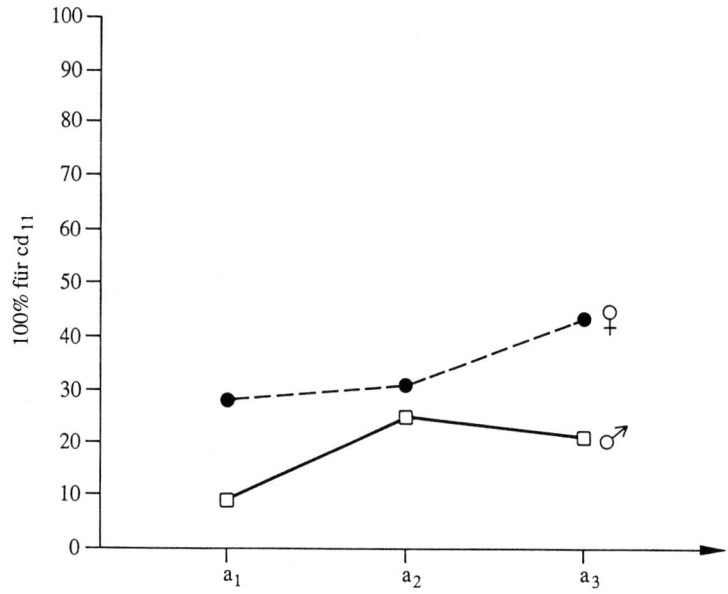

Abb. 8.2. A × B Interaktion bezgl. der C × D-Kombinationen

Im Geschlechtervergleich ergibt sich bei Frauen mit $100 \cdot (40/64 + 19/36)/2 = 57,6\%$ eine höhere klinische Auffälligkeit als bei Männern mit $100 \cdot (29/64+12/36)/2 = 39,3\%$.

Tabelle 8.45d schließlich belegt, daß auch die Häufigkeit des Auftretens klinisch auffälliger Personen mit künstlerisch wertvollen Zeichnungen (Kategorie cd_{11}) von den unabhängigen Merkmalen abhängt ($F_{tot} = 2,35$). Dieser Personentyp ist bei Frauen mit $100 \cdot (19/64 + 16/36)/2 = 37,1\%$ signifikant häufiger anzutreffen als bei Männern mit $100 \cdot (11/64 + 8/36)/2 = 19,7\%$ ($F_B = 6,46$). Die Art der Behandlung ($F_A = 1,91$) und die A × B-Interaktion ($F_{A \times B} = 0,62$) sind statistisch unbedeutend.

Geschlechtsspezifische Behandlungseffekte (A × B-Interaktionen) treten damit in keiner Analyse auf. Dennoch wollen wir verdeutlichen, wie eine solche Interaktion zu interpretieren wäre. Als Beispiel wählen wir den A × B-Effekt hinsichtlich der Kombination C × D, die wir in Abb. 8.2 graphisch veranschaulichen.

Es deutet sich eine Tendenz an, daß der Anteil von Personen mit klinischer Auffälligkeit *und* künstlerisch wertvollen Zeichnungen bei Frauen eher unter Plazebobehandlung (a_3), bei Männern hingegen unter Alkohol erhöht ist. Diese geschlechtsspezifischen Reaktionsweisen auf die 3 Behandlungen sind jedoch, wie bereits erwähnt, statistisch nicht signifikant.

Einzelvergleiche

Da wir bei Kontingenztafeln mit mehreren abhängigen Merkmalen im Prinzip jedes abhängige Merkmal für sich analysieren, gelten für die Durchführung von Einzelvergleichen die gleichen Regeln wie in 8.1.4 bzw. 8.1.5 über Kontingenztafeln mit einem abhängigen Merkmal. Man beachte jedoch, daß sich die Einzelvergleiche

bei Kontingenztafeln mit mehreren abhängigen Merkmalen auch auf Kombinationen der abhängigen Merkmale beziehen können. In unserem Beispiel könnte ein Einzelvergleich z. B. mit LSD-behandelte Männer und mit LSD-behandelte Frauen hinsichtlich des Anteils der klinisch auffälligen Personen mit künstlerisch wertvollen Zeichnungen (Kombination cd_{11}) kontrastieren. Man geht hierbei genauso vor wie auf S. 404f. beschrieben.

Regression

Für die Ermittlung von Regressionsgleichungen gelten die Erläuterungen auf S. 405f. Hinzu kommt bei Kontingenztafeln mit mehreren abhängigen Merkmalen jedoch die Möglichkeit, auch Kombinationen abhängiger Merkmale vorherzusagen. In unserem Beispiel ermitteln wir zur Vorhersage der Kombination cd_{11} folgende Regressionsgleichung:

$$\hat{y}_{3i} = -0,0799x_{1i} + 0,0139x_{2i} - 0,0788x_{3i} - 0,0150x_{4i}$$
$$+ 0,0475x_{5i} + 0,2679 \quad .$$

Für weibliche Personen, die mit einem Plazebo behandelt wurden (Kodierungsvektor $-1-1-111$), sagt man einen Anteil von 44,4 % klinisch auffälliger Personen mit künstlerisch wertvollen Zeichnungen vorher. Dieser Wert entspricht der aus den Häufigkeiten geschätzten Wahrscheinlichkeit $p(cd_{11}|ab_{32}) = 16/36 = 0,444$. Die Regressionskonstante ($\hat{\alpha} = 0,2679$) besagt, daß die Merkmalskombination „klinisch auffällige Personen mit künstlerisch wertvollen Zeichnungen" im Durchschnitt mit einer Wahrscheinlichkeit von 26,8 % auftritt. Man ermittelt diesen Wert – bis auf Rundungsungenauigkeiten – auch als ungewichteten Anteilsdurchschnitt: $\hat{\alpha} = (30/32 + 24/36)/6 = 0,2674$. Der Interaktionseffekt für „mit Alkohol behandelte männliche Personen" erhöht diese mittlere Wahrscheinlichkeit um 4,75 Prozentpunkte. Der Anteil der klinisch auffälligen Personen (cd_{11}) in der Gruppe der mit Alkohol behandelten männlichen Personen (ab_{21}) errechnet sich auch hier wieder durch Addition der entsprechenden Effektparameter: $p(cd_{11}|ab_{21}) = \hat{\beta}_2 + \hat{\beta}_3 + \hat{\beta}_5 + \hat{\alpha} = 0,0139 - 0,0788 + 0,0475 + 0,2679 = 0,2505 \approx 0,25$.

Hinsichtlich der Berechnung der in der Regressionsgleichung nicht vorkommenden $\hat{\beta}$-Gewichte sei auf S.381 verwiesen.

8.2 Ordinalskalierte Merkmale

Im Unterschied zu nominalskalierten Merkmalen, für die wir im Abschnitt 8.1 Maße zur Beschreibung und Überprüfung kontingenter Zusammenhänge kennengelernt haben, können für ordinalskalierte Merkmale *monotone Zusammenhänge* bestimmt werden. Ein monotoner Zusammenhang liegt vor, wenn mit steigender Ausprägung des Merkmals X die Ausprägung des Merkmals Y ebenfalls steigt (positiv monotoner Zusammenhang) oder fällt (negativ monotoner Zusammenhang). Die Enge des monotonen Zusammenhangs wird durch die **Rangkorrelation** beschrieben; sie erreicht die Werte ±1, wenn der Zusammenhang perfekt monoton ist.

Auf der Basis zweier abhängiger Rangreihen läßt sich eine Rangkorrelation zweier Merkmale messen und gegen die Nullhypothese einer fehlenden Rangkorrelation prüfen. Die einschlägigen Methoden der Messung und Prüfung beruhen in der Hauptsache auf 2 Prinzipien, entweder auf dem Prinzip der Differenzenbildung zwischen der X- und der Y-Rangreihe (Spearmans ϱ) oder auf dem Prinzip der Auszählung sogenannter Inversionen in der Y-Rangreihe bei natürlich angeordneter X-Rangreihe (Kendalls τ). Obwohl dem Kendallschen Prinzip statistisch gesehen die größere Bedeutung zukommt, folgen wir der Tradition und beginnen mit den auf dem Spearmanschen Prinzip basierenden Korrelationsmaßen und -tests. Die Vor- und Nachteile von ϱ und τ werden in 8.2.3 diskutiert.

8.2.1 Spearmans ϱ (rho)

Sind die Voraussetzungen für die Anwendung der parametrischen Produkt-Moment-Korrelation r von Bravais (1846) und Pearson (1907) – bivariat normalverteilte Merkmale mit kardinalem Datenniveau (vgl. z. B. Bortz, 1989, Kap. 6.2.2) – nicht erfüllt, kann man mit Hilfe der Rangkorrelation ϱ von Spearman (1904, 1906) den monotonen Zusammenhang zwischen 2 an einer Stichprobe erhobenen Meßwertreihen (oder originären Rangreihen) bestimmen. ϱ beruht auf dem Konzept, die Rangskalen als Kardinalskalen aufzufassen und die Ränge rechnerisch wie Meßwerte zu behandeln. Man setzt dabei implizit voraus, daß die Intervalle zwischen aufeinanderfolgenden Rangwerten gleich sind, was in bezug auf die Rangwerte trivial ist, nicht aber in bezug auf die zu repräsentierenden Merkmalswerte.

Im folgenden wollen wir uns davon überzeugen, daß Spearmans ϱ tatsächlich nichts anderes ist als der auf Rangwerte angewendete Bravais-Pearsonsche Korrelationskoeffizient r. Der Bravais-Pearsonsche Produkt-Moment-Korrelationskoeffizient r ist – ausgehend von Abweichungswerten – wie folgt definiert:

$$r = \frac{\sum_{i=1}^{N}(x_i - \bar{x}) \cdot (y_i - \bar{y})}{\sqrt{\sum_{i=1}^{N}(x_i - \bar{x})^2 \cdot \sum_{i=1}^{N}(y_i - \bar{y})^2}} \quad , \tag{8.52}$$

wobei $\bar{x}$ das arithmetische Mittel der Meßwerte x_i und $\bar{y}$ analog das arithmetische Mittel der Meßwerte y_i mit i = 1, ...,N bezeichnen (N = Stichprobenumfang).

Wenn wir nun die Meßwerte x_i und y_i durch ihre Rangwerte $R(x_i)$ und $R(y_i)$ ersetzen, so sind die beiden Abweichungsquadratsummen (Devianzen) unter der Wurzel numerisch gleich, da beide Rangreihen aus den Zahlen 1 bis N bestehen. Wir brauchen also nur eine der beiden Devianzen (z. B. die für $R(x_i)$) zu berechnen, um den Nenner von r zu erhalten. Dabei machen wir einfachheitshalber von der Beziehung

$$\sum_i(x_i - \bar{x})^2 = \sum_i x_i^2 - (\sum_i x_i)^2/N$$

Gebrauch. Wir benötigen also nur die Summe der Ränge und die Summe der quadrierten Ränge, für die gilt (vgl. S. 223)

$$\sum_i R(x_i) = N \cdot (N + 1)/2 \quad ,$$

$$\sum_i R^2(x_i) = N \cdot (N + 1) \cdot (2N + 1)/6 \quad .$$

Es ergibt sich damit

$$\sum_i R^2(x_i) - [\sum_i R(x_i)]^2/N$$

$$= \frac{N \cdot (N+1) \cdot (2N+1)}{6} - \frac{N^2 \cdot (N+1)^2}{4 \cdot N}$$

$$= \frac{2 \cdot N \cdot (N+1) \cdot (2N+1) - 3 \cdot N \cdot (N+1)^2}{12}$$

$$= \frac{N^3 - N}{12}$$

$$= \frac{N \cdot (N^2 - 1)}{12} \quad .$$

Dies ist der auf Rangwerte bezogene Nenner von Gl. (8.52), wobei zu beachten ist, daß wegen der Identität der beiden Devianzen die Wurzel entfällt. Als nächstes definieren wir mit

$$d_i = R(x_i) - R(y_i) \tag{8.53}$$

die Differenz der Ränge $R(x_i)$ und $R(y_i)$. Wegen

$$\overline{R}(X) = \overline{R}(Y) = (N+1)/2$$

gilt damit auch

$$\sum_i d_i = \sum_i \{[R(x_i) - \overline{R}(X)] - [R(y_i) - \overline{R}(Y)]\}$$

bzw.

$$\sum_i d_i^2 = \sum_i [R(x_i) - \overline{R}(X)]^2 + \sum_i [R(y_i) - \overline{R}(Y)]^2$$
$$- 2 \sum_i [R(x_i) - \overline{R}(X)] \cdot [R(y_i) - \overline{R}(Y)] \quad .$$

Damit ergibt sich der Zähler von Gl. (8.52) zu

$$\sum_i [R(x_i) - \overline{R}(X)] \cdot [R(y_i) - \overline{R}(Y)]$$

$$= \frac{\sum_i [R(x_i) - \overline{R}(X)]^2 + \sum_i [R(y_i) - \overline{R}(Y)]^2 - \sum_i d_i^2}{2}$$

$$= \frac{N \cdot (N^2 - 1)}{12} - \frac{\sum_i d_i^2}{2} \quad .$$

Fassen wir Zähler und Nenner zusammen, resultiert

$$\varrho = \frac{N \cdot (N^2 - 1)/12 - \sum_i d_i^2/2}{N \cdot (N^2 - 1)/12}$$

$$= 1 - \frac{\sum_i d_i^2/2}{N \cdot (N^2 - 1)/12} \quad .$$

Damit erhält man die Bestimmungsgleichung für Spearmans ϱ:

$$\varrho = 1 - \frac{6 \cdot \sum_i d_i^2}{N \cdot (N^2 - 1)} \quad . \tag{8.54}$$

Ob ein beobachteter ϱ-Wert von dem unter der Nullhypothese erwarteten $E(\varrho) = 0$ statistisch bedeutsam in positiver (oder negativer) Richtung abweicht, läßt sich nach Hotelling u. Pabst (1936) in folgender Weise *exakt* beurteilen: Unter H_0 ist jede der N! Anordnungen von verankerten X-Rängen und permutierten Y-Rängen gleich wahrscheinlich. Jede der N!-Anordnungen liefert einen ϱ-Wert, ihre Gesamtheit ergibt die symmetrische H_0-Verteilung der ϱ-Werte. Sind nun a ϱ-Werte der H_0-Verteilung größer oder gleich dem beobachteten ϱ-Wert, so beträgt dessen einseitige Überschreitungswahrscheinlichkeit

$$P = \frac{a}{N!} \quad . \tag{8.55}$$

Beim *einseitigen* Signifikanztest mit α als Irrtumswahrscheinlichkeit betrachtet man also die $\alpha \cdot N!$ größten ϱ-Werte. Befindet sich der empirische ϱ-Wert unter diesen Werten, ist der empirische ϱ-Wert auf dem α-Niveau signifikant. Bei *zweiseitigem* Test ist H_0 zu verwerfen, wenn der empirische ϱ-Wert zu den $\alpha/2 \cdot N!$ größten bzw. $\alpha/2 \cdot N!$ kleinsten Werten zählt.

Auf diesem Gedanken aufbauend nennt Tafel 28 als Absolutwerte die kritischen Grenzen des zweiseitigen Tests für $N = 5(1)30$. Bei einseitigem Test gelten die Schrankenwerte für $\alpha/2$. Die Rangkorrelation ϱ ist signifikant, wenn ihr Absolutbetrag den Schrankenwert erreicht oder überschreitet.

Für Stichproben von $N > 20$ verteilt sich ϱ unter H_0 näherungsweise normal mit einer Varianz von $1/(N-1)$. Da der Erwartungwert von ϱ gleich Null ist, prüft man *asymptotisch* über die Normalverteilung nach

$$u = \frac{\varrho}{\sqrt{1/(N-1)}} = \varrho\sqrt{(N-1)} \tag{8.56}$$

und beurteilt u je nach Fragestellung ein- oder zweiseitig.

Analog hierzu läßt sich ein Test über die *Hotelling-Pabst-Statistik* $\sum d_i^2$ konstruieren, die über dem Erwartungswert

$$E(\sum_i d_i^2) = N \cdot (N^2 - 1)/6 \tag{8.57}$$

mit der Varianz

$$VAR(\sum_i d_i^2) = \frac{1}{N-1} \cdot \left(\frac{N^3 - N}{6}\right)^2 \tag{8.58}$$

normalverteilt ist.

Der asymptotische wie auch der exakte Text setzen voraus, daß Rangbindungen in beiden Beobachtungsreihen fehlen (zur Behandlung von Rangbindungen vgl. 8.2.1.1).

Beispiel 8.7

Problem: Es soll festgestellt werden, ob zwischen dem Gewicht X der linken Herzkammer und der Länge Y ihrer Muskelfasern ein monotoner Zusammenhang besteht.

Hypothese: Es besteht ein positiver monotoner Zusammenhang derart, daß Herzkammern größeren Gewichts auch längere Muskelfasern besitzen (H_1; $\alpha = 0,05$; einseitiger Test).

Tabelle 8.46

x_i	y_i	$R(x_i)$	$R(y_i)$	d_i	d_i^2
207,0	16,6	1	4	-3	9
221,0	18,0	2	5	-3	9
256,0	15,9	3	3	0	0
262,0	20,7	4	10	-6	36
273,0	19,3	5	6	-1	1
289,0	19,8	6	9	-3	9
291,0	11,7	7	1	6	36
292,3	21,0	8	11	-3	9
304,0	23,0	9	13	-4	16
327,5	13,6	10	2	8	64
372,0	19,6	11	8	3	9
397,0	22,9	12	12	0	0
460,0	19,4	13	7	6	36
632,0	28,4	14	14	0	0

$$\sum d_i^2 = 234$$

Daten: N = 14 Obduktionsfälle haben die in Tabelle 8.46 genannten Kammerge-wichte X (in g) und Faserlängen Y (in mm) bzw. deren Ränge $R(x_i)$ und $R(y_i)$ ergeben (nach Solth, 1956, S. 599).

Auswertung: Wir errechnen $\sum d_i^2 = 234$ und damit nach Gl. (8.54)

$$\varrho = 1 - \frac{6 \cdot 234}{14 \cdot (14^2 - 1)} = 0,486 \quad .$$

Entscheidung: Die Frage, ob dieser ϱ-Wert in der unter H_1 vorausgesagten Richtung von H_0 abweicht, beantworten wir durch Vergleich mit den ϱ-Schranken der Tafel 28. Da wir einseitig testen, ist α in Tafel 28 zu halbieren, so daß sich ein Schwellenwert von 0,457 ergibt. Da $\varrho = 0,486 > 0,457$, verwerfen wir H_0 zugunsten von H_1. Der asymptotische Test nach Gl. (8.56) führt mit u = 1,75 zur gleichen Entscheidung.

Interpretation: Zwischen Herzkammergewicht und Faserlänge besteht ein positiver monotoner Zusammenhang.

Der ϱ-Korrelationstest hat – wie Hotelling u. Pabst (1936) gezeigt haben – eine ARE von $(3/\pi)^2 = 0,912$. Der ϱ-Test benötigt folglich im Schnitt 10 % Rangpaare mehr als der r-Korrelationstest, wenn er an dessen Stelle auf zweidimensional nor-malverteilte Meßreihen angewendet wird, um gleich große Abweichungen von H_0 als signifikant nachzuweisen.

Gelegentlich stellt sich die Frage, ob zwei aus unabhängigen Stichproben ermittelte ϱ-Werte aus ein und derselben (bivariaten) Population stammen. Das Problem ist in der parametrischen Statistik gelöst (vgl. Weber, 1967, Kap. 50), harrt aber in der verteilungsfreien Statistik noch einer Lösung. Setzt man voraus, daß die beiden Stichproben gleich groß sind, so kann man tentativ wie folgt argu-mentieren: Unter H_0 ($\varrho_1 = \varrho_2$) sind die *Absolutbeträge* der Rangdifferenzen d_1 und der Rangdifferenzen d_2 homomer verteilt. Gilt H_0 nicht, sondern die (einseitige) Alternativhypothese H_1 ($\varrho_1 > \varrho_2$), werden die Differenzbeträge d_1 kleiner sein als die Differenzbeträge d_2. Da nun die Differenzbeträge in beiden Stichproben unter H_0 homomer verteilt und wechselseitig unabhängig sind – von jedem Individuum liegt eine Differenz-Beobachtung vor – kann ein Vergleich der zentralen Tendenzen der Differenzbeträge, z. B.

der U-Test, über H_0 entscheiden. Dieses Rationale kann auf den Vergleich mehrerer ϱ-Koeffizienten aus gleich großen Stichproben verallgemeinert werden, wobei man anstelle des U-Tests den H-Test anzuwenden hätte.

8.2.1.1 ϱ bei Rangbindungen

Treten innerhalb einer oder innerhalb beider Beobachtungsreihen Bindungen auf, dann müssen in herkömmlicher Weise Rangaufteilungen vorgenommen werden (vgl. S. 69). Will man den ϱ-Koeffizienten entsprechend der Zahl und der Länge der Rangbindungen adaptieren, so folgt man Horns (1942) Redefinition von Spearmans ϱ:

$$\varrho = \frac{2 \cdot \left(\frac{N^3 - N}{12} \right) - T - U - \sum_{i=1}^{N} d_i^2}{2\sqrt{\left(\frac{N^3 - N}{12} - T \right) \cdot \left(\frac{N^3 - N}{12} - U \right)}} \quad . \tag{8.59}$$

Darin bedeuten

$$T = \sum_{i=1}^{b} (t_i^3 - t_i)/12$$

und

$$U = \sum_{i=1}^{c} (u_i^3 - u_i)/12$$

mit t als den Längen der b Rangbindungen unter den X-Rängen und u als den Längen der c Rangbindungen unter den Y-Rängen. Enthält nur eine der beiden Rangreihen Bindungen, so entfällt entweder T oder U als Korrekturglied.

Prinzipiell kann auch das bindungskorrigierte ϱ exakt gegen die Nullhypothese eines fehlenden Rangzusammenhangs geprüft werden (wie später im Zusammenhang mit Kendalls τ erörtert wird), doch fehlen Hilfsmittel in Form geeigneter Tafeln.

Asymptotisch prüft man das bindungskorrigierte ϱ in gleicher Weise wie das bindungsfreie ϱ, sofern die Zahl oder die Länge der Bindungen in Relation zum Stichprobenumfang klein ist. Das Verfahren hat allerdings nur approximativen Charakter.

Genauer überprüft man ϱ bei Vorliegen von Rangbindungen über die Produkte korrespondierender Ränge (vgl. Hájek, 1969, S. 119 und 137):

$$S = \sum_{i=1}^{N} R(x_i) \cdot R(y_i) \quad . \tag{8.60}$$

S hat einen Erwartungswert von

$$E(S) = 0,25 \cdot N \cdot (N + 1)^2 \tag{8.61}$$

und eine Varianz von

$$VAR(S) =$$

$$\frac{1}{144 \cdot (N - 1)} \cdot \left[N^3 - N - \sum_{i=1}^{b} (t_i^3 - t_i) \right] \cdot \left[N^3 - N - \sum_{i=1}^{c} (u_i^3 - u_i) \right], \tag{8.62}$$

so daß man mit

$$u = \frac{S - E(S)}{\sqrt{VAR(S)}} \qquad (8.63)$$

eine asymptotisch normalverteilte Prüfgröße erhält. Bei kleineren Stichproben ($N < 30$) hat diese Prüfgröße nur approximativen Charakter. Es ist deshalb ratsam, bei der Untersuchung kleiner Stichproben durch eine geeignete Untersuchungsplanung dafür Sorge zu tragen, daß keine Rangbindungen auftreten.

Einen Schätzwert ϱ' für ϱ erhält man nach folgender Gleichung

$$\varrho' = \frac{S - E(S)}{(N^3 - N)/12} \ . \qquad (8.64)$$

Treten bei größeren Stichproben viele Rangbindungen auf, läßt sich die Durchführung eines Signifikanztestes nach Hájek vereinfachen, wenn man die Ränge als Kategorien einer *binordinalen Kontingenztafel* auffaßt, in die man die Häufigkeiten des gemeinsamen Auftretens zweier Ränge $R(x_i)$ und $R(y_i)$ einträgt. Das folgende Beispiel verdeutlicht, wie im einzelnen mit Rangbindungen zu verfahren ist.

Beispiel 8.8

Problem: Es soll der monotone Zusammenhang zwischen altsprachlicher und mathematischer Begabung anhand von Schulnoten bestimmt werden.

Hypothese: Zwischen altsprachlicher und mathematischer Begabung besteht ein positiver Zusammenhang (H_1; $\alpha = 0,05$; einseitiger Test).

Datenerhebung und Auswertung: Aus $N = 12$ altsprachlichen Gymnasien eines bestimmten Schulbezirks wird je ein angehender Abiturient mit durchschnittlicher Intelligenz ausgewählt. Die $N = 12$ Abiturienten werden von einem Gymnasiallehrerteam nach X = mathematischer Begabung und Y = altsprachlicher Begabung auf der Schulnotenskala eingestuft, nachdem sie je ein Fachkolloquium absolviert haben. Tabelle 8.47 zeigt in den Spalten X und Y die Lehrerurteile.

Tabelle 8.47

Vpn-Nr.	x_i	y_i	$R(x_i)$	$R(y_i)$	$d_i^2 = [R(x_i) - R(y_i)]^2$	$R(x_i) \cdot R(y_i)$
1	3	2	7	6	1	42
2	2	1	3	2	1	6
3	3	2	7	6	1	42
4	1	1	1	2	1	2
5	2	2	3	6	9	18
6	4	3	11	10,5	0,25	115,5
7	3	3	7	10,5	12,25	73,5
8	4	2	11	6	25	66
9	3	3	7	10,5	12,25	73,5
10	3	1	7	2	25	14
11	4	3	11	10,5	0,25	115,5
12	2	2	3	6	9	18
				$\sum d_i^2 = 97$		$S = 586$

Da die Einstufungen nur den Informationsgehalt von Rangdaten besitzen und ihr Zusammenhang in einem r-analogen Maß ausgedrückt werden soll, werden sie unter Vornahme von Rangaufteilungen in Rangwerte $R(x_i)$ und $R(y_i)$ transformiert. Die Devianz der Rangdifferenzen beträgt $\sum d_i^2 = 97$, und die Korrekturglieder betragen bei $t = (3; 5; 3)$ X-Bindungen und $u = (3; 5; 4)$ Y-Bindungen

$$T = (3^3 - 3)/12 + (5^3 - 5)/12 + (3^3 - 3)/12 = 14 \quad,$$
$$U = (3^3 - 3)/12 + (5^3 - 5)/12 + (4^3 - 4)/12 = 17 \quad.$$

Den bindungskorrigierten ϱ-Koeffizienten erhalten wir durch Einsetzen in Gl. (8.59):

$$\varrho = \frac{2 \cdot \left(\frac{12^3 - 12}{12}\right) - 14 - 17 - 97}{2 \cdot \sqrt{\left(\frac{12^3 - 12}{12} - 14\right)\left(\frac{12^3 - 12}{12} - 17\right)}} = 0,62 \quad.$$

Mit $S = 586, E(S) = 0,25 \cdot 12 \cdot 13^2 = 507$ und

$$VAR(S) = \frac{1}{144 \cdot 11} \cdot (12^3 - 12 - 168) \cdot (12^3 - 12 - 204) = 1477,64$$

errechnet man nach Gl. (8.63)

$$u = (586 - 507)/\sqrt{1477,64} = 2,06 \quad.$$

Entscheidung: Wegen $u = 2,06 > 1,65$ verwerfen wir H_0 zugunsten von H_1. Die gleiche Entscheidung wäre für ϱ nach Tafel 28 zu treffen. Allerdings sind beide Tests wegen des relativ geringen Stichprobenumfanges ($N = 12$) nur bedingt gültig.

Anmerkung: Statt der in Tabelle 8.47 vorgegebenen Anordnung hätten wir die Daten auch in der Tabelle in 8.48 dargestellten binordinalen Kontingenztafel anordnen können.

Tabelle 8.48

Note X	Note Y			
	1 (2)	2 (6)	3 (10,5)	t_i
1 (1)	1	0	0	1
2 (3)	1	2	0	3
3 (7)	1	2	2	5
4 (11)	0	1	2	3
u_i	3	5	4	

In Klammern sind hier neben den Noten die durchschnittlichen Rangplätze der Noten aufgeführt. Ausgehend von den in Tabelle 8.48 genannten Häufigkeiten f_{ij} ergibt sich folgende vereinfachte Bestimmung der Prüfgröße S:

$$S = \sum_i \sum_j f_{ij} \cdot R(x_i) \cdot R(y_i)$$

$$= 1 \cdot 1 \cdot 2 + 0 \cdot 1 \cdot 6 + 0 \cdot 1 \cdot 10,5 + \ldots + 1 \cdot 11 \cdot 6 + 2 \cdot 11 \cdot 10,5$$

$$= 586 \quad .$$

Die für Gl. (8.59) benötigten t_i- und u_i-Werte sind hier einfach als Zeilen- bzw. Spaltensummen abzulesen.

Schätzen wir ϱ nach Gl. (8.64), so resultiert

$$\varrho' = \frac{586 - 507}{(12^3 - 12)/12} = 0,55 \quad .$$

Der nach Gl. (8.59) bestimmte Zusammenhang wird also durch Gl. (8.64) unterschätzt. Bei Daten ohne Rangbindungen führen beide Gleichungen zu identischen Resultaten.

8.2.1.2 Biseriales ϱ

Verschiedentlich steht man vor der Aufgabe, den Zusammenhang zwischen einer Rangreihe X und einem alternativen Merkmal Y durch einen ϱ-analogen Korrelationskoeffizienten zu beschreiben. Geht man mit Meyer-Bahlburg (1969) von N_1 und N_2 identischen Rängen in Y aus und gibt allen N_1 Merkmalsträgern der einen Merkmalsstufe den Rangwert $(N_1 + 1)/2$ und allen N_2 Merkmalsträgern der anderen Merkmalsstufe den Rangwert $N_1 + (N_2 + 1)/2$, so erhält man durch Einsetzen in Gl. (8.59) mit $N = N_1 + N_2$

$$\varrho_{bis} = \frac{\frac{1}{12} \cdot (N^3 - N + 3 \cdot N_1 \cdot N_2 \cdot N) - \sum\limits_{i=1}^{N} d_i^2}{\sqrt{\frac{1}{12} \cdot N_1 \cdot N_2 \cdot N \cdot (N^3 - N)}} \quad , \tag{8.65}$$

einen zum biserialen r-Korrelationskoeffizienten (vgl. Sachs, 1968) analogen ϱ-Korrelationskoeffizienten. Diese Gleichung gilt nur für eine Rangreihe X ohne Rangbindungen. Treten Rangbindungen der Länge t auf, sind die Klammerausdrucke im Zähler und im Nenner in Gl. (8.65) um das Korrekturglied $\sum(t^3 - t)$ zu vermindern.

Zur Prüfung, ob ein biseriales ϱ signifikant von Null verschieden ist, benutzt man den U-Test (vgl. 6.1.1.2), der die Rangsummen T_1 und T_2 unter den beiden Stufen des Merkmals Y vergleicht. Die Rechtfertigung zur Benutzung des U-Tests resultiert daraus, daß man die bivariate Stichprobe der N Beobachtungspaare als 2 univariate unabhängige Stichproben auffassen kann, die sich hinsichtlich eines Alternativmerkmals unterscheiden. Die Überprüfung der Zusammenhangshypothese läuft damit auf die Überprüfung von Unterschieden in der zentralen Tendenz in 2 unabhängigen Stichproben hinaus.

Beispiel 8.9

Problem: Es wird gefragt, ob Mädchen, die Jungen als Spielgefährten bevorzugen, sich in stärkerem Maße selbst als maskulin erleben als Mädchen, die Mädchen als Spielgefährten bevorzugen.

Hypothese: Jungenbevorzugung und Maskulinitätserleben sind positiv korreliert, d. h. Mädchen, die Jungen bevorzugen, haben im allgemeinen höhere Maskulinitätswerte als Mädchen, die Mädchen bevorzugen (H_1; $\alpha = 0,05$; einseitiger Test).

Daten: Von N = 10 zufällig ausgewählten Mädchen bevorzugen N_1 = 6 Mädchen und N_2 = 4 Jungen als Spielgefährten. In einem Geschlechterrollenfragebogen erhalten die 10 Mädchen Maskulinitätspunktwerte, die den Rängen $R(x_i)$ der Tabelle 8.49 entsprechen.

Auswertung: Wie man aus Tabelle 8.49 ersieht, sprechen die Daten (aus Meyer-Bahlburg, 1969, S. 60) für den vermuteten Zusammenhang: Mädchen, die mit Jungen (J) spielen, haben der Tendenz nach einen höheren x-Rang als Mädchen, die mit Mädchen (M) spielen.

Tabelle 8.49

$R(x_i)$	y_i	$R(y_i)$	d_i	d_i^2
1	M	3,5	$-2,5$	6,25
2	M	3,5	$-1,5$	2,25
3	M	3,5	$-0,5$	0,25
4	M	3,5	0,5	0,25
5	J	8,5	$-3,5$	12,25
6	M	3,5	2,5	6,25
7	J	8,5	$-1,5$	2,25
8	J	8,5	$-0,5$	0,25
9	J	8,5	0,5	0,25
10	M	3,5	6,5	42,25
			$\sum d_i^2 = 72,50$	

Da $\sum d_i^2 = 72,5$ gemäß Gl. (8.57) unter ihrem Erwartungswert von $10 \cdot (10^2 - 1)/6 = 165$ liegt, ist ϱ_{bis} positiv. Wir erhalten nach Gl. (8.65)

$$\varrho_{bis} = \frac{\frac{1}{12}(10^3 - 10 + 3 \cdot 6 \cdot 4 \cdot 10) - 72,50}{\sqrt{\frac{1}{12}(6 \cdot 4 \cdot 10)(10^3 - 10)}} = +0,50 \quad .$$

Entscheidung: Wir errechnen $T_1 = 5+7+8+9 = 29$ und $T_2 = 1+2+3+4+6+10 = 26$ und damit nach Gl. 6.3 U = $(6 \cdot 4 + 4 \cdot 5/2) - 29 = 5$. Dieser Wert ist gemäß Tafel 6 für $N_1 = 4$ und $N_2 = 6$ nicht signifikant, d. h. H_0 kann nicht verworfen werden.

Interpretation: Zwischen der Art der Geschlechterbevorzugung und dem Maskulinitätstest besteht kein monotoner Zusammenhang.

Die Effizienz des biserialen ϱ-Tests gleicht der des U-Tests.

8.2.2 Kendalls τ (tau)

Angenommen, N Individuen seien durch 2 stetige Merkmale gekennzeichnet und nach einem als „unabhängig" angenommenen Merkmal X geordnet. Die Rangreihe

R(X) dieses Merkmals X soll als sogenannte *Ankerreihe* dienen. Die Rangreihe R(Y) des zugeordneten oder „abhängigen" Merkmals Y hingegen soll als Vergleichsreihe fungieren:

Ankerreihe R(X):   1 2 3 4 5

Vergleichsreihe R(Y): 3 1 2 5 4

Ist die *Vergleichsreihe* analog der Ankerreihe aufsteigend geordnet, besteht eine perfekt positive Rangkorrelation; ist sie absteigend geordnet, besteht eine perfekt negative Korrelation. Sind die Rangwerte der Vergleichsreihe – wie oben – ungeordnet, stellt sich die Frage nach der Enge des Zusammenhangs zwischen den beiden Rangreihen.

Bei ϱ haben wir $\sum d_i^2$ als Kriterium für die Enge des Zusammenhangs angesehen und damit großen Rangdifferenzen, auch wenn sie nur vereinzelt auftreten, einen starken Einfluß eingeräumt. Wir wollen nunmehr ein anderes Kriterium kennenlernen, das nicht von den Rangdifferenzen und deren Quadraten bestimmt wird, sondern auf der „Fehlordnung" („disarray") der Ränge innerhalb der Vergleichsreihe basiert.

Um ein gegenüber Ausreißerpaaren relativ unempfindliches und für die statistische Prüfung besser geeignetes Maß für den ordinalen Zusammenhang zweier Merkmale X und Y zu gewinnen, bilden wir für die Vergleichsreihe R(Y) alle $5(5 - 1)/2 = 10$ möglichen Paare von Rängen und erhalten

3 - - 1	(−)
3 - - - - - 2	(−)
3 - - - - - - - - 5	(+)
3 - - - - - - - - - - 4	(+)
1 - - 2	(+)
1 - - - - - 5	(+)
1 - - - - - - - 4	(+)
2 - - 5	(+)
2 - - - - - 4	(+)
5 - - 4	(−)

In einigen dieser zehn Paare folgen die Rangwerte in der aufsteigenden Ordnung (im Sinne der natürlichen Zahlen) aufeinander; wir sprechen von *Proversionen*, die mit (+) gekennzeichnet sind. Die Anzahl der Proversionen (P) ergibt sich im Beispiel als Anzahl aller (+)-Zeichen zu P = 7.

In anderen dieser zehn Paare folgen die Rangwerte in absteigender Ordnung aufeinander; wir sprechen von *Inversionen* (−) und bezeichnen ihre Zahl mit I. In unserem Beispiel ist I = 3.

Es ist unmittelbar einsichtig, daß ein Überwiegen der Proversionen, wie in unserem Beispiel mit 7 zu 3, auf einen positiven Zusammenhang zwischen X und Y

schließen läßt, während ein Überwiegen der Inversionen auf einen negativen Zusammenhang hinweist. Tatsächlich finden wir im Fall einer perfekt positiven Korrelation mit einer Vergleichsreihe von 1 2 3 4 5 nur Proversionen in einer Anzahl von $P = N(N - 1)/2$ und im Fall einer perfekt negativen Korrelation mit einer Vergleichsreihe von 5 4 3 2 1 nur Inversionen in einer Anzahl von ebenfalls $I = N(N - 1)/2$.

Da die Zahl der Proversionen und die Zahl der Inversionen zusammengenommen die Zahl der möglichen Paarvergleiche $N(N - 1)/2$ ergibt, gilt die Gleichung

$$P + I = N(N - 1)/2 \quad . \tag{8.66}$$

In unserem Beispiel mit $N = 5$ läßt sich $I = 3$ rasch auszählen, so daß man P auch über $P = 5 \cdot 4/2 - 3 = 7$ erhält. (Eine andere Art der Bestimmung von P und I werden wir in Beispiel 8.10 kennenlernen).

Um ein — wie ϱ — zwischen -1 und $+1$ variierendes Maß des Zusammenhangs zwischen X und Y zu gewinnen, müssen wir P und I zunächst so kombinieren, daß ein über Null symmetrisch verteiltes Maß resultiert. Diese Bedingung erfüllt die sogenannte *Kendall-Summe* als Differenz zwischen Pro- und Inversionszahl:

$$S = P - I \quad . \tag{8.67}$$

Die Kendall-Summe als vorläufiges Maß der Richtung und Enge des Zusammenhangs beträgt $S = -N(N - 1)/2$ bei perfekt negativer, $S = 0$ bei fehlender und $S = +N(N - 1)/2$ bei perfekt positiver Korrelation. In unserem Beispiel ist $S = 7 - 3 = +4$, was einen mäßig positiven Zusammenhang andeutet, weil die höchstmögliche positive Kendall-Summe $S_{max} = +5 \cdot 4/2 = +10$ beträgt.

Um aus der zwischen $\pm N(N - 1)/2$ variierenden Kendall-Summe einen zwischen ± 1 variierenden Korrelationskoeffizienten zu erhalten, dividieren wir die beobachtete Kendall-Summe S durch die algebraisch höchstmögliche Kendall-Summe $S_{max} = +N(N - 1)/2$. Der Quotient ist Kendalls τ-Korrelationskoeffizient (vgl. Kendall, 1955):

$$\tau = \frac{S}{N(N - 1)/2} \quad . \tag{8.68}$$

In unserem Beispiel mit $N = 5$ und $S = 4$ ist $\tau = 4/(5 \cdot 4/2) = 0, 4$. τ kann also als Differenz zwischen dem Anteil aller Proversionen und dem Anteil aller Inversionen an der Gesamtzahl aller Paarvergleiche angesehen werden. Man beachte, daß τ (wie auch ϱ) nur den monotonen Anteil eines Zusammenhangs widerspiegelt und daher Null sein kann, obwohl ein enger nicht-monotoner (z. B. U-förmiger) Zusammenhang zwischen X- und Y-Rängen existiert. Ein $\tau = 0$ und damit ein $S = 0$ besagt also nicht, daß ein Zusammenhang fehlt, sondern lediglich, daß eine monotone Komponente fehlt.

Die Frage nach der Signifikanz eines aus einer Stichprobe ermittelten τ-Koeffizienten ist wie folgt zu beantworten: Unter der Nullhypothese fehlender Korrelation, $E(\tau) = 0$, sind alle N! Zuordnungen der Vergleichsreihe zur Ankerreihe gleich wahrscheinlich. Die Gesamtheit der N! τ-Koeffizienten konstituiert daher die Prüfverteilung von τ. Um *exakt* zu prüfen, brauchen wir nur abzuzählen, wie viele τ-Werte der Prüfverteilung das beobachtete τ erreichen oder überschreiten (einseitiger Test). Sind es a τ-Werte, verwerfen wir H_0 zugunsten H_1, wenn $a/N! < \alpha$. Bei

zweiseitigem Test ist a wegen der symmetrischen H_0-Verteilung von τ zu verdoppeln.

Die H_0-Verteilung von τ ist zu der H_0-Verteilung der Kendall-Summe S äquivalent. Die Verteilung von S hat einen Wertebereich von $-\binom{N}{2}$ bis $+\binom{N}{2}$. Zwischen diesen Grenzen kann S alle jeweils um 2 Einheiten unterschiedenen Werte annehmen (Beispiel: Für N = 4 hat S die Wertemenge $-6, -4, -2, 0, 2, 4$ und 6). Die Häufigkeit, mit der ein bestimmter S-Wert bei gegebenem N auftritt, ermittelt man einfach durch Auszählen bzw. nach einem bei Lienert (1973, S. 614 ff.) beschriebenen Rekursionsverfahren.

Für die exakte Signifikanzüberprüfung von τ verwenden wir Tafel 29, in der die oberen Schranken des Absolutbetrages der Prüfgröße S für N = 4(1)40 für die konventionellen Signifikanzstufen aufgeführt sind. Die α-Werte gelten für den einseitigen Test und sind bei zweiseitigem Test zu verdoppeln. Beobachtete Werte, die die Schranke erreichen oder überschreiten, sind auf der bezeichneten α-Stufe signifikant. Exakte Überschreitungswahrscheinlichkeiten für beliebige S-Werte findet man bei Kaarsemaker u. Wijngaarden (1953).

Beispiel 8.10

Problem: Es soll überprüft werden, ob 2 Beurteiler die physische Kondition von N=7 Ratten nach dreiwöchiger Mangeldiät übereinstimmend beurteilen.

Hypothese: Es besteht eine positive Übereinstimmung (H_1; $\alpha = 0,05$; einseitiger Test).

Daten: Die Rangordnungen der beiden Beobachter (X und Y) und ein Berechnungsschema für die Kendall-Summe S sind in Tabelle 8.50 dargestellt (Daten aus Snedecor u. Cochran, 1967, S. 195).

Tabelle 8.50

Ratte	B	F	C	A	D	E	G
Beurteiler X	1	2	3	4	5	6	7
Beurteiler Y	2	3	1	4	6	5	7

P =	5 +	4 +	4 +	3 +	1 +	1 +	0 =	18
I =	1 +	1 +	0 +	0 +	1 +	0 +	0 =	3

$$S = +15$$

Auswertung: Nachdem die Ratten nach der Rangreihe des Urteilers X in eine aufsteigende Ordnung gebracht wurden, führen wir mit den Rängen des Urteilers Y Paarvergleiche nach Art des auf S. 423 dargestellten Schemas durch. Die Zahl der Proversionen ergibt sich aus 5 Überschreitungen für den Rangplatz 2, 4 Überschreitungen für den Rangplatz 3 etc. Insgesamt zählen wir 18 Proversionen. Die Zahl der Inversionen bezieht sich auf die jeweiligen Rangunterschreitungen. Die Paarvergleiche eines Y-Ranges mit den jeweils rechts folgenden Y-Rängen führen zu jeweils einer Unterschreitung für die Ränge 2, 3 und 6, so daß I = 3 resultiert. Einsetzen von S = 18 − 3 = 15 in Gl. (8.68) ergibt eine Übereinstimmung von

$$\tau = \frac{15}{7 \cdot 6/2} = 0,714.$$

Entscheidung: In Tafel 29 lesen wir für N = 7 und $\alpha = 0,05$ bei einseitigem Test einen Schwellenwert von 13 ab. Da S = 15 > 13 ist, akzeptieren wir H_1.

Interpretation: Die Konditionsverluste der Ratten werden von den Beurteilern übereinstimmend erkannt. Die Ratte B zeigt den geringsten, die Ratte G den größten Konditionsverlust unter der Mangeldiät.

Die *Effizienz* des exakten τ-Tests im Vergleich zum parametrischen t-Test zur Prüfung von Pearsons r beträgt $9/\pi^2 = 0,912$. Wenn man also binormalverteilte Variablen nach τ statt nach t (über r) prüft, benötigt man im Schnitt 10 % mehr Datenpaare, um eine signifikante Abweichung von der Nullhypothese nachzuweisen. Die Effizienz des τ-Tests im Vergleich zum ϱ-Test ist 1, d. h. beide Tests sind in Anwendung auf große Stichprobenumfänge gleich wirksam. Das bedeutet nicht, daß sie auch in Anwendung auf kleine Stichproben gleich wirksam sind: Ausreißerrangpaare (mit großer Rangdifferenz) setzen z. B. die Wirksamkeit des ϱ-Tests stärker herab als die des τ-Tests, wenn N klein ist (vgl. 8.2.3).

An *Voraussetzungen* impliziert der τ-Test, daß die Beobachtungspaare aus einer stetig verteilten, bivariaten Population mit monotoner Regression zufallsmäßig und wechselseitig unabhängig entnommen worden sind. Treten trotz der Stetigkeitsforderung gleiche Beobachtungswerte (Bindungen) auf, so werden sie als Auswirkungen unzureichender Beobachtungsgenauigkeit gedeutet und nach den τ-Test-Varianten in 8.2.2.1 behandelt.

Für $N \geq 40$ ist die Prüfgröße S über dem Erwartungswert Null mit einer Standardabweichung von

$$\sigma_S = \sqrt{\frac{N(N-1)(2N+5)}{18}} \qquad (8.69)$$

normalverteilt, so daß man *asymptotisch* über die Normalverteilung nach

$$u = \frac{S}{\sigma_S} \qquad (8.70)$$

testen kann.

Will man die Approximation auch für N < 40 anwenden, arbeitet man zweckmäßigerweise mit der *Kontinuitätskorrektur*. Da S diskret verteilt ist und aufeinanderfolgende S-Werte *zwei* Einheiten voneinander entfernt sind, subtrahiert man von $|S|$ eine ganze Einheit, ehe man durch σ_S dividiert:

$$u = \frac{|S| - 1}{\sigma_S} \qquad (8.70a)$$

Der resultierende u-Wert ist nach Tafel 2 ein- oder zweiseitig zu beurteilen. Der kontinuitätskorrigierte asymptotische Test approximiert den exakten Test − außer bei $\alpha < 0,001$ − sehr gut.

In Anwendung auf Beispiel 8.10 mit N = 7 und S = 15 erhalten wir eine Varianz von $\sigma_S^2 = (7 \cdot 6 \cdot 19)/18 = 44,33$, so daß $u = (|15| - 1)/\sqrt{44,33} = 2,10$ und P = 0,018 (einseitig) resultiert. Der asymptotische Test führt damit im Beispiel zur gleichen Entscheidung wie der exakte Test.

Die Frage, ob sich 2 τ-Koeffizienten signifikant unterscheiden, kann, wie Kendall (1955, S. 65) argumentiert, nur im Sinne einer konservativen Entscheidung beantwortet werden, wenn man die folgende asymptotisch normalverteilte Prüfgröße verwendet:

$$u = \frac{\tau_1 - \tau_2}{\sqrt{\text{Var}(\tau_1 - \tau_2)}} \qquad (8.71)$$

mit

$$\text{Var}(\tau_1 - \tau_2) = \frac{2}{N_1} \cdot (1 - \tau_1^2) + \frac{2}{N_2} \cdot (1 - \tau_2^2) \quad . \qquad (8.72)$$

8.2.2.1 τ bei Rangbindungen

Treten in einer oder in beiden Beobachtungsreihen (X, Y) gleiche Meßwerte auf, obwohl beide Merkmale stetig verteilt sind, ergeben sich ähnliche Probleme wie bei Spearmans ϱ-Korrelation: Man nimmt Rangaufteilungen vor und redefiniert die Kendall-Summe in der Weise, daß den resultierenden Rangbindungen Rechnung getragen wird.

Betrachten wir zunächst den Fall, daß nur in *einer* der beiden Beobachtungsreihen gleiche Meßwerte auftreten. Wir vereinbaren, die Beobachtungsreihe ohne Bindungen mit X und die Beobachtungsreihe mit Bindungen als Y zu bezeichnen. Es seien etwa X = (1 2 3 4 5) und Y = (3 1 3 3 5). Wir vereinbaren weiter, beim Binnenpaarvergleich gebundener Y-Ränge jeweils den Punktwert 0 zu vergeben.

Mit dieser Vereinbarung zählen wir aus, wieviele Proversionen (P) bzw. Inversionen (I) in der Rangreihe Y auftreten:

$$P = 1 + 3 + 1 + 1 = 6$$
$$I = 1 + 0 + 0 + 0 = 1 \quad .$$

Nach Gl. (8.67) resultiert damit eine „bindungsbezogene" Kendall-Summe von

$$S^* = 6 - 1 = 5 \quad .$$

Die höchstmögliche bindungsbezogene Kendall-Summe ergäbe sich, wenn die Y-Ränge wie folgt geordnet wären: Y = (3 3 3 5) mit

$$P = 4 + 1 + 1 + 1 = 7$$

und

$$I = 0 + 0 + 0 + 0 = 0$$

und damit

$$S^*_{max} = 7 \quad .$$

Zur Berechnung von τ^* relativieren wir jedoch S^* nicht an S^*_{max}, sondern am geometrischen Mittel der S^*_{max}-Werte für eine bindungsfreie X-Rangreihe und eine Y-Rangreihe mit Rangbindungen (vgl. Kendall, 1962, oder auch Gl. 8.76).

$$\tau* = \frac{S^*}{\sqrt{[N \cdot (N - 1)/2] \cdot [N \cdot (N - 1)/2 - T]}} \qquad (8.73)$$

mit

$$T = \sum_{i=1}^{s} t_i(t_i - 1)/2 \quad ,$$

wobei

s = Anzahl aller Rangbindungen

und

t_i = Länge der Rangbindung i .

Für das Zahlenbeispiel resultiert

$$\tau* = \frac{5}{\sqrt{(5 \cdot 4/2) \cdot (5 \cdot 4/2 - 3 \cdot 2/2)}}$$

$$= \frac{5}{\sqrt{70}} = 0,60 \quad .$$

Die Frage, wie man *exakt* die Signifikanz einer Rangkorrelation τ prüft, wenn in einer der beiden Rangreihen (Y nach Vereinbarung) Bindungen auftreten, hat Sillitto (1947) erstmals systematisch behandelt; sie läuft auf die Frage hinaus, wie die Kendall-Summe S^* unter H_0 (keine Korrelation) verteilt ist.

Ohne Bindungen besteht die H_0-Verteilung von S aus N! S-Werten. Für N = 3 ergibt sich die H_0-Verteilung aus folgenden Permutationen:

```
1  2  3   S =  3
1  3  2   S =  1
2  1  3   S =  1
2  3  1   S = -1
3  1  2   S = -1
3  2  1   S = -3.
```

Sind 2 der N = 3 Ränge von Y gebunden (z.B. 1; 2,5; 2,5), basiert die Prüfverteilung auf lediglich 3 möglichen Permutationen:

```
1    2,5  2,5   S* =  2
2,5  1    2,5   S* =  0
2,5  2,5  1     S* = -2
```

Für N = 4 und 2 Zweierrangbindungen (1,5; 1,5; 3,5; 3,5) besteht die H_0-Verteilung aus 6 S^*-Werten.

```
1,5  1,5  3,5  3,5   S* =  4
1,5  3,5  1,5  3,5   S* =  2
3,5  1,5  1,5  3,5   S* =  0
1,5  3,5  3,5  1,5   S* =  0
3,5  1,5  3,5  1,5   S* = -2
3,5  3,5  1,5  1,5   S* = -4
```

Die H_0-Verteilungen von S^* sind also gegenüber den H_0-Verteilungen von S für Rangreihen ohne Bindungen „verkürzt". Die exakten Irrtumswahrscheinlichkeiten ergeben sich auch hier, indem man die Anzahl aller S^*-Werte, die gleich groß oder größer als die beobachtete Summe S^* sind, durch die Anzahl aller möglichen S^*-Werte dividiert.

Auf diesem Rationale aufbauend hat Sillitto (1947) exakte Überschreitungswahrscheinlichkeiten für Stichproben der Größe N = 4(1)10 berechnet, in denen die Y-Reihe Zweier- oder Dreierbindungen enthält, und die einseitigen P-Werte tabel-

liert. Für den asymptotischen Test, der bereits bei Stichproben mit $N > 10$ einzusetzen ist, verwenden wir die noch einzuführende Gl. (8.78).

Im folgenden Beispiel treten *Rangbindungen sowohl in X als auch in Y* auf:

$$X = (1,5; 1,5; 3; 4,5; 4,5; 6)$$

und

$$Y = (1,5; 1,5; 4; 3; 6; 5) \quad .$$

Hier ist bei der Definition der Kendall-Summe S^{**} (für zweireihige Rangbindungen) zu beachten, daß z. B. durch die zwei gleichen X-Ränge 4,5 und 4,5 die Rangfolge der zugehörigen Y-Ränge 3 und 6 unbestimmt ist, denn sie kann 3 6 oder 6 3 lauten. Wie man durch Auszählen aller Proversionen und aller Inversionen S^{**} leicht bestimmen kann, zeigt das vollständige Zahlenbeispiel:

$$X : \quad (1,5 \quad 1,5) \quad 3 \quad (4,5 \quad 4,5) \quad 6 \quad ,$$
$$Y : \quad (1,5 \quad 1,5) \quad 4 \quad (3 \quad 6) \quad 5 \quad N = 6 \quad .$$

Zunächst werden − wie üblich − die $N = 6$ Objekte hinsichtlich des Merkmals X in eine aufsteigende Rangordnung gebracht; diesen X-Rängen werden die Y-Ränge zugeordnet. Die Anzahl der Proversionen und Inversionen wird wiederum für die Y-Rangreihe bestimmt, wobei auch hier identische Y-Ränge außer acht bleiben. Uneindeutigkeiten in der Abfolge der Y-Ränge durch korrespondierende, identische X-Ränge bleiben ebenfalls unberücksichtigt.

Die Zahl der Proversionen ergibt sich im Beispiel zu $P = 4+4+2+1 = 11$. Die erste 4 resultiert aus dem Vergleich der ersten 1,5 mit den nachfolgenden Rangplätzen, von denen 4 (die Ränge 4, 3, 6 und 5) größer sind als 1,5. Das gleiche gilt für die zweite 1,5, für die sich ebenfalls 4 Proversionen ergeben. Für den Rangplatz 4 resultieren wegen der nachfolgenden Ränge 6 und 5 zwei weitere Proversionen. Daß der Rangplatz 6 dabei eingeklammert, d. h. einem gebundenen X-Rang zugeordnet ist, ist unerheblich, denn auch beim zulässigen Austausch der Y-Ränge 3 und 6 bliebe die Anzahl der Proversionen für Rang 4 unverändert.

Dies ist für die Anzahl der Proversionen, die Rangplatz 3 beiträgt, nicht der Fall. In der notierten Abfolge wäre die Anzahl der Proversionen 2 ($6 > 3$ und $5 > 3$). Da die Abfolge in der Klammer wegen des zweifach vergebenen Rangplatzes 4,5 in X jedoch auch ausgetauscht werden kann, zählen wir nur eine Proversion, die sich aus $5 > 3$ ergibt und die von der Abfolge in der Klammer unabhängig ist. Wir erhalten damit zusammenfassend $P = 4 + 4 + 2 + 1 = 11$.

Für die Inversionen resultiert $I = 1 + 1 = 2$. Die 1. Inversion ergibt sich wegen $3 < 4$ und die 2. wegen $5 < 6$. Beide Inversionen sind gegenüber der Anordnung der Y-Ränge in der „4,5-Klammer" invariant.

Damit resultiert nach Gl. (8.67) $S^{**} = 11 - 2 = 9$.

Das Auszählen der Pro- und Inversionen läßt sich − zumal bei größeren Stichproben − erheblich vereinfachen, wenn man die beiden Rangreihen − wie in Tabelle 8.48 − in Form einer binordinalen Kontingenztafel anordnet (Tabelle 8.51).

Die Häufigkeiten f_{ij} in der Tabelle geben an, wie oft eine bestimmte Kombination von X- und Y-Rängen auftritt. Für die Anzahl der Proversionen errechnet man

Tabelle 8.51

	Y					
	1,5	3	4	5	6	t_i
1,5	2	0	0	0	0	2
3	0	0	1	0	0	1
X 4,5	0	1	0	0	1	2
6	0	0	0	1	0	1
w_j	2	1	1	1	1	N = 6

$$P = \sum_{I=1}^{k-1} \sum_{J=1}^{m-1} f_{IJ} \cdot \left(\sum_{i=I+1}^{k} \sum_{j=J+1}^{m} f_{ij} \right) \tag{8.74}$$

mit

  k = Anzahl der geordneten Kategorien des Merkmals X und
  m = Anzahl der geordneten Kategorien des Merkmals Y.

Jede Häufigkeit f_{IJ} wird also mit der Summe aller Objekte, die sowohl in X als auch in Y einen höheren Rangplatz aufweisen, multipliziert. Die Summe dieser Produkte ergibt P. Im Beispiel errechnen wir (unter Weglassung der Produkte mit $f_{IJ} = 0$) $P = 2 \cdot 4 + 1 \cdot 2 + 1 \cdot 1 = 11$.

Die Anzahl der Inversionen ergibt sich nach

$$I = \sum_{I=1}^{k-1} \sum_{J=2}^{m} f_{IJ} \cdot \left(\sum_{i=I+1}^{k} \sum_{j=1}^{J-1} f_{ij} \right) . \tag{8.75}$$

Jede Häufigkeit f_{IJ} wird hier mit der Summe aller Objekte multipliziert, die in X einen höheren und in Y einen niedrigeren Rangplatz aufweisen. Die Summe dieser Produkte ergibt I. Für das Beispiel resultiert $I = 1 \cdot 1 + 1 \cdot 1 = 2$. Auch auf diesem Wege erhält man also $S^{**} = 11 - 2 = 9$.

Die τ-Korrelation τ^{**} für zwei Rangreihen mit Rangbindungen ergibt sich nach folgender Gleichung (vgl. Kendall, 1962):

$$\tau^{**} = \frac{S^{**}}{\sqrt{[N \cdot (N-1)/2 - T] \cdot [N \cdot (N-1)/2 - W]}} \tag{8.76}$$

mit

$$T = \sum_{i=1}^{s} t_i \cdot (t_i - 1)/2$$

$$W = \sum_{j=1}^{v} w_j \cdot (w_j - 1)/2$$

  s = Anzahl der Rangbindungen in X

  v = Anzahl der Rangbindungen in Y .

[Läßt man in Gl. (8.76) auch die ergebnisneutralen „Einser-Bindungen" zu, ist s = k und v = m zu setzen.] Wie man in Gl. (8.76) erkennt, entspricht der Nenner dem geometrischen Mittel der S^*_{max}-Werte für die Rangreihen X und Y.

Für das Beispiel ergibt sich

$$T = 2 \cdot 1/2 + 2 \cdot 1/2 = 2 \quad,$$
$$W = 2 \cdot 1/2 = 1$$

und damit

$$\tau^{**} = \frac{9}{\sqrt{(6 \cdot 5/2 - 2) \cdot (6 \cdot 5/2 - 1)}} = 0,667 \quad.$$

Unter Verwendung von $S_{max} = N \cdot (N - 1)/2 = 6 \cdot 5/2 = 15$ hätte sich ein unkorrigierter τ-Wert von $\tau = 9/15 = 0,60$ ergeben. Interpretativ beinhaltet die unkorrigierte τ-Korrelation den Durchschnitt aller τ-Korrelationen, die man erhält, wenn man für die t_i und w_j identischen Ränge aller Rangbindungen i und j jeweils unterschiedliche Ränge annimmt und für alle $t_i!$ und $w_j!$ möglichen Anordnungen dieser Ränge die entsprechenden τ-Koeffizienten berechnet. Kendall (1962, S. 37) schlägt vor, diesen unkorrigierten Koeffizienten dann zu verwenden, wenn man die Genauigkeit einer „subjektiven" Rangreihe in bezug auf eine objektiv vorgegebene Rangreihe überprüfen will. Zur Kennzeichnung der Übereinstimmung zweier subjektiver Rangreihen wird hingegen der korrigierte τ-Koeffizient empfohlen. Die letztgenannte Indikation soll im folgenden den Vorrang haben.

Ein *exakter* Test für den Zusammenhang zweier Merkmale mit Rangbindungen läßt sich in der Weise konstruieren, daß man die aufsteigend geordnete X-Reihe mit allen unterscheidbaren Y-Reihen kombiniert und jeweils S^{**} ermittelt. Die Verteilung aller S^{**}-Werte ergibt die Prüfverteilung, nach der man in schon bekannter Manier den P-Wert zu einem beobachteten S^{**}-Wert berechnet. Diesem Rationale folgend hat Burr (1960) die H_0-Verteilungen für Stichprobenumfänge von N = 3(1)6 mit unterschiedlichen Bindungstrukturen ermittelt. Wir verzichten hier auf die Wiedergabe der Tabellen, da sowohl S^* (für einreihige Rangbindungen) als auch S^{**} (für zweireihige Rangbindungen) bereits für N > 10 unter H_0 genähert normalverteilt sind. Der Erwartungswert von S^{**} ist Null und die Varianz beträgt nach Kendall (1955, S. 55):

$$\sigma^2(S^{**}) = \frac{N \cdot (N - 1) \cdot (2 \cdot N + 5) - T_1 - W_1}{18} \tag{8.77}$$

$$+ \frac{T_2 \cdot W_2}{9 \cdot N \cdot (N - 1) \cdot (N - 2)} + \frac{T_3 \cdot W_3}{2 \cdot N \cdot (N - 1)}$$

mit

$$T_1 = \sum_{i=1}^{s} t_i \cdot (t_i - 1) \cdot (2t_i + 5) \qquad W_1 = \sum_{j=1}^{v} \cdot w_j \cdot (w_j - 1) \cdot (2w_j + 5)$$

$$T_2 = \sum_{i=1}^{s} t_i \cdot (t_i - 1) \cdot (t_i - 2) \qquad W_2 = \sum_{j=1}^{v} \cdot w_j \cdot (w_j - 1) \cdot (w_j - 2)$$

$$T_3 = \sum_{i=1}^{s} t_i \cdot (t_i - 1) \qquad W_3 = \sum_{j=1}^{v} \cdot w_j \cdot (w_j - 1) \quad.$$

Wie oben bereits ausgeführt, steht t für die Rangbindungen in der X-Reihe und w für die Rangbindungen in der Y-Reihe. Gl. (8.77) gilt auch für die Kendall-Summe

S^* für einreihige Rangbindungen. In diesem Falle sind $T_1 = T_2 = T_3 = 0$ (bzw. $W_1 = W_2 = W_3 = 0$). In Analogie zu Gl. (8.70) berechnet man unter Verwendung von S^{**} und $\sigma(S^{**})$ einen u-Wert, der anhand Tafel 2 zufallskritisch ein- oder zweiseitig zu bewerten ist.

Bei der Stetigkeitskorrektur ist zu beachten, daß die Prüfgröße S^{**} unter H_0 mit Intervallen unterschiedlicher Größe verteilt ist, so daß sich eine einheitliche Korrekturgröße nur schwer exakt begründen läßt (vgl. Kendall, 1962, S. 80). Lienert (1978, S. 555) verwendet folgenden kontinuitätskorrigierten Test:

$$u = \frac{|S^{**}| - c/2}{\sqrt{\sigma^2(S^{**})}} \qquad (8.78)$$

mit

$$c = \min(t_i, w_j) \quad .$$

Beispiel 8.11

Problem: Es wird gefragt, ob die psychologische Beurteilung der Schulreife vor Schulbeginn (m = 3 Stufen) und die spätere pädagogische Empfehlung für eine weiterführende Schule (k = 6 Stufen) monoton korreliert sind.

Hypothese: Psychologische und pädagogische Beurteilung sind positiv monoton korreliert (H_1; $\alpha = 0,001$; einseitiger Test).

Ergebnisse: Die Erhebung an N = 185 Schulanfängern erbrachte die in Tabelle 8.52 dargestellte binordinale 6 × 3-Felder-Tafel (Daten nach Beschel, 1956).

Tabelle 8.52

	Schulreif	Bedingt schulreif	Nicht schulreif	t_i
Gymnasialempfehlung	19	1	0	20
Bedingte Gymnasialempfehlung	30	13	2	45
Realschulempfehlung	12	34	1	47
Bedingte Realschulempfehlung	0	39	15	54
Hauptschulempfehlung	0	2	10	12
Nicht reif für weiterführende Schule	0	2	5	7
w_j	61	91	33	N = 185

Auswertung: Wir berechnen zunächst nach Gl. (8.74) die Anzahl der Proversionen.

$$\begin{aligned}
P &= 19 \cdot (13 + 2 + 34 + 1 + \ldots + 2 + 5) + 1 \cdot (2 + 1 + 15 + 10 + 5) \\
&\quad + 30 \cdot (34 + 1 + 39 + 15 + \ldots + 2 + 5) + 13 \cdot (1 + 15 + 10 + 5) \\
&\quad + 12 \cdot (39 + 15 + 2 + 10 + 2 + 5) + 34 \cdot (15 + 10 + 5) \\
&\quad + 0 \cdot (2 + 10 + 2 + 5) + 39 \cdot (10 + 5) \\
&\quad + 0 \cdot (2 + 5) + 2 \cdot 5 \\
&= 2337 + 33 + 3240 + 403 + 876 + 1020 + 585 + 10 \\
&= 8504 \quad .
\end{aligned}$$

Die Zahl der Inversionen ergibt sich gemäß Gl. (8.75) unter Weglassung der „Null-zellen" zu

$$
\begin{aligned}
I &= 1 \cdot (30 + 12) + 13 \cdot 12 + 2 \cdot (12 + 34 + 39 + 2 + 2) + 1 \cdot (39 + 2 + 2) \\
&\quad + 15 \cdot (2 + 2) + 10 \cdot 2 \\
&\quad + 42 + 156 + 178 + 43 + 60 + 20 \\
&= 499 \quad .
\end{aligned}
$$

Wir erhalten also $S^{**} = 8504 - 499 = 8005$. Für die Bestimmung von τ^{**} benötigen wir ferner gemäß Gl. (8.76) die Korrekturgrößen T und W. Diese ergeben sich zu

$$
\begin{aligned}
T &= 0,5 \cdot (20 \cdot 19 + 45 \cdot 44 + 47 \cdot 46 + 54 \cdot 53 + 12 \cdot 11 + 7 \cdot 6) \\
&= 0,5 \cdot 7558 \\
&= 3779 \quad , \\
W &= 0,5 \cdot (61 \cdot 60 + 91 \cdot 90 + 33 \cdot 32) \\
&= 0,5 \cdot 12906 \\
&= 6453 \quad .
\end{aligned}
$$

Damit resultiert

$$
\begin{aligned}
\tau^{**} &= \frac{8005}{\sqrt{(17020 - 3779) \cdot (17020 - 6453)}} \\
&= 0,68 \quad .
\end{aligned}
$$

Um den asymptotischen Signifikanztest nach Gl. (8.78) durchführen zu können, ist $\sigma^2(S^{**})$ zu bestimmen. Wir errechnen zunächst

$$
\begin{aligned}
T_1 &= 20 \cdot 19 \cdot 45 + 45 \cdot 44 \cdot 95 + \ldots + 7 \cdot 6 \cdot 19 = 747270 \quad , \\
W_1 &= 61 \cdot 60 \cdot 127 + 91 \cdot 90 \cdot 187 + 33 \cdot 32 \cdot 71 = 2071326 \quad , \\
T_2 &= 20 \cdot 19 \cdot 18 + 45 \cdot 44 \cdot 43 + \ldots + 7 \cdot 6 \cdot 5 = 339624 \quad , \\
W_2 &= 61 \cdot 60 \cdot 59 + 91 \cdot 90 \cdot 89 + 33 \cdot 32 \cdot 31 = 977586 \quad , \\
T_3 &= 2 \cdot T = 7558 \quad , \\
W_3 &= 2 \cdot W = 12906 \quad .
\end{aligned}
$$

Man erhält also nach Gl. (8.77)

$$
\begin{aligned}
\sigma^2(S^{**}) &= \frac{185 \cdot 184 \cdot 375 - 2818596}{18} + \frac{339624 \cdot 977586}{9 \cdot 185 \cdot 184 \cdot 183} + \frac{7558 \cdot 12906}{2 \cdot 185 \cdot 184} \\
&= 552578 + 5922 + 1433 \\
&= 559933
\end{aligned}
$$

und wegen $c = \min(t_i, w_j) = 7$ nach Gl. (8.78)

$$
\begin{aligned}
u &= \frac{8005 - 3,5}{\sqrt{559933}} \\
&= 10,69 \quad .
\end{aligned}
$$

Entscheidung: Da $u = 10,69 > u_{0,001} = 3,29$ ist, wird die H_0 zugunsten der H_1 verworfen.

Interpretation: Zwischen psychologischer und der späteren pädagogischen Beurteilung besteht ein deutlicher monotoner Zusammenhang.

Anmerkung: Hätten wir Tabelle 8.52 wie eine „normale" Kontingenztafel behandelt und nach Gl. (5.58) ausgewertet, würde $\chi^2 = 147,24$ resultieren, das bei 10 Fg ebenfalls auf der Stufe $\alpha = 0,001$ signifikant wäre. Allerdings hätte dieses Ergebnis lediglich besagt, daß zwischen den untersuchten Merkmalen ein kontingenter Zusammenhang (vgl. S. 325) besteht, wobei der Schluß auf einen monotonen Zusammenhang bestenfalls per Dateninspektion, jedoch nicht inferenzstatistisch zu rechtfertigen wäre.

Vorausgesetzt wird in allen τ-Tests gleich welcher Art, daß (1) die N Beobachtungspaare wechselseitig unabhängig sind, daß (2) die Regression der Y- auf die X-Beobachtungen (und umgekehrt) monoton ist, d. h. U- oder S-förmige Zusammenhänge werden nicht erfaßt, und daß (3) die Merkmale – nicht notwendig auch die Beobachtungen – kontinuierlich verteilt sind.

8.2.2.2 Biseriales τ

Im letzten Abschnitt wurden 2 Rangreihen in Beziehung gesetzt, von denen eine oder beide Rangbindungen aufweisen können. Eine extreme Rangbindung liegt dann vor, wenn eine Rangreihe aufgrund eines künstlich dichotomen Merkmales nur 2 Rangkategorien aufweist. In diesem Falle ist der Zusammenhang zwischen einer Rangreihe (X) und dem dichotomen Merkmal (Y) entweder über ein biseriales ϱ (vgl. 8.2.1.2) oder das im folgenden zu behandelnde biseriale τ zu bestimmen.

Statt nach dem Zusammenhang der Merkmale X und Y können wir auch nach Unterschieden in der zentralen Tendenz hinsichtlich des ordinalen Merkmals X zwischen den durch das dichotome Merkmal Y gebildeten unabhängigen Stichproben fragen. Derartige Unterschiedshypothesen überprüften wir in 6.1.1.2 mit dem U-Test. Die Überprüfung der Zusammenhangshypothese via biserialem τ und die Überprüfung der Unterschiedshypothese via U-Test führen zu identischen Entscheidungen. (Eine vergleichbare Identität besteht zwischen dem Signifikanztest für r und dem t-Test für unabhängige Stichproben; vgl. S. 332).

Die Prüfgröße U des U-Tests und die Kendall-Summe S^{**} für Kendalls τ^{**} sind folgendermaßen algebraisch verknüpft:

$$U = \frac{1}{2} \cdot (N_a \cdot N_b - S^{**}) \quad , \tag{8.80}$$

wobei N_a und N_b die Umfänge der durch das dichotome Merkmal gebildeten Teilstichproben bezeichnen ($N_a + N_b = N$).

Das biseriale τ wird über Gl.(8.76) ermittelt. Dabei ist das Korrekturglied W für die Rangbindungen im dichotomen Merkmal wie folgt zu bestimmen:

$$W = \sum_{j=1}^{v} w_j \cdot (w_j - 1)/2$$
$$= [N_a \cdot (N_a - 1) + N_b \cdot (N_b - 1)]/2 \quad .$$

Für den rechten Faktor unter der Wurzel von Gl. (8.76) erhalten wir damit

$$N \cdot (N - 1)/2 - W = N \cdot (N - 1)/2 - [N_a \cdot (N_a - 1) + N_b \cdot (N_b - 1)]/2$$
$$= N_a \cdot N_b \quad .$$

Eingesetzt in Gl. (8.76) resultiert also

$$\tau_{bis} = \frac{S^{**}}{\sqrt{[N \cdot (N - 1)/2 - T] \cdot N_a \cdot N_b}} \quad . \tag{8.81}$$

Die biseriale Korrelation τ_{bis} ist signifikant, wenn die Kendall-Summe S^{**} signifikant ist. Für den asymptotischen Test verwenden wir die in Gl. (8.77) definierte Varianz der H_0-Verteilung von S^{**}, die sich für den Spezialfall eines dichotomen Merkmales mit zwei Rangbindungen der Größe N_a und N_b wie folgt vereinfacht:

$$\sigma^2(S^{**}_{bis}) = \frac{N_a \cdot N_b}{3 \cdot N \cdot (N - 1)} \cdot [(N^3 - N) - \sum_{i=1}^{s}(t_i^3 - t_i)] \quad . \tag{8.82}$$

Unter Verwendung von $\sigma^2(S^{**}_{bis})$ läßt sich über Gl. (8.78) ein u-Wert bestimmen, der nach Tafel 2 ein- oder zweiseitig zufallskritisch zu bewerten ist. Für das Korrekturglied c ist der Wert c = 2 einzusetzen, wenn keine Rangbindungen im Merkmal X vorliegen. Man setzt c = 2t, wenn alle Rangbindungen im Merkmal X die Länge t aufweisen. Treten Rangbindungen unterschiedlicher Länge auf, läßt sich für das Korrekturglied nur ein Näherungswert angeben. Er lautet nach Kendall (1962, S. 57)

$$c = (2 \cdot N - t_{inf} - t_{sup})/G \tag{8.83}$$

mit

t_{inf} = Länge der rangniedrigsten Bindung im Merkmal X ,

t_{sup} = Länge der ranghöchsten Bindung im Merkmal X ,

G = Anzahl der Intervalle zwischen den Rangbindungen im Merkmal X .

G errechnet sich einfach als s − 1, wobei s die Anzahl der Rangbindungen einschließlich der „Einserbindungen" darstellt. Im bindungsfreien Fall ist $t_{inf} = t_{sup} = 1$ und G = N − 1, so daß c mit wachsendem N gegen 2 konvergiert.

Das folgende Beispiel verdeutlicht die Bestimmung und Überprüfung von τ_{bis}. Gleichzeitig wird mit dem Beispiel die formale Äquivalenz der Prüfgrößen U und S^{**} aufgezeigt.

Beispiel 8.12

Datenrückgriff: In Beispiel 6.2 wurde untersucht, ob die Diffusionsfähigkeit des Kohlendioxids in Erden verschiedener Porosität gleich ist. Verglichen wurden grobkörnige (G) und feinkörnige (F) Erden. Statt nach dem Unterschied zu fragen, überprüfen wir nun, ob zwischen der Diffusionsfähigkeit (X) und der Art der Erde (Y) ein Zusammenhang besteht.

Auswertung: Im Beispiel 6.2 wurde U = 47 errechnet. Da nach Gl.(8.80) S^{**} = $N_a \cdot N_b - 2U$ ist, entspricht diesem U-Wert eine Kendall-Summe von $S^{**} = 12 \cdot 13 -$

Die Auswertung dieses Zahlenbeispiels nach den Gl. (8.84) bis (8.86) führt zu folgenden Ergebnissen:

$$\tau_{\text{pb}} = \frac{2}{10} \cdot (7,5 - 2,5) = 1,0 \quad ,$$

$$\tau_{\text{pb}} = \frac{24 - 0}{4 \cdot 6} = 1,0 \quad ,$$

$$\tau_{\text{pb}} = \frac{24 - 0}{24 + 0} = 1,0 \quad .$$

Alle 3 Gleichungen bestätigen unsere Vermutung: Der Zusammenhang ist mit $\tau_{\text{pb}} = 1$ perfekt.

Gleichung 8.81 kommt hier zu einem anderen Ergebnis. Wir errechnen

$$\tau_{\text{bis}} = \frac{24}{\sqrt{(10 \cdot 9/2 - 0) \cdot 4 \cdot 6}} = \frac{24}{\sqrt{1080}} = 0,73 \quad .$$

Die Korrelation liegt deutlich unter 1. Der Grund dafür ist folgender: τ_{bis} geht davon aus, daß zumindest theoretisch *beide* Merkmale stetig verteilt sind. In diesem Falle gäbe es in der Tat eine höhere Korrelation, wenn auch im Merkmal Y den 10 Schülern Rangplätze in der Folge 1 bis 10 zugeordnet wären. Die Korrelation $\tau_{\text{bis}} = 1$ wird also nur bei 2 identischen Rangreihen vergeben. Treten in X oder Y Rangbindungen auf, wird die Korrelation gegenüber der perfekten Korrelation zweier identischer Rangreihen reduziert.

Besteht das dichotome Merkmal Y jedoch – wie in unserem Beispiel – aus einer natürlichen Dichotomie (vgl. S. 67), sind differenziertere Rangaufteilungen auch theoretisch nicht möglich, d. h. bei einer natürlichen Dichotomie würde τ_{bis} den Zusammenhang unterschätzen. Hier sind also die Gleichungen (8.84) bis (8.86) besser geeignet, den Zusammenhang adäquat zu beschreiben.

In Anlehnung an die parametrische Korrelationsstatistik ist es deshalb angemessen, auch bei Rangkorrelationen zwischen einer biserialen (τ_{bis}) und einer *punktbiserialen* Rangkorrelation (τ_{pb}) zu unterscheiden. Die punktbiseriale Rangkorrelation ist bei natürlich, die biseriale Rangkorrelation bei künstlich dichotomen Merkmalen einzusetzen. Auch die punktbiseriale Korrelation wird über Gl. (8.78) bzw. über den U-Test auf Signifikanz geprüft (vgl. Glass, 1966).

Eine extreme Variante für eine Rangbindungsstruktur ist durch *zwei dichotome Merkmale* gegeben. In diesem Falle erhält man statt einer k × 2-Feldertafel eine Vierfeldertafel, deren Auswertung in 5.2.1 behandelt wurde. Die Vierfelderkorrelation ϕ ist mit dem Vierfelder-τ-Koeffizienten (τ_{et}) identisch.

Unter Verwendung der Häufigkeitssymbole in Tabelle 5.1 erhält man als Rangsummen (Rangbindungsgruppen) die Werte a + c, b + d, a + b und c + d. Der Nenner von Gl. (8.81) vereinfacht sich damit zu $\sqrt{(a+c) \cdot (b+d) \cdot (a+b) \cdot (c+d)}$. Für die Ermittlung der Kendall-Summe S^{**} bestimmen wir nach Gl. (8.74) die Anzahl der Proversionen mit $P = a \cdot d$ und nach Gl. (8.75) die Anzahl der Inversionen mit $I = b \cdot c$, so daß $S^{**} = ad - bc$ ist. Eingesetzt in Gl. (8.81) erhalten wir also

$$\tau_{\text{et}} = \phi = \frac{a \cdot d - b \cdot c}{\sqrt{(a+c) \cdot (b+d) \cdot (a+b) \cdot (c+d)}} \quad . \tag{8.87}$$

8.2.2.3 Subgruppen-τ

Gelegentlich steht man vor dem Problem, den monotonen Zusammenhang zweier Merkmale zu schätzen, die in k verschiedenen Gruppen erhoben wurden. So wer-

den beispielsweise im Rahmen der Gültigkeitskontrolle psychologischer Tests die Testpunktwerte von Probanden oft mit Rangbeurteilungen von Experten korreliert. Meist besteht hier keine Möglichkeit, alle N Pbn einer Stichprobe in eine gemeinsame Rangordnung zu bringen, weil die Beurteilungen von mehreren Beurteilern stammen und man die Gruppe der N Pbn entsprechend der Zahl k der Beurteiler in k Untergruppen aufteilen muß.

Generell ist das Subgruppen-τ immer dann indiziert, wenn der Zusammenhang zweier Merkmale maßgeblich von einem 3. Merkmal bestimmt wird und dieses Drittmerkmal nominalskaliert ist. (Bei ordinalskaliertem Drittmerkmal ist die in 8.2.4 behandelte Partialkorrelation einzusetzen.) Typische subgruppenkonstituierende Merkmale in diesem Sinne sind das Geschlecht, Art der Schulbildung, soziale Schicht, Art der Erkrankung etc. Untersucht man den Zusammenhang zweier Merkmale X und Y in einer Stichprobe, die in bezug auf ein Drittmerkmal Z der genannten Art heterogen ist, kann es zu einer Scheinkorrelation kommen, die lediglich darin begründet ist, daß Z sowohl X als auch Y beeinflußt (vgl. dazu auch die Ausführungen über Scheinkontingenzen auf S. 186).

Um den vom Einfluß eines Drittmerkmals „befreiten" monotonen Zusammenhang zweier Merkmale zu bestimmen, schlägt Torgerson (1956) vor, zunächst für jede Subgruppe i (i = 1, ..., k) getrennt eine Kendall-Summe S_i zu bestimmen. Die Summe dieser Kendall-Summen

$$S_T = \sum_{i=1}^{k} S_i \tag{8.88}$$

stellt die Prüfgröße dar, die mit einem Erwartungswert von 0 und einer Varianz von

$$\sigma^2(S_T) = \frac{\sum_{i=1}^{k} N_i \cdot (N_i - 1) \cdot (2N_i + 5)}{18} \tag{8.89}$$

asymptotisch normalverteilt ist. Man prüft also über die Normalverteilung nach

$$u = \frac{|S_T| - 1}{\sigma(S_T)} \tag{8.90}$$

und beurteilt u je nach Fragestellung ein- oder zweiseitig.

Die Subgruppen-τ-Korrelation τ_s ergibt sich zu

$$\tau_s = \frac{S_T}{\sum_{i=1}^{k} N_i \cdot (N_i - 1)/2} . \tag{8.91}$$

Beispiel 8.13

Problem: Es soll untersucht werden, ob die Punktwerte Y aus einer standardisierten Arbeitsprobe mit den Rangbeurteilungen X von Mechanikermeistern monoton korreliert sind. Die untersuchten N = 30 Lehrlinge stammen aus k = 5 Kleinbetrieben mit $N_1 = 3$, $N_2 = 5$, $N_3 = 6$, $N_4 = 8$ und $N_5 = 8$ Lehrlingen als Untergruppen. Jede Untergruppe wird von ihrem Meister beurteilt.

Hypothese: Zwischen X und Y besteht ein positiver monotoner Zusammenhang (H_1; $\alpha = 0,01$; einseitiger Test).

Daten und Auswertung: Tabelle 8.54 zeigt die Resultate.

Tabelle 8.54

Untergruppen									
1		2		3		4		5	
X	Y	X	Y	X	Y	X	Y	X	Y
3	75	5	46	6	60	8	67	8	63
2	62	4	54	5	77	7	38	7	70
1	56	3	65	4	51	6	41	6	68
		2	40	3	47	5	44	5	59
		1	32	2	56	4	43	4	48
				1	49	3	37	3	67
						2	59	2	51
						1	30	1	54

Wir bestimmen pro Untergruppe die Anzahl der Proversionen und die Anzahl der Inversionen und erhalten nach Gl. (8.67)

$S_1 = 3 - 0 = 3$

$S_2 = 7 - 3 = 4$

$S_3 = 11 - 4 = 7$

$S_4 = 18 - 10 = 8$

$S_5 = 20 - 8 = 12$.

Damit resultiert $S_T = 3 + 4 + 7 + 8 + 12 = 34$ und nach Gl. (8.91)

$$\tau_s = \frac{34}{1/2 \cdot (3 \cdot 2 + 5 \cdot 4 + 6 \cdot 5 + 8 \cdot 7 + 8 \cdot 7)} = 0,40 \quad .$$

Zur Durchführung des Signifikanztests nach Gl. (8.90) berechnen wir zunächst $\sigma^2(S_T)$ nach Gl. (8.89)

$$\sigma^2(S_T) = \frac{3 \cdot 2 \cdot 11 + 5 \cdot 4 \cdot 15 + 6 \cdot 5 \cdot 17 + 8 \cdot 7 \cdot 21 + 8 \cdot 7 \cdot 21}{18} = 179,33 \quad .$$

Wir erhalten also

$$u = \frac{34 - 1}{\sqrt{179,33}} = 2,46 \quad .$$

Entscheidung: Dieser u-Wert ist bei der vereinbarten einseitigen Prüfung auf der 1%-Stufe signifikant.

Interpretation: Testpunktwerte und Eignungsbeurteilungen sind – wie erwartet – positiv korreliert.

Sind die Subgrupppen klein und/oder ungleich groß ($\sum N_i < 20$), dann ersetzt man Torgersons asymptotischen Test zweckmäßig durch den von Ludwig (1962) entwickelten exakten Subgruppen-τ-Test. Das Problem der Überprüfung von τ_s bei Rangbindungen ist für den exakten Test nicht und für den asymptotischen Test nur teilweise gelöst (vgl. Torgerson, 1956).

8.2.2.4 Intraklassen-τ

Bisher haben wir stets vorausgesetzt, 2 Merkmale X und Y seien an N Merkmalsträgern erhoben worden, wobei pro Merkmalsträger 2 Messungen vorliegen. Im folgenden wollen wir uns der Frage zuwenden, wie man ein Zusammenhangsmaß bestimmen kann, wenn ein Merkmal an einer *Stichprobe von Paaren von Merkmalsträgern* gemessen wurde, man also den Zusammenhang zwischen den Paarlingen bestimmen will. Anders als bei den bislang behandelten Zusammenhangsmaßen sind hier — wie etwa bei der Bestimmung des Zusammenhanges der Körpergewichte eineiiger Zwillinge — die Messungen x_i und y_i vertauschbar.

Es handelt sich hierbei um die sog. *Intraklassenkorrelation* im Unterschied zu der bislang behandelten Interklassenkorrelation. Für die Bestimmung eines Intraklassen-τ-Koeffizienten geht man nach Whitfield (1947) wie folgt vor:

Gegeben ist eine Stichprobe von N = 2n Individuen, von denen jeweils 2 gepaart sind, so daß N/2 = n wechselseitig unabhängige Paare resultieren, deren Paarlinge vertauschbar sind. Die N Individuen werden zunächst nach der Ausprägung des interessierenden Merkmals unbeschadet ihrer Paarzugehörigkeit in eine aufsteigende Rangordnung von 1 bis N gebracht und mit Rangwerten versehen. Dann werden die Paare nach dem Paarling mit dem niedrigeren Rang aufsteigend geordnet. Man vergleicht nun jeden der N Rangwerte mit jedem der N − 2 außerhalb des jeweiligen Paares befindlichen Rangwerte, um die Kendall-Summe S zu gewinnen. Über S erhält man nach der Beziehung

$$S_p = S - \frac{N \cdot (N-2)}{4} \tag{8.92}$$

die Prüfgröße S_p für den „Paarlings-τ-Test". Mit $S_{p\text{-max}} = N \cdot (N-2)/4$ läßt sich der Intraklassen-τ-Koeffizient τ_{in} wie folgt definieren:

$$\tau_{in} = \frac{S_p}{N \cdot (N-2)/4} . \tag{8.93}$$

Diese Prüfgröße ist für N > 16 — also bei n = 8 oder mehr Paaren — über einem Erwartungswert von Null mit einer Standardabweichung von

$$\sigma(S_p) = \sqrt{\frac{N \cdot (N-2) \cdot (N+2)}{18}} \tag{8.94}$$

genähert normalverteilt, wenn die Nullhypothese fehlender Intraklassenrangkorrelation zutrifft. Man prüft daher größere Stichproben unter Verwendung der Stetigkeitskorrektur asymptotisch über

$$u = \frac{|S_p| - 1}{\sigma(S_p)} \tag{8.95}$$

und beurteilt u einseitig, wenn man – wie üblich – eine positive Intraklassenrangkorrelation erwartet, sonst zweiseitig.

Kleine Stichproben bis zu N = 16 Individuen oder n = 8 Paaren beurteilt man nach der von Whitfield kombinatorisch ermittelten rechtsseitigen Prüfverteilung von S_p. Tafel 30 enthält die exakten einseitigen Überschreitungswahrscheinlichkeiten für beobachtete Absolutbeträge von S_p für N = 6(2)20. Negative Prüfgrößen beurteilt man wegen der Symmetrie der Prüfverteilung nach der gleichen Tafel. Bei zweiseitigem Test sind die dort genannten P-Werte zu verdoppeln. Das folgende Beispiel vergleicht den exakten mit dem asymptotischen S_p-Test.

Beispiel 8.14

Problem: In einem Wahrnehmungsexperiment sollen soziale Dyadeninteraktionen untersucht werden. Ein Teilexperiment betrifft das Schätzen von kurzzeitig dargebotenen Punktmengen. N = 16 Vpn werden nach Zufall gepaart und an n = 8 Versuchstischen plaziert. Dann werden 23 über eine quadratische Fläche nach Zufall verteilte Punkte diaskopisch kurz exponiert und die Vpn veranlaßt, dem Partner die vermutete Zahl von Punkten mitzuteilen, ehe sie ihre abschließende schriftliche Schätzung vornehmen.

Hypothese: Es besteht eine positive Intraklassenkorrelation im Sinne eines Urteilsassimilationsprozesses (H_1; $\alpha = 0,05$; einseitiger Test).

Daten: Vpn-Paare (mit Anfangsbuchstaben), Mengenschätzungen ($x_i < y_i$) und Rangwerte sind in Tabelle 8.55 zusammengefaßt.

Tabelle 8.55

Paar	Schätzwertepaare	Rangpaare
LS	8 und 17	1 und 6
KR	16 und 20	5 und 9
FT	18 und 19	7 und 8
AW	24 und 28	11 und 13
MB	11 und 14	2 und 4
KG	35 und 40	15 und 16
GH	22 und 32	10 und 14
FN	12 und 26	3 und 12

Auswertung: Wir ermitteln die Kendall-Summe S in der Weise, daß wir die Rangpaare zunächst nach aufsteigenden Rängen des rangniedrigeren Paarlings ordnen:

(1; 6)(2; 4)(3; 12)(5; 9)(7; 8)(10; 14)(11; 13)(15; 16)   .

Rang 1 wird von 14 Rängen über-, von 0 Rängen unterschritten, wobei Rang 6 des Paarlings außer acht bleibt. Rang 6 wird von 10 sukzedenten Rängen über- und von 4 unterschritten. Der Rang 2 des folgenden Paares hat bei Auslassung des Paarlingranges 4 12 größere und 0 kleinere Sukzedenten. Der Rang 4 liefert 11 Proversionen und 1 Inversion usw. Daraus ergibt sich

$$S = 14 + (10 - 4) + 12 + (11 - 1) + \ldots + 2 = 82 \quad .$$

Durch Einsetzen von S in Gl. (8.92) erhalten wir die Prüfgröße $S_p = 82 - 16(16 - 2)/4 = 26$.

Entscheidung: Aus Tafel 30 des Anhangs entnehmen wir, daß ein $S_p = 26$ für $N = 16$ Paarlinge (oder $n = 8$ Paare) unter H_0 eine Überschreitungswahrscheinlichkeit von $P = 0,048$ aufweist, so daß eine auf der geforderten 5%-Stufe signifikante Intraklassenkorrelation existiert.

Zum gleichen Ergebnis gelangen wir über den asymptotischen Test. Wir errechnen nach Gl. (8.94) $\sigma(S_p) = \sqrt{16 \cdot 14 \cdot 18/18} = 14,97$, so daß $u = (26 - 1)/14,97 = 1,67$ ist. Dieser u-Wert hat ebenfalls eine Überschreitungswahrscheinlichkeit von $P = 0,048$.

Interpretation: Nach Gl. (8.93) errechnen wir $\tau_{in} = 26/56 = 0,46$. Diese Korrelation ist signifikant und bestätigt damit die Hypothese, wonach durch Mitteilung der Vorschätzung eine Assimilation der Endschätzung der beiden Paarlinge veranlaßt wird. Eine bessere Absicherung dieser Hypothese setzte jedoch ein 2. Experiment ohne Kommunikation voraus, bei dem τ_{in} deutlich niedriger ausfallen müßte.

Der Intraklassen-τ-Koeffizient läßt sich auch dadurch bestimmen, daß man durch Paarlingsvertauschung alle möglichen 2^n Paaranordnungen bildet und deren Kendallsche Interklassen-τ-Koeffizienten arithmetisch mittelt. Im Sinne dieses Faktums ist der Intraklassen-τ-Koeffzient zu interpretieren.

8.2.3 Vergleich von ϱ und τ

Mit Spearmans ϱ und Kendalls τ stehen uns 2 Methoden zur Verfügung, den monotonen Zusammenhang zweier Rangreihen zu beschreiben und zu überprüfen. Da die beiden Methoden auf verschiedenen mathematischen Kalkülen aufbauen, unterscheiden sich die beiden Zusammenhangsmaße bei einer gegebenen Rangdatenkonstellation z.T. erheblich. ϱ und τ sind also nicht beliebig austauschbar, d. h. die Wahl einer der beiden Methoden ist für jeden Anwendungsfall neu zu begründen. Dabei sind die folgenden Gesichtspunkte zu beachten:

— Die Berechnung der Rangkorrelation ϱ bedeutet nichts anderes als die Berechnung einer Produkt-Moment-Korrelation r über 2 Meßwertreihen, bestehend aus den natürlichen Zahlen 1 bis N. Da in die Berechnung von ϱ die Differenzen d_i der Ränge eingehen, muß man inhaltlich rechtfertigen können, daß aufeinanderfolgende Ränge tatsächlich äquidistante Positionen auf dem untersuchten Merkmal abbilden.

— Der τ-Koeffizient basiert insofern ausschließlich auf rein ordinaler Information, als er lediglich die Anzahl der „Größerrelationen" (Proversionen) und die Anzahl der „Kleinerrelationen" (Inversionen) verwendet. Ob sich zwischen 2 Rangplätzen kein weiterer Rangplatz oder mehrere Rangplätze befinden, ist für den τ-Koeffizienten unerheblich. Insoweit stellt der τ-Koeffizient weniger Anforderungen an das Datenmaterial als der ϱ-Koeffizient.

— Bei größeren Stichproben ist die Berechnung von τ erheblich aufwendiger als die Berechnung von ϱ. Dieser Nachteil wird allerdings unbedeutend, wenn man

τ mit Hilfe einer Rechenanlage bestimmt. (Ein EDV-Programm für Rangkorrelationen findet man z. B. bei Böttcher u. Posthoff, 1975.)

— Sind die Voraussetzungen für den ϱ-Koeffizienten nicht erfüllt, überschätzt ϱ den wahren Zusammenhang. Dies ist darauf zurückzuführen, daß der Koeffizient von Spearman die Ränge wie Meßwerte behandelt und dadurch ein höherer Informationswert vorgetäuscht wird, als tatsächlich vorhanden ist (Ludwig, 1969).

— Für Zusammenhänge, die nicht zu nahe an 1 liegen (etwa für $-0,8 \le \varrho \le 0,8$) gilt nach Böttcher u. Posthoff (1975) die Faustregel $\tau = 2/3 \cdot \varrho$. Für die untere Grenze von ϱ bei einem gegebenen τ nennen Durbin u. Stuart (1951) die folgende Ungleichung:

$$\varrho \ge \frac{3 \cdot N \cdot \tau - (N-2)}{2 \cdot (N+1)} \; . \tag{8.96}$$

— Ein weiterer Vorteil von τ gegenüber ϱ ist darin zu sehen, daß das Hinzufügen weiterer Untersuchungseinheiten bei einer bereits durchgeführten Auswertung für die Neuberechnung von τ aufgrund des erweiterten Datensatzes keinen besonderen zusätzlichen Rechenaufwand bedeutet, während ϱ in toto neu berechnet werden muß (vgl. Kendall, 1962, S. 13 ff.).

— Läßt ein Anwendungsfall sowohl die Berechnung von ϱ als auch die Berechnung von τ zu, hat ϱ gegenüber τ bei gegebenem α-Niveau eine höhere Teststärke (vgl. Böttcher u. Posthoff, 1975).

8.2.4 Partielle und multiple Zusammenhänge

In 8.2.2.3 haben wir mit dem Subgruppen-τ ein Verfahren kennengelernt, das die Kontrolle eines nominalskalierten Drittmerkmals bei der Überprüfung des Zusammenhanges zweier Merkmale gestattet. Im folgenden wenden wir uns zunächst Verfahren zu, mit denen sich der Einfluß eines oder mehrerer intervenierender, ordinalskalierter Merkmale zur Verhütung eines Korrelationsartefaktes ausschalten läßt (partielle Rangkorrelation). Anschließend behandeln wir multiple Rangkorrelationen, mit denen der Zusammenhang zwischen einem ordinalskalierten (Kriteriums-) Merkmal und mehreren ordinalskalierten (Prädiktor-) Merkmalen bestimmt wird.

Alle nachstehend besprochenen Methoden setzen voraus, daß an N unabhängigen Merkmalsträgern 3 (oder mehr) stetig verteilte und wechselseitig monoton verknüpfte Merkmale beobachtet worden sind, die – im Falle von 3 Merkmalen – Tripel von tripelweise bindungsfreien Rangwerten geliefert haben. Die N Merkmalsträger werden dabei als Zufallsstichprobe aus einer trivariat verteilten Population angesehen.

Eine relativ einfache Methode zur Abschätzung partieller Zusammenhänge wurde von Johnson (1966) vorgeschlagen. Wenn zwischen 2 Merkmalen X und Y ein hoher unbereinigter Zusammenhang besteht, gehen hohe Rangwerte in X mit hohen Rangwerten in Y einher und niedrige Rangwerte in X mit niedrigen Rangwerten in Y. Korrelieren sowohl X als auch Y hoch mit einem Drittmerkmal Z, sind die Rangwerte einer Person i auf allen 3 Variablen annähernd gleich hoch oder niedrig.

Johnson schlägt nun vor, für jedes Individuum zu überprüfen, ob X größer oder kleiner als Z ist und ob Y größer oder kleiner als Z ist. Die resultierenden

Häufigkeiten werden in eine Vierfeldertafel eingetragen. Wenn der Zusammenhang zwischen X und Y vor allem auf Z beruht, müßten X und Y rein zufällig größer oder kleiner als Z sein, d. h. es resultiert eine Vierfeldertafel mit $E(\phi) = 0$. Andernfalls, wenn zwischen X und Y unabhängig von Z ein Zusammenhang besteht, sind sowohl die Rangwerte von X als auch die Rangwerte von Y größer oder kleiner als die Rangwerte von Z, d. h. es resultiert ein positiver partieller Zusammenhang. Beispiel 8.15 erläutert diesen Ansatz numerisch.

Wie Johnson hat bereits Kendall (1942) einen partiellen Rangkorrelationskoeffizienten auf Vierfelderbasis entwickelt (vgl. Kendall, 1953, Kap. 8). Da die 4 Felderfrequenzen des partiellen Kendallschen $\tau_{xy.z}$ jedoch wechselseitig nicht unabhängig definiert sind, ist eine zufallskritische Prüfung dieses Koeffizienten nicht oder nur in Grenzfällen (Hoeffding, 1948) möglich.

Kendalls $\tau_{xy.z}$ behält jedoch insofern eine gewisse Bedeutung, als es bei großem Stichprobenumfang aus den $\binom{3}{2} = 3$ τ-Korrelationen τ_{xy}, τ_{xz} und τ_{yz} geschätzt werden kann:

$$\tau_{xy \cdot z} = \frac{\tau_{xy} - \tau_{yz}\tau_{xz}}{\sqrt{(1 - \tau_{xz}^2)(1 - \tau_{yz}^2)}} \quad . \tag{8.97}$$

Da die Stichprobenverteilung von $\tau_{xy.z}$ von den in der Regel unbekannten Parametern τ_{xy}, τ_{xz} und τ_{yz} in der Grundgesamtheit abhängt, ist eine inferenzstatistische Absicherung von $\tau_{xy \cdot z}$ nicht möglich.

Ähnlich dem partiellen τ-Koeffizienten kann auch ein partieller ϱ-Koeffizient aus den 3 bivariaten Koeffizienten abgeleitet werden, indem man in Gl. (8.97) statt der τ-Koeffizienten die entsprechenden ϱ-Koeffizienten einsetzt. Näherungsweise prüft man $\varrho_{xy \cdot z}$ analog dem parametrischen Koeffizienten $r_{xy \cdot z}$ (vgl. etwa Bortz, 1989, Kap. 13.1), da ϱ im Unterschied zu τ ein Analogon des Produkt-Moment-Korrelationskoeffizienten ist.

Will man den Einfluß zweier Merkmale Z und U berücksichtigen, setzt man in Gl. (8.97) statt der bivariaten die entsprechenden partiellen τ-Koeffizienten ein und erhält einen partiellen τ-Korrelationskoeffizienten 2. Ordnung.

Beispiel 8.15

Problem: Es soll überprüft werden, ob die Gewichtszunahme (X) von Nutztieren vom Futterverbrauch (Y) abhängt, wenn das Ausgangsgewicht der Nutztiere (Z) kontrolliert wird.

Hypothese: Zwischen X und Y besteht unabhängig vom Ausgangsgewicht ein positiver Zusammenhang (H_1; $\alpha = 0,05$; einseitiger Test).

Daten: Für N = 30 Versuchstiere ergaben sich die in Tabelle 8.56 wiedergegebenen Rangtripel (Daten nach Johnson, 1966).

Auswertung: Wir betrachten die Relationen zwischen den Rangwerten X, Y und Z innerhalb eines jeden Individuums und ordnen jedes Individuum in eine der 4 Klassen einer Vierfeldertafel ein, wobei die Eingänge der Tafel wie in Tabelle 8.57 definiert sind.

Tabelle 8.56

X	Y	Z	X	Y	Z
1	2,5	21	16	14,5	10
2	6	1	17	28,5	13
3	17	14	18,5	24,5	8
4	8,5	4	18,5	26	12
5	5	2	20	30	11
6	2,5	22	21	20	30
7,5	8,5	3	22	22,5	15
7,5	1	16	23	20	23
9	18	18	24	24,5	25
10	11,5	17	25	20	28
11	8,5	5	26	14,5	19,5
12	14,5	9	27	27	27
13,5	4	6	28	22,5	24
13,5	8,5	19,5	29	14,5	26
15	11,5	7	30	28,5	29

Tabelle 8.57

	Y > Z	Y < Z	
X > Z	a = 11	b = 5	16
X < Z	c = 1	d = 8	9
	12	13	N' = 25

Das 1. Versuchstier gehört in das Feld d, denn sein X-Rang wie sein Y-Rang sind kleiner als sein Z-Rang. Das 2. Versuchstier gehört in das Feld a, denn sein X-Rang wie sein Y-Rang sind größer als sein Z-Rang, das 3. Versuchstier gehört in das Feld c, denn sein X-Rang ist kleiner als sein Z-Rang und sein Y-Rang ist größer als sein Z-Rang. Das 4. Versuchstier läßt sich wegen Ranggleichheit in X und Z nicht klassifizieren; wir lassen es außer acht, ebenso wie 4 weitere, nicht klassifizierbare Versuchstiere. Schreiten wir in dieser Weise fort, so resultieren die Frequenzen der dargestellten Vierfeldertafel.

Ergebnis: Nach Gl. (5.24) errechnen wir $\phi_{xy.z} = 0,55$ bzw. $\chi^2 = 7,67$.

Interpretation: Da ein $\chi^2 = 7,67$ mit Fg = 1 auf der $\alpha = 0,05$-Stufe signifikant ist, wird die eingangs genannte Hypothese bestätigt. Ersetzt man in Gl. (8.97) die τ-Koeffizienten durch ϱ-Koeffizienten, ergibt sich mit $\varrho_{xy} = 0,82$, $\varrho_{xz} = 0,61$ und $\varrho_{yz} = 0,39$

$$\varrho_{xy.z} = \frac{0,82 - 0,61 \cdot 0,39}{\sqrt{(1 - 0,61^2) \cdot (1 - 0,39^2)}} = 0,80 \quad .$$

Die Partialkorrelation ist – äquidistante Ränge vorausgesetzt – statistisch hoch signifikant. Da die unbereinigte Korrelation ($\varrho_{xy} = 0,82$) kaum größer ist als die bereinigte, hat das Ausgangsgewicht offenbar keine große Bedeutung für den Zusammenhang zwischen X und Y.

Der Zusammenhang zweier rangskalierter Merkmale mit einem dritten rangskalierten Merkmal wird über die *multiple Rangkorrelation* bestimmt. Für den Fall, daß man die τ-Korrelationen zwischen je 2 von 3 Merkmalen kennt, läßt sich – wie Moran (1951) gezeigt hat – ein multipler τ-Korrelationskoeffizient analog dem multiplen Produkt-Moment-Korrelationskoeffizienten folgendermaßen definieren:

$$\tau_{x(yz)} = {}^+\sqrt{\frac{\tau_{xy}^2 + \tau_{xz}^2 - 2 \cdot (\tau_{xy} \cdot \tau_{xz} \cdot \tau_{yz})}{1 - \tau_{yz}^2}} \quad . \tag{8.98}$$

Der multiple τ-Koeffizient ist per definitionem stets positiv. Auch dazu ein kleines Beispiel:

Ein Lehrer möchte wissen, welcher Zusammenhang zwischen Schulerfolg (X = durchschnittliche Zeugnisnote) einerseits sowie Intelligenz (Y = Intelligenzquotient) und Fleiß (Z = durchschnittliche Hausarbeitszeit) andererseits besteht. Man errechnet $\tau_{xy} = 0,5$, $\tau_{xz} = 0,3$ und $\tau_{yz} = -0,1$ und damit nach Gl. (8.98)

$$\tau_{x(yz)} = \sqrt{\frac{0,5^2 + 0,3^2 - 2(0,5)(0,3)(-0,1)}{1 - (-0,1)^2}} = 0,61 \quad .$$

Eine Signifikanzbeurteilung des multiplen τ stößt auf ähnliche Schwierigkeiten wie die des partiellen τ-Koeffizienten, da die Stichprobenverteilung von $\tau_{x(yz)}$ unbekannt ist. Benutzt man anstelle des multiplen τ das multiple ϱ als ein Äquivalent des multiplen Produkt-Moment-Korrelationskoeffizienten, prüft man für praktische Zwecke hinreichend genau über die Stichprobenverteilung von $R_{x(yz)}$, also analog dem parametrischen Test (vgl. Bortz, 1989, Kap. 13.2).

8.2.5 Regression

Da Spearmans ϱ ein Äquivalent der Produkt-Moment-Korrelation r darstellt, ist es naheliegend, auch den parametrischen Regressionsansatz (vgl. etwa Bortz, 1989, Kap. 6.1) auf Rangdaten zu übertragen. Derartige „Hybridregressionen" sind jedoch – wie Spearmans ϱ – problematisch, wenn die Ränge keine äquidistanten, sondern unbekannte Abstände abbilden. In diesem Falle ist ein wesentliches Charakteristikum der „klassischen" Regressionsrechnung, die Linearität des Merkmalszusammenhanges, nicht definiert. (Das gleiche gilt für nicht lineare Zusammenhänge, bei denen der Zusammenhang funktional genauer spezifiziert ist als bei einem monotonen Zusammenhang). Wir verzichten deshalb auf eine Übertragung der parametrischen Regression auf Rangdaten und verweisen auf die im Kontext des ALM entwickelten Regressionsansätze (vgl. 8.1), die natürlich auch auf die Häufigkeiten gruppiert ordinaler Merkmale anwendbar sind.

Neuere Arbeiten zum Thema der verteilungsfreien Regression findet man bei Brown u. Maritz (1982) sowie Sprent (1983).

8.3 Kardinalskalierte Merkmale

Das übliche Maß für die Beschreibung der Enge des linearen Zusammenhanges zweier kardinalskalierter Merkmale ist die Produkt-Moment-Korrelation r (vgl. etwa Bortz, 1989, Kap. 6.2). Die Überprüfung der statistischen Bedeutsamkeit eines r-Koeffizienten erfolgt anhand der t-Verteilung, wenn die untersuchten Merkmale bivariat normalverteilt sind. Verletzungen dieser Voraussetzung haben in der Regel keinen nennenswerten Einfluß auf die Validität des parametrischen Signifikanztests (vgl. Havlicek u. Peterson, 1977).

Sind bei kleineren Stichproben die beiden Merkmale deutlich nicht bivariat normalverteilt, kann man die statistische Bedeutsamkeit eines r-Koeffizienten mit dem Randomisierungstest von Pitman (1937) überprüfen. Dabei werden – wie üblich – duch Permutation der N Y-Werte bei festgelegten X-Werten alle N! möglichen r-Werte als H_0-Verteilung bestimmt. Die Überschreitungswahrscheinlichkeit P ergibt sich auch hier aus der Anzahl a aller r-Werte, die den beobachteten r-Wert erreichen oder überschreiten, dividiert durch N! (s. Gl. 8.55).

Wegen ihrer geringen praktischen Bedeutung verzichten wir auf eine ausführliche Darstellung weiterer Korrelationstechniken. Zu nennen wären

- der Normalrang-Korrelationstest von Konijn (1956) und Bhuchongkul (1964), der von rangtransformierten Kardinaldaten ausgeht, die ihrerseits nach dem Terry-Hoeffding-Prinzip (vgl. S. 215ff.) in Normalränge überführt werden. Die Signifikanzüberprüfung folgt hier ebenfalls dem Rationale des Randomisierungstests von Pitman;
- der Eckentest von Olmstead u. Tukey (1947), der ein Korrelationsmaß verwendet, das nur durch extrem gelegene Meßwertpaare bestimmt wird und das deshalb nur selten indiziert ist;
- der Quadrantentest von Blomqvist (1950), der die Verteilung der Meßwertpaare auf die 4 Quadranten eines Koordinatensystems untersucht, dessen Achsen durch die Mediane der X- und Y-Werte gebildet werden. Dabei stellt man die empirischen Häufigkeiten in den 4 Quadranten der gemäß H_0 erwarteten Gleichverteilung gegenüber.

Kapitel 9 Urteilerübereinstimmung

Kapitel 8 zeigte, wie Zusammenhangsmaße ermittelt und überprüft werden können. Die dort übliche Frage lautete, ob zwischen 2 Merkmalen X und Y, die an einer zufälligen Auswahl von Untersuchungseinheiten erhoben wurden, ein Zusammenhang besteht. Für ordinalskalierte Merkmale haben wir zur Beantwortung dieser Frage Spearmans ϱ und Kendalls τ kennengelernt.

Zusammenhangsmaße können jedoch auch in einem anderen als diesem „klassischen" Kontext eingesetzt werden. Dabei denken wir z. B. an m = 2 Beurteiler (z. B. 2 Lehrer), die N Objekte (z. B. N Schüler) nach einem vorgegebenen Kriterium (z. B. Musikalität) in eine Rangreihe bringen. Fragt man nun nach der Übereinstimmung der beiden Rangreihen bzw. nach der *Konkordanz* der Urteile, so läßt sich diese ebenfalls anhand einer Rangkorrelation beschreiben und überprüfen.

Haben mehr als 2 Beurteiler (m > 2) Rangreihen aufgestellt, wäre daran zu denken, das Ausmaß der Übereinstimmung aller m Rangreihen durch die mittlere der $\binom{m}{2}$ Korrelationen zwischen je 2 Rangreihen zu bestimmen. Dieser umständliche und z.T. in wenig plausible Resultate mündende Weg (vgl. S. 465f.) läßt sich durch einen einfacheren ersetzen, wenn man einen globalen *Konkordanzkoeffizienten* bestimmt, der die Güte der Übereinstimmung aller m Rangreihen kennzeichnet. Eine hohe Übereinstimmung würde es beispielsweise rechtfertigen, alle Rangreihen zu einer gemeinsamen Rangreihe zusammenzufassen, indem man pro Urteilsobjekt einen durchschnittlichen Rangplatz bestimmt und die Rangdurchschnitte ihrerseits in eine Rangreihe bringt (zur Begründung dieser Vorgehensweise vgl. Kendall, 1962, S. 101f.).

Allgemein ist zunächst festzuhalten, daß nach der Güte der Urteilerübereinstimmung immer dann zu fragen ist, wenn N Objekte durch m Beurteiler hinsichtlich eines Merkmals beurteilt werden. Dies ist jedoch nicht die einzige Indikationsstellung für die Bestimmung eines Konkordanzmaßes. Eine andere läge vor, wenn *ein* Objekt durch m Beurteiler anhand von k Merkmalen beschrieben wird (Beispiel: m Ärzte stufen die Bedeutsamkeit von k Symptomen bzw. Krankheitsmerkmalen bei einem Patienten ein). Auch hier ist es von Interesse zu erfahren, wie gut die Merkmalseinstufungen der Beurteiler übereinstimmen.

Schließlich sei eine 3. Anwendungsvariante genannt, die allerdings nicht auf die Bestimmung der Urteilerkonkordanz hinausläuft, sondern auf die Bestimmung der *Ähnlichkeit von Urteilsobjekten*. Wir halten diese 3. Variante dennoch für erwähnenswert, weil sie methodisch im Prinzip genau so zu behandeln ist wie die Überprüfung der Urteilskonkordanz. Formal ist sie durch N (in der Regel 2) Urteilsobjekte, k Merkmale und einen Beurteiler (bzw. ein Beurteilerteam) gekennzeichnet (2 Patienten werden durch einen Arzt anhand von k Merkmalen beschrieben). Hier

ist die Frage nach der Ähnlichkeit der beurteilten Objekte (der Patienten) hinsichtlich der berücksichtigten Merkmale zu stellen.

Die folgende Behandlung von Konkordanz- bzw. Ähnlichkeitsmaßen ist danach unterteilt, wie die Merkmale, anhand derer die Objekte beurteilt werden, operationalisiert bzw. skaliert sind. Wir beginnen mit Konkordanzmaßen für binäre Daten, bei denen die Beurteiler z. B. zu entscheiden haben, welche Merkmalsalternative eines dichotomen Merkmals auf welches Objekt zutrifft (9.1). Die Verallgemeinerung dieses Ansatzes führt zur Konkordanzanalyse bei mehrstufigen nominalen Merkmalen, bei denen die Beurteiler die Aufgabe haben, jedes Objekt einer der k Stufen eines nominalen Merkmals zuzuordnen (9.2). Es folgt die „klassische" Konkordanzanalyse nach Kendall (1962), bei der es um die Überprüfung der Übereinstimmung von m Rangreihen geht, also ordinale Daten vorliegen (9.3). Ist das Kriteriumsmerkmal für die Objektbeurteilung kardinalskaliert, läßt sich die Urteilskonkordanz mit den in 9.4 behandelten Ansätzen beschreiben und überprüfen. 9.5 schließlich wendet sich sogenannten *Paarvergleichsurteilen* zu, bei denen die Urteiler zu entscheiden haben, welches Objekt von jeweils zwei dargebotenen Objekten hinsichtlich eines vorgegebenen Merkmals stärker ausgeprägt ist (binäre Rangurteile). Dieses Material läßt sich einerseits daraufhin überprüfen, ob die einzelnen Urteiler widerspruchsfrei geurteilt haben (*Konsistenzanalyse*) und zum anderen hinsichtlich der Frage, ob die Paarvergleichsurteile der m Urteiler übereinstimmen (*Konkordanzanalyse*).

9.1 Urteilskonkordanz bei binären Daten

Wenden wir uns zunächst der Frage zu, wie die Urteilskonkordanz bestimmbar und überprüfbar ist, wenn m Urteiler N Objekte binär beurteilen, also Urteile der Art „ja/nein", „trifft zu/trifft nicht zu", „vorhanden/nicht vorhanden" etc. treffen. Dabei könnte es sich beispielsweise um die Aufgabe handeln, N Eiscremesorten danach zu bewerten, ob sie schmecken oder nicht schmecken. (Weitere Beispiele gemäß S.449: Besteht Urteilskonkordanz zwischen m Ärzten, die anhand einer Checkliste ankreuzen, welche von N Symptomen bei einem Patienten vorhanden sind oder nicht vorhanden sind? Welche Ähnlichkeit besteht zwischen m Testprobanden aufgrund der Bejahung/Verneinung von N Testitems eines Fragebogens?)

9.1.1 Zwei Beurteiler

Für m = 2 Beurteiler lassen sich deren Urteilshäufigkeiten in ein Vierfelderschema des McNemar-Tests (vgl. Tabelle 5.38) übertragen, wenn wir z. B. für „schmeckt" (+) und „schmeckt nicht" (−) notieren, wie dies in Tabelle 9.1 für N = 20 Objekte geschehen ist.

Hier stehen 9 + 4 = 13 konkordante Urteile 3 + 4 = 7 diskordanten Urteilen gegenüber. Ein einfacher Konkordanzindex könnte die Anzahl der konkordant beurteilten Objekte an der Anzahl aller Objekte relativieren, was im Beispiel eine Konkordanz von 65 % ergäbe. Der naheliegende Weg, diese Konkordanz über den McNemar-Test (Gl. 5.81) statistisch abzusichern, führt allerdings zu falschen Re-

Tabelle 9.1

Urteiler 1	Urteiler 2		
	+	−	
+	a = 9	b = 3	12
−	c = 4	d = 4	8
	13	7	

sultaten, denn dieser Test basiert nur auf den diskordanten Urteilen und läßt die eigentlich interessierenden konkordanten Urteile außer acht.

Für die Lösung des anstehenden Problems wurden zahlreiche Vorschläge unterbreitet (zusammenfassend s. Conger u. Ward, 1984). Unter diesen ist die von Cohen (1960) erstmalig entwickelte κ-(kappa-)Konzeption sowohl praktisch als auch theoretisch von herausragender Bedeutung, weshalb wir diesem Verfahren im folgenden den Vorzug geben.

Für die Bestimmung des Konkordanzmaßes κ beginnen wir mit dem bereits ermittelten Anteil konkordanter Urteile p_0. Mit der Vierfeldernotation errechnen wir p_0 zu

$$p_0 = \frac{a + d}{N} \qquad . \tag{9.1}$$

Für unser Beispiel resultiert $p_0 = (9 + 4)/20 = 0,65$. Diesem empirischen Anteil konkordanter Urteile wird derjenige Anteil konkordanter Urteile gegenübergestellt, den wir rein zufällig aufgrund der Randsummen erwarten. Dieser Anteil p_e ergibt sich zu

$$p_e = \frac{(a + c) \cdot (a + b) + (c + d) \cdot (b + d)}{N^2} = \frac{e_{11} + e_{22}}{N} \tag{9.2}$$

bzw. im Beispiel $p_e = \frac{13 \cdot 12 + 7 \cdot 8}{20^2} = 0,53$. (Zur Herleitung der erwarteten Häufigkeiten e_{11} und e_{22} vgl. S. 104f.). *Bei den gegebenen Randsummen* erwarten wir also eine Zufallsübereinstimmung von mehr als 50%.

Mit $1 - p_e$ kennzeichnen wir den über den Zufall hinausgehenden, theoretisch möglichen Anteil konkordanter Urteile. Der Ausdruck $p_0 - p_e$ hingegen bezeichnet den über den Zufall hinausgehenden, tatsächlich aufgetretenen Anteil konkordanter Urteile. Relativieren wir $p_0 - p_e$ an $1 - p_e$, resultiert κ_2 für m = 2 Urteiler.

$$\kappa_2 = \frac{p_0 - p_e}{1 - p_e} \qquad . \tag{9.3}$$

Im Beispiel errechnen wir $\kappa_2 = (0,65 - 0,53)/(1 - 0,53) = 0,26$.

Man erkennt unschwer, daß $\kappa_2 = 1$ nur möglich ist, wenn $p_0 = 1$ ist, wenn also − unabhängig von den Randverteilungen − nur konkordante Urteile auftreten. Sind hingegen alle Urteile diskordant, resultiert zwar $p_0 = 0$, aber nicht zwangsläufig auch $\kappa_2 = -1$. Den Wert $\kappa_2 = -1$ (maximale Diskordanz) erhalten wir nur, wenn der Anteil p_e zufällig erwarteter Konkordanzen für $p_0 = 0$ maximal ist. Ist $p_0 = 0$, kann p_e

den Maximalwert von 0,5 nur erreichen, wenn die vier Randsummen identisch sind. Nur unter diesen Bedingungen ($p_0 = 0$ und identische Randsummen) ist der Wert $\kappa_2 = -1$ möglich. Eine maximale Diskordanz von $\kappa_2 = -1$ ist damit so zu interpretieren, daß keine konkordanten Urteile auftreten, obwohl die Wahrscheinlichkeit für konkordante Urteile maximal ist.

Wir erhalten $\kappa_2 = 0$, wenn die auftretenden Konkordanzen exakt der Zufallserwartung entsprechen, wenn also $p_0 = p_e$ ist.

κ_2 ist bei Gültigkeit von H_0 und genügend großen erwarteten Häufigkeiten ($e_{ij} > 5$) approximativ um Null normalverteilt. Die Varianz der Nullverteilung wurde von Fleiss et al. (1969) untersucht. Ihr Schätzwert lautet

$$\mathrm{VAR}(\kappa_2) = \frac{1}{N \cdot (1 - p_e)^2} \cdot \left\{ \sum_{i=1}^{2} p_{i.} \cdot p_{.i} \cdot [1 - (p_{.i} + p_{i.})]^2 \right. \tag{9.4}$$

$$\left. + \sum_{i=1}^{2} \sum_{\substack{j=1 \\ i \neq j}}^{2} p_{i.} \cdot p_{.j} \cdot (p_{.i} + p_{j.})^2 - p_e^2 \right\}$$

mit

$$p_{1.} = \frac{a + c}{N}; \quad p_{2.} = \frac{b + d}{N}; \quad p_{.1} = \frac{a + b}{N}; \quad p_{.2} = \frac{c + d}{N} \quad .$$

Im Beispiel errechnen wir

$$p_{1.} = \frac{9 + 4}{20} = 0,65; \quad p_{2.} = \frac{3 + 4}{20} = 0,35 \quad ;$$

$$p_{.1} = \frac{9 + 3}{20} = 0,60; \quad p_{.2} = \frac{4 + 4}{20} = 0,40$$

$$p_e = 0,65 \cdot 0,60 + 0,35 \cdot 0,40 = 0,53 \quad ,$$

und

$$\mathrm{VAR}(\kappa_2) = \frac{1}{20 \cdot (1 - 0,53)^2} \cdot \{0,65 \cdot 0,60 \cdot [1 - (0,60 + 0,65)]^2$$

$$+ 0,35 \cdot 0,40 \cdot [1 - (0,40 + 0,35)]^2$$

$$+ 0,65 \cdot 0,40 \cdot (0,60 + 0,35)^2$$

$$+ 0,35 \cdot 0,60 \cdot (0,40 + 0,65)^2 - 0,53^2\}$$

$$= 0,2263 \cdot (0,0244 + 0,0088 + 0,2347 + 0,2315 - 0,2809)$$

$$= 0,2263 \cdot 0,2185$$

$$= 0,0494 \quad .$$

Für den Signifikanztest berechnet man

$$u = \frac{\kappa_2}{\sqrt{\mathrm{VAR}(\kappa_2)}} \quad . \tag{9.5}$$

Zu Demonstrationszwecken bestimmen wir für das Beispiel

$$u = \frac{0,26}{\sqrt{0,0494}} = 1,17 \quad .$$

Dieser Wert wäre gemäß Tafel 2 nicht signifikant.

Weitere 16 Maße zur Bestimmung der Konkordanz zweier Beurteiler auf der Basis binärer Daten werden von Conger u. Ward (1984) dokumentiert und hinsichtlich ihrer Äquivalenz analysiert.

Darüber hinaus wurden vor allem zur Beschreibung der Ähnlichkeit zweier Personen oder Objekte weitere Maße entwickelt, die beispielsweise im Kontext von Clusteranalysen (vgl. z.B. Bortz, 1989, Kap. 16) gelegentlich Verwendung finden. Die Ähnlichkeitsbestimmung geht dabei üblicherweise von N binären Merkmalen aus, hinsichtlich derer 2 Objekte verglichen werden. Für jedes Objekt wird entschieden, welches Merkmal vorhanden ist (+) bzw. nicht vorhanden ist (−), so daß Häufigkeiten der in Tabelle 9.2 dargestellten Vierfeldertafel resultieren.

Tabelle 9.2

Objekt A	Objekt B	
	+	−
+	a	b
−	c	d

Die Häufigkeit a gibt also an, wieviele Merkmale bei beiden Objekten vorhanden sind, b ist die Häufigkeit der Merkmale, die bei A vorhanden, aber bei B nicht vorhanden sind etc. Unter Verwendung dieser Häufigkeiten wurden (u.a.) die folgenden Ähnlichkeitskoeffizienten definiert:

— G-Index von Holley u. Guilford (1964):

$$G = \frac{(a+d) - (b+c)}{N} \quad . \tag{9.6}$$

Dieses Maß relativiert die Anzahl der Merkmale, die übereinstimmend als vorhanden oder nicht vorhanden beurteilt werden, abzüglich der Anzahl nicht übereinstimmend beurteilter Merkmale an der Anzahl aller Merkmale. Der Signifikanztest geht davon aus, daß unter H_0 $X = (b+c)$ und $N - X = (a+d)$ mit $\pi = 0,5$ binomial verteilt sind (vgl. Lienert, 1973, Kap. 9.2.4).

— S-Koeffizient von Jaccard (1908) bzw. Rogers u. Tanimoto (1960):

$$S = \frac{a}{a+b+c} \quad . \tag{9.7}$$

Dieses Maß relativiert die Anzahl aller gemeinsamen Merkmale an der Anzahl aller Merkmale, die bei mindestens einem Objekt vorkommen. Diese Konstruktion verhindert es also, daß zwischen 2 Objekten nur deshalb eine hohe Ähnlichkeit besteht, weil viele Merkmale bei beiden Objekten nicht vorhanden sind.

— „Simple matching coefficient" (SMC) von Sokal u. Michener (1958):

$$SMC = \frac{a+d}{N} \quad . \tag{9.8}$$

Dieses Maß definiert die Ähnlichkeit zweier Objekte auf der Basis gemeinsam vorhandener und gemeinsam nicht vorhandener Merkmale. Im Unterschied zum G-Index bleiben dabei die Merkmale, die nur ein Objekt aufweist, unberücksichtigt.

9.1.2 m Beurteiler

Die *Verallgemeinerung des κ_2-Maßes* auf mehr als 2 Beurteiler wollen wir ebenfalls anhand eines Beispieles entwickeln. Bei diesem Verfahren handelt es sich um das auf binäre Daten angewandte *Nominalskalen-κ* von Fleiss (1971).

Angenommen, m = 5 Psychologen beurteilen, ob N = 8 Testprotokolle eines projektiven Tests (Farbpyramidentest) psychopathologisch auffällig erscheinen (1) oder nicht (0). Tabelle 9.3 zeigt die Ergebnisse.

Tabelle 9.3

Urteiler	Testprotokolle							
	1	2	3	4	5	6	7	8
1	1	1	1	0	1	1	0	1
2	1	1	1	0	0	1	1	0
3	0	1	1	0	1	1	0	0
4	1	1	0	0	1	0	1	0
5	0	1	0	0	1	1	0	0
Σ	3	5	3	0	4	4	2	1

Man erkennt unschwer, daß es sich hier um das Datenschema eines Cochran-Tests (vgl. Tabelle 5.44) handelt. Dennoch kann die Überprüfung der Urteilskonkordanz via Cochran-Test zu falschen Ergebnissen führen, da dieser Test z. B. 2 Beurteiler, die einheitlich alle Protokolle entweder mit 0 oder mit 1 bewertet haben, außer acht lassen würde, obwohl gerade diese Beurteiler zu einer deutlichen Erhöhung der Urteilskonkordanz beitragen müßten.

Der folgende κ-Test hat diese Schwäche nicht. Zu seiner Verdeutlichung übertragen wir zunächst die Ausgangsdaten in folgende Tabelle (Tabelle 9.4), bei der für jedes Testprotokoll angegeben wird, wie viele Urteiler mit 0 bzw. mit 1 geurteilt haben. Im Vorgriff auf die weiteren Ausführungen bezeichnen wir die 1. Urteilskategorie mit einer „1" und die 2. Urteilskategorie mit einer „2" (und nicht wie bisher mit einer „0").

Tabelle 9.4

Testprotokolle	Kategorie	
	1	0
1	3	2
2	5	0
3	3	2
4	0	5
5	4	1
6	4	1
7	2	3
8	1	4
	22	18

Wir fragen nun, wie viele *Urteilerpaare* bei einem Testprotokoll (z. B. dem ersten) maximal in ihren Urteilen übereinstimmen können. Bei m = 5 Urteilern ergeben sich offensichtlich $\binom{m}{2} = \binom{5}{2} = 10$ Urteilerpaare. Tatsächlich sind es jedoch nur, wie wir der ersten Zeile von Tabelle 9.4 entnehmen können, $\binom{3}{2} + \binom{2}{2} = 4$ Urteilerpaare, die identisch geurteilt haben. Damit ergibt sich für das erste Testprotokoll ein Übereinstimmungsmaß von $P_1 = 4/10 = 0,4$. Der Wert $P_1 = 0,4$ besagt, daß 2 zufällig ausgewählte Urteiler mit einer Wahrscheinlichkeit von 0,4 die gleiche Kategorie wählen. Es ist unmittelbar einleuchtend, daß mit wachsendem P_1-Wert die Urteilskonkordanz steigt.

Bezeichnen wir mit $n_{ij}(i = 1, \ldots, N; j = 1, 2)$ die Anzahl der Urteiler, die bei der Beurteilung des Objektes i die Urteilskategorie j wählen, errechnen wir allgemein für die Übereinstimmung der Urteile hinsichtlich des Urteilsobjektes i

$$P_i = \frac{\sum\limits_{j=1}^{2} n_{ij} \cdot (n_{ij} - 1)}{m \cdot (m-1)}$$

$$= \frac{\sum\limits_{j=1}^{2}(n_{ij}^2 - n_{ij})}{m \cdot (m-1)} = \frac{\sum\limits_{j=1}^{2} n_{ij}^2 - m}{m \cdot (m-1)} \ . \tag{9.9}$$

Nach dieser Gleichung bestimmen wir für die N = 8 Testprotokolle folgende P_i-Werte:

$$P_1 = 0,4 \qquad P_5 = 0,6$$
$$P_2 = 1,0 \qquad P_6 = 0,6$$
$$P_3 = 0,4 \qquad P_7 = 0,4$$
$$P_4 = 1,0 \qquad P_8 = 0,6$$

Den durchschnittlichen $\overline{P}$-Wert erhält man allgemein nach

$$\overline{P} = \sum\limits_{i=1}^{N} P_i / N$$

$$= \frac{\sum\limits_{i=1}^{N} \sum\limits_{j=1}^{2} n_{ij}^2 - N \cdot m}{N \cdot m \cdot (m-1)} \ . \tag{9.10}$$

Für das Beispiel ergibt sich $\overline{P} = \frac{140-40}{8 \cdot 5 \cdot 4} = 0,625$.

Wir erwarten also, daß 2 zufällig herausgegriffene Beurteiler ein beliebiges Objekt mit einer Wahrscheinlichkeit von 0,625 derselben Kategorie zuordnen oder – anders formuliert – daß 2 zufällig herausgegriffene, voneinander unabhängig urteilende Beurteiler bei der Beurteilung der Objekte zu 62,5 % in ihren Urteilen übereinstimmen.

Auch hier müssen wir jedoch in Rechnung stellen, daß eine gewisse Urteilskonkordanz rein zufällig zustandekommen kann. Würde ein Urteiler die Testprotokolle nach Zufall beurteilen, ergäbe sich auf der Basis der vorliegenden Ergebnisse, d. h.

bei festliegenden Spaltensummen, für die Kategorie 1 eine Wahlwahrscheinlichkeit von $p_1 = 22/40 = 0,55$ und für Kategorie 2 eine Wahlwahrscheinlichkeit von $p_2 = 18/40 = 0,45$. Gemäß dem Multiplikationstheorem der Wahrscheinlichkeiten erzielen damit 2 voneinander unabhängige Urteiler mit einer Wahrscheinlichkeit von $0,55 \cdot 0,55$ übereinstimmende Urteile in Kategorie 1 und mit einer Wahrscheinlichkeit von $0,45 \cdot 0,45$ übereinstimmende Urteile in Kategorie 2. Bei zufälligen Urteilen erwarten wir deshalb eine Urteilerübereinstimmung von

$$\overline{P}_e = p_1^2 + p_2^2 \tag{9.11}$$

mit

$$p_1 = \sum_{i=1}^{N} n_{i1}/N \cdot m$$

und

$$p_2 = \sum_{i=1}^{N} n_{i2}/N \cdot m \quad .$$

Für das Beispiel ergibt sich $\overline{P}_e = 0,55^2 + 0,45^2 = 0,505$.

$1 - \overline{P}_e$ stellt also die maximal mögliche, über den Zufall hinausgehende Konkordanz und $\overline{P} - \overline{P}_e$ die tatsächlich erzielte, überzufällige Konkordanz dar. Wie in Gl. (9.3) bestimmen wir κ_m nach

$$\kappa_m = \frac{\overline{P} - \overline{P}_e}{1 - \overline{P}_e}$$
$$= \frac{\sum_{i=1}^{N} \sum_{j=1}^{2} n_{ij}^2 - N \cdot m \cdot [1 + (m-1) \cdot (p_1^2 + p_2^2)]}{N \cdot m \cdot (m-1) \cdot (1 - p_1^2 - p_2^2)} \quad . \tag{9.12}$$

Im Beispiel erhält man

$$\kappa_m = \frac{0,625 - 0,505}{1 - 0,505}$$
$$= \frac{140 - 8 \cdot 5 \cdot (1 + 4 \cdot 0,505)}{8 \cdot 5 \cdot 4 \cdot (1 - 0,505)}$$
$$= 0,2424 \quad .$$

Berechnen wir das κ_2 der Tabelle 9.1 über Gl. (9.12), resultieren $\overline{P} = 0,65$, $\overline{P}_e = 0,53125$ und damit $\kappa_m = 0,2553$. Der Grund für diese Diskrepanz ist folgender: Gemäß Gl. (9.2) berechnen wir den Anteil zufälliger Konkordanzen über die individuellen Randverteilungen der beiden Urteiler: $p_e(++) = (13/20) \cdot (12/20) = 0,39$ und $p_e(--) = (7/20) \cdot (8/20) = 0,14$, so daß $P_e = p_e(++) + p_e(--) = 0,39 + 0,14 = 0,53$. In Gl. (9.12) hingegen verwenden wir eine durchschnittliche Wahrscheinlichkeit für die Plusreaktionen und die Minusreaktionen, die sich aus dem Anteil aller Plus- bzw. Minusreaktionen ergibt; interindividuelle Unterschiede zwischen der Wahrscheinlichkeit für eine Plus- bzw. Minusreaktion bleiben hier also unberücksichtigt.

Wir errechnen über Gl. (9.3) das gleiche Resultat wie über Gl. (9.12), wenn wir in Gl. (9.2) ebenfalls von durchschnittlichen Wahlwahrscheinlichkeiten ausgehen. Wir erhalten dann $p(+) = (13/20 + 12/20)/2 = 0,625$ und $p(-) = (7/20 + 8/20)/2 = 0,375$. Mit diesen Wahrscheinlichkeiten ergeben sich $p_e(++) =$

$0,625 \cdot 0,625$ und $p_e(--) = 0,375 \cdot 0,375$ und damit $p_e = 0,625^2 + 0,375^2 = 0,53125$. Nur für diesen p_e-Wert gilt $\kappa_2 = \kappa_m$. Ein κ_m, das zu κ_2 äquivalent ist, wird von Conger (1980) vorgestellt. Wir verzichten auf die Wiedergabe dieses Maßes, da seine Prüfverteilung nicht angegeben wird.

Gemäß Gl (9.12) errechnen wir $\kappa_m = 1$, wenn $\overline{P} = 1$ ist, wenn also jedes Objekt von allen Urteilern identisch beurteilt wird. Ist $\overline{P} = \overline{P}_e$, resultiert $\kappa_m = 0$; in diesem Falle entspricht die empirische Konkordanz einer Zufallskonkordanz.

Darüber hinaus lassen sich mühelos Beispiele konstruieren, für die $\overline{P} < \overline{P}_e$ und damit $\kappa_m < 0$ ist (wären in unserem Beispiel z.B. die ersten 4 Testprotokolle von 3 Urteilern mit 1 und von 2 Urteilern mit 2 und die letzten 4 Testprotokolle von 2 Urteilern mit 1 und von 3 Urteilern mit 2 beurteilt worden, ergäbe sich $\overline{P} = 0,4$ und $\overline{P}_e = 0,5^2 + 0,5^2 = 0,5$, d.h. es würde $\kappa_m = -0,2$ resultieren). Dabei handelt es sich um Beispiele, bei denen die empirische Konkordanz geringer ausfällt als die für dieses Verfahren definierte Zufallskonkordanz. Der Wert $\kappa_m = -1$ kann nur resultieren, wenn m = 2 Beurteiler alle N Objekte verschieden beurteilen, so daß sich $\overline{P} = 0$ und $\overline{P}_e = 0,5^2 + 0,5^2 = 0,5$ ergeben.

Wie Fleiss (1971) zeigt, läßt sich die Varianz von κ_m unter der Annahme zufälliger Konkordanz zwischen den Urteilern wie folgt schätzen:

$$\text{VAR}(\kappa_m)$$

$$= \frac{2}{N \cdot m \cdot (m-1)} \cdot \frac{p_1^2 + p_2^2 - (2 \cdot m - 3) \cdot (p_1^2 + p_2^2)^2 + 2 \cdot (m-2) \cdot (p_1^3 + p_2^3)}{(1 - p_1^2 - p_2^2)^2}$$

$$(9.13)$$

Davon ausgehend ist der Ausdruck

$$u = \frac{\kappa_m}{\sqrt{\text{VAR}(\kappa_m)}} \qquad (9.14)$$

nach dem zentralen Grenzwerttheorem standardnormalverteilt, wenn N genügend groß ist. [Obwohl der Autor keinen Mindeststichprobenumfang nennt, läßt der auf der Binomialverteilung basierende Ansatz vermuten, daß die in Gl.(9.12) definierte Prüfgröße für praktische Zwecke hinreichend normalverteilt ist, wenn $N \cdot m \cdot p_1 \cdot (1 - p_1) \geq 9$ und $N \cdot m \cdot p_2 \cdot (1 - p_2) \geq 9$ sind.]

Für das Beispiel errechnen wir

$$\text{VAR}(\kappa_m) = \frac{2}{8 \cdot 5 \cdot 4} \cdot \frac{0,505 - 7 \cdot 0,505^2 + 2 \cdot 3 \cdot 0,2575}{(1 - 0,505)^2}$$

$$= 0,0135$$

und damit

$$u = \frac{0,2424}{\sqrt{0,0135}} = 2,086 \quad .$$

Bei der gebotenen einseitigen Fragestellung wäre die Konkordanz für $\alpha = 0,05$ signifikant.

Im Beispiel gingen wir davon aus, daß alle m = 5 Beurteiler alle N = 8 Objekte binär eingestuft haben. Diese Einschränkung ist beim Ansatz von Fleiss (1971) nicht

erforderlich; hier kann eine Teilmenge der Objekte von m_1 Beurteilern und eine andere Teilmenge von m_2 anderen Beurteilern eingestuft werden.

9.2 Urteilskonkordanz bei nominalen Daten

Wenn die Beurteiler N Objekte nicht nach einem zweifach gestuften Merkmal, sondern allgemein nach einem k-fach gestuften Merkmal beurteilen bzw. „bonitieren", stellt sich die Frage nach der Urteilskonkordanz bei nominalen Merkmalen. Wir beginnen – wie im Abschnitt 9.1 – zunächst mit der Konkordanzüberprüfung bei m = 2 Beurteiler. Dafür wird üblicherweise das *Nominalskalen-κ* von Cohen (1960) eingesetzt, das wir im letzten Abschnitt bereits für den Spezialfall k = 2 behandelt haben. Nominalskalen werden im folgenden als echte Nominalskalen verstanden, bei denen alle auftretenden Diskordanzen gleichwertig sind. Eine unterschiedliche Gewichtung von unterschiedlichen Urteilsdiskrepanzen, die etwa denkbar wäre, wenn 2 Ärzte Patienten *mehr* oder *weniger* diskrepant diagnostizieren, wenn also das nominale Merkmal eigentlich (mindestens) Ordinalskalencharakter hat, führen wir erst in 9.4 ein („weighted kappa").

9.2.1 Zwei Beurteiler

Das Datenmaterial zur Überprüfung eines Nominalskalen-κ bei 2 Beurteilern wird in das folgende Datenschema in Tabelle 9.5 (hier für ein k = 3-stufiges Merkmal) eingetragen:

Tabelle 9.5

Urteiler A	Urteiler B			
	1	2	3	
1	f_{11}	f_{12}	f_{13}	$f_{1.}$
2	f_{21}	f_{22}	f_{23}	$f_{2.}$
3	f_{31}	f_{32}	f_{33}	$f_{3.}$
	$f_{.1}$	$f_{.2}$	$f_{.3}$	N

Die Summe der Häufigkeiten in der Hauptdiagonale ($f_{11} + f_{22} + f_{33} = \sum f_{ii}$) gibt die Anzahl konkordanter und die Summe aller Häufigkeiten außerhalb der Diagonale die Anzahl aller diskordanten Urteile an. In Analogie zu Gl. (9.1) definieren wir mit

$$p_0 = \frac{\sum_{i=1}^{k} f_{ii}}{N} \tag{9.15}$$

den Anteil aller konkordanten Urteile. Diesem Anteil steht der Anteil der zufällig zu erwartenden, konkordanten Urteile gegenüber, den wir erhalten, wenn wir Gl. (9.2) für k-fach gestufte Merkmale verallgemeinern:

$$p_e = \frac{\sum\limits_{i=1}^{k} e_{ii}}{N} = \frac{\sum\limits_{i=1}^{k} f_{i.} \cdot f_{.i}}{N^2} \quad . \tag{9.16}$$

Mit diesen Größen ist κ nach Gl. (9.3) zu bestimmen. Man beachte, daß eine hohe *Symmetrie* der Urteile nach Gl. (5.84) keineswegs gleichbedeutend ist mit einer hohen *Konkordanz* der Urteile nach Gl. (9.3).

Für die Signifikanzüberprüfung setzen wir ebenfalls den bereits für binäre Daten eingeführten Test ein, wobei allerdings bei der Bestimmung der Varianz VAR(κ) nach Gl. (9.4)

$$p_{i.} = \sum_{j=1}^{k} f_{ij}/N \quad \text{und} \quad p_{.j} = \sum_{i=1}^{k} f_{ij}/N$$

zu setzen sind. Ferner laufen die Summen jeweils bis k und nicht bis 2.

Ein kleines Beispiel (Zahlen nach Fleiss et al. 1969) soll diesen Test verdeutlichen. Zwei medizinisch geschulte Sozialarbeiter A und B haben N = 100 jugendpsychiatrische Patienten danach klassifiziert, ob deren Störung eher als Verwahrlosung (V), als Neurose (N) oder Psychose (P) zu bezeichnen sei. Tabelle 9.6 zeigt die Ergebnisse (zur Behandlung dieser Klassifikation als Ordinalskala vgl. S. 487).

Tabelle 9.6

A	B			
	V	N	P	$f_{i.}$
V	53	5	2	60
N	11	14	5	30
P	1	6	3	10
$f_{.j}$	65	25	10	N = 100

Wir errechnen

$$p_0 = \frac{53 + 14 + 3}{100} = 0,7 \quad \text{und}$$

$$p_e = \frac{65 \cdot 60 + 25 \cdot 30 + 10 \cdot 10}{100^2} = 0,475 \quad .$$

Damit ergibt sich nach Gl. (9.3)

$$\kappa = \frac{0,7 - 0,475}{1 - 0,475} = 0,429 \quad .$$

Für die Bestimmung von VAR(κ) beginnen wir mit dem Ausdruck

$$\sum_{i=1}^{k} p_{i.} \cdot p_{.i} \cdot [1 - (p_{.i} + p_{i.})]^2$$

$$= 0,60 \cdot 0,65 \cdot [1 - (0,65 + 0,60)]^2$$

$$+0,30 \cdot 0,25 \cdot [1 - (0,25 + 0,30)]^2$$

$$+0,10 \cdot 0,10 \cdot [1 - (0,10 + 0,10)]^2$$

$$= 0,0244 + 0,0152 + 0,0064$$

$$= 0,0460 \quad .$$

Wir errechnen dann (für $i \neq j$)

$$\sum_{i=1}^{k} \sum_{j=1}^{k} p_{i.} \cdot p_{.j} \cdot (p_{.i} + p_{j.})^2$$

$$= 0,60 \cdot 0,25 \cdot (0,65 + 0,30)^2 \quad (i = 1, j = 2)$$

$$+0,60 \cdot 0,10 \cdot (0,65 + 0,10)^2 \quad (i = 1, j = 3)$$

$$+0,30 \cdot 0,65 \cdot (0,25 + 0,60)^2 \quad (i = 2, j = 1)$$

$$+0,30 \cdot 0,10 \cdot (0,25 + 0,10)^2 \quad (i = 2, j = 3)$$

$$+0,10 \cdot 0,65 \cdot (0,10 + 0,60)^2 \quad (i = 3, j = 1)$$

$$+0,10 \cdot 0,25 \cdot (0,10 + 0,30)^2 \quad (i = 3, j = 2)$$

$$= 0,1354 + 0,0338 + 0,1409 + 0,0037 + 0,0319 + 0,0040$$

$$= 0,3496 \quad .$$

Damit ergibt sich

$$VAR(\kappa) = \frac{1}{100 \cdot (1 - 0,475)^2} \cdot (0,0460 + 0,3496 - 0,475^2)$$

$$= 0,0062 \quad .$$

Man erhält also mit

$$u = \frac{0,429}{\sqrt{0,0062}} = 5,45$$

eine hochsignifikante Urteilskonkordanz.

9.2.2 m Beurteiler

Die Erweiterung dieses Ansatzes auf $m > 2$ Beurteiler von Fleiss (1971) haben wir bereits für den Spezialfall eines nominalen Merkmals mit $k = 2$ Stufen in 9.1.2 kennengelernt. Wir können deshalb auf eine erneute Begründung dieses Ansatzes verzichten und gleich die entsprechenden, für $m > 2$ verallgemeinerten Gleichungen nennen:

$$P_i = \frac{\sum_{j=1}^{k} n_{ij} \cdot (n_{ij} - 1)}{m \cdot (m - 1)} = \frac{\sum_{j=1}^{k} n_{ij}^2 - m}{m \cdot (m - 1)} \quad , \tag{9.17}$$

$$\overline{P} = \sum_{i=1}^{N} P_i/N = \frac{\displaystyle\sum_{i=1}^{N}\sum_{j=1}^{k} n_{ij}^2 - N\cdot m}{N\cdot m\cdot(m-1)} \quad , \tag{9.18}$$

$$\overline{P}_e = \sum_{j=1}^{k} p_j^2 = \sum_{j=1}^{k}\left(\frac{\displaystyle\sum_{i=1}^{N} n_{ij}}{N\cdot m}\right)^2 \quad , \tag{9.19}$$

$$\kappa_m = \frac{\overline{P}-\overline{P}_e}{1-\overline{P}_e}$$
$$= \frac{\displaystyle\sum_{i=1}^{N}\sum_{j=1}^{k} n_{ij}^2 - N\cdot m\cdot\left[1+(m-1)\cdot\displaystyle\sum_{j=1}^{k} p_j^2\right]}{N\cdot m\cdot(m-1)\cdot\left(1-\displaystyle\sum_{j=1}^{k} p_j^2\right)} \quad , \tag{9.20}$$

$$VAR(\kappa_m) = \frac{2}{N\cdot m\cdot(m-1)}$$
$$\cdot\frac{\displaystyle\sum_{j=1}^{k} p_j^2 - (2\cdot m-3)\cdot\left(\displaystyle\sum_{j=1}^{k} p_j^2\right)^2 + 2\cdot(m-2)\cdot\displaystyle\sum_{j=1}^{k} p_j^3}{\left(1-\displaystyle\sum_{j=1}^{k} p_j^2\right)^2} \quad , \tag{9.21}$$

$$u = \frac{\kappa_m}{\sqrt{VAR(\kappa_m)}} \quad . \tag{9.22}$$

Ein zusammenfassendes Beispiel soll die Durchführung dieser Konkordanzanalyse verdeutlichen (Zahlen nach Fleiss, 1971).

Beispiel 9.1

Problem: Sechs Schüler einer Klasse werden gebeten, 30 Begriffe einem der folgenden Sachgebiete zuzuordnen: a) Physik, b) Theologie, c) Medizin, d) Astrologie, e) Informatik.

Hypothese: Ungeachtet der Frage, ob die Schüler in der Lage sind, die Begriffe richtig zuzuordnen (näheres hierzu s.unten), wird erwartet, daß die Schüler aufgrund ihrer gemeinsamen Ausbildung konkordant urteilen (H_1; einseitiger Test; $\alpha = 0,05$).

Daten und Auswertung: Tabelle 9.7 zeigt, wie die Schüler die Begriffe zugeordnet haben und welche P_i-Werte sich gemäß Gl. (9.17) ergeben:

Tabelle 9.7

Begriff	Sachgebiete					
	a	b	c	d	e	P_i
1				6		1,00
2		3			3	0,40
3		1	4		1	0,40
4				6		1,00
5		3		3		0,40
6	2		4			0,47
7			4		2	0,47
8	2		3	1		0,27
9	2			4		0,47
10					6	1,00
11	1			5		0,67
12	1	1		4		0,40
13		3	3			0,40
14	1			5		0,67
15		2		3	1	0,27
16			5		1	0,67
17	3			1	2	0,27
18	5	1				0,67
19		2		4		0,47
20	1		2		3	0,27
21					6	1,00
22		1		5		0,67
23		2		1	3	0,27
24	2			4		0,47
25	1			4	1	0,40
26			5	1		0,67
27	4				2	0,47
28		2		4		0,47
29	1		5			0,67
30					6	1,00
	26	26	30	55	43	$P = 0,56$

Wir berechnen zunächst $\overline{P}$ nach Gl. (9.18):

$$\overline{P} = \frac{680 - 30 \cdot 6}{30 \cdot 6 \cdot 5} = 0,56 \quad .$$

Den gleichen Wert errechnen wir auch als Durchschnitt der einzelnen in Tabelle 9.7 genannten P_i-Werte. Für $\overline{P}_e$ nach Gl. (9.19) erhält man

$$\overline{P}_e = \frac{26^2 + 26^2 + 30^2 + 55^2 + 43^2}{30^2 \cdot 6^2}$$

$$= 0,144^2 + 0,144^2 + 0,167^2 + 0,306^2 + 0,239^2$$

$$= 0,22 \quad .$$

Damit ergibt sich nach Gl. (9.20)

$$\kappa_m = \frac{0,56 - 0,22}{1 - 0,22} = \frac{680 - 30 \cdot 6 \cdot (1 + 5 \cdot 0,22)}{30 \cdot 6 \cdot 5 \cdot (1 - 0,22)} = 0,43 \quad .$$

Die Varianz $VAR(\kappa_m)$ errechnen wir nach Gl. (9.21):

$$VAR(\kappa_m) = \frac{2}{30 \cdot 6 \cdot 5} \cdot \frac{0,22 - 9 \cdot 0,22^2 + 2 \cdot 4 \cdot 0,0529}{(1 - 0,22)^2} = 0,00076 \quad .$$

Für den Signifikanztest nach Gl. (9.22) resultiert also

$$u = \frac{0,43}{\sqrt{0,00076}} = 15,6 \quad .$$

Entscheidung: Gemäß Tafel 2 ist $u_{0,05} = 1,65 < 15,6$, d. h. H_0 wird zugunsten von H_1 verworfen.

Interpretation: Zwischen den Begriffszuordnungen der Schüler besteht eine weit überzufällige Konkordanz.

Anmerkung: Die nachgewiesene Konkordanz besagt natürlich keineswegs, daß die Begriffe den Sachgebieten auch richtig zugeordnet wurden. Um die Validität der Zuordnungen zu prüfen, könnte man den Zuordnungen eines jeden Schülers die richtigen Zuordnungen gegenüberstellen und die so resultierende 5 × 5-Tafel nach der oben beschriebenen κ-Variante für zwei Beurteiler auswerten. Man erhält damit 6 κ-Werte, die über die Zuordnungsleistungen der 6 Schüler informieren. Über Möglichkeiten, die Übereinstimmung aller Urteiler mit einer vorgegebenen Einstufung zu überprüfen, berichtet Hubert (1977).

Gelegentlich stellt sich im Kontext einer Konkordanzüberprüfung die Frage nach der Höhe der **Übereinstimmung in jeder einzelnen Urteilskategorie.** Im Beispiel 9.1 könnten wir etwa danach fragen, welchem Sachgebiet die Begriffe mit der höchsten bzw. der geringsten Konkordanz zugeordnet wurden. Die Antwort auf diese Frage finden wir ebenfalls bei Fleiss (1971). Der Grundgedanke dieses Ansatzes ist folgender:

Angenommen, ein zufällig herausgegriffener Schüler ordnet jeden der N Begriffe einer der k Kategorien zu. Wir betrachten nur diejenigen Begriffe, die der Kategorie j zugeordnet wurden und lassen diese Begriffe von einem 2. zufällig ausgewählten Schüler zuordnen. Es interessiert nun die bedingte Wahrscheinlichkeit, daß auch der 2. Schüler diese Begriffe der Kategorie j zuordnet. Ist diese bedingte Wahrscheinlichkeit hoch, besteht in der Kategorie j eine hohe Urteilskonkordanz und entsprechend eine geringe Urteilskonkordanz bei niedriger bedingter Wahrscheinlichkeit. Diese Wahrscheinlichkeit wird über folgende Gleichung errechnet:

$$\overline{P}_j = \frac{\sum\limits_{i=1}^{N} n_{ij} \cdot (n_{ij} - 1)}{\sum\limits_{i=1}^{N} n_{ij} \cdot (m - 1)} = \frac{\sum\limits_{i=1}^{N} n_{ij}^2 - N \cdot m \cdot p_j}{N \cdot m \cdot (m - 1) \cdot p_j} \quad . \tag{9.23}$$

Im Zähler befinden sich alle Schülerpaare, die sich aus den einzelnen n_{ij}-Werten (also der Anzahl der Schüler, die pro Begriff Kategorie j wählten), bilden lassen. Aus dem Nenner (in der rechtsstehenden Schreibweise) erkennt man, daß hier alle

Schülerpaare stehen, die bei maximaler Konkordanz auf die Kategorie j entfallen würden. Bei maximaler Konkordanz enthält die Datenmatrix pro Begriff einmal den Wert m = 6 und sonst nur Nullen, d. h. pro Begriff sind m · (m − 1) Paare und für alle Begriffe N · m · (m − 1) Paare zu bilden. Da der Anteil aller Urteile bzw. − bei maximaler Konkordanz − der Anteil aller Sechsen für die Kategorie j p_j beträgt, erwartet man also bei maximaler Konkordanz in der Kategorie j N · m · (m − 1) · p_j Paare. Der in Gl. (9.23) definierte $\overline{P}_j$-Wert entspricht also dem Anteil der tatsächlich vorhandenen Urteilspaare in Kategorie j an der bei fixiertem p_j maximal zu erwartenden Anzahl der Urteilerpaare bzw. − wie oben ausgeführt − der Wahrscheinlichkeit, daß 2 zufällig herausgegriffene Schüler die gleichen Begriffe in Kategorie j klassifizieren.

Dieser Wahrscheinlichkeit ist die Wahrscheinlichkeit gegenüberzustellen, daß 2 Schüler einen Begriff zufällig derselben Kategorie zuordnen. Nachdem ein erster zufällig herausgegriffener Schüler für einen Begriff die Kategorie j gewählt hat, ordnet ein zweiter zufällig herausgegriffener Schüler jeden beliebigen Begriff mit einer unbedingten Wahrscheinlichkeit von p_j der Kategorie j zu. Die Wahrscheinlichkeit, daß dies zufällig derselbe Begriff ist, den bereits der 1. Schüler der Kategorie j zugeordnet hat, beträgt also p_j.

Damit ergibt sich für die Kategorie j eine Konkordanz von

$$\kappa_j = \frac{\overline{P}_j - p_j}{1 - p_j} = \frac{\sum_{i=1}^{N} n_{ij}^2 - N \cdot m \cdot p_j \cdot [1 + (m - 1) \cdot p_j]}{N \cdot m \cdot (m - 1) \cdot p_j \cdot q_j} \qquad (9.24)$$

mit

$$q_j = 1 - p_j \quad .$$

Als Beispiel wählen wir die 1. Kategorie (a). Dafür errechnet man

$$\overline{P}_1 = \frac{72 - 30 \cdot 6 \cdot 0,144}{30 \cdot 6 \cdot 5 \cdot 0,144} = 0,356$$

und damit

$$\kappa_1 = \frac{0,356 - 0,144}{1 - 0,144} = 0,248 \quad .$$

Für die übrigen Kategorien ergeben sich $\kappa_2 = 0,248$, $\kappa_3 = 0,517$, $\kappa_4 = 0,470$ und $\kappa_5 = 0,565$. Die höchste Übereinstimmung wird damit im Sachgebiet e (Informatik) erzielt.

Will man zusätzlich erfahren, ob ein κ_j-Wert signifikant ist, errechnet man zunächst folgende Varianzschätzung VAR(κ_j).

$$\text{VAR}(\kappa_j) = \frac{[1 + 2 \cdot (m - 1) \cdot p_j]^2 + 2 \cdot (m - 1) \cdot p_j \cdot q_j}{N \cdot m \cdot (m - 1)^2 \cdot p_j \cdot q_j} \quad . \qquad (9.25)$$

Für die Kategorie a ergibt sich

$$\text{VAR}(\kappa_1) = \frac{(1 + 2 \cdot 5 \cdot 0,144)^2 + 2 \cdot 5 \cdot 0,144 \cdot 0,856}{30 \cdot 6 \cdot 5^2 \cdot 0,144 \cdot 0,856} = 0,0130 \quad .$$

Wir bestimmen ferner

$$u = \frac{\kappa_j}{\sqrt{VAR(\kappa_j)}} \tag{9.26}$$

$$= \frac{0,248}{\sqrt{0,0130}} = 2,18 \quad .$$

Gemäß Tafel 2 ist dieser Wert auf der $\alpha = 0,05$-Stufe signifikant.

Man kann zeigen, daß das Konkordanzmaß κ_m ein gewichtetes Mittel aller kategorienspezifischen κ_j-Werte darstellt.

$$\kappa_m = \frac{\sum\limits_{j=1}^{k} \kappa_j \cdot p_j \cdot q_j}{\sum\limits_{j=1}^{k} p_j \cdot q_j} \quad . \tag{9.27}$$

Die Überprüfung dieser Gleichung am Beispiel führt zu

$$\kappa_m = \frac{0,031 + 0,031 + 0,072 + 0,100 + 0,103}{0,144 \cdot 0,856 + 0,144 \cdot 0,856 + 0,167 \cdot 0,833 + 0,306 \cdot 0,694 + 0,239 \cdot 0,761}$$

$$= \frac{0,337}{0,780} = 0,43 \quad ,$$

wobei z. B. $\kappa_1 \cdot p_1 \cdot q_1 = 0,248 \cdot 0,144 \cdot 0,856 = 0,031$ ist.

9.3 Urteilskonkordanz bei ordinalen Daten

Bei der Konkordanzanalyse für binäre und für nominale Daten haben wir zunächst ein Konkordanzmaß für 2 Beurteiler entwickelt und dieses anschließend für mehr als 2 Beurteiler verallgemeinert. Dieser Aufbau ist bei der im folgenden zu behandelnden Urteilskonkordanz für ordinale Daten nicht erforderlich, denn Maße für die Urteilskonkordanz von 2 Beurteilern (bzw. für die Übereinstimmung von 2 Rangreihen) haben wir bereits in 8.2.1 (Spearmans ϱ) bzw. 8.2.2 (Kendalls τ) kennengelernt. Wir können uns deshalb gleich der „klassischen" Konkordanzanalyse nach Kendall (1962) zuwenden, bei der es um die Quantifizierung der Übereinstimmung von m Beurteilern geht.

Angenommen, m = 2 Beurteiler 1 und 2 bringen N Objekte in genau gegenläufige Rangreihen; es ergibt sich dann (z. B.) nach Spearman eine Rangkorrelation von $\varrho_{12} = -1$. Nun nehmen wir einen 3. Beurteiler 3 hinzu, der mit dem 1. Beurteiler voll übereinstimmt, so daß ein $\varrho_{13} = +1$ resultiert. Dieser 3. Beurteiler muß aber notwendigerweise mit dem 2. Beurteiler zu $\varrho_{23} = -1$ übereinstimmen. Mittelt man die 3 ϱ-Koeffizienten, erhält man eine durchschnittliche Übereinstimmung von $\overline{\varrho} = -0,33$ (vgl. auch S.470). Dieser Wert ist aber unplausibel, denn wenn von 3 Beurteilern 2 vollständig übereinstimmen und nur der dritte eine gegenteilige Rangordnung produziert, bedeutet dies doch offenbar eine positive und keine negative Übereinstimmung (Konkordanz) zwischen den 3 Rangreihen! Aus diesen

Überlegungen folgt, daß der durchschnittliche Rangkorrelationskoeffizient zwischen Paaren von Rangreihen kein optimales Übereinstimmungsmaß ist, und es bedarf einer anderen Definition der Konkordanz (zur Frage der Mittelung von Korrelationen vgl. auch Hornke, 1973).

Die 1. Frage zur Definition eines ordinalen Konkordanzmaßes lautet: Welchen Skalenbereich sollte ein Konkordanzmaß umfassen? Es ist unmittelbar evident, daß volle Übereinstimmung in m Rangreihen einer Konkordanz von +1 entsprechen soll. Welchen Wert soll nun aber volle Diskordanz annehmen? Überlegen wir uns die Antwort auf diese Frage anhand eines Extrembeispiels: Wenn von m = 4 Beurteilern 2 in der einen und die übrigen 2 in der Gegenrichtung urteilen bzw. „bonitieren", dann entspricht dies, intuitiv betrachtet, einer Konkordanz von Null (einer perfekten Diskordanz also). Wenn nun zu den 4 Beurteilern ein weiterer (fünfter) hinzukommt, so muß er mit einer der beiden Zweiergruppen von Beurteilern mehr übereinstimmen als mit der anderen, wodurch sich die Konkordanz in positive Richtung ändert.

Wir suchen also ein Konkordanzmaß, das zwischen den Grenzen 0 und 1 variiert, wobei wir davon ausgehen, daß die N Merkmalsträger eine eindimensionale Rangordnung bilden, diese Ordnung aber nicht bekannt ist und von den m Beurteilern geschätzt werden soll. Für die Güte der Übereinstimmung von m Rangreihen haben Kendall u. Babington-Smith erstmals 1939 einen Konkordanzkoeffizienten W entwickelt.

Die Herleitung dieses Koeffizienten sei an einem einfachen Zahlenbeispiel demonstriert: Angenommen, es wären N = 6 Infarkt-Patienten (A B C D E F) mittels des Elektrokardiogramms (EKG) von m = 3 Kardiologen (x, y, z) untersucht und unabhängig voneinander nach der Schwere des Infarktes in je eine Rangordnung gebracht worden. Dabei sei das in Tabelle 9.8 dargestellte Ergebnis erzielt worden.

Tabelle 9.8

m	A	B	C	D	E	F
x	1	6	3	2	5	4
y	1	5	6	2	4	3
z	2	3	6	5	4	1
T_i	4	14	15	9	13	8

Es ist intuitiv plausibel, daß sich der Grad der Konkordanz für die Infarktprognosen an den Spaltensummen der vergebenen Ränge abzeichnet: Wäre perfekte Konkordanz erzielt worden, dann betrüge die niedrigste Spaltensumme

$$T_1 = 1 + 1 + 1 = 3 = m \quad .$$

Die nächsthöhere Spaltensumme ergäbe bei perfekter Konkordanz

$$T_2 = 2 + 2 + 2 = 6 = 2m$$

usw. bis zur höchsten Spaltensumme mit dem Wert

$$T_b = 6 + 6 + 6 = 18 = 6m \quad .$$

Die Spaltensummen der Ränge besäßen mithin bei perfekter Konkordanz ein Maximum an Varianz mit einer Spannweite von $T_1 = m$ bis $T_N = N \cdot m$. Ist die Konkordanz – wie in unserem Beispiel – nicht perfekt, resultieren Rangsummen mit einer geringeren Varianz. Relativieren wir die empirische Varianz der Spaltensummen an der maximalen Varianz, resultiert der Konkordanzkoeffizient W.

Zur Herleitung von W verwenden wir einfachheitshalber nur den Zähler der Varianzformel bzw. die Quadratsumme der Rangsummen T_i. Ausgehend von der durchschnittlichen Rangsumme

$$\overline{T} = \sum_{i=1}^{N} T_i/N = \frac{m}{2} \cdot (N + 1) \tag{9.28}$$

erhält man für die Quadratsumme der empirischen Rangsummen

$$QSR = \sum_{i=1}^{N}(T_i - \overline{T})^2$$

$$= \sum_{i=1}^{N} T_i^2 - \left(\sum_{i=1}^{N} T_i \right)^2 /N \quad . \tag{9.29}$$

Für die Berechnung der maximalen Quadratsumme (max. QSR) betrachten wir zunächst die einfachen Abweichungen der Rangsummen von ihrem Mittelwert. Wir erhalten

$$m - \frac{m}{2} \cdot (N + 1) \quad = -\frac{m}{2}(N - 1)$$

$$2 \cdot m - \frac{m}{2} \cdot (N + 1) \quad = -\frac{m}{2}(N - 3)$$

$$\vdots \qquad\qquad \vdots \quad \vdots$$

$$N \cdot m - \frac{m}{2} \cdot (N + 1) \quad = \frac{m}{2}(N - 1) \quad .$$

Für max. QSR errechnet man

$$\text{max. QSR} = \left(-\frac{m}{2} \right)^2 (N - 1)^2 + \left(-\frac{m}{2} \right)^2 (N - 3)^2 + \ldots + \left(\frac{m}{2} \right)^2 (N - 1)^2$$

$$= \frac{m^2}{4}[(N - 1)^2 + (N - 3)^2 + \ldots + (N - 1)^2]$$

$$= \frac{m^2}{4} \left(\frac{N^3 - N}{3} \right)$$

oder

$$\text{max. QSR} = m^2(N^3 - N)/12 \quad . \tag{9.30}$$

Auf unser Beispiel angewandt, ergibt sich nach Gl. (9.29)

$$QSR = (4^2 + 14^2 + 15^2 + 9^2 + 13^2 + 8^2) - 63^2/6$$

$$= 751 - 661,5 = 89,5$$

und nach Gl. (9.30)

$$\text{max. QSR} = 3^2 \cdot (6^3 - 6)/12 = 157,5 \quad .$$

Mit

$$W = \frac{QSR}{\max. QSR} = \frac{12 \cdot QSR}{m^2 \cdot (N^3 - N)} \tag{9.31}$$

errechnet man für das Beispiel eine Konkordanz von $W = 89,5/157,5 = 0,57$.

Die minimale Rangdevianz $\min. QSR$ ist, wie leicht einzusehen, stets gleich Null, wenn alle Spaltensummen gleich ihrem Erwartungswert $m(N + 1)/2$ sind, was impliziert, daß m geradzahlig ist oder daß Rangbindungen zugelassen werden. $W = 0$ ist allerdings nicht der unter H_0 gültige Erwartungswert, denn bei zufälliger Anordnung der m Rangreihen erwarten wir $E(W) = 1/m$ (vgl. Kendall, 1962, Kap. 7)

Für die Überprüfung der statistischen Bedeutsamkeit von W machen wir einfachheitshalber von dem Umstand Gebrauch, daß W und die Prüfgröße χ_r^2 der Friedman-Rangvarianzanalyse (vgl. 6.2.2.1) über folgende Beziehung linear miteinander verknüpft sind (vgl. Marascuilo u. McSweeney, 1977, S. 460):

$$\chi_r^2 = m \cdot (N - 1) \cdot W \tag{9.32}$$

mit $Fg = N - 1$.

Dieser Test ist insoweit einseitig, als nur bei überzufällig großen χ_r^2-Werten auf vorhandene Konkordanz geschlossen werden kann. Die Frage, ob ein kleiner χ_r^2-Wert $E(W) = 1/m$ signifikant unterschreitet (was auf eine „signifikante Diskordanz" schließen ließe), wird üblicherweise nicht gestellt. Für $W = 1/m$ errechnet man mit $\chi_r^2 = N - 1$ den Erwartungswert der χ_{N-1}^2-Verteilung.

Die H_0, nach der die N Objekte durch die m Beurteiler identische Durchschnittsränge erhalten, ist – wie Gl. (9.32) zeigt – zu der H_0 fehlender Konkordanz der m Rangreihen formal äquivalent. (Man beachte, daß die k Untersuchungsbedingungen im Friedman-Modell den N Urteilsobjekten bei der Konkordanzanalyse entsprechen und die N untersuchten Individuen im Friedman-Modell den m Beurteilern.) Dementsprechend ist der Nachweis von Unterschieden in der zentralen Tendenz zwischen verschiedenen Behandlungsstufen im Kontext einer Rangvarianzanalyse gleichbedeutend mit dem Nachweis, daß die Rangreihen der Behandlungsstufen für die untersuchten Individuen konkordant sind.

Bezogen auf das in Tabelle 9.8 genannte Beispiel errechnen wir nach Gl. (9.5)

$$\chi_r^2 = 3 \cdot (6 - 1) \cdot 0,57 = 8,55 \quad .$$

Für 3 Beurteiler und 6 Objekte sind im Kontext der Rangvarianzanalyse $N = 3$ und $k = 6$ zu setzen. Unter diesen Tabelleneingängen finden wir in Tafel 20 des Anhanges für $\chi_r^2 = 8,55$ eine Überschreitungswahrscheinlichkeit von $P = 0,11$, d. h. die Urteilskonkordanz ist nicht signifikant.

Tafel 20 ist nur für eine kleine Anzahl von Urteilern und Objekten zu benutzen. Statt dieser Tafel können wir jedoch auch Tafel 31 einsetzen; sie enthält Signifikanzgrenzen der Prüfgröße QSR für maximal 20 Urteiler und maximal 7 Objekte. (Für dort nicht genannte Urteilerzahlen sind die Signifikanzgrenzen durch lineare Interpolation zu bestimmen.) In unserem Beispiel haben wir mit $QSR = 89,5$ einen Wert ermittelt, der nach Tafel 31 für $m = 3$ und $N = 6$ ebenfalls nicht signifikant ist $(QSR_{5\%} = 103,9 > 89,5)$.

Für $N > 7$ ist der nach Gl. (9.32) ermittelte χ_r^2-Wert anhand Tafel 3 zufallskritisch zu bewerten.

Treten in einer oder mehreren der m Rangreihen **Rangbindungen** auf, ist der Konkordanzkoeffizient wie folgt zu korrigieren:

$$W = \frac{12 \cdot QSR}{m^2 \cdot (N^3 - N) - m \cdot \sum\limits_{j=1}^{m} V_j} \tag{9.33}$$

mit

$$V_j = \sum_{k=1}^{s_j} (v_k^3 - v_k) \quad .$$

Dabei sind s_j = Anzahl der Rangbindungen in einer Rangreihe j und v_k = Länge der k-ten Rangbindung. Man ermittelt also für jede Rangreihe die „übliche" Bindungskorrektur V_j, die über alle m Rangreihen zu addieren sind. Bei begrenzter Anzahl von Rangbindungen und $N > 7$ bestimmt man zur Signifikanzprüfung folgenden χ_r^2-Wert (vgl. Kendall, 1962, S. 100):

$$\chi_r^2 = \frac{12 \cdot QSR}{m \cdot N \cdot (N+1) - \frac{1}{N-1} \cdot \sum\limits_{j=1}^{m} V_j} \quad . \tag{9.34}$$

Die Signifikanzprüfung eines W-Koeffizienten mit Rangbindungen und $N \leq 7$ wird bei Kendall (1962, S. 100) behandelt.

Das folgende Beispiel verdeutlicht zusammenfassend die Durchführung einer Konkordanzanalyse, bei dem – abweichend von der „klassischen" Indikationsstellung – nicht Objekte, sondern Merkmale in Rangreihe zu bringen sind.

Beispiel 9.2

Problem: Vier Freundinnen wollen erkunden, ob sie sich darüber einig sind, welche Merkmale (wie z. B. die Stimme, die Augen, die Intelligenz, die Hände, die Interessen etc.) für das Urteil „ein sympathischer Mann" ausschlaggebend sind. Man einigt sich auf 8 Merkmale, die von jeder Freundin nach ihrer Bedeutung für das Kriterium „ein sympathischer Mann" in eine Rangreihe gebracht werden.

Hypothese: Aufgrund der langjährigen Freundschaft wird vermutet, daß man sich in der Beurteilung der Merkmale weitgehend einig ist, daß also die Urteile konkordant ausfallen (H_1; $\alpha = 0,05$).

Daten und Auswertung: Tabelle 9.9 zeigt die 4 Rangreihen.

Tabelle 9.9

Freundin	Merkmal							
	1	2	3	4	5	6	7	8
A	5	5	1	7	2	8	5	3
B	5,5	4	5,5	7	1,5	8	1,5	3
C	2	4	2	5	2	6,5	8	6,5
D	2	3	1	6	5	8	7	4
T_j:	14,5	16	9,5	25	10,5	30,5	21,5	16,5

Wegen der aufgetretenen Rangbindungen errechnen wir W nach Gl. (9.33). Wir bestimmen zunächst

$$QSR = (14,5^2 + 16,0^2 + \ldots + 16,5^2) - 144^2/8 = 364,5 \quad .$$

Für die Rangbindungskorrektur benötigen wir

$$
\begin{aligned}
V_1 &= 3^3 - 3 & &= 24 \\
V_2 &= 2 \cdot (2^3 - 2) & &= 12 \\
V_3 &= (2^3 - 2) + (3^3 - 3) & &= 30 \\
V_4 & & &= 0 \\
\hline
& & \sum V_j &= 66 \quad .
\end{aligned}
$$

Damit ergibt sich

$$W = \frac{12 \cdot 364,5}{4^2 \cdot (8^3 - 8) - 4 \cdot 66} = 0,56 \quad .$$

Die statistische Bedeutsamkeit dieses Koeffizienten überprüfen wir nach Gl (9.34):

$$\chi_r^2 = \frac{12 \cdot 364,5}{4 \cdot 8 \cdot 9 - \frac{1}{7} \cdot 66} = 15,70 \quad .$$

Entscheidung: Tafel 3 ist für Fg = 8 − 1 = 7 und $\alpha = 0,05$ ein kritischer Schwellenwert von $\chi_{0,05}^2 = 14,07$ zu entnehmen. Da $15,70 > 14,07$ ist, wird die H_0 verworfen.

Interpretation: Die Bewertung der 8 Merkmale durch die 4 Freundinnen können trotz der aufgetretenen Abweichungen als konkordant gelten.

Wie Kendall (1962, S. 95 f.) zeigt, sind der Konkordanzkoeffizient W und der Rangkorrelationskoeffizient ϱ von Spearman wie folgt miteinander verbunden:

$$\overline{\varrho} = \frac{m \cdot W - 1}{m - 1} \quad . \tag{9.35}$$

Dabei stellt $\overline{\varrho}$ das arithmetische Mittel aller $\binom{m}{2}$ Rangkorrelationen zwischen je 2 Beurteilern dar. Man erkennt, daß bei einer perfekten Konkordanz (W = 1) auch die durchschnittliche Rangkorrelation einen Wert von 1 erhält. Ist hingegen W = 0, erhalten wir $\overline{\varrho} = -1/(m-1)$. Dieses Ergebnis wird plausibel, wenn man sich – wie eingangs bereits erwähnt – vergegenwärtigt, daß bei maximaler Diskordanz die Urteile zweier Beurteiler A und B zu den Urteilen eines 3. Beurteilers C perfekt gegenläufig sind ($\varrho_{AB} = \varrho_{AC} = -1$) und die Urteile von A und B perfekt übereinstimmen ($\varrho_{AB} = 1$), so daß $\overline{\varrho} = -1/3$ resultiert.

9.3.1 Unvollständige Boniturenpläne

In 6.2.5.3 haben wir eine Modifikation der Rangvarianzanalyse von Friedman kennengelernt, bei der jedes Individuum nur unter einer Teilmenge aller untersuchten Behandlungsstufen beobachtet wird. Dabei mußte sichergestellt werden, daß die Anzahl der Behandlungsstufen für alle Individuen konstant ist und daß unter jeder Behandlungsstufe die gleiche Anzahl von Individuen beobachtet wird. Nachdem wir bereits auf die formale Äquivalenz der Friedman-Analyse und der Konkordanzanalyse nach Kendall hingewiesen haben, liegt es nahe, auch diesen Ansatz auf die Konkordanzüberprüfung zu übertragen und nach der Konkordanz von Rangurteilen bei unvollständigen Rangreihen zu fragen. Das einschlägige Verfahren wurde von Youden (1937) begründet und von Durbin (1951) auf Rangurteile adaptiert.

Die Bedeutung dieses Verfahrens leitet sich daraus ab, daß Urteiler häufig mit der Aufgabe, eine größere Anzahl von N Objekten in eine Rangreihe zu bringen, überfordert sind. In diesem Falle wählt man für jeden Urteiler eine Teilmenge von k Objekten aus (k < N), die jeweils nach einem vorgegebenen Kriterium in eine Rangreihe von 1 bis k zu bringen sind. Um nun auf der Basis dieser verkürzten oder „unvollständigen" Rangreihen die Konkordanz der Urteile überprüfen zu können, bedarf es einer speziellen Systematik (eines speziellen „Boniturenplanes"), nach der die zu beurteilenden k Objekte pro Urteiler ausgewählt werden. Die Grundlage dieser Systematik sind sog. Youden-Pläne, die z.B. bei Youden u. Hunter (1955), Hedayte u. Federer (1970) oder Winer (1962, Kap. 9) unter dem Aspekt der Versuchsplanung behandelt werden. Die Schwierigkeiten bei der Konstruktion von Boniturenplänen, die für eine Konkordanzprüfung geeignet sind, werden mit dem folgenden einleitenden Beispiel verdeutlicht.

Angenommen, m = 5 Urteiler sollen jeweils k = 3 von N = 5 Objekten (z.B. 3 von 5 Urlaubszielen) nach einem vorgegebenen Kriterium (z.B. Attraktivität) in eine Rangreihe bringen. Die Verteilung der Objekte auf die Urteiler soll so geartet sein, daß jedes Objekt von 3 Urteilern beurteilt wird. Mehr oder weniger zufällig beschließt man, den in Tabelle 9.10 dargestellten Boniturenplan einzusetzen.

Tabelle 9.10

Urteiler	Objekte				
	A	B	C	D	E
1	x	x	x		
2		x	x	x	
3			x	x	x
4	x			x	x
5	x	x			x

Man erkennt, daß Urteiler 1 die Objekte A, B und C zu beurteilen hat, Urteiler 2 die Objekte B, C und D usw. Ferner erfüllt der Boniturenplan die genannten Voraussetzungen, daß jeder Urteiler 3 Objekte beurteilt und daß jedes Objekt von 3 Urteilern in Augenschein genommen wird. Dennoch ist dieser Plan für eine Konkordanzüberprüfung nicht geeignet.

Der Grund dafür ist folgender: Zwar wird jedes Objekt gleich häufig (v = 3) beurteilt; dies gilt jedoch nicht für die einzelnen *Objektpaare*, denn wir stellen fest, daß die Objektpaare AB, BC, CD, DE und AE jeweils zweimal, die übrigen hingegen nur einmal beurteilt werden. Dies ist insoweit von Bedeutung, als sich möglicherweise gerade die doppelt beurteilten Paare besonders deutlich voneinander unterscheiden, so daß 2 Urteiler, die jeweils ein identisches Paar zu beurteilen haben (z. B. die Urteiler 1 und 5, die beide das Paar AB beurteilen müssen), vergleichsweise hohe Übereinstimmungen erzielen. Hätte man zufällig einen anderen Boniturenplan gewählt, wären andere Paare zweimal zu beurteilen. Wenn sich diese Paare nun aus Objekten zusammensetzen, die nur wenig unterscheidbar sind, würden weniger übereinstimmende Rangreihen resultieren, d. h. die doppelt „gewichteten" Paare würden insgesamt zu einer geringeren Urteilskonkordanz führen. Die Höhe der Kondordanz hängt damit davon ab, welcher der möglichen Boniturenpläne realisiert wird.

Um dieses Zufallselement auszuschalten, ist es erforderlich, einen Boniturenplan zu entwickeln, bei dem jedes Objektpaar gleich häufig (z. B. einmal, zweimal, dreimal oder allgemein λ-mal) auftritt. Einen Boniturenplan, bei dem

— jeder Urteiler k < N Objekte beurteilt,
— jedes Objekt v < m-mal beurteilt wird und
— jedes Objektpaar genau λ-mal auftritt,

bezeichnen wir als einen unvollständigen balancierten Plan (im Unterschied zu dem in Tabelle 9.10 wiedergegebenen Plan, der zwar unvollständig, aber nicht balanciert ist).

Die Konstruktion unvollständiger balancierter Pläne bedarf einiger Überlegungen. Zunächst stellen wir fest, daß bei k Urteilen pro Urteiler insgesamt $k \times m$ Urteile abgegeben werden. Da ferner jedes Objekt v-mal beurteilt wird, muß natürlich gelten

$$k \cdot m = v \cdot N \quad . \tag{9.36}$$

Bei dieser Gleichung ist zu beachten, daß alle 4 Größen nur ganzzahlige Werte annehmen dürfen.

Die nächste Überlegung bezieht sich auf die Anzahl der auftretenden Objektpaare. Kommt bei N Objekten jedes Objektpaar genau einmal im Boniturenplan vor, besteht dieser aus $\binom{N}{2}$ verschiedenen Objektpaaren. Tritt jedes Objektpaar genau λ-mal auf, beinhaltet der Plan $\lambda \cdot \binom{N}{2}$ Objektpaare, d. h. für einen unvollständigen ausbalancierten Plan muß ferner gelten:

$$\lambda \cdot \binom{N}{2} = m \cdot \binom{k}{2} \quad \text{bzw.}$$

$$\lambda \cdot \frac{N \cdot (N-1)}{2} = m \cdot \frac{k \cdot (k-1)}{2} \quad . \tag{9.37}$$

Auch hier ist davon auszugehen, daß alle in Gl. (9.37) genannten Größen ganzzahlige Werte annehmen. Überprüfen wir nun, ob der in Tabelle 9.10 genannte Boniturenplan diese Bedingungen erfüllt. Mit k = 3, m = 5, v = 3 und N = 5 gilt natürlich Gl. (9.36):

$3 \cdot 5 = 3 \cdot 5$. Lösen wir jedoch Gl. (9.37) nach λ auf, resultiert

$$\lambda = \frac{m \cdot k \cdot (k - 1)}{N \cdot (N - 1)} \qquad (9.38)$$

bzw. im Beispiel

$$\lambda = \frac{5 \cdot 3 \cdot 2}{5 \cdot 4} = 1,5 \quad .$$

Da wir mit $\lambda = 1,5$ keinen ganzzahligen Wert erhalten, muß gefolgert werden, daß die $\binom{N}{2}$ Objektpaare nicht gleich häufig auftreten, d. h. die 3. Voraussetzung für einen balancierten Plan ist – wie bereits ausgeführt – verletzt.

Um einen balancierten Plan zu erhalten, müssen für k, m, v und N ganzzahlige Werte gefunden werden, die den Gl. (9.36) und (9.37) genügen bzw. die nach Gl. (9.38) zu einem ganzzahligen λ-Wert führen. Dafür setzen wir vereinfachend $m = N$, so daß nach Gl. (9.36) auch $v = k$ gilt. Damit ergibt sich $\lambda = k(k-1)/(N-1)$.

Für das Aufstellen eines ausbalancierten Planes greifen wir erneut unser Beispiel mit $N = m = 5$ auf und setzen probeweise $k = v = 2$. Wir erhalten nach Gl. (9.36) $2 \cdot 5 = 2 \cdot 5$ und nach Gl. (9.38) $\lambda = 5 \cdot 2 \cdot 1/5 \cdot 4 = 0,5$. Bei diesem Plan tritt nur die Hälfte aller Objektpaare auf, d. h. dieser Plan ist ebenfalls nicht ausbalanciert.

Wählen wir hingegen $N = m = 5$ und $k = v = 4$, ergibt sich nach Gl. (9.38) $\lambda = 5 \cdot 4 \cdot 3/5 \cdot 4 = 3$. Dieser Plan ist also ausbalanciert, denn hier tritt – wie Tabelle 9.11 zeigt – jedes Objektpaar genau $\lambda = 3$mal auf.

Tabelle 9.11

Urteiler	Objekte				
	A	B	C	D	E
1	x	x	x	x	
2		x	x	x	x
3	x		x	x	x
4	x	x		x	x
5	x	x	x		x

Nach diesen Regeln läßt sich systematisch überprüfen, ob ein in Aussicht genommener Boniturenplan ausbalanciert ist oder nicht. Tabelle 9.12 zeigt einen Überblick der Parameter der für die Praxis wichtigsten ausbalancierten Pläne (nach Cochran u. Cox, 1957).

Tabelle 9.12

$m = N$	5	6	7	7	8	11	11	13	13	15	15	16	16
k	4	5	3	4	7	5	6	4	9	7	8	6	10
λ	3	4	1	2	6	2	3	1	6	3	4	2	6

Offen blieb bislang die Frage, wie ein Boniturenplan bei vorgegebenen Parametern (z. B. N = m = 7, k = v = 3 und λ = 1) konkret zu konstruieren sei. Dies macht man sich am besten anhand einer diagonalsymmetrischen Quadratanordnung der 7 Objekte A B C D E F G klar:

```
A  B  C  D  E  F  G
B  C  D  E  F  G  A
C  D  E  F  G  A  B
D  E  F  G  A  B  C
E  F  G  A  B  C  D
F  G  A  B  C  D  E
G  A  B  C  D  E  F
```

Diese Anordnung nennt man ein *lateinisches Quadrat* mit zyklischer Permutation (vgl. z. B. Bortz, 1989, Kap. 11.2). Wenn wir aus diesem vollständigen Boniturenplan k = 3 Zeilen – 2 benachbarte und eine dritte mit einem Abstand von einer Zwischenzeile – auswählen, erhalten wir eine *Youden-Plan*, der die genannten Bedingungen erfüllt. Wählen wir beispielsweise die Zeilen 1, 2 und 4, ergeben sich 7 Blöcke von jeweils 3 Objekten, die den 7 Beurteilern nach Zufall zugeordnet werden (Tabelle 9.13).

Tabelle 9.13

A	B	C	D	E	F	G
B	C	D	E	F	G	A
D	E	F	G	A	B	C

In der Schreibweise von Tabelle 9.11 ergibt sich der in Tabelle 9.14 dargestellte Boniturenplan.

Tabelle 9.14

Urteiler	Objekte						
	A	B	C	D	E	F	G
1	x	x		x			
2		x	x		x		
3			x	x		x	
4				x	x		x
5	x				x	x	
6		x				x	x
7	x		x				x

Wie man sich leicht überzeugen kann, sind alle auf S. 472 genannten Bedingungen für einen unvollständigen balancierten Plan erfüllt.

Andere Youden-Pläne lassen sich nach analogen Konstruktionsprinzipien entwickeln: Wählen wir aus einem lateinischen 7 × 7-Quadrat die erste, zweite, vierte und siebente Zeile aus, resultiert ein Youden-Plan mit N = 7 Objekten, m = 7 Beurteilern, k = 4 je Beurteiler zu beurteilenden Objekten und λ = 2 Beurteilern je Objektpaar. Wählt man aus einem 11 × 11-Quadrat die erste, zweite, vierte und siebente Zeile aus, so resultiert ein Youden-Plan mit N = m = 11, k = 4 und λ = 2.

Im einfachen Youden-Plan ist die Zahl m der Beurteiler stets gleich der Zahl der zu beurteilenden Objekte (N). Will man die Konkordanzprüfung auf eine möglichst breite inferentielle Basis stellen, dann kann man die Zahl der Beurteiler verdoppeln (2m), verdreifachen (3m) oder vervielfachen (rm); es resultieren dann Youden-Pläne mit r-facher Replikation: Dabei sollte die Zeilenauswahl bei jeder neuen Replikation mit einer anderen (zufällig auszuwählenden) Zeile beginnen und analog der vorangehenden Replikation fortgesetzt werden.

Bereits ausgearbeitete Youden-Pläne für die in Tabelle 9.12 genannten und darüber hinausgehende Parameterkonstellationen findet man bei Cochran u. Cox (1957, Kap. 13).

Nachdem nun die Leitlinien zur Aufstellung eines balancierten, unvollständigen Boniturenplanes erarbeitet sind, können wir uns der Frage zuwenden, wie man auf der Basis eines solchen Planes die Urteilskonkordanz bestimmt. Dazu greifen wir das einleitend genannte Beispiel noch einmal auf und nehmen an, die 5 Urteiler hätten die ihnen gemäß Tabelle 9.11 zugeordneten Objekte wie folgt in Rangreihe gebracht (Tabelle 9.15).

Tabelle 9.15

Urteiler	Objekte				
	A	B	C	D	E
1	2	4	1	3	
2		3	2	1	4
3	4		3	1	2
4	3	1		2	4
5	4	2	3		1
T_i:	13	10	9	7	11

Wie in der „klassischen" Konkordanzanalyse bestimmen wir auch hier zunächst die Rangsumme pro Objekt und berechnen hieraus nach Gl. (9.29) die Abweichungsquadratsumme QSR. Für das Beispiel resultiert

$$QSR = 13^2 + 10^2 + 9^2 + 7^2 + 11^2 - 50^2/5 = 20,0 \quad .$$

Der Konkordanzkoeffizient ergibt sich auch hier, wenn die QSR an der maximal möglichen Quadratsumme (max. QSR) relativiert wird. Zu max. QSR führt uns folgender Gedankengang: Angenommen, es gäbe für die 5 Objekte eine „wahre" Rangordnung von der Art A < B < C < D < E. Hätten alle Urteiler diese wahre Rangordnung erkannt und in ihren Urteilen berücksichtigt, wären die Urteile perfekt konkordant. Tabelle 9.16 zeigt, wie die Urteile in diesem Falle ausfallen müßten.

Tabelle 9.16

Urteiler	Objekte				
	A	B	C	D	E
1	1	2	3	4	
2		1	2	3	4
3	1		2	3	4
4	1	2		3	4
5	1	2	3		4
T_i:	4	7	10	13	16

Als Rangsummen errechnen wir die Werte 4, 7, 10, 13 und 16 mit einer Quadratsumme von

$$\text{max.} \, QSR = 4^2 + 7^2 + 10^2 + 13^2 + 16^2 - 50^2/5 = 90.$$

Nach Gl. (9.31) resultiert damit W = 20/90 = 0,22.

Allgemein erhalten wir bei maximaler Urteilskonkordanz für die Rangsummen T_i eine beliebige Abfolge der Werte

$$k, \quad k+1\lambda, \quad k+2\lambda, \quad k+3\lambda, \ldots, k+(N-1)\cdot\lambda \quad .$$

Daraus folgt für max. QSR

$$\text{max.} \, QSR = \frac{\lambda^2 \cdot N \cdot (N^2 - 1)}{12} \tag{9.39}$$

bzw. für W

$$W = \frac{12 \cdot QSR}{\lambda^2 \cdot N \cdot (N^2 - 1)} \quad . \tag{9.40}$$

Setzen wir die Werte des Beispiels in Gl. (9.40) ein, resultiert mit $\lambda = 3$ und $N = 5$ der bereits bekannte Wert

$$W = \frac{12 \cdot 20}{3^2 \cdot 5 \cdot (5^2 - 1)} = 0,22 \quad .$$

Wird ein Boniturenplan r-fach repliziert (indem z. B. r·m Urteiler eingesetzt werden oder jeder Urteiler r verschiedene Rangreihen zu erstellen hat), erhöht sich natürlich auch die Häufigkeit, mit der ein Objektpaar auftritt, um den Faktor r. In diesem Falle errechnet man (für m = N)

$$\lambda = \frac{r \cdot k \cdot (k - 1)}{N - 1} \quad . \tag{9.41}$$

Für die inferenzstatistische Absicherung eines nach Gl. (9.40) bestimmten W-Koeffizienten nennt Kendall (1962, S. 105) 2 Möglichkeiten: Ist N nicht zu klein und n = r·m = r·N, prüft man asymptotisch über die χ^2-Verteilung nach

$$\chi^2 = \frac{\lambda(N^2 - 1)}{k + 1} \cdot W \tag{9.42}$$

unter Zugrundelegung von N − 1 Fg.

Genauer prüft man über die F-Verteilung, wenn nur eine geringe Zahl von Beurteilern bonitiert hat:

$$F = \frac{W}{1-W} \cdot \left[\frac{\lambda(N+1)}{k+1} - 1 \right] \quad . \tag{9.43}$$

Die Freiheitsgrade für Zähler und Nenner von Gl. (9.43) betragen

$$Fg(\text{Zähler}) = \frac{n \cdot k \left[1 - \frac{k+1}{\lambda(N+1)} \right]}{\frac{k \cdot n}{N-1} - \frac{k}{k-1}} - \frac{2 \cdot (k+1)}{\lambda \cdot (N+1)} \quad , \tag{9.44}$$

$$Fg(\text{Nenner}) = Fg(\text{Zähler}) \cdot \left[\frac{\lambda(N+1)}{k+1} - 1 \right] \quad . \tag{9.45}$$

Da die beiden Freiheitsgrade in der Regel nicht ganzzahlig sind, ist man auf der „sicheren Seite", wenn man jeweils die nächstniedrige ganze Zahl von Freiheitsgraden zugrunde legt. Für unser Beispiel errechnen wir nach Gl. (9.42)

$$\chi^2 = \frac{3 \cdot (5^2 - 1)}{4 + 1} \cdot 0,22 = 3,2 \quad .$$

Dieser Wert ist für Fg $= 5 - 1 = 4$ nicht signifikant. Den gleichen Wert errechnen wir auch nach Gl. (6.99), wenn wir die 5 Objekte als Behandlungsstufen und die 5 Urteiler als behandelte Individuen auffassen:

$$\chi^2_D = \frac{12 \cdot (5 - 1)}{5 \cdot 4 \cdot (4^2 - 1)} \cdot 520 - \frac{3 \cdot 4 \cdot 4 \cdot 5}{3} = 3,2 \quad .$$

Der F-Test nach Gl. (9.43) ist ebenfalls nicht signifikant:

$$F = \frac{0,22}{1 - 0,22} \cdot \left[\frac{3 \cdot (5 + 1)}{4 + 1} - 1 \right] = 0,73$$

mit

$$Fg(\text{Zähler}) = \frac{5 \cdot 4 \cdot \left[1 - \frac{4+1}{3 \cdot (5+1)} \right]}{\frac{4 \cdot 5}{5-1} - \frac{4}{4-1}} - \frac{2 \cdot (4+1)}{3 \cdot (5+1)} = \frac{14,4}{3,7} - 0,6 = 3,3 \approx 3 \quad ,$$

$$Fg(\text{Nenner}) = 3,3 \cdot \left[\frac{3 \cdot (5 + 1)}{4 + 1} - 1 \right] = 8,6 \approx 9 \quad .$$

Ein abschließendes Beispiel – eine andere Variante des Eiscremebeispiels von S. 450 – soll zusammenfassend das Vorgehen der Konkordanzanalyse bei einem unvollständigen, balancierten Boniturenplan verdeutlichen.

Beispiel 9.3

Problem: Ein Eiscremehersteller möchte überprüfen, wie konkordant der Geschmack seiner 7 Eiscremesorten beurteilt wird. Um die Urteiler nicht zu überfordern, soll jeder Urteiler nur eine Teilmenge der 7 Sorten in Rangreihe bringen.

Hypothese: Die Eiscremesorten werden konkordant beurteilt (H_1; $\alpha = 0,01$).

Boniturenplan: Tabelle 9.12 ist zu entnehmen, daß für N = 7 ein Boniturenplan mit 3 oder mit 4 Sorten pro Urteiler aufgestellt werden kann. Man entscheidet sich für den Plan mit k = 3 Sorten und beschließt, die Untersuchung einmal zu replizieren (r = 2), d. h. also, n = 2·7 = 14 Urteiler einzusetzen. (Da m = N gelten muß, können grundsätzlich r·N Urteiler eingesetzt werden.) Der Plan für die ersten 7 Urteiler wird erstellt, indem man aus einem Lateinischen Quadrat der Ordnung 7 × 7 die erste, die zweite und die vierte Zeile auswählt. Damit resultiert der in Tabelle 9.14 wiedergegebene Boniturenplan. Für den Boniturenplan der 2. Gruppe beginnen wir (zufällig) mit der 3. Zeile und ergänzen sie durch die Zeilen 4 und 6 des 7 × 7-Quadrates.

Daten und Auswertung: Tabelle 9.17 zeigt die Ergebnisse der Untersuchung.

Tabelle 9.17

	A	B	C	D	E	F	G
1. Urteilergruppe							
1	2	1		3			
2			2	3		1	
3			1	2		3	
4				1	3		2
5	2				1	3	
6		1				2	3
7	1		3				2
2. Urteilergruppe							
1			3	1		2	
2				2	1		3
3	2				1	3	
4		1				3	2
5	1		2				3
6	1	3		2			
7		2	3		1		
T_i:	9	10	15	11	8	16	15	$\sum_i T_i = 84$

Zur Kontrolle überprüfen wir die Beziehung $\sum T_i = n \cdot k \cdot (k+1)/2$ (84 = 14·3·4/2). Wir bilden QSR nach Gl. (9.29)

$$QSR = (9-12)^2 + (10-12)^2 + \ldots + (15-12)^2 = 64$$

und erhalten durch Einsetzen in Gl. (9.41)

$$\lambda = \frac{2 \cdot 3(3-1)}{7-1} = 2 \quad .$$

Man errechnet also nach Gl. (9.40)

$$W = \frac{12 \cdot 64}{2^2 \cdot 7 \cdot (7^2 - 1)} = 0,57$$

bzw. nach Gl. (9.42)

$$\chi^2 = \frac{2 \cdot (7^2 - 1)}{3 + 1} \cdot 0,57 = 13,7 \quad .$$

Entscheidung: Der empirische χ^2-Wert ist bei Fg = 6 und $\alpha = 0,01$ nicht signifikant ($\chi^2_{0,01} = 16,8 > 13,7$).

Interpretation: Die Geschmäcker sind verschieden.

Bei der Überprüfung der Urteilskonkordanz aufgrund unvollständiger, balancierter Boniturenpläne sollte die Instruktion so geartet sein, daß **Rangbindungen** möglichst nicht auftreten, denn ein exakter, bindungskorrigierter Test steht z. Z. nicht zur Verfügung. Treten dennoch Rangbindungen in geringfügiger Zahl auf, können diese durch die zufällige Zuweisung der entsprechenden ganzzahligen Ränge aufgelöst werden, ohne dadurch den Signifikanztest entscheidend zu beeinflussen.

Eine in der Soziometrie häufig gestellte Aufgabe besteht darin, daß jedes Mitglied einer sozialen Gruppe jedes andere (außer sich selbst) in eine Rangreihe bringt, und zwar meist nach einem kommunikationsrelevanten Merkmal wie Beliebtheit, Sprecherqualifikation oder Organisationstalent. Das Besondere dieser Aufgabe ist, daß jedes der N Beurteilungsobjekte (Gruppenmitglieder) mit einem der m Beurteiler identisch ist und daß jeder Beurteiler nur k = N − 1 Mitglieder beurteilt, um einen sog. Konsensindex zu gewinnen (vgl. Jones, 1959).

Wie Lewis u. Johnson (1971) gezeigt haben, läßt sich diese Aufgabe mittels einer Youden-Bonitur lösen, in der jedes Paar von Gruppenmitgliedern $\lambda = N - 2$ mal beurteilt wird. Das sieht man unmittelbar ein, wenn von N = 3 Mitgliedern A die Ränge 1 und 2 an B und C vergibt, B die Ränge 1 und 2 an C und A, sowie C die Ränge 1 und 2 an B und A: Jedes Paar von Mitgliedern der Kleingruppe mit N = 3 ist dann je N − 2 = 1 mal vertreten,

Auch bei dieser Anwendungsvariante errechnet man den Konkordanzkoeffizienten nach Gl. (9.40), der bei nicht zu kleinem Gruppenumfang über Gl. (9.42) auf Signifikanz geprüft wird. Für kleine Gruppenumfänge haben Lewis u. Johnson (1971) über Monte-Carlo-Läufe die „exakte Prüfverteilung" von QSR bestimmt.

9.3.2 Zweigruppenkonkordanz

Gelegentlich stellt sich die Frage, ob zwischen 2 Gruppen von m_1 und m_2 Beurteilern, die dieselben N Objekte (oder Individuen) beurteilt haben, eine signifikante Konkordanz besteht, ob also etwa französische und amerikanische „Weinbeißer" in der Gütereihung von 4 Weinsorten übereinstimmen. (Man beachte, daß es hierbei nicht um die bislang ungeklärte Überprüfung der H_0 der Identität zweier Konkordanzkoeffizienten geht − 2 Gruppen können je für sich ähnlich konkordant urteilen, obwohl die eine Gruppe völlig anders geurteilt hat als die andere − sondern um die Konkordanz der Gruppenurteile.)

Diese Frage wurde von Schucany u. Frawley (1973) durch Modifizierung des L-Tests von Page (1963) beantwortet (vgl. 6.2.4.1), indem die Prüfgröße $L = \sum i \cdot T_i$ mit i = 1(1)N durch die Prüfgröße

$$L_W = \sum_{i=1}^{N} S_i \cdot T_i \tag{9.46}$$

ersetzt wurde. Darin bedeuten S_i die Rangsummen der N Objekte über die m_1 Beurteiler und T_i die Rangsummen für die m_2 Beurteiler. Die Prüfgröße wächst in dem Maße, in dem die Rangsummen der beiden Beurteilergruppen konkordant sind.

Wie die Autoren gezeigt haben, ist L_W unter der Nullhypothese fehlender L-Konkordanz zwischen S_i und T_i bei nicht zu kleinen m_1 und m_2 über einem Erwartungswert von

$$E(L_W) = \frac{m_1 \cdot m_2 \cdot N(N+1)^2}{4} \qquad (9.47)$$

mit einer Standardabweichung von

$$\sigma(L_W) = \frac{N \cdot (N+1)}{12} \cdot \sqrt{m_1 \cdot m_2 \cdot (N-1)} \qquad (9.48)$$

angenähert normalverteilt. Daraus folgt, daß die Standardnormalvariable

$$u = \frac{L_W - E(L_W)}{\sigma(L_W)} \qquad (9.49)$$

nach Tafel 2 des Anhangs beurteilt werden kann, und zwar einseitig, wenn nur eine positive Konkordanz in Frage steht.

Will man nicht nur auf L-Konkordanz prüfen, sondern eine Maßzahl zur Beschreibung der Höhe dieser Konkordanz angeben, so benutzt man den „Zweigruppenkonkordanzkoeffizienten"

$$W_W = \frac{L_W - E(L_W)}{Max. L_W - E(L_W)} \quad , \qquad (9.50)$$

in dem $Max. L_W$ als höchstmöglicher Prüfgrößenwert wie folgt definiert ist:

$$Max. L_W = m_1 \cdot m_2 \cdot N \cdot (N+1) \cdot (2N+1)/6 \quad . \qquad (9.51)$$

(Der niedrigstmögliche Wert $Min. L_W$ ergibt sich, indem man $2N+1$ durch $N+2$ ersetzt.) Beispiel 9.4 verdeutlicht den Einsatz dieser Analyse.

Beispiel 9.4

Problem: Es soll überprüft werden, ob $m_1 = 6$ französische Weinbeißer und $m_2 = 9$ amerikanische Weinbeißer in ihren Rangurteilen über N = 4 Weinsorten übereinstimmen.

Hypothese: Beide Urteilergruppen stimmen in ihren Urteilen überein (H_1; einseitiger Test, $\alpha = 0,01$.)

Daten und Auswertung: Tabelle 9.18 zeigt die Rangsummen S_i und T_i für die beiden Beurteilergruppen.

Tabelle 9.18

Weinsorten:	1	2	3	4	L_w
S_i der m_1 Beurteiler:	9	14	17	20	
T_i der m_2 Beurteiler:	17	14	25	34	
Produktsumme $S_i T_i$:	153	196	425	680	1454

Wir bestimmen nach den Gl. (9.47) bis (9.49)

$$E(L_W) = 6 \cdot 9 \cdot 4 \cdot (4+1)^2/4 = 1350 \quad ,$$

$$\sigma(L_w) = \frac{4 \cdot (4+1)}{12} \cdot \sqrt{6 \cdot 9 \cdot (4-1)} = 21,213$$

und

$$u = (1454 - 1350)/21,213 = 4,90 \quad .$$

Die Übereinstimmung zwischen französischen und amerikanischen Weinbeißern ergibt sich über

$$\text{Max. } L_W = 6 \cdot 9 \cdot 4(4+1)(8+1)/6 = 1620$$

zu

$$W_W = (1454 - 1350)/(1620 - 1350) = 0,39 \quad .$$

Entscheidung: Da $P(u \geq 4,90) < 0,01$ ist, wird die H_0 zugunsten von H_1 verworfen.

Interpretation: Die beiden Weinbeißergruppen haben konkordant geurteilt.

Wie Li u. Schucany (1975) gezeigt haben, ist W_W gleich dem Durchschnitt aller τ-Korrelationen zwischen je einer Rangreihe aus der einen Gruppe und je einer Rangreihe aus der anderen Gruppe. Man beachte, daß W_W nicht der Rangkorrelation der durchschnittlichen Rangreihen entspricht. Diese korrelieren wegen des statistischen Fehlerausgleichs individueller Fehlurteile in der Regel deutlich höher als W_W. (Im Beispiel ermittelt man für die 1. Urteilergruppe die Rangreihe $1 < 2 < 3 < 4$ und für die 2. Urteilergruppe $2 < 1 < 3 < 4$; diese Rangreihen stimmen mit $W = 0,9$ deutlich höher überein.)

Besteht die Gruppe 1 aus nur einem einzigen Beurteiler (oder einer objektiv vorgegebenen Rangreihe), ist die Prüfgröße L_W mit der Prüfgröße L von Page (1963) identisch. Für $m_2 = k = 3(1)9$ ergibt sich die Möglichkeit, nach Tafel 22 exakt zu prüfen, ob zwischen dem einen Beurteiler und den k Beurteilern ein signifikanter Zusammenhang besteht. Exakte Tests für $m_1 > 1$ sind zwar ebenfalls möglich, aber für die praktische Durchführung zu aufwendig; für bestimmte Kombinationen von m_1 und m_2 sind die exakten Prüfverteilungen, auf dem Permutationsprinzip aufbauend, von Frawley u. Schucany (1972) vertafelt worden.

Der Zweigruppenkonkordanztest kann auch dazu benutzt werden, die Ergebnisse zweier *Friedman-Tests* zu vergleichen: So könnten wir in Beispiel 6.14 fragen,

ob $m_2 = 7$ parallelisierte Stichproben von Mäusen dieselben Behandlungswirkungen erkennen lassen wie die $m_1 = 5$ Stichproben von Ratten. Wollten wir den Vergleich auch noch auf eine Gruppe von $m_3 = 5$ Meerschweinchen ausdehnen, so kann der Zweigruppenkonkordanztest ohne Schwierigkeiten zu einem Mehrgruppenkonkordanztest verallgemeinert werden (vgl. Schucany u. Frawley, 1973).

9.4 Urteilskonkordanz bei kardinalen Daten

9.4.1 Zwei Beurteiler

Wenn m = 2 Beurteiler N Objekte voneinander unabhängig auf einer in k Kategorien eingeteilten Kardinalskala einstufen, erhält man eine k × k-Kontingenztafel, die nach den in 9.2.1 ausgeführten Regeln auf Urteilskonkordanz untersucht werden kann. Im Unterschied zur Konkordanzbestimmung bei nominalen Merkmalen eröffnet sich bei kardinalen Merkmalen jedoch die zusätzliche Möglichkeit, bei nicht übereinstimmenden Urteilen den Grad bzw. das Ausmaß der Nichtübereinstimmung mit zu berücksichtigen. Wenn – um das Eiscremebeispiel aus 9.1 bzw. 9.3 nochmals aufzugreifen – 2 Beurteiler verschiedene Eiscremesorten nach ihrem Preis beurteilen, wobei das kardinale Merkmal „Preis" in 5 äquidistante Preisklassen eingeteilt ist, ist es für die Bestimmung der Urteilskonkordanz natürlich von Belang, ob eine Eiscremesorte in 2 benachbarte Kategorien eingeordnet wird oder ob 2 weit auseinander liegende Kategorien gewählt werden.

Das im folgenden zu entwickelnde *Kardinalskalen-κ* („weighted kappa", Cohen, 1968) für 2 Beurteiler berücksichtigt Gewichte, die das Ausmaß der Unterschiedlichkeit bzw. Ähnlichkeit der abgegebenen Urteile reflektieren. Wenngleich vom Ergebnis her äquivalent, sind damit 2 Kardinalskalen-κ-Varianten denkbar: Bei der einen Variante reflektieren die Gewichte die Unterschiedlichkeit der Urteile, wobei übereinstimmende Urteile das Gewicht Null und die größten Unterschiede das Maximalgewicht erhalten; bei der 2. Variante wird – dazu komplementär – die Ähnlichkeit der Urteile berücksichtigt, mit maximalem Gewicht für übereinstimmende Urteile und minimalem Gewicht für Urteile mit geringster Ähnlichkeit. Weil eine Berücksichtigung mehr oder minder *ähnlicher* Urteile dem Konzept der Konkordanz sachlogisch besser entspricht als die Berücksichtigung diskrepanter Urteile, beginnen wir mit Variante 2.

Vor Durchführung der Untersuchung definieren wir für jede Zelle ij der k × k-Kontingenztafel ein Gewicht w'_{ij}, mit dem zum Ausdruck gebracht wird, wie ähnlich die Beurteilungen eines Objektes ausgefallen sind. Obwohl dafür vom Prinzip her arbiträre Zahlen in Betracht kommen, empfiehlt es sich, den Kardinalskalencharakter des Merkmales zu nutzen und – mit dem Maximalgewicht für übereinstimmende Beurteilungen beginnend – zunehmend weniger ähnliche Urteile komplementär zu der zunehmend größer werdenden Urteilsdifferenz zu gewichten. Die Vergabe des Gewichtes Null für maximal unähnliche Beurteilungen ist möglich, aber nicht erforderlich.

Da das Kardinalskalen-κ bei der Wahl verhältnisskalierter Gewichte gegenüber der Multiplikation der Gewichte mit einer beliebigen Zahl größer Null invariant ist, sollten die Gewichte w'_{ij} aus Gründen der Vergleichbarkeit in den Bereich 0 bis 1 transformiert werden. Dafür verwenden wir folgende Transformationsgleichung (Cohen, 1972):

$$w_{ij} = \frac{w'_{ij} - w'_{min}}{w'_{max} - w'_{min}} \quad . \tag{9.52}$$

Identische, d. h. maximal ähnliche Urteile erhalten damit das Gewicht 1 und minimal ähnliche Urteile das Gewicht 0.

In Analogie zu der in 9.1 und 9.2 bereits entwickelten Logik des κ-Maßes bestimmen wir die Summe der gewichteten, beobachteten relativen Häufigkeiten mit

$$P_0 = \sum_{i=1}^{k} \sum_{j=1}^{k} w_{ij} \cdot f_{ij}/N \quad . \tag{9.53}$$

Das entsprechende Maß für die zufällig erwarteten Häufigkeiten lautet

$$P_e = \sum_{i=1}^{k} \sum_{j=1}^{k} w_{ij} \cdot e_{ij}/N \tag{9.54}$$

mit

$$e_{ij} = f_{i.} \cdot f_{.j}/N \quad .$$

κ_w errechnet sich damit zu

$$\kappa_w = \frac{P_0 - P_e}{1 - P_e} \quad . \tag{9.55}$$

Behandeln wir – wie beim Nominalskalen-κ – alle nicht übereinstimmenden Urteile gleich und gewichten diese mit Null, erhalten wir mit $w_{ii} = 1$ für übereinstimmende Urteile nach Gl. (9.55) den gleichen κ-Wert wie nach Gl. (9.3).

Für die Durchführung des Signifikanztests errechnen wir die Varianz von κ_w nach (Fleiss et al. 1969) über folgende Gleichung:

$$VAR_0(\kappa_w) = \frac{1}{N \cdot (1 - p_e)^2} \cdot \left\{ \sum_{i=1}^{k} \sum_{j=1}^{k} p_{i.} \cdot p_{.j} \cdot [w_{ij} - (\overline{w}_{i.} + \overline{w}_{.j})]^2 - p_e^2 \right\} \tag{9.56}$$

mit

$$p_e = \sum_{i=1}^{k} p_{i.} \cdot p_{.i}$$

$$\overline{w}_{i.} = \sum_{j=1}^{k} w_{ij} \cdot p_{.j}$$

$$\overline{w}_{.j} = \sum_{i=1}^{k} w_{ij} \cdot p_{i.} \quad .$$

Die folgende Prüfgröße ist approximativ normalverteilt:

$$u = \frac{\kappa_w}{\sqrt{VAR_0(\kappa_w)}} \quad .$$
(9.57)

Um die Frage zu überprüfen, ob sich 2 unabhängige κ_w-Koeffizienten signifikant unterscheiden, verwendet man folgenden Test:

$$u = \frac{\kappa_{w(1)} - \kappa_{w(2)}}{\sqrt{VAR(\kappa_w)}}$$
(9.58)

mit

$$VAR(\kappa_w) = \frac{1}{N \cdot (1 - p_e)^4} \cdot \left\{ \sum_{i=1}^{k} \sum_{j=1}^{k} p_{ij} \cdot [w_{ij} \cdot (1 - p_e) \right.$$

$$\left. - (\overline{w}_{i.} + \overline{w}_{.j}) \cdot (1 - p_0)]^2 - (p_0 \cdot p_e - 2 \cdot p_e + p_0)^2 \right\}$$

und

$$p_0 = \sum_{i=1}^{k} p_{ii} \quad .$$

Beispiel 9.5

Problem: Zwei erfahrene Fernsehredakteure A und B werden gebeten, den vermuteten Publikumserfolg von 100 Fernsehsendungen einzuschätzen. Dazu steht ihnen eine Einschaltquotenskala mit folgenden Abstufungen zur Verfügung:

$\leq 10\%$

$11\% - 20\%$

$21\% - 30\%$

$31\% - 40\%$

$41\% - 50\%$

$> 50\%$.

Übereinstimmende Urteile werden mit 5 Punkten gewichtet, Urteile in benachbarten Kategorien mit 4 Punkten, Urteile in 2 durch eine Kategorie getrennten Kategorien mit 3 Punkten usw. bis hin zu maximal abweichenden Urteilen, die mit 0 Punkten bewertet werden. Nach Gl. (9.52) erhält man aus diesen w'-Gewichten die w-Gewichte 1; 0,8; 0,6; 0,4; 0,2 und 0,0.

Hypothese: Die Urteile der Fernsehredakteure sind konkordant (H_1; einseitiger Test; $\alpha = 0,01$).

Daten und Auswertung: Tabelle 9.19 zeigt die Häufigkeiten f_{ij} und nennt in Klammern die Gewichte w_{ij}.

Tabelle 9.19

Urteiler A	Urteiler B						
	$\leq 10\%$	$11\% - 20\%$	$21\% - 30\%$	$31\% - 40\%$	$41\% - 50\%$	$> 50\%$	$f_{i.}$
$\leq 10\%$	5 (1,0)	8 (0,8)	1 (0,6)	2 (0,4)	4 (0,2)	2 (0,0)	22
$11\% - 20\%$	3 (0,8)	5 (1,0)	3 (0,8)	5 (0,6)	5 (0,4)	0 (0,2)	21
$21\% - 30\%$	1 (0,6)	2 (0,8)	6 (1,0)	11 (0,8)	2 (0,6)	1 (0,4)	23
$31\% - 40\%$	0 (0,4)	1 (0,6)	5 (0,8)	4 (1,0)	3 (0,8)	3 (0,6)	16
$41\% - 50\%$	0 (0,2)	0 (0,4)	1 (0,6)	2 (0,8)	5 (1,0)	2 (0,8)	10
$> 50\%$	0 (0,0)	0 (0,2)	1 (0,4)	2 (0,6)	1 (0,8)	4 (1,0)	8
$f_{.j}$	9	16	17	26	20	12	$N = 100$

Wir bestimmen zunächst nach Gl. (9.53)

$$P_0 = (5 \cdot 1,0 + 8 \cdot 0,8 + \ldots + 1 \cdot 0,8 + 4 \cdot 1,0)/100$$
$$= 75/100 = 0,75 \quad ,$$

und nach Gl. (9.54) unter Verwendung von $e_{11} = 22 \cdot 9/100 = 1,98$, $e_{12} = 16 \cdot 22/100$ $= 3,52$ etc.

$$P_e = (1,98 \cdot 1,0 + 3,52 \cdot 0,8 + \ldots + 1,6 \cdot 0,8 + 0,96 \cdot 1,0)/100$$
$$= 0,63 \quad .$$

Daraus ergibt sich

$$\kappa_w = \frac{0,75 - 0,63}{1 - 0,63} = 0,32 \quad .$$

Für die Ermittlung von $VAR_0(\kappa_w)$ nach Gl. (9.56) berechnen wir zunächst die in Tabelle 9.20 aufgeführten Zwischengrößen $p_{i.} \cdot p_{.j} \cdot [w_{ij} - (\overline{w}_{i.} + \overline{w}_{.j})]^2$.

Dafür verwenden wir

$$w_{1.} = 0,464 \quad w_{.1} = 0,610$$
$$w_{2.} = 0,628 \quad w_{.2} = 0,722$$
$$w_{3.} = 0,728 \quad w_{.3} = 0,750$$
$$w_{4.} = 0,760 \quad w_{.4} = 0,686$$
$$w_{5.} = 0,688 \quad w_{.5} = 0,558$$
$$w_{6.} = 0,536 \quad w_{.6} = 0,390 \quad .$$

Tabelle 9.20

	0,00011	0,00524	0,01410	0,03218	0,02973	0,01925
	0,00363	0,00412	0,01193	0,02783	0,02595	0,01686
	0,01127	0,01555	0,00893	0,02254	0,02165	0,01423
	0,01355	0,01991	0,01371	0,00827	0,00859	0,00581
	0,01085	0,01632	0,01194	0,00857	0,00121	0,00093
	0,00946	0,01433	0,01068	0,00805	0,00138	0,00005
Σ	0,04887	0,07547	0,07129	0,10744	0,08851	0,05713

$\Sigma\Sigma = 0,44871$

Mit

$$p_e = 0,22 \cdot 0,09 + 0,21 \cdot 0,16 + 0,23 \cdot 0,17 + 0,16 \cdot 0,26 + 0,10 \cdot 0,20$$
$$+ 0,08 \cdot 0,12 = 0,1637 \quad ,$$

erhalten wir

$$VAR_0(\kappa_w) = \frac{1}{100 \cdot (1 - 0,1637)^2} \cdot (0,44871 - 0,1637^2)$$
$$= 0,0060 \quad .$$

Gemäß Gl. (9.57) ergibt sich

$$u = \frac{0,32}{\sqrt{0,0060}} = 4,13 \quad .$$

Entscheidung: Nach Tafel 3 ist dieser u-Wert auf dem 1%-Niveau signifikant.

Interpretation: Die eingangs genannte Hypothese wird bestätigt: Die Redakteure urteilen konkordant.

Die Gewichte des Kardinalskalen-κ können — wie schon angesprochen — statt der Ähnlichkeit der abgegebenen Urteile auch deren Diskrepanz abbilden. In diesem Falle erhalten übereinstimmende Urteile das Gewicht 0 und zunehmend diskrepantere Urteile entsprechend größere Gewichte. Auch hier empfiehlt es sich, die zunächst arbiträren Gewichtszahlen v'_{ij} gemäß Gl. (9.52) in Gewichte v_{ij} zu transformieren, die sich im Bereich 0 bis 1 befinden.

Unter Verwendung der Diskrepanzgewichte v_{ij} errechnet man

$$\kappa_w = 1 - \frac{\displaystyle\sum_{i=1}^{k}\sum_{j=1}^{k} v_{ij} \cdot f_{ij}}{\displaystyle\sum_{i=1}^{k}\sum_{j=1}^{k} v_{ij} \cdot e_{ij}} \quad . \tag{9.59}$$

Mit v_{ij}-Gewichten, die über die Gleichung

$$\frac{w_{ij}}{w_{max}} = 1 - \frac{v_{ij}}{v_{max}} \qquad (9.59a)$$

mit den w_{ij}-Gewichten verbunden sind, ergibt sich nach Gl. (9.59) der gleiche κ_w-Wert wie nach Gl. (9.55).

Verwendet man in diesem Beispiel für zunehmend diskrepantere Urteile die v'_{ij}-Gewichte $0, 1, 2, \ldots, 5$, und transformiert diese im Sinne von Gl. (9.52) in die v_{ij}-Gewichte $0; 0, 2; 0, 4; \ldots; 1, 0$, resultiert nach Gl. (9.59)

$$\kappa_w = 1 - 25/36, 5 = 0, 32 \quad .$$

Da die v_{ij}-Gewichte und die w_{ij}-Gewichte Gl. (9.59a) erfüllen, stimmt dieser Wert mit dem nach Gl. (9.55) errechneten Wert überein.

Das Kardinalskalen-κ („weighted kappa") ist – wie Cohen (1968) in seinem einleitenden Artikel ausführt – nicht nur auf kardinale Urteilsskalen anzuwenden. Wann immer die Kategorien des Merkmals über einen rein nominalen Informationsgehalt hinausgehen und damit die Qualifizierung von Urteilen als mehr oder weniger übereinstimmend rechtfertigen, können Diskrepanz- oder Ähnlichkeitsgewichte vergeben werden, die diesem Tatbestand Rechnung tragen. So können beispielsweise die Kategorien Verwahrlosung (V), Neurose (N) und Psychose (P) als zunehmende Schweregrade einer Persönlichkeitsstörung aufgefaßt werden (**ordinale Information**). Hier könnte ein psychiatrisches Expertengremium vor Durchführung der Untersuchung Diskrepanzgewichte v'_{ij} festlegen, nach denen übereinstimmende Urteile (VV, NN, PP) das Gewicht 0, abweichende Urteile von Typus VN das Gewicht 1, NP-Urteile das Gewicht 2 und VP-Urteile das Gewicht 3 erhalten. (Abgebildet auf das 0/1-Intervall hätte man also die v_{ij}-Gewichte 0, 1/3, 2/3 und 1 zu vergeben.) Mit dieser Gewichtung wird zum Ausdruck gebracht, daß man die Verwechslung von Verwahrlosung und Psychose für dreimal so gravierend hält wie die Verwechslung von Verwahrlosung und Neurose.

Cohen (1968) weist ferner darauf hin, daß κ_w und die Produkt-Moment-Korrelation r unter folgenden Umständen identisch sind:

— Die Kontingenztafel hat identische Randverteilungen, d. h. $p_{i.} = p_{.j}$ für $i = j$.
— Die Diskrepanzgewichte werden nach folgendem Muster aufgestellt:
Die k Zellen der „Leitdiagonale" ($i = j$) erhalten die Gewichte $v_{ij} = 0$. Die $k - 1$ Zellen in jeder der beiden Nachbardiagonalen erhalten die Gewichte $v_{ij} = 1$. Die $k - 2$ Zellen in jeder der beiden folgenden Diagonalen erhalten die Gewichte $v_{ij} = 2^2 = 4$. Die $k - 3$ Zellen in jeder der beiden nächsten Diagonalen erhalten die Gewichte $v_{ij} = 3^3 = 9$. etc. Die beiden Zellen in der rechten oberen bzw. linken unteren Ecke erhalten die Gewichte $v_{ij} = (k - 1)^2$. Bezogen auf Beispiel 9.5 ergäbe sich damit folgendes Gewichtungsschema:

0	1	4	9	16	25
1	0	1	4	9	16
4	1	0	1	4	9
9	4	1	0	1	4
16	9	4	1	0	1
25	16	9	4	1	0

Berechnet man unter diesen einschränkenden Bedingungen κ_w nach Gl. (9.59), resultiert als Ergebnis die Produkt-Moment-Korrelation r zwischen den beiden Urteilern, wenn man den Kategorien des Merkmals die Zahlen 1 bis k zuordnet.

9.4.2 m Beurteiler

Verallgemeinerungen des hier dargestellten Ansatzes auf **mehr als 2 Beurteiler** (m > 2) lassen sich nach Cohen (1972) mühelos vornehmen. Man benötigt dazu lediglich für jede Zelle der m-dimensionalen Kontingenztafel eine beobachtete Häufigkeit, ein a priori festzusetzendes Zellengewicht und eine zufällig erwartete Häufigkeit. Letztere bestimmt man nach den auf S. 178 dargestellten Regeln.

Die Bestimmungsgleichungen für κ_w bzw. für den Signifikanztest sind sinngemäß für m > 2 Beurteiler zu verallgemeinern. Man beachte allerdings, daß das hier verwendete Konkordanzkonzept theoretisch von dem von Fleiss (1971) eingeführten Konkordanzkonzept für m > 2 Beurteiler abweicht (vgl. S. 456f. und 9.2.2). Die numerischen Unterschiede dürften jedoch nach Conger (1980) zu vernachlässigen sein.

Ein weiteres, vor allem im Kontext von Reliabilitätsstudien eingesetztes Übereinstimmungsmaß ist die Intraklassenkorrelation. Da es sich dabei – wie Fleiss u. Cohen (1973) zeigen – um einen Spezialfall von κ_w handelt, verzichten wir auf eine Darstellung dieses Ansatzes. Weitere Hinweise zur Äquivalenz von κ_w und der Intraklassenkorrelation findet man bei Rae (1988).

9.5 Paarvergleichsurteile

In den vergangenen Abschnitten bestand die Aufgabe der Urteiler darin, N Objekte anhand eines Merkmales mit unterschiedlicher Skalenqualität (binär in 9.1, nominal in 9.2, ordinal in 9.3 und kardinal in 9.4) zu beurteilen. Für jede Problemstellung wurden Verfahren zur Überprüfung der Urteilskonkordanz genannt.

Im folgenden muß der Urteiler bei jedem von $\binom{N}{2}$ möglichen Paaren von Objekten entscheiden, welches Objekt dem jeweils anderen Objekt hinsichtlich eines vorgegebenen Merkmals überlegen ist (Dominanzpaarvergleiche; zum Stichwort „Ähnlichkeitspaarvergleiche" vgl. Bortz, 1984, Kap. 2.2.3). Paarvergleichsurteile dieser Art erlauben nicht nur die Überprüfung der Urteilskonkordanz, sondern sind darüber hinaus geeignet, die *Konsistenz*, d. h. die Widerspruchsfreiheit der individuellen Urteile zu untersuchen.

Was damit gemeint ist, sei durch das folgende kleine Beispiel verdeutlicht: Angenommen, Sie fragen Ihren Gast: Was trinken Sie, Campari-Soda oder Ouzo-Tonic? Der Gast antwortet: Ouzo-Tonic (unter dem Motiv: den kenne ich noch nicht). Die zögernde Antwort läßt Sie weiterfragen: Oder würden Sie Wodka-Orange dem Ouzo vorziehen? Der Gast bejaht unter dem Motiv, die Echtheit des Getränkes überprüfen zu wollen. Während Sie zur Hausbar gehen, fragen Sie sicherheitshalber noch einmal, ob es nicht vielleicht doch ein Campari sein sollte. Bei dieser Frage kommt dem Gast in den Sinn, daß für ihn als Autofahrer Campari möglicherweise harmloser sei als Wodka und er entscheidet sich schließlich für Campari.

Bei konsistentem Präferenzurteil hätte unser Gast bei Wodka bleiben müssen: Da er Campari < Ouzo und Ouzo < Wodka beurteilt hat, sollte er auch Campari

< Wodka urteilen. Unser Gast hat inkonsistenterweise Campari > Wodka gewählt, weil er sein Motivsystem bzw. seine Urteilskriterien im Verlauf der 3 Paarvergleiche geändert hat.

Was für die 3 Longdrinks gilt, kann auf N Vergleichsobjekte verallgemeinert werden, und damit sind wir bei der kritischen Frage: Wie können wir entscheiden, ob ein Beurteiler wenigstens das Minimumerfordernis konsistenter Urteile erfüllt, unter der Voraussetzung natürlich, daß die Beurteilungsinstruktion auf einen eindimensionalen Aspekt eines (u.U. komplexen) Merkmals zugeschnitten wird?

9.5.1 Urteilskonsistenz

Angenommen, es liegen N Beurteilungsobjekte zur eindimensionalen Bonitur vor. Ein auf Urteilskonsistenz zu untersuchender Beurteiler erhält dann die Instruktion, $\binom{N}{2}$ Vergleiche zwischen Paaren von Objekten (Paarvergleiche) durchzuführen und bei jedem Paarvergleich eine Präferenzbonitur (Zweipunktskalenbonitur mit den Bonituren 0 und 1 oder − und +) vorzunehmen. Wenn seine Präferenzen auf subjektiv realen Unterschieden zwischen den Objekten beruhen, gilt für N = 3 Objekte mit A > B > C, daß A > B, wenn A dem Objekt B vorgezogen wird, daß B > C, wenn B gegenüber C bevorzugt wird und daß A > C, wenn konsistenterweise A gegenüber C präferiert wird (zur Theorie vgl. Kaiser u. Serlin, 1978).

Zur Veranschaulichung lassen wir die 3 Objekte die Ecken eines gleichseitigen Dreiecks bilden, in dessen Seiten die Größer-Kleiner-Relationen als Pfeile eingelassen sind, wobei wir z.B. für A → B vereinbaren, daß A dem Objekt B vorgezogen wird (A > B). Wenn alle 3 Präferenzen transitiv, d.h. die Vergleichsurteile konsistent sind, dann sind die Pfeile nicht kreisförmig (azirkulär) angeordnet, und es resultiert das Schema der Abb. 9.1a. Wenn die Präferenzen hingegen intransitiv und damit die Vergleichsurteile inkonsistent sind, ordnen sich die Pfeile entsprechend einer gerichteten Kreislinie an (zirkulär), und es resultiert das Schema der Abb. 9.1b.

a 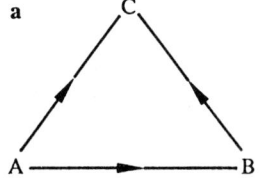   **b**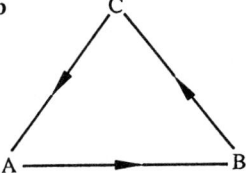

Abb. 9.1a,b. Paarvergleichsurteile für 3 Objekte: Transitive Urteile (**a**) und intransitive Urteile (**b**)

Betrachten wir statt dreier Objekte N Objekte, so läßt sich ein Maß für den Grad der Inkonsistenz der Paarvergleichsurteile aus der Zahl der *zirkulären Triaden* gewinnen, die man leicht erkennt, wenn man alle Ecken eines regelmäßigen N-Ecks durch gerichtete Pfeile verbindet. Je größer die Zahl der zirkulären Triaden, um so geringer ist die Konsistenz der Urteile.

Um einen für einen bestimmten Beurteiler geltenden Konsistenzkoeffizienten zu definieren, müssen wir fragen, wie groß die Zahl der zirkulären Triaden bei N Objekten maximal werden kann. Betrachten wir dazu Abb. 9.2 mit N = 5 Vergleichsobjekten.

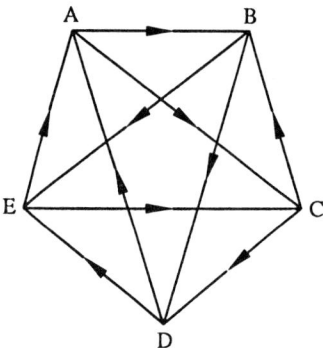

Abb. 9.2. Paarvergleichsurteile für 5 Objekte

Die Gesamtzahl aller Dreiecke (Triaden) beträgt $\binom{N}{3} = \binom{5}{3} = 5 \cdot 4 \cdot 3/3 \cdot 2 \cdot 1 =$ 10. Wie man sich durch Auszählen leicht überzeugen kann, sind hier 5 Triaden zirkulär bzw. inkonsistent, und zwar die Triaden ABD, ABE, ACD, BCE und CDE.

Wollten wir in Abb. 9.2 versuchen, die Zahl der zirkulären Triaden dadurch zu erhöhen, daß wir eine konsistente (azirkuläre) Triade (z. B. die Triade ABC) inkonsistent (zirkulär) machen, indem wir die Relation etwa zwischen A und B umkehren, so würden dadurch die inkonsistenten Triaden ABD und ABE konsistent werden. Die inkonsistenten Triaden wären also nicht, wie beabsichtigt, um eine vermehrt, sondern um eine vermindert.

Es läßt sich zeigen (vgl. Kendall, 1962, Kap. 12), daß sich die Zahl der inkonsistenten Triaden in Abb. 9.2 nicht vermehren, sondern nur vermindern läßt. Daraus ergibt sich, daß hier ein Maximum inkonsistenter Triaden vorliegt. Ein Beurteiler, der durch seine Paarvergleiche diese Maximalzahl inkonsistenter Triaden erreicht hat, urteilt also absolut inkonsistent; seinem Urteil entspräche ein Konsistenzkoeffizient K von Null, wenn man K von 0 bis 1 variieren läßt. Daß die Minimalzahl inkonsistenter Triaden gleich Null sein muß, ergibt sich intuitiv aus der Tatsache, daß eine subjektiv eindeutig differenzierende Rangordnung der 5 Objekte, z. B. $A < B < C < D < E$, nur konsistente Triaden zur Folge haben kann.

Bezeichnen wir die beobachtete Zahl der inkonsistenten (zirkulären) Triaden eines Beurteilers mit d und die Maximalzahl inkonsistenter Triaden mit d_{max}, läßt sich ein individueller Konsistenzkoeffizient K dadurch definieren, daß man den Anteil der beobachteten an den höchstmöglichen Zirkulärtriaden von 1 subtrahiert:

$$K = 1 - d/d_{max} \quad . \tag{9.60}$$

Bei fehlenden zirkulären Triaden ist $K = 1$, und bei maximaler Anzahl resultiert $K = 0$.

Wie sich zeigen läßt, gelten für gerad- und ungeradzahlige N die folgenden Gleichungen für d_{max} (vgl. Kendall, 1962, S. 155–156).

$$N \text{ ungeradzahlig: } d_{max} = N(N^2 - 1)/24 \quad , \tag{9.61}$$

$$N \text{ geradzahlig: } d_{max} = N(N^2 - 4)/24 \quad . \tag{9.62}$$

Für N = 5 erhalten wir also nach Gl. (9.61) den bereits ausgezählten Wert von $d_{max} = 5(5^2 - 1)/24 = 5$; wäre d = 4 gewesen, hätte sich K = 1 - 4/5 = 0,2 ergeben, was einer nur geringen Urteilskonsistenz entspricht.

Setzen wir die Bestimmungsgleichungen für d_{max} in Gl. (9.60) ein, resultiert

$$K = 1 - \frac{24 \cdot d}{N^3 - N} \quad \text{(N ungeradzahlig)} \tag{9.63}$$

bzw.

$$K = 1 - \frac{24 \cdot d}{N^3 - 4 \cdot N} \quad \text{(N geradzahlig)} \; . \tag{9.64}$$

Bei einer größeren Zahl von Beurteilungsobjekten – etwa mehr als 6 – wird es sehr aufwendig, das graphische Verfahren zur Abzählung der Zirkulärtriaden heranzuziehen. Man geht hier zweckmäßigerweise so vor, daß man die Ergebnisse der $\binom{N}{2}$ Paarvergleiche in einer quadratischen, nicht symmetrischen Matrix zur Darstellung bringt. Wie dies geschieht, wird in Tabelle 9.21 verdeutlicht.

Tabelle 9.21

N = 6	A	B	C	D	E	F	S_i
A		+	+	+	+	+	5
B	–		–	+	–	+	2
C	–	+		–	–	–	1
D	–	–	+		+	+	3
E	–	+	+	–		+	3
F	–	–	+	–	–		1

Die Tabelle zeigt die Resultate von $\binom{6}{2}$ = 15 Paarvergleichsurteilen für N = 6 Objekte. Es wurde ein Plus signiert, wenn ein die Zeilen kennzeichnendes Objekt (kurz: Zeilenobjekt) einem die Spalten kennzeichnendes Objekt (kurz: Spaltenobjekt) vorgezogen wurde. Dieser Regel folgend, ist Tabelle 9.21 z. B. zu entnehmen, daß Objekt A über alle anderen Objekte dominiert, daß Objekt E dem Objekt B vorgezogen wird etc.

Bildet man nun die Zeilensummen der Plussignaturen (Präferenzen) und bezeichnet diese mit $S_i(i = 1, \ldots, N)$, läßt sich zeigen (vgl. Lienert, 1962, S. 228–229), daß die Zahl der inkonsistenten Triaden algebraisch gegeben ist durch

$$d = \frac{N(N - 1)(2N - 1)}{12} - \frac{1}{2} \sum_{i=1}^{N} S_i^2 \; . \tag{9.65}$$

Diesen – stets ganzzahligen – Wert setzen wir in Gl. (9.60) ein und erhalten so auf einfachste Weise den gesuchten Konsistenzkoeffizienten K.

Für Tabelle 9.21 sind die S_i in der rechten Randspalte verzeichnet, so daß nach Gl. (9.65)

$$d = \frac{6(6 - 1)(2 \cdot 6 - 1)}{12} - \frac{1}{2}(5^2 + 2^2 + 1^2 + 3^2 + 3^2 + 1^2) = 3$$

bzw. nach Gl. (9.64)

$$K = 1 - \frac{24 \cdot 3}{6^3 - 4 \cdot 6} = 0,625$$

resultiert.

Ein Test zur Beantwortung der Frage, ob ein Konsistenzkoeffizient K überzufällig hoch oder überzufällig niedrig ist, muß prüfen, ob die Zahl der Zirkulärtriaden d größer (oder geringer) ist als die Anzahl der Zirkulärtriaden, die man nach Zufall – z. B. durch Paarvergleich nach Münzenwurf – erwarten kann.

Bei N Vergleichsobjekten sind $\binom{N}{2}$ Paarvergleiche möglich. Jeder dieser Vergleiche kann mit einer Wahrscheinlichkeit von 1/2 positiv oder negativ ausfallen, wenn die Nullhypothese einer Zufallsentscheidung gilt. Versieht man die $\binom{N}{2}$ Verbindungen zwischen den Eckpunkten eines N-Ecks, wie in Abb. 9.2 geschehen, mit Pfeilzeichen, so ergeben sich $2^{\binom{N}{2}}$ Pfeilzeichenpermutationen. Für all diese Permutationen bleibt die Gesamtzahl der Triaden gleich, nämlich $\binom{N}{3}$, nicht jedoch die Zahl d der Zirkulärtriaden, die von den jeweiligen Pfeilrichtungen abhängt.

Kombinatorisch läßt sich nun ermitteln, wieviele der $2^{\binom{N}{2}}$ Pfeilrichtungen d = $0(1)d_{max}$ Zirkulärtriaden liefern: Tafel 32 im Anhang (nach Kendall, 1962, Tabelle 9) zeigt, daß z. B. für N = 5 Objekte insgesamt f = 24 Permutationen mit d = 5 Zirkulärtriaden, f = 280 Permutationen mit d = 4 Zirkulärtriaden, f = 240 Permutationen mit d = 3 oder d = 2 Zirkulärtriaden sowie f = 120 Permutationen mit d = 1 oder d = 0 Zirkulärtriaden möglich sind. Die Summe aller Permutationen ist $24 + 280 + 240 + 240 + 120 + 120 = 2^{\binom{5}{2}} = 2^{10} = 1024$, wie als Spaltensumme in Tafel 32 angegeben.

Wir hatten für Abb. 9.2 genau d = 5 Zirkulärtriaden ermittelt, und wir können nun fragen, wie groß die Punktwahrscheinlichkeit p ist, genau 5 Zirkulärtriaden bei Geltung von H_0 zu finden. Die Antwort lautet p = 24/1024 = 0,023. Die Überschreitungswahrscheinlichkeit P, 5 oder mehr Zirkulärtriaden zu finden, beträgt natürlich ebenfalls P = 0,023, da mehr als 5 Zirkulärtriaden, wie festgestellt, nicht möglich sind. Legt man $\alpha = 0,05$ zugrunde, wären die d = 5 zirkulären Triaden bzw. K = 0 bei $\binom{5}{2} = 10$ Paarvergleichsurteilen als signifikant inkonsistentes Urteilsverhalten zu interpretieren.

Wie man sieht, ist in Tafel 32 die H_0-Verteilung der Prüfgröße d so kumuliert worden, daß die Überschreitungswahrscheinlichkeiten auf Urteilsinkonsistenz statt auf Urteilskonsistenz gerichtet sind. Will man auf Urteilskonsistenz prüfen (was die Regel ist), muß man

$$P^* = 1 - P(d + 1) \qquad (9.66)$$

bilden und dieses P^* mit dem vorgegebenen α-Risiko vergleichen. Für d = 1, N = 5 und damit K = 0, 8 ergibt sich also gemäß Tafel 32

$$P^* = 1 - 0,766 = (120 + 120)/1024 = 0,234 \quad .$$

Diese Konsistenz wäre nicht signifikant.

Ausgehend vom Erwartungswert für d

$$E(d) = \frac{1}{4} \cdot \binom{N}{3} \quad , \tag{9.67}$$

weisen Ergebnisse mit $d > E(d)$ auf tendenziell inkonsistente und Ergebnisse mit $d < E(d)$ auf konsistente Urteile hin. Bei einem (selten durchzuführenden) zweiseitigen Test für $d = a$ sind die Wahrscheinlichkeiten $P(d \leq a)$ und $P(d \geq d_{max} - a)$ zu addieren.

Für größere Stichproben von Beurteilungsobjekten ($N > 8$) ist die folgende Funktion der Prüfgröße d asymptotisch χ^2-verteilt (vgl. Kendall, 1962, S. 147):

$$\chi^2 = \frac{8}{N-4} \cdot \left[\frac{1}{4} \cdot \binom{N}{3} - d + \frac{1}{2} \right] + Fg \quad , \tag{9.68}$$

wobei

$$Fg = N(N-1)(N-2)/(N-4)^2 \tag{9.69}$$

zugrunde zu legen sind. Man erkennt, daß der χ^2-Wert mit wachsendem d sinkt, d. h. kleine χ^2-Werte ($\chi^2 < \chi^2_{0,05}$) sprechen für inkonsistente und große χ^2-Werte ($\chi^2 > \chi^2_{0,95}$) für konsistente Urteile. Wenn beispielsweise für $N = 8$ der Wert $d = 5$ ermittelt wurde ($K = 0,75$), errechnet man über Tafel 32 nach Gl. (9.66) $P^* = 1 - 0,989 = 0,011$ und über Gl. (9.68) bzw. (9.69)

$$Fg = 8 \cdot 7 \cdot 6/4^2 = 21$$

und

$$\chi^2 = \frac{8}{8-4} \cdot \left(\frac{1}{4} \cdot \frac{8 \cdot 7 \cdot 6}{3 \cdot 2 \cdot 1} - 5 + \frac{1}{2} \right) + 21 = 40 \quad .$$

Da $40 > \chi^2_{0,99} = 38,9$ ist, entscheidet der asymptotische Test gegenüber dem exakten Test eher progressiv. Ferner ist $d < E(d) = 14$, d. h. die Urteile sind mit $\alpha \approx 1\%$ konsistent.

Signifikanztests zur Überprüfung der Konsistenz von Paarvergleichsurteilen setzen voraus, daß die Paarvergleichsurteile voneinander unabhängig sind. Man sollte deshalb zumindest dafür Sorge tragen, daß die Abfolge der Paarvergleiche zufällig ist.

9.5.2 Urteilskonkordanz

Mit der Konsistenzanalyse überprüfen wir, inwieweit ein einzelner Urteiler „widerspruchsfreie" Paarvergleichsurteile abgegeben hat. Werden die Paarvergleiche nun von m Beurteilern durchgeführt, stellt sich die Frage, wie gut diese Paarvergleichsurteile übereinstimmen. Diese Frage zu beantworten ist Aufgabe der **Konkordanzanalyse** (nach Kendall, 1962, Kap. 11).

Bereits an dieser Stelle können wir antizipieren, daß eine hohe Konkordanz der Urteile durchaus möglich ist, obwohl die einzelnen Urteiler jeder für sich inkonsistent geurteilt haben. Dies wäre beispielsweise der Fall, wenn die Urteiler

einheitlich bei bestimmten Paarvergleichen das Urteilskriterium wechseln (vgl. einleitendes Beispiel). Selbstverständlich kann natürlich auch mangelnde Konsistenz zu einer mangelnden Konkordanz führen – ein Ergebnis, mit dem man eher bei urteilerspezifischen Urteilsfehlern rechnen würde.

Auf der anderen Seite bedeutet eine durchgehend bei allen Beurteilern festgestellte perfekte Konsistenz keineswegs gleichzeitig eine hohe Urteilskonkordanz. Eine perfekte Konsistenz erhalten wir, wenn $d = 0$ ist, wenn also keine zirkulären Triaden auftreten. Wie Tafel 32 jedoch zeigt, gibt es bei gegebenem N jeweils mehrere Urteilskonstellationen mit $d = 0$, d. h. verschiedene Urteiler können trotz hoher individueller Konsistenz diskordant urteilen. Mit diesem Ergebnis wäre zu rechnen, wenn jeder Urteiler seine Paarvergleichsurteile konsistent nach einem anderen Kriterium abgeben würde und die verschiedenen benutzten Kriterien wechselseitig schwach oder gar nicht korreliert sind.

Zusammengenommen ist also davon auszugehen, daß Konsistenz und Konkordanz bei Paarvergleichsurteilen zumindest theoretisch zwei von einander unabhängige Konzepte darstellen. Wir wollen das Prinzip der Konkordanzbestimmung und -überprüfung bei Paarvergleichsbonituren anhand der Daten in Tabelle 9.22 verdeutlichen. Dabei mag es sich um die Paarvergleichsurteile von 4 Graphologen handeln, die bei jeweils 2 von N = 5 Probanden zu entscheiden haben, welcher der beiden Probanden aufgrund seiner Handschrift vermutlich der intelligentere (+) sei.

Tabelle 9.22

	Beurteiler I					Beurteiler II					Beurteiler III					Beurteiler IV				
	Br	Do	Fa	Kn	Sp	Br	Do	Fa	Kn	Sp	Br	Do	Fa	Kn	Sp	Br	Do	Fa	Kn	Sp
Br		+	+	+	+		+	+	+	+		+	−	+	+		+	+	+	−
Do	−		−	−	+	−		−	−	+	−		−	−	−	−		−	−	−
Fa	−	+		+	+	−	+		−	+	+	+		+	+	−	+		−	+
Kn	−	+	−		+	−	+	+		+	−	+	−		+	−	+	+		+
Sp	−	−	−	−		−	−	−	−		−	+	−	−		+	+	−	−	
	K = 1					K = 1					K = 1					K = 0,6				

Wie man sieht, urteilen die Graphologen I, II und III voll konsistent (K = 1), der Graphologe IV hingegen nur partiell konsistent (K = 0,6). Drei von vier sind sich also „ihrer Sache sicher". Jeder von ihnen urteilt konsistent nach jenem Aspekt des Schriftbildes, das er für intelligenzrelevant hält. Ob dies für alle 3 bzw. 4 Beurteiler derselbe Aspekt ist, wollen wir mit Hilfe der folgenden Überlegungen klären.

Um die Übereinstimmung der 4 Konsistenztabellen in Tabelle 9.22 zu beurteilen, legen wir sie gewissermaßen übereinander und summieren pro Zelle die Pluszeichen: Bei N = 4 Urteilern müssen sich damit diagonalsymmetrische Felder zu 4 ergänzen (Tabelle 9.23).

Tabelle 9.23

	Br	Do	Fa	Kn	Sp
Br		4	3	4	3
Do	0		0	0	2
Fa	1	4		2	4
Kn	0	4	2		4
Sp	1	2	0	0	

Diesen Häufigkeiten (f_{ij}) ist zu entnehmen, wieviele *Urteilerpaare* übereinstimmende Paarvergleichsurteile abgegeben haben. Es wurde beispielsweise von 4 Urteilern das Urteil Br > Do abgegeben, d. h. $\binom{4}{2}$ = 6 Urteilerpaare waren sich in der vergleichenden Einschätzung der Intelligenz von Br und Do einig. Allgemein ergeben sich pro Zelle $\binom{f_{ij}}{2}$ Urteilerpaare, die für das Beispiel in Tabelle 9.24 zusammengestellt sind.

Tabelle 9.24

	Br	Do	Fa	Kn	Sp	Σ
Br		6	3	6	3	18
Do	0		0	0	1	1
Fa	0	6		1	6	13
Kn	0	6	1		6	13
Sp	0	1	0	0		1

$$J = 46$$

Als Anzahl der übereinstimmenden Urteilerpaare (J) ermitteln wir für das Beispiel J = 46.

Ausgehend von den Häufigkeiten f_{ij} in Tabelle 9.23 errechnet man diesen Wert allgemein nach der Gleichung

$$J = \sum_{i=1}^{N} \sum_{j=1}^{N} \binom{f_{ij}}{2} = \frac{1}{2} \sum_{i=1}^{N} \sum_{j=1}^{N} (f_{ij}^2 - f_{ij})$$

$$= \frac{1}{2} \cdot \sum_{i=1}^{N} \sum_{j=1}^{N} f_{ij}^2 - \binom{N}{2} \cdot \frac{m}{2} \quad (i \neq j) \quad . \tag{9.70}$$

Im Beispiel: $J = 1/2 \cdot 132 - \binom{5}{2} \cdot \frac{4}{2} = 46$.

Um J auf N und m zu relativieren, definiert Kendall (1962, S. 149) das folgende Übereinstimmungsmaß, das wir in Abhebung vom Konkordanzkoeffizienten im Abschnitt 9.3 als *Akkordanzmaß* A bezeichnen wollen:

$$A = \frac{J - \frac{1}{2} \cdot \binom{N}{2} \cdot \binom{m}{2}}{\frac{1}{2} \cdot \binom{N}{2} \cdot \binom{m}{2}}$$

$$= \frac{8 \cdot J}{N \cdot (N-1) \cdot m \cdot (m-1)} - 1 \quad . \tag{9.71}$$

In Gl. (9.71) ist $E(J) = \frac{1}{2} \binom{N}{2} \cdot \binom{m}{2}$ der Erwartungswert für die Zahl der Urteilerpaare, die unter der Nullhypothese rein zufällig identisch urteilen. Für unser Beispiel mit $N = 5$ Handschriften und $m = 4$ Graphologen beträgt für $J = 46$ die Akkordanz $A = (8 \cdot 46/5 \cdot 4 \cdot 4 \cdot 3) - 1 = 0,53$.

Bei perfekter Übereinstimmung der m Urteiler erhält man in $\binom{N}{2}$ Feldern der Tabelle 9.23 den Wert m und in den übrigen den Wert 0. Damit ergeben sich für jedes mit m besetzte Feld $\binom{m}{2}$ Urteilerpaare bzw. insgesamt $J = \binom{N}{2} \cdot \binom{m}{2}$ Urteilerpaare. Es resultiert also bei perfekter Urteilerübereinstimmung der Wert $A = 1$.

Bei minimaler Urteilerübereinstimmung und gerader Zahl von Beurteilern erwarten wir, daß alle Felder der Überlagerungsmatrix mit $m/2$ besetzt sind. Daraus resultiert

$$J = 2 \cdot \binom{N}{2} \cdot \binom{m/2}{2}$$

und nach Einsetzen in Gl. (9.71) ein minimaler Akkordanzkoeffizient von

$$A_{min} = -1/(m - 1) \quad \text{(m geradzahlig)} \quad . \tag{9.72}$$

Bei einer ungeraden Zahl von m Beurteilern führen analoge Überlegungen dazu, daß die Hälfte der Felder der Überlagerungsmatrix mit $(m + 1)/2$ und die andere Hälfte mit $(m - 1)/2$ Pluszeichen besetzt ist, d. h. es ergibt sich

$$J = \binom{N}{2} \cdot \binom{(m + 1)/2}{2} + \binom{N}{2} \cdot \binom{(m - 1)/2}{2}$$

bzw. eingesetzt in Gl. (9.71)

$$A_{min} = -1/m \quad \text{(m ungeradzahlig)} \quad . \tag{9.73}$$

Der Minimalwert von A ist mithin für den Spezialfall von $m = 2$ Beurteilern mit $A_{min} = -1$ gleich dem minimalen τ-Koeffizienten. A_{min} wächst mit der Zahl der Beurteiler von -1 ($m = 2$) bis 0 ($m \to \infty$).

Berechnet man das Akkordanzmaß nur für die beiden ersten Beurteiler in Tabelle 9.22, resultiert $A = 0,8$. Um die Korrespondenz dieses Wertes mit einer τ-Korrelation zu verdeutlichen, summieren wir spaltenweise die Pluszeichen in den Paarvergleichstabellen der Urteiler 1 und 2 und bringen die Summen jeweils in eine Rangreihe. Es resultieren die Rangreihen 1, 3, 4, 2, 5 und 1, 4, 3, 2, 5, für die man nach Gl. (8.68) $\tau = 0,8$ ermittelt.

Allgemein gilt für $m = 2$ folgende Beziehung zwischen der Prüfgröße J gemäß Gl. (9.70) und S gemäß Gl. (8.67)

$$\tau = \frac{2 \cdot S}{N \cdot (N - 1)} = \frac{4 \cdot J}{N \cdot (N - 1)} - 1 \tag{9.74}$$

bzw.

$$S = 2 \cdot J - N \cdot (N - 1)/2 \quad . \tag{9.75}$$

Werden nach dem gleichen Verfahren Rangreihen für alle Beurteiler gebildet und diese paarweise miteinander korreliert, entspricht das arithmetische Mittel dieser τ-Korrelationen dem Akkordanzmaß ($\bar{\tau} = A$).

Wir sind bislang von eindeutigen Präferenzen im Paarvergleichsurteil ausgegangen, d. h. **Gleichurteile** waren ausgeschlossen. Läßt man Gleichurteile zu, können diese mit Gleichheitszeichen symbolisiert werden und mit je 1/2 Punkt in die Berechnung von J gemäß Gl. (9.70) eingehen. Beispiel 9.6 wird dieses Vorgehen verdeutlichen.

Um zu einem *exakten* Test für den Akkordanzkoeffizienten A zu gelangen, müssen wir folgende Überlegung anstellen: Ein Beurteiler hat (bei unzulässigen Gleichurteilen) 2 Möglichkeiten, eine von 2 zum Paarvergleich gebotene Handschriften zu bevorzugen ($A > B$ oder $A < B$). Für jede dieser 2 Möglichkeiten hat

ein anderer Beurteiler wiederum 2 Möglichkeiten der Präferenz usf. Wenn wir m von einander unabhängige Beurteiler heranziehen, gibt es 2^m Möglichkeiten der Präferenz für ein einzelnes Schriftenpaar. Sofern wir aber, wie in unserem Beispiel, nicht mit 2 Schriften, sondern mit N (= 5) Schriften operieren, aus denen wir $\binom{N}{2}$ Schriftenpaare bilden müssen, ergeben sich insgesamt

$$T = (2^m)^{\binom{N}{2}} = 2^{mN(N-1)/2} \tag{9.76}$$

Präferenzmöglichkeiten von der Art, wie sie als Matrix in Tabelle 9.23 dargestellt wurden.

Aus jeder dieser T Tabellen resultiert ein J-Wert, den wir als Prüfgröße definieren. Die Verteilung dieser J-Werte ergibt die von Kendall (1962, Table 10A-10D) tabellierte Prüfverteilung von J. Tafel 33 enthält die zu beobachteten J-Werten verschiedener N und m gehörenden Überschreitungswahrscheinlichkeiten P.

Für die N = 5 Handschriften und m = 4 Graphologen lesen wir zu einem J = 46 in Tafel 33 ein P = 0,00041 ab. Damit ist der Akkordanzkoeffizient von A = 0,53 selbst bei einer Signifikanzforderung von 0,1 % gesichert.

Wenn N oder m größer ist als in Tafel 33 angegeben, prüft man *asymptotisch* über χ^2-Verteilung unter Benutzung von J (vgl. Kendall, 1962, S. 153):

$$\chi^2 = \frac{4}{m-2} \cdot \left(J - \frac{1}{2} \cdot \binom{N}{2} \cdot \binom{m}{2} \cdot \frac{m-3}{m-2} \right) \quad . \tag{9.77}$$

mit

$$Fg = \binom{N}{2} \cdot \frac{m(m-1)}{(m-2)^2} \quad . \tag{9.78}$$

Für weniger als 30 Fg empfiehlt es sich, mit Kontinuitätskorrektur zu testen und J durch $J' = J - 1$ zu ersetzen.

Auf unser Handschriftenbeispiel angewendet, ergibt sich für N = 5 und m = 4 mit $J' = 46 - 1 = 45$

$$\chi^2 = \frac{4}{4-2} \cdot \left(45 - \frac{1}{2} \cdot \left(\frac{5 \cdot 4}{2 \cdot 1} \right) \cdot \left(\frac{4 \cdot 3}{2 \cdot 1} \right) \cdot \frac{4-3}{4-2} \right) = 60,0$$

und

$$Fg = \left(\frac{5 \cdot 4}{2 \cdot 1} \right) \cdot \frac{4(4-1)}{(4-2)^2} = 30 \quad .$$

Dieser χ^2-Wert ist nach Tafel 3 auf der 0,1%-Stufe signifikant; er entspricht dem Ergebnis des exakten Akkordanztests.

Beispiel 9.6

Problem: m = 46 Arbeiter eines Betriebes sollen im Paarvergleich angeben, welches von N = 12 Anliegen ihnen jeweils wichtiger erscheint, und zwar

Bl = Belüftung	Ag = geregelte Arbeit
Ka = Kantinenversorgung	Be = gute Beleuchtung
Va = Verantwortungsübernahme	Ai = interessante Arbeit
Pf = Pensionsfondverbesserung	Az = Arbeitszeitverkürzung
Fk = berufliches Fortkommen	Si = Sicherheit des Arbeitsplatzes
Wr = Waschraumausbau	Zu = Zufriedenheit am Arbeitsplatz

Hypothese: Die Paarvergleiche der Arbeiter sind überzufällig übereinstimmend (H_1; $\alpha = 0,01$).

Datenerhebung: Jeder der $\binom{N}{2} = 66$ Paarvergleiche wurde mit 0 bewertet, wenn das Spaltenanliegen dem Zeilenanliegen vorgezogen wurde, mit 1/2, wenn beide Anliegen als gleichwertig beurteilt wurden, und mit 1, wenn ein Zeilenanliegen einem Spaltenanliegen vorgezogen wurde. Tabelle 9.25 zeigt die Ergebnisse (Beispiel nach Kendall, 1962, S. 151).

Tabelle 9.25

	Bl	Ka	Va	Pf	Fk	Wr	Ag	Be	Ai	Az	Si	Zu	Σ
Bl	–	14	10	10	20	16	3	20	20	24	$28\frac{1}{2}$	27	$192\frac{1}{2}$
Ka	32	–	$24\frac{1}{2}$	$26\frac{1}{2}$	$30\frac{1}{2}$	25	0	35	28	30	34	$32\frac{1}{2}$	298
Va	36	$21\frac{1}{2}$	–	21	40	33	0	$35\frac{1}{2}$	36	32	37	28	320
Pf	36	$19\frac{1}{2}$	25	–	$31\frac{1}{2}$	26	2	32	32	29	32	$29\frac{1}{2}$	$294\frac{1}{2}$
Fk	26	$15\frac{1}{2}$	6	$14\frac{1}{2}$	–	23	1	27	$28\frac{1}{2}$	26	$25\frac{1}{2}$	23	216
Wr	30	21	13	20	23	–	0	18	$22\frac{1}{2}$	22	24	$30\frac{1}{2}$	224
Ag	43	46	46	44	45	46	–	46	46	44	46	$44\frac{1}{2}$	$496\frac{1}{2}$
Be	26	11	$10\frac{1}{2}$	14	19	28	0	–	26	25	$27\frac{1}{2}$	20	207
Ai	26	18	10	14	$17\frac{1}{2}$	$23\frac{1}{2}$	0	20	–	14	33	23	199
Az	22	16	14	17	20	24	2	21	32	–	32	$18\frac{1}{2}$	$218\frac{1}{2}$
Si	$17\frac{1}{2}$	12	9	14	$20\frac{1}{2}$	22	0	$18\frac{1}{2}$	13	14	–	$26\frac{1}{2}$	167
Zu	19	$13\frac{1}{2}$	18	$16\frac{1}{2}$	23	$15\frac{1}{2}$	$1\frac{1}{2}$	26	23	$27\frac{1}{2}$	$19\frac{1}{2}$	–	203
Σ	$313\frac{1}{2}$	208	186	$211\frac{1}{2}$	290	282	$9\frac{1}{2}$	299	307	$287\frac{1}{2}$	339	303	3036

Auswertung: Die Summe der quadrierten f_{ij}-Werte ergibt 86392, so daß wir nach Gl. (9.70)

$$J = \tfrac{1}{2} \cdot 86392 - 1518 = 41678$$

und damit nach Gl. (9.71)

$$A = \frac{8 \cdot 41678}{12 \cdot 11 \cdot 46 \cdot 45} - 1 = 0,22$$

errechnen. Für den Signifikanztest bestimmen wir nach Gl. (9.77)

$$\chi^2 = \frac{4}{46-2} \cdot \left(41678 - \frac{1}{2} \cdot \frac{12 \cdot 11}{2 \cdot 1} \cdot \frac{46 \cdot 45}{2 \cdot 1} \cdot \frac{46-3}{46-2} \right)$$
$$= 754,5$$

mit

$$Fg = 70,6 \approx 71 \quad .$$

Entscheidung: H_0 ist eindeutig abzulehnen.

Interpretation: Trotz des nicht sehr hohen Akkordanzmaßes sind die Paarvergleiche weit überzufällig übereinstimmend.

9.5.3 Unvollständige Paarvergleiche

In der Paarvergleichsanalyse nach Kendall hat jeder der m Beurteiler jedes von $\binom{N}{2}$ Objektpaaren zu beurteilen. Diese Prozedur bereitet keinerlei Schwierigkeiten, solange die Zahl der zu beurteilenden Objekte nicht zu groß ist oder die Zahl der dem einzelnen Beurteiler zuzumutenden Paarvergleiche nicht beschränkt werden muß. Ist – aus welchen Gründen auch immer – ein vollständiger Paarvergleich nicht möglich, wendet man das gleiche Prinzip an, das wir bereits kennengelernt haben, um von der Kendallschen zur Youdenschen Konkordanzanalyse hinüberzuwechseln. Danach erhält jeder Beurteiler nur einen Teil der $\binom{N}{2}$ Objektpaare zum Präferenzvergleich in einer Weise angeboten, daß die pro Beurteiler zu beurteilenden Objektpaare ausbalanciert sind. Kendall (1955) und Bose (1956) haben untersucht, wie man die Zahl der Objekte, die Zahl der Beurteiler, die der Paarvergleiche und die Zahl der einem Beurteiler zu bietenden Paarvergleiche so ausbalancieren kann, daß ein sog. symmetrischer Boniturenplan entsteht. Dies geschieht mittels „Verkettung von Paarvergleichen".

Angenommen, wir wollen N Objekte durch m Beurteiler paarweise vergleichen lassen, und zwar so, daß jeder Beurteiler r Paare von Objekten $(r > 1)$ beurteilt. Vorausgesetzt wird dabei, daß jeder Beurteiler in jedem Paarvergleich ein eindeutiges Präferenzurteil abzugeben vermag.

Um Symmetrie zwischen Objekten und Beurteilern zu erzielen, müssen folgende Bedingungen erfüllt sein:

- Unter den jeweils r Objektpaaren, die von einem Beurteiler verglichen werden, muß jedes Objekt mit der Häufigkeit γ auftreten.
- Jedes der $\binom{N}{2}$ Paare wird von k Beurteilern $(k > 1)$ unter den insgesamt m Beurteilern verglichen.
- Für 2 beliebige Beurteiler muß es genau λ Objektpaare geben, die von beiden Beurteilern verglichen werden.

Paarvergleichs- oder Akkordanzpläne, die alle 3 Erfordernisse erfüllen, nennt Bose (1956) *verkettete Paarvergleichsanordnungen* („linked paired comparison designs").

Für den speziellen Fall $\gamma = 2$ bestehen zwischen den Planparametern (N, m, r, k und λ) folgende Beziehungen:

$$m = \binom{N-1}{2}, r = N, \quad k = N - 2 \text{ und } \lambda = 2 \quad .$$

Symmetrie wird, wie Bose gezeigt hat, dann und nur dann erzielt, wenn N = 4, 5, 6 oder 9 beträgt. Für genau diese Fälle hat Bose (1956) die in Tafel 34 bezeichneten Möglichkeiten eines einfach verketteten unvollständigen Paarvergleiches angegeben. Wir wollen eine dieser Möglichkeiten stellvertretend für die übrigen näher kennenlernen, wobei wir aus didaktischen und auswertungsökonomischen Gründen Plan 1 für kleinstes N und m auswählen.

Es soll überprüft werden, ob m = 3 Experten hinsichtlich N = 4 verschiedenen Parfümchargen A bis D übereinstimmende Paarvergleichsurteile abgeben. Um den schnell adaptierenden Geruchssinn nicht zu überfordern, führt jeder Experte statt eines vollständigen Paarvergleiches mit $\binom{4}{2} = 6$ Paarvergleichen einen unvollständigen Paarvergleich mit nur r = 4 Vergleichsurteilen durch. Gemäß Plan 1 der Tafel 34 werden die Paarvergleiche wir folgt verteilt:

Experte I: AD, AC, BD, BC,

Experte II: AC, BD, AB, CD,

Experte III: AD, AB, BC, CD.

Man errechnet, daß k = γ = λ = 2 ist. Jeder Urteiler erstellt seine (unvollständige) Paarvergleichsmatrix (ohne Gleichurteile), deren Fusionierung zu dem in Tabelle 9.26 dargestellten Resultat führen möge.

Tabelle 9.26

	A	B	C	D
A	–	2	2	2
B	0	–	0	0
C	0	2	–	1
D	0	2	1	–
Σ	0	6	3	3

Diagonal symmetrische Felder addieren sich hier zu k = 2. Wir errechnen nach Gl. (9.70) (wobei wir m durch k ersetzen)

$$J = \tfrac{1}{2} \cdot 22 - 6 = 5 \quad ,$$

und nach Gl. (9.71) mit m = k

$$A = \frac{8 \cdot 5}{4 \cdot 3 \cdot 2 \cdot 1} - 1 = 0,67 \quad .$$

Um zu überprüfen, ob ein Akkordanzkoeffizient von A = 0,67 signifikant ist, müßten wir im Sinne eines exakten Tests in Tafel 33 des Anhanges nachlesen. Dort aber fehlt eine Subtafel für k = m = 2. Wir erinnern uns aber, daß für m = 2 der Akkordanz-mit dem τ-Koeffizienten identisch ist. Nach Gl. (9.75) resultiert S = 2·5 − 6 = 4 bzw. nach Gl. (9.74) τ = 2·4/4·3 = 0,67. Diesen bereits ermittelten Wert prüfen wir anhand Tafel 29 auf Signifikanz. Da für N = 4 und α = 0,05 bei einseitigem Test S ≥ 6 erforderlich ist, stellen wir fest, daß die Übereinstimmung nicht signifikant ist.

Für N = 7 und N = 8 Vergleichsobjekte führt eine einfache Verkettung nicht zu der gewünschten Symmetrie des Boniturenplanes. In diesem Falle verwendet man einen der in Tafel 34 unter Plan 5 und 6 verzeichneten komplex verketteten Boniturenpläne (Bose, 1956, Tafel 2). Durchführung und Auswertung dieser bei-den Verkettungspläne folgen dem gleichen Prinzip wie für einfach verkettete Pläne: Man erstellt die individuellen Paarvergleichsmatrizen eines jeden Beurteilers für die von ihm beurteilten Objekte, fusioniert diese Matrizen und wertet die fusionierte Matrix nach den bereits bekannten Regeln aus. Auch diese Pläne können − wenn eine größere Beurteilerstichprobe erwünscht oder verfügbar ist − wie die in 9.3.1 beschriebenen Youden-Pläne zwei- oder mehrfach repliziert werden.

9.5.4 Paarvergleichskorrelation

Um die Gültigkeit (Validität) von Paarvergleichsurteilen zu überprüfen, kann man die Übereinstimmung der aus den Paarvergleichsurteilen resultierenden Rangreihen (vgl. S. 496) mit einer objektiv vorgegebenen „Kriteriumsrangreihe" via τ überprüfen. (Äquivalent hierzu wäre eine Akkordanzüberprüfung der Paarvergleiche eines Beur-teilers mit den aus der Kriteriumsrangreihe ableitbaren objektiven Paarvergleichen.)

Gelegentlich möchte man jedoch die Paarvergleichsurteile an einem *dichotomen Außenkriterium* validieren. Hätten wir beispielsweise die Graphologen darum gebe-ten, die Kreativität (als Intelligenzaspekt) der Urheber der 5 Schriften (vgl. Tabelle 9.22) im Paarvergleich zu beurteilen, und die Schriften so ausgewählt, daß 2 von Schriftstellern und 3 von Nicht-Schriftstellern stammten, so hätten wir die Validität der Kreativitätspräferenz eines Graphologen durch Korrelation der Paarvergleichsur-teile mit dem dichotomen Kreativitätskriterium (Schriftsteller vs. Nicht-Schriftsteller) bestimmen können.

Ein Korrelationsmaß für diesen Fall wurde von Deuchler (1914) entwickelt. Sein Ansatz sei im folgenden an einem Beispiel verdeutlicht: Von 9 Patienten wur-den 5 mit einem Plazebo (P) und 4 mit einem Verum (V) behandelt. Ein Arzt, dem *nicht* bekannt ist, wie die Patienten behandelt wurden, vergleicht jeden P-behandelten Patienten mit jedem V-behandelten Patienten hinsichtlich der Behandlungswirkung (unvollständiger Paarvergleich). Tabelle 9.27 zeigt die Ergebnisse.

Tabelle 9.27

	P_1	P_2	P_3	P_4	P_5	$\sum (+)$	$\sum (-)$
V_1	+	+	+	+	+	5	0
V_2	+	0	−	+	0	2	1
V_3	+	−	+	+	+	4	1
V_4	+	−	+	+	+	4	1
						15 −	3 = 12

Ein (+) bedeutet, daß ein V-behandelter Patient mehr Wirkung zeigt als ein P-behandelter Patient, ein (−) signalisiert mehr Wirkung bei einem P-behandelten Patienten und eine 0 keinen Wirkungsunterschied.

Deuchler (1914) hat nun in Anlehnung an Fechners Vierfelderkorrelationskoeffizienten (vgl. Zschommler, 1968, S. 166) einen Paarvergleichskorrelationskoeffizienten r_{pv} wie folgt definiert:

$$r_{pv} = \frac{\sum(+) - \sum(-)}{N_a \cdot N_b} \ . \tag{9.79}$$

Die Bestimmung des Zählers zeigt Tabelle 9.27, wobei Nullen (Nonpräferenzen) nicht berücksichtigt werden. N_a und N_b geben an, wie viele Individuen in der Kategorie a bzw. der Kategorie b des dichotomen Merkmals vorkommen. $N_a \cdot N_b = n$ entspricht der Anzahl der Paarvergleiche. In unserem Beispiel ist $r_{pv} = 12/4 \cdot 5 = 0,60$.

Für die exakte Überprüfung der Abweichung eines r_{pv}-Wertes von dem gemäß H_0 erwarteten $E(r_{pv} = 0)$ bildet man alle 2^n Vorzeichenvariationen und die zugehörigen r_{pv}-Werte und erhält so deren Prüfverteilung. Befindet sich der beobachtete r_{pv}-Wert unter den $\alpha \%$ höchsten (niedrigsten) r_{pv}-Werten der Prüfverteilung, dann ist er signifikant positiv (negativ), was einem einseitigen Test entspricht. Dieses Vorgehen impliziert die wechselseitige Unabhängigkeit aller n Paarvergleiche.

Für größere Präferenztafeln ($N_a, N_b \geq 5$) ist r_{pv} über einem Erwartungswert von Null mit einer Varianz von $\frac{1}{N_a \cdot N_b}$ asymptotisch normalverteilt, so daß

$$u = \frac{r_{pv}}{1/\sqrt{N_a \cdot N_b}} = r_{pv}\sqrt{N_a \cdot N_b} \quad , \tag{9.80}$$

wie eine Standardnormalvariable (ein- oder zweiseitig) beurteilt werden kann. Erachten wir N_a und N_b in Tabelle 9.27 als hinreichend groß, ist $u = 0,60\sqrt{4 \cdot 5} = 2,68$ signifikant, da dafür $u \geq 2,32$ gefordert wird.

Hinweise zum Paarvergleich in Relation zur Rangordnung findet man bei Rounds et al. (1978).

Kapitel 10   Verteilungsfreie Sequenzanalyse

Unter Sequenzanalyse versteht man ein seit 1943 von der Statistical Research Group der Columbia University New York entwickeltes Entscheidungsverfahren, das während des Krieges geheimgehalten und 1945 bzw. ausführlicher 1947 von ihrem Sprecher Wald veröffentlicht wurde. Das Verfahren diente zunächst der fortlaufenden Qualitätskontrolle in der kriegsindustriellen Produktion, fand jedoch bald danach Eingang in die unterschiedlichsten Anwendungsfelder. Die ersten deutschsprachigen Publikationen legten Schmetterer (1949) und Wette (1953) vor, wobei letzterer den Begriff des Ergebnisfolgeverfahrens (*Folgetests*) empfohlen hat. Monographien stammen von Armitage (1975) für Biologen und von Wetherill (1975) für Meteorologen, ferner − im Blick auf Mustererkennungsanwendungen − von Fu (1968). Mediziner werden am meisten von den Ausführungen Mainlands (1967, 1968), Coltons (1968) und dem Buch von Armitage (1975) profitieren. Eine gute Einführung bringt das Lehrbuch von Erna Weber (1980, Kap. 55−63), eine anwendungsbezogene Kurzfassung das Buch von Sachs (1969, Kap. 22). Weitere Darstellungen der inzwischen stark expandierten Sequentialstatistik findet man bei Ghosh (1970), Büning u. Trenkler (1978, S. 301 ff.) sowie Fisz (1976, S. 676 ff.). Lesern, die sich primär für den mathematischen Hintergrund der Verfahren interessieren, seien z. B. die Arbeiten von Govindarajulu (1975), Heckendorf (1982) und Eger (1985) empfohlen. Diepgen (1987) beklagt die seltene Verwendung der Sequentialstatistik in der psychologischen Methodenlehre.

Sequenzanalytische Tests zeichnen sich gegenüber nichtsequentiellen Tests der bislang behandelten Art durch folgende Besonderheiten aus:

− Die Beobachtungen werden nicht „simultan", sondern nacheinander (sequentiell) erhoben, bis ein Stichprobenumfang n erreicht ist, der gerade ausreicht, um eine statistische Entscheidung zu fällen; damit wird der Stichprobenumfang zu einer (im folgenden mit n zu symbolisierenden) Variablen.

− Neben dem Risiko 1. Art α wird auch das Risiko 2. Art β numerisch festgelegt; $\alpha + \beta < 1$ ist dann das Gesamtrisiko einer falschen Entscheidung durch den Sequentialtest.

− Während der nichtsequentielle Test einen unbekannten Parameter θ (theta) nur unter der Nullhypothese (H_0) fixiert, wird er im sequentiellen Test auch unter der Alternativhypothese (H_1) festgelegt, und zwar nach dem Erfordernis der praktischen Bedeutsamkeit. Damit ist gewährleistet, daß auch Entscheidungen zugunsten von H_0 mit einer vorher festlegbaren Irrtumswahrscheinlichkeit (β) abgesichert werden können.

Das praktische Vorgehen der Sequentialanalyse beginnt damit, daß vor Untersuchungsbeginn die folgenden Entscheidungen zu treffen sind:

— Festlegung des zu tolerierenden α-Fehlers (d. h. des maximal zulässigen Risikos, H_0 zu verwerfen, obwohl sie richtig ist),
— Festlegung des zu tolerierenden β-Fehlers (d. h. des maximal zulässigen Risikos, H_1 zu verwerfen, obwohl sie richtig ist),
— Festlegung einer *Effektgröße* d, um die sich die unter H_0 und H_1 angenommenen Parameter mindestens unterscheiden müssen, um von einem praktisch bedeutsamen Unterschied sprechen zu können (vgl. S. 38).

Aufgrund dieser Festlegung lassen sich Entscheidungskriterien errechnen, welche die sich anschließende sequentielle Datenerhebung wie folgt steuern: Nach jeder Beobachtung wird entschieden, ob

— H_0 anzunehmen ist,
— H_1 anzunehmen ist oder
— für die Annahme von H_0 oder H_1 eine weitere Beobachtung erforderlich ist (Indifferenzentscheidung).

Die Kriterien, nach denen man diese Entscheidungen fällt, sind Gegenstand des sequentiellen Wahrscheinlichkeitsverhältnistests („sequential probability ratio test" oder kurz SPR-Test).

Wie noch zu zeigen sein wird, empfiehlt sich für die Durchführung der Sequentialanalyse ein graphisches Verfahren, das nach dem sukzessiven Eingang der einzelnen Beobachtungen einfach erkennen läßt, wie jeweils zu entscheiden ist. Diese Vorgehensweise gewährleistet gegenüber einem nichtsequentiellen Ansatz den Vorteil einer höchstmöglichen Versuchsökonomie (nach Weber, 1972, S. 463, ergeben sich im sequentiellen Zweistichprobenvergleich Stichprobenersparnisse von 30 bis 50 % gegenüber dem nichtsequentiellen Vorgehen). Dieser Ökonomiegewinn setzt allerdings voraus, daß man in der Lage ist, eine inhaltlich sinnvoll begründete Effektgröße d zu definieren – ein Unterfangen, das vor allem bei Forschungsfragen zu wenig elaborierten Themenbereichen gelegentlich Schwierigkeiten bereitet.

Hinsichtlich der Wahl des α-Niveaus hält man sich üblicherweise an die konventionellen Schranken ($\alpha = 0,05$ bzw. $\alpha = 0,01$). Für die Festlegung des β-Fehlers haben sich bislang noch keine Konventionen durchgesetzt. Zieht die fälschliche Annahme von H_0 keine gravierenden Konsequenzen nach sich, wird man sich mit $\beta = 0,10$ oder auch $\beta = 0,20$ begnügen können. Will man jedoch eine irrtümliche Entscheidung zugunsten von H_0 praktisch ausschließen (dies wäre beispielsweise zu fordern, wenn mit der H_0 behauptet wird, ein Medikament habe keine schädlichen Nebenwirkungen), sollte man auch für β Werte von 0,05 oder 0,01 in Erwägung ziehen. Wenn – wie bei vielen medizinisch-biologischen Untersuchungen – H_0 und H_1 insoweit „symmetrische" Hypothesen sind, als beide Arten von Fehlentscheidungen gleich gravierend erscheinen, wählt man zweckmäßigerweise für α und β identische Werte.

Im Vordergrund der folgenden Ausführungen stehen Sequentialtests für binäre Daten, also *sequentielle Binomialtests*. Wir behandeln Testvarianten, die mit einer Wahrscheinlichkeit von 1 bei vorgegebenem α- und β-Fehler nach endlich vielen

Beobachtungen mit der Annahme von H_1 bzw. H_0 beendet werden können (geschlossene Tests). In 10.1 werden wir eine Möglichkeit kennenlernen, Annahmen über den Anteilsparameter einer binomialverteilten Population sequentiell zu überprüfen. In 10.2 wird das sequentielle Verfahren auf die Überprüfung des Unterschiedes zweier Anteilsparameter π_1 und π_2 aus 2 binomialverteilten Populationen erörtert. 10.3 soll die Vielseitigkeit der Anwendungen sequentieller Binomialtests demonstrieren. Hier wird anhand von Beispielen gezeigt, welche statistischen Verfahren nach den in 10.1 und 10.2 beschriebenen Regeln auch sequentiell durchführbar sind. 10.4 behandelt sog. Pseudosequentialtests, die zwar auch sequentiell durchführbar sind, die jedoch in wichtigen Punkten vom „klassischen" Ansatz Walds abweichen. In 10.5 schließlich werden summarisch weitere Sequentialtechniken behandelt.

Die Frage, warum wir dieses Kapitel auf die Behandlung sequentieller Binomialtests beschränken, läßt sich wie folgt beantworten: Sequentialtests setzen voraus, daß die Verteilungs- bzw. Dichtefunktionen der verwendeten Prüfgrößen sowohl unter H_0 als auch unter H_1 bekannt sind. Diese Voraussetzung läßt sich vor allem für die verteilungsfreien Prüfgrößen, die hier vorrangig interessieren, nur schwer erfüllen. Während sich die Verteilung der Prüfgrößen unter H_0 in der Regel durch einfache kombinatorische Überlegungen herleiten läßt (vgl. z. B. Kap. 6 und 7), ist die Bestimmung der Prüfgrößenverteilung unter H_1 in der Regel nicht möglich. Eine Ausnahme bildet der Vorzeichentest bzw. der ihm zugrunde liegende Binomialtest, dessen sequentielle Variante im folgenden behandelt wird. Anregungen zur Konstruktion weiterer verteilungsfreier Sequentialtests findet man z. B. bei Skarabis et al. (1978) bzw. Müller-Funk (1984).

10.1 Überprüfung des Anteilsparameters einer binomialverteilten Population

Das im folgenden zu behandelnde Verfahren entspricht seiner Indikation nach exakt dem Binomialtest (vgl. 5.1.1), mit dem wir überprüfen, ob eine Stichprobe von N Merkmalsträgern, von denen x Merkmalsträger die Positivvariante (+) eines Alternativmerkmals aufweisen, zu einer Population mit dem Anteil π_0 für die Positivvariante gehört (H_0) oder nicht (H_1). Für die Durchführung des Sequentialtests ist es jedoch erforderlich, daß wir neben π_0 auch den unter H_1 erwarteten (+)-Anteil π_1 in der Population unter Gesichtspunkten der praktischen Bedeutsamkeit festlegen.

Der interessierenden Population, von der wir annehmen, der wahre, unbekannte Anteilsparameter π bleibe für die Dauer der Untersuchung stabil (stationäre Binomialpopulation), werden nacheinander zufallsmäßige Beobachtungen (Individuen) entnommen, deren Merkmalsausprägungen (+ oder −) zu registrieren sind. Die Datenerhebung ist abgeschlossen, wenn entweder H_1 mit dem zuvor vereinbarten α-Risiko oder H_0 mit dem zuvor vereinbarten β-Risiko akzeptiert werden kann.

Wir behandeln zunächst in 10.1.1 den theoretischen Hintergrund des einseitigen Testverfahrens. In 10.1.2 wollen wir verdeutlichen, wie der Sequentialtest zweiseitig durchzuführen ist.

10.1.1 Einseitiger Test

Für den einseitigen Test vereinbaren wir mit p_{0n} die Punktwahrscheinlichkeit, daß eine bestimmte Beobachtungsfolge von n Beobachtungen oder Versuchspersonen (z. B. $+ - - - + + - + -$ mit n = 9) aus einer Population mit $\pi = \pi_0$ stammt

und mit p_{1n} die Punktwahrscheinlichkeit derselben Abfolge für eine Population mit $\pi = \pi_1$. Ferner vereinbaren wir, daß $\pi_0 < \pi_1$ ist. Rein intuitiv lägen damit die folgenden Entscheidungen nahe:

—   Wir akzeptieren H_0, wenn $p_{0n} \gg p_{1n}$,
—   wir akzeptieren H_1, wenn $p_{1n} \gg p_{0n}$ und
—   wir setzen die Beobachtung fort, wenn $p_{0n} \approx p_{1n}$ ist.

Zur Präzisierung dieser Entscheidungsregel wählen wir zunächst 2 beliebige positive Konstanten A und B mit $A > B$ und fordern für die Annahme von H_1

$$\frac{p_{1n}}{p_{0n}} \geq A \tag{10.1}$$

und für die Annahme von H_0

$$\frac{p_{1n}}{p_{0n}} \leq B \quad . \tag{10.2}$$

Resultiert

$$B < \frac{p_{1n}}{p_{0n}} < A \quad , \tag{10.3}$$

wird die Untersuchung mit einer weiteren Beobachtung fortgesetzt. (Für $p_{1n} = p_{0n} = 0$ setzen wir das Wahrscheinlichkeitsverhältnis $=1$.) Die Konstanten A und B sind nun so zu bestimmen, daß die zuvor festgelegten Risiken α und β bei einer Entscheidung zugunsten von H_1 oder H_0 nicht überschritten werden.

Gemäß Gl. (10.1) wird die H_1 nur angenommen, wenn $p_{1n} \geq A \cdot p_{0n}$ ist. Eine Stichprobe, die zur Annahme von H_1 führt, muß also unter H_1 mindestens Amal wahrscheinlicher sein als unter H_0. Nun wurde mit β diejenige Wahrscheinlichkeit festgelegt, die wir maximal für eine irrtümliche Annahme von H_0 akzeptieren, d. h. wir sind bereit, eine richtige H_1 mit einer Wahrscheinlichkeit von β abzulehnen. $1 - \beta$ (die Teststärke; vgl. 2.2.7) gibt also an, mit welcher Wahrscheinlichkeit man bei Gültigkeit von H_1 eine richtige Entscheidung zugunsten von H_1 fällt. Ist die H_0 richtig, wird die H_1 höchstens mit einer Wahrscheinlichkeit von α angenommen. Wir sind also bereit, uns für die H_1 zu entscheiden, wenn das Ergebnis unter H_1 mindestens um den Faktor $(1 - \beta)/\alpha$ wahrscheinlicher ist also unter H_0. Damit muß gelten $1 - \beta \geq A \cdot \alpha$ bzw.

$$A \leq \frac{1 - \beta}{\alpha} \quad . \tag{10.4}$$

$(1 - \beta)/\alpha$ ist die obere Schranke für A.

Nach Gl. (10.2) wird H_0 nur angenommen, wenn $p_{1n} \leq B \cdot p_{0n}$. Analog zu den obigen Ausführungen ergibt sich mit $1 - \alpha$ die Wahrscheinlichkeit, die H_0 anzunehmen, wenn sie richtig ist, und mit β die Wahrscheinlichkeit, H_0 anzunehmen, wenn H_1 gilt. B muß also so bestimmt werden, daß $\beta \leq B \cdot (1 - \alpha)$, d. h. wir erhalten für B

$$B \geq \frac{\beta}{1 - \alpha} \quad . \tag{10.5}$$

$\beta/(1 - \alpha)$ ist also die untere Schranke für B. Verwenden wir statt der Ungleichungen 10.4 und 10.5 die entsprechenden Gleichungen

$$A = \frac{1 - \beta}{\alpha} \qquad\qquad (10.6)$$

und

$$B = \frac{\beta}{1 - \alpha} \quad , \qquad\qquad (10.7)$$

so hat dies nach Wald keinen nennenswerten Einfluß auf die faktischen Irrtumswahrscheinlichkeiten bzw. das „kritische" n.

Ein kleines Beispiel soll diese Entscheidungsregeln verdeutlichen. Bei einem neuen Medikament erwarten wir unter H_0, daß der Anteil aller behandelten Patienten, bei denen Nebenwirkungen auftreten, höchstens $\pi_0 = 0,1$ beträgt. Gültigkeit von H_0 mag implizieren, daß das Medikament eingeführt wird. Man will auf den Einsatz des Medikamentes verzichten, wenn H_1 mit einem Nebenwirkungsanteil von mindestens $\pi_1 = 0,2$ zutrifft. Es werden $\alpha = 0,01$ und $\beta = 0,05$ vereinbart. Die sequentielle Beobachtung von n = 21 Patienten hat folgendes Resultat erbracht (0 = keine Nebenwirkung; 1 = Nebenwirkung):

$$0\ 0\ 0\ 1\ 0\ 1\ 0\ 0\ 1\ 0\ 0\ 0\ 1\ 1\ 0\ 1\ 0\ 1\ 1\ 0\ 1\quad .$$

Nach Gl. (1.16) errechnen wir die Punktwahrscheinlichkeit für x = 9 Patienten mit Nebenwirkungen bei Gültigkeit von H_0 zu

$$p_{0n} = p(x = 9|\pi_0 = 0,1) = \binom{n}{x} \cdot \pi_0^x \cdot (1 - \pi_0)^{n-x}$$

$$= \binom{21}{9} \cdot 0,1^9 \cdot (1 - 0,1)^{12}$$

$$= 0,000083 \quad .$$

Gilt H_1, resultiert für die Wahrscheinlichkeit des Stichprobenergebnisses

$$p_{1n} = p(x = 9|\pi_1 = 0,2) = \binom{21}{9} \cdot 0,2^9 \cdot (1 - 0,2)^{12}$$

$$= 0,010342 \quad .$$

Für das Wahrscheinlichkeitsverhältnis p_{1n}/p_{0n} erhält man also

$$\frac{p_{1n}}{p_{0n}} = \frac{\binom{n}{x} \cdot \pi_1^x \cdot (1 - \pi_1)^{n-x}}{\binom{n}{x} \cdot \pi_0^x \cdot (1 - \pi_0)^{n-x}} = \left(\frac{\pi_1}{\pi_0}\right)^x \cdot \left(\frac{1 - \pi_1}{1 - \pi_0}\right)^{n-x} \qquad (10.8)$$

$$= \left(\frac{0,2}{0,1}\right)^9 \cdot \left(\frac{1 - 0,2}{1 - 0,1}\right)^{12}$$

$$= 124,58 \quad .$$

Für A ergibt sich nach Gl. (10.6)

$$A = (1 - 0,05)/0,01 = 95$$

und für B nach Gl. (10.7)

$$B = 0,05/(1 - 0,01) = 0,051 \quad .$$

Gleichung (10.1) ist also erfüllt ($124,58 \geq 95$), d. h. H_1 ist anzunehmen.
Für die ersten 20 Patienten (n = 20, x = 8) errechnet man

$$0,051 < \left(\frac{0,2}{0,1}\right)^8 \cdot \left(\frac{1-0,2}{1-0,1}\right)^{12} = 62,29 < 95 \quad .$$

Es wäre also Gl. (10.3) erfüllt, d. h. die Untersuchungsreihe wäre mit einer weiteren
Beobachtung fortzusetzen, die − wie wir gesehen haben− zu einer Entscheidung
zugunsten von H_1 führt.

Der SPR-Test würde einen erheblichen Rechenaufwand erfordern, wenn man
nach jeder eingehenden Beobachtung das Wahrscheinlichkeitsverhältnis gemäß Gl.
(10.8) bestimmen müßte. Dies ist jedoch nicht erforderlich, wenn man das im folgenden beschriebene graphische Verfahren des Tests einsetzt. Dabei fragen wir, wie
groß x mindestens sein muß, um bei gegebenem n H_1 akzeptieren zu können, bzw.
wie groß x höchstens sein darf, um bei gegebenem n H_0 akzeptieren zu können. Wir
vereinbaren, daß H_1 anzunehmen ist, wenn $x \geq r_1$ ist, und daß H_0 anzunehmen ist,
wenn $x \leq r_0$ ist.

Zur Vereinfachung der Berechnungen logarithmieren wir zunächst Gl. (10.1)
unter Verwendung von Gl. (10.8).

$$x \cdot \ln\frac{\pi_1}{\pi_0} + (n - x) \cdot \ln\frac{1-\pi_1}{1-\pi_0}$$

$$= x \cdot \ln\frac{\pi_1}{\pi_0} + n \cdot \ln\frac{1-\pi_1}{1-\pi_0} - x \cdot \ln\frac{1-\pi_1}{1-\pi_0}$$

$$= x \cdot \ln\frac{\pi_1}{\pi_0} + n \cdot \ln\frac{1-\pi_1}{1-\pi_0} + x \cdot \ln\frac{1-\pi_0}{1-\pi_1} \geq \ln A$$

$$\left(\text{wegen} \quad \ln\frac{a}{b} = -\ln\frac{b}{a}\right) \quad .$$

Aufgelöst nach x erhält man

$$x \geq \frac{\ln A - n \cdot \ln\frac{1-\pi_1}{1-\pi_0}}{\ln\frac{\pi_1}{\pi_0} + \ln\frac{1-\pi_0}{1-\pi_1}}$$

oder

$$x \geq \frac{\ln A}{\ln\frac{\pi_1}{\pi_0} + \ln\frac{1-\pi_0}{1-\pi_1}} + n \cdot \frac{\ln\frac{1-\pi_0}{1-\pi_1}}{\ln\frac{\pi_1}{\pi_0} + \ln\frac{1-\pi_0}{1-\pi_1}}$$

oder

$$x \geq b_1 \cdot n + a_1$$

mit

$$b_1 = \frac{\ln\frac{1-\pi_0}{1-\pi_1}}{\ln\frac{\pi_1}{\pi_0} + \ln\frac{1-\pi_0}{1-\pi_1}}$$

und, wegen $A = (1 - \beta)/\alpha$ (gemäß Gl. 10.6),

$$a_1 = \frac{\ln\frac{1-\beta}{\alpha}}{\ln\frac{\pi_1}{\pi_0} + \ln\frac{1-\pi_0}{1-\pi_1}} \quad .$$

H_1 ist also anzunehmen, wenn $x \geq r_1$ ist, wobei

$$r_1 = b_1 \cdot n + a_1 \quad . \tag{10.9}$$

In gleicher Weise formen wir Gl. (10.2) um. Wir erhalten

$$r_0 = b_0 \cdot n - a_0 \tag{10.10}$$

mit

$$b_0 = b_1$$

und

$$a_0 = \frac{-\ln\frac{\beta}{1-\alpha}}{\ln\frac{\pi_1}{\pi_0} + \ln\frac{1-\pi_0}{1-\pi_1}} \quad .$$

H_0 ist anzunehmen, wenn $x \leq r_0$ ist.

Nach diesen Vorüberlegungen wollen wir nun unser Beispiel noch einmal aufgreifen und die sequentielle Analyse gewissermaßen nachstellen, indem wir nach jedem einzelnen Patienten entscheiden, ob H_0 oder H_1 anzunehmen bzw. die Untersuchungsreihe fortzusetzen ist. Dafür bestimmen wir zunächst die Konstanten a_1, a_0 und $b_1 = b_0$:

$$a_1 = \frac{\ln\frac{1-0,05}{0,01}}{\ln\frac{0,2}{0,1} + \ln\frac{1-0,1}{1-0,2}} = \frac{4,554}{0,693 + 0,118} = 5,615 \quad ,$$

$$a_0 = \frac{-\ln\frac{0,05}{1-0,01}}{\ln\frac{0,2}{0,1} + \ln\frac{1-0,1}{1-0,2}} = \frac{-(-2,986)}{0,693 + 0,118} = 3,682 \quad ,$$

$$b_1 = b_0 = \frac{\ln\frac{1-0,1}{1-0,2}}{\ln\frac{0,2}{0,1} + \ln\frac{1-0,1}{1-0,2}} = \frac{0,118}{0,693 + 0,118} = 0,145 \quad .$$

Den kritischen Wert r_1, den x mindestens erreichen muß, um H_1 anzunehmen, errechnet man also in Abhängigkeit von n zu

$$r_1 = 0,145 \cdot n + 5,615 \quad .$$

Für die Annahme von H_0 darf x nicht größer sein als

$$r_0 = 0,145 \cdot n - 3,682 \quad .$$

Mit diesen Angaben läßt sich Tabelle 10.1 erstellen.

Tabelle 10.1

Patienten-Nr. (n)	x	r_0	r_1
1	0	$-3,5$	5,8
2	0	$-3,4$	5,9
3	0	$-3,2$	6,1
4	1	$-3,1$	6,2
5	1	$-3,0$	6,3
6	2	$-2,8$	6,5
7	2	$-2,7$	6,6
8	2	$-2,5$	6,8
9	3	$-2,4$	6,9
10	3	$-2,2$	7,1
11	3	$-2,1$	7,2
12	3	$-1,9$	7,4
13	4	$-1,8$	7,5
14	5	$-1,7$	7,6
15	5	$-1,5$	7,8
16	6	$-1,4$	7,9
17	6	$-1,2$	8,1
18	7	$-1,1$	8,2
19	8	$-0,9$	8,4
20	8	$-0,8$	8,5
21	9	$-0,6$	8,7

Die in Spalte x kumulierte Anzahl der Patienten mit Nebenwirkungen ist immer größer als r_0, d.h. H_0 kann aufgrund der vorliegenden Versuchsserie nicht angenommen werden. Mit dem 21. Patienten überschreitet x jedoch den Wert von r_1, d.h. mit dem 21. Patienten kann H_1 angenommen werden. Die Annahme der einfachen H_1 ($\pi = \pi_1$) impliziert die Annahme der zusammengesetzten H_1 ($\pi \geq \pi_1$). Entsprechendes gilt, wenn die H_0 bestätigt wird, die als zusammengesetzte Hypothese H_0: $\pi \leq \pi_0$ lautet.

Wie man das Verfahren graphisch durchführt, zeigt Abb. 10.1.

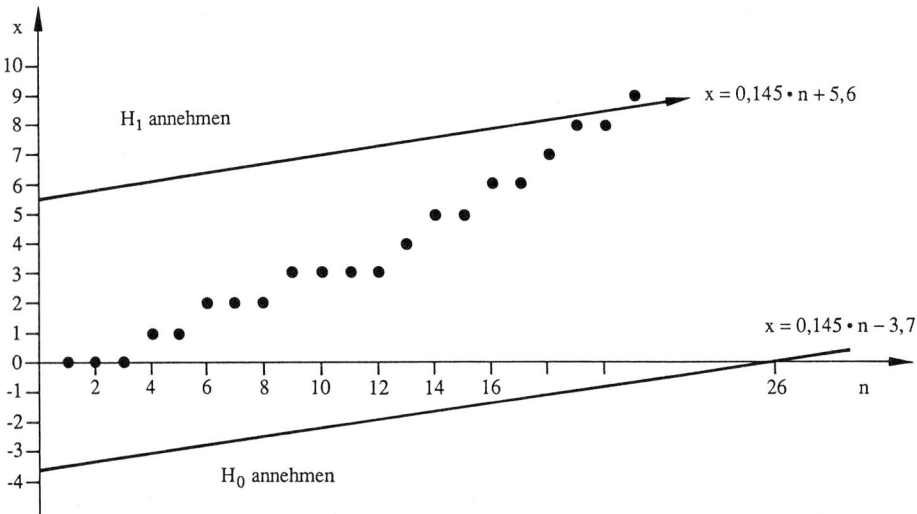

Abb. 10.1. Graphischer Testplan zur Überprüfung der Hypothese $\pi > 0,1$ mit d = 0,1 $\alpha = 0,01$ und $\beta = 0,05$

In einem Koordinatensystem bezeichnen wir die Abszisse mit n und die Ordinate mit X. In dieses Koordinatensystem tragen wir die Annahmegerade für H_1 ($X = 0,145 \cdot n + 5,615$) und die Annahmegerade für H_0 ($X = 0,145 \cdot n - 3,682$) ein. Wir markieren eine „Stichprobenspur", indem wir für jeden Patienten einen Punkt mit den Koordinaten n und x gemäß Tabelle 10.1 eintragen. Bewegt sich die Stichprobenspur zwischen den beiden Geraden, ist die Beobachtungsserie fortzusetzen. Sobald die Stichprobenspur eine der beiden Annahmegeraden kreuzt, ist H_1 oder H_0 anzunehmen. Im Beispiel wird die Annahmegerade für die H_1 mit dem 21. Patienten überschritten, d. h. die Untersuchung wird an dieser Stelle mit der Annahme von H_1 beendet.

Das graphische Verfahren läßt sich auch mit X (= Häufigkeit des Auftretens der Alternative 1) als Ordinate und n − X (= Häufigkeit des Auftretens der Alternative 0) als Abszisse durchführen. In diesem Falle ergibt sich die Stichprobenspur dadurch, daß man für jede beobachtete 1 eine Einheit auf der Ordinate und für jede 0 eine Einheit auf der Abszisse vorrückt. Bei einem weiteren graphischen Verfahren wird die Ordinate durch die Differenz Z = X − (n − X) und die Abszisse durch n gebildet. Man beachte jedoch, daß bei diesen Verfahren andere Annahmegeraden resultieren als bei dem von uns bevorzugten Ansatz.

Der Graphik läßt sich zusätzlich entnehmen, nach wie vielen Versuchen H_0 bzw. H_1 im günstigsten Falle anzunehmen wäre. Zeigten alle Patienten Nebenwirkungen, wäre H_1 bereits nach dem 7. Patienten anzunehmen. In diesem Falle entspräche die Stichprobenspur einer 45°-Geraden, die mit dem 7. Patienten die H_1-Annahmegerade kreuzt. Treten keine Nebenwirkungen auf, folgt die Stichprobenspur der Abszisse (n-Achse), die die Annahmegerade für die H_0 mit dem 26. Patienten kreuzt.

Mit diesen Extremfällen wird deutlich, daß man in unserem Beispiel für die Annahme von H_0 mehr Beobachtungen benötigt als für die Annahme von H_1. Dies ist auch plausibel, denn die Anzahl der Patienten *ohne* Nebenwirkungen, die man bei Gültigkeit von H_0 ($\pi_0 = 0,1$) zufällig erwartet, ist größer als die Anzahl der Patienten ohne Nebenwirkungen, die man bei Gültigkeit von H_1 ($\pi_1 = 0,2$) zufällig erwartet. Man benötigt also mehr Beobachtungen, um sich gegen die fälschliche Annahme von H_0 abzusichern, als man Beobachtungen braucht, um sich gegen die fälschliche Annahme von H_1 abzusichern.

Bei diesen Überlegungen ist jedoch auch zu beachten, daß wir das Risiko, H_1 fälschlicherweise anzunehmen, mit $\alpha = 0,01$ geringer angesetzt haben als das Risiko, H_0 fälschlicherweise anzunehmen ($\beta = 0,05$). Wäre ausschließlich diese Disparität maßgeblich, würde man für die Annahme von H_0 weniger Beobachtungen benötigen als für die Annahme von H_1. Wir können uns diesen Fall konstruieren, wenn wir den H_1-Parameter von dem Extrem $\pi = 1$ genau so stark abweichen lassen wie den H_0-Parameter von dem Extrem $\pi = 0$, was beispielsweise für $\pi_0 = 0,1$ und $\pi_1 = 0,9$ der Fall wäre. Bei dieser Konstellation würde man wegen $\alpha < \beta$ für die Annahme von H_0 weniger Fälle benötigen als für die Annahme von H_1. Setzen wir hingegen $\alpha = \beta$, wäre bei $\pi_0 = 0,1$ und $\pi_1 = 0,9$ für die Annahme von H_0 die gleiche Anzahl von Beobachtungen erforderlich wie für die Annahme von H_1. Wie man sich anhand der Gleichungen (10.9) und (10.10) leicht überzeugen kann, gilt für $\alpha = \beta$ generell $a_1 = a_0$. Ist zudem $\pi_0 = 1 - \pi_1$, erhält man $b_0 = b_1 = 0,5$, woraus sich ein für die Annahme von H_0 oder H_1 erforderlicher Stichprobenumfang von $n = 2 \cdot a_1 = 2 \cdot a_0$ errechnen läßt.

Diese Überlegungen leiten zu der generellen Frage über, wie groß die Wahrscheinlichkeit für die Annahme von H_0 (bzw. von H_1) ist, wenn der wahre Anteil π der Patienten mit Nebenwirkungen von 0 bis 1 zunimmt. Zudem dürfte es interessant sein zu erfahren, mit wie vielen Beobachtungen man im Durchschnitt rechnen muß, um zu einer Entscheidung zugunsten von H_0 oder H_1 zu gelangen, wenn π beliebige Werte im Bereich $0 \leq \pi \leq 1$ annimmt. Eine Antwort auf die erste Frage liefert uns die sogenannte *Operationscharakteristik* (OC-Kurve) des sequentiellen Verfahrens, und die Frage nach dem zu erwartenden durchschnittlichen Stichprobenumfang, den man benötigt, um in Abhängigkeit von π zu einer Entscheidung zugunsten von H_0 oder H_1 zu gelangen, wird durch die sogenannte ASN-Funktion („average sample number") beantwortet.

Die Operationscharakteristik ist durch die Wahrscheinlichkeit, H_0 in Abhängigkeit von π zu akzeptieren, definiert. Abbildung 10.2 zeigt, wie diese Operationscharakteristik – bezogen auf unser Beispiel – idealerweise aussehen müßte.

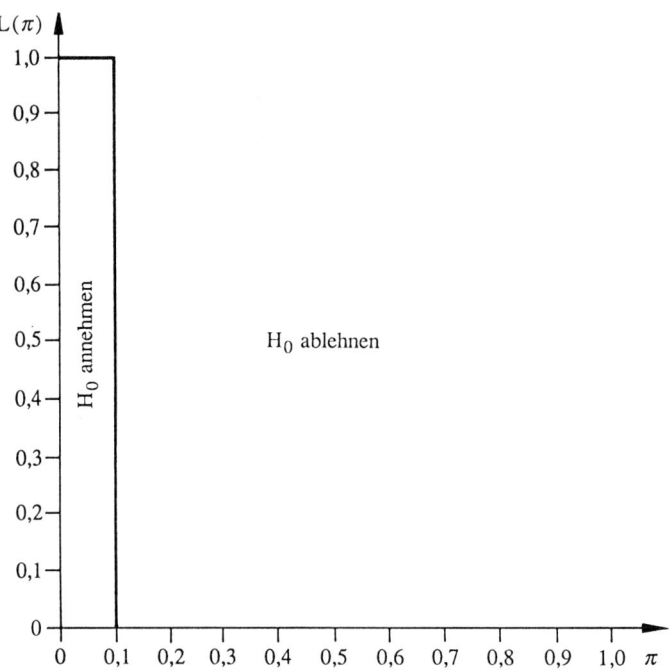

Abb. 10.2. Ideale Operationscharakteristik (Erläuterungen s. Text)

Auf der Abszisse ist der Wertebereich des unbekannten Parameters π und auf der Ordinate die Wahrscheinlichkeit („likelihood") $L(\pi)$ für die Annahme von H_0 abgetragen. Der Graphik ist zu entnehmen, daß H_0 für $\pi \leq 0,1$, wenn also der Anteil der Patienten mit Nebenwirkungen nicht größer als 10 % ist, mit Sicherheit anzunehmen ist, und daß H_0 mit Sicherheit abzulehnen ist (bzw. mit einer Wahrscheinlichkeit von 0 anzunehmen ist), wenn $\pi > 0,1$ ist.

Da wir unsere Entscheidung jedoch auf der Basis einer Stichprobe zu treffen haben, ist diese ideale Operationscharakteristik praktisch nicht zu realisieren. Dennoch ist die Güte einer realen Operationscharakteristik an diesem Idealfall zu messen.

Für die OC-Kurve unseres Beispiels lassen sich aufgrund einfacher Überlegungen vorab einige Punkte bestimmen. Ist beispielsweise $\pi = 0$, wird H_0 mit Sicherheit anzunehmen sein, denn in diesem Falle kann kein Patient mit Nebenwirkungen auftreten. Wir erhalten also $L(\pi = 0) = 1$. Umgekehrt ist H_0 mit Sicherheit abzulehnen, wenn $\pi = 1$ ist: $L(\pi = 1) = 0$. Entspricht π exakt unserem gemäß H_0 erwarteten Parameter $\pi_0 = 0,1$, soll H_0 vereinbarungsgemäß mit einer Irrtumswahrscheinlichkeit von α abgelehnt werden. Für die Annahme von H_0 erhält man also $L(\pi = \pi_0) = 1 - \alpha = 0,99$. Der 4. Punkt der OC-Kurve ergibt sich für $\pi = \pi_1$. Für diesen Fall haben wir vereinbart, eine falsche Entscheidung zugunsten von H_0 nur mit einer Wahrscheinlichkeit von β zu riskieren, d. h. also $L(\pi = \pi_1) = \beta = 0,05$.

Um weitere Punkte der OC-Kurve zu berechnen, verwenden wir die beiden folgenden Gleichungen (vgl. Hartung, 1984, S. 254):

$$\pi = \frac{1 - \left(\frac{1-\pi_1}{1-\pi_0}\right)^h}{\left(\frac{\pi_1}{\pi_0}\right)^h - \left(\frac{1-\pi_1}{1-\pi_0}\right)^h} \tag{10.11}$$

und

$$L(\pi) = \frac{1 - \left(\frac{1-\beta}{\alpha}\right)^h}{\left(\frac{\beta}{1-\alpha}\right)^h - \left(\frac{1-\beta}{\alpha}\right)^h} \quad . \tag{10.12}$$

Tabelle 10.2 zeigt die mit einigen Ausprägungen der Hilfsvariablen h korrespondierenden π- und $L(\pi)$-Werte, wenn wir, wie im Beispiel, $\pi_0 = 0,1$; $\pi_1 = 0,2$; $\alpha = 0,01$ und $\beta = 0,05$ setzen. (Zur Bedeutung der Spalte E(n) s. u.).

Tabelle 10.2

h	π	$L(\pi)$	E (n)
$-\infty$	1,000	0,000	7
-4	0,391	$6,5 \cdot 10^{-6}$	23
-3	0,326	0,0001	32
-2	0,262	0,0026	49
-1	0,200	0,0500	96
0	0,145	0,6037	166
1	0,100	0,9900	79
2	0,065	0,9999	46
3	0,041	1,000	36
$+\infty$	0,000	1,000	26

Nach diesen Gleichungen errechnen wir auch Wertepaare, die uns bereits bekannt sind. Für h = −1 resultiert $\pi = 0,2$ mit $L(\pi) = 0,05$, und für h = 1 ergibt sich $\pi = 0,1$ mit $L(\pi) = 0,99$. Setzen wir h = 0, läßt sich über Grenzwertbetrachtungen (vgl. z. B. Bronstein u. Semendjajew, 1984, S. 253) zeigen, daß man mit $\pi = b = b_1 = b_0 = 0,145$ die Steigung der beiden Annahmegeraden erhält. Die Likelihood $L(\pi = b)$ ergibt sich zu

$$L(\pi = b) = \frac{a_1}{a_1 + a_0} \quad , \tag{10.13}$$

wobei a_1 und a_0 die Höhenlagen der Annahmegeraden gemäß Gl. (10.9) und Gl. (10.10) darstellen. Für das Beispiel resultiert (wie Tabelle 10.2 zu entnehmen ist) $L(\pi = 0,145) = 0,6037$.

Mit den Wertepaaren der Tabelle 10.2 (bzw. ggf. weiteren Wertepaaren) erhält man die in Abb. 10.3 wiedergegebene OC-Kurve des Beispiels.

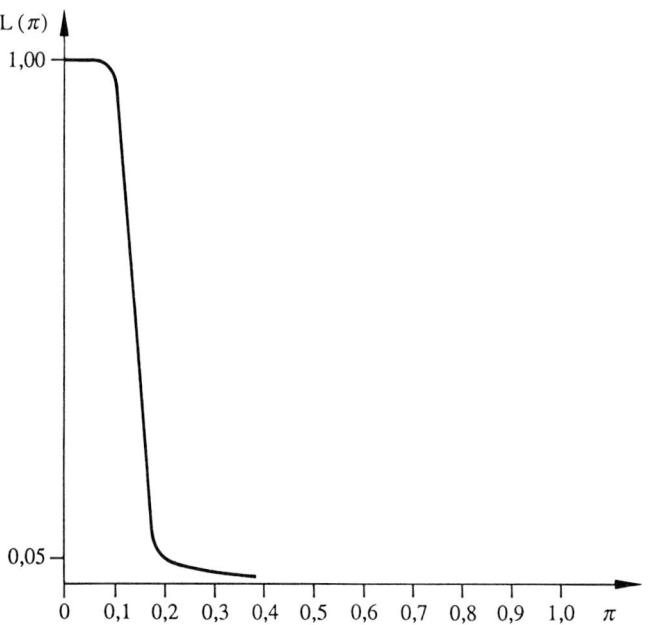

Abb. 10.3. Operationscharakteristik für $\pi_0 = 0,1$, $\pi_1 = 0,2$, $\alpha = 0,01$ und $\beta = 0,05$

Wie bereits ausgeführt, läßt sich dem graphischen Entscheidungsschema in Abb. 10.1 entnehmen, daß für $\pi = 1$ (alle Patienten zeigen Nebenwirkungen) n = 7 Patienten ausreichen, um zu einer Entscheidung zugunsten von H_1 zu gelangen. Nehmen wir mit $\pi = 0$ den anderen Extremfall an (kein Patient zeigt Nebenwirkungen), sind 27 Beobachtungen erforderlich, um H_0 annehmen zu können. In gleicher Weise können wir nun fragen, wieviele Patienten beobachtet werden müssen, um für beliebige Werte $0 < \pi < 1$ zu einer Entscheidung zugunsten von H_0 oder H_1 zu gelangen. Dafür lassen sich allerdings keine exakten Stichprobenumfänge errechnen, die in jedem Falle eine Entscheidung sicherstellen; es handelt sich vielmehr um durchschnittlich zu erwartende Stichprobenumfänge („average sample numbers" oder kurz ASN),

die dem arithmetischen Mittel der Stichprobenumfänge vieler Untersuchungen mit konstantem π entsprechen.

Der für eine Entscheidung durchschnittlich benötigte Stichprobenumfang $E(n)$ läßt sich nach folgender Gleichung bestimmen (vgl. Hartung, 1984, S. 255):

$$E(n) = \frac{a_1 - (a_1 + a_0) \cdot L(\pi)}{\pi - b} \quad (\text{für } \pi \neq b) \quad \text{bzw.}$$

$$E(n) = \frac{a_0 \cdot a_1}{b \cdot (1 - b)}. \quad (\text{für } \pi = b) \quad (10.14)$$

Die Bestimmungsstücke a_0, a_1 und $b = b_1 = b_0$ wurden bereits für Gl. (10.9) und (10.10) definiert. Die nach Gl. (10.14) errechneten und nach oben abgerundeten, erwarteten Stichprobenumfänge sind in der Spalte $E(n)$ der Tabelle 10.2 aufgeführt. Die graphische Darstellung der ASN-Funktion in Abhängigkeit von π zeigt Abb. 10.4.

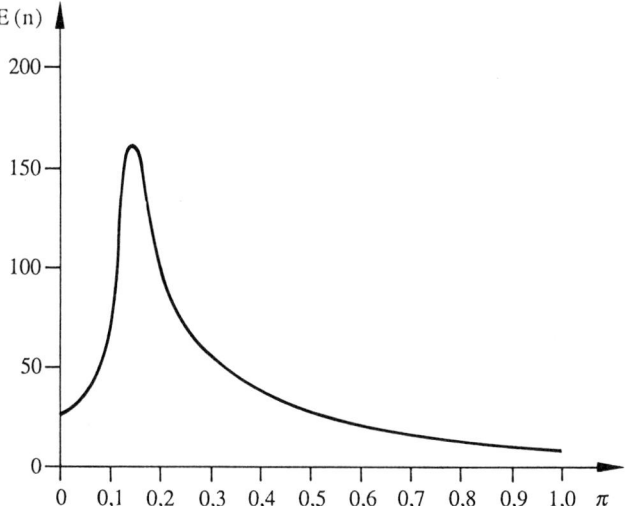

Abb. 10.4. ASN-Funktion für $\pi_0 = 0,1$, $\pi_1 = 0,2$, $\alpha = 0,01$ und $\beta = 0,05$

Dieser Graphik bzw. Tabelle 10.2 sind die bereits bekannten Werte $E(n) = 7$ für $\pi = 1,0$ und $E(n) = 26$ für $\pi = 0,0$ zu entnehmen. Für $\pi = 0,2$ wird man im Durchschnitt 96 Beobachtungen benötigen, um zu einer Entscheidung zu gelangen. Diese Entscheidung wird mit einer Wahrscheinlichkeit von 0,05 zugunsten von H_0 und – komplementär dazu – mit einer Wahrscheinlichkeit von 0,95 zugunsten von H_1 ausfallen. Dem entsprechend sind die übrigen Wertetripel zu interpretieren. Den maximalen $E(n)$-Wert erhält man, wenn $\pi = b$ ist.

Ein abschließendes Beispiel faßt die einzelnen Bestandteile des Sequentialverfahrens noch einmal zusammen.

Beispiel 10.1

Problem: Der Meister im Backgammonspiel wird von einem jungen Nachwuchstalent herausgefordert. Man einigt sich auf ein Entscheidungsturnier, bei dem mit

einem sequentiellen Testverfahren herausgefunden werden soll, wem der Rangplatz 1 gebührt.

Hypothesen: Der Nachwuchsspieler erhält den Meistertitel zugesprochen, wenn er den Meister mit einer Mindestwahrscheinlichkeit von $\pi_1 = 0,5$ schlägt. Beträgt seine Gewinnchance jedoch höchstens $\pi_0 = 0,3$, bleibt es bei der alten Rangfolge. Das Risiko, H_1 ($\pi = \pi_1$) fälschlicherweise anzunehmen, wird vom Altmeister großzügigerweise mit $\alpha = 0,2$ festgesetzt. Das Risiko hingegen, daß er aufgrund des Turnierverlaufes fälschlicherweise seinen Meistertitel behält ($H_0 : \pi = \pi_0$), möchte er mit $\beta = 0,1$ nur halb so hoch ansetzen.

Vorüberlegungen: Zur Vorbereitung des graphischen Verfahrens werden zunächst die Annahmegeraden für die H_0 und die H_1 errechnet. Nach Gl. (10.9) erhält man als Annahmegerade für die H_1:

$$b_1 = \frac{\ln\frac{1-0,3}{1-0,5}}{\ln\frac{0,5}{0,3} + \ln\frac{1-0,3}{1-0,5}} = \frac{0,3365}{0,5108 + 0,3365} = 0,397 \quad,$$

$$a_1 = \frac{\ln\frac{1-0,1}{0,2}}{\ln\frac{0,5}{0,3} + \ln\frac{1-0,3}{1-0,5}} = \frac{1,5041}{0,5108 + 0,3365} = 1,775$$

und damit

$$r_1 = 0,397 \cdot n + 1,775.$$

Nach Gl. (10.10) wird die Annahmegerade für die H_0 bestimmt.

$$a_0 = \frac{-\ln\frac{0,1}{1-0,2}}{\ln\frac{0,5}{0,3} + \ln\frac{1-0,3}{1-0,5}} = \frac{-(-2,0794)}{0,5108 + 0,3365} = 2,454 \quad.$$

Wegen $b_0 = b_1$ erhält man

$$r_0 = 0,397 \cdot n - 2,454 \quad.$$

Ferner möchte man wissen, wieviele Spiele in Abhängigkeit vom wahren Parameter π in etwa erforderlich sein werden, um das Turnier mit einer Entscheidung beenden zu können. Dafür werden die Operationscharakteristik und die ASN-Funktion bestimmt. Über die Gleichungen (10.11), (10.12) und (10.13) errechnet man zunächst einige Wertepaare für π und $L(\pi)$ und danach gemäß Gl. (10.14) einige $E(n)$-Werte. Tabelle 10.3 faßt diese Berechnungen zusammen.

Abbildung 10.5 zeigt die graphische Darstellung der Operationscharakteristik und Abb. 10.6 die ASN-Funktion.

Der OC-Kurve und der ASN-Funktion sind die folgenden Informationen zu entnehmen:

— Bei totaler Überlegenheit des Herausforderers (er gewinnt mit $\pi = 1$ sämtliche Spiele) kann H_1 bereits nach 3 Spielen angenommen werden.
— Bei totaler Unterlegenheit des Herausforderers (er verliert mit $\pi = 0$ sämtliche Spiele) kann H_0 frühestens nach 7 Spielen angenommen werden.

Tabelle 10.3

h	π	L (π)	E (n)
− ∞	1,000	0,0000	3
− 10	0,966	$9,3 \cdot 10^{-10}$	4
− 8	0,933	$6,0 \cdot 10^{-8}$	4
− 6	0,873	$3,8 \cdot 10^{-6}$	4
− 4	0,766	0,0002	5
− 2	0,600	0,0149	9
− 1	0,500	0,1000	14
0	0,397	0,4197	19
1	0,300	0,8000	17
2	0,216	0,9514	13
3	0,149	0,9890	10
4	0,099	0,9976	9
6	0,041	0,9999	7
8	0,016	1,0000	7
10	0,006	1,0000	7
∞	0,000	1,0000	7

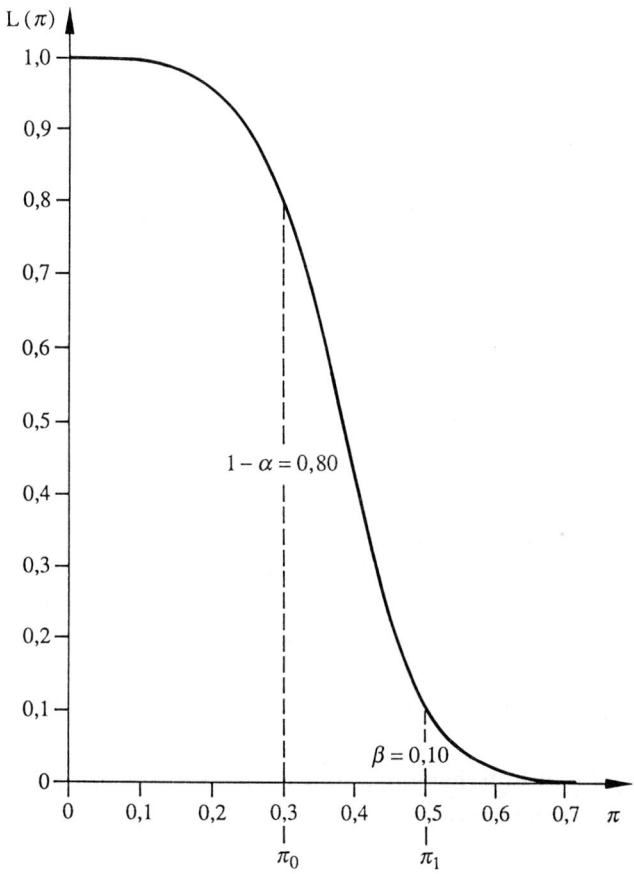

Abb. 10.5. Operationscharakteristik für Beispiel 10.1

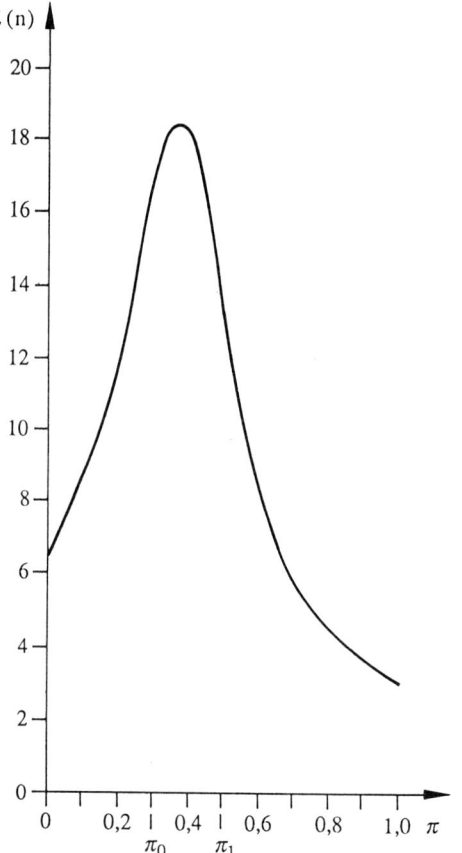

Abb. 10.6. ASN-Funktion für Beispiel 10.1

— Mit der längsten Turnierdauer, d. h. mit einer maximalen Anzahl von Spielen, ist zu rechnen, wenn die wahre Spielstärke des Herausforderers durch $\pi = 0,397$ gekennzeichnet ist. Bei dieser Konstellation, die mit einer Wahrscheinlichkeit von $L(\pi) = 0,4197$ zur Annahme von H_0 führt, müssen sich die Spieler auf ca. 19 Spiele einstellen.

Bei diesen Überlegungen muß vorausgesetzt werden, daß die einzelnen Spiele voneinander unabhängig sind und daß die wahre Spielstärke der Spieler während des Turniers stabil (stationär) bleibt. (Diese Voraussetzung wäre beispielsweise verletzt, wenn sich der Herausforderer während des Turniers verbessern würde.)

Insgesamt hält man die Rahmenbedingungen für das Turnier (vor allem in Hinblick auf die zu erwartende Turnierlänge) für akzeptabel und beschließt, das Turnier zu eröffnen.

Untersuchungsdurchführung und Entscheidung: Abbildung 10.7 zeigt den Entscheidungsgraphen für das sequentielle Verfahren.

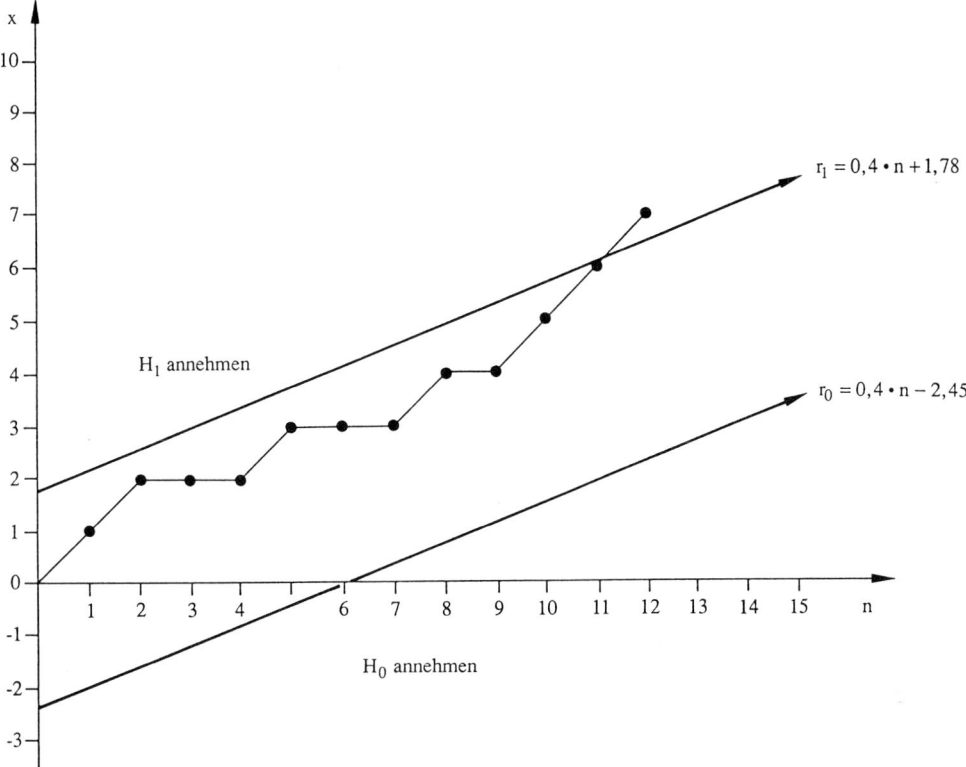

Abb. 10.7. Graphischer Testplan für Beispiel 10.1

Das Turnier hat folgenden Verlauf genommen (+ = Sieg des Herausforderers):

$$+ + - - + - - + - + + +\quad.$$

Die Stichprobenspur für diese Sequenz überschreitet – wie Abb. 10.7 zeigt – mit dem 12. Spiel die Annahmegerade für die H_1. Vereinbarungsgemäß geht damit der Herausforderer siegreich aus dem Turnier hervor.

Für Sequentialtests dieser Art läßt sich Gl. (10.14) in Verbindung mit Gl. (10.9) und (10.10) entnehmen, daß der im Durchschnitt erforderliche Stichprobenumfang $E(n)$ mit kleiner werdendem α und β wächst und mit größer werdender Differenz $\pi_1 - \pi_0$ sinkt.

10.1.2 Zweiseitiger Test

Das Sequentialverfahren läßt sich für die H_0: $\pi = \pi_0 = 0,5$ auch zweiseitig aufbauen (vgl. etwa Weber, 1967; de Boer, 1953, und Armitage, 1975). In diesem Test werden der H_0 2 Alternativhypothesen mit H_{1+}: $\pi = \pi_{1+} = 0,5 + d$ und H_{1-}: $\pi = \pi_{1-} = 0,5 - d$ gegenübergestellt, so daß $\pi_{1+} + \pi_{1-} = 1$ ergibt. Wir tolerieren für die

fälschliche Annahme von H_1 ein Risiko von α, und das Risiko, H_0 fälschlicherweise anzunehmen, wird mit β festgelegt.

Für den einseitigen Test genügt es, zur Anfertigung der Stichprobenspur lediglich das Auftreten einer Merkmalsalternative auszuzählen. Beim zweiseitigen Test müssen beide Merkmalsalternativen berücksichtigt werden, denn häufiges Auftreten der (+)-Alternative spricht für die Richtigkeit von H_{1+} und häufiges Auftreten der (−)-Alternative für die Richtigkeit von H_{1-}. Wir wählen deshalb für die Stichprobenspur ein Koordinatensystem mit n (= Anzahl der Beobachtungen) als Abszisse und $y = x_+ - x_-$ als Ordinate, wobei x_+ die Anzahl der (+)-Beobachtungen und x_- die Anzahl der (−)-Beobachtungen kennzeichnet.

Beim einseitigen Test ergab sich ein Indifferenzbereich, der sich zwischen den Annahmegeraden für die H_1 und die H_0 befand. Beim zweiseitigen Test erhalten wir zwei Indifferenzbereiche, in denen die Untersuchung fortzusetzen ist (Abb. 10.8).

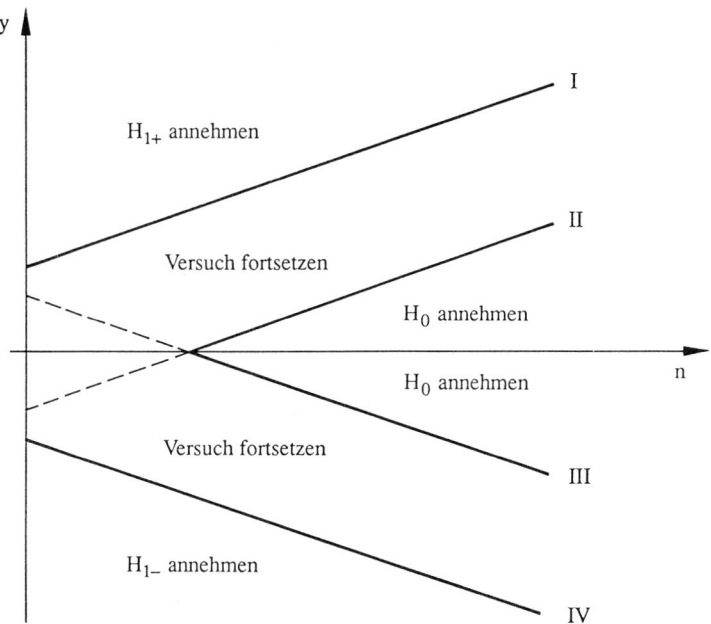

Abb. 10.8. Entscheidungsschema beim zweiseitigen, sequentiellen Test

Der 1. Indifferenzbereich befindet sich zwischen den Geraden I und II; er trennt den H_{1+}-Annahmebereich vom H_0-Annahmebereich. Der zweite befindet sich zwischen den Geraden III und IV und trennt damit den H_{1-}-Annahmebereich vom H_0-Annahmebereich. Überschreitet die Stichprobenspur die Gerade I, ist H_{1+} anzunehmen und bei Unterschreiten der Geraden IV gilt H_{1-}. Gelangt die Stichprobenspur in die rechtsseitige Scherenöffnung der Geraden II und III, ist H_0 anzunehmen.

Die Herleitung der Gleichungen für die Geraden I bis IV ist im Prinzip ähnlich aufgebaut wie die Herleitung der Geradengleichungen beim einseitigen Test. Nach Weber (1967, Kap. 59.8) erhält man

$$I \ : y = b \cdot n + a_1 \ , \tag{10.15a}$$

$$II \ : y = b \cdot n - a_0 \ , \tag{10.15b}$$

$$III : y = -b \cdot n + a_0 \ , \tag{10.15c}$$

$$IV : y = -b \cdot n - a_1 \tag{10.15d}$$

mit

$$a_1 = \frac{2 \cdot \ln \frac{1-\beta}{\alpha}}{\ln \frac{\pi_{1+}}{1-\pi_{1+}}} \ ,$$

$$a_0 = \frac{2 \cdot \ln \frac{1-\alpha}{\beta}}{\ln \frac{\pi_{1+}}{1-\pi_{1+}}}$$

und

$$b = \frac{\ln \frac{1}{4 \cdot \pi_{1+} \cdot (1-\pi_{1+})}}{\ln \frac{\pi_{1+}}{1-\pi_{1+}}} \ .$$

Für die Kalkulation durchschnittlich zu erwartender Stichprobenumfänge nennt Weber (1967, Kap. 59.10) folgende Gleichung:

$$E(n) = \frac{a_1 - \beta \cdot (a_1 + a_0)}{2 \cdot \pi_{1+} - b - 1} \quad \text{(für } \pi = \pi_{1+} \quad \text{oder} \quad \pi = \pi_{1-}\text{).} \tag{10.16}$$

Der kleinste Stichprobenumfang, der zur Annahme von H_{1+} oder H_{1-} führt, ergibt sich zu $a_1/(1-b)$. Der größte Stichprobenumfang ist zu erwarten, wenn der wahre Parameter π zwischen π_0 und π_{1+} oder π_0 und π_{1-} liegt. Für diesen Fall errechnet man

$$\max E(n) = \frac{a_1 \cdot a_0}{1 - b^2} \ . \tag{10.17}$$

Gilt die H_0 mit $\pi = \pi_0 = 0,5$, bestimmt man als Näherungswert für den zu erwartenden Stichprobenumfang den Mittelwert aus $E(n)$ für $\pi = \pi_{1+}$ und $\max E(n)$.

Beispiel 10.2

Problem: In einer Frauenklinik will man überprüfen, ob Entbindungen, bei denen ein Kaiserschnitt erforderlich ist, häufiger auftreten, wenn das neugeborene Kind männlichen oder weiblichen Geschlechts ist.

Hypothesen: Gemäß H_0 wird erwartet, daß der Anteil männlicher Neugeborener in der Population aller Kaiserschnittgeburten 50 % beträgt ($\pi = \pi_0 = 0,5$). Die zweiseitige H_1 soll angenommen werden, wenn π mindestens um d = 0,15 von $\pi_0 = 0,5$ abweicht, d. h. man formuliert $H_{1+}: \pi \geq \pi_{1+} = 0,65$ und $H_{1-}: \pi \leq \pi_{1-} = 0,35$. Die Annahme von H_1 wird mit $\alpha = 0,05$ mehr erschwert als die Annahme von H_0, für die ein β-Risiko von $\beta = 0,20$ festgelegt wird.

Vorüberlegungen: Bevor die Untersuchungsreihe begonnen wird, will man sich eine Vorstellung darüber verschaffen, wieviele Geburten mit Kaiserschnitt ungefähr erforderlich sind, um eine Entscheidung zugunsten von H_0 oder H_1 treffen zu können. Man berechnet deshalb zunächst die 4 Annahmegeraden gemäß Gl. (10.15):

$$a_1 = \frac{2 \cdot \ln\frac{1-0,2}{0,05}}{\ln\frac{0,65}{1-0,65}} = 8,96 \quad ,$$

$$a_0 = \frac{2 \cdot \ln\frac{1-0,05}{0,2}}{\ln\frac{0,65}{1-0,65}} = 5,03 \quad ,$$

$$b = \frac{\ln\frac{1}{4 \cdot 0,65 \cdot (1-0,65)}}{\ln\frac{0,65}{1-0,65}} = 0,152 \quad .$$

Daraus ergeben sich

$$\text{I} \;\; : y = 0,152 \cdot n + 8,96 \quad ,$$

$$\text{II} \;\; : y = 0,152 \cdot n - 5,03 \quad ,$$

$$\text{III} : y = -0,152 \cdot n + 5,03 \quad ,$$

$$\text{IV} : y = -0,152 \cdot n - 8,96 \quad .$$

Im ungünstigsten Fall ist damit zu rechnen, daß man gemäß Gl (10.17) ungefähr (durchschnittlich)

$$\max E(n) = \frac{8,96 \cdot 5,03}{1 - 0,152^2} = 46,13$$

Beobachtungen benötigt, um zu einer Entscheidung zu gelangen. Gilt H_{1+} oder H_{1-}, wären durchschnittlich gemäß Gl. (10.16)

$$E(n) = \frac{8,96 - 0,2 \cdot (8,96 + 5,03)}{2 \cdot 0,65 - 0,152 - 1} = 41,64$$

Beobachtungen erforderlich. Bei Gültigkeit von H_0 muß man also ungefähr $(46,13 + 41,64)/2 = 43,9 \approx 44$ Beobachtungen in die Untersuchung einbeziehen. Am schnellsten käme man zu einer Entscheidung, wenn $\pi = 0$ bzw. $\pi = 1$ ist, wenn also Kaiserschnittgeborene nur Jungen oder nur Mädchen wären. Für diesen (unrealistischen) Fall ist H_1 oder H_0 bereits nach $8,96/(1 - 0,152) = 10,6 \approx 11$ Beobachtungen anzunehmen.

Untersuchungsdurchführung und Ergebnisse: Tabelle 10.4 zeigt die Ergebnisse der Untersuchungsserie (x_+ = Kaiserschnittgeburt bei einem Jungen; x_- = Kaiserschnittgeburt bei einem Mädchen).
Die graphische Durchführung des sequentiellen Verfahrens zeigt Abb. 10.9.

Tabelle 10.4

n	x_+	x_-	y
1	1	0	1
2	2	0	2
3	2	1	1
4	2	2	0
5	2	3	−1
6	3	3	0
7	3	4	−1
8	3	5	−2
9	3	6	−3
10	4	6	−2
11	4	7	−3
12	4	8	−4
13	5	8	−3
14	6	8	−2
15	7	8	−1
16	8	8	0
17	9	8	1
18	9	9	0
19	9	10	−1
20	10	10	0
21	10	11	−1
22	11	11	0
23	12	11	1
24	13	11	2
25	14	11	3
26	15	11	4
27	16	11	5
28	16	12	4
29	16	13	3
30	16	14	2
31	16	15	1
32	17	15	2
33	18	15	3
34	19	15	4
35	20	15	5
36	20	16	4
37	20	17	3
38	20	18	2
39	20	19	1
40	20	20	0

Die Versuchsserie kann mit der 40. Kaiserschnittgeburt abgebrochen werden. Da die Stichprobenspur mit dieser Geburt in den Annahmebereich von H_0 eintritt, kann H_0 mit einer β-Fehlerwahrscheinlichkeit von 20 % angenommen werden. Unter den Kaiserschnittgeburten befinden sich Jungen mit einem Anteil von $\pi = \pi_0 = 0,5$.

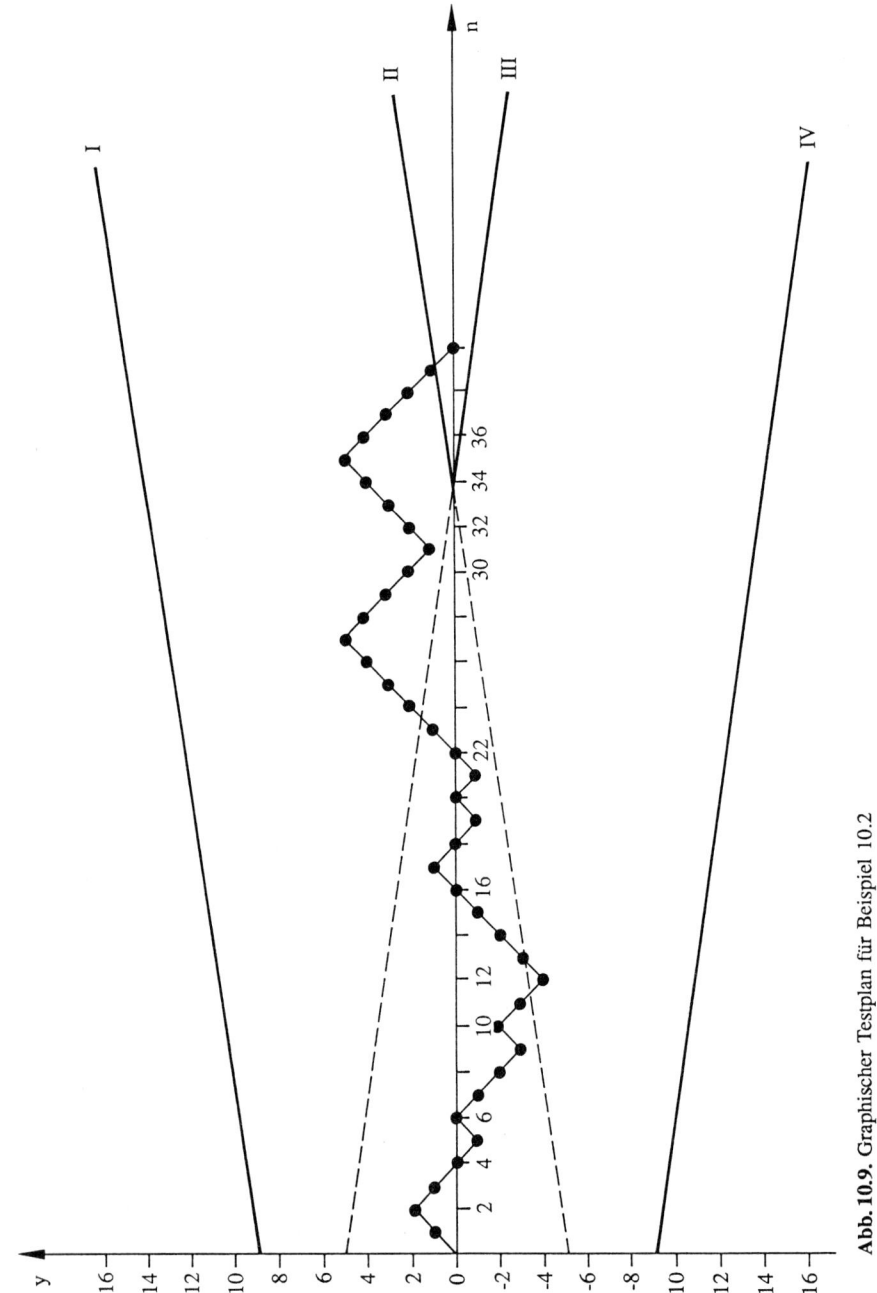

Abb. 10.9. Graphischer Testplan für Beispiel 10.2

10.2 Vergleich der Anteilsparameter aus zwei binomialverteilten Populationen

10.2.1 Einseitiger Test

Im einleitenden Beispiel des Abschnitts 10.1 fragten wir nach dem Anteil der Patienten, die nach Einnahme eines Medikamentes Nebenwirkungen zeigen. Dazu wurden 2 rivalisierende Hypothesen formuliert und sequentiell überprüft. Allgemein ging es um die Überprüfung von 2 Hypothesen (H_0 und H_1) über einen unbekannten Anteilsparameter π in einer binomialverteilten Population.

In diesem Abschnitt wollen wir den Unterschied der Anteilsparameter π_A und π_B aus zwei binomialverteilten Populationen A und B stichprobenartig sequentiell überprüfen. Der üblichen $H_0: \pi_B - \pi_A = 0$ steht in diesem Abschnitt eine spezifische einseitige $H_1: \pi_B - \pi_A = d$ ($d > 0$) gegenüber. Annahme der einfachen H_1 impliziert auch hier Annahme der zusammengesetzten $H_1: \pi_B - \pi_A \geq d$, und Annahme der einfachen H_0 bedeutet gleichzeitig Annahme der zusammengesetzten $H_0: \pi_B - \pi_A \leq 0$. Statt der üblichen H_0 kann der H_1 auch eine andere Hypothese der Art $\pi_B - \pi_A = c$ ($c \neq 0$) gegenübergestellt werden.

Auch hier sei das Verfahren an einem kleinen Beispiel verdeutlicht. Es geht um den Vergleich zweier Behandlungen A und B. Die bereits bekannte Behandlung A habe eine Erfolgsrate von 70 % ($\pi_A = 0,7$), und von einer neuen Behandlung B wird eine Steigerung der Erfolgsrate um mindestens 10 Prozentpunkte gefordert ($\pi_B = 0,8$). Der $H_1: \pi_B - \pi_A \geq 0,1$ wird die $H_0: \pi_B - \pi_A \leq 0,0$ gegenüber gestellt. Die Risiken, H_1 bzw. H_0 fälschlicherweise anzunehmen, werden mit $\alpha = \beta = 0,05$ gleichgesetzt.

Nun wird ein aus einer homogenen Population zufällig ausgewählter Patient nach Methode A und ein weiterer zufällig ausgewählter Patient nach Methode B behandelt. Für das erste und alle weiteren *Patientenpaare* sind die folgenden Ereigniskombinationen ($+=$Behandlungserfolg; $-=$Behandlungsmißerfolg) denkbar: ++, +−, −+ und −−. Da die Ereigniskombinationen ++ und −− für die Frage, welche der beiden Behandlungen erfolgreicher ist, informationslos sind, betrachten wir nur die diskordanten Paare +− (Erfolg für A und Mißerfolg für B) und −+ (Mißerfolg für A und Erfolg für B). **Die diskordanten Paare sind nun als binomialverteilte Zufallsvariable aufzufassen, deren Anteilsparameter π (z. B. für das Ereignis −+) wir nach den Richtlinien in 10.1 sequentiell überprüfen.**

Das praktische Vorgehen besteht also darin, bei jedem Erhebungsschritt einen Patienten nach der Methode A und einen weiteren nach der Methode B zu behandeln und fortlaufend die „günstigen" Ereignisse (−+) zu zählen. Mit X = Anzahl der (−+)-Ereignisse und n = Anzahl aller relevanten Ereignisse (= Anzahl der diskordanten Patientenpaare) fertigt man eine Stichprobenspur an, die über die Annahme von H_0 oder H_1 entscheidet.

Die Berechnung der Annahmegeraden für die H_0 und für die H_1 gemäß Gl. (10.9) und (10.10) setzt voraus, daß wir den unter H_0 gültigen Parameter π_0 und den unter H_1 gültigen Parameter π_1 für das Auftreten des Ereignisses (−+) kennen. Wir bestimmen zunächst den Parameter π_0.

Bei der Behandlung A tritt ein Mißerfolg (−) mit der Wahrscheinlichkeit $1 - \pi_A = 1 - 0,7 = 0,3$ auf. Gilt H_0, erwarten wir, daß auch Behandlung B mit einer Wahrscheinlichkeit von $\pi_B = 0,7$ erfolgreich ist. Wenn wir davon ausgehen, daß das Ergebnis der Behandlung A vom Ergebnis der Behandlung B unabhängig ist, tritt ein diskordantes Paar von der Art (−+) bei Gültigkeit von H_0 mit einer Wahrscheinlichkeit von $0,3 \cdot 0,7 = 0,21$ auf. Analog errechnen wir die Wahrscheinlichkeit für ein diskordantes Paar von der Art (+−) als Produkt der Wahrscheinlichkeiten für eine erfolgreiche Behandlung A und eine erfolglose Behandlung B. Gilt H_0, resultiert für diese Wahrscheinlichkeit ebenfalls der Wert $0,7 \cdot 0,3 = 0,21$. Allgemein formulieren wir

$$\pi'_0(- + |H_0) = [(1 - \pi_A) \cdot \pi_B |H_0] \quad ,$$
$$\pi'_0(+ - |H_0) = [\pi_A \cdot (1 - \pi_B)|H_0] \quad . \tag{10.18}$$

Die mit π'_0 gekennzeichneten Wahrscheinlichkeiten beziehen sich auf den Ereignisraum aller konkordanten und aller diskordanten Paare. Lassen wir die für unsere Fragestellung irrelevanten konkordanten Paare außer acht, resultieren für die Ereignisse (−+) und (+−) im Ereignisraum aller diskordanten Paare die folgenden Wahrscheinlichkeiten:

$$\pi_0(- + |H_0) = \frac{\pi'_0(- + |H_0)}{\pi'_0(- + |H_0) + \pi'_0(+ - |H_0)} \quad ,$$
$$\pi_0(+ - |H_0) = \frac{\pi'_0(+ - |H_0)}{\pi'_0(+ - |H_0) + \pi'_0(- + |H_0)} \quad . \tag{10.19}$$

Da die Ereignisse (−+) und (+−) im Ereignisraum aller Paare bei Gültigkeit von H_0 gleich wahrscheinlich sind, ergibt sich natürlich im Ereignisraum der diskordanten Paare für jedes Ereignis eine Wahrscheinlichkeit von 0,5:

$$\pi_0(- + |H_0) = \frac{0,21}{0,21 + 0,21} = 0,5 \quad ,$$

$$\pi_0(+ - |H_0) = \frac{0,21}{0,21 + 0,21} = 0,5 \quad .$$

Für die Berechnung der Wahrscheinlichkeit diskordanter Paare unter H_1 setzen wir in Gl. (10.18) die für H_1 gültigen Parameter $\pi_A = 0,7$ und $\pi_B = 0,8$ ein. Wir erhalten

$$\pi'_1(- + |H_1) = (1 - 0,7) \cdot 0,8 = 0,24 \quad ,$$

$$\pi'_2(+ - |H_1) = 0,7 \cdot (1 - 0,8) = 0,14$$

und damit in Analogie zu Gl. (10.19)

$$\pi_1(- + |H_1) = \frac{0,24}{0,24 + 0,14} = 0,6316 \quad ,$$

$$\pi_2(+ - |H_1) = \frac{0,14}{0,14 + 0,24} = 0,3684 \quad .$$

Im Ereignisraum der diskordanten Paare tritt damit das Ereignis $(-+)$ unter H_0 mit einer Wahrscheinlichkeit von 0,5 und unter H_1 mit einer Wahrscheinlichkeit von 0,6316 auf.

Mit diesen Wahrscheinlichkeiten errechnen wir nach den Gleichungen (10.9) und (10.10) die Annahmegeraden für H_1 und für H_0:

$$a_0 = \frac{-\ln\frac{0,05}{1-0,05}}{\ln\frac{0,6316}{0,5} + \ln\frac{1-0,5}{1-0,6316}} = 5,46 \quad,$$

$$a_1 = \frac{\ln\frac{1-0,05}{0,05}}{\ln\frac{0,6316}{0,5} + \ln\frac{1-0,5}{1-0,6315}} = 5,46 \quad,$$

$$b = \frac{\ln\frac{1-0,5}{1-0,6315}}{\ln\frac{0,6315}{0,5} + \ln\frac{1-0,5}{1-0,6315}} = 0,567 \quad.$$

Man erhält also

$$r_1 = 0,567 \cdot n + 5,46$$

und

$$r_0 = 0,567 \cdot n - 5,46 \quad.$$

Für die Durchführung des sequentiellen Verfahrens zählen wir unter n die Anzahl der auftretenden diskordanten Paare und unter x die Anzahl der $(-+)$-Paare (Tabelle 10.5).

Tabelle 10.5

n	x	r_0	r_1
1	0	$-4,9$	6,0
2	0	$-4,3$	6,6
3	1	$-3,8$	7,2
4	1	$-3,2$	7,7
5	1	$-2,6$	8,3
6	1	$-2,1$	8,9
7	2	$-1,5$	9,4
8	2	$-0,9$	10,0
9	2	$-0,4$	10,6
10	2	0,2	11,1
11	2	0,8	11,7
12	2	1,3	12,3
13	2	1,9	12,8
14	3	2,5	13,4
15	3	3,0	14,0

Die Untersuchung wird fortgesetzt, solange $r_0 < x < r_1$ ist. Wir stellen fest, daß mit dem 15. diskordanten Patientenpaar $r_0 > x$ ist (der exakte Wert lautet $r_0 =$

3, 045), d. h. mit diesem Patientenpaar kann die Untersuchung abgebrochen und H_0 angenommen werden. Die neue Behandlung ist der alten nicht in der geforderten Weise überlegen.

Tabelle 10.5 ist zu entnehmen, daß bei totaler Überlegenheit der alten Methode [es treten keine $(-+)$-Paare auf, d. h. es ergibt sich x = 0 für alle n] H_0 bereits nach 10 diskordanten Patientenpaaren anzunehmen wäre. Mit diesem Paar registrieren wir zum ersten Mal $r_0 > x = 0$. Bei totaler Überlegenheit der neuen Behandlung [es treten nur $(-+)$-Paare auf, d. h. es gilt x = n] hätte man H_1 mit dem 13. diskordanten Paar annehmen können ($r_1 < x = n$).

Die Ausführungen in 10.1 über die Bestimmung der Operationscharakteristik bzw. der ASN-Funktion gelten analog für die hier untersuchte Problematik. Man beachte allerdings, daß bei der Kalkulation des durchschnittlich zu erwartenden Stichprobenumfanges auch die konkordanten Paare mit zu berücksichtigen sind, deren Auftretenswahrscheinlichkeit sich ebenfalls nach dem in Gl. (10.18) beschriebenen Vorgehen bestimmen läßt.

Im Beispiel gingen wir davon aus, daß die Anteilsparameter π_A und π_B bekannt seien, so daß sich die Wahrscheinlichkeit für diskordante Paare unter Gültigkeit von H_1 errechnen läßt. Sind die Parameter π_A und π_B jedoch unbekannt, ist der H_1-Parameter für diskordante Paare zu schätzen bzw. nach Kriterien der praktischen Bedeutsamkeit festzulegen.

Im Abschnitt 10.1 (S. 505) wurde darauf hingewiesen, daß die Resultate eines Sequentialtests nur schlüssig zu interpretieren sind, wenn der untersuchte Anteilsparameter zumindest für die Dauer der Untersuchung stationär bleibt. Übertragen wir diese Forderung auf den Vergleich der Anteile aus 2 Binomialverteilungen, bedeutet dies, daß die Wahrscheinlichkeit für das Auftreten eines diskordanten Paares (z. B. $-+$) stationär sein muß.

Diese Forderung dürfte erfüllt sein, wenn man Paare von Individuen aus einer homogenen Population zufällig zusammenstellt. Ist die Population der Individuen jedoch in bezug auf behandlungsrelevante Merkmale heterogen (z. B. unterschiedliches Alter, verschiedene Schweregrade der Erkrankung, unterschiedliche therapeutische Vorerfahrungen etc.), muß damit gerechnet werden, daß die Wahrscheinlichkeit für das Auftreten eines diskordanten Paares nicht für alle untersuchten Paare gleich ist. Dies wäre beispielsweise der Fall, wenn alte Patienten vornehmlich auf die Behandlung A und jüngere Patienten besser auf die Behandlung B reagieren. Untersucht man nun Paare, die hinsichtlich des Alters zufällig zusammengestellt sind, ist mit variierenden Wahrscheinlichkeiten für diskordante Paare zu rechnen.

Auch die Bildung merkmalshomogener Paare („matched samples") kann dieses Problem nicht befriedigend lösen. Würde man beispielsweise immer gleichaltrige Patienten zu einem Untersuchungspaar zusammenstellen, wäre die Wahrscheinlichkeit für eine diskordante $(-+)$-Reaktion bei jüngeren Patientenpaaren größer als bei älteren, d. h. die Abfolge, in der die Patientenpaare untersucht werden, ist mit entscheidend über die Annahme von H_0 oder H_1.

Eine theoretische Lösung dieses Problems, die jedoch praktisch vermutlich nur selten genutzt werden kann, wird von Weber (1967, Kap. 60.2 ff.) vorgeschlagen. Diese Lösung geht von geschichteten Stichproben mit Proportionalaufteilung bzw. optimaler Aufteilung aus. Sie setzt damit voraus, daß der Untersuchende nicht nur weiß, mit welchen Anteilen die einzelnen Schichten (Strata) in der Population

vertreten sind (z. B. die Altersverteilung in der Patientenpopulation oder Populationsanteile von Patienten mit unterschiedlichen Schweregraden der Krankheit); zusätzlich wird gefordert, daß auch die schichtspezifischen Parameter des Behandlungserfolges sowohl unter Gültigkeit von H_0 als auch unter Gültigkeit von H_1 genannt werden können. Das Verfahren setzt damit Vorinformationen voraus, über die der Praktiker nur selten verfügt.

Wir empfehlen deshalb, soweit wie möglich untersuchungstechnisch dafür Sorge zu tragen, daß die Wahrscheinlichkeit diskordanter Paare stationär bleibt. Dies kann beispielsweise dadurch geschehen, daß man mehrere Untersuchungsserien für jeweils homogene Teilschichten der interessierenden Referenzpopulation sequentiell untersucht.

10.2.2 Zweiseitiger Test

Der sequentielle Vergleich der Anteilsparameter zweier binomialverteilter Populationen A und B läßt sich auch zweiseitig durchführen. Dazu spezifizieren wir gemäß $H_0 : \pi_A = \pi_B$. Als zweiseitige H_1 formulieren wir $H_{1+} : \pi_A - \pi_B \geq d$ und $H_{1-} : \pi_A - \pi_B \leq d$, wobei d die nach inhaltlichen Kriterien festgelegte Effektgröße darstellt. Für die Annahme von H_1 wird eine Irrtumswahrscheinlichkeit von α und für die Annahme von H_0 eine Irrtumswahrscheinlichkeit von β festgesetzt.

Wie beim einseitigen Test entnehmen wir den homogenen Populationen A und B je eine Untersuchungseinheit und registrieren jeweils mit + oder − die Art der Ausprägung des dichotomen Merkmals. Hypothesenrelevant sind auch hier nur die diskordanten Paare (+−) und (−+), von denen wir aufgrund der Ausführungen auf S. 526 bereits wissen, daß sie unter H_0 mit gleicher Wahrscheinlichkeit auftreten ($\pi_0 = 0,5$). Die Wahrscheinlichkeit π_{1+} des Auftretens eines diskordanten Paares (z. B. +−) unter H_{1+} und die Wahrscheinlichkeit π_{1-} eines diskordanten Paares (+−) unter H_{1-} werden so festgesetzt, daß $\pi_{1+} + \pi_{1-} = 1$ ergibt. Damit reduziert sich das Problem des Vergleiches zweier Anteilsparameter im zweiseitigen Test erneut auf die Überprüfung der Abweichung eines Anteilsparameters von 0,5, d. h. die weitere Auswertung kann nach den Ausführungen in 10.1.2 erfolgen.

Auch hier soll ein kleines Beispiel das Gesagte verdeutlichen. Es werden 2 programmierte Unterweisungen A und B zum Lösen von Dreisatzaufgaben verglichen. Gemäß H_0 wird erwartet, daß eine Testaufgabe unabhängig von der Methode von 80 % aller Schüler gelöst wird ($H_0 : \pi_A = \pi_B = 0,8$). Dieser H_0 entspricht die H_0, daß diskordante Paare (+−) und (−+) (Aufgabe mit Methode A gelöst und Aufgabe mit Methode B nicht gelöst und umgekehrt) mit gleicher Wahrscheinlichkeit auftreten, denn die Wahrscheinlichkeit, daß ein zufällig ausgewählter, nach Methode A unterrichteter Schüler die Aufgabe löst und ein zufällig ausgewählter, nach Methode B unterrichteter Schüler die Aufgabe nicht löst (diskordantes Paar +−), beträgt bei Gültigkeit von H_0 gemäß Gl. (10.18):

$$\pi_0'(+ - |H_0) = 0,8 \cdot (1 - 0,8) = 0,16 \quad .$$

Für das diskordante Paar (−+) errechnet man bei Gültigkeit von H_0 den gleichen Wert:

$$\pi_0'(- + |H_0) = (1 - 0,8) \cdot 0,8 = 0,16 \quad .$$

Betrachtet man auch hier als untersuchungsrelevante Ereignisse nur die diskordanten Paare, erhält man nach Gl. (10.19) deren Wahrscheinlichkeiten

$$\pi_0(+ - |H_0) = \frac{0,16}{0,16 + 0,16} = 0,5 \quad,$$

$$\pi_0(- + |H_0) = \frac{0,16}{0,16 + 0,16} = 0,5 \quad.$$

Da die Festsetzung der Parameter π_{1+} und π_{1-} ohne Zusatzinformationen häufig Schwierigkeiten bereitet, formulieren wir zunächst Annahmen über die Parameter π_A und π_B bei Gültigkeit von H_1. Ein Methodenunterschied soll erst dann für praktisch bedeutsam gehalten werden, wenn $\pi_A \geq \pi_B + 0,1$ (H_{1+}) oder $\pi_A \leq \pi_B - 0,1$ (H_{1-}) gilt, d. h. wir setzen unter H_{1+} $\pi_A = 0,9$ und $\pi_B = 0,8$ und unter H_{1-} $\pi_A = 0,7$ und $\pi_B = 0,8$. Daraus ergeben sich – zunächst für die H_{1+} – folgende Wahrscheinlichkeiten für das Auftreten diskordanter Paare:

$$\pi'_{1+}(+ - |H_{1+}) = 0,9 \cdot (1 - 0,8) = 0,18 \quad,$$

$$\pi'_{1+}(- + |H_{1+}) = (1 - 0,9) \cdot 0,8 = 0,08 \quad,$$

$$\pi_{1+}(+ - |H_{1+}) = \frac{0,18}{0,18 + 0,08} = 0,692 \quad,$$

$$\pi_{1+}(- + |H_{1+}) = \frac{0,08}{0,18 + 0,08} = 0,308 \quad.$$

Für H_{1-} resultieren

$$\pi'_{1-}(+ - |H_{1-}) = 0,7 \cdot (1 - 0,8) = 0,14 \quad,$$

$$\pi'_{1-}(- + |H_{1-}) = (1 - 0,7) \cdot 0,8 = 0,24 \quad,$$

$$\pi_{1-}(+ - |H_{1-}) = \frac{0,14}{0,14 + 0,24} = 0,368 \quad,$$

$$\pi_{1-}(- + |H_{1-}) = \frac{0,24}{0,14 + 0,24} = 0,632 \quad.$$

Für das diskordante Paar (+−) erhält man also die Wahrscheinlichkeiten $\pi_0 = 0,5$, $\pi_{1+} = 0,692$ und $\pi_{1-} = 0,368$. Wir stellen fest, daß die beiden H_1-Parameter nicht „symmetrisch" zum H_0-Parameter liegen, daß also $\pi_{1+} + \pi_{1-} = 0,692 + 0,368 \neq 1$ ist. **Die H_1-Parameter sind deshalb so zu revidieren, daß die „Symmetrie"- Bedingung erfüllt ist.** Symmetrische H_1-Parameter erhält man nur, wenn gegen die $H_0 : \pi_A = \pi_B = 0,5$ geprüft wird.

Wir empfehlen, für diese Revision beide Parameter um die Hälfte des über 1 hinausgehenden Betrages zu reduzieren (bzw. − bei zu kleiner Summe − um die Hälfte des Fehlbetrags von 1 zu erhöhen). Im Beispiel ergibt sich mit $0,692 + 0,368 = 1,060$ ein „Überschußbetrag" von 0,06, d. h. die revidierten Parameter lauten $\pi_{1+} = 0,692 - 0,03 = 0,662$ und $\pi_{1-} = 0,368 - 0,03 = 0,338$. Für die sich anschließende

sequentielle Überprüfung [Berechnung der Geraden nach Gl. (10.15)] sind – nach Festsetzung von α und β – die revidierten H_1-Parameter zu verwenden.

Man beachte, daß dieser zweiseitige Sequentialtest die Alternativhypothese überprüft, wonach diskordante Paare (+−) mit einer Wahrscheinlichkeit $\pi \geq 0,662$ (gemäß H_{1+}) bzw. $\pi \leq 0,338$ (gemäß H_{1-}) auftreten. Diese Alternativhypothesen weichen von den eingangs formulierten Hypothesen ($H_{1+} : \pi_A \geq \pi_B + 0,1$ bzw. $H_{1-} : \pi_A \leq \pi_B - 0,1$) geringfügig ab. Wir nehmen diese Ungenauigkeit jedoch in Kauf, denn in der Regel dürfte das Aufstellen einer inhaltlich begründeten, zweiseitig spezifischen Alternativhypothese hinsichtlich des unbekannten Parameters π für das Auftreten diskordanter Paare (+−) mehr Schwierigkeiten bereiten als die Formulierung spezifischer Alternativhypothesen für die Parameter π_A und π_B. Gibt es gute Gründe, für π_A und π_B unter H_{1+} und H_{1-} bestimmte Werte anzunehmen, überprüft man mit der hier vorgeschlagenen Vorgehensweise [Berechnung von π_{1+} und π_{1-} nach Gl. (10.19) mit anschließender Revision] im sequentiellen Verfahren Alternativhypothesen mit den Parametern π_{1+} und π_{1-}, die einer Überprüfung der Alternativhypothesen hinsichtlich der Parameter π_A und π_B bestmöglich entspricht. Selbstverständlich bleibt es dem Untersuchenden jedoch überlassen, die H_1-Parameter π_{1+} und π_{1-} für das Auftreten von (+−)-Paaren direkt, d. h. ohne Annahmen über π_A und π_B, festzusetzen.

10.3 Anwendungen

Im folgenden soll anhand einiger Beispiele aufgezeigt werden, welche Verfahren sich nach den in 10.1 und 10.2 beschriebenen Richtlinien auch sequentiell durchführen lassen. Man beachte jedoch, daß es – anders als bei nicht-sequentiell durchgeführten Untersuchungen – für den Einsatz eines sequentiellen Tests in jedem Falle erforderlich ist, neben dem α-Fehler und der H_0 auch den β-Fehler und die Alternativhypothese(n) zu spezifizieren.

Vorzeichentest: In 6.2.1.1 wurde der Vorzeichentest als eine spezielle Anwendungsvariante des Binomialtests vorgestellt, dessen sequentielle Durchführung Gegenstand von 10.1 war. Mit dem Vorzeichentest werden 2 abhängige Stichproben hinsichtlich ihrer zentralen Tendenz verglichen, wobei das Merkmal, hinsichtlich dessen die Stichproben zu vergleichen sind, kardinalisiert, gruppiert-ordinalskaliert oder – als Spezialfall davon – dichotom skaliert sein kann. Bei jedem Meßwertpaar wird entschieden, ob die 1. Messung größer (+) oder kleiner (−) ist als die 2. Messung, wobei Nulldifferenzen außer acht bleiben. Der Vorzeichentest prüft die $H_0 : \pi = 0,5$, wobei π (z. B.) die Wahrscheinlichkeit für das Auftreten der (+)-Alternative ist. Für den einseitigen Test spezifiziert man $H_1 : \pi = 0,5 + d$ oder $H_1 : \pi = 0,5 - d$ und für den zweiseitigen Test $H_{1+} : \pi = 0,5 + d$ und $H_{1-} : \pi = 0,5 - d$. Der Test läßt heterogene Beobachtungspaare zu.

Beispiel: Es soll eruiert werden, wie sich Herzfrequenzen von Personen bei Darbietung emotional erregender und emotional beruhigender Filmszenen verhalten. Die Personen werden sequentiell untersucht und bei jeder Person wird entschieden, ob die emotional erregende Filmszene oder die emotional beruhigende Filmszene eine höhere Herzfrequenz auslöst. Getestet wird einseitig $H_0 : \pi = 0,5$ gegen

(z. B.) H_1 : $\pi = 0,5 + 0,15$ mit $\alpha = \beta = 0,025$. Die Untersuchungsreihe wird so lange fortgesetzt, bis die Stichprobenspur (gemäß Abb. 10.1) die Annahmegerade für die H_0 oder für die H_1 überschreitet.

McNemar-Test: Dieser in 5.5.1.1 beschriebene Test prüft in seiner primären Anwendungsvariante die H_0, daß sich der Anteilsparameter für das Auftreten einer Merkmalsalternative eines dichotomen Merkmals bei zweimaliger Messung (oder beim Vergleich zweier „matched samples") nicht verändert. Es handelt sich also um den Vergleich der Anteilsparameter aus 2 (abhängigen) binomialverteilten Populationen, für den das sequentielle Vorgehen in 10.2 behandelt wurde. Wie auch der McNemar-Test geht das sequentielle Verfahren von der H_0 aus, nach der diskordante Paare – z. B. $(+-)$-Reaktionen – mit einer Wahrscheinlichkeit von $\pi = 0,5$ auftreten. Dieser H_0 wird eine spezifische einseitige oder zweiseitige H_1 gegenübergestellt.

Beispiel: Es soll überprüft werden, ob sich die Einschätzung des Wertes quantitativer Methoden durch den Besuch einer Statistikvorlesung verändert. Nach Beendigung der Vorlesung werden zufällig ausgewählte Studenten nacheinander befragt, ob ihre Einstellung unverändert geblieben ist ($++$ oder $--$) bzw. ob die Vorlesung einen Einstellungswandel bewirkt hat ($+-$ oder $-+$). In der Auswertung werden nur Studenten mit veränderter Einstellung berücksichtigt. Gemäß H_0 wird erwartet, daß $(+-)$-Veränderungen gleich wahrscheinlich sind wie $(-+)$-Veränderungen. (H_0 : $\pi = 0,5$). Die einseitige H_1 (positive Wirkung der Vorlesung) soll angenommen werden, wenn mindestens 70 % derjenigen, die ihre Meinung ändern, den Wert quantitativer Methoden nach der Vorlesung positiver einschätzen als vor der Vorlesung (H_1 : $\pi = 0,7$).

Vierfeldertest: In 5.2.1 wurde ausgeführt, daß die Überprüfung der H_0 : „Zwei dichotome Merkmale sind stochastisch unabhängig" und die Überprüfung der H_0 : „Die $(+)$-Alternative eines dichotomen Merkmals tritt in zwei unabhängigen Populationen mit gleicher Wahrscheinlichkeit auf" formal äquivalent seien. Für beide Fragestellungen ist der Vierfelder-χ^2-Test das angemessene Verfahren. Der Vierfelder-χ^2-Test läßt sich auch sequentiell durchführen, wenn wir das im Abschnitt 10.2 beschriebene, sequentielle Vorgehen zum Vergleich zweier Anteilsparameter verwenden.

Beispiel: Will man einen Wirkstoff (W) mit einem Leerpräparat (L) sequentiell hinsichtlich des dichotomen Merkmals Besserung $(+)$ versus keine Besserung $(-)$ vergleichen, entnimmt man einer homogenen Patientenpopulation sukzessiv Zufallspaare und behandelt den einen Paarling mit W und den anderen mit L. (Praktische Hinweise zur Paarbildung oder über ein allgemeineres Vorgehen, bei dem mit jedem Untersuchungsschritt simultan 2 oder mehr Patienten mit W bzw. L behandelt werden, findet man bei Wohlzogen u. Scheiber, 1970; Havelec et al. 1971 oder Ehrenfeld, 1972.) Gemäß H_0 erwartet man, daß $(+-)$-Paare mit gleicher Wahrscheinlichkeit auftreten wie $(-+)$-Paare. Das Festlegen des (in diesem Beispiel sinnvollerweise einseitigen) H_1-Parameters sollte die auf S. 530f. dargelegten Überlegungen berücksichtigen.

Zufälligkeit einer Abfolge von Binärdaten: Hat man eine Abfolge von Binärdaten [z. B. eine Abfolge der Ereignisse „Zahl" (Z) und „Adler" (A) bei mehrfachem Münzwurf], stellt sich gelegentlich die Frage, ob diese Abfolge zufällig ist (H_0: Auf Z folgt mit einer Wahrscheinlichkeit von $\pi_0 = 0,5$ erneut Z) oder nicht (H_1: Auf Z folgt Z mit einer Wahrscheinlichkeit von $\pi_{1+} = 0,5 + d$ oder $\pi_{1-} = 0,5 - d$). Bei Gültigkeit von H_{1+} erwarten wir, daß das Ereignis Z häufiger und bei Gültigkeit von H_{1-}, daß es seltener auftritt als unter der Annahme von H_0. Mit geeigneter Spezifizierung von d (z. B. d = 0,1) kann die Zufälligkeit der Abfolge anhand des in 10.1 beschriebenen sequentiellen Verfahrens überprüft werden. Will man mit dem gleichen Verfahren z. B. die Zufälligkeit des Erscheinens einer Sechs beim Würfeln überprüfen, wäre $\pi_0 = 1/6$ zu setzen.

Die Zufälligkeit einer Abfolge kann man auch überprüfen, indem man auszählt, wie häufig z. B. die (+)-Alternative in geschlossener Reihe, d. h. ohne Unterbrechung durch eine (−)-Alternative auftritt. Die Anzahl dieser „(+)-Iterationen" [die Abfolge + − − + + − + hätte z. B. 3 (+)-Iterationen] ist Gegenstand eines *Iterationshäufigkeitstests* von Shewart (1941; vgl. auch 11.1.1.1), dessen kombinatorische Grundlagen Moore (1953) zur Entwicklung eines sequentiellen Iterationshäufigkeitstests herangezogen hat, den wir im folgenden kurz vorstellen.

Bezeichnen wir mit t die Anzahl der bereits aufgetretenen (+)-Iterationen und mit n die Anzahl der Beobachtungen, erhält man folgende Annahmegerade für die H_0:

$$t = \frac{b}{2 \cdot b - 2 \cdot c} \cdot n - \frac{a_0 + c}{2 \cdot b - 2 \cdot c}. \tag{10.20}$$

Die Annahmegerade für die H_1 lautet

$$t = \frac{b}{2 \cdot b - 2 \cdot c} \cdot n - \frac{a_1 + c}{2 \cdot b - 2 \cdot c}. \tag{10.21}$$

In diesen Gleichungen bedeuten:

$$a_0 = \ln\frac{\beta}{1 - \alpha} \quad , \quad b = \ln(1 + 2 \cdot d),$$

$$a_1 = \ln\frac{1 - \beta}{\alpha} \quad , \quad c = \ln(1 - 2 \cdot d).$$

Dieser Test geht davon aus, daß die (+)-Alternative gemäß H_0 mit einer Wahrscheinlichkeit von $\pi = 0,5$ auftritt. Für $\pi > 0,5$ ist mit längeren und daher weniger zahlreichen Iterationen zu rechnen (undulierende Abfolge) und für $\pi < 0,5$ mit kürzeren, aber häufigeren Iterationen (oszillierende Abfolge). Gemäß H_1 setzen wir $\pi_1 = 0,5 + d$ mit $d > 0$ bei einer undulierenden und $d < 0$ bei einer oszillierenden Abfolge, wobei man für d die Werte $\pm 0,1$ oder − wenn nur größere Unterschiede interessieren − die Werte $\pm 0,2$ wählt.

Beispiel: Es wird vermutet, daß Frauen und Männer in einer Warteschlange vor einer Kinokasse sequentiell stärker „durchmischt" sind als gemäß H_0 zu erwarten wäre. Für eine sequentielle Überprüfung dieser Hypothese setzen wir $\alpha = \beta = 0,05$ und $d = -0,2$. Gemäß Gl. (10.20) und (10.21) resultieren

$$H_0: \quad t = \frac{-0,511}{2 \cdot (-0,511) - 2 \cdot 0,336} \cdot n - \frac{(-2,944) + 0,336}{2 \cdot (-0,511) - 2 \cdot 0,336}$$

$$= 0,301 \cdot n - 1,539,$$

$$H_1: \quad t = 0,301 \cdot n - \frac{2,944 + 0,336}{2 \cdot (-0,511) - 2 \cdot 0,336}$$

$$= 0,301 \cdot n + 1,936.$$

Abbildung 10.10 zeigt diese Geraden in einem Koordinatensystem mit n (= Anzahl der Beobachtungen) als Abszisse und t (= Anzahl der +-Iterationen) als Ordinate.

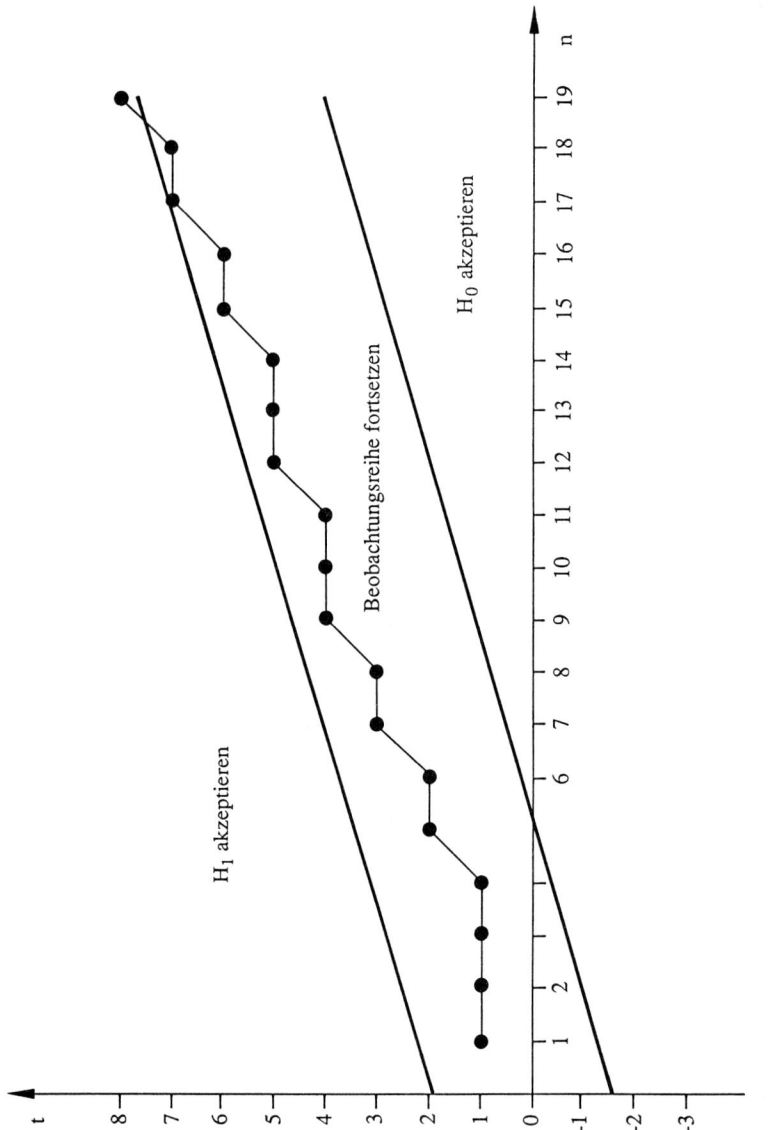

Abb. 10.10. Graphischer Testplan des sequentiellen Iterationstests

Die Warteschlange zeigt folgende Geschlechterreihung, die in Abb. 10.10 als Stichprobenspur eingetragen ist (+ = weiblich):

+ + + − + − + − + − − + + − + − + − +.

Die 19. Person „eröffnet" die 8. Plusiteration, mit der die Annahmegerade für die H_1 überschritten wird. Wir können also die H_1 (oszillierende Abfolge) annehmen, nach der die Wahrscheinlichkeit, daß auf eine weibliche Person erneut eine weibliche Person folgt, höchstens 30 % beträgt. Offensichtlich befinden sich in der Warteschlange mehr aus Frauen und Männern bestehende Paare, als gemäß H_0 zu erwarten wäre.

Der Test von Moore läßt sich auch auf kardinalskalierte Daten anwenden, wenn man diese am Median dichotomisiert.

Zufälligkeit einer Abfolge von Kardinaldaten: Effizienter als der für Kardinaldaten adaptierte Test von Moore ist ein von Noether (1956) entwickeltes Sequentialverfahren, das sich auf beliebige Abfolgen von Meßwerten anwenden läßt (vgl. auch S. 578f.). Man unterteilt dafür zunächst die Zahlenreihe in aufeinander folgende Dreiergruppen (Terzette) von Zahlen. Die Abfolge der Zahlen innerhalb eines Terzetts ist gemäß H_0 beliebig, d. h. jede der 3! möglichen Abfolgen kann mit gleicher Wahrscheinlichkeit auftreten. Von den 6 Abfolgen (z. B. 123; 132; 213; 231; 312; 321) haben jedoch nur 2 eine monotone Zahlenfolge (im Beispiel die Terzette 123 und 321), d. h. gemäß H_0 ist die Wahrscheinlichkeit für ein monotones Terzett $\pi_0 = 1/3$. Setzen wir gemäß H_1 die Wahrscheinlichkeit für monotone Terzette auf $\pi_1 = 0,5$ (z. B. weil ein monoton steigender, monoton fallender oder ein sinusartiger Trend in der Zahlenreihe erwartet wird, was die Wahrscheinlichkeit für monotone Terzette erhöhen würde), lassen sich die rivalisierenden Hypothesen nach dem in 10.1 beschriebenen, sequentiellen Test überprüfen.

Beispiel: Man will überprüfen, ob die Vigilanzleistung (erfaßt durch Reaktionszeiten auf kritische Signale) des Kontrollers eines Fließbandes über einen längeren Zeitraum (Arbeitszeit) hinweg nur zufälligen Schwankungen unterliegt (H_0) oder ob systematische Veränderungen auftreten (H_1). Die sequentiell erhobenen Reaktionszeiten werden zu Terzetten zusammengefaßt, wobei jedes monotone Terzett mit einem (+) und die übrigen mit einem (−) kodiert werden. Der $H_0 : \pi_0 = 1/3$ wird (z. B.) die $H_1 : \pi_1 = 0,5$ gegenübergestellt. Die graphische Überprüfung dieser Hypothesen verwendet für n die Anzahl der Terzette und für x die Anzahl der monotonen Terzette. (Zur Frage der Zusammenfassung (Agglutination) der Testergebnisse mehrerer Testpersonen findet man Hinweise auf S. 615f.).

k-Stichproben-Trendtest: Ähnliche Überlegungen wie beim Abfolgetest von Noether (1956) haben Lienert u. Sarris (1968) ihrer sequentiellen Modifikation eines Trendtests von Mosteller (1955) zugrunde gelegt. Wenn man k abhängige Stichproben (z. B. k wiederholte Messungen eine Stichprobe) sequentiell vergleichen will, ist bei jedem einzelnen Individuum festzustellen, ob die k Messungen einem gemäß H_1 erwarteten Trend (z. B. monoton steigend) folgen oder nicht. Für die Wahrscheinlichkeit, daß eine bestimmte Abfolge der k Messungen zufällig auftritt, errechnet man $\pi_0 = 1/k!$. Die Autoren empfehlen, den H_1-Parameter mit $\pi_1 = k \cdot \pi_0$ festzulegen. Die Personen werden sukzessiv untersucht, und für jede Person, deren Messungen in der gemäß H_1 spezifizierten Abfolge auftreten, wird ein Plus notiert. Man entscheidet zugunsten von H_0 oder H_1 nach den in 10.1 beschriebenen Verfahren.

Beispiel: Es sei zu überprüfen, ob ein psychomotorischer Test bei wiederholter Vorgabe einem Übungsfortschritt unterliegt. Der Test wird von jeder Person viermal durchgeführt, so daß k = 4 abhängige Stichproben zu vergleichen sind. Da gemäß H_1 ein monoton steigender Trend erwartet wird, signiert man für jede Person mit dieser Abfolge der Testleistungen ein Plus und für die übrigen ein Minus. Der sequentielle Test wäre mit den Parametern $\pi_0 = 1/4! = 1/24$ und $\pi_1 = 4/24 = 1/6$ durchzuführen.

Der Test ist auch für den Vergleich unabhängiger Stichproben geeignet, wenn man jeweils k zufällig ausgewählter Individuen den k Untersuchungsbedingungen zufällig zuordnet. Es werden dann solange Blöcke von jeweils k Individuen untersucht, bis die Stichprobenspur (n = Anzahl der Blöcke, x = Anzahl der Blöcke mit hypothesenkonformem Meßwertetrend über die k Behandlungen) die Annahmegerade für die H_1 oder die H_0 kreuzt.

Ein Ansatz zur sequentiellen Überprüfung von Dispersions- bzw. Omnibusunterschieden bei zwei abhängigen oder unabhängigen Stichproben (Quadrupeltests) wird bei Krauth u. Lienert (1974a,b) beschrieben.

10.4 Pseudosequentialtests

Die im folgenden zu besprechenden Verfahren gehen − wie die Sequentialtests − davon aus, daß Daten sukzessiv erhoben werden und daß eine möglichst frühzeitige Entscheidung über die zu prüfenden Hypothesen herbeigeführt werden soll. Anders als bei den klassischen Sequentialtests von Wald ist es hier jedoch nicht erforderlich, neben dem H_0-Parameter auch einen H_1-Parameter zu spezifizieren, was jedoch gleichzeitig bedeutet, daß der β-Fehler unkontrolliert bleibt. Ein weiterer Unterschied besteht darin, daß die Größe der zu untersuchenden Stichproben vor Untersuchungsbeginn festgelegt werden muß. Verfahren mit diesen Eigenschaften wollen wir als Pseudosequentialtests bezeichnen.

Das klassische Anwendungsfeld von Pseudosequentialtests sind Untersuchungssituationen, in denen die Überlebenszeiten von behandelten Versuchstieren einer Experimentalgruppe mit denen einer Kontrollgruppe verglichen werden. Da man natürlich daran interessiert ist, möglichst wenig Versuchstiere zu opfern, bieten sich − frühzeitig entscheidende − Pseudosequentialtests als statistisches Auswertungsverfahren an. Allgemein überprüfen Pseudosequentialtests, ob sich die zeitlichen Verteilungen für das Auftreten zeitabhängiger Ereignisse (Eintreten des Todes, Lösen einer Aufgabe, Entlassung aus dem Krankenhaus, fehlerfreie Reproduktion eines Textes, Erreichen eines Therapiezieles etc.) in 2 unabhängige Stichproben unterscheiden.

Eines der wichtigsten Verfahren, der *Exzedenzentest* von Epstein (1954), sei im folgenden an einem „klassischen" Beispiel verdeutlicht. Es soll die Wirksamkeit eines Schutzmittels gegen radioaktive Strahlung geprüft werden. Dafür werden $n_1 = 5$ unbehandelte Ratten (Kontrollgruppe = K) und $n_2 = 4$ mit einem Schutzmittel behandelte Ratten (Experimentalgruppe = E) einer tödlichen Strahlungsdosis ausgesetzt. Nach dieser Behandlung verenden die Tiere in folgender Reihenfolge:

KKKEKEEKE   .

Man stellt also fest, daß nach der ersten verendeten Experimentalratte noch 2 Kontrolltiere leben. Dies sind die für den Test von Epstein benötigten Exzedenzen, deren Anzahl wir mit x bezeichnen (im Beispiel: x = 2). Die Exzedenzen müssen sich jedoch nicht auf die erste verstorbene Experimentalratte beziehen; sie können auch für die zweite, die dritte oder allgemein die r-te verstorbene Experimentalratte ausgezählt werden. Setzen wir z. B. r = 2, ergibt sich x = 1 Exzedenz, denn nach der zweiten verstorbenen Experimentalratte lebt nur noch ein Kontrolltier.

Unter der Nullhypothese (H_0: Experimentalratten leben nicht länger als Kontrollratten) errechnet man – wie schon Gumbel u. v. Schelling (1950) gezeigt haben – die Punktwahrscheinlichkeit p(x) dafür, daß genau x Ratten der Kontrollgruppe den Tod der r-ten Ratte der Experimentalgruppe überleben, nach folgender Gleichung:

$$p(x) = \frac{\binom{n_1 - x + r - 1}{r - 1} \cdot \binom{n_2 - r + x}{x}}{\binom{n_1 + n_2}{n_1}} \quad . \tag{10.22}$$

In dieser Gleichung ist n_1 der Umfang derjenigen Stichprobe, für die die Exzedenzen ausgezählt werden. Im Beispiel errechnet man für $n_1 = 5$, $n_2 = 4$ und $r = 1$ (und damit $x = 2$):

$$p(x = 2) = \frac{\binom{5 - 2 + 1 - 1}{1 - 1} \cdot \binom{4 - 1 + 2}{2}}{\binom{5 + 4}{5}} = \frac{\binom{3}{0} \cdot \binom{5}{2}}{\binom{9}{5}} = \frac{1 \cdot 10}{126}$$
$$= 0,0794 \quad .$$

Um die einseitige Überschreitungswahrscheinlichkeit P zu ermitteln, sind zu dieser Punktwahrscheinlichkeit die Punktwahrscheinlichkeiten der im Sinne der H_1 noch günstigeren Ereignisse zu addieren.

$$P = \sum_{i=0}^{x} p(i) \quad . \tag{10.23}$$

Es sind dies die Ereignisse $x = 1$ (nur ein Kontrolltier überlebt das erste gestorbene Experimentaltier) und $x = 0$ (kein Kontrolltier überlebt das erste gestorbene Experimentaltier). Wir errechnen:

$$p(x = 1) = \frac{\binom{4}{0} \cdot \binom{4}{1}}{\binom{9}{5}} = \frac{4}{126} = 0,0317$$

und

$$p(x = 0) = \frac{\binom{5}{0} \cdot \binom{3}{0}}{\binom{9}{5}} = \frac{1}{126} = 0,0079 \quad .$$

Als einseitige Überschreitungswahrscheinlichkeit resultiert damit $P = 0,0794 + 0,0317 + 0,0079 = 0,1190$. Dieser Wert ist für $\alpha = 0,05$ nicht signifikant, die H_0 ist also beizubehalten.

Speziell für $r = 1$ kommt man zu dem gleichen Ergebnis, wenn man den *Präzedenzentest* von Nelson (1963; ursprünglich konzipiert von Rosenbaum, 1954) einsetzt. Bezogen auf das Beispiel definiert dieser Test mit $y = n_1 - x$ die Anzahl der Kontrolltiere, die vor dem ersten Experimentaltier verendet sind (Präzedenzen). In unserem Beispiel ist $y = 3$. Hiervon ausgehend ergibt sich die einseitige Überschreitungswahrscheinlichkeit P zu

$$P = \frac{\binom{n_1}{y}}{\binom{n_1 + n_2}{y}} \quad . \tag{10.24}$$

Mit n_1 wird der Umfang derjenigen Stichprobe gekennzeichnet, für die die Präzedenzen ausgezählt wurden. Für das Beispiel (mit $n_1 = 5$ und $y = 3$) errechnen wir für P nach Gl. (10.24):

$$P = \frac{\binom{5}{3}}{\binom{4+5}{3}} = \frac{10}{84} = 0,1190 \quad .$$

Diese Überschreitungswahrscheinlichkeit ist mit der Summe der nach Gl.(10.22) ermittelten Punktwahrscheinlichkeiten des Exzedenzentests identisch.

Tafeln für die Signifikanzschranken des Exzedenzentests (mit $n_1 = n_2$) findet man bei Epstein (1954).

In unserem Beispiel wurde der Exzedenzentest für $r = 1$ durchgeführt. Hätten wir den Tod der zweiten Experimentalratte abgewartet, wäre der Test mit $r = 2$ (und $x = 1$) durchzuführen gewesen. In diesem Falle ergäbe sich mit $P = 0,1190 + 0,0476 = 0,1667$ eine Überschreitungswahrscheinlichkeit, die von der Überschreitungswahrscheinlichkeit für $r = 1$ abweicht. Diese Zahlen belegen den plausiblen Tatbestand, daß das Resultat des Exzedenzentests von der Wahl des r-Wertes abhängt, womit sich die Frage stellt, wie groß r für eine konkrete Untersuchung zu wählen ist.

Zunächst ist zu fordern, daß der r-Wert vor der Untersuchungsdurchführung festgelegt werden sollte. Man wähle $r = 1$, wenn eine möglichst rasche Entscheidung bzw. ein möglichst früher Untersuchungsabbruch gewünscht wird. Bei dieser Entscheidung sollte auch berücksichtigt werden, daß – z. B. bei Tierversuchen der beschriebenen Art – durch die Wahl eines niedrigen r-Wertes eine gute Chance besteht, eine größere Anzahl von Versuchstieren am Leben zu erhalten. Unter Effizienzgesichtspunkten empfiehlt es sich, $r = n_2/2$ (bei geradzahligem Umfang der Experimentalgruppe) bzw. $r = (n_2 - 1)/2$ (bei ungeradzahligem Umfang) zu setzen. (Vgl. hierzu auch den „Kontrollmediantest" von Kimball et al., 1957, bzw. dessen sequentielle Variante von Gart, 1963, oder den „First Median-Test" von Gastwirth, 1968).

Beispiel 10.3

Problem: Es soll mit möglichst geringem Aufwand entschieden werden, ob eine Behandlung A (elektromyographisches Biofeedback) oder eine Behandlung B (elektroenzephalographisches Feedback) besser geeignet ist, Verspannungsschmerzen im Stirnmuskel zu beseitigen. Es ist vorgesehen, 10 Patienten nach Methode A und 15 Patienten nach Methode B zu behandeln. Da davon ausgegangen wird, daß bei einigen Patienten die jeweilige Methode überhaupt nicht wirkt, soll mit einem pseudosequentiellen Verfahren (Exzedenzentest) eine Entscheidung herbeigeführt werden.

Hypothese: Methode A ist wirksamer als Methode B (H_1; $\alpha = 0,05$; einseitiger Test).

Vorüberlegungen: Da die Patienten aus technischen Gründen nur nacheinander behandelt werden können („Sukzessivstart"), wird anhand der Behandlungsdauer (Anzahl der Sitzungen) im nachhinein entschieden, in welcher Reihenfolge die Patienten schmerzfrei wurden. Man beschließt, die Untersuchung abzubrechen und über die zu prüfende Hypothese zu befinden, wenn $r = 4$ Patienten, die nach der vermutlich weniger wirksamen Methode B behandelt wurden, schmerzfrei sind. Die Anzahl der

nach Methode A behandelten Patienten, die danach noch keine Behandlungswirkung zeigen, stellen damit die Exzedenzen (x) dar.

Ergebnisse: Tabelle 10.6 zeigt, in welcher Reihenfolge bzw. nach wie vielen Sitzungen die nach den Methoden A und B behandelten Patienten schmerzfrei waren.

Tabelle 10.6

Reihenfolge	Methode	Anzahl der Sitzungen
1	A	4
2	A	5
3	A	6
4	B	7
5	A	7
6	B	7
7	A	8
8	A	9
9	B	9
10	A	11
11	B	12

Hypothesengemäß handelt es sich bei den 3 Patienten mit den kürzesten Behandlungszeiten um Patienten der Methode A. Die kürzeste Behandlungsdauer, die mit Methode B erzielt wurde, bestand aus 7 Sitzungen. Der „kritische" 4. Patient, der nach Methode B erfolgreich behandelt wurde, benötigte 12 Sitzungen. Da 7 nach Methode A behandelte Patienten schneller schmerzfrei waren, ergeben sich $x = 10 - 7 = 3$ Exzedenzen. Die Frage, nach wie vielen Sitzungen alle restlichen Patienten einen Behandlungserfolg zeigten, ist für den folgenden Test belanglos.

Auswertung: Unter Verwendung von $n_1 = 10$, $n_2 = 15$, $r = 4$ und $x = 3$ erhält man nach Geichung 10.22:

$$p(x = 3) = \frac{\binom{10-3+4-1}{4-1} \cdot \binom{15-4+3}{3}}{\binom{10+15}{10}} = \frac{\binom{10}{3} \cdot \binom{14}{3}}{\binom{25}{10}} = \frac{120 \cdot 364}{3268760} = 0,0134 \quad .$$

Für die im Sinne von H_1 noch günstigeren Ereignisse errechnen wir:

$$p(x = 2) = \frac{\binom{11}{3} \cdot \binom{13}{2}}{\binom{25}{10}} = 0,0039 \quad ,$$

$$p(x = 1) = \frac{\binom{12}{3} \cdot \binom{12}{1}}{\binom{25}{10}} = 0,0008 \quad ,$$

$$p(x = 0) = \frac{\binom{13}{3} \cdot \binom{11}{0}}{\binom{25}{10}} = 0,0001 \quad .$$

Gemäß Gl. (10.23) ergibt sich also eine einseitige Überschreitungswahrscheinlichkeit von $P = 0,0182$. H_0 kann damit zugunsten von H_1 verworfen werfen.

Anmerkung: Hätte man alle Patienten bis zum Eintreten eines Erfolges behandelt, ergäbe sich aufgrund der individuellen Behandlungsdauer eine gemeinsame Rangreihe der $n_1 + n_2 = 25$ Patienten. In diesem Falle wäre der Vergleich der beiden Methoden effizienter nach dem in 6.1.1.2 beschriebenen U-Test durchzuführen gewesen. Sollten einige Patienten im Rahmen eines zuvor festgesetzten, maximalen Behandlungszeitraumes (maximale Anzahl von Sitzungen) nicht schmerzfrei geworden sein, wäre der auf S. 210f. erwähnte, einseitig gestutzte U-Test von Halperin (1960) einschlägig. Der U-Test ließe sich nach Alling (1963) auch pseudosequentiell anwenden, indem man nach jedem eingetretenen Ereignis die Rangsummen der beiden Stichproben errechnet und deren Differenz mit dem für das jeweilige $n = n_1 + n_2$ kritischen Schwellenwert vergleicht, wobei n_1 und n_2 die Anzahl der schmerzfreien Patienten in den beiden Stichproben zum Zeitpunkt der Prüfung darstellen.

Rangbindungen, die – wie im Beispiel 10.3 – vor Eintreten des „kritischen" Ereignisses aufgetreten sind, beeinflussen das Testergebnis nicht. Tritt das kritische Ereignis jedoch in Rangbindung mit einem Ereignis der anderen Stichprobe auf, zählt man letzteres bei konservativem Vorgehen zu den Exedenzen.

Probleme der genannten Art können auch über einen exakten Vierfeldertest (vgl. 5.2.2) ausgewertet werden. Bezogen auf Beispiel 10.3 würde man auszählen (bzw. errechnen), wieviele Patienten der Stichproben A und B höchstens 12 Sitzungen und wieviele mehr als 12 Sitzungen benötigen, um schmerzfrei zu werden. Nach dieser Vorschrift erhält man für das Beispiel 10.3 die in Tabelle 10.7 dargestellte Vierfeldertafel.

Tabelle 10.7

	≤ 12 Sitzungen	> 12 Sitzungen	
A	7	3 (= x)	10
B	4 (= r)	11	15
	11	14	25

Die Punktwahrscheinlichkeit dieser Vierfeldertafel (p_v) ist mit der Punktwahrscheinlichkeit des Exedenzentests (p_E) wie folgt verknüpft:

$$p_E = p_v \cdot \binom{n_1 - x + r - 1}{r - 1} \bigg/ \binom{r + n_1 - x}{r} \ . \tag{10.25}$$

Wenden wir Gl.(10.25) auf das Beispiel an, erhält man

$$p_v = \frac{11! \cdot 14! \cdot 10! \cdot 15!}{25! \cdot 7! \cdot 3! \cdot 4! \cdot 11!} = 0,0367 \quad \text{(gemäß Gl.5.33)}$$

und

$$p_E = 0,0367 \cdot \binom{10 - 3 + 4 - 1}{4 - 1} \bigg/ \binom{4 + 10 - 3}{4}$$

$$= 0,0367 \cdot \frac{120}{330} = 0,0134 \ .$$

Dieser Wert stimmt mit dem nach Gl.(10.22) berechneten p(x = 3)-Wert überein.

10.5 Weitere Verfahren

Bevor wir dieses Kapitel abschließen, seien weitere sequentiell einsetzbare Verfahren genannt, die gelegentlich in der Literatur erwähnt werden.

Wilcoxon et al. (1963) haben 2 gruppierte Rangtests entwickelt, bei denen man sequentiell je 2 kleine Zufallsstichproben (Experimental- und Kontrollbehandlung) zieht, für jede Gruppe eine Rangsumme bildet und die Rangsummen (als Prüfgrößen) nach Art einer Stichprobenspur fortschreibt, bis eine der beiden rivalisierenden Hypothesen (H_0 oder H_1) angenommen werden kann. Ein modifizierter Zweistichprobensequentialtest wurde später von Bradley et al. (1966) vorgestellt. Werden 2 abhängige Stichproben sequentiell erhoben, so ist der entsprechend adaptierte Vorzeichenrangtest von Weed u. Bradley (1971) zu empfehlen.

Wenn man an einer Stichprobe sequentiell ein mehrstufiges Merkmal erhebt (z. B. verschiedene Nebenwirkungen eines Medikamentes), kann man mit einem Sequentialtest von Alam et al. (1971) überprüfen, welche Merkmalskategorie (Nebenwirkungsart) in der Referenzpopulation am häufigsten auftritt. Für zweistufige Merkmale testet man nach Berry u. Sobel (1973).

Korrelationen (τ, ϱ, r) zweier Merkmale können nach einem Verfahren von Kowalski (1971) sequentiell getestet werden.

Mit Geertsema (1970) lassen sich die Konfidenzgrenzen des Anteilsparameters einer binomialen Population sequentiell bestimmen. Will man aufgrund von k sequentiell erhobenen Stichproben erfahren, in welcher der k Referenzpopulationen ein Merkmal X die höchste Merkmalsausprägung aufweist, verwendet man die von Blumenthal (1975) oder von Geertsema (1972) vorgeschlagenen Prozeduren. Ist das untersuchte Merkmal binomial verteilt, findet man die „beste" Population mit einem sequentiellen Verfahren von Paulson (1967).

Eine andere Art der sequentiellen Stichprobenerhebung für alternative Merkmale haben Sobel u. Weiss (1970) mit dem auf Zelen (1969) zurückgehenden „*Play the Winner Sampling*" (*PW*) eingeführt. Das PW-Sampling schreibt im Zweistichprobenfall vor: Man bleibe bei derselben Behandlung, wenn sie im vorangegangenen Durchgang erfolgreich war, man wechsle zur anderen Behandlung, wenn sie erfolglos war. Nach jeder Behandlung eines Patienten bilde man die Differenz der Erfolge unter der neuen und der Kontrollbehandlung. Wenn diese Differenz erstmals eine kritische Grenze erreicht, ist die Behandlung mit der größeren Zahl der Erfolge als die wirksamere zu betrachten.

Raghunandanan (1974) hat gezeigt, daß die Zahl der zur Entscheidung nötigen Versuche (Patienten) herabgesetzt werden kann, wenn gleichzeitig die Zahl der Mißerfolge berücksichtigt wird. Führt eine der beiden Behandlungen (z. B. die Kontrolle) zu deutlich weniger Erfolgen als die andere (experimentelle), dann ist eine von Nordbrock (1976) entwickelte PW-Version der Sequentialanalyse zu empfehlen.

Eine klinisch ebenfalls interessante sequentielle Verfahrensvariante ist die sog. „Two-Arm Play the Winner Rule" von Hsi u. Louis (1975). Man startet mit Paaren von Patienten, die einer von zwei Behandlungen nach Zufall zugeteilt werden und registriert jeweils Erfolg E oder Mißerfolg M. Tabelle 10.8 zeigt das weitere Vorgehen:

Tabelle 10.8

Schritt i	1	2	3	4	5	6	7	8	9	10	11	12 ...
Behandlung 1	E	E	M	–	E	E	E	E	E	M	M	E ...
Behandlung 2	E	E	E	M	E	E	M	–	–	–	M	E ...
Folge	I				II						III	IV

Man bricht jede Behandlung (1 oder 2) nach dem 1. Mißerfolg ab (Behandlung 1 nach dem 3., Behandlung 2 nach dem 4. Schritt). Damit ist eine Behandlungsfolge (I) abgeschlossen und es wird die Anzahl der Erfolge je Behandlung ausgezählt und anschließend die Differenz d_I der Erfolge der Behandlung 1 und der Behandlung 2 gebildet ($d_I = 2 - 3 = -1$). Man beginnt dann mit der Behandlungsfolge II, die abgeschlossen ist, wenn beide Behandlungen wieder ihren 1. Mißerfolg aufweisen. Man zählt wieder die Anzahl der Erfolge je Behandlung (insgesamt) aus und berechnet die Differenz d_{II} ($d_{II} = 7 - 5 = +2$). Erreicht die kumulierte Prüfgröße der Erfolgsdifferenzen einen kritischen d-Wert, so wird H_0 verworfen. Da im Unterschied zum PW-Sampling jeweils 2 Patienten simultan behandelt werden, kommt man rascher zu einer Entscheidung, auch wenn man ggf. in einer Behandlungsfolge mehr Patienten nach einer Methode erfolgreich behandelt als für eine Entscheidung zugunsten von H_1 erforderlich wären. Beim Two-Arm- PW-Sampling wird die Zahl der Patienten, die der schlechteren Behandlung unterzogen werden, minimiert, was auch klinisch wünschenswert erscheint.

Kapitel 11   Abfolgen und Zeitreihen

Wenn aus einer Grundgesamtheit sukzessive Einzelbeobachtungen entnommen werden, resultiert eine *Abfolge* von Beobachtungen. Dabei interessiert häufig die Frage, ob die Beobachtungen zufällig aufeinander folgen (H_0) oder nicht (H_1). Verfährt man bei der sukzessiven Erhebung der Beobachtungen so, daß neben der Ausprägung des untersuchten Merkmals auch der Zeitpunkt der Erhebung mit registriert wird, erhält man eine zeitliche Abfolge oder eine *Zeitreihe* von Beobachtungen. In diesem Falle läßt sich die H_1, nach der man eine nicht durch Zufall erklärbare Ereignisabfolge erwartet, durch die Annahme einer speziellen Regelmäßigkeit bzw. eines Trends in der Zeitreihe präzisieren. Die Frage, wie man überprüfen kann, ob die Beobachtungen zufällig aufeinander folgen bzw. ob zeitgebundene Beobachtungen einem zuvor spezifizierten Trend oder einer speziellen Systematik folgen, soll in diesem Kapitel beantwortet werden.

Wie schon in einigen vorangegangenen Kapiteln werden die Verfahren auch in diesem Kapitel nach dem Skalenniveau der erhobenen Daten gegliedert. Wir beginnen in 11.1 mit der Untersuchung von Abfolgen *binärer* Daten, die man beispielsweise erhält, wenn bei einer Sequenz von Münzwürfen die Abfolge der Ereignisse „Zahl" und „Adler" notiert wird, wenn man bei der Beobachtung aufeinander folgender Testaufgaben eine Sequenz der Ereignisse „Aufgabe gelöst" oder „Aufgabe nicht gelöst" erhält oder wenn man bei einem Patienten über einen längeren Zeitraum Tage mit bzw. ohne Schmerzen registriert.

Bei Abfolgen dieser Art interessiert zunächst die H_0, daß die Ereignisse zufällig aufeinander folgen bzw. daß die Wahrscheinlichkeit π für das Auftreten einer Merkmalsalternative über den Beobachtungszeitraum hinweg konstant bleibt. In diesem Falle sprechen wir von einer *stationären Abfolge* bzw. einer stationären Zeitreihe. (Wir verzichten hier auf eine genaue Definition des Stationaritätsbegriffes. Der interessierte Leser sei z.B. auf Priestley, 1981, S. 104ff. verwiesen.) Des weiteren werden wir zur Überprüfung der Frage, ob bei einer nicht stationären Zeitreihe die Veränderungen von π einer bestimmten Regelmäßigkeit folgt, ob also die Stationarität in einer spezifischen Weise verletzt ist, spezielle Trendtests kennenlernen.

In 11.2 wird die Zufälligkeit einer Abfolge von *nominalen* Daten mit mehr als 2 Abstufungen untersucht (z. B. die Abfolge der Ereignisse „1. Dutzend", „2. Dutzend" und „3. Dutzend" beim Roulettespiel oder die Abfolge der Ereignisse „Tierdeutung", „Menschdeutung", „Pflanzendeutung" und „Sonstiges" in einem Rorschach-Testprotokoll). Bei einer Abfolge von Daten eines k-stufigen nominalen Merkmals bedeutet Stationarität, daß die Wahrscheinlichkeiten aller Merkmalskategorien $\pi_1, \pi_2, \ldots, \pi_k$ konstant bleiben. Die in diesem Kapitel behandelten Verfahren lassen sich

auch auf gruppiert ordinale Merkmale (z. B. Schulnoten) oder gruppiert kardinale Merkmale (z. B. Altersklassen) anwenden.

Der Frage, ob ein sequentiell erhobenes *ordinales* Merkmal einem monotonen Trend unterliegt, werden wir in 11.3 nachgehen. Die zeitabhängige Verbesserung oder Verschlechterung eines Sportlers, erfaßt durch die Position innerhalb einer Rangliste, mag als Beispiel dafür gelten.

Am differenziertesten lassen sich Abfolgen oder Zeitreihen für *Kardinaldaten* analysieren. Die einschlägigen Verfahren werden in 11.4 behandelt. Hier kommen u.a. Techniken zur Bestimmung des Funktionstypus, mit dem man eine Zeitreihe beschreiben kann, zur Sprache sowie Verfahren, mit denen sich die interne Abhängigkeitsstruktur einer Zeitreihe bestimmen läßt.

Abschließend behandelt 11.5 die Analyse der *zeitlichen Verteilung* von Einzelereignissen, die man erhält, wenn man für äquidistante Zeitintervalle auszählt, wie häufig das fragliche Ereignis in den einzelnen Zeitintervallen aufgetreten ist.

Auf eine Behandlung der klassisch-parametrischen Zeitreihenanalyse nach den Richtlinien der ARIMA-Modelle („*auto*regressive *i*ntegrated *m*oving *a*verage processes") wird hier verzichtet. Diese ursprünglich in der Ökonometrie entwickelte, vornehmlich auf lange Zeitreihen anzuwendende Verfahrensklasse gewinnt zunehmend auch für biologische und humanwissenschaftliche Anwendungsfelder an Bedeutung. Der interessierte Leser sei auf die einschlägige Literatur verwiesen, wie z. B. Box u. Jenkins (1976), Revenstorf (1979), Schmitz (1987), Rottleuthner-Lutter (1986), Glass et al. (1975) oder Schlittgen u. Streitberg (1984).

11.1 Binäre Daten

Eine praktisch mit allen statistischen Tests verknüpfte erhebungstechnische Forderung ist die zufällige Entnahme der Beobachtungen aus einer Referenzpopulation. Der Frage, inwieweit diese Forderung bei einer konkreten Untersuchung erfüllt ist bzw. wie man die Zufälligkeit einer Beobachtungsfolge statistisch prüft, wurde jedoch bislang nur wenig Aufmerksamkeit gewidmet. Dies soll im folgenden – zunächst für binäre Daten – nachgeholt werden. (Die Verfahren eignen sich auch für Beobachtungen eines stetigen Merkmals, wenn man das Datenmaterial in geeigneter Weise dichotomisiert.)

Neben dieser eher formal-statistischen Indikation verwendet man Verfahren zur Analyse der Zufälligkeit einer Abfolge auch dann mit Vorteil, wenn man aus inhaltlichen Gründen daran interessiert ist zu erfahren, ob eine Abfolge von Binärdaten richtig, d. h. rein zufällig „durchmischt" ist oder ob ein Wechsel der beiden Merkmalsalternativen zu regelmäßig (zu gute Durchmischung) bzw. zu selten erfolgt (zu schlechte Durchmischung). Eine „richtige Durchmischung" würde man beispielsweise bei allen auf Alternativereignissen basierenden Glücksspielen erwarten oder bei anderen Ereignisabfolgen, von denen man ebenfalls behauptet, sie kämen ausschließlich durch Zufall zustande.

Inhaltlich ergiebiger sind Fragestellungen, bei denen man primär an einem Nachweis dafür interessiert ist, daß für das Zustandekommen einer Abfolge nicht der Zufall, sondern systematische Bedingungen verantwortlich zu machen sind. Das Entdecken einer solchen Systematik vermittelt nicht selten aufschlußreiche Einblicke in

die Art der Abhängigkeitsstruktur der Daten, die als Hypothesen in weiteren Untersuchungen zu prüfen sind. Dementsprechend unterscheiden wir im folgenden zwischen Tests, die die H_0 : „zufällige Abfolge" gegen die unspezifische H_1 : „keine zufällige Abfolge" prüfen und Tests, die der H_0 eine H_1 gegenüberstellen, mit der die Art der Abweichung von der Zufälligkeit genauer spezifiziert wird.

Die Zufälligkeit einer Abfolge kann auf unterschiedlichste Weise verletzt sein. Ein Test, der auf alle möglichen Arten der Abweichungen von der Zufälligkeit gleichermaßen gut anspricht, existiert leider nicht. Desgleichen gibt es keine Methode, die es ermöglicht, positiv zu entscheiden, ob eine Abfolge sämtliche Voraussetzungen der Zufälligkeit erfüllt. Wie bei allen anderen Verfahren, die nicht an die Vorgabe eines spezifischen H_1-Parameters gebunden sind (Ausnahme sind die Sequentialtests in Kap. 10), müssen wir uns damit begnügen, die H_1 zu akzeptieren, wenn die Wahrscheinlichkeit, daß die Abfolge bei Gültigkeit von H_0 zustande kam, gering ist. Das Beibehalten von H_0 bei zu großer Irrtumswahrscheinlichkeit kann – wie üblich – bestenfalls als indirekter Indikator für die Richtigkeit von H_0 angesehen werden. Ist man – wie etwa bei der Überprüfung der Zufälligkeit einer Stichprobe als Testvoraussetzung – an der Gültigkeit von H_0 interessiert, sollte dementsprechend ein hohes α-Niveau (z. B. $\alpha = 0,2$) angesetzt werden.

In 11.1.1 werden Verfahren behandelt, die eine Abweichung von der Zufälligkeit einer Abfolge anzeigen, wenn (1) ein Wechsel der Merkmalsalternativen zu häufig oder zu selten stattfindet bzw. (2) eine Merkmalsalternative in einer zu langen Serie aufeinander folgt. Mit den in 11.1.2 zu besprechenden Verfahren läßt sich die H_0 gegen eine spezifische H_1 testen, nach der für den Parameter π ein steigender oder fallender monotoner Trend erwartet wird.

Eine stationäre bzw. zufällige Abfolge binärer Daten ist dadurch gekennzeichnet, daß die Wahrscheinlichkeit für das Auftreten einer Merkmalsalternative über den gesamten Beobachtungszeitraum hinweg konstant bleibt. Hängt die Wahrscheinlichkeit des Auftretens einer Merkmalsalternative A unabhängig vom Zeitpunkt nur davon ab, ob zuvor das Ereignis A oder B auftrat, so sprechen wir in diesem Falle von einer homogenen bzw. stationären Markov-Kette oder einem *Markov-Prozeß* 1. Ordnung. Wie man überprüfen kann, ob eine Abfolge bzw. eine Zeitreihe im Sinne einer Markov-Kette strukturiert ist, wird in 11.1.3 behandelt.

In 11.1.4 befassen wir uns mit der Frage, ob eine Stichprobe von Abfolgen als homogen anzusehen ist oder nicht, und in 11.1.5 schließlich wird gezeigt, wie man überprüfen kann, ob sich Interventionen verändernd auf die Auftretenswahrscheinlichkeit π für eine untersuchte Merkmalsalternative auswirken.

11.1.1 Zufälligkeit der Abfolge: Omnibustests

11.1.1.1 Iterationshäufigkeitstest

Ein wichtiges Merkmal für eine zufällige Abfolge von Binärdaten ist die „richtige" Durchmischung der Merkmalsalternativen. Sowohl eine Abfolge mit zu häufigem Wechsel der Merkmalsalternativen (z. B. ABABAB) als auch eine Abfolge mit zu seltenem Wechsel (z. B. AAABBB) sind nur wenig mit dem Zufall zu vereinba-

ren. Um diese spezielle Art der Abweichung von der Zufälligkeit zu überprüfen, verwenden wir den im folgenden behandelten *Iterationshäufigkeitstest* („runs-test") von Stevens (1939). Eine sequentielle Variante dieses Tests haben wir bereits in 10.3 kennengelernt.

Unter einer Iteration (einem „run") verstehen wir eine Sequenz identischer Beobachtungen. Bezeichnen wir die Merkmalsalternativen erneut mit A und B, besteht beispielsweise die Abfolge

$$\overline{A} \; \underline{B \; B} \; \overline{A} \; \underline{B \; B \; B} \; \overline{A \; A}$$

mit $n = 9$ Beobachtungen (und $n_1 = 4$ Beobachtungen für die Alternative A bzw. $n_2 = 5$ Beobachtungen für die Alternative B) aus $r_1 = 3$ A-Iterationen und $r_2 = 2$ B-Iterationen bzw. insgesamt aus $r = r_1 + r_2 = 5$ Iterationen. (Hier und im folgenden kennzeichnen wir die Anzahl der Beobachtungen einer Abfolge durch n. Das Symbol N bleibt − wie z. B. in 11.1.4 − für die Anzahl der Untersuchungseinheiten reserviert.) Die Länge einer A-Iteration umfaßt mindestens ein Ereignis (z. B. $\overline{A}$ B A B A) bzw. höchstens n_1 Ereignisse (z. B. $\overline{AAA}$ B B für $n_1 = 3$). Entsprechendes gilt für die B-Iterationen.

Wir definieren mit r = Anzahl der Iterationen eine Prüfgröße, deren Verteilung bei Gültigkeit von H_0 im folgenden herzuleiten ist. Die minimale Anzahl für r ist offensichtlich $r_{min} = 2$; wir erhalten sie, wenn alle A-Ereignisse und alle B-Ereignisse in ununterbrochener Reihe aufeinander folgen (z. B. A A A B B B B). Hinsichtlich der maximalen Anzahl sind 2 Fälle zu unterscheiden: Ist die Anzahl der A-Ereignisse gleich der Anzahl der B-Ereignisse ($n_1 = n_2$), können sich A- und B-Ereignisse ständig abwechseln, so daß $r_{max} = n$ ist (z. B. A B A B A B oder B A B A B A). Für $n_1 \neq n_2$ können maximal $2 \cdot \min(n_1; n_2) + 1$ Iterationen entstehen, wie man sich leicht anhand einfacher Beispiele verdeutlichen kann. Ist nämlich z. B. $n_1 < n_2$, ergeben sich für die n_1 A-Ereignisse $n_1 - 1$ Zwischenräume, die durch B Ereignisse auszufüllen sind. Damit verbleiben wegen $n_1 < n_2$ mindestens 2 B-Ereignisse, die die Randpositionen der Abfolge einnehmen können (z. B. B A B A B A B), d. h. wir erhalten n_1 A-Iterationen und ($n_1 - 1$) B-Iterationen plus 2 B-Iterationen bzw. zusammengenommen: $r_{max} = n_1 + (n_1 - 1) + 2 = 2 \cdot n_1 + 1$ (für $n_1 < n_2$).

Die Gesamtzahl der Iterationen ergibt sich als Summe der A-Iterationen und der B-Iterationen ($r = r_1 + r_2$). Wie man sich ebenfalls leicht anhand einfacher Beispiele verdeutlichen kann, können r_1 und r_2 bei gegebenem r nicht beliebig variieren. Es sind nur 3 Fälle denkbar, und zwar

− $r_1 = r_2 + 1$,
− $r_1 = r_2 - 1$ und
− $r_1 = r_2$.

Die Anzahl der A-Iterationen und die der B-Iterationen können sich also höchstens um 1 Iteration unterscheiden, denn jede beliebige A-Iteration hat mindestens 1 B-Iteration (wenn A am Rande steht) und höchstens 2 B-Iterationen (wenn A nicht am Rande steht) als Nachbarn. Entsprechendes gilt für die B-Iterationen.

Zu fragen ist nun, wie viele Abfolgen bei gegebenem $n = n_1 + n_2$ mit einer bestimmten Anzahl von r Iterationen existieren. Dazu betrachten wir zunächst den Fall $r_1 = r_2 + 1$.

Eine Sequenz von n_1 A-Ereignissen hat $n_1 - 1$ Zwischenräume. Auf diese Zwischenräume sind $r_1 - 1$ Grenzen so zu verteilen, daß r_1 A-Iterationen entstehen. Die Anzahl der möglichen „Grenzverteilungen" ergibt sich damit zu $\binom{n_1-1}{r_1-1}$. Setzen wir beispielsweise $n_1 = 5$ und $r_1 = 3$, sind folgende Grenzverteilungen und damit A-Sequenzen mit jeweils 3 Iterationen möglich:

```
A | A | A   A   A
A | A   A | A   A
A | A   A   A | A
A   A | A | A   A
A   A | A   A | A
A   A   A | A | A.
```

Es ergeben sich $\binom{5-1}{3-1} = 6$ A-Abfolgen. Zu fragen ist nun, wie viele Möglichkeiten es gibt, n_2 B-Ereignisse auf die Grenzen einer jeden A-Abfolge so zu verteilen, daß jeweils $r_2 = r_1 - 1$ B-Iterationen entstehen. (Es versteht sich, daß zur Lösung dieser Aufgabe die Bedingung $n_2 \geq r_1 - 1 = r_2$ erfüllt sein muß). Dazu betrachten wir die Abfolge der n_2 B-Ereignisse. Diese ist durch Grenzen so zu segmentieren, daß jeweils $r_1 - 1 = r_2$ B-Iterationen entstehen, so daß jede Iteration eine Grenze in der Abfolge der A-Ereignisse ersetzen kann. Hier sind also $r_2 - 1$ Grenzen auf $n_2 - 1$ Zwischenräume zu verteilen, d. h. es gibt pro A-Abfolge $\binom{n_2-1}{r_2-1}$ Möglichkeiten, die B-Ereignisse zu verteilen. Wählen wir z. B. $n_2 = 4$ und $r_2 = 2$, resultieren die folgenden B-Aufteilungen:

```
B | B   B   B
B   B | B   B
B   B   B | B.
```

Es sind $\binom{4-1}{3-1} = 3$ B-Aufteilungen möglich. Diese 3 B-Aufteilungen sind nun mit jeder der 6 A-Aufteilungen zu kombinieren, so daß sich insgesamt $6 \cdot 3 = 18$ Abfolgen mit $n_1 = 5$, $n_2 = 4$, $r_1 = 3$ und $r_2 = 2$ ergeben. Allgemein sind es

$$\binom{n_1 - 1}{r_1 - 1} \cdot \binom{n_2 - 1}{r_2 - 1}$$

Abfolgen, die sich aus n_1 A-Ereignissen und n_2 B-Ereignissen kombinieren lassen, so daß r_1 A-Iterationen und r_2 B-Iterationen entstehen.

Fragen wir nun nach der Punktwahrscheinlichkeit, bei einer Abfolge mit n_1 A-Ereignissen und n_2 B-Ereignissen genau r_1 A-Iterationen und r_2 B-Iterationen zu erhalten, so ist die Anzahl der Abfolgen mit dieser Eigenschaft an der Anzahl aller Abfolgen zu relativieren. Diese ergibt sich zu $\binom{n_1+n_2}{n_1} = \binom{n}{n_1} = \binom{n}{n_2}$. Damit errechnet sich die Punktwahrscheinlichkeit zu

$$p = \frac{\binom{n_1-1}{r_1-1} \cdot \binom{n_2-1}{r_2-1}}{\binom{n}{n_1}} \quad \text{(für } r_1 = r_2 + 1 \text{ und } r_1 = r_2 - 1 \quad \text{, s. u.)} \quad . \tag{11.1}$$

(Man beachte, daß dies nicht die Punktwahrscheinlichkeit für eine bestimmte Abfolge mit r_1 und r_2 ist, sondern die Punktwahrscheinlichkeit für alle möglichen Abfolgen mit r_1 und r_2.)

Als nächstes betrachten wir den 2. Fall mit $r_1 = r_2 - 1$. Dafür bedarf es keiner besonderen Überlegungen, wenn wir einfach die A-Ereignisse mit den B-Ereignissen vertauschen. Die Punktwahrscheinlichkeit einer Abfolge mit $r_1 = r_2 - 1$ ist dann ebenfalls nach Gl. (11.1) zu bestimmen.

Auch für $r_1 = r_2$ ergeben sich – wie oben ausgeführt – $\binom{n_1-1}{r_1-1}$ verschiedene A-Abfolgen. Die Grenzen dieser A-Abfolgen „absorbieren" jedoch nur $r_1 - 1 = r_2 - 1$ B-Iterationen, d. h. eine B-Iteration ist entweder an den Anfang oder an das Ende der Abfolge zu plazieren. Jede der B-Abfolgen ist damit auf zweifache Weise mit jeder A-Abfolge kombinierbar, d. h. es resultieren insgesamt

$$2 \cdot \binom{n_1 - 1}{r_1 - 1} \cdot \binom{n_2 - 1}{r_2 - 1}$$

verschiedene Abfolgen. Für $n_1 = 5$ und $r_1 = 3$ erhält man erneut die auf S. 547 wiedergegebenen A-Abfolgen. Setzen wir nun z. B. $n_2 = 4$ und $r_2 = 3$, sind die folgenden B-Abfolgen möglich:

```
B | B | B   B
B | B   B | B
B   B | B | B.
```

Wir erhalten $\binom{4-1}{3-1} = 3$ B-Abfolgen. Jede dieser B-Abfolgen kann mit jeder A-Abfolge so kombiniert werden, daß die gesamte Abfolge entweder mit einer B-Iteration oder einer A-Iteration beginnt. Wir demonstrieren dies für die 1. A-Abfolge und die 3 möglichen B-Abfolgen:

```
B A B A B B A A A
A B A B A A A B B

B A B B A B A A A
A B A B B A A A B

B B A B A B A A A
A B B A B A A A B.
```

Für die Punktwahrscheinlichkeit einer Abfolge mit n_1, n_2 und $r_1 = r_2$ errechnen wir also

$$p = 2 \cdot \frac{\binom{n_1-1}{r_1-1} \cdot \binom{n_2-1}{r_2-1}}{\binom{n}{n_1}} \quad (\text{für } r_1 = r_2) \quad . \tag{11.2}$$

Ausgehend von den Gleichungen zur Bestimmung der Punktwahrscheinlichkeit erhält man – wie üblich – die (einseitige) Überschreitungswahrscheinlichkeit P, indem man zur Punktwahrscheinlichkeit der angetroffenen Abfolge die Punktwahrscheinlichkeiten aller extremeren Abfolgen (d. h. aller Abfolgen, die entweder weniger oder mehr Iterationen aufweisen als die empirische Abfolge) addiert. Dazu ein kleines Beispiel. Es sei

A B B A B A A A

die empirische Abfolge mit $n_1 = 5$, $n_2 = 3$, $r_1 = 3$, $r_2 = 2$ und damit $r = 5$. Es soll die einseitige Überschreitungswahrscheinlichkeit bestimmt werden, eine Abfolge mit

$r = 5$ oder mehr Iterationen zu finden. Wir errechnen zunächst für die empirische Abfolge nach Gl. (11.1)

$$p(r_1 = 3; r_2 = 2) = \frac{\binom{4}{2} \cdot \binom{2}{1}}{\binom{8}{5}} = 0,2143 \quad .$$

Fünf Iterationen resultieren auch für eine Abfolge mit $r_1 = 2$ und $r_2 = 3$, für die wir errechnen:

$$p(r_1 = 2; r_2 = 3) = \frac{\binom{4}{1} \cdot \binom{2}{2}}{\binom{8}{5}} = 0,0714 \quad .$$

Wir erhöhen die Anzahl der Iterationen auf $r = 6$ und erhalten als einzig mögliche Aufteilung $r_1 = 3$ und $r_2 = 3$ und damit nach Gl. (11.2)

$$p(r_1 = 3; r_2 = 3) = 2 \cdot \frac{\binom{4}{2} \cdot \binom{2}{2}}{\binom{8}{5}} = 0,2143 \quad .$$

Für $r = 7$ ergibt sich

$$p(r_1 = 4; r_2 = 3) = \frac{\binom{4}{3} \cdot \binom{2}{2}}{\binom{8}{5}} = 0,0714 \quad .$$

Die Kombination $r_1 = 3$ und $r_2 = 4$ ist wegen $r_2 > n_2$ nicht möglich. Mit $r = 7$ haben wir die maximale Anzahl möglicher Iterationen ($r_{max} = 2 \cdot \min(n_1; n_2) + 1 = 2 \cdot 3 + 1 = 7$) erreicht.

Die Summe der einzelnen Punktwahrscheinlichkeiten ergibt die einseitige Überschreitungswahrscheinlichkeit:

$$P = 0,2143 + 0,0714 + 0,2143 + 0,0714 = 0,5714 \quad .$$

Diese Überschreitungswahrscheinlichkeit ist natürlich viel zu groß, um die H_0 (die Anzahl der Iterationen entspricht dem Zufall) verwerfen zu können. Eine zu gute Durchmischung, wie sie gemäß der einseitigen H_1 erwartet wurde, kann nicht nachgewiesen werden.

Um zu erfahren, wie viele Iterationen mindestens erforderlich wären, um diese einseitige H_1 akzeptieren zu können, verwendet man einfachheitshalber Tafel 35. Hier lesen wir für jedes beliebige α in den Spalten $1 - \alpha$ ab, daß für $n_1 = 3$ und $n_2 = 5$ (die Tafel erfordert, daß $n_1 \leq n_2$ definiert ist) auch die maximale Anzahl von 7 Iterationen nicht ausreicht, um H_0 verwerfen zu können, denn dafür sind empirische Iterationshäufigkeiten erforderlich, die den tabellarischen Wert von $r_{krit} = 7$ *überschreiten*. Dieser Befund wird durch die Punktwahrscheinlichkeit des Extremfalles $p(r = 7) = 0,0714 > 0,05$ bestätigt.

Testet man einseitig auf eine zu *geringe* Anzahl von Iterationen, muß für einen Signifikanznachweis die untere Schranke r_α *erreicht oder unterschritten* werden. Striche in dieser Tafel weisen darauf hin, daß auch die Mindestanzahl von Iterationen für einen Signifikanznachweis nicht ausreicht. Bei zweiseitigem Test (H_1: zu viele oder zu wenige Iterationen) lese man die untere Schranke $r_{\alpha/2}$ und die obere Schranke

$r_{1-\alpha/2}$ ab und stelle fest, ob die untere Schranke erreicht oder unterschritten bzw. die obere Schranke überschritten wird.

Der Vollständigkeit halber wollen wir für das Beispiel auch die Punktwahrscheinlichkeiten für alle Abfolgen mit weniger Iterationen als in der empirischen Abfolge bestimmen. Wir errechnen

für r = 4:

$$p(r_1 = 2; r_2 = 2) = 2 \cdot \frac{\binom{4}{1} \cdot \binom{2}{1}}{\binom{8}{5}} = 0,2857 \quad,$$

für r = 3 :

$$p(r_1 = 2; r_2 = 1) = \frac{\binom{4}{1} \cdot \binom{2}{0}}{\binom{8}{5}} = 0,0714 \quad,$$

$$p(r_1 = 1; r_2 = 2) = \frac{\binom{4}{0} \cdot \binom{2}{1}}{\binom{8}{5}} = 0,0357 \quad,$$

und für $r_{min} = 2$:

$$p(r_1 = 1; r_2 = 1) = 2 \cdot \frac{\binom{4}{0} \cdot \binom{2}{0}}{\binom{8}{5}} = 0,0357 \quad.$$

Damit ergibt sich eine „Restwahrscheinlichkeit" von $0,2857 + 0,0714 + 0,0357 + 0,0357 = 0,4285$, die – bis auf Rundungsungenauigkeiten – zusammen mit der bereits bestimmten Überschreitungswahrscheinlichkeit erwartungsgemäß den Wert 1 ergibt: $0,5714 + 0,4285 = 0,9999 \approx 1,00$.

Für Stichprobenumfänge, die in Tafel 35 nicht aufgeführt sind, prüft man nach Stevens (1939) *asymptotisch* anhand der Standardnormalverteilung mit

$$u = \frac{r - E(r)}{\sigma_r} \tag{11.3}$$

bzw. für $n_1, n_2 < 30$ mit Stetigkeitskorrektur (vgl. Wallis, 1952)

$$u = \frac{|r - E(r)| - 0,5}{\sigma_r} \quad, \tag{11.4}$$

wobei

$$E(r) = 1 + \frac{2 \cdot n_1 \cdot n_2}{n} \tag{11.5}$$

und

$$\sigma_r = \sqrt{\frac{2 \cdot n_1 \cdot n_2 \cdot (2 \cdot n_1 \cdot n_2 - n)}{n^2 \cdot (n - 1)}} \quad. \tag{11.6}$$

Beispiel 11.1 demonstriert die Anwendung des asymptotischen Tests.

Beispiel 11.1

Problem: Herr M. hat beim Roulettespiel viel Geld verloren. Seine Lieblingsfarbe rot, auf die er den ganzen Abend gesetzt hat, erschien an diesem Abend so selten, daß er an einem ordnungsgemäßen Spielbetrieb zweifelt. So viel Pech an einem Abend – so seine Vermutung – läßt sich nicht mehr mit dem Zufall vereinbaren.

Hypothese: Weil „schwarze Serien" dominieren, wechseln die Ereignisse „rot" (R) und „schwarz" (S) einander seltener ab als nach Zufall zu erwarten wäre (H_1; einseitiger Test; $\alpha = 0,01$).

Daten: Herr M. hat an n = 50 Spielen teilgenommen und zeilenweise folgende Ereignissequenz notiert (das Ereignis „Zero" bleibt bei dieser Auswertung unberücksichtigt):

```
R  S  S  S  S  S  S  R  S  S
R  R  R  S  S  S  S  S  R  S
R  R  S  R  R  R  R  S  R  S
R  S  S  S  S  S  S  S  R
S  R  R  R  S  S  S  S  S.
```

Vorauswertung: Zunächst interessiert Herrn M., ob diese Stichprobe von Ereignissen aus einer binomialverteilten Population mit der Wahrscheinlichkeit $\pi = 0,5$ für das Ereignis „schwarz" (das Ereignis „Zero" bleibt erneut unberücksichtigt) stammen kann. Dafür berechnet er zunächst den Anteil der Schwarzereignisse mit 32/50 = 0,64. Gefragt wird nun, ob das Konfidenzintervall für diesen Wert den wahren Parameter $\pi = 0,5$ umschließt. Für einen Konfidenzkoeffizienten von 99 % (u = ±2,58 gemäß Tafel 2) ergibt sich (vgl. z. B. Bortz, 1989, Kap. 3.5)

$$\Delta_{\text{crit}(p)} = 0,64 \pm 2,58 \cdot \sqrt{\frac{0,64 \cdot 0,36}{50}} = 0,64 \pm 0,18 \quad .$$

Diejenigen Parameter, die bei n = 50 mit einer Wahrscheinlichkeit von 99 % Stichprobenergebnisse „erzeugen" können, zu denen auch p = 0,64 gehört, befinden sich also in dem Bereich $0,46 \leq \pi \leq 0,82$. Da sich der wahre Parameter $\pi = 0,5$ in diesem Intervall befindet, besteht keine Veranlassung anzunehmen, die angetroffene Stichprobe stamme nicht aus einer binomialverteilten Population mit $\pi = 0,5$.

Auswertung: Nachdem gezeigt ist, daß ein schwarzer Anteil von p = 0,64 bei n = 50 mit $\pi = 0,5$ zu vereinbaren ist, bleibt zu fragen, ob die Abfolge der Ereignisse eine überzufällige Systematik aufweist. Speziell interessiert die Frage, ob die Anzahl der Iterationen kleiner ist als nach Zufall zu erwarten wäre. Da die Tafel 35 für den Iterationshäufigkeitstest das Wertepaar $n_1 = 18$ und $n_2 = 32$ nicht mehr enthält, prüfen wir asymptotisch nach Gl. (11.4). Wir errechnen

$$r = 20$$
$$E(r) = 1 + \frac{2 \cdot 18 \cdot 32}{50} = 24,04,$$
$$\sigma_r = \sqrt{\frac{2 \cdot 18 \cdot 32 \cdot (2 \cdot 18 \cdot 32 - 50)}{50^2 \cdot (50 - 1)}} = \sqrt{10,36}$$
$$= 3,22$$

und damit

$$u = \frac{|20 - 24,04| - 0,5}{3,22} = 1,10 \quad .$$

Dieser Wert ist gemäß Tafel 2 bei einseitigem Test nicht signifikant, d. h. H_0 ist beizubehalten.

Interpretation: Die Häufigkeit der Rot-Schwarz-Serien ist mit dem Zufall zu vereinbaren. Herr M. muß also davon ausgehen, daß es an seinem verlustreichen Abend in der Spielbank durchaus mit rechten Dingen zuging.

Der Iterationshäufigkeitstest zeigt an, ob in einer Abfolge von Binärdaten zu viele oder zu wenig Iterationen auftreten. Ein nicht signifikantes Testergebnis kann dementsprechend auch so gedeutet werden, daß hinsichtlich der *Anzahl der Iterationen* offenbar keine Systematik besteht, unbeschadet der Möglichkeit, daß eine Abfolge aufgrund anderer Eigenschaften nicht zufällig ist. Markante Beispiele hierfür sind Abfolgen der Art

A   A   B   B   A   A   B   B   A   A   B   B

oder

A   A   A   B   B   B   A   A   A   B   B   B,

die eine hohe Systematik aufweisen, aber dennoch nach dem Iterationshäufigkeitstest die Annahme von H_0 (Zufälligkeit) erfordern. Im 1. Beispiel ($n_1 = n_2 = 6$) zählen wir $r = 6$ Iterationen und im 2. Beispiel bei gleichen Stichprobenumfängen 4 Iterationen. Beide Werte sind gemäß Tafel 35 nicht signifikant.

Auf eine spezielle *Anwendungsvariante* des Iterationshäufigkeitstests haben Wald u. Wolfowitz (1943) aufmerksam gemacht. Dieses als Omnibustest konzipierte Verfahren vergleicht 2 unabhängige Stichproben A und B hinsichtlich eines (mindestens) ordinalskalierten Merkmals. Man bringt die Individuen der beiden Stichproben nach ihrer Merkmalsausprägung in eine gemeinsame, aufsteigende Rangfolge und zählt die Anzahl der Iterationen, die sich aus aufeinanderfolgenden Individuen derselben Stichprobenzugehörigkeit ergeben (A-Iterationen und B-Iterationen). Unterscheiden sich die beiden Stichproben z. B. hinsichtlich ihrer zentralen Tendenz, ist mit einer zu schlechten Durchmischung, d. h. mit einem zu kleinen r-Wert zu rechnen, der nach Tafel 35 bzw. über Gl. (11.3) zufallskritisch zu bewerten ist. Rangbindungen innerhalb einer Stichprobe sind für das Verfahren bedeutungslos. Treten Rangbindungen zwischen den Stichproben auf, ist die Anzahl der Iterationen nicht mehr eindeutig bestimmbar. In diesem Falle sollte auf eine Testanwendung verzichtet werden. Die Effizienz dieses Verfahrens speziell für die Überprüfung von Unterschieden in der zentralen Tendenz wird im Vergleich zu seinen in 6.1.1 und 7.1.1 beschriebenen „Rivalen" eher gering eingeschätzt.

Eine weitere von Shewart (1941) vorgeschlagene Anwendungsvariante des Iterationshäufigkeitstests bezieht sich auf die Frage, ob eine sukzessiv erhobene Stichprobe von Meßwerten als Zufallsstichprobe eines in der Population zeitinvariant und stetig verteilten Merkmals gelten kann (H_0) oder nicht (H_1). Dafür bestimmt man den Median der Stichprobe und kennzeichnet für jeden Meßwert daraufhin, ob er sich oberhalb (+) oder unterhalb (−) des Medians befindet. Man erhält so wieder eine Abfolge von Binärdaten, die nach den oben beschriebenen Regeln auf Zufälligkeit zu überprüfen ist. Da – zumindest bei geradzahligem n – bei diesem Vorgehen $n_1 = n_2$ resultiert, ergeben sich vereinfachte Tafeln für die kritischen r-Werte, die man bei Owen (1962, Table 12.4) oder bei Lienert (1975, Tafel VIII-1-2) findet. Wir verzichten auf die Wiedergabe dieser Tafeln, weil die entsprechenden Werte auch in Tafel 35 des Anhanges zu finden sind.

11.1.1.2 Iterationslängentest

Eine weitere Störung der Zufälligkeit einer Abfolge liegt vor, wenn eine Merkmalsalternative in *einer* zu langen Iteration auftritt („Pechserie" oder „Glückssträhne").
Die Überschreitungswahrscheinlichkeit, daß in einer Abfolge von Binärdaten (z. B.)
das Merkmal A mit einer *Längst*iteration von s oder mehr A-Ereignissen zufällig,
d. h. bei Gültigkeit von H_0 auftritt, bestimmen wir mit dem folgenden, von Mood
(1940) entwickelten Iterationslängentest.

Angenommen, $n_1 = 5$ A-Ereignisse und $n_2 = 3$ B-Ereignisse bilden folgende
Abfolge: B A A A B B A A. Damit besteht die längste A-Iteration aus s = 3 A-
Ereignissen, und wir fragen nach der Wahrscheinlichkeit, daß eine A-Serie mit 3 oder
mehr A-Ereignissen (längere Serien bestehen in diesem Beispiel aus 4 oder 5 A-
Ereignissen) zufällig auftritt. Zur Bestimmung dieser Wahrscheinlichkeit verwenden
wir den folgenden Zählalgorithmus:

Zunächst ist zu fragen, an welchen Positionen innerhalb der Abfolge die Dreierserie stehen kann. Im Beispiel ergeben sich dafür 4 Positionen:

```
1. Position:  A  A  A  B  B  B  A  A,
2. Position:  B  A  A  A  B  B  A  A,
3. Position:  B  B  A  A  A  B  A  A,
4. Position:  B  B  B  A  A  A  A  A.
```

Die Position wird also bestimmt durch die Anzahl der vorausgehenden B-Ereignisse.
Setzen wir die Dreierserie an die 4. Position, resultiert im Beispiel eine Fünferiteration von A-Ereignissen. Auch diese Iteration ist natürlich mitzuzählen, denn wir
fragen nach der Überschreitungswahrscheinlichkeit für Serien mit 3 oder mehr Ereignissen. Verallgemeinern wir das Beispiel, erkennt man, daß sich die Längstiteration
mit s A-Ereignissen an $n_2 + 1$ Positionen befinden kann.

Jede Position der Längstiteration ist nun mit allen möglichen Abfolgen der verbleibenden $n_1 + n_2 - s = n - s$ Ereignisse zu kombinieren. Wir wollen auch diesen
Schritt an unserem Beispiel verdeutlichen.

AAA auf 1. Position	AAA auf 2. Position	AAA auf 3. Position	AAA auf 4. Position
A A A B B B A A	B A A A B B A A	B B A A A B A A	B B B A A A A A
A A A B B A B A	B A A A B A B A	B B A A A A B A	B B A B A A A A
A A A B B A A B	B A A A B A A B	B B A A A A A B	B B A A B A A A
A A A B A B B A	B A A A A B B A	B A B A A A B A	B A B B A A A A
A A A B A B A B	B A A A A B A B	B A B A A A A B	B A B A B A A A
A A A B A A B B	B A A A A A B B	B A A B A A A B	B A A B B A A A
A A A A B B B A	A B A A A B B A	A B B A A A B A	A B B B A A A A
A A A A B B A B	A B A A A B A B	A B B A A A A B	A B B A B A A A
A A A A B A B B	A B A A A A B B	A B A B A A A B	A B A B B A A A
A A A A A B B B	A A B A A A B B	A A B B A A A B	A A B B B A A A

Die Erzeugung dieser 4 Blöcke von Abfolgen ist denkbar einfach: Es sind n − s =
8 − 3 = 5 Ereignisse zu verteilen, unter denen sich $n_1 - s = 2$ A-Ereignisse und
$n_2 = 3$ B-Ereignisse befinden. Die 3 B-Ereignisse können damit die Plätze 1 2 3, 1
2 4, 1 2 5, 1 3 4, ..., 3 4 5 einnehmen:

```
B   B   B   A   A
B   B   A   B   A
B   B   A   A   B
B   A   B   B   A
B   A   B   A   B
B   A   A   B   B
A   B   B   B   A
A   B   B   A   B
A   B   A   B   B
A   A   B   B   B.
```

Man erhält also 10 Abfolgen, in die jeweils die Dreierserie der A-Ereignisse vor das
1. B (Position 1), vor das 2. B (Position 2), vor das 3. B (Position 3) und hinter das
3. B (Position 4) einzufügen ist. Allgemein sind damit

$$(n_2 + 1) \cdot \binom{n - s}{n_2}$$

Abfolgen möglich, die eine Längstiteration von mindestens 3 A-Ereignissen aufweisen. Für das Beispiel ergeben sich $(3 + 1) \cdot \binom{8-3}{3} = 4 \cdot 10 = 40$ Abfolgen. Unter
diesen Abfolgen befinden sich

4 Abfolgen mit einer Fünferiteration,
12 Abfolgen mit einer Viereriteration und einer Eineriteration,
12 Abfolgen mit einer Dreieriteration und einer Zweieriteration und
12 Abfolgen mit einer Dreieriteration und zwei Eineriterationen.

Allgemein erhält man die Anzahl W der Abfolgen mit einer bestimmten Konstellation von Iterationslängen nach folgendem, auf der Polynomialverteilung basierendem
Bildungsgesetz:

$$W = \frac{r_A!}{r_{A_1}! \cdot r_{A_2}! \cdot \ldots \cdot r_{A_{n1}}!} \cdot \binom{n_2 + 1}{r_A} \quad , \tag{11.7}$$

wobei

r_A = Anzahl aller A-Iterationen,

r_{A_1} = Anzahl aller A-Iterationen der Länge 1,

r_{A_2} = Anzahl aller A-Iterationen der Länge 2,

$\vdots$

$r_{A_{n_1}}$ = Anzahl aller A-Iterationen der Länge n_1 .

Wenden wir diese Gleichung auf das Beispiel an, erhält man für

$$r_A = 1; r_{A_1} = 0; r_{A_2} = 0; r_{A_3} = 0; r_{A_4} = 0; r_{A_5} = 1$$

$$W = \frac{1!}{0! \cdot 0! \cdot 0! \cdot 0! \cdot 1!} \cdot \binom{4}{1} = 4$$

$$r_A = 2; r_{A_1} = 1; r_{A_2} = 0; r_{A_3} = 0; r_{A_4} = 1; r_{A_5} = 0$$

$$W = \frac{2!}{1! \cdot 0! \cdot 0! \cdot 1! \cdot 0!} \cdot \binom{4}{2} = 12$$

$$r_A = 2; r_{A_1} = 0; r_{A_2} = 1; r_{A_3} = 1; r_{A_4} = 0; r_{A_5} = 0$$

$$W = \frac{2!}{0! \cdot 1! \cdot 1! \cdot 0! \cdot 0!} \cdot \binom{4}{2} = 12$$

$$r_A = 3; r_{A_1} = 2; r_{A_2} = 0; r_{A_3} = 1; r_{A_4} = 0; r_{A_5} = 0$$

$$W = \frac{3!}{2! \cdot 0! \cdot 1! \cdot 0! \cdot 0!} \cdot \binom{4}{3} = 12 \quad .$$

Auch nach dieser Zählregel kommt man insgesamt auf 40 Abfolgen mit einer A-Iteration von mindestens 3 A-Ereignissen.

Aus 11.1.1.1 übernehmen wir die Information, daß n_1 A-Ereignisse und n_2 B-Ereignisse insgesamt $\binom{n}{n_1} = \binom{n}{n_2}$ mögliche Abfolgen bilden können. Dividieren wir die Anzahl der günstigen Ereignisse durch die Anzahl aller möglichen Ereignisse, erhält man die Überschreitungswahrscheinlichkeit für das Auftreten einer Iteration mit der Mindestlänge s.

$$P(s) = \frac{(n_2 + 1) \cdot \binom{n-s}{n_2}}{\binom{n}{n_2}} \quad . \tag{11.8}$$

Für das Beispiel (eine A-Iteration mit einer Mindestlänge von s = 3 bei $n_1 = 5$ und $n_2 = 3$) ergibt sich demnach

$$P(s = 3) = \frac{(3 + 1) \cdot \binom{8-3}{3}}{\binom{8}{3}} = \frac{4 \cdot 10}{56} = 0,7143 \quad .$$

Diese Überschreitungswahrscheinlichkeit erhält man natürlich auch, wenn man die über Gl. (11.7) bestimmte Anzahl aller „günstigen" Abfolgen durch die Anzahl aller möglichen Abfolgen $\binom{n}{n_2}$ dividiert:

$$P(s = 3) = \frac{4 + 12 + 12 + 12}{56} = 0,7143 \quad .$$

Bei den bisherigen Ausführungen gingen wir davon aus, daß die längste Iteration mit s A-Ereignissen nur *einmal* in der Abfolge vorkommt. Diese Annahme trifft jedoch nur zu, wenn $s > n_1/2$ ist. Für $s \leq n_1/2$ kann, wie die folgenden Beispiele zeigen, die längste A-Iteration mehr als einmal auftreten:

$n_1 = 6; s = 3$ A A A B B A A A B   mit $r_{A_3} = 2$

$n_1 = 7; s = 2$ A A B A A B A A B B B A   mit $r_{A_2} = 3$

$n_1 = 10; s = 4$ B A A A A B B A A A A B A A mit $r_{A_4} = 2$.

In diesem Falle bestimmt man die Überschreitungswahrscheinlichkeit P nach Bradley (1968, S. 256) wie folgt:

$$P(s) = \frac{\binom{n_2+1}{1} \cdot \binom{n-1 \cdot s}{n_2} - \binom{n_2+1}{2} \cdot \binom{n-2 \cdot s}{n_2} + \binom{n_2+1}{3} \cdot \binom{n-3 \cdot s}{n_2} - \cdots}{\binom{n}{n_2}} \quad . \tag{11.9}$$

Die Zahl der Summanden mit wechselndem Vorzeichen im Zähler von Gl. (11.9) entspricht der ganzzahligen Vorkommazahl des Quotienten n_1/s. Diese Gleichung

läßt sich auch auf Abfolgen mit $s > n_1/2$ anwenden. Greifen wir auf das Beispiel mit $s = 3$ und $n_1 = 5$ und $n_2 = 3$ zurück, erhält man nach Gl. (11.9)

$$P(s = 3) = \frac{\binom{3+1}{1} \cdot \binom{8-3}{3}}{\binom{8}{3}} = \frac{4 \cdot 10}{56} = 0,7143 \quad .$$

Wir verwenden wegen $5/3 = 1,67$ nur den ersten Summanden und erhalten nach Gl. (11.9) den gleichen Wert wie nach Gl. (11.8). Für $s = 2$ sind wegen $5/2 = 2,5$ zwei Summanden einzusetzen. Wir erhalten

$$P(s = 2) = \frac{\binom{3+1}{1} \cdot \binom{8-2}{3} - \binom{3+1}{2} \cdot \binom{8-4}{3}}{\binom{8}{3}}$$

$$= \frac{4 \cdot 20 - 6 \cdot 4}{56} = 1,00 \quad .$$

Diese Überschreitungswahrscheinlichkeit ist zwangsläufig 1, denn mit $s = 2$ untersuchen wir alle Abfolgen, in denen A-Iterationen mit einer Mindestlänge von 2 auftreten. Da wegen $n_1 = 5$ und $n_2 = 3$ keine Abfolgen auftreten können, die nur Iterationen der Länge $s = 1$ aufweisen, basiert die Überschreitungswahrscheinlichkeit für $s = 2$ auf allen denkbaren Abfolgen als „günstigen" Ereignissen.

Der Iterationslängentest wurde von Olmstead (1958, Tab. VII) für Untersuchungen mit $n_1 + n_2 = 10$ und $n_1 + n_2 = 20$ vertafelt.

Für große Stichproben ($n > 30$) geht die Verteilung der Prüfgröße s *asymptotisch* in eine Poisson-Verteilung mit einem Erwartungswert bzw. einer Varianz von

$$\lambda = E(s) = \sigma_s^2 = n \cdot \left(\frac{n_1}{n}\right)^s \cdot \frac{n_2}{n} \tag{11.10}$$

über (vgl. Mood, 1940). Dabei kennzeichnet n_1 die Anzahl derjenigen Ereignisse, deren Längstiteration geprüft werden soll. Unter Verwendung der Verteilungsfunktion der Poisson-Verteilung (vgl. etwa Pfanzagl, 1974, Kap. 2.4) erhält man als Überschreitungswahrscheinlichkeit

$$P(s) = 1 - e^{-\lambda} \quad \text{mit } e = 2,7183 \quad . \tag{11.11}$$

λ gibt an, wieviele A-Iterationen der Länge s man im Durchschnitt pro Abfolge erwarten kann. Die Wahrscheinlichkeit, in einer Abfolge genau k A-Iterationen der Länge s anzutreffen, ergibt sich über die Definition der Poisson-Verteilung zu $p = \lambda^k/e^\lambda \cdot k!$. Setzen wir $k = 0$, erhält man $p = \lambda^0/e^\lambda \cdot 0! = e^{-\lambda}$. Da wir nach einer Abfolge mit mindestens einer A-Iteration der Länge s fragen, ist $k \geq 1$ zu setzen, d. h. die Wahrscheinlichkeit für mindestens eine A-Iteration der Länge s ergibt sich als Komplementärwahrscheinlichkeit zu $1 - e^{-\lambda}$.

Eine Anwendung des asymptotischen Tests findet man im Beispiel 11.2.

Der soeben behandelte Iterationslängentest geht davon aus, daß die Anteile der beiden Merkmalsalternativen aufgrund der untersuchten Stichprobe mit n_1/n und n_2/n geschätzt werden. Wir bestimmen die Wahrscheinlichkeit, eine A-Iteration der Mindestlänge s anzutreffen, unter der Annahme, daß die Merkmalsalternative A genau n_1-mal beobachtet wird. Insoweit ist der bisher behandelte Iterationslängentest ein *bedingter Test*.

Manchmal jedoch kennt man den Populationsanteil π_A für die Merkmalsalternative A und $\pi_B = 1 - \pi_A$ für die Merkmalsalternative B. Zieht man aus einer

binomialverteilten Grundgesamtheit eine Stichprobe des Umfanges n, ist die Anzahl n_1 der A-Beobachtungen eine Zufallsvariable, die Werte zwischen 0 und n annehmen kann. Auch hier können wir fragen, wie groß die Wahrscheinlichkeit ist, bei n Beobachtungen eine A-Iteration der Mindestlänge s anzutreffen, wenn die Wahrscheinlichkeit des Auftretens eines A-Ereignisses π_A beträgt. Um diese Wahrscheinlichkeit zu bestimmen, greifen wir zunächst auf die Ausführungen in 1.2.2 über die Binomialverteilung zurück.

Wir fragen, wie viele Abfolgen überhaupt denkbar sind, wenn man eine Stichprobe des Umfanges n zieht. Da n_1 die Werte 0 bis n annehmen kann, ergeben sich

$$\binom{n}{0} + \binom{n}{1} + \binom{n}{2} + \ldots + \binom{n}{n-1} + \binom{n}{n}$$

verschiedene Abfolgen. Die Wahrscheinlichkeit einer dieser Abfolgen beträgt

$$\pi_A^{n_1} \cdot (1 - \pi_A)^{n-n_1} \quad .$$

Von diesen Abfolgen interessieren nur Abfolgen mit $n_1 \geq s$, denn nur diese Abfolgen können (mindestens) eine A-Iteration der Mindestlänge s aufweisen. Von den Abfolgen mit $n_1 \geq s$ ist also die Teilmenge derjenigen Abfolgen zu bestimmen, die mindestens eine A-Iteration der Mindestlänge s aufweist. Für deren Bestimmung verwenden wir im allgemeinen Fall den Zähler von Gl. (11.9) bzw. – für $s > n_1/2$ – den Zähler von Gl. (11.8). Summieren wir die Wahrscheinlichkeiten dieser Abfolgen, resultiert die gesuchte Überschreitungswahrscheinlichkeit.

Zur Veranschaulichung dieses Gedankenganges greifen wir erneut unser einleitendes Beispiel auf. Wir fragten nach der (bedingten) Überschreitungswahrscheinlichkeit, daß bei $n_1 = 5$ A-Ereignissen und $n_2 = 3$ B-Ereignissen eine A-Iteration der Mindestlänge s = 3 auftritt. Für diese Wahrscheinlichkeit ermittelten wir den Wert P(s = 3) = 0,7143. Wir fragen nun nach der Wahrscheinlichkeit von Abfolgen mit (mindestens) einer A-Iteration der Mindestlänge s = 3, wenn ein A-Ereignis (z. B.) mit einer Wahrscheinlichkeit von $\pi_A = 0,5$ auftritt.

Zunächst errechnen wir die Anzahl aller möglichen Abfolgen für eine Stichprobe von n = 8 Binärereignissen:

$$\binom{8}{0} + \binom{8}{1} + \binom{8}{2} + \binom{8}{3} + \binom{8}{4} + \binom{8}{5} + \binom{8}{6} + \binom{8}{7} + \binom{8}{8}$$
$$= 1 + 8 + 28 + 56 + 70 + 56 + 28 + 8 + 1$$
$$= 256 \quad .$$

Die Abfolge mit keinem A-Ereignis ($n_1 = 0$) tritt mit einer Wahrscheinlichkeit von $0,5^0 \cdot 0,5^8$ auf. Für die 8 Abfolgen mit einem A-Ereignis ergibt sich jeweils eine Wahrscheinlichkeit von $0,5 \cdot 0,5^7$, etc. Da wir $\pi_A = 0,5$ angenommen haben, resultiert für jede Abfolge unabhängig von der Anzahl der A-Ereignisse die Wahrscheinlichkeit $0,5^{n_1} \cdot 0,5^{n-n_1} = 0,5^n = 0,5^8 = 1/256 = 0,0039$.

Von den 256 Abfolgen kommen für die weiteren Überlegungen nur diejenigen in Betracht, bei denen $n_1 \geq 3$ ist, denn nur diese Abfolgen können mindestens eine A-Iteration der Mindestlänge s = 3 enthalten. Dabei handelt es sich um 56 + 70 + 56 + 28 + 8 + 1 = 219 Abfolgen. Es muß nun geprüft werden, wie viele dieser 219 Abfolgen

mindestens eine A-Iteration der Mindestlänge s = 3 aufweisen. Wir beginnen mit den 56 Abfolgen, die n_1 = 3 A-Ereignisse (und damit n_2 = 5 B-Ereignisse) enthalten, und errechnen über den Zähler von Gl. (11.8)

$$(5 + 1) \cdot \binom{8 - 3}{5} = 6 \cdot 1 = 6 \quad .$$

Als nächstes prüfen wir, wieviele Abfolgen mit A-Iterationen der Mindestlänge s = 3 sich unter den 70 Abfolgen mit 4 A-Ereignissen befinden:

$$(4 + 1) \cdot \binom{8 - 3}{4} = 5 \cdot 5 = 25 \quad .$$

In gleicher Weise erhalten wir für s = 3 und n_1 = 5 :

$$(3 + 1) \cdot \binom{8 - 3}{3} = 4 \cdot 10 = 40 \quad .$$

Bei den 28 Abfolgen mit 6 A-Ereignissen können jeweils 2 A-Iterationen der Länge s = 3 auftreten. Hier ist $s \leq n_1/2$, d. h. wir müssen den Zähler von Gl. (11.9) für 2 Summanden (n_1/s = 6/3 = 2) mit wechselndem Vorzeichen verwenden:

$$\binom{3}{1} \cdot \binom{5}{2} - \binom{3}{2} \cdot \binom{2}{2} = 3 \cdot 10 - 3 \cdot 1 = 27 \quad .$$

Das gleiche gilt für s = 3 und n_1 = 7 :

$$\binom{2}{1} \cdot \binom{5}{1} - \binom{2}{2} \cdot \binom{2}{1} = 2 \cdot 5 - 1 \cdot 2 = 8 \quad .$$

Alle 8 Abfolgen mit n_1 = 7 A-Ereignissen und einem B-Ereignis haben also mindestens eine A-Iteration der Mindestlänge 3.

Für die Extremabfolge mit n_1 = 8 A-Ereignissen „versagt" die in Gl. (11.9) verwendete Zählformel (man erhält für $\binom{n_2+1}{2} = \binom{1}{2}$ einen nicht definierten Ausdruck). Dennoch ist diese Abfolge mitzuzählen, denn sie erfüllt natürlich mit s = 8 in extremer Weise die Bedingung $s \geq 3$.

Insgesamt zählen wir also 6 + 25 + 40 + 27 + 8 + 1 = 107 Abfolgen, die die Bedingung $s \geq 3$ erfüllen. Da jede dieser Abfolgen mit einer Wahrscheinlichkeit von $0,5^8 = 0,0039$ auftritt, errechnen wir für die 107 Abfolgen die Wahrscheinlichkeit von $107 \cdot 0,0039 = 0,4180$. Die Wahrscheinlichkeit, in einer Stichprobe von n = 8 gleich wahrscheinlichen Binärereignissen mindestens eine A-Iteration der Mindestlänge s = 3 anzutreffen, beträgt also 41,8 %.

Man beachte, daß die Summe aller Abfolgen, die die Bedingung $s \geq 3$ erfüllen, nur dann mit der Wahrscheinlichkeit einer Abfolge zu multiplizieren ist, wenn $\pi_A = \pi_B$ ist, denn nur in diesem Falle haben alle Abfolgen die gleiche Wahrscheinlichkeit. Für $\pi_A \neq \pi_B$ wären alle Abfolgen mit $s \geq 3$ aus der Klasse der Abfolgen mit n_1 A-Ereignissen mit der Wahrscheinlichkeit $\pi_A^{n_1} \cdot \pi_B^{n-n_1}$ zu multiplizieren. Formal läßt sich dieser Sachverhalt unter Verwendung des Zählers von Gl. (11.9) folgendermaßen darstellen: Definieren wir die Anzahl aller Abfolgen, die bei n_1 A-Ereignissen die Bedingung „mindestens eine A-Iteration mit Mindestlänge s" erfüllen, mit

$$B_{n_1} = \binom{n_2 + 1}{1} \cdot \binom{n - 1 \cdot s}{n_2} - \binom{n_2 + 1}{2} \cdot \binom{n - 2 \cdot s}{n_2}$$

$$+ \binom{n_2 + 1}{3} \cdot \binom{n - 3 \cdot s}{n_2} - \dots \, , \tag{11.12}$$

ergibt sich die Überschreitungswahrscheinlichkeit zu

$$P(s|\pi_A) = \left[\sum_{n_1 = s}^{n-1} B_{n_1} \cdot \pi_A^{n_1} \cdot (1 - \pi_A)^{n - n_1} \right] + \pi_A^n \quad \text{mit } n = n_1 + n_2 \quad . \tag{11.13}$$

Die Bestimmung von Überschreitungswahrscheinlichkeiten nach Gl. (11.13) ist ohne EDV-Anlage mit erheblichem Aufwand verbunden. Wir geben deshalb in Tafel 36 die Überschreitungswahrscheinlichkeiten für einige ausgewählte s-Werte und Stichprobenumfänge im Bereich $16 \leq n \leq 50$ wieder, wobei π_A die Werte 1/2, 1/3, 1/4 und 1/5 annehmen kann. Diese Tafel geht auf Grant (1946, 1947) zurück, der unabhängig von Cochran (1938) die Bedeutung dieses von Bortkiewicz (1917) konzipierten Tests wieder entdeckte. Das folgende Beispiel verdeutlicht die Verwendung dieser Tafel.

Beispiel 11.2

Datenrückgriff: In Beispiel 11.1 haben wir eine Abfolge von n = 50 Rot/Schwarz-Ereignissen beim Roulette daraufhin überprüft, ob die Anzahl der Iterationen mit der H_0: Zufallsmäßigkeit der Abfolge, zu vereinbaren ist. Diese Frage war zu bejahen. Wir wollen nun überprüfen, ob auch die längste „Pechserie", bestehend aus s = 8 Schwarz-Ereignissen in Folge, mit dem Zufall zu vereinbaren ist. Dabei gehen wir davon aus, daß das Ereignis „Schwarz" ohne Berücksichtigung von „Zero" mit einer Wahrscheinlichkeit von $\pi_A = 0,5$ auftritt.

Hypothese: Eine Schwarziteration (Schwarzserie) mit mindestens 8 aufeinander folgenden Schwarzereignissen ist bei n = 50 Versuchen und $\pi_A = 0,5$ nicht mit dem Zufall zu vereinbaren (H_1; $\alpha = 0,01$).

Auswertung: Tafel 36 entnehmen wir, daß für n = 50 und $\pi_A = 0,5$ eine Längstiteration von s = 8 mit einer Überschreitungswahrscheinlichkeit von P = 0,0836 versehen ist. Die H_0 ist also beizubehalten.

Interpretation: Tritt innerhalb von 50 Roulettespielen das Ereignis „Schwarz" achtmal nacheinander auf, so sind Serien dieser Art durchaus mit dem Zufall zu vereinbaren, wenn man die konventionellen Signifikanzgrenzen ($\alpha = 0,01$ oder $\alpha = 0,05$) zugrunde legt.

Zusatzauswertung: Wir wollen ferner überprüfen, ob eine Achterserie (s = 8) auch dann mit dem Zufall zu vereinbaren ist, wenn man für das Ereignis „Schwarz" nicht eine Wahrscheinlichkeit von $\pi_A = 0,5$ annimmt, sondern dessen Wahrscheinlichkeit über die relative Häufigkeit der Schwarzereignisse schätzt. Für diese Prüfung verwenden wir den asymptotischen „bedingten" Iterationslängentest nach Gl. (11.11). Beispiel 11.1. entnehmen wir $n_1/n = 32/50$ bzw. $n_2/n = 18/50$. Damit ergibt sich nach Gl. (11.10)

$$\lambda = 50 \cdot \left(\frac{32}{50}\right)^8 \cdot \left(\frac{18}{50}\right) = 0,5067$$

und nach Gl. (11.11)

$$P(s) = 1 - e^{-0,5067}$$

$$= 1 - 0,6025 = 0,3975 \quad.$$

Diese Überschreitungswahrscheinlichkeit ist erheblich größer, denn bei diesem bedingten Test wird davon ausgegangen, daß ein Schwarzereignis mit größerer Wahrscheinlichkeit ($\pi_A = 0,64$) auftritt als beim oben durchgeführten unbedingten Test mit $\pi_A = 0,5$.

Zur Kontrolle wollen wir überprüfen, ob das Ergebnis des asymptotischen Tests dem Ergebnis des exakten Tests nach Gl. (11.9) entspricht. Wir errechnen

$$P(s = 8) = \frac{\binom{19}{1}\cdot\binom{42}{18} - \binom{19}{2}\cdot\binom{34}{18} + \binom{19}{3}\cdot\binom{26}{18} - \binom{19}{4}\cdot\binom{18}{18}}{\binom{50}{18}}$$

$$= \frac{6,7202 \cdot 10^{12} - 3,7688 \cdot 10^{11} + 1,5138 \cdot 10^9 - 3876}{1,8054 \cdot 10^{13}}$$

$$= \frac{6,3449 \cdot 10^{12}}{1,8054 \cdot 10^{13}}$$

$$= 0,3514 \quad.$$

Es resultiert also eine etwas geringere Überschreitungswahrscheinlichkeit als nach dem asymptotischen Test, woraus zu folgern wäre, daß der asymptotische Test bei mittleren Stichprobenumfängen und nicht extrem kleinen λ-Werten eher konservativ entscheidet.

Ein weiteres Testverfahren auf Zufälligkeit einer Abfolge verwendet von der längsten A-Iteration und der längsten B-Iteration die kürzere Iteration als Prüfgröße. Einzelheiten findet man bei Bradley (1968, S. 258). Die Anwendung dieses Verfahrens auf dichotomisierte Meßwerte hat Olmstead (1958) beschrieben. Für Abfolgen von Binärdaten mit extrem ungleichen Alternativanteilen verwendet man ein Verfahren von Dixon (1940). Weitere Verfahrenshinweise findet man bei Olmstead (1958) oder Owen (1962, S. 386–390).

11.1.2 Trendtests

In 11.1.1 haben wir verschiedene Verfahren kennengelernt, mit denen Störungen der Zufälligkeit einer Abfolge von Binärdaten festzustellen sind. Es wurde darauf hingewiesen, daß die Zufälligkeit einer Abfolge auf unterschiedlichste Weise beeinträchtigt sein kann und daß es keinen Test gibt, der auf alle denkbaren Abweichungen von der Zufälligkeit gleichermaßen gut anspricht. Die einzelnen Tests beziehen sich vielmehr auf auffallende, „ins Auge springende" Störungen, wie z. B. einen zu häufigen Wechsel der Alternativmerkmale oder eine zu lange Iteration.

In diesem Abschnitt wird nun eine weitere Störung der Zufälligkeit behandelt, die darin besteht, daß sich der Parameter π für eine Merkmalsalternative im Verlaufe einer Versuchsserie (Zeitreihe) einem bestimmten Trend folgend verändert.

Sehr häufig interessiert dabei ein monotoner Trend, der zur Folge hätte, daß z. B. die Merkmalsalternative A zunehmend häufiger (monoton steigender Trend) oder zunehmend seltener (monoton fallender Trend) beobachtet wird. Mit einem monoton steigenden Trend würde man beispielsweise in Lernexperimenten rechnen, bei denen die Wahrscheinlichkeit einer richtigen Lösung ständig zunimmt. Beispiele für einen monoton fallenden Trend sind Gedächtnisexperimente mit abnehmenden Wahrscheinlichkeiten für eine richtige Reaktion.

Für die Überprüfung monotoner Trendhypothesen können wir auf bereits bekannte Verfahren zurückgreifen. Das folgende Beispiel zeigt, wie man nach Meyer-Bahlburg (1969) z. B. das Vorgehen des U-Tests (vgl. Abschnitt 6.1.1.2) nutzen kann, um einen Trend in der Abfolgen von Binärdaten festzustellen.

Eine Taube wird darauf konditioniert, in einer von 4 verschiedenfarbigen Boxen Futter zu finden. Man möchte überprüfen, ob die Wahrscheinlichkeit π_+ einer richtigen Reaktion im Verlauf der Versuchsserie monoton ansteigt. Tabelle 11.1 faßt die Abfolge von Erfolg (+) und Mißerfolg (−) in einer Serie von n = 17 Versuchen zusammen.

Tabelle 11.1

Versuchsergebnis:	−	−	−	−	+	−	−	+	−	+	−	+	+	+	+	+	+
Nr. des Versuchs:	1	2	3	4	5	6	7	8	9	10	11	12	13	14	15	16	17

Wir betrachten die Versuchsnummern als eine Rangreihe und fragen, ob die Rangnummern der $n_1 = 8$ Mißerfolge eine signifikant niedrigere Rangsumme ergeben als die Rangsumme der $n_2 = 9$ Erfolge. Wir errechnen

$$T_- = 1 + 2 + 3 + 4 + 6 + 7 + 9 + 11 = 43$$

und

$$T_+ = 5 + 8 + 10 + 12 + 13 + 14 + 15 + 16 + 17 = 110 \quad .$$

Die Kontrolle nach Gl. (6.1) bestätigt die Richtigkeit dieser Rangsummen: $43 + 110 = 17 \cdot 18/2 = 153$. Man erhält nach Gl. (6.3)

$$U = 8 \cdot 9 + 8 \cdot 9/2 - 43 = 65$$

bzw.

$$U' = 8 \cdot 9 + 9 \cdot 10/2 - 110 = 7 \quad .$$

Zur Kontrolle prüfen wir nach Gl. (6.2)

$$65 = 8 \cdot 9 - 7 = 65 \quad .$$

Tafel 6 entnehmen wir für den kleineren U-Wert ($U' = 7$) bei einseitigem Test eine Überschreitungswahrscheinlichkeit von $P = 0,002 < 0,01$, d. h. die H_1 (π_+ steigt im Verlaufe der Versuchsreihe an) kann für $\alpha = 0,01$ akzeptiert werden.

Auf S. 434 wurde erwähnt, daß der hier eingesetzte U-Test und die biseriale τ-Korrelation äquivalent seien, wobei die Äquivalenz beider Verfahren aus Gl. (8.80) herzuleiten ist. Die zum U-Test äquivalente Zusammenhangshypothese lautet, daß zwischen dem künstlich dichotomen Merkmal „Erfolg/Mißerfolg" und der zeitlichen Position des Versuches ein Zusammenhang besteht.

Folgt der Parameter π_+ einem umgekehrt u-förmigen Trend, werden Positivreaktionen am Anfang und am Ende der Versuchsserie seltener auftreten als im mittleren Bereich. In diesem Falle ordnet man den Versuchsnummern Rangplätze nach der Siegel-Tukey-Prozedur zu (vgl. S. 249), so daß die Versuche im mittleren Bereich hohe Rangwerte erhalten. Ein umgekehrt u-förmiger Trend für die Positivvariante des Alternativmerkmals wird in diesem Falle bestätigt, wenn $T_+ > T_-$ ist, wenn also die hohen Rangplätze im mittleren Bereich der Versuchsserie überwiegend dem Ereignis „Erfolg" zuzuordnen sind. Die Differenz der Rangsummen T_+ und T_- wird auch hier mit dem U-Test bzw. über das biseriale τ zufallskritisch bewertet (weitere Einzelheiten siehe Ofenheimer, 1971).

Gelegentlich ist man daran interessiert, verschiedene *Abschnitte einer Abfolge* von Binärdaten daraufhin zu analysieren, ob zwischen den verglichenen Abschnitten Niveauunterschiede im Parameter π_+ existieren bzw. ob die Positivvariante des Merkmals in einem Abschnitt häufiger auftritt als in einem anderen Abschnitt. Dafür sind die Häufigkeiten der beiden Merkmalsalternativen in den (vor Untersuchungsbeginn festzulegenden) Abschnitten der Versuchsserie zu bestimmen, deren Unterschied bei zwei zu vergleichenden Abschnitten mit dem Vierfelder-χ^2-Test (vgl. 5.2) und bei k zu vergleichenden Abschnitten mit dem k × 2-χ^2-Test (vgl. 5.3) überprüft werden.

11.1.3 Tests auf sequentielle Abhängigkeiten

Reine Zufallsabfolgen sind u.a. dadurch gekennzeichnet, daß die Wahrscheinlichkeit des Auftretens einer Merkmalsalternative von der Art der jeweils vorangehenden Beobachtung unabhängig ist. Dieser Aspekt der Zufälligkeit wäre verletzt, wenn z.B. nach einer (+)-Alternative mit höherer Wahrscheinlichkeit erneut eine (+)-Alternative beobachtet wird (positive Autokorrelation) oder wenn nach einem (+)-Ereignis ein weiteres (+)-Ereignis mit einer geringeren Wahrscheinlichkeit auftritt (negative Autokorrelation). Bestehen derartige Zusammenhänge zwischen je 2 aufeinander folgenden Ereignissen, spricht man von einer *Markov-Verkettung 1. Ordnung*.

Eine relativ einfache Möglichkeit, eine Abfolge von Binärdaten auf zufällige Übergangswahrscheinlichkeiten 1. Ordnung (H_0) bzw. auf Markov-Verkettung 1. Ordnung (H_1) zu überprüfen, hat Cox (1970, Kap. 5.7) vorgeschlagen. Dafür fertigt man eine Vierfeldertafel an, deren Häufigkeiten a, b, c und d mit a = f_{++}, b = f_{-+}, c = f_{+-} und d = f_{--} eingetragen werden, d.h. man zählt aus, wie häufig bei aufeinander folgenden Ereignissen die Ereignispaare + +, − +, + − und − − auftreten. Für die Abfolge

+ − + − + − + + − + +

mit $n' = n - 1 = 10$ Paaren resultiert die in Tabelle 11.2 dargestellte Vierfeldertafel.

Tabelle 11.2

	+	−	
+	a = 2	b = 4	6
−	c = 4	d = 0	4
	6	4	n′ = 10

Wegen der geringen erwarteten Häufigkeiten werten wir Tabelle 11.2 nach Gl. (5.33) aus:

$$p = \frac{6! \cdot 4! \cdot 6! \cdot 4!}{10! \cdot 2! \cdot 4! \cdot 4! \cdot 0!} = 0,0714 \quad .$$

Da ein Feld der Vierfeldertafel unbesetzt ist (d = 0), entspricht diese Punktwahrscheinlichkeit der Überschreitungswahrscheinlichkeit. Man erhält also P = p = $0,0714 > 0,05$, d. h. die H_0 wäre für $\alpha = 0,05$ beizubehalten.

Etwas wirksamer prüft man bei kurzen Zeitreihen nach einem anderen, von Cox (1958) entwickelten und bei Maxwell (1961, S. 137) behandelten Test, der von folgenden Häufigkeiten einer Vierfeldertafel ausgeht: a = w; b = r − w; c = n − r − w + 1 und d = w − 1, wobei

w = Anzahl der (+)-Iterationen,

r = Anzahl der (+)-Ereignisse,

n = Anzahl aller Ereignisse.

Für das Beispiel ergibt sich mit w = 5, r = 7 und n = 11 die in Tabelle 11.3 dargestellte Vierfeldertafel.

Tabelle 11.3

a = 5	b = 2	7
c = 0	d = 4	4
5	6	n = 11

Man errechnet nach Gl. (5.33)

$$P = p = \frac{7! \cdot 4! \cdot 5! \cdot 6!}{11! \cdot 5! \cdot 2! \cdot 0! \cdot 4!} = 0,0455 \quad .$$

Nach diesem Test ist die H_0 für $\alpha = 0,05$ zu verwerfen und die H_1, wonach die Übergangswahrscheinlichkeiten 1. Ordnung nicht zufällig sind, zu akzeptieren.

Hat man Irrtumswahrscheinlichkeiten dieser Art für mehrere individuelle Abfolgen berechnet, kommt man zu einer zusammenfassenden Aussage für alle Abfolgen nach dem in 5.2.3 beschriebenen Verfahren.

11.1.4 Homogenität mehrerer Abfolgen

Bisher wurden Abfolgen analysiert, die von einem einzelnen Individuum oder einer einzelnen Untersuchungseinheit stammen. Erhebt man mehrere voneinander unabhängige Abfolgen (z. B. die Abfolgen für eine Stichprobe von N Individuen), stellt sich häufig die Frage, ob die verschiedenen Abfolgen miteinander übereinstimmen (homogen sind) oder nicht.

Dabei sind 2 Homogenitätsaspekte zu unterscheiden. Zum einen können wir fragen, ob die H_0 (Zufälligkeit der Abfolgen) nach Inspektion aller Abfolgen aufrecht zu erhalten ist, ob also die Stichprobe der Abfolgen aus einer Population von Zufallsabfolgen stammt (Homogenität 1. Art). Die Annahme dieser H_0 bedeutet allerdings nicht, daß die Abfolgen auch übereinstimmen, denn jede Abfolge kann „auf ihre Art" zufällig sein, ohne daß dabei Übereinstimmungen auftreten. Muß die H_0 verworfen werden, ist davon auszugehen, daß die Abfolgen nicht aus einer Population zufälliger Abfolgen stammen, wobei die Art der Störung des Zufallsprozesses von Abfolge zu Abfolge unterschiedlich sein kann.

Abfolgen, für die die H_0 der Zufälligkeit (Homogenität 1. Art) verworfen wurde, können jedoch auch übereinstimmen. Diese Homogenität 2. Art läge vor, wenn alle Abfolgen im wesentlichen die gleiche Systematik aufweisen würden. Homogenität 2. Art kann im Prinzip auch dann bestehen, wenn kein Test gefunden werden konnte, nach dem die H_0 der Homogenität 1. Art abzulehnen wäre, denn die Tests auf Zufälligkeit einer Abfolge prüfen – wie bereits mehrfach erwähnt – jeweils nur spezifische Verletzungen der Zufälligkeit. Die Abfolgen könnten gemeinsam eine Systematik aufweisen, auf die keiner der bekannten Tests auf Zufälligkeit anspricht. Auf der anderen Seite wäre dies ein sicherer Beleg dafür, daß die Abfolgen nicht zufällig zustande kamen, sondern daß hinter allen Abfolgen eine gemeinsame Systematik steht, die lediglich anders geartet ist als die Systematiken, auf die die verwendeten Tests auf Zufälligkeit ansprechen.

Die Überprüfung dieser beiden Homogenitätsaspekte sei an einem kleinen Beispiel verdeutlicht. Ein Reiz-Reaktions-Test möge aus 16 gleich schwierigen Aufgaben mit jeweils fünf Wahlantworten bestehen. Für eine Normalpopulation sei bekannt, daß richtig (R)- und falsch (F)-Antworten zufällig aufeinander folgen, daß also kein Lernfortschritt beim Durcharbeiten der 16 Aufgaben eintrat und daß auch sonst keine sequentiellen Abhängigkeiten bestehen. Man will nun überprüfen, ob die Abfolgen von R- und F-Antworten auch bei schizophrenen Patienten zufällig sind oder ob die Antworten bei diesen Vpn einer bestimmten Systematik folgen. Die Zufälligkeit der Abfolgen soll mit dem Iterationslängentest (vgl. 11.1.1.2) geprüft werden, wobei man davon ausgeht, daß R-Antworten bei 5 Wahlalternativen pro Aufgabe mit einer Zufallswahrscheinlichkeit von $\pi = 1/5$ auftreten.

Für N = 4 Vpn registriert man die folgenden Abfolgen von R- und F-Antworten:

Vp 1 :   R F $\underline{R}$ $\underline{R}$ F R F F F R F F $\underline{R}$ $\underline{R}$ $\underline{R}$ F   s = 3; P = 0,0889,

Vp 2 :   F R F F $\underline{R}$ $\underline{R}$ $\underline{R}$ $\underline{R}$ $\underline{R}$ F R F F F F F   s = 5; P = 0,0031,

Vp 3 :   F R F R R F F F $\underline{R}$ $\underline{R}$ $\underline{R}$ F R F R   s = 4; P = 0,0169,

Vp 4 : $\underline{R}$ $\underline{R}$ $\underline{R}$ F F R F R F F F R F F R R   s = 3; P = 0,0889 .

Die zu den (unterstrichenen) Längstiterationen gehörenden Überschreitungswahrscheinlichkeiten P sind Tafel 36 für $\pi = 1/5$ und n = 16 entnommen. Die Abfolgen der 2. und der 3. Vp weichen signifikant ($\alpha = 0,05$) von einer Zufallsabfolge ab. Zur Überprüfung der Frage, ob die H_0 (Homogenität 1. Art) für alle 4 Vpn zurückzuweisen ist, agglutinieren wir die individuellen Überschreitungswahrscheinlichkeiten nach Gl. (2.12). Man errechnet

$$\chi^2 = -2 \cdot (-2,42 - 5,78 - 4,08 - 2,42)$$
$$= -2 \cdot (-14,70) = 29,40 \quad \text{mit Fg = 8} \quad .$$

Dieser Wert ist gemäß Tafel 3 für $\alpha = 0,01$ signifikant, d. h. die H_0 ist abzulehnen: Die 4 Abfolgen stammen nicht aus einer Population zufälliger Abfolgen.

Zur Überprüfung der Übereinstimmung der Zufallsabfolgen (Homogenität 2. Art) wählen wir den Q-Test von Cochran (vgl. 5.5.3.1), der überprüft, ob die Wahrscheinlichkeit für eine R-Reaktion bei einer Stichprobe von N Individuen zufällig variiert (H_0) bzw. systematisch variiert (H_1). Wir errechnen nach Gl. (5.80)

$$\chi^2 = \frac{(16 - 1) \cdot (16 \cdot 71 - 33^2)}{16 \cdot 33 - 275} = 2,79 \quad .$$

Dieser Wert ist für Fg = 16 − 1 = 15 nicht signifikant. Zusammenfassend wäre also zu interpretieren, daß die Antwortabfolgen schizophrener Patienten im Unterschied zu gesunden Patienten nicht zufällig sind, daß aber darüber hinaus eine einheitliche Systematik der Abfolgen nicht festzustellen ist.

11.1.5 Überprüfung von Interventionswirkungen

In 11.1.2 wurden verschiedene Ansätze zur Überprüfung von Trends in einer Abfolge erörtert. Derartige Trends interessieren häufig als Folge von Interventionen (Behandlungen), die mit einer Beobachtungsabfolge einhergehen. Je nach Art der zeitlichen Verteilung der Interventionen wird man mit monotonen Trends, mit U-förmigen Trends oder andersartigen Trends rechnen, die mit den Verfahren in 11.1.2 überprüft werden können.

Die Interventionen können Realisierungen einer dichotomen Variablen (z. B. Futter als Verstärker/kein Verstärker), einer ordinalen Variablen (z. B. ordinal abgestufte Verstärkerintensität) oder einer kardinalen Variablen sein (z. B. Futtermenge in Gramm). Bei einer dichotomen Interventionsvariablen unterscheidet man zwischen Phasen mit und Phasen ohne Intervention, für die man − evtl. mit zeitlicher Verzögerung − je nach Art der vermuteten Interventionswirkung Abschnittsvergleiche oder andere Trendüberprüfungen vornimmt. Ist die Interventionsvariable ordinalskaliert, setzt man die Rangreihe der Interventionsstärken mit der dichotomen abhängigen Variablen über eine (punkt-) biseriale Rangkorrelation (vgl. 8.2.1.2 oder 8.2.2.2) in Beziehung. Bei kardinalskalierten Interventionen überprüft man die Interventionswirkungen mit der (punkt-) biserialen Korrelation. Auch der U-Test käme hier als Verfahren zur Überprüfung der Interventionswirkungen in Betracht (vgl. 6.1.1.2).

Diese Interventionsprüfungen setzen streng genommen Unabhängigkeit der einzelnen Beobachtungen voraus – eine Voraussetzung, die in vielen Untersuchungssituationen verletzt sein dürfte. In diesem Falle haben die Untersuchungsergebnisse nur heuristischen Wert. Im übrigen sollte die interne Validität derartiger, meist als Einzelfallanalysen konzipierter Untersuchungen durch Kontrollabfolgen von parallelisierten Individuen abgesichert werden, die ohne Interventionen, aber unter sonst identischen Bedingungen zu erheben sind.

11.2 Nominale Daten

Wird ein k-fach gestuftes, nominalskaliertes Merkmal mehrfach beobachtet, erhält man eine Abfolge von Nominaldaten (Beispiel: In einem Experiment über die Resistenz von k = 4 Pflanzenarten A, B, C und D gegenüber Umweltgiften erkranken die infizierten Pflanzen in Reihenfolge B A A C D A B C D D B C). Stationarität soll hier bedeuten, daß die Wahrscheinlichkeit des Auftretens jeder Merkmalskategorie (Pflanzenart) unabhäng vom Erhebungszeitpunkt gleich bleibt, so daß eine zufällige Abfolge von Merkmalskategorien resultiert. Wie man die Zufälligkeit einer solchen Abfolge prüfen kann, zeigen die beiden folgenden Abschnitte.

11.2.1 Multipler Iterationshäufigkeitstest

Wie bei einer Abfolge von Binärdaten kann man auch bei einer Abfolge von nominalskalierten Daten fragen, ob die Merkmalskategorien zu häufig oder zu selten wechseln. Einen Test, der auf diesen Aspekt der Störung des Zufalls besonders gut anspricht, haben Barton u. David (1957) auf der Grundlage theoretischer Vorarbeiten von Mood (1940) entwickelt. Dieser Test stellt eine Verallgemeinerung des in 11.1.1.1 behandelten Iterationshäufigkeitstests für Binärdaten dar.

Der Test fragt zunächst nach der Anzahl der verschiedenen Abfolgen, die sich ergeben können, wenn sich die n Ereignisse aus $n_1, n_2, \ldots, n_k$ Ereignissen für die Kategorien $1, 2, \ldots, k$ zusammensetzen. Diese Anzahl m ergibt sich über die Polynomialverteilung zu

$$m = \frac{n!}{n_1! \cdot n_2! \cdot \ldots \cdot n_k!} \quad . \tag{11.14}$$

Alle m Abfolgen sind unter H_0 gleich wahrscheinlich. Wir fragen weiter nach der Anzahl g der Abfolgen, die genau r Iterationen aufweisen. Der Quotient g/m repräsentiert damit die Punktwahrscheinlichkeit einer Abfolge mit r Iterationen. Wir verzichten hier auf die kombinatorische Herleitung der g-Werte; sie sind in Tafel 37 für k = 3, k = 4 und n = 6 (1) 12 aufgeführt, wobei $n_1 \leq n_2 \leq n_3 (\leq n_4)$ festzusetzen sind.

Im einleitenden Pflanzenbeispiel zählen wir r = 10 Iterationen. Für n = 12 und $n_1 = n_2 = n_3 = n_4 = 3$ errechnen wir nach Gl. (11.14) m = 369600 mögliche Abfolgen (auch dieser Wert ist in Tafel 37 aufgeführt), von denen g = 109632 Abfolgen

genau 10 Iterationen aufweisen. Es ergibt sich damit eine Punktwahrscheinlichkeit von $p = 109632/369600 = 0,297$. Für den einseitigen Test auf zu häufigen Wechsel der Kategorien ist eine Überschreitungswahrscheinlichkeit zu bestimmen, die alle Abfolgen mit $r \geq 10$ Iterationen berücksichtigt. Auch diese sind in Tafel 37 genannt. Wir erhalten $P = (109623 + 98688 + 41304)/369600 = 0,675$. Die genannte Abfolge ist also sehr gut mit dem Zufall zu vereinbaren.

Bei einseitigem Test auf zu seltenen Wechsel werden die g-Werte aller Abfolgen addiert, die höchstens so viele Iterationen aufweisen wie die empirisch angetroffene Abfolge.

Für $n > 12$ gilt der folgende *asymptotische* Test. Wir definieren mit

$$v = n - r \tag{11.15}$$

eine Prüfgröße, die mit einem Erwartungswert von

$$E(v) = F_2/n \tag{11.16}$$

und einer Standardabweichung von

$$\sigma_v = \sqrt{\frac{F_2 \cdot (n - 3)}{n \cdot (n - 1)} + \frac{F_2^2}{n^2 \cdot (n - 1)} - \frac{2 \cdot F_3}{n \cdot (n - 1)}} \quad , \tag{11.17}$$

mit

$$F_2 = \sum_{j=1}^{k} n_j \cdot (n_j - 1)$$

und

$$F_3 = \sum_{j=1}^{k} n_j \cdot (n_j - 1) \cdot (n_j - 2)$$

genähert normalverteilt ist, so daß man über

$$u = \frac{v - E(v)}{\sigma_v} \quad , \tag{11.18}$$

anhand Tafel 2 ein- oder zweiseitig über die Gültigkeit von H_0 befinden kann. Für $n_1 = n_2 = \ldots = n_k = n/k$ erhält man

$$E(v) = \frac{n}{k} - 1 \tag{11.19}$$

und

$$\sigma_v = \sqrt{\frac{(n - 1) \cdot (k \cdot n - n)}{k^2 \cdot (n - 1)}} \quad . \tag{11.20}$$

Das folgende Beispiel erläutert die Durchführung dieses asymptotischen Tests.

Beispiel 11.3

Problem: Im Skat lassen sich k = 4 Möglichkeiten des individuellen Spielausganges unterscheiden: 1) Man ist Alleinspieler und gewinnt (AG). 2) Man ist Alleinspieler und verliert (AV). 3) Man ist Mitspieler und gewinnt (MG). 4) Man ist Mitspieler und verliert (MV). Ein Spieler möchte überprüfen, ob diese Ereignisse zufällig aufeinander folgen.

Hypothese: Die Abfolge der 4 Möglichkeiten des individuellen Spielausganges weicht vom Zufall in Richtung einer zu geringen "Durchmischung" ab (H$_1$; α = 0,05; einseitiger Test).

Daten: Der Spieler registriert nachstehende Abfolge für n = 24 Spiele:
MG MG MG MV MV AG MG MV AG MG AV AV MV MG MV AG MV AV AV AV MG MV AG MG.

Auswertung: Da n > 12, testen wir asymptotisch über die Normalverteilung. Es ergeben sich r = 18 Iterationen, so daß

$$v = 24 - 18 = 6 \quad,$$

bei n$_1$ = 4, n$_2$ = 5, n$_3$ = 8 und n$_4$ = 7 unterschiedlichen Spielausgängen. Die Hilfsgrößen betragen

$$F_2 = 4 \cdot 3 + 5 \cdot 4 + 8 \cdot 7 + 7 \cdot 6 = 130$$

und

$$F_3 = 4 \cdot 3 \cdot 2 + 5 \cdot 4 \cdot 3 + 8 \cdot 7 \cdot 6 + 7 \cdot 6 \cdot 5 = 630 \quad,$$

so daß folgende Parameter der asymptotischen Prüfverteilung von v resultieren:

$$E(v) = 130/24 = 5,42$$

und

$$\sigma_v = \sqrt{\frac{130 \cdot (24 - 3)}{24 \cdot (24 - 1)} + \frac{130^2}{24^2 \cdot (24 - 1)} - \frac{2 \cdot 630}{24 \cdot (24 - 1)}}$$
$$= 1,98 \quad,$$

woraus sich folgender u-Wert ergibt:

$$u = (6 - 5,42)/1,98 = 0,29 \quad.$$

Entscheidung und Interpretation: Die Abfolge der individuellen Spielausgänge kann als zufallsbedingt angesehen werden, da das zu u = 0,29 gehörende P = 0,3859 die vorgegebene Schranke von α = 0,05 weit übersteigt. Es besteht also kein Anlaß, ein Gesetz der Serie zu vermuten.

Auf S. 552 wurde darauf hingewiesen, daß der Iterationshäufigkeitstest einem Vorschlag von Wald u. Wolfowitz (1943) folgend auch als Test zur Überprüfung von Omnibusunterschieden zweier unabhängiger Stichproben eingesetzt werden kann. Völlig analog hierzu ist der multiple Iterationshäufigkeitstest für den Omnibusvergleich von k unabhängigen Stichproben zu verwenden.

Liegt keine originäre Rangreihe vor, bringt man die Messungen der k Stichproben in eine gemeinsame Rangreihe und zählt die Anzahl der durch die Stichprobenzugehörigkeit der Rangplätze entstandenen Iterationen aus. Hat man beispielsweise für k = 3 Stichproben von n_1 = 5 Hirnorganikern (H), n_2 = 4 Psychopathen (P) und n_3 = 3 Neurotikern (N) für das Merkmal „Merkfähigkeit" die Rangreihe

N P H H H H H N N P P P

erhalten, resultieren r = 5 Iterationen, die nach Tafel 37 bei einseitigem Test auf zu wenig Iterationen mit einer Überschreitungswahrscheinlichkeit von (6 + 54 + 332)/27720 = 0,014 auftreten. Die Merkfähigkeitsreihenfolge der 12 Patienten weicht also für α = 0,05 signifikant von einer Zufallsreihe ab. Per Dateninspektion erkennt man, daß H-Patienten eine höhere Merkfähigkeit aufweisen als P-Patienten und daß die Streuung der Merkfähigkeit bei H-Patienten geringer ist als bei N- oder P-Patienten.

Grundsätzlich besteht auch hier die Möglichkeit, mit dieser Testanwendung zu überprüfen, ob eine Rangfolge zu gut durchmischt ist (zu viele Iterationen). Da jedoch die bei den meisten Fragestellungen vorrangig interessierenden Unterschiedsarten (Unterschiede in der zentralen Tendenz oder Unterschiede in der Dispersion) durch zu wenig Iterationen gekennzeichnet sind, ist dieser einseitige Test in der Regel inhaltlich bedeutungslos.

11.2.2 Trendtests

Für die Überprüfung einer monotonen Trendhypothese bei einer Abfolge binärer Daten wurde in 11.1.2 der U-Test bzw. die biseriale Rangkorrelation vorgeschlagen. Hat nun das nominale Merkmal nicht nur 2, sondern allgemein k Kategorien, läßt sich mit der Rangvarianzanalyse (H-Test, vgl. 6.1.2.2) überprüfen, ob die einzelnen Kategorien des Merkmals überzufällig unterschiedlichen Abschnitten der Abfolge zugeordnet sind (H_1) oder ob die Merkmalskategorien uniform über die Abfolge verteilt sind (H_0). Wie beim U-Test werden hierbei die Versuchs- (Beobachtungs-) Nummern als Rangreihe aufgefaßt, so daß sich für die Merkmalskategorien Rangsummen berechnen lassen, deren Unterschiedlichkeit rangvarianzanalytisch zu überprüfen ist. Statistisch bedeutsame Unterschiede in den Rangsummen besagen, daß das Auftreten der Merkmalskategorien im Verlaufe der Versuchs- (Beobachtungs-) Serie einer bestimmten Reihenfolge bzw. einem bestimmten Trend folgt.

Läßt sich eine bestimmte Reihenfolge oder ein bestimmter Trend bereits vor Untersuchungsbeginn als Hypothese formulieren, überprüft man diese Trendhypothese schärfer mit dem in 6.1.4.1 behandelten Trendtest von Jonckheere (1954). Ein kleines Beispiel soll diese Testanwendung verdeutlichen:

Ein Ornithologe behauptet, daß k = 3 Zugvogelarten A, B und C im Frühjahr in einer bestimmten Reihenfolge in einem mitteleuropäischen Nistgebiet eintreffen. Er erwartet, daß zuerst Vögel der Art A erscheinen, später Vögel der Art B und zuletzt Vögel der Art C. Formal läßt sich diese Trendhypothese unter Verwendung von Zeitmarken t_x für das Eintreffen einer Vogelart X wie folgt schreiben:

$$H_1 : t_A \leq t_B \leq t_C \quad ,$$

wobei für mindestens eine Ungleichung die strengere Form „ < " gilt.

Die Beobachtungen mögen zu der in Tabelle 11.4 dargestellten Reihenfolge des Eintreffens von n_1 = 5 Vögeln der Art A, n_2 = 5 Vögeln der Art B und n_3 = 4 Vögeln der Art C geführt haben.

Tabelle 11.4

Art der Beobachtung:	A	A	A	A	B	A	B	C	B	B	B	C	C	C
Nr der Beobachtung:	1	2	3	4	5	6	7	8	9	10	11	12	13	14

Nach Gl. (6.39) errechnen wir

$$S = 5 \cdot 5 - \left(16 - \frac{5 \cdot 6}{2}\right) + 5 \cdot 4 - \left(15 - \frac{5 \cdot 6}{2}\right) + 5 \cdot 4 - \left(18 - \frac{5 \cdot 6}{2}\right)$$
$$= 24 + 20 + 17 = 61 \quad .$$

Gemäß Tafel 15 hat der Wert S = 55 eine Überschreitungswahrscheinlichkeit von P = 0,004. Da für das Beispiel S = 61 ermittelt wurde, ist die Überschreitungswahrscheinlichkeit noch geringer, d. h. die angetroffene Reihenfolge bestätigt die eingangs aufgestellte Trendhypothese mit P < 0,01.

Für die Überprüfung von Trendhypothesen der oben beschriebenen Art kann statt des Trendtests von Jonckheere auch der in 6.1.4.2 beschriebene Trendtest mit orthogonalen Polynomen eingesetzt werden.

11.3 Ordinale Daten

In diesem Abschnitt werden Verfahren behandelt, die die Zufälligkeit einer Abfolge von Meßwerten überprüfen. Daß wir diesen Abschnitt mit der Überschrift „Ordinale Daten" versehen haben, ist insoweit zu rechtfertigen, als alle folgenden Verfahren lediglich die ordinale Information der Meßwerte nutzen, wobei das Rangordnungskriterium selbstverständlich nicht die Abfolge der Messungen, sondern die Größe der sukzessiv erhobenen Meßwerte ist. Haben beispielsweise 10 aufeinander folgende Fiebermessung die Werte

38,0; 38,3; 38,9; 39,2; 39,2; 39,1; 38,7; 38,6; 38,3; 38,1

erbracht, ergäbe sich die folgende Abfolge von Rangwerten:

1 3,5 7 9,5 9,5 8 6 5 3,5 2 .

Statt auf Rangreihen, die aus Meßwerten gebildet wurden, können die Verfahren natürlich auch auf originäre, sequentiell erhobene Rangreihen angewandt werden, wobei es allerdings schwer fällt, geeignete Beispiele zu finden.

Bei der Untersuchung von Abfolgen binärer oder nominaler Daten wurde darauf hingewiesen, daß das Postulat der Zufälligkeit auf vielfältige Art verletzt sein kann und daß bei weitem nicht für jede Art der Abweichung von der Zufälligkeit ein Test existiert. Dies gilt in noch stärkerem Maße für Abfolgen von Ordinaldaten; auch dafür wurden bislang nur solche Verfahren entwickelt, die „augenfällige" Zufallsstörungen inferenzstatistisch bewerten. „Augenfällig" bedeutet hier, daß man den n! möglichen und gleichwahrscheinlichen Abfolgen von n Beobachtungen eine Ordnung unterlegt, die es gestattet anzugeben, welche Abfolgen extremer von einer

Zufallsfolge abweichen als die angetroffene Abfolge. So können wir beispielsweise bei der Abfolge

1 3 2 4 5 7 6

danach fragen, wie viele Abfolgen es gibt, die einen monoton steigenden Trend besser oder genauso gut bestätigen wie diese Abfolge, oder wir können nach der Anzahl der Abfolgen fragen, bei denen ein Richtungswechsel zwischen je 2 aufeinander folgenden Beobachtungen genauso häufig oder häufiger auftritt als bei der empirisch ermittelten Abfolge. Je nachdem, durch welches „Ordnungskriterium" man „extremere" Abweichungen definiert, ergeben sich unterschiedliche Überschreitungswahrscheinlichkeiten, die für oder gegen die Annahme von H_0 (zufällige Abfolge) sprechen. Auch hier gilt also, daß das Beibehalten von H_0 aufgrund nur eines Tests keineswegs bedeuten muß, daß eine Abfolge hinsichtlich aller möglichen „Ordnungskriterien" zufällig ist.

Unter inhaltlichen Gesichtspunkten interessiert vorrangig die Frage, ob eine Abfolge einen bestimmten Trend aufweist. Die für derartige Prüfungen geeigneten Verfahren werden in 11.3.2 behandelt. Zuvor jedoch wollen wir in 11.3.1 Verfahren mit einer weniger spezifischen Alternativhypothese erörten, Verfahren also, die simultan auf Trends oder Systematiken verschiedener Art ansprechen (Omnibustests). In 11.3.3 schließlich fragen wir, ob mehrere Abfolgen ordinaler Daten als homogen anzusehen sind oder nicht.

11.3.1 Zufälligkeit der Abfolge: Omnibustests

Für die eingangs erwähnte Abfolge von Fiebermessungen können wir das Vorzeichen der Differenzen von je 2 aufeinander folgenden Messungen (Rangplätzen) bestimmen. Unter Fortlassung einer der beiden aufeinander folgenden Messungen mit identischen Rangplätzen (9,5) resultiert die folgende Vorzeichenreihe:

+ + + − − − − − .

Die Vorzeichenreihe besteht aus 2 *Phasen*: Einer dreigliedrigen Phase von Pluszeichen und einer fünfgliedrigen Phase von Minuszeichen. Wir können nun fragen, ob a) die Länge der Phasen und b) die Anzahl der Phasen mit der H_0 zu vereinbaren sind. Die 1. Frage wird durch den Phasenverteilungstest (11.3.1.1) und die 2. durch den Phasenhäufigkeitstest (11.3.1.2) beantwortet. (Warum für diese Fragestellungen die in 11.1.1 behandelten Verfahren nicht geeignet sind, wird auf S. 574f. geklärt.)

Einem anderen „Ordnungskriterium" folgend können wir bestimmen, ob der Median aller Messungen zwischen je 2 aufeinander folgenden Messungen liegt oder nicht. Im Beispiel befindet sich das 1. Wertepaar (1 und 3,5) unterhalb, und das 3. Wertepaar (7 und 9,5) oberhalb des Medianwertes; beim 2. Wertepaar (3,5 und 7) hingegen liegt der Median (Md = 5, 5) zwischen den beiden Werten. Ein Test, der die Anzahl aller Wertepaare als Prüfgröße verwendet, die sich oberhalb oder unterhalb des Medians befinden, wird in 11.3.1.3 unter der Bezeichnung „Punkt-Paare-Test" behandelt.

11.3.1.1 Phasenverteilungstest

Um beurteilen zu können, ob eine Abfolge von n Messungen y_i eines stetig verteilten Merkmals, die zu n Zeitpunkten t_i erhoben wurden, als Ausschnitt eines stationären Zufallsprozesses anzusehen ist, bestimmen wir zunächst – wie im einleitenden Beispiel – die Vorzeichen $sgn(y_{i+1} - y_i)$ der Differenzen aufeinander folgender Messungen. Sind aufeinander folgende Werte identisch, ersetzt man die Sukzessivbindungen durch einen einzigen Meßwert und reduziert die Länge der Abfolge entsprechend. Bei konservativem Vorgehen wird eine Nulldifferenz mit demjenigen Vorzeichen versehen, das am wenigsten zur Erhöhung der Prüfgröße gemäß Gl. (11.27) beiträgt.

Als nächstes wird ausgezählt, wie häufig Vorzeichenphasen (Plus- und Minusphasen) der Länge d auftreten. Der Phasenverteilungstest oder „*runs-up-and-down*"-Test von Wallis u. Moore (1941) vergleicht nun die beobachtete Häufigkeit b_d für das Auftreten von Phasen der Länge d mit der gemäß H_0 (zufällige Abfolge) erwarteten Häufigkeit.

Durch kombinatorische Überlegungen läßt sich zeigen, daß Phasen der Länge d bei Gültigkeit von H_0 mit folgender Häufigkeit auftreten:

$$e_d = \frac{2 \cdot (d^2 + 3d + 1) \cdot (n - d - 2)}{(d + 3)!} \quad . \tag{11.21}$$

Für d = 1 erhält man aus Gl. (11.21)

$$e_1 = 5 \cdot (n - 3)/12 \quad , \tag{11.22}$$

für d = 2

$$e_2 = 11 \cdot (n - 4)/60 \quad , \tag{11.23}$$

usw.

Fragen wir nun nach der Summe aller Phasen beliebiger Länge, die bei Gültigkeit von H_0 zu erwarten ist, sind folgende Überlegungen anzustellen: Betrachtet man eine Abfolge als einen Ausschnitt aus einem stationären Prozeß beliebiger Länge, ist die Länge der „randständigen" Phasen undefiniert. Dies wird durch das folgende kleine Beispiel verdeutlicht:

3 5 2 4 1

+ – + –

Das linke Pluszeichen bleibt unberücksichtigt, da es als Ende einer „Vorlaufphase" gedeutet wird, deren Gliederanzahl unbekannt ist. Das gleiche gilt für das letzte Minuszeichen, das den Beginn einer Minusphase mit unbestimmter Länge kennzeichnet. Eindeutig sind in diesem Beispiel nur die beiden mittleren, eingliedrigen Phasen. Daraus folgt, daß bei beliebigen Abfolgen die kürzeste Phase aus d = 1 und die längste Phase aus d = n – 3 Gliedern besteht.

Gleichung (11.21) ist also für alle d (d = 1, 2, ..., n – 3) zu summieren, um die Anzahl aller Phasen zu bestimmen, die man bei Gültigkeit von H_0 erwartet:

$$e_{(d \geq 1)} = 2 \cdot \sum_{d=1}^{n-3} \frac{(d^2 + 3 \cdot d + 1) \cdot (n - d - 2)}{(d + 3)!}$$

$$= 2 \cdot \left(\frac{2 \cdot n - 7}{6} + \frac{1}{n!} \right)$$

(vgl. Kendall u. Stuart, 1968, Vol. 3, S. 353). Vernachlässigt man den Ausdruck $1/n!$, ergibt sich als Näherung:

$$e_{(d \geq 1)} = (2n - 7)/3 \quad . \tag{11.24}$$

Die durchschnittliche Phasenlänge hat unter H_0 für $n \to \infty$ eine Erwartung von

$$E(d) = \frac{3 \cdot (n + 7 - 4 \cdot c)}{2 \cdot n - 7} = 1,5 \tag{11.25}$$

mit

$$c = 2,7183 \quad .$$

Da Phasen der Länge $d \geq 4$ unter H_0 nur selten auftreten, haben Wallis u. Moore (1941) ihren Test auf die Phasenlängen $d = 1$, $d = 2$ und $d \geq 3$ begrenzt. Die erwartete Häufigkeit für $d \geq 3$ ergibt sich unter Verwendung von Gl. (11.22), (11.23) und (11.24) zu

$$e_{3,4,\ldots} = e_{(d \geq 1)} - e_1 - e_2$$
$$= (4n - 21)/60 \quad . \tag{11.26}$$

Ausgehend von den beobachteten Häufigkeiten b_d für die Phasenlängen $d = 1$, $d = 2$ und $d \geq 3$ und den erwarteten Häufigkeiten e_d wird folgende Prüfgröße definiert:

$$\chi_p^2 = \sum_{d=1}^{d \geq 3} \frac{(b_d - e_d)^2}{e_d} \quad . \tag{11.27}$$

Diese Prüfgröße beurteilt man nach Tafel 38 exakt für Abfolgen der Länge $n = 6(1)12$ und asymptotisch für $n > 12$. Man beachte, daß bei diesem Test $\sum b \neq \sum e$ ist. Wie Wallis u. Moore (1941) belegen, entspricht der asymptotische Test für $\chi_p^2 \geq 6,3$ dem „normalen" χ^2-Test mit Fg $= 2,5$. Für $\chi_p^2 < 6,3$ prüft man $\chi^2 = (6/7) \cdot \chi_p^2$ mit Fg $= 2$.

H_0 ist zugunsten von H_1 (Nichtstationarität) zu verwerfen, wenn $P(\chi_p^2) \leq \alpha$ ist. In diesem Falle treten kurze oder lange Phasen zu selten oder zu häufig auf. Da jedoch mit $E(d) = 1,5$ kurze Phasen gemäß H_0 eher der Normalfall sind, weist ein signifikantes Ergebnis in den meisten Fällen auf zu wenig kurze und zu viele lange Phasen hin.

Beispiel 11.4

Problem: In einer Stadt wurde über einen Zeitraum von $n = 28$ Tagen täglich die Anzahl der Unfälle registriert. Es wird gefragt, ob die täglichen Unfallstatistiken zufällig oder systematisch (z. B. wetterbedingt) variieren.

Hypothese: Die Zeitreihe der Unfallhäufigkeiten ist stationär (H_0; $\alpha = 0,01$).

Daten: Tabelle 11.5 zeigt die Unfallhäufigkeiten y_i ($i = 1, \ldots, 28$) und die Abfolge der Vorzeichen.

Tabelle 11.5

y_i:	3	1	2	4	3	2	3	5	6	4	7	8	5	3	4	5	6	7	6	4	2	5	4	1	0	2	3	5
sgn:		−	+	+	−	−	+	+	+	−	+	+	−	−	+	+	+	+	−	−	−	−	+	−	−	−	+	+	+
d:			2		2		3	1	2	2			4			3		1	3									

Es ergeben sich 2 eingliedrige Phasen ($b_1 = 2$), 4 zweigliedrige Phasen ($b_2 = 4$) und 4 Phasen mit mindestens 3 Gliedern ($b_{3,4\ldots} = 4$).

Auswertung: Nach Gl. (11.22), (11.23) und (11.26) errechnet man

$$e_1 \quad = 5 \cdot (28 - 3)/12 = 10,42,$$
$$e_2 \quad = 11 \cdot (28 - 4)/60 = 4,40,$$
$$e_{3,4\ldots} = (4 \cdot 28 - 21)/60 = 1,52$$

und damit nach Gl. (11.27)

$$\chi_p^2 = \frac{(2 - 10,42)^2}{10,42} + \frac{(4 - 4,40)^2}{4,40} + \frac{(4 - 1,52)^2}{1,52}$$
$$= 10,89 \quad .$$

Entscheidung: Tafel 38 ist für $n > 12$ zu entnehmen, daß ein χ_p^2-Wert von 10,75 eine Überschreitungswahrscheinlichkeit von $P = 0,008$ hat. Da unser Wert $\chi_p^2 = 10,89 > 10,75$ ist, muß gefolgert werden, daß $P(\chi_p^2 \geq 10,89) < 0,008$ ist, d.h. H_0 ist zu verwerfen.

Interpretation: Die Abfolge ist nicht als zufällig anzusehen; es treten zu viele lange und zu wenig kurze Phasen auf, was wegen der Ausgewogenheit von Plus- und Minusphasen darauf schließen läßt, daß das Merkmal „Unfallhäufigkeit" nach Art eines langsam schwingenden (undulierenden) Trends variiert. Ob diese Systematik z. B. wetterbedingt ist, kann erst nach weiterführenden (z. B. korrelativen) Analysen geklärt werden.

11.3.1.2 Phasenhäufigkeitstest

Ein weiteres Verfahren von Wallis u. Moore (1941) verwendet die Häufigkeit der in einer Abfolge von Vorzeichen auftretenden Vorzeichenphasen als Prüfgröße, wobei die Vorzeichenabfolge in gleicher Weise erstellt wird wie in 11.3.1.1. Bei oberflächlicher Betrachtung ähnelt dieses Verfahren stark dem in 11.1.1.1 beschriebenen Iterationshäufigkeitstest, bei dem die Anzahl der Iterationen in einer Abfolge von Binärda-

ten als Prüfgröße verwendet wird. Der Iterationshäufigkeitstest geht jedoch von der Annahme aus, daß gemäß H_0 beide Merkmalsalternativen an jeder Position der Abfolge mit gleicher Wahrscheinlichkeit auftreten. Daß dies beim Phasenhäufigkeitstest anders ist, wird unmittelbar einleuchtend, wenn man z. B. das Vorzeichen betrachtet, das dem höchsten Wert der Reihe folgt: Dieses Vorzeichen kann nur ein Minus sein, denn nach dem höchsten Wert muß zwangsläufig ein niedrigerer Wert folgen. Umgekehrt muß das Vorzeichen nach dem kleinsten Wert immer positiv sein. Allgemein: Die Wahrscheinlichkeit des Auftretens eines Vorzeichens ist nicht für alle Positionen der Abfolge konstant.

Anders als beim Phasenverteilungstest definieren wir mit b die Anzahl der Phasen unter Einbeziehung der ersten und der letzten Vorzeichenphase. Dies war beim Phasenverteilungstest nicht möglich, weil die *Länge* der ersten und der letzten Vorzeichenphase unbestimmt ist. Die Art des Vorlaufes und die Fortsetzung der Abfolge ist jedoch für die *Anzahl* der Phasen im beobachteten Zeitraum unerheblich, so daß die erste und die letzte Vorzeichenphase (unbeschadet ihrer unbekannten Länge) mitgezählt werden können.

Eine Abfolge von n Beobachtungen kann minimal aus einer Vorzeichenphase (bei einer perfekt monotonen Abfolge) und maximal aus n − 1 Phasen bestehen (bei ständigem Richtungswechsel in der Folge). Für n = 3 haben von den n! = 6 möglichen Abfolgen 2 Abfolgen nur eine Vorzeichenphase (b = 1):

1 2 3 (+ +)

3 2 1 (− −) .

Für 4 Abfolgen zählen wir 2 Vorzeichenphasen (b = 2):

1 3 2 (+ −)

2 1 3 (− +)

2 3 1 (+ −)

3 1 2 (− +) .

Setzen wir n = 4, resultieren 4! = 24 mögliche Abfolgen mit folgenden Vorzeichenphasen:

2 Abfolgen mit b = 1

1 2 3 4 (+ + +)

4 3 2 1 (− − −)

12 Abfolgen mit b = 2

1 2 4 3 (+ + −)

1 3 4 2 (+ + −)

1 4 3 2 (+ − −)

2 1 3 4 (− + +)

2 3 4 1 (+ + −)

2 4 3 1 (+ − −)

3 1 2 4 (− + +)

3 2 1 4 (− − +)

3 4 2 1 (+ − −)

4 1 2 3 (− + +)

4 2 1 3 (− − +)

4 3 1 2 (− − +)

10 Abfolgen mit b = 3

1 3 2 4 (+ − +)

1 4 2 3 (+ − +)

2 1 4 3 (− + −)

2 3 1 4 (+ − +)

2 4 1 3 (+ − +)

3 1 4 2 (− + −)

3 2 4 1 (− + −)

3 4 1 2 (+ − +)

4 1 3 2 (− + −)

4 2 3 1 (− + −) .

Man erhält damit folgende Punktwahrscheinlichkeiten:

$$p(b = 1 | n = 4) = \ \ 2/24 = 0,0833,$$

$$p(b = 2 | n = 4) = 12/24 = 0,5000,$$

$$p(b = 3 | n = 4) = 10/24 = 0,4167 \quad .$$

Die Überschreitungswahrscheinlichkeiten, eine Abfolge mit höchstens x Vorzeichenphasen zufällig anzutreffen, ergeben sich demnach zu

$$P(b \leq 1 | n = 4) = 2/24 \qquad\qquad = 0,0833,$$

$$P(b \leq 2 | n = 4) = (2 + 12)/24 \qquad = 0,5833,$$

$$P(b \leq 3 | n = 4) = (2 + 12 + 10)/24 = 1,0000 \quad .$$

In gleicher Weise lassen sich durch Auszählen Punkt- bzw. Überschreitungswahrscheinlichkeiten für längere Abfolgen bestimmen. Man kann sich jedoch die mühsame
Zählarbeit ersparen, wenn man von folgender Rekursionsformel für Punktwahrscheinlichkeiten Gebrauch macht:

$$p(b = x | n)$$

$$= \frac{x \cdot p(b = x | n - 1) + 2 \cdot p(b = x - 1 | n - 1) + (n - x) \cdot p(b = x - 2 | n - 1)}{n} \quad .$$

$$(11.28)$$

Gehen wir z. B. von n = 4 auf n = 5 über, erhält man nach Gl. (11.28)

$$p(b = 1|n = 5) = \frac{1 \cdot 2/24 + 2 \cdot 0 + 4 \cdot 0}{5} = 2/120 = 0,0167 \quad,$$

$$p(b = 2|n = 5) = \frac{2 \cdot 12/24 + 2 \cdot 2/24 + 3 \cdot 0}{5} = 28/120 = 0,2333 \quad,$$

$$p(b = 3|n = 5) = \frac{3 \cdot 10/24 + 2 \cdot 12/24 + 2 \cdot 2/24}{5} = 58/120 = 0,4833 \quad,$$

$$p(b = 4|n = 5) = \frac{4 \cdot 0 + 2 \cdot 10/24 + 1 \cdot 12/24}{5} = 32/120 = 0,2667 \quad.$$

Daraus ergeben sich die folgenden Überschreitungswahrscheinlichkeiten $P(b \leq x|n)$:

$$P(b \leq 1|n = 5) = 2/120 = 0,0167 \quad,$$

$$P(b \leq 2|n = 5) = (2 + 28)/120 = 0,2500 \quad,$$

$$P(b \leq 3|n = 5) = (2 + 28 + 58)/120 = 0,7333 \quad,$$

$$P(b \leq 4|n = 5) = (2 + 28 + 58 + 32)/120 = 1,0000 \quad.$$

Dies sind die Überschreitungswahrscheinlichkeiten, die in Tafel 39 des Anhanges nach Edgington (1961) für n = 2(1)25 tabelliert sind. Demnach wäre z. B. die Abfolge 1 2 3 4 5 mit b = 1 und n = 5 für $\alpha = 0,05$ nicht mehr mit der H_0 (Zufälligkeit der Abfolge) zu vereinbaren (P = 0,0167 < 0,05).

Tafel 39 testet einseitig gegen zu wenig Vorzeichenphasen. Will man einseitig gegen zu viele Vorzeichenphasen testen, sind durch Differenzenbildung der sukzessiven Überschreitungswahrscheinlichkeiten in Tafel 39 die Punktwahrscheinlichkeiten rückzurechnen, aus denen sich dann durch Kumulation – beginnend mit dem maximalen b-Wert – die gesuchten Überschreitungswahrscheinlichkeiten ergeben. Bei zweiseitigem Test ist α zu halbieren.

Für n > 25 ist die Prüfgröße b *asymptotisch* normalverteilt mit einem Erwartungswert von

$$E(b) = (2n - 1)/3 \tag{11.29}$$

und einer Varianz von

$$Var(b) = (16n - 29)/90 \quad, \tag{11.30}$$

so daß man über

$$u = \frac{b - E(b)}{\sqrt{Var(b)}} \tag{11.31}$$

anhand Tafel 2 einseitig oder zweiseitig über die Gültigkeit von H_0 befinden kann. Für kürzere Abfolgen (n < 30) empfiehlt sich eine Stetigkeitskorrektur, indem man den Betrag des Zählers von Gl. (11.31) um 0,5 reduziert.

Für das Beispiel 11.4 zählen wir mit Berücksichtigung der beiden Randphasen b = 12 Vorzeichenphasen bei n = 28 Beobachtungen. Der asymptotische Test lautet also

$$u = \frac{|12 - (2 \cdot 28 - 1)/3| - 0,5}{\sqrt{(16 \cdot 28 - 29)/90}} = \frac{|12 - 18,33| - 0,5}{2,16} = 2,70 \quad.$$

Die H_0 ist also bei zweiseitigem Test und $\alpha = 0,01$ zu verwerfen. Die Abfolge kann, auch was die Anzahl der Phasen anbelangt, nicht als zufällig bezeichnet werden, denn es treten im Vergleich zur H_0-Erwartung zu wenig Vorzeichenphasen auf.

Modifikationen dieses Tests wurden z. B. von Levene u. Wolfowitz (1944) vorgenommen. Diese bestehen darin, daß man als Prüfgröße nicht alle Vorzeichenphasen verwendet, sondern nur die Anzahl der Phasen mit einer Mindestlänge von 2 ($d \geq 2$), von 3 ($d \geq 3$) etc. Eine spezielle Variante hiervon ist der Längstphasentest von Olmstead (1946), der überprüft, ob die Länge der längsten Vorzeichenphase mit H_0 (Zufälligkeit der Abfolge) zu vereinbaren ist. Eine Vertafelung dieses Tests für n = 2(1)15(5)20(20)100, 200, 500, 1000 und 5000 findet man bei Owen (1962).

11.3.1.3 Weitere Omnibustests

Ein weiteres Ordnungskriterium für Abfolgen wird im *Punkt-Paare-Test* (point-pairs-test) von Quenouille (1952, S. 43 und S. 187) aufgegriffen. Man bestimmt zunächst den Median der n Meßwerte einer Abfolge und entscheidet für jeden Meßwert, ob er sich oberhalb oder unterhalb des Medians befindet. Ist n ungerade, bleibt der mit dem Median identische Meßwert außer acht, so daß nur $n' = n - 1$ Meßwerte zu berücksichtigen sind. Die H_0 besagt, daß jede Messung mit $\pi = 0,5$ oberhalb bzw. unterhalb des Medians liegt.

Als Prüfgröße wird die Anzahl aller Punkt-Paare (pp) definiert, die sich oberhalb und unterhalb des Medians befinden. Diese Prüfgröße ist mit der Prüfgröße r des Iterationshäufigkeitstests (vgl. 11.1.1.1) wie folgt verbunden:

Die Medianichotomisierung einer Abfolge mit n = 14 Messungen möge folgende Vorzeichensequenz ergeben haben (+ = oberhalb, − = unterhalb des Medians):

Wir zählen pp = 6 Punk-Paare und r = 8 Vorzeicheniterationen, so daß sich 6 + 8 = 14 = n ergibt. Generell gilt pp + r = n bzw. r = n − pp, d. h. ein Test auf zu viele Punkt-Paare ist gleichzeitig ein Test auf zu wenig Iterationen und umgekehrt. Der Punkt-Paare-Test kann also asymptotisch nach Gl. (11.3) und exakt über Tafel 35 durchgeführt werden.

Statt der Medianichotomisierung hätten die Messungen auch den 3 Terzilen, den 4 Quartilen, den 5 Quintilen usw. der Verteilung zugeordnet werden können. Die dann resultierenden Abfolgen entsprächen den Abfolgen eines dreistufigen, vierstufigen, fünfstufigen etc. nominalen Merkmals, deren Zufälligkeit über den multiplen Iterationshäufigkeitstest (vgl. 11.2.1) zu prüfen wäre.

Ein weiterer Omnibustest, dessen sequentielle Variante wir bereits auf S. 535 kennengelernt haben, verwendet als Prüfgröße die Anzahl monoton steigender und monoton fallender Dreiergruppen (*Terzette*) von Messungen (Noether, 1956). Da sich unter den 3! = 6 möglichen Abfolgen von je 3 Messungen 2 monotone Terzette befinden (123 und 321), erwarten wir gemäß H_0, daß 1/3 aller Terzette monoton ist, d. h. die Wahrscheinlichkeit eines monotonen Terzetts beträgt bei Gültigkeit von H_0 $\pi = 1/3$. Über die Binomialverteilung (vgl. 1.2.2) mit k = Anzahl aller Terzette und $\pi = 1/3$ können wir ein- oder zweiseitig überprüfen, ob die Anzahl X der beobachteten monotonen Terzette mit der H_0 übereinstimmt oder nicht.

Die Auszählung der Terzette kann auf 3 verschiedene Arten erfolgen. Die 1. Auszählung beginnt mit der 1. Beobachtung und unterteilt die folgenden Beobach-

tungen in Dreiergruppen. Die Anzahl k der resultierenden Dreiergruppen entspricht der Vorkommazahl des Bruches n/3. Die 2. Auszählung beginnt mit der 2. Beobachtung und führt zu (n − 1)/3 Dreiergruppen , und die 3. Auszählung, die mit der dritten Beobachtung beginnt, führt zu (n − 2)/3 Dreiergruppen, wobei auch hier k der Vorkommazahl des jeweiligen Bruches entspricht. Man erhält also mit p = X/k 3 verschiedene Anteilswerte für die monotonen Terzette und verwendet nach Noether denjenigen X-Wert als Prüfgröße, dessen p-Wert am meisten von $\pi = 1/3$ abweicht.

Die Auszählungen können sich auch auf Gruppen von jeweils 4, 5 oder allgemein m Meßwerten beziehen. Im allgemeinen Fall ergeben sich k Gruppen mit je m Meßwerten, wobei k der Vorkommazahl des Bruches n/m entspricht, wenn man die Zählungen mit dem 1. Meßwert beginnt. Da nur 2 Abfolgen unter den m! möglichen Abfolgen in einer Gruppe von m Meßwerten monoton sind, erhält man den Wahrscheinlichkeitsparameter für die zu verwendende Binomialverteilung nach der Beziehung $\pi = 2/m!$.

11.3.2 Trendtests

Die im letzten Abschnitt behandelten Verfahren sprechen auf Störungen der Zufälligkeit an, die sich nur selten vor Untersuchungsbeginn in Form einer begründeten Alternativhypothese spezifizieren lassen. Sie sind deshalb für Untersuchungen, in denen man damit rechnet, daß die Messungen bzw. deren ordinale Information einem spezifischen Trend folgen, wenig geeignet. Im Unterschied dazu sind die im folgenden behandelten Verfahren vorrangig dann einzusetzen, wenn man nicht nur wissen will, ob die Zufälligkeit der Abfolge verletzt ist, sondern wenn eine theoretisch begründete Trendhypothese zu überprüfen ist.

Von den Trendarten, die bei Abfolge- oder Zeitreihenuntersuchungen geprüft werden können, interessiert am häufigsten der *monotone Trend*. Er läßt sich – wie 11.3.2.1 zeigt – einfach über eine Rangkorrelation nachweisen, bei der die Rangreihe der Erhebungs- oder Beobachtungsnummern mit der Rangfolge der Messungen in Beziehung gesetzt wird. (Sind die Erhebungszeitpunkte äquidistant gestuft, kann bei intervallskalierten Messungen mit der Produkt-Moment-Korrelation auf linearen Trend geprüft werden.)

Darüber hinausgehend lassen sich jedoch auch andere Eigenschaften einer monotonen Abfolge für eine Testkonstruktion nutzen. Dazu zählen beispielsweise die Differenzen aufeinander folgender Messungen, deren Vorzeichen bei einem monotonen Trend gleich sein müssen (vgl. 11.3.2.2). Ein anderes, in 11.3.2.3 behandeltes Prüfkriterium geht davon aus, daß bei monotonen Abfolgen weit auseinanderliegende Messungen (Messungen am Anfang und am Ende der Abfolge) größere Unterschiede aufweisen als eng beieinander liegende Messungen (im mittleren Bereich der Abfolge). 11.3.2.4 behandelt einen monotonen Trendtest, der auf der Häufigkeit aufbaut, mit der auf einen hohen Wert jeweils ein noch höherer Wert (monoton steigender Trend) bzw. auf einen niedrigen Wert ein niedrigerer Wert (monoton fallender Trend) folgt. In 11.3.2.5 schließlich werden verschiedene Abschnitte der Abfolge miteinander verglichen, die bei einem monotonen Trend hypothesengemäße Niveauunterschiede aufweisen müssen.

Damit wird deutlich, daß sich aus einer Abfolge unterschiedliche Indikatoren ableiten lassen, die mehr oder weniger zwingend für einen monotonen Trend sprechen. Zwar dürften die einzelnen Monotonieindikatoren wechselseitig hoch korreliert sein; dennoch ist es ratsam, sich vor der Datenerhebung zu überlegen, welcher „Monotonieaspekt" vorrangig interessiert und welcher Test demzufolge eingesetzt werden soll.

Die Frage, ob eine Abfolge einem nicht-monotonen Trend (z. B. u-förmig oder umgekehrt u-förmig) folgt, ist Gegenstand von 11.3.2.6.

11.3.2.1 Monotoner Trend: Rangkorrelationstest

Rangkorrelationen – Kendalls τ oder Spearmans ϱ – bestimmen die Enge des monotonen Zusammenhanges zwischen 2 ordinalskalierten Merkmalen bzw. 2 Rangreihen. Faßt man die zeitliche Abfolge der Messungen $t_i(i = 1, \ldots, n)$ als eine Rangreihe und die rangtransformierten Messungen y_i als 2. Rangreihe auf, läßt sich über Kendalls τ oder Spearmans ϱ bestimmen, ob die Messungen im Verlauf der Erhebung einem monotonen Trend folgen oder nicht. Einzelheiten zur Bestimmung und Indikation dieser Korrelationen findet man in 8.2.1 und 8.2.2.

Angenommen, die Untersuchung des Magensaftes von Männern aus n = 7 Dezennien führte zu den in Tabelle 11.6 dargestellten durchschnittlichen Azditätswerten.

Tabelle 11.6

Dezennium i:	1	2	3	4	5	6	7
Acidität y_i:	27	43	45	44	42	40	37
Rang (y_i):	7	3	1	2	4	5	6

Zu prüfen ist die Frage, ob sich die Azidität mit zunehmendem Alter monoton verändert (zweiseitiger Test; $\alpha = 0,05$). Wir zählen 13 Proversionen und 8 Inversionen, so daß sich nach Gl.(8.67) S = 13 – 8 = 5 und nach Gl.(8.68) $\tau = 5/7 \cdot 3 = 0,24$ ergibt. Dieser Zusammenhang ist nach Tafel 29 nicht signifikant. Spearmans ϱ ist mit $\varrho = 1 - 6 \cdot 48/7 \cdot 48 = 0,14$ (Gl. 8.54) nach Tafel 28 ebenfalls nicht signifikant. Die Abfolge der Azditätswerte folgt demnach keinem monotonen Trend.

11.3.2.2 Monotoner Trend: Erst-Differenzen-Test

Ein einfacher Test von Moore u. Wallis (1943) baut auf den Vorzeichen der Differenzen $y_{i-1} - y_i$ aufeinanderfolgender Messungen auf (Erst-Differenzen). Diese Vorzeichen sind bei einem perfekt monoton steigenden Trend sämtlich negativ, bei einem perfekt monoton fallenden Trend sämtlich positiv.

Bei einseitigem Test (auf monoton steigenden Trend) definiert die Anzahl der negativen Differenzen die Prüfgröße s. Die H_0-Verteilung von s ergibt sich durch Permutation einer Abfolge von n Meßwerten, wobei auszuzählen ist, wie viele der n! Abfolgen mindestens s negative Differenzen aufweisen. Wir dividieren wie üblich die Anzahl aller Abfolgen mit gleichem oder größerem s durch n! und erhalten so die ex-

akte einseitige Überschreitungswahrscheinlichkeit. Diese Überschreitungswahrscheinlichkeiten sind für n = 2(1)12 bei zweiseitigem Test in Tafel 40 aufgeführt. Bei
einseitigem Test sind die dort genannten Wahrscheinlichkeiten zu halbieren. Für
das Beispiel in Tabelle 11.6 zählen wir s = 2 negative Differenzen, d. h. wir fragen bei zweiseitigem Test nach der Wahrscheinlichkeit für höchstens 2 positive oder
höchstens 2 negative Differenzen. Für diese Wahrscheinlichkeit entnehmen wir Tafel
40 den Wert $P' = 0,52$, d. h. H_0 (kein monotoner Trend) ist beizubehalten.

Für n > 12 ist die Prüfgröße s asymptotisch normalverteilt mit einem Erwartungswert von

$$E(s) = (n - 1)/2 \qquad (11.32)$$

und einer Varianz von

$$Var(s) = (n + 1)/12 \quad . \qquad (11.33)$$

Die stetigkeitskorrigierte Prüfgröße

$$u = \frac{|s - E(s)| - 0,5}{\sqrt{Var(s)}} \qquad (11.34)$$

ist anhand Tafel 2 ein- oder zweiseitig zu beurteilen.

Im Unterschied zu Rangkorrelationstests versagt der Erst-Differenzen-Test völ-
lig, wenn eine Abfolge „sägezahnartig" ansteigt oder fällt (z. B. 1 3 2 4 3 5 etc).
Bei Abfolgen mit monotonen Teilstücken hingegen (z. B. 2 3 6 8 1 3 5 7) ist er der
Rangkorrelation überlegen.

11.3.2.3 Monotoner Trend: S_1-Test

Bei einer monotonen Abfolge unterscheiden sich weit auseinanderliegende („di-
stale") Messungen deutlich mehr als näher beieinanderliegende („proximale") Messungen. Fallen die Differenzen distaler Messungen nicht hypothesengemäß aus, so
widerspricht dies der Trendhypothese erheblich mehr, als wenn proximale Differenzen ihrem Vorzeichen nach nicht hypothesengemäß sind. Auf diesen Überlegungen
basiert der S_1-Test von Cox u. Stuart (1955).

Der S_1-Test vergleicht Messungen, die gleichweit vom Zentrum der Abfolge
entfernt sind. Wie dies geschieht, zeigt das folgende kleine Beispiel. Für die Abfolge

5 11 7 4 6 6 8 10

bestimmen wir, von den Extremen beginnend, die folgenden Differenzen:

$$10 - 5 = +5 \quad ,$$
$$8 - 11 = -3 \quad ,$$
$$6 - 7 = -1 \quad ,$$
$$6 - 4 = +2 \quad .$$

Für einen monoton steigenden Trend ergeben sich also 2 hypothesengemäße (+)-
Differenzen. Von diesen beiden Differenzen trägt die Differenz der beiden Rand-
werte (10 − 5 = 5) mehr zur Bestätigung eines positiven monotonen Trends bei als

die Differenz der beiden mittleren Werte (6 − 4 = 2). Dies wird in der Prüfgröße S_1 berücksichtigt, indem man eine gewichtete Summe der positiven Vorzeichen berechnet, wobei die Gewichte den Abstand der Messungen bzw. die jeweilige Differenz der Positionsnummern kennzeichnen. Im Beispiel basieren die positiven Vorzeichen auf dem Vergleich des 8. mit dem 1. Meßwert und dem Vergleich des 5. mit dem 4. Meßwert. Man erhält also

$$S_1 = 1 \cdot (8 - 1) + 1 \cdot (5 - 4) = 8 \quad .$$

In allgemeiner Schreibweise ist die Prüfgröße wie folgt definiert:

$$S_1 = \sum_{i=1}^{n/2} (n - 2i + 1) \cdot (h_i) \quad . \tag{11.35}$$

Aus der Gleichung geht hervor, daß n geradzahlig sein muß. Bei ungeradzahligem n bleibt die Messung auf der mittleren Position der Abfolge unberücksichtigt. Dabei ist $h_i (i = 1, \dots, n/2)$ eine Indikatorvariable, die anzeigt, ob eine Differenz hypothesengemäß ist oder nicht. Prüft man auf positiv-monotonen Trend, gilt $h_i = 1$ für $y_{n-i+1} > y_i$ und $h_i = 0$ für $y_{n-i+1} < y_i$. Bei negativ monotonem Trend erfolgt eine umgekehrte Wertezuweisung. Für $y_{n-i+1} = y_i$ setzt man bei konservativem Vorgehen h = 0. Bei zweiseitigem Test wird die Prüfgröße nach den Regeln eines einseitigen Tests (z. B. auf positiv-monotonen Trend) bestimmt, aber gemäß Gl. (11.38) zweiseitig getestet. In diesem Falle setzt man h = 0, 5 für $y_{n-i+1} = y_i$. Man beachte, daß auch dieser Test die Größe der Differenzen außer acht läßt.

Ein exakter Test für die Prüfgröße S_1 wurde bislang nicht entwickelt. Er wäre auf der Basis der n! möglichen, unter H_0 gleich wahrscheinlichen Abfolgen zu erstellen. Für n > 12 prüft man *asymptotisch* über die Standardnormalverteilung mit

$$E(S_1) = n^2/8 \tag{11.36}$$

und

$$\text{Var}(S_1) = n \cdot (n^2 - 1)/24 \tag{11.37}$$

(vgl. z. B. Keith u. Cooper, 1974, Kap. 4.4). Die stetigkeitskorrigierte Prüfgröße

$$u = \frac{|S_1 - E(S_1)| - 0, 5}{\sqrt{\text{Var}(S_1)}} \tag{11.38}$$

ist anhand Tafel 2 ein- oder zweiseitig zu beurteilen.

Beispiel 11.5

Problem: In einem Begriffsbildungsexperiment erhalten die bereits getesteten Probanden Gelegenheit, ihre Testerfahrungen den noch nicht geprüften Probanden mitzuteilen (nach Keith u. Cooper, 1974, S. 87).

Hypothese: Die Testleistungen der Probanden steigen zumindest insoweit monoton an, als die Leistungen der zuletzt getesteten Probanden besser sind als die Leistungen der Probanden, die am Anfang der Versuchsreihe getestet wurden (H_0; einseitiger Test; $\alpha = 0, 05$).

Daten: Das Experiment führt bei n = 30 Probanden zu folgenden, in der Reihenfolge ihrer Erhebung aufgeführten Testergebnissen:

$$18, \quad 22, \quad 19, \quad 25, \quad 30, \quad 32, \quad 27, \quad 29, \quad 29, \quad 28$$

$$27, \quad 26, \quad 29, \quad 33, \quad 34, \quad 28, \quad 32, \quad 29, \quad 32, \quad 33$$

$$21, \quad 38, \quad 36, \quad 35, \quad 31, \quad 41, \quad 41, \quad 40, \quad 29, \quad 38 \quad .$$

Auswertung: Um die Durchführung des S_1-Tests zu erleichtern, fertigen wir uns die in Tabelle 11.7 dargestellte Hilfstabelle an.

Tabelle 11.7

i	y_i	$n-i+1$	y_{n-i+1}	h_i	$(n-2i+1)\cdot(h_i)$
1	18	30	38	1	29
2	22	29	29	1	27
3	19	38	40	1	25
4	25	27	41	1	23
5	30	26	41	1	21
6	32	25	31	0	0
7	27	24	35	1	17
8	29	23	36	1	15
9	29	22	38	1	13
10	28	21	21	0	0
11	27	20	33	1	9
12	26	19	32	1	7
13	29	18	29	0	0
14	33	17	32	0	0
15	34	16	28	0	0
					$S_1 = 186$

Wir errechnen $S_1 = 186$, $E(S_1) = 30^2/8 = 112,5$ und $Var(S_1) = 30 \cdot (30^2 - 1)/24 = 1123,75$ und damit nach Gl. (11.38)

$$u = \frac{|186 - 112,5| - 0,5}{\sqrt{1123,75}} = 2,18 \quad .$$

Entscheidung: Da gemäß Tafel 2 $u_{0,05} = 1,65 < 2,18$ ist, wird die H_0 zugunsten von H_1 verworfen.

Interpretation: Der Erfahrungsaustausch unter den Probanden führte zu einer Leistungssteigerung.

In der Forschungspraxis beobachtet man gelegentlich, daß ein monotoner Trend im Niveau der Abfolge auch mit einem *Dispersionstrend* verbunden ist, der sich darin äußert, daß eine Abfolge z. B. am Anfang stärker „schwingt" als am Ende. Zum Nachweis eines solchen Dispersionstrends ist nach Cox u. Stuart (1955) ebenfalls der S_1-Test zu verwenden, wenn man die ursprüngliche Abfolge wie folgt modifiziert: Man unterteilt die Abfolge in n/2 Abschnitte mit jeweils 2 Messungen

(bei ungeradzahligem n bleibt die mittlere Messung außer acht) und bildet für jeden Abschnitt die Spannweite der beiden Messungen (größerer Wert minus kleinerem Wert). Diese n/2 Spannweiten konstituieren die neue Abfolge, auf die der S_1-Test anzuwenden ist. Bei zunehmender Dispersion ist die Abfolge der Spannweiten monoton steigend und bei abnehmender Dispersion monoton fallend.

Seinem Rationale folgend spricht der S_1-Test vor allem dann gut an, wenn sich der monotone Trend auf die endständigen Messungen auswirkt. Er hat − wie Stuart (1956) berichtet − eine ARE von 0,86, wenn er als Test gegen lineare Regression auf normal- und streuungshomogen-verteilte Meßwerte angewendet wird.

11.3.2.4 Monotoner Trend: Rekordbrechertest

Eine weitere Testvariante zur Überprüfung einer monotonen Trendhypothese − der hier so genannte Rekordbrechertest − geht auf Foster u. Stuart (1954) zurück. Bei einer streng monoton steigenden Reihe folgt auf jeden Wert ein noch höherer Wert, d. h. jeder „Höhenrekord" wird durch einen noch höheren Wert „gebrochen". Bei einer empirischen Abfolge definiert nun $\overline{R}$ die Anzahl der „Rekordbrecher", d. h. die Anzahl derjenigen Werte, die höher sind als der jeweils letzte höchste Wert. Analog dazu zählen wir mit $\underline{R}$ die Anzahl der Rekordbrecher von „Tiefenrekorden" aus, d. h. also die Anzahl derjenigen Werte, die niedriger sind als der jeweils letzte Tiefenrekord. Als Prüfgröße R_d wird die Differenz $\overline{R} - \underline{R}$ berechnet.

$$R_d = \overline{R} - \underline{R} \quad . \tag{11.39}$$

Ein kleines Beispiel soll die Bestimmung dieser Prüfgröße verdeutlichen. Bei n = 10 Versuchen, einen Irrgarten zu durchlaufen, erzielte ein Schimpanse die folgenden Lösungszeiten in Sekunden (s):

$$49, \ \overline{50}, \ \underline{48}, \ \overline{52}, \ \underline{40}, \ 43, \ 44, \ \underline{38}, \ \underline{30}, \ \underline{25} \quad .$$

Die erste Lösungszeit von 49 s ist gleichzeitig der erste Höhen- und der erste Tiefenrekord. Er wird als Höhenrekord von der zweiten Lösungszeit (50 s) und diese wiederum von der vierten Lösungszeit (52 s) übertroffen, d. h. wir zählen $\overline{R}$ = 2. Tiefenrekorde werden mit dem 3., dem 5., dem 8., dem 9. und dem 10. Versuch gebrochen, d. h. $\underline{R}$ = 5. Man erhält also eine Prüfgröße von R_d = 2 − 5 = −3, die der Tendenz nach für einen monoton fallenden Trend spricht. Die Bestimmung dieser Prüfgröße setzt eine bindungsfreie Abfolge voraus. Man testet jedoch konservativ, wenn im Falle von Bindungen $\overline{R}$ und $\underline{R}$ so bestimmt werden, daß R_d möglichst nahe bei Null liegt.

Der exakte Test der Prüfgröße basiert wiederum auf allen n! Permutationen der Abfolge und ist für n = 3(1)6 bei Foster u. Stuart (1954) tabelliert. Für n > 6 nähert sich die H_0-Verteilung von R_d rasch einer Normalverteilung mit $E(R_d) = 0$ und

$$\text{Var}(R_d) = 2 \cdot \sum_{t=2}^{n} \frac{1}{t} \quad , \tag{11.40}$$

so daß man mit

$$u = \frac{|R_d| - 0,5}{\sqrt{\text{Var}(R_d)}} \tag{11.41}$$

über die Gültigkeit von H_0 (zufällige Abfolge) ein- oder zweiseitig entscheiden kann. Für das Beispiel ergibt sich

$$Var(R_d) = 2 \cdot (\frac{1}{2} + \frac{1}{3} + \ldots + \frac{1}{10}) = 2 \cdot 1,929 = 3,858$$

und

$$u = \frac{|-3| - 0,5}{\sqrt{3,858}} = 1,27 \quad ,$$

d. h. der sich andeutende, monoton fallende Trend ist inferenzstatistisch nicht gesichert.

Der Rekordbrechertest läßt sich durch den sog. „round-trip test" verschärfen, bei dem neben dem bereits bekannten R_d-Wert ein R_d'-Wert dadurch bestimmt wird, daß man die Rekordbrecher von rechts beginnend und nach links fortschreitend auszählt (im Beispiel sind $\overline{R}' = 4$ und $\underline{R}' = 0$). Die Prüfgröße dieses Tests ist $D = R_d - R_d'$.

Eine andere Testvariante verwendet als Prüfgröße die Summe $\overline{R} + \underline{R}$. Dieser Test eignet sich auch zur Überprüfung eines Dispersionstrends, wenn $\overline{R} \approx \underline{R}$ ist.

11.3.2.5 Monotoner Trend: Niveauvergleich zweier Abschnitte

Bei einer monoton steigenden Abfolge sind die Messungen in der letzten Hälfte der Abfolge der Tendenz nach höher als die Messungen in der ersten Hälfte. Dieser Gedanke wird im S_2-Test von Cox u. Stuart (1955) aufgegriffen, der den 1. Wert der 1. Hälfte mit dem 1. Wert der 2. Hälfte vergleicht, den 2. Wert der 1. Hälfte mit dem 2. Wert der 2. Hälfte usw. bis hin zum letzten Wert der 1. Hälfte, der mit dem letzten Wert der 2. Hälfte verglichen wird. Die Anzahl der positiven (oder negativen) Differenzen definiert die Prüfgröße S_2, die anhand der Binomialverteilung mit n/2 und $\pi = 0,5$ zufallskritisch zu bewerten ist (Vorzeichentest vgl. 6.2.1.1). Bei ungeradzahligem n bleibt der mittlere Wert außer acht.

Angenommen, ein Rheumapatient stuft an 12 aufeinander folgenden Tagen die Intensität seiner Schmerzen auf einer Zehnpunkteskala ein:

8 7 7 4 5 7 6 6 4 5 4 2   .

Ab dem 7. Tag wird der Patient mit einem neuen Medikament behandelt, was die Frage aufwirft, ob die Schmerzen in der 2. Hälfte des Beobachtungszeitraumes schwächer eingestuft werden als in der ersten Hälfte. Wir berechnen die Differenzen

$$8 - 6 = \quad 2$$
$$7 - 6 = \quad 1$$
$$7 - 4 = \quad 3$$
$$4 - 5 = -1$$
$$5 - 4 = \quad 1$$
$$7 - 2 = \quad 5$$

und zählen $S_2 = 5$ positive Differenzen. Tafel 1 ist zu entnehmen, daß 5 oder mehr positive Differenzen (bzw. eine oder weniger negative Differenzen) für N = n/2 =

6 und $\pi = 0,5$ mit einer Wahrscheinlichkeit von $P = 0,109$ auftreten, d. h. eine signifikante Behandlungswirkung kann nicht nachgewiesen werden.

Der S_2-Test ist auch dann indiziert, wenn man 2 beliebige, gleich lange Abschnitte einer Abfolge vergleichen will, die allerdings vor Untersuchungsbeginn festgelegt werden müssen. Bleibt das mittlere Drittel einer Abfolge unberücksichtigt, sind das erste und das letzte Drittel der Abfolge nach den Regeln des S_2-Tests zu vergleichen. Dieser Test heißt nach Cox u. Stuart (1955) S_3-Test.

Man beachte, daß der S_2- (oder auch der S_3-)Test signifikant werden kann, wenn die verglichenen Abschnitte 2 gegenläufig-monotone Trends aufweisen (Beispiel: 1 2 3 4 5 10 9 8 7 6).

11.3.2.6 Andere Trends

Gelegentlich läßt sich vor Untersuchungsbeginn eine Trenderwartung für eine Abfolge begründen, die nicht auf einen monotonen, sondern einen andersartigen Trend hinausläuft. Von praktischer Bedeutung sind hier bitone (u-förmige oder umgekehrt u-förmige) Trends, tritone Trends und mehrphasige oder multitone Trends. Trendhypothesen dieser Art lassen sich behelfsmäßig wie folgt überprüfen: Man berechnet zunächst den Median aller Messungen und entscheidet bei jeder Messung, ob sie oberhalb (+) oder unterhalb ($-$) des Medians liegt. Abb. 11.1 zeigt, wie die Messungen idealtypisch bei einem monotonen, einem bitonen und einem tritonen Trend verlaufen müßten.

Wie man erkennt, ergeben sich für einen monotonen Trend 2 Vorzeicheniterationen, für einen bitonen Trend 3 Vorzeicheniterationen und für einen tritonen Trend 4 Vorzeicheniterationen. Die einseitige Trendprüfung auf zu wenig Vorzeicheniterationen kann deshalb über den Iterationshäufigkeitstest (vgl. 11.1.1.1) erfolgen.

Alternativ hierzu läßt sich auch eine Auswertung über den Vierfelder-χ^2-Test (vgl. 5.2.1) vornehmen. Bei der Überprüfung eines bitonen Trends unterteilt man die Abfolge in drei a priori festzulegende Abschnitte, so daß — wie Abb. 11.2 zeigt — zusammen mit der Mediandichotomisierung 6 Felder (A B C D E F) entstehen.

Wird hypothesengemäß ein umgekehrt u-förmiger Trend erwartet, sollten vor allem die Felder D, B und F mit Messungen besetzt sein. Wir stellen deshalb die in Tabelle 11.8 dargestellte Vierfeldertafel mit a = A+C, b = B, c = D+F und d = E auf.

Tabelle 11.8

	Position in der Abfolge		
	1. und 3. Drittel	2. Drittel	
$>$Mdy	a = 6	b = 9	15
$<$Mdy	c = 14	d = 1	15
	20	10	n = 30

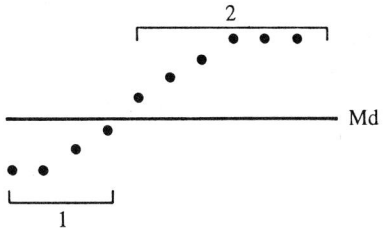

Abb. 11.1. Verschiedene Trendvarianten

Monotoner Trend

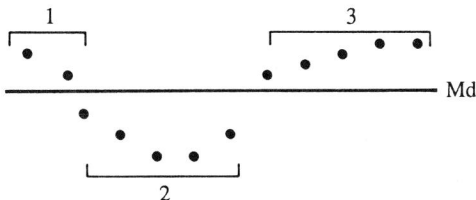

Bitoner Trend

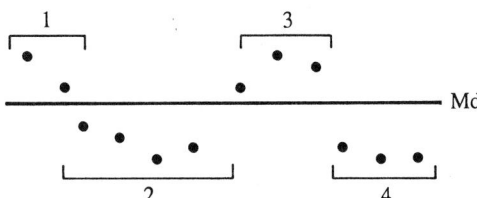

Tritoner Trend

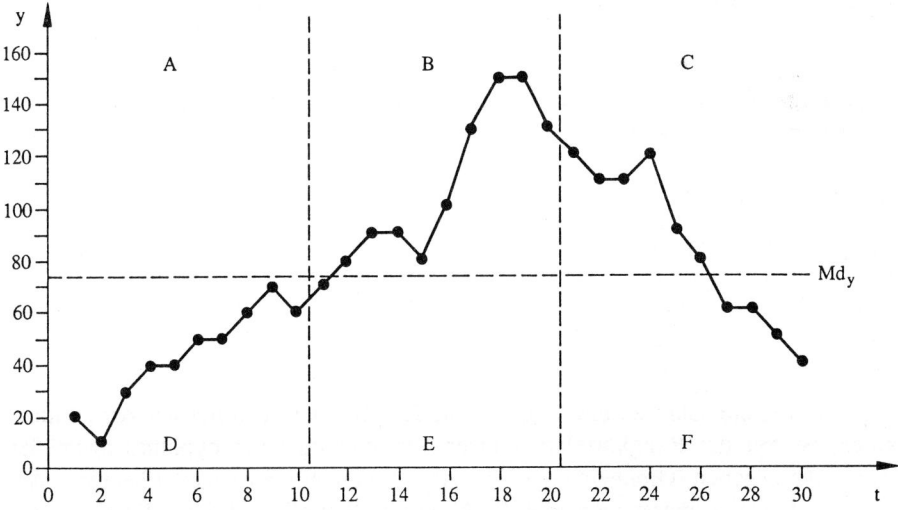

Abb. 11.2. Überprüfung einer bitonen Trendhypothese über den Vierfelder-χ^2-Test

Tabelle 11.8 ist z. B. zu entnehmen, daß neun Messungen der Abfolge in Abb. 11.2 in das Feld b fallen. Gemäß Gl. (5.24) ergibt sich für die Vierfeldertafel $\chi^2 = 9,60$, ein Wert, der gemäß Tafel 3 für Fg = 1 auf der $\alpha = 0,01$ Stufe signifikant ist. Der umgekehrt u-förmige Trend wird also bestätigt.

Medianidentische Werte bleiben bei dieser Auswertung unberücksichtigt. Die 3 Abschnitte der Abfolge müssen nicht gleich groß sein. Bei zu kleinen erwarteten Häufigkeiten wertet man die Vierfeldertafel exakt nach Gl. (5.33) aus.

Die Verallgemeinerung dieses Ansatzes liegt auf der Hand. Rechnet man mit einem mehrphasigen, sinusartig schwingenden Trend, teilt man die Abfolge in Abschnitte ein, in denen man die Minima und Maxima der Verlaufskurve erwartet. Zeichnet man ferner die Medianlinie ein, resultieren Felder, die in Abb. 11.3 beispielhaft verdeutlicht werden.

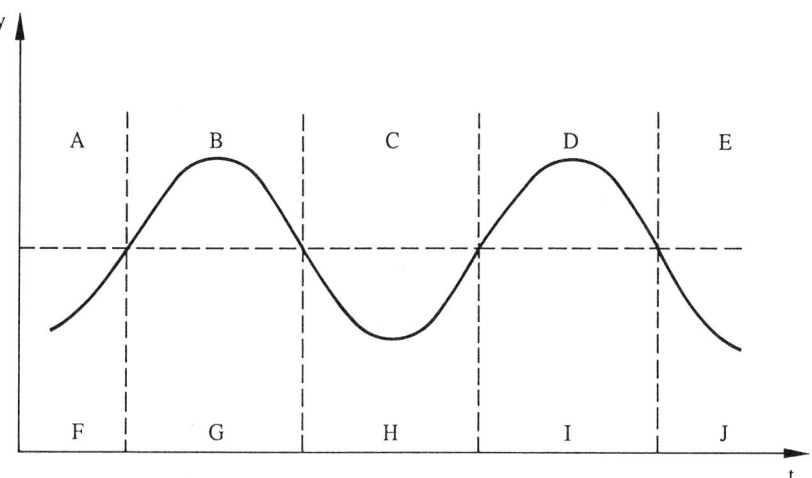

Abb. 11.3. Überprüfung einer mehrphasigen Trendhypothese über den Vierfelder-χ^2-Test

Für diesen Verlauf wäre die in Tabelle 11.9 dargestellte Vierfeldertafel zu erstellen und nach Gl. (5.24) bzw. Gl. (5.33) auszuwerten.

Tabelle 11.9

> Mdy	A + C + E	B + D
< Mdy	F + H + J	G + I

Eine weitere sehr flexible Möglichkeit, Trends unterschiedlichster Art zu überprüfen, ist mit der Rangkorrelation unter Verwendung einer hypothesengemäßen *Ankerreihe* gegeben (Ofenheimer, 1971). Angenommen, man erwartet bei einer Abfolge von Leistungsmessungen zunächst konstante Werte im mittleren Bereich, dann einen allmählichen Abfall der Leistungskurve bis hin zu einer Intervention (z. B.

Kaffeegenuß), nach der die Leistungskurve rasch ansteigt, um danach wieder unter das Ausgangsniveau zu sinken. Tabelle 11.10 zeigt, wie für dieses Beispiel eine hypothetische Ankerreihe zu konstruieren wäre und wie die Rangreihe der Messungen tatsächlich ausgefallen ist.

Tabelle 11.10

Nr. der Messung:	1	2	3	4	5	6	7	8	9	10	11	12	13	14
Ankerreihe:	9	9	9	5	3	2	1	5	9	14	13	12	9	5
Rang (y):	9	9	6,5	9	4	2	1	4	11,5	14	13	11,5	6,5	4

Zur Überprüfung der Trendhypothese bestimmen wir Kendalls τ mit Rangbindungen in X und Y. Nach Gl. (8.74) und (8.75) ergeben sich P = 65 und I = 2 und damit S^{**} = 63. Es resultiert also nach Gl. (8.76) (mit T = 13 und W = 8) eine Rangkorrelation von τ^{**} = 0,783. Nach Gl. (8.77) errechnet man $\sigma^2(S^{**})$ = 313,51 und nach Gl. (8.78) u = 3,53. Dieser Wert ist signifikant und bestätigt damit die in der Ankerreihe festgelegte Trendhypothese.

Zur Überprüfung eines umgekehrt u-förmigen (bitonen) Trends verwendet man eine Ankerreihe, die durch Zuweisung der Ränge nach der Siegel-Tukey-Prozedur (vgl. S. 249) entsteht. Tabelle 11.11 zeigt auch dafür ein kleines Zahlenbeispiel.

Tabelle 11.11

Art der Messung (t_i):	1	2	3	4	5	6	7	8	9	10
Messungen y_i:	2	5	9	12	8	13	15	6	4	1
Rang (y_i):	2	4	6	8	7	9	10	5	3	1
Ankerreihe:	1	4	5	8	9	10	7	6	3	2

Wir überprüfen den umgekehrt u-förmigen Trend (z. B.) über Spearmans ϱ und erhalten mit $\varrho = 1 - 6 \cdot 18/10 \cdot 99 = 0,89$ einen gemäß Tafel 28 bei einseitigem Test auf der $\alpha = 0,01$-Stufe signifikanten Wert. Bei u-förmigem Trend beginnt die Konstruktion der Ankerreihe nach der Siegel-Tukey-Prozedur, von den „Rändern" der Abfolge beginnend, mit den höchsten Rangplätzen.

Wie man mittels Ankerreihen auf Interventionswirkungen prüft, wird bei Lienert u. Limbourg (1977) gezeigt.

11.3.3 Homogenität mehrerer Abfolgen

Erhebt man je eine Abfolge an N Individuen, resultieren N Rangreihen, deren Homogenität bei Unabhängigkeit der Abfolgen über Kendalls Konkordanzkoeffizienten zu prüfen ist (vgl. 9.3). Bei diesem Vorgehen wird darauf verzichtet, eine hypothetische Verlaufsgestalt (monoton steigend, u-förmig etc.) für alle Abfolgen vorzugeben. Erwartet man, daß die Abfolgen eine Zufallsstichprobe aus einer Population von Abfolgen mit einem bestimmten Trend darstellen, ist diese Trendhypothese – falls ein

entsprechender Test existiert – bei jeder Abfolge getrennt zu überprüfen. Eine Gesamtaussage über die Homogenität der Abfolgen läßt sich dann mit Hilfe der in
2.2.10 dargestellten Agglutinationstechniken formulieren.

In Anlehnung an Mosteller (1955) kann man die Frage, ob die N Abfolgen
einheitlich eine bestimmte Verlaufsgestalt aufweisen, auch folgendermaßen prüfen
(vgl. dazu auch 11.3.4): Für eine Abfolge von n Beobachtungen sind unter H_0 n!
gleich wahrscheinliche Abfolgen möglich. Vor Datenerhebung wird festgelegt, welche dieser Abfolgen als hypothesenkonform gelten soll (sollen). Seien dies $1 \leq k < n!$
Abfolgen, ist bei jedem Individuum mit einer Wahrscheinlichkeit von $\pi = k/n!$ mit
einer hypothesenkonformen Abfolge zu rechnen. Wenn von N Individuen X Individuen hypothesenkonforme Abfolgen aufweisen, läßt sich über die Binomialverteilung
mit den Parametern N und k/n! (vgl. 1.2.2 bzw. 5.1.1) die Wahrscheinlichkeit für X
oder mehr hypothesenkonforme Abfolgen errechnen. Man beachte allerdings, daß bei
diesem Ansatz Unterschiede zwischen den nicht hypothesenkonformen Abfolgen unberücksichtigt bleiben, d. h. Abfolgen, die deutlich vom prädizierten Test abweichen,
zählen genauso zu den nicht hypothesenkonformen Abfolgen wie Abfolgen mit nur
geringfügigen Abweichungen.

11.3.4 Vergleich mehrerer Stichproben von Abfolgen

Beim Vergleich von 2 oder mehr Stichproben interessieren gelegentlich nicht nur
Unterschiede in der zentralen Tendenz, Dispersionsunterschiede oder Omnibusunterschiede, sondern Unterschiede in der Verlaufsgestalt wiederholter, zu Abfolgen
zusammengefaßter Messungen. Behandelt man etwa Hochdruckkranke mit einem
Plazebo (Kontrollgruppe), ist zu erwarten, daß die täglich gemessenen Blutdruck-
werte stationäre Abfolgen darstellen, während die Behandlung mit einem wirksamen
Antihypertonikum (Experimentalgruppe) zu monoton fallenden Abfolgen der Blut-
druckwerte führen sollte. Es versteht sich, daß der Nachweis eines Unterschiedes
in der Verlaufsgestalt der Abfolgen von Kontroll- und Experimentalpatienten um so
leichter zu erbringen ist, je homogener die Abfolgen innerhalb der beiden Stichproben sind.

Wie bislang üblich, werden wir auch im folgenden bei den zu behandelnden
Stichprobenvergleichen zwischen unabhängigen (11.3.4.1) und abhängigen Stichproben (11.3.4.2) unterscheiden.

11.3.4.1 Unabhängige Stichproben

Zur Klärung der Frage, ob sich 2 oder allgemein k Stichproben von Abfolgen hinsichtlich ihrer Verlaufsgestalt unterscheiden, können wir zunächst auf bekannte Verfahren zurückgreifen. Der Grundgedanke dieser Ansätze besteht darin, daß wir die
individuellen Abfolgen nach einem vorgegebenen Kriterium klassifizieren und anschließend auszählen, welche Art von Abfolgen in welcher Stichprobe wie häufig
auftritt. Die resultierenden Häufigkeiten sind anschließend mit einschlägigen χ^2-
Techniken zu analysieren.

Das von Krauth (1973) vorgeschlagene Klassifikationskriterium geht von den
Vorzeichen der Differenzen aufeinanderfolgender Messungen aus. Man definiert eine

Vorzeichenfolge oder eine Gruppe von Vorzeichenfolgen als hypothesenkonform (a_1) und die restlichen Vorzeichenfolgen als nicht hypothesenkonform (a_2), zählt in jeder der k Stichproben die Anzahl der Vorzeichenfolgen der Gruppen a_1 und a_2 aus und überprüft die H_0: „Der Anteil hypothesenkonformer Abfolgen ist in den verglichenen Populationen identisch"' exakt oder asymptotisch nach den in 5.3 beschriebenen Verfahren zur Analyse von k × 2-Tafeln. Läßt sich für jede der k Stichproben eine spezifische Verlaufsgestalt der Abfolgen vorhersagen, bildet man k Gruppen von Abfolgen (bzw. k + 1 Gruppen mit einer Gruppe für „restliche" Vorzeichenfolgen) und wertet über einen k × k-χ^2-Test bzw. (k + 1) × k-χ^2-Test aus.

Immich u. Sonnemann (1975) gehen von den n! möglichen Permutationen einer Abfolge von n Rangwerten aus, die ebenfalls in 2 Gruppen a_1 und a_2 hypothesenkonformer Ankerreihen (vgl. S. 588f.) und nicht hypothesenkonformer Abfolgen eingeteilt werden. Die resultierenden Häufigkeiten sind in gleicher Weise auszuwerten wie oben beschrieben. Die weiteren für die *Vorzeichenabfolgen* vorgeschlagenen Klassifikationsvarianten gelten für diesen Ansatz analog.

Schließlich sei noch der Ansatz von Bierschenk u. Lienert (1977) erwähnt, bei dem die individuellen Abfolgen „binarisiert" werden. Man entscheidet bei jeder individuellen Abfolge, ob ein Wert oberhalb (2) oder unterhalb (1) des Medianwertes der Abfolge liegt. Rangbindungen mit dem Medianwert werden durch ein (=)-Zeichen gekennzeichnet. Man erhält somit (1, 2)-Abfolgen bzw. (1, 2, =)-Abfolgen, die wiederum nach Hypothesenkonformität (a_1) bzw. Nonkonformität (a_2) klassifiziert werden. Die resultierende k × 2-Tafel ist wie oben auszuwerten. Auch hier können die Abfolgen – evtl. stichprobenspezifisch – in m > 2 Gruppen eingeteilt werden, deren Häufigkeiten über einen k × m-χ^2-Test zu analysieren wären.

Beispiel 11.6

Problem: Es soll untersucht werden, wie sich ein Tranquilizer auf die Wachsamkeit (Vigilanz) von Vpn auswirkt. Eine Zufallsstichprobe ($N_1 = 5$) erhält eine einfache Dosis (ED) des Tranquilizers und eine zweite ($N_2 = 5$) die doppelte Dosis (DD); eine dritte Stichprobe ($N_3 = 5$) wird als Kontrollgrupe eingesetzt. Während einer Testperiode von 80 min wird alle 10 min registriert, wie viele Fehler in einem Vigilanztest gemacht wurden (n = 8).

Hypothesen: Es wird damit gerechnet, daß die Fehlerzahlen unter Kontrollbedingungen zunächst abnehmen, danach allmählich wieder ansteigen. Hinsichtlich der Wirkung des einfach dosierten Tranquilizers wird ebenfalls zunächst eine Abnahme der Fehlerzahlen erwartet; der Anstieg der Fehlerzahlen sollte jedoch unter dieser Bedingung früher einsetzen als unter Kontrollbedingungen. Bei einer doppelten Dosis schließlich geht man insgesamt von monoton steigenden Fehlerzahlen aus. Darauf aufbauend muß entschieden werden, welche Abfolgen – im Sinne von Krauth – als Bestätigung der stichprobenspezifischen Hypothesen anzusehen sind.

Die folgende Gruppe a_1 umfaßt Vorzeichenabfolgen von n − 1 = 7 Vorzeichen, die man besonders häufig in der Kontrollgruppe erwartet. Übergänge, die mit Fragezeichen charakterisiert sind, können beliebig (+, − ,=) sein, weil sie nicht als

hypothesenrelevant erachtet werden. (Man beachte, daß die hypothesenrelevanten Vorzeichenabfolgen natürlich vor Untersuchungsbeginn festzulegen sind.)

$$a_1 : \quad - \quad - \quad - \quad - \quad + \quad + \quad ?$$
$$\quad - \quad - \quad - \quad + \quad + \quad ? \quad ?$$
$$\quad - \quad - \quad - \quad - \quad - \quad + \quad + \quad .$$

Die Gruppe a_2 enthält hypothesenkonforme Abfolgen für die Stichprobe ED.

$$a_2 : \quad - \quad - \quad + \quad + \quad ? \quad ? \quad ?$$
$$\quad - \quad + \quad + \quad ? \quad ? \quad ? \quad ? \quad .$$

Die Gruppe a_3 formalisiert die Erwartungen für die Stichprobe DD.

$$a_3 : \quad + \quad + \quad ? \quad + \quad + \quad ? \quad +$$
$$\quad + \quad ? \quad + \quad + \quad ? \quad + \quad + \quad .$$

In einer Gruppe a_4 werden die restlichen Abfolgen gezählt. Man achte darauf, daß jede Abfolge nur einer der Gruppen zugewiesen werden darf.

Daten: Tabelle 11.12 zeigt die Fehlerzahlen der 3 Stichproben zu n = 8 Beobachtungszeitpunkten.

Tabelle 11.12

	Vpn-Nr.	Nr. der Messung							
		1	2	3	4	5	6	7	8
	1	21	20	18	19	20	21	21	18
	2	24	22	19	19	20	18	18	19
ED	3	22	19	18	17	17	16	17	17
	4	22	20	20	19	19	20	21	22
	5	19	20	18	18	17	17	19	19
	6	23	19	24	24	26	25	26	28
	7	18	19	20	21	23	24	20	24
DD	8	21	22	22	23	24	22	23	25
	9	25	24	26	26	28	22	23	24
	10	22	23	23	24	21	22	22	22
	11	24	22	25	26	23	24	28	31
	12	22	22	21	24	23	22	22	24
Kontrolle	13	19	17	17	16	15	14	14	14
	14	18	17	16	16	19	20	20	21
	15	21	20	18	17	18	19	18	19

Auswertung: Aus den Messungen ergeben sich die in Tabelle 11.13 dargestellten Vorzeichenabfolgen $sgn(y_{i+1} - y_i)$.

Tabelle 11.13

	Vpn-Nr.								Kategorie
	1	−	−	+	+	+	0	−	a_2
	2	−	−	0	+	−	0	+	a_4
ED	3	−	−	−	0	−	+	0	a_4
	4	−	0	−	0	+	+	+	a_4
	5	+	−	0	−	0	+	0	a_4
	6	−	+	0	+	−	+	+	a_4
	7	+	+	+	+	+	−	+	a_3
DD	8	+	0	+	+	−	+	+	a_3
	9	−	+	0	+	−	+	+	a_4
	10	+	0	+	−	+	0	0	a_4
	11	−	+	+	−	+	+	+	a_2
	12	0	−	+	−	−	0	+	a_4
Kontrolle	13	−	0	−	−	−	0	0	a_4
	14	−	−	0	+	+	0	+	a_4
	15	−	−	−	+	+	−	+	a_1

Tabelle 11.14 zeigt die Häufigkeitsverteilung der Kategorien in einer 3×4-Kontingenztafel.

Tabelle 11.14

	a_1	a_2	a_3	a_4
Ed	0	1	0	4
DD	0	0	2	3
Kontrolle	1	1	0	3

Entscheidung: Schon eine einfache Inspektion der Häufigkeitsverteilung deutet darauf hin, daß die Vorzeichenabfolgen nicht hypothesenkonform verteilt sind. Dies wird durch den χ^2-Test bestätigt, den wir ersatzweise (nicht alle erwarteten Häufigkeiten sind größer als 1) nach der Craddock-Flood-Methode (vgl. S. 139f.) durchführen. Nach Gl. (5.58) errechnen wir mit $\chi^2 = 7,20$ einen Wert, der gemäß Tafel 4 wegen $7,20 < 11,9$ (mit $N = 16 \approx 15$) auf der $\alpha = 0,05$-Stufe nicht signifikant ist. H_0 ist also beizubehalten.

Interpretation: Die für unterschiedliche Tranquilizerbedingungen vorhergesagten Vigilanzverläufe treten nicht auf. Eine stichprobenspezifische Systematik ist nicht zu erkennen, weil die meisten Verläufe der Restkategorie a_4 zuzuordnen sind.

Ergänzungen: Statt der Vorzeichenabfolgen hätte man auch im Sinne von Immich und Sonnemann hypothesenkonforme Rangabfolgen (Ankerreihen) festlegen können. Mit dem 3. Ansatz (Bierschenk u. Lienert) lassen sich ebenfalls hypothesenkonforme

und nicht hypothesenkonforme Abläufe postulieren, die jedoch weniger Differenzierungsmöglichkeiten bieten als die beiden anderen Ansätze. Bei der Aufstellung hypothesenkonformer Abläufe kann nur entschieden werden, welche Beobachtungen über (2) bzw. unter (1) dem Median einer individuellen Abfolge liegen, ggf. zuzüglich medianidentischer Beobachtungen (=). Diese Art von Hypothesen betreffen eher das Niveau von Teilabschnitten einer Abfolge und weniger die exakte Verlaufsgestalt.

Will man überprüfen, ob sich *zwei* Stichproben zu einem oder mehreren vor Untersuchungsbeginn festgelegten Beobachtungspunkten (Stützstellen) hinsichtlich ihrer zentralen Tendenz unterscheiden, verwendet man den sog. *Stützstellentest* von Lehmacher u. Wall (1978). Für eine Stützstelle j ergibt sich die folgende, mit Fg = 1 approximativ χ^2-verteilte Prüfgröße:

$$V_j^2 = \frac{(N_2 \cdot T_{1j} - N_1 \cdot T_{2j})^2 \cdot (N-1)/(N_1 \cdot N_2)}{N \cdot (\sum_{i=1}^{N_1} R_{1ij}^2 + \sum_{i=1}^{N_2} R_{2ij}^2) - (T_{1j} + T_{2j})^2} \qquad (11.42)$$

mit

$T_{1j}(T_{2j})$ = Rangsumme für die Stichprobe 1(2) an der Stützstelle j,

$R_{1ij}(R_{2ij})$ = Rangplatz für die j-te Beobachtung (Stützstelle j) des i-ten Individuums der Stichprobe 1(2),

N = $N_1 + N_2$.

Bezogen auf Beispiel 11.6 könnten wir z.B. fragen, ob die ED-Gruppe an der 4. Stützstelle (j = 4) bereits schlechtere Leistungen (mehr Fehler) zeigt als die Kontrollgruppe ($\alpha = 0,05$; einseitiger Test). Wir transformieren zunächst die Abfolgen der ED-Gruppe und der Kontrollgruppe in Tabelle 11.12 in Rangreihen (Tabelle 11.15).

Tabelle 11.15

	Nr. der Messung							
	1	2	3	4	5	6	7	8
	7	4,5	1,5	3	4,5	7	7	1,5
	8	7	4	4	6	1,5	1,5	4
ED	8	7	6	3,5	3,5	1	3,5	3,5
	7,5	4	4	1,5	1,5	4	6	7,5
	6	8	3,5	3,5	1,5	1,5	6	6
	3,5	1	5	6	2	3,5	7	8
	3,5	3,5	1	7,5	6	3,5	3,5	7,5
Kontrolle	8	6,5	6,5	5	4	2	2	2
	4	3	1,5	1,5	5	6,5	6,5	8
	8	7	3	1	3	5,5	3	5,5

Für j = 4 errechnet man

$$T_{14} = 3 + 4 + 3,5 + 1,5 + 3,5 = 15,5 \quad ,$$

und

$$T_{24} = 6 + 7,5 + 5 + 1,5 + 1 = 21,0 \quad .$$

Für die Summen der quadrierten Ränge ergeben sich

$$\sum_{i=1}^{N_1} R_{1i4}^2 = 3^2 + 4^2 + 3,5^2 + 1,5^2 + 3,5^2 = 51,75 \quad ,$$

und

$$\sum_{i=1}^{N_2} R_{2i4}^2 = 6^2 + 7,5^2 + 5^2 + 1,5^2 + 1^2 = 120,50 \quad .$$

Wir erhalten also

$$V_4^2 = \frac{(5 \cdot 15,5 - 5 \cdot 21,0)^2 \cdot (10 - 1)/(5 \cdot 5)}{10 \cdot (51,75 + 120,50) - (15,5 + 21,0)^2} = \frac{272,25}{390,25} = 0,70 \quad .$$

Dieser Wert ist gemäß Tafel 3 nicht signifikant. Zum Zeitpunkt der 4. Beobachtung sind Unterschiede zwischen der ED-Gruppe und der Kontrollgruppe nicht nachzuweisen.

Die in Gl. (11.42) definierte Prüfgröße wird um so eher nicht signifikant, je weniger sich die Rangsummen T_{1j} und T_{2j} unterscheiden. Identische oder nahezu identische Rangsummen, die zur Annahme von H_0 führen, können jedoch aufgrund unterschiedlicher Verteilungen der Individualränge in den verschiedenen Stichproben zum Zeitpunkt j zustande kommen. In Beispiel 11.6 hätte die ED-Gruppe an der Stützstelle j = 4 theoretisch z.B. die Ränge 1; 1; 4,5; 8; 8 erhalten können und die Kontrollgruppe die Ränge 4,5; 4,5; 4,5; 4,5; 4,5. Beide Gruppen haben eine identische Rangsumme von 22,5; sie unterscheiden sich jedoch deutlich in der Dispersion ihrer Verteilungen. Will man beim Vergleich zweier Stichproben auch derartige Dispersionsunterschiede berücksichtigen, verwendet man den folgenden *Stützstellenomnibustest* von Lehmacher u. Wall (1978), der auf einer Verallgemeinerung eines von Kannemann (1976) entwickelten Inzidenztests zum Vergleich zweier Friedman-Tafeln (vgl. S. 267) basiert.

Für den Vergleich von zwei Stichproben werden Häufigkeiten d_{1ij} und d_{2ij} benötigt, die angeben, wie oft der Rangplatz i (i = 1, ..., n) an der Stützstelle j (j = 1, ..., n) in den Stichproben 1 und 2 vorkommt. Zur Verdeutlichung dieser „Inzidenzenfrequenzen" müssen wir das Beispiel verlassen, da dieser Test von bindungsfreien Rangreihen ausgeht.

Angenommen, eine Untersuchung hätte zu den folgenden Stichproben von $N_1 = 10$ und $N_2 = 8$ rangtransformierten Abfolgen mit jeweils n = 4 Beobachtungen (Stützstellen) geführt (Tabelle 11.16).

Wir zählen aus, wie häufig ein bestimmter Rangplatz i an einer bestimmten Stützstelle j auftritt (Tabelle 11.17).

Tabelle 11.16

Vpn-Nr.	Stichprobe 1 Stützstelle				Vpn-Nr.	Stichprobe 2 Stützstelle			
	1	2	3	4		1	2	3	4
1	1	3	2	4	1	3	2	1	4
2	2	3	1	4	2	4	2	3	1
3	2	4	1	3	3	4	3	1	2
4	2	3	4	1	4	1	4	2	3
5	2	4	3	1	5	2	3	4	1
6	3	2	4	1	6	3	4	2	1
7	3	2	4	1	7	3	2	4	1
8	2	4	1	3	8	2	1	3	4
9	1	3	4	2					
10	4	1	2	3					

Tabelle 11.17

Rang	Stichprobe 1 Stützstelle				Rang	Stichprobe 2 Stützstelle			
	1	2	3	4		1	2	3	4
1	2	1	3	4	1	1	1	2	4
2	5	2	2	1	2	2	3	2	1
3	2	4	1	3	3	3	2	2	1
4	1	3	4	2	4	2	2	2	2

Rang	Gesamt Stützstelle			
	1	2	3	4
1	3	2	5	8
2	7	5	4	2
3	5	6	3	4
4	3	5	6	4

Die Häufigkeiten d_{1ij} und d_{2ij} (Inzidenztafeln) werden zu einer Gesamttafel (d_{ij}) zusammengefaßt. Für jede Zelle dieser $n \times n$-Tafel errechnet man nach folgender Gleichung eine mit $Fg = 1$ approximativ χ^2-verteilte Prüfgröße:

$$W_{ij}^2 = \frac{N \cdot [d_{1ij} \cdot (N_2 - d_{2ij}) - d_{2ij} \cdot (N_1 - d_{1ij})]^2}{N_1 \cdot N_2 \cdot d_{ij} \cdot (N - d_{ij})} \quad . \tag{11.43}$$

Nach dieser Gleichung ergibt sich z. B.

$$W_{11}^2 = \frac{18 \cdot [2 \cdot (8 - 1) - 1 \cdot (10 - 2)]^2}{10 \cdot 8 \cdot 3 \cdot (18 - 3)} = 0,18 \quad .$$

Tabelle 11.18 zeigt die Ergebnisse für die gesamte 4 × 4-Tafel.

Tabelle 11.18

Rang	Stützstelle			
	1	2	3	4
1	0,18	0,03	0,06	0,22
2	1,17	0,68	0,06	0,03
3	0,68	0,45	0,50	1,03
4	0,72	0,05	0,45	0,06

Die einzelnen W_{ij}^2-Werte sind – ohne A-priori-Hypothesen – konservativ mit $\alpha^* = \alpha/n^2$ zu beurteilen (vgl. 2.2.11). Diese Signifikanzgrenze wird im Beispiel für $\alpha^* = 0,05/16 = 0,003$ ($\chi_{0,003}^2 = 8,81$ gemäß Tafel 3) von keinem W_{ij}^2-Wert erreicht. Die größte, aber ebenfalls nicht signifikante Abweichung ergibt sich für Rangplatz 2 auf der 1. Stützstelle, der hier in der Stichprobe 1 fünfmal und in der Stichprobe 2 nur zweimal vorkommt.

11.3.4.2 Abhängige Stichproben

Wird eine Stichprobe von N Individuen zweimal n-fach untersucht, erhält man 2 abhängige Stichproben von jeweils N Abfolgen. Um zu überprüfen, ob sich die beiden Abfolgenstichproben in ihrer Verlaufsgestalt unterscheiden (beispielsweise zum Nachweis unterschiedlicher Wirkungsverläufe von 2 Behandlungen), konstruieren wir nach Krauth (1973) folgende Testprozedur:

Wie bereits auf S. 590f. beschrieben, bestimmen wir zunächst für jede Abfolge die Vorzeichen der Differenzen von jeweils 2 aufeinanderfolgenden Messungen (Erstdifferenzen). Man erhält damit 2 abhängige Stichproben von jeweils N Vorzeichenfolgen mit jeweils n − 1 Vorzeichen. Rangbindungen werden – falls vorhanden – durch (=) gekennzeichnet. Die Anzahl der möglichen Vorzeichenfolgen beträgt 2^{n-1} bzw. bei vorhandenen Rangbindungen 3^{n-1}. Gemäß H_0 wird nun erwartet, daß jedes Individuum – wenn wir von der wiederholten Untersuchung einer Stichprobe ausgehen – im 1. Untersuchungsdurchgang die gleiche Vorzeichenabfolge produziert wie im 2. Durchgang bzw. daß Veränderungen von einem Verlaufstyp A zu einem anderen Verlaufstyp B genauso häufig vorkommen wie Veränderungen in die umgekehrte Richtung. Da jedem Individuum ein Paar von Vorzeichenabfolgen zugeordnet ist, können wir jedes Individuum einer Zelle einer quadratischen k × k-Tafel ($k = 2^{n-1}$ bzw. $k = 3^{n-1}$) zuordnen.

Diese Tafel ist bei Gültigkeit von H_0 symmetrisch besetzt. Die Frage, ob die Abweichungen von der Symmetrie statistisch bedeutsam sind, überprüfen wir mit dem Bowker-Test (vgl. 5.5.2). Man beachte allerdings, daß der Bowker-Test – wie auch der McNemar-Test – die Häufigkeiten in der Hauptdiagonale der k × k-Tafel unberücksichtigt läßt. Dies ist eine Schwäche der Testprozedur, denn die wichtigsten empirischen Belege für die Gültigkeit von H_0, nach der sich die Vorzeichenfolgen

nicht verändert haben, sind für das Testergebnis irrelevant. Ein signifikantes Testergebnis sagt damit lediglich, daß die Art der Veränderung bei denjenigen Individuen,
die in der 1. Untersuchung eine andere Abfolge produziert haben als in der 2.
Untersuchung, asymmetrisch bzw. nicht zufällig ist. (Will man die Diagonale mit-
berücksichtigen, ist ggf. die in 9.4.1 beschriebene κ-Variante einzusetzen.)

Beispiel 11.7

Problem: N = 10 verhaltensschwierige Kinder mit Hypermotilitätssyndrom wurden hinsichtlich ihrer Spontanbewegungen telemetrisch gemessen (vgl. Grünewald-
Zuberbier et al., 1971), und zwar die ersten n = 4 Tage unter motilitätsdämpfender
Behandlung und die nächsten n = 4 Tage unter Kontrollbedingungen jeweils zur
gleichen Tageszeit (Spielzeit).

Hypothese: Die Behandlung ist wirksam in dem Sinne, daß die N = 10 Untersuchungsserien unter Behandlung anders verlaufen als unter Kontrollbedingungen
(H_1; $\alpha = 0,05$).

Daten: Die Motilitätsmessungen während der Spielzeit mit Behandlung (X) und
unter Kontrollbedingungen (Y) an je n = 4 aufeinanderfolgenden Tagen sollen die
Ergebnisse der Tabelle 11.19 geliefert haben (Daten aus Krauth, 1973, Tabelle 3).

Tabelle 11.19

Nr. des Kindes	Behandlung (x)					Kontrolle (y)				
	Untersuchungstage				Vorzei-chen-folge	Untersuchungstage				Vorzei-chen-folge
	1	2	3	4		1	2	3	4	
1	24,2	23,5	22,9	22,7	− − −	22,8	23,5	24,2	24,0	+ + −
2	21,2	19,8	18,9	18,6	− − −	18,7	18,8	19,2	20,1	+ + +
3	24,5	24,0	24,9	22,1	− + −	23,5	23,6	23,5	25,0	+ − +
4	22,0	21,9	21,7	21,8	− − +	20,0	21,3	21,5	22,0	+ + +
5	26,0	24,2	23,4	23,3	− − −	24,8	25,0	25,2	25,3	+ + +
6	26,5	26,4	25,1	23,9	− − −	26,1	26,0	26,5	27,1	− + +
7	22,1	21,7	21,4	20,9	− − −	19,1	20,2	21,4	22,6	+ + +
8	22,3	21,4	20,9	20,5	− − −	18,7	19,3	22,4	22,6	+ + +
9	21,9	21,7	20,3	19,1	− − −	16,5	18,3	19,5	22,1	+ + +
10	23,8	22,1	21,0	20,3	− − −	20,7	21,3	22,5	23,2	+ + +

Auswertung: Aus den Angaben der Tabelle 11.19 läßt sich für die k = 2^{n-1} = 2^3 =
8 möglichen Vorzeichenfolgen die in Tabelle 11.20 wiedergegebenen Bowker-Tafel
(erweiterte McNemar-Tafel) anfertigen.

Tabelle 11.20

Behandlung	Kontrolle							
	+ + +	+ + −	+ − +	− + +	+ − −	− + −	− − +	− − −
+ + +	−	−	−	−	−	−	0	0
+ + −	−	−	−	−	−	−	−	0
+ − +	−	−	−	−	−	0	−	−
− + +	−	−	−	−	−	−	−	0
+ − −	−	−	−	−	−	−	−	−
− + −	−	−	1	−	−	−	−	−
− − +	1	−	−	−	−	−	−	−
− − −	6	1	−	1	−	−	−	−

Die Bowker-Tafel enthält $8 \times 8 = 64$ Zellen, was bei nur 10 Individuen eine asymptotische Auswertung nach Gl. (5.84) verbietet. Wir nehmen deshalb eine exakte Auswertung nach den auf S. 166ff. beschriebenen Richtlinien vor. Setzen wir gemäß Gl. (1.9) $\binom{0+0}{0} = 1$, benötigen wir für diese Auswertung nur diejenigen Felderpaare, die in der Untersuchung realisiert wurden. Nicht realisierte Felderpaare sind in Tabelle 11.20 durch einen Strich gekennzeichnet.

Wie man sich leicht überzeugen kann, lassen sich durch Umordnung der Frequenzen in den realisierten Felderpaaren keine Bowker-Tafeln erzeugen, die extremer von der Symmetrie abweichen als die empirisch ermittelte Tafel. Die Überschreitungswahrscheinlichkeit dieser Tafel entspricht damit der Punktwahrscheinlichkeit. Zur Ermittlung dieser Wahrscheinlichkeit verwenden wir Gl. (5.85).

$$P_T = \left[\binom{1+0}{1} \cdot 0,5^1 \cdot 0,5^0 \right] \cdot \left[\binom{6+0}{0} \cdot 0,5^6 \cdot 0,5^0 \right] \cdot \left[\binom{1+0}{1} \cdot 0,5^1 \cdot 0,5^0 \right]$$

$$\cdot \left[\binom{1+0}{1} \cdot 0,5^1 \cdot 0,5^0 \right] \cdot \left[\binom{1+0}{1} \cdot 0,5^1 \cdot 0,5^0 \right]$$

$$= 0,5^{10} = \frac{1}{1024} = 0,0010 \quad .$$

Durch Austausch der Frequenzen f_{ij} und f_{ji} (mit $f_{ij} \neq f_{ij}$) in den 5 realisierten Felderpaaren ergeben sich $2^5 = 32$ Bowker-Tafeln, die mit gleicher Wahrscheinlichkeit auftreten wie die beobachtete Tafel. Nach Gl. (5.86) erhält man also folgende Irrtumswahrscheinlichkeit:

$$P = 32 \cdot \frac{1}{1024} = 0,031 \quad .$$

Entscheidung: Wegen $P = 0,031 < 0,05$ ist H_0 zugunsten von H_1 zu verwerfen.

Interpretation: Am häufigsten werden Veränderungen der Vorzeichenfolge $−−−$ nach $+++$ registriert. 6 der 10 Verlaufskurven sind unter der Behandlungsbedingung monoton fallend und unter der darauffolgenden Kontrollbedingung monoton steigend. Die Behandlung bewirkt also eine zunehmende Reduzierung der Hypermotilität. Nach Absetzen der Behandlung steigt die Hypermotilität wieder monoton an.

Die Behandlung wirkt offenbar nur symptomatisch und nicht ätiologisch, denn nach Absetzen der Behandlung tritt das behandelte Symptom unverändert wieder auf.

Bei längeren Abfolgen empfiehlt es sich – wie bereits beim Vergleich unabhängiger Stichproben erwähnt – die Vorzeichenabfolgen in hypothesenkonforme und hypothesennonkonforme Abfolgen aufzuteilen. Für den hier interessierenden Fall des Vergleiches zweier abhängiger Stichproben sind Paare von Vorzeichenfolgen vor Untersuchungsbeginn als hypothesenkonforme bzw. hypothesennonkonforme Veränderungen zu deklarieren. Bezogen auf das Beispiel könnte man etwa die Paare $(---, +++)$; $(---, -++)$ und $(---, +-+)$ als hypothesenkonform und alle übrigen Paare als hypothesenwidrig erklären. Es würde dann die in Tabelle 11.21 wiedergegebene 3×3-Bowker-Tafel resultieren, die je nach Stichprobenumfang asymptotisch oder exakt auszuwerten wäre.

Tabelle 11.21

Behandlung	Kontrolle		
	$---$	$+++$ $-++$ $+-+$	andere
$---$	$-$	7	1
$+++$ $-++$ $+-+$	0	$-$	0
andere	0	2	$-$

Die Verallgemeinerung dieses Ansatzes auf den Vergleich von mehr als 2 abhängigen Stichproben von Verlaufskurven läuft auf eine Symmetrieprüfung in einer mehrdimensionalen Kontingenztafel hinaus. Können dabei alle Vorzeichenabfolgen erschöpfend in 2 Klassen von Abfolgen eingeteilt werden und läßt sich darüber hinaus spezifizieren, welche Klasse bei welcher Stichprobe hypothesenkonform ist, erhält man für m abhängige Stichproben eine 2^m-Tafel, die nach den Richtlinien in 5.6.5 auszuwerten wäre. Für Vorzeichenabfolgen, die in mehr als 2 Klassen aufzuteilen sind, wird auf Lienert u. Wall (1976) bzw. Wall u. Lienert (1976) verwiesen. Weitere Hinweise findet man bei Lienert et al. (1965).

11.4 Kardinale Daten

Wie einleitend zu diesem Kapitel erwähnt, ist die Analyse von Abfolgen oder Zeitreihen kardinaler Daten eine Domäne der Box-Jenkins-Modelle (ARIMA-Modelle), deren Darstellung allein wegen ihres Umfanges, vor allem aber wegen ihres para-

metrischen Ansatzes nicht Aufgabe dieses Buches sein kann. Demjenigen, der sich intensiver mit der Analyse von Zeitreihen kardinaler Daten befassen möchte, sei deshalb eindringlich die Lektüre einschlägiger Ausarbeitungen zu diesem Thema empfohlen (Literaturhinweise findet man auf S. 544).

Die Ausführungen dieses Teilkapitels sind aus den genannten Gründen auf eine begrenzte Zahl von Problemen zu beschränken. Wir werden in 11.4.1 Methoden behandeln, mit denen man den für eine Abfolge kardinaler Daten charakteristischen Trend herausarbeiten kann, und – darauf aufbauend – eine Methode zum Vergleich mehrerer Stichproben von Abfolgen kennenlernen (11.4.2). In 11.4.3 schließlich gehen wir kurz auf Autokorrelationen und Konkomitanzen (Zusammenhänge zwischen Zeitreihen) ein, deren erschöpfende Analyse u.a. Gegenstand der erwähnten Box-Jenkins-Modelle ist.

11.4.1 Methoden der Trendschätzung

Die folgenden Methoden der Trendschätzung gehen davon aus, daß für n Zeitpunkte kardinale Messungen y_i (i = 1, ..., n) vorliegen, wobei die Zeitpunkte t_i *äquidistant* gestuft sein sollten. Wir behandeln zunächst die Anpassung einer Zeitreihe durch ein Polynom (11.4.1.1) und danach einen Ansatz zur Bestimmung des Funktionstypus einer exponentiell verlaufenden Zeitreihe (11.4.1.2). In 11.4.1.3 schließlich werden weitere Methoden der Trendschätzung angesprochen. Hinsichtlich der Bestimmung periodischer Trends (z. B. sinusartiger Schwingungen) wird u. a. auf Koopmans (1974) verwiesen.

11.4.1.1 Polynomiale Anpassung

Jede Abfolge von n Messungen y_i läßt sich exakt durch ein Polynom (n − 1)-ter Ordnung beschreiben:

$$y_i = b_0 + b_1 \cdot t_i + b_2 \cdot t_i^2 + b_3 \cdot t_i^3 + \ldots + b_{n-1} \cdot t_i^{n-1} \quad . \tag{11.44}$$

Die Bestimmung des Polynoms läßt sich erheblich vereinfachen, wenn man die Meßpunkte $t_i = 1, 2, 3, \ldots, n$ als Abweichungswerte vom mittleren Meßpunkt ausdrückt:

$$z_i = t_i - \bar{t} = t_i - (n + 1)/2 \quad . \tag{11.45}$$

Darauf bezogen lautet das allgemeine Polynom

$$y_i = a_0 + a_1 \cdot z_i + a_2 \cdot z_i^2 + a_3 \cdot z_i^3 + \ldots + a_{n-1} \cdot z_i^{n-1} \quad . \tag{11.46}$$

In der empirischen Forschungspraxis ist es in der Regel nicht üblich, das vollständige Polynom zu bestimmen. Dem Sparsamkeitsprinzip folgend wird man versuchen, die typische Verlaufsgestalt einer Zeitreihe durch ein Polynom möglichst niedriger Ordnung zu beschreiben. Das einfachste Polynom (Trend 0. Ordnung) beschreibt durch eine abszissenparallele Gerade das *Niveau* der Zeitreihe.

$$\hat{y}_i = a_0 \qquad\qquad\qquad\qquad\qquad\qquad\qquad\qquad (11.47)$$

mit

$$a_0 = \sum_{i=1}^{n} y_i/n \quad .$$

Im Unterschied zu y_i kennzeichnet $\hat{y}_i$, daß es sich um Schätzwerte des Merkmals Y handelt. Das lineare Polynom (Trend 1.Ordnung) versucht, die Zeitreihe durch eine Gerade mit der Höhenlage a_0 und der *Steigung* a_1 anzupassen. Nach dem Kriterium der kleinsten Quadrate (vgl. z. B. Bortz, 1989, S. 219 ff. und S. 241 ff.) erhält man

$$\hat{y}_i = a_0 + a_1 \cdot z_i \qquad\qquad\qquad\qquad\qquad\qquad (11.48)$$

mit

$$a_0 = \sum_i y_i/n \quad ,$$

$$a_1 = \sum_i z_i \cdot y_i / \sum_i z_i^2 \quad .$$

Das quadratische Polynom (Trend 2. Ordnung) beschreibt u-förmige oder umgekehrt u-förmige Verläufe. Es enthält neben dem Niveauparameter a_0 und dem Steigungs- parameter a_1 einen *Krümmungsparameter* a_2:

$$\hat{y}_i = a_0 + a_1 \cdot z_i + a_2 \cdot z_i^2 \qquad\qquad\qquad\qquad (11.49)$$

mit

$$a_0 = \left(\sum_i y_i - a_2 \cdot \sum_i z_i^2 \right)/n \quad ,$$

$$a_1 = \sum_i z_i \cdot y_i \Big/ \sum_i z_i^2$$

$$a_2 = \frac{n \cdot \left(\sum_i z_i^2 \cdot y_i \right) - \left(\sum_i z_i^2 \right) \cdot \left(\sum_i y_i \right)}{n \cdot \sum_i z_i^4 - \left(\sum_i z_i^2 \right)^2} \quad .$$

Man beachte, daß der Niveauparameter a_0 hier anders geschätzt wird als in Gl. (11.47) und Gl. (11.48). Wir werden auf S.608ff. einen Ansatz kennenlernen, bei dem die Parameter $a_0, a_1, a_2 \ldots$ unabhängig von der Ordnung des Polynoms sind.

Das kubische Polynom (Trend 3. Ordnung) kennzeichnet s-förmig (oder umge- kehrt s-förmig) geschwungene Verläufe mit einem Wendepunkt. Die Art der Verlaufs- schwingung wird durch einen zusätzlichen *Schwingungsparameter* a_3 beschrieben:

$$\hat{y}_i = a_0 + a_1 \cdot z_i + a_2 \cdot z_i^2 + a_3 \cdot z_i^3 \qquad (11.50)$$

mit

$$a_0 = \left(\sum_i y_i - a_2 \cdot \sum_i z_i^2 \right) / n \quad ,$$

$$a_1 = \frac{\sum_i z_i \cdot y_i - a_3 \cdot \left(\sum_i z_i^4 \right)}{\sum_i z_i^2} \quad ,$$

$$a_2 = \frac{n \cdot \left(\sum_i z_i^2 \cdot y_i \right) - \left(\sum_i z_i^2 \right) \cdot \left(\sum_i y_i \right)}{n \cdot \sum_i z_i^4 - \left(\sum_i z_i^2 \right)^2} \quad ,$$

$$a_3 = \frac{\left(\sum_i z_i^2 \right) \cdot \left(\sum_i z_i^3 \cdot y_i \right) - \left(\sum_i z_i \cdot y_i \right) \cdot \left(\sum_i z_i^4 \right)}{\left(\sum_i z_i^2 \right) \cdot \left(\sum_i z_i^6 \right) - \left(\sum_i z_i^4 \right)^2} \quad .$$

Lineare, quadratische und kubische Polynome sind in der Regel ausreichend, um unsere hypothetischen Vorstellungen über den Verlaufstyp einer Zeitreihe hinreichend genau beschreiben zu können. Wir wollen uns deshalb mit einer Veranschaulichung dieser Trendformen im folgenden Beispiel begnügen. (Die Bestimmung eines vollständigen Polynoms wird auf S. 609 erläutert.)

Beispiel 11.8

Problem: Es soll überprüft werden, wie sich sensomotorische Koordinationsleistungen durch ständiges Training verändern. Ein Schüler absolviert hierfür ein siebenwöchiges Training und erzielt pro Woche die folgenden intervallskalierten Durchschnittswerte y_i :

2; 6; 9; 11; 11; 13; 16 .

Auswertung: Zur Charakterisierung der Verlaufsgestalt dieser Zeitreihe werden Polynome 0. bis 3. Ordnung angepaßt. Für deren Bestimmung nach den Gl. (11.47) bis (11.50) berechnen wir zunächst die in Tabelle 11.22 zusammengefaßten Hilfsgrößen.

Tabelle 11.22

t_i	z_i	y_i	$z_i \cdot y_i$	z_i^2	$z_i^2 \cdot y_i$	z_i^4	$z_i^3 \cdot y_i$	z_i^6	$\hat{y}_i$
1	-3	2	-6	9	18	81	-54	729	1,81
2	-2	6	-12	4	24	16	-48	64	6,41
3	-1	9	-9	1	9	1	-9	1	8,99
4	0	11	0	0	0	0	0	0	10,39
5	1	11	11	1	11	1	11	1	11,45
6	2	13	26	4	52	16	104	64	13,01
7	3	16	48	9	144	81	432	729	15,91
$\sum_i$:	0	68	58	28	258	196	436	1588	

Daraus ergeben sich die folgenden Polynome:

Polynom 0. Ordnung:

$$\hat{y}_i = 68/7$$
$$= 9,71 \quad ,$$

Polynom 1. Ordnung:

$$\hat{y}_i = 9,71 + (58/28) \cdot z_i$$
$$= 9,71 + 2,07 \cdot z_i \quad ,$$

Polynom 2. Ordnung:

$$\hat{y}_i = (68 - a_2 \cdot 28)/7 + 2,07 \cdot z_i + [(7 \cdot 258 - 28 \cdot 68)/(7 \cdot 196 - 28^2)] \cdot z_i^2$$
$$= (68 - a_2 \cdot 28)/7 + 2,07 \cdot z_i + (-0,17) \cdot z_i^2$$
$$= (68 - (-0,17) \cdot 28)/7 + 2,07 \cdot z_i + (-0,17) \cdot z_i^2$$
$$= 10,39 + 2,07 z_i + (-0,17) \cdot z_i^2 \quad ,$$

Polynom 3. Ordnung:

$$\hat{y}_i = 10,39 + [(58 - a_3 \cdot 196)/28] \cdot z_i + (-0,17) \cdot z_i^2$$
$$+ [(28 \cdot 436 - 58 \cdot 196)/(28 \cdot 1588 - 196^2)] \cdot z_i^3$$
$$= 10,39 + [(58 - a_3 \cdot 196)/28] \cdot z_i + (-0,17) \cdot z_i^2 + 0,14 \cdot z_i^3$$
$$= 10,39 + [(58 - 0,14 \cdot 196)/28] \cdot z_i + (-0,17) \cdot z_i^2 + 0,14 \cdot z_i^3$$
$$= 10,39 + 1,09 z_i + (-0,17) \cdot z_i^2 + 0,14 \cdot z_i^3 \quad .$$

Abbildung 11.4 veranschaulicht diese Kurvenanpassungen graphisch.

Interpretation: Das Niveau der Zeitreihe liegt bei $\bar{y} = 9,71$. Der Kurvenverlauf läßt sich gut durch eine Gerade mit der Steigung $a_1 = 2,07$ und der Höhenlage $a_0 = 9,71$ anpassen. Die parabolische Anpassung (Polynom 2. Ordnung) ist nur geringfügig besser; sie führt zu einer schwach gekrümmten Kurve mit einem Krüm-

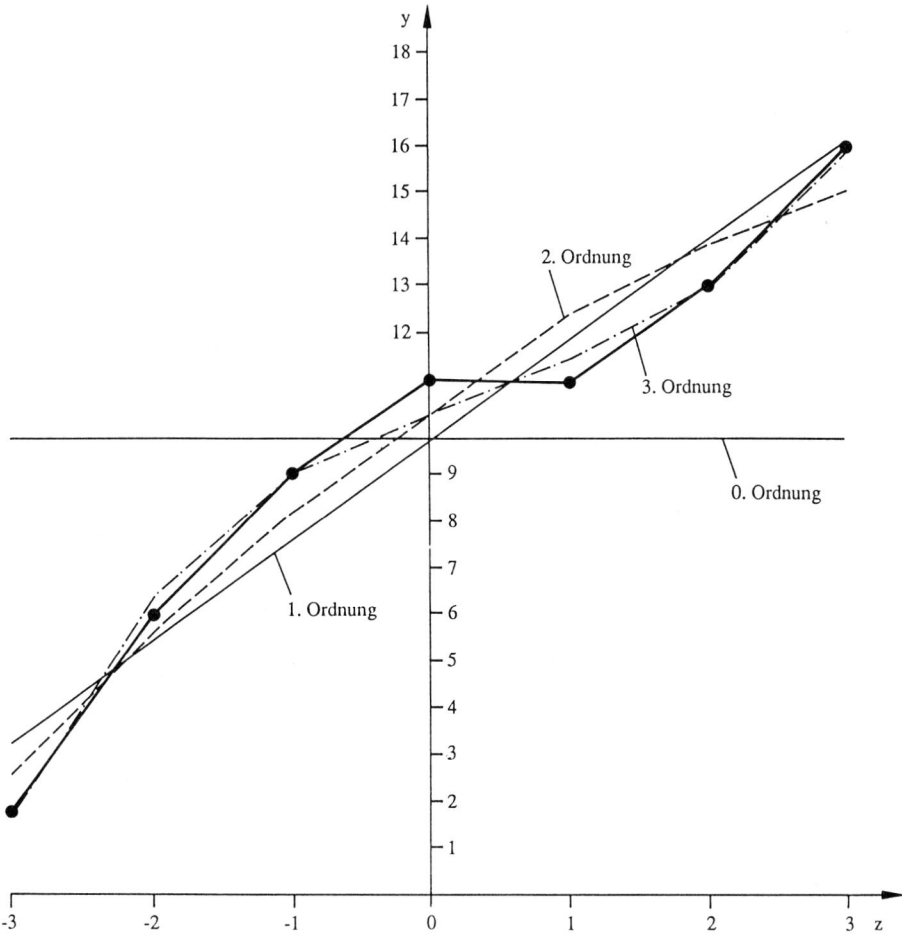

Abb. 11.4. Kurvenanpassung (Polynome 0. bis 3. Ordnung) für Beispiel 11.8

mungsparameter von $a_2 = -0,17$. Eine weitere Verbesserung schließlich erreicht man mit dem Polynom 3. Ordnung, dessen Kurvenzug mit einem schwach ausgeprägten Schwingungsparameter von $a_3 = 0,14$ mit der empirischen Kurve nahezu deckungsgleich ist. Zusammenfassend ist davon auszugehen, daß die sensomotorischen Koordinationsleistungen (im hier untersuchten Ausschnitt) der Tendenz nach linear ansteigen mit einer kurzen „Plateauphase" (kein Lernfortschritt) im mittleren Abschnitt.

Anmerkungen: Die hier durchgeführte polynomiale Trendanpassung ist rein deskriptiv. Ein Index für die Güte der Anpassung läßt sich durch die Summe der quadrierten Residuen $\sum(y_i - \hat{y}_i)^2$ bilden, der mit zunehmender Ordnung des Polynoms kleiner wird. (In Tabelle 11.22 sind unter der Spalte $\hat{y}$ die Funktionswerte für das Polynom 3. Ordnung wiedergegeben).

Eine nach den Gleichungen (11.47) bis (11.50) vorgenommene polynomiale Trendanpassung hat den Nachteil, daß die einzelnen Trendparameter wechselseitig abhängig sind, was zur Folge hat, daß sich bereits berechnete Parameter verändern, wenn das Polynom erweitert wird. (Im Beispiel wurden z. B. für a_1 in Abhängigkeit von der Ordnung des Polynoms unterschiedliche Werte errechnet.) Dieser Nachteil läßt sich ausräumen, wenn man die Werte für t_i bzw. z_i durch sog. **orthogonale Polynomialkoeffizienten** ersetzt. Eine Auswahl dieser Koeffizienten findet man in der bereits eingeführten Tafel 16. Diese Tafel enthält Koeffizienten für maximal 10 Meßpunkte für Polynome 1. Ordnung bis maximal 5. Ordnung. Ausführlichere Tafeln haben Fisher u. Yates (1957, Tabelle XXIII) für n = 3(1)75 bis zum Polynom 5. Ordnung und Pearson u. Hartley (1966, Tabelle 47) für n = 3(1)52 bis zum Polynom 6. Ordnung veröffentlicht. Für nicht äquidistante Zeitpunkte sei auf Grandage (1958) verwiesen.

Da in der empirischen Forschung durchaus Zeitreihen vorkommen, die mehr Meßwerte enthalten als Tafel 16 bzw. die anderen oben angegebenen Tafeln vorsehen, ist es ratsam, sich kurz mit der Bestimmung der orthogonalen Polynomialkoeffizienten auseinanderzusetzen. Ausgangsbasis dieser Berechnungen sind die z_i-Werte für den linearen Trend. Diese lauten z. B. für n = 3: − 1; 0; +1.

Die z_i-Werte des linearen Trends sind mit den c_{i1}-Werten des linearen orthogonalen Polynoms identisch (der 2. c-Index kennzeichnet die Ordnung des Polynoms):

$$c_{i1} : \quad -1; 0; +1 \quad .$$

Für die Bestimmung der c_{i2}-Werte erhält man durch Quadrieren von c_{i1} die Werte 1 0 1. Da nun für orthogonale Polynome gefordert wird, daß $\sum_i c_{ij} = 0$ ergibt (vgl. auch S. 236 bzw. 345), subtrahieren wir den Durchschnitt der drei Werte und erhalten

$$1 - 2/3 = 1/3 \quad ; \quad 0 - 2/3 = -2/3 \quad ; \quad 1 - 2/3 = 1/3 \quad .$$

Will man diese Werte auf ganzzahlige Koeffizienten bringen (was jedoch für die Trendanalyse nicht erforderlich ist), multipliziert man sie mit ihrem gemeinsamen Nenner (in diesem Falle 3) und erhält als Polynomialkoeffizienten für den quadratischen Trend:

$$c_{i2} : \quad 1; -2; 1 \quad .$$

Dies sind die in Tafel 16 angegebenen Werte.

Für n = 4 lauten die entsprechenden Transformationsschritte:

$$z_i : \quad -1,5; -0,5; 0,5; 1,5 \quad ,$$

$$c_{i1} = z_i \cdot 2 : \quad -3; -1; 1; 3 \quad ,$$

$$z_i^2 : 2,25; 0,25; 0,25; 2,25 \quad ,$$

$$c_{i2} = z_i^2 - \sum_i z_i^{22}/n : 1; -1; -1; 1 \quad .$$

Für Polynome höherer Ordnung sind die Berechnungsvorschriften komplizierter. Hier verwendet man nach Mintz (1970) folgende Bestimmungsgleichungen einschließlich einer allgemeinen Rekursionsformel für die Bestimmung von c_{ij}-Koeffizienten beliebiger Ordnung und beliebiger n-Werte. Man beachte, daß diese Gleichungen in der Regel nicht zu ganzzahligen Koffizienten führen, was jedoch – wie bereits erwähnt – für die Trendanalyse unerheblich ist. Dessen ungeachtet dürfte die Transformation der errechneten Koeffizienten in ganzzahlige Werte durch Multiplikation mit einer geeigneten Konstante (s. folgendes Beispiel) keine besonderen Schwierigkeiten bereiten. Für längere Zeitreihen empfiehlt es sich, für die Berechnung der Koeffizienten ein Computerprogramm zu verwenden.
Linear:

$$c_{i1} = i - \frac{n+1}{2} \quad . \tag{11.51}$$

Quadratisch:

$$c_{i2} = c_{i1}^2 - \frac{n^2 - 1}{12} \quad .$$

(11.52)

Kubisch:

$$c_{i3} = c_{i1} \cdot \left(c_{i1}^2 - \frac{3 \cdot n^2 - 7}{20} \right) \quad .$$

(11.53)

Allgemein:

$$c_{i,a+1} = c_{ia} \cdot c_{i1} - \frac{a^2 \cdot (n^2 - a^2)}{4 \cdot (4 \cdot a^2 - 1)} \cdot c_{i,a-1} \quad .$$

(11.54)

Beispiel:

$$c_{i4} = c_{i,3+1} = c_{i3} \cdot c_{i1} - \frac{3^2 \cdot (n^2 - 3^2)}{4 \cdot (4 \cdot 3^2 - 1)} \cdot c_{i2} \quad .$$

(11.55)

Der Einsatz dieser Gleichungen sei für n = 7 verdeutlicht. (Die genannten Werte sind gerundet; den Berechnungen liegen 4 Nachkommastellen zugrunde.)

1. Ordnung: Für die Konstante errechnet man $\frac{n+1}{2} = \frac{7+1}{2} = 4$, d. h. wir erhalten

$c_{11} = 1 - 4 = -3$
$c_{21} = 2 - 4 = -2$
$c_{31} = 3 - 4 = -1$
$c_{41} = 4 - 4 = 0$
$c_{51} = 5 - 4 = 1$
$c_{61} = 6 - 4 = 2$
$c_{71} = 7 - 4 = 3$.

Dies sind die in Tafel 16 genannten Werte.

2. Ordnung: Konstante: $\frac{n^2-1}{12} = \frac{49-1}{12} = 4$

$c_{12} = (-3)^2 - 4 = 5$
$c_{22} = (-2)^2 - 4 = 0$
$c_{32} = (-1)^2 - 4 = -3$
$c_{42} = 0 - 4 = -4$
$c_{52} = 1^2 - 4 = -3$
$c_{62} = 2^2 - 4 = 0$
$c_{72} = 3^2 - 4 = 5$.

Die Werte sind mit den in Tafel 16 genannten Werten identisch.

3. Ordnung: Konstante: $\frac{3 \cdot n^2 - 7}{20} = \frac{3 \cdot 7^2 - 7}{20} = 7$

$c_{13} = -3 \cdot (9 - 7) = -6$
$c_{23} = -2 \cdot (4 - 7) = 6$
$c_{33} = -1 \cdot (1 - 7) = 6$
$c_{43} = 0 \cdot (0 - 7) = 0$
$c_{53} = 1 \cdot (1 - 7) = -6$
$c_{63} = 2 \cdot (4 - 7) = -6$
$c_{73} = 3 \cdot (9 - 7) = 6$.

Durch Multiplikation mit 1/6 erhält man die Werte der Tafel 16 (−1, 1, 1, 0, −1, −1, 1).

4. Ordnung: Konstante: $\frac{3^2 \cdot (n^2 - 3^2)}{4 \cdot (4 \cdot 3^2 - 1)} = \frac{9 \cdot (49 - 9)}{4 \cdot (4 \cdot 9 - 1)} = 2,57$

$c_{14} = -6 \cdot (-3) - 2,57 \cdot 5 = 5,14$

$c_{24} = 6 \cdot (-2) - 2,57 \cdot 0 = -12,00$

$c_{34} = 6 \cdot (-1) - 2,57 \cdot (-3) = 1,71$

$c_{44} = 0 \cdot 0 - 2,57 \cdot (-4) = 10,29$

$c_{54} = -6 \cdot 1 - 2,57 \cdot (-3) = 1,71$

$c_{64} = -6 \cdot 2 - 2,57 \cdot 0 = -12,00$

$c_{74} = 6 \cdot 3 - 2,57 \cdot 5 = 5,14$.

Durch Multiplikation mit 1/1,71 (dem Kehrwert des dem Betrage nach kleinsten Wertes) erhält man (gerundet) die Werte der Tafel 16 (3, −7, 1, 6, 1, −7, 3).

5. Ordnung: Konstante: $\frac{a^2 \cdot (n^2 - a^2)}{4 \cdot (4 \cdot a^2 - 1)} = \frac{4^2 \cdot (7^2 - 4^2)}{4 \cdot (4 \cdot 4^2 - 1)} = 2,10$

$c_{15} = 5,14 \cdot (-3) - 2,10 \cdot (-6) = -2,86$

$c_{25} = -12,00 \cdot (-2) - 2,10 \cdot 6 = 11,43$

$c_{35} = 1,71 \cdot (-1) - 2,10 \cdot 6 = -14,29$

$c_{45} = 10,29 \cdot 0 - 2,10 \cdot 0 = 0$

$c_{55} = 1,71 \cdot 1 - 2,10 \cdot (-6) = 14,29$

$c_{65} = -12,00 \cdot 2 - 2,10 \cdot (-6) = -11,43$

$c_{75} = 5,14 \cdot 3 - 2,10 \cdot 6 = 2,86$.

Durch Multiplikation mit 1/2,86 erhält man (gerundet) die Werte −1; 4; −5; 0; 5; −4; 1. Tafel 16 wäre durch diese Werte zu ergänzen.

6. Ordnung: Konstante: $\frac{a^2 \cdot (n^2 - a^2)}{4 \cdot (4 \cdot a^2 - 1)} = \frac{5^2 \cdot (7^2 - 5^2)}{4 \cdot (4 \cdot 5^2 - 1)} = 1,52$

$c_{16} = -2,86 \cdot (-3) - 1,52 \cdot 5,14 = 0,78$

$c_{26} = 11,43 \cdot (-2) - 1,52 \cdot (-12,00) = -4,68$

$c_{36} = -14,29 \cdot (-1) - 1,52 \cdot 1,71 = 11,69$

$c_{46} = 0,00 \cdot 0 - 1,52 \cdot 10,29 = -15,58$

$c_{56} = 14,29 \cdot 1 - 1,52 \cdot 1,71 = 11,69$

$c_{66} = -11,43 \cdot 2 - 1,52 \cdot (-12,00) = -4,68$

$c_{76} = 2,86 \cdot 3 - 1,52 \cdot 5,14 = 0,78$.

Durch Multiplikation mit 1/0,78 erhält man (gerundet) die Werte 1; −6; 15; −20; 15; −6; 1. Tafel 16 wäre auch durch diese Werte zu ergänzen.

Alle c_{ij}-Koeffizienten erfüllen die Orthogonalitätsbedingung $\sum_i c_{ij} \cdot c_{ij'} = 0$ für $j \neq j'$.

Unter Verwendung der orthogonalen Polynomialkoeffizienten c_{ij} läßt sich der Trend einer Zeitreihe wie folgt bestimmen: Man definiert y_i als eine Linearkombination der c_{ij}-Koeffizienten unter Verwendung folgender Gewichte:

$$B_j = \frac{\sum\limits_i c_{ij} \cdot y_i}{\sum\limits_i c_{ij}^2} \quad . \tag{11.56}$$

Eine Zeitreihe mit n Meßpunkten y_i wird vollständig durch folgende Gleichung beschrieben:

$$y_i = B_0 \cdot c_{i0} + B_1 \cdot c_{i1} + B_2 \cdot c_{i2} + \ldots + B_{n-1} \cdot c_{i,n-1}$$

$$= \sum_{j=0}^{n-1} B_j \cdot c_{ij} \quad , \tag{11.57}$$

wobei man $c_{i0} = 1$ setzt. Die Werte für $\sum_i c_{ij}^2$ sind Tafel 16 zu entnehmen.

Zur Demonstration der Zerlegung eine Zeitreihe mittels orthogonaler Polynome greifen wir erneut Beispiel 11.8 auf. Wir berechnen zunächst die B_j-Koeffizienten nach Gl. (11.56):

$$B_0 = (1 \cdot 2 + 1 \cdot 6 + 1 \cdot 9 + 1 \cdot 11 + 1 \cdot 11 + 1 \cdot 13 + 1 \cdot 16)/7 = 9,71$$

$$B_1 = (-3 \cdot 2 - 2 \cdot 6 - 1 \cdot 9 + 0 \cdot 11 + 1 \cdot 11 + 2 \cdot 13 + 3 \cdot 16)/28 = 2,07$$

$$B_2 = (5 \cdot 2 + 0 \cdot 6 - 3 \cdot 9 - 4 \cdot 11 - 3 \cdot 11 + 0 \cdot 13 + 5 \cdot 16)/84 = -0,17$$

$$B_3 = (-1 \cdot 2 + 1 \cdot 6 + 1 \cdot 9 + 0 \cdot 11 - 1 \cdot 11 - 1 \cdot 13 + 1 \cdot 16)/6 = 0,83$$

$$B_4 = (3 \cdot 2 - 7 \cdot 6 + 1 \cdot 9 + 6 \cdot 11 + 1 \cdot 11 - 7 \cdot 13 + 3 \cdot 16)/154 = 0,05$$

$$B_5 = (-1 \cdot 2 + 4 \cdot 6 - 5 \cdot 9 + 0 \cdot 11 + 5 \cdot 11 - 4 \cdot 13 + 1 \cdot 16)/84 = -0,05$$

$$B_6 = (1 \cdot 2 - 6 \cdot 6 + 15 \cdot 9 - 20 \cdot 11 + 15 \cdot 11 - 6 \cdot 13 + 1 \cdot 16)/924 = -0,02 \quad .$$

Eingesetzt in Gl. (11.57) errechnet man z. B. für den ersten Meßpunkt ($i = 1$)

$$y_1 = 9,71 \cdot 1 + 2,07 \cdot (-3) + (-0,17) \cdot 5 + 0,83 \cdot (-1) + 0,05 \cdot 3$$
$$+ (-0,05) \cdot (-1) + (-0,02) \cdot 1 = 2,00 \quad .$$

Dieser wie auch die übrigen nach Gl. (11.57) berechneten Werte stimmen mit den beobachteten y_i-Werten überein.

Wie bereits gesagt, ist man in der Regel nicht daran interessiert, das vollständige Polynom zu bestimmen, sondern ein Polynom geringerer Ordnung, von dem man erwartet, daß es sich hinlänglich genau an die Zeitreihe anpaßt. Wollen wir beispielsweise – wie in Beispiel 11.8 – das Polynom 3. Ordnung zur Beschreibung der Zeitreihe einsetzen, benötigen wir lediglich Gewichte B_0 bis B_3. Da die Gewichte voneinander unabhängig sind, sich also durch Erweiterung oder Reduzierung des Polynoms nicht verändern, können wir für das Polynom 3. Ordnung die bereits bekannten Gewichte B_0 bis B_3 verwenden.

$$\hat{y}_i = 9,71 \cdot c_{i0} + 2,07 \cdot c_{i1} - 0,17 \cdot c_{i2} + 0,83 \cdot c_{i3} \quad .$$

Setzen wir z. B. für den 2. Meßpunkt ($i = 2$) die entsprechenden c_{2j}-Koeffizienten ein, resultiert

$$\hat{y}_2 = 9,71 \cdot 1 + 2,07 \cdot (-2) + (-0,17) \cdot 0 + 0,83 \cdot 1 = 6,40 \quad .$$

Dieser Wert stimmt bis auf Rundungsungenauigkeiten mit dem in Tabelle 11.22, Spalte $\hat{y}_i$ genannten Wert überein.

Wegen der Unabhängigkeit der B_j-Gewichte wird die Interpretation der Trendzerlegung erleichtert. Die lineare Komponente in der Zeitreihe dominiert im Beispiel mit einem Gewicht von $B_1 = 2,07$, gefolgt von der kubischen Komponente mit $B_3 = 0,83$ und der quadratischen Komponente mit $B_2 = -0,17$. Entsprechende Aussagen sind wegen ihrer wechselseitigen Abhängigkeit für die a_j-Koeffizienten der Gl. (11.46) nicht zu formulieren. Gl. (11.46) hat jedoch den Vorteil, daß das untersuchte Merkmal auch für Zeitpunkte, die nicht untersucht wurden (z. B. erwartete Messungen zwischen 2 untersuchten Zeitpunkten) vorhergesagt werden kann, wenn man die entsprechenden t_i-Werte (z. B. $t_i = 3,5$) nach Gl. (11.45) in z_i-Werte transformiert und in Gl. (11.46) einsetzt. Für prognostische Trendextrapolationen außerhalb des Anpassungsbereiches können sich nach Schlittgen u. Streitberg (1984, S. 15) jedoch Probleme ergeben.

Wie man (unter parametrischen Bedingungen) die einzelnen Trendanteile inferenzstatistisch absichern kann, wird bei Mintz (1970) beschrieben.

11.4.1.2 Exponentielle Verläufe

Auch exponentielle Zeitreihen können exakt durch ein Polynom $(n - 1)$-ter Ordnung und genähert durch ein reduziertes Polynom beschrieben werden. Dennoch ist man – z. B. im Kontext der Lernpsychologie – gelegentlich daran interessiert, die Zeitreihe durch die charakteristischen Parameter einer Exponentialfunktion zu beschreiben.

Die allgemeine Gleichung für einen exponentiellen Trend lautet:

$$y_i = C + a \cdot b^{t_i} \quad . \tag{11.58}$$

In graphischer Veranschaulichung erhält man für unterschiedliche b-Werte und positive bzw. negative Werte für a die in Abb. 11.5 dargestellten Trendlinien.

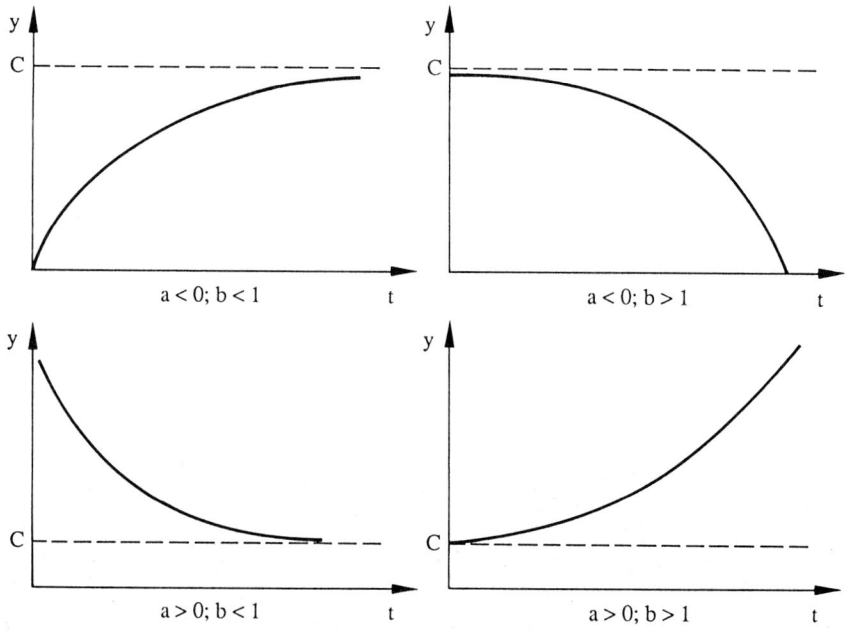

Abb. 11.5. Exponentielle Verläufe

Ist b < 1, nähert sich die Trendlinie mit wachsendem t asymptotisch dem Wert C, wobei für a < 0 ein monoton steigender und für a > 0 ein monoton fallender Verlauf resultiert. Für b > 1 entfernt sich die Trendlinie mit wachsendem t zunehmend rascher von einem Startniveau C; der Verlauf ist fallend für a < 0 und steigend für a > 0.

Ein Charakteristikum exponentieller Verläufe ist darin zu sehen, daß die Verhältnisse aufeinander folgender Erstdifferenzen $(y_{i+1} - y_i)$ konstant sind. Man erhält gemäß Gl. (11.58)

$$y_2 - y_1 = a \cdot b^2 - a \cdot b^1 = a \cdot b \cdot (b - 1)$$

$$y_3 - y_2 = a \cdot b^3 - a \cdot b^2 = a \cdot b^2 \cdot (b - 1)$$

$$y_4 - y_3 = a \cdot b^4 - a \cdot b^3 = a \cdot b^3 \cdot (b - 1) \quad .$$

Für die Quotienten der Erstdifferenzen erhält man folglich:

$$\frac{y_3 - y_2}{y_2 - y_1} = \frac{a \cdot b^2 \cdot (b - 1)}{a \cdot b \cdot (b - 1)} = b$$

$$\frac{y_4 - y_3}{y_3 - y_2} = \frac{a \cdot b^3 \cdot (b - 1)}{a \cdot b^2 \cdot (b - 1)} = b$$

usw.

Diese Eigenschaft sollte man sich zunutze machen, indem man vor einer genaueren Kurvenanpassung zunächst überprüft, ob die Zeitreihe zumindest im Prinzip einem exponentiellen Verlauf folgt, was der Fall ist, wenn die Quotienten der Erstdifferenzen in etwa gleich groß sind.

Der Funktionstyp des exponentiellen Verlaufes kann z. B. mit der sog. *Dreipunktmethode* bestimmt werden (vgl. Yeomans, 1968, S. 248). Dafür unterteilt man die Zeitreihe in 3 gleich große Abschnitte, für die man die Summen S_1, S_2 und S_3 der untersuchten Variablen berechnet. Ist n nicht durch 3 teilbar, wird n entsprechend reduziert, wobei die nicht zu berücksichtigenden Werte möglichst am Ende, d. h. im asymptotischen Auslauf der Zeitreihe liegen sollten.

Unter Verwendung von S_1, S_2 und S_3 erhält man a, b und C wie folgt:

$$b = \left(\frac{S_3 - S_2}{S_2 - S_1}\right)^{1/m} \quad , \tag{11.59}$$

$$a = \frac{(S_2 - S_1) \cdot (b - 1)}{(b^m - 1)^2} \quad , \tag{11.60}$$

$$C = \frac{S_1}{m} - \frac{S_2 - S_1}{m \cdot (b^m - 1)} \quad . \tag{11.61}$$

In diesen 3 Gleichungen gibt m = n/3 die Anzahl der Messungen an, auf denen die S-Werte basieren.

Beispiel 11.9

Problem: In einem Versuch zur Entleerung eines „Assoziationsreservoirs" hatten 30 Studenten fortlaufend Hunderassen auf einen Zettel untereinander zu schreiben. Nach jeder Minute wurde ein Querstrich vom Versuchsleiter gefordert. Nach dem Versuch ist ausgezählt worden, wieviele Assoziationen (y) im Durchschnitt bis zur 1. Minute genannt wurden (y_0), wieviele bis zur 2. Minute genannt wurden (y_1) usw. bis zur 9. Minute.

Daten: Die y_i-Werte (i = 0, ..., 8) bilden eine kumulierte Zeitreihe, deren Ergebnisse in Tabelle 11.23 verzeichnet sind. Unter der Annahme, daß die Entleerung des Assoziationsreservoirs einer exponentiellen, asymptotisch auslaufenden Zeitreihe entspricht, sollen die 3 Parameter der exponentiellen Funktion mittels der Dreipunktmethode geschätzt werden (Daten aus Hofstätter u. Wendt, 1966, S. 225).

Tabelle 11.23

t	y	S	$\hat{y}$
0	8,0 ⎫		7,44
1	11,6 ⎬	$S_1 = 34,3$	11,88
2	14,7 ⎭		14,98
3	16,9 ⎫		17,14
4	18,7 ⎬	$S_2 = 55,5$	18,65
5	19,9 ⎭		19,71
6	20,5 ⎫		20,44
7	21,0 ⎬	$S_3 = 62,7$	20,96
8	21,2 ⎭		21,31

Auswertung: Wir errechnen nach den Gl. (11.59) bis (11.61)

$$b = \left(\frac{62,7 - 55,5}{55,5 - 34,3} \right)^{1/3} = 0,698 \quad ,$$

$$a = \frac{(55,5 - 34,3) \cdot (0,698 - 1)}{(0,698^3 - 1)^2} = -14,701$$

$$C = \frac{34,3}{3} - \frac{55,5 - 34,3}{3 \cdot (0,698^3 - 1)} = 22,142 \quad .$$

Die Zeitreihe wird damit durch die Gleichung

$$\hat{y}_i = 22,142 + (-14,701) \cdot 0,698^{t_i}$$

angepaßt. Unter Verwendung dieser Gleichung rechnet man die unter $\hat{y}$ in Tabelle 11.25 aufgeführten Werte.

Interpretation: Abb. 11.6 zeigt, wie gut sich die oben errechnete Funktion an die empirischen Messungen anpaßt.

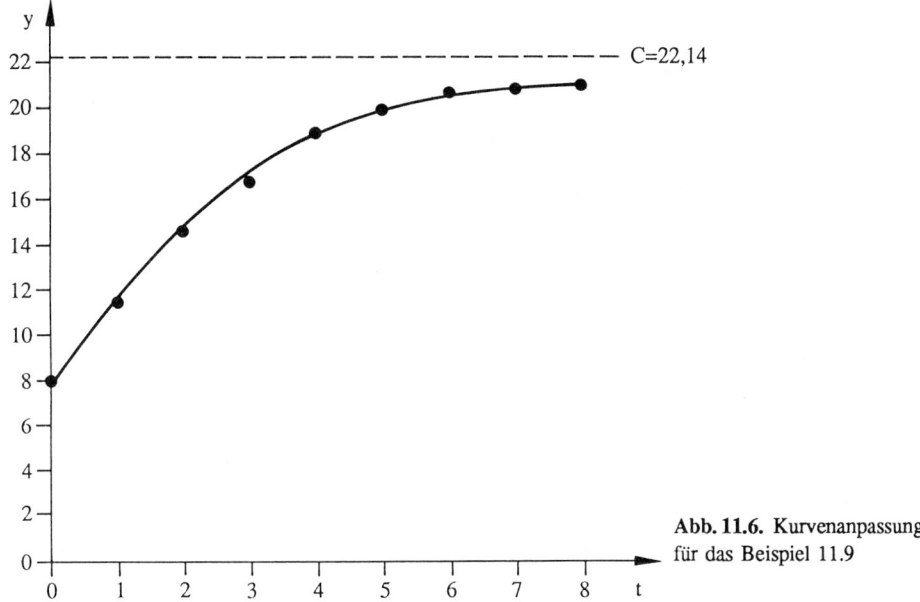

Abb. 11.6. Kurvenanpassung für das Beispiel 11.9

Die Asymptote liegt bei C = 22, 14, und der Verlauf deutet an, daß das Assoziationsreservoir mit 9 Versuchen fast geleert wurde.

11.4.1.3 Weitere Methoden

Bevor man eine analytische Trendschätzung vornimmt, empfiehlt es sich, aufgrund der Messungen der Zeitreihe zunächst eine Freihandkurve anzufertigen, um sich einen optischen Eindruck von der Verlaufsgestalt der Zeitreihe zu verschaffen. Häufig ist der eigentliche Verlaufstyp durch unsystematische, auf Störvariablen zurückzuführende Irregularitäten überlagert, die man in einem weiteren Schritt mit Hilfe der *Methode der gleitenden Durchschnitte* („moving averages") beseitigen sollte.

Bei einer Kurvenglättung mittels der Methode der gleitenden Durchschnitte (zur theoretischen Begründung dieses Verfahrens vgl. Weichselberger, 1964) wird jede Messung y_i durch den Durchschnitt von w Messungen, die zu einer „Gleitspanne" der Länge w zusammengefaßt werden, ersetzt. Für eine dreigliedrige Ausgleichung (w = 3) erhält man

$$\bar{y}_i = \frac{y_{i-1} + y_i + y_{i+1}}{3} \qquad . \tag{11.62}$$

Die fünfgliedrige Ausgleichung faßt jede Messung y_i mit ihren 2 vorangehenden und ihren 2 nachfolgenden Nachbarn zusammen etc. Bei der Kurvenglättung muß auf eine Ausgleichung randständiger y_i-Werte wegen fehlender Nachbarn verzichtet werden. (Zur Verwendung geradzahliger Gleitspannen vgl. Yeomans, 1968, S. 219.)

Die Wahl einer angemessenen Gleitspanne w setzt Erfahrung voraus. Man kann jedoch davon ausgehen, daß w um so größer anzusetzen ist, je länger die Zeitreihe und je stärker sie durch Störgrößen beeinflußt ist. Weitere Einzelheiten findet man

bei Yule u. Kendall (1950, S. 617 ff.). Generell gilt, daß man das angemessene w so festlegt, daß die Gleitspanne möglichst keine systematischen Trendkomponenten, sondern nur zufällige Irregularitäten absorbiert. Nach einer gelungenen Glättung der Kurve wird es möglich sein, den Funktionstyp der Zeitreihe mit den in 11.4.1.1 und 11.4.1.2 beschriebenen Methoden eindeutiger zu beschreiben als auf der Basis der ungeglätteten Zeitreihe.

Der nach der Methode der kleinsten Quadrate bestimmte lineare Regressionstrend (Gl. 11.48) läßt sich seiner Größenordnung nach auch mit der sog. *Zweipunktmethode* schätzen. Dafür unterteilt man die Zeitreihe in eine linke (A) und eine rechte Hälfte (B) und bestimmt deren Durchschnitte $\bar{y}_A$ und $\bar{y}_B$. Für die Ermittlung der Höhenlage a_0 und der Steigung a_1 gelten die folgenden Gleichungen:

$$a_1 = (\bar{y}_B - \bar{y}_A)/(\bar{t}_B - \bar{t}_A) \quad , \tag{11.63}$$

$$a_0 = \bar{y}_A - a_1 \cdot (\bar{t}_A) = \bar{y}_B - a_1 \cdot (\bar{t}_B) \quad . \tag{11.64}$$

Angewandt auf die Daten des Beispiels 11.8 erhält man (wenn die ersten 3 und die letzten 4 Messungen zusammengefaßt werden):

$$a_1 = (12,75 - 5,67)/(5,5 - 2) = 2,02$$

und

$$a_0 = 5,67 - 2,02 \cdot 2 = 1,63 \quad .$$

Die so geschätzte Gleichung heißt also

$$\hat{y}_i = 1,63 + 2,02 t_i \quad .$$

Ersetzen wir in Gl. (11.64) $\bar{t}_A$ durch $\bar{z}_A$ (gemäß Gl. 11.45) bzw. $\bar{t}_B$ durch $\bar{z}_B$, resultiert eine gute Näherung der im Beispiel 11.8 errechneten linearen Gleichung (Polynom 1. Ordnung).

$$\hat{y}_i = 9,71 + 2,02 \cdot z_i \quad .$$

Eine weitere Näherungslösung für die nach der Methode der kleinsten Quadrate bestimmten Trendkoeffizienten (Gl. 11.47 bis 11.49) erhält man über die *Differenzenmethode*. Die lineare Komponente (Steigung) ergibt sich aus den Erstdifferenzen:

$$a_1 = \sum_{i=1}^{n-1} d_{1i}/(n-1) \tag{11.65}$$

mit

$$d_{1i} = y_{i+1} - y_i \quad .$$

Die quadratische Komponente errechnet sich aus den Differenzen der Erstdifferenzen (Zweitdifferenzen).

$$2 \cdot a_2 = \sum_{i=1}^{n-2} d_{2i}/(n-2) \tag{11.66}$$

mit

$$d_{2i} = d_{1,i+1} - d_{1i} \quad .$$

Wenden wir auch diese Gleichungen auf Beispiel 11.8 an, resultiert

y_i :   2   6   9   11   11   13   16   ,

d_{1i} :   4   3   2   0   2   3 $a_1 = 14/6 = \ 2,33$,

d_{2i} : $-1 - 1 - 2$ 2   1 $2 \cdot a_2 = -1/5 = -0,2.$

Man erhält also mit $a_1 = 2,33$ und $a_2 = -0,1$ zwei Werte, die nur mäßig mit den im Beispiel 11.8 errechneten Werten übereinstimmen. Das Verfahren führt zu exakten Schätzungen, wenn alle Erstdifferenzen bzw. für ein Polynom 2. Ordnung auch alle Zweitdifferenzen identisch sind (vgl. z. B. Yamane, 1976, S. 788 ff.).

11.4.2 Homogenität und Unterschiedlichkeit von Zeitreihenstichproben

Hat man an einer Stichprobe von N Individuen pro Individuum eine Zeitreihe von n Messungen erhoben, kann man jede individuelle Zeitreihe durch die nach Gl. (11.56) definierten, voneinander unabhängigen B_j-Koeffizienten beschreiben. Auch dabei wird man sich in der Regel mit den Koeffizienten des kubischen Polynoms begnügen können. Betrachtet man diese B_j-Koeffizienten als neue abhängige Variable, lassen sich Homogenitätsüberprüfungen und Stichprobenvergleiche mit multivariaten Verfahren durchführen, deren verteilungsfreie Varianten bei Puri u. Sen (1966) beschrieben werden.

Ein erheblich einfacherer Weg wurde von Krauth (1973) vorgeschlagen. Krauth verzichtet auf die numerischen Größen der B_j-Werte (was natürlich einen Informationsverlust bedeutet) und verwendet stattdessen lediglich deren Vorzeichen. Läßt man das durch B_0 abgebildete Niveau der Zeitreihen außer acht (Analysen von B_0 laufen auf die in Kap. 6 beschriebenen Verfahren zur Überprüfung von Unterschiedshypothesen hinaus), ergeben sich für das kubische Polynom Vorzeichenmuster aus 3 Vorzeichen, die jeweils einen bestimmten Typ von Verlaufskurven charakterisieren. Das Muster + + + wäre beispielsweise einer Zeitreihe mit einem positiven Steigungsparameter, einem positiven Krümmungsparameter (u-förmig) sowie einem positiven Schwingungsparameter (umgekehrt s-förmig) zugeordnet.

Ersetzt man die individuellen B_j-Koeffizienten durch ein entsprechendes Vorzeichenmuster, lassen sich auf der Basis dieser Vorzeichenmuster folgende Analysen durchführen:

—   Um zu überprüfen, ob N Verlaufskurven *homogen* sind, zählt man aus, wie häufig die $2^3 = 8$ verschiedenen Vorzeichenmuster vorkommen. Ein eindimensionaler χ^2-Test (5.1.3) über diese 8 Kategorien überprüft zunächst die H_0, nach der alle 8 Verlaufstypen mit gleicher Wahrscheinlichkeit auftreten. Ist diese H_0 zu verwerfen, läßt sich das am häufigsten besetzte Vorzeichenmuster über einen eindimensionalen χ^2-Test mit 2 Feldern (Fg = 1) gegen die Häufigkeiten der 7 restlichen Vorzeichenmuster testen. Dabei ist die Irrtumswahrscheinlichkeit ein-

fachheitshalber mit $\alpha^* = \alpha/8$ zu adjustieren, es sei denn, das am häufigsten besetzte Vorzeichenmuster wurde als A-priori-Hypothese formuliert (vgl. 2.2.11). Ein signifikanter χ^2-Wert (ein Vorzeichenmuster tritt signifikant häufiger auf als die restlichen sieben) signalisiert homogene Verlaufskurven. Sind mehrere Vorzeichenmuster hypothesenkonform, prüft man die Häufigkeit aller hypothesenkonformen Verläufe gegen die Resthäufigkeit. Bei kleinen Stichproben sind die χ^2-Tests durch den Polynomialtest (5.1.2) bzw. den Binomialtest (5.1.1) zu ersetzen.

— Sind k *unabhängige* Stichproben von Verlaufskurven zu vergleichen, zählt man die Häufigkeiten der 8 Vorzeichenmuster getrennt für jede Stichprobe aus und überprüft die H_0: „Die Art der Vorzeichenmuster ist populationsunabhängig" über einen der in 5.4 beschriebenen k × m-χ^2-Tests. Die k × 8-Tafel läßt sich reduzieren, wenn man auch hier zwischen hypothesenkonformen und hypothesennonkonformen Vorzeichenmustern unterscheidet.

— Für den Vergleich *zweier abhängiger* Stichproben von Verlaufskurven werden die Paare von Vorzeichenmustern in eine 8 × 8-Bowker-Tafel eingetragen und gemäß Gl. (5.85) ausgewertet. Alternativ dazu könnte man pro Individuum das Vorzeichen des Unterschiedes zwischen den B_j-Koeffizienten der 1. Zeitreihe und den korrespondierenden B_j-Koeffizienten der 2. Zeitreihe bestimmen, so daß man erneut pro Individuum ein aus 3 Vorzeichen bestehendes Vorzeichenmuster erhält, das aber in diesem Fall die Art der Veränderung des linearen, quadratischen und kubischen Trendanteils signalisiert. Gemäß H_0 sind alle Veränderungsmuster gleich wahrscheinlich, d. h. die H_0 wird wie oben beschrieben geprüft.

— Sind *mehr als 2 abhängige* Stichproben zu vergleichen, ist man darauf angewiesen, Veränderungen im linearen, im quadratischen und im kubischen Trendanteil getrennt zu überprüfen. Hat man z. B. pro Individuum k Zeitreihen erhoben, resultieren pro Individuum k B_1-Koeffizienten, k B_2-Koeffizienten und k B_3-Koeffizienten. Für die Analyse der Veränderung des linearen Trendanteils transformiert man pro Individuum die k B_1-Koeffizienten in Rangwerte, die nach einem der in 6.2.2 genannten Verfahren auszuwerten sind. Entsprechend ist mit den B_2- und den B_3-Koeffizienten zu verfahren.

11.4.3 Zeitreihenkorrelationen

Im folgenden wird mit der Autokorrelation ein Maß zur Beschreibung der internen Struktur einer Zeitreihe vorgestellt (11.4.3.1). Zusammenhänge zwischen Zeitreihen, die wir als *Konkomitanzen* bezeichnen wollen, sind Gegenstand von 11.4.3.2.

11.4.3.1 Autokorrelationen

Stationarität einer Zeitreihe setzt u. a. Trendfreiheit der Messungen voraus. Ob eine Zeitreihe einen rein zufälligen Verlauf nimmt (Unabhängigkeit aufeinanderfolgender Messungen), wird bei kardinalen Daten mit der sog. Autokorrelation, d. h. der Korrelation einer Zeitreihe mit sich selbst überprüft.

Um festzustellen, ob unmittelbar aufeinander folgende Messungen voneinander abhängen, bilden wir aus der Zeitreihe Meßwertpaare y_i und y_{i+1}, deren Zusammen-

hang die Autokorrelation 1. Ordnung ergibt. Die Korrelation selbst wird als normale Produkt-Moment-Korrelation (vgl. etwa Bortz, 1989, Kap. 6.2) bzw. – bei fraglichem Kardinalskalencharakter der Messungen – auch als Rangkorrelation bestimmt.

Man unterscheidet zirkuläre Autokorrelationen, bei denen man $y_{n+1} = y_1$ setzt, und lineare Autokorrelationen, bei denen das letzte Meßwertpaar aus den Werten y_{n-1} und y_n besteht, was zur Folge hat, daß die Anzahl der Meßwertpaare von n auf n − 1 reduziert wird. Zirkuläre Autokorrelationen werden bestimmt, wenn sich eine Zeitreihe kreisförmig (zirkulär) schließt (z. B. durchschnittliche Niederschlagsmengen nach Monaten, Fehlzeiten nach Wochentagen); eine lineare Autokorrelation ist zu berechnen, wenn man vermutet, daß der auf den Endwert folgende Wert nicht dem Anfangswert enspricht (Lernkurven, Wachstumskurven).

Bei einer Autokorrelation höherer Ordnung besteht eine Abhängigkeit zwischen weiter auseinanderliegenden Messungen. Für eine Autokorrelation 2. Ordnung bildet man Meßwertpaare y_i und y_{i+2}, für eine Autokorrelation 3. Ordnung Meßwertpaare y_i und y_{i+3} und allgemein für eine Autokorrelation k-ter Ordnung Meßwertpaare y_i und y_{i+k}. Auch Autokorrelationen k-ter Ordnung können zirkulär geschlossen ($y_{n+k} = y_k$) oder linear sein, wobei die lineare Autokorrelation k-ter Ordnung nur auf $n' = n - k$ Meßwertpaaren basiert.

Tabelle 11.24 verdeutlicht die Datenanordnungen für die Bestimmung der unterschiedlichen Autokorrelationsarten.

Tabelle 11.24

Zyklische Autokorrelationen

i:	1	2	3	4	5	6	7	8	9	10
y_i:	5	8	7	9	11	12	10	9	8	6
y_{i+1}:	8	7	9	11	12	10	9	8	6	5
y_{i+2}:	7	9	11	12	10	9	8	6	5	8
y_{i+3}:	9	11	12	10	9	8	6	5	8	7

1. Ordnung: $r_{y_i,y_{i+1}} = r_1 = 0{,}65$ (n = 10)
2. Ordnung: $r_{y_i,y_{i+2}} = r_2 = 0{,}22$ (n = 10)
3. Ordnung: $r_{y_i,y_{i+3}} = r_3 = -0{,}22$ (n = 10)

Lineare Autokorrelationen

i:	1	2	3	4	5	6	7	8	9	10
y_i:	5	8	7	9	11	12	10	9	8	6
y_{i+1}:	8	7	9	11	12	10	9	8	6	–
y_{i+2}:	7	9	11	12	10	9	8	6	–	–
y_{i+3}:	9	11	12	10	9	8	6	–	–	–

1. Ordnung: $r_{y_i,y_{i+1}} = r_1 = 0{,}55$ (n' = 9)
2. Ordnung: $r_{y_i,y_{i+2}} = r_2 = 0{,}16$ (n' = 8)
3. Ordnung: $r_{y_i,y_{i+3}} = r_3 = -0{,}48$ (n' = 7)

Für die Signifikanzprüfung wählt man bei kurzen Zeitreihen (n < 5) den Randomisierungstest von Wald u. Wolfowitz (1943), bei dem die Autokorrelationen k-ter Ordnung für alle n! Permutationen der n Zeitreihenwerte berechnet werden. Die einseitige Überschreitungswahrscheinlichkeit ergibt sich – wie üblich – als An-

zahl aller Autokorrelationen, die mindestens genauso groß sind wie die empirische Autokorrelation, dividiert durch n!.

Für zyklische Autokorrelationen 1. Ordnung verwendet man die in Tafel 41 angegebenen, auf R.L. Anderson (1942) zurückgehenden einseitigen Signifikanzschranken. In dieser Tafel lesen wir ab, daß für n = 10 und $\alpha = 0,01$ ein kritischer Wert von 0,525 überschritten werden muß. Da in Tabelle 11.24 $r_1 = 0,65 > 0,525$ ist, verwerfen wir die H_0 (keine Autokorrelation) und akzeptieren die H_1, nach der die Zeitreihe autokorreliert ist.

Tafel 41 gilt näherungsweise auch für lineare Autokorrelationen 1. Ordnung, wobei der kritische Wert für $n' = n - 1$ abzulesen ist.

Dem positiven Vorzeichen einer Autokorrelation ist zu entnehmen, daß die einzelnen Messungen von ihren „Vorgängern" in der Weise beeinflußt sind, daß auf hohe Werte der Tendenz nach wiederum hohe Werte und auf niedrige Werte ebenfalls niedrige Werte folgen. Positive Autokorrelationen sind typisch für undulierende, d. h. langsam schwingende Zeitreihen und negative Autokorrelationen, bei denen auf hohe Werte niedrige Werte folgen und umgekehrt, sind typisch für oszillierende bzw. schnell schwingende Zeitreihen.

Für Zeitreihen, die über Tafel 41 hinausgehen (n > 75), ist die folgende asymptotisch normalverteilte Prüfgröße zu berechnen:

$$u = \frac{r_1 + \frac{1}{n-1}}{\sqrt{n-2}/(n-1)} \quad . \tag{11.67}$$

Die H_0-Verteilung von r_1 hat einen Erwartungswert von $E(r_1) = -1/(n-1)$ und eine Varianz von $Var(r_1) = (n-2)/(n-1)^2$, d. h. negative Autokorrelationen müssen ihrem Betrag nach größer sein als positive, um die Signifikanzschranke zu erreichen.

Für lange Zeitreihen kann der in Gl. (11.67) definierte u-Wert durch $r_1 \cdot \sqrt{n}$ approximiert werden. Davon ausgehend definiert O. Anderson (1963) einen Signifikanztest für Autokorrelationen beliebiger Ordnung:

$$u = r_k \cdot \sqrt{n} \quad \text{(für zirkuläre Autokorrelationen)} \quad , \tag{11.68a}$$

$$u = r_k \cdot \sqrt{n-k} \quad \text{(für lineare Autokorrelationen)} \quad . \tag{11.68b}$$

Wird nach diesem Test eine Autokorrelation r_k (z. B. mit k = q) signifikant, sind alle Autokorrelationen höherer Ordnung (k > q) nach folgender Beziehung auf Signifikanz zu testen (vgl. Bartlett, 1946; zit. nach Box u. Jenkins, 1976, S. 35)

$$u = \frac{r_k}{\sqrt{\frac{1}{n} \cdot (1 + 2 \cdot \sum_{i=1}^{q} r_i^2)}} \quad . \tag{11.68c}$$

Ein anderer Test auf Unabhängigkeit aufeinander folgender Messungen (Autokorrelation 1. Ordnung) geht auf v. Neumann (1941) zurück. Seine Prüfgröße ist wie folgt definiert:

$$K = \frac{\sigma^2}{s^2} \tag{11.69}$$

mit

$$\sigma^2 = \frac{1}{n-1} \cdot \sum_{i=1}^{n-1} (y_{i+1} - y_i)^2$$

und

$$s^2 = \frac{1}{n} \cdot \sum_{i=1}^{n} (y_i - \bar{y})^2 \quad .$$

Eine Vertafelung der kritischen Signifikanzgrenzen von K wurde von Hart (1942) vorgelegt. Sie ist für n = 4(1)60 bei Yamane (1976, Tabelle 11) wiedergegeben.

Die graphische Aufbereitung von Autokorrelationen (Abszisse: Ordnung der Autokorrelationen; Ordinate: Höhe der Autokorrelationen) nennt man ein *Autokorrelogramm* oder eine ACF („autocorrelation function"). Zeigt die ACF einen langsam sinkenden Verlauf, so ist dies ein Anzeichen dafür, daß die Zeitreihe trendbehaftet ist. Ein linearer Trend wird durch einmalige Differenzierung der Zeitreihe $(y_{i+1} - y_i)$ beseitigt. Trends höherer Ordnung beseitigt man durch wiederholtes Differenzieren der Zeitreihe (Bildung von Zweitdifferenzen, Drittdifferenzen etc., vgl. S. 614f., aber auch 11.4.3.2).

Eine weitere Hilfsgröße zur Charakterisierung der internen Struktur einer Zeitreihe ist die PACF („partial autocorrelation function"). Dafür sind Partialautokorrelationen unterschiedlicher Ordnung zu bestimmen. Bei der Partialautokorrelation 1. Ordnung $r_{13.2}$ werden die Messungen y_{i+1} aus den Messungen y_i und y_{i+2} herauspartialisiert, bevor man y_i mit y_{i+2} korreliert. Dementsprechend erfaßt die Partialautokorrelation 2. Ordnung den Zusammenhang zwischen y_i und y_{i+3} unter Herauspartialisierung von y_{i+1} und y_{i+2}; etc.

ACF und PACF sind wichtige Bestandteile zur Identifizierung des ARIMA-Modells einer Zeitreihe im Kontext der Zeitreihenanalyse nach Box und Jenkins, auf die – wie bereits gesagt – hier nicht näher eingegangen werden soll.

11.4.3.2 Konkomitanzen

Will man den Zusammenhang – die Konkomitanz – zweier zeitsynchron erhobener Abfolgen bestimmen, wählt man dafür ein dem Skalenniveau der Abfolgen angemessenes Korrelationsmaß: Die Produkt-Moment-Korrelation bei kardinalskalierten Zeitreihen, die Rangkorrelation (τ oder ϱ) bei ordinalskalierten Merkmalen, ein Rangbindungs-ϱ (8.2.1.1) oder Rangbindungs-τ (8.2.2.1) bei gruppiert ordinalen Merkmalen, Cramérs Index oder den Kontingenzkoeffizienten (8.1.3) bei nominalskalierten Merkmalen und den ϕ-Koeffizienten (8.1.1.1) bei dichotomen Merkmalen.

Je nach inhaltlicher Fragestellung basieren die Konkomitanzen auf den Orginalzeitreihen oder – falls Trends unberücksichtigt bleiben sollen – auf den trendbefreiten Messungen y_i^*. Letztere erhält man – bei kardinalen Daten – durch Kurvenanpassung der Zeitreihen nach den in 11.4.1 beschriebenen Methoden und Bildung der Residuen $y_i^* = y_i - \hat{y}_i$ für jede Zeitreihe.

Vielfach werden Konkomitanzen zwischen 2 Zeitreihen dadurch verschleiert, daß die Ausprägung eines Merkmals (des unabhängigen) mit eine Zeitverzögerung von r Einheiten („lags") die Ausprägung eines anderen (abhängigen) Merkmals bedingt: Man denke an das Wachstum einer Pflanze, das erst eine gewisse Zeit nach

erfolgtem Niederschlag einsetzt, so daß zwischen Niederschlag und Wachstum eine sog. Lag-Korrelation zustandekommt. Werden Lag-Korrelationen vermutet, können die beiden Zeitreihen um soviele Lags gegeneinander verschoben werden, daß dieser Verzögerung Rechnung getragen und eine höchstmögliche Konkomitanz erzielt wird.

Werden mehr als 2 Merkmale über die Zeit hinweg beobachtet und erwartet man einen gleichsinnigen Verlauf der Zeitreihen, dann kann die „multiple Konkomitanz" über den Konkordanzkoeffizienten (vgl. 9.3 bzw. 9.4) beurteilt werden. Auch dabei sind ggf. Lags zu berücksichtigen.

11.5 Zeitliche Verteilung von Ereignissen

Die Verfahren, die bislang in diesem Kapitel behandelt wurden, gehen davon aus, daß zu n vorgegebenen Zeitpunkten ein Merkmal – mit binärem, nominalem, ordinalem oder kardinalem Skalenniveau – in Form einer Zeitreihe oder Abfolge beobachtet wurde. Die folgenden Verfahren behandeln die zeitliche Verteilung von Ereignissen (Todesfälle, Erkrankungen, Unfälle, Geburten etc.), die in unregelmäßigen Abständen mehr oder weniger zufällig auftreten. Eine zeitliche Verteilung derartiger Ereignisse erhält man, indem die Zeitachse in n gleiche Intervalle unterteilt und registriert wird, wie viele Ereignisse in die einzelnen Zeitintervalle fallen.

Die folgenden Abschnitte beziehen sich auf die Untersuchung einiger ausgewählter Fragestellungen:

— Sind mehr oder weniger Intervalle mit Ereignissen „besetzt" (okkupiert), als nach Zufall zu erwarten ist? (11.5.1).
— Entsprechen die in den einzelnen Zeitintervallen angetroffenen Ereignishäufigkeiten dem Zufall oder treten die Ereignisse in einigen Intervallen „geballt" auf? (11.5.2).
— Verändern sich die Ereignishäufigkeiten mit der Zeit zufällig oder gibt es systematische (z. B. sprunghafte oder lineare) Veränderungen? (11.5.2).
— Sind zwei oder mehr Ereignisarten über die Zeit ähnlich verteilt oder gibt es systematische Unterschiede? (11.5.3).

Weitere Fragestellungen, die die zeitliche Verteilung von Ereignissen betreffen, werden bei Cox u. Lewis (1978) aufgegriffen.

11.5.1 Okkupanzentest

Der Okkupanzentest – von David (1950) entwickelt und von Stevens (1937) erstmalig konzipiert – überprüft, ob die Anzahl z der Intervalle, in denen mindestens ein Ereignis vorkommt, dem Zufall entspricht (H_0) oder nicht. Die Punktwahrscheinlichkeit, daß genau z Intervalle mit mindestens einem Ereignis besetzt sind, ergibt sich bei k unter H_0 gleichwahrscheinlichen Ereignissen und n Intervallen zu (vgl. Bradley, 1968, Kap. 13.7.1)

$$p(z) = \binom{n}{z} \cdot \sum_{j=0}^{z} (-1)^j \cdot \binom{z}{j} \cdot \left(\frac{z-j}{n}\right)^k \quad . \tag{11.70}$$

Die einseitige Überschreitungswahrscheinlichkeit für z oder weniger okkupierte Intervalle ermittelt man durch

$$P = \sum_{i=1}^{z} p(i) \quad . \tag{11.71}$$

Angenommen, man registriert in einem Hospital an den 7 Tagen einer Woche (n = 7) k = 4 Todesfälle. Ferner soll angenommen werden, daß sich alle Todesfälle an einem Tag (z = 1) ereignet haben. Dafür ergibt sich nach Gl. (11.70) folgende Punktwahrscheinlichkeit, die wegen z = 1 mit der Überschreitungswahrscheinlichkeit identisch ist.

$$p(z = 1) = \binom{7}{1} \cdot \left[-1^0 \cdot \binom{1}{0} \cdot \left(\frac{1-0}{7}\right)^4 + (-1)^1 \cdot \binom{1}{1} \cdot \left(\frac{1-1}{7}\right)^4\right]$$

$$= 7 \cdot (1 \cdot 1 \cdot 0,0004) + (-1 \cdot 1 \cdot 0)$$

$$= 0,0029 \quad .$$

Die empirische Zeitverteilung ist also mit der H_0 (Zufallsverteilung gleich wahrscheinlicher Ereignisse) für $\alpha = 0,01$ nicht zu vereinbaren.

Gleichung (11.71) läßt sich auch verwenden, um zu überprüfen, ob die k Ereignisse mehr Intervalle okkupieren als nach Zufall zu erwarten wäre. In diesem Falle sind die Punktwahrscheinlichkeiten für z und mehr besetzte Intervalle zu kumulieren, wobei $z_{max} = k$ für $k \leq n$ und $z_{max} = n$ für $k \geq n$ ist. Fragen wir beispielsweise nach der Wahrscheinlichkeit, daß sich die 4 Todesfälle auf 3 oder 4 Tage verteilen, errechnet man nach Gl. (11.71)

$$P = p(z = 3) + p(z = 4) = 0,5248 + 0,3499 = 0,8747 \quad .$$

Exakte P-Werte nach Gl. (11.71) findet man für Z = n − z als Prüfgröße, n = 1(1)10 und k = 5(1)50 bei Scorgo u. Guttman (1962) (vgl. auch Bradley, 1968, Tabelle XIV).

Hetz u. Klinger (1958) haben die unteren Schranken (z_α) von z vertafelt, und Nicholson (1961) gibt obere und untere einseitige Schranken für die Ereignishäufigkeit k an, innerhalb welcher bei gegebenem n und einem beobachteten z die Zahl der Ereignisse k liegen muß, um H_0 beizubehalten. Beide Tafeln sind bei Lienert (1975, Tafel XIV-8-2-1 und XIV-8-2-2) für n = 1(1)20 wiedergegeben.

Wir verzichten auf die Wiedergabe dieser Tafeln, da bereits für n > 20 der folgende, auf Thomas (1951) zurückgehende, asymptotische Test verwendet werden kann. Der Erwartungswert für die Anzahl der besetzten Zeitintervalle lautet:

$$E(z) = k - k \cdot \left(1 - \frac{1}{k}\right)^n \tag{11.72}$$

und die Varianz

$$Var(z) = k \cdot \left[(k-1) \cdot \left(1 - \frac{2}{k}\right)^n + \left(1 - \frac{1}{k}\right)^n - k \cdot \left(1 - \frac{1}{k}\right)^{2n}\right] \quad . \tag{11.73}$$

Die Prüfgröße

$$u = \frac{z - E(z)}{\sqrt{Var(z)}} \qquad (11.74)$$

ist einseitig anhand Tafel 2 auf zu wenig bzw. zu viel besetzte Intervalle zu beurteilen. Der exakte und der asymptotische Test sind am wirksamsten, wenn $k < n < 2k$ ist (vgl. Bradley, 1968, S. 308).

Beispiel 11.10

Problem: Ein Epileptiker (Petit mal) hat über seine insgesamt $k = 100$ Anfälle Buch geführt und festgestellt, daß er in nur 3 der $n = 52$ Wochen eines Jahres anfallsfrei geblieben ist. Man möchte erfahren, ob die Anfälle dieses Patienten zu regelmäßig verteilt sind, wenn konstante Anfallsbereitschaft über den Beobachtungszeitraum angenommen wird.

Hypothese: Die Anfälle verteilen sich so, daß weniger Wochen anfallsfrei bleiben als nach Zufall zu erwarten wäre (H_1; $\alpha = 0,01$; einseitiger Test).

Auswertung: Der beobachteten Zahl von $z = 52 - 3 = 49$ Okkupanzen steht ein Erwartungswert von

$$E(z) = 100 - 100 \cdot (1 - \tfrac{1}{100})^{52} = 40,70 \quad .$$

gegenüber. Nach Gl. (11.73) berechnen wir für die Varianz:

$$\begin{aligned} Var(z) &= 100 \cdot [(100 - 1) \cdot (1 - \tfrac{2}{100})^{52} + (1 - \tfrac{1}{100})^{52} - 100 \cdot (1 - \tfrac{1}{100})^{104}] \\ &= 5,72 \quad . \end{aligned}$$

Man errechnet also nach Gl. (11.74):

$$u = \frac{49 - 40,70}{2,39} = 3,47 \quad .$$

Entscheidung: Der u-Wert überschreitet die 1%-Schranke von $u_{0,01} = 2,32$ bei weitem. Wir lehnen H_0 ab und nehmen die Alternativhypothese H_1 an.

Interpretation: Die Vermutung, daß die Krampfanfälle zu regelmäßig auftreten, ist gerechtfertigt. Die Regelmäßigkeit der Anfälle kann am besten mit der Annahme einer Refraktärphase erklärt werden, die es verhindert hat, daß mehrere Anfälle innerhalb einer Woche kurzfristig aufeinander folgen.

Der Okkupanzentest ist mit z = Anzahl der besetzten Intervalle „komplementär" zum Nullklassentest mit $Z = n - z$ = Anzahl der unbesetzten Intervalle. Der Nullklassentest in 5.1.4 behandelt allerdings nur den Spezialfall $n = k$.

11.5.2 Tests der Verteilungsform

Der Okkupanzentest unterscheidet nur zwischen besetzten und unbesetzten Intervallen, d. h. die Art der Besetzung eines Intervalls bleibt unberücksichtigt. Er ist damit ungeeignet, um zu überprüfen, ob die *Häufigkeiten* der Ereignisse im Verlaufe

Tafel 2 (Fortsetzung)

u	0-Stellen	0	1	2	3	4	5	6	7	8	9
	führende 0-Stellen										
3,00	0,00	13	13	13	12	12	11	11	11	10	10
3,10	0,000	97	94	90	87	84	82	79	76	74	71
3,20		69	66	64	62	60	58	56	54	52	50
3,30		48	47	45	43	42	40	39	38	36	35
3,40		34	32	31	30	29	28	27	26	25	24
3,50		23	22	22	21	20	19	19	18	17	17
3,60		16	15	15	14	14	13	13	12	12	11
3,70		11	10								
3,70	0,000 0			99	95	92	88	85	82	78	75
3,80		72	69	67	64	62	59	57	54	52	50
3,90		48	46	44	42	40	39	37	36	34	33
4,00	0,000 0	32	30	29	28	27	26	25	24	23	22
4,10		21	20	19	18	17	17	16	15	15	14
4,20		13	13	12	12	11	11	10			
4,20	0,000 00								98	93	89
4,30		85	82	78	75	71	68	65	62	59	57
4,40		54	52	49	47	45	43	41	39	37	36
4,50		34	32	31	29	28	27	26	24	23	22
4,60		21	20	19	18	17	17	16	15	14	14
4,70		13	12	12	11	10	10				
4,70	0,000 000							97	92	88	83
4,80		79	75	72	68	65	62	59	56	53	50
4,90		48	46	43	41	39	37	35	33	32	30
5,00	0,000 000	29	27	26	25	23	22	21	20	19	18
5,10		17	16	15	14	14	13	12	12	11	11
5,20		10	10								
5,20	0,000 000 0			99	85	80	76	72	68	65	60
5,30		58	55	52	49	47	44	42	39	37	35
5,40		33	32	30	28	27	25	24	22	21	20
5,50		19	18	17	16	15	14	13	13	12	11
5,60		11	10	10							
5,60	0,000 000 00				90	85	80	76	71	67	64
5,70		60	56	53	50	47	45	42	40	37	35
5,80		33	31	29	28	26	25	23	22	21	19
5,90		18	17	16	15	14	13	13	12	11	10

Tafel 2 (Fortsetzung)

u-Schranken für unkonventionelle Alphas. (Aus Pearson u. Hartley 1966 sowie Owen 1962)

Die Tafel enthält zu unkonventionellen Alphawerten mit $0{,}000000001 \leq \alpha \leq 0{,}00005$, bzw. $\alpha = 0{,}0001\ (0{,}0001)\ 0{,}001(0{,}001)\ 0{,}01(0{,}01)0{,}10$, die zugehörigen Schranken für einen einseitigen u-Test. Bei zweiseitiger Fragestellung ist die Schranke für $\alpha/2$ abzulesen.

Ablesebeispiel: Ein zweiseitiger Test auf dem Niveau $\alpha = 0{,}0001$ hat eine u-Schranke von $u = 3{,}89059$ (für $\alpha/2 = 0{,}00005$).

α	u	α	u
0,10	1,28155	0,010	2,32635
0,09	1,34076	0,009	2,36562
0,08	1,40507	0,008	2,40892
0,07	1,47579	0,007	2,45726
0,06	1,55477	0,006	2,51214
0,05	1,64485	0,005	2,57583
0,04	1,75069	0,004	2,65207
0,03	1,88079	0,003	2,74778
0,02	2,05375	0,002	2,87816
0,01	2,32635	0,001	3,09023
0,0010	3,09023	0,00005	3,89059
0,0009	3,12139	0,00001	4,26489
0,0008	3,15591	0,000005	4,41717
0,0007	3,19465	0,000001	4,75342
0,0006	3,23888	0,0000005	4,89164
0,0005	3,29053	0,0000001	5,19934
0,0004	3,35279	0,00000005	5,32672
0,0003	3,43161	0,00000001	5,61200
0,0002	3,54008	0,000000005	5,73073
0,0001	3,71902	0,000000001	5,99781

Tafel 3

χ^2-Verteilungen. (Aus Hald u. Sinkbaek 1950)

Die Tafel enthält die kritischen Schranken $\chi^2_{\alpha,\,Fg}$ für ausgesuchte Irrtumswahrscheinlichkeiten α für Fg = 1(1)200. Bitte auch S. 642 beachten!

Ablesebeispiel: Ein berechnetes χ^2 =10,45 mit Fg = 4 ist auf der 5% Stufe signifikant, da 10,45 > 9,488 = $\chi^2_{5\%,\,4}$.

					α					
Fg	0,40	0,30	0,20	0,10	0,050	0,0250	0,010	0,0050	0,0010	0,00050
1	0,708	1,074	1,642	2,706	3,841	5,024	6,635	7,879	10,828	12,116
2	1,833	2,408	3,219	4,605	5,991	7,378	9,210	10,597	13,816	15,202
3	2,946	3,665	4,642	6,251	7,815	9,348	11,345	12,838	16,266	17,730
4	4,045	4,878	5,989	7,779	9,488	11,143	13,277	14,860	18,467	19,998
5	5,132	6,064	7,289	9,236	11,070	12,832	15,086	16,750	20,515	22,105
6	6,211	7,231	8,558	10,645	12,592	14,449	16,812	18,548	22,458	24,103
7	7,283	8,383	9,803	12,017	14,067	16,013	18,475	20,278	24,322	26,018
8	8,351	9,524	11,030	13,362	15,507	17,535	20,090	21,955	26,125	27,868
9	9,414	10,656	12,242	14,684	16,919	19,023	21,666	23,589	27,877	29,666
10	10,473	11,781	13,442	15,987	18,307	20,483	23,209	25,188	29,588	31,419
11	11,530	12,899	14,631	17,275	19,675	21,920	24,725	26,757	31,264	33,136
12	12,584	14,011	15,812	18,549	21,026	23,336	26,217	28,300	32,909	34,821
13	13,636	15,119	16,985	19,812	22,362	24,736	27,688	29,819	34,528	36,478
14	14,685	16,222	18,151	21,064	23,685	26,119	29,141	31,319	36,123	38,109
15	15,733	17,322	19,311	22,307	24,996	27,488	30,578	32,801	37,697	39,719
16	16,780	18,418	20,465	23,542	26,296	28,845	32,000	34,267	39,252	41,308
17	17,824	19,511	21,615	24,769	27,587	30,191	33,409	35,718	40,790	42,879
18	18,868	20,601	22,760	25,989	28,869	31,526	34,805	37,156	42,312	44,434
19	19,910	21,689	23,900	27,204	30,144	32,852	36,191	38,582	43,820	45,973
20	20,951	22,775	25,038	28,412	31,410	34,170	37,566	39,997	45,315	47,498
21	21,991	23,858	26,171	29,615	32,671	35,479	38,932	41,401	46,797	49,010
22	23,031	24,939	27,301	30,813	33,924	36,781	40,289	42,796	48,268	50,511
23	24,069	26,018	28,429	32,007	35,172	38,076	41,638	44,181	49,728	52,000
24	25,106	27,096	29,553	33,196	36,415	39,364	42,980	45,558	51,179	53,479
25	26,143	28,172	30,675	34,382	37,652	40,646	44,314	46,928	52,620	54,947
26	27,179	29,246	31,795	35,563	38,885	41,923	45,642	48,290	54,052	56,407
27	28,214	30,319	32,912	36,741	40,113	43,194	46,963	49,645	55,476	57,858
28	29,249	31,391	34,027	37,916	41,337	44,461	48,278	50,993	56,892	59,300
29	30,283	32,461	35,139	39,087	42,557	45,722	49,588	52,336	58,302	60,734
30	31,316	33,530	36,250	40,256	43,773	46,979	50,892	53,672	59,703	62,161
31	32,349	34,598	37,359	41,422	44,985	48,232	52,191	55,003	61,098	63,582
32	33,381	35,665	38,466	42,585	46,194	49,480	53,486	56,328	62,487	64,995
33	34,413	36,731	39,572	43,745	47,400	50,725	54,776	57,648	63,870	66,402
34	35,444	37,795	40,676	44,903	48,602	51,966	56,061	58,964	65,247	67,803
35	36,475	38,859	41,778	46,059	49,802	53,203	57,342	60,275	66,619	69,198
36	37,505	39,922	42,879	47,212	50,998	54,437	58,619	61,581	67,985	70,588
37	38,535	40,984	43,978	48,363	52,192	55,668	59,892	62,883	69,346	71,972
38	39,564	42,045	45,076	49,513	53,384	56,895	61,162	64,181	70,703	73,351
39	40,593	43,105	46,173	50,660	54,572	58,120	62,428	65,476	72,055	74,725
40	41,622	44,165	47,269	51,805	55,758	59,342	63,691	66,766	73,402	76,095

Tafel 3 (Fortsetzung)

					α					
Fg	0,40	0,30	0,20	0,10	0,050	0,0250	0,010	0,0050	0,0010	0,00050
41	42,651	45,224	48,363	52,949	56,942	61,561	64,950	68,053	74,745	77,459
42	43,679	46,282	49,456	54,090	58,124	61,777	66,206	69,336	76,084	78,820
43	44,706	47,339	51,548	55,230	59,304	62,990	67,459	70,616	77,418	80,176
44	45,734	48,396	51,639	56,369	60,481	64,201	68,709	71,893	78,749	81,528
45	46,761	49,452	52,729	57,505	61,656	65,410	69,957	73,166	80,077	82,876
46	47,787	50,507	53,818	58,641	62,830	66,617	71,201	74,437	81,400	84,220
47	48,814	51,562	54,906	59,774	64,001	67,821	72,443	75,704	82,720	85,560
48	49,840	52,616	55,993	60,907	65,171	69,023	73,683	76,969	84,037	86,897
49	50,866	53,670	57,079	62,038	66,339	70,222	74,919	78,231	85,350	88,231
50	51,892	54,723	58,164	63,167	67,505	71,420	76,154	79,490	86,661	89,561
51	52,917	55,775	59,248	64,295	68,669	72,616	77,386	80,747	87,968	90,887
52	53,942	56,827	60,332	65,422	69,832	73,810	78,616	82,001	89,272	92,211
53	54,967	57,879	61,414	66,548	70,993	75,002	79,843	83,253	90,573	93,532
54	55,992	58,930	62,496	67,673	72,153	76,192	81,069	84,502	91,872	94,849
55	57,016	59,980	63,577	68,796	73,311	77,380	82,292	85,749	93,167	96,163
56	58,040	61,031	64,658	69,918	74,468	78,567	83,513	86,994	94,460	97,475
57	59,064	62,080	65,737	71,040	75,624	79,752	84,733	88,236	95,751	98,784
58	60,088	63,129	66,816	72,160	76,778	80,936	85,950	89,477	97,039	100,090
59	61,111	64,178	67,894	73,279	77,931	82,117	87,166	90,715	98,324	101,394
60	62,135	65,226	68,972	74,397	79,082	83,298	88,379	91,952	99,607	102,695
61	63,158	66,274	70,049	75,514	80,232	84,476	89,591	93,186	100,888	103,993
62	64,181	67,322	71,125	76,630	81,381	85,654	90,802	94,419	102,166	105,289
63	65,204	68,369	72,201	77,745	82,529	86,830	92,010	95,649	103,442	106,583
64	66,226	69,416	73,276	78,860	83,675	88,004	93,219	96,878	104,716	107,874
65	67,249	70,462	74,351	79,973	84,821	89,177	94,422	98,105	105,988	109,164
66	68,271	71,508	75,425	81,086	85,965	90,349	95,626	99,330	107,258	110,451
67	69,293	72,554	76,498	82,197	87,108	91,519	96,828	100,554	108,525	111,735
68	70,315	73,600	77,571	83,308	88,250	92,688	98,028	101,776	109,791	113,018
69	71,337	74,645	78,643	84,418	89,391	93,856	99,227	102,996	111,055	114,299
70	72,358	75,689	79,715	85,527	90,531	95,023	100,425	104,215	112,317	115,577
71	73,380	76,734	80,786	86,635	91,670	96,189	101,621	105,432	113,577	116,854
72	74,401	77,778	81,857	87,743	92,808	97,353	102,816	106,648	114,835	118,129
73	75,422	78,822	82,927	88,850	93,945	98,516	104,010	107,862	116,091	119,402
74	76,443	79,865	83,997	89,956	95,081	99,678	105,202	109,074	117,346	120,673
75	77,464	80,908	85,066	91,061	96,217	100,839	106,393	110,286	118,599	121,942
76	78,485	81,951	86,135	92,166	97,351	101,999	107,583	111,495	119,851	123,209
77	79,505	82,994	87,203	93,270	98,484	103,158	108,771	112,704	121,100	124,475
78	80,526	84,036	88,271	94,374	99,617	104,316	109,958	113,911	122,348	125,739
79	81,546	85,078	89,338	95,476	100,749	105,473	111,144	115,117	123,594	127,001
80	82,566	86,120	90,405	96,578	101,879	106,629	112,329	116,321	124,839	128,261
81	83,586	87,161	91,472	97,680	103,009	107,783	113,512	117,524	126,083	129,520
82	84,606	88,202	92,538	98,780	104,139	108,937	114,695	118,726	127,324	130,777
83	85,626	89,243	93,604	99,880	105,267	110,090	115,876	119,927	128,565	132,033
84	86,646	90,284	94,669	100,980	106,395	111,242	117,057	121,126	129,804	133,287
85	87,665	91,325	95,734	102,079	107,522	112,393	118,236	122,325	131,041	134,540
86	88,685	92,365	96,799	103,177	108,648	113,544	119,414	123,522	132,277	135,792

Tafel 3 (Fortsetzung)

					α					
Fg	0,40	0,30	0,20	0,10	0,050	0,0250	0,010	0,0050	0,0010	0,00050
87	89,704	93,405	97,863	104,275	109,773	114,693	120,591	124,718	133,512	137,042
88	90,723	94,445	98,927	105,372	110,898	115,841	121,767	125,912	134,745	138,290
89	91,742	95,484	99,991	106,469	112,022	116,989	122,942	127,106	135,977	139,537
90	92,761	96,524	101,054	107,565	113,145	118,136	124,116	128,299	137,208	140,783
91	93,780	97,563	102,116	108,661	114,268	119,282	125,289	129,491	138,438	142,027
92	94,799	98,602	103,179	109,756	115,390	120,427	126,462	130,681	139,666	143,270
93	95,818	99,641	104,242	110,850	116,511	121,570	127,633	131,871	140,893	144,511
94	96,836	100,679	105,303	111,944	117,632	122,715	128,803	133,059	142,119	145,751
95	97,855	101,717	106,364	113,038	118,752	123,858	129,973	134,247	143,343	146,990
96	98,873	102,755	107,425	114,131	119,871	125,000	131,141	135,433	144,567	148,228
97	99,892	103,793	108,486	115,223	120,990	126,141	132,309	136,619	145,789	149,464
98	100,910	104,831	109,547	116,315	122,108	127,282	133,476	137,803	147,010	150,699
99	101,928	105,868	110,607	117,406	123,225	128,422	134,642	138,987	148,230	151,934
100	102,946	106,906	111,667	118,498	124,342	129,561	135,806	140,169	149,448	153,165
101	103,964	107,943	112,726	119,589	125,458	130,700	136,971	141,351	150,666	154,397
102	104,982	108,980	113,786	120,679	126,574	131,837	138,134	142,532	151,883	155,628
103	105,999	110,017	114,845	121,769	127,689	132,975	139,297	143,712	153,098	156,857
104	107,017	111,053	115,903	122,858	128,804	134,111	140,459	144,891	154,313	158,086
105	108,035	112,090	116,962	123,947	129,918	135,247	141,620	146,069	155,527	159,313
106	109,052	113,126	118,020	125,035	131,031	136,382	142,780	147,246	156,739	160,539
107	110,070	114,162	119,078	126,123	132,144	137,517	143,940	148,423	157,951	161,765
108	111,087	115,198	120,135	127,211	133,257	138,650	145,099	149,599	159,161	162,989
109	112,104	116,233	121,193	128,298	134,369	139,784	146,257	150,774	160,371	164,212
110	113,121	117,269	122,250	129,385	135,480	140,916	147,414	151,948	161,580	165,434
111	114,138	118,304	123,306	130,472	136,591	142,048	148,571	153,121	162,787	166,655
112	115,156	119,340	124,363	131,558	137,701	143,180	149,727	154,294	163,994	167,875
113	116,172	120,375	125,419	132,643	138,811	144,311	150,882	155,466	165,200	169,094
114	117,189	121,410	126,475	133,729	139,921	145,441	152,036	156,637	166,405	170,312
115	118,206	122,444	127,531	134,813	141,030	146,571	153,190	157,807	167,609	171,530
116	119,223	123,479	128,587	135,898	142,138	147,700	154,344	158,977	168,812	172,746
117	120,239	124,513	129,642	136,982	143,246	148,829	155,496	160,146	170,015	173,961
118	121,256	125,548	130,697	138,066	144,354	149,957	156,648	161,314	171,216	175,176
119	122,273	126,582	131,752	139,149	145,461	151,084	157,799	162,481	172,417	176,389
120	123,289	127,616	132,806	140,233	146,567	152,211	158,950	163,648	173,617	177,602
121	124,305	128,650	133,861	141,315	147,673	153,338	160,100	164,814	174,815	178,813
122	125,322	129,684	134,915	142,398	148,779	154,464	161,249	165,979	176,014	180,024
123	126,338	130,717	135,969	143,480	149,885	155,589	162,398	167,144	177,211	181,234
124	127,354	131,751	137,022	144,562	150,989	156,714	163,546	168,308	178,407	182,443
125	128,370	132,784	138,076	145,643	152,094	157,838	164,694	169,471	179,603	183,652
126	129,386	133,817	139,129	146,724	153,198	158,962	165,841	170,634	180,798	184,859
127	130,402	134,850	140,182	147,805	154,301	160,086	166,987	171,796	181,992	186,066
128	131,418	135,883	141,235	148,885	155,405	161,209	168,133	172,957	183,186	187,272
129	132,434	136,916	142,288	149,965	156,507	162,331	169,278	174,118	184,378	188,477
130	133,450	137,949	143,340	151,045	157,?10	163,453	170,423	175,278	185,570	189,681
131	134,465	138,981	144,392	152,125	158,712	164,575	171,567	176,437	186,761	190,885
132	135,481	140,014	145,444	153,204	159,814	165,696	172,711	177,596	187,952	192,087

Tafel 3 (Fortsetzung)

						α				
Fg	0,40	0,30	0,20	0,10	0,050	0,0250	0,010	0,0050	0,0010	0,00050
133	136,497	141,046	146,496	154,283	160,915	166,816	173,854	178,755	189,141	193,289
134	137,512	142,078	147,548	155,361	162,016	167,936	174,996	179,912	190,330	194,490
135	138,528	143,110	148,599	156,440	163,116	169,056	176,138	181,069	191,519	195,691
136	139,543	144,142	149,651	157,518	164,216	170,175	177,280	182,226	192,706	196,890
137	140,559	145,174	150,702	158,595	165,316	171,294	178,420	183,382	193,893	198,089
138	141,574	146,206	151,753	159,673	166,415	172,412	179,561	184,537	195,080	199,288
139	142,589	147,237	152,803	160,750	167,514	173,530	180,701	185,692	196,265	200,485
140	143,604	148,269	153,854	161,827	168,613	174,648	181,840	186,846	197,450	201,682
141	144,619	149,300	154,904	162,904	169,711	175,765	182,979	188,000	198,634	202,878
142	145,635	150,331	155,954	163,980	170,809	176,881	184,117	189,153	199,818	204,073
143	146,650	151,362	157,004	165,056	171,907	177,998	185,255	190,306	201,001	205,268
144	147,665	152,393	158,054	166,132	173,004	179,114	186,393	191,458	202,183	206,462
145	148,680	153,424	159,104	167,207	174,101	180,229	187,530	192,610	203,365	207,656
146	149,694	154,455	160,153	168,283	175,198	181,344	188,666	193,761	204,546	208,848
147	150,709	155,486	161,202	169,358	176,294	182,459	189,802	194,911	205,726	210,040
148	151,724	156,516	162,251	170,432	177,390	183,573	190,938	196,061	206,906	211,232
149	152,739	157,547	163,300	171,507	178,485	184,687	192,073	197,211	208,085	212,422
150	153,753	158,577	164,349	172,581	179,581	185,800	193,207	198,360	209,264	213,613
151	154,768	159,608	165,398	173,655	180,676	186,913	194,342	199,508	210,442	214,802
152	155,783	160,638	166,446	174,729	181,770	188,026	195,475	200,656	211,619	215,991
153	156,797	161,668	167,495	175,803	182,865	189,139	196,609	201,804	212,796	217,179
154	157,812	162,698	168,543	176,876	183,959	190,251	197,742	202,951	213,973	218,367
155	158,826	163,728	169,591	177,949	185,052	191,362	198,874	204,098	215,148	219,554
156	159,841	164,758	170,639	179,022	186,146	192,473	200,006	205,244	216,323	220,740
157	160,855	165,787	171,686	180,094	187,239	193,584	201,138	206,389	217,498	221,926
158	161,869	166,817	172,734	181,167	188,332	194,695	202,269	207,535	218,672	223,111
159	162,883	167,847	173,781	182,239	189,424	195,805	203,400	208,676	219,845	224,296
160	163,898	168,876	174,828	183,311	190,516	196,915	204,530	209,824	221,018	225,480
161	164,912	169,905	175,875	184,382	191,608	198,025	205,660	210,967	222,191	226,663
162	165,926	170,935	176,922	185,454	192,700	199,134	206,789	212,111	223,363	227,846
163	166,940	171,964	177,969	186,525	193,791	200,243	207,919	213,254	224,534	229,029
164	167,954	172,993	179,016	187,596	194,883	201,351	209,047	214,396	225,705	230,211
165	168,968	174,022	180,062	188,667	195,973	202,459	210,176	215,538	226,875	231,392
166	169,982	175,051	181,109	189,737	197,064	203,567	211,304	216,680	228,045	232,573
167	170,996	176,079	182,155	190,808	198,154	204,675	212,431	217,821	229,214	233,753
168	172,010	177,108	183,201	191,878	199,244	205,782	213,558	218,962	230,383	234,932
169	173,024	178,137	184,247	192,948	200,334	206,889	214,685	220,102	231,551	236,111
170	174,037	179,165	185,293	194,017	201,423	207,995	215,812	221,242	232,719	237,290
171	175,051	180,194	186,338	195,087	202,513	209,102	216,938	222,382	233,886	238,468
172	176,065	181,222	187,384	196,156	203,601	210,208	218,063	223,521	235,053	239,646
173	177,079	182,250	188,429	197,225	204,690	211,313	219,189	224,660	236,219	240,823
174	178,092	183,279	189,475	198,294	205,779	212,419	220,314	225,798	237,385	241,999
175	179,106	184,307	190,520	199,363	206,867	213,524	221,438	226,936	238,550	243,175
176	180,119	185,335	191,565	200,432	207,955	214,628	222,562	228,073	239,715	244,351
177	181,133	186,363	192,610	201,500	209,042	215,733	223,686	229,210	240,880	245,526
178	182,146	187,391	193,654	202,568	210,130	216,837	224,810	230,347	242,043	246,700
179	183,160	188,418	194,699	203,636	211,217	217,941	225,933	231,484	243,207	247,874

Tafel 3 (Fortsetzung)

Fg	0,40	0,30	0,20	0,10	0,050	0,0250	0,010	0,0050	0,0010	0,00050
180	184,173	189,446	195,743	204,704	212,304	219,044	227,056	232,620	244,370	249,048
181	185,187	190,474	196,788	205,771	213,391	220,148	228,178	233,755	245,533	250,221
182	186,200	191,501	197,832	206,839	214,477	221,250	229,301	234,890	246,695	251,393
183	187,213	192,529	198,876	207,916	215,563	222,353	230,423	236,025	247,856	252,565
184	188,226	193,556	199,920	208,973	216,649	223,456	231,544	237,160	249,018	253,737
185	189,240	194,584	200,964	210,040	217,735	224,558	232,665	238,294	250,178	254,908
186	190,253	195,611	202,008	211,106	218,820	225,660	233,786	239,428	251,339	256,079
187	191,266	196,638	203,052	212,173	219,906	226,761	234,907	240,561	252,499	257,249
188	192,279	197,665	204,095	213,239	220,991	227,862	236,027	241,694	253,658	258,419
189	193,292	198,692	205,139	214,305	222,076	228,964	237,147	242,827	254,817	259,588
190	194,305	199,719	206,182	215,371	223,160	230,064	238,266	243,959	255,976	260,757
191	195,318	200,746	207,225	216,437	224,245	231,165	239,385	245,091	257,134	261,925
192	196,331	201,773	208,268	217,502	225,329	232,265	240,504	246,223	258,292	263,093
193	197,344	202,800	209,311	218,568	226,413	233,365	241,623	247,354	259,449	264,261
194	198,357	203,827	210,354	219,633	227,496	234,465	242,741	248,485	260,606	265,428
195	199,370	204,853	211,397	220,698	228,580	235,564	243,859	249,616	261,763	266,595
196	200,383	205,880	212,439	221,763	229,663	236,663	244,977	250,746	262,919	267,761
197	201,395	206,906	213,482	222,828	230,746	237,762	246,095	251,876	264,075	268,927
198	202,408	207,933	214,524	223,892	231,829	238,861	247,212	253,006	265,230	270,092
199	203,421	208,959	215,567	224,957	232,912	239,960	248,328	254,135	266,385	271,257
200	204,434	209,985	216,609	226,021	233,994	241,058	249,445	255,264	267,540	272,422

Tafel 3 (Fortsetzung)

Extreme χ^2-Schranken (Aus Krauth u Steinebach 1976. S. 13-2)

Die Tafel enthält die χ^2-Schranken für $\alpha = 1$-P mit P = 0,9(0,005)0,99(0,001)0,999 (0,0001) 0,9999 bis 0,9999999 für Freiheitsgrade Fg = 1(1)10.

Ablesebeispiel: Ein $\alpha = 0,0002$ und somit ein P = 0,9998 hat bei 6 Fg eine Schranke von 26,25.

P	1	2	3	4	5 Fg
0.900	2.71	4.61	6.25	7.78	9.24
0.905	2.79	4.71	6.37	7.91	9.38
0.910	2.87	4.82	6.49	8.04	9.52
0.915	2.97	4.93	6.62	8.19	9.67
0.920	3.06	5.05	6.76	8.34	9.84
0.925	3.17	5.18	6.90	8.50	10.01
0.930	3.28	5.32	7.06	8.67	10.19
0.935	3.40	5.47	7.23	8.85	10.39
0.940	3.54	5.63	7.41	9.04	10.60
0.945	3.68	5.80	7.60	9.26	10.82
0.950	3.84	5.99	7.81	9.49	11.07
0.955	4.02	6.20	8.05	9.74	11.34
0.960	4.22	6.44	8.31	10.03	11.64
0.965	4.45	6.70	8.61	10.35	11.98
0.970	4.71	7.01	8.95	10.71	12.37
0.975	5.02	7.38	9.35	11.14	12.83
0.980	5.41	7.82	9.84	11.67	13.39
0.985	5.92	8.40	10.47	12.34	14.10
0.990	6.63	9.21	11.34	13.28	15.09
0.991	6.82	9.42	11.57	13.52	15.34
0.992	7.03	9.66	11.83	13.79	15.63
0.993	7.27	9.92	12.11	14.09	15.95
0.994	7.55	10.23	12.45	14.45	16.31
0.995	7.88	10.60	12.84	14.86	16.75
0.996	8.28	11.04	13.32	15.37	17.28
0.997	8.81	11.62	13.93	16.01	17.96
0.998	9.55	12.43	14.80	16.92	18.91
0.999	10.83	13.82	16.27	18.47	20.52
0.9991	11.02	14.03	16.49	18.70	20.76
0.9992	11.24	14.26	16.74	18.96	21.03
0.9993	11.49	14.53	17.02	19.26	21.34
0.9994	11.75	14.84	17.35	19.60	21.69
0.9995	12.12	15.20	17.73	20.00	22.11
0.9996	12.53	15.65	18.20	20.49	22.61
0.9997	13.07	16.22	18.80	21.12	23.27
0.9998	13.83	17.03	19.66	22.00	24.19
0.9999	15.14	18.42	21.11	23.51	25.74
0.9999 5	16.45	19.81	22.55	25.01	27.29
0.9999 9	19.51	23.03	25.90	28.47	30.86
0.9999 95	20.84	24.41	27.34	29.95	32.38
0.9999 99	23.93	27.63	30.66	33.38	35.89
0.9999 995	25.26	29.02	32.09	34.84	37.39
0.9999 999	28.37	32.24	35.41	38.24	40.86

Tafel 3 (Fortsetzung)

P	6	7	8	9	10 Fg
0.900	10.64	12.02	13.36	14.68	15.99
0.905	10.79	12.17	13.53	14.85	16.17
0.910	10.95	12.34	13.70	15.03	16.35
0.915	11.11	12.51	13.88	15.22	16.55
0.920	11.28	12.69	14.07	15.42	16.75
0.925	11.47	12.88	14.27	15.63	16.97
0.930	11.66	13.09	14.48	15.85	17.20
0.935	11.87	13.31	14.71	16.09	17.45
0.940	12.09	13.54	14.96	16.35	17.71
0.945	12.33	13.79	15.22	16.62	18.00
0.950	12.59	14.07	15.51	16.92	18.31
0.955	12.88	14.37	15.82	17.25	18.65
0.960	13.20	14.70	16.17	17.61	19.02
0.965	13.56	15.08	16.56	18.01	19.44
0.970	13.97	15.51	17.01	18.48	19.92
0.975	14.45	16.01	17.53	19.02	20.48
0.980	15.03	16.62	18.17	19.68	21.16
0.985	15.78	17.40	18.97	20.51	22.02
0.990	16.80	18.48	20.09	21.67	23.21
0.991	17.08	18.75	20.38	21.96	23.51
0.992	17.37	19.06	20.70	22.29	23.85
0.993	17.71	19.41	21.06	22.66	24.24
0.994	18.09	19.81	21.47	23.09	24.67
0.995	18.55	20.28	21.95	23.59	25.19
0.996	19.10	20.85	22.55	24.20	25.81
0.997	19.80	21.58	23.30	24.97	26.61
0.998	20.79	22.60	24.35	26.06	27.72
0.999	22.46	24.32	26.12	27.88	29.59
0.9991	22.71	24.58	26.39	28.15	29.87
0.9992	22.99	24.87	26.69	28.46	30.18
0.9993	23.31	25.20	27.02	28.80	30.53
0.9994	23.67	25.57	27.41	29.20	30.94
0.9995	24.10	26.02	27.87	29.67	31.42
0.9996	24.63	26.56	28.42	30.24	32.00
0.9997	25.30	27.25	29.14	30.97	32.75
0.9998	26.25	28.23	30.14	31.99	33.80
0.9999	27.86	29.88	31.83	33.72	35.56
0.9999 5	29.45	31.51	33.50	35.43	37.31
0.9999 9	33.11	35.26	37.33	39.34	41.30
0.9999 95	34.67	36.85	38.96	41.00	42.99
0.9999 99	38.26	40.52	42.70	44.81	46.86
0.9999 995	39.79	42.09	44.30	46.43	48.51
0.9999 999	43.34	45.70	47.97	50.17	52.31

Tafel 4

Der Craddock-Flood-χ^2-Kontingenztest. (Aus Craddock u. Flood 1970)

Die Tafel enthält die Perzentilschranken χ^2_α der geglätteten Nullverteilung der Prüfgröße χ^2 für verschiedene Stichprobenumfänge aus folg. k x m-Feldertafeln:

(a) 3×2-Feldertafeln, N(gx) = 12(2)20(5)40,50
(b) 4×2-Feldertafeln, N(gx) = 14(2)20(5)40
(c) 5×2-Feldertafeln, N(gx) = 14(2)20(5)40,50
(d) 3×3-Feldertafeln, N(gx) = 12(2)20(5)40,50
(e) 4×3-Feldertafeln, N(gx) = 16(2)20(5)40(10)60
(f) 5×3-Feldertafeln, N(gx) = 16(2)20(5)40(10)60(20)100
(g) 4×4-Feldertafeln, N(gx) = 20(5)40(10)60,80
(h) 5×4-Feldertafeln, N(gx) = 25(5)40(10)60(20)100
(i) 5×5-Feldertafeln, N(gx) = 20(5)40(10)60(20)100

Die Perzentilwerte p % = 1 % bis 99,9 % entsprechen Signifikanzniveaus von $\alpha = 1 - p$ bzw. 100% – p %. Wird die Perzentilschranke p bzw. die Schranke χ^2_α von einem beobachteten χ^2 überschritten, sind Zeilen- und Spalten-Mme als kontingent zu betrachten.

Ablesebeispiel: Ein $\chi^2 = 12,4$ aus einer 4 x 3-Feldertafel mit einem N = 16 ist eben auf der 5%-Stufe (p = 95) signifikant, da es die 5 %-Schranke von 11,9 überschreitet. Verglichen mit der theoretischen χ^2 Verteilung für 6 Fge wäre ein $\chi^2 = 12,4$ nicht signifikant.

(a) 3×2 Tafel

N	p 1	2	5	10	50	90	95	98	99	99.9
12	—	—	—	0.25	1.68	4.68	5.80	7.1	8.1	11.2
14	—	—	—	0.26	1.66	4.72	5.89	7.3	8.3	11.6
16	—	—	—	0.26	1.64	4.76	5.97	7.4	8.5	11.8
18	—	—	—	0.25	1.61	4.76	6.02	7.5	8.6	12.0
20	0.02	0.04	0.11	0.24	1.58	4.77	6.06	7.6	8.7	12.2
25	0.02	0.04	0.12	0.23	1.52	4.77	6.09	7.7	8.8	12.6
30	0.02	0.04	0.11	0.22	1.47	4.76	6.08	7.7	8.9	12.8
35	0.02	0.04	0.11	0.22	1.46	4.74	6.06	7.8	9.0	12.9
40	0.02	0.04	0.11	0.21	1.45	4.70	6.05	7.8	9.1	13.0
50	0.02	0.04	0.10	0.21	1.43	4.67	6.01	7.8	9.2	13.1
∞	0.02	0.04	0.10	0.21	1.39	4.61	5.99	7.8	9.2	13.8

(b) 4×2 Tafel

N	p 1	2	5	10	50	90	95	98	99	99.9
14	—	—	0.42	0.74	2.74	6.05	7.2	8.7	9.6	12.1
16	—	—	0.40	0.71	2.70	6.13	7.3	8.9	9.9	12.6
18	—	—	0.39	0.69	2.65	6.20	7.4	9.1	10.1	13.0
20	—	0.21	0.38	0.68	2.61	6.23	7.5	9.2	10.3	13.4
25	0.13	0.20	0.38	0.66	2.55	6.29	7.7	9.4	10.5	13.8
30	0.12	0.20	0.37	0.64	2.52	6.33	7.8	9.5	10.7	14.4
35	0.12	0.19	0.37	0.62	2.51	6.36	7.8	9.7	10.9	14.8
40	0.12	0.19	0.37	0.61	2.51	6.30	7.8	9.7	11.0	14.9
∞	0.12	0.19	0.35	0.58	2.37	6.25	7.8	9.8	11.3	16.3

Tafel 4 (Fortsetzung)

(c) 5 × 2 Tafel

N	p 1	2	5	10	50	90	95	98	99	99.9
14	—	0.55	0.91	1.43	3.72	7.1	8.4	9.8	10.5	13.8
16	—	0.53	0.89	1.40	3.74	7.3	8.6	10.0	10.9	14.2
18	—	0.52	0.87	1.35	3.74	7.5	8.7	10.2	11.2	14.5
20	0.34	0.51	0.85	1.30	3.72	7.6	8.8	10.4	11.4	14.8
25	0.33	0.50	0.82	1.24	3.66	7.7	9.1	10.8	11.9	15.4
30	0.32	0.48	0.79	1.19	3.61	7.8	9.2	11.0	12.2	16.0
35	0.32	0.47	0.78	1.17	3.57	7.8	9.3	11.1	12.5	16.4
40	0.32	0.47	0.77	1.15	3.54	7.8	9.4	11.2	12.6	16.7
50	0.32	0.46	0.76	1.12	3.49	7.8	9.4	11.4	12.8	17.1
∞	0.30	0.43	0.71	1.06	3.36	7.8	9.5	11.7	13.3	18.5

(d) 3 × 3 Tafel

N	p 1	2	5	10	50	90	95	98	99	99.9
12	—	0.60	0.95	1.47	3.88	7.6	8.8	10.5	11.8	15.6
14	—	0.59	0.91	1.42	3.84	7.7	8.9	10.8	12.0	15.9
16	—	0.56	0.88	1.36	3.80	7.7	9.0	11.0	12.2	16.1
18	—	0.52	0.86	1.32	3.75	7.8	9.1	11.1	12.3	16.3
20	0.35	0.50	0.84	1.28	3.70	7.8	9.2	11.1	12.4	16.4
25	0.33	0.49	0.80	1.20	3.63	7.9	9.3	11.2	12.5	16.7
30	0.32	0.47	0.77	1.15	3.58	7.9	9.4	11.3	12.6	16.9
35	0.32	0.46	0.75	1.13	3.55	7.9	9.4	11.4	12.7	17.1
40	0.32	0.45	0.74	1.12	3.53	7.8	9.4	11.4	12.8	17.3
50	0.31	0.44	0.73	1.11	3.49	7.8	9.5	11.6	13.0	17.8
∞	0.30	0.43	0.71	1.06	3.36	7.8	9.5	11.7	13.3	18.5

(e) 4 × 3 Tafel

N	p 1	2	5	10	50	90	95	98	99	99.9
16	1.21	1.58	2.17	2.83	5.88	10.3	11.9	13.8	15.1	20.0
18	1.15	1.51	2.10	2.76	5.85	10.4	12.0	14.0	15.3	20.2
20	1.10	1.45	2.04	2.70	5.80	10.5	12.1	14.1	15.5	20.4
25	1.04	1.35	1.92	2.57	5.70	10.6	12.2	14.3	15.7	20.7
30	1.02	1.31	1.86	2.47	5.62	10.6	12.3	14.4	15.9	20.8
35	1.00	1.28	1.82	2.42	5.59	10.6	12.4	14.5	16.1	20.9
40	0.99	1.25	1.78	2.38	5.57	10.6	12.4	14.6	16.2	21.0
50	0.96	1.23	1.74	2.34	5.54	10.7	12.5	14.8	16.4	21.2
60	0.93	1.21	1.72	2.30	5.50	10.7	12.6	14.9	16.5	21.4
∞	0.87	1.13	1.64	2.20	5.35	10.6	12.6	15.0	16.8	22.4

(f) 5 × 3 Tafel

N	p 1	2	5	10	50	90	95	98	99	99.9
16	2.13	2.63	3.47	4.29	7.8	12.6	14.3	16.3	17.7	22.0
18	2.14	2.64	3.45	4.29	7.8	12.8	14.6	16.6	18.0	22.7
20	2.11	2.59	3.39	4.25	7.8	12.9	14.7	16.7	18.2	23.2
25	2.03	2.49	3.26	4.10	7.8	13.1	14.9	17.0	18.7	23.8
30	1.96	2.39	3.15	3.98	7.8	13.2	15.0	17.2	19.0	24.3
35	1.90	2.31	3.05	3.88	7.7	13.3	15.1	17.4	19.1	24.7
40	1.84	2.25	2.98	3.80	7.7	13.3	15.2	17.5	19.2	24.9
50	1.80	2.19	2.91	3.70	7.6	13.3	15.3	17.7	19.4	25.2

Tafel 4 (Fortsetzung)

(f) 5 × 3 Tafel

N	p 1	2	5	10	50	90	95	98	99	99.9
60	1.77	2.16	2.88	3.66	7.5	13.3	15.3	17.7	19.5	25.3
80	1.71	2.11	2.84	3.60	7.5	13.3	15.3	17.8	19.5	25.3
100	1.66	2.07	2.79	3.55	7.4	13.3	15.3	17.8	19.6	25.4
∞	1.65	2.03	2.73	3.49	7.3	13.4	15.5	18.2	20.1	26.1

(g) 4 x 4 Tafel

N	p 1	2	5	10	50	90	95	98	99	99.9
20	2.85	3.40	4.22	5.06	8.9	14.3	16.1	18.6	20.1	—
25	2.65	3.21	4.02	4.93	8.9	14.4	16.2	18.7	20.3	25.5
30	2.50	3.04	3.85	4.78	8.8	14.5	16.3	18.9	20.5	25.8
35	2.39	2.92	3.73	4.63	8.8	14.5	16.4	19.0	20.7	26.1
40	2.33	2.85	3.67	4.53	8.7	14.5	16.5	19.1	20.8	26.5
50	2.27	2.77	3.58	4.45	8.6	14.6	16.7	19.2	21.0	27.1
60	2.23	2.73	3.54	4.41	8.6	14.6	16.7	19.3	21.2	27.3
80	2.16	2.66	3.47	4.35	8.5	14.6	16.8	19.4	21.3	27.5
∞	2.09	2.53	3.32	4.17	8.3	14.7	16.9	19.7	21.7	27.9

(h) 5 × 4 Tafel

N	p 1	2	5	10	50	90	95	98	99	99.9
25	4.58	5.29	6.39	7.4	12.0	18.2	20.3	23.0	24.6	30.9
30	4.46	5.10	6.19	7.2	11.9	18.3	20.5	23.1	24.9	31.2
35	4.28	4.94	6.02	7.1	11.9	18.3	20.6	23.3	25.1	31.4
40	4.15	4.80	5.88	7.0	11.8	18.4	20.7	23.4	25.2	31.5
50	3.98	4.61	5.68	6.8	11.7	18.4	20.7	23.5	25.4	31.7
60	3.89	4.50	5.55	6.6	11.6	18.5	20.8	23.7	25.6	31.9
80	3.80	4.41	5.46	6.5	11.6	18.5	20.8	23.8	25.9	32.2
100	3.74	4.35	5.40	6.5	11.5	18.5	20.9	23.9	26.0	32.5
∞	3.57	4.18	5.23	6.3	11.3	18.5	21.0	24.1	26.2	32.9

(i) 5 × 5 Tafel

N	p 1	2	5	10	50	90	95	98	99	99.9
20	7.2	8.1	9.5	10.8	15.8	22.6	24.9	27.9	29.9	35.4
25	7.4	8.2	9.6	10.8	16.0	22.9	25.3	28.4	30.4	36.6
30	7.2	7.9	9.3	10.7	16.0	23.0	25.5	28.5	30.6	37.3
35	6.9	7.7	9.1	10.4	15.9	23.1	25.6	28.6	30.7	37.4
40	6.7	7.5	8.9	10.2	15.9	23.2	25.7	28.7	30.8	37.5
50	6.4	7.2	8.6	9.9	15.8	23.2	25.8	28.9	31.0	37.6
60	6.3	7.1	8.5	9.8	15.7	23.3	25.9	29.0	31.1	37.7
80	6.2	7.0	8.4	9.7	15.6	23.3	26.0	29.1	31.2	37.9
100	6.1	6.9	8.3	9.6	15.5	23.4	26.0	29.2	31.4	38.0
∞	5.8	6.6	8.0	9.3	15.3	23.5	26.3	29.6	32.0	39.2

Tafel 5

2^3 -Felder-Test. (Aus Brown et al. 1975)

Die Tafel enthält die α%-Schranken der Prüfgrößen $S = \sum\limits_{i,j,k=1}^{2} \log(f_{ijk}!)$ als Summe der Logarithmen der Fakultäten der acht Felderfrequenzen des Kontingenzwürfels. Die Eingangsparameter der Tafel sind $N \triangleq$ Stichprobenumfang, N1, N2 und N3 die Häufigkeiten, mit der die Alternativmerkmale 1, 2 und 3 in Positivform auftreten (eindimensionale Randsummen). Die Merkmale sind so mit 1,2 oder 3 zu bezeichnen, daß $N1 \geq N2 \geq N3$. Erreicht oder überschreitet eine berechnete Prüfgröße den für α geltenden Tafelwert, so besteht eine Kontingenz zwischen mindestens zweien der drei Merkmale. Die Tafel gilt für $N=3(1)20$.

Ablesebeispiel: In einem Kontingenzwürfel mit $N=8$ und $N1 = N2 = N3=4$, in dem nur die Raumdiagonalfelder, etwa (111) und (222) mit je 4 besetzt und die übrigen 6 Felder leer sind, gilt $S = \log 4! + \log 0! + ... + \log 4! = 2{,}76042$. Dieser Wert ist genau auf der 0,1%-Stufe signifikant.

N	N1	N2	N3	20%	10%	5%	1%	0.1%
3	2	2	2	0.30103	—	—	—	—
4	3	3	3	—	0.77815	—	—	—
4	3	3	2	—	—	—	—	—
4	3	2	2	—	—	—	—	—
4	2	2	2	0.60206	—	—	—	—
5	4	4	4	—	—	1.38021	—	—
5	4	4	3	0.77815	—	—	—	—
5	4	3	3	0.60206	—	0.77815	—	—
5	3	3	3	—	0.60206	—	1.07918	—
6	5	5	5	—	2.07918	—	—	—
6	5	5	4	1.38021	—	—	—	—
6	5	5	3	1.07918	—	—	—	—
6	5	4	4	—	1.07918	1.38021	—	—
6	5	4	3	0.77815	1.07918	—	—	—
6	5	3	3	—	1.07918	—	—	—
6	4	4	4	0.90309	—	—	1.68124	—
6	4	4	3	—	0.77815	1.07918	—	—
6	4	3	3	—	—	1.07918	—	—
6	3	3	3	—	—	—	1.55630	—
7	6	6	6	—	—	2.85733	—	—
7	6	6	5	1.68124	2.07918	—	—	—
7	6	6	4	1.55630	1.68124	—	—	—
7	6	5	5	—	—	1.68124	2.07918	—
7	6	5	4	—	1.38021	1.68124	—	—
7	6	4	4	—	—	1.55630	1.68124	—
7	5	5	5	1.38021	—	—	2.38021	—
7	5	5	4	1.07918	—	1.38021	1.68124	—
7	5	4	4	0.90309	—	—	1.38021	—
7	4	4	4	0.77815	1.07918	—	1.55630	2.15836
8	7	7	7	—	—	3.70243	—	—
8	7	7	6	2.38021	2.85733	—	—	—
8	7	7	5	2.15836	—	2.38021	—	—
8	7	7	4	2.15836	—	—	—	—
8	7	6	6	2.07918	—	2.38021	2.85733	—
8	7	6	5	—	—	2.07918	2.38021	—
8	7	6	4	—	—	—	—	—
8	7	5	5	1.55630	1.68124	2.15836	2.38021	—

Tafel 5 (Fortsetzung)

N	N1	N2	N3	20%	10%	5%	1%	0 1%
8	7	5	4	1.55630	1.68124	2.15836	——	——
8	7	4	4	1.55630	——	2.15836	——	——
8	6	6	6	1.98227	2.07918	——	——	3.15836
8	6	6	5	——	1.68124	1.85733	2.07918	——
8	6	6	4	1.38021	——	1.55630	——	——
8	6	5	5	1.38021	——	1.68124	2.38021	——
8	6	5	4	1.38021	——	1.55630	——	——
8	6	4	4	1.20412	——	1.55630	1.98227	——
8	5	5	5	——	1.38021	1.68124	1.85733	2.85733
8	5	5	4	——	1.38021	1.55630	1.68124	——
8	5	4	4	1.07918	——	1.38021	2.15836	——
8	4	4	4	1.07918	1.20412	1.55630	——	2.76042
9	8	8	8	——	——	——	4.60552	——
9	8	8	7	3.15836	——	3.70243	——	——
9	8	8	6	2.85733	——	3.15836	——	——
9	8	8	5	2.76042	——	2.85733	——	——
9	8	7	7	2.85733	——	3.15836	3.70243	——
9	8	7	6	2.38021	——	2.85733	3.15836	——
9	8	7	5	——	2.38021	——	——	——
9	8	6	6	1.98227	2.38021	——	2.85733	——
9	8	6	5	1.98227	2.15836	2.38021	2.85733	——
9	8	5	5	1.68124	2.15836	——	2.76042	——
9	7	7	7	——	2.68124	2.85733	——	4.00346
9	7	7	6	2.07918	2.38021	2.45939	2.85733	——
9	7	7	5	——	1.98227	2.07918	2.68124	——
9	7	6	6	1.85733	1.98227	2.07918	2.45939	3.15836
9	7	6	5	1.68124	1.85733	1.98227	2.38021	——
9	7	5	5	1.55630	——	1.85733	2.45939	2.68124
9	6	6	6	——	1.68124	1.98227	2.38021	3.63548
9	6	6	5	——	1.68124	1.98227	2.38021	2.85733
9	6	5	5	——	1.55630	1.68124	2.15836	2.45939
9	5	5	5	1.38021	1.55630	1.68124	2.15836	2.76042
10	9	9	9	——	——	——	5.55976	——
10	9	9	8	4.00346	——	4.60552	——	——
10	9	9	7	3.63548	3.70243	4.00346	——	——
10	9	9	6	——	3.45939	3.63548	——	——
10	9	9	5	——	3.45939	——	——	——
10	9	8	8	3.70243	——	4.00346	4.60552	——
10	9	8	7	3.15836	——	3.70243	4.00346	——
10	9	8	6	2.85733	——	3.15836	——	——
10	9	8	5	2.76042	2.85733	——	——	——
10	9	7	7	2.68124	2.85733	3.15836	3.63548	——
10	9	7	6	——	2.68124	2.85733	3.15836	——
10	9	7	5	——	2.68124	2.85733	——	——
10	9	6	6	2.33445	2.45939	2.76042	3.45939	——
10	9	6	5	2.15836	2.45939	2.76042	3.45939	——
10	9	5	5	——	——	2.75042	3.45939	——
10	8	8	8	——	3.45939	3.70243	——	4.90655
10	8	8	7	2.68124	——	3.15836	3.70243	——
10	8	8	6	——	——	2.85733	3.06145	——
10	8	8	5	2.38021	——	2.68124	3.15836	——

Tafel 5 (Fortsetzung)

N	N1	N2	N3	20%	10%	5%	1%	0 1%
10	8	7	7	2.38021	2.45939	2.85733	——	4.00346
10	8	7	6	2.07918	2.45939	2.68124	2.85733	——
10	8	7	5	2.15836	2.38021	2.45939	3.15836	——
10	8	6	6	2.15836	2.28330	2.38021	2.85733	3.45939
10	8	6	5	1.98227	2.15836	2.45939	2.76042	——
10	8	5	5	1.98227	——	——	2.76042	——
10	7	7	7	2.07918	2.33445	2.68124	2.93651	4.48058
10	7	7	6	1.98227	2.07918	2.33445	2.68124	3.15836
10	7	7	5	1.85733	——	2.15836	2.68124	3.15836
10	7	6	6	1.85733	1.98227	2.15836	2.68124	2.93651
10	7	6	5	1.85733	1.98227	2.15836	2.68124	——
10	7	5	5	1.68124	1.98227	2.15836	2.45939	3.15836
10	6	6	6	1.50515	1.85733	2.15836	2.33445	3.06145
10	6	6	5	1.68124	——	1.98227	2.45939	2.85733
10	6	5	5	1.55630	1.85733	1.98227	2.45939	3.45939
10	5	5	5	1.55630	1.68124	2.15836	2.76042	4.15836
11	10	10	10	——	——	——	6.55976	——
11	10	10	9	4.90655	——	5.55976	——	——
11	10	10	8	4.48058	4.60552	4.90655	——	——
11	10	10	7	4.00346	4.23754	4.48058	——	——
11	10	10	6	——	4.15836	4.23754	——	——
11	10	9	9	4.60552	——	4.90655	5.55976	——
11	10	9	8	4.00346	——	4.60552	4.90655	——
11	10	9	7	3.63548	——	4.00346	——	——
11	10	9	6	——	——	3.63548	——	——
11	10	8	8	3.45939	3.70243	4.00346	4.48058	——
11	10	8	7	3.15836	——	3.45939	4.00346	——
11	10	8	6	3.06145	——	3.45939	3.63548	——
11	10	7	7	2.93651	3.06145	3.15836	4.23754	4.48058
11	10	7	6	2.68124	3.06145	3.45939	3.63548	4.23754
11	10	6	6	2.76042	2.85733	3.06145	4.15836	4.23754
11	9	9	9	——	4.30449	4.60552	——	5.86079
11	9	9	8	3.45939	3.70243	3.93651	4.60552	4.90655
11	9	9	7	3.15836	——	3.63548	3.76042	——
11	9	9	6	——	2.98227	3.15836	3.76042	——
11	9	8	8	3.15836	——	3.45939	3.93651	4.90655
11	9	8	7	2.76042	3.06145	3.45939	3.63548	——
11	9	8	6	2.63548	2.76042	3.06145	3.45939	3.93651
11	9	7	7	——	2.76042	2.98227	3.63548	4.30449
11	9	7	6	2.45939	2.68124	2.85733	3.06145	3.76042
11	9	6	6	2.28330	2.63548	2.85733	3.06145	3.76042
11	8	8	8	2.68124	2.85733	3.15836	3.63548	5.38367
11	8	8	7	2.45939	2.68124	2.85733	3.45939	4.00346
11	8	8	6	2.38021	2.63548	2.68124	3.15836	3.93651
11	8	7	7	2.28330	2.45939	2.68124	3.15836	3.63548
11	8	7	6	2.28330	2.33445	2.68124	2.93651	3.45939
11	8	6	6	2.15836	2.28330	2.63548	2.85733	3.63548
11	7	7	7	2.28330	2.33445	2.45939	2.98227	3.63548
11	7	7	6	1.98227	2.15836	2.38021	2.85733	3.15836
11	7	6	6	1.98227	2.28330	2.33445	2.68124	3.45939
11	6	6	6	1.85733	1.98227	2.28330	2.63548	3.45939

Tafel 5 (Fortsetzung)

N	N1	N2	N3	20%	10%	5%	1%	0 1%
12	11	11	11	——	——	——	7.60116	——
12	11	11	10	——	5.86079	6.55976	——	——
12	11	11	9	5.38367	5.55976	5.86079	——	——
12	11	11	8	4.90655	5.08264	5.38367	——	——
12	11	11	7	——	4.93651	5.08264	——	——
12	11	11	6	——	4.93651	——	——	——
12	11	10	10	——	5.55976	5.86079	6.55976	——
12	11	10	9	4.60552	——	——	5.55976	——
12	11	10	8	4.30449	——	4.90655	——	——
12	11	10	7	4.23754	4.30449	4.48058	——	——
12	11	10	6	4.15836	4.23754	——	——	——
12	11	9	9	——	4.30449	4.60552	5.38367	5.86079
12	11	9	8	3.93651	——	4.30449	4.90655	——
12	11	9	7	3.76042	3.93651	4.30449	4.48058	——
12	11	9	6	3.76042	3.93651	——	——	——
12	11	8	8	3.63548	——	4.00346	4.48058	5.38367
12	11	8	7	3.45939	3.63548	3.76042	4.23754	5.08264
12	11	8	6	——	3.63548	3.93651	4.23754	——
12	11	7	7	3.15836	3.45939	3.63548	4.15836	4.93651
12	11	7	6	3.15836	3.45939	3.76042	4.23754	4.93651
12	11	6	6	——	3.45939	4.15836	4.93651	——
12	10	10	10	——	——	5.20758	——	6.86079
12	10	10	9	4.30449	4.60552	4.78161	5.55976	5.86079
12	10	10	8	4.00346	——	4.48058	4.60552	——
12	10	10	7	3.63548	——	4.00346	4.45939	——
12	10	10	6	3.63548	3.76042	4.15836	4.53857	——
12	10	9	9	3.70243	4.00346	4.30449	4.78161	5.86079
12	10	9	8	3.45939	3.63548	3.93651	4.30449	——
12	10	9	7	3.23754	——	3.63548	3.93651	4.78161
12	10	9	6	3.23754	3.45939	3.76042	——	——
12	10	8	8	——	3.36248	3.63548	4.00346	4.53857
12	10	8	7	2.98227	3.15836	3.45939	3.76042	4.48058
12	10	8	6	2.93651	——	3.36248	3.63548	4.53857
12	10	7	7	2.85733	2.98227	3.23754	3.63548	4.45939
12	10	7	6	2.85733	2.98227	3.15836	3.76042	4.23754
12	10	6	6	2.63548	3.15836	3.36248	4.15836	4.53857
12	9	9	9	3.45939	3.70243	4.00346	4.41363	6.33791
12	9	9	8	3.06145	3.23754	3.63548	4.00346	4.90655
12	9	9	7	2.98227	——	3.23754	3.63548	4.30449
12	9	9	6	2.85733	3.11261	3.45939	3.76042	——
12	9	8	8	2.85733	3.15836	3.45939	3.63548	4.23754
12	9	8	7	2.76042	2.85733	3.15836	3.53857	4.23754
12	9	8	6	2.68124	2.85733	3.06145	3.45939	——
12	9	7	7	2.63548	2.85733	2.98227	3.45939	3.93651
12	9	7	6	2.63548	2.76042	2.85733	3.23754	3.93651
12	9	6	6	2.45939	——	3.06145	3.45939	4.41363
12	8	8	8	2.63548	2.93651	3.15836	3.63548	4.48058
12	8	8	7	2.45939	2.68124	2.93651	3.45939	3.93651
12	8	8	6	2.58433	2.63548	2.93651	3.36248	3.76042
12	8	7	7	2.33445	2.63548	2.85733	3.15836	3.76042
12	8	7	6	2.28330	2.63548	2.85733	3.15836	3.76042

Tafel 5 (Fortsetzung)

N	N1	N2	N3	20%	10%	5%	1%	0 1%
12	8	6	6	2.45939	2.58433	2.63548	3.36248	3.63548
12	7	7	7	2.28330	——	2.63548	2.98227	3.53857
12	7	7	6	2.28330	2.45939	2.63548	2.98227	3.76042
12	7	6	6	2.28330	2.45939	2.76042	3.06145	3.76042
12	6	6	6	——	2.45939	2.58433	3.11261	4.15836
13	12	12	12	——	——	——	8.68034	——
13	12	12	11	——	6.86079	7.60116	——	——
13	12	12	10	6.33791	——	6.55976	——	——
13	12	12	9	5.86079	5.98573	6.33791	——	——
13	12	12	8	5.38367	5.78161	5.98573	——	——
13	12	12	7	——	5.71466	5.78161	——	——
13	12	11	11	——	6.55976	——	6.86079	——
13	12	11	10	5.55976	5.86079	——	6.55976	——
13	12	11	9	5.20758	5.38367	5.86079	——	——
13	12	11	8	4.93651	——	5.20758	——	——
13	12	11	7	4.93651	——	5.08264	——	——
13	12	10	10	——	5.20758	5.55976	6.33791	6.86079
13	12	10	9	4.53857	4.90655	5.20758	5.38367	6.33791
13	12	10	8	4.45939	4.53857	——	5.20758	——
13	12	10	7	4.41363	4.53857	4.78161	——	——
13	12	9	9	——	4.41363	4.48058	5.38367	5.98573
13	12	9	8	4.14063	4.30449	4.48058	5.08264	5.98573
13	12	9	7	3.93651	4.41363	4.53857	4.78161	——
13	12	8	8	3.93651	4.14063	4.45939	5.08264	5.78161
13	12	8	7	3.76042	3.93651	4.23754	4.93651	5.78161
13	12	7	7	3.76042	——	4.15836	4.93651	5.71466
13	11	11	11	5.55976	——	6.16182	——	7.90219
13	11	11	10	——	5.20758	5.55976	6.55976	6.86079
13	11	11	9	4.60552	——	5.38367	5.55976	——
13	11	11	8	4.30449	——	4.90655	5.20758	——
13	11	11	7	——	——	4.48058	4.93651	——
13	11	10	10	4.60552	4.90655	5.20758	5.55976	6.86079
13	11	10	9	4.23754	4.48058	4.60552	5.20758	5.86079
13	11	10	8	4.00346	4.23754	4.45939	4.78161	5.68470
13	11	10	7	3.83960	4.15836	4.23754	4.78161	——
13	11	9	9	4.00346	4.06145	4.48058	4.90655	6.16182
13	11	9	8	3.63548	3.83960	4.00346	4.48058	5.20758
13	11	9	7	3.53857	3.83960	4.06145	4.23754	5.38367
13	11	8	8	3.53857	3.63548	3.93651	4.30449	5.08264
13	11	8	7	3.23754	3.53857	3.83960	4.23754	4.93651
13	11	7	7	3.23754	3.45939	3.76042	4.23754	5.23754
13	10	10	10	4.00346	——	4.60552	5.20758	4.86079
13	10	10	9	3.71466	4.00346	4.30449	4.78161	5.86079
13	10	10	8	3.63548	3.93651	4.00346	4.53857	4.93651
13	10	10	7	3.63548	3.71466	3.93651	4.30449	5.01569
13	10	9	9	3.45939	3.70243	4.00346	4.41363	5.01569
13	10	9	8	3.36248	3.63548	3.76042	4.23754	4.78161
13	10	9	7	3.23754	3.45939	3.63548	3.83960	4.53857
13	10	8	8	3.06145	3.45939	3.53857	3.93651	4.53857
13	10	8	7	3.06145	3.36248	3.45939	3.83960	4.53857
13	10	7	7	2.85733	3.11261	3.45939	3.83960	4.45939

Tafel 5 (Fortsetzung)

N	N1	N2	N3	20%	10%	5%	1%	0 1%
13	9	9	9	3.23754	3.53857	3.63548	4.14063	4.83960
13	9	9	8	3.06145	3.23754	3.53857	3.93651	4.48058
13	9	9	7	2.93651	3.23754	3.28330	3.76042	4.41363
13	9	8	8	2.93651	3.06145	3.45939	3.63548	4.30449
13	9	8	7	2.85733	3.06145	3.23754	3.63548	4.53857
13	9	7	7	2.68124	2.93651	3.23754	3.53857	4.23754
13	8	8	8	2.93651	2.98227	3.06145	3.63548	4.23754
13	8	8	7	2.63548	2.85733	3.06145	3.53857	4.23754
13	8	7	7	2.58433	2.85733	3.06145	3.45939	3.93651
13	7	7	7	2.58433	——	2.93651	3.28330	4.06145
14	13	13	13	——	——	——	9.79428	——
14	13	13	12	——	7.90219	8.68034	——	——
14	13	13	11	——	7.33791	7.60116	——	——
14	13	13	10	6.86079	6.93997	7.33791	——	——
14	13	13	9	6.33791	6.68470	6.93997	——	——
14	13	13	8	——	6.55976	6.68470	——	——
14	13	13	7	——	6.55976	——	——	——
14	13	12	12	——	7.60116	——	7.90219	——
14	13	12	11	6.55976	6.86079	——	7.60116	——
14	13	12	10	5.98573	6.33791	6.86179	——	——
14	13	12	9	5.78161	——	6.16182	——	——
14	13	12	8	5.68470	5.78161	5.98573	——	——
14	13	12	7	5.71466	5.78161	——	——	——
14	13	11	11	——	6.16182	6.55976	7.33791	7.90219
14	13	11	10	5.68470	5.86079	6.16182	6.33791	7.33791
14	13	11	9	5.23754	——	5.68470	6.16182	——
14	13	11	8	5.08264	5.25873	5.38367	——	——
14	13	11	7	5.23754	5.25873	5.38367	——	——
14	13	10	10	5.20758	5.25873	5.38367	6.33791	6.93997
14	13	10	9	4.83960	5.01569	5.20758	5.68470	6.93997
14	13	10	8	4.78161	4.93651	5.25873	5.68470	——
14	13	10	7	5.01569	——	5.25873	——	——
14	13	9	9	4.60552	——	4.93651	5.38367	6.68470
14	13	9	8	4.41363	4.78161	4.93651	5.23754	5.98573
14	13	9	7	4.41363	4.53857	5.01569	5.38367	——
14	13	8	8	——	4.45939	4.93651	5.23754	6.55976
14	13	8	7	4.23754	4.45939	4.93651	5.23754	6.55976
14	13	7	7	——	4.45939	4.93651	5.71466	6.55976
14	12	12	12	6.55976	——	7.16182	7.60116	8.98137
14	12	12	11	5.86079	6.16182	6.55976	6.86079	7.60116
14	12	12	10	5.50861	5.86079	6.28676	6.33791	——
14	12	12	9	5.20758	5.38367	5.86079	6.08264	6.63894
14	12	12	8	5.08264	——	5.38367	5.78161	——
14	12	12	7	5.08264	——	——	5.71466	——
14	12	11	11	5.55976	5.68470	6.16182	6.55976	7.90219
14	12	11	10	5.08264	5.38367	5.55976	6.16182	6.86079
14	12	11	9	4.60552	4.90655	5.23754	5.68470	6.16182
14	12	11	8	4.60552	4.78161	4.93651	5.38367	——
14	12	11	7	——	4.78161	4.93651	5.38367	——
14	12	10	10	4.78161	4.83960	5.38367	5.86079	6.33791
14	12	10	9	4.41363	4.60552	4.76042	5.20758	5.98573

Tafel 5 (Fortsetzung)

N	N1	N2	N3	20%	10%	5%	1%	0 1%
14	12	10	8	4.30449	4.44166	4.83960	5.08264	5.50861
14	12	10	7	4.23754	4.53857	4.76042	5.08264	—
14	12	9	9	4.23754	4.30449	4.53857	5.08264	5.98573
14	12	9	8	4.06145	4.23754	4.45939	4.78161	5.68470
14	12	9	7	3.83960	4.23754	4.53857	4.76042	6.08264
14	12	8	8	3.93651	4.06145	4.44166	4.83960	5.78161
14	12	8	7	3.83960	4.06145	4.23754	4.93651	5.71466
14	12	7	7	—	3.83960	4.15836	4.93651	5.71466
14	11	11	11	4.90655	5.20758	5.55976	6.16182	6.55976
14	11	11	10	4.48058	4.78161	5.20758	5.55976	6.16182
14	11	11	9	4.30449	4.53857	4.78161	5.20758	5.71466
14	11	11	8	4.23754	4.41363	4.53857	5.20758	5.71466
14	11	11	7	4.15836	4.31672	4.53857	4.78161	5.86079
14	11	10	10	4.23754	4.31672	4.78161	5.25873	6.16182
14	11	10	9	4.00346	4.23754	4.41363	4.90655	5.68470
14	11	10	8	3.83960	4.06145	4.30449	4.60552	5.38367
14	11	10	7	3.83960	4.06145	4.23754	4.60552	5.25873
14	11	9	9	3.76042	4.00346	4.30449	4.60552	5.38367
14	11	9	8	3.63548	3.93651	4.06145	4.48058	5.08264
14	11	9	7	3.53857	3.83960	4.06145	4.45939	5.08264
14	11	8	8	3.53857	3.76042	3.93651	4.41363	5.08264
14	11	8	7	3.45939	3.71466	3.93651	4.31672	5.23754
14	11	7	7	3.36248	3.71466	4.06145	4.41363	5.23754
14	10	10	10	3.93651	4.30449	4.41363	4.90655	5.61775
14	10	10	9	3.76042	3.93651	4.00346	4.60552	5.38367
14	10	10	8	3.66351	3.76042	4.06145	4.41363	4.93651
14	10	10	7	3.63548	3.83960	3.93651	4.31672	5.25873
14	10	9	9	3.53857	3.76042	3.93651	4.30449	5.01569
14	10	9	8	3.36248	3.53857	3.83960	4.30449	4.83960
14	10	9	7	3.28330	3.53857	3.83960	4.06145	4.78161
14	10	8	8	3.45939	3.53857	3.71466	4.06145	4.83960
14	10	8	7	3.15836	3.45939	3.63548	4.23754	5.01569
14	10	7	7	3.11261	3.45939	3.76042	4.06145	4.76042
14	9	9	9	3.28330	3.53857	3.76042	4.23754	5.08264
14	9	9	8	3.15836	3.45939	3.63548	4.06145	4.78161
14	9	9	7	3.11261	3.28330	3.63548	4.06145	4.76042
14	9	8	8	3.06145	3.28330	3.53857	4.06145	4.71466
14	9	8	7	2.98227	3.28330	3.53857	3.93651	4.53857
14	9	7	7	2.93651	3.36248	3.53857	3.83960	4.76042
14	8	8	8	2.93651	3.41363	3.45939	3.93651	4.45939
14	8	8	7	3.06145	3.11261	3.36248	3.83960	4.45939
14	8	7	7	2.93651	3.11261	3.36248	3.76042	4.53857
14	7	7	7	3.06145	3.11261	3.36248	4.15836	4.76042
15	14	14	14	9.79428	—	—	10.94041	—
15	14	14	13	—	8.98137	9.79428	—	—
15	14	14	12	—	8.37931	8.68034	8.98137	—
15	14	14	11	7.90219	7.93997	8.37931	—	—
15	14	14	10	7.33791	7.63894	7.93997	—	—
15	14	14	9	6.93997	7.46285	7.63894	—	—
15	14	14	8	—	7.40486	7.46285	—	—
15	14	13	13	—	8.68034	—	8.98137	9.79428

Tafel 5 (Fortsetzung)

N	N1	N2	N3	20%	10%	5%	1%	0 1%
15	14	13	12	7.33791	7.90219	——	8.68034	——
15	14	13	11	6.93997	7.33791	7.90219	——	——
15	14	13	10	6.68470	6.93997	7.16182	7.33791	——
15	14	13	9	6.55976	6.68470	6.93997	——	——
15	14	13	8	6.28676	——	6.68470	——	——
15	14	12	12	——	——	7.16182	7.90219	8.98137
15	14	12	11	6.33791	6.63894	7.16182	7.33791	8.37931
15	14	12	10	6.08264	6.28676	6.63894	7.16182	——
15	14	12	9	5.98573	6.08264	6.28676	——	——
15	14	12	8	5.86079	6.08264	6.16182	——	——
15	14	11	11	6.16182	——	6.33791	6.86079	7.93997
15	14	11	10	——	5.71466	6.16182	6.63894	7.33791
15	14	11	9	5.53857	5.71466	6.16182	6.28676	——
15	14	11	8	5.38367	5.71466	——	6.16182	——
15	14	10	10	5.50861	5.61775	5.98573	6.33791	7.63894
15	14	10	9	5.25873	5.53857	5.61775	5.98573	6.93997
15	14	10	8	——	5.25873	5.61775	6.08264	6.68470
15	14	9	9	4.93651	5.08264	5.53857	5.98573	7.46285
15	14	9	8	4.93651	5.23754	5.38367	5.78161	6.68470
15	14	8	8	4.76042	4.93651	5.71466	5.78161	7.40486
15	13	13	13	7.60116	——	8.20322	8.68034	10.09531
15	13	13	12	6.86079	7.16182	7.60116	7.90219	8.68034
15	13	13	11	6.46285	6.86079	——	7.24100	8.20322
15	13	13	10	6.16182	6.33791	6.86079	6.93997	7.63894
15	13	13	9	——	5.98573	6.33791	6.68470	7.24100
15	13	13	8	5.78161	——	5.98573	6.55976	——
15	13	12	12	6.55976	6.63894	6.86079	7.60116	8.98137
15	13	12	11	5.86079	6.16182	6.28676	6.86079	7.90219
15	13	12	10	5.50861	5.86079	6.08264	6.33791	7.16182
15	13	12	9	5.38367	5.50861	5.78161	6.08264	——
15	13	12	8	5.25873	——	5.55976	6.01569	——
15	13	11	11	5.68470	——	5.86079	6.46285	7.24100
15	13	11	10	5.20758	5.38367	5.50861	6.16182	6.63894
15	13	11	9	4.93651	5.14063	5.31672	5.98573	6.46285
15	13	11	8	4.93651	5.14063	5.31672	5.68470	6.28676
15	13	10	10	5.01569	5.08264	5.38367	5.55976	6.93997
15	13	10	9	4.76042	4.93651	5.08264	5.50861	6.28676
15	13	10	8	4.53857	4.83960	5.08264	5.53857	6.08264
15	13	9	9	4.53857	4.76042	4.90655	5.31672	6.01569
15	13	9	8	4.36248	4.71466	4.76042	5.31672	6.01569
15	13	8	8	4.36248	4.53857	4.76042	5.38367	6.01569
15	12	12	12	5.86079	6.16182	6.55976	7.11607	7.60116
15	12	12	11	5.38367	5.55976	6.16182	6.55976	7.16182
15	12	12	10	5.08264	5.38367	5.55976	6.16182	6.86079
15	12	12	9	4.93651	5.19179	5.38367	6.08264	6.28676
15	12	12	8	4.83960	5.08264	5.23754	5.50861	6.16182
15	12	11	11	4.90655	5.20758	5.50861	6.16182	6.76388
15	12	11	10	4.71466	4.90655	5.20758	5.71466	6.28676
15	12	11	9	4.60552	4.76042	5.01569	5.38367	6.16182
15	12	11	8	4.53857	4.71466	4.91878	5.25873	6.16182
15	12	10	10	4.41363	4.60552	4.90655	5.38367	6.16182

Tafel 5 (Fortsetzung)

N	N1	N2	N3	20%	10%	5%	1%	0 1%
15	12	10	9	4.30449	4.60552	4.76042	5.20758	5.71466
15	12	10	8	4.23754	4.44166	4.60552	5.08264	5.55976
15	12	9	9	4.14063	4.44166	4.60552	5.08264	5.68470
15	12	9	8	4.01569	4.41363	4.53857	4.83960	5.55976
15	12	8	8	3.93651	4.15836	4.31672	4.91878	5.71466
15	11	11	11	4.41363	4.91878	5.25873	5.68470	6.46285
15	11	11	10	4.36248	4.60552	4.90655	5.25873	5.98573
15	11	11	9	4.30449	4.41363	4.71466	5.14063	5.71466
15	11	11	8	4.23754	4.41363	4.60552	4.91878	5.53857
15	11	10	10	4.14063	4.31672	4.60552	5.08264	5.68470
15	11	10	9	4.01569	4.23754	4.36248	4.83960	5.53857
15	11	10	8	3.93651	4.14063	4.31672	4.71466	5.31672
15	11	9	9	3.83960	4.01569	4.30449	4.78161	5.31672
15	11	9	8	3.76042	4.06145	4.31672	4.71466	5.31672
15	11	8	8	3.66351	3.83960	4.15836	4.71466	5.25873
15	10	10	10	3.83960	——	4.30449	4.83960	5.50861
15	10	10	9	3.76042	4.01569	4.30449	4.60552	5.38367
15	10	10	8	3.66351	3.93651	4.14063	4.53857	5.25873
15	10	9	9	3.63548	3.83960	4.06145	4.48058	5.14063
15	10	9	8	3.53857	3.76042	4.01569	4.53857	5.08264
15	10	8	8	3.41363	3.71466	3.93651	4.41363	5.23754
15	9	9	9	3.53857	3.63548	4.06145	4.36248	5.08264
15	9	9	8	3.41363	3.58433	3.93651	4.36248	4.93651
15	9	8	8	3.28330	3.63548	3.83960	4.23754	4.93651
15	8	8	8	3.36248	3.53857	3.76042	4.15836	4.91878
16	15	15	15	10.94091	——	——	12.11650	——
16	15	15	14	——	10.09531	10.94041	——	——
16	15	15	13	——	9.45849	9.79428	10.09531	——
16	15	15	12	8.98137	——	9.45849	——	——
16	15	15	11	8.37931	8.63894	8.98137	——	——
16	15	15	10	7.93997	8.41710	8.63894	——	——
16	15	15	9	——	8.30795	8.41710	——	——
16	15	15	8	——	8.30795	——	——	——
16	15	14	14	——	——	9.79428	10.09531	10.94041
16	15	14	13	8.37931	8.98137	——	9.79428	——
16	15	14	12	7.93997	8.20322	——	8.98137	——
16	15	14	11	7.63894	7.93997	8.20322	8.37931	——
16	15	14	10	7.46285	——	7.93997	——	——
16	15	14	9	7.24100	7.46285	7.63894	——	——
16	15	14	8	7.40486	7.46285	——	——	——
16	15	13	13	7.90219	——	8.20322	8.98137	10.09531
16	15	13	12	7.33791	7.63894	7.90219	8.37931	9.45849
16	15	13	11	6.98573	7.24100	7.63894	8.20322	——
16	15	13	10	6.86079	6.98573	7.11607	7.63894	——
16	15	13	9	6.68470	——	6.98573	7.24100	——
16	15	13	8	6.76388	6.86079	6.98573	——	——
16	15	12	12	7.11607	——	7.33791	7.90219	8.98137
16	15	12	11	6.63894	——	6.76388	7.63894	8.37931
16	15	12	10	6.31672	6.55976	7.11607	7.24100	7.93997
16	15	12	9	6.16182	6.46285	6.55976	7.11607	——
16	15	12	8	6.08264	6.55976	6.76388	——	——

Tafel 5 (Fortsetzung)

N	N1	N2	N3	20%	10%	5%	1%	0 1%
16	15	11	11	6.23754	6.46285	6.63894	6.93997	8.63894
16	15	11	10	6.16182	6.28676	6.63894	6.93997	7.63894
16	15	11	9	5.86079	6.16182	6.31672	6.76388	7.63894
16	15	11	8	5.86079	——	6.46285	6.76388	——
16	15	10	10	5.61775	5.98573	6.31672	6.68470	7.63894
16	15	10	9	5.55976	5.71466	6.08264	6.55976	7.46285
16	15	10	8	5.61775	5.86079	6.08264	6.55976	7.46285
16	15	9	9	5.53857	5.68470	6.01569	6.49282	7.40486
16	15	9	8	5.53857	5.71466	6.01569	6.55976	7.40486
16	15	8	8	5.53857	——	6.01569	6.55976	7.40486
16	14	14	14	8.68034	——	9.28240	9.79428	11.24144
16	14	14	13	7.90219	8.20322	8.68034	8.98137	9.79428
16	14	14	12	7.46285	7.90219	——	8.24100	9.28240
16	14	14	11	7.16182	7.33791	7.90219	7.93997	8.68034
16	14	14	10	6.68470	6.93997	7.33791	7.63894	8.24100
16	14	14	9	6.68470	——	6.93997	7.46285	——
16	14	14	8	6.58779	6.68470	——	7.40486	——
16	14	13	13	——	7.60116	7.90219	8.20322	10.09531
16	14	13	12	6.86079	6.93997	7.24100	7.90219	8.37931
16	14	13	11	6.46285	6.63894	6.93997	7.24100	8.20322
16	14	13	10	6.16182	6.33791	6.68470	6.98573	——
16	14	13	9	6.08264	6.28676	6.55976	6.93997	——
16	14	13	8	6.08264	6.28676	6.46285	6.86079	——
16	14	12	12	6.58779	6.63894	6.86079	7.33791	8.24100
16	14	12	11	5.98573	6.28676	6.38367	6.93997	7.63894
16	14	12	10	5.80964	5.98573	6.16182	6.93997	7.33791
16	14	12	9	5.68470	5.86079	6.16182	6.38367	7.24100
16	14	12	8	5.71466	5.91878	6.08264	6.58779	——
16	14	11	11	5.83960	5.86079	6.16182	6.46285	7.33791
16	14	11	10	5.53857	5.71466	5.83960	6.28676	6.98573
16	14	11	9	5.31672	5.61775	5.71466	6.28676	6.93997
16	14	11	8	5.23754	5.61775	5.86079	6.08264	6.98573
16	14	10	10	5.23754	5.53857	5.68470	5.98573	6.93997
16	14	10	9	5.06145	5.38367	5.61775	6.01569	6.86079
16	14	10	8	5.14063	——	5.38367	6.08264	6.68470
16	14	9	9	4.93651	5.23754	5.38367	5.83960	6.68470
16	14	9	8	4.93651	5.14063	5.53857	5.78161	6.86079
16	14	8	8	4.76042	5.23754	5.71466	6.08264	7.40486
16	13	13	13	6.63894	7.16182	7.60116	7.90219	8.68034
16	13	13	12	6.28676	6.46285	6.86079	7.60116	8.20322
16	13	13	11	5.86079	6.28676	6.46285	6.86079	7.63894
16	13	13	10	5.78161	6.01569	6.08264	6.46285	7.24100
16	13	13	9	5.68470	5.79385	6.01569	6.28676	7.11607
16	13	13	8	5.55976	5.78161	5.98573	6.28676	7.46285
16	13	12	12	5.86079	5.98573	6.46285	6.86079	7.63894
16	13	12	11	5.50861	5.86079	6.16182	6.55976	7.24100
16	13	12	10	5.31672	5.55976	5.79385	6.28676	7.11607
16	13	12	9	5.23754	5.38367	5.61775	6.01569	6.55976
16	13	12	8	5.23754	5.38367	5.55976	6.01569	6.76388
16	13	11	11	5.20758	5.38367	5.71466	6.16182	6.93997
16	13	11	10	5.01569	5.31672	5.50861	5.98573	6.55976

Tafel 5 (Fortsetzung)

N	N1	N2	N3	20%	10%	5%	1%	0 1%
16	13	11	9	4.90655	5.14063	5.38367	5.71466	6.28676
16	13	11	8	4.91878	5.08264	5.25873	5.71466	6.28676
16	13	10	10	4.83960	5.14063	5.31672	5.68470	6.49282
16	13	10	9	4.61775	4.90655	5.14063	5.55976	6.16182
16	13	10	8	4.61775	4.83960	5.14063	5.53857	6.28676
16	13	9	9	4.61775	4.76042	5.01569	5.38367	6.16182
16	13	9	8	4.53857	4.71466	4.93651	5.38367	6.08264
16	13	8	8	4.45939	4.76042	4.91878	5.53857	6.55976
16	12	12	12	5.52084	5.80964	6.16182	6.63894	7.33791
16	12	12	11	5.06145	5.50861	5.61775	6.16182	6.86079
16	12	12	10	5.08264	5.19179	5.23754	5.86079	6.63894
16	12	12	9	4.91878	5.08264	5.25873	5.68470	6.38367
16	12	12	8	4.76042	5.14063	5.23754	5.55976	6.31672
16	12	11	11	4.90655	5.08264	5.25873	5.83960	6.63894
16	12	11	10	4.61775	4.90655	5.14063	5.55976	6.31672
16	12	11	9	4.60552	4.78161	4.93651	5.50861	5.98573
16	12	11	8	4.45939	4.83960	5.01569	5.31672	5.98573
16	12	10	10	——	4.60552	5.01569	5.53857	5.98573
16	12	10	9	4.31672	4.60552	4.83960	5.23754	5.86079
16	12	10	8	4.31672	4.71466	4.76042	5.23754	6.08264
16	12	9	9	4.23754	4.44166	4.61775	5.23754	5.78161
16	12	9	8	4.14063	4.45939	4.71466	5.23754	5.86079
16	12	8	8	4.15836	4.31672	4.71466	5.23754	6.08264
16	11	11	11	4.60552	4.83960	5.14063	5.53857	6.23754
16	11	11	10	4.36248	4.60552	4.90655	5.25873	6.16182
16	11	11	9	4.31672	4.60552	4.76042	5.08264	5.98573
16	11	11	8	4.31672	4.53857	4.76042	5.14063	5.98573
16	11	10	10	4.23754	4.44166	4.78161	5.14063	5.71466
16	11	10	9	4.14063	4.31672	4.60552	5.08264	5.71466
16	11	10	8	4.14063	4.31672	4.61775	5.08264	5.68470
16	11	9	9	4.01569	4.23754	4.45939	4.91878	5.61775
16	11	9	8	3.93651	4.31672	4.44166	4.91878	5.55976
16	11	8	8	3.83960	4.23754	4.41363	4.91878	5.71466
16	10	10	10	4.01569	4.36248	4.60552	5.01569	5.68470
16	10	10	9	3.89076	4.23754	4.41363	4.90655	5.55976
16	10	10	8	3.96454	4.06145	4.36248	4.76042	5.55976
16	10	9	9	3.83960	4.14063	4.31672	4.76042	5.38367
16	10	9	8	3.76042	4.06145	4.31672	4.71466	5.38367
16	10	8	8	3.71466	4.06145	4.31672	4.74269	5.71466
16	9	9	9	3.66351	4.01569	4.23754	4.61775	5.31672
16	9	9	8	3.71466	3.93651	4.23754	4.61775	5.31672
16	9	8	8	3.71466	3.93651	4.23754	4.71466	5.53857
16	8	8	8	3.71466	3.96454	4.23754	4.71466	5.52084
17	16	16	16	12.11650	——	——	13.32062	——
17	16	16	15	——	11.24144	——	12.11650	——
17	16	16	14	——	10.57243	10.94041	11.24144	——
17	16	16	13	——	10.06055	——	10.57243	——
17	16	16	12	9.45849	9.68034	10.06055	——	——
17	16	16	11	8.98137	9.41710	9.68034	——	——
17	16	16	10	——	9.26219	9.41710	——	——
17	16	16	9	——	9.21104	9.26219	——	——

Tafel 5 (Fortsetzung)

N	N1	N2	N3	20%	10%	5%	1%	0 1%
17	16	15	15	——	——	10.94041	11.24144	12.11650
17	16	15	14	9.45849	9.79428	——	10.94041	11.24144
17	16	15	13	——	9.28240	——	10.09531	——
17	16	15	12	8.63894	8.98137	9.28240	9.45849	——
17	16	15	11	8.41710	8.63894	8.68034	8.98137	——
17	16	15	10	8.24100	8.41710	8.63894	——	——
17	16	15	9	7.93997	——	8.41710	——	——
17	16	14	14	8.98137	——	9.28240	10.09531	11.24144
17	16	14	13	8.24100	8.68034	8.98137	9.28240	10.09531
17	16	14	12	8.20322	8.24100	8.37931	9.28240	——
17	16	14	11	7.76388	7.93997	8.11607	8.68034	——
17	16	14	10	7.63894	7.71813	7.93997	8.24100	——
17	16	14	9	7.70589	7.71813	7.93997	——	——
17	16	13	13	8.11607	8.20322	8.37931	8.98137	10.06055
17	16	13	12	7.63894	——	7.71813	8.37931	9.45849
17	16	13	11	7.24100	7.33791	7.63894	8.11607	8.98137
17	16	13	10	7.09488	7.24100	7.71813	8.11607	——
17	16	13	9	6.98573	7.33791	7.46285	7.71813	——
17	16	12	12	7.11607	7.36594	7.46285	7.93997	8.98137
17	16	12	11	7.01569	7.09488	7.16182	7.63894	8.63894
17	16	12	10	6.58779	7.01569	7.11607	7.71813	8.24100
17	16	12	9	6.55976	6.76388	7.16182	7.46285	——
17	16	11	11	6.58779	6.93997	7.09488	7.63894	8.63894
17	16	11	10	6.46285	6.58779	6.98573	7.24100	8.41710
17	16	11	9	6.31672	6.55976	6.76388	7.33791	7.93997
17	16	10	10	6.23754	6.38367	6.58779	7.33791	8.41710
17	16	10	9	6.16182	6.31672	6.55976	6.98573	8.30795
17	16	9	9	——	6.31672	6.38367	7.40486	8.30795
17	15	15	15	9.79428	——	10.39634	10.94041	12.41753
17	15	15	14	8.68034	9.28240	9.75952	10.09531	10.94041
17	15	15	13	8.37931	8.50425	8.98137	9.28240	10.39634
17	15	15	12	——	8.20322	8.37931	8.93997	9.75952
17	15	15	11	——	7.93997	8.37931	8.50425	9.28240
17	15	15	10	7.46285	7.63894	7.93997	8.41710	8.93997
17	15	15	9	7.46285	——	7.54203	8.30795	——
17	15	14	14	8.20322	8.68034	8.98137	9.28240	10.09531
17	15	14	13	7.90219	7.93997	8.24100	8.98137	9.45849
17	15	14	12	7.33791	7.46285	7.90219	8.24100	8.98137
17	15	14	11	7.06491	7.33791	7.63894	7.93997	8.68034
17	15	14	10	6.93997	7.06491	7.24100	7.70589	8.24100
17	15	14	9	——	6.98573	7.06491	7.70589	——
17	15	13	13	7.54203	7.63894	7.90219	8.37931	9.28240
17	15	13	12	6.93997	7.24100	7.28676	7.90219	8.68034
17	15	13	11	6.63894	6.93997	7.11607	7.63894	8.37931
17	15	13	10	6.49282	6.63894	6.93997	7.28676	7.93997
17	15	13	9	6.46285	6.61775	6.86079	7.16182	——
17	15	12	12	6.58779	6.76388	6.93997	7.41710	8.20322
17	15	12	11	6.31672	6.55976	6.63894	7.06491	8.24100
17	15	12	10	6.16182	6.38367	6.49282	6.93997	7.63894
17	15	12	9	5.91878	6.31672	6.55976	6.79385	7.41710
17	15	11	11	6.01569	6.28676	6.46285	6.79385	7.93997

Tafel 5 (Fortsetzung)

N	N1	N2	N3	20%	10%	5%	1%	0 1%
17	15	11	10	5.83960	6.16182	6.31672	6.68470	7.63894
17	15	11	9	5.71466	5.98573	6.08264	6.61775	7.46285
17	15	10	10	5.61775	5.83960	6.16182	6.53857	7.46285
17	15	10	9	5.61775	5.83960	6.01569	6.55976	7.40486
17	15	9	9	5.49282	5.71466	5.98573	6.38367	7.40486
17	14	14	14	7.63894	7.90219	8.68034	8.98137	9.79428
17	14	14	13	7.16182	7.33791	7.63894	8.68034	9.28240
17	14	14	12	6.86079	6.98573	7.33791	7.90219	8.68034
17	14	14	11	6.49282	6.93997	6.98573	7.33791	8.24100
17	14	14	10	6.46285	6.68470	6.86079	7.24100	7.93997
17	14	14	9	6.31672	6.55976	6.68470	7.24100	7.76388
17	14	13	13	6.86079	6.93997	7.46285	7.71813	8.37931
17	14	13	12	6.31672	6.58779	6.93997	7.33791	8.20322
17	14	13	11	6.03688	6.38367	6.58779	7.06491	7.63894
17	14	13	10	6.01569	6.28676	6.39591	6.86079	7.46285
17	14	13	9	5.91878	6.16182	6.31672	6.86079	7.33791
17	14	12	12	6.01569	6.31672	6.58779	7.16182	7.63894
17	14	12	11	5.71466	6.01569	6.28676	6.63894	7.46285
17	14	12	10	5.68470	5.86079	6.08264	6.49282	7.06491
17	14	12	9	5.55976	5.83960	6.08264	6.46285	6.98573
17	14	11	11	5.55976	5.80964	6.01569	6.46285	7.24100
17	14	11	10	5.38367	5.68470	5.91878	6.28676	6.98573
17	14	11	9	5.25873	5.55976	5.71466	6.28676	6.86079
17	14	10	10	5.23754	5.53857	5.68470	6.03688	6.98573
17	14	10	9	5.14063	5.38367	5.55976	6.03688	6.98573
17	14	9	9	5.01569	5.31672	5.61775	6.08264	6.98573
17	13	13	13	6.21981	6.55976	7.11607	7.63894	8.32019
17	13	13	12	5.80964	6.21981	6.55976	6.93997	7.71813
17	13	13	11	5.61775	6.03688	6.16182	6.76388	7.46285
17	13	13	10	5.55976	5.83960	6.01569	6.46285	7.28676
17	13	13	9	5.55976	5.71466	6.01569	6.28676	7.11607
17	13	12	12	5.61775	5.98573	6.16182	6.63894	7.36594
17	13	12	11	5.44166	5.68470	5.86079	6.33791	7.11607
17	13	12	10	5.21981	5.55976	5.71466	6.28676	6.76388
17	13	12	9	5.19179	5.52084	5.68470	6.16182	6.76388
17	13	11	11	5.20758	5.38367	5.61775	6.03688	6.76388
17	13	11	10	5.08264	5.31672	5.50861	5.98573	6.61775
17	13	11	9	4.91878	5.20758	5.44166	5.83960	6.55976
17	13	10	10	4.90655	5.14063	5.31672	5.83960	6.49282
17	13	10	9	4.74269	5.06145	5.31672	5.71466	6.46285
17	13	9	9	4.76042	4.91878	5.14063	5.71466	6.38367
17	12	12	12	5.31672	5.52084	5.98573	6.31672	7.16182
17	12	12	11	5.06145	5.38367	5.61775	6.16182	6.76388
17	12	12	10	5.01569	5.19179	5.38367	5.91878	6.58799
17	12	12	9	4.90655	5.14063	5.38367	5.80964	6.76388
17	12	11	11	4.90655	5.14063	5.44166	5.80964	6.55976
17	12	11	10	4.74269	5.06145	5.19179	5.68470	6.38367
17	12	11	9	4.71466	4.91878	5.14063	5.61775	6.38367
17	12	10	10	4.61775	4.76042	5.14063	5.55976	6.31672
17	12	10	9	4.61775	4.76042	5.06145	5.55976	6.28676
17	12	9	9	4.41363	4.71466	5.01569	5.49282	6.08264

Tafel 5 (Fortsetzung)

N	N1	N2	N3	20%	10%	5%	1%	0 1%
17	11	11	11	4.66351	5.01569	5.19179	5.61775	6.28676
17	11	11	10	4.53857	4.78161	5.08264	5.44166	6.23754
17	11	11	9	4.53857	4.66351	4.91878	5.38367	6.16182
17	11	10	10	4.31672	4.71466	4.90655	5.38367	6.03688
17	11	10	9	4.31672	4.61775	4.91878	5.25873	6.03688
17	10	10	10	4.23754	4.61775	4.83960	5.19179	5.83960
18	17	17	17	13.32062	——	——	14.55107	——
18	17	17	16	——	12.41753	——	13.32062	——
18	17	17	15	——	11.71856	12.11650	12.41753	——
18	17	17	14	——	11.17449	11.24144	11.71856	——
18	17	17	13	10.57243	10.75952	11.17449	——	——
18	17	17	12	10.06055	10.45849	10.75952	——	——
18	17	17	11	9.68034	10.26219	10.45849	——	——
18	17	17	10	——	10.161528	10.26219	——	——
18	17	17	9	——	10.16528	——	——	——
18	17	16	16	——	——	12.11650	12.41753	13.32062
18	17	16	15	10.57243	10.94041	11.24144	12.11650	12.41753
18	17	16	14	10.09531	10.39634	10.57243	11.24144	——
18	17	16	13	9.68034	10.06055	10.39634	10.57243	——
18	17	16	12	9.28240	9.68034	9.75952	10.06055	——
18	17	16	11	9.26219	9.41710	9.68034	——	——
18	17	16	10	8.93997	9.26219	9.41710	——	——
18	17	16	9	9.21104	——	9.26219	——	——
18	17	15	15	10.09531	——	10.39634	10.94041	11.71856
18	17	15	14	9.45849	9.75952	10.09531	10.39634	11.24144
18	17	15	13	8.93997	9.28240	9.45849	10.39634	10.57243
18	17	15	12	8.68034	8.93997	9.15746	9.75952	——
18	17	15	11	8.41710	8.71813	8.93997	9.28240	——
18	17	15	10	8.41710	8.60898	8.71813	8.93997	——
18	17	15	9	8.41710	8.60898	8.71813	——	——
18	17	14	14	9.15746	9.28240	9.45849	10.09531	11.17449
18	17	14	13	8.50425	——	8.71813	9.45849	10.57243
18	17	14	12	8.24100	8.41710	8.68034	9.15746	10.06055
18	17	14	11	8.11607	8.18301	8.71813	9.15746	——
18	17	14	10	7.93997	8.06491	8.24100	8.71813	——
18	17	14	9	7.76388	8.24100	8.32019	——	——
18	17	13	13	8.06491	8.11607	8.50425	8.98137	10.06055
18	17	13	12	7.79385	8.06491	8.11607	8.68034	9.68034
18	17	13	11	7.54203	7.79385	7.93997	8.24100	9.28240
18	17	13	10	7.36594	7.71813	7.86079	8.32019	8.93997
18	17	13	9	7.36594	7.46285	8.06491	8.41710	——
18	17	12	12	7.54203	7.79385	7.86079	8.63894	9.68034
18	17	12	11	7.09488	7.41710	7.79385	8.24100	8.93997
18	17	12	10	7.09488	7.36594	7.46285	8.06491	8.93997
18	17	12	9	7.16182	7.36594	7.46285	8.24100	——
18	17	11	11	7.06491	7.09488	7.54203	8.18301	8.63894
18	17	11	10	6.86079	7.09488	7.28676	7.93997	8.60898
18	17	11	9	6.86079	7.16182	7.33791	7.76388	8.71813
18	17	10	10	6.63894	7.09488	7.16182	7.76388	8.60898
18	17	10	9	6.79385	6.86079	7.16182	7.76388	8.60898
18	17	9	9	6.79385	7.16182	7.70589	8.30795	9.21104

Tafel 5 (Fortsetzung)

N	N1	N2	N3	20%	10%	5%	1%	0 1%
18	16	16	16	—	10.94041	11.54247	12.11650	13.62165
18	16	16	15	9.79428	—	10.39634	11.24144	12.11650
18	16	16	14	9.45849	9.58343	10.09531	10.36158	11.54247
18	16	16	13	—	9.28240	9.45849	9.98137	10.87346
18	16	16	12	8.68034	8.98137	9.45849	9.58343	10.36158
18	16	16	11	8.41710	8.63894	8.98137	9.41710	9.98137
18	16	16	10	8.41710	—	8.54203	9.26219	9.71813
18	16	16	9	—	—	8.41710	9.21104	—
18	16	15	15	9.28240	9.75952	9.79428	10.39634	11.24144
18	16	15	14	8.68034	9.28240	9.45849	9.79428	10.57243
18	16	15	13	8.37931	8.50425	8.93997	9.45849	10.09531
18	16	15	12	8.01916	8.24100	8.50425	8.93997	9.75952
18	16	15	11	7.93997	8.01916	8.24100	8.68034	9.28240
18	16	15	10	7.71813	7.93997	8.24100	8.60898	8.93997
18	16	15	9	7.70589	7.93997	8.01916	8.60898	—
18	16	14	14	—	8.54203	8.98137	9.45849	10.36158
18	16	14	13	7.93997	8.11607	8.37931	8.68034	9.75952
18	16	14	12	7.63894	7.66697	8.06491	8.68034	8.98137
18	16	14	11	7.33791	7.63894	7.76388	8.24100	8.98137
18	12	12	12	5.38367	5.53857	5.96994	6.31672	7.16182
18	12	12	11	5.19179	5.49282	5.68470	6.16182	7.01569
18	12	12	10	5.06145	5.38367	5.53857	6.11067	6.86079
18	12	12	9	5.14063	5.36248	5.61775	5.98573	6.76388
18	12	11	11	5.08264	5.36248	5.55976	5.98573	6.68470
18	12	11	10	4.91878	5.19179	5.44166	5.91878	6.63894
18	12	11	9	4.91878	5.19179	5.36248	5.91878	6.68470
18	12	10	10	4.91878	5.06145	5.38367	5.82187	6.49282
18	11	11	11	4.90655	5.19179	5.38367	5.83960	6.61775
18	11	11	10	4.74269	5.08264	5.38367	5.79385	6.49282
18	11	10	10	4.61775	4.91878	5.21981	5.68470	6.39591
19	18	18	18	14.55107	—	—	15.80634	—
19	18	18	17	—	13.62165	—	14.55107	—
19	18	18	16	—	12.89465	13.32062	13.62165	—
19	18	18	15	—	12.32062	12.41753	12.89465	—
19	18	18	14	11.71856	—	11.87346	12.32062	—
19	18	18	13	11.17449	—	11.53767	—	—
19	18	18	12	10.75952	—	11.30359	—	—
19	18	18	11	—	—	11.16528	—	—
19	18	18	10	—	—	11.11953	—	—
19	18	17	17	—	—	13.32062	13.62165	14.55107
19	18	17	16	11.71856	12.11650	12.41753	13.32062	13.62165
19	18	17	15	11.17449	11.54247	11.71856	12.41753	—
19	18	17	14	10.75952	10.87346	11.54247	11.71856	—
19	18	17	13	10.36158	10.75952	10.87346	11.17449	—
19	18	17	12	10.26219	10.36158	—	10.75952	—
19	18	17	11	9.98137	10.26219	10.45849	—	—
19	18	17	10	9.71813	—	10.26219	—	—
19	18	16	16	11.24144	—	11.54247	12.11650	12.89465
19	18	16	15	—	10.57243	10.87346	11.54247	12.41753
19	18	16	14	9.98137	10.36158	10.57243	11.54247	11.71856
19	18	16	13	9.71813	9.98137	10.06055	10.87346	—

Tafel 5 (Fortsetzung)

N	N1	N2	N3	20%	10%	5%	1%	0 1%
19	18	16	12	9.41710	9.68034	9.75952	10.23664	——
19	18	16	11	9.41710	9.51207	9.71813	9.98137	——
19	18	16	10	9.21104	9.41710	9.56322	9.71813	——
19	18	15	15	——	10.23664	10.57243	11.24144	12.32062
19	18	15	14	9.41710	——	——	10.39634	11.17449
19	18	15	13	9.15746	——	9.41710	10.23664	10.87346
19	18	15	12	8.93997	9.08610	9.19525	10.23664	——
19	18	15	11	8.78507	8.93997	9.32019	9.75952	——
19	18	15	10	8.71813	9.01916	9.08610	9.41710	——
19	18	14	14	9.01916	9.15746	9.58343	10.06055	11.17449
19	18	14	13	8.71813	8.98137	9.01916	9.75952	10.36158
19	18	14	12	8.54203	8.71813	8.78507	9.28240	10.36158
19	18	14	11	8.32019	8.63894	8.76388	9.32019	9.98137
19	18	14	10	8.24100	8.32019	8.76388	9.32019	——
19	18	13	13	8.54203	8.57200	8.76388	9.28240	10.06055
19	18	13	12	8.06491	8.41710	8.63894	8.93997	9.98137
19	18	13	11	7.93997	8.32019	8.41710	8.84306	9.71813
19	18	13	10	7.86079	——	8.32019	8.84306	9.71813
19	18	12	12	7.86079	8.01916	8.24100	8.78507	9.68034
19	18	12	11	7.76388	7.86079	8.01916	8.71813	9.41710
19	18	12	10	7.66697	7.86079	8.06491	8.41710	9.56322
19	18	11	11	7.39591	7.79385	8.06491	8.71813	9.41710
19	18	11	10	7.39591	7.63894	7.93997	8.60898	9.51207
19	18	10	10	7.33791	——	8.00692	8.60898	9.26219
19	17	17	17	——	12.11650	12.71856	13.32062	14.85210
19	17	17	16	10.94041	——	11.54247	12.41753	13.32062
19	17	17	15	10.57243	10.69737	11.24144	11.47552	12.11650
19	17	17	14	——	10.39634	10.57243	11.06055	11.54247
19	17	17	13	9.68034	——	10.06055	10.57243	11.47552
19	17	17	12	9.41710	9.68034	10.06055	10.45849	11.06055
19	17	17	11	9.26219	9.41710	9.58343	10.26219	10.75952
19	17	17	10	9.24100	——	9.41710	10.16528	10.56322
19	17	16	16	10.39634	10.87346	10.94041	11.54247	12.41753
19	17	16	15	9.75952	10.09531	10.36158	10.87346	11.71856
19	17	16	14	9.45849	9.58343	9.98137	10.39634	11.24144
19	17	16	13	8.98137	9.28240	9.58343	9.98137	10.87346
19	17	16	12	8.93997	8.98137	9.15746	9.68034	10.36158
19	17	16	11	8.63894	——	8.93997	9.45849	9.98137
19	17	16	10	8.54203	8.71813	8.93997	9.26219	——
19	17	15	15	9.28240	9.58343	10.09531	10.57243	11.24144
19	17	15	14	8.71813	9.01916	9.45849	9.75952	10.57243
19	17	15	13	8.62122	8.71813	8.93997	9.58343	10.06055
19	17	15	12	——	8.36594	8.71813	9.24100	9.75952
19	17	15	11	8.18301	8.36594	8.60898	8.93997	9.58343
19	17	15	10	8.01916	8.30795	8.60898	8.91001	9.24100
19	17	14	14	8.50425	8.71813	8.98137	9.45849	10.39634
19	17	14	13	8.09488	8.32019	8.54203	8.98137	9.75952
19	17	14	12	7.93997	8.11607	8.48404	8.68034	9.68034
19	17	14	11	7.71813	8.00692	8.09488	8.71813	9.28240
19	17	14	10	7.66697	7.93997	8.16182	8.41710	9.01916
19	17	13	13	7.84306	8.06491	8.09488	8.62122	9.58343

Tafel 5 (Fortsetzung)

N	N1	N2	N3	20%	10%	5%	1%	0 1%
19	17	13	12	7.54203	7.79385	8.01916	8.36594	9.01916
19	17	13	11	7.28676	7.63894	7.84306	8.24100	9.01916
19	17	13	10	7.31672	7.58779	7.71813	8.32019	8.93997
19	17	12	12	7.36594	7.54203	7.79385	8.24100	8.71813
19	17	12	11	7.09488	7.28676	7.54203	8.06491	8.91001
19	17	12	10	7.01569	7.33791	7.46285	8.01916	8.91001
19	17	11	11	7.01569	7.09488	7.31672	7.93997	8.93997
19	17	11	10	6.86079	7.06491	7.31672	8.00692	8.71813
19	17	10	10	6.83960	6.93997	7.33791	7.76388	8.60898
19	16	16	16	9.58343	9.79428	10.39634	10.94041	12.11650
19	16	16	15	9.28240	9.45849	9.75952	10.23664	10.94041
19	16	16	14	8.54203	9.28240	9.45849	9.75952	10.45849
19	16	16	13	8.37931	8.68034	8.98137	9.45849	10.19525
19	16	16	12	8.11607	8.49628	8.68034	9.28240	9.75952
19	16	16	11	8.06491	8.30795	8.54203	8.93997	9.56322
19	16	16	10	8.00692	8.11607	8.41710	8.71813	9.51207
19	16	15	15	8.68034	8.98137	9.15746	9.79428	10.57243
19	16	15	14	8.24100	8.50425	8.98137	9.41710	10.06055
19	16	15	13	7.93997	8.06491	8.49628	8.93997	9.58343
19	16	15	12	7.76388	8.00692	8.11607	8.68034	9.28240
19	16	15	11	7.63894	7.93997	8.00692	8.41710	9.08610
19	16	15	10	7.54203	7.71813	7.93997	8.24100	9.01916
19	16	14	14	7.79385	8.01916	8.37931	8.98137	9.58343
19	16	14	13	7.54203	7.71813	8.01916	8.50425	9.41710
19	16	14	12	7.31672	7.63894	7.71813	8.24100	8.98137
19	16	14	11	7.24100	7.39591	7.63894	8.01916	8.71813
19	16	14	10	7.09488	7.33791	7.54203	8.00692	8.54203
19	16	13	13	7.24100	7.46285	7.66697	8.11607	8.98137
19	16	13	12	7.01569	7.28676	7.46285	7.89422	8.63894
19	16	13	11	6.79385	7.09488	7.31672	7.71813	8.54203
19	16	13	10	6.79385	6.93997	7.28676	7.71813	8.24100
19	16	12	12	6.76388	7.06491	7.27097	7.63894	8.49628
19	16	12	11	6.68470	6.86079	7.06491	7.63894	8.24100
19	16	12	10	6.53857	6.76388	6.93997	7.54203	8.11607
19	16	11	11	6.46285	6.68470	6.88882	7.33791	8.24100
19	16	11	10	6.33791	6.68470	6.86079	7.33791	8.01916
19	16	10	10	6.31672	6.57200	6.79385	7.27097	8.11607
19	15	15	15	8.20322	8.68034	8.71813	9.75952	10.23664
19	15	15	14	7.63894	8.01916	8.41710	8.71813	9.75952
19	15	15	13	7.41710	7.69694	8.20322	8.62122	9.28240
19	15	15	12	7.24100	7.54203	7.63894	8.18301	8.71813
19	15	15	11	7.09488	7.33791	7.54203	8.14409	8.71813
19	15	15	10	7.09488	7.27097	7.54203	7.84306	8.62122
19	15	14	14	7.36594	7.61775	7.90219	8.32019	9.28240
19	15	14	13	7.01569	7.33791	7.54203	8.01916	8.98137
19	15	14	12	6.83960	7.16182	7.28676	7.71813	8.54203
19	15	14	11	6.68470	6.98573	7.24100	7.63894	8.36594
19	15	14	10	6.68470	6.91878	7.16182	7.54203	8.18301
19	15	13	13	6.86079	——	7.09488	7.84306	8.62122
19	15	13	12	6.58779	6.79385	7.06491	7.54203	8.36594
19	15	13	11	6.38367	6.63894	6.91878	7.36594	8.24100

Tafel 5 (Fortsetzung)

N	N1	N2	N3	20%	10%	5%	1%	0 1%
19	15	13	10	6.33791	6.57200	6.91878	7.28676	7.93997
19	15	12	12	6.39900	6.61775	6.83960	7.27097	8.01916
19	15	15	11	6.16182	6.46285	6.68470	7.16182	7.84306
19	15	12	10	6.09488	6.33791	6.61775	7.09488	7.87303
19	15	11	11	6.09488	6.33791	6.53857	7.01569	7.84306
19	15	11	10	5.98573	6.28676	6.46285	6.91878	7.70589
19	15	10	10	5.96994	6.14063	6.33791	6.91878	7.70589
19	14	14	14	6.99797	7.16182	7.46285	8.06491	8.71813
19	14	14	13	6.68470	6.93997	7.24100	7.71813	8.50425
19	14	14	12	6.46285	6.79385	6.99797	7.46285	8.16182
19	14	14	11	6.38367	6.61775	6.86079	7.28676	8.06491
19	14	14	10	6.38367	6.49282	6.79385	7.24100	7.76388
19	14	13	13	6.46285	6.58779	6.88882	7.41710	8.09488
19	14	13	12	6.21981	6.49282	6.76388	7.11607	8.01916
19	14	13	11	6.03688	6.33791	6.58779	6.99797	7.79385
19	14	13	10	6.01569	6.31672	6.49282	6.93997	7.66697
19	14	12	12	6.01569	6.21981	6.49282	7.06491	7.71813
19	14	12	11	5.82187	6.11067	6.33791	6.79385	7.63894
19	14	12	10	5.82187	6.03688	6.28676	6.79385	7.46285
19	14	11	11	5.71466	5.98573	6.16182	6.68470	7.46285
19	14	11	10	5.68470	5.91878	6.14063	6.63894	7.36594
19	14	10	10	5.61775	5.86079	6.16182	6.55976	7.33791
19	13	13	13	6.16182	6.31672	6.69694	7.16182	7.93997
19	13	13	12	5.96994	6.11067	6.52084	6.91878	7.71813
19	13	13	11	5.80964	6.14063	6.31672	6.79385	7.41710
19	13	13	10	5.68470	6.09488	6.28676	6.79385	7.39591
19	13	12	12	5.71466	5.96994	6.28676	6.69694	7.54203
19	13	12	11	5.55976	5.86079	6.11067	6.58779	7.36594
19	13	12	10	5.52084	5.83960	6.03688	6.49282	7.33791
19	13	11	11	5.49282	5.71466	6.01569	6.49282	7.24100
19	13	11	10	5.36248	5.68470	5.98573	6.38367	7.16182
19	13	10	10	5.36248	5.61775	5.82187	6.38367	7.01569
19	12	12	12	5.49282	5.86079	6.16182	6.58779	7.24100
19	12	12	11	5.38367	5.68470	5.98573	6.39591	7.24100
19	12	12	10	5.38367	5.68470	5.86079	6.33791	7.09488
19	12	11	11	5.19179	5.55976	5.83960	6.28676	7.06491
19	12	11	10	5.19179	5.49282	5.71466	6.21981	6.93997
19	11	11	11	5.14063	5.38367	5.74269	6.21981	6.91878
20	19	19	19	15.80634	——	——	17.08509	——
20	19	19	18	——	14.85210	——	15.80634	——
20	19	19	17	——	14.09877	14.55107	14.85210	——
20	19	19	16	——	13.49671	13.62165	14.09877	——
20	19	19	15	——	12.89465	13.01959	13.49671	——
20	19	19	14	12.32062	——	12.65161	——	——
20	19	19	13	11.87346	——	12.38277	——	——
20	19	19	12	11.53767	——	12.20668	——	——
20	19	19	11	——	——	12.11953	——	——
20	19	19	10	——	——	12.11953	——	——
20	19	18	18	13.62165	——	14.55107	14.85210	15.80634
20	19	18	17	12.89465	13.32062	13.62165	14.55107	14.85210
20	19	18	16	12.32062	12.71856	12.89465	13.62165	——

Tafel 5 (Fortsetzung)

N	N1	N2	N3	20%	10%	5%	1%	0 1%
20	19	18	15	11.87346	12.01959	12.32062	12.71856	—
20	19	18	14	11.47552	11.87346	12.01959	12.32062	—
20	19	18	13	11.06055	11.47552	—	11.87346	—
20	19	18	12	11.06055	11.16528	11.53767	—	—
20	19	18	11	10.75952	11.11953	11.30359	—	—
20	19	18	10	—	11.11953	11.16528	—	—
20	19	17	17	12.41753	—	12.71856	13.32062	14.09877
20	19	17	16	—	11.71856	12.01959	12.71856	13.62165
20	19	17	15	11.06055	11.47552	11.54247	12.71856	12.89465
20	19	17	14	10.75952	11.06055	11.17449	12.01959	—
20	19	17	13	10.45849	10.75952	10.83870	11.35058	—
20	19	17	12	10.26219	10.46631	10.75952	11.06055	—
20	19	17	11	10.19525	10.45849	10.56322	10.75952	—
20	19	17	10	10.19525	10.46631	10.56322	—	—
20	19	16	16	—	11.35058	—	11.71856	13.49671
20	19	16	15	10.45849	10.83870	—	11.54247	12.32062
20	19	16	14	10.19525	10.36158	10.45849	11.35058	12.01959
20	19	16	13	9.98137	10.04034	10.23664	10.83870	11.47552
20	19	16	12	9.71813	9.98137	10.04034	10.45849	—
20	19	16	11	9.68816	9.79731	10.01916	10.36158	—
20	19	16	10	9.56322	10.01916	10.04034	—	—
20	19	15	15	—	10.23664	10.36158	11.17449	12.32062
20	19	15	14	9.71813	10.01916	10.23664	10.36158	11.47552
20	19	15	13	9.48404	9.68816	9.79731	10.23664	11.06055
20	19	15	12	9.24100	9.48404	9.68816	10.36158	11.06055
20	19	15	11	9.08610	9.32019	9.54203	10.01916	—
20	19	15	10	9.08610	9.19525	9.71813	—	—
20	19	14	14	9.45849	9.54203	9.58343	10.36158	11.17449
20	19	14	13	—	9.41710	9.48404	9.98137	10.75952
20	19	14	12	8.78507	9.32019	9.41710	9.75952	10.75952
20	19	14	11	8.71813	8.84306	9.32019	9.71813	10.45849
20	19	14	10	8.76388	9.01916	9.71813	9.79731	—
20	19	13	13	8.76388	9.01916	9.24100	9.58343	10.45849
20	19	13	12	8.62122	8.71813	9.01916	9.54203	10.45849
20	19	13	11	8.62122	8.71813	8.84306	9.41710	10.19525
20	19	13	10	—	8.76388	9.01916	9.79731	10.56322
20	19	12	12	8.24100	8.63894	8.78507	9.48404	10.26219
20	19	12	11	8.24100	8.36594	8.71813	9.19525	10.04034
20	19	12	10	8.24100	8.54203	8.84306	9.19525	10.46631
20	19	11	11	8.11607	8.48404	8.54203	9.08610	9.98919
20	19	11	10	8.11607	8.48404	8.54203	9.08610	10.16528
20	19	10	10	8.11607	8.48404	8.91001	9.51207	10.16528
20	18	18	18	—	13.32062	13.92268	14.55107	16.10737
20	18	18	17	12.11650	—	12.71856	13.32062	14.55107
20	18	18	16	11.71856	11.84350	12.41753	12.62165	13.32062
20	18	18	15	11.17449	11.54247	11.71856	12.17449	12.71856
20	18	18	14	10.75952	10.87346	11.17449	11.71856	12.62165
20	18	18	13	10.45849	10.75952	11.17449	11.53767	12.17449
20	18	18	12	10.26219	10.45849	10.66261	11.30359	11.83870
20	18	18	11	10.26219	—	10.28240	11.16528	11.60462
20	18	18	10	10.16528	—	10.26219	11.11953	—

Tafel 5 (Fortsetzung)

N	N1	N2	N3	20%	10%	5%	1%	0 1%
20	18	17	17	11.54247	12.01959	12.11650	12.71856	13.62165
20	18	17	16	10.87346	11.17449	11.47552	12.01959	12.71856
20	18	17	15	10.39634	10.69737	10.87346	11.47552	12.01959
20	18	17	14	10.06055	10.36158	10.53767	11.06055	11.54247
20	18	17	13	9.71813	10.06055	10.23664	10.56322	11.47552
20	18	17	12	9.56322	9.75952	9.98137	10.45849	11.06055
20	18	17	11	9.49628	9.71813	9.98137	10.26219	10.75952
20	18	17	10	9.51207	9.71813	10.16528	10.46631	——
20	18	16	16	10.39634	10.66261	11.24144	11.71856	12.41753
20	18	16	15	10.06055	10.23664	10.39634	10.69737	11.71856
20	18	16	14	9.45849	——	9.88446	10.39634	11.17449
20	18	16	13	9.19525	9.32019	9.71813	10.23664	10.87346
20	18	16	12	9.08610	9.19525	9.45849	9.81310	10.66261
20	18	16	11	8.84306	9.19525	9.41710	9.75952	10.28240
20	18	16	10	9.01916	9.19525	9.21104	9.62122	——
20	18	15	15	9.58343	9.71813	10.06055	10.36158	11.54247
20	18	15	14	9.01916	9.28240	9.41710	10.06055	10.69737
20	18	15	13	8.78507	9.01916	9.19525	9.58343	10.75952
20	18	15	12	8.62122	8.84306	9.01916	9.49628	9.98137
20	18	15	11	8.41710	8.76388	8.93997	9.38713	10.06055
20	18	15	10	8.41710	8.84306	9.06491	9.32019	——
20	18	14	14	8.76388	8.87303	9.14409	9.62122	10.66261
20	18	14	13	8.54203	8.63894	8.84306	9.28240	10.36158
20	18	14	12	8.19525	8.48404	8.76388	9.14409	9.98137
20	18	14	11	8.09488	8.36594	8.63894	9.08610	9.71813
20	18	14	10	8.16182	8.32019	8.48404	9.14409	9.62122
20	18	13	13	8.09488	8.41710	8.62122	9.01916	9.71813
20	18	13	12	7.89422	8.09488	8.36594	8.84306	9.68034
20	18	13	11	7.79385	8.01916	8.32019	8.76388	9.41710
20	18	13	10	7.86079	——	8.24100	8.84306	9.56322
20	18	12	12	7.76388	7.96800	8.19525	8.78507	9.41710
20	18	12	11	7.61775	7.84306	8.06491	8.41710	9.41710
20	18	12	10	7.69694	7.76388	8.06491	8.60898	9.56322
20	18	11	11	7.54203	7.76388	7.93997	8.60898	9.51207
20	18	11	10	7.46285	7.63894	8.00692	8.60898	9.38713
20	18	10	10	7.63894	7.69694	8.00692	8.60898	9.56322
20	17	17	17	10.69737	10.94041	11.54247	12.11650	12.71856
20	17	17	16	10.09531	10.57243	10.69737	11.35058	12.11650
20	17	17	15	9.75952	10.06055	10.39634	10.87346	12.01959
20	17	17	14	9.28240	9.68034	9.98137	10.39634	11.06055
20	17	17	13	9.01916	9.45849	9.68034	10.06055	10.75952
20	17	17	12	9.01916	9.24100	9.41710	9.71813	10.53767
20	17	17	11	8.93997	9.19525	9.24100	9.58343	10.46631
20	17	17	10	8.91001	9.01916	9.24100	9.71813	10.46631
20	17	16	16	9.75952	10.06055	10.23664	10.83870	11.71856
20	17	16	15	9.15746	9.58343	9.75952	10.23664	11.17449
20	17	16	14	8.80528	9.01916	9.45849	9.98137	10.57243
20	17	16	13	8.63894	8.91001	9.09834	9.71813	10.23664
20	17	16	12	8.48404	8.84306	8.93997	9.28240	10.04034
20	17	16	11	8.30795	8.62122	8.84306	9.09834	9.98919
20	17	16	10	8.36594	8.60898	8.91001	9.24100	10.04034

Tafel 5 (Fortsetzung)

N	N1	N2	N3	20%	10%	5%	1%	0 1%
20	17	15	15	8.80528	9.01916	9.28240	10.06055	10.57243
20	17	15	14	8.41710	8.68034	9.01916	9.49628	10.36158
20	17	15	13	8.36594	8.48404	8.63894	9.15746	9.98137
20	17	15	12	8.06491	8.36594	8.48404	8.93997	9.71813
20	17	15	11	8.00692	8.16182	8.41710	8.84306	9.45849
20	17	15	10	7.84306	8.24100	8.41710	8.71813	9.38713
20	17	14	14	8.09488	8.36594	8.57200	9.01916	9.98137
20	17	14	13	7.86079	8.11607	8.32019	8.80528	9.58343
20	17	14	12	7.71813	8.01916	8.19525	8.57200	9.28240
20	17	14	11	7.54203	7.79385	8.06491	8.54203	9.19525
20	17	14	10	7.58779	7.76388	8.06491	8.62122	9.24100
20	17	13	13	7.54203	7.86079	8.11607	8.41710	9.28240
20	17	13	12	7.39591	7.66697	7.86079	8.36594	9.01916
20	17	13	11	7.36594	7.58779	7.76388	8.32019	8.93997
20	17	13	10	7.31672	7.63894	7.66697	8.36594	8.96116
20	17	12	12	7.24100	7.46285	7.71813	8.16182	8.93997
20	17	12	11	7.16182	7.33791	7.54203	8.09488	8.91001
20	17	12	10	7.16182	7.33791	7.58779	8.06491	8.91001
20	17	11	11	6.93997	7.27097	7.54203	8.00692	8.71813
20	17	11	10	6.93997	7.17406	7.46285	7.84306	8.91001
20	17	10	10	7.09488	7.17406	7.41710	8.00692	8.96116
20	16	16	16	9.28240	9.75952	9.79428	10.39634	11.35058
20	16	16	15	8.68034	8.98137	9.41710	10.06055	10.69737
20	16	16	14	8.36594	8.50425	8.98137	9.41710	10.23664
20	16	16	13	8.06491	8.41710	8.68034	9.08610	10.19525
20	16	16	12	8.00692	8.36594	8.49628	8.93997	9.45849
20	16	16	11	7.89422	8.11607	8.32019	8.71813	9.28240
20	16	16	10	7.93997	8.01916	8.36594	8.71813	9.41710
20	16	15	15	8.20322	8.54203	8.80528	9.32019	10.09531
20	16	15	14	7.89422	8.32019	8.49628	9.01916	9.79731
20	16	15	13	7.66697	8.01916	8.32019	8.62122	9.45949
20	16	15	12	7.54203	7.89422	8.06491	8.49628	9.19525
20	16	15	11	7.54203	7.71813	8.00692	8.39591	9.08610
20	16	15	10	7.54203	7.69694	8.00692	8.39591	9.01916
20	16	14	14	7.71813	7.96800	8.06491	8.71813	9.62122
20	16	14	13	7.39591	7.66697	7.84306	8.41710	9.08610
20	16	14	12	7.24100	7.54203	7.71813	8.24100	8.93997
20	16	14	11	7.16182	7.39591	7.66697	8.06491	8.62122
20	16	14	10	7.16182	7.28676	7.63894	8.11607	8.84306
20	16	13	13	7.16182	7.39591	7.61775	8.06491	8.98137
20	16	13	12	6.93997	7.27097	7.41710	8.01916	8.63894
20	16	13	11	6.81504	7.09488	7.39591	7.79385	8.62122
20	16	13	10	6.81504	7.09488	7.33791	7.84306	8.49628
20	16	12	12	6.79385	7.16182	7.28676	7.71813	8.71813
20	16	12	11	6.68470	6.93997	7.16182	7.71813	8.32019
20	16	12	10	6.63894	6.91878	7.18985	7.69694	8.47509
20	16	11	11	6.53857	6.81504	7.16182	7.54203	8.32019
20	16	11	10	6.68470	6.79385	7.01569	7.58779	8.36594
20	16	10	10	6.57200	6.68470	7.16182	7.40486	8.47509
20	15	15	15	7.93997	8.06491	8.31672	9.01916	10.06055
20	15	15	14	7.57200	7.76388	8.11607	8.54203	9.45849

Tafel 5 (Fortsetzung)

N	N1	N2	N3	20%	10%	5%	1%	0 1%
20	15	15	13	7.27097	7.58779	7.89422	8.32019	9.06491
20	15	15	12	7.24100	7.39591	7.69694	8.11607	8.78507
20	15	15	11	7.16182	7.36594	7.57200	8.00692	8.62122
20	15	15	10	7.09488	7.28676	7.58779	8.01916	8.71813
20	15	14	14	7.27097	7.46285	7.76388	8.32019	9.28240
20	15	14	13	6.99797	7.27097	7.54203	8.01916	8.76388
20	15	14	12	6.83960	7.16182	7.39591	7.79385	8.57200
20	15	14	11	6.76388	7.01569	7.27097	7.69694	8.41710
20	15	14	10	6.69694	7.06491	7.27097	7.66697	8.39591
20	15	13	13	6.79385	7.09488	7.27097	7.76388	8.54203
20	15	13	12	6.61775	6.91878	7.16182	7.58779	8.32019
20	15	13	11	6.49282	6.79385	7.01569	7.54203	8.24100
20	15	13	10	6.49282	6.76388	7.06491	7.54203	8.24100
20	15	12	12	6.46285	6.68470	6.93997	7.41710	8.16182
20	15	12	11	6.33791	6.63894	6.83960	7.36594	8.06491
20	15	12	10	6.33791	6.52084	6.79385	7.31672	8.06491
20	15	11	11	6.27097	6.46285	6.76388	7.21981	8.01916
20	15	11	10	6.21981	6.46285	6.69694	7.24100	8.00692
20	15	10	10	6.14063	6.46285	6.69694	7.06491	8.24100
20	14	14	14	6.93997	7.18985	7.46285	8.01916	8.84306
20	14	14	13	6.76388	6.91878	7.36594	7.76388	8.54203
20	14	14	12	6.55976	6.91878	7.09488	7.54203	8.24100
20	14	14	11	6.46285	6.79385	6.93997	7.41710	8.09488
20	14	14	10	6.52084	6.79385	6.93997	7.41710	8.06491
20	14	13	13	6.49282	6.76388	7.01569	7.46285	8.32019
20	14	13	12	6.31672	6.61775	6.81504	7.36594	8.09488
20	14	13	11	6.21981	6.49282	6.79385	7.21981	8.01916
20	14	13	10	6.21981	6.49282	6.76388	7.17406	7.89422
20	14	12	12	6.14063	6.41170	6.63894	7.24100	7.96800
20	14	12	11	6.09488	6.33791	6.61775	7.09488	7.79385
20	14	12	10	5.98573	6.39591	6.61775	7.06491	7.93997
20	14	11	11	5.96994	6.27097	6.46285	6.98573	7.79385
20	14	11	10	5.99797	6.16182	6.44166	6.93997	7.66697
20	13	13	13	6.28676	6.53857	6.76388	7.36594	8.01916
20	13	13	12	6.11067	6.33791	6.63894	7.09488	7.86079
20	13	13	11	5.96994	6.28676	6.57200	6.99797	7.79385
20	13	13	10	5.96994	6.28676	6.49282	7.06491	7.84306
20	13	12	12	5.96994	6.21981	6.44166	6.99797	7.71813
20	13	12	11	5.82187	6.14063	6.44166	6.86079	7.61775
20	13	12	10	5.82187	6.14063	6.33791	6.86079	7.58779
20	13	11	11	5.69694	5.99797	6.29900	6.81504	7.58779
20	12	12	12	5.68470	6.14063	6.39591	6.79385	7.63894
20	12	12	11	5.68470	5.98573	6.27097	6.76388	7.46285
20	12	11	11	5.61775	5.86079	6.16182	6.63894	7.39591

Tafel 6

U-Test (Aus Owen 1962)

Die Tafel enthält die zur Prüfgröße U gehörigen Überschreitungswahrscheinlichkeiten $P \leq 0,500$, d.h. die von $U = 0(1)$ $(N_1 N_2)$ kumulierten Punktwahrscheinlichkeiten. Die Tafel ermöglicht sowohl eine einseitige wie eine zweiseitige Ablesung des zu einem beobachteten U-Wert gehörigen P-Wertes. Zu diesem Zweck wird definiert: $U < U' = N_1 \cdot N_2 - U$. Bei einseitigem Test lese man den zu U (kleiner als $N_1 \cdot N_2 / 2$) gehörigen P-Wert ab. Bei zweiseitigem Test verdopple man den P-Wert, wenn $U \neq E(U)$. Die Tafel ist so eingerichtet, daß $N_1 \leq N_2$ mit Stichprobenumfängen von $1 \leq N_1 \leq N_2 \leq 10$.

Ablesebeispiel: Für $N_1 = 4$ und $N_2 = 5$ gehört zu einem beobachteten $U = 3$ ein einseitiges $P = 0,056$. Das zweiseitige P' erhalten wir aus $2 \cdot P(U) = 2 \cdot 0,056 = 0,112$.

Der zweite Teil der Tafel enthält kritische U-Werte für den einseitigen und zweiseitigen Test mit $N_1 = 1(1)20$ und $N_2 = 9(1)20$. (Nach Clauss u. Ebner 1971).

Ablesebeispiel: Für $N_1 = 18$ und $N_2 = 12$ wären bei zweiseitigem Test und $d = 0,05$ alle min(U, U')-Werte signifikant, die den Wert $U_{crit} = 61$ unterschreiten.

$N_2 = 1$

U	N_1 1
0	0.500
1	1.000

$N_2 = 2$

U	N_1 1	2
0	0.333	0.167
1	0.667	0.333
2	1.000	0.667
3		0.833
4		1.000

$N_2 = 3$

U	N_1 1	2	3
0	0.250	0.100	0.050
1	0.500	0.200	0.100
2		0.400	0.200
3			0.350
4			0.500

$N_2 = 4$

U	N_1 1	2	3	4
0	0.200	0.067	0.029	0.014
1	0.400	0.133	0.057	0.029
2		0.267	0.114	0.057
3		0.400	0.200	0.100
4			0.314	0.171
5			0.429	0.243
6				0.343
7				0.443

$N_2 = 5$

U	N_1 1	2	3	4	5
0	0.167	0.048	0.018	0.008	0.004
1	0.333	0.095	0.036	0.016	0.008
2	0.500	0.190	0.071	0.032	0.016
3		0.286	0.125	0.056	0.028
4		0.429	0.196	0.095	0.048
5			0.286	0.143	0.075
6			0.393	0.206	0.111
7			0.500	0.278	0.155
8				0.365	0.210
9				0.452	0.274
10					0.345
11					0.421
12					0.500

Tafel 6 (Fortsetzung)

$N_2 = 6$

U	N_1					
	1	2	3	4	5	6
0	0.143	0.036	0.012	0.005	0.002	0.001
1	0.286	0.071	0.024	0.010	0.004	0.002
2	0.429	0.143	0.048	0.019	0.009	0.004
3		0.214	0.083	0.033	0.015	0.008
4		0.321	0.131	0.057	0.026	0.013
5		0.429	0.190	0.086	0.041	0.021
6			0.274	0.129	0.063	0.032
7			0.357	0.176	0.089	0.047
8			0.452	0.238	0.123	0.066
9				0.305	0.165	0.090
10				0.381	0.214	0.120
11				0.457	0.268	0.155
12					0.331	0.197
13					0.396	0.242
14					0.465	0.294
15						0.350
16						0.409
17						0.469

$N_2 = 7$

U	N_1						
	1	2	3	4	5	6	7
0	0.125	0.028	0.008	0.003	0.001	0.001	0.000
1	0.250	0.056	0.017	0.006	0.003	0.001	0.001
2	0.375	0.111	0.033	0.012	0.005	0.002	0.001
3	0.500	0.167	0.058	0.021	0.009	0.004	0.002
4		0.250	0.092	0.036	0.015	0.007	0.003
5		0.333	0.133	0.055	0.024	0.011	0.006
6		0.444	0.192	0.082	0.037	0.017	0.009
7			0.258	0.115	0.053	0.026	0.013
8			0.333	0.158	0.074	0.037	0.019
9			0.417	0.206	0.101	0.051	0.027
10			0.500	0.264	0.134	0.069	0.036
11				0.324	0.172	0.090	0.049
12				0.394	0.216	0.117	0.064
13				0.464	0.265	0.147	0.082
14					0.319	0.183	0.104
15					0.378	0.223	0.130
16					0.438	0.267	0.159
17					0.500	0.314	0.191
18						0.365	0.228
19						0.418	0.267
20						0.473	0.310
21							0.355
22							0.402
23							0.451
24							0.500

Tafel 6 (Fortsetzung)

$N_2 = 8$

U	N_1							
	1	2	3	4	5	6	7	8
0	0.111	0.022	0.006	0.002	0.001	0.000	0.000	0.000
1	0.222	0.044	0.012	0.004	0.002	0.001	0.000	0.000
2	0.333	0.089	0.024	0.008	0.003	0.001	0.001	0.000
3	0.444	0.133	0.042	0.014	0.005	0.002	0.001	0.001
4		0.200	0.067	0.024	0.009	0.004	0.002	0.001
5		0.267	0.097	0.036	0.015	0.006	0.003	0.001
6		0.356	0.139	0.055	0.023	0.010	0.005	0.002
7		0.444	0.188	0.077	0.033	0.015	0.007	0.003
8			0.248	0.107	0.047	0.021	0.010	0.005
9			0.315	0.141	0.064	0.030	0.014	0.007
10			0.388	0.184	0.085	0.041	0.020	0.010
11			0.461	0.230	0.111	0.054	0.027	0.014
12				0.285	0.142	0.071	0.036	0.019
13				0.341	0.177	0.091	0.047	0.025
14				0.404	0.218	0.114	0.060	0.032
15				0.467	0.262	0.141	0.076	0.041
16					0.311	0.172	0.095	0.052
17					0.362	0.207	0.116	0.065
18					0.416	0.245	0.140	0.080
19					0.472	0.286	0.168	0.097
20						0.331	0.198	0.117
21						0.377	0.232	0.139
22						0.426	0.268	0.164
23						0.475	0.306	0.191
24							0.347	0.221
25							0.389	0.253
26							0.433	0.287
27							0.478	0.323
28								0.360
29								0.399
30								0.439
31								0.480

$N_2 = 9$

U	N_1								
	1	2	3	4	5	6	7	8	9
0	0.100	0.018	0.005	0.001	0.000	0.000	0.000	0.000	0.000
1	0.200	0.036	0.009	0.003	0.001	0.000	0.000	0.000	0.000
2	0.300	0.073	0.018	0.006	0.002	0.001	0.000	0.000	0.000
3	0.400	0.109	0.032	0.010	0.003	0.001	0.001	0.000	0.000
4	0.500	0.164	0.050	0.017	0.006	0.002	0.001	0.000	0.000
5		0.218	0.073	0.025	0.009	0.004	0.002	0.001	0.000
6		0.291	0.105	0.038	0.014	0.006	0.003	0.001	0.001
7		0.364	0.141	0.053	0.021	0.009	0.004	0.002	0.001
8		0.455	0.186	0.074	0.030	0.013	0.006	0.003	0.001

Tafel 6 (Fortsetzung)

$$N_2 = 9$$

U					N_1				
	1	2	3	4	5	6	7	8	9
9			0.241	0.099	0.041	0.018	0.008	0.004	0.002
10			0.300	0.130	0.056	0.025	0.011	0.006	0.003
11			0.364	0.165	0.073	0.033	0.016	0.008	0.004
12			0.432	0.207	0.095	0.044	0.021	0.010	0.005
13			0.500	0.252	0.120	0.057	0.027	0.014	0.007
14				0.302	0.149	0.072	0.036	0.018	0.009
15				0.355	0.182	0.091	0.045	0.023	0.012
16				0.413	0.219	0.112	0.057	0.030	0.016
17				0.470	0.259	0.136	0.071	0.037	0.020
18					0.303	0.164	0.087	0.046	0.025
19					0.350	0.194	0.105	0.057	0.031
20					0.399	0.228	0.126	0.069	0.039
21					0.449	0.264	0.150	0.084	0.047
22					0.500	0.303	0.176	0.100	0.057
23						0.344	0.204	0.118	0.068
24						0.388	0.235	0.138	0.081
25						0.432	0.268	0.161	0.095
26						0.477	0.303	0.185	0.111
27							0.340	0.212	0.129
28							0.379	0.240	0.149
29							0.419	0.271	0.170
30							0.459	0.303	0.193
31							0.500	0.336	0.218
32								0.371	0.245
33								0.407	0.273
34								0.444	0.302
35								0.481	0.333
36									0.365
37									0.398
38									0.432
39									0.466
40									0.500

$$N_2 = 10$$

U					N_1					
	1	2	3	4	5	6	7	8	9	10
0	0.091	0.015	0.003	0.001	0.000	0.000	0.000	0.000	0.000	0.000
1	0.182	0.030	0.007	0.002	0.001	0.000	0.000	0.000	0.000	0.000
2	0.273	0.061	0.014	0.004	0.001	0.000	0.000	0.000	0.000	0.000
3	0.364	0.091	0.024	0.007	0.002	0.001	0.000	0.000	0.000	0.000
4	0.455	0.136	0.038	0.012	0.004	0.001	0.001	0.000	0.000	0.000
5		0.182	0.056	0.018	0.006	0.002	0.001	0.000	0.000	0.000
6		0.242	0.080	0.027	0.010	0.004	0.002	0.001	0.000	0.000
7		0.303	0.108	0.038	0.014	0.005	0.002	0.001	0.000	0.000
8		0.379	0.143	0.053	0.020	0.008	0.003	0.002	0.001	0.000
9		0.455	0.185	0.071	0.028	0.011	0.005	0.002	0.001	0.001

Tafel 6 (Fortsetzung)

$$N_2 = 10$$

U						N_1				
	1	2	3	4	5	6	7	8	9	10
10			0.234	0.094	0.038	0.016	0.007	0.003	0.001	0.001
11			0.287	0.120	0.050	0.021	0.009	0.004	0.002	0.001
12			0.346	0.152	0.065	0.028	0.012	0.006	0.003	0.001
13			0.406	0.187	0.082	0.036	0.017	0.008	0.004	0.002
14			0.469	0.227	0.103	0.047	0.022	0.010	0.005	0.003
15				0.270	0.127	0.059	0.028	0.013	0.007	0.003
16				0.318	0.155	0.074	0.035	0.017	0.009	0.004
17				0.367	0.185	0.090	0.044	0.022	0.011	0.006
18				0.420	0.220	0.110	0.054	0.027	0.014	0.007
19				0.473	0.257	0.132	0.067	0.034	0.017	0.009
20					0.297	0.157	0.081	0.042	0.022	0.012
21					0.339	0.184	0.097	0.051	0.027	0.014
22					0.384	0.214	0.115	0.061	0.033	0.018
23					0.430	0.246	0.135	0.073	0.039	0.022
24					0.477	0.281	0.157	0.086	0.047	0.026
25						0.318	0.182	0.102	0.056	0.032
26						0.356	0.209	0.118	0.067	0.038
27						0.396	0.237	0.137	0.078	0.045
28						0.437	0.268	0.158	0.091	0.053
29						0.479	0.300	0.180	0.106	0.062
30							0.335	0.204	0.121	0.072
31							0.370	0.230	0.139	0.083
32							0.406	0.257	0.158	0.095
33							0.443	0.286	0.178	0.109
34							0.481	0.317	0.200	0.124
35								0.348	0.223	0.140
36								0.381	0.248	0.157
37								0.414	0.274	0.176
38								0.448	0.302	0.197
39								0.483	0.330	0.218
40									0.360	0.241
41									0.390	0.264
42									0.421	0.289
43									0.452	0.315
44									0.484	0.342
45										0.370
46										0.398
47										0.427
48										0.456
49										0.485

Tafel 6 (Fortsetzung)

Kritische Werte von U für den Test von Mann u. Whitney

für den einseitigen Test bei $\alpha = 0{,}01$, für den zweiseitigen Test bei $\alpha = 0{,}02$

N_1	N_2											
	9	10	11	12	13	14	15	16	17	18	19	20
1												
2					0	0	0	0	0	0	1	1
3	1	1	1	2	2	2	3	3	4	4	4	5
4	3	3	4	5	5	6	7	7	8	9	9	10
5	5	6	7	8	9	10	11	12	13	14	15	16
6	7	8	9	11	12	13	15	16	18	19	20	22
7	9	11	12	14	16	17	19	21	23	24	26	28
8	11	13	15	17	20	22	24	26	28	30	32	34
9	14	16	18	21	23	26	28	31	33	36	38	40
10	16	19	22	24	27	30	33	36	38	41	44	47
11	18	22	25	28	31	34	37	41	44	47	50	53
12	21	24	28	31	35	38	42	46	49	53	56	60
13	23	27	31	35	39	43	47	51	55	59	63	67
14	26	30	34	38	43	47	51	56	60	65	69	73
15	28	33	37	42	47	51	56	61	66	70	75	80
16	31	36	41	46	51	56	61	66	71	76	82	87
17	33	38	44	49	55	60	66	71	77	82	88	93
18	36	41	47	53	59	65	70	76	82	88	94	100
19	38	44	50	56	63	69	75	82	88	94	101	107
20	40	47	53	60	67	73	80	87	93	100	107	114

für den einseitigen Test bei $\alpha = 0{,}025$, für den zweiseitigen Test bei $\alpha = 0{,}050$

N_1	N_2											
	9	10	11	12	13	14	15	16	17	18	19	20
1												
2	0	0	0	1	1	1	1	1	2	2	2	2
3	2	3	3	4	4	5	5	6	6	7	7	8
4	4	5	6	7	8	9	10	11	11	12	13	13
5	7	8	9	11	12	13	14	15	17	18	19	20
6	10	11	13	14	16	17	19	21	22	24	25	27
7	12	14	16	18	20	22	24	26	28	30	32	34
8	15	17	19	22	24	26	29	31	34	36	38	41
9	17	20	23	26	28	31	34	37	39	42	45	48
10	20	23	26	29	33	36	39	42	45	48	52	55
11	23	26	30	33	37	40	44	47	51	55	58	62
12	26	29	33	37	41	45	49	53	57	61	65	69
13	28	33	37	41	45	50	54	59	63	67	72	76
14	31	36	40	45	50	55	59	64	67	74	78	83
15	34	39	44	49	54	59	64	70	75	80	85	90
16	37	42	47	53	59	64	70	75	81	86	92	98
17	39	45	51	57	63	67	75	81	87	93	99	105
18	42	48	55	61	67	74	80	86	93	99	106	112
19	45	52	58	65	72	78	85	92	99	106	113	119
20	48	55	62	69	76	83	90	98	105	112	119	127

Tafel 6 (Fortsetzung)

für den einseitigen Test bei α = 0,05, für den zweiseitigen Test bei α = 0,10

N_1	N_2											
	9	10	11	12	13	14	15	16	17	18	19	20
1											0	0
2	1	1	1	2	2	2	3	3	3	4	4	4
3	3	4	5	5	6	7	7	8	9	9	10	11
4	6	7	8	9	10	11	12	14	15	16	17	18
5	9	11	12	13	15	16	18	19	20	22	23	25
6	12	14	16	17	19	21	23	25	26	28	30	32
7	15	17	19	21	24	26	28	30	33	35	37	39
8	18	20	23	26	28	31	33	36	39	41	44	47
9	21	24	27	30	33	36	39	42	45	48	51	54
10	24	27	31	34	37	41	44	48	51	55	58	62
11	27	31	34	38	42	46	50	54	57	61	65	69
12	30	34	38	42	47	51	55	60	64	68	72	77
13	33	37	42	47	51	56	61	65	70	75	80	84
14	36	41	46	51	56	61	66	71	77	82	87	92
15	39	44	50	55	61	66	72	77	83	88	94	100
16	42	48	54	60	65	71	77	83	89	95	101	107
17	45	51	57	64	70	77	83	89	96	102	109	115
18	48	55	61	68	75	82	88	95	102	109	116	123
19	51	58	65	72	80	87	94	101	109	116	123	130
20	54	62	69	77	84	92	100	107	115	123	130	138

Tafel 7

Ulemans k x 2-Felder-U-Test (Aus Buck 1976)

Die Tafel enthält die einseitigen kritischen Werte UL und UR der Prüfgröße U des Ulemanschen U-Tests für 2 unabhängige Stichproben vom Gesamtumfang $N = 6(1)11$ zu je $k = 2(1)4$ Bindungsgruppen für $\alpha\% = 0{,}5\%$, 1%, $2{,}5\%$ und 5% (im Zeilenkopf jeder Tafel). Wird bei einseitiger H_1 die untere (linke) Schranke UL erreicht oder unterschritten, bzw. die obere (rechte) Schranke UR erreicht und überschritten, ist H_0 zu verwerfen.

Die Eingangsparameter der Tafel sind wie folgt definiert: $N \stackrel{\wedge}{=}$ Umfang der beiden vereinten Stichproben (Spalten), $M \stackrel{\wedge}{=} \min (N_a, N_b)$ und T1 bis Tk als die lexikographisch geordneten Bindungsgruppen. Für nichtverzeichnete Eingangsparameter existieren keine Schranken auf den vorgegebenen Niveaus.

Ablesebeispiel: Die folgende 3x2-Feldertafel mit 3 Bindungsgruppen (Zeilen) liefert für $N = 8$,

k	a	b	
1	0	5	5 = T1
2	2	0	2 = T2
3	1	0	1 = T3
	M = 3		8 = N

$M = 3$, $T1 = 5$, $T2 = 2$ und $T3 = 1$ nach Gl. (6.16) ein $U = 15$. Der UR-Wert der Tafel von $UR = 15$ wird somit erreicht (bei $\alpha = 5\%$), was einem auf dem 5%-Niveau signifikanten negativen Kontingenztrend, bzw, einen unter H_1 einseitig spezifizierten Lageunterschied entspricht; ein signifikanter positiver Trend ist bei den gegebenen Randsummen nicht möglich, weshalb eine untere Schranke UL in der Tafel fehlt.

N	M	T1	T2	0.50 UL	0.50 UR	1.0 UL	1.0 UR	2.5 UL	2.5 UR	5.0 UL	5.0 UR
6	3	3	3							0.0	9.0
7	2	2	5							0.0	
7	2	5	2								10.0
7	3	3	4							0.0	
7	3	4	3								12.0
8	2	2	6							0.0	
8	2	6	2								12.0
8	3	3	5					0.0		0.0	
8	3	5	3						15.0		15.0
8	4	4	4					0.0	16.0	0.0	16.0
9	2	2	7							0.0	
9	2	7	2								14.0
9	3	3	6					0.0		0.0	
9	3	4	5							1.5	
9	3	5	4								16.5
9	3	6	3						18.0		18.0
9	4	3	6							2.5	
9	4	4	5			0.0		0.0		0.0	18.0
9	4	5	4					20.0	20.0	2.0	20.0
9	4	6	3								17.5
10	2	2	8					0.0		0.0	
10	2	8	2						16.0		16.0
10	3	3	7			0.0		0.0		0.0	
10	3	4	6							1.5	
10	3	6	4								19.5
10	3	7	3					21.0	21.0		21.0

Tafel 7 (Fortsetzung)

N	M	T1	T2	0.50 UL	0.50 UR	1.0 UL	1.0 UR	2.5 UL	2.5 UR	5.0 UL	5.0 UR
10	4	3	7							3.0	
10	4	4	6	0.0		0.0		0.0		0.0	
10	4	5	5					2.0	22.0	2.0	22.0
10	4	6	4		24.0		24.0		24.0		24.0
10	4	7	3								21.0
10	5	4	6					2.5	22.5	2.5	22.5
10	5	5	5	0.0	25.0	0.0	25.0	0.0	25.0	0.0	25.0
10	5	6	4					2.5	22.5	2.5	22.5
11	2	2	9					0.0		0.0	
11	2	9	2						18.0		18.0
11	3	3	8			0.0		0.0		0.0	
11	3	4	7					1.5		1.5	
11	3	7	4						22.5		22.5
11	3	8	3				24.0		24.0		24.0
11	4	3	8					3.5		3.5	
11	4	4	7	0.0		0.0		0.0		0.0	
11	4	5	6					2.0		2.0	24.0
11	4	6	5				26.0	4.0	26.0		
11	4	7	4		28.0		28.0		28.0		28.0
11	4	8	3						24.5		24.5
11	5	4	7					3.0		3.0	25.0
11	5	5	6	0.0		0.0		0.0	27.5	0.0	27.5
11	5	6	5		30.0		30.0	2.5	30.0	2.5	30.0
11	5	7	4						27.0	5.0	27.0

N	M	T1	T2	T3	0.50 UL	0.50 UR	1.0 UL	1.0 UR	2.5 UL	2.5 UR	5.0 UL	5.0 UR
6	3	1	2	3							0.0	9.0
6	3	2	1	3							0.0	9.0
6	3	3	1	2							0.0	9.0
6	3	3	2	1							0.0	9.0
7	2	1	1	5							0.0	
7	2	1	4	2								10.0
7	2	2	1	4							0.0	
7	2	2	2	3							0.0	
7	2	2	3	2							0.0	10.0
7	2	2	4	1							0.0	
7	2	3	2	2								10.0
7	2	4	1	2								10.0
7	2	5	1	1								10.0
7	3	1	2	4							0.0	
7	3	1	3	3								12.0
7	3	2	1	4							0.0	
7	3	2	2	3								12.0
7	3	3	1	3							0.0	12.0
7	3	3	2	2							0.0	
7	3	3	3	1							0.0	
7	3	4	1	2								12.0
7	3	4	2	1								12.0
8	2	1	1	6							0.0	

Tafel 7 (Fortsetzung)

N	M	T1	T2	T3	0.50 UL	0.50 UR	1.0 UL	1.0 UR	2.5 UL	2.5 UR	5.0 UL	5.0 UR
8	2	1	5	2								12.0
8	2	2	1	5							0.0	
8	2	2	2	4							0.0	
8	2	2	3	3							0.0	
8	2	2	4	2							0.0	12.0
8	2	2	5	1							0.0	
8	2	3	3	2								12.0
8	2	4	2	2								12.0
8	2	5	1	2								12.0
8	2	6	1	1								12.0
8	3	1	2	5					0.0		0.0	
8	3	1	4	3						15.0		15.0
8	3	2	1	5					0.0		0.0	
8	3	2	2	4							0.5	
8	3	2	3	3						15.0		15.0
8	3	3	1	4					0.0		0.0	
8	3	3	2	3					0.0	15.0	0.0	15.0
8	3	3	3	2					0.0		0.0	
8	3	3	4	1					0.0		0.0	
8	3	4	1	3						15.0		15.0
8	3	4	2	2								14.5
8	3	5	1	2						15.0		15.0
8	3	5	2	1						15.0		15.0
8	4	1	3	4					0.0	16.0	0.0	16.0
8	4	2	2	4					0.0	16.0	0.0	16.0
8	4	2	3	3							1.0	15.0
8	4	3	1	4					0.0	16.0	0.0	16.0
8	4	3	2	3							0.5	15.5
8	4	3	3	2							1.0	15.0
8	4	4	1	3					0.0	16.0	0.0	16.0
8	4	4	2	2					0.0	16.0	0.0	16.0
8	4	4	3	1					0.0	16.0	0.0	16.0
9	2	1	1	7							0.0	
9	2	1	6	2								14.0
9	2	2	1	6							0.0	
9	2	2	2	5							0.0	
9	2	2	3	4							0.0	
9	2	2	4	3							0.0	
9	2	2	5	2							0.0	14.0
9	2	2	6	1							0.0	
9	2	3	4	2								14.0
9	2	4	3	2								14.0
9	2	5	2	2								14.0
9	2	6	1	2								14.0
9	2	7	1	1								14.0
9	3	1	2	6					0.0		0.0	
9	3	1	3	5							3.0	
9	3	1	4	4								16.5
9	3	1	5	3						18.0		18.0
9	3	2	1	6					0.0		0.0	
9	3	2	2	5					0.5		2.5	

Tafel 7 (Fortsetzung)

N	M	T1	T2	T3	0.50 UL	0.50 UR	1.0 UL	1.0 UR	2.5 UL	2.5 UR	5.0 UL	5.0 UR
9	3	2	3	4							1.0	16.5
9	3	2	4	3						18.0	1.5	18.0
9	3	3	1	5					0.0		2.0	
9	3	3	2	4					0.0		0.0	16.5
9	3	3	3	3					0.0	18.0	0.0	18.0
9	3	3	4	2					0.0		0.0	16.5
9	3	3	5	1					0.0		0.0	
9	3	4	1	4							1.5	16.5
9	3	4	2	3						18.0	1.5	18.0
9	3	4	3	2							1.5	17.0
9	3	4	4	1							1.5	
9	3	5	1	3						18.0		16.0
9	3	5	2	2						17.5		15.5
9	3	5	3	1								15.0
9	3	6	1	2						18.0		18.0
9	3	6	2	1						18.0		18.0
9	4	1	2	6							2.5	
9	4	1	3	5			0.0		0.0		0.0	18.0
9	4	1	4	4				20.0		20.0	4.0	20.0
9	4	1	5	3								15.0
9	4	2	1	6							2.5	
9	4	2	2	5			0.0		0.0		0.0	18.0
9	4	2	3	4				20.0	1.0	20.0	3.5	20.0
9	4	2	4	3							2.0	15.5
9	4	3	1	5			0.0		0.0		3.0	18.0
9	4	3	2	4				20.0	0.5	20.0	3.0	20.0
9	4	3	3	3					1.0	19.0	1.0	19.0
9	4	3	4	2							4.5	18.0
9	4	3	5	1							5.0	
9	4	4	1	4	0.0	20.0	0.0	20.0			2.5	17.5
9	4	4	2	3	0.0		0.0	19.5			0.0	17.0
9	4	4	3	2	0.0		0.0	19.0			0.0	16.5
9	4	4	4	1	0.0		0.0				0.0	16.0
9	4	5	1	3				20.0		20.0	2.0	17.0
9	4	5	2	2				20.0		20.0	2.0	20.0
9	4	5	3	1				20.0		20.0	2.0	20.0
9	4	6	1	2								17.5
9	4	6	2	1								17.5
10	2	1	1	8					0.0		0.0	
10	2	1	2	7							0.5	
10	2	1	7	2						16.0		16.0
10	2	2	1	7					0.0		0.0	
10	2	2	2	6					0.0		0.0	
10	2	2	3	5					0.0		0.0	
10	2	2	4	4					0.0		0.0	
10	2	2	5	3					0.0		0.0	
10	2	2	6	2					0.0	16.0	0.0	16.0
10	2	2	7	1					0.0		0.0	
10	2	3	5	2						16.0		16.0
10	2	4	4	2						16.0		16.0
10	2	5	3	2						16.0		16.0

Tafel 7 (Fortsetzung)

N	M	T1	T2	T3	0.50 UL	0.50 UR	1.0 UL	1.0 UR	2.5 UL	2.5 UR	5.0 UL	5.0 UR
10	2	6	2	2						16.0		16.0
10	2	7	1	2						16.0		16.0
10	2	7	2	1								15.5
10	2	8	1	1						16.0		16.0
10	3	1	2	7			0.0		0.0		0.0	
10	3	1	3	6					1.0		3.0	
10	3	1	4	5							2.0	
10	3	1	5	4								19.5
10	3	1	6	3				21.0		21.0		21.0
10	3	2	1	7			0.0		0.0		0.0	
10	3	2	2	6					0.5		2.5	
10	3	2	3	5					1.0		1.0	
10	3	2	4	4							1.5	19.5
10	3	2	5	3				21.0		21.0	2.0	21.0
10	3	2	6	2							2.5	18.5
10	3	3	1	6			0.0		0.0		2.0	
10	3	3	2	5			0.0		0.0		0.0	
10	3	3	3	4			0.0		0.0		0.0	19.5
10	3	3	4	3			0.0	21.0	0.0	21.0	0.0	21.0
10	3	3	5	2			0.0		0.0		0.0	19.0
10	3	3	6	1			0.0		0.0		0.0	
10	3	4	1	5							1.5	
10	3	4	2	4							1.5	19.5
10	3	4	3	3				21.0		21.0	1.5	21.0
10	3	4	4	2							1.5	19.5
10	3	4	5	1							1.5	
10	3	5	1	4								19.5
10	3	5	2	3				21.0		21.0		21.0
10	3	5	3	2						20.0		20.0
10	3	5	4	1								19.0
10	3	6	1	3				21.0		21.0		19.0
10	3	6	2	2						20.5		18.5
10	3	6	3	1						20.0		18.0
10	3	7	1	2				21.0		21.0		21.0
10	3	7	2	1				21.0		21.0		21.0
10	4	1	2	7							3.0	
10	4	1	3	6	0.0		0.0		0.0		0.0	
10	4	1	4	5					4.0	22.0	4.0	22.0
10	4	1	5	4		24.0		24.0		24.0	3.0	24.0
10	4	1	6	3								18.0
10	4	2	1	7							3.0	
10	4	2	2	6	0.0		0.0		0.0		0.0	
10	4	2	3	5					3.5	22.0	3.5	22.0
10	4	2	4	4		24.0		24.0		24.0	2.0	24.0
10	4	2	5	3						22.0	3.0	18.5
10	4	3	1	6	0.0		0.0		0.0		3.5	
10	4	3	2	5			0.5		3.0	22.0	4.0	22.0
10	4	3	3	4		24.0		24.0	1.0	24.0	1.0	24.0
10	4	3	4	3					1.5	22.5	1.5	22.5
10	4	3	5	2					2.0		5.5	21.0
10	4	3	6	1							6.0	

Tafel 7 (Fortsetzung)

N	M	T1	T2	T3	0.50 UL	0.50 UR	1.0 UL	1.0 UR	2.5 UL	2.5 UR	5.0 UL	5.0 UR
10	4	4	1	5	0.0		0.0		2.5	22.0	2.5	22.0
10	4	4	2	4	0.0	24.0	0.0	24.0	0.0	24.0	3.0	21.0
10	4	4	3	3	0.0		0.0		0.0	23.0	0.0	23.0
10	4	4	4	2	0.0		0.0		0.0		0.0	22.0
10	4	4	5	1	0.0		0.0		0.0		0.0	21.0
10	4	5	1	4		24.0		24.0	2.0	21.5	2.0	21.5
10	4	5	2	3				23.5	2.0	21.0	2.0	20.0
10	4	5	3	2					2.0	20.5	2.0	20.5
10	4	5	4	1					2.0	20.0	2.0	20.0
10	4	6	1	3		24.0		24.0		24.0		20.5
10	4	6	2	2		24.0		24.0		24.0		24.0
10	4	6	3	1		24.0		24.0		24.0		24.0
10	4	7	1	2								21.0
10	4	7	2	1								21.0
10	5	1	3	6					2.5	22.5	2.5	22.5
10	5	1	4	5	0.0	25.0	0.0	25.0	0.0	25.0	0.0	25.0
10	5	1	5	4					5.0	20.0	5.0	20.0
10	5	2	2	6					2.5	22.5	2.5	22.5
10	5	2	3	5	0.0	25.0	0.0	25.0	0.0	25.0	0.0	25.0
10	5	2	4	4					4.5	20.5	4.5	20.5
10	5	2	5	3							3.0	22.0
10	5	3	1	6					2.5	22.5	2.5	22.5
10	5	3	2	5	0.0	25.0	0.0	25.0	0.0	25.0	3.5	21.5
10	5	3	3	4					4.0	21.0	4.0	21.0
10	5	3	4	3					2.0	23.0	2.0	23.0
10	5	3	5	2							3.0	22.0
10	5	4	1	5	0.0	25.0	0.0	25.0	3.0	22.0	3.0	22.0
10	5	4	2	4			0.5	24.5	0.5	24.5	3.5	21.5
10	5	4	3	3					4.0	21.0	4.0	21.0
10	5	4	4	2					4.5	20.5	4.5	20.5
10	5	4	5	1					5.0	20.0	5.0	20.0
10	5	5	1	4	0.0	25.0	0.0	25.0	3.0	22.0	3.0	22.0
10	5	5	2	3	0.0	25.0	0.0	25.0	0.0	25.0	3.5	21.5
10	5	5	3	2	0.0	25.0	0.0	25.0	0.0	25.0	0.0	25.0
10	5	5	4	1	0.0	25.0	0.0	25.0	0.0	25.0	0.0	25.0
10	5	6	1	3					2.5	22.5	2.5	22.5
10	5	6	2	2					2.5	22.5	2.5	22.5
10	5	6	3	1					2.5	22.5	2.5	22.5

N	M	T1	T2	T3	T4	0.50 UL	0.50 UR	1.0 UL	1.0 UR	2.5 UL	2.5 UR	5.0 UL	5.0 UR
6	3	1	1	1	3							0.0	9.0
6	3	1	2	1	2							0.0	9.0
6	3	1	2	2	1							0.0	9.0
6	3	2	1	1	2							0.0	9.0
6	3	2	1	2	1							0.0	9.0
6	3	3	1	1	1							0.0	9.0
7	2	1	1	1	4							0.0	
7	2	1	1	2	3							0.0	

Tafel 7 (Fortsetzung)

N	M	T1	T2	T3	T4	0.50 UL	0.50 UR	1.0 UL	1.0 UR	2.5 UL	2.5 UR	5.0 UL	5.0 UR
7	2	1	1	3	2							0.0	10.0
7	2	1	1	4	1							0.0	
7	2	1	2	2	2								10.0
7	2	1	3	1	2								10.0
7	2	1	4	1	1								10.0
7	2	2	1	1	3							0.0	
7	2	2	1	2	2							0.0	10.0
7	2	2	1	3	1							0.0	
7	2	2	2	1	2							0.0	10.0
7	2	2	2	2	1							0.0	
7	2	2	3	1	1							0.0	10.0
7	2	3	1	1	2								10.0
7	2	3	2	1	1								10.0
7	2	4	1	1	1								10.0
7	3	1	1	1	4							0.0	
7	3	1	1	2	3							12.0	
7	3	1	2	1	3							0.0	12.0
7	3	1	2	2	2							0.0	
7	3	1	2	3	1							0.0	
7	3	1	3	1	2								12.0
7	3	1	3	2	1								12.0
7	3	2	1	1	3							0.0	12.0
7	3	2	1	2	2							0.0	
7	3	2	1	3	1							0.0	
7	3	2	2	1	2								12.0
7	3	2	2	2	1								12.0
7	3	3	1	1	2							0.0	12.0
7	3	3	1	2	1							0.0	12.0
7	3	3	2	1	1							0.0	
7	3	4	1	1	1								12.0
8	2	1	1	1	5							0.0	
8	2	1	1	2	4							0.0	
8	2	1	1	3	3							0.0	
8	2	1	1	4	2							0.0	12.0
8	2	1	1	5	1							0.0	
8	2	1	2	3	2								12.0
8	2	1	3	2	2								12.0
8	2	1	4	1	2								12.0
8	2	1	5	1	1								12.0
8	2	2	1	1	4							0.0	
8	2	2	1	2	3							0.0	
8	2	2	1	3	2							0.0	12.0
8	2	2	1	4	1							0.0	
8	2	2	2	1	3							0.0	
8	2	2	2	2	2							0.0	12.0
8	2	2	2	3	1							0.0	
8	2	2	3	1	2							0.0	12.0
8	2	2	3	2	1							0.0	
8	2	2	4	1	1								12.0
8	2	3	1	2	2								12.0
8	2	3	2	1	2								12.0

Tafel 7 (Fortsetzung)

N	M	T1	T2	T3	T4	0.50 UL	0.50 UR	1.0 UL	1.0 UR	2.5 UL	2.5 UR	5.0 UL	5.0 UR
8	2	3	3	1	1								12.0
8	2	4	1	1	2								12.0
8	2	4	2	1	1								12.0
8	2	5	1	1	1								12.0
8	3	1	1	1	5					0.0		0.0	
8	3	1	1	2	4							0.5	
8	3	1	1	3	3						15.0		15.0
8	3	1	2	1	4					0.0		0.0	
8	3	1	2	2	3					0.0	15.0	0.0	15.0
8	3	1	2	3	2					0.0		0.0	
8	3	1	2	4	1					0.0		0.0	
8	3	1	3	1	3						15.0		15.0
8	3	1	3	2	2								14.5
8	3	1	4	1	2						15.0		15.0
8	3	1	4	2	1						15.0		15.0
8	3	2	1	1	4					0.0		1.0	
8	3	2	1	2	3					0.0	15.0	0.0	15.0
8	3	2	1	3	2					0.0		0.0	
8	3	2	1	4	1					0.0		0.0	
8	3	2	2	1	3						15.0	0.5	15.0
8	3	2	2	2	2							0.5	14.5
8	3	2	3	2	1							0.5	
8	3	2	2	3	1							0.5	
8	3	2	3	1	2						15.0		15.0
8	3	3	1	1	3					0.0	15.0	0.0	15.0
8	3	3	1	2	2					0.0		0.0	14.5
8	3	3	1	3	1					0.0		0.0	
8	3	3	2	1	2					0.0	15.0	0.0	15.0
8	3	3	2	2	1					0.0	15.0	0.0	15.0
8	3	3	3	1	1					0.0		0.0	
8	3	4	1	1	2						15.0		14.0
8	3	4	1	2	1						15.0		15.0
8	3	4	2	1	1								14.5
8	3	5	1	1	1						15.0		15.0
8	4	1	1	2	4					0.0	16.0	0.0	16.0
8	4	1	1	3	3							1.0	15.0
8	4	1	2	1	4					0.0	16.0	0.0	16.0
8	4	1	2	2	3							0.5	15.5
8	4	1	2	3	2							1.0	15.0
8	4	1	3	1	3					0.0	16.0	0.0	16.0
8	4	1	3	2	2					0.0	16.0	0.0	16.0
8	4	1	3	3	1					0.0	16.0	0.0	16.0
8	4	2	1	1	4					0.0	16.0	0.0	16.0
8	4	2	1	2	3							2.0	14.0
8	4	2	1	3	2							1.0	15.0
8	4	2	2	1	3					0.0	16.0	1.5	14.5
8	4	2	2	2	2					0.0	16.0	0.0	16.0
8	4	2	2	3	1					0.0	16.0	0.0	16.0
8	4	2	3	1	2							1.0	15.0
8	4	2	3	2	1							1.0	15.0
8	4	3	1	1	3					0.0	16.0	1.0	15.0

Tafel 7 (Fortsetzung)

N	M	T1	T2	T3	T4	0.50 UL	0.50 UR	1.0 UL	1.0 UR	2.5 UL	2.5 UR	5.0 UL	5.0 UR
8	4	3	1	2	2					0.0	16.0	1.5	14.5
8	4	3	1	3	1					0.0	16.0	0.0	16.0
8	4	3	2	1	2							2.0	14.0
8	4	3	2	2	1							0.5	15.5
8	4	3	3	1	1							1.0	15.0
8	4	4	1	1	2					0.0	16.0	0.0	16.0
8	4	4	1	2	1					0.0	16.0	0.0	16.0
8	4	4	2	1	1					0.0	16.0	0.0	16.0
9	2	1	1	1	6							0.0	
9	2	1	1	2	5							0.0	
9	2	1	1	3	4							0.0	
9	2	1	1	4	3							0.0	
9	2	1	1	5	2							0.0	14.0
9	2	1	1	6	1							0.0	
9	2	1	2	4	2								14.0
9	2	1	3	3	2								14.0
9	2	1	4	2	2								14.0
9	2	1	5	1	2								14.0
9	2	1	6	1	1								14.0
9	2	2	1	1	5							0.0	
9	2	2	1	2	4							0.0	
9	2	2	1	3	3							0.0	
9	2	2	1	4	2							0.0	14.0
9	2	2	1	5	1							0.0	
9	2	2	2	1	4							0.0	
9	2	2	2	2	3							0.0	
9	2	2	2	3	2							0.0	14.0
9	2	2	2	4	1							0.0	
9	2	2	3	1	3							0.0	
9	2	2	3	2	2							0.0	14.0
9	2	2	3	3	1							0.0	
9	2	2	4	1	2							0.0	14.0
9	2	2	4	2	1							0.0	
9	2	2	5	1	1							0.0	14.0
9	2	3	1	3	2								14.0
9	2	3	2	2	2								14.0
9	2	3	3	1	2								14.0
9	2	3	4	1	1								14.0
9	2	4	1	2	2								14.0
9	2	4	2	1	2								14.0
9	2	4	3	1	1								14.0
9	2	5	1	1	2								14.0
9	2	5	2	1	1								14.0
9	2	6	1	1	1								14.0
9	3	1	1	1	6					0.0		0.0	
9	3	1	1	2	5					0.5		3.0	
9	3	1	1	3	4							1.0	16.5
9	3	1	1	4	3						18.0	1.5	18.0
9	3	1	2	1	5					0.0		3.0	
9	3	1	2	2	4					0.0	0.0	16.5	
9	3	1	2	3	3					0.0	18.0	0.0	18.0

Tafel 7 (Fortsetzung)

N	M	T1	T2	T3	T4	0.50 UL	0.50 UR	1.0 UL	1.0 UR	2.5 UL	2.5 UR	5.0 UL	5.0 UR
9	3	1	2	4	2					0.0		0.0	16.5
9	3	1	2	5	1					0.0		0.0	
9	3	1	3	1	4							1.0	16.5
9	3	1	3	2	3						18.0	3.0	18.0
9	3	1	3	3	2							3.0	17.0
9	3	1	3	4	1							3.0	
9	3	1	4	1	3						18.0		16.0
9	3	1	4	2	2						17.5		15.5
9	3	1	4	3	1								15.0
9	3	1	5	1	2						18.0		18.0
9	3	1	5	2	1						18.0		18.0
9	3	2	1	1	5					1.0		2.5	
9	3	2	1	2	4					0.0		1.5	16.5
9	3	2	1	3	3					0.0	18.0	2.0	18.0
9	3	2	1	4	2					0.0		0.0	16.5
9	3	2	1	5	1					0.0		0.0	
9	3	2	2	1	4					0.5		2.0	16.5
9	3	2	2	2	3					0.5	18.0	0.5	18.0
9	3	2	2	3	2					0.5		2.5	17.0
9	3	2	2	4	1					0.5		2.5	
9	3	2	3	1	3						18.0	3.0	16.0
9	3	2	3	2	2						17.5	1.0	15.5
9	3	2	3	3	1							1.0	15.0
9	3	2	4	1	2						18.0	1.5	18.0
9	3	2	4	2	1						18.0	1.5	18.0
9	3	3	1	1	4					0.0		2.0	16.5
9	3	3	1	2	3					0.0	18.0	2.0	18.0
9	3	3	1	3	2					0.0		2.0	15.0
9	3	3	1	4	1					0.0		2.0	
9	3	3	2	1	3					0.0	18.0	0.0	16.0
9	3	3	2	2	2					0.0	17.5	0.0	17.5
9	3	3	2	3	1					0.0		0.0	15.0
9	3	3	3	1	2					0.0	18.0	0.0	16.0
9	3	3	3	2	1					0.0	18.0	0.0	18.0
9	3	3	4	1	1					0.0		0.0	16.5
9	3	4	1	1	3						18.0	1.5	16.0
9	3	4	1	2	2						17.5	1.5	16.0
9	3	4	1	3	1							1.5	17.0
9	3	4	2	1	2						18.0	1.5	16.5
9	3	4	2	2	1						18.0	1.5	18.0
9	3	4	3	1	1							1.5	17.0
9	3	5	1	1	2						17.0		15.5
9	3	5	1	2	1						18.0		15.0
9	3	5	2	1	1						17.5		15.0
9	3	6	1	1	1						18.0		18.0
9	4	1	1	1	6							2.5	
9	4	1	1	2	5		0.0		0.0			0.0	18.0
9	4	1	1	3	4				20.0	1.0	20.0	4.0	20.0
9	4	1	1	4	3							2.0	16.0
9	4	1	2	1	5		0.0		0.0			3.0	18.0
9	4	1	2	2	4				20.0	0.5	20.0	2.5	20.0

Tafel 7 (Fortsetzung)

N	M	T1	T2	T3	T4	0.50 UL	0.50 UR	1.0 UL	1.0 UR	2.5 UL	2.5 UR	5.0 UL	5.0 UR
9	4	1	2	3	3					1.0	19.0	1.0	16.5
9	4	1	2	4	2							1.5	18.0
9	4	1	2	5	1							5.0	
9	4	1	3	1	4			0.0	20.0	0.0	20.0	4.0	17.5
9	4	1	3	2	3			0.0		0.0	19.5	0.0	19.5
9	4	1	3	3	2			0.0		0.0	19.0	0.0	16.5
9	4	1	3	4	1			0.0		0.0		0.0	16.0
9	4	1	4	1	3				20.0		20.0	1.5	17.5
9	4	1	4	2	2				20.0		20.0	4.0	20.0
9	4	1	4	3	1				20.0		20.0	4.0	20.0
9	4	1	5	1	2								18.0
9	4	1	5	2	1								15.0
9	4	2	1	1	5			0.0		0.0		3.0	18.0
9	4	2	1	2	4				20.0	2.0	20.0	2.0	20.0
9	4	2	1	3	3					1.0	19.0	3.0	17.0
9	4	2	1	4	2							1.5	18.0
9	4	2	1	5	1							2.0	
9	4	2	2	1	4			0.0	20.0	1.5	20.0	3.5	17.5
9	4	2	2	2	3			0.0		0.0	19.5	2.0	17.5
9	4	2	2	3	2			0.0		0.0	19.0	0.0	19.0
9	4	2	2	4	1			0.0		0.0		0.0	16.0
9	4	2	3	1	3				20.0	1.0	20.0	3.0	18.0
9	4	2	3	2	2				20.0	1.0	20.0	1.0	20.0
9	4	2	3	3	1				20.0	1.0	20.0	3.5	20.0
9	4	2	4	1	2							2.0	18.5
9	4	2	4	2	1							2.0	18.5
9	4	3	1	1	4			0.0	20.0	1.0	20.0	3.0	17.5
9	4	3	1	2	3			0.0		1.5	18.0	1.5	17.0
9	4	3	1	3	2			0.0		0.0	19.0	2.0	17.0
9	4	3	1	4	1			0.0		0.0		2.5	18.5
9	4	3	2	1	3				20.0	2.0	18.5	3.0	18.5
9	4	3	2	2	2				20.0	0.5	20.0	2.5	18.0
9	4	3	2	3	1				20.0	0.5	20.0	0.5	20.0
9	4	3	3	1	2					1.0	19.0	3.0	17.0
9	4	3	3	2	1					1.0	19.0	3.5	19.0
9	4	3	4	1	1							4.0	18.0
9	4	4	1	1	3			0.0	20.0	0.0	19.0	2.5	17.0
9	4	4	1	2	2			0.0	20.0	0.0	18.5	2.5	16.5
9	4	4	1	3	1			0.0	20.0	0.0	20.0	2.5	16.0
9	4	4	2	1	2			0.0		0.0	18.0	0.0	18.0
9	4	4	2	2	1			0.0		0.0	19.5	0.0	17.5
9	4	4	3	1	1			0.0		0.0	19.0	0.0	16.0
9	4	5	1	1	2				20.0		20.0	2.0	17.0
9	4	5	1	2	1				20.0		20.0	2.0	17.0
9	4	5	2	1	1				20.0		20.0	2.0	20.0
9	4	6	1	1	1								17.5
10	2	1	1	1	7					0.0		1.0	
10	2	1	1	2	6					0.0		0.0	
10	2	1	1	3	5					0.0		0.0	
10	2	1	1	4	4					0.0		0.0	
10	2	1	1	5	3					0.0		0.0	

Tafel 7 (Fortsetzung)

N	M	T1	T2	T3	T4	0.50 UL	0.50 UR	1.0 UL	1.0 UR	2.5 UL	2.5 UR	5.0 UL	5.0 UR
10	2	1	1	6	2					0.0	16.0	0.0	16.0
10	2	1	1	7	1					0.0		0.0	
10	2	1	2	1	6							0.5	
10	2	1	2	2	5							0.5	
10	2	1	2	3	4							0.5	
10	2	1	2	4	3							0.5	
10	2	1	2	5	2						16.0	0.5	16.0
10	2	1	2	6	1							0.5	
10	2	1	3	4	2						16.0		16.0
10	2	1	4	3	2						16.0		16.0
10	2	1	5	2	2						16.0		16.0
10	2	1	6	1	2						16.0		16.0
10	2	1	6	2	1						15.5		
10	2	1	7	1	1						16.0		16.0
10	2	2	1	1	6					0.0		0.0	
10	2	2	1	2	5					0.0		0.0	
10	2	2	1	3	4					0.0		0.0	
10	2	2	1	4	3					0.0		0.0	
10	2	2	1	5	2					0.0	16.0	0.0	16.0
10	2	2	1	6	1					0.0		0.0	
10	2	2	2	1	5					0.0		0.0	
10	2	2	2	2	4					0.0		0.0	
10	2	2	2	3	3					0.0		0.0	
10	2	2	2	4	2					0.0	16.0	0.0	16.0
10	2	2	2	5	1					0.0		0.0	
10	2	2	3	1	4					0.0		0.0	
10	2	2	3	2	3					0.0		0.0	
10	2	2	3	3	2					0.0	16.0	0.0	16.0
10	2	2	3	4	1					0.0		0.0	
10	2	2	4	1	3					0.0		0.0	
10	2	2	4	2	2					0.0	16.0	0.0	16.0
10	2	2	4	3	1					0.0		0.0	
10	2	2	5	1	2					0.0	16.0	0.0	16.0
10	2	2	5	2	1					0.0		0.0	15.5
10	2	2	6	1	1					0.0	16.0	0.0	16.0
10	2	3	1	4	2						16.0		16.0
10	2	3	2	3	2						16.0		16.0
10	2	3	3	2	2						16.0		16.0
10	2	3	4	1	2						16.0		16.0
10	2	3	4	2	1								15.5
10	2	3	5	1	1						16.0		16.0
10	2	4	1	3	2						16.0		16.0
10	2	4	2	2	2						16.0		16.0
10	2	4	3	1	2						16.0		16.0
10	2	4	3	2	1								15.5
10	2	4	4	1	1						16.0		16.0
10	2	5	1	2	2						16.0		16.0
10	2	5	2	1	2						16.0		16.0
10	2	5	2	2	1								15.5
10	2	5	3	1	1						16.0		16.0
10	2	6	1	1	2						16.0		16.0

Tafel 7 (Fortsetzung)

N	M	T1	T2	T3	T4	0.50 UL	0.50 UR	1.0 UL	1.0 UR	2.5 UL	2.5 UR	5.0 UL	5.0 UR
10	2	6	1	2	1								15.5
10	2	6	2	1	1						16.0		16.0
10	2	7	1	1	1						16.0		15.0
10	3	1	1	1	7			0.0		0.0		0.0	
10	3	1	1	2	6					2.0		3.0	
10	3	1	1	3	5					1.0		3.0	
10	3	1	1	4	4							1.5	19.5
10	3	1	1	5	3				21.0		21.0	2.0	21.0
10	3	1	1	6	2							2.5	18.5
10	3	1	2	1	6	0.0			1.5			3.0	
10	3	1	2	2	5	0.0			0.0			2.0	
10	3	1	2	3	4	0.0			0.0			0.0	19.5
10	3	1	2	4	3	0.0	21.0		0.0		21.0	0.0	21.0
10	3	1	2	5	2	0.0			0.0			0.0	19.0
10	3	1	2	6	1	0.0			0.0			0.0	
10	3	1	3	1	5					1.0		1.0	
10	3	1	3	2	4					1.0		3.0	19.5
10	3	1	3	3	3				21.0	1.0	21.0	3.0	21.0
10	3	1	3	4	2					1.0		3.0	19.5
10	3	1	3	5	1					1.0		3.0	
10	3	1	4	1	4							2.0	19.5
10	3	1	4	2	3				21.0		21.0	2.0	21.0
10	3	1	4	3	2						20.0	2.0	20.0
10	3	1	4	4	1							2.0	19.0
10	3	1	5	1	3				21.0		21.0		19.0
10	3	1	5	2	2						20.5		18.5
10	3	1	5	3	1						20.0		18.0
10	3	1	6	1	2				21.0		21.0		21.0
10	3	1	6	2	1				21.0		21.0		21.0
10	3	2	1	1	6	0.0			1.0			2.5	
10	3	2	1	2	5	0.0			1.5			1.5	
10	3	2	1	3	4	0.0			0.0			2.0	19.5
10	3	2	1	4	3	0.0	21.0		0.0		21.0	2.5	21.0
10	3	2	1	5	2	0.0			0.0			3.0	16.0
10	3	2	1	6	1	0.0			0.0			0.0	
10	3	2	2	1	5					2.0		2.5	
10	3	2	2	2	4					0.5		2.5	19.5
10	3	2	2	3	3				21.0	0.5	21.0	2.5	21.0
10	3	2	2	4	2					0.5		2.5	19.5
10	3	2	2	5	1					0.5		2.5	
10	3	2	3	1	4					1.0		3.0	19.5
10	3	2	3	2	3				21.0	1.0	21.0	1.0	21.0
10	3	2	3	3	2					1.0	20.0	1.0	20.0
10	3	2	3	4	1					1.0		1.0	19.0
10	3	2	4	1	3				21.0		21.0	4.0	19.0
10	3	2	4	2	2						20.5	1.5	18.5
10	3	2	4	3	1						20.0	1.5	18.0
10	3	2	5	1	2				21.0		21.0	5.0	18.0
10	3	2	5	2	1				21.0		21.0	2.0	21.0
10	3	2	6	1	1							2.5	18.5
10	3	3	1	1	5	0.0			0.0			2.0	

Tafel 7 (Fortsetzung)

N	M	T1	T2	T3	T4	0.50 UL	0.50 UR	1.0 UL	1.0 UR	2.5 UL	2.5 UR	5.0 UL	5.0 UR
10	3	3	1	2	4			0.0		0.0		2.0	19.5
10	3	3	1	3	3			0.0	21.0	0.0	21.0	2.0	21.0
10	3	3	1	4	2			0.0		0.0		2.0	17.0
10	3	3	1	5	1			0.0		0.0		2.0	
10	3	3	2	1	4			0.0		0.0		0.0	19.5
10	3	3	2	2	3			0.0	21.0	0.0	21.0	0.0	21.0
10	3	3	2	3	2			0.0		0.0	20.0	0.0	20.0
10	3	3	2	4	1			0.0		0.0		0.0	19.0
10	3	3	3	1	3			0.0	21.0	0.0	21.0	0.0	19.0
10	3	3	3	2	2			0.0		0.0	20.5	0.0	18.5
10	3	3	3	3	1			0.0		0.0	20.0	0.0	18.0
10	3	3	4	1	2			0.0	21.0	0.0	21.0	0.0	18.5
10	3	3	4	2	1			0.0	21.0	0.0	21.0	0.0	21.0
10	3	3	5	1	1			0.0		0.0		0.0	19.0
10	3	4	1	1	4							1.5	19.5
10	3	4	1	2	3				21.0		21.0	1.5	21.0
10	3	4	1	3	2						20.0	1.5	18.0
10	3	4	1	4	1							1.5	19.0
10	3	4	2	1	3				21.0		21.0	1.5	19.0
10	3	4	2	2	2						20.5	1.5	18.5
10	3	4	2	3	1						20.0	1.5	18.0
10	3	4	3	1	2				21.0		21.0	1.5	19.0
10	3	4	3	2	1				21.0		21.0	1.5	21.0
10	3	4	4	1	1							1.5	19.5
10	3	5	1	1	3				21.0		21.0		19.0
10	3	5	1	2	2						19.0		18.5
10	3	5	1	3	1						20.0		20.0
10	3	5	2	1	2				21.0		19.5		19.5
10	3	5	2	2	1				21.0		21.0		19.0
10	3	5	3	1	1						20.0		18.0
10	3	6	1	1	2				21.0		20.0		18.5
10	3	6	1	2	1				21.0		19.5		18.0
10	3	6	2	1	1						19.0		18.0
10	3	7	1	1	1				21.0		21.0		21.0
10	4	1	1	1	7							3.0	
10	4	1	1	2	6	0.0		0.0		0.0		0.0	
10	4	1	1	3	5					4.0	22.0	4.0	22.0
10	4	1	1	4	4		24.0		24.0		24.0	4.5	24.0
10	4	1	1	5	3						22.0	3.0	19.0
10	4	1	2	1	6	0.0		0.0		0.0		3.5	
10	4	1	2	2	5			0.5		2.5	22.0	4.0	22.0
10	4	1	2	3	4		24.0		24.0	1.0	24.0	3.5	24.0
10	4	1	2	4	3					1.5	22.5	1.5	19.5
10	4	1	2	5	2					2.0		2.0	21.0
10	4	1	2	6	1							6.0	
10	4	1	3	1	5	0.0		0.0		4.0	22.0	4.0	22.0
10	4	1	3	2	4	0.0	24.0	0.0	24.0	0.0	24.0	4.5	21.0
10	4	1	3	3	3	0.0		0.0			23.0	3.0	23.0
10	4	1	3	4	2	0.0		0.0		0.0		0.0	22.0
10	4	1	3	5	1	0.0		0.0		0.0		0.0	21.0
10	4	1	4	1	4		24.0		24.0	1.5	21.5	1.5	21.5

Tafel 7 (Fortsetzung)

N	M	T1	T2	T3	T4	0.50 UL	0.50 UR	1.0 UL	1.0 UR	2.5 UL	2.5 UR	5.0 UL	5.0 UR
10	4	1	4	2	3				23.5	4.0	21.0	4.0	20.5
10	4	1	4	3	2					4.0	20.5	4.0	20.5
10	4	1	4	4	1					4.0	20.0	4.0	20.0
10	4	1	5	1	3		24.0		24.0		24.0	3.0	21.0
10	4	1	5	2	2		24.0		24.0		24.0	3.0	24.0
10	4	1	5	3	1		24.0		24.0		24.0	3.0	24.0
10	4	1	6	1	2								21.5
10	4	1	6	2	1								18.0
10	4	2	1	1	6	0.0		0.0		0.0		3.5	
10	4	2	1	2	5			0.5		3.5	22.0	4.0	22.0
10	4	2	1	3	4		24.0		24.0	1.0	24.0	3.0	24.0
10	4	2	1	4	3					1.5	20.0	4.0	20.0
10	4	2	1	5	2					2.0		2.0	21.0
10	4	2	1	6	1					2.5			
10	4	2	2	1	5	0.0		0.0		3.5	22.0	3.5	22.0
10	4	2	2	2	4	0.0	24.0	0.0	24.0	2.0	24.0	4.0	21.0
10	4	2	2	3	3	0.0		0.0		0.0	20.5	2.5	20.5
10	4	2	2	4	2	0.0		0.0		0.0		3.0	22.0
10	4	2	2	5	1	0.0		0.0		0.0		0.0	21.0
10	4	2	3	1	4		24.0		24.0	1.0	21.5	3.5	21.5
10	4	2	3	2	3				23.5	1.0	23.5	1.0	21.0
10	4	2	3	3	2					3.5	20.5	3.5	20.5
10	4	2	3	4	1					3.5	20.0	3.5	20.0
10	4	2	4	1	3		24.0		24.0		21.5	4.5	21.5
10	4	2	4	2	2		24.0		24.0		24.0	2.0	21.0
10	4	2	4	3	1		24.0		24.0		24.0	2.0	24.0
10	4	2	5	1	2						22.0	3.0	22.0
10	4	2	5	2	1						22.0	3.0	22.0
10	4	3	1	1	5	0.0		1.0		3.0	22.0	4.0	22.0
10	4	3	1	2	4	0.0	24.0	0.0	24.0	1.5	24.0	3.5	21.0
10	4	3	1	3	3	0.0		0.0		2.0	21.0	2.0	21.0
10	4	3	1	4	2	0.0		0.0		2.5		2.5	19.5
10	4	3	1	5	1	0.0		0.0		0.0		3.0	21.0
10	4	3	2	1	4		24.0	0.5	24.0	2.0	21.5	3.0	21.5
10	4	3	2	2	3			0.5	23.5	2.5	21.5	3.0	21.0
10	4	3	2	3	2			0.5		0.5	23.0	3.0	23.0
10	4	3	2	4	1			0.5		3.0	20.0	3.5	20.0
10	4	3	3	1	3		24.0		24.0	3.0	22.0	3.0	22.0
10	4	3	3	2	2		24.0		24.0	3.5	24.0	3.5	21.5
10	4	3	3	3	1		24.0		24.0	1.0	24.0	1.0	21.0
10	4	3	4	1	2					4.0	22.05	4.0	20.0
10	4	3	4	2	1					1.5	22.5	4.5	22.5
10	4	3	5	1	1					2.0		5.0	21.0
10	4	4	1	1	4	0.0	24.0	0.0	24.0	2.5	21.5	3.5	20.5
10	4	4	1	2	3	0.0		0.0	23.5	2.5	22.0	2.5	21.0
10	4	4	1	3	2	0.0		0.0		2.5	23.0	2.5	20.5
10	4	4	1	4	1	0.0		0.0		2.5	22.5	2.5	22.5
10	4	4	2	1	3	0.0	24.0	0.0	24.0	0.0	22.5	3.0	20.5
10	4	4	2	2	2	0.0	24.0	0.0	24.0	0.0	22.0	3.0	20.0
10	4	4	2	3	1	0.0	24.0	0.0	24.0	0.0	24.0	3.0	19.5
10	4	4	3	1	2	0.0		0.0		0.0	23.0	0.0	21.0

Tafel 7 (Fortsetzung)

N	M	T1	T2	T3	T4	0.50 UL	0.50 UR	1.0 UL	1.0 UR	2.5 UL	2.5 UR	5.0 UL	5.0 UR
10	4	4	3	2	1	0.0		0.0		0.0	23.0	0.0	20.5
10	4	4	4	1	1	0.0		0.0		0.0		0.0	19.5
10	4	5	1	1	3		24.0		23.0	2.0	21.0	2.0	20.0
10	4	5	1	2	2		24.0		24.0	2.0	20.5	2.0	20.5
10	4	5	1	3	1		24.0		24.0	2.0	20.0	2.0	20.0
10	4	5	2	1	2				23.5	2.0	20.5	2.0	20.0
10	4	5	2	2	1				23.5	2.0	21.5	2.0	20.0
10	4	5	3	1	1					2.0	20.0	2.0	20.0
10	4	6	1	1	2		24.0		24.0		24.0		20.5
10	4	6	1	2	1		24.0		24.0		24.0		20.5
10	4	6	2	1	1		24.0		24.0		24.0		24.0
10	4	7	1	1	1								21.0
10	5	1	1	2	6					2.5	22.5	2.5	22.5
10	5	1	1	3	5	0.0	25.0	0.0	25.0	0.0	25.0	0.0	25.0
10	5	1	1	4	4					5.0	20.0	5.0	20.0
10	5	1	1	5	3							3.0	22.0
10	5	1	2	1	6					2.5	22.5	2.5	22.5
10	5	1	2	2	5	0.0	25.0	0.0	25.0	0.0	25.0	3.5	21.5
10	5	1	2	3	4					3.5	21.5	3.5	21.5
10	5	1	2	4	3					2.0	23.0	2.0	23.0
10	5	1	2	5	2							3.0	22.0
10	5	1	3	1	5	0.0	25.0	0.0	25.0	3.0	22.0	3.0	22.0
10	5	1	3	2	4			0.5	24.5	3.0	22.0	5.0	20.0
10	5	1	3	3	3					1.0	24.0	1.0	24.0
10	5	1	3	4	2					4.5	20.5	4.5	20.5
10	5	1	3	5	1					5.0	20.0	5.0	20.0
10	5	1	4	1	4	0.0	25.0	0.0	25.0	2.5	22.5	2.5	22.5
10	5	1	4	2	3	0.0	25.0	0.0	25.0	0.0	25.0	3.0	22.0
10	5	1	4	3	2	0.0	25.0	0.0	25.0	0.0	25.0	0.0	25.0
10	5	1	4	4	1	0.0	25.0	0.0	25.0	0.0	25.0	0.0	25.0
10	5	1	5	1	3					2.0	23.0	2.0	23.0
10	5	1	5	2	2					5.0	20.0	5.0	20.0
10	5	1	5	3	1					5.0	20.0	5.0	20.0
10	5	2	1	1	6					2.5	22.5	2.5	22.5
10	5	2	1	2	5	0.0	25.0	0.0	25.0	0.0	25.0	3.5	21.5
10	5	2	1	3	4					3.0	22.0	3.0	22.0
10	5	2	1	4	3					2.0	23.0	4.5	20.5
10	5	2	1	5	2							3.0	22.0
10	5	2	2	1	5	0.0	25.0	0.0	25.0	3.0	22.0	3.0	22.0
10	5	2	2	2	4			0.5	24.5	2.5	22.5	4.5	20.5
10	5	2	2	3	3					1.0	24.0	4.0	21.0
10	5	2	2	4	2					1.5	23.5	1.5	23.5
10	5	2	2	5	1					5.0	20.0	5.0	20.0
10	5	2	3	1	4	0.0	25.0	0.0	25.0	2.0	23.0	2.0	23.0
10	5	2	3	2	3	0.0	25.0	0.0	25.0	0.0	25.0	2.5	22.5
10	5	2	3	3	2	0.0	25.0	0.0	25.0	0.0	25.0	3.0	22.0
10	5	2	3	4	1	0.0	25.0	0.0	25.0	0.0	25.0	0.0	25.0
10	5	2	4	1	3					1.5	23.5	4.5	20.5
10	5	2	4	2	2					1.5	23.5	1.5	23.5
10	5	2	4	3	1					4.5	20.5	4.5	20.5
10	5	2	5	1	2							3.0	22.0

Tafel 7 (Fortsetzung)

N	M	T1	T2	T3	T4	0.50 UL	0.50 UR	1.0 UL	1.0 UR	2.5 UL	2.5 UR	5.0 UL	5.0 UR
10	5	2	5	2	1							3.0	22.0
10	5	3	1	1	5	0.0	25.0	0.0	25.0	3.0	22.0	4.0	21.0
10	5	3	1	2	4			0.5	24.5	2.0	23.0	4.0	21.0
10	5	3	1	3	3					3.0	22.0	4.0	21.0
10	5	3	1	4	2					1.5	23.5	4.5	20.5
10	5	3	1	5	1					2.0	23.0	2.0	23.0
10	5	3	2	1	4	0.0	25.0	0.0	25.0	1.5	23.5	1.5	23.5
10	5	3	2	2	3	0.0	25.0	0.0	25.0	4.0	21.0	4.0	21.0
10	5	3	2	3	2	0.0	25.0	0.0	25.0	0.0	25.0	2.5	22.5
10	5	3	2	4	1	0.0	25.0	0.0	25.0	0.0	25.0	3.0	22.0
10	5	3	3	1	3					3.0	22.0	4.0	21.0
10	5	3	3	2	2					1.0	24.0	4.0	21.0
10	5	3	3	3	1					1.0	24.0	1.0	24.0
10	5	3	4	1	2					2.0	23.0	4.5	20.5
10	5	3	4	2	1					2.0	23.0	2.0	23.0
10	5	3	5	1	1							3.0	22.0
10	5	4	1	1	4	0.0	25.0	1.0	24.0	1.0	24.0	3.5	21.5
10	5	4	1	2	3	0.0	25.0	0.0	25.0	1.5	23.5	1.5	23.5
10	5	4	1	3	2	0.0	25.0	0.0	25.0	2.0	23.0	2.0	23.0
10	5	4	1	4	1	0.0	25.0	0.0	25.0	2.5	22.5	2.5	22.5
10	5	4	2	1	3			0.5	24.5	2.0	23.0	4.0	21.0
10	5	4	2	2	2			0.5	24.5	2.5	22.5	4.5	20.5
10	5	4	2	3	1			0.5	24.5	3.0	22.0	5.0	20.0
10	5	4	3	1	2					3.0	22.0	3.0	22.0
10	5	4	3	2	1					3.5	21.5	3.5	21.5
10	5	4	4	1	1					5.0	20.0	5.0	20.0
10	5	5	1	1	3	0.0	25.0	0.0	25.0	3.0	22.0	4.0	21.0
10	5	5	1	2	2	0.0	25.0	0.0	25.0	3.0	22.0	3.0	22.0
10	5	5	1	3	1	0.0	25.0	0.0	25.0	3.0	22.0	3.0	22.0
10	5	5	2	1	2	0.0	25.0	0.0	25.0	0.0	25.0	3.5	21.5
10	5	5	2	2	1	0.0	25.0	0.0	25.0	0.0	25.0	3.5	21.5
10	5	5	3	1	1	0.0	25.0	0.0	25.0	0.0	25.0	0.0	25.0
10	5	6	1	1	2					2.5	22.5	2.5	22.5
10	5	6	1	2	1					2.5	22.5	2.5	22.5
10	5	6	2	1	1					2.5	22.5	2.5	22.5

Tafel 8

Inverse der Standardnormalverteilung. (Nach Büning u.Trenkler 1978, S. 358-360)

Die Tafel gibt an, welche u-Werte (u_R gemäß Gl. 6.18) unterschiedlichen Flächenanteilen P (P = R/(N+1) gemäß Gl. 6.18) der Standardnormalverteilung zugeordnet sind. Die Tafel enthält nur positive u-Werte für P ≥ 0,5. Für P ≤ 0,5 bildet man P'=1-P und versieht den für P' notierten u-Wert mit einem negativen Vorzeichen.

Ablesebeispiel: Dem Rangplatz R = 4 entspricht für N = 15 gemäß Gl.(6.18) ein Flächenanteil von P = 4/(15 + 1) = 0,25. Wegen 0,25 < 0,50 bestimmen wir P' = 1 – 0,25 = 0,75 und lesen dafür in der Tafel den Wert 0,67448 ab. Der gesuchte Abszissenwert lautet also u_R = – 0,67448.

P	u	P	u	P	u	P	u	P	u
0.500	0.00000	0.535	0.08784	0.570	0.17637	0.605	0.26631	0.640	0.35845
.501	.00250	.536	.09036	.571	.17892	.606	.26890	.641	.36113
.502	.00501	.537	.09287	.572	.18146	.607	.27150	.642	.36381
.503	.00751	.538	.09539	.573	.18401	.608	.27411	.643	.36648
.504	.01002	.539	.09791	.574	.18656	.609	.27671	.644	.36917
0.505	0.01253	0.540	0.10043	0.575	0.18911	0.610	0.27931	0.645	0.37185
.506	.01504	.541	.10295	.576	.19167	.611	.28192	.646	.37454
.507	.01754	.542	.10547	.577	.19422	.612	.28453	.647	.37723
.508	.02005	.543	.10799	.578	.19677	.613	.28714	.648	.37992
.509	.02256	.544	.11051	.579	.19933	.614	.28975	.649	.38262
0.510	0.02506	0.545	0.11303	0.580	0.20189	0.615	0.29237	0.650	0.38532
.511	.02757	.546	.11556	.581	.20445	.616	.29499	.651	.38802
.512	.03008	.547	.11808	.582	.20701	.617	.29761	.652	.39072
.513	.03259	.548	.12060	.583	.20957	.618	.30023	.653	.39343
.514	.03510	.549	.12313	.584	.21213	.619	.30285	.654	.39614
0.515	0.03760	0.550	0.12566	0.585	0.21470	0.620	0.30548	0.655	0.39885
.516	.04011	.551	.12818	.586	.21726	.621	.30810	.656	.40157
.517	.04262	.552	.13071	.587	.21983	.622	.31073	.657	.40428
.518	.04513	.553	.13324	.588	.22240	.623	.31336	.658	.40701
.519	.04764	.554	.13577	.589	.22497	.624	.31600	.659	.40973
0.520	0.05015	0.555	0.13830	0.590	0.22754	0.625	0.31863	0.660	0.41246
.521	.05266	.556	.14083	.591	.23011	.626	.32127	.661	.41519
.522	.05517	.557	.14336	.592	.23269	.627	.32391	.662	.41792
.523	.05768	.558	.14590	.593	.23526	.628	.32656	.663	.42066
.524	.06019	.559	.14843	.594	.23784	.629	.32920	.664	.42340
0.525	0.06270	0.560	0.15096	0.595	0.24042	0.630	0.33185	0.665	0.42614
.526	.06521	.561	.15350	.596	.24300	.631	.33450	.666	.42889
.527	.06773	.562	.15604	.597	.24558	.632	.33715	.667	.43164
.528	.07024	.563	.15857	.598	.24817	.633	.33980	.668	.43439
.529	.07275	.564	.16111	.599	.25075	.634	.34246	.669	.43715
0.530	0.07526	0.565	0.16365	0.600	0.25334	0.635	0.34512	0.670	0.43991
.531	.07778	.566	.16619	.601	.25593	.636	.34778	.671	.44267
.532	.08029	.567	.16874	.602	.25852	.637	.35045	.672	.44544
.533	.08281	.568	.17128	.603	.26111	.638	.35311	.673	.44821
.534	.08532	.569	.17382	.604	.26371	.639	.35578	.674	.45098

Tafel 8 (Fortsetzung)

P	u	P	u	P	u	P	u	P	u
0.675	0.45376	0.715	0.56805	0.755	0.69030	0.795	0.82389	0.835	0.97411
.676	.45654	.716	.57099	.756	.69349	.796	.82741	.836	.97815
.677	.45932	.717	.57395	.757	.69668	.797	.83095	.837	.98220
.678	.46211	.718	.57691	.758	.69988	.798	.83449	.838	.98627
.679	.46490	.719	.57987	.759	.70308	.799	.83805	.839	.99035
0.680	0.46769	0.720	0.58284	0.760	0.70630	0.800	0.84162	0.840	0.99445
.681	.47049	.721	.58581	.761	.70952	.801	.84519	.841	.99857
.682	.47329	.722	.58879	.762	.71275	.802	.84878	.842	1.00271
.683	.47610	.723	.59177	.763	.71598	.803	.85238	.843	1.00686
.684	.47891	.724	.59476	.764	.71922	.804	.85599	.844	1.01103
0.685	0.48172	0.725	0.59776	0.765	0.72247	0.805	0.85961	0.845	1.01522
.686	.48454	.726	.60075	.766	.72573	.806	.86325	.846	1.01942
.687	.48736	.727	.60376	.767	.72900	.807	.86689	.847	1.02365
.688	.49018	.728	.60677	.768	.73227	.808	.87054	.848	1.02789
.689	.49301	.729	.60979	.769	.73555	.809	.87421	.849	1.03215
0.690	0.49585	0.730	0.61281	0.770	0.73884	0.810	0.87789	0.850	1.03643
.691	.49868	.731	.61584	.771	.74214	.811	.88158	.851	1.04073
.692	.50152	.732	.61887	.772	.74544	.812	.88529	.852	1.04504
.693	.50437	.733	.62191	.773	.74876	.813	.88900	.853	1.04938
.694	.50722	.734	.62495	.774	.75208	.814	.89273	.854	1.05374
0.695	0.51007	0.735	0.62800	0.775	0.75541	0.815	0.89647	0.855	1.05812
.696	.51293	.736	.63106	.776	.75875	.816	.90022	.856	1.06251
.697	.51579	.737	.63412	.777	.76210	.817	.90399	.857	1.06693
.698	.51865	.738	.63719	.778	.76545	.818	.90776	.858	1.07137
.699	.52152	.739	.64026	.779	.76882	.819	.91156	.859	1.07583
0.700	0.52440	0.740	0.64334	0.780	0.77219	0.820	0.91536	0.860	1.08031
.701	.52727	.741	.64643	.781	.77557	.821	.91918	.861	1.08482
.702	.53016	.742	.64952	.782	.77896	.822	.92301	.862	1.08934
.703	.53304	.743	.65262	.783	.78236	.823	.92685	.863	1.09389
.704	.53594	.744	.65572	.784	.78577	.824	.93071	.864	1.09846
0.705	0.53883	0.745	0.65883	0.785	0.78919	0.825	0.93458	0.865	1.10306
.706	.54173	.746	.66195	.786	.79261	.826	.93847	.866	1.10768
.707	.54464	.747	.66507	.787	.79605	.827	.94237	.867	1.11232
.708	.54755	.748	.66820	.788	.79950	.828	.94629	.868	1.11698
.709	.55046	.749	.67134	.789	.80295	.829	.95022	.869	1.12167
0.710	0.55338	0.750	0.67448	0.790	0.80642	0.830	0.95416	0.870	1.12639
.711	.55630	.751	.67763	.791	.80989	.831	.95812	.871	1.13113
.712	.55923	.752	.68079	.792	.81338	.832	.96209	.872	1.13589
.713	.56217	.753	.68396	.793	.81687	.833	.96608	.873	1.14068
.714	.56510	.754	.68713	.794	.82037	.834	.97009	.874	1.14550

Tafel 8 (Fortsetzung)

P	u	P	u	P	u	P	u	P	u
0.875	1.15034	**0.905**	1.31057	**0.935**	1.51410	**0.965**	1.81191	**0.995**	2.57582
.876	1.15522	**.906**	1.31651	**.936**	1.52203	**.966**	1.82500	**.996**	2.65206
.877	1.16011	**.907**	1.32250	**.937**	1.53006	**.967**	1.83842	**.997**	2.74778
.878	1.16504	**.908**	1.32853	**.938**	1.53819	**.968**	1.85217	**.998**	2.87816
.879	1.17000	**.909**	1.33462	**.939**	1.54643	**.969**	1.86629	**.999**	3.09023
0.880	1.17498	**0.910**	1.34075	**0.940**	1.55477	**0.970**	1.88079	**0.9991**	3.12138
.881	1.18000	**.911**	1.34693	**.941**	1.56322	**.971**	1.89569	**.9992**	3.15590
.882	1.18504	**.912**	1.35317	**.942**	1.57178	**.972**	1.91103	**.9993**	3.19465
.883	1.19011	**.913**	1.35946	**.943**	1.58046	**.973**	1.92683	**.9994**	3.23888
.884	1.19522	**.914**	1.36580	**.944**	1.58926	**.974**	1.94313		
0.885	1.20035	**0.915**	1.37220	**0.945**	1.59819	**0.975**	1.95996	**0.9995**	3.29052
.886	1.20552	**.916**	1.37865	**.946**	1.60724	**.976**	1.97736	**.9996**	3.35279
.887	1.21072	**.917**	1.38517	**.947**	1.61643	**.977**	1.99539	**.9997**	3.43161
.888	1.21596	**.918**	1.39174	**.948**	1.62576	**.978**	2.01409	**.9998**	3.54008
.889	1.22122	**.919**	1.39837	**.949**	1.63523	**.979**	2.03352	**.9999**	3.71901
0.890	1.22652	**0.920**	1.40507	**0.950**	1.64485	**0.980**	2.05374		
.891	1.23186	**.921**	1.41183	**.951**	1.65462	**.981**	2.07485		
.892	1.23723	**.922**	1.41865	**.952**	1.66456	**.982**	2.09692		
.893	1.24264	**.923**	1.42554	**.953**	1.67466	**.983**	2.12007		
.894	1.24808	**.924**	1.43250	**.954**	1.68494	**.984**	2.14441		
0.895	1.25356	**0.925**	1.43953	**0.955**	1.69539	**0.985**	2.17009		
.896	1.25908	**.926**	1.44663	**.956**	1.70604	**.986**	2.19728		
.897	1.26464	**.927**	1.45380	**.957**	1.71688	**.987**	2.22621		
.898	1.27023	**.928**	1.46105	**.958**	1.72793	**.988**	2.25712		
.899	1.27587	**.929**	1.46838	**.959**	1.73919	**.989**	2.29036		
0.900	1.28155	**0.930**	1.47579	**0.960**	1.75068	**0.990**	2.32634		
.901	1.28727	**.931**	1.48328	**.961**	1.76241	**.991**	2.36561		
.902	1.29303	**.932**	1.49085	**.962**	1.77438	**.992**	2.40891		
.903	1.29883	**.933**	1.49851	**.963**	1.78661	**.993**	2.45726		
.904	1.30468	**.934**	1.50626	**.964**	1.79911	**.994**	2.51214		

Tafel 9

Normalrangtest nach van der Waerden. (Nach Büning u. Trenkler 1978, S. 385-387)

Die Tafel enthält die einseitigen Signifikanzschranken der Prüfgröße $|X|$ gemäß Gl. (6.19) für $N_1+N_2 = N = 7(1)50$. Die Signifikanzschranken sind in Abhängigkeit von $|N_1-N_2|$ mit max. $|N_1-N_2| = 11$ aufgeführt. Bei zweiseitigem Test ist α zu verdoppeln.

Ablesebeispiel: Ein nach Gl. (6.19) ermittelter Wert $X = 8{,}23$ ist für $N_1 = 18$, $N_2 = 23$ und $\alpha = 0{,}01$ bei zweiseitiger Fragestellung wegen $X_{crit} = 7{,}51 < 8{,}23$ signifikant ($N=18+23 = 41$; $|N_1-N_2| = 5$; $\alpha = 2 \cdot 0{,}005 = 0{,}01$).

			$\alpha = 0{,}025$			
N	N_1-N_2 0 oder 1	N_1-N_2 2 oder 3	N_1-N_2 4 oder 5	N_1-N_2 6 oder 7	N_1-N_2 8 oder 9	N_1-N_2 10 oder 11
7	∞	∞	∞	—	—	—
8	2,30	2,20	∞	∞	—	—
9	2,38	2,30	∞	∞	—	—
10	2,60	2,49	2,30	2,03	∞	—
11	2,72	2,58	2,40	2,11	∞	—
12	2,85	2,79	2,68	2,47	2,18	∞
13	2,96	2,91	2,78	2,52	2,27	∞
14	3,11	3,06	3,00	2,83	2,56	2,18
15	3,24	3,19	3,06	2,89	2,61	2,21
16	3,39	3,36	3,28	3,15	2,94	2,66
17	3,49	3,44	3,36	3,21	2,99	2,68
18	3,63	3,60	3,53	3,44	3,26	3,03
19	3,73	3,69	3,61	3,50	3,31	3,06
20	3,86	3,84	3,78	3,70	3,55	3,36
21	3,96	3,92	3,85	3,76	3,61	3,40
22	4,08	4,06	4,01	3,95	3,82	3,65
23	4,18	4,15	4,08	4,01	3,87	3,70
24	4,29	4,27	4,23	4,18	4,07	3,92
25	4,39	4,36	4,30	4,24	4,12	3,96
26	4,52	4,50	4,46	4,39	4,30	4,17
27	4,61	4,59	4,54	4,46	4,35	4,21
28	4,71	4,70	4,66	4,60	4,51	4,40
29	4,80	4,78	4,74	4,67	4,57	4,45
30	4,90	4,89	4,86	4,80	4,72	4,62
31	4,99	4,97	4,93	4,86	4,78	4,67
32	5,08	5,07	5,04	4,99	4,92	4,83
33	5,17	5,15	5,11	5,05	4,97	4,87
34	5,26	5,25	5,22	5,18	5,11	5,03
35	5,35	5,33	5,29	5,24	5,17	5,08
36	5,43	5,42	5,40	5,36	5,30	5,22
37	5,51	5,50	5,46	5,42	5,35	5,26
38	5,60	5,59	5,57	5,53	5,47	5,40
39	5,68	5,66	5,63	5,59	5,53	5,45
40	5,76	5,75	5,73	5,69	5,64	5,58
41	5,84	5,82	5,79	5,75	5,69	5,62
42	5,92	5,91	5,89	5,86	5,81	5,75
43	5,99	5,98	5,95	5,91	5,86	5,79
44	6,07	6,07	6,05	6,01	5,97	5,91
45	6,14	6,13	6,11	6,07	6,02	5,96
46	6,22	6,21	6,20	6,17	6,13	6,07

Tafel 9 (Fortsetzung)

			$\alpha = 0,025$			
N	N_1-N_2 0 oder 1	N_1-N_2 2 oder 3	N_1-N_2 4 oder 5	N_1-N_2 6 oder 7	N_1-N_2 8 oder 9	N_1-N_2 10 oder 11
47	6,29	6,28	6,26	6,22	6,18	6,12
48	6,37	6,36	6,34	6,32	6,28	6,23
49	6,44	6,43	6,40	6,37	6,33	6,27
50	6,51	6,51	6,49	6,46	6,43	6,38

			$\alpha = 0,01$			
N	N_1-N_2 0 oder 1	N_1-N_2 2 oder 3	N_1-N_2 4 oder 5	N_1-N_2 6 oder 7	N_1-N_2 8 oder 9	N_1-N_2 10 oder 11
7	∞	∞	∞	—	—	—
8	∞	∞	∞	∞	—	—
9	2,80	∞	∞	∞	—	—
10	3,00	2,90	2,80	∞	∞	—
11	3,20	3,00	2,90	∞	∞	—
12	3,29	3,30	3,15	2,85	∞	∞
13	3,48	3,36	3,18	2,92	∞	∞
14	3,62	3,55	3,46	3,28	2,97	∞
15	3,74	3,68	3,57	3,34	3,02	2,55
16	3,92	3,90	3,80	3,66	3,39	3,07
17	4,06	4,01	3,90	3,74	3,47	3,11
18	4,23	4,21	4,14	4,01	3,80	3,52
19	4,37	4,32	4,23	4,08	3,86	3,57
20	4,52	4,50	4,44	4,33	4,15	3,92
21	4,66	4,62	4,53	4,40	4,21	3,97
22	4,80	4,78	4,72	4,62	4,47	4,27
23	4,92	4,89	4,81	4,70	4,53	4,32
24	5,06	5,04	4,99	4,89	4,76	4,59
25	5,18	5,14	5,08	4,97	4,83	4,64
26	5,30	5,28	5,23	5,15	5,04	4,88
27	5,41	5,38	5,32	5,23	5,10	4,94
28	5,53	5,52	5,47	5,40	5,30	5,16
29	5,64	5,62	5,56	5,48	5,36	5,22
30	5,76	5,74	5,70	5,64	5,55	5,42
31	5,86	5,84	5,79	5,71	5,61	5,48
32	5,97	5,96	5,92	5,87	5,78	5,67
33	6,08	6,05	6,01	5,94	5,85	5,73
34	6,18	6,17	6,14	6,09	6,01	5,91
35	6,29	6,27	6,22	6,16	6,08	5,97
36	6,39	6,38	6,35	6,30	6,23	6,14
37	6,49	6,47	6,44	6,37	6,29	6,19
38	6,59	6,58	6,55	6,50	6,44	6,35
39	6,68	6,67	6,63	6,58	6,50	6,41
40	6,78	6,77	6,75	6,70	6,64	6,56
41	6,87	6,86	6,82	6,77	6,71	6,62
42	6,97	6,96	6,94	6,90	6,84	6,77
43	7,06	7,04	7,01	6,96	6,90	6,82

Tafel 9 (Fortsetzung)

	$\alpha = 0{,}01$					
N	N_1-N_2 0 oder 1	N_1-N_2 2 oder 3	N_1-N_2 4 oder 5	N_1-N_2 6 oder 7	N_1-N_2 8 oder 9	N_1-N_2 10 oder 11
44	7,15	7,15	7,12	7,09	7,03	6,96
45	7,24	7,23	7,20	7,15	7,09	7,02
46	7,33	7,32	7,30	7,27	7,22	7,15
47	7,42	7,40	7,38	7,34	7,28	7,21
48	7,50	7,50	7,48	7,45	7,40	7,34
49	7,59	7,58	7,55	7,51	7,46	7,40
50	7,68	7,67	7,65	7,62	7,58	7,52

	$\alpha = 0{,}005$					
N	N_1-N_2 0 oder 1	N_1-N_2 2 oder 3	N_1-N_2 4 oder 5	N_1-N_2 6 oder 7	N_1-N_2 8 oder 9	N_1-N_2 10 oder 11
7	∞	∞	∞	—	—	—
8	∞	∞	∞	∞	—	—
9	∞	∞	∞	∞	—	—
10	3,20	3,10	∞	∞	∞	—
11	3,40	3,30	∞	∞	∞	—
12	3,60	3,58	3,40	3,10	∞	∞
13	3,71	3,68	3,50	3,15	∞	∞
14	3,94	3,88	3,76	3,52	3,25	∞
15	4,07	4,05	3,88	3,65	3,28	∞
16	4,26	4,25	4,12	3,99	3,68	3,30
17	4,44	4,37	4,23	4,08	3,78	3,38
18	4,60	4,58	4,50	4,38	4,15	3,79
19	4,77	4,71	4,62	4,46	4,22	3,89
20	4,94	4,92	4,85	4,73	4,54	4,28
21	5,10	5,05	4,96	4,81	4,61	4,33
22	5,26	5,24	5,17	5,06	4,89	4,67
23	5,40	5,36	5,27	5,14	4,96	4,73
24	5,55	5,53	5,48	5,36	5,22	5,03
25	5,68	5,65	5,58	5,45	5,29	5,09
26	5,81	5,79	5,74	5,65	5,52	5,35
27	5,94	5,90	5,84	5,73	5,58	5,41
28	6,07	6,05	6,01	5,91	5,81	5,66
29	6,19	6,16	6,10	6,01	5,88	5,72
30	6,32	6,30	6,26	6,19	6,09	5,95
31	6,44	6,41	6,35	6,27	6,16	6,01
32	6,56	6,55	6,51	6,44	6,35	6,23
33	6,68	6,65	6,60	6,52	6,42	6,29
34	6,80	6,79	6,75	6,69	6,60	6,49
35	6,91	6,89	6,84	6,77	6,68	6,56
36	7,03	7,01	6,98	6,92	6,85	6,74
37	7,13	7,11	7,07	7,00	6,92	6,81
38	7,25	7,23	7,20	7,15	7,08	6,99
39	7,35	7,33	7,29	7,23	7,15	7,05
40	7,46	7,45	7,42	7,38	7,31	7,22

Tafel 9 (Fortsetzung)

	$\alpha = 0,005$					
N	N_1-N_2 0 oder 1	N_1-N_2 2 oder 3	N_1-N_2 4 oder 5	N_1-N_2 6 oder 7	N_1-N_2 8 oder 9	N_1-N_2 10 oder 11
41	7,56	7,54	7,51	7,45	7,38	7,28
42	7,67	7,66	7,63	7,59	7,53	7,45
43	7,77	7,75	7,72	7,66	7,60	7,51
44	7,87	7,87	7,84	7,80	7,74	7,67
45	7,97	7,96	7,92	7,87	7,81	7,73
46	8,07	8,06	8,04	8,00	7,95	7,88
47	8,17	8,15	8,12	8,08	8,02	7,94
48	8,26	8,26	8,24	8,20	8,15	8,08
49	8,36	8,34	8,32	8,27	8,22	8,14
50	8,46	8,45	8,43	8,39	8,35	8,28

Tafel 10

Normalrangtransformation. (Aus Teichroew 1956 über Bradley 1968)

Die Tafel enthält für Stichproben $N = N_1 + N_2 = 2(1)20$ die Rangwerte R und die zu diesen gehörigen Normalrangwerte $E(u_R)$ wobei die Rangwerte von unten bis zur Mitte aufsteigend und von der Mitte nach oben absteigend bezeichnet worden sind: bei geradzahligem $N = 8$ z.B. wie 1 2 3 4 4 3 2 1 (statt 1 2 3 4 5 6 7 8) und bei ungeradzahligem $N = 7$ wie 1 2 3 4 3 2 1 (statt 1 2 3 4 5 6 7). Für die aufsteigende Hälfte der Rangwerte sind die Normalränge mit negativem Vorzeichen zu versehen. Für den Medianrang gilt $E(u_R) = 0{,}00000$ (bei ungeradzahligem N).

Ablesebeispiel: Einer Rangreihe von 1 2 3 4 5 entsprechen die Normalrangwerte −1,16296 −0,49502 0,00000 +0,49502 +1,16296, wie aus den beiden Zeilen für $N = 5$ zu entnehmen ist. Beim 2. und 4. Wert wurde die fünfte Dezimale gerundet (6. bis 10. Dezimale entsprechen der zweiten Kolonne!).

N	R	$E(u_R)$		N	R	$E(u_R)$		N	R	$E(u_R)$	
2	1	.56418	95835	12	5	.31224	88787	17	5	.61945	76511
3	1	.84628	43753	12	6	.10258	96798	17	6	.45133	34467
4	1	1.02937	53730	13	1	1.66799	01770	17	7	.29518	64872
4	2	.29701	13823	13	2	1.16407	71937	17	8	.14598	74231
5	1	1.16296	44736	13	3	.84983	46324	18	1	1.82003	18790
5	2	.49501	89705	13	4	.60285	00882	18	2	1.35041	37134
6	1	1.26720	63606	13	5	.38832	71210	18	3	1.06572	81829
6	2	.64175	50388	13	6	.19052	36911	18	4	.84812	50190
6	3	.20154	68338	14	1	1.70338	15541	18	5	.66479	46127
7	1	1.35217	83756	14	2	1.20790	22754	18	6	.50158	15510
7	2	.75737	42706	14	3	.90112	67039	18	7	.35083	72382
7	3	.35270	69592	14	4	.66176	37035	18	8	.20773	53071
8	1	1.42360	03060	14	5	.45556	60500	18	9	.06880	25682
8	2	.85222	48625	14	6	.26729	70489	19	1	1.84448	15116
8	3	.47282	24949	14	7	.08815	92141	19	2	1.37993	84915
8	4	.15251	43995	15	1	1.73591	34449	19	3	1.09945	30994
9	1	1.48501	31622	15	2	1.24793	50823	19	4	.88586	19615
9	2	.93229	74567	15	3	.94768	90303	19	5	.70661	14847
9	3	.57197	07829	15	4	.71487	73983	19	6	.54770	73710
9	4	.27452	59191	15	5	.51570	10430	19	7	.40164	22742
10	1	1.53875	27308	15	6	.33529	60639	19	8	.26374	28909
10	2	1.00135	70446	15	7	.16529	85263	19	9	.13072	48795
10	3	.65605	91057	16	1	1.76599	13931	20	1	1.86747	50598
10	4	.37576	46970	16	2	1.28474	42232	20	2	1.40760	40959
10	5	.12266	77523	16	3	.99027	10960	20	3	1.13094	80522
11	1	1.58643	63519	16	4	.76316	67458	20	4	.92098	17004
11	2	1.06191	65201	16	5	.57000	93557	20	5	.74538	30058
11	3	.72883	94047	16	6	.39622	27551	20	6	.59029	69215
11	4	.46197	83072	16	7	.23375	15785	20	7	.44833	17532
11	5	.22489	08792	16	8	.07728	74593	20	8	.31493	32416
12	1	1.62922	76399	17	1	1.79394	19809	20	9	.18695	73647
12	2	1.11573	21843	17	2	1.31878	19878	20	10	.06199	62865
12	3	.79283	81991	17	3	1.02946	09889				
12	4	.53684	30214	17	4	.80738	49287				

Tafel 11

Terry-Hoeffding-Test. (Aus Klotz 1964)

Die Tafel enthält ausgewählte Prüfgrößen SNR (obere Zeile) und die zu diesen gehörigen Überschreitungswahrscheinlichkeiten bis ca. $P \leq 0,1$ (untere Zeile) für $N = N_1+N_2 = 6(1)20$ und $n = \text{Min } (N_1, N_2) = 3(1)10$. Beobachtete Prüfgrößen, die ihrem Absolutbetrage nach die aufgeführten kritischen SNR-Werte unterschreiten, haben höhere als die in der letzten Spalte verzeichneten P-Werte. Die P-Werte entsprechen einem *ein*seitigen Test und sind bei *zwei*seitigem Test zu verdoppeln.

Ablesebeispiel: Ein SNR = |–1,56291| ist für $N = 10$ und $n = N_1 = 4$ nicht verzeichnet und daher mit einem höheren P-Wert assoziiert als der in der äußersten rechten Spalte SNR-Wert von 1,94171.

		SNR-Werte (oben) und P-Werte (unten)						
N	n	.001	.005	.010	.025	.050	.075	.100
6	3					2.11051		1.70741
						.05000		.10000
7	2					2.10955		1.70489
						.04762		.09524
	3				2.46226	2.10955	1.75685	1.70489
					.02857	.05714	.08571	.11429
8	2				2.27583		1.89642	1.57611
					.03571		.07143	.10714
	3			2.74865	2.42834 *	2.12331	2.04894 *	1.74391
				.01786	.03571	.05357	.07143	.10714
	4			2.90116 *	2.59613 *	2.27583	1.95552 *	1.89642 *
				.01429	.02857	.05714	.07143	.10000
9	2				2.41731	2.05698	1.75954	1.50427
					.02778	.05556	.08333	.11111
	3			2.98928	2.69184	2.33151	2.05698	1.78246 *
				.01190	.02381 *	.04762	.07143	.09524
	4		3.26381	2.98928	2.71476	2.41731	2.11987	1.78246
			.00794	.01587	.02381	.04762	.07143	.10317
10	2				2.54011	2.19481**	1.66142	1.65742
					.02222	.04444	.08889	.11111
	3		3.19617	2.91587	2.66278	2.31748	2.03719	1.81905
			.00833	.01667	.02500	.05000	.07500**	.10000
	4		3.57193	3.31884	2.82040	2.44791	2.19481	1.94171
			.00476	.00952	.02381	.05238	.07619	.09524
	5		3.69460	3.44927 *	2.91587	2.57058	2.16435	2.03318
			.00397	.00794	.02778	.04762	.07540	.10317
11	2				2.64835	2.31528	2.04841	1.81133	1.79076
					.01818	.03636	.05455	.07273	.09091
	3		3.37719	3.11033	2.77725	2.31528	2.09038	1.85330
			.00606	.01212	.02424	.04848	.07273	.09697

Tafel 11 (Fortsetzung)

N	n	.001	.005	.010	.025	.050	.075	.100
		SNR-Werte (oben) und P-Werte (unten)						

N	n	.001	.005	.010	.025	.050	.075	.100
11	4	3.83917	3.60208	3.37719	2.91521	2.54017	2.25273	2.02784
		.00303	.00606	.00909	.02424	.04848	.07576	.10000
	5	4.06406	3.83917	3.60208	3.00214	2.60638	2.31528	2.07819
		.00216	.00433	.00866	.02597	.04978	.07359	.09740
12	2			2.74496	2.42207	2.16607	1.90857	1.65258
				.01515	.03030	.04545	.07576	.10606
	3		3.53780	3.28180	2.84755	2.43271	2.10982	1.88522
			.00455	.00909	.02273	.05000	.07273	.10000
	4	4.07464	3.85005	3.43521	3.00096	2.54800	2.31071	2.05471
		.00202	.00404	.01010	.02424	.05051	.07475	.09899
	5	4.38689	3.95264	3.69664	3.10354	2.65507	2.41778	2.15543
		.00126	.00505	.00884	.02525	.05051	.07449	.09848
	6	4.48948	3.86498	3.64039	3.17921	2.74496	2.42207	2.16607
		.00108	.00541	.01082	.02597	.05195	.07576	.10173
13	2			2.83207	2.51782	2.05632	1.85851	1.66799
				.01282	.02564	.05128	.07692	.10256
	3	3.68190	3.43492	3.22039	2.83207	2.44374	2.15525	1.88251
		.00350	.00699	.01049	.02448	.04895	.07343	.10140
	4	4.28475	3.82324	3.50900	3.04659	2.61754	2.30330	2.07304
		.00140	.00559	.00979	.02517	.05035	.07552	.09790
	5	4.67308	4.07023	3.69953	3.23711	2.77561	2.44374	2.20444
		.00078	.00466	.00932	.02409	.04973	.07537	.10023
	6	4.67308	4.08695	3.82324	3.29357	2.83207	2.50020	2.24684
		.00117	.00524	.01049	.02506	.05128	.07517	.10023
14	2			2.91128	2.60451	2.10903	1.86967	1.66347
				.01099	.02198	.05495	.07692	.09890
	3	3.81241	3.57305	3.26627	2.82312	2.45330	2.14894	1.94274
		.00275	.00549	.01099	.02473	.04945	.07418	.09890
	4	4.47417	3.90057	3.63415	3.11748	2.67192	2.36515	2.15895
		.00100	.00500	.00999	.02498	.04995	.07692	.09790
	5	4.74147	4.16787	3.81241	3.26869	2.82312	2.50437	2.24952
		.00100	.00500	.01049	.02498	.04995	.07493	.09940
	6	4.84158	4.28591	3.91252	3.39478	2.91128	2.59253	2.31523
		.00100	.00466	.00999	.02498	.05162	.07493	.09990
	7	4.92974	4.35614	3.99155	3.44541	2.94835	2.61693	2.33721
		.00117	.00495	.00991	.02477	.05012	.07517	.10023
15	2			2.98385	2.45079	2.19562	1.90121	1.73591
				.00952	.02857	.04762	.07619	.09524
	3	3.93154	3.69873	3.31914	2.91050	2.46815	2.17827	1.96281
		.00220	.00440	.01099	.02418	.05055	.07473	.09890

Tafel 11 (Fortsetzung)

N	n	SNR-Werte (oben) und P-Werte (unten)						
		.001	.005	.010	.025	.050	.075	.100
15	4	4.64641	3.93154	3.66485	3.18302	2.69622	2.41691	2.15054
		.00073	.00513	.01026	.02491	.04982	.07473	.09963
	5	4.81171	4.24948	3.91418	3.38196	2.88136	2.54133	2.28549
		.00100	.00500	.00999	.02498	.04995	.07493	.10057
	6	4.99682	4.43213	4.06766	3.51832	2.98502	2.64855	2.36566
		.00100	.00500	.00999	.02498	.04975	.07493	.09990
	7	5.16212	4.47642	4.11194	3.56706	3.04666	2.69622	2.42161
		.00093	.00497	.01010	.02502	.04988	.07490	.09977
16	2		3.05074	2.75626	2.52916	2.16221	1.85475	1.68870
			.00833	.01667	.02500	.05000	.07500	.10000
	3	4.04101	3.62074	3.32627	2.92538	2.48073	2.19773	1.95915
		.00179	.00536	.01071	.02500	.05000	.07500	.10000
	4	4.61102	4.04765	3.72249	3.22977	2.75626	2.43148	2.17353
		.00110	.00495	.00989	.02473	.05000	.07473	.10000
	5	5.00724	4.32319	3.98769	3.45827	2.93686	2.60645	2.31826
		.00092	.00504	.01007	.02450	.04991	.07532	.10005
	6	5.14043	4.52116	4.15688	3.89087	3.06730	2.70310	2.42076
		.00100	.00500	.00999	.02498	.05007	.07505	.09990
	7	5.35686	4.64213	4.25149	3.67665	3.15249	2.78023	2.48073
		.00096	.00498	.00997	.02491	.04991	.07491	.10009
	8	5.43415	4.66692	4.29208	3.72249	3.15989	2.78711	2.51184
		.00093	.00497	.00995	.02510	.05004	.07498	.10000
17	2		3.11272	2.82340	2.60133	2.12617	1.93824	1.64892
			.00735	.01471	.02206	.05147	.07353	.10294
	3	4.14218	3.73218	3.40791	2.96674	2.49423	2.23343	1.98018
		.00147	.00441	.01029	.02500	.05000	.07500	.10000
	4	4.76164	4.08212	3.77412	3.26458	2.78845	2.45044	2.19904
		.00084	.00504	.01008	.02479	.05000	.07479	.10000
	5	5.05683	4.39358	4.06610	3.48079	2.96939	2.63925	2.35314
		.00097	.00501	.01002	.02505	.05026	.07498	.10003
	6	5.28609	4.61244	4.24438	3.65907	3.11859	2.75667	2.45799
		.00097	.00501	.01002	.02497	.05018	.07498	.10003
	7	5.43207	4.76164	4.37731	3.77412	3.21998	2.83136	2.54046
		.00098	.00509	.01003	.02509	.05003	.07502	.10022
	8	5.55887	4.83475	4.44432	3.81811	3.26458	2.87438	2.57839
		.00099	.00502	.00995	.02497	.05006	.07499	.09996
18	2		3.17045	2.88576	2.48483	2.17087	1.91385	1.73052
			.00654	.01307	.02614	.05229	.07190	.09804
	3	4.23617	3.73389	3.38734	2.96271	2.52935	2.23210	1.98324
		.00123	.00490	.00980	.02451	.05025	.07475	.10049

Tafel 11 (Fortsetzung)

N	n	SNR-Werte (oben) und P-Werte (unten)						
		.001	.005	.010	.025	.050	.075	.100
18	4	4.73776	4.16737	3.80269	3.30938	2.80709	2.48057	2.20014
		.00098	.00490	.01013	.02484	.05000	.07484	.10000
	5	5.10870	4.45135	4.11178	3.54498	3.01899	2.67245	2.38675
		.00105	.00502	.01004	.02498	.05007	.07493	.10002
	6	5.39268	4.69253	4.33682	3.73818	3.17544	2.79520	2.50494
		.00102	.00501	.01002	.02494	.04977	.07498	.09998
	7	5.59835	4.87656	4.47006	3.84912	3.27683	2.89270	2.59046
		.00101	.00503	.00996	.02501	.04999	.07497	.09999
	8	5.69210	4.96540	4.55442	3.92906	3.34539	2.95019	2.63889
		.00101	.00503	.01001	.02502	.04989	.07507	.09998
	9	5.74909	5.01000	4.59445	3.95964	3.37553	2.97459	2.66430
		.00103	.00500	.00995	.02497	.05004	.07497	.09994
19	2		3.22442	2.94393	2.55109	2.10822	1.92765	1.71376
			.00585	.01170	.02339	.05263	.07602	.09942
	3	4.32387	3.77213	3.43695	2.97241	2.53302	2.23895	2.00206
		.00103	.00516	.01032	.02477	.04954	.07534	.10010
	4	4.81689	4.19477	3.84654	3.33840	2.82201	2.50107	2.24906
		.00103	.00490	.01006	.02503	.05005	.07508	.09933
	5	5.20974	4.51192	4.17377	3.58302	3.06191	2.68278	2.40133
		.00103	.00499	.00998	.02503	.04997	.07499	.10002
	6	5.49533	4.79101	4.38736	3.78127	3.22605	2.83192	2.54229
		.00100	.00501	.00999	.02499	.04968	.07500	.10010
	7	5.75744	4.96296	4.56824	3.92941	3.34991	2.95133	2.64190
		.00099	.00500	.01000	.02503	.04999	.07498	.10000
	8	5.88817	5.08552	4.66943	4.02630	3.42021	3.01593	2.69260
		.00102	.00499	.01002	.02498	.05000	.07500	.10000
	9	5.92939	5.16350	4.73856	4.06469	3.45902	3.05311	2.73140
		.00100	.00499	.01000	.02500	.05000	.07501	.09984
20	2		3.27508	2.99842	2.53855	2.18241	1.92947	1.72124
			.00526	.01053	.02632	.04737	.07368	.10000
	3	4.40603	3.74381	3.46204	2.98688	2.55009	2.25381	2.01365
		.00088	.00526	.00965	.02456	.05000	.07456	.10000
	4	4.85436	4.21907	3.90365	3.34688	2.85646	2.52577	2.25928
		.00103	.00495	.00991	.02497	.04995	.07492	.09990
	5	5.26501	4.57299	4.21646	3.61462	3.07968	2.72551	2.43454
		.00097	.00503	.00993	.02503	.04999	.07521	.09997
	6	5.59374	4.85971	4.46879	3.83100	3.26535	2.87423	2.57831
		.00101	.00501	.00993	.02500	.05000	.07492	.09997
	7	5.85268	5.06230	4.65498	3.99335	3.39273	2.99240	2.67789
		.00101	.00501	.01001	.02501	.05003	.07497	.10000

Tafel 11 (Fortsetzung)

N	n	SNR-Werte (oben) und P-Werte (unten)						
		.001	.005	.010	.025	.050	.075	.100
20	8	6.01040	5.19980	4.77263	4.10043	3.48583	3.07408	2.74755
		.00100	.00500	.00999	.02501	.05000	.07500	.10001
	9	6.12214	5.28279	4.84855	4.16594	3.54228	3.12039	2.79469
		.00099	.00500	.01000	.02499	.04999	.07499	.09997
	10	6.14379	5.32106	4.87605	4.18573	3.55708	3.13824	2.80623
		.00100	.00500	.01000	.02501	.04997	.07499	.10001

Tafel 12

H-Test nach Kruskal-Wallis. (Aus Krishnaiah u. Sen 1954)

Die Tafel enthält kritische H-Werte (h) für 3-5 Stichproben und
$\alpha \approx 0{,}05$ bzw. $\alpha \approx 0{,}01$.

Ablesebeispiel: H = 8,7 wäre für k = 4, $N_1 = N_2 = 3$, $N_3 = N_4 = 2$
und $\alpha = 0{,}01$ signifikant (h = 7,636 < 8,7).

N_1	N_2	N_3	h	$P(H \geq h)$	h	$P(H \geq h)$
2	2	2	4.571	0.0667		
3	2	2	4.714	0.0476		
3	3	2	5.139	0.0607		
3	3	3	5.600	0.0500		
4	2	1	4.821	0.0571		
4	2	2	5.125	0.0524		
4	3	1	5.208	0.0500		
4	3	2	5.400	0.0508		
4	3	3	5.727	0.0505	6.745	0.0100
4	4	1	4.867	0.0540	6.667	0.0095
4	4	2	5.236	0.0521	6.873	0.0108
4	4	3	5.576	0.0507	7.136	0.0107
4	4	4	5.692	0.0487	7.538	0.0107
5	2	1	5.000	0.0476		
5	2	2	5.040	0.0556	6.533	0.0079
5	3	1	4.871	0.0516	6.400	0.0119
5	3	2	5.251	0.0492	6.822	0.0103
5	3	3	5.515	0.0507	7.079	0.0087
5	4	1	4.860	0.0556	6.840	0.0111
5	4	2	5.268	0.0505	7.118	0.0101
5	4	3	5.631	0.0503	7.445	0.0097
5	4	4	5.618	0.0503	7.760	0.0095
5	5	1	4.909	0.0534	6.836	0.0108
5	5	2	5.246	0.0511	7.269	0.0103
5	5	3	5.626	0.0508	7.543	0.0102
5	5	4	5.643	0.0502	7.823	0.0098
5	5	5	5.660	0.0509	7.980	0.0105
6	2	1	4.822	0.0478		
6	3	1	4.855	0.0500	6.582	0.0119
6	3	2	5.227	0.0520	6.970	0.0091
6	3	3	5.615	0.0497	7.192	0.0102
6	4	1	4.947	0.0468	7.083	0.0104
6	4	2	5.263	0.0502	7.212	0.0108
6	4	3	5.604	0.0504	7.467	0.0101
6	4	4	5.667	0.0505	7.724	0.0101
6	5	1	4.836	0.0509	6.997	0.0101
6	5	2	5.319	0.0506	7.299	0.0102
6	5	3	5.600	0.0500	7.560	0.0102
6	5	4	5.661	0.0499	7.936	0.0100
6	5	5	5.729	0.0497	8.012	0.0100
6	6	1	4.857	0.0511	7.066	0.0103
6	6	2	5.410	0.0499	7.410	0.0102
6	6	3	5.625	0.0500	7.725	0.0099

Tafel 12 (Fortsetzung)

N_1	N_2	N_3	h	$P(H \geq h)$	h	$P(H \geq h)$
6	6	4	5.721	0.0501	8.000	0.0100
6	6	5	5.765	0.0499	8.119	0.0100
6	6	6	5.719	0.0502	8.187	0.0102
7	7	7	5.766	0.0506	8.334	0.0101
8	8	8	5.805	0.0497	8.435	0.0101
Asymptotischer Wert			5.991	0.0500	9.210	0.0100

N_1	N_2	N_3	N_4	h	$P(H \geq h)$	h	$P(H \geq h)$
3	2	2	2	6.333	0.0476	7.133	0.0079
3	3	2	1	6.156	0.0560	7.044	0.0107
3	3	2	2	6.527	0.0492	7.636	0.0100
3	3	3	1	6.600	0.0493	7.400	0.0086
3	3	3	2	6.727	0.0495	8.015	0.0096
3	3	3	3	6.879	0.0502	8.436	0.0108
4	2	2	1	6.000	0.0566	7.000	0.0095
4	2	2	2	6.545	0.0492	7.391	0.0089
4	3	1	1	6.178	0.0492	7.067	0.0095
4	3	2	1	6.309	0.0494	7.455	0.0098
4	3	2	2	6.621	0.0495	7.871	0.0100
4	3	3	1	6.545	0.0495	7.758	0.0097
4	3	3	2	6.782	0.0501	8.333	0.0099
4	3	3	3	6.967	0.0503	8.659	0.0099
4	4	1	1	5.945	0.0495	7.500	0.0114
4	4	2	1	6.364	0.0500	7.886	0.0102
4	4	2	2	6.731	0.0487	8.308	0.0102
4	4	3	1	6.635	0.0498	8.218	0.0103
4	4	3	2	6.874	0.0498	8.621	0.0100
4	4	3	3	7.038	0.0499	8.867	0.0100
4	4	4	1	6.725	0.0498	8.571	0.0101
4	4	4	2	6.957	0.0496	8.857	0.0101
4	4	4	3	7.129	0.0502	9.075	0.0100
4	4	4	4	7.213	0.0507	9.287	0.0100
Asymptotischer Wert				7.815	0.0500	11.345	0.0100

Tafel 12 (Fortsetzung)

N_1	N_2	N_3	N_4	N_5	h	$P(H \geq h)$	h	$P(H \geq h)$
2	2	2	2	2	7.418	0.0487	8.291	0.0095
3	2	2	1	1	7.200	0.0500	7.600	0.0079
3	2	2	2	1	7.309	0.0489	8.127	0.0094
3	2	2	2	2	7.667	0.0508	8.682	0.0096
3	3	2	1	1	7.200	0.0500	8.055	0.0102
3	3	2	2	1	7.591	0.0492	8.576	0.0098
3	3	2	2	2	7.897	0.0505	9.103	0.0101
3	3	3	1	1	7.515	0.0538	8.424	0.0091
3	3	3	2	1	7.769	0.0489	9.051	0.0098
3	3	3	2	2	8.044	0.0492	9.505	0.0100
3	3	3	3	1	7.956	0.0505	9.451	0.0100
3	3	3	3	2	8.171	0.0504	9.848	0.0101
3	3	3	3	3	8.333	0.0496	10.200	0.0099
Asymptotischer Wert					9.488	0.0500	13.277	0.0100

Tafel 13

Einzelvergleiche nach Wilcoxon u. Wilcox. (Aus Wilcoxon u. Wilcox 1964)

Die Tafel enthält die oberen Schranken der Prüfgröße D_i für $k-1$ unabhängige Behandlungsstichproben (i) und 1 Kontrollstichprobe (0) zu je $N_i = n = 3(1)2$ Meßwerten, die, zusammengeworfen, eine Rangordnung von 1 bis $N = kn$ bilden und Rangsummen T_i und T_o liefern. Beobachtete Prüfgrößen $D_i = T_i - T_o$, die dem Betrage nach die für ein- und zweiseitige Fragestellung geltenden Schranken erreichen oder überschreiten, sind auf der 5%- bzw. der 1%- Stufe signifikant.

Ablesbeispiele: Ein $D_i = 42$ ist für $k - 1 = 3$ Versuchsgruppen im Vergleich mit einer Kontrollgruppe bei $n = 5$ Meßwerten je Gruppe bei *einseitiger* Frage auf dem 5%–Niveau signifikant, da $42 > 39$, nicht jedoch bei zweiseitiger Fragestellung, da $42 < 44$.

				Einseitiger Test mit $\alpha = 0,05$				
				k–1				
n	2	3	4	5	6	7	8	9
3	13	18	24	29	35	41	46	52
4	20	28	36	45	53	62	71	80
5	27	39	50	62	74	87	99	112
6	36	50	66	81	97	113	130	146
7	45	63	83	102	122	143	163	184
8	54	77	101	125	149	174	199	225
9	65	92	120	149	178	208	238	268
10	76	108	141	174	208	243	278	314
11	87	124	162	201	240	280	321	362
12	99	141	185	229	274	319	365	412
13	112	159	208	258	308	360	412	465
14	125	178	233	288	345	402	460	519
15	138	197	258	319	382	446	510	576
16	152	217	284	351	421	491	562	634
17	166	238	311	385	461	538	615	695
18	181	259	339	419	502	586	670	757
19	196	280	367	454	544	635	726	820
20	212	303	396	491	587	686	784	886
21	228	326	426	528	632	738	844	953
22	244	349	457	566	677	791	905	1022
23	261	373	488	605	724	845	967	1092
24	278	398	521	644	772	901	1031	1164
25	296	423	553	685	820	958	1096	1237

Tafel 13 (Fortsetzung)

| | | | | Einseitiger Test mit α = 0,01 | | | | |

| | | | | k−1 | | | | |
n	2	3	4	5	6	7	8	9
3	17	24	30	37	44	51	58	65
4	26	36	46	57	67	78	89	99
5	36	50	64	79	94	108	123	138
6	47	66	84	104	123	142	162	181
7	59	82	106	130	155	179	204	228
8	72	101	130	159	189	218	249	279
9	86	120	154	190	225	260	296	333
10	101	140	181	222	263	304	347	389
11	116	161	208	256	303	351	400	449
12	132	184	237	291	345	400	456	511
13	149	207	267	328	389	451	514	576
14	166	231	298	367	435	504	574	644
15	184	256	331	406	482	558	636	714
16	203	282	364	448	531	615	701	786
17	222	309	399	490	581	673	767	861
18	242	337	434	534	633	733	836	938
19	262	365	471	579	687	795	906	1017
20	283	394	508	625	741	859	979	1098
21	304	424	547	672	797	924	1053	1181
22	326	454	586	721	855	990	1129	1267
23	348	485	626	770	914	1058	1207	1354
24	371	517	668	821	974	1128	1286	1443
25	395	550	710	872	1035	1199	1367	1534

| | | | | Zweiseitiger Test mit α = 0,05 | | | | |

| | | | | k−1 | | | | |
n	2	3	4	5	6	7	8	9
3	15	21	27	33	39	45	52	58
4	23	32	41	50	60	69	79	89
5	31	44	57	70	83	96	110	124
6	41	58	74	92	109	127	144	163
7	51	72	94	115	137	159	182	205
8	63	88	114	141	168	194	222	250
9	74	105	136	168	200	232	265	298
10	87	123	159	196	234	271	310	349
11	100	142	183	226	270	313	357	402
12	114	161	209	257	307	356	407	458
13	128	182	235	290	346	401	458	517
14	143	203	263	324	387	449	512	577
15	159	225	291	359	429	497	568	640
16	175	248	321	396	472	548	625	705
17	192	271	351	433	517	600	685	772
18	209	295	382	472	563	653	746	841
19	226	320	415	511	611	708	809	912
20	244	345	448	552	659	765	873	985

Tafel 13 (Fortsetzung)

				k–1				
				Zweiseitiger Test mit α = 0,05				
n	2	3	4	5	6	7	8	9
21	263	371	482	594	709	823	939	1059
22	281	398	516	637	760	882	1007	1136
23	301	426	552	681	813	943	1077	1214
24	320	454	588	725	866	1005	1147	1294
25	341	482	625	771	921	1068	1220	1375

				k–1				
				Zweiseitiger Test mit α = 0,01				
n	2	3	4	5	6	7	8	9
3	19	26	33	40	47	55	62	69
4	28	39	50	61	72	84	95	106
5	39	55	70	85	101	116	132	148
6	52	72	91	112	132	153	174	195
7	65	90	115	140	166	192	219	245
8	79	110	140	171	203	235	267	299
9	94	131	167	204	242	280	318	357
10	110	153	196	239	283	327	373	418
11	127	176	225	276	326	377	430	482
12	144	200	257	314	372	430	489	549
13	162	226	289	354	419	485	552	619
14	181	252	323	395	468	541	616	691
15	201	279	358	438	519	600	683	766
16	221	308	394	482	571	661	753	844
17	242	337	432	528	626	724	824	924
18	263	367	470	575	681	788	898	1007
19	285	397	510	623	739	855	974	1092
20	308	429	550	673	798	923	1051	1179
21	331	462	592	724	858	993	1131	1268
22	355	495	635	776	920	1065	1213	1360
23	380	529	678	830	983	1138	1296	1453
24	405	564	723	884	1048	1213	1381	1549
25	430	599	769	940	1114	1289	1468	1646

Tafel 14

Dunnetts t-Test (Aus Dunnett 1955, 1964)

Die Tafel enthält (1) die oberen einseitigen Schranken der Prüfgröße t für Fg = ∞ and k–1 = 1(1)9 bzw. k = 2(1)10 und (2) die oberen zweiseitigen Schranken für k–1 = 1 (1)12, 15, 20. Beide Schranken sind für das 5%- und das 1%-Niveau aufgeführt. t-Werte, die die angegebenen Schranken erreichen oder überschreiten, sind auf der bezeichneten Stufe signifikant.

Ablesebeispiel: Ein aus dem Vergleich von k–1 = 3 Versuchsgruppen mit einer Kontrollgruppe (zu je n Beobachtungen) resultierender t-Wert von 2,45 ist bei einseitiger Frage auf dem 5%-Niveau signifikant, da 2,45 > 2,06. Der gleiche t-Wert wäre auch bei zweiseitiger Frage signifikant, da 2,45 auch größer als 2,35 ist.

k–1	k	Einseitiger Test		Zweiseitiger Test	
		0,05	0,01	0,05	0,01
1	2	1,64	2,33	1,96	2,58
2	3	1,92	2,56	2,21	2,79
3	4	2,06	2,68	2,35	2,92
4	5	2,16	2,77	2,44	3,00
5	6	2,23	2,84	2,51	3,06
6	7	2,29	2,89	2,57	3,11
7	8	2,34	2,93	2,61	3,15
8	9	2,38	2,97	2,65	3,19
9	10	2,42	3,00	2,69	3,22
10	11			2,72	3,25
11	12			2,74	3,27
12	13			2,77	3,29
15	16			2,83	3,35
20	21			2,91	3,42

Tafel 15

Trendtest von Jonckheere. (Nach Schaich u. Hamerle 1984, S. 319f.)

Die Tafel enthält ausgewählte S-Werte und deren einseitige Überschreitungswahrscheinlichkeiten P für k = 3 und $N_j \leq 5$.

Ablesebeispiel: Ein $S = 31$ wäre für $N_1 = N_2 = 4$ und $N_3 = 3$ wegen P = 0,040 < 0,05 für $\alpha = 0,05$ signifikant.

N_1	N_2	N_3	S	P	N_1	N_2	N_3	S	P
2	2	2	12	0,011	4	3	3	30	0,004
			11	0,033				29	0,009
			10	0,089				28	0,016
			8	0,167				27	0,026
								26	0,042
3	2	2	16	0,005				25	0,064
			15	0,014				24	0,093
			14	0,038				23	0,130
			13	0,076					
			12	0,138	4	4	2	30	0,003
								29	0,005
3	3	2	21	0,002				28	0,011
			20	0,005				27	0,019
			19	0,014				26	0,032
			18	0,030				25	0,050
			17	0,057				24	0,076
			16	0,096				23	0,108
			15	0,152					
					4	4	3	36	0,003
3	3	3	25	0,005				35	0,006
			24	0,011				34	0,010
			23	0,021				33	0,017
			22	0,037				32	0,027
			21	0,061				31	0,040
			20	0,095				30	0,058
			19	0,139				29	0,080
								28	0,109
4	2	2	20	0,002					
			19	0,007	4	4	4	42	0,004
			18	0,019				41	0,006
			17	0,038				40	0,010
			16	0,071				39	0,015
			15	0,117				38	0,023
								37	0,033
4	3	2	25	0,002				36	0,046
			24	0,006				35	0,063
			23	0,014				34	0,084
			22	0,026				33	0,110
			21	0,045					
			20	0,074	5	2	2	23	0,004
			19	0,112				22	0,010
								21	0,021
								20	0,040
								19	0,066
								18	0,105

Tafel 15 (Fortsetzung)

N_1	N_2	N_3	S	P	N_1	N_2	N_3	S	P
5	3	2	29	0,003	5	5	2	40	0,004
			28	0,007				39	0,006
			27	0,013				38	0,011
			26	0,023				36	0,025
			25	0,038				35	0,036
			24	0,059				34	0,050
			23	0,088				32	0,092
			22	0,124				31	0,119
5	3	3	35	0,004	5	5	3	47	0,005
			34	0,007				46	0,007
			33	0,012				45	0,011
			32	0,020				43	0,023
			31	0,031				42	0,032
			30	0,046				41	0,044
			29	0,066				40	0,058
			28	0,092				38	0,097
			27	0,124				37	0,122
5	4	2	34	0,005	5	5	4	55	0,004
			33	0,009				54	0,006
			32	0,015				53	0,008
			31	0,024				52	0,012
			30	0,037				50	0,022
			29	0,054				49	0,030
			28	0,077				48	0,039
			27	0,105				47	0,051
5	4	3	41	0,004				45	0,082
			40	0,007				44	0,101
			39	0,012	5	5	5	62	0,004
			38	0,018				61	0,006
			37	0,027				60	0,009
			36	0,038				59	0,012
			35	0,053				57	0,021
			33	0,095				56	0,028
			32	0,123				54	0,046
5	4	4	48	0,004				53	0,057
			47	0,006				51	0,087
			46	0,010				50	0,105
			45	0,014					
			44	0,020					
			43	0,028					
			42	0,039					
			41	0,052					
			39	0,087					
			38	0,111					

Tafel 16

Orthogonale Polynome. (Aus Fisher u. Yates 1974 über Kirk 1966)

Die Tafel enthält die ganzzahligen Koeffizienten c_{ij} orthogonaler Polynome ersten (linear) bis maximal fünften Grades, wobei i den Grad des Polynoms und j die Nummer der Beobachtung (Stichprobe) kennzeichnen.

Ablesebeispiel: Für $k = 5$ Beobachtungen (Stichproben) lauten die Koeffizienten für den quadratischen Trend: $2; -1; -2; -1; 2$.

k	Polynom-grad	Koeffizienten c_{ij}										Σc_{ij}^2
3	Linear	−1	0	1								2
	Quadratic	1	−2	1								6
	Linear	−3	−1	1	3							20
4	Quadratic	1	−1	−1	1							4
	Cubic	−1	3	−3	1							20
	Linear	−2	−1	0	1	2						10
5	Quadratic	2	−1	−2	−1	2						14
	Cubic	−1	2	0	−2	1						10
	Quartic	1	−4	6	−4	1						70
	Linear	−5	−3	−1	1	3	5					70
6	Quadratic	5	−1	−4	−4	−1	5					84
	Cubic	−5	7	4	−4	−7	5					180
	Quartic	1	−3	2	2	−3	1					28
	Linear	−3	−2	−1	0	1	2	3				28
7	Quadratic	5	0	−3	−4	−3	0	5				84
	Cubic	−1	1	1	0	−1	−1	1				6
	Quartic	3	−7	1	6	1	−7	3				154
	Linear	−7	−5	−3	−1	1	3	5	7			168
	Quadratic	7	1	−3	−5	−5	−3	1	7			168
8	Cubic	−7	5	7	3	−3	−7	−5	7			264
	Quartic	7	−13	−3	9	9	−3	−13	7			616
	Quintic	−7	23	−17	−15	15	17	−23	7			2184
	Linear	−4	−3	−2	−1	0	1	2	3	4		60
	Quadratic	28	7	−8	−17	−20	−17	−8	7	28		2772
9	Cubic	−14	7	13	9	0	−9	−13	−7	14		990
	Quartic	14	−21	−11	9	18	9	−11	−21	14		2002
	Quintic	−4	11	−4	−9	0	9	4	−11	4		468
	Linear	−9	−7	−5	−3	−1	1	3	5	7	9	330
	Quadratic	6	2	−1	−3	−4	−4	−3	−1	2	6	132
10	Cubic	−42	14	35	31	12	−12	−31	−35	−14	42	8580
	Quartic	18	−22	−17	3	18	18	3	−17	−22	18	2860
	Quintic	−6	14	−1	−11	−6	6	11	1	−14	6	780

Tafel 17

Dispersionstest nach Mood. (Aus Büning u. Trenkler 1978, S.388-393)

Die Tafel enthält W-Werte und deren Überschreitungswahrscheinlichkeit P, die in der Nähe einiger ausgewählter Perzentile der Prüfverteilung liegen (für $N_1 + N_2 \leq 20$ mit $N_1 < N_2$).

Ablesebeispiel: Für $N_1 = 6$ und $N_2 = 7$ ist ein W-Wert bei zweiseitigem Test auf dem 1%-Niveau signifikant, wenn er höchstens so groß ist wie $W_{0,005} = 27$ (exakt: P = 0,0047) oder mindestens so groß ist wie $W_{0,995} = 142$ (exakt: P = 0,9971). W-Werte im Bereich $27 < W < 142$ sind also nicht signifikant.

		α-Werte									
N_1	N_2	0.005	0.010	0.025	0.050	0.100	0.900	0.950	0.975	0.990	0.995
2	2						2.50	2.50	2.50	2.50	2.50
							0.8333	0.8333	0.8333	0.8333	0.8333
		0.50	0.50	0.50	0.50	0.50	4.50	4.50	4.50	4.50	4.50
		0.1667	0.1667	0.1667	0.1667	0.1667	1.0000	1.0000	1.0000	1.0000	1.0000
2	3						4.00	5.00	5.00	5.00	5.00
							0.5000	0.9000	0.9000	0.9000	0.9000
		1.00	1.00	1.00	1.00	1.00	5.00	8.00	8.00	8.00	8.00
		0.2000	0.2000	0.2000	0.2000	0.2000	0.9000	1.0000	1.0000	1.0000	1.0000
2	4					0.50	6.50	8.50	8.50	8.50	8.50
						0.0667	0.6667	0.9333	0.9333	0.9333	0.9333
		0.50	0.50	0.50	0.50	2.50	8.50	12.50	12.50	12.50	12.50
		0.0667	0.0667	0.0667	0.0667	0.3333	0.9333	1.0000	1.0000	1.0000	1.0000
2	5					1.00	10.00	10.00	13.00	13.00	13.00
						0.0952	0.7619	0.7619	0.9524	0.9524	0.9524
		1.00	1.00	1.00	1.00	2.00	13.00	13.00	18.00	18.00	18.00
		0.0952	0.0952	0.0952	0.0952	0.1429	0.9524	0.9524	1.0000	1.0000	1.0000
2	6				0.50	0.50	14.50	14.50	18.50	18.50	18.50
					0.0357	0.357	0.8214	0.8214	0.9643	0.9643	0.9643
		0.50	0.50	0.50	2.50	2.50	18.50	18.50	24.50	24.50	24.50
		0.0357	0.0357	0.0357	0.1786	0.1786	0.9643	0.9643	1.0000	1.0000	1.0000
2	7					2.00	20.00	20.00	25.00	25.00	25.00
						0.0833	0.8611	0.8611	0.9722	0.9722	0.9722
		1.00	1.00	1.00	1.00	4.00	25.00	25.00	32.00	32.00	32.00
		0.0556	0.0556	0.0556	0.0556	0.1389	0.9722	0.9722	1.0000	1.0000	1.0000
2	8			0.50	0.50	0.50	26.50	26.50	26.50	32.50	32.50
				0.0222	0.0222	0.0222	0.8889	0.8889	0.8889	0.9778	0.9778
		0.50	0.50	2.50	2.50	2.50	32.50	32.50	32.50	40.50	40.50
		0.0222	0.0222	0.1111	0.1111	0.1111	0.9778	0.9778	0.9778	1.0000	1.0000
2	9				1.00	4.00	32.00	34.00	34.00	41.00	41.00
					0.0364	0.0909	0.8364	0.9091	0.9091	0.9818	0.9818
		1.00	1.00	1.00	2.00	5.00	34.00	41.00	41.00	50.00	50.00
		0.0364	0.0364	0.0364	0.0545	0.1636	0.9091	0.9818	0.9818	1.0000	1.0000
2	10			0.50	0.50	4.50	40.50	42.50	42.50	50.50	50.50
				0.0152	0.0152	0.0909	0.8636	0.9242	0.9242	0.9848	0.9848
		0.50	0.50	2.50	2.50	6.50	42.50	50.50	50.50	60.50	60.50
		0.0152	0.0152	0.0758	0.0758	0.1515	0.9242	0.9848	0.9848	1.0000	1.0000
2	11				2.00	4.00	50.00	52.00	52.00	61.00	61.00
					0.0385	0.0641	0.8846	0.9359	0.9359	0.9872	0.9872
		1.00	1.00	1.00	4.00	5.00	52.00	61.00	61.00	72.00	72.00
		0.0256	0.0256	0.0256	0.0641	0.1154	0.9359	0.9872	0.9872	1.0000	1.0000

Tafel 17 (Fortsetzung)

		α-Werte									
N_1	N_2	0.005	0.010	0.025	0.050	0.100	0.900	0.950	0.975	0.990	0.995
2	12			0.50	0.50	4.50	54.50	62.50	62.50	72.50	72.50
				0.0110	0.0110	0.0659	0.8901	0.9451	0.9451	0.9890	0.9890
		0.50	0.50	2.50	2.50	6.50	60.50	72.50	72.50	84.50	84.50
		0.0110	0.0110	0.0549	0.0549	0.1099	0.9011	0.9890	0.9890	1.0000	1.0000
2	13			1.00	4.00	8.00	61.00	72.00	74.00	74.00	85.00
				0.0190	0.0476	0.0952	0.8667	0.9143	0.9524	0.9524	0.9905
		1.00	1.00	2.00	5.00	9.00	65.00	74.00	85.00	85.00	98.00
		0.0190	0.0190	0.0286	0.0857	0.1143	0.9048	0.9524	0.9905	0.9905	1.0000
2	14		0.50	0.50	4.50	6.50	72.50	84.50	86.50	86.50	98.50
			0.0083	0.0083	0.0500	0.0833	0.8833	0.9250	0.9583	0.9583	0.9917
		0.50	2.50	2.50	6.50	8.50	76.50	86.50	98.50	98.50	112.50
		0.0083	0.0417	0.0417	0.0833	0.1167	0.9167	0.9583	0.9917	0.9917	1.0000
2	15			2.00	4.00	9.00	85.00	98.00	100.00	100.00	113.00
				0.0221	0.0368	0.0882	0.8971	0.9338	0.9632	0.9632	0.9926
		1.00	1.00	4.00	5.00	10.00	89.00	100.00	113.00	113.00	128.00
		0.0147	0.0147	0.0368	0.0662	0.1176	0.9265	0.9632	0.9926	0.9926	1.0000
2	16		0.50	0.50	4.50	8.50	92.50	112.50	114.50	114.50	128.50
			0.0065	0.0065	0.0392	0.0915	0.8824	0.9412	0.9673	0.9673	0.9935
		0.50	2.50	2.50	6.50	12.50	98.50	114.50	128.50	128.50	144.50
		0.0065	0.0327	0.0327	0.0654	0.1242	0.9085	0.9673	0.9935	0.9935	1.0000
2	17			2.00	4.00	10.00	106.00	128.00	130.00	130.00	145.00
				0.0175	0.0292	0.0936	0.8947	0.9474	0.9708	0.9708	0.9942
		1.00	1.00	4.00	5.00	13.00	113.00	130.00	145.00	145.00	162.00
		0.0117	0.0117	0.0292	0.0526	0.1170	0.9181	0.9708	0.9942	0.9942	1.0000
2	18		0.50	0.50	4.50	12.50	114.50	132.50	146.50	146.50	162.50
			0.0053	0.0053	0.0316	0.1000	0.8842	0.9474	0.9737	0.9737	0.9947
		0.50	2.50	2.50	6.50	14.50	120.50	144.50	162.50	162.50	180.50
		0.0053	0.0263	0.0263	0.0526	0.1211	0.9053	0.9526	0.9947	0.9947	1.0000
3	3					2.75	10.75	12.75	12.75	12.75	12.75
						0.1000	0.8000	0.9000	0.9000	0.9000	0.9000
		2.75	2.75	2.75	2.75	4.75	12.75	14.75	14.75	14.75	14.75
		0.1000	0.1000	0.1000	0.1000	0.2000	0.9000	1.0000	1.0000	1.0000	1.0000
3	4				2.00	2.00	18.00	19.00	19.00	19.00	19.00
					0.0286	0.0286	0.8857	0.9429	0.9429	0.9429	0.9429
		2.00	2.00	2.00	5.00	5.00	19.00	22.00	22.00	22.00	22.00
		0.0286	0.0286	0.0286	0.1429	0.1429	0.9429	1.0000	1.0000	1.0000	1.0000
3	5				2.75	4.75	20.75	24.75	26.75	26.75	26.75
					0.0357	0.0714	0.8571	0.9286	0.9643	0.9643	0.9643
		2.75	2.75	2.75	4.75	6.75	24.75	26.75	30.75	30.75	30.75
		0.0357	0.0357	0.0357	0.0714	0.1071	0.9286	0.9643	1.0000	1.0000	1.0000
3	6			2.00	2.00	8.00	29.00	33.00	34.00	36.00	36.00
				0.0119	0.0119	0.0952	0.8929	0.9286	0.9524	0.9762	0.9762
		2.00	2.00	5.00	5.00	9.00	32.00	34.00	36.00	41.00	41.00
		0.0119	0.0119	0.0595	0.0595	0.1190	0.9048	0.9524	0.9762	1.0000	1.0000
3	7			2.75	6.75	6.75	34.75	40.75	44.75	46.75	46.75
				0.0167	0.0500	0.0500	0.8500	0.9333	0.9667	0.9833	0.9833
		2.75	2.75	4.75	8.75	8.75	38.75	42.75	46.75	52.75	52.75
		0.0167	0.0167	0.0333	0.1167	0.1167	0.9167	0.9500	0.9833	1.0000	1.0000

Tafel 17 (Fortsetzung)

						α-Werte					
N_1	N_2	0.005	0.010	0.025	0.050	0.100	0.900	0.950	0.975	0.990	0.995
3	8		2.00	2.00	8.00	11.00	45.00	50.00	54.00	59.00	59.00
			0.0061	0.0061	0.0485	0.0970	0.8848	0.9394	0.9636	0.9879	0.9879
		2.00	5.00	5.00	9.00	13.00	50.00	51.00	57.00	66.00	66.00
		0.0061	0.0303	0.0303	0.0606	0.1212	0.9394	0.9515	0.9758	1.0000	1.0000
3	9		2.75	4.75	6.75	12.75	54.75	60.75	66.75	70.75	72.75
			0.0091	0.0182	0.0273	0.0909	0.8727	0.9182	0.9727	0.9818	0.9909
		2.75	4.75	6.75	8.75	14.75	56.75	62.75	70.75	72.75	80.75
		0.0091	0.0182	0.0273	0.0636	0.1364	0.9091	0.9636	0.9818	0.9909	1.0000
3	10	2.00	2.00	6.00	10.00	14.00	68.00	76.00	77.00	86.00	88.00
		0.0035	0.0035	0.0245	0.0490	0.0979	0.8986	0.9441	0.9720	0.9860	0.9930
		5.00	5.00	8.00	11.00	17.00	70.00	77.00	81.00	88.00	97.00
		0.0175	0.0175	0.0280	0.0559	0.1189	0.9266	0.9720	0.9790	0.9930	1.0000
3	11		2.75	6.75	10.75	16.75	74.75	84.75	90.75	102.75	104.75
			0.0055	0.0165	0.0440	0.0879	0.8846	0.9451	0.9560	0.9890	0.9945
		2.75	4.75	8.75	12.75	18.75	78.75	86.75	92.75	104.75	114.75
		0.0055	0.0110	0.0385	0.0549	0.1099	0.9066	0.9505	0.9780	0.9945	1.0000
3	12	2.00	2.00	9.00	13.00	20.00	89.00	99.00	107.00	114.00	121.00
		0.0022	0.0022	0.0220	0.0440	0.0945	0.8879	0.9385	0.9648	0.9868	0.9912
		5.00	5.00	10.00	14.00	21.00	90.00	101.00	110.00	121.00	123.00
		0.0110	0.0110	0.0308	0.0615	0.1121	0.9055	0.9560	0.9824	0.9912	0.9956
3	13	2.75	4.75	8.75	12.75	20.75	102.75	114.75	124.75	132.75	140.75
		0.0036	0.0071	0.0250	0.0357	0.0893	0.8893	0.9464	0.9714	0.9893	0.9929
		4.75	6.75	10.75	14.75	22.75	104.75	116.75	128.75	140.75	142.75
		0.0071	0.0107	0.0286	0.0536	0.1036	0.9071	0.9500	0.9857	0.9929	0.9964
3	14	2.00	5.00	11.00	17.00	25.00	116.00	128.00	138.00	149.00	162.00
		0.0015	0.0074	0.0235	0.0500	0.0868	0.8926	0.9353	0.9735	0.9882	0.9941
		5.00	6.00	13.00	18.00	26.00	117.00	129.00	144.00	153.00	164.00
		0.0074	0.0103	0.0294	0.0544	0.1044	0.9044	0.9500	0.9765	0.9912	0.9971
3	15	4.75	6.75	12.75	18.75	26.75	132.75	146.75	156.75	164.75	174.75
		0.0049	0.0074	0.0245	0.0490	0.0907	0.8995	0.9485	0.9681	0.9804	0.9926
		6.75	8.75	14.75	20.75	28.75	134.75	148.75	158.75	170.75	184.75
		0.0074	0.0172	0.0368	0.0613	0.1005	0.9191	0.9583	0.9779	0.9902	0.9951
3	16	2.00	8.00	13.00	20.00	32.00	146.00	164.00	179.00	187.00	198.00
		0.0010	0.0083	0.0206	0.0444	0.0970	0.8937	0.9463	0.9732	0.9835	0.9938
		5.00	9.00	14.00	21.00	33.00	149.00	166.00	181.00	194.00	209.00
		0.0052	0.0103	0.0289	0.0526	0.1011	0.9102	0.9567	0.9814	0.9917	0.9959
3	17	4.75	6.75	12.75	20.75	34.75	162.75	180.75	192.75	210.75	222.75
		0.0035	0.0053	0.0175	0.0439	0.1000	0.8930	0.9421	0.9719	0.9860	0.9947
		6.75	8.75	14.75	22.75	36.75	164.75	182.75	200.75	218.75	234.75
		0.0053	0.0123	0.0263	0.0509	0.1070	0.9018	0.9509	0.9754	0.9930	0.9965
4	4			5.00	5.00	9.00	29.00	31.00	31.00	33.00	33.00
				0.0143	0.0143	0.0714	0.8714	0.9286	0.9286	0.9857	0.9857
		5.00	5.00	9.00	9.00	11.00	31.00	33.00	33.00	37.00	37.00
		0.0143	0.0143	0.0714	0.0714	0.1286	0.9286	0.9857	0.9857	1.0000	1.0000
4	5			6.00	10.00	11.00	37.00	41.00	42.00	42.00	45.00
				0.0159	0.0397	0.0556	0.8730	0.9286	0.9603	0.9603	0.9921
		6.00	6.00	9.00	11.00	14.00	38.00	42.00	45.00	45.00	50.00
		0.0159	0.0159	0.0317	0.0556	0.1190	0.9048	0.9603	0.9921	0.9921	1.0000

Tafel 17 (Fortsetzung)

					α-Werte					
N_1 N_2	0.005	0.010	0.025	0.050	0.100	0.900	0.950	0.975	0.990	0.995
4 6	5.00	5.00	9.00	13.00	15.00	47.00	51.00	53.00	55.00	55.00
	0.0048	0.0048	0.0238	0.0476	0.0857	0.8952	0.9333	0.9571	0.9762	0.9762
	9.00	9.00	11.00	15.00	17.00	49.00	53.00	55.00	59.00	59.00
	0.0238	0.0238	0.0429	0.0857	0.1095	0.9143	0.9571	0.9762	0.9952	0.9952
4 7		6.00	11.00	14.00	20.00	58.00	63.00	68.00	70.00	70.00
		0.0061	0.0212	0.0455	0.0909	0.8848	0.9394	0.9727	0.9848	0.9848
	6.00	9.00	14.00	15.00	21.00	59.00	66.00	70.00	75.00	75.00
	0.0061	0.0121	0.0455	0.0576	0.1152	0.9030	0.9576	0.9848	0.9970	0.9970
4 8	5.00	5.00	13.00	17.00	21.00	69.00	77.00	81.00	87.00	87.00
	0.0020	0.0020	0.0202	0.0465	0.0869	0.8970	0.9475	0.9636	0.9899	0.9899
	9.00	9.00	15.00	19.00	23.00	71.00	79.00	83.00	93.00	93.00
	0.0101	0.0101	0.0364	0.0545	0.1030	0.9051	0.9556	0.9798	0.9980	0.9980
4 9	6.00	11.00	14.00	20.00	27.00	85.00	92.00	98.00	104.00	106.00
	0.0028	0.0098	0.0210	0.0420	0.0965	0.8979	0.9497	0.9748	0.9874	0.9930
	9.00	14.00	15.00	21.00	29.00	86.00	93.00	101.00	106.00	113.00
	0.0056	0.0210	0.0266	0.0531	0.1077	0.9231	0.9552	0.9804	0.9930	0.9986
4 10	9.00	13.00	17.00	21.00	31.00	97.00	105.00	115.00	121.00	125.00
	0.0050	0.0100	0.0230	0.0430	0.0969	0.8961	0.9491	0.9740	0.9860	0.9910
	11.00	15.00	19.00	23.00	33.00	99.00	107.00	117.00	123.00	127.00
	0.0090	0.0180	0.0270	0.0509	0.1129	0.9161	0.9530	0.9820	0.9900	0.9950
4 11	10.00	11.00	20.00	26.00	35.00	113.00	125.00	134.00	143.00	148.00
	0.0037	0.0051	0.0220	0.0462	0.0967	0.8967	0.9495	0.9722	0.9897	0.9934
	11.00	14.00	21.00	27.00	36.00	114.00	126.00	135.00	146.00	150.00
	0.0051	0.0110	0.0278	0.0505	0.1011	0.9099	0.9612	0.9780	0.9927	0.9963
4 12	11.00	15.00	21.00	29.00	39.00	129.00	141.00	153.00	161.00	171.00
	0.0049	0.0099	0.0236	0.0489	0.0978	0.8962	0.9495	0.9747	0.9879	0.9945
	13.00	17.00	23.00	31.00	41.00	131.00	143.00	155.00	163.00	173.00
	0.0055	0.0126	0.0280	0.0533	0.1093	0.9159	0.9538	0.9791	0.9901	0.9951
4 13	11.00	17.00	25.00	33.00	45.00	146.00	162.00	173.00	186.00	193.00
	0.0029	0.0088	0.0227	0.0475	0.0971	0.8933	0.9496	0.9710	0.9891	0.9941
	14.00	18.00	26.00	34.00	46.00	147.00	163.00	174.00	187.00	198.00
	0.0063	0.0113	0.0265	0.0504	0.1071	0.9000	0.9529	0.9777	0.9908	0.9958
4 14	13.00	19.00	27.00	37.00	49.00	163.00	181.00	195.00	207.00	217.00
	0.0033	0.0088	0.0235	0.0477	0.0928	0.8931	0.9487	0.9739	0.9889	0.9941
	15.00	21.00	29.00	39.00	51.00	165.00	183.00	197.00	213.00	221.00
	0.0059	0.0141	0.0291	0.0582	0.1059	0.9049	0.9539	0.9755	0.9915	0.9954
4 15	15.00	21.00	29.00	41.00	56.00	183.00	202.00	218.00	234.00	245.00
	0.0049	0.0098	0.0199	0.0472	0.0993	0.8965	0.9466	0.9727	0.9892	0.9943
	17.00	22.00	30.00	42.00	57.00	185.00	203.00	219.00	235.00	247.00
	0.0054	0.0114	0.0261	0.0524	0.1045	0.9017	0.9518	0.9768	0.9902	0.9954
4 16	17.00	21.00	33.00	43.00	61.00	203.00	223.00	241.00	259.00	275.00
	0.0047	0.0089	0.0233	0.0436	0.0962	0.8933	0.9451	0.9728	0.9870	0.9946
	19.00	23.00	35.00	45.00	63.00	205.00	225.00	243.00	261.00	277.00
	0.0056	0.0105	0.0283	0.0504	0.1061	0.9028	0.9525	0.9752	0.9903	0.9955
5 5		11.25	15.25	17.25	23.25	55.25	59.25	61.25	65.25	67.25
		0.0079	0.0159	0.0317	0.0952	0.8889	0.9365	0.9683	0.9841	0.9921
	11.25	15.25	17.25	21.25	25.25	57.25	61.25	65.25	67.25	71.25
	0.0079	0.0159	0.0317	0.0635	0.1111	0.9048	0.9683	0.9841	0.9921	1.0000

Tafel 17 (Fortsetzung)

						α-Werte					
N_1	N_2	0.005	0.010	0.025	0.050	0.100	0.900	0.950	0.975	0.990	0.995
5	6	10.00	10.00	19.00	24.00	27.00	69.00	75.00	76.00	83.00	84.00
		0.0022	0.0022	0.0238	0.0476	0.0758	0.8810	0.9459	0.9632	0.9870	0.9913
		15.00	15.00	20.00	25.00	30.00	70.00	76.00	79.00	84.00	86.00
		0.0108	0.0108	0.0260	0.0563	0.1104	0.9069	0.9632	0.9805	0.9915	0.9957
5	7	11.25	15.25	21.25	27.25	33.25	83.25	89.25	93.25	101.25	105.25
		0.0025	0.0051	0.0202	0.0480	0.0884	0.8990	0.9495	0.9646	0.9899	0.9949
		15.25	17.25	23.25	29.25	35.25	85.25	91.25	95.25	103.25	107.25
		0.0051	0.0101	0.0303	0.0631	0.1136	0.9167	0.9520	0.9773	0.9924	0.9975
5	8	15.00	20.00	26.00	31.00	39.00	99.00	106.00	113.00	118.00	123.00
		0.0039	0.0093	0.0225	0.0490	0.0979	0.8974	0.9448	0.9697	0.9852	0.9938
		18.00	22.00	27.00	33.00	40.00	101.00	107.00	114.00	122.00	126.00
		0.0070	0.0124	0.0272	0.0521	0.1049	0.9068	0.9510	0.9759	0.9922	0.9953
5	9	17.25	21.25	29.25	35.25	45.25	115.25	123.25	133.25	141.25	145.25
		0.0040	0.0080	0.0250	0.0450	0.0999	0.8951	0.9411	0.9710	0.9890	0.9910
		21.25	23.25	31.25	37.25	47.25	117.25	125.25	135.25	143.25	147.25
		0.0080	0.0120	0.0300	0.0509	0.1149	0.9121	0.9500	0.9790	0.9900	0.9960
5	10	20.00	26.00	33.00	41.00	52.00	134.00	146.00	154.00	166.00	174.00
		0.0040	0.0097	0.0223	0.0456	0.0989	0.8934	0.9494	0.9724	0.9897	0.9947
		22.00	27.00	34.00	42.00	53.00	135.00	147.00	155.00	168.00	175.00
		0.0053	0.0117	0.0266	0.0503	0.1002	0.9068	0.9547	0.9757	0.9923	0.9973
5	11	21.25	27.25	37.25	45.25	57.25	153.25	165.25	177.25	187.25	197.25
		0.0037	0.0087	0.0234	0.0458	0.0934	0.8997	0.9473	0.9748	0.9881	0.9950
		23.25	29.25	39.25	47.25	59.25	155.25	167.25	179.25	191.25	199.25
		0.0055	0.0114	0.0275	0.0527	0.1053	0.9125	0.9519	0.9776	0.9918	0.9954
5	12	26.00	30.00	42.00	53.00	65.00	174.00	189.00	202.00	216.00	226.00
		0.0047	0.0082	0.0244	0.0486	0.0931	0.8993	0.9473	0.9746	0.9888	0.9945
		27.00	31.00	43.00	54.00	66.00	175.00	190.00	203.00	217.00	227.00
		0.0057	0.0102	0.0267	0.0535	0.1021	0.9071	0.9551	0.9772	0.9901	0.9952
5	13	27.25	33.25	45.25	57.25	73.25	195.25	211.25	227.25	243.25	255.25
		0.0044	0.0082	0.0233	0.0476	0.0997	0.8985	0.9444	0.9741	0.9893	0.9946
		29.25	35.25	47.25	59.25	75.25	197.25	213.25	229.25	245.25	257.25
		0.0058	0.0105	0.0268	0.0537	0.1076	0.9059	0.9512	0.9762	0.9904	0.9958
5	14	30.00	38.00	51.00	65.00	81.00	219.00	238.00	254.00	275.00	285.00
		0.0044	0.0088	0.0248	0.0495	0.0978	0.8999	0.9479	0.9720	0.9896	0.9946
		31.00	39.00	52.00	66.00	82.00	220.00	239.00	255.00	276.00	287.00
		0.0054	0.0108	0.0255	0.0544	0.1034	0.9037	0.9520	0.9754	0.9906	0.9953
5	15	33.25	39.25	55.25	69.25	89.25	241.25	265.25	283.25	305.25	319.25
		0.0045	0.0077	0.0235	0.0470	0.0988	0.8951	0.9494	0.9739	0.9896	0.9946
		35.25	41.25	57.25	71.25	91.25	243.25	267.25	285.25	307.25	321.25
		0.0058	0.0103	0.0263	0.0526	0.1053	0.9005	0.9542	0.9763	0.9906	0.9957
6	6	17.50	27.50	33.50	39.50	45.50	93.50	99.50	105.50	111.50	115.50
		0.0011	0.0097	0.0238	0.0465	0.0963	0.8734	0.9307	0.9675	0.9848	0.9946
		23.50	29.50	35.50	41.50	47.50	95.50	101.50	107.50	113.50	119.50
		0.0054	0.0152	0.0325	0.0693	0.1266	0.9037	0.9535	0.9762	0.9903	0.9989
6	7	27.00	31.00	38.00	45.00	54.00	114.00	122.00	129.00	135.00	140.00
		0.0047	0.0099	0.0204	0.0466	0.0973	0.8980	0.9476	0.9749	0.9883	0.9948
		28.00	34.00	39.00	46.00	55.00	115.00	123.00	130.00	138.00	142.00
		0.0052	0.0146	0.0251	0.0524	0.1206	0.9108	0.9580	0.9779	0.9918	0.9971

Tafel 17 (Fortsetzung)

					α-Werte					
N_1	N_2	0.005	0.010	0.025	0.050	0.100	0.900	0.950	0.975	0.990	0.995
6	8	29.50	35.50	41.50	49.50	59.50	131.50	141.50	149.50	157.50	165.50
		0.0047	0.0100	0.0213	0.0430	0.0942	0.8924	0.9461	0.9737	0.9873	0.9940
		31.50	37.50	43.50	51.50	61.50	133.50	143.50	151.50	159.50	167.50
		0.0060	0.0130	0.0266	0.0509	0.1062	0.9004	0.9540	0.9750	0.9900	0.9967
6	9	34.00	39.00	49.00	58.00	69.00	154.00	165.00	175.00	186.00	193.00
		0.0050	0.0086	0.0232	0.0488	0.0969	0.8973	0.9467	0.9734	0.9894	0.9944
		35.00	40.00	50.00	59.00	70.00	155.00	166.00	176.00	187.00	195.00
		0.0062	0.0110	0.0256	0.0547	0.1039	0.9065	0.9504	0.9766	0.9910	0.9956
6	10	37.50	43.50	53.50	63.50	75.50	175.50	189.50	201.50	213.50	221.50
		0.0049	0.0100	0.0237	0.0448	0.0888	0.8976	0.9476	0.9734	0.9891	0.9948
		39.50	45.50	55.50	65.50	77.50	177.50	191.50	203.50	215.50	223.50
		0.0054	0.0111	0.0262	0.0521	0.1010	0.9063	0.9540	0.9784	0.9901	0.9953
6	11	42.00	49.00	61.00	73.00	87.00	200.00	216.00	229.00	244.00	253.00
		0.0048	0.0094	0.0243	0.0490	0.0977	0.8998	0.9491	0.9737	0.9898	0.9941
		43.00	50.00	62.00	74.00	88.00	201.00	217.00	230.00	245.00	254.00
		0.0060	0.0103	0.0255	0.0512	0.1037	0.9009	0.9504	0.9758	0.9901	0.9954
6	12	45.50	51.50	67.50	79.50	95.50	223.50	243.50	257.50	273.50	285.50
		0.0048	0.0082	0.0248	0.0470	0.0950	0.8954	0.9494	0.9733	0.9879	0.9944
		47.50	53.50	69.50	81.50	97.50	225.50	245.50	259.50	275.50	287.50
		0.0063	0.0102	0.0273	0.0513	0.1033	0.9004	0.9542	0.9757	0.9900	0.9950
6	13	50.00	58.00	74.00	89.00	107.00	252.00	273.00	290.00	310.00	323.00
		0.0047	0.0090	0.0234	0.0483	0.0985	0.8979	0.9499	0.9736	0.9898	0.9949
		51.00	59.00	75.00	90.00	108.00	253.00	274.00	291.00	311.00	324.00
		0.0053	0.0101	0.0256	0.0503	0.1008	0.9001	0.9510	0.9751	0.9902	0.9951
6	14	53.50	63.50	81.50	97.50	117.50	279.50	301.50	321.50	343.50	357.50
		0.0049	0.0093	0.0246	0.0495	0.0974	0.8972	0.9459	0.9730	0.9888	0.9944
		55.50	65.50	83.50	99.50	119.50	281.50	303.50	323.50	345.50	359.50
		0.0054	0.0108	0.0281	0.0527	0.1043	0.9040	0.9501	0.9754	0.9901	0.9950
7	7	41.75	47.75	57.75	65.75	75.75	147.75	157.75	165.75	175.75	179.75
		0.0029	0.0082	0.0233	0.0466	0.0950	0.8869	0.9452	0.9709	0.9889	0.9948
		43.75	49.75	59.75	67.75	77.75	149.75	159.75	167.75	177.75	183.75
		0.0052	0.0111	0.0291	0.0548	0.1131	0.9050	0.9534	0.9767	0.9918	0.9971
7	8	50.00	55.00	66.00	75.00	87.00	173.00	184.00	195.00	204.00	211.00
		0.0050	0.0082	0.0238	0.0479	0.0977	0.8988	0.9455	0.9745	0.9890	0.9939
		51.00	56.00	67.00	76.00	88.00	174.00	185.00	196.00	205.00	212.00
		0.0059	0.0110	0.0272	0.0533	0.1052	0.9004	0.9510	0.9776	0.9902	0.9952
7	9	53.75	59.75	71.75	83.75	95.75	197.75	211.75	221.75	235.75	245.75
		0.0049	0.0087	0.0224	0.0495	0.0920	0.8970	0.9495	0.9706	0.9895	0.9949
		55.75	61.75	73.75	85.75	97.75	199.75	213.75	223.75	237.75	247.75
		0.0058	0.0103	0.0267	0.0556	0.1016	0.9073	0.9549	0.9764	0.9911	0.9963
7	10	59.00	67.00	82.00	94.00	109.00	226.00	242.00	254.00	270.00	279.00
		0.0046	0.0090	0.0243	0.0478	0.0975	0.8978	0.9499	0.9726	0.9896	0.9949
		60.00	68.00	83.00	95.00	110.00	227.00	243.00	255.00	271.00	280.00
		0.0053	0.0100	0.0268	0.0521	0.1009	0.9051	0.9544	0.9753	0.9902	0.9951
7	11	63.75	73.75	89.75	103.75	119.75	253.75	271.75	287.75	303.75	315.75
		0.0042	0.0096	0.0246	0.0495	0.0946	0.8991	0.9483	0.9742	0.9882	0.9943
		65.75	75.75	91.75	105.75	121.75	255.75	273.75	289.75	305.75	317.75
		0.0050	0.0103	0.0272	0.0526	0.1012	0.9053	0.9506	0.9767	0.9904	0.9952

Tafel 17 (Fortsetzung)

						α-Werte					
N_1	N_2	0.005	0.010	0.025	0.050	0.100	0.900	0.950	0.975	0.990	0.995
7	12	71.00	82.00	99.00	115.00	135.00	285.00	306.00	323.00	343.00	357.00
		0.0048	0.0094	0.0241	0.0489	0.0996	0.8997	0.9491	0.9738	0.9893	0.9950
		72.00	83.00	100.00	116.00	136.00	286.00	307.00	324.00	344.00	358.00
		0.0051	0.0104	0.0258	0.0519	0.1044	0.9020	0.9515	0.9754	0.9900	0.9952
7	13	75.75	87.75	107.75	125.75	147.75	315.75	339.75	359.75	381.75	397.75
		0.0042	0.0089	0.0239	0.0487	0.0983	0.8972	0.9487	0.9745	0.9889	0.9949
		77.75	89.75	109.75	127.75	149.75	317.75	341.75	361.75	383.75	399.75
		0.0050	0.0101	0.0261	0.0528	0.1054	0.9039	0.9523	0.9758	0.9905	0.9953
8	8	72.00	78.00	92.00	104.00	118.00	218.00	232.00	244.00	258.00	264.00
		0.0043	0.0078	0.0239	0.0496	0.0984	0.8908	0.9457	0.9740	0.9900	0.9942
		74.00	80.00	94.00	106.00	120.00	220.00	234.00	246.00	260.00	266.00
		0.0058	0.0100	0.0260	0.0543	0.1092	0.9016	0.9504	0.9761	0.9922	0.9957
8	9	79.00	90.00	103.00	116.00	132.00	250.00	266.00	279.00	294.00	303.00
		0.0042	0.0096	0.0229	0.0487	0.0988	0.8959	0.9477	0.9742	0.9896	0.9945
		80.00	91.00	104.00	117.00	133.00	251.00	267.00	280.00	295.00	304.00
		0.0050	0.0102	0.0253	0.0510	0.1016	0.9005	0.9520	0.9760	0.9901	0.9952
8	10	88.00	98.00	114.00	128.00	146.00	280.00	300.00	316.00	332.00	344.00
		0.0050	0.0100	0.0245	0.0481	0.0980	0.8917	0.9487	0.9744	0.9891	0.9948
		90.00	100.00	116.00	130.00	148.00	282.00	302.00	318.00	334.00	346.00
		0.0059	0.0112	0.0280	0.0525	0.1033	0.9001	0.9532	0.9768	0.9900	0.9950
8	11	95.00	107.00	126.00	143.00	163.00	316.00	337.00	355.00	376.00	388.00
		0.0047	0.0095	0.0247	0.0500	0.0988	0.8984	0.9489	0.9739	0.9900	0.9948
		96.00	108.00	127.00	144.00	164.00	317.00	338.00	356.00	377.00	389.00
		0.0051	0.0105	0.0256	0.0530	0.1039	0.9021	0.9501	0.9759	0.9909	0.9953
8	12	102.00	116.00	136.00	156.00	178.00	352.00	376.00	396.00	418.00	434.00
		0.0044	0.0097	0.0234	0.0496	0.0970	0.8995	0.9497	0.9749	0.9894	0.9949
		104.00	118.00	138.00	158.00	180.00	354.00	378.00	398.00	420.00	436.00
		0.0051	0.0103	0.0252	0.0533	0.1031	0.9056	0.9531	0.9763	0.9903	0.9953
9	9	110.25	120.25	138.25	154.25	172.25	308.25	326.25	342.25	360.25	370.25
		0.0045	0.0085	0.0230	0.0481	0.0973	0.8975	0.9476	0.9742	0.9899	0.9949
		112.25	122.25	140.25	156.25	174.25	310.25	328.25	344.25	362.25	372.25
		0.0051	0.0101	0.0258	0.0524	0.1025	0.9027	0.9519	0.9770	0.9915	0.9955
9	10	122.00	134.00	154.00	171.00	191.00	347.00	368.00	385.00	404.00	419.00
		0.0049	0.0096	0.0250	0.0492	0.0963	0.8987	0.9489	0.9738	0.9890	0.9950
		123.00	135.00	155.00	172.00	192.00	348.00	369.00	386.00	405.00	420.00
		0.0050	0.0101	0.0256	0.0514	0.1003	0.9021	0.9515	0.9751	0.9900	0.9955
9	11	132.25	144.25	166.25	186.25	210.25	384.25	408.25	430.25	452.25	468.25
		0.0049	0.0089	0.0235	0.0484	0.0984	0.8942	0.9462	0.9744	0.9896	0.9950
		134.25	146.25	168.25	188.25	212.25	386.25	410.25	432.25	454.25	470.25
		0.0056	0.0102	0.0251	0.0519	0.1049	0.9005	0.9500	0.9765	0.9900	0.9955
10	10	162.50	176.50	198.50	218.50	242.50	418.50	442.50	462.50	484.50	498.50
		0.0050	0.0098	0.0241	0.0489	0.0982	0.8966	0.9479	0.9740	0.9891	0.9944
		164.50	178.50	200.50	220.50	244.50	420.50	444.50	464.50	486.50	500.50
		0.0056	0.0109	0.0260	0.0521	0.1034	0.9018	0.9511	0.9759	0.9902	0.9950

Tafel 18

F-Verteilungen (Nach Winer 1962, pp 642-647)

Die Tafel enthält kritische F-Werte für unterschiedliche Zähler- und Nennerfreiheitsgerade und $(1-\alpha)$-Werte (Flächen) von 0,75; 0,90; 0,95 und 0,99.

Ablesebeispiel: Ein empirischer F-Wert von F_{emp} = 6,00 wäre für 3 Zählerfreiheitsgerade und 20 Nennerfreiheitsgerade auf dem α =1%-Niveau signifikant (F_{crit} = 4,94 < 6,00).

Nenner F_g	Fläche	Zähler – F_g 1	2	3	4	5	6	7	8	9	10	11	12
1	0,75	5,83	7,50	8,20	8,58	8,82	8,98	9,10	9,19	9,26	9,32	9,36	9,41
	0,90	39,9	49,5	53,6	55,8	57,2	58,2	58,9	59,4	59,9	60,2	60,5	60,7
	0,95	161	200	216	225	230	234	237	239	241	242	243	244
2	0,75	2,57	3,00	3,15	3,23	3,28	3,31	3,34	3,35	3,37	3,38	3,39	3,39
	0,90	8,53	9,00	9,16	9,24	9,29	9,33	9,35	9,37	9,38	9,39	9,40	9,41
	0,95	18,5	19,0	19,2	19,2	19,3	19,3	19,4	19,4	19,4	19,4	19,4	19,4
	0,99	98,5	99,0	99,2	99,2	99,3	99,3	99,4	99,4	99,4	99,4	99,4	99,4
3	0,75	2,02	2,28	2,36	2,39	2,41	2,42	2,43	2,44	2,44	2,44	2,45	2,45
	0,90	5,54	5,46	5,39	5,34	5,31	5,28	5,27	5,25	5,24	5,23	5,22	5,22
	0,95	10,1	9,55	9,28	9,12	9,10	8,94	8,89	8,85	8,81	8,79	8,76	8,74
	0,99	34,1	30,8	29,5	28,7	28,2	27,9	27,7	27,5	27,3	27,2	27,1	27,1
4	0,75	1,81	2,00	2,05	2,06	2,07	2,08	2,08	2,08	2,08	2,08	2,08	2,08
	0,90	4,54	4,32	4,19	4,11	4,05	4,01	3,98	3,95	3,94	3,92	3,91	3,90
	0,95	7,71	6,94	6,59	6,39	6,26	6,16	6,09	6,04	6,00	5,96	5,94	5,91
	0,99	21,2	18,0	16,7	16,0	15,5	15,2	15,0	14,8	14,7	14,5	14,4	14,4
5	0,75	1,69	1,85	1,88	1,89	1,89	1,89	1,89	1,89	1,89	1,89	1,89	1,89
	0,90	4,06	3,78	3,62	3,52	3,45	3,40	3,37	3,34	3,32	3,30	3,28	3,27
	0,95	6,61	5,79	5,41	5,19	5,05	4,95	4,88	4,82	4,77	4,74	4,71	4,68
	0,99	16,3	13,3	12,1	11,4	11,0	10,7	10,5	10,3	10,2	10,1	9,96	9,89
6	0,75	1,62	1,76	1,78	1,79	1,79	1,78	1,78	1,77	1,77	1,77	1,77	1,77
	0,90	3,78	3,46	3,29	3,18	3,11	3,05	3,01	2,98	2,96	2,94	2,92	2,90
	0,95	5,99	5,14	4,76	4,53	4,39	4,28	4,21	4,15	4,10	4,06	4,03	4,00
	0,99	13,7	10,9	9,78	9,15	8,75	8,47	8,26	8,10	7,98	7,87	7,79	7,72
7	0,75	1,57	1,70	1,72	1,72	1,71	1,71	1,70	1,70	1,69	1,69	1,69	1,68
	0,90	3,59	3,26	3,07	2,96	2,88	2,83	2,78	2,75	2,72	2,70	2,68	2,67
	0,95	5,59	4,74	4,35	4,12	3,97	3,87	3,79	3,73	3,68	3,64	3,60	3,57
	0,99	12,2	9,55	8,45	7,85	7,46	7,19	6,99	6,84	6,72	6,62	6,54	6,47
8	0,75	1,54	1,66	1,67	1,66	1,66	1,65	1,64	1,64	1,64	1,63	1,63	1,62
	0,90	3,46	3,11	2,92	2,81	2,73	2,67	2,62	2,59	2,56	2,54	2,52	2,50
	0,95	5,32	4,46	4,07	3,84	3,69	3,58	3,50	3,44	3,39	3,35	3,31	3,28
	0,99	11,3	8,65	7,59	7,01	6,63	6,37	6,18	6,03	5,91	5,81	5,73	5,67
9	0,75	1,51	1,62	1,63	1,63	1,62	1,61	1,60	1,60	1,59	1,59	1,58	1,58
	0,90	3,36	3,01	2,81	2,69	2,61	2,55	2,51	2,47	2,44	2,42	2,40	2,38
	0,95	5,12	4,26	3,86	3,63	3,48	3,37	3,29	3,23	3,18	3,14	3,10	3,07
	0,99	10,6	8,02	6,99	6,42	6,06	5,80	5,61	5,47	5,35	5,26	5,18	5,11
10	0,75	1,49	1,60	1,60	1,59	1,59	1,58	1,57	1,56	1,56	1,55	1,55	1,54
	0,90	3,28	2,92	2,73	2,61	2,52	2,46	2,41	2,38	2,35	2,32	2,30	2,28
	0,95	4,96	4,10	3,71	3,48	3,33	3,22	3,14	3,07	3,02	2,98	2,94	2,91
	0,99	10,0	7,56	6,55	5,99	5,64	5,39	5,20	5,06	4,94	4,85	4,77	4,71

Tafel 18 (Fortsetzung)

Nen-ner F_g	Fläche	Zähler F_g 1	2	3	4	5	6	7	8	9	10	11	12
11	0,75	1,47	1,58	1,58	1,57	1,56	1,55	1,54	1,53	1,53	1,52	1,52	1,51
	0,90	3,23	2,86	2,66	2,54	2,45	2,39	2,34	2,30	2,27	2,25	2,23	2,21
	0,95	4,84	3,98	3,59	3,36	3,20	3,09	3,01	2,95	2,90	2,85	2,82	2,79
	0,99	9,65	7,21	6,22	5,67	5,32	5,07	4,89	4,74	4,63	4,54	4,46	4,40
12	0,75	1,46	1,56	1,56	1,55	1,54	1,53	1,52	1,51	1,51	1,50	1,50	1,49
	0,90	3,18	2,81	2,61	2,48	2,39	2,33	2,28	2,24	2,21	2,19	2,17	2,15
	0,95	4,75	3,89	3,49	3,26	3,11	3,00	2,91	2,85	2,80	2,75	2,72	2,69
	0,99	9,33	6,93	5,95	5,41	5,06	4,82	4,64	4,50	4,39	4,30	4,22	4,16
13	0,75	1,45	1,54	1,54	1,53	1,52	1,51	1,50	1,49	1,49	1,48	1,47	1,47
	0,90	3,14	2,76	2,56	2,43	2,35	2,28	2,23	2,20	2,16	2,14	2,12	2,10
	0,95	4,67	3,81	3,41	3,18	3,03	2,92	2,83	2,77	2,71	2,67	2,63	2,60
	0,99	9,07	6,70	5,74	5,21	4,86	4,62	4,44	4,30	4,19	4,10	4,02	3,96
14	0,75	1,44	1,53	1,53	1,52	1,51	1,50	1,48	1,48	1,47	1,46	1,46	1,45
	0,90	3,10	2,73	2,52	2,39	2,31	2,24	2,19	2,15	2,12	2,10	2,08	2,05
	0,95	4,60	3,74	3,34	3,11	2,96	2,85	2,76	2,70	2,65	2,60	2,57	2,53
	0,99	8,86	6,51	5,56	5,04	4,69	4,46	4,28	4,14	4,03	3,94	3,86	3,80
15	0,75	1,43	1,52	1,52	1,51	1,49	1,48	1,47	1,46	1,46	1,45	1,44	1,44
	0,90	3,07	2,70	2,49	2,36	2,27	2,21	2,16	2,12	2,09	2,06	2,04	2,02
	0,95	4,54	3,68	3,29	3,06	2,90	2,79	2,71	2,64	2,59	2,54	2,51	2,48
	0,99	8,68	6,36	5,42	4,89	4,56	4,32	4,14	4,00	3,89	3,80	3,73	3,67
16	0,75	1,42	1,51	1,51	1,50	1,48	1,48	1,47	1,46	1,45	1,45	1,44	1,44
	0,90	3,05	2,67	2,46	2,33	2,24	2,18	2,13	2,09	2,06	2,03	2,01	1,99
	0,95	4,49	3,63	3,24	3,01	2,85	2,74	2,66	2,59	2,54	2,49	2,46	2,42
	0,99	8,53	6,23	5,29	4,77	4,44	4,20	4,03	3,89	3,78	3,69	3,62	3,55
17	0,75	1,42	1,51	1,50	1,49	1,47	1,46	1,45	1,44	1,43	1,43	1,42	1,41
	0,90	3,03	2,64	2,44	2,31	2,22	2,15	2,10	2,06	2,03	2,00	1,98	1,96
	0,95	4,45	3,59	3,20	2,96	2,81	2,70	2,61	2,55	2,49	2,45	2,41	2,38
	0,99	8,40	6,11	5,18	4,67	4,34	4,10	3,93	3,79	3,68	3,59	3,52	3,46
18	0,75	1,41	1,50	1,49	1,48	1,46	1,45	1,44	1,43	1,42	1,42	1,41	1,40
	0,90	3,01	2,62	2,42	2,29	2,20	2,13	2,08	2,04	2,00	1,98	1,96	1,93
	0,95	4,41	3,55	3,16	2,93	2,77	2,66	2,58	2,51	2,46	2,41	2,37	2,34
	0,99	8,29	6,01	5,09	4,58	4,25	4,01	3,84	3,71	3,60	3,51	3,43	3,37
19	0,75	1,41	1,49	1,49	1,47	1,46	1,44	1,43	1,42	1,41	1,41	1,40	1,40
	0,90	2,99	2,61	2,40	2,27	2,18	2,11	2,06	2,02	1,98	1,96	1,94	1,91
	0,95	4,38	3,52	3,13	2,90	2,74	2,63	2,54	2,48	2,42	2,38	2,34	2,31
	0,99	8,18	5,93	5,01	4,50	4,17	3,94	3,77	3,63	3,52	3,43	3,36	3,30
20	0,75	1,40	1,49	1,48	1,46	1,45	1,44	1,42	1,42	1,41	1,40	1,39	1,39
	0,90	2,97	2,59	2,38	2,25	2,16	2,09	2,04	2,00	1,96	1,94	1,92	1,89
	0,95	4,35	3,49	3,10	2,87	2,71	2,60	2,51	2,45	2,39	2,35	2,31	2,28
	0,99	8,10	5,85	4,94	4,43	4,10	3,87	3,70	3,56	3,46	3,37	3,29	3,23
22	0,75	1,40	1,48	1,47	1,45	1,44	1,42	1,41	1,40	1,39	1,39	1,38	1,37
	0,90	2,95	2,56	2,35	2,22	2,13	2,06	2,01	1,97	1,93	1,90	1,88	1,86
	0,95	4,30	3,44	3,05	2,82	2,66	2,55	2,46	2,40	2,34	2,30	2,26	2,23
	0,99	7,95	5,72	4,82	4,31	3,99	3,76	3,59	3,45	3,35	3,26	3,18	3,12

Tafel 18 (Fortsetzung)

Nenner F_g	Fläche	Zähler F_g 1	2	3	4	5	6	7	8	9	10	11	12
24	0,75	1,39	1,47	1,46	1,44	1,43	1,41	1,40	1,39	1,38	1,38	1,37	1,36
	0,90	2,93	2,54	2,33	2,19	2,10	2,04	1,98	1,94	1,91	1,88	1,85	1,83
	0,95	4,26	3,40	3,01	2,78	2,62	2,51	2,42	2,36	2,30	2,25	2,21	2,18
	0,99	7,82	5,61	4,72	4,22	3,90	3,67	3,50	3,36	3,26	3,17	3,09	3,03
26	0,75	1,38	1,46	1,45	1,44	1,42	1,41	1,40	1,39	1,37	1,37	1,36	1,35
	0,90	2,91	2,52	2,31	2,17	2,08	2,01	1,96	1,92	1,88	1,86	1,84	1,81
	0,95	4,23	3,37	2,98	2,74	2,59	2,47	2,39	2,32	2,27	2,22	2,18	2,15
	0,99	7,72	5,53	4,64	4,14	3,82	3,59	3,42	3,29	3,18	3,09	3,02	2,96
28	0,75	1,38	1,46	1,45	1,43	1,41	1,40	1,39	1,38	1,37	1,36	1,35	1,34
	0,90	2,89	2,50	2,29	2,16	2,06	2,00	1,94	1,90	1,87	1,84	1,81	1,79
	0,95	4,20	3,34	2,95	2,71	2,56	2,45	2,36	2,29	2,24	2,19	2,15	2,12
	0,99	7,64	5,45	4,57	4,07	3,75	3,53	3,36	3,23	3,12	3,03	2,96	2,90
30	0,75	1,38	1,45	1,44	1,42	1,41	1,39	1,38	1,37	1,36	1,35	1,35	1,34
	0,90	2,88	2,49	2,28	2,14	2,05	1,98	1,93	1,88	1,85	1,82	1,79	1,77
	0,95	4,17	3,32	2,92	2,69	2,53	2,42	2,33	2,27	2,21	2,16	2,13	2,09
	0,99	7,56	5,39	4,51	4,02	3,70	3,47	3,30	3,17	3,07	2,98	2,91	2,84
40	0,75	1,36	1,44	1,42	1,40	1,39	1,37	1,36	1,35	1,34	1,33	1,32	1,31
	0,90	2,84	2,44	2,23	2,09	2,00	1,93	1,87	1,83	1,79	1,76	1,73	1,71
	0,95	4,08	3,23	2,84	2,61	2,45	2,34	2,25	2,18	2,12	2,08	2,04	2,00
	0,99	7,31	5,18	4,31	3,83	3,51	3,29	3,12	2,99	2,89	2,80	2,73	2,66
60	0,75	1,35	1,42	1,41	1,38	1,37	1,35	1,33	1,32	1,31	1,30	1,29	1,29
	0,90	2,79	2,39	2,18	2,04	1,95	1,87	1,82	1,77	1,74	1,71	1,68	1,66
	0,95	4,00	3,15	2,76	2,53	2,37	2,25	2,17	2,10	2,04	1,99	1,95	1,92
	0,99	7,08	4,98	4,13	3,65	3,34	3,12	2,95	2,82	2,72	2,63	2,56	2,50
120	0,75	1,34	1,40	1,39	1,37	1,35	1,33	1,31	1,30	1,29	1,28	1,27	1,26
	0,90	2,75	2,35	2,13	1,99	1,90	1,82	1,77	1,72	1,68	1,65	1,62	1,60
	0,95	3,92	3,07	2,68	2,45	2,29	2,17	2,09	2,02	1,96	1,91	1,87	1,83
	0,99	6,85	4,79	3,95	3,48	3,17	2,96	2,79	2,66	2,56	2,47	2,40	2,34
200	0,75	1,33	1,39	1,38	1,36	1,34	1,32	1,31	1,29	1,28	1,27	1,26	1,25
	0,90	2,73	2,33	2,11	1,97	1,88	1,80	1,75	1,70	1,66	1,63	1,60	1,57
	0,95	3,89	3,04	2,65	2,42	2,26	2,14	2,06	1,98	1,93	1,88	1,84	1,80
	0,99	6,76	4,71	3,88	3,41	3,11	2,89	2,73	2,60	2,50	2,41	2,34	2,27
∞	0,75	1,32	1,39	1,37	1,35	1,33	1,31	1,29	1,28	1,27	1,25	1,24	1,24
	0,90	2,71	2,30	2,08	1,94	1,85	1,77	1,72	1,67	1,63	1,60	1,57	1,55
	0,95	3,84	3,00	2,60	2,37	2,21	2,10	2,01	1,94	1,88	1,83	1,79	1,75
	0,99	6,63	4,61	3,78	3,32	3,02	2,80	2,64	2,51	2,41	2,32	2,25	2,18

Tafel 18 (Fortsetzung)

Nenner F_g	Fläche	Zähler F_g 15	20	24	30	40	50	60	100	120	200	500	∞
1	0,75	9,49	9,58	9,63	9,67	9,71	9,74	9,76	9,78	9,80	9,82	9,84	9,85
	0,90	61,2	61,7	62,0	62,3	62,5	62,7	62,8	63,0	63,1	63,2	63,3	63,3
	0,95	246	248	249	250	251	252	252	253	253	254	254	254
2	0,75	3,41	3,43	3,43	3,44	3,45	3,45	3,46	3,47	3,47	3,48	3,48	3,48
	0,90	9,42	9,44	9,45	9,46	9,47	9,47	9,47	9,48	9,48	9,49	9,49	9,49
	0,95	19,4	19,4	19,5	19,5	19,5	19,5	19,5	19,5	19,5	19,5	19,5	19,5
	0,99	99,4	99,4	99,5	99,5	99,5	99,5	99,5	99,5	99,5	99,5	99,5	99,5
3	0,75	2,46	2,46	2,46	2,47	2,47	2,47	2,47	2,47	2,47	2,47	2,47	2,47
	0,90	5,20	5,18	5,18	5,17	5,16	5,15	5,15	5,14	5,14	5,14	5,14	5,13
	0,95	8,70	8,66	8,64	8,62	8,59	8,58	8,57	8,55	8,55	8,54	8,53	8,53
	0,99	26,9	26,7	26,6	26,5	26,4	26,4	26,3	26,2	26,2	26,2	26,1	26,1
4	0,75	2,08	2,08	2,08	2,08	2,08	2,08	2,08	2,08	2,08	2,08	2,08	2,08
	0,90	3,87	3,84	3,83	3,82	3,80	3,80	3,79	3,78	3,78	3,77	3,76	3,76
	0,95	5,86	5,80	5,77	5,75	5,72	5,70	5,69	5,66	5,66	5,65	5,64	5,63
	0,99	14,2	14,0	13,9	13,8	13,7	13,7	13,7	13,6	13,6	13,5	13,5	13,5
5	0,75	1,89	1,88	1,88	1,88	1,88	1,88	1,87	1,87	1,87	1,87	1,87	1,87
	0,90	3,24	3,21	3,19	3,17	3,16	3,15	3,14	3,13	3,12	3,12	3,11	3,10
	0,95	4,62	4,56	4,53	4,50	4,46	4,44	4,43	4,41	4,40	4,39	4,37	4,36
	0,99	9,72	9,55	9,47	9,38	9,29	9,24	9,20	9,13	9,11	9,08	9,04	9,02
6	0,75	1,76	1,76	1,75	1,75	1,75	1,75	1,74	1,74	1,74	1,74	1,74	1,74
	0,90	2,87	2,84	2,82	2,80	2,78	2,77	2,76	2,75	2,74	2,73	2,73	2,72
	0,95	3,94	3,87	3,84	3,81	3,77	3,75	3,74	3,71	3,70	3,69	3,68	3,67
	0,99	7,56	7,40	7,31	7,23	7,14	7,09	7,06	6,99	6,97	6,93	6,90	6,88
7	0,75	1,68	1,67	1,67	1,66	1,66	1,66	1,65	1,65	1,65	1,65	1,65	1,65
	0,90	2,63	2,59	2,58	2,56	2,54	2,52	2,51	2,50	2,49	2,48	2,48	2,47
	0,95	3,51	3,44	3,41	3,38	3,34	3,32	3,30	3,27	3,27	3,25	3,24	3,23
	0,99	6,31	6,16	6,07	5,99	5,91	5,86	5,82	5,75	5,74	5,70	5,67	5,65
8	0,75	1,62	1,61	1,60	1,60	1,59	1,59	1,59	1,58	1,58	1,58	1,58	1,58
	0,90	2,46	2,42	2,40	2,38	2,36	2,35	2,34	2,32	2,32	2,31	2,30	2,29
	0,95	3,22	3,15	3,12	3,08	3,04	3,02	3,01	2,97	2,97	2,95	2,94	2,93
	0,99	5,52	5,36	5,28	5,20	5,12	5,07	5,03	4,96	4,95	4,91	4,88	4,86
9	0,75	1,57	1,56	1,56	1,55	1,55	1,54	1,54	1,53	1,53	1,53	1,53	1,53
	0,90	2,34	2,30	2,28	2,25	2,23	2,22	2,21	2,19	2,18	2,17	2,17	2,16
	0,95	3,01	2,94	2,90	2,86	2,83	2,80	2,79	2,76	2,75	2,73	2,72	2,71
	0,99	4,96	4,81	4,73	4,65	4,57	4,52	4,48	4,42	4,40	4,36	4,33	4,31
10	0,75	1,53	1,52	1,52	1,51	1,51	1,50	1,50	1,49	1,49	1,49	1,48	1,48
	0,90	2,24	2,20	2,18	2,16	2,13	2,12	2,11	2,09	2,08	2,07	2,06	2,06
	0,95	2,85	2,77	2,74	2,70	2,66	2,64	2,62	2,59	2,58	2,56	2,55	2,54
	0,99	4,56	4,41	4,33	4,25	4,17	4,12	4,08	4,01	4,00	3,96	3,93	3,91
11	0,75	1,50	1,49	1,49	1,48	1,47	1,47	1,47	1,46	1,46	1,46	1,45	1,45
	0,90	2,17	2,12	2,10	2,08	2,05	2,04	2,03	2,00	2,00	1,99	1,98	1,97
	2,72	2,65	2,61	2,57	2,53	2,51	2,49	2,46	2,45	2,43	2,42	2,40	0,95
	4,25	4,10	4,02	3,94	3,86	3,81	3,78	3,71	3,69	3,66	3,62	3,60	0,99

Tafel 18 (Fortsetzung)

Nenner F_g	Fläche	Zähler F_g 15	20	24	30	40	50	60	100	120	200	500	∞
12	0,75	1,48	1,47	1,46	1,45	1,45	1,44	1,44	1,43	1,43	1,43	1,42	1,42
	0,90	2,10	2,06	2,04	2,01	1,99	1,97	1,96	1,94	1,93	1,92	1,91	1,90
	0,95	2,62	2,54	2,51	2,47	2,43	2,40	2,38	2,35	2,34	2,32	2,31	2,30
	0,99	4,01	3,86	3,78	3,70	3,62	3,57	3,54	3,47	3,45	3,41	3,38	3,36
13	0,75	1,46	1,45	1,44	1,43	1,42	1,42	1,42	1,41	1,41	1,40	1,40	1,40
	0,90	2,05	2,01	1,98	1,96	1,93	1,92	1,92	1,90	1,88	1,86	1,85	1,85
	0,95	2,53	2,46	2,42	2,38	2,34	2,31	2,30	2,26	2,25	2,23	2,22	2,21
	0,99	3,82	3,66	3,59	3,51	3,43	3,38	3,34	3,27	3,25	3,22	3,19	3,17
14	0,75	1,44	1,43	1,42	1,41	1,41	1,40	1,40	1,39	1,39	1,39	1,38	1,38
	0,90	2,01	1,96	1,94	1,91	1,89	1,87	1,86	1,83	1,83	1,82	1,80	1,80
	0,95	2,46	2,39	2,35	2,31	2,27	2,24	2,22	2,19	2,18	2,16	2,14	2,13
	0,99	3,66	3,51	3,43	3,35	3,27	3,22	3,18	3,11	3,09	3,06	3,03	3,00
15	0,75	1,43	1,41	1,41	1,40	1,39	1,39	1,38	1,38	1,37	1,37	1,36	1,36
	0,90	1,97	1,92	1,90	1,87	1,85	1,83	1,82	1,79	1,79	1,77	1,76	1,76
	0,95	2,40	2,33	2,29	2,25	2,20	2,18	2,16	2,12	2,11	2,10	2,08	2,07
	0,99	3,52	3,37	3,29	3,21	3,13	3,08	3,05	2,98	2,96	2,92	2,89	2,87
16	0,75	1,41	1,40	1,39	1,38	1,37	1,37	1,36	1,36	1,35	1,35	1,34	1,34
	0,90	1,94	1,89	1,87	1,84	1,81	1,79	1,78	1,76	1,75	1,74	1,73	1,72
	0,95	2,35	2,28	2,24	2,19	2,15	2,12	2,11	2,07	2,06	2,04	2,02	2,01
	0,99	3,41	3,26	3,18	3,10	3,02	2,97	2,93	2,86	2,84	2,81	2,78	2,75
17	0,75	1,40	1,39	1,38	1,37	1,36	1,35	1,35	1,34	1,34	1,34	1,33	1,33
	0,90	1,91	1,86	1,84	1,81	1,78	1,76	1,75	1,73	1,72	1,71	1,69	1,69
	0,95	2,31	2,23	2,19	2,15	2,10	2,08	2,06	2,02	2,01	1,99	1,97	1,96
	0,99	3,31	3,16	3,08	3,00	2,92	2,87	2,83	2,76	2,75	2,71	2,68	2,65
18	0,75	1,39	1,38	1,37	1,36	1,35	1,34	1,34	1,33	1,33	1,32	1,32	1,32
	0,90	1,89	1,84	1,81	1,78	1,75	1,74	1,72	1,70	1,69	1,68	1,67	1,66
	0,95	2,27	2,19	2,15	2,11	2,06	2,04	2,02	1,98	1,97	1,95	1,93	1,92
	0,99	3,23	3,08	3,00	2,92	2,84	2,78	2,75	2,68	2,66	2,62	2,59	2,57
19	0,75	1,38	1,37	1,36	1,35	1,34	1,33	1,33	1,32	1,32	1,31	1,31	1,30
	0,90	1,86	1,81	1,79	1,76	1,73	1,71	1,70	1,67	1,67	1,65	1,64	1,63
	0,95	2,23	2,16	2,11	2,07	2,03	2,00	1,98	1,94	1,93	1,91	1,89	1,88
	0,99	3,15	3,00	2,92	2,84	2,76	2,71	2,67	2,60	2,58	2,55	2,51	2,49
20	0,75	1,37	1,36	1,35	1,34	1,33	1,33	1,32	1,31	1,31	1,30	1,30	1,29
	0,90	1,84	1,79	1,77	1,74	1,71	1,69	1,68	1,65	1,64	1,63	1,62	1,61
	0,95	2,20	2,12	2,08	2,04	1,99	1,97	1,95	1,91	1,90	1,88	1,86	1,84
	0,99	3,09	2,94	2,86	2,78	2,69	2,64	2,61	2,54	2,52	2,48	2,44	2,42
22	0,75	1,36	1,34	1,33	1,32	1,31	1,31	1,30	1,30	1,30	1,29	1,29	1,28
	0,90	1,81	1,76	1,73	1,70	1,67	1,65	1,64	1,61	1,60	1,59	1,58	1,57
	0,95	2,15	2,07	2,03	1,98	1,94	1,91	1,89	1,85	1,84	1,82	1,80	1,78
	0,99	2,98	2,83	2,75	2,67	2,58	2,53	2,50	2,42	2,40	2,36	2,33	2,31
24	0,75	1,35	1,33	1,32	1,31	1,30	1,29	1,29	1,28	1,28	1,27	1,27	1,26
	0,90	1,78	1,73	1,70	1,67	1,64	1,62	1,61	1,58	1,57	1,56	1,54	1,53
	0,95	2,11	2,03	1,98	1,94	1,89	1,86	1,84	1,80	1,79	1,77	1,75	1,73
	0,99	2,89	2,74	2,66	2,58	2,49	2,44	2,40	2,33	2,31	2,27	2,24	2,21

Tafel 18 (Fortsetzung)

Nenner F_g	Fläche	Zähler F_g 15	20	24	30	40	50	60	100	120	200	500	∞
26	0,75	1,34	1,32	1,31	1,30	1,29	1,28	1,28	1,26	1,26	1,26	1,25	1,25
	0,90	1,76	1,71	1,68	1,65	1,61	1,59	1,58	1,55	1,54	1,53	1,51	1,50
	0,95	2,07	1,99	1,95	1,90	1,85	1,82	1,80	1,76	1,75	1,73	1,71	1,69
	0,99	2,81	2,66	2,58	2,50	2,42	2,36	2,33	2,25	2,23	2,19	2,16	2,13
28	0,75	1,33	1,31	1,30	1,29	1,28	1,27	1,27	1,26	1,25	1,25	1,24	1,24
	0,90	1,74	1,69	1,66	1,63	1,59	1,57	1,56	1,53	1,52	1,50	1,49	1,48
	0,95	2,04	1,96	1,91	1,87	1,82	1,79	1,77	1,73	1,71	1,69	1,67	1,65
	0,99	2,75	2,60	2,52	2,44	2,35	2,30	2,26	2,19	2,17	2,13	2,09	2,06
30	0,75	1,32	1,30	1,29	1,28	1,27	1,26	1,26	1,25	1,24	1,24	1,23	1,23
	0,90	1,72	1,67	1,64	1,61	1,57	1,55	1,54	1,51	1,50	1,48	1,47	1,46
	0,95	2,01	1,93	1,89	1,84	1,79	1,76	1,74	1,70	1,68	1,66	1,64	1,62
	0,99	2,70	2,55	2,47	2,39	2,30	2,25	2,21	2,13	2,11	2,07	2,03	2,01
40	0,75	1,30	1,28	1,26	1,25	1,24	1,23	1,22	1,21	1,21	1,20	1,19	1,19
	0,90	1,66	1,61	1,57	1,54	1,51	1,48	1,47	1,43	1,42	1,41	1,39	1,38
	0,95	1,92	1,84	1,79	1,74	1,69	1,66	1,64	1,59	1,58	1,55	1,53	1,51
	0,99	2,52	2,37	2,29	2,20	2,11	2,06	2,02	1,94	1,92	1,87	1,83	1,80
60	0,75	1,27	1,25	1,24	1,22	1,21	1,20	1,19	1,17	1,17	1,16	1,15	1,15
	0,90	1,60	1,54	1,51	1,48	1,44	1,41	1,40	1,36	1,35	1,33	1,31	1,29
	0,95	1,84	1,75	1,70	1,65	1,59	1,56	1,53	1,48	1,47	1,44	1,41	1,39
	0,99	2,35	2,20	2,12	2,03	1,94	1,88	1,84	1,75	1,73	1,68	1,63	1,60
120	0,75	1,24	1,22	1,21	1,19	1,18	1,17	1,16	1,14	1,13	1,12	1,11	1,10
	0,90	1,55	1,48	1,45	1,41	1,37	1,34	1,32	1,27	1,26	1,24	1,21	1,19
	0,95	1,75	1,66	1,61	1,55	1,50	1,46	1,43	1,37	1,35	1,32	1,28	1,25
	0,99	2,19	2,03	1,95	1,86	1,76	1,70	1,66	1,56	1,53	1,48	1,42	1,38
200	0,75	1,23	1,21	1,20	1,18	1,16	1,14	1,12	1,11	1,10	1,09	1,08	1,06
	0,90	1,52	1,46	1,42	1,38	1,34	1,31	1,28	1,24	1,22	1,20	1,17	1,14
	0,95	1,72	1,62	1,57	1,52	1,46	1,41	1,39	1,32	1,29	1,26	1,22	1,19
	0,99	2,13	1,97	1,89	1,79	1,69	1,63	1,58	1,48	1,44	1,39	1,33	1,28
∞	0,75	1,22	1,19	1,18	1,16	1,14	1,13	1,12	1,09	1,08	1,07	1,04	1,00
	0,90	1,49	1,42	1,38	1,34	1,30	1,26	1,24	1,18	1,17	1,13	1,08	1,00
	0,95	1,67	1,57	1,52	1,46	1,39	1,35	1,32	1,24	1,22	1,17	1,11	1,00
	0,99	2,04	1,88	1,79	1,70	1,59	1,52	1,47	1,36	1,32	1,25	1,15	1,00

Tafel 19

Schranken für den Vorzeichenrangtest. (Aus McConack 1965)

Die Tafel enthält die unteren Schranken der Prüfgröße T des Vorzeichenrangtests von Wilcoxon (Wilcoxons „signed rank test") für Stichprobenumfänge von N=4(1)50 und für Signifikanzgrenzen von $\alpha = 0,00005$ bis $\alpha = 0,075$ bei einseitigem Test bzw. für $2\alpha = 0,0001$ bis $\alpha = 0,15$ bei zweiseitigem Test. Beobachtete T-Werte oder deren Komplemente $T' = N(N+1)/2-T$, die die angegebenen Schranken erreichen oder unterschreiten, sind auf der bezeichneten Stufe signifikant.

Ablesebeispiel: Wenn die Differenzen zweier abhängiger Meßreihen $+ 19 + 12 - 3 + 8 + 5 - 1 - 7 + 16 + 7$ betragen, ergeben sich Vorzeichenränge von (+) 9 (+) 7 (−) 2 (+) 6 (+) 3 (−) 1 (−) 4,5 (+) 8 (+) 4,5 und eine Rangsumme der (selteneren) negativen Ränge von T = 7,5, die für N = 9 ($T_{0,05} = $ 8) bei einseitigem Test eben auf der 5%-Stufe signifikant ist.

	2α	.15	.10	.05	.04	.03	.02	.01	.005	.001	.0001
N	α	.075	.050	.025	.020	.015	.010	.005	.0025	.0005	.00005
4		0									
5		1	0								
6		2	2	0	0						
7		4	3	2	1	0	0				
8		7	5	3	3	2	1	0			
9		9	8	5	5	4	3	1	0		
10		12	10	8	7	6	5	3	1		
11		16	13	10	9	8	7	5	3	0	
12		19	17	13	12	11	9	7	5	1	
13		24	21	17	16	14	12	9	7	2	
14		28	25	21	19	18	15	12	9	4	
15		33	30	25	23	21	19	15	12	6	0
16		39	35	29	28	26	23	19	15	8	2
17		45	41	34	33	30	27	23	19	11	3
18		51	47	40	38	35	32	27	23	14	5
19		58	53	46	43	41	37	32	27	18	8
20		65	60	52	50	47	43	37	32	21	10
21		73	67	58	56	53	49	42	37	25	13
22		81	75	65	63	59	55	48	42	30	17
23		89	83	73	70	66	62	54	48	35	20
24		98	91	81	78	74	69	61	54	40	24
25		108	100	89	86	82	76	68	60	45	28
26		118	110	98	94	90	84	75	67	51	33
27		128	119	107	103	99	92	83	74	57	38
28		138	130	116	112	108	101	91	82	64	43
29		150	140	126	122	117	110	100	90	71	49
30		161	151	137	132	127	120	109	98	78	55
31		173	163	147	143	137	130	118	107	86	61
32		186	175	159	154	148	140	128	116	94	68
33		199	187	170	165	159	151	138	126	102	74
34		212	200	182	177	171	162	148	136	111	82
35		226	213	195	189	182	173	159	146	120	90
36		240	227	208	202	195	185	171	157	130	98
37		255	241	221	215	208	198	182	168	140	106
38		270	256	235	229	221	211	194	180	150	115
39		285	271	249	243	235	224	207	192	161	124
40		302	286	264	257	249	238	220	204	172	133
41		318	302	279	272	263	252	233	217	183	143

Tafel 19 (Fortsetzung)

N	α	2 α .15 .075	.10 .050	.05 .025	.04 .020	.03 .015	.02 .010	.01 .005	.005 .0025	.001 .0005	.0001 .00005
42		335	319	294	287	278	266	247	230	195	153
43		352	336	310	303	293	281	261	244	207	164
44		370	353	327	319	309	296	276	258	220	175
45		389	371	343	335	325	312	291	272	233	186
46		407	389	361	352	342	328	307	287	246	198
47		427	407	378	370	359	345	322	302	260	210
48		446	426	396	388	377	362	339	318	274	223
49		466	446	415	406	394	379	355	334	289	235
50		487	466	434	425	413	397	373	350	304	249

Tafel 20

Friedmans χ_r^2-Test. (Auszugsweise aus Owen 1962 sowie Michaelis 1971)

Die Tafel enthält die Wahrscheinlichkeit P, daß beim Vergleich von k = 3 Behandlungen (Stichproben, Stufen eines Faktors) zu je N = 2(1)15 Individuen (oder N Blöcken aus k homogenen Individuen) oder von k = 4 Behandlungen zu je N = 5(1)8 Individuen auf gleiche oder unterschiedliche Wirkungen die beobachtete Prüfgröße χ_r^2 größer oder gleich der Größe χ^2 ist. Ferner werden P-Werte für k = 5 und N = 4 sowie für k = 6 und N = 3 genannt.

Ablesebeispiel: Liefern k = 3 Behandlungen an jeweils N = 5 Individuen ein $\chi_r^2 = 6{,}5$, so gehört zu diesem Wert eine Wahrscheinlichkeit P von ungefähr 0,0375 < 0,05.

k = 3

Spalte 1

χ^2	P
N = 2	
0	1.000
1	0.833
3	0.500
4	0.167
N = 3	
0.000	1.000
0.667	0.944
2.000	0.528
2.667	0.361
4.667	0.194
6.000	0.028
N = 4	
0.0	1.000
0.5	0.931
1.5	0.653
2.0	0.431
3.5	0.273
4.5	0.125
6.0	0.069
6.5	0.042
8.0	$0.0^2 46$
N = 5	
0.0	1.000
0.4	0.954
1.2	0.691
1.6	0.522
2.8	0.367
3.6	0.182
4.8	0.124
5.2	0.093
6.4	0.039
7.6	0.024
8.4	$0.0^2 85$
10.0	$0.0^3 77$

Spalte 2

χ^2	P
N = 6	
0.00	1.000
0.33	0.956
1.00	0.740
1.33	0.570
2.33	0.430
3.00	0.252
4.00	0.184
4.33	0.142
5.33	0.072
6.33	0.052
7.00	0.029
8.33	0.012
9.00	$0.0^2 81$
9.33	$0.0^2 55$
10.33	$0.0^2 17$
12.00	$0.0^3 13$
N = 7	
0.000	1.000
0.286	0.964
0.857	0.768
1.143	0.620
2.000	0.486
2.571	0.305
3.429	0.237
3.714	0.192
4.571	0.112
5.429	0.085
6.000	0.051
7.143	0.027
7.714	0.021
8.000	0.016
8.857	$0.0^2 84$
10.286	$0.0^2 36$
10.571	$0.0^2 27$
11.143	$0.0^2 12$

Spalte 3

χ^2	P
N = 7	
12.286	$0.0^3 32$
14.000	$0.0^4 21$
N = 8	
0.00	1.000
0.25	0.967
0.75	0.794
1.00	0.654
1.75	0.531
2.25	0.355
3.00	0.285
3.25	0.236
4.00	0.149
4.75	0.120
5.25	0.079
6.25	0.047
6.75	0.038
7.00	0.030
7.75	0.018
9.00	$0.0^2 99$
9.25	$0.0^2 80$
9.75	$0.0^2 48$
10.75	$0.0^2 24$
12.00	$0.0^2 11$
12.25	$0.0^3 86$
13.00	$0.0^3 26$
14.25	$0.0^4 61$
16.00	$0.0^5 36$
N = 9	
0.000	1.000
0.222	0.971
0.667	0.814
0.889	0.685
1.556	0.569
2.000	0.398
2.667	0.328

Spalte 4

χ^2	P
N = 9	
2.889	0.278
3.556	0.187
4.222	0.154
4.667	0.107
5.556	0.069
6.000	0.057
6.222	0.048
6.889	0.031
8.000	0.019
8.222	0.016
8.667	0.010
9.556	$0.0^2 61$
10.667	$0.0^2 35$
10.889	$0.0^2 29$
11.556	$0.0^2 13$
12.667	$0.0^3 72$
13.556	$0.0^3 28$
14.000	$0.0^3 20$
14.222	$0.0^3 16$
14.889	$0.0^4 54$
16.222	$0.0^4 11$
18.000	$0.0^6 60$
N = 10	
0.0	1.000
0.2	0.974
0.6	0.830
0.8	0.710
1.4	0.601
1.8	0.436
2.4	0.368
2.6	0.316
3.2	0.222
3.8	0.187
4.2	0.135
5.0	0.092

Tafel 20 (Fortsetzung)

			k = 3				
χ^2	P	χ^2	P	χ^2	P	χ^2	P
N = 10		N = 11		N = 12		N = 13	
5.4	0.078	9.455	$0.0^2 66$	11.167	$0.0^2 24$	9.692	$0.0^2 68$
5.6	0.066	10.364	$0.0^2 46$	12.167	$0.0^2 16$		
6.2	0.046	11.091	$0.0^2 25$	12.500	$0.0^3 87$	9.846	$0.0^2 60$
		11.455	$0.0^2 21$	12.667	$0.0^3 79$	10.308	$0.0^2 42$
7.2	0.030					11.231	$0.0^2 30$
7.4	0.026	11.636	$0.0^2 18$	13.167	$0.0^3 66$	11.538	$0.0^2 18$
7.8	0.018	12.182	$0.0^2 11$	13.500	$0.0^3 53$	11.692	$0.0^2 16$
8.6	0.012	13.273	$0.0^3 67$	14.000	$0.0^3 35$		
9.6	$0.0^2 73$	13.818	$0.0^3 30$	15.167	$0.0^3 20$	12.154	$0.0^2 14$
				15.500	$0.0^4 86$	12.462	$0.0^2 12$
9.8	$0.0^2 64$	14.364	$0.0^3 24$			12.923	$0.0^3 81$
10.4	$0.0^2 34$	14.727	$0.0^3 18$	16.167	$0.0^4 66$	14.000	$0.0^3 52$
11.4	$0.0^2 22$	15.273	$0.0^3 10$	16.667	$0.0^4 46$	14.308	$0.0^3 26$
12.2	$0.0^2 10$	16.545	$0.0^4 51$	17.167	$0.0^4 27$		
12.6	$0.0^3 84$	16.909	$0.0^4 15$	18.167	$0.0^4 12$	14.923	$0.0^3 21$
				18.500	$0.0^4 11$	15.385	$0.0^3 16$
12.8	$0.0^3 72$	17.636	$0.0^5 95$			15.846	$0.0^3 10$
13.4	$0.0^3 38$	18.182	$0.0^5 59$	18.667	$0.0^5 35$	16.615	$0.0^4 56$
14.6	$0.0^3 19$	18.727	$0.0^5 22$	19.500	$0.0^5 20$	16.769	$0.0^4 56$
15.0	$0.0^4 77$	20.182	$0.0^6 38$	20.167	$0.0^5 11$		
15.2	$0.0^4 63$	22.000	$0.0^7 17$	20.667	$0.0^6 43$	17.077	$0.0^4 53$
				22.167	$0.0^7 69$	17.231	$0.0^4 24$
15.8	$0.0^4 44$	N = 12				18.000	$0.0^4 17$
16.2	$0.0^4 31$	0.000	1.000	24.000	$0.0^8 28$	18.615	$0.0^4 11$
16.8	$0.0^4 11$	0.167	0.978			19.077	$0.0^5 69$
18.2	$0.0^5 21$	0.500	0.856	N = 13			
20.0	$0.0^7 99$	0.667	0.751	0.000	1.000	19.538	$0.0^5 29$
		1.167	0.654	0.154	0.980	19.846	$0.0^5 27$
N = 11				0.462	0.866	20.462	$0.0^5 24$
0.000	1.000	1.500	0.500	0.615	0.767	21.385	$0.0^6 42$
0.182	0.976	2.000	0.434	1.077	0.675	22.154	$0.0^6 21$
0.545	0.844	2.167	0.383				
0.727	0.732	2.667	0.287	1.385	0.527	22.615	$0.0^7 84$
1.273	0.629	3.167	0.249	1.846	0.463	24.154	$0.0^7 12$
				2.000	0.412	26.000	$0.0^9 46$
1.636	0.470	3.500	0.191	2.462	0.316		
2.182	0.403	4.167	0.141	2.923	0.278	N = 14	
2.364	0.351	4.500	0.123				
2.909	0.256	4.667	0.108	3.231	0.217	0.000	1.000
3.455	0.219	5.167	0.080	3.846	0.165	0.143	0.981
				4.154	0.145	0.429	0.874
3.818	0.163	6.000	0.058	4.308	0.129	0.571	0.781
4.545	0.116	6.167	0.050	4.769	0.098	1.000	0.694
4.909	0.100	6.500	0.038			1.286	0.551
5.091	0.087	7.167	0.028	5.538	0.073	1.714	0.489
5.636	0.062	8.000	0.019	5.692	0.064	1.857	0.438
				6.000	0.050	2.286	0.344
6.545	0.043	8.167	0.017	6.615	0.038	2.714	0.305
6.727	0.037	8.667	0.011	7.385	0.027		
7.091	0.027	9.500	$0.0^2 80$			3.000	0.242
7.818	0.019	10.167	$0.0^2 46$	7.538	0.025	3.571	0.188
8.727	0.013	10.500	$0.0^2 41$	8.000	0.016	3.857	0.167
				8.769	0.012	4.000	0.150
8.909	0.011	10.667	$0.0^2 36$	9.385	$0.0^2 76$	4.429	0.117

Tafel 20 (Fortsetzung)

k = 3

χ^2	P	χ^2	P	χ^2	P	χ^2	P
N = 14		N = 14		N = 15		N = 15	
5.143	0.089	17.714	0.0^430	3.600	0.189		
5.286	0.079	18.143	0.0^416	3.733	0.170	14.800	0.0^334
5.571	0.063	18.429	0.0^415	4.133	0.136	14.933	0.0^320
6.143	0.049	19.000	0.0^414			15.600	0.0^316
6.857	0.036	19.857	0.0^545	4.800	0.106	16.133	0.0^312
		20.571	0.0^528	4.933	0.096	16.533	0.0^486
7.000	0.033			5.200	0.077		
7.429	0.023	21.000	0.0^517	5.733	0.059	16.933	0.0^453
8.143	0.018	21.143	0.0^665	6.400	0.047	17.200	0.0^451
8.714	0.011	21.571	0.0^656			17.733	0.0^444
9.000	0.010	22.286	0.0^650	6.533	0.043	18.533	0.0^418
		22.429	0.0^646	6.933	0.030	19.200	0.0^411
9.143	0.0^292			7.600	0.022		
9.571	0.0^268	23.286	0.0^786	8.133	0.018	19.600	0.0^586
10.429	0.0^249	24.143	0.0^739	8.400	0.015	19.733	0.0^558
10.714	0.0^231	24.571	0.0^716			20.133	0.0^553
10.857	0.0^229	26.143	0.0^822	8.533	0.011	20.800	0.0^535
		28.000	$0.0^{10}77$	8.933	0.010	20.933	0.0^516
11.286	0.0^226			9.733	0.0^274		
11.571	0.0^221	N = 15		10.000	0.0^249	21.733	0.0^511
12.000	0.0^216	0.000	1.000	10.133	0.0^247	22.533	0.0^665
13.000	0.0^211	0.133	0.982			22.800	0.0^639
13.286	0.0^358	0.400	0.882	10.533	0.0^242	22.933	0.0^637
		0.533	0.794	10.800	0.0^235	23.333	0.0^612
13.857	0.0^349	0.933	0.711	11.200	0.0^227		
14.286	0.0^338			12.133	0.0^219	24.133	0.0^610
14.714	0.0^327	1.200	0.573	12.400	0.0^211	24.400	0.0^790
15.429	0.0^316	1.600	0.513			25.200	0.0^717
15.571	0.0^316	1.733	0.463	12.933	0.0^395	26.133	0.0^872
		2.133	0.369	13.333	0.0^375	26.533	0.0^831
15.857	0.0^315	2.533	0.330	13.733	0.0^356		
16.000	0.0^481			14.400	0.0^336	28.133	0.0^940
16.714	0.0^463	2.800	0.267			30.000	$0.0^{20}13$
17.286	0.0^444	3.333	0.211	14.533	0.0^336		

k = 4

χ^2	P	χ^2	P	χ^2	P	χ^2	P
N = 5		N = 5		N = 5		N = 5	
0.12	1.000	3.24	0.406	6.36	0.089	9.72	0.011
0.36	0.974	3.48	0.368	6.84	0.071	9.96	0.0^292
0.60	0.944	3.96	0.301	7.08	0.067	10.20	0.0^277
1.08	0.857	4.20	0.266	7.32	0.057	10.68	0.0^258
1.32	0.769	4.44	0.232	7.80	0.049	10.92	0.0^228
1.56	0.710	4.92	0.213	8.04	0.033	11.16	0.0^223
2.04	0.652	5.16	0.162	8.28	0.032	11.64	0.0^217
2.28	0.563	5.40	0.151	8.76	0.024	11.88	0.0^214
2.52	0.520	5.88	0.119	9.00	0.021	12.12	0.0^211
3.00	0.443	6.12	0.102	9.24	0.015	12.60	0.0^340

Tafel 25 (Fortsetzung)

	.99	.995
n = 3		
n = 4		
n = 5	4 (k = 2)	
n = 6	5 (2 ≤ k ≤ 6)	5 (k = 2,3)
n = 7	5 (k = 2)	6 (2 ≤ k ≤ 10)
	6 (3 ≤ k ≤ 10)	
n = 8	6 (2 ≤ k ≤ 7)	6 (k = 2,3)
	7 (8 ≤ k ≤ 10)	7 (4 ≤ k ≤ 10)
n = 9	6 (k = 2,3)	7 (2 ≤ k ≤ 10)
	7 (4 ≤ k ≤ 10)	
n = 10	7 (2 ≤ k ≤ 10)	7 (2 ≤ k ≤ 4)
		8 (5 ≤ k ≤ 10)
n = 12	7 (k = 2,3)	8 (2 ≤ k ≤ 7)
	8 (4 ≤ k ≤ 10)	9 (8 ≤ k ≤ 10)
n = 14	8 (2 ≤ k ≤ 5)	8 (k = 2)
	9 (6 ≤ k ≤ 10)	9 (3 ≤ k ≤ 10)
n = 16	8 (k = 2)	9 (2 ≤ k ≤ 4)
	9 (3 ≤ k ≤ 10)	10 (5 ≤ k ≤ 10)
n = 18	9 (2 ≤ k ≤ 4)	10 (2 ≤ k ≤ 9)
	10 (5 ≤ k ≤ 10)	11 (k = 10)
n = 20	9 (k = 2)	10 (k = 2,3)
	10 (3 ≤ k ≤ 10)	11 (4 ≤ k ≤ 10)
n = 25	11 (2 ≤ k ≤ 8)	11 (k = 2)
	12 (k = 9,10)	12 (3 ≤ k ≤ 10)
n = 30	12 (2 ≤ k ≤ 8)	12 (k = 2)
	13 (k = 9,10)	13 (3 ≤ k ≤ 10)
n = 35	13 (2 ≤ k ≤ 8)	13 (k = 2)
	14 (k = 9,10)	14 (3 ≤ k ≤ 10)
n = 40	13 (k = 2)	14 (k = 2)
	14 (3 ≤ k ≤ 10)	15 (3 ≤ k ≤ 10)
n = 45	14 (k = 2)	15 (k = 2)
	15 (3 ≤ k ≤ 10)	16 (3 ≤ k ≤ 10)
n = 50	15 (k = 2,3)	16 (k = 2,3)
	16 (4 ≤ k ≤ 10)	17 (4 ≤ k ≤ 10)
Approximation für n > 50	$2.15 / \sqrt{n}$	$2.30 / \sqrt{n}$

Tafel 20 (Fortsetzung)

k = 3

χ^2	P	χ^2	P	χ^2	P	χ^2	P
N = 14		N = 14		N = 15		N = 15	
5.143	0.089	17.714	$0.0^4 30$	3.600	0.189		
5.286	0.079	18.143	$0.0^4 16$	3.733	0.170	14.800	$0.0^3 34$
5.571	0.063	18.429	$0.0^4 15$	4.133	0.136	14.933	$0.0^3 20$
6.143	0.049	19.000	$0.0^4 14$			15.600	$0.0^3 16$
6.857	0.036	19.857	$0.0^5 45$	4.800	0.106	16.133	$0.0^3 12$
		20.571	$0.0^5 28$	4.933	0.096	16.533	$0.0^4 86$
7.000	0.033			5.200	0.077		
7.429	0.023	21.000	$0.0^5 17$	5.733	0.059	16.933	$0.0^4 53$
8.143	0.018	21.143	$0.0^6 65$	6.400	0.047	17.200	$0.0^4 51$
8.714	0.011	21.571	$0.0^6 56$			17.733	$0.0^4 44$
9.000	0.010	22.286	$0.0^6 50$	6.533	0.043	18.533	$0.0^4 18$
		22.429	$0.0^6 46$	6.933	0.030	19.200	$0.0^4 11$
9.143	$0.0^2 92$			7.600	0.022		
9.571	$0.0^2 68$	23.286	$0.0^7 86$	8.133	0.018	19.600	$0.0^5 86$
10.429	$0.0^2 49$	24.143	$0.0^7 39$	8.400	0.015	19.733	$0.0^5 58$
10.714	$0.0^2 31$	24.571	$0.0^7 16$			20.133	$0.0^5 53$
10.857	$0.0^2 29$	26.143	$0.0^8 22$	8.533	0.011	20.800	$0.0^5 35$
		28.000	$0.0^{10} 77$	8.933	0.010	20.933	$0.0^5 16$
11.286	$0.0^2 26$			9.733	$0.0^2 74$		
11.571	$0.0^2 21$	N = 15		10.000	$0.0^2 49$	21.733	$0.0^5 11$
12.000	$0.0^2 16$	0.000	1.000	10.133	$0.0^2 47$	22.533	$0.0^6 65$
13.000	$0.0^2 11$	0.133	0.982			22.800	$0.0^6 39$
13.286	$0.0^3 58$	0.400	0.882	10.533	$0.0^2 42$	22.933	$0.0^6 37$
		0.533	0.794	10.800	$0.0^2 35$	23.333	$0.0^6 12$
13.857	$0.0^3 49$	0.933	0.711	11.200	$0.0^2 27$		
14.286	$0.0^3 38$			12.133	$0.0^2 19$	24.133	$0.0^6 10$
14.714	$0.0^3 27$	1.200	0.573	12.400	$0.0^2 11$	24.400	$0.0^7 90$
15.429	$0.0^3 16$	1.600	0.513			25.200	$0.0^7 17$
15.571	$0.0^3 16$	1.733	0.463	12.933	$0.0^3 95$	26.133	$0.0^8 72$
		2.133	0.369	13.333	$0.0^3 75$	26.533	$0.0^8 31$
15.857	$0.0^3 15$	2.533	0.330	13.733	$0.0^3 56$		
16.000	$0.0^4 81$			14.400	$0.0^3 36$	28.133	$0.0^9 40$
16.714	$0.0^4 63$	2.800	0.267			30.000	$0.0^{20} 13$
17.286	$0.0^4 44$	3.333	0.211	14.533	$0.0^3 36$		

k = 4

χ^2	P	χ^2	P	χ^2	P	χ^2	P
N = 5		N = 5		N = 5		N = 5	
0.12	1.000	3.24	0.406	6.36	0.089	9.72	0.011
0.36	0.974	3.48	0.368	6.84	0.071	9.96	$0.0^2 92$
0.60	0.944	3.96	0.301	7.08	0.067	10.20	$0.0^2 77$
1.08	0.857	4.20	0.266	7.32	0.057	10.68	$0.0^2 58$
1.32	0.769	4.44	0.232	7.80	0.049	10.92	$0.0^2 28$
1.56	0.710	4.92	0.213	8.04	0.033	11.16	$0.0^2 23$
2.04	0.652	5.16	0.162	8.28	0.032	11.64	$0.0^2 17$
2.28	0.563	5.40	0.151	8.76	0.024	11.88	$0.0^2 14$
2.52	0.520	5.88	0.119	9.00	0.021	12.12	$0.0^2 11$
3.00	0.443	6.12	0.102	9.24	0.015	12.60	$0.0^3 40$

Tafel 20 (Fortsetzung)

k = 4							
χ^2	P	χ^2	P	χ^2	P	χ^2	P
N = 5		N = 6		N = 7		N = 7	
12.84	$0.0^{3}36$	8.4	0.031	1.629	0.678	11.914	$0.0^{2}33$
13.08	$0.0^{3}16$	8.6	0.027	1.800	0.652	12.086	$0.0^{2}31$
13.56	$0.0^{3}14$	8.8	0.021	2.143	0.596	12.429	$0.0^{2}29$
14.04	$0.0^{4}48$	9.0	0.021				
15.00	$0.0^{5}30$	9.4	0.017	2.314	0.564	12.600	$0.0^{2}22$
				2.486	0.533	12.771	$0.0^{2}20$
N = 6		9.6	0.015	2.829	0.460	13.114	$0.0^{2}14$
0.0	1.000	9.8	0.015	3.000	0.420	13.286	$0.0^{2}11$
0.2	0.996	10.0	0.011	3.171	0.378	13.457	$0.0^{2}11$
0.4	0.952	10.2	$0.0^{2}97$				
0.6	0.938	10.4	$0.0^{2}88$	3.514	0.358	13.800	$0.0^{3}84$
0.8	0.878			3.686	0.306	13.971	$0.0^{3}59$
		10.6	$0.0^{2}79$	3.857	0.300	14.143	$0.0^{3}53$
1.0	0.843	10.8	$0.0^{2}63$	4.200	0.264	14.486	$0.0^{3}40$
1.2	0.797	11.0	$0.0^{2}57$	4.371	0.239	14.657	$0.0^{3}35$
1.4	0.779	11.4	$0.0^{2}41$				
1.6	0.676	11.6	$0.0^{2}33$	4.543	0.216	14.829	$0.0^{3}24$
1.8	0.666			4.886	0.188	15.171	$0.0^{3}16$
		11.8	$0.0^{2}29$	5.057	0.182	15.343	$0.0^{3}16$
2.0	0.608	12.0	$0.0^{2}21$	5.229	0.163	15.514	$0.0^{3}14$
2.2	0.566	12.2	$0.0^{2}18$	5.571	0.150	15.857	$0.0^{3}11$
2.4	0.541	12.6	$0.0^{2}14$				
2.6	0.517	12.8	$0.0^{2}10$	5.743	0.122	16.029	$0.0^{4}64$
3.0	0.427			5.914	0.118	16.200	$0.0^{4}64$
		13.0	$0.0^{3}93$	6.257	0.101	16.543	$0.0^{4}38$
3.2	0.385	13.2	$0.0^{3}80$	6.429	0.093	16.714	$0.0^{4}34$
3.4	0.374	13.4	$0.0^{3}64$	6.600	0.081	16.886	$0.0^{4}20$
3.6	0.337	13.6	$0.0^{3}34$				
3.8	0.321	13.8	$0.0^{3}32$	6.943	0.073	17.229	$0.0^{4}15$
4.0	0.274			7.114	0.062	17.400	$0.0^{4}14$
		14.0	$0.0^{3}23$	7.286	0.058	17.571	$0.0^{4}11$
4.2	0.259	14.6	$0.0^{3}18$	7.629	0.051	17.914	$0.0^{5}60$
4.4	0.232	14.8	$0.0^{4}87$	7.800	0.040	18.257	$0.0^{5}20$
4.6	0.221	15.0	$0.0^{4}84$				
4.8	0.193	15.2	$0.0^{4}30$	7.971	0.037	18.771	$0.0^{5}17$
5.0	0.190			8.314	0.034	18.943	$0.0^{5}10$
		15.4	$0.0^{4}28$	8.486	0.032	19.286	$0.0^{6}44$
5.2	0.162	15.8	$0.0^{4}25$	8.657	0.030	19.971	$0.0^{6}12$
5.4	0.154	16.0	$0.0^{4}13$	9.000	0.024	21.000	$0.0^{8}52$
5.6	0.127	16.2	$0.0^{4}12$				
5.8	0.113	16.4	$0.0^{5}80$	9.171	0.021	N = 8	
6.2	0.109			9.343	0.018	0.00	1.000
		17.0	$0.0^{5}24$	9.686	0.016	0.15	0.998
6.4	0.088	18.0	$0.0^{6}13$	9.857	0.014	0.30	0.967
6.6	0.087			10.029	0.013	0.45	0.957
6.8	0.073	N = 7				0.60	0.914
7.0	0.067	0.086	1.000	10.371	$0.0^{2}91$		
7.2	0.063	0.257	0.984	10.543	$0.0^{2}81$	0.75	0.890
7.4	0.058	0.429	0.964	10.714	$0.0^{2}80$	0.90	0.853
7.6	0.043	0.771	0.905	11.057	$0.0^{2}68$	1.05	0.842
7.8	0.041	0.943	0.846	11.229	$0.0^{2}55$	1.20	0.764
8.0	0.036					1.35	0.754
8.2	0.033	1.114	0.795	11.400	$0.0^{2}39$		
		1.457	0.754	11.743	$0.0^{2}39$	1.50	0.709

Tafel 20 (Fortsetzung)

k = 3

χ^2	P	χ^2	P	χ^2	P	χ^2	P
N = 8		N = 8		N = 8		N = 8	
1.65	0.677	6.30	0.098	10.95	0.0^285	15.45	0.0^333
1.80	0.660			11.10	0.0^269	15.60	0.0^323
1.95	0.637	6.45	0.091	11.25	0.0^266		
2.25	0.557	6.75	0.077	11.40	0.0^256	15.75	0.0^318
		7.05	0.067			15.90	0.0^318
2.40	0.509	7.20	0.062	11.55	0.0^252	16.05	0.0^314
2.55	0.500	7.35	0.061	11.85	0.0^245	16.20	0.0^314
2.70	0.471			12.00	0.0^238	16.35	0.0^313
2.85	0.453	7.50	0.052	12.15	0.0^235		
3.00	0.404	7.65	0.049	12.30	0.0^232	16.65	0.0^310
		7.80	0.046			16.80	0.0^458
3.15	0.390	7.95	0.043	12.45	0.0^228	16.95	0.0^457
3.30	0.364	8.10	0.038	12.60	0.0^225	17.25	0.0^446
3.45	0.348			12.75	0.0^223	17.40	0.0^441
3.75	0.325	8.25	0.037				
3.90	0.297	8.55	0.031	12.90	0.0^218	17.55	0.0^437
		8.70	0.028	13.05	0.0^218	17.70	0.0^423
4.05	0.283	8.85	0.026			17.85	0.0^418
4.20	0.247	9.00	0.023	13.20	0.0^215	18.15	0.0^418
4.35	0.231			13.35	0.0^215	18.30	0.0^415
4.65	0.217	9.15	0.021	13.50	0.0^214		
4.80	0.185	9.45	0.019	13.65	0.0^213	18.45	0.0^413
		9.60	0.015	13.80	0.0^210	18.60	0.0^410
4.95	0.182	9.75	0.015			18.75	0.0^589
5.10	0.162	9.90	0.013	13.95	0.0^390	19.05	0.0^559
5.25	0.155			14.25	0.0^368	19.35	0.0^533
5.40	0.153	10.05	0.013	14.55	0.0^367		
5.55	0.144	10.20	0.011	14.70	0.0^348	19.50	0.0^533
		10.35	0.010	14.85	0.0^348	19.65	0.0^528
5.70	0.122	10.50	0.0^292			19.80	0.0^516
5.85	0.120	10.65	0.0^285	15.00	0.0^345		
6.00	0.112			15.15	0.0^340		
6.15	0.106	10.80	0.0^285	15.30	0.0^333		

k = 5, N = 4				k = 6, N = 3			
χ^2	P	χ^2	P	χ^2	P	χ^2	P
.0	1.000000	7.8	.086364			7.190	.213995
.2	.999425	8.0	.079781			7.381	.201402
.4	.990967	8.2	.072034			7.571	.176541
.6	.979842	8.4	.062990	.143	1.000000	7.762	.167706
.8	.959064	8.6	.059712	.333	.999329	7.952	.146329
1.0	.939627	8.8	.048907	.524	.997454	8.143	.133875
1.2	.905793	9.0	.043306	.714	.991019	8.333	.121651
1.4	.894599	9.2	.037889	.905	.987014	8.524	.112184
1.6	.849655	9.4	.035084	1.095	.973681	8.714	.095743
1.8	.815486	9.6	.028019	1.286	.962685	8.905	.090488
2.0	.784764	9.8	.024627	1.476	.946412	9.095	.076912
2.2	.759153	10.0	.021175	1.667	.932292	9.286	.069898
2.4	.715347	10.2	.019009	1.857	.900735	9.476	.061773

Tafel 20 (Fortsetzung)

\multicolumn{4}{c}{k = 5, N = 4}				\multicolumn{4}{c}{k = 6, N = 3}			
χ^2	P	χ^2	P	χ^2	P	χ^2	P
2.6	.685135	10.4	.016925	2.048	.890874	9.667	.056032
2.8	.629747	10.6	.014151	2.238	.858495	9.857	.046125
3.0	.612385	10.8	.010850	2.429	.836296	10.048	.042745
3.2	.578830	11.0	.010211	2.619	.812650	10.238	.036020
3.4	.551755	11.2	.007933	2.810	.791979	10.429	.031900
3.6	.499943	11.4	.007093	3.000	.753814	10.619	.028127
3.8	.479026	11.6	.005732	3.190	.737880	10.810	.024655
4.0	.442109	11.8	.005079	3.381	.698713	11.000	.019099
4.2	.413499	12.0	.004042	3.571	.677463	11.190	.017548
4.4	.395097	12.2	.003594	3.762	.650017	11.381	.013584
4.6	.370291	12.4	.002830	3.952	.629601	11.571	.011709
4.8	.329004	12.6	.002238	4.143	.586418	11.762	.009543
5.0	.317469	12.8	.001682	4.333	.570044	11.952	.008409
5.2	.285900	13.0	.001316	4.524	.533956	12.143	.006071
5.4	.274525	13.2	.000885	4.714	.510808	12.333	.005237
5.6	.248692	13.4	.000830	4.905	.487267	12.524	.003663
5.8	.227264	13.6	.000524	5.095	.465530	12.714	.002922
6.0	.205139	13.8	.000317	5.286	.426856	12.905	.002240
6.2	.197195	14.0	.000234	5.476	.414008	13.095	.001800
6.4	.178001	14.2	.000178	5.667	.379037	13.286	.000966
6.6	.160918	14.4	.000123	5.857	.359894	13.476	.000882
6.8	.143460	14.6	.000107	6.048	.336815	13.667	.000488
7.0	.136224	14.8	.000045	6.238	.318528	13.857	.000280
7.2	.120863	15.2	.000017	6.429	.286584	14.048	.000181
7.4	.112901	15.4	.000010	6.619	.275542	14.238	.000135
7.6	.096040	16.0	.000001	6.810	.249118	14.619	.000031
				7.000	.232267	15.000	.000002

Tafel 21

Einzelvergleichstest für abhängige Stichproben nach Wilcox und Wilcoxon. (Auszugsweise aus Wilcoxon u. Wilcox 1964)

Die Tafel enthält die oberen Schranken der Differenzen d_i zwischen den $i = 2$, ..., $k - 1$ Behandlungsrangsummen T_i und einer Kontrollrangsumme T_0 für k abhängige Stichproben zu je N Individuen oder Blöcken, wobei $k = 3(1)$ 10 die Zahl der Stichproben (Behandlungen + Kontrolle) bezeichnet. Beobachtete Differenzen zwischen Behandlung und Kontrolle, die die Schranken erreichen oder überschreiten, sind auf der bezeichneten Stufe signifikant. Je nachdem, ob die Wirkung der Behandlung im Vergleich zur Kontrolle vorausgesagt wurde oder nicht, testet man ein- oder zweiseitig.

Ablesebeispiel: Für $k = 7$ abhängige Stichproben (6 Behandlungen, 1 Kontrolle) und $N = 15$ Meßwerte je Stichprobe bedarf es mindestens einer Rangsummendifferenz von 34 zwischen einer Behandlung und der Kontrolle, um auf einen vorausgesagten Lokationsunterschied mit $\alpha = 0{,}01$ zu vertrauen; es bedarf einer Rangsummendifferenz von mindestens 37, um einen nicht-vorausgesagten Lokationsunterschied mit gleicher Irrtumswahrscheinlichkeit abzusichern.

	Einseitiger Test mit $\alpha = 0{,}05$							
					$k - 1$			
N	2	3	4	5	6	7	8	9
3	5	7	8	10	12	14	16	18
4	5	8	10	12	14	16	18	21
5	6	8	11	13	16	18	21	23
6	7	9	12	14	17	20	23	25
7	7	10	13	16	19	21	24	27
8	8	11	14	17	20	23	26	29
9	8	11	14	18	21	24	28	31
10	9	12	15	19	22	26	29	33
11	9	12	16	20	23	27	31	34
12	9	13	17	20	24	28	32	36
13	10	14	17	21	25	29	33	37
14	10	14	18	22	26	30	34	39
15	11	15	19	23	27	31	36	40
16	11	15	19	24	28	32	37	41
17	11	16	20	24	29	33	38	43
18	12	16	20	25	30	34	39	44
19	12	16	21	26	30	35	40	45
20	12	17	22	26	31	36	41	46
21	12	17	22	27	32	37	42	47
22	13	18	23	28	33	38	43	49
23	13	18	23	28	34	39	44	50
24	13	18	24	29	34	40	45	51
25	14	19	24	30	35	41	46	52

Tafel 21 (Fortsetzung)

				Einseitiger Test mit α = 0,01				
					k − 1			
N	2	3	4	5	6	7	8	9
3	6	8	11	13	15	18	20	22
4	7	10	12	15	18	20	23	26
5	8	11	14	17	20	23	26	29
6	9	12	15	18	22	25	28	31
7	10	13	16	20	23	27	30	34
8	10	14	18	21	25	29	33	36
9	11	15	19	23	26	30	35	39
10	11	15	20	24	28	32	36	41
11	12	16	21	25	29	34	38	43
12	13	17	21	26	31	35	40	44
13	13	18	22	27	32	37	41	46
14	14	18	23	28	33	38	43	48
15	14	19	24	29	34	39	45	50
16	14	20	25	30	35	41	46	51
17	15	20	26	31	36	42	47	53
18	15	21	26	32	37	43	49	54
19	16	21	27	33	38	44	50	56
20	16	22	28	34	39	45	51	57
21	17	22	28	34	40	47	53	59
22	17	23	29	35	41	48	54	60
23	17	23	30	36	42	49	55	62
24	18	24	30	37	43	50	56	63
25	18	24	31	38	44	51	58	64

				Zweiseitiger Test mit α = 0,05				
					k − 1			
N	2	3	4	5	6	7	8	9
3	5	7	9	12	14	16	18	20
4	6	9	11	13	16	18	21	23
5	7	10	12	15	18	20	23	26
6	8	11	13	16	19	22	25	28
7	8	11	14	18	21	24	27	30
8	9	12	15	19	22	26	29	33
9	9	13	16	20	24	27	31	35
10	10	14	17	21	25	29	32	36
11	10	14	18	22	26	30	34	38
12	11	15	19	23	27	31	36	40
13	11	15	20	24	28	33	37	42
14	12	16	20	25	29	34	38	43
15	12	17	21	26	30	35	40	45
16	13	17	22	27	31	36	41	46
17	13	18	22	27	32	37	42	47
18	13	18	23	28	33	38	44	49
19	14	19	24	29	34	39	45	50
20	14	19	24	30	35	40	46	52

Tafel 21 (Fortsetzung)

	Zweiseitiger Test mit α = 0,05							
				k − 1				
N	2	3	4	5	6	7	8	9
21	14	20	25	30	36	41	47	53
22	15	20	26	31	37	42	48	54
23	15	21	26	32	38	43	49	55
24	15	21	27	33	38	44	50	56
25	16	21	27	33	39	45	51	58

	Zweiseitiger Test mit α = 0,01							
				k − 1				
N	2	3	4	5	6	7	8	9
3	7	9	12	14	16	19	21	24
4	8	11	13	16	19	22	25	28
5	9	12	15	18	21	24	28	31
6	10	13	16	20	23	27	30	34
7	10	14	18	21	25	29	33	36
8	11	15	19	23	27	31	35	39
9	12	16	20	24	29	33	37	41
10	12	17	21	26	30	35	39	44
11	13	18	22	27	32	36	41	46
12	14	18	23	28	33	38	43	48
13	14	19	24	29	34	39	45	50
14	15	20	25	30	36	41	46	52
15	15	21	26	31	37	42	48	53
16	16	21	27	32	38	44	49	55
17	16	22	28	33	39	45	51	57
18	17	23	28	34	40	46	52	58
19	17	23	29	35	41	48	54	60
20	18	24	30	36	42	49	55	62
21	18	24	31	37	44	50	57	63
22	19	25	31	38	45	51	58	65
23	19	26	32	39	46	52	59	66
24	19	26	33	40	47	53	61	68
25	20	27	34	40	48	55	62	69

Tafel 22

Trendtest von Page. (Auszugsweise aus Page 1963)

Die Tafel enthält die kritischen L-Werte für $\alpha = 0,05$ (obere Zahl) und für $\alpha = 0,01$ (untere Zahl). Erreicht oder überschreitet ein beobachteter L-Wert den für $3 \leq k \leq 9$ und $2 \leq N \leq 20$ geltenden Tabellenwert, so ist der beobachtete L-Wert auf der Stufe α % signifikant. Alle kritischen N-Werte für N^+ und k^+ basieren auf der exakten Verteilung von L, die übrigen Tabellenwerte wurden über die Normalverteilung approximiert. Die Werte entsprechen einem *ein*seitigen Test (Trendalternative).

Ablesebeispiel: Liefern $k = 4$ Behandlungen in $N = 5$ Gruppen ein $L = 140$, so wäre ein vorhergesagter Trend wohl auf dem 5% Niveau signifikant ($140 > 137$), nicht jedoch auf dem 1 % Niveau ($140 < 141$).

N \ k	3^+	4^+	5^+	6^+	7^+	8^+	9
2^+	28	58	103	166	252	362	500
	—	60	106	173	261	376	520
3^+	41	84	150	244	370	532	736
	42	87	155	252	382	549	761
4^+	54	111	197	321	487	701	971
	55	114	204	331	501	722	999
5^+	66	137	244	397	603	869	1204
	68	141	251	409	620	893	1236
6^+	79	163	291	474	719	1037	1436
	81	167	299	486	737	1063	1472
7^+	91	189	338	550	835	1204	1668
	93	193	346	563	855	1232	1706
8^+	104	214	384	625	950	1371	1900
	106	220	393	640	972	1401	1940
9^+	116	240	431	701	1065	1537	2131
	119	246	441	717	1088	1569	2174
10^+	128	266	477	777	1180	1703	2361
	131	271	487	793	1205	1736	2407
11^+	141	292	523	852	1295	1868	2592
	144	298	534	869	1321	1905	2639
12^+	153	317	570	928	1410	2035	2822
	156	324	581	946	1437	2072	2872
13^+	165	343	615	1003	1525	2201	3052
	169	350	628	1022	1553	2240	3104
14^+	178	363	661	1078	1639	2367	3281
	181	376	674	1098	1668	2407	3335

Tafel 22 (Fortsetzung)

N \ k	3^+	4^+	5^+	6^+	7^+	8^+	9
15^+	190	394	707	1153	1754	2532	3511
	194	402	721	1174	1784	2574	3567
16^+	202	420	754	1228	1868	2697	3741
	206	427	767	1249	1899	2740	3798
17^+	215	445	800	1303	1982	2862	3970
	218	453	814	1325	2014	2907	4029
18^+	227	471	846	1378	2097	3028	4199
	231	479	860	1401	2130	3073	4260
19^+	239	496	891	1453	2217	3139	4428
	243	505	906	1476	2245	3240	4491
20^+	251	522	937	1528	2325	3358	4657
	256	531	953	1552	2350	3406	4722

Tafel 23

Kolmogoroff-Smirnov-Omnibustest (N_1 = N_2). (Nach Büning u. Trenkler 1978, S. 375)

Die Tafel enthält kritische Schwellenwerte (einseitiger und zweiseitiger Test) der Prüfgröße D für die üblichen Signifikanzniveaus und N1 = N2 = n =1 (1) 40. Ein empirischer D-Wert ist signifikant, wenn der kritische Wert überschritten wird.

Ablesebeispiel: Der Wert D = 0, 40 ist bei einseitigem Test mit N_1 = N_2 = n = 20 und α = 0,05 signifikant (0,40 > 7/20).

Einseitig	für α =	0.1	0.05	0.025	0.01	0.005
Zweiseitig	für α =	0.2	0.1	0.05	0.02	0.01
n = 3		2/3	2/3			
4		3/4	3/4	3/4		
5		3/5	3/5	4/5	4/5	4/5
6		3/6	4/6	4/6	5/6	5/6
7		4/7	4/7	5/7	5/7	5/7
8		4/8	4/8	5/8	5/8	6/8
9		4/9	5/9	5/9	6/9	6/9
10		4/10	5/10	6/10	6/10	7/10
11		5/11	5/11	6/11	7/11	7/11
12		5/12	5/12	6/12	7/12	7/12
13		5/13	6/13	6/13	7/13	8/13
14		5/14	6/14	7/14	7/14	8/14
15		5/15	6/15	7/15	8/15	8/15
16		6/16	6/16	7/16	8/16	9/16
17		6/17	7/17	7/17	8/17	9/17
18		6/18	7/18	8/18	9/18	9/18
19		6/19	7/19	8/19	9/19	9/19
20		6/20	7/20	8/20	9/20	10/20
21		6/21	7/21	8/21	9/21	10/21
22		7/22	8/22	8/22	10/22	10/22
23		7/23	8/23	9/23	10/23	10/23
24		7/24	8/24	9/24	10/24	11/24
25		7/25	8/25	9/25	10/25	11/25
26		7/26	8/26	9/26	10/26	11/26
27		7/27	8/27	9/27	11/27	11/27
28		8/28	9/28	10/28	11/28	12/28
29		8/29	9/29	10/29	11/29	12/29
30		8/30	9/30	10/30	11/30	12/30
31		8/31	9/31	10/31	11/31	12/31
32		8/32	9/32	10/32	12/32	12/32
34		8/34	10/34	11/34	12/34	13/34
36		9/36	10/36	11/36	12/36	13/36
38		9/38	10/38	11/38	13/38	14/38
40		9/40	10/40	12/40	13/40	14/40
Approximation für n > 40:		$\dfrac{1.52}{\sqrt{n}}$	$\dfrac{1.73}{\sqrt{n}}$	$\dfrac{1.92}{\sqrt{n}}$	$\dfrac{2.15}{\sqrt{n}}$	$\dfrac{2.30}{\sqrt{n}}$

Tafel 24

Kolmogoroff-Smirnov-Omnibustest ($N_1 \neq N_2$) (Nach Büning u. Trenkler 1978, S. 376 f.)

Die Tafel enthält kritische Schwellenwerte (einseitiger und zweiseitiger Test) der Prüfgröße D für die üblichen Signifikanzniveaus und $N_1 = 1(1)$ 10, 12, 15, 16 sowie $N_2 > N_1$.

Ablesebeispiel: Der Wert $D = 0{,}9$ ist bei zweiseitigem Test, $N_1 = 5$, $N_2 = 6$ und $\alpha = 0{,}05$ signifikant $(0{,}9 > 2/3)$.

Einseitig	für $\alpha = 0.1$	0.05	0.025	0.01	0.005
Zweiseitig	für $\alpha = 0.2$	0.1	0.05	0.02	0.01
$N_1 = 1$ $N_2 = $ 9	17/18				
10	9/10				
$N_1 = 2$ $N_2 = $ 3	5/6				
4	3/4				
5	4/5	4/5			
6	5/6	5/6			
7	5/7	6/7			
8	3/4	7/8	7/8		
9	7/9	8/9	8/9		
10	7/10	4/5	9/10		
$N_1 = 3$ $N_2 = $ 4	3/4	3/4			
5	2/3	4/5	4/5		
6	2/3	2/3	5/6		
7	2/3	5/7	6/7	6/7	
8	5/8	3/4	3/4	7/8	
9	2/3	2/3	7/9	8/9	8/9
10	3/5	7/10	4/5	9/10	9/10
12	7/12	2/3	3/4	5/6	11/12
$N_1 = 4$ $N_2 = $ 5	3/5	3/4	4/5	4/5	
6	7/12	2/3	3/4	5/6	5/6
7	17/28	5/7	3/4	6/7	6/7
8	5/8	5/8	3/4	7/8	7/8
9	5/9	2/3	3/4	7/9	8/9
10	11/20	13/20	7/10	4/5	4/5
12	7/12	2/3	2/3	3/4	5/6
16	9/16	5/8	11/16	3/4	13/16
$N_1 = 5$ $N_2 = $ 6	3/5	2/3	2/3	5/6	5/6
7	4/7	23/35	5/7	29/35	6/7
8	11/20	5/8	27/40	4/5	4/5
9	5/9	3/5	31/45	7/9	4/5
10	1/2	3/5	7/10	7/10	4/5
15	8/15	3/5	2/3	11/15	11/15
20	1/2	11/20	3/5	7/10	3/4

Tafel 24 (Fortsetzung)

Einseitig Zweiseitig	für $\alpha = 0.1$ für $\alpha = 0.2$	0.05 0.1	0.025 0.05	0.01 0.02	0.005 0.01
$N_1 = 6$ $N_2 = 7$	23/42	4/7	29/42	5/7	5/6
8	1/2	7/12	2/3	3/4	3/4
9	1/2	5/9	2/3	13/18	7/9
10	1/2	17/30	19/30	7/10	11/15
12	1/2	7/12	7/12	2/3	3/4
18	4/9	5/9	11/18	2/3	13/18
24	11/24	1/2	7/12	5/8	2/3
$N_1 = 7$ $N_2 = 8$	27/56	33/56	5/8	41/56	3/4
9	31/63	5/9	40/63	5/7	47/63
10	33/70	39/70	43/70	7/10	5/7
14	3/7	1/2	4/7	9/14	5/7
28	3/7	13/28	15/28	17/28	9/14
$N_1 = 8$ $N_2 = 9$	4/9	13/24	5/8	2/3	3/4
10	19/40	21/40	23/40	27/40	7/10
12	11/24	1/2	7/12	5/8	2/3
16	7/16	1/2	9/16	5/8	5/8
32	13/32	7/16	1/2	9/16	19/32
$N_1 = 9$ $N_2 = 10$	7/15	1/2	26/45	2/3	31/45
12	4/9	1/2	5/9	11/18	2/3
15	19/45	22/45	8/15	3/5	29/45
18	7/18	4/9	1/2	5/9	11/18
36	13/36	5/12	17/36	19/36	5/9
$N_1 = 10$ $N_2 = 15$	2/5	7/15	1/2	17/30	19/30
20	2/5	9/20	1/2	11/20	3/5
40	7/20	2/5	9/20	1/2	
$N_1 = 15$ $N_2 = 15$	23/60	9/20	1/2	11/20	7/12
16	3/8	7/16	23/48	13/24	7/12
18	13/36	5/12	17/36	19/36	5/9
20	11/30	5/12	7/15	31/60	17/30
$N_1 = 16$ $N_2 = 20$	7/20	2/5	13/30	29/60	31/60
$N_1 = 12$ $N_2 = 20$	27/80	31/80	17/40	19/40	41/80
Approximation	$1.07\sqrt{\dfrac{N_1+N_2}{N_1 N_2}}$	$1.22\sqrt{\dfrac{N_1+N_2}{N_1 N_2}}$	$1.36\sqrt{\dfrac{N_1+N_2}{N_1 N_2}}$	$1.52\sqrt{\dfrac{N_1+N_2}{N_1 N_2}}$	$1.63\sqrt{\dfrac{N_1+N_2}{N_1 N_2}}$

Tafel 25

Verallgemeinerter KSO-Test. (Nach Büning u. Trenkler 1978, S. 400 f.)

Die Tafel enthält für k Stichproben des Umfangs n $(3 \leq n \leq 50)$ Werte, die nach Division durch n den kritischen D-Werten des zweiseitigen Tests entsprechen, die für einen Signifikanznachweis von den empirischen Werten überschritten werden müssen. Die Zahlen in Klammern geben an, für wie viele Stichproben die genannten Werte gelten.

Ablesebeispiel: Bei einem Vergleich von k = 8 Stichproben mit jeweils n = 10 Vpn resultiert der Wert D = 0,8. Dieser Wert ist wegen 0,8 > 6/10 für $\alpha = 0,05$ und zweiseitigem Test signifikant.

	$1 - \alpha = .90$	.95	.975
n = 3	2 (k = 2)		
n = 4	3 (2 $\leq$ k $\leq$ 6)	3 (k = 2)	
n = 5	3 (k = 2)	4 (2 $\leq$ k $\leq$ 10)	4 (2 $\leq$ k $\leq$ 4)
	4 (3 $\leq$ k $\leq$ 10)		
n = 6	4 (2 $\leq$ k $\leq$ 8)	4 (k = 2,3)	4 (k = 2)
	5 (k = 9,10)	5 (4 $\leq$ k $\leq$ 10)	5 (3 $\leq$ k $\leq$ 10)
n = 7	4 (2 $\leq$ k $\leq$ 4)	4 (k = 2)	5 (2 $\leq$ k $\leq$ 5)
	5 (5 $\leq$ k $\leq$ 10)	5 (3 $\leq$ k $\leq$ 10)	6 (6 $\leq$ k $\leq$ 10)
n = 8	4 (k = 2)	5 (2 $\leq$ k $\leq$ 6)	5 (k = 2)
	5 (3 $\leq$ k $\leq$ 10)	6 (7 $\leq$ k $\leq$ 10)	6 (3 $\leq$ k $\leq$ 10)
n = 9	4 (k = 2)	5 (k = 2,3)	6 (2 $\leq$ k $\leq$ 9)
	5 (3 $\leq$ k $\leq$ 10)	6 (4 $\leq$ k $\leq$ 10)	7 (k = 10)
n = 10	5 (2 $\leq$ k $\leq$ 6)	5 (k = 2)	6 (2 $\leq$ k $\leq$ 5)
	6 (7 $\leq$ k $\leq$ 10)	6 (3 $\leq$ k $\leq$ 10)	7 (6 $\leq$ k $\leq$ 10)
n = 12	5 (k = 2,3)	6 (2 $\leq$ k $\leq$ 4)	6 (k = 2)
	6 (4 $\leq$ k $\leq$ 10)	7 (5 $\leq$ k $\leq$ 10)	7 (3 $\leq$ k $\leq$ 10)
n = 14	6 (2 $\leq$ k $\leq$ 7)	6 (k = 2)	7 (k = 2,3)
	7 (8 $\leq$ k $\leq$ 10)	7 (3 $\leq$ k $\leq$ 10)	8 (4 $\leq$ k $\leq$ 10)
n = 16	6 (k = 2,3)	7 (2 $\leq$ k $\leq$ 5)	8 (2 $\leq$ k $\leq$ 8)
	7 (4 $\leq$ k $\leq$ 10)	8 (6 $\leq$ k $\leq$ 10)	9 (k = 9,10)
n = 18	6 (k = 2)	7 (k = 2)	8 (2 $\leq$ k $\leq$ 4)
	7 (3 $\leq$ k $\leq$ 10)	8 (3 $\leq$ k $\leq$ 10)	9 (5 $\leq$ k $\leq$ 10)
n = 20	7 (2 $\leq$ k $\leq$ 6)	8 (2 $\leq$ k $\leq$ 7)	8 (k = 2)
	8 (7 $\leq$ k $\leq$ 10)	9 (8 $\leq$ k $\leq$ 10)	9 (3 $\leq$ k $\leq$ 10)
n = 25	8 (2 $\leq$ k $\leq$ 8)	9 (2 $\leq$ k $\leq$ 8)	9 (k = 2)
			10 (3 $\leq$ k $\leq$ 9)
	9 (k = 9,10)	10 (k = 9,10)	11 (k = 10)
n = 30	8 (k = 2)	9 (k = 2)	10 (k = 2)
	9 (3 $\leq$ k $\leq$ 10)	10 (3 $\leq$ k $\leq$ 10)	11 (3 $\leq$ k $\leq$ 10)
n = 35	9 (2 $\leq$ k $\leq$ 4)	10 (k = 2,3)	11 (k = 2)
	10 (5 $\leq$ k $\leq$ 10)	11 (4 $\leq$ k $\leq$ 10)	12 (3 $\leq$ k $\leq$ 10)
n = 40	10 (2 $\leq$ k $\leq$ 8)	11 (2 $\leq$ k $\leq$ 5)	12 (k = 2,3)
	11 (k = 9,10)	12 (6 $\leq$ k $\leq$ 10)	13 (4 $\leq$ k $\leq$ 10)
n = 45	10 (k = 2,3)	12 (2 $\leq$ k $\leq$ 8)	13 (2 $\leq$ k $\leq$ 5)
	11 (4 $\leq$ k $\leq$ 10)	13 (k = 9,10)	14 (6 $\leq$ k $\leq$ 10)
n = 50	11 (2 $\leq$ k $\leq$ 6)	12 (k = 2,3)	14 (2 $\leq$ k $\leq$ 9)
	12 (7 $\leq$ k $\leq$ 10)	13 (4 $\leq$ k $\leq$ 10)	15 (k = 10)
Approximation für n > 50	$1.52 / \sqrt{n}$	$1.73 / \sqrt{n}$	$1.92 / \sqrt{n}$

Tafel 25 (Fortsetzung)

	.99	.995
n = 3		
n = 4		
n = 5	4 (k = 2)	
n = 6	5 (2 ≤ k ≤ 6)	5 (k = 2,3)
n = 7	5 (k = 2)	6 (2 ≤ k ≤ 10)
	6 (3 ≤ k ≤ 10)	
n = 8	6 (2 ≤ k ≤ 7)	6 (k = 2,3)
	7 (8 ≤ k ≤ 10)	7 (4 ≤ k ≤ 10)
n = 9	6 (k = 2,3)	7 (2 ≤ k ≤ 10)
	7 (4 ≤ k ≤ 10)	
n = 10	7 (2 ≤ k ≤ 10)	7 (2 ≤ k ≤ 4)
		8 (5 ≤ k ≤ 10)
n = 12	7 (k = 2,3)	8 (2 ≤ k ≤ 7)
	8 (4 ≤ k ≤ 10)	9 (8 ≤ k ≤ 10)
n = 14	8 (2 ≤ k ≤ 5)	8 (k = 2)
	9 (6 ≤ k ≤ 10)	9 (3 ≤ k ≤ 10)
n = 16	8 (k = 2)	9 (2 ≤ k ≤ 4)
	9 (3 ≤ k ≤ 10)	10 (5 ≤ k ≤ 10)
n = 18	9 (2 ≤ k ≤ 4)	10 (2 ≤ k ≤ 9)
	10 (5 ≤ k ≤ 10)	11 (k = 10)
n = 20	9 (k = 2)	10 (k = 2,3)
	10 (3 ≤ k ≤ 10)	11 (4 ≤ k ≤ 10)
n = 25	11 (2 ≤ k ≤ 8)	11 (k = 2)
	12 (k = 9,10)	12 (3 ≤ k ≤ 10)
n = 30	12 (2 ≤ k ≤ 8)	12 (k = 2)
	13 (k = 9,10)	13 (3 ≤ k ≤ 10)
n = 35	13 (2 ≤ k ≤ 8)	13 (k = 2)
	14 (k = 9,10)	14 (3 ≤ k ≤ 10)
n = 40	13 (k = 2)	14 (k = 2)
	14 (3 ≤ k ≤ 10)	15 (3 ≤ k ≤ 10)
n = 45	14 (k = 2)	15 (k = 2)
	15 (3 ≤ k ≤ 10)	16 (3 ≤ k ≤ 10)
n = 50	15 (k = 2,3)	16 (k = 2,3)
	16 (4 ≤ k ≤ 10)	17 (4 ≤ k ≤ 10)
Approximation für n > 50	$2.15 / \sqrt{n}$	$2.30 / \sqrt{n}$

Tafel 26

KSO-Anpassungstest. (Nach Büning u. Trenkler 1978, S. 372)

Die Tafel enthält kritische Werte der Prüfgröße D (einseitiger und zweiseitiger Test) für verschiedene α – Werte und N = 1 (1) 40.

Ablesebeispiel: Ermittelt man in einer Untersuchung mit N = 25 den Wert D = 0,33, ist dieser Wert bei zweiseitigem Test auf dem $\alpha = 0,01$– Niveau signifikant (0,33 > 0,317).

Einseitig:	für α =	0.1	0.05	0.04	0.025	0.02	0.01	0.005
Zweiseitig:	für α =	0.2	0.1	0.08	0.05	0.04	0.02	0.01
N = 1		0.900	0.950	0.960	0.975	0.980	0.990	0.995
2		0.684	0.776	0.800	0.842	0.859	0.900	0.929
3		0.565	0.636	0.658	0.708	0.729	0.785	0.829
4		0.493	0.565	0.585	0.624	0.641	0.689	0.734
5		0.447	0.509	0.527	0.563	0.580	0.627	0.669
6		0.410	0.468	0.485	0.519	0.534	0.577	0.617
7		0.381	0.436	0.452	0.483	0.497	0.538	0.576
8		0.358	0.410	0.425	0.454	0.468	0.507	0.542
9		0.339	0.387	0.402	0.430	0.443	0.480	0.513
10		0.323	0.369	0.382	0.409	0.421	0.457	0.489
11		0.308	0.352	0.365	0.391	0.403	0.437	0.468
12		0.296	0.338	0.351	0.375	0.387	0.419	0.449
13		0.285	0.325	0.338	0.361	0.372	0.404	0.432
14		0.275	0.314	0.326	0.349	0.359	0.390	0.418
15		0.266	0.304	0.315	0.338	0.348	0.377	0.404
16		0.258	0.295	0.306	0.327	0.337	0.366	0.392
17		0.250	0.286	0.297	0.318	0.327	0.355	0.381
18		0.244	0.279	0.289	0.309	0.319	0.346	0.371
19		0.237	0.271	0.281	0.301	0.310	0.337	0.361
20		0.232	0.265	0.275	0.294	0.303	0.329	0.352
21		0.226	0.259	0.268	0.287	0.296	0.321	0.344
22		0.221	0.253	0.262	0.281	0.289	0.314	0.337
23		0.216	0.247	0.257	0.275	0.283	0.307	0.330
24		0.212	0.242	0.251	0.269	0.277	0.301	0.323
25		0.208	0.238	0.246	0.264	0.272	0.295	0.317
26		0.204	0.233	0.242	0.259	0.267	0.290	0.311
27		0.200	0.229	0.237	0.254	0.262	0.284	0.305
28		0.197	0.225	0.233	0.250	0.257	0.279	0.300
29		0.193	0.221	0.229	0.246	0.253	0.275	0.295
30		0.190	0.218	0.226	0.242	0.249	0.270	0.290
31		0.187	0.214	0.222	0.238	0.245	0.266	0.285
32		0.184	0.211	0.219	0.234	0.241	0.262	0.281
33		0.182	0.208	0.215	0.231	0.238	0.258	0.277
34		0.179	0.205	0.212	0.227	0.234	0.254	0.273
35		0.177	0.202	0.209	0.224	0.231	0.251	0.269
36		0.174	0.199	0.206	0.221	0.228	0.247	0.265
37		0.172	0.196	0.204	0.218	0.225	0.244	0.262
38		0.170	0.194	0.201	0.215	0.222	0.241	0.258
39		0.168	0.191	0.199	0.213	0.219	0.238	0.255
40		0.165	0.189	0.196	0.210	0.216	0.235	0.252
Approximation für N > 40		$\dfrac{1.07}{\sqrt{N}}$	$\dfrac{1.22}{\sqrt{N}}$	$\dfrac{1.27}{\sqrt{N}}$	$\dfrac{1.36}{\sqrt{N}}$	$\dfrac{1.40}{\sqrt{N}}$	$\dfrac{1.52}{\sqrt{N}}$	$\dfrac{1.63}{\sqrt{N}}$

Tafel 27

Lilliefors-Schranken. (Nach Conover 1971, S. 398)

Die Tafel enthält kritische Werte der Prüfgröße D (zweiseitiger Test) für $4 \leq N \leq 30$ (exakter Test). Ein D-Wert ist auf der jeweils bezeichneten α – Stufe signifikant, wenn der kritische Wert überschritten wird.

Ablesebeispiel: Ein empirischer Wert von D = 0,140 spricht bei $\alpha = 0,2$ und N = 25 für die Beibehaltung der H_0 (0,140 < 0,142).

$1 - \alpha =$	.80	.85	.90	.95	.99
N = 4	.300	.319	.352	.381	.417
5	.285	.299	.315	.337	.405
6	.265	.277	.294	.319	.364
7	.247	.258	.276	.300	.348
8	.233	.244	.261	.285	.331
9	.223	.233	.249	.271	.311
10	.215	.224	.239	.258	.294
11	.206	.217	.230	.249	.284
12	.199	.212	.223	.242	.275
13	.190	.202	.214	.234	.268
14	.183	.194	.207	.227	.261
15	.177	.187	.201	.220	.257
16	.173	.182	.195	.213	.250
17	.169	.177	.189	.206	.245
18	.166	.173	.184	.200	.239
19	.163	.169	.179	.195	.235
20	.160	.166	.174	.190	.231
25	.142	.147	.158	.173	.200
30	.131	.136	.144	.161	.187
über 30	$\dfrac{.736}{\sqrt{N}}$	$\dfrac{.768}{\sqrt{N}}$	$\dfrac{.805}{\sqrt{N}}$	$\dfrac{.886}{\sqrt{N}}$	$\dfrac{1.031}{\sqrt{N}}$

Tafel 28

Signifikanzgrenzen für Spearmans ρ. (Nach Glass u. Stanley 1970, S. 539)

Die Tafel enthält die kritischen Absolutwerte für Spearmans ρ bei zweiseitigem Test und n = 5 (1) 30. Bei einseitigem Test ist α zu halbieren.

Ablesebeispiel: Eine Korrelation von ρ = − 0, 48 ist bei einseitigem Test und N = 25 auf der α = 0, 01-Stufe signifikant (I−0,48 I > 0,475).

N	α = .10	α = .05	α = .02	α = .01
5	0.900	—	—	—
6	0.829	0.886	0.943	—
7	0.714	0.786	0.893	—
8	0.643	0.738	0.833	0.881
9	0.600	0.683	0.783	0.833
10	0.564	0.648	0.745	0.818
11	0.523	0.623	0.736	0.794
12	0.497	0.591	0.703	0.780
13	0.475	0.566	0.673	0.745
14	0.457	0.545	0.646	0.716
15	0.441	0.525	0.623	0.689
16	0.425	0.507	0.601	0.666
17	0.412	0.490	0.582	0.645
18	0.399	0.476	0.564	0.625
19	0.388	0.462	0.549	0.608
20	0.377	0.450	0.534	0.591
21	0.368	0.438	0.521	0.576
22	0.359	0.428	0.508	0.562
23	0.351	0.418	0.496	0.549
24	0.343	0.409	0.485	0.537
25	0.336	0.400	0.475	0.526
26	0.329	0.392	0.465	0.515
27	0.323	0.385	0.456	0.505
28	0.317	0.377	0.448	0.496
29	0.311	0.370	0.440	0.487
30	0.305	0.364	0.432	0.478

Tafel 29

Signifikanzgrenzen für Kendalls τ–Test. (Aus Kaarsemaker u. van Wijngaarden 1953; nach Bradley 1968)

Die Tafel enthält die oberen Schranken des Absolutbetrags der Prüfgröße S für Stichprobenumfänge von N = 4(1)40 für die konventionellen Signifikanzstufen einschließlich α = 0,10. Die α – Werte gelten für die einseitige Fragestellung (τ > 0 oder τ < 0) und sind bei zweiseitiger Fragestellung zu verdoppeln. Beobachtete S-Werte, die die Schranke erreichen oder überschreiten, sind auf der bezeichneten Stufe signifikant.

Ablesebeispiel: Für die Rangreihen R_x = 1 2 3 4 5 und R_y = 1 4 2 3 5 ist S = + 6 bzw. |S| = 6; diese Prüfgröße ist, da kleiner als 8, auf der 10%-Stufe nicht signifikant, wenn einseitig gefragt wird.

N	α = .005	α = .010	α = .025	α = .050	α = .100
4	8	8	8	6	6
5	12	10	10	8	8
6	15	13	13	11	9
7	19	17	15	13	11
8	22	20	18	16	12
9	26	24	20	18	14
10	29	27	23	21	17
11	33	31	27	23	19
12	38	36	30	26	20
13	44	40	34	28	24
14	47	43	37	33	25
15	53	49	41	35	29
16	58	52	46	38	30
17	64	58	50	42	34
18	69	63	53	45	37
19	75	67	57	49	39
20	80	72	62	52	42
21	86	78	66	56	44
22	91	83	71	61	47
23	99	89	75	65	51
24	104	94	80	68	54
25	110	100	86	72	58
26	117	107	91	77	61
27	125	113	95	81	63
28	130	118	100	86	68
29	138	126	106	90	70
30	145	131	111	95	75
31	151	137	117	99	77
32	160	144	122	104	82
33	166	152	128	108	86
34	175	157	133	113	89
35	181	165	139	117	93
36	190	172	146	122	96
37	198	178	152	128	100
38	205	185	157	133	105
39	213	193	163	139	109
40	222	200	170	144	112

Tafel 30

Whitfields Intraklassen − τ. (Aus Whitfield 1949)

Die Tafel enthält die exakten einseitigen Überschreitungswahrscheinlichkeiten P von Whitfields Prüfgröße S_p für Stichprobenumfänge von N = 6(2)20. Die hochgestellten Ziffern bezeichnen die Zahl der Nullen hinter dem Komma der P-Werte. S_p ist über Null symmetrisch verteilt, so daß $P(S_p) = P(-S_p)$.

Ablesebeispiel: Für N = 10 Paarlinge (oder n = 5 Paare) hat ein S_p = +14 (wie auch S_p = −14) unter H_0 (keine Intraklassen-Rangkorrelation zwischen den Paarlingen) ein P = 0,03598 bei einseitiger und ein P' = 2·0,03598 = 0,07196 bei zweiseitiger Prüfung.

S_p	N = 6	N = 8	N = 10	N = 12	N = 14	N = 16	N = 18	N = 20
0	0.50000	0.50000	0.50000	0.50000	0.50000	0.50000	0.50000	0.50000
2	0.40000	0.42857	0.44868	0.46080	0.46875	0.47432	0.47842	0.48153
4	0.20000	0.29524	0.34921	0.38374	0.40693	0.42336	0.43549	0.44473
6	0.06667	0.18095	0.25820	0.31063	0.34717	0.37356	0.39326	0.40838
8	—	0.09524	0.17989	0.24367	0.29069	0.32564	0.35217	0.37276
10	—	0.03810	0.11640	0.18461	0.23855	0.28025	0.31264	0.33813
12	—	0.00952	0.06878	0.13499	0.19156	0.23794	0.27502	0.30475
14	—	—	0.03598	0.09370	0.15023	0.19913	0.23964	0.27283
16	—	—	0.01587	0.06195	0.11483	0.16412	0.20673	0.24257
18	—	—	0.00529	0.03848	0.08532	0.13309	0.17649	0.21412
20	—	—	0.00106	0.02213	0.06143	0.10606	0.14903	0.18760
22	—	—	—	0.01154	0.04268	0.08296	0.12440	0.16309
24	—	—	—	0.00529	0.02843	0.06359	0.10258	0.14065
26	—	—	—	0.00202	0.01814	0.04769	0.08352	0.12028
28	—	—	—	0.00058	0.01093	0.03492	0.06708	0.10196
30	—	—	—	0.00010	0.00616	0.02490	0.05310	0.08565
32	—	—	—	—	0.00320	0.01725	0.04140	0.07127
34	—	—	—	—	0.00150	0.01156	0.03175	0.05871
36	—	—	—	—	0.00061	0.00747	0.02392	0.04786
38	—	—	—	—	0.00021	0.00462	0.01768	0.03859
40	—	—	—	—	0.00005	0.00272	0.01280	0.03076
42	—	—	—	—	0.00001	0.00151	0.00906	0.02421
44	—	—	—	—	—	0.00078	0.00626	0.01882
46	—	—	—	—	—	0.00037	0.00420	0.01442
48	—	—	—	—	—	0.00016	0.00274	0.01089
50	—	—	—	—	—	0.00006	0.00175	0.00810
52	—	—	—	—	—	0.00002	0.00104	0.00592
54	—	—	—	—	—	$0.0^5 4$	0.00060	0.00425
56	—	—	—	—	—	$0.0^6 5$	0.00033	0.00299
58	—	—	—	—	—	—	0.00017	0.00206
60	—	—	—	—	—	—	0.00008	0.00138
62	—	—	—	—	—	—	0.00004	0.00091
64	—	—	—	—	—	—	0.00001	0.00058
66	—	—	—	—	—	—	$0.0^5 5$	0.00035
68	—	—	—	—	—	—	$0.0^5 1$	0.00021
70	—	—	—	—	—	—	$0.0^6 3$	0.00012
72	—	—	—	—	—	—	$0.0^7 3$	0.00007

Tafel 30 (Fortsetzung)

S_p	N = 6	N = 8	N = 10	N = 12	N = 14	N = 16	N = 18	N = 20
74	—	—	—	—	—	—	—	0.00003
76	—	—	—	—	—	—	—	0.00002
78	—	—	—	—	—	—	—	0.00001
80	—	—	—	—	—	—	—	$0.0^5 3$
82	—	—	—	—	—	—	—	$0.0^5 1$
84	—	—	—	—	—	—	—	$0.0^6 3$
86	—	—	—	—	—	—	—	$0.0^7 8$
88	—	—	—	—	—	—	—	$0.0^7 2$
90	—	—	—	—	—	—	—	$0.0^8 2$

Tafel 31

Kendalls Konkordanztest. (Aus Friedman 1940 über Kendall 1962)

Die Tafel enthält die 5%- und die 1%-Schranken der Prüfgröße QSR = S für N = 3(1)7 Merkmalsträger und m = 3(1)6(2)10(5)20 Beurteiler mit zusätzlichen Schranken für N = 3 Merkmalsträger und m = 9(3)12(2)18 Beurteiler. Beobachtete QSR-Werte, die diese Schranken erreichen oder überschreiten, sind auf der bezeichneten Stufe signifikant.

Ablesebeispiel: Liefern die Rangreihen von m = 4 Beurteilern über N = 5 Objekte ein QSR ≥ 88,4, dann sind diese Rangreihen auf der 5%-Stufe signifikant konkordant.

m	N					Zusätzl. Schranken f. N = 3	
	3	4	5	6	7	m	S
			5% Schranken				
3			64.4	103.9	157.3	9	54.0
4		49.5	88.4	143.3	217.0	12	71.9
5		62.6	112.3	182.4	276.2	14	83.8
6		75.7	136.1	221.4	335.2	16	95.8
8	48.1	101.7	183.7	299.0	453.1	18	107.7
10	60.0	127.8	231.2	376.7	571.0		
15	89.8	192.9	349.8	570.5	864.9		
20	119.7	258.0	468.5	764.4	1158.7		
			1% Schranken				
3			75.6	122.8	185.6	9	75.9
4		61.4	109.3	176.2	265.0	12	103.5
5		80.5	142.8	229.4	343.8	14	121.9
6		99.5	176.1	282.4	422.6	16	140.2
8	66.8	137.4	242.7	388.3	579.9	18	158.6
10	85.1	175.3	309.1	494.0	737.0		
15	131.0	269.8	475.2	758.2	1129.5		
20	177.0	364.2	641.2	1022.2	1521.9		

Tafel 32

Kendalls Konsistenztest. (Nach Lienert 1978, S. 42)

Die Tafel zeigt in den Spalten f, wieviele Anordnungen mit einer bestimmten Anzahl d von Zirkulärtriaden bei gegebenem N = 2(1)8 möglich sind. Die Spalten P enthalten die kumulierten Wahrscheinlichkeiten, beginnend mit der maximal möglichen Anzahl der zirkulären Triaden.

Ablesebeispiel: Für N = 6 kann die maximale Anzahl von Zirkulärtriaden (d = 8) 2640 mal auftreten. Die Wahrscheinlichkeit, bei N = 6 Objekten zufällig mindestens 2 Zirkulärtriaden anzutreffen, beträgt P = 0, 949 (näheres s.S. 492).

d	N = 2 f	N = 2 P	N = 3 f	N = 3 P	N = 4 f	N = 4 P	N = 5 f	N = 5 P	N = 6 f	N = 6 P	N = 7 f	N = 7 P	N = 8 f	N = 8 P
0	2	1.000	6	1.000	24	1.000	120	1.000	720	1.000	5 040	1.000	40 320	1.000
1			2	0.250	16	0.625	120	0.883	960	0.978	8 400	0.998	80 640	0.9^385
2					24	0.375	240	0.766	2 240	0.949	21 840	0.994	228 480	0.9^355
3							240	0.531	2 880	0.880	33 600	0.983	403 200	0.9^287
4							280	0.297	6 240	0.792	75 600	0.967	954 240	0.9^272
5							24	0.023	3 648	0.602	90 384	0.931	1 304 576	0.9^236
6									8 640	0.491	179 760	0.888	3 042 816	0.989
7									4 800	0.227	188 160	0.802	3 870 720	0.977
8									2 640	0.081	277 200	0.713	6 926 080	0.963
9											280 560	0.580	8 332 800	0.937
10											384 048	0.447	15 821 568	0.906
11											244 160	0.263	14 755 328	0.847
12											233 520	0.147	24 487 680	0.792
13											72 240	0.036	24 514 560	0.701
14											2 640	0.001	34 762 240	0.610
15													29 288 448	0.480
16													37 188 480	0.371
17													24 487 680	0.232
18													24 312 960	0.141
19													10 402 560	0.051
Total	2		8		64		1 024		32 768		2097 152			

Tafel 33

Kendalls Akkordanztest. (Aus Kendall 1962)

Die Tafel enthält die einseitigen (rechtsseitigen) Überschreitungswahrscheinlichkeiten P für die Prüfgröße J für folgende Spezifikationen:

$m = 3$ Beurteiler mit $N = 2(1)8$ Merkmalsträgern
$m = 4$ Beurteiler mit $N = 2(1)6$ Merkmalsträgern
$m = 5$ Beurteiler mit $N = 2(1)5$ Merkmalsträgern
$m = 6$ Beurteiler mit $N = 2(1)4$ Merkmalsträgern

Beobachtete Prüfgrößen J, die mit P-Werten kleiner α verbunden sind, entsprechen einem signifikanten Akkordanzkoeffizienten.

Ablesebeispiel: Vergleichen $m = 4$ Beurteiler $N = 5$ Merkmalsträger paarweise, so ist ein Akkordanzmaß $J = 39$ mit einer Überschreitungswahrscheinlichkeit von $P = 0,024$ assoziiert und der Akkordanzkoeffizient daher auf der 5 %-Stufe signifikant.

$m = 3$ Beurteiler

N = 2		N = 3		N = 4		N = 5		N = 6		N = 7		N = 8	
J	P	J	P	J	P	J	P	J	P	J	P	J	P
1	1.000	3	1.000	6	1.000	10	1.000	15	1.000	21	1.000	28	1.000
3	0.250	5	0.578	8	0.822	12	0.944	17	0.987	23	0.998	30	1.000
		7	0.156	10	0.466	14	0.756	19	0.920	25	0.981	32	0.997
		9	0.016	12	0.169	16	0.474	21	0.764	27	0.925	34	0.983
				14	0.038	18	0.224	23	0.539	29	0.808	36	0.945
				16	0.0046	20	0.078	25	0.314	31	0.633	38	0.865
				18	$0.0^3 24$	22	0.020	27	0.148	33	0.433	40	0.736
						24	0.0035	29	0.057	35	0.256	42	0.572
						26	$0.0^3 42$	31	0.017	37	0.130	44	0.400
						28	$0.0^4 30$	33	0.0042	39	0.056	46	0.250
						30	$0.0^6 95$	35	$0.0^3 79$	41	0.021	48	0.138
								37	$0.0^3 12$	43	0.0064	50	0.068
								39	$0.0^4 12$	45	0.0017	52	0.029
								41	$0.0^6 92$	47	$0.0^3 37$	54	0.011
								43	$0.0^7 43$	49	$0.0^4 68$	56	0.0038
								45	$0.0^9 93$	51	$0.0^4 10$	58	0.0011
										53	$0.0^5 12$	60	$0.0^3 29$
										55	$0.0^6 12$	62	$0.0^4 66$
										57	$0.0^8 86$	64	$0.0^4 13$
										59	$0.0^9 44$	66	$0.0^5 22$
										61	$0.0^{10} 15$	68	$0.0^6 32$
										63	$0.0^{12} 23$	70	$0.0^7 40$
												72	$0.0^8 42$
												74	$0.0^9 36$
												76	$0.0^{10} 24$
												78	$0.0^{11} 13$
												80	$0.0^{13} 48$
												82	$0.0^{14} 12$
												84	$0.0^{16} 14$

Tafel 33 (Fortsetzung)

m = 4 Beurteiler

N = 2		N = 3		N = 4		N = 5		N = 5		N = 6		N = 6	
J	P	J	P	J	P	J	P	J	P	J	P	J	P
2	1.000	6	1.000	12	1.000	20	1.000	42	0.0048	57	0.014	79	$0.0^8 42$
3	0.625	7	0.947	13	0.997	21	1.000	43	0.0030	58	0.0092	80	$0.0^8 28$
6	0.125	8	0.736	14	0.975	22	0.999	44	0.0017	59	0.0058	81	$0.0^9 98$
		9	0.455	15	0.901	23	0.995	45	$0.0^3 73$	60	0.0037	82	$0.0^9 15$
		10	0.330	16	0.769	24	0.979	46	$0.0^3 41$	61	0.0022	83	$0.0^9 12$
		11	0.277	17	0.632	25	0.942	47	$0.0^3 24$	62	0.0013	84	$0.0^{10} 51$
		12	0.137	18	0.524	26	0.882	48	$0.0^4 90$	63	$0.0^3 76$	86	$0.0^{11} 30$
		14	0.043	19	0.410	27	0.805	49	$0.0^4 37$	64	$0.0^3 44$	87	$0.0^{11} 17$
		15	0.025	20	0.278	28	0.719	50	$0.0^4 25$	65	$0.0^3 23$	90	$0.0^{13} 28$
		18	0.0020	21	0.185	29	0.621	51	$0.0^5 93$	66	$0.0^3 13$		
				22	0.137	30	0.514	52	$0.0^5 21$	67	$0.0^4 72$		
				23	0.088	31	0.413	53	$0.0^5 17$	68	$0.0^4 36$		
				24	0.044	32	0.327	54	$0.0^6 74$	69	$0.0^4 18$		
				25	0.027	33	0.249	56	$0.0^7 66$	70	$0.0^5 97$		
				26	0.019	34	0.179	57	$0.0^7 38$	71	$0.0^5 47$		
				27	0.0079	35	0.127	60	$0.0^9 93$	72	$0.0^5 20$		
				28	0.0030	36	0.090			73	$0.0^5 10$		
				29	0.0025	37	0.060			74	$0.0^6 51$		
				30	0.0011	38	0.038			75	$0.0^6 18$		
				32	$0.0^3 16$	39	0.024			76	$0.0^7 78$		
				33	$0.0^4 95$	40	0.016			77	$0.0^7 44$		
				36	$0.0^5 38$	41	0.0088			78	$0.0^7 15$		

m = 5 Beurteiler

N = 2		N = 3		N = 4		N = 5		N = 5	
J	P	J	P	J	P	J	P	J	P
4	1.000	12	1.000	24	1.000	40	1.000	76	$0.0^4 50$
6	0.375	14	0.756	26	0.940	42	0.991	78	$0.0^4 16$
10	0.063	16	0.390	28	0.762	44	0.945	80	$0.0^5 50$
		18	0.207	30	0.538	46	0.843	82	$0.0^5 15$
		20	0.103	32	0.353	48	0.698	84	$0.0^6 39$
		22	0.030	34	0.208	50	0.537	86	$0.0^6 10$
		24	0.011	36	0.107	52	0.384	88	$0.0^7 23$
		26	0.0039	38	0.053	54	0.254	90	$0.0^8 53$
		30	$0.0^3 24$	40	0.024	56	0.158	92	$0.0^8 12$
				42	0.0093	58	0.092	94	$0.0^9 14$
				44	0.0036	60	0.050	96	$0.0^{10} 46$
				46	0.0012	62	0.026	100	$0.0^{12} 91$
				48	$0.0^3 36$	64	0.012		
				50	$0.0^3 12$	66	0.0057		
				52	$0.0^4 28$	68	0.0025		
				54	$0.0^5 54$	70	0.0010		
				56	$0.0^5 18$	72	$0.0^3 39$		
				60	$0.0^7 60$	74	$0.0^3 14$		

Tafel 33 (Fortsetzung)

m = 6 Beurteiler

N = 2		N = 3		N = 4		N = 4		N = 4	
J	P	J	P	J	P	J	P	J	P
6	1.000	18	1.000	36	1.000	55	0.043	74	$0.0^4 12$
7	0.688	19	0.969	37	0.999	56	0.029	75	$0.0^5 89$
10	0.219	20	0.832	38	0.991	57	0.020	76	$0.0^5 49$
15	0.031	21	0.626	39	0.959	58	0.016	77	$0.0^5 32$
		22	0.523	40	0.896	59	0.011	80	$0.0^6 68$
		23	0.468	41	0.822	60	0.0072	81	$0.0^6 17$
		24	0.303	42	0.755	61	0.0049	82	$0.0^6 12$
		26	0.180	43	0.669	62	0.0034	85	$0.0^7 34$
		27	0.147	44	0.556	63	0.0025	90	$0.0^8 93$
		28	0.088	45	0.466	64	0.0016		
		29	0.061	46	0.409	65	$0.0^3 83$		
		30	0.040	47	0.337	66	$0.0^3 66$		
		31	0.034	48	0.257	67	$0.0^3 48$		
		32	0.023	49	0.209	68	$0.0^3 26$		
		35	0.0062	50	0.175	69	$0.0^3 16$		
		36	0.0029	51	0.133	70	$0.0^4 86$		
		37	0.0020	52	0.097	71	$0.0^4 68$		
		40	$0.0^3 58$	53	0.073	72	$0.0^4 48$		
		45	$0.0^4 31$	54	0.057	73	$0.0^4 16$		

Tafel 34

Verkettete Paarvergleichspläne. (Aus Bose 1956)

Die folgenden Tafeln haben als Planparameter:

N $\triangleq$ Zahl der Beurteilungsobjekte (Merkmalsträger),

m $\triangleq$ Zahl der Beurteiler,

k $\triangleq$ Zahl der Beurteiler, die ein bestimmtes Objektpaar beurteilen,

r $\triangleq$ Zahl der einem einzelnen Beurteiler gebotenen Objektpaare,

γ $\triangleq$ Häufigkeit, mit der ein Objekt in den Paarvergleichen eines Beurteilers vorkommt

λ $\triangleq$ Zahl der gleichen Objektpaare, die je zwei Beurteilern geboten werden.

Einfach verkettete Paarvergleichsbonituren

Die Tafel enthält die einem jeden von m Beurteilern (I, II....) darzubietenden Objektpaare (AB, BC...).

Plan-parameter		Beur-teiler	Dem Beurteiler zum Präferenz-vergleich gebotenen Objektpaare	Plan-Nr.
N = 4 m = 3		I	AD AC BD BC	
k = 2 r = 4		II	AC BD AB CD	(1)
γ = 2 λ = 2		III	AD AB BC CD	
N = 5 m = 6		I	CE BD AC AD BE	
k = 3 r = 5		II	BC CD AD AE BE	
γ = 2 λ = 2		III	BC CE AB DE AD	(2)
		IV	CE AB CD BD AE	
		V	AB CD DE AC BE	
		VI	BC DE BD AC AE	
N = 6 m = 10		I	AB AC DC DE DF EF	
K = 4 r = 6		II	BC BD CD AE AF EF	
γ = 2 λ = 2		III	AC AD CD BE BF EF	
		IV	AD BD AB CE CF EF	
		V	AD AF DF BC BE CE	(3)
		VI	AC AE CE BD BF DF	
		VII	AB AE BE CD CF DF	
		VIII	AD AE DE BC BF CF	
		IX	AC AF CF BD BE DE	
		X	AB AF BF CD CE DE	
N = 9 m = 28		I	EF FG GH HJ AJ AB BC CD DE	
k = 7 r = 9		II	CG FH AH EG DE BJ AD BC FJ	
γ = 2 λ = 2		III	EH CF BJ DG AG BF DE AJ CH	
		IV	GH CD BF BH FJ CE AG AD EJ	
		V	AB AF CE DH CH BG FJ DE GJ	
		VI	AH BC BG DF EJ DJ CH AG EF	
		VII	BF AD HJ BD EF AE GJ CH CG	
		VIII	DJ FJ DG AC EH BH CG EF AB	
		IX	AE EJ DH CF AB DF GH CG BJ	
		X	EG GJ DF CD AH CJ AB EH BF	
		XI	DG EF CJ AF BJ BD AH GH CE	
		XII	DH CG BE AJ CE FG BF AH DJ	
		XIII	DH EH FG AD BG AC CE BJ HJ	(4)

Tafel 34 (Fortsetzung)

Plan-parameter	Beur-teiler	Dem Beurteiler zum Präferenz-vergleich gebotenen Objektpaare	Plan-Nr.
	XIV	CJ GH AC DE DJ FH BG BF AE	
	XV	BD AB FH AG HJ CF DJ CE EG	
	XVI	BE AH CF FJ AE CD HJ BG DG	
	XVII	FG BJ CD CH EG AF AE DJ BH	(4)
	XVIII	AC BF AF EJ DG BC EG HJ DH	
	XIX	FH CE BC GJ BH AJ DG AE DF	
	XX	CF BG AJ EF DH AD BH EG CJ	
	XXI	AF HJ DE CG CJ AG DF BH BE	
	XXII	BC AE AG EH BD FJ CJ DH FG	
	XXIII	AJ EG FJ GH BE CH BD DF AC	
	XXIV	AD DG CH AB FG EJ BE CJ FH	
	XXV	DE BH EJ AH AC GJ FG BD CF	
	XXVI	AG DH GJ BJ FH EF AC BE CD	
	XXVII	EJ BD CG BG AF EH CD FH AJ	
	XXVIII	GJ BE EH DJ BC GH AF CF AD	

Komplex verkettete Paarvergleichsbonituren

Die Tafel enthält die jedem von m Beurteilern (I, II,....) gebotenen k Gruppen (a, b,....) von Objektpaaren (AB, CD,....) und die Objektpaare jeder einzelnen Gruppe.

Plan-Parameter		Die Objektpaare jeder Gruppe	Beur-teiler	Dem Be-urteiler gebotene Gruppen	Plan-Nr.
$N = 7$ $m = 3$	a:	AB BC CD DE EF FG GA	I	b und c	
$k = 2$ $r = 14$	b:	AC BD CE DF EG FA GB	II	c und a	(5)
$\gamma = 4$ $\lambda = 7$	c:	AD BE CF DG EA FB GC	III	a und b	
	a:	BG CF DE AH	I	a, e, g	
	b:	CA DG EF BH	II	b, f, a	
$N = 8$ $m = 7$	c:	DB EA FG CH	III	c, g, b	
$k = 3$ $r = 12$	d:	EC FB GA DH	IV	d, a, c	(6)
$\gamma = 3$ $\lambda = 4$	e:	FD GC AB EH	V	e, b, d	
	f:	GE AD BC FH	VI	f, c, e	
	g:	AF BE CD GH	VII	g, d, f	

Tafel 35

Stevens' Iterationshäufigkeitstest. (Aus Owen 1962 sowie Swed u. Eisenhart 1943).

Die Tafel enthält die unteren Schranken der Prüfgröße r_α = Zahl der Iterationen zweier Alternativen für α = 0,005, 0,01, 0,025 und 0,05 sowie die oberen Schranken der Prüfgröße $r'_{1-\alpha}$ für $1 - \alpha$ = 0,95, 0,975, 0,99 und 0,995, beide für Alternativenumfänge von n_1 = 2(1)20 und $n_2 = n_1(1)20$, sodaß $n_1 \leq n_2$ zu vereinbaren ist. Ein beobachteter r-Wert muß die untere Schranke r_α erreichen oder unterschreiten, um auf der Stufe α signifikant zu sein, hingegen die obere Schranke $r'_{1-\alpha}$ um mindestens eine Einheit übersteigen, um auf der Stufe α signifikant zu sein. Beide Tests sind einseitige Tests gegen zu ‚wenige' bzw. zu ‚viele' Iterationen. Will man zweiseitig sowohl gegen zu wenige wie gegen zu viele Iterationen auf der Stufe α prüfen, so lese man die untere Schranke $r_{\alpha/2}$ und die obere Schranke $r'_{1-\alpha/2}$ ab, und stelle fest, ob die untere Schranke erreicht bzw. unterschritten oder die obere Schranke überschritten wird.

Ablesebeispiel: (1) Einseitiger Test gegen zu wenig Iterationen: für n_1 = 3 Einsen und n_2 = 10 Zweien dürfen höchstens $r_{0,05}$ = 3 Iterationen auftreten, wenn Einsen und Zweien zu schlecht durchmischt sein sollen. (2) Einseitiger Test gegen zu viele Iterationen: Für n_1 = 3 und n_2 = 4 müssen mehr als $r'_{0,95}$ = 6 Iterationen beobachtet werden, wenn Einsen und Zweien zu gut durchmischt sein sollen. (3) Zweiseitiger Test: Für n_1 = 3 und n_2 = 10 dürfen bei α = 0,05 höchstens $r_{0,025}$ = 2 bzw. müssen mehr als $r'_{0,975}$ = 7 Iterationen beobachtet werden, wenn Einsen und Zweien außerzufällig durchmischt sein sollen.

n_1	n_2	α				$1-\alpha$			
		0.005	0.01	0.025	0.05	0.95	0.975	0.99	0.995
2	2	—	—	—	—	4	4	4	4
	3	—	—	—	—	5	5	5	5
	4	—	—	—	—	5	5	5	5
	5	—	—	—	—	5	5	5	5
2	6	—	—	—	—	5	5	5	5
	7	—	—	—	—	5	5	5	5
	8	—	—	—	2	5	5	5	5
	9	—	—	—	2	5	5	5	5
	10	—	—	—	2	5	5	5	5
2	11	—	—	—	2	5	5	5	5
	12	—	—	2	2	5	5	5	5
	13	—	—	2	2	5	5	5	5
	14	—	—	2	2	5	5	5	5
	15	—	—	2	2	5	5	5	5
2	16	—	—	2	2	5	5	5	5
	17	—	—	2	2	5	5	5	5
	18	—	—	2	2	5	5	5	5
	19	—	2	2	2	5	5	5	5
	20	—	2	2	2	5	5	5	5
3	3	—	—	—	—	6	6	6	6
	4	—	—	—	—	6	7	7	7
	5	—	—	—	2	7	7	7	7
	6	—	—	2	2	7	7	7	7
	7	—	—	2	2	7	7	7	7

Tafel 35 (Fortsetzung)

n_1	n_2	α 0.005	0.01	0.025	0.05	$1-\alpha$ 0.95	0.975	0.99	0.995
3	8	—	—	2	2	7	7	7	7
	9	—	2	2	2	7	7	7	7
	10	—	2	2	3	7	7	7	7
	11	—	2	2	3	7	7	7	7
	12	2	2	2	3	7	7	7	7
3	13	2	2	2	3	7	7	7	7
	14	2	2	2	3	7	7	7	7
	15	2	2	3	3	7	7	7	7
	16	2	2	3	3	7	7	7	7
	17	2	2	3	3	7	7	7	7
3	18	2	2	3	3	7	7	7	7
	19	2	2	3	3	7	7	7	7
	20	2	2	3	3	7	7	7	7
4	4	—	—	—	2	7	8	8	8
	5	—	—	2	2	8	8	8	9
	6	—	2	2	3	8	8	9	9
	7	—	2	2	3	8	9	9	9
	8	2	2	3	3	9	9	9	9
4	9	2	2	3	3	9	9	9	9
	10	2	2	3	3	9	9	9	9
	11	2	2	3	3	9	9	9	9
	12	2	3	3	4	9	9	9	9
	13	2	3	3	4	9	9	9	9
	14	2	3	3	4	9	9	9	9
4	15	3	3	3	4	9	9	9	9
	16	3	3	4	4	9	9	9	9
	17	3	3	4	4	9	9	9	9
	18	3	3	4	4	9	9	9	9
	19	3	3	4	4	9	9	9	9
	20	3	3	4	4	9	9	9	9
5	5	—	2	2	3	8	9	9	10
	6	2	2	3	3	9	9	10	10
	7	2	2	3	3	9	10	10	11
	8	2	2	3	3	10	10	11	11
	9	2	3	3	4	10	11	11	11
5	10	3	3	3	4	10	11	11	11
	11	3	3	4	4	11	11	11	11
	12	3	3	4	4	11	11	11	11
	13	3	3	4	4	11	11	11	11
	14	3	3	4	5	11	11	11	11

Tafel 35 (Fortsetzung)

n_1	n_2	α				$1-\alpha$			
		0.005	0.01	0.025	0.05	0.95	0.975	0.99	0.995
5	15	3	4	4	5	11	11	11	11
	16	3	4	4	5	11	11	11	11
	17	3	4	4	5	11	11	11	11
	18	4	4	5	5	11	11	11	11
	19	4	4	5	5	11	11	11	11
	20	4	4	5	5	11	11	11	11
6	6	2	2	3	3	10	10	11	11
	7	2	3	3	4	10	11	11	12
	8	3	3	3	4	11	11	12	12
	9	3	3	4	4	11	12	12	13
	10	3	3	4	5	11	12	13	13
6	11	3	4	4	5	12	12	13	13
	12	3	4	4	5	12	12	13	13
	13	3	4	5	5	12	13	13	13
	14	4	4	5	5	12	13	13	13
	15	4	4	5	6	13	13	13	13
6	16	4	4	5	6	13	13	13	13
	17	4	5	5	6	13	13	13	13
	18	4	5	5	6	13	13	13	13
	19	4	5	6	6	13	13	13	13
	20	4	5	6	6	13	13	13	13
7	7	3	3	3	4	11	12	12	12
	8	3	3	4	4	12	12	13	13
	9	3	4	4	5	12	13	13	14
	10	3	4	5	5	12	13	14	14
	11	4	4	5	5	13	13	14	14
7	12	4	4	5	6	13	13	14	15
	13	4	5	5	6	13	14	15	15
	14	4	5	5	6	13	14	15	15
	15	4	5	6	6	14	14	15	15
	16	5	5	6	6	14	15	15	15
7	17	5	5	6	7	14	15	15	15
	18	5	5	6	7	14	15	15	15
	19	5	6	6	7	14	15	15	15
	20	5	6	6	7	14	15	15	15
8	8	3	4	4	5	12	13	13	14
	9	3	4	5	5	13	13	14	14
	10	4	4	5	6	13	14	14	15
	11	4	5	5	6	14	14	15	15
	12	4	5	6	6	14	15	15	16
8	13	5	5	6	6	14	15	16	16
	14	5	5	6	7	15	15	16	16
	15	5	5	6	7	15	15	16	17

Tafel 35 (Fortsetzung)

n₁	n₂	α				1−α			
		0.005	0.01	0.025	0.05	0.95	0.975	0.99	0.995
	16	5	6	6	7	15	16	16	17
	17	5	6	7	7	15	16	17	17
	18	6	6	7	8	15	16	17	17
	19	6	6	7	8	15	16	17	17
	20	6	6	7	8	16	16	17	17
9	9	4	4	5	6	13	14	15	15
	10	4	5	5	6	14	15	15	16
	11	5	5	6	6	14	15	16	16
	12	5	5	6	7	15	15	16	17
	13	5	6	6	7	15	16	17	17
	14	5	6	7	7	16	16	17	17
9	15	6	6	7	8	16	17	17	18
	16	6	6	7	8	16	17	17	18
	17	6	7	7	8	16	17	18	18
	18	6	7	8	8	17	17	18	19
	19	6	7	8	8	17	17	18	19
	20	7	7	8	9	17	17	18	19
10	10	5	5	6	6	15	15	16	16
	11	5	5	6	7	15	16	17	17
	12	5	6	7	7	16	16	17	18
	13	5	6	7	8	16	17	18	18
	14	6	6	7	8	16	17	18	18
10	15	6	7	7	8	17	17	18	19
	16	6	7	8	8	17	18	19	19
	17	7	7	8	9	17	18	19	19
	18	7	7	8	9	18	18	19	20
	19	7	8	8	9	18	19	19	20
	20	7	8	9	9	18	19	19	20
11	11	5	6	7	7	16	16	17	18
	12	6	6	7	8	16	17	18	18
	13	6	6	7	8	17	18	18	19
	14	6	7	8	8	17	18	19	19
	15	7	7	8	9	18	18	19	20
11	16	7	7	8	9	18	19	20	20
	17	7	8	9	9	18	19	20	21
	18	7	8	9	10	19	19	20	21
	19	8	8	9	10	19	20	21	21
	20	8	8	9	10	19	20	21	21
12	12	6	7	7	8	17	18	18	19
	13	6	7	8	9	17	18	19	20
	14	7	7	8	9	18	19	20	20
	15	7	8	8	9	18	19	20	21
	16	7	8	9	10	19	20	21	21

Tafel 35 (Fortsetzung)

n_1	n_2	α				$1-\alpha$			
		0.005	0.01	0.025	0.05	0.95	0.975	0.99	0.995
12	17	8	8	9	10	19	20	21	21
	18	8	8	9	10	20	20	21	22
	19	8	9	10	10	20	21	22	22
	20	8	9	10	11	20	21	22	22
13	13	7	7	8	9	18	19	20	20
	14	7	8	9	9	19	19	20	21
	15	7	8	9	10	19	20	21	21
	16	8	8	9	10	20	20	21	22
	17	8	9	10	10	20	21	22	22
13	18	8	9	10	11	20	21	22	23
	19	9	9	10	11	21	22	23	23
	20	9	10	10	11	21	22	23	23
14	14	7	8	9	10	19	20	21	22
	15	8	8	9	10	20	21	22	22
	16	8	9	10	11	20	21	22	23
	17	8	9	10	11	21	22	23	23
	18	9	9	10	11	21	22	23	24
14	19	9	10	11	12	22	22	23	24
	20	9	10	11	12	22	23	24	24
15	15	8	9	10	11	20	21	22	23
	16	9	9	10	11	21	22	23	23
	17	9	10	11	11	21	22	23	24
	18	9	10	11	12	22	23	24	24
	19	10	10	11	12	22	23	24	25
	20	10	11	12	12	23	24	25	25
16	16	9	10	11	11	22	22	23	24
	17	9	10	11	12	22	23	24	25
	18	10	10	11	12	23	24	25	25
	19	10	11	12	13	23	24	25	26
	20	10	11	12	13	24	24	25	26
17	17	10	10	11	12	23	24	25	25
	18	10	11	12	13	23	24	25	26
	19	10	11	12	13	24	25	26	26
	20	11	11	13	13	24	25	26	27
18	18	11	11	12	13	24	25	26	26
	19	11	12	13	14	24	25	26	27
	20	11	12	13	14	25	26	27	28
19	19	11	12	13	14	25	26	27	28
	20	12	12	13	14	26	26	28	28
20	20	12	13	14	15	26	27	28	29

Tafel 36

Cochran-Grants Iterationslängentest. (Aus Grant 1947)

Die Tafel enthält die Überschreitungswahrscheinlichkeiten P für das Auftreten einer Iteration von „richtigen" Alternativen für die Mindestlänge s bei N Versuchen, wenn die Wahrscheinlichkeit für die „richtige" Alternative in jedem Versuch π ist. Ist. $\pi > 1/2$, muß die „richtige" mit der „falschen" Alternative vertauscht werden.

Ablesebeispiel: Wenn in einer Entbindungsstation unter N = 50 Geburten (innerhalb eines definierten Zeitraumes) s = 10 Mädchen hintereinander zur Welt gekommen sind, so beträgt P = 0,0204, da der Populationsanteil von weiblichen Neugeborenen $\pi = 1/2$ ist.

π	s	N: 16	20	25	30	35	40	45	50
$\frac{1}{2}$	6	.0929	.1223	.1578	.1918				
	7	.0429	.0582	.0770	.0953	.1134	.1310	.1484	.1653
	8	.0195	.0273	.0369	.0464	.0558	.0652	.0744	.0836
	9	.0088	.0127	.0175	.0224	.0272	.0320	.0367	.0415
	10	.0039	.0059	.0083	.0107	.0132	.0156	.0180	.0204
	11	.0017	.0027	.0039	.0051	.0063	.0076	.0088	.0100
	12	.0007	.0012	.0018	.0024	.0031	.0037	.0043	.0049
	13	.0003	.0005	.0009	.0012	.0015	.0018	.0020	.0024
	14	.0001	.0002	.0004	.0005	.0007	.0009	.0010	.0012
	15	.0000	.0001	.0002	.0003	.0003	.0004	.0005	.0006
$\frac{1}{3}$	5	.0341	.0448	.0580	.0711	.0839	.0966	.1091	.1214
	6	.0105	.0141	.0187	.0232	.0277	.0321	.0366	.0410
	7	.0032	.0044	.0059	.0075	.0090	.0105	.0120	.0135
	8	.0010	.0014	.0019	.0024	.0029	.0034	.0039	.0044
	9	.0003	.0004	.0006	.0008	.0009	.0011	.0013	.0014
	10	.0001	.0001	.0002	.0002	.0003	.0004	.0004	.0005
$\frac{1}{4}$	4	.0387	.0501	.0641	.0779	.0915	.1048	.1180	.1310
	5	.0090	.0119	.0156	.0192	.0228	.0264	.0299	.0335
	6	.0021	.0028	.0037	.0046	.0055	.0065	.0074	.0083
	7	.0005	.0007	.0009	.0011	.0013	.0016	.0018	.0020
	8	.0001	.0002	.0002	.0003	.0003	.0004	.0004	.0005
$\frac{1}{5}$	3	.0889	.1124	.1410	.1687	.1955	.2214	.2465	.2712
	4	.0169	.0219	.0282	.0345	.0407	.0468	.0529	.0590
	5	.0031	.0042	.0054	.0067	.0080	.0092	.0105	.0118
	6	.0006	.0008	.0010	.0013	.0015	.0018	.0021	.0023
	7	.0001	.0001	.0002	.0002	.0003	.0004	.0004	.0005

Tafel 37

Multipler Iterationshäufigkeitstest. (Aus Barton u. David 1957)

Die Tafel enthält die g-Werte für Stichproben von $n = 6(1)12$ mit $k = 3$ bzw. $k = 4$ Merkmalsalternativen, die insgesamt r Iterationen bilden. Die Ermittlung des zu einem beobachteten und als zu niedrig erachteten r gehörigen P-Wertes wird auf S. 566 f. beschrieben.

Ablesebeispiel: Die Merkmalsfolge CC A BB A ($n = 6$) hat mit $r = 4$ und $n_1 = n_2 = n_3 = 2$ unter H_0 eine Überschreitungswahrscheinlichkeit von $P = (6 + 18)/90 = 0{,}267$.

$k = 3$

n	$n_1\ n_2\ n_3$	m	3	4	5	6	7	8	9	10	11	12
6	2 2 2	90	6	18	36	30	—	—	—	—	—	—
	3 2 1	60	6	18	26	10	—	—	—	—	—	—
	4 1 1	30	6	18	6	—	—	—	—	—	—	—
7	3 2 2	210	6	24	62	80	38	—	—	—	—	—
	3 3 1	140	6	24	52	40	18	—	—	—	—	—
	4 2 1	105	6	24	42	30	3	—	—	—	—	—
	5 1 1	42	6	24	12	—	—	—	—	—	—	—
8	3 3 2	560	6	30	100	180	170	74	—	—	—	—
	4 2 2	420	6	30	90	150	120	24	—	—	—	—
	4 3 1	280	6	30	80	90	60	14	—	—	—	—
	5 2 1	168	6	30	60	60	12	—	—	—	—	—
	6 1 1	56	6	30	20	—	—	—	—	—	—	—
9	3 3 3	1680	6	36	150	360	510	444	174	—	—	—
	4 3 2	1260	6	36	140	310	405	284	79	—	—	—
	5 2 2	756	6	36	120	240	252	96	6	—	—	—
	4 4 1	630	6	36	120	180	180	84	24	—	—	—
	5 3 1	504	6	36	110	160	132	56	4	—	—	—
	6 2 1	252	6	36	80	100	30	—	—	—	—	—
	7 1 1	72	6	36	30	—	—	—	—	—	—	—
10	4 3 3	4200	6	42	202	580	1050	1234	838	248	—	—
	4 4 2	3150	6	42	192	510	870	894	498	138	—	—
	5 3 2	2520	6	42	182	470	752	692	332	44	—	—
	5 4 1	1260	6	42	162	300	372	252	108	18	—	—
	6 2 2	1260	6	42	152	350	440	240	30	—	—	—
	6 3 1	840	6	42	142	250	240	140	20	—	—	—
	7 2 1	360	6	42	102	150	60	—	—	—	—	—
	8 1 1	90	6	42	42	—	—	—	—	—	—	—
11	4 4 3	11550	6	48	266	900	2010	3064	3012	1764	480	—
	5 3 3	9240	6	48	256	840	1802	2568	2340	1168	212	—
	5 4 2	6930	6	48	246	750	1527	1968	1548	702	135	—
	6 3 2	4620	6	48	226	660	1220	1360	870	220	10	—
	5 5 1	2772	6	48	216	480	744	672	432	144	30	—
	6 4 1	2310	6	48	206	450	645	560	300	90	5	—
	7 2 2	1980	6	48	186	480	690	480	90	—	—	—
	7 3 1	1320	6	48	176	360	390	280	60	—	—	—
	8 2 1	495	6	48	126	210	105	—	—	—	—	—
	9 1 1	110	6	48	56	—	—	—	—	—	—	—

Tafel 37 (Fortsetzung)

k = 3

n	n₁ n₂ n₃	m	3	4	5	6	7	8	9	10	11	12
12	4 4 4	34650	6	54	342	1350	3618	6894	9036	7938	4320	1092
	5 4 3	27720	6	54	332	1270	3300	5974	7388	5982	2826	588
	6 3 3	18480	6	54	312	1140	2778	4570	5060	3360	1100	100
	5 5 2	16632	6	54	312	1080	2592	4104	4272	2880	1110	222
	6 4 2	13860	6	54	302	1030	2388	3620	3550	2130	710	70
	7 3 2	7920	6	54	272	880	1818	2350	1820	660	60	—
	6 5 1	5544	6	54	272	700	1320	1400	1120	540	110	22
	7 4 1	3960	6	54	252	630	1008	1050	660	270	30	—
	8 2 2	2970	6	54	222	630	1008	840	210	—	—	—
	8 3 1	1980	6	54	212	490	588	490	140	—	—	—
	9 2 1	660	6	54	152	280	168	—	—	—	—	—
	10 1 1	132	6	54	72	—	—	—	—	—	—	—

k = 4

n	n₁ n₂ n₃ n₄	m	4	5	6	7	8	9	10	11	12
6	2 2 1 1	180	24	72	84	—	—	—	—	—	—
	3 1 1 1	120	24	72	24	—	—	—	—	—	—
7	2 2 2 1	630	24	108	252	246	—	—	—	—	—
	3 2 1 1	420	24	108	192	96	—	—	—	—	—
	4 1 1 1	210	24	108	72	6	—	—	—	—	—
8	2 2 2 2	2520	24	144	504	984	864	—	—	—	—
	3 2 2 1	1680	24	144	444	684	384	—	—	—	—
	3 3 1 1	1120	24	144	384	384	184	—	—	—	—
	4 2 1 1	840	24	144	324	294	54	—	—	—	—
9	3 2 2 2	7560	24	180	780	2010	2880	1686	—	—	—
	3 3 2 1	5040	24	180	720	1560	1720	836	—	—	—
	4 2 2 1	3780	24	180	660	1320	1260	336	—	—	—
	4 3 1 1	2520	24	180	600	870	660	186	—	—	—
	5 2 1 1	1512	24	180	480	600	216	12	—	—	—
10	3 3 2 2	25200	24	216	1140	3720	7480	8416	4204	—	—
	3 3 3 1	18900	24	216	1080	3330	6210	6066	1074	—	—
	4 2 2 2	16800	24	216	1080	3120	5160	6016	2184	—	—
	4 3 2 1	12600	24	216	1020	2730	4170	3366	1074	—	—
	5 2 2 1	7560	24	216	900	2160	2736	1368	156	—	—
	4 4 1 1	6300	24	216	900	1740	1980	1116	324	—	—
	5 3 1 1	5040	24	216	840	1560	1536	768	96	—	—

Tafel 37 (Fortsetzung)

k = 4

n	$n_1 n_2 n_3 n_4$	m	r								
			4	5	6	7	8	9	10	11	12
11	3 3 3 2	92400	24	252	1584	6360	16680	27756	27408	12336	—
	4 3 2 2	69300	24	252	1524	5820	14400	22056	18708	6516	—
	4 3 3 1	46200	24	252	1464	5070	10720	14256	10848	3566	—
	5 2 2 2	41580	24	252	1404	4950	11016	14184	8364	1386	—
	4 4 2 1	34650	24	252	1404	4350	9000	10656	6768	2016	—
	5 3 2 1	27720	24	252	1344	4200	7896	8484	4704	816	—
	5 4 1 1	13860	24	252	1224	2910	4176	3384	1584	306	—
	6 2 2 1	13860	24	252	1164	3210	4920	3480	780	30	—
	6 3 1 1	9240	24	252	1104	2460	2920	1980	480	20	—
12	3 3 3 3	369600	24	288	2112	10176	33360	74016	109632	98688	41304
	4 3 3 2	277200	24	288	2052	9486	29590	61016	83952	66638	23254
	4 4 2 2	207900	24	288	1992	8796	26100	51216	62892	43128	13464
	5 3 2 2	166320	24	288	1932	8316	23856	44520	50484	30468	6432
	4 4 3 1	138600	24	288	1932	7896	20580	35616	39312	25428	7524
	5 3 3 1	110880	24	288	1972	7416	18616	30320	31104	17528	3712
	5 4 2 1	83160	24	288	1812	6726	15966	23820	21384	10818	2322
	6 2 2 2	83160	24	288	1752	6876	17460	27120	22080	7020	540
	6 3 2 1	55440	24	288	1692	5976	13060	17120	12780	4160	340
	5 5 1 1	33264	24	288	1632	4656	8352	9024	6336	2448	504
	6 4 1 1	27720	24	288	1572	4386	7410	7620	4680	1590	150

Tafel 38

Phasenverteilungstest. (Aus Wallis u. Moore 1941)

Die Tafel enthält die Überschreitungswahrscheinlichkeiten P der Prüfgröße χ^2_p, und zwar exakt für Zeitreihen der Länge n = 6(1)12 sowie asymptotisch für n > 12. Erreicht oder unterschreitet der abzulesende P-Wert das vereinbarte α-Risiko, ist H_0 (Stationarität) zu verwerfen und H_0 (Nichtstationarität) anzunehmen.

Ablesebeispiel: Eine Zeitreihe der Länge n = 28 ergibt ein χ^2_p = 10,89 mit P ≤ 0,008, was zur Ablehnung der Stationaritätshypothese auf der 1%-Stufe führt.

n = 6		n = 9		n = 10		n = 11		n = 12	
χ^2_p	P	χ^2_p	P	χ^2_p	P	χ^2_p	P	χ^2_p	P
.467	1.000	.358	1.000	.328	1.000	.479	1.000	0.615	1.000
.807	.869	1.158	.798	.614	.941	.579	.980	0.661	.984
1.194	.675	1.267	.631	.728	.917	.817	.934	0.748	.896
1.667	.453	1.630	.605	1.055	.813	.917	.844	0.794	.891
2.394	.367	2.067	.489	1.341	.693	.979	.730	0.837	.850
2.867	.222	2.430	.452	1.419	.606	1.088	.723	0.971	.786
19.667	.053	2.758	.381	1.585	.601	1.279	.655	1.015	.720
		3.158	.374	1.705	.594	1.317	.576	1.061	.685
n = 7		3.267	.321	1.772	.592	1.588	.537	1.415	.585
χ^2_p	P	3.667	.215	1.814	.526	1.700	.473	1.461	.583
.552	1.000	4.030	.164	1.819	.419	1.800	.472	1.637	.569
.733	.789	4.067	.144	2.313	.407	2.079	.468	1.683	.533
.752	.703	4.758	.110	2.577	.374	2.200	.467	1.933	.487
.933	.536	5.667	.078	2.676	.327	2.309	.466	1.948	.486
1.733	.493	6.067	.064	2.743	.327	2.409	.440	2.067	.428
2.152	.370	7.485	.020	2.863	.274	2.417	.403	2.156	.427
2.333	.302	15.666	.005	2.905	.242	2.500	.392	2.203	.407
3.933	.277			2.977	.220	2.579	.384	2.289	.344
5.606	.169			3.242	.181	2.688	.304	2.333	.333
7.504	.117			3.834	.179	2.809	.274	2.556	.331
8.904	.055			3.970	.165	3.026	.261	2.615	.303
				4.333	.158	3.109	.230	2.661	.303
n = 8				4.400	.158	3.213	.201	2.733	.300
χ^2_p	P			4.676	.139	3.300	.147	2.837	.300
.284	1.000			4.858	.107	3.779	.147	2.870	.287
.684	.843			5.128	.072	3.800	.147	2.883	.246
.844	.665			5.491	.059	3.909	.133	2.956	.216
.920	.590			6.515	.054	4.117	.128	3.267	.211
1.320	.560			7.133	.042	4.313	.126	3.415	.207
1.480	.506			11.308	.014	4.388	.099	3.489	.149
2.364	.495			12.965	.006	4.726	.091	3.933	.127
2.680	.471					5.000	.077	4.070	.127
2.935	.392					5.609	.077	4.156	.114
3.000	.299					5.700	.076	4.348	.113
4.375	.293					6.013	.055	4.394	.113
4.455	.235					8.200	.050	4.571	.112
4.935	.194					8.635	.032	4.616	.109
5.000	.133					9.468	.022	4.733	.101
5.819	.064					9.735	.018	5.667	.092
6.455	.033					10.214	.009	5.803	.092
						11.435	.004	5.889	.090
								6.025	.090
								6.733	.085
								6.842	.072
								6.956	.060

Tafel 38 (Fortsetzung)

χ_p^2	P	χ_p^2	P	χ_p^2	P	χ_p^2	P	χ_p^2	P
n = 12		*n > 12*		*n > 12*		*n > 12*		*n > 12*	
7.504	.050	5.448	.10	6.75	.054	8.50	.024	10.50	.009
7.622	.041	5.50	.098	6.898	.05	8.75	.021	10.75	.008
8.576	.029	5.674	.09	7.00	.048	8.836	.02	11.00	.007
8.822	.026	5.75	.087	7.25	.043	9.00	.019	11.25	.006
9.237	.019	5.927	.08	7.401	.04	9.25	.017	11.50	.006
9.267	.014	6.00	.077	7.50	.038	9.50	.015	11.755	.005
10.556	.003	6.163	.07	7.75	.034	9.75	.013	12.00	.004
19.667	.000	6.25	.069	8.00	.030	10.00	.012	13.00	.003
		6.50	.061	8.009	.03	10.25	.010	14.00	.002
		6.541	.06	8.25	.027	10.312	.01	15.085	.001

Tafel 39

Phasenhäufigkeitstest. (Aus Edgington 1961 über Owen 1962)

Die Tafel enthält die kumulierten Wahrscheinlichkeiten P für b oder weniger Vorzeichen-iterationen von ersten Differenzen bei n Zeitreihenbeobachtungen unter der Hypothese Ho, daß die relative Größe einer Beobachtung in der Originalreihe unabhängig ist von ihrem Platz, den sie innerhalb der Reihe einnimmt.

Ablesebeispiel: Bei n = 25 Meßwerten und b = 10 Phasen erhalten wir eine Überschreitungswahrscheinlichkeit von P = 0,0018.

| | | | | n | | | | |
b	2	3	4	5	6	7	8	9
1	1.0000	0.3333	0.0833	0.0167	0.0028	0.0004	0.0000	0.0000
2		1.0000	0.5833	0.2500	0.0861	0.0250	0.0063	0.0014
3			1.0000	0.7333	0.4139	0.1909	0.0749	0.0257
4				1.0000	0.8306	0.5583	0.3124	0.1500
5					1.0000	0.8921	0.6750	0.4347
6						1.0000	0.9313	0.7653
7							1.0000	0.9563
8								1.0000

b	10	11	12	13	14	15	16	17
2	0.0003	0.0001	0.0000	0.0000	0.0000	0.0000	0.0000	0.0000
3	0.0079	0.0022	0.0005	0.0001	0.0000	0.0000	0.0000	0.0000
4	0.0633	0.0239	0.0082	0.0026	0.0007	0.0002	0.0001	0.0000
5	0.2427	0.1196	0.0529	0.0213	0.0079	0.0027	0.0009	0.0003
6	0.5476	0.3438	0.1918	0.0964	0.0441	0.0186	0.0072	0.0026
7	0.8329	0.6460	0.4453	0.2749	0.1534	0.0782	0.0367	0.0160
8	0.9722	0.8823	0.7280	0.5413	0.3633	0.2216	0.1238	0.0638
9	1.0000	0.9823	0.9179	0.7942	0.6278	0.4520	0.2975	0.1799
10		1.0000	0.9887	0.9432	0.8464	0.7030	0.5369	0.3770
11			1.0000	0.9928	0.9609	0.8866	0.7665	0.6150
12				1.0000	0.9954	0.9733	0.9172	0.8138
13					1.0000	0.9971	0.9818	0.9400
14						1.0000	0.9981	0.9877
15							1.0000	0.9988
16								1.0000

b	18	19	20	21	22	23	24	25
5	0.0001	0.0000	0.0000	0.0000	0.0000	0.0000	0.0000	0.0000
6	0.0009	0.0003	0.0001	0.0000	0.0000	0.0000	0.0000	0.0000
7	0.0065	0.0025	0.0009	0.0003	0.0001	0.0000	0.0000	0.0000
8	0.0306	0.0137	0.0058	0.0023	0.0009	0.0003	0.0001	0.0000
9	0.1006	0.0523	0.0255	0.0117	0.0050	0.0021	0.0008	0.0003
10	0.2443	0.1467	0.0821	0.0431	0.0213	0.0099	0.0044	0.0018
11	0.4568	0.3144	0.2012	0.1202	0.0674	0.0356	0.0177	0.0084
12	0.6848	0.5337	0.3873	0.2622	0.1661	0.0988	0.0554	0.0294
13	0.8611	0.7454	0.6055	0.4603	0.3276	0.2188	0.1374	0.0815
14	0.9569	0.8945	0.7969	0.6707	0.5312	0.3953	0.2768	0.1827
15	0.9917	0.9692	0.9207	0.8398	0.7286	0.5980	0.4631	0.3384
16	0.9992	0.9944	0.9782	0.9409	0.8749	0.7789	0.6595	0.5292

Tafel 39 (Fortsetzung)

b	2	3	4	5	n 6	7	8	9
17	1.0000	0.9995	0.9962	0.9846	0.9563	0.9032	0.8217	0.7148
18		1.0000	0.9997	0.9975	0.9892	0.9679	0.9258	0.8577
19			1.0000	0.9998	0.9983	0.9924	0.9765	0.9436
20				1.0000	0.9999	0.9989	0.9947	0.9830
21					1.0000	0.9999	0.9993	0.9963
22						1.0000	1.0000	0.9995
23							1.0000	1.0000
24								1.0000

Tafel 40

Erstdifferenztest. (Aus Moore u. Wallis 1943)

Die Tafel enthält die exakten Überschreitungswahrscheinlichkeiten für die Prüfgröße s als Zahl der negativen Vorzeichen aus Erstdifferenzen in einer Zeitreihe vom Umfang n = 2(1)12. Die vertafelten P-Werte entsprechen einem zweiseitigen Trendtest und geben die Wahrscheinlichkeiten dafür an, daß s oder weniger bzw. N − s − 1 oder mehr negative Vorzeichen auftreten. Bei einseitig formulierter Trendhypothese (steigender oder fallender Trend) sind die angegebenen P-Werte zu halbieren.

Ablesebeispiel: Die Wahrscheinlichkeit dafür, daß in einer Zeitreihe vom Umfang n = 10 s = 7 oder mehr Minuszeichen aus Erstdifferenzen auftreten, ergibt sich zu P/2 = 0,027/2 = 0,0135.

s	n = 2	n = 3	n = 4	n = 5	n = 6	n = 7	n = 8	n = 9	n = 10	n = 11	n = 12
0	1.000	0.333	0.083	0.016	0.002	0.000	0.000	0.000	0.000	0.000	0.000
1	1.000	1.000	1.000	0.450	0.161	0.048	0.012	0.002	0.000	0.000	0.000
2		0.333	1.000	1.000	1.000	0.520	0.225	0.083	0.027	0.007	0.002
3			0.083	0.450	1.000	1.000	1.000	0.569	0.277	0.118	0.044
4				0.016	0.161	0.520	1.000	1.000	1.000	0.606	0.321
5					0.002	0.048	0.225	0.569	1.000	1.000	1.000
6						0.000	0.012	0.083	0.277	0.606	1.000
7							0.000	0.002	0.027	0.118	0.321
8								0.000	0.000	0.007	0.044
9									0.000	0.000	0.002
10										0.000	0.000
11											0.000

Tafel 41

Zirkuläre Autokorrelationen 1. Ordnung. (Aus Anderson 1942 über Yamane 1967)

Die Tafel gibt an, ob ein positiver oder negativer Autokorrelationskoeffizient der beobachteten Höhe bei $n = 5(1)15(5)75$ Zeitreihen-Beobachtungen auf dem 5 % oder 1 %-Niveau signifikant ist.

Ablesebeispiel: Ein berechneter Wert $r_1 = -0,35$ ist für $n = 5$ und $\alpha = 0,05$ nicht signifikant im Sinne einer Oszillation (neg. Autokorrelation, einseitige Alternative), da er die Schranke für negative r_1-Werte von $-0,753$ nicht unterschreitet.

n	r_1 positiv 5%	1%	r_1 negativ 5%	1%
5	0.253	0.297	− 0.753	− 0.798
6	0.345	0.447	0.708	0.863
7	0.370	0.510	0.674	0.799
8	0.371	0.531	0.625	0.764
9	0.366	0.533	0.593	0.737
10	0.360	0.525	0.564	0.705
11	0.353	0.515	0.539	0.679
12	0.348	0.505	0.516	0.655
13	0.341	0.495	0.497	0.634
14	0.335	0.485	0.479	0.615
15	0.328	0.475	0.462	0.597
20	0.299	0.432	0.399	0.524
25	0.276	0.398	0.356	0.473
30	0.257	0.370	0.325	0.433
35	0.242	0.347	0.300	0.401
40	0.229	0.329	0.279	0.376
45	0.218	0.314	0.262	0.356
50	0.208	0.301	0.248	0.339
55	0.199	0.289	0.236	0.324
60	0.191	0.278	0.225	0.310
65	0.184	0.268	0.216	0.298
70	0.178	0.259	0.207	0.287
75	0.173	0.250	− 0.199	− 0.276

Tafel 42

Nullklassentest. (Aus David 1950)

Die Tafel enthält die Wahrscheinlichkeiten p dafür, daß Z Nullklassen entstehen, wenn N = 3(1)20 Meßwerte auf N Klassen gleicher Wahrscheinlichkeit aufgeteilt werden; die Überschreitungswahrscheinlichkeiten P erhält man durch Summation der p für den entsprechenden und die höheren Z-Werte.

Ablesebeispiel: N = 6 Meßwerte liefern Z = 4 Nullklassen. Die entsprechende Wahrscheinlichkeit lautet p = 0,0199. Die Überschreitungswahrscheinlichkeit ergibt sich zu P = 0,0199 + 0,0001 = 0,02, wobei der Wert p = 0,0001 sich für N = 6 und Z = 5 ergibt.

Z \ N	3	4	5	6	7	8	9	10	11
0	0.2222	0.0937	0.0384	0.0154	0.0061	0.0024	0.0009	0.0004	0.0001
1	0.6667	0.5625	0.3840	0.2315	0.1285	0.0673	0.0337	0.0163	0.0077
2	0.1111	0.3281	0.4800	0.5015	0.4284	0.3196	0.2164	0.1361	0.0808
3	—	0.0156	0.0960	0.2315	0.3570	0.4206	0.4131	0.3556	0.2770
4	—	—	0.0016	0.0199	0.0768	0.1703	0.2713	0.3451	0.3730
5	—	—	—	0.0001	0.0032	0.0193	0.0606	0.1286	0.2093
6	—	—	—	—	0.0000	0.0004	0.0039	0.0172	0.0479
7	—	—	—	—	—	0.0000	0.0000	0.0007	0.0040
8	—	—	—	—	—	—	0.0000	0.0000	0.0001
9	—	—	—	—	—	—	—	0.0000	0.0000
10	—	—	—	—	—	—	—	—	0.0000

Z \ N	12	13	14	15	16	17	18	19	20
0	0.0001	0.0000	0.0000	0.0000	0.0000	0.0000	0.0000	0.0000	0.0000
1	0.0035	0.0016	0.0007	0.0003	0.0001	0.0000	0.0000	0.0000	0.0000
2	0.0458	0.0250	0.0132	0.0068	0.0033	0.0017	0.0008	0.0000	0.0000
3	0.1994	0.1348	0.0864	0.0530	0.0313	0.0179	0.0100	0.0052	0.0029
4	0.3560	0.3080	0.2461	0.1841	0.1303	0.0880	0.0570	0.0357	0.0216
5	0.2809	0.3255	0.3357	0.3151	0.2735	0.2222	0.1707	0.1248	0.0874
6	0.0988	0.1632	0.2279	0.2784	0.3052	0.3058	0.2839	0.2470	0.2031
7	0.0147	0.0380	0.0768	0.1284	0.1847	0.2353	0.2709	0.2863	0.2811
8	0.0008	0.0038	0.0123	0.0303	0.0602	0.1016	0.1498	0.1981	0.2365
9	0.0000	0.0001	0.0009	0.0035	0.0103	0.0242	0.0476	0.0809	0.1215
10	0.0000	0.0000	0.0000	0.0002	0.0009	0.0030	0.0085	0.0194	0.0378
11	0.0000	0.0000	0.0000	0.0000	0.0000	0.0002	0.0008	0.0026	0.0070
12	—	0.0000	0.0000	0.0000	0.0000	0.0000	0.0000	0.0002	0.0007
13	—	—	0.0000	0.0000	0.0000	0.0000	0.0000	0.0000	0.0000

Tafel 43

Stichprobenumfänge für den Vierfelder – χ^2-Test. (Aus Fleiss 1973)

Die Tafel enthält die Stichprobenumfänge n., die im Durchschnitt für jede von zwei unabhängigen Stichproben benötigt werden, um eine bezgl. einer Ja-Nein–Observablen bestehende Anteilsdifferenz $P_1 - P_2$ zwischen dem Ja-Anteil π_1 in einer Population 1 (über dem Spaltenkopf) und dem Ja-Anteil π_2 in einer Population 2 (in der ersten Vorspalte) als signifikant nachzuweisen, wenn die Wahrscheinlichkeit, daß dies gelingt, $1 - \beta$ (im Spaltenkopf) betragen, und die Wahrscheinlichkeit, daß dies mißlingt, höchstens Alpha (in der zweiten Vorspalte) sein soll. Die Untertafeln enthalten die Anteile $\pi_1 < \pi_2$ für $\pi_i = 0{,}05(0{,}05)0{,}95$.

Ablesebeispiel: Vermutet der Untersucher in einen Population 1 einen Ja-Anteil von 40% und in einer Population 2 einen Ja-Anteil von 70% (oder umgekehrt), so hat er die besten Chancen, diesen Unterschied bei $\alpha = 0{,}05$ und $1 - \beta = 0{,}90$ nachzuweisen, wenn er je eine Stichprobe mit $N_1 = N_2 = n. = 68$ zum Zweistichprobenvergleich heranzieht.

π_2	Alpha	$\pi_1 = 0.05$								
		0.99	0.95	0.90	0.85	0.80	0.75	0.70	0.65	0.50
0.10	0.01	1407.	1064.	902.	800.	725.	663.	610.	563.	445.
0.10	0.02	1275.	950.	798.	704.	633.	576.	527.	484.	376.
0.10	0.05	1093.	796.	659.	574.	511.	461.	418.	381.	288.
0.10	0.10	949.	676.	551.	474.	418.	374.	336.	303.	223.
0.10	0.20	796.	550.	439.	373.	324.	286.	254.	227.	161.
0.15	0.01	466.	356.	304.	272.	247.	227.	210.	195.	157.
0.15	0.02	423.	319.	271.	240.	217.	199.	183.	169.	134.
0.15	0.05	365.	269.	225.	198.	178.	162.	148.	136.	105.
0.15	0.10	318.	230.	190.	166.	148.	133.	121.	110.	84.
0.15	0.20	269.	190.	154.	132.	117.	104.	94.	85.	63.
0.20	0.01	254.	195.	168.	150.	137.	127.	118.	110.	89.
0.20	0.02	231.	176.	150.	134.	121.	112.	103.	96.	77.
0.20	0.05	199.	149.	125.	111.	100.	91.	84.	77.	61.
0.20	0.10	174.	128.	106.	93.	84.	76.	69.	64.	49.
0.20	0.20	148.	106.	87.	75.	67.	60.	55.	50.	38.
0.25	0.01	167.	129.	111.	100.	92.	85.	79.	74.	61.
0.25	0.02	152.	116.	100.	89.	81.	75.	70.	65.	53.
0.25	0.05	131.	99.	84.	74.	67.	62.	57.	53.	42.
0.25	0.10	115.	85.	71.	63.	57.	52.	47.	44.	34.
0.25	0.20	98.	71.	59.	51.	46.	41.	38.	34.	27.
0.30	0.01	121.	94.	81.	74.	68.	63.	58.	55.	45.
0.30	0.02	110.	85.	73.	65.	60.	55.	52.	48.	39.
0.30	0.05	95.	72.	61.	55.	50.	46.	42.	39.	32.
0.30	0.10	83.	62.	52.	46.	42.	38.	35.	33.	26.
0.30	0.20	71.	52.	43.	38.	34.	31.	28.	26.	20.
0.35	0.01	92.	73.	63.	57.	53.	49.	46.	43.	36.
0.35	0.02	84.	65.	56.	51.	47.	43.	40.	38.	31.
0.35	0.05	73.	56.	48.	43.	39.	36.	33.	31.	25.
0.35	0.10	64.	48.	41.	36.	33.	30.	28.	26.	21.
0.35	0.20	55.	40.	34.	30.	27.	24.	22.	21.	16.
0.40	0.01	74.	58.	51.	46.	42.	40.	37.	35.	29.
0.40	0.02	67.	52.	45.	41.	38.	35.	33.	31.	26.
0.40	0.05	58.	45.	38.	34.	32.	29.	27.	25.	21.
0.40	0.10	51.	39.	33.	29.	27.	25.	23.	21.	17.
0.40	0.20	43.	32.	27.	24.	22.	20.	18.	17.	14.

Tafel 43 (Fortsetzung)

$$\pi_1 = 0.05$$

π_2	Alpha	0.99	0.95	0.90	0.85	0.80	0.75	0.70	0.65	0.50
0.45	0.01	60.	48.	42.	38.	35.	33.	31.	29.	25.
0.45	0.02	55.	43.	37.	34.	31.	29.	27.	26.	22.
0.45	0.05	47.	37.	32.	29.	26.	24.	23.	21.	18.
0.45	0.10	42.	32.	27.	24.	22.	21.	19.	18.	15.
0.45	0.20	36.	27.	23.	20.	18.	17.	16.	14.	12.
0.50	0.01	50.	40.	35.	32.	30.	28.	26.	25.	21.
0.50	0.02	45.	36.	31.	29.	27.	25.	23.	22.	18.
0.50	0.05	39.	31.	27.	24.	22.	21.	19.	18.	15.
0.50	0.10	35.	27.	23.	21.	19.	18.	16.	15.	13.
0.50	0.20	30.	22.	19.	17.	16.	14.	13.	12.	10.
0.55	0.01	42.	34.	30.	27.	25.	24.	23.	21.	18.
0.55	0.02	38.	31.	27.	24.	23.	21.	20.	19.	16.
0.55	0.05	33.	26.	23.	21.	19.	18.	17.	16.	13.
0.55	0.10	29.	23.	20.	18.	16.	15.	14.	13.	11.
0.55	0.20	25.	19.	16.	15.	13.	12.	12.	11.	9.
0.60	0.01	36.	29.	26.	24.	22.	21.	20.	19.	16.
0.60	0.02	33.	26.	23.	21.	20.	19.	17.	17.	14.
0.60	0.05	28.	22.	20.	18.	17.	16.	15.	14.	12.
0.60	0.10	25.	19.	17.	15.	14.	13.	12.	12.	10.
0.60	0.20	21.	16.	14.	13.	12.	11.	10.	10.	8.
0.65	0.01	31.	25.	22.	21.	19.	18.	17.	16.	14.
0.65	0.02	28.	23.	20.	18.	17.	16.	15.	15.	13.
0.65	0.05	24.	19.	17.	16.	15.	14.	13.	12.	10.
0.65	0.10	21.	17.	15.	13.	12.	12.	11.	10.	9.
0.65	0.20	18.	14.	12.	11.	10.	10.	9.	9.	7.
0.70	0.01	26.	22.	19.	18.	17.	16.	15.	15.	13.
0.70	0.02	24.	20.	18.	16.	15.	14.	14.	13.	11.
0.70	0.05	21.	17.	15.	14.	13.	12.	11.	11.	9.
0.70	0.10	18.	15.	13.	12.	11.	10.	10.	9.	8.
0.70	0.20	16.	12.	11.	10.	9.	9.	8.	8.	7.
0.75	0.01	23.	19.	17.	16.	15.	14.	14.	13.	12.
0.75	0.02	21.	17.	15.	14.	13.	13.	12.	12.	10.
0.75	0.05	18.	15.	13.	12.	11.	11.	10.	10.	9.
0.75	0.10	16.	13.	11.	10.	10.	9.	9.	8.	7.
0.75	0.20	13.	11.	10.	9.	8.	8.	7.	7.	6.
0.80	0.01	20.	16.	15.	14.	13.	13.	12.	12.	10.
0.80	0.02	18.	15.	13.	13.	12.	11.	11.	10.	9.
0.80	0.05	15.	13.	12.	11.	10.	10.	9.	9.	8.
0.80	0.10	13.	11.	10.	9.	9.	8.	8.	8.	7.
0.80	0.20	12.	9.	8.	8.	7.	7.	7.	6.	5.
0.85	0.01	17.	14.	13.	12.	12.	11.	11.	10.	9.
0.85	0.02	15.	13.	12.	11.	11.	10.	10.	9.	8.
0.85	0.05	13.	11.	10.	9.	9.	9.	8.	8.	7.
0.85	0.10	12.	10.	9.	8.	8.	7.	7.	7.	6.
0.85	0.20	10.	8.	7.	7.	6.	6.	6.	6.	5.
0.90	0.01	14.	12.	12.	11.	10.	10.	10.	9.	9.
0.90	0.02	13.	11.	10.	10.	9.	9.	9.	8.	8.
0.90	0.05	11.	10.	9.	8.	8.	8.	7.	7.	7.
0.90	0.10	10.	8.	8.	7.	7.	7.	6.	6.	6.
0.90	0.20	8.	7.	6.	6.	6.	6.	5.	5.	5.

Tafel 43 (Fortsetzung)

π_2	Alpha	0.99	0.95	0.90	$\pi_1 = 0.05$ 0.85	0.80	0.75	0.70	0.65	0.50
0.95	0.01	12.	11.	10.	10.	9.	9.	9.	9.	8.
0.95	0.02	11.	10.	9.	9.	8.	8.	8.	8.	7.
0.95	0.05	9.	8.	8.	7.	7.	7.	7.	6.	6.
0.95	0.10	8.	7.	7.	6.	6.	6.	6.	6.	5.
0.95	0.20	7.	6.	6.	5.	5.	5.	5.	5.	4.

π_2	Alpha	0.99	0.95	0.90	$\pi_1 = 0.10$ 0.85	0.80	0.75	0.70	0.65	0.50
0.15	0.01	2176.	1634.	1378.	1219.	1099.	1002.	918.	845.	658.
0.15	0.02	1968.	1456.	1215.	1066.	955.	865.	788.	721.	551.
0.15	0.05	1682.	1213.	996.	862.	764.	684.	617.	558.	412.
0.15	0.10	1454.	1023.	826.	705.	617.	547.	488.	437.	312.
0.15	0.20	1213.	825.	651.	546.	470.	410.	360.	318.	216.
0.20	0.01	646.	490.	416.	370.	335.	307.	283.	261.	207.
0.20	0.02	586.	438.	369.	325.	293.	267.	245.	225.	176.
0.20	0.05	503.	367.	305.	266.	237.	214.	195.	178.	135.
0.20	0.10	437.	312.	255.	220.	195.	174.	157.	142.	105.
0.20	0.20	367.	254.	204.	174.	151.	134.	119.	107.	77.
0.25	0.01	329.	251.	214.	191.	174.	160.	148.	137.	110.
0.25	0.02	298.	225.	190.	169.	153.	140.	129.	119.	94.
0.25	0.05	257.	190.	158.	139.	125.	113.	104.	95.	74.
0.25	0.10	224.	162.	133.	116.	103.	93.	84.	77.	58.
0.25	0.20	189.	133.	108.	92.	81.	73.	65.	59.	44.
0.30	0.01	206.	158.	136.	122.	111.	102.	95.	88.	72.
0.30	0.02	187.	142.	121.	108.	98.	90.	83.	77.	62.
0.30	0.05	161.	120.	101.	89.	80.	73.	67.	62.	49.
0.30	0.10	141.	103.	85.	75.	67.	61.	55.	51.	39.
0.30	0.20	119.	85.	69.	60.	53.	48.	43.	39.	30.
0.35	0.01	144.	111.	96.	86.	79.	73.	68.	63.	52.
0.35	0.02	131.	100.	86.	76.	70.	64.	60.	55.	45.
0.35	0.05	113.	85.	72.	64.	57.	53.	48.	45.	36.
0.35	0.10	99.	73.	61.	54.	48.	44.	40.	37.	29.
0.35	0.20	84.	60.	50.	43.	39.	35.	32.	29.	22.
0.40	0.01	107.	83.	72.	65.	60.	55.	52.	48.	40.
0.40	0.02	98.	75.	65.	58.	53.	49.	45.	42.	35.
0.40	0.05	84.	64.	54.	48.	44.	40.	37.	34.	28.
0.40	0.10	74.	55.	46.	41.	37.	34.	31.	29.	23.
0.40	0.20	63.	46.	38.	33.	30.	27.	25.	23.	18.
0.45	0.01	83.	65.	57.	51.	47.	44.	41.	39.	32.
0.45	0.02	76.	59.	51.	46.	42.	39.	36.	34.	28.
0.45	0.05	66.	50.	43.	38.	35.	32.	30.	28.	22.
0.45	0.10	57.	43.	36.	32.	29.	27.	25.	23.	18.
0.45	0.20	49.	36.	30.	26.	24.	22.	20.	18.	15.
0.50	0.01	67.	53.	46.	42.	39.	36.	34.	32.	26.
0.50	0.02	61.	48.	41.	37.	34.	32.	30.	28.	23.
0.50	0.05	53.	40.	35.	31.	29.	26.	25.	23.	19.
0.50	0.10	46.	35.	30.	26.	24.	22.	21.	19.	15.

Tafel 43 (Fortsetzung)

π_2	Alpha	0.99	0.95	0.90	$\pi_1 = 0.10$ 0.85	0.80	0.75	0.70	0.65	0.50
0.50	0.20	39.	29.	25.	22.	20.	18.	17.	15.	12.
0.55	0.01	55.	43.	38.	35.	32.	30.	28.	27.	22.
0.55	0.02	50.	39.	34.	31.	29.	27.	25.	23.	20.
0.55	0.05	43.	33.	29.	26.	24.	22.	21.	19.	16.
0.55	0.10	38.	29.	25.	22.	20.	19.	17.	16.	13.
0.55	0.20	32.	24.	20.	18.	17.	15.	14.	13.	11.
0.60	0.01	45.	36.	32.	29.	27.	25.	24.	23.	19.
0.60	0.02	41.	33.	29.	26.	24.	23.	21.	20.	17.
0.60	0.05	36.	28.	24.	22.	20.	19.	18.	17.	14.
0.60	0.10	31.	24.	21.	19.	17.	16.	15.	14.	12.
0.60	0.20	27.	20.	17.	15.	14.	13.	12.	11.	9.
0.65	0.01	38.	31.	27.	25.	23.	22.	21.	20.	17.
0.65	0.02	35.	28.	24.	22.	21.	19.	18.	17.	15.
0.65	0.05	30.	24.	21.	19.	17.	16.	15.	14.	12.
0.65	0.10	26.	21.	18.	16.	15.	14.	13.	12.	10.
0.65	0.20	23.	17.	15.	13.	12.	11.	11.	10.	8.
0.70	0.01	32.	26.	23.	22.	20.	19.	18.	17.	15.
0.70	0.02	29.	24.	21.	19.	18.	17.	16.	15.	13.
0.70	0.05	25.	20.	18.	16.	15.	14.	13.	13.	11.
0.70	0.10	22.	18.	15.	14.	13.	12.	11.	11.	9.
0.70	0.20	19.	15.	13.	12.	11.	10.	9.	9.	7.
0.75	0.01	27.	23.	20.	19.	18.	17.	16.	15.	13.
0.75	0.02	25.	20.	18.	17.	16.	15.	14.	13.	12.
0.75	0.05	22.	17.	15.	14.	13.	12.	12.	11.	10.
0.75	0.10	19.	15.	13.	12.	11.	11.	10.	9.	8.
0.75	0.20	16.	13.	11.	10.	9.	9.	8.	8.	7.
0.80	0.01	23.	19.	18.	16.	15.	15.	14.	13.	12.
0.80	0.02	21.	18.	16.	15.	14.	13.	12.	12.	10.
0.80	0.05	18.	15.	13.	12.	12.	11.	10.	10.	9.
0.80	0.10	16.	13.	12.	11.	10.	9.	9.	8.	7.
0.80	0.20	14.	11.	10.	9.	8.	8.	7.	7.	6.
0.85	0.01	20.	17.	15.	14.	14.	13.	12.	12.	11.
0.85	0.02	18.	15.	14.	13.	12.	12.	11.	11.	9.
0.85	0.05	16.	13.	12.	11.	10.	10.	9.	9.	8.
0.85	0.10	14.	11.	10.	9.	9.	8.	8.	8.	7.
0.85	0.20	12.	10.	9.	8.	7.	7.	7.	6.	5.
0.90	0.01	17.	14.	13.	12.	12.	11.	11.	11.	10.
0.90	0.02	15.	13.	12.	11.	11.	10.	10.	9.	8.
0.90	0.05	13.	11.	10.	10.	9.	9.	8.	8.	7.
0.90	0.10	12.	10.	9.	8.	8.	7.	7.	7.	6.
0.90	0.20	10.	8.	7.	7.	7.	6.	6.	6.	5.
0.95	0.01	14.	12.	12.	11.	10.	10.	10.	9.	9.
0.95	0.02	13.	11.	10.	10.	9.	9.	9.	8.	8.
0.95	0.05	11.	10.	9.	8.	8.	8.	7.	7.	7.
0.95	0.10	10.	8.	8.	7.	7.	7.	6.	6.	6.
0.95	0.20	8.	7.	6.	6.	6.	6.	5.	5.	5.

Tafel 43 (Fortsetzung)

π_2	Alpha	$\pi_1 = 0.15$								
		0.99	0.95	0.90	0.85	0.80	0.75	0.70	0.65	0.50
0.20	0.01	2849.	2133.	1795.	1584.	1426.	1298.	1188.	1091.	844.
0.20	0.02	2574.	1897.	1580.	1383.	1236.	1118.	1016.	927.	703.
0.20	0.05	2196.	1577.	1290.	1114.	984.	879.	790.	713.	521.
0.20	0.10	1896.	1326.	1066.	907.	791.	698.	620.	553.	388.
0.20	0.20	1578.	1065.	835.	697.	597.	518.	453.	397.	264.
0.25	0.01	803.	606.	513.	455.	411.	376.	346.	319.	251.
0.25	0.02	727.	541.	453.	399.	359.	326.	298.	273.	211.
0.25	0.05	622.	452.	373.	325.	289.	260.	235.	214.	160.
0.25	0.10	539.	383.	311.	267.	235.	209.	188.	169.	123.
0.25	0.20	451.	310.	247.	209.	181.	159.	141.	125.	88.
0.30	0.01	393.	299.	254.	226.	205.	188.	174.	161.	128.
0.30	0.02	356.	267.	225.	199.	180.	164.	151.	139.	109.
0.30	0.05	306.	224.	186.	163.	146.	132.	120.	110.	84.
0.30	0.10	266.	191.	156.	135.	120.	108.	97.	88.	66.
0.30	0.20	223.	156.	125.	107.	94.	83.	74.	67.	48.
0.35	0.01	239.	183.	156.	140.	127.	117.	108.	101.	81.
0.35	0.02	217.	164.	139.	123.	112.	102.	94.	87.	69.
0.35	0.05	187.	138.	116.	102.	91.	83.	76.	70.	54.
0.35	0.10	163.	118.	97.	85.	76.	68.	62.	56.	43.
0.35	0.20	137.	97.	79.	68.	60.	53.	48.	43.	32.
0.40	0.01	163.	126.	108.	97.	88.	82.	76.	70.	57.
0.40	0.02	148.	113.	96.	86.	78.	72.	66.	61.	49.
0.40	0.05	128.	95.	80.	71.	64.	58.	54.	49.	39.
0.40	0.10	111.	82.	68.	59.	53.	48.	44.	40.	31.
0.40	0.20	94.	67.	55.	48.	42.	38.	34.	31.	24.
0.45	0.01	119.	92.	80.	72.	66.	61.	57.	53.	43.
0.45	0.02	108.	83.	71.	64.	58.	53.	50.	46.	37.
0.45	0.05	94.	70.	60.	53.	48.	44.	40.	37.	30.
0.45	0.10	82.	60.	51.	44.	40.	36.	33.	31.	24.
0.45	0.20	69.	50.	41.	36.	32.	29.	26.	24.	19.
0.50	0.01	91.	71.	62.	56.	51.	47.	44.	41.	34.
0.50	0.02	83.	64.	55.	49.	45.	42.	39.	36.	30.
0.50	0.05	72.	54.	46.	41.	37.	34.	32.	30.	24.
0.50	0.10	63.	47.	39.	35.	31.	29.	26.	24.	19.
0.50	0.20	53.	39.	32.	28.	25.	23.	21.	19.	15.
0.55	0.01	72.	57.	49.	45.	41.	38.	36.	34.	28.
0.55	0.02	66.	51.	44.	40.	36.	34.	32.	30.	24.
0.55	0.05	57.	43.	37.	33.	30.	28.	26.	24.	20.
0.55	0.10	50.	37.	32.	28.	26.	23.	22.	20.	16.
0.55	0.20	42.	31.	26.	23.	21.	19.	17.	16.	13.
0.60	0.01	58.	46.	40.	37.	34.	32.	30.	28.	23.
0.60	0.02	53.	42.	36.	33.	30.	28.	26.	25.	20.
0.60	0.05	46.	35.	30.	27.	25.	23.	22.	20.	17.
0.60	0.10	40.	31.	26.	23.	21.	20.	18.	17.	14.
0.60	0.20	34.	25.	21.	19.	17.	16.	15.	14.	11.
0.65	0.01	48.	38.	33.	31.	28.	27.	25.	24.	20.
0.65	0.02	44.	34.	30.	27.	25.	24.	22.	21.	17.
0.65	0.05	38.	29.	25.	23.	21.	20.	18.	17.	14.
0.65	0.10	33.	25.	22.	20.	18.	17.	15.	14.	12.

Tafel 43 (Fortsetzung)

π_2	Alpha	0.99	0.95	0.90	$\pi_1 = 0.15$ 0.85	0.80	0.75	0.70	0.65	0.50
0.65	0.20	28.	21.	18.	16.	15.	13.	12.	12.	9.
0.70	0.01	40.	32.	28.	26.	24.	23.	21.	20.	17.
0.70	0.02	36.	29.	25.	23.	21.	20.	19.	18.	15.
0.70	0.05	31.	21.	21.	19.	18.	17.	16.	15.	12.
0.70	0.10	27.	21.	18.	17.	15.	14.	13.	12.	10.
0.70	0.20	23.	18.	15.	14.	13.	12.	11.	10.	8.
0.75	0.01	33.	27.	24.	22.	21.	19.	18.	17.	15.
0.75	0.02	30.	24.	22.	20.	18.	17.	16.	15.	13.
0.75	0.05	26.	21.	18.	17.	15.	14.	14.	13.	11.
0.75	0.10	23.	18.	16.	14.	13.	12.	12.	11.	9.
0.75	0.20	20.	15.	13.	12.	11.	10.	9.	9.	7.
0.80	0.01	28.	23.	21.	19.	18.	17.	16.	15.	13.
0.80	0.02	26.	21.	18.	17.	16.	15.	14.	14.	12.
0.80	0.05	22.	18.	16.	14.	13.	13.	12.	11.	10.
0.80	0.10	19.	15.	14.	12.	11.	11.	10.	10.	8.
0.80	0.20	17.	13.	11.	10.	10.	9.	8.	8.	7.
0.85	0.01	24.	20.	18.	16.	15.	15.	14.	13.	12.
0.85	0.02	22.	18.	16.	15.	14.	13.	13.	12.	10.
0.85	0.05	19.	15.	14.	13.	12.	11.	10.	10.	9.
0.85	0.10	16.	13.	12.	11.	10.	9.	9.	9.	7.
0.85	0.20	14.	11.	10.	9.	8.	8.	7.	7.	6.
0.90	0.01	20.	17.	15.	14.	14.	13.	12.	12.	11.
0.90	0.02	18.	15.	14.	13.	12.	12.	11.	11.	9.
0.90	0.05	16.	13.	12.	11.	10.	10.	9.	9.	8.
0.90	0.10	14.	11.	10.	9.	9.	8.	8.	8.	7.
0.90	0.20	12.	10.	9.	8.	7.	7.	7.	6.	5.
0.95	0.01	17.	14.	13.	12.	12.	11.	11.	10.	9.
0.95	0.02	15.	13.	12.	11.	11.	10.	10.	9.	8.
0.95	0.05	13.	11.	10.	9.	9.	9.	8.	8.	7.
0.95	0.10	12.	10.	9.	8.	8.	7.	7.	7.	6.
0.95	0.20	10.	8.	7.	7.	6.	6.	6.	6.	5.

π_2	Alpha	0.99	0.95	0.90	$\pi_1 = 0.20$ 0.85	0.80	0.75	0.70	0.65	0.50
0.25	0.01	3426.	2561.	2152.	1897.	1707.	1552.	1419.	1301.	1004.
0.25	0.02	3094.	2276.	1893.	1655.	1478.	1334.	1212.	1104.	833.
0.25	0.05	2637.	1889.	1543.	1330.	1172.	1046.	939.	845.	613.
0.25	0.10	2275.	1586.	1272.	1080.	940.	828.	734.	652.	454.
0.25	0.20	1891.	1271.	993.	826.	706.	610.	532.	464.	304.
0.30	0.01	935.	704.	595.	527.	476.	434.	399.	367.	287.
0.30	0.02	846.	627.	525.	461.	414.	376.	343.	314.	241.
0.30	0.05	723.	524.	431.	374.	332.	298.	269.	244.	182.
0.30	0.10	626.	442.	358.	307.	269.	239.	214.	192.	139.
0.30	0.20	523.	358.	283.	239.	206.	181.	159.	141.	97.
0.35	0.01	446.	338.	287.	255.	231.	212.	195.	180.	143.
0.35	0.02	404.	302.	254.	225.	202.	184.	169.	155.	121.
0.35	0.05	347.	253.	210.	183.	163.	148.	134.	122.	93.

Tafel 43 (Fortsetzung)

π_2	Alpha	0.99	0.95	0.90	$\pi_1 = 0.20$ 0.85	0.80	0.75	0.70	0.65	0.50
0.35	0.10	301.	215.	176.	152.	134.	120.	108.	97.	72.
0.35	0.20	252.	175.	140.	119.	104.	92.	82.	73.	52.
0.40	0.01	266.	203.	173.	154.	140.	129.	119.	111.	89.
0.40	0.02	241.	182.	154.	136.	123.	113.	104.	96.	75.
0.40	0.05	207.	153.	127.	112.	100.	91.	83.	76.	59.
0.40	0.10	180.	130.	107.	93.	83.	74.	67.	61.	46.
0.40	0.20	152.	107.	86.	74.	65.	58.	52.	47.	34.
0.45	0.01	179.	137.	117.	105.	96.	88.	82.	76.	62.
0.45	0.02	162.	123.	104.	93.	84.	77.	71.	66.	53.
0.45	0.05	139.	104.	87.	77.	69.	63.	58.	53.	41.
0.45	0.10	122.	89.	73.	64.	57.	52.	47.	43.	33.
0.45	0.20	103.	73.	59.	51.	45.	41.	37.	33.	25.
0.50	0.01	129.	99.	86.	77.	70.	65.	60.	56.	46.
0.50	0.02	117.	89.	76.	68.	62.	57.	53.	49.	40.
0.50	0.05	101.	75.	64.	56.	51.	47.	43.	40.	31.
0.50	0.10	88.	65.	54.	47.	42.	39.	35.	32.	25.
0.50	0.20	74.	53.	44.	38.	34.	31.	28.	25.	19.
0.55	0.01	97.	76.	65.	59.	54.	50.	47.	44.	36.
0.55	0.02	88.	68.	58.	52.	48.	44.	41.	38.	31.
0.55	0.05	76.	58.	49.	43.	39.	36.	33.	31.	25.
0.55	0.10	67.	49.	42.	37.	33.	30.	28.	26.	20.
0.55	0.20	56.	41.	34.	30.	27.	24.	22.	20.	16.
0.60	0.01	76.	59.	52.	47.	43.	40.	37.	35.	29.
0.60	0.02	69.	53.	46.	42.	38.	35.	33.	31.	25.
0.60	0.05	60.	45.	39.	35.	32.	29.	27.	25.	20.
0.60	0.10	52.	39.	33.	29.	27.	24.	22.	21.	17.
0.60	0.20	44.	32.	27.	24.	21.	20.	18.	16.	13.
0.65	0.01	61.	48.	42.	38.	35.	33.	31.	29.	24.
0.65	0.02	55.	43.	37.	34.	31.	29.	27.	25.	21.
0.65	0.05	48.	37.	31.	28.	26.	24.	22.	21.	17.
0.65	0.10	42.	32.	27.	24.	22.	20.	19.	17.	14.
0.65	0.20	35.	26.	22.	20.	18.	16.	15.	14.	11.
0.70	0.01	49.	39.	34.	31.	29.	27.	26.	24.	20.
0.70	0.02	45.	35.	31.	28.	26.	24.	23.	21.	18.
0.70	0.05	39.	30.	26.	23.	22.	20.	19.	17.	15.
0.70	0.10	34.	26.	22.	20.	18.	17.	16.	15.	12.
0.70	0.20	29.	22.	18.	16.	15.	14.	13.	12.	10.
0.75	0.01	41.	33.	29.	26.	24.	23.	22.	20.	17.
0.75	0.02	37.	29.	26.	24.	22.	20.	19.	18.	15.
0.75	0.05	32.	25.	22.	20.	18.	17.	16.	15.	13.
0.75	0.10	28.	22.	19.	17.	16.	14.	13.	13.	10.
0.75	0.20	24.	18.	16.	14.	13.	12.	11.	10.	8.
0.80	0.01	34.	27.	24.	22.	21.	20.	19.	18.	15.
0.80	0.02	31.	25.	22.	20.	19.	17.	16.	16.	13.
0.80	0.05	27.	21.	18.	17.	16.	15.	14.	13.	11.
0.80	0.10	23.	18.	16.	14.	13.	12.	12.	11.	9.
0.80	0.20	20.	15.	13.	12.	11.	10.	10.	9.	7.
0.85	0.01	28.	23.	21.	19.	18.	17.	16.	15.	13.
0.85	0.02	26.	21.	18.	17.	16.	15.	14.	14.	12.
0.85	0.05	22.	18.	16.	14.	13.	13.	12.	11.	10.

Tafel 43 (Fortsetzung)

$\pi_1 = 0.20$

π_2	Alpha	0.99	0.95	0.90	0.85	0.80	0.75	0.70	0.65	0.50
0.85	0.10	19.	15.	14.	12.	11.	11.	10.	10.	8.
0.85	0.20	17.	13.	11.	10.	10.	9.	8.	8.	7.
0.90	0.01	23.	19.	18.	16.	15.	15.	14.	13.	12.
0.90	0.02	21.	18.	16.	15.	14.	13.	12.	12.	10.
0.90	0.05	18.	15.	13.	12.	12.	11.	10.	10.	9.
0.90	0.10	16.	13.	12.	11.	10.	9.	9.	8.	7.
0.90	0.20	14.	11.	10.	9.	8.	8.	7.	7.	6.
0.95	0.01	20.	16.	15.	14.	13.	13.	12.	12.	10.
0.95	0.02	18.	15.	13.	13.	12.	11.	11.	10.	9.
0.95	0.05	15.	13.	12.	11.	10.	10.	9.	9.	8.
0.95	0.10	13.	11.	10.	9.	9.	8.	8.	8.	7.
0.95	0.20	12.	9.	8.	8.	7.	7.	7.	6.	5.

$\pi_1 = 0.25$

π_2	Alpha	0.99	0.95	0.90	0.85	0.80	0.75	0.70	0.65	0.50
0.30	0.01	3907.	2917.	2450.	2159.	1940.	1763.	1611.	1477.	1137.
0.30	0.02	3527.	2591.	2153.	1881.	1678.	1514.	1374.	1251.	941.
0.30	0.05	3005.	2149.	1753.	1509.	1330.	1185.	1062.	955.	690.
0.30	0.10	2590.	1803.	1443.	1224.	1064.	936.	828.	735.	508.
0.30	0.20	2151.	1443.	1125.	934.	796.	687.	597.	520.	337.
0.35	0.01	1043.	784.	662.	585.	528.	482.	442.	407.	317.
0.35	0.02	943.	699.	584.	512.	459.	416.	380.	347.	266.
0.35	0.05	806.	582.	478.	415.	367.	329.	297.	269.	199.
0.35	0.10	697.	491.	397.	339.	297.	264.	235.	211.	151.
0.35	0.20	582.	396.	313.	263.	227.	198.	174.	154.	105.
0.40	0.01	489.	370.	314.	279.	252.	231.	212.	196.	155.
0.40	0.02	443.	330.	278.	245.	220.	200.	183.	168.	131.
0.40	0.05	379.	276.	229.	199.	178.	160.	145.	132.	100.
0.40	0.10	329.	234.	191.	164.	145.	129.	116.	105.	77.
0.40	0.20	276.	190.	152.	129.	112.	99.	88.	78.	55.
0.45	0.01	287.	219.	186.	166.	151.	138.	128.	118.	94.
0.45	0.02	260.	196.	165.	146.	132.	121.	111.	102.	80.
0.45	0.05	224.	164.	137.	120.	107.	97.	88.	81.	62.
0.45	0.10	194.	140.	115.	99.	88.	79.	72.	65.	49.
0.45	0.20	163.	114.	92.	79.	69.	61.	55.	49.	36.
0.50	0.01	190.	146.	125.	111.	102.	93.	87.	80.	65.
0.50	0.02	173.	130.	111.	98.	89.	82.	75.	70.	55.
0.50	0.05	148.	110.	92.	81.	73.	66.	61.	56.	43.
0.50	0.10	129.	94.	78.	68.	60.	54.	49.	45.	34.
0.50	0.20	109.	77.	63.	54.	48.	43.	38.	35.	26.
0.55	0.01	135.	104.	90.	80.	74.	68.	63.	59.	48.
0.55	0.02	123.	94.	80.	71.	65.	60.	55.	51.	41.
0.55	0.05	106.	79.	67.	59.	53.	49.	45.	41.	32.
0.55	0.10	92.	68.	56.	49.	44.	40.	37.	34.	26.
0.55	0.20	78.	56.	46.	40.	35.	32.	29.	26.	20.
0.60	0.01	101.	79.	68.	61.	56.	52.	48.	45.	37.
0.60	0.02	92.	71.	60.	54.	49.	46.	42.	39.	32.

Tafel 43 (Fortsetzung)

$\pi_1 = 0.25$

π_2	Alpha	0.99	0.95	0.90	0.85	0.80	0.75	0.70	0.65	0.50
0.60	0.05	79.	60.	51.	45.	41.	37.	34.	32.	25.
0.60	0.10	69.	51.	43.	38.	34.	31.	28.	26.	21.
0.60	0.20	59.	42.	35.	31.	27.	25.	23.	21.	16.
0.65	0.01	78.	61.	53.	48.	44.	41.	38.	36.	30.
0.65	0.02	71.	55.	47.	43.	39.	36.	34.	31.	26.
0.65	0.05	61.	47.	40.	35.	32.	30.	28.	26.	21.
0.65	0.10	54.	40.	34.	30.	27.	25.	23.	21.	17.
0.65	0.20	45.	33.	28.	24.	22.	20.	18.	17.	13.
0.70	0.01	62.	49.	43.	39.	36.	33.	31.	29.	24.
0.70	0.02	56.	44.	38.	34.	32.	29.	27.	26.	21.
0.70	0.05	49.	37.	32.	29.	26.	24.	23.	21.	17.
0.70	0.10	43.	32.	27.	24.	22.	20.	19.	18.	14.
0.70	0.20	36.	27.	23.	20.	18.	16.	15.	14.	11.
0.75	0.01	50.	40.	35.	32.	29.	27.	26.	24.	20.
0.75	0.02	45.	36.	31.	28.	26.	24.	23.	21.	18.
0.75	0.05	39.	30.	26.	24.	22.	20.	19.	18.	15.
0.75	0.10	34.	26.	22.	20.	18.	17.	16.	15.	12.
0.75	0.20	29.	22.	19.	17.	15.	14.	13.	12.	10.
0.80	0.01	41.	33.	29.	26.	24.	23.	22.	20.	17.
0.80	0.02	37.	29.	26.	24.	22.	20.	19.	18.	15.
0.80	0.05	32.	25.	22.	20.	18.	17.	16.	15.	12.
0.80	0.10	28.	22.	19.	17.	16.	14.	13.	13.	10.
0.80	0.20	24.	18.	16.	14.	13.	12.	11.	10.	8.
0.85	0.01	33.	27.	24.	22.	21.	19.	18.	17.	15.
0.85	0.02	30.	24.	22.	20.	18.	17.	16.	15.	13.
0.85	0.05	26.	21.	18.	17.	15.	14.	14.	13.	11.
0.85	0.10	23.	18.	16.	14.	13.	12.	12.	11.	9.
0.85	0.20	20.	15.	13.	12.	11.	10.	9.	9.	7.
0.90	0.01	27.	23.	20.	19.	18.	17.	16.	15.	13.
0.90	0.02	25.	20.	18.	17.	16.	15.	14.	13.	12.
0.90	0.05	22.	17.	15.	14.	13.	12.	12.	11.	10.
0.90	0.10	19.	15.	13.	12.	11.	11.	10.	9.	8.
0.90	0.20	16.	13.	11.	10.	9.	9.	8.	8.	7.
0.95	0.01	23.	19.	17.	16.	15.	14.	14.	13.	12.
0.95	0.02	21.	17.	15.	14.	13.	13.	12.	12.	10.
0.95	0.05	18.	15.	13.	12.	11.	11.	10.	10.	9.
0.95	0.10	16.	13.	11.	10.	10.	9.	9.	8.	7.
0.95	0.20	13.	11.	10.	9.	8.	8.	7.	7.	6.

$\pi_1 = 0.30$

π_2	Alpha	0.99	0.95	0.90	0.85	0.80	0.75	0.70	0.65	0.50
0.35	0.01	4291.	3202.	2688.	2367.	2127.	1932.	1765.	1617.	1243.
0.35	0.02	3873.	2844.	2361.	2062.	1839.	1658.	1504.	1369.	1028.
0.35	0.05	3299.	2357.	1921.	1653.	1455.	1296.	1161.	1043.	752.
0.35	0.10	2843.	1976.	1580.	1339.	1163.	1022.	904.	801.	552
0.35	0.20	2360.	1580.	1230.	1020.	868.	749.	649.	564.	364.
0.40	0.01	1127.	847.	714.	631.	569.	519.	476.	437.	341.

Tafel 43 (Fortsetzung)

π_2	Alpha	0.99	0.95	0.90	0.85	0.80	0.75	0.70	0.65	0.50
					$\pi_1 = 0.30$					
0.40	0.02	1019.	754.	629.	552.	494.	448.	408.	373.	285.
0.40	0.05	870.	628.	515.	446.	395.	354.	319.	288.	213.
0.40	0.10	752.	529.	427.	365.	319.	283.	252.	225.	161.
0.40	0.20	627.	426.	336.	282.	243.	212.	186.	164.	111.
0.45	0.01	521.	394.	334.	296.	268.	245.	225.	208.	164.
0.45	0.02	472.	351.	295.	260.	234.	212.	194.	178.	138.
0.45	0.05	404.	294.	243.	211.	188.	169.	153.	140.	105.
0.45	0.10	350.	249.	202.	174.	153.	137.	123.	111.	81.
0.45	0.20	293.	202.	161.	136.	118.	104.	92.	82.	58.
0.50	0.01	302.	230.	196.	174.	158.	145.	134.	124.	99.
0.50	0.02	274.	205.	173.	153.	138.	126.	116.	107.	84.
0.50	0.05	235.	172.	143.	125.	112.	101.	92.	84.	65.
0.50	0.10	204.	146.	120.	104.	92.	83.	75.	68.	50.
0.50	0.20	171.	120.	96.	82.	72.	64.	57.	51.	37.
0.55	0.01	198.	151.	129.	116.	105.	97.	90.	83.	67.
0.55	0.02	179.	136.	115.	102.	92.	85.	78.	72.	57.
0.55	0.05	154.	114.	95.	84.	75.	68.	63.	57.	45.
0.55	0.10	134.	97.	80.	70.	62.	56.	51.	46.	35.
0.55	0.20	113.	80.	65.	56.	49.	44.	39.	36.	26.
0.60	0.01	139.	107.	92.	83.	76.	70.	65.	60.	49.
0.60	0.02	127.	96.	82.	73.	67.	61.	56.	52.	42.
0.60	0.05	109.	81.	68.	60.	54.	50.	46.	42.	33.
0.60	0.10	95.	69.	58.	51.	45.	41.	37.	34.	27.
0.60	0.20	80.	57.	47.	41.	36.	32.	29.	27.	20.
0.65	0.01	103.	80.	69.	62.	57.	53.	49.	46.	38.
0.65	0.02	94.	72.	62.	55.	50.	46.	43.	40.	32.
0.65	0.05	81.	61.	51.	46.	41.	38.	35.	32.	26.
0.65	0.10	70.	52.	44.	38.	35.	31.	29.	27.	21.
0.65	0.20	60.	43.	36.	31.	28.	25.	23.	21.	16.
0.70	0.01	79.	62.	53.	48.	44.	41.	39.	36.	30.
0.70	0.02	72.	55.	48.	43.	39.	36.	34.	32.	26.
0.70	0.05	62.	47.	40.	36.	33.	30.	28.	26.	21.
0.70	0.10	54.	40.	34.	30.	27.	25.	23.	21.	17.
0.70	0.20	46.	34.	28.	25.	22.	20.	18.	17.	13.
0.75	0.01	62.	49.	43.	39.	36.	33.	31.	29.	24.
0.75	0.02	56.	44.	38.	34.	32.	29.	27.	26.	21.
0.75	0.05	49.	37.	32.	29.	26.	24.	23.	21.	17.
0.75	0.10	43.	32.	27.	24.	22.	20.	19.	18.	14.
0.75	0.20	36.	27.	23.	20.	18.	16.	15.	14.	11.
0.80	0.01	49.	39.	34.	31.	29.	27.	26.	24.	20.
0.80	0.02	45.	35.	31.	28.	26.	24.	23.	21.	18.
0.80	0.05	39.	30.	26.	23.	22.	20.	19.	17.	15.
0.80	0.10	34.	26.	22.	20.	18.	17.	16.	15.	12.
0.80	0.20	29.	22.	18.	16.	15.	14.	13.	12.	10.
0.85	0.01	40.	32.	28.	26.	24.	23.	21.	20.	17.
0.85	0.02	36.	29.	25.	23.	21.	20.	19.	18.	15.
0.85	0.05	31.	25.	21.	19.	18.	17.	16.	15.	12.
0.85	0.10	27.	21.	18.	17.	15.	14.	13.	12.	10.
0.85	0.20	23.	18.	15.	14.	13.	12.	11.	10.	8.
0.90	0.01	32.	26.	23.	22.	20.	19.	18.	17.	15.

Tafel 43 (Fortsetzung)

$\pi_1 = 0.30$

π_2	Alpha	0.99	0.95	0.90	0.85	0.80	0.75	0.70	0.65	0.50
0.90	0.02	29.	24.	21.	19.	18.	17.	16.	15.	13.
0.90	0.05	25.	20.	18.	16.	15.	14.	13.	13.	11.
0.90	0.10	22.	18.	15.	14.	13.	12.	11.	11.	9.
0.90	0.20	19.	15.	13.	12.	11.	10.	9.	9.	7.
0.95	0.01	26.	22.	19.	18.	17.	16.	15.	15.	13.
0.95	0.02	24.	20.	18.	16.	15.	14.	14.	13.	11.
0.95	0.05	21.	17.	15.	14.	13.	12.	11.	11.	9.
0.95	0.10	18.	15.	13.	12.	11.	10.	10.	9.	8.
0.95	0.20	16.	12.	11.	10.	9.	9.	8.	8.	7.

$\pi_1 = 0.35$

π_2	Alpha	0.99	0.95	0.90	0.85	0.80	0.75	0.70	0.65	0.50
0.40	0.01	4580.	3416.	2867.	2524.	2268.	2059.	1880.	1723.	1323.
0.40	0.02	4133.	3033.	2518.	2198.	1960.	1766.	1602.	1457.	1093.
0.40	0.05	3519.	2513.	2047.	1761.	1549.	1379.	1235.	1109.	798.
0.40	0.10	3032.	2106.	1683.	1425.	1237.	1086.	960.	851.	585.
0.40	0.20	2516.	1682.	1309.	1085.	923.	795.	689.	598.	384.
0.45	0.01	1187.	891.	751.	664.	598.	545.	500.	459.	357.
0.45	0.02	1073.	793.	662.	580.	520.	470.	428.	391.	298.
0.45	0.05	916.	660.	542.	469.	415.	371.	334.	302.	223.
0.45	0.10	792.	556.	448.	383.	335.	296.	264.	236.	167.
0.45	0.20	660.	448.	353.	295.	254.	221.	194.	171.	115.
0.50	0.01	543.	410.	347.	308.	278.	254.	234.	216.	170.
0.50	0.02	491.	365.	307.	270.	243.	220.	202.	185.	143.
0.50	0.05	420.	305.	252.	219.	195.	176.	159.	144.	108.
0.50	0.10	364.	258.	210.	180.	159.	141.	127.	114.	83.
0.50	0.20	305.	209.	167.	141.	122.	107.	95.	85.	59.
0.55	0.01	311.	237.	201.	179.	162.	149.	137.	127.	101.
0.55	0.02	282.	211.	178.	158.	142.	130.	119.	110.	86.
0.55	0.05	242.	177.	147.	129.	115.	104.	95.	86.	66.
0.55	0.10	210.	151.	123.	107.	94.	85.	76.	69.	52.
0.55	0.20	176.	123.	99.	84.	74.	65.	58.	52.	38.
0.60	0.01	202.	154.	132.	118.	107.	99.	91.	85.	68.
0.60	0.02	183.	138.	117.	104.	94.	86.	79.	73.	58.
0.60	0.05	157.	116.	97.	85.	77.	70.	64.	58.	45.
0.60	0.10	137.	99.	82.	71.	63.	57.	52.	47.	36.
0.60	0.20	115.	81.	66.	57.	50.	44.	40.	36.	27.
0.65	0.01	141.	108.	93.	83.	76.	70.	65.	61.	49.
0.65	0.02	128.	97.	83.	74.	67.	62.	57.	53.	42.
0.65	0.05	110.	82.	69.	61.	55.	50.	46.	42.	33.
0.65	0.10	96.	70.	58.	51.	46.	41.	38.	35.	27.
0.65	0.20	81.	58.	47.	41.	36.	33.	29.	27.	20.
0.70	0.01	103.	80.	69.	62.	57.	53.	49.	46.	38.
0.70	0.02	94.	72.	62.	55.	50.	46.	43.	40.	32.
0.70	0.05	81.	61.	51.	46.	41.	38.	35.	32.	26.
0.70	0.10	70.	52.	44.	38.	35.	31.	29.	27.	21.
0.70	0.20	60.	43.	36.	31.	28.	25.	23.	21.	16.

Tafel 43 (Fortsetzung)

$$\pi_1 = 0.35$$

π_2	Alpha	0.99	0.95	0.90	0.85	0.80	0.75	0.70	0.65	0.50
0.75	0.01	78.	61.	53.	48.	44.	41.	38.	36.	30.
0.75	0.02	71.	55.	47.	43.	39.	36.	34.	31.	26.
0.75	0.05	61.	47.	40.	35.	32.	30.	28.	26.	21.
0.75	0.10	54.	40.	34.	30.	27.	25.	23.	21.	17.
0.75	0.20	45.	33.	28.	24.	22.	20.	18.	17.	13.
0.80	0.01	61.	48.	42.	38.	35.	33.	31.	29.	24.
0.80	0.02	55.	43.	37.	34.	31.	29.	27.	25.	21.
0.80	0.05	48.	37.	31.	28.	26.	24.	22.	21.	17.
0.80	0.10	42.	32.	27.	24.	22.	20.	19.	17.	14.
0.80	0.20	35.	26.	22.	20.	18.	16.	15.	14.	11.
0.85	0.01	48.	38.	33.	31.	28.	27.	25.	24.	20.
0.85	0.02	44.	34.	30.	27.	25.	24.	22.	21.	17.
0.85	0.05	38.	29.	25.	23.	21.	20.	18.	17.	14.
0.85	0.10	33.	25.	22.	20.	18.	17.	15.	14.	12.
0.85	0.20	28.	21.	18.	16.	15.	13.	12.	12.	9.
0.90	0.01	38.	31.	27.	25.	23.	22.	21.	20.	17.
0.90	0.02	35.	28.	24.	22.	21.	19.	18.	17.	15.
0.90	0.05	30.	24.	21.	19.	17.	16.	15.	14.	12.
0.90	0.10	26.	21.	18.	16.	15.	14.	13.	12.	10.
0.90	0.20	23.	17.	15.	13.	12.	11.	11.	10.	8.
0.95	0.01	31.	25.	22.	21.	19.	18.	17.	16.	14.
0.95	0.02	28.	23.	20.	18.	17.	16.	15.	15.	13.
0.95	0.05	24.	19.	17.	16.	15.	14.	13.	12.	10.
0.95	0.10	21.	17.	15.	13.	12.	12.	11.	10.	9.
0.95	0.20	18.	14.	12.	11.	10.	10.	9.	9.	7.

$$\pi_1 = 0.40$$

π_2	Alpha	0.99	0.95	0.90	0.85	0.80	0.75	0.70	0.65	0.50
0.45	0.01	4772.	3559.	2986.	2628.	2361.	2144.	1957.	1793.	1376.
0.45	0.02	4306.	3159.	2622.	2288.	2040.	1839.	1667.	1516.	1137.
0.45	0.05	3666.	2617.	2131.	1833.	1612.	1435.	1285.	1153.	829.
0.45	0.10	3158.	2192.	1752.	1483.	1286.	1130.	998.	884.	606.
0.45	0.20	2620.	1751.	1362.	1128.	959.	825.	715.	620.	397.
0.50	0.01	1223.	918.	774.	683.	616.	561.	514.	473.	367.
0.50	0.02	1106.	817.	681.	597.	535.	484.	441.	402.	307.
0.50	0.05	944.	680.	557.	482.	426.	382.	344.	311.	228.
0.50	0.10	816.	572.	461.	393.	344.	304.	271.	242.	172.
0.50	0.20	680.	461.	362.	303.	261.	227.	199.	175.	118.
0.55	0.01	553.	418.	354.	313.	283.	259.	238.	220.	173.
0.55	0.02	501.	372.	312.	275.	247.	224.	205.	188.	145.
0.55	0.05	429.	311.	257.	223.	199.	179.	162.	147.	110.
0.55	0.10	371.	263.	214.	184.	162.	144.	129.	116.	85.
0.55	0.20	310.	213.	170.	143.	124.	109.	97.	86.	60.
0.60	0.01	314.	239.	203.	181.	164.	150.	139.	128.	102.
0.60	0.02	285.	213.	180.	159.	143.	131.	120.	110.	86.
0.60	0.05	244.	179.	149.	130.	116.	105.	95.	87.	67.
0.60	0.10	212.	152.	124.	108.	95.	85.	77.	70.	52.

Tafel 43 (Fortsetzung)

π_2	Alpha	$\pi_1 = 0.40$ 0.99	0.95	0.90	0.85	0.80	0.75	0.70	0.65	0.50
0.60	0.20	178.	124.	99.	85.	74.	66.	59.	53.	38.
0.65	0.01	202.	154.	132.	118.	107.	99.	91.	85.	68.
0.65	0.02	183.	138.	117.	104.	94.	86.	79.	73.	58.
0.65	0.05	157.	116.	97.	85.	77.	70.	64.	58.	45.
0.65	0.10	137.	99.	82.	71.	63.	57.	52.	47.	36.
0.65	0.20	115.	81.	66.	57.	50.	44.	40.	36.	27.
0.70	0.01	139.	107.	92.	83.	76.	70.	65.	60.	49.
0.70	0.02	127.	96.	82.	73.	67.	61.	56.	52.	42.
0.70	0.05	109.	81.	68.	60.	54.	50.	46.	42.	33.
0.70	0.10	95.	69.	58.	51.	45.	41.	37.	34.	27.
0.70	0.20	80.	57.	47.	41.	36.	32.	29.	27.	20.
0.75	0.01	101.	79.	68.	61.	56.	52.	48.	45.	37.
0.75	0.02	92.	71.	60.	54.	49.	46.	42.	39.	32.
0.75	0.05	79.	60.	51.	45.	41.	37.	34.	32.	25.
0.75	0.10	69.	51.	43.	38.	34.	31.	28.	26.	21.
0.75	0.20	59.	42.	35.	31.	27.	25.	23.	21.	16.
0.80	0.01	76.	59.	52.	47.	43.	40.	37.	35.	29.
0.80	0.02	69.	53.	46.	42.	38.	35.	33.	31.	25.
0.80	0.05	60.	45.	39.	35.	32.	29.	27.	25.	20.
0.80	0.10	52.	39.	33.	29.	27.	24.	22.	21.	17.
0.80	0.20	44.	32.	27.	24.	21.	20.	18.	16.	13.
0.85	0.01	58.	46.	40.	37.	34.	32.	30.	28.	23.
0.85	0.02	53.	42.	36.	33.	30.	28.	26.	25.	20.
0.85	0.05	46.	35.	30.	27.	25.	23.	22.	20.	17.
0.85	0.10	40.	31.	26.	23.	21.	20.	18.	17.	14.
0.85	0.20	34.	25.	21.	19.	17.	16.	15.	14.	11.
0.90	0.01	45.	36.	32.	29.	27.	25.	24.	23.	19.
0.90	0.02	41.	33.	29.	26.	24.	23.	21.	20.	17.
0.90	0.05	36.	28.	24.	22.	20.	19.	18.	17.	14.
0.90	0.10	31.	24.	21.	19.	17.	16.	15.	14.	12.
0.90	0.20	27.	20.	17.	15.	14.	13.	12.	11.	9.
0.95	0.01	36.	29.	26.	24.	22.	21.	20.	19.	16.
0.95	0.02	33.	26.	23.	21.	20.	19.	17.	17.	14.
0.95	0.05	28.	22.	20.	18.	17.	16.	15.	14.	12.
0.95	0.10	25.	19.	17.	15.	14.	13.	12.	12.	10.
0.95	0.20	21.	16.	14.	13.	12.	11.	10.	10.	8.

π_2	Alpha	$\pi_1 = 0.45$ 0.99	0.95	0.90	0.85	0.80	0.75	0.70	0.65	0.50
0.50	0.01	4868.	3630.	3045.	2681.	2408.	2186.	1996.	1828.	1402.
0.50	0.02	4393.	3222.	2674.	2333.	2080.	1875.	1700.	1545.	1158.
0.50	0.05	3740.	2669.	2174.	1869.	1644.	1463.	1309.	1176.	845.
0.50	0.10	3221.	2236.	1786.	1512.	1311.	1151.	1017.	900.	617.
0.50	0.20	2672.	1785.	1388.	1149.	977.	841.	728.	631.	404.
0.55	0.01	1235.	927.	781.	690.	622.	566.	519.	477.	371.
0.55	0.02	1117.	825.	688.	603.	540.	488.	445.	406.	309.
0.55	0.05	953.	686.	563.	487.	430.	385.	347.	313.	230.

Tafel 43 (Fortsetzung)

π_2	Alpha	0.99	0.95	0.90	$\pi_1 = 0.45$ 0.85	0.80	0.75	0.70	0.65	0.50
0.55	0.10	823.	578.	465.	397.	347.	307.	273.	244.	173.
0.55	0.20	686.	465.	366.	306.	263.	229.	201.	176.	119.
0.60	0.01	553.	418.	354.	313.	283.	259.	238.	220.	173.
0.60	0.02	501.	372.	312.	275.	247.	224.	205.	188.	145.
0.60	0.05	429.	311.	257.	223.	199.	179.	162.	147.	110.
0.60	0.10	371.	263.	214.	184.	162.	144.	129.	116.	85.
0.60	0.20	310.	213.	170.	143.	124.	109.	97.	86.	60.
0.65	0.01	311.	237.	201.	179.	162.	149.	137.	127.	101.
0.65	0.02	282.	211.	178.	158.	142.	130.	119.	110.	86.
0.65	0.05	242.	177.	147.	129.	115.	104.	95.	86.	66.
0.65	0.10	210.	151.	123.	107.	94.	85.	76.	69.	52.
0.65	0.20	176.	123.	99.	84.	74.	65.	58.	52.	38.
0.70	0.01	198.	151.	129.	116.	105.	97.	90.	83.	67.
0.70	0.02	179.	136.	115.	102.	92.	85.	78.	72.	57.
0.70	0.05	154.	114.	95.	84.	75.	68.	63.	57.	45.
0.70	0.10	134.	97.	80.	70.	62.	56.	51.	46.	35.
0.70	0.20	113.	80.	65.	56.	49.	44.	39.	36.	26.
0.75	0.01	135.	104.	90.	80.	74.	68.	63.	59.	48.
0.75	0.02	123.	94.	80.	71.	65.	60.	55.	51.	41.
0.75	0.05	106.	79.	67.	59.	53.	49.	45.	41.	32.
0.75	0.10	92.	68.	56.	49.	44.	40.	37.	34.	26.
0.75	0.20	78.	56.	46.	40.	35.	32.	29.	26.	20.
0.80	0.01	97.	76.	65.	59.	54.	50.	47.	44.	36.
0.80	0.02	88.	68.	58.	52.	48.	44.	41.	38.	31.
0.80	0.05	76.	58.	49.	43.	39.	36.	33.	31.	25.
0.80	0.10	67.	49.	42.	37.	33.	30.	28.	26.	20.
0.80	0.20	56.	41.	34.	30.	27.	24.	22.	20.	16.
0.85	0.01	72.	57.	49.	45.	41.	38.	36.	34.	28.
0.85	0.02	66.	51.	44.	40.	36.	34.	32.	30.	24.
0.85	0.05	57.	43.	37.	33.	30.	28.	26.	24.	20.
0.85	0.10	50.	37.	32.	28.	26.	23.	22.	20.	16.
0.85	0.20	42.	31.	26.	23.	21.	19.	17.	16.	13.
0.90	0.01	55.	43.	38.	35.	32.	30.	28.	27.	22.
0.90	0.02	50.	39.	34.	31.	29.	27.	25.	23.	20.
0.90	0.05	43.	33.	29.	26.	24.	22.	21.	19.	16.
0.90	0.10	38.	29.	25.	22.	20.	19.	17.	16.	13.
0.90	0.20	32.	24.	20.	18.	17.	15.	14.	13.	11.
0.95	0.01	42.	34.	30.	27.	25.	24.	23.	21.	18.
0.95	0.02	38.	31.	27.	24.	23.	21.	20.	19.	16.
0.95	0.05	33.	26.	23.	21.	19.	18.	17.	16.	13.
0.95	0.10	29.	23.	20.	18.	16.	15.	14.	13.	11.
0.95	0.20	25.	19.	16.	15.	13.	12.	12.	11.	9.

Tafel 43 (Fortsetzung)

π_2	Alpha	0.99	0.95	0.90	$\pi_1 = 0.50$ 0.85	0.80	0.75	0.70	0.65	0.50
0.55	0.01	4868.	3630.	3045.	2681.	2408.	2186.	1996.	1828.	1402.
0.55	0.02	4393.	3222.	2674.	2333.	2080.	1875.	1700.	1545.	1158.
0.55	0.05	3740.	2669.	2174.	1869.	1644.	1463.	1309.	1176.	845.
0.55	0.10	3221.	2236.	1786.	1512.	1311.	1151.	1017.	900.	617.
0.55	0.20	2672.	1785.	1388.	1149.	977.	841.	728.	631.	404.
0.60	0.01	1223.	918.	774.	683.	616.	561.	514.	473.	367.
0.60	0.02	1106.	817.	681.	597.	535.	484.	441.	402.	307.
0.60	0.05	944.	680.	557.	482.	426.	382.	344.	311.	228.
0.60	0.10	816.	572.	461.	393.	344.	304.	271.	242.	172.
0.60	0.20	680.	461.	362.	303.	261.	227.	199.	175.	118.
0.65	0.01	543.	410.	347.	308.	278.	254.	234.	216.	170.
0.65	0.02	491.	365.	307.	270.	243.	220.	202.	185.	143.
0.65	0.05	420.	305.	252.	219.	195.	176.	159.	144.	108.
0.65	0.10	364.	258.	210.	180.	159.	141.	127.	114.	83.
0.65	0.20	305.	209.	167.	141.	122.	101.	92.	84.	65.
0.70	0.01	302.	230.	196.	174.	158.	145.	134.	124.	99.
0.70	0.02	274.	205.	173.	153.	138.	126.	116.	107.	84.
0.70	0.05	235.	172.	143.	125.	112.	107.	95.	85.	59.
0.70	0.10	204.	146.	120.	104.	92.	83.	75.	68.	50.
0.70	0.20	171.	120.	96.	82.	72.	64.	57.	51.	37.
0.75	0.01	190.	146.	125.	111.	102.	93.	87.	80.	65.
0.75	0.02	173.	130.	111.	98.	89.	82.	75.	70.	55.
0.75	0.05	148.	110.	92.	81.	73.	66.	61.	56.	43.
0.75	0.10	129.	94.	78.	68.	60.	54.	49.	45.	34.
0.75	0.20	109.	77.	63.	54.	48.	43.	38.	35.	26.
0.80	0.01	129.	99.	86.	77.	70.	65.	60.	56.	46.
0.80	0.02	117.	89.	76.	68.	62.	57.	53.	49.	40.
0.80	0.05	101.	75.	64.	56.	51.	47.	43.	40.	31.
0.80	0.10	88.	65.	54.	47.	42.	39.	35.	32.	25.
0.80	0.20	74.	53.	44.	38.	34.	31.	28.	25.	19.
0.85	0.01	91.	71.	62.	56.	51.	47.	44.	41.	34.
0.85	0.02	83.	64.	55.	49.	45.	42.	39.	36.	30.
0.85	0.05	72.	54.	46.	41.	37.	34.	32.	30.	24.
0.85	0.10	63.	47.	39.	35.	31.	29.	26.	24.	19.
0.85	0.20	53.	39.	32.	28.	25.	23.	21.	19.	15.
0.90	0.01	67.	53.	46.	42.	39.	36.	34.	32.	26.
0.90	0.02	61.	48.	41.	37.	34.	32.	30.	28.	23.
0.90	0.05	53.	40.	35.	31.	29.	26.	25.	23.	19.
0.90	0.10	46.	35.	30.	26.	24.	22.	21.	19.	15.
0.90	0.20	39.	29.	25.	22.	20.	18.	17.	15.	12.
0.95	0.01	50.	40.	35.	32.	30.	28.	26.	25.	21.
0.95	0.02	45.	36.	31.	29.	27.	25.	23.	22.	18.
0.95	0.05	39.	31.	27.	24.	22.	21.	19.	18.	15.
0.95	0.10	35.	27.	23.	21.	19.	18.	16.	15.	13.
0.95	0.20	30.	22.	19.	17.	16.	14.	13.	12.	10.

Tafel 43 (Fortsetzung)

$$\pi_1 = 0.55$$

π_2	Alpha	0.99	0.95	0.90	0.85	0.80	0.75	0.70	0.65	0.50
0.60	0.01	4772.	3559.	2986.	2628.	2361.	2144.	1957.	1793.	1376.
0.60	0.02	4306.	3159.	2622.	2288.	2040.	1839.	1667.	1516.	1137.
0.60	0.05	3666.	2617.	2131.	1833.	1612.	1435.	1285.	1153.	829.
0.60	0.10	3158.	2192.	1752.	1483.	1286.	1130.	998.	884.	606.
0.60	0.20	2620.	1751.	1362.	1128.	959.	825.	715.	620.	397.
0.65	0.01	1187.	891.	751.	664.	598.	545.	500.	459.	357.
0.65	0.02	1073.	793.	662.	580.	520.	470.	428.	391.	298.
0.65	0.05	916.	660.	542.	469.	415.	371.	334.	302.	223.
0.65	0.10	792.	556.	448.	383.	335.	296.	264.	236.	167.
0.65	0.20	660.	448.	353.	295.	254.	221.	194.	178.	138
0.70	0.01	521.	394.	334.	296.	268.	245.	225.	208.	164.
0.70	0.02	472.	351.	295.	260.	234.	212.	194.	171.	115.
0.70	0.05	404.	294.	243.	211.	188.	169.	153.	140.	105.
0.70	0.10	350.	249.	202.	174.	153.	137.	123.	111.	81.
0.70	0.20	293.	202.	161.	136.	118.	104.	92.	82.	58.
0.75	0.01	287.	219.	186.	166.	151.	138.	128.	118.	94.
0.75	0.02	260.	196.	165.	146.	132.	121.	111.	102.	80.
0.75	0.05	224.	164.	137.	120.	107.	97.	88.	81.	62.
0.75	0.10	194.	140.	115.	99.	88.	79.	72.	65.	49.
0.75	0.20	163.	114.	92.	79.	69.	61.	55.	49.	36.
0.80	0.01	179.	137.	117.	105.	96.	88.	82.	76.	62.
0.80	0.02	162.	123.	104.	93.	84.	77.	71.	66.	53.
0.80	0.05	139.	104.	87.	77.	69.	63.	58.	53.	41.
0.80	0.10	122.	89.	73.	64.	57.	52.	47.	43.	33.
0.80	0.20	103.	73.	59.	51.	45.	41.	37.	33.	25.
0.85	0.01	119.	92.	80.	72.	66.	61.	57.	53.	43.
0.85	0.02	108.	83.	71.	64.	58.	53.	50.	46.	37.
0.85	0.05	94.	70.	60.	53.	48.	44.	40.	37.	30.
0.85	0.10	82.	60.	51.	44.	40.	36.	33.	31.	24.
0.85	0.20	69.	50.	41.	36.	32.	29.	26.	24.	19.
0.90	0.01	83.	65.	57.	51.	47.	44.	41.	39.	32.
0.90	0.02	76.	59.	51.	46.	42.	39.	36.	34.	28.
0.90	0.05	66.	50.	43.	38.	35.	32.	30.	28.	22.
0.90	0.10	57.	43.	36.	32.	29.	27.	25.	23.	18.
0.90	0.20	49.	36.	30.	26.	24.	22.	20.	18.	15.
0.95	0.01	60.	48.	42.	38.	35.	33.	31.	29.	25.
0.95	0.02	55.	43.	37.	34.	31.	29.	27.	26.	22.
0.95	0.05	47.	37.	32.	29.	26.	24.	23.	21.	18.
0.95	0.10	42.	32.	27.	24.	22.	21.	19.	18.	15.
0.95	0.20	36.	27.	23.	20.	18.	17.	16.	14.	12.

$$\pi_1 = 0.60$$

π_2	Alpha	0.99	0.95	0.90	0.85	0.80	0.75	0.70	0.65	0.50
0.65	0.01	4580.	3416.	2867.	2524.	2268.	2059.	1880.	1723.	1323.
0.65	0.02	4133.	3033.	2518.	2198.	1960.	1766.	1602.	1457.	1093.
0.65	0.05	3519.	2513.	2047.	1761.	1549.	1379.	1235.	1109.	798.
0.65	0.10	3032.	2106.	1683.	1425.	1237.	1086.	960.	951.	585.

Tafel 43 (Fortsetzung)

		$\pi_1 = 0.60$								
π_2	Alpha	0.99	0.95	0.90	0.85	0.80	0.75	0.70	0.65	0.50
0.65	0.20	2516.	1682.	1309.	1085.	923.	795.	689.	598.	384.
0.70	0.01	1127.	847.	714.	631.	569.	519.	476.	437.	341.
0.70	0.02	1019.	754.	629.	552.	494.	448.	408.	373.	285.
0.70	0.05	870.	628.	515.	446.	395.	354.	319.	288.	213.
0.70	0.10	752.	529.	427.	365.	319.	283.	252.	225.	161.
0.70	0.20	627.	426.	336.	282.	243.	212.	186.	164.	111.
0.75	0.01	489.	370.	314.	279.	252.	231.	212.	196.	155.
0.75	0.02	443.	330.	278.	245.	220.	200.	183.	168.	131.
0.75	0.05	379.	276.	229.	199.	178.	160.	145.	132.	100.
0.75	0.10	329.	234.	191.	164.	145.	129.	116.	105.	77.
0.75	0.20	276.	190.	152.	129.	112.	99.	88.	78.	55.
0.80	0.01	266.	203.	173.	154.	140.	129.	119.	111.	89.
0.80	0.02	241.	182.	154.	136.	123.	113.	104.	96.	75.
0.80	0.05	207.	153.	127.	112.	100.	91.	83.	76.	59.
0.80	0.10	180.	130.	107.	93.	83.	74.	67.	61.	46.
0.80	0.20	152.	107.	86.	74.	65.	58.	52.	47.	34.
0.85	0.01	163.	126.	108.	97.	88.	82.	76.	70.	57.
0.85	0.02	148.	113.	96.	86.	78.	72.	66.	61.	49.
0.85	0.05	128.	95.	80.	71.	64.	58.	54.	49.	39.
0.85	0.10	111.	82.	68.	59.	53.	48.	44.	40.	31.
0.85	0.20	94.	67.	55.	48.	42.	38.	34.	31.	24.
0.90	0.01	107.	83.	72.	65.	60.	55.	52.	48.	40.
0.90	0.02	98.	75.	65.	58.	53.	49.	45.	42.	35.
0.90	0.05	84.	64.	54.	48.	44.	40.	37.	34.	28.
0.90	0.10	74.	55.	46.	41.	37.	34.	31.	29.	23.
0.90	0.20	63.	46.	38.	33.	30.	27.	25.	23.	18.
0.95	0.01	74.	58.	51.	46.	42.	40.	37.	35.	29.
0.95	0.02	67.	52.	45.	41.	38.	35.	33.	31.	26.
0.95	0.05	58.	45.	38.	34.	32.	29.	27.	25.	21.
0.95	0.10	51.	39.	33.	29.	27.	25.	23..	21.	17.
0.95	0.20	43.	32.	27.	24.	22.	20.	18.	17.	14

		$\pi_1 = 0.65$								
π_2	Alpha	0.99	0.95	0.90	0.85	0.80	0.75	0.70	0.65	0.50
0.70	0.01	4291.	3202.	2688.	2367.	2127.	1932.	1765.	1617.	1243.
0.70	0.02	3873.	2844.	2361.	2062.	1839.	1658.	1504.	1369.	1028.
0.70	0.05	3299.	2357.	1921.	1653.	1455.	1296.	1161.	1043.	752.
0.70	0.10	2843.	1976.	1580.	1339.	1163.	1022.	904.	801.	552.
0.70	0.20	2360.	1580.	1230.	1020.	868.	749.	649.	564.	364.
0.75	0.01	1043.	784.	662.	585.	528.	482.	442.	407.	317.
0.75	0.02	943.	699.	584.	512.	459.	416.	380.	347.	266.
0.75	0.05	806.	582.	478.	415.	367.	329.	297.	269.	199.
0.75	0.10	697.	491.	397.	339.	297.	264.	235.	211.	151.
0.75	0.20	582.	396.	313.	263.	227.	198.	174.	154.	105.
0.80	0.01	446.	338.	287.	255.	231.	212.	195.	180.	143.
0.80	0.02	404.	302.	254.	225.	202.	184.	169.	155.	121.
0.80	0.05	347.	253.	210.	183.	163.	148.	134.	122.	93.

Tafel 43 (Fortsetzung)

$\pi_1 = 0.65$

π_2	Alpha	0.99	0.95	0.90	0.85	0.80	0.75	0.70	0.65	0.50
0.80	0.10	301.	215.	176.	152.	134.	120.	108.	97.	72.
0.80	0.20	252.	175.	140.	119.	104.	92.	82.	73.	52.
0.85	0.01	239.	183.	156.	140.	127.	117.	108.	101.	81.
0.85	0.02	217.	164.	139.	123.	112.	102.	94.	87.	69.
0.85	0.05	187.	138.	116.	102.	91.	83.	76.	70.	54.
0.85	0.10	163.	118.	97.	85.	76.	68.	62.	56.	43.
0.85	0.20	137.	97.	79.	68.	60.	53.	48.	43.	32.
0.90	0.01	144.	111.	96.	86.	79.	73.	68.	63.	52.
0.90	0.02	131.	100.	86.	76.	70.	64.	60.	55.	45.
0.90	0.05	113.	85.	72.	64.	57.	53.	48.	45.	36.
0.90	0.10	99.	73.	61.	54.	48.	44.	40.	37.	29.
0.90	0.20	84.	60.	50.	43.	39.	35.	32.	29.	22.
0.95	0.01	92.	73.	63.	57.	53.	49.	46.	43.	36.
0.95	0.02	84.	65.	56.	51.	47.	43.	40.	38.	31.
0.95	0.05	73.	56.	48.	43.	39.	36.	33.	31.	25.
0.95	0.10	64.	48.	41.	36.	33.	30.	28.	26.	21.
0.95	0.20	55.	40.	34.	30.	27.	24.	22.	21.	16.

$\pi_1 = 0.70$

π_2	Alpha	0.99	0.95	0.90	0.85	0.80	0.75	0.70	0.65	0.50
0.75	0.01	3907.	2917.	2450.	2159.	1940.	1763.	1611.	1477.	1137.
0.75	0.02	3527.	2591.	2153.	1881.	1678.	1514.	1374.	1251.	941.
0.75	0.05	3005.	2149.	1753.	1509.	1330.	1185.	1062.	955.	690.
0.75	0.10	2590.	1803.	1443.	1224.	1064.	936.	828.	735.	508.
0.75	0.20	2151.	1443.	1125.	934.	796.	687.	597.	520.	337.
0.80	0.01	935.	704.	595.	527.	476.	434.	399.	367.	287.
0.80	0.02	846.	627.	525.	461.	414.	376.	343.	314.	241.
0.80	0.05	723.	524.	431.	374.	332.	298.	269.	244.	182.
0.80	0.10	626.	442.	358.	307.	269.	239.	214.	192.	139.
0.80	0.20	523.	358.	283.	239.	206.	181.	159.	141.	97.
0.85	0.01	393.	299.	254.	226.	205.	188.	174.	161.	128.
0.85	0.02	356.	267.	225.	199.	180.	164.	151.	139.	109.
0.85	0.05	306.	224.	186.	163.	146.	132.	120.	110.	84.
0.85	0.10	266.	191.	156.	135.	120.	108.	97.	88.	66.
0.85	0.20	223.	156.	125.	107.	94.	83.	74.	67.	48.
0.90	0.01	206.	158.	136.	122.	111.	102.	95.	88.	72.
0.90	0.02	187.	142.	121.	108.	98.	90.	83.	77.	62.
0.90	0.05	161.	120.	101.	89.	80.	73.	67.	62.	49.
0.90	0.10	141.	103.	85.	75.	67.	61.	55.	51.	39.
0.90	0.20	119.	85.	69.	60.	53.	48.	43.	39.	30.
0.95	0.01	121.	94.	81.	74.	68.	63.	58.	55.	45.
0.95	0.02	110.	85.	73.	65.	60.	55.	52.	48.	39.
0.95	0.05	95.	72.	61.	55.	50.	46.	42.	39.	32.
0.95	0.10	83.	62.	52.	46.	42.	38.	35.	33.	26.
0.95	0.20	71.	52.	43.	38.	34.	31.	28.	26.	20.

Tafel 43 (Fortsetzung)

π_2	Alpha	0.99	0.95	0.90	$\pi_1 = 0.75$ 0.85	0.80	0.75	0.70	0.65	0.50
0.80	0.01	3426.	2561.	2152.	1897.	1707.	1552.	1419.	1301.	1004.
0.80	0.02	3094.	2276.	1893.	1655.	1478.	1334.	1212.	1104.	833.
0.80	0.05	2637.	1889.	1543.	1330.	1172.	1046.	939.	845.	613.
0.80	0.10	2275.	1586.	1272.	1080.	940.	828.	734.	652.	454.
0.80	0.20	1891.	1271.	993.	826.	706.	610.	532.	464.	304.
0.85	0.01	803.	606.	513.	455.	411.	376.	346.	319.	251.
0.85	0.02	727.	541.	453.	399.	359.	326.	298.	273.	211.
0.85	0.05	622.	452.	373.	325.	289.	260.	235.	214.	160.
0.85	0.10	539.	383.	311.	267.	235.	209.	188.	169.	123.
0.85	0.20	451.	310.	247.	209.	181.	159.	141.	125.	88.
0.90	0.01	329.	251.	214.	191.	174.	160.	148.	137.	110.
0.90	0.02	298.	225.	190.	169.	153.	140.	129.	119.	94.
0.90	0.05	257.	190.	158.	139.	125.	113.	104.	95.	74.
0.90	0.10	224.	162.	133.	116.	103.	93.	84.	77.	58.
0.90	0.20	189.	133.	108.	92.	81.	73.	65.	59.	44.
0.95	0.01	167.	129.	111.	100.	92.	85.	79.	74.	61.
0.95	0.02	152.	116.	100.	89.	81.	75.	70.	65.	53.
0.95	0.05	131.	99.	84.	74.	67.	62.	57.	53.	42.
0.95	0.10	115.	85.	71.	63.	57.	52.	47.	44.	34.
0.95	0.20	98.	71.	59.	51.	46.	41.	38.	34.	27.

π_2	Alpha	0.99	0.95	0.90	$\pi_1 = 0.80$ 0.85	0.80	0.75	0.70	0.65	0.50
0.85	0.01	2849.	2133.	1795.	1584.	1426.	1298.	1188.	1091.	844.
0.85	0.02	2574.	1897.	1580.	1383.	1236.	1118.	1016.	927.	703.
0.85	0.05	2196.	1577.	1290.	1114.	984.	879.	790.	713.	521.
0.85	0.10	1896.	1326.	1066.	907.	791.	698.	620.	553.	388.
0.85	0.20	1578.	1065.	835.	697.	597.	518.	453.	397.	264.
0.90	0.01	646.	490.	416.	370.	335.	307.	283.	261.	207.
0.90	0.02	586.	438.	369.	325.	293.	267.	245.	225.	176.
0.90	0.05	503.	367.	305.	266.	237.	214.	195.	178.	135.
0.90	0.10	437.	312.	255.	220.	195.	174.	157.	142.	105.
0.90	0.20	367.	254.	204.	174.	151.	134.	119.	107.	77.
0.95	0.01	254.	195.	168.	150.	137.	127.	118.	110.	89.
0.95	0.02	231.	176.	150.	134.	121.	112.	103.	96.	77.
0.95	0.05	199.	149.	125.	111.	100.	91.	84.	77.	61.
0.95	0.10	174.	128.	106.	93.	84.	76.	69.	64.	49.
0.95	0.20	148.	106.	87.	75.	67.	60.	55.	50.	38.

Tafel 43 (Fortsetzung)

π_2	Alpha	0.99	0.95	0.90	0.85	0.80	0.75	0.70	0.65	0.50
					$\pi_1 = 0.85$					
0.90	0.01	2176.	1634.	1378.	1219.	1099.	1002.	918.	845.	658.
0.90	0.02	1968.	1456.	1215.	1066.	955.	865.	788.	721.	551.
0.90	0.05	1682.	1213.	996.	862.	764.	684.	617.	558.	412.
0.90	0.10	1454.	1023.	826.	705.	617.	547.	488.	437.	312.
0.90	0.20	1213.	825.	651.	546.	470.	410.	360.	318.	216.
0.95	0.01	466.	356.	304.	272.	247.	227.	210.	195.	157.
0.95	0.02	423.	319.	271.	240.	217.	199.	183.	169.	134.
0.95	0.05	365.	269.	225.	198.	178.	162.	148.	136.	105.
0.95	0.10	318.	230.	190.	166.	148.	133.	121.	110.	84.
0.95	0.20	269.	190.	154.	132.	117.	104.	94.	85.	63.

π_2	Alpha	0.99	0.95	0.90	0.85	0.80	0.75	0.70	0.65	0.50
					$\pi_1 = 0.90$					
0.95	0.01	1407.	1064.	902.	800.	725.	663.	610.	563.	445.
0.95	0.02	1275.	950.	798.	704.	633.	576.	527.	484.	376.
0.95	0.05	1093.	796.	659.	574.	511.	461.	418.	381.	288.
0.95	0.10	949.	676.	551.	474.	418.	374.	336.	303.	223.
0.95	0.20	796.	550.	439.	373.	324.	286.	254.	227.	161.

Tafel 44

Exakter 3×2-Feldertest. (Aus Stegie u. Wall 1974)

Die Tafel enthält die zu ausgewählten Kombinationen (Sextupeln) von 6 Kennwerten einer 3×2-Feldertafel (N, N_a, N_1, N_2, a_1, a_2) gehörigen Überschreitungswahrscheinlichkeiten P unter H_0. Die Randsummen müssen den folgenden Bedingungen genügen:

b_3	a_3	$N_3 \leq N_2 \leq N_1$
b_2	a_2	N_2
b_1	a_1	N_1
$N_b \leq N_a$		N

Gegebenenfalls muß die 3 x 2-Feldertafel entsprechend diesen Bedingungen umgeordnet werden. Die Tafel erstreckt sich von $N = 6(1)15$ über alle Sextupel mit P-Werten kleiner-gleich 0,20. Sextupel, die in der Tafel nicht verzeichnet sind, haben P-Werte Größer als 0,2.

Ablesebeispiel: Für eine 3 x 2-Feldertafel mit $N = 7$, $N_a = 5$, $N_1 = 4$, $N_2 = 2$, $a_1 = 4$ und $a_2 = 0$ lesen wir ein $P = 0,0476$ ab, womit eine auf dem 5%-Niveau signifikante Kontingenz zwischen dem ternären Zeilen- und dem binären Spalten-Mm besteht.

N	N_a	N_1	N_2	a_1	a_2	P	N	N_a	N_1	N_2	a_1	a_2	P	N	N_a	N_1	N_2	a_1	a_2	P
6	5	3	2	3	2	0.1667	8	5	4	3	4	0	0.0179	9	6	5	3	5	0	0.0119
6	4	4	1	4	0	0.0667	8	5	4	3	1	3	0.1429	9	6	5	2	5	1	0.0476
6	4	3	2	3	1	0.2000	8	5	4	2	4	1	0.0714	9	6	5	2	5	0	0.0476
6	4	3	2	3	0	0.0667	8	5	4	2	4	0	0.0714	9	6	5	2	4	2	0.1667
6	4	2	2	2	2	0.2000	8	5	3	3	3	2	0.1429	9	6	5	2	4	0	0.1667
6	4	2	2	2	0	0.2000	8	5	3	3	3	0	0.0357	9	6	4	4	4	1	0.0952
6	4	2	2	0	2	0.2000	8	5	3	3	2	3	0.1429	9	6	4	4	1	4	0.0952
6	3	3	2	3	0	0.1000	8	5	3	3	0	3	0.0357	9	6	4	3	4	0	0.0476
6	3	3	2	0	2	0.1000	8	4	5	2	4	0	0.1429	9	6	4	3	4	0	0.0119
7	6	4	2	4	2	0.1429	8	4	5	2	1	2	0.1429	9	6	4	3	3	3	0.1429
7	6	3	3	3	3	0.1429	8	4	4	3	4	0	0.0286	9	6	4	3	1	3	0.1429
7	5	5	1	5	0	0.0476	8	4	4	3	3	0	0.1429	9	6	3	3	3	3	0.0357
7	5	4	2	4	1	0.1429	8	4	4	3	1	3	0.1429	9	6	3	3	3	0	0.0357
7	5	4	2	4	0	0.0476	8	4	4	3	0	3	0.0286	9	5	7	1	5	0	0.1667
7	5	3	2	3	2	0.0952	8	4	4	2	4	0	0.0286	9	5	6	2	5	0	0.0476
7	5	3	2	3	0	0.0952	8	4	4	2	2	2	0.2000	9	5	5	3	5	0	0.0079
7	4	5	1	4	0	0.1429	8	4	4	2	2	0	0.2000	9	5	5	3	4	0	0.0873
7	4	4	2	4	0	0.0286	8	4	4	2	0	2	0.0286	9	5	5	3	2	3	0.1667
7	4	3	3	3	0	0.0571	8	4	3	3	3	0	0.0571	9	5	5	3	1	3	0.0873
7	4	3	3	0	3	0.0571	8	4	3	3	0	3	0.0571	9	5	5	2	5	0	0.0079
7	4	3	2	3	1	0.1429	9	8	6	2	6	2	0.1111	9	5	5	2	1	2	0.0476
7	4	3	2	3	0	0.1429	9	8	5	3	5	3	0.1111	9	5	4	4	4	1	0.0794
7	4	3	2	0	2	0.0286	9	8	4	4	4	4	0.1111	9	5	4	4	4	0	0.0159
8	7	5	2	5	2	0.1250	9	7	7	1	7	0	0.0278	9	5	4	4	1	4	0.0794
8	7	4	3	4	3	0.1250	9	7	6	2	6	1	0.0833	9	5	4	4	0	4	0.0159
8	6	6	1	6	0	0.0357	9	7	6	2	6	0	0.0278	9	5	4	3	4	1	0.0476
8	6	5	2	5	1	0.1071	9	7	5	3	5	2	0.1667	9	5	4	3	4	0	0.0238
8	6	5	2	5	0	0.0357	9	7	5	3	5	1	0.1667	9	5	4	3	3	0	0.0794
8	6	4	2	4	2	0.0714	9	7	5	2	5	2	0.0556	9	5	4	3	2	3	0.1270
8	6	4	2	4	0	0.0714	9	7	5	2	5	1	0.1667	9	5	4	3	1	3	0.1905
8	6	3	3	3	3	0.0357	9	7	5	2	5	0	0.0556	9	5	4	3	0	3	0.0079
8	5	6	1	5	0	0.1071	9	7	4	3	4	3	0.0278	9	5	3	3	3	2	0.1429
8	5	5	2	5	0	0.0179	9	7	4	3	4	1	0.1111	9	5	3	3	3	0	0.1429
8	5	5	2	4	0	0.1071	9	6	7	1	6	0	0.0833	9	5	3	3	2	3	0.1429
8	5	5	2	5	0	0.0179	9	6	6	2	6	0	0.0119	9	5	3	3	2	0	0.1429
8	5	5	2	4	0	0.1071	9	6	6	2	5	0	0.0833	9	5	3	3	0	3	0.1429
8	5	4	3	4	1	0.0714	9	6	5	3	5	1	0.0476	9	5	3	3	0	2	0.1429

Tafel 44 (Fortsetzung)

N	N_a	N_1	N_2	a_1	a_2	P	N	N_a	N_1	N_2	a_1	a_2	P	N	N_a	N_1	N_2	a_1	a_2	P
10	9	8	1	8	1	0.2000	10	6	5	4	5	1	0.0238	11	10	6	4	6	4	0.0909
10	9	8	1	8	0	0.2000	10	6	5	4	5	0	0.0048	11	10	6	3	6	3	0.1818
10	9	7	2	7	2	0.1000	10	6	5	4	4	1	0.1905	11	10	5	5	5	5	0.0909
10	9	6	3	6	3	0.1000	10	6	5	4	2	4	0.0952	11	10	5	4	5	4	0.1818
10	9	5	4	5	4	0.1000	10	6	5	4	1	4	0.0476	11	9	9	1	9	0	0.0182
10	9	5	3	5	3	0.2000	10	6	5	3	5	1	0.0238	11	9	8	2	8	1	0.0545
10	9	4	4	4	4	0.2000	10	6	5	3	5	0	0.0095	11	9	8	2	8	0	0.0182
10	8	8	1	8	0	0.0222	10	6	5	3	4	2	0.1905	11	9	8	2	7	2	0.2000
10	8	7	2	7	1	0.0667	10	6	5	3	4	0	0.0714	11	9	7	3	7	2	0.1091
10	8	7	2	7	0	0.0222	10	6	5	3	3	3	0.1190	11	9	7	3	7	1	0.1091
10	8	6	3	6	2	0.1333	10	6	5	3	1	3	0.0714	11	9	7	2	7	2	0.0364
10	8	6	3	6	1	0.1333	10	6	4	4	4	2	0.0667	11	9	7	2	7	1	0.1091
10	8	6	2	6	2	0.0444	10	6	4	4	4	1	0.1429	11	9	7	2	7	0	0.0364
10	8	6	2	6	1	0.1333	10	6	4	4	4	0	0.0095	11	9	6	4	6	3	0.0727
10	8	5	4	5	3	0.0889	10	6	4	4	2	4	0.0667	11	9	6	3	6	3	0.0182
10	8	5	4	4	4	0.2000	10	6	4	4	1	4	0.1429	11	9	6	3	6	2	0.1818
10	8	5	3	5	3	0.0222	10	6	4	4	0	4	0.0095	11	9	6	3	6	1	0.0727
10	8	5	3	5	1	0.0889	10	6	4	3	4	2	0.0333	11	9	5	5	5	4	0.1818
10	8	4	4	4	4	0.0222	10	6	4	3	4	1	0.1143	11	9	5	5	4	5	0.1818
10	8	4	3	4	3	0.1333	10	6	4	3	4	0	0.0333	11	9	5	4	5	4	0.0182
10	8	4	3	4	1	0.1333	10	6	4	3	3	3	0.0714	11	9	5	4	5	2	0.1273
10	7	8	1	7	0	0.0667	10	6	4	3	3	0	0.0714	11	9	5	3	5	3	0.1091
10	7	7	2	7	0	0.0083	10	6	4	3	0	3	0.0048	11	9	5	3	5	1	0.1091
10	7	7	2	6	1	0.1833	10	5	7	2	5	0	0.1667	11	9	4	4	4	4	0.0545
10	7	7	2	6	0	0.0667	10	5	7	2	2	2	0.1667	11	8	9	1	8	0	0.0545
10	7	6	3	6	1	0.0333	10	5	6	3	5	0	0.0476	11	8	8	2	8	0	0.0061
10	7	6	3	6	0	0.0083	10	5	6	3	4	0	0.1667	11	8	8	2	7	1	0.1515
10	7	6	3	4	3	0.1583	10	5	6	3	2	3	0.1667	11	8	8	2	7	0	0.0545
10	7	6	2	6	1	0.0333	10	5	6	3	1	3	0.0476	11	8	7	3	7	1	0.0242
10	7	6	2	6	0	0.0333	10	5	6	2	5	0	0.0476	11	8	7	3	7	0	0.0061
10	7	6	2	5	2	0.1333	10	5	6	2	1	2	0.0476	11	8	7	2	7	1	0.0242
10	7	6	2	5	0	0.1333	10	5	5	4	5	0	0.0079	11	8	7	2	7	0	0.0242
10	7	5	4	5	2	0.0833	10	5	5	4	4	0	0.0476	11	8	7	2	6	2	0.1091
10	7	5	4	5	1	0.0333	10	5	5	4	1	4	0.0476	11	8	7	2	6	0	0.1091
10	7	5	3	5	2	0.0333	10	5	5	4	0	4	0.0079	11	8	6	4	6	2	0.0606
10	7	5	3	5	1	0.1250	10	5	5	3	5	0	0.0079	11	8	6	4	6	1	0.0242
10	7	5	3	5	0	0.0083	10	5	5	3	4	0	0.1667	11	8	6	4	4	4	0.1515
10	7	5	3	4	3	0.0750	10	5	5	3	3	0	0.1667	11	8	6	3	6	2	0.0242
10	7	4	4	4	3	0.1333	10	5	5	3	2	3	0.1667	11	8	6	3	6	1	0.0970
10	7	4	4	4	1	0.1333	10	5	5	3	1	3	0.1667	11	8	6	3	6	0	0.0061
10	7	4	4	3	4	0.1333	10	5	5	3	0	3	0.0079	11	8	6	3	5	3	0.0970
10	7	4	4	1	4	0.1333	10	5	4	4	4	1	0.0794	11	8	5	4	5	3	0.0485
10	7	4	3	4	3	0.0167	10	5	4	4	4	0	0.0159	11	8	5	4	5	3	0.0485
10	7	4	3	4	2	0.2000	10	5	4	4	3	0	0.0794	11	8	5	4	4	4	0.0788
10	7	4	3	4	1	0.2000	10	5	4	4	1	4	0.0794	11	8	5	4	2	4	0.1394
10	7	4	3	4	0	0.0167	10	5	4	4	0	4	0.0159	11	8	5	3	5	3	0.0121
10	7	4	3	1	3	0.0500	10	5	4	4	0	3	0.0794	11	8	5	3	5	2	0.1212
10	6	8	1	6	0	0.1333	10	5	4	3	4	1	0.0476	11	8	5	3	5	1	0.1212
10	6	7	2	6	0	0.0333	10	5	4	3	4	0	0.0476	11	8	5	3	5	0	0.0121
10	6	7	2	5	0	0.1333	10	5	4	3	2	3	0.0952	11	8	5	3	2	3	0.1818
10	6	6	3	6	0	0.0048	10	5	4	3	2	0	0.0952	11	8	4	4	4	4	0.0061
10	6	6	3	5	1	0.1905	10	5	4	3	0	3	0.0476	11	8	4	4	4	3	0.2000
10	6	6	3	5	0	0.0333	10	5	4	3	0	2	0.0476	11	8	4	4	4	1	0.0545
10	6	6	3	2	3	0.1048	11	10	9	1	9	1	0.1818	11	8	4	4	3	4	0.2000
10	6	6	2	6	0	0.0048	11	10	9	1	9	0	0.1818	11	8	4	4	1	4	0.0545
10	6	6	2	5	1	0.1190	11	10	8	2	8	2	0.0909	11	7	9	1	7	0	0.1091
10	6	6	2	5	0	0.1190	11	10	7	3	7	3	0.0909	11	7	8	2	7	0	0.0242

Tafel 44 (Fortsetzung)

N	N_a	N_1	N_2	a_1	a_2	P
11	7	8	2	6	0	0.1091
11	7	7	3	7	0	0.0030
11	7	7	3	6	1	0.0879
11	7	7	3	6	0	0.0242
11	7	7	2	7	0	0.0030
11	7	7	2	6	1	0.0879
11	7	7	2	6	0	0.0879
11	7	6	4	6	1	0.0152
11	7	6	4	6	0	0.0030
11	7	6	4	5	1	0.1939
11	7	6	4	3	4	0.1212
11	7	6	4	2	4	0.0606
11	7	6	3	6	1	0.0152
11	7	6	3	6	0	0.0061
11	7	6	3	5	2	0.1788
11	7	6	3	5	0	0.0333
11	7	6	3	4	3	0.1242
11	7	6	3	2	3	0.1242
11	7	5	5	5	2	0.0909
11	7	5	5	5	1	0.0303
11	7	5	5	2	5	0.0909
11	7	5	5	1	5	0.0303
11	7	5	4	5	2	0.0364
1i	7	5	4	5	1	0.0606
11	7	5	4	5	0	0.0030
11	7	5	4	3	4	0.0909
11	7	5	4	1	4	0.0182
11	7	5	3	5	2	0.0182
11	7	5	3	5	1	0.0909
11	7	5	3	5	0	0.0182
11	7	5	3	4	3	0.0636
11	7	5	3	4	0	0.0636
11	7	5	3	1	3	0.0636
11	7	4	4	4	3	0.0303
11	7	4	4	4	1	0.1030
11	7	4	4	4	0	0.0061
11	7	4	4	3	4	0.0303
11	7	4	4	3	1	0.2000
11	7	4	4	1	4	0.1030
11	7	4	4	1	3	0.2000
11	7	4	4	0	4	0.0061
11	6	9	1	6	0	0.1818
11	6	8	2	6	0	0.0606
11	6	7	3	6	0	0.0152
11	6	7	3	5	0	0.1061
11	6	7	3	3	3	0.1818
11	6	7	3	2	3	0.1061
11	6	7	2	6	0	0.0152
11	6	7	2	2	2	0.0606
11	6	6	4	6	0	0.0022
11	6	6	4	5	1	0.1126
11	6	6	4	5	0	0.0281
11	6	6	4	2	4	0.0606
11	6	6	4	1	4	0.0281
11	6	6	3	6	0	0.0022
11	6	6	3	5	1	0.1126
11	6	6	3	5	0	0.0411
11	6	6	3	4	0	0.0736
11	6	6	3	3	3	0.1558
11	6	6	3	1	3	0.0152
11	6	5	5	5	1	0.0260
11	6	5	5	5	0	0.0043
11	6	5	5	4	0	0.1342
11	6	5	5	1	5	0.0260
11	6	5	5	1	4	0.1342
11	6	5	5	0	5	0.0043
11	6	5	4	5	1	0.0152
11	6	5	4	5	0	0.0065
11	6	5	4	4	2	0.1775
11	6	5	4	4	0	0.0260
11	6	5	4	2	4	0.0693
11	6	5	4	1	4	0.0693
11	6	5	4	1	3	0.1126
11	6	5	4	0	4	0.0022
11	6	5	3	5	1	0.0152
11	6	5	3	5	0	0.0152
11	6	5	3	4	2	0.1883
11	6	5	3	4	0	0.1883
11	6	5	3	3	3	0.0584
11	6	5	3	3	0	0.0584
11	6	5	3	1	3	0.1883
11	6	5	3	1	2	0.1883
11	6	5	3	0	3	0.0022
11	6	4	4	4	2	0.0563
11	6	4	4	4	1	0.1082
11	6	4	4	4	0	0.0130
11	6	4	4	3	3	0.1429
11	6	4	4	3	0	0.0303
11	6	4	4	2	4	0.0563
11	6	4	4	1	4	0.1082
11	6	4	4	0	4	0.0130
11	6	4	4	0	3	0.0303
12	11	10	1	10	1	0.1667
12	11	10	1	10	0.	0.1667
12	11	9	2	9	2	0.0833
12	11	8	3	8	3	0.0833
12	11	7	4	7	4	0.0833
12	11	7	3	7	3	0.1667
12	11	6	5	6	5	0.0833
12	11	6	4	6	4	0.1667
12	11	5	5	5	5	0.1667
12	10	10	1	10	0	0.0152
12	10	9	2	9	1	0.0455
12	10	9	2	9	0	0.0152
12	10	9	2	8	2	0.1818
12	10	8	3	8	2	0.0909
12	10	8	3	8	1	0.0909
12	10	8	2	8	2	0.0303
12	10	8	2	8	1	0,0909
12	10	8	2	8	0	0.0303
12	10	7	4	7	3	0.0606
12	10	7	4	7	2	0.1515
12	10	7	3	7	3	0.0152
12	10	7	3	7	2	0.1515
12	10	7	3	7	1	0.0606
12	10	6	5	6	4	0.0758
12	10	6	5	5	5	0.1667
12	10	6	4	6	4	0.0152
12	10	6	4	6	2	0.1061
12	10	6	3	6	3	0.0909
12	10	6	3	6	1	0.0909
12	10	5	5	5	5	0.0152
12	10	5	4	5	4	0.0455
12	10	5	4	5	2	0.1364
12	9	10	1	9	0	0.0455
12	9	9	2	9	0	0.0045
12	9	9	2	8	1	0.1273
12	9	9	2	8	0	0.0455
12	9	8	3	8	1	0.0182
12	9	8	3	8	0	0.0045
12	9	8	2	8	1	0.0182
12	9	8	2	8	0	0.0182
12	9	8	2	7	2	0.0909
12	9	8	3	7	0	0.0909
12	9	7	4	7	2	0.0455
12	9	7	4	7	1	0.0182
12	9	7	4	5	4	0.1409
12	9	7	3	7	2	0.0182
12	9	7	3	7	1	0.0455
12	9	7	3	7	0	0.0045
12	9	7	3	6	3	0.0773
12	9	7	3	6	1	0.1727
12	9	6	5	6	2	0.0909
12	9	6	5	6	2	0.0909
12	9	6	5	4	5	0.1591
12	9	6	4	6	3	0.0364
12	9	6	4	6	2	0.1182
12	9	6	4	6	1	0.0364
12	9	6	4	5	4	0.0636
12	9	6	3	6	3	0.0091
12	9	6	3	6	2	0.0909
12	9	6	3	6	1	0.0909
12	9	6	3	6	0	0.0091
12	9	5	5	5	4	0.0455
12	9	5	5	5	2	0.1364
12	9	5	5	4	5	0.0455
12	9	5	5	2	5	0.1364
12	9	5	4	5	4	0.0045
12	9	5	4	5	3	0.1227
12	9	5	4	5	1	0.0227
12	9	5	4	4	4	0.1909
12	9	5	4	2	4	0.0682
12	9	4	4	4	1	0.0545
12	9	4	4	4	1	0.0545
12	9	4	4	1	4	0.0545
12	8	10	1	8	0	0.0909
12	8	9	2	8	0	0.0182
12	8	9	2	7	0	0.0909
12	8	8	3	8	0	0.0020
12	8	8	3	7	1	0.0667
12	8	8	3	7	0	0.0182

Tafel 44 (Fortsetzung)

N	N_a	N_1	N_2	a_1	a_2	P	N	N_a	N_1	N_2	a_1	a_2	P	N	N_a	N_1	N_2	a_1	a_2	P
12	8	8	3	5	3	0.1798	12	7	9	2	6	0	0.1515	12	7	4	4	3	4	0.0303
12	8	8	2	8	0	0.0020	12	7	8	3	7	0	0.0101	12	7	4	4	3	0	0.0303
12	8	8	2	7	1	0.0667	12	7	8	3	6	0	0.0455	12	7	4	4	0	4	0.0303
12	8	8	2	7	0	0.0667	12	7	8	3	3	3	0.1162	12	7	4	4	0	3	0.0303
12	8	8	2	6	2	0.1798	12	7	8	2	7	0	0.0101	12	6	9	2	6	0	0.1818
12	8	8	2	6	0	0.1798	12	7	7	4	7	0	0.0013	12	6	9	2	3	2	0.1818
12	8	7	4	7	1	0.0101	12	7	7	4	6	1	0.0720	12	6	8	3	6	0	0.0606
12	8	7	4	7	0	0.0020	12	7	7	4	6	0	0.0101	12	6	8	3	5	0	0.1818
12	8	7	4	6	1	0.0667	12	7	7	4	3	4	0.1162	12	6	8	3	3	3	0.1818
12	8	7	3	7	1	0.0101	12	7	7	4	2	4	0.0366	12	6	8	3	2	3	0.0606
12	8	7	3	7	0	0.0040	12	7	7	3	7	0	0.0013	12	6	8	2	6	0	0.0606
12	8	7	3	6	2	0.1091	12	7	7	3	6	1	0.0985	12	6	8	2	2	2	0.0606
12	8	7	3	6	0	0.0242	12	7	7	3	6	0	0.0189	12	6	7	4	6	0	0.0152
12	8	7	3	5	3	0.1091	12	7	7	3	5	0	0.0985	12	6	7	4	5	0	0.0606
12	8	7	3	3	3	0.1798	12	7	7	3	4	3	0.1427	12	6	7	4	2	4	0.0606
12	8	6	5	6	2	0.0303	12	7	7	3	2	3	0.0985	12	6	7	4	1	4	0.0152
12	8	6	5	6	1	0.0101	12	7	6	5	6	1	0.0076	12	6	7	3	6	0	0.0152
12	8	6	5	3	5	0.1010	12	7	6	5	6	0	0.0013	12	6	7	3	5	0	0.1818
12	8	6	5	2	5	0.0606	12	7	6	5	5	2	0.1477	12	6	7	3	4	0	0.0909
12	8	6	4	6	2	0.0141	12	7	6	5	5	1	0.0720	12	6	7	3	3	3	0.0909
12	8	6	4	6	1	0.0303	12	7	6	5	2	5	0.0341	12	6	7	3	2	3	0.1818
12	8	6	4	6	0	0.0020	12	7	6	5	1	5	0.0152	12	6	7	3	1	3	0.0152
12	8	6	4	5	3	0.1879	12	7	6	4	6	1	0.0076	12	6	6	5	6	0	0.0022
12	8	6	4	5	1	0.1879	12	7	6	4	6	0	0.0025	12	6	6	5	5	1	0.0801
12	8	6	4	4	4	0.0909	12	7	6	4	5	2	0.1313	12	6	6	5	5	0	0.0152
12	8	6	4	2	4	0.0909	12	7	6	4	5	1	0.1919	12	6	6	5	1	5	0.0152
12	8	6	3	6	2	0.0121	12	7	6	4	5	0	0.0227	12	6	6	5	1	4	0.0801
12	8	6	3	6	1	0.0545	12	7	6	4	3	4	0.0480	12	6	6	5	0	5	0.0022
12	8	6	3	6	0	0.0121	12	7	6	4	2	4	0.0859	12	6	6	4	6	0	0.0022
12	8	6	3	5	3	0.0364	12	7	6	4	1	4	0.0227	12	6	6	4	5	1	0.1126
12	8	6	3	5	0	0.0364	12	7	6	3	6	1	0.0076	12	6	6	4	5	0	0.0281
12	8	6	3	2	3	0.0848	12	7	6	3	6	0	0.0076	12	6	6	4	4	0	0.0606
12	8	5	5	5	3	0.0606	12	7	6	3	5	2	0.0985	12	6	6	4	2	4	0.0606
12	8	5	5	5	2	0.1414	12	7	6	3	5	0	0.0985	12	6	6	4	1	4	0.0281
12	8	5	5	5	1	0.0202	12	7	6	3	4	3	0.0530	12	6	6	4	1	4	0.1126
12	8	5	5	4	4	0.1919	12	7	6	3	4	0	0.0530	12	6	6	4	0	4	0.0022
12	8	5	5	3	5	0.0606	12	7	6	3	1	3	0.0152	12	6	6	3	6	0	0.0022
12	8	5	5	2	5	0.1414	12	7	5	5	5	2	0.0530	12	6	6	3	5	1	0.0801
12	8	5	5	1	5	0.0202	12	7	5	5	5	1	0.0530	12	6	6	3	5	0	0.0801
12	8	5	4	5	3	0.0101	12	7	5	5	5	0	0.0025	12	6	6	3	3	3	0.1234
12	8	5	4	5	2	0.0909	12	7	5	5	4	1	0.1162	12	6	6	3	3	0	0.1234
12	8	5	4	5	1	0.0545	12	7	5	5	2	5	0.0530	12	6	6	3	1	3	0.0801
12	8	5	4	5	0	0.0020	12	7	5	5	1	5	0.0530	12	6	6	3	1	2	0.0801
12	8	5	4	4	4	0.0303	12	7	5	5	1	4	0.1162	12	6	6	3	0	3	0.0022
12	8	5	4	4	1	0.1313	12	7	5	5	0	5	0.0025	12	6	5	5	5	1	0.0260
12	8	5	4	1	4	0.0303	12	7	5	4	5	2	0.0189	12	6	5	5	5	0	0.0043
12	8	4	4	4	4	0.0061	12	7	5	4	5	1	0.0467	12	6	5	5	4	0	0.0260
12	8	4	4	4	3	0.2000	12	7	5	4	5	0	0.0051	12	6	5	5	1	5	0.0260
12	8	4	4	4	1	0.2000	12	7	5	4	4	3	0.1162	12	6	5	5	0	5	0.0043
12	8	4	4	4	0	0.0061	12	7	5	4	4	0	0.0114	12	6	5	5	0	4	0.0260
12	8	4	4	3	4	0.2000	12	7	5	4	3	4	0.0316	12	6	5	4	5	1	0.0152
12	8	4	4	3	1	0.2000	12	7	5	4	2	4	0.1540	12	6	5	4	5	0	0.0065
12	8	4	4	1	4	0.2000	12	7	5	4	1	4	0.0657	12	6	5	4	4	2	0.1342
12	8	4	4	1	3	0.2000	12	7	5	4	1	3	0.1162	12	6	5	4	4	0	0.0693
12	8	4	4	0	4	0.0061	12	7	5	4	0	4	0.0013	12	6	5	4	3	0	0.0368
12	7	10	1	7	0	0.1515	12	7	4	4	4	3	0.0303	12	6	5	4	2	4	0.0368
12	7	9	2	7	0	0.0455	12	7	4	4	4	0	0.0303	12	6	5	4	1	4	0.0693

Tafel 44 (Fortsetzung)

N	N_a	N_1	N_2	a_1	a_2	P	N	N_a	N_1	N_2	a_1	a_2	P	N	N_a	N_1	N_2	a_1	a_2	P
12	6	5	4	1	2	0.1342	13	10	10	2	10	0	0.0035	13	9	9	2	7	0	0.1524
12	6	5	4	0	4	0.0065	13	10	10	2	9	1	0.1084	13	9	8	4	8	1	0.0070
12	6	5	4	0	3	0.0152	13	10	10	2	9	0	0.0385	13	9	8	4	8	0	0.0014
12	6	4	4	4	2	0.0390	13	10	9	3	9	1	0.0140	13	9	8	4	7	2	0.1189
12	6	4	4	4	1	0.1429	13	10	9	3	9	0	0.0035	13	9	8	4	7	1	0.0517
12	6	4	4	4	0	0.0390	13	10	9	2	9	1	0.0140	13	9	8	4	5	4	0.1972
12	6	4	4	3	3	0.1429	13	10	9	2	9	0	0.0140	13	9	8	3	8	1	0.0070
12	6	4	4	3	0	0.1429	13	10	9	2	8	2	0.0769	13	9	8	3	8	0	0.0028
12	6	4	4	2	4	0.0390	13	10	9	2	8	0	0.0769	13	9	8	3	7	2	0.0517
12	6	4	4	2	0	0.0390	13	10	8	4	8	2	0.0350	13	9	8	3	7	1	0.1580
12	6	4	4	1	4	0.1429	13	10	8	4	8	1	0.0140	13	9	8	3	7	0	0.0182
12	6	4	4	1	1	0.1429	13	10	8	4	6	4	0.1329	13	9	8	3	6	3	0.0909
12	6	4	4	0	4	0.0390	13	10	8	3	8	2	0.0140	13	9	7	5	7	2	0.0210
12	6	4	4	0	3	0.1429	13	10	8	3	8	1	0.0350	13	9	7	5	7	1	0.0070
12	6	4	4	0	2	0.0390	13	10	8	3	8	0	0.0035	13	9	7	5	4	5	0.1189
13	12	11	1	11	1	0.1538	13	10	8	3	7	3	0.0629	13	9	7	5	3	5	0.1189
13	12	11	1	11	0	0.1538	13	10	8	3	7	1	0.1469	13	9	7	4	7	2	0.0098
13	12	10	2	10	2	0.0769	13	10	7	5	7	3	0.0699	13	9	7	4	7	1	0.0210
13	12	9	3	9	3	0.0769	13	10	7	5	7	2	0.0699	13	9	7	4	7	0	0.0014
13	12	8	4	8	4	0.0769	13	10	7	5	5	5	0.1434	13	9	7	4	6	3	0.1287
13	12	8	3	8	3	0.1538	13	10	7	4	7	3	0.0280	13	9	7	4	6	1	0.1287
13	12	7	5	7	5	0.0769	13	10	7	4	7	2	0.0944	13	9	7	4	5	4	0.0503
13	12	7	4	7	4	0.1538	13	10	7	4	7	1	0.0280	13	9	7	4	3	4	0.1776
13	12	6	6	6	6	0.0769	13	10	7	4	6	4	0.0524	13	9	7	3	7	2	0.0084
13	12	6	5	6	5	0.1538	13	10	7	3	7	3	0.0070	13	9	7	3	7	1	0.0406
13	11	11	1	11	0	0.0128	13	10	7	3	7	2	0.0699	13	9	7	3	7	0	0.0084
13	11	10	2	10	1	0.0385	13	10	7	3	7	1	0.0699	13	9	7	3	6	3	0.0280
13	11	10	2	10	0	0.0128	13	10	7	3	7	0	0.0070	13	9	7	3	6	0	0.0280
13	11	10	2	9	2	0.1667	13	10	6	6	6	4	0.1049	13	9	7	3	3	3	0.0895
13	11	9	3	9	2	0.0769	13	10	6	6	4	6	0.1049	13	9	6	6	6	3	0.0979
13	11	9	3	9	1	0.0769	13	10	6	5	6	4	0.0175	13	9	6	6	6	2	0.0420
13	11	9	3	8	3	0.1923	13	10	6	5	6	2	0.0734	13	9	6	6	3	6	0.0979
13	11	9	2	9	2	0.0256	13	10	6	5	5	5	0.0385	13	9	6	6	2	6	0.0420
13	11	9	2	9	1	0.0769	13	10	6	4	6	4	0.0035	13	9	6	5	6	3	0.0210
13	11	9	2	9	0	0.0256	13	10	6	4	6	3	0.0594	13	9	6	5	6	2	0.0909
13	11	8	4	8	3	0.0513	13	10	6	4	6	2	0.1853	13	9	6	5	6	1	0.0070
13	11	8	4	8	2	0.1282	13	10	6	4	6	1	0.0175	13	9	6	5	5	4	0.1329
13	11	8	3	8	3	0.0128	13	10	6	4	5	4	0.1853	13	9	6	5	4	5	0.0629
13	11	8	3	8	2	0.1282	13	10	5	5	5	5	0.0035	13	9	6	5	3	5	0.1888
13	11	8	3	8	1	0.0513	13	10	5	5	5	4	0.1783	13	9	6	5	2	5	0.0629
13	11	7	5	7	4	0.0641	13	10	5	5	5	2	0.0734	13	9	6	4	6	3	0.0070
13	11	7	5	6	5	0.1538	13	10	5	5	4	5	0.1783	13	9	6	4	6	2	0.0783
13	11	7	4	7	4	0.0128	13	10	5	5	2	5	0.0734	13	9	6	4	6	1	0.0322
13	11	7	4	7	3	0.1923	13	10	5	4	5	4	0.0280	13	9	6	4	6	0	0.0014
13	11	7	4	7	2	0.0897	13	10	5	4	5	1	0.0280	13	9	6	4	5	4	0.0154
13	11	7	3	7	3	0.0769	13	10	5	4	2	4	0.0629	13	9	6	4	5	1	0.1119
13	11	7	3	7	2	0.1923	13	9	11	1	9	0	0.0769	13	9	6	4	4	4	0.1748
13	11	7	3	7	1	0.0769	13	9	10	2	9	0	0.0140	13	9	6	4	2	4	0.0531
13	11	6	6	6	5	0.1538	13	9	10	2	8	0	0.0769	13	9	5	5	5	4	0.0280
13	11	6	6	5	6	0.1538	13	9	9	3	9	0	0.0014	13	9	5	5	5	3	0.1958
13	11	6	5	6	5	0.0128	13	9	9	3	8	1	0.0517	13	9	5	5	5	2	0.1958
13	11	6	4	6	4	0.0385	13	9	9	3	8	0	0.0140	13	9	5	5	5	1	0.0280
13	11	6	4	6	2	0.1154	13	9	9	3	6	3	0.1692	13	9	5	5	4	5	0.0280
13	11	5	5	5	5	0.0385	13	9	9	2	9	0	0.0014	13	9	5	5	3	5	0.1958
13	11	5	4	5	4	0.1538	13	9	9	2	8	1	0.0517	13	9	5	5	2	5	0.1958
13	11	5	4	5	2	0.1538	13	9	9	2	8	0	0.0517	13	9	5	5	1	5	0.0280
13	10	11	1	10	0	0.0385	13	9	9	2	7	2	0.1524	13	9	5	4	5	4	0.0028

Tafel 44 (Fortsetzung)

N	N_a	N_1	N_2	a_1	a_2	P	N	N_a	N_1	N_2	a_1	a_2	P	N	N_a	N_1	N_2	a_1	a_2	P
13	9	5	4	5	3	0.0545	13	8	6	5	6	0	0.0008	13	7	7	5	6	0	0.0087
13	9	5	4	5	2	0.1608	13	8	6	5	5	3	0.1298	13	7	7	5	5	1	0.1638
13	9	5	4	5	1	0.0545	13	8	6	5	5	1	0.0831	13	7	7	5	2	5	0.0210
13	9	5	4	5	0	0.0028	13	8	6	5	3	5	0.0365	13	7	7	5	2	4	0.1638
13	9	5	4	4	4	0.1105	13	8	6	5	2	5	0.0831	13	7	7	5	1	5	0.0087
13	9	5	4	4	1	0.1105	13	8	6	5	1	5	0.0054	13	7	7	4	7	0	0.0006
13	9	5	4	1	4	0.0098	13	8	6	4	6	2	0.0163	13	7	7	4	6	1	0.0414
13	8	11	1	8	0	0.1282	13	8	6	4	6	1	0.0256	13	7	7	4	6	0	0.0128
13	8	10	2	8	0	0.0350	13	8	6	4	6	0	0.0023	13	7	7	4	5	0	0.0251
13	8	10	2	7	0	0.1282	13	8	6	4	5	3	0.0559	13	7	7	4	3	4	0.0618
13	8	9	3	8	0	0.0070	13	8	6	4	5	0	0.0163	13	7	7	4	2	4	0.0862
13	8	9	3	7	1	0.1189	13	8	6	4	4	4	0.0373	13	7	7	4	2	3	0.1352
13	8	9	3	7	0	0.0350	13	8	6	4	2	4	0.0909	13	7	7	4	1	4	0.0047
13	8	9	2	8	0	0.0070	13	8	6	4	1	4	0.0163	13	7	7	3	7	0	0.0006
13	8	9	2	7	1	0.1189	13	8	5	5	5	3	0.0171	13	7	7	3	6	1	0.0291
13	8	9	2	7	0	0.1189	13	8	5	5	5	2	0.1453	13	7	7	3	6	0	0.0291
13	8	8	4	8	0	0.0008	13	8	5	5	5	1	0.0404	13	7	7	3	4	3	0.0699
13	8	8	4	7	1	0.0319	13	8	5	5	5	0	0.0016	13	7	7	3	4	0	0.0699
13	8	8	4	7	0	0.0070	13	8	5	5	4	4	0.0987	13	7	7	3	1	3	0.0047
13	8	8	4	4	4	0.1298	13	8	5	5	4	1	0.0987	13	7	6	6	6	1	0.0082
13	8	8	4	3	4	0.0754	13	8	5	5	3	5	0.0171	13	7	6	6	6	0	0.0012
13	8	8	3	8	0	0.0008	13	8	5	5	2	5	0.1453	13	7	6	6	5	2	0.1550
13	8	8	3	7	1	0.0319	13	8	5	5	1	5	0.0404	13	7	6	6	5	1	0.0501
13	8	8	3	7	0	0.0132	13	8	5	5	1	4	0.0987	13	7	6	6	2	5	0.1550
13	8	8	3	6	0	0.0536	13	8	5	5	0	5	0.0016	13	7	6	6	1	6	0.0082
13	8	8	3	5	3	0.1406	13	8	5	4	5	3	0.0070	13	7	6	6	1	5	0.0501
13	8	8	3	3	3	0.1406	13	8	5	4	5	2	0.0831	13	7	6	6	0	6	0.0012
13	8	7	5	7	1	0.0047	13	8	5	4	5	1	0.0831	13	7	6	5	6	1	0.0047
13	8	7	5	7	0	0.0008	13	8	5	4	5	0	0.0070	13	7	6	5	6	0	0.0017
13	8	7	5	6	2	0.1298	13	8	5	4	4	4	0.0148	13	7	6	5	5	2	0.1113
13	8	7	5	6	1	0.0754	13	8	5	4	4	0	0.0148	13	7	6	5	5	1	0.1113
13	8	7	5	3	5	0.0754	13	8	5	4	3	4	0.1453	13	7	6	5	5	0	0.0082
13	8	7	5	2	5	0.0210	13	8	5	4	3	1	0.1453	13	7	6	5	4	1	0.1550
13	8	7	4	7	1	0.0047	13	8	5	4	1	4	0.0458	13	7	6	5	2	5	0.0239
13	8	7	4	7	0	0.0016	13	8	5	4	1	3	0.0458	13	7	6	5	1	5	0.0152
13	8	7	4	6	2	0.0862	13	8	5	4	0	4	0.0008	13	7	6	5	1	4	0.0414
13	8	7	4	6	1	0.1298	13	7	11	1	7	0	0.1923	13	7	6	5	0	5	0.0006
13	8	7	4	6	0	0.0101	13	7	10	2	7	0	0.0699	13	7	6	4	6	1	0.0047
13	8	7	4	4	4	0.0536	13	7	9	3	7	0	0.0210	13	7	6	4	6	0	0.0023
13	8	7	4	3	4	0.1841	13	7	9	3	6	0	0.1189	13	7	6	4	5	2	0.0810
13	8	7	4	2	4	0.0264	13	7	9	3	4	3	0.1923	13	7	6	4	5	1	0.1841
13	8	7	3	7	1	0.0047	13	7	9	3	3	3	0.1189	13	7	6	4	5	0	0.0344
13	8	7	3	7	0	0.0047	13	7	9	2	7	0	0.0210	13	7	6	4	4	3	0.1422
13	8	7	3	6	2	0.0862	13	7	9	2	3	2	0.0699	13	7	6	4	4	0	0.0134
13	8	7	3	6	1	0.1352	13	7	8	4	7	0	0.0047	13	7	6	4	3	4	0.0460
13	8	7	3	6	0	0.0862	13	7	8	4	6	1	0.1352	13	7	6	4	2	4	0.1072
13	8	7	3	5	3	0.0862	13	7	8	4	6	0	0.0373	13	7	6	4	1	4	0.0344
13	8	7	3	5	0	0.0862	13	7	8	4	3	4	0.0699	13	7	6	4	1	3	0.0600
13	8	7	3	2	3	0.0862	13	7	8	4	2	4	0.0373	13	7	6	4	0	4	0.0006
13	8	6	6	6	2	0.0326	13	7	8	3	7	0	0.0047	13	7	5	5	5	2	0.0210
13	8	6	6	6	1	0.0093	13	7	8	3	6	1	0.1760	13	7	5	5	5	1	0.0385
13	8	6	6	5	2	0.1725	13	7	8	3	6	0	0.0862	13	7	5	5	5	0	0.0035
13	8	6	6	2	6	0.0326	13	7	8	3	5	0	0.0862	13	7	5	5	4	3	0.1550
13	8	6	6	2	5	0.1725	13	7	8	3	4	3	0.1270	13	7	5	5	4	0	0.0093
13	8	6	6	1	6	0.0093	13	7	8	3	2	3	0.0210	13	7	5	5	3	4	0.1550
13	8	6	5	6	2	0.0210	13	7	7	5	7	0	0.0006	13	7	5	5	3	1	0.1550
13	8	6	5	6	1	0.0210	13	7	7	5	6	1	0.0414	13	7	5	5	2	5	0.0210

Tafel 44 (Fortsetzung)

N	N_a	N_1	N_2	a_1	a_2	P	N	N_a	N_1	N_2	a_1	a_2	P	N	N_a	N_1	N_2	a_1	a_2	P
13	7	5	5	1	5	0.0385	14	12	6	6	6	6	0.0110	14	11	6	5	6	2	0.0302
13	7	5	5	1	3	0.1550	14	12	6	5	6	5	0.0330	14	11	6	5	5	5	0.1209
13	7	5	5	0	5	0.0035	14	12	6	5	6	3	0.1429	14	11	6	5	3	5	0.1758
13	7	5	5	0	4	0.0093	14	12	6	4	6	4	0.1319	14	11	6	4	6	4	0.0220
13	7	5	4	5	2	0.0117	14	12	6	4	6	2	0.1319	14	11	6	4	6	1	0.0220
13	7	5	4	5	1	0.0326	14	12	5	5	5	5	0.0659	14	11	6	4	3	4	0.0769
13	7	5	4	5	0	0.0117	14	11	12	1	11	0	0.0330	14	11	5	5	5	5	0.0110
13	7	5	4	4	3	0.0559	14	11	11	2	11	0	0.0027	14	11	5	5	5	2	0.0659
13	7	5	4	4	0	0.0559	14	11	11	2	10	1	0.0934	14	11	5	5	2	5	0.0659
13	7	5	4	3	4	0.0233	14	11	11	2	10	0	0.0330	14	10	12	1	10	0	0.0659
13	7	5	4	3	0	0.0233	14	11	10	3	10	1	0.0110	14	10	11	2	10	0	0.0110
13	7	5	4	2	4	0.1375	14	11	10	3	10	0	0.0027	14	10	11	2	9	1	0.1758
13	7	5	4	2	1	0.1375	14	11	10	3	9	2	0.1758	14	10	11	2	9	0	0.0659
13	7	5	4	1	4	0.0909	14	11	10	3	9	1	0.1758	14	10	10	3	10	0	0.0010
13	7	5	4	1	3	0.1841	14	11	10	2	10	1	0.0110	14	10	10	3	9	1	0.0410
13	7	5	4	1	2	0.0909	14	11	10	2	10	0	0.0110	14	10	10	3	9	0	0.0110
13	7	5	4	0	4	0.0047	14	11	10	2	9	2	0.0659	14	10	10	3	7	3	0.1608
13	7	5	4	0	3	0.0047	14	11	10	2	9	1	0.1758	14	10	10	2	10	0	0.0010
14	13	12	1	12	1	0.1429	14	11	10	2	9	0	0.0659	14	10	10	2	9	1	0.0410
14	13	12	1	12	0	0.1429	14	11	9	4	9	2	0.0275	14	10	10	2	9	0	0.0410
14	13	11	2	11	2	0.0714	14	11	9	4	9	1	0.0110	14	10	10	2	8	2	0.1309
14	13	10	3	10	3	0.0714	14	11	9	3	9	2	0.0110	14	10	10	2	8	0	0.1309
14	13	9	4	9	4	0.0714	14	11	9	3	9	1	0.0275	14	10	9	4	9	1	0.0050
14	13	9	3	9	3	0.1429	14	11	9	3	9	0	0.0027	14	10	9	4	9	0	0.0010
14	13	8	5	8	5	0.0714	14	11	9	3	8	3	0.0522	14	10	9	4	8	2	0.0949
14	13	8	4	8	4	0.1429	14	11	9	3	8	1	0.1264	14	10	9	4	8	1	0.0410
14	13	7	6	7	6	0.0714	14	11	8	5	8	3	0.0549	14	10	9	4	6	4	0.1788
14	13	7	5	7	5	0.1429	14	11	8	5	8	2	0.0549	14	10	9	3	9	1	0.0050
14	13	6	6	6	6	0.1429	14	11	8	5	6	5	0.1319	14	10	9	3	9	0	0.0020
14	12	12	1	12	0	0.0110	14	11	8	4	8	3	0.0220	14	10	9	3	8	2	0.0410
14	12	11	2	11	1	0.0330	14	11	8	4	8	2	0.0769	14	10	9	3	8	1	0.1309
14	12	11	2	11	0	0.0110	14	11	8	4	8	1	0.0220	14	10	9	3	8	0	0.0140
14	12	10	2	10	2	0.1538	14	11	8	4	7	4	0.0440	14	10	9	3	7	3	0.0769
14	12	10	3	10	2	0.0659	14	11	8	3	8	3	0.0055	14	10	8	5	8	2	0.0150
14	12	10	3	10	1	0.0659	14	11	8	3	8	2	0.0549	14	10	8	5	8	1	0.0050
14	12	10	3	9	3	0.1758	14	11	8	3	8	1	0.0549	14	10	8	5	5	5	0.0709
14	12	10	2	10	2	0.0220	14	11	8	3	8	0	0.0055	14	10	8	5	4	5	0.1409
14	12	10	2	10	1	0.0659	14	11	8	3	7	3	0.1868	14	10	8	4	8	2	0.0070
14	12	10	2	10	0	0.0220	14	11	8	3	7	1	0.1868	14	10	8	4	8	0	0.0010
14	12	9	4	9	3	0.0440	14	11	7	6	7	4	0.0412	14	10	8	4	7	3	0.1069
14	12	9	4	9	2	0.1099	14	11	7	6	7	3	0.0962	14	10	8	4	7	1	0.1069
14	12	9	3	9	3	0.0110	14	11	7	6	5	6	0.1538	14	10	8	4	6	4	0.0430
14	12	9	3	9	2	0.1099	14	11	7	5	7	4	0.0137	14	10	8	4	4	4	0.1768
14	12	9	3	9	1	0.0440	14	11	7	5	7	3	0.1154	14	10	8	3	8	2	0.0060
14	12	8	5	8	4	0.0549	14	11	7	5	7	2	0.0604	14	10	8	3	8	1	0.0310
14	12	8	5	7	5	0.1429	14	11	7	5	6	5	0.0330	14	10	8	3	8	0	0.0060
14	12	8	4	8	4	0.0110	14	11	7	4	7	4	0.0027	14	10	8	3	7	3	0.0220
14	12	8	4	8	3	0.1648	14	11	7	4	7	3	0.0467	14	10	8	3	7	0	0.0220
14	12	8	4	8	2	0.0769	14	11	7	4	7	2	0.0962	14	10	8	3	4	3	0.1009
14	12	8	3	8	3	0.0659	14	11	7	4	7	1	0.0137	14	10	7	6	7	3	0.0350
14	12	8	3	8	2	0.1648	14	11	7	4	6	4	0.1538	14	10	7	6	7	2	0.0150
14	12	8	3	8	1	0.0659	14	11	6	6	6	5	0.0330	14	10	7	6	4	6	0.1049
14	12	7	6	7	5	0.0659	14	11	6	6	6	3	0.1429	14	10	7	6	3	6	0.1049
14	12	7	6	6	6	0.1429	14	11	6	6	5	6	0.0330	14	10	7	5	7	3	0.0150
14	12	7	5	7	5	0.0110	14	11	6	6	3	6	0.1429	14	10	7	5	7	2	0.0350
14	12	7	4	7	4	0.0330	14	11	6	5	6	5	0.0027	14	10	7	5	7	1	0.0050
14	12	7	4	7	2	0.0989	14	11	6	5	6	4	0.0714	14	10	7	5	6	4	0.1259

Tafel 44 (Fortsetzung)

N	N_a	N_1	N_2	a_1	a_2	P	N	N_a	N_1	N_2	a_1	a_2	P	N	N_a	N_1	N_2	a_1	a_2	P
14	10	7	5	5	5	0.0559	14	9	9	3	7	2	0.1369	14	9	6	5	6	1	0.0235
14	10	7	5	3	5	0.1259	14	9	9	3	7	0	0.0410	14	9	6	5	6	0	0.0005
14	10	7	4	7	3	0.0050	14	9	9	3	6	3	0.0829	14	9	6	5	5	4	0.0684
14	10	7	4	7	2	0.0420	14	9	9	3	4	3	0.1998	14	9	6	5	5	1	0.0684
14	10	7	4	7	1	0.0240	14	9	8	5	8	1	0.0030	14	9	6	5	4	5	0.0235
14	10	7	4	7	0	0.0010	14	9	8	5	8	0	0.0005	14	9	6	5	3	5	0.1209
14	10	7	4	6	4	0.0120	14	9	8	5	7	2	0.1259	14	9	6	5	2	5	0.0909
14	10	7	4	6	1	0.0699	14	9	8	5	7	1	0.0230	14	9	6	5	2	4	0.1583
14	10	7	4	5	4	0.1678	14	9	8	5	4	5	0.0859	14	9	6	5	1	5	0.0035
14	10	7	4	3	4	0.1049	14	9	8	5	3	5	0.0509	14	9	6	4	6	3	0.0040
14	10	6	6	6	4	0.0599	14	9	8	4	8	1	0.0030	14	9	6	4	6	2	0.0370
14	10	6	6	6	3	0.1758	14	9	8	4	8	0	0.0010	14	9	6	4	6	1	0.0370
14	10	6	6	6	2	0.0599	14	9	8	4	7	2	0.0310	14	9	6	4	6	0	0.0040
14	10	6	6	5	5	0.0959	14	9	8	4	7	1	0.1189	14	9	6	4	5	4	0.0130
14	10	6	6	4	6	0.0599	14	9	8	4	7	0	0.0070	14	9	6	4	5	0	0.0130
14	10	6	6	3	6	0.1758	14	9	8	4	5	4	0.0869	14	9	6	4	4	4	0.1568
14	10	6	6	2	6	0.0599	14	9	8	4	3	4	0.0869	14	9	6	4	4	1	0.1568
14	10	6	5	6	4	0.0100	14	9	8	3	8	1	0.0030	14	9	6	4	2	4	0.1568
14	10	6	5	6	3	0.0909	14	9	8	3	8	0	0.0030	14	9	6	4	2	3	0.1568
14	10	6	5	6	2	0.0909	14	9	8	3	7	2	0.0270	14	9	6	4	1	4	0.0130
14	10	6	5	6	1	0.0100	14	9	8	3	7	1	0.1189	14	9	5	5	5	4	0.0060
14	10	6	5	5	5	0.0160	14	9	8	3	7	0	0.0270	14	9	5	5	5	3	0.0909
14	10	6	5	4	5	0.1359	14	9	8	3	6	3	0.0549	14	9	5	5	5	2	0.1508
14	10	6	5	2	5	0.0310	14	9	8	3	6	0	0.0549	14	9	5	5	5	1	0.0260
14	10	6	4	6	4	0.0020	14	9	8	3	3	3	0.0829	14	9	5	5	5	0	0.0010
14	10	6	4	6	3	0.0490	14	9	7	6	7	2	0.0105	14	9	5	5	4	5	0.0060
14	10	6	4	6	2	0.1329	14	9	7	6	7	1	0.0030	14	9	5	5	4	1	0.0509
14	10	6	4	6	1	0.0490	14	9	7	6	6	3	0.1608	14	9	5	5	3	5	0.0909
14	10	6	4	6	0	0.0020	14	9	7	6	6	2	0.0909	14	9	5	5	2	5	0.1508
14	10	6	4	5	4	0.0969	14	9	7	6	3	6	0.0385	14	9	5	5	1	5	0.0260
14	10	6	4	5	1	0.0969	14	9	7	6	2	6	0.0210	14	9	5	5	1	4	0.0509
14	10	6	4	2	4	0.0170	14	9	7	5	7	2	0.0105	14	9	5	5	0	5	0.0010
14	10	5	5	5	5	0.0010	14	9	7	5	7	1	0.0105	14	8	12	1	8	0	0.1648
14	10	5	5	5	4	0.0509	14	9	7	5	7	0	0.0005	14	8	11	2	8	0	0.0549
14	10	5	5	5	2	0.1309	14	9	7	5	6	3	0.1259	14	8	11	2	7	0	0.1648
14	10	5	5	5	1	0.0110	14	9	7	5	6	1	0.0559	14	8	10	3	8	0	0.0150
14	10	5	5	4	5	0.0509	14	9	7	5	5	4	0.1783	14	8	10	3	7	0	0.0549
14	10	5	5	2	5	0.1309	14	9	7	5	4	5	0.0559	14	8	10	3	4	3	0.1249
14	10	5	5	1	5	0.0110	14	9	7	5	3	5	0.1259	14	8	10	2	8	0	0.0150
14	9	12	1	9	0	0.1099	14	9	7	5	2	5	0.0210	14	8	9	4	8	0	0.0030
14	9	11	2	9	0	0.0275	14	9	7	4	7	2	0.0045	14	8	9	4	7	1	0.1329
14	9	11	2	8	0	0.1099	14	9	7	4	7	1	0.0140	14	8	9	4	7	0	0.0150
14	9	10	3	9	0	0.0050	14	9	7	4	7	0	0.0015	14	8	9	4	4	4	0.0849
14	9	10	3	8	1	0.0949	14	9	7	4	6	3	0.0490	14	8	9	4	3	4	0.0430
14	9	10	3	8	0	0.0275	14	9	7	4	6	1	0.1329	14	8	9	3	8	0	0.0030
14	9	10	3	6	3	0.1998	14	9	7	4	6	0	0.0080	14	8	9	3	7	1	0.1189
14	9	10	2	9	0	0.0050	14	9	7	4	5	4	0.0350	14	8	9	3	7	0	0.0270
14	9	10	2	8	1	0.0949	14	9	7	4	5	1	0.1329	14	8	9	3	6	0	0.0829
14	9	10	2	8	0	0.0949	14	9	7	4	2	4	0.0350	14	8	9	3	5	3	0.1608
14	9	9	4	9	0	0.0005	14	9	6	6	6	3	0.0260	14	8	9	3	3	3	0.0829
14	9	9	4	8	1	0.0230	14	9	6	6	6	2	0.0059	14	8	8	5	8	0	0.0003
14	9	9	4	8	0	0.0050	14	9	6	6	6	1	0.0060	14	8	8	5	7	1	0.0256
14	9	9	4	5	4	0.1489	14	9	6	6	3	6	0.0260	14	8	8	5	7	0	0.0030
14	9	9	4	4	4	0.1489	14	9	6	6	2	6	0.0059	14	8	8	5	6	1	0.0909
14	9	9	3	9	0	0.0005	14	9	6	6	1	6	0.0060	14	8	8	5	3	5	0.0443
14	9	9	3	8	1	0.0230	14	9	6	5	6	3	0.0085	14	8	8	5	2	5	0.0123
14	9	9	3	8	0	0.0095	14	9	6	5	6	2	0.0684	14	8	8	4	8	0	0.0003

Tafel 44 (Fortsetzung)

N	N_a	N_1	N_2	a_1	a_2	P
14	8	8	4	7	1	0.0350
14	8	8	4	7	0	0.0057
14	8	8	4	6	2	0.1515
14	8	8	4	6	0	0.0243
14	8	8	4	4	4	0.0583
14	8	8	4	3	4	0.0956
14	8	8	4	2	4	0.0243
14	8	8	3	8	0	0.0003
14	8	8	3	7	1	0.0163
14	8	8	3	7	0	0.0163
14	8	8	3	6	2	0.1189
14	8	8	3	6	0	0.1189
14	8	8	3	5	3	0.0629
14	8	8	3	5	0	0.0629
14	8	8	3	5	0	0.0629
14	8	8	3	2	3	0.0256
14	8	7	6	7	1	0.0023
14	8	7	6	7	0	0.0003
14	8	7	6	6	2	0.0606
14	8	7	6	6	1	0.0256
14	8	7	6	3	5	0.1725
14	8	7	6	2	6	0.0117
14	8	7	6	2	5	0.1026
14	8	7	6	1	6	0.0047
14	8	7	5	7	1	0.0023
14	8	7	5	7	0	0.0007
14	8	7	5	6	2	0.0793
14	8	7	5	6	1	0.0793
14	8	7	5	6	0	0.0070
14	8	7	5	5	1	0.1492
14	8	7	5	3	5	0.0186
14	8	7	5	2	5	0.0326
14	8	7	5	2	4	0.1492
14	8	7	5	1	5	0.0070
14	8	7	4	7	1	0.0023
14	8	7	4	7	0	0.0010
14	8	7	4	6	2	0.0443
14	8	7	4	6	1	0.1492
14	8	7	4	6	0	0.0186
14	8	7	4	5	3	0.1492
14	8	7	4	5	0	0.0186
14	8	7	4	4	4	0.0303
14	8	7	4	3	4	0.1841
14	8	7	4	2	4	0.0653
14	8	7	4	2	3	0.1492
14	8	7	4	1	4	0.0047
14	8	6	6	6	2	0.0186
14	8	6	6	6	1	0.0087
14	8	6	6	6	0	0.0007
14	8	6	6	5	3	0.1225
14	8	6	6	5	1	0.0426
14	8	6	6	3	5	0.1225
14	8	6	6	2	6	0.0186
14	8	6	6	1	6	0.0087
14	8	6	6	1	5	0.0426
14	8	6	6	0	6	0.0007
14	8	6	5	6	2	0.0067
14	8	6	5	6	1	0.0117
14	8	6	5	6	0	0.0013
14	8	6	5	5	3	0.0693
14	8	6	5	5	1	0.1492
14	8	6	5	5	0	0.0033
14	8	6	5	4	4	0.1192
14	8	6	5	4	1	0.1192
14	8	6	5	3	5	0.0243
14	8	6	5	2	5	0.0493
14	8	6	5	2	3	0.1991
14	8	6	5	1	5	0.0176
14	8	6	5	1	4	0.0343
14	8	6	5	0	5	0.0003
14	8	6	4	6	2	0.0043
14	8	6	4	6	1	0.0196
14	8	6	4	6	0	0.0043
14	8	6	4	5	3	0.0516
14	8	6	4	5	0	0.0516
14	8	6	4	4	4	0.0143
14	8	6	4	4	0	0.0143
14	8	6	4	3	4	0.1049
14	8	6	4	3	1	0.1049
14	8	6	4	2	4	0.1648
14	8	6	4	2	2	0.1648
14	8	6	4	1	4	0.0516
14	8	6	4	1	3	0.0516
14	8	6	4	0	4	0.0003
14	8	5	5	5	3	0.0127
14	8	5	5	5	2	0.0676
14	8	5	5	5	1	0.0410
14	8	5	5	5	0	0.0027
14	8	5	5	4	4	0.0210
14	8	5	5	4	0	0.0060
14	8	5	5	3	5	0.0127
14	8	5	5	3	1	0.1009
14	8	5	5	2	5	0.0676
14	8	5	5	1	5	0.0410
14	8	5	5	1	3	0.1009
14	8	5	5	0	5	0.0027
14	8	5	5	0	4	0.0060
14	7	11	2	7	0	0.1923
14	7	11	2	4	2	0.1923
14	7	10	3	7	0	0.0699
14	7	10	3	6	0	0.1923
14	7	10	3	4	3	0.1923
14	7	10	3	3	3	0.0699
14	7	10	2	7	0	0.0699
14	7	10	2	3	2	0.0699
14	7	9	4	7	0	0.0210
14	7	9	4	6	0	0.0699
14	7	9	4	3	4	0.0699
14	7	9	4	2	4	0.0210
14	7	9	3	7	0	0.0210
14	7	9	3	6	0	0.1923
14	7	9	3	5	0	0.0944
14	7	9	3	4	3	0.0944
14	7	9	3	3	3	0.1923
14	7	9	3	2	3	0.0210
14	7	8	5	7	0	0.0047
14	7	8	5	6	1	0.1026
14	7	8	5	6	0	0.0210
14	7	8	5	2	5	0.0210
14	7	8	5	2	4	0.1026
14	7	8	5	1	5	0.0047
14	7	8	4	7	0	0.0047
14	7	8	4	6	1	0.1352
14	7	8	4	6	0	0.0699
14	7	8	4	5	0	0.0699
14	7	8	4	3	4	0.0699
14	7	8	4	2	4	0.0699
14	7	8	4	2	3	0.1352
14	7	8	4	1	4	0.0047
14	7	8	3	7	0	0.0047
14	7	8	3	6	1	0.1434
14	7	8	3	6	0	0.1434
14	7	8	3	4	3	0.0455
14	7	8	3	4	0	0.0455
14	7	8	3	2	3	0.1434
14	7	8	3	2	2	0.1434
14	7	8	3	1	3	0.0047
14	7	7	6	7	0	0.0006
14	7	7	6	6	1	0.0291
14	7	7	6	6	0	0.0047
14	7	7	6	5	1	0.1026
14	7	7	6	2	5	0.1026
14	7	7	6	1	6	0.0047
14	7	7	6	1	5	0.0291
14	7	7	6	0	6	0.0006
14	7	7	5	7	0	0.0006
14	7	7	5	6	1	0.0414
14	7	7	5	6	0	0.0087
14	7	7	5	5	0	0.0210
14	7	7	5	4	1	0.1434
14	7	7	5	3	4	0.1434
14	7	7	5	2	5	0.0210
14	7	7	5	1	5	0.0087
14	7	7	5	1	4	0.0414
14	7	7	5	0	5	0.0006
14	7	7	4	7	0	0.0006
14	7	7	4	6	1	0.0291
14	7	7	4	6	0	0.0128
14	7	7	4	5	2	0.1597
14	7	7	4	5	0	0.0862
14	7	7	4	4	0	0.0495
14	7	7	4	3	4	0.0495
14	7	7	4	2	4	0.0862
14	7	7	4	2	2	0.1597
14	7	7	4	1	4	0.0128
14	7	7	4	1	3	0.0291
14	7	7	4	0	4	0.0006
14	7	6	6	6	1	0.0082
14	7	6	6	6	0	0.0012
14	7	6	6	5	2	0.1550
14	7	6	6	5	1	0.0501

Tafel 44 (Fortsetzung)

N	N_a	N_1	N_2	a_1	a_2	P
14	7	6	6	5	0	0.0082
14	7	6	6	4	1	0.1550
14	7	6	6	2	5	0.1550
14	7	6	6	1	6	0.0082
14	7	6	6	1	5	0.0501
14	7	6	6	1	4	0.1550
14	7	6	6	0	6	0.0012
14	7	6	6	0	5	0.0082
14	7	6	5	6	1	0.0047
14	7	6	5	6	0	0.0017
14	7	6	5	5	2	0.0589
14	7	6	5	5	1	0.1113
14	7	6	5	5	0	0.0239
14	7	6	5	4	0	0.0134
14	7	6	5	3	4	0.1696
14	7	6	5	3	1	0.1696
14	7	6	5	2	5	0.0134
14	7	6	5	1	5	0.0239
14	7	6	5	1	4	0.1113
14	7	6	5	1	3	0.0589
14	7	6	5	0	5	0.0017
14	7	6	5	0	4	0.0047
14	7	6	4	6	1	0.0047
14	7	6	4	6	0	0.0047
14	7	6	4	5	2	0.0583
14	7	6	4	5	1	0.1841
14	7	6	4	5	0	0.0583
14	7	6	4	4	3	0.1282
14	7	6	4	4	0	0.1282
14	7	6	4	3	4	0.0163
14	7	6	4	3	0	0.0163
14	7	6	4	2	4	0.1282
14	7	6	4	2	1	0.1282
14	7	6	4	1	4	0.0583
14	7	6	4	1	3	0.1841
14	7	6	4	1	2	0.0583
14	7	6	4	0	4	0.0047
14	7	6	4	0	3	0.0047
14	7	5	5	5	2	0.0152
14	7	5	5	5	1	0.0385
14	7	5	5	5	0	0.0035
14	7	5	5	4	3	0.0967
14	7	5	5	4	1	0.1841
14	7	5	5	4	0	0.0385
14	7	5	5	3	4	0.0967
14	7	5	5	3	0	0.0152
14	7	5	5	2	5	0.0152
14	7	5	5	2	1	0.0967
14	7	5	5	1	5	0.0385
14	7	5	5	1	4	0.1841
14	7	5	5	1	2	0.0967
14	7	5	5	0	5	0.0035
14	7	5	5	0	4	0.0385
14	7	5	5	0	3	0.0152
15	14	13	1	13	1	0.1333
15	14	13	1	13	0	0.1333
15	14	12	2	12	2	0.0667
15	14	12	2	12	1	0.2000
15	14	11	3	11	3	0.0667
15	14	10	4	10	4	0.0667
15	14	10	3	10	3	0.1333
15	14	9	5	9	5	0.0667
15	14	9	4	9	4	0.1333
15	14	8	6	8	6	0.0667
15	14	8	5	8	5	0.1333
15	14	8	4	8	4	0.2000
15	14	7	7	7	7	0.0667
15	14	7	6	7	6	0.1333
15	14	7	5	7	5	0.2000
15	14	6	6	6	6	0.2000
15	13	13	1	13	0	0.0095
15	13	12	2	12	1	0.0286
15	13	12	2	12	0	0.0095
15	13	12	2	11	2	0.1429
15	13	11	3	11	2	0.0571
15	13	11	3	11	1	0.0571
15	13	11	3	10	3	0.1619
15	13	11	2	11	2	0.0190
15	13	11	2	11	1	0.0571
15	13	11	2	11	0	0.0190
15	13	10	4	10	3	0.0381
15	13	10	4	10	2	0.0952
15	13	10	4	9	4	0.1905
15	13	10	3	10	3	0.0095
15	13	10	3	10	2	0.0952
15	13	10	3	10	1	0.0381
15	13	9	5	9	4	0.0476
15	13	9	5	8	5	0.1333
15	13	9	4	9	4	0.0095
15	13	9	4	9	3	0.1429
15	13	9	4	9	2	0.0667
15	13	9	3	9	3	0.0571
15	13	9	3	9	2	0.1429
15	13	9	3	9	1	0.0571
15	13	8	6	8	5	0.0571
15	13	8	6	7	6	0.1333
15	13	8	5	8	5	0.0095
15	13	8	5	8	4	0.2000
15	13	8	5	8	3	0.2000
15	13	8	4	8	4	0.0286
15	13	8	4	8	3	0.2000
15	13	8	4	8	2	0.0857
15	13	7	7	7	6	0.1333
15	13	7	7	6	7	0.1333
15	13	7	6	7	6	0.0095
15	13	7	6	7	5	0.1238
15	13	7	5	7	5	0.0286
15	13	7	5	7	3	0.1238
15	13	7	4	7	4	0.1143
15	13	7	4	7	2	0.1143
15	13	6	6	6	6	0.0286
15	13	6	5	6	5	0.0571
15	13	6	5	6	3	0.1524
15	12	13	1	12	0	0.0286
15	12	12	2	12	0	0.0022
15	12	12	2	11	1	0.0813
15	12	12	2	11	0	0.0286
15	12	11	3	11	1	0.0088
15	12	11	3	11	0	0.0022
15	12	11	3	10	2	0.1538
15	12	11	3	10	1	0.1538
15	12	11	2	11	1	0.0088
15	12	11	2	11	0	0.0088
15	12	11	2	10	2	0.0571
15	12	11	2	10	1	0.1538
15	12	11	2	10	0	0.0571
15	12	10	4	10	2	0.0220
15	12	10	4	10	1	0.0088
15	12	10	4	9	3	0.1099
15	12	10	3	10	2	0.0088
15	12	10	3	10	1	0.0220
15	12	10	3	10	0	0.0022
15	12	10	3	9	3	0.0440
15	12	10	3	9	1	0.1099
15	12	9	5	9	3	0.0440
15	12	9	5	9	2	0.0440
15	12	9	5	7	5	0.1231
15	12	9	4	9	3	0.0176
15	12	9	4	9	2	0.0637
15	12	9	4	9	1	0.0176
15	12	9	4	8	4	0.0374
15	12	9	4	8	2	0.1824
15	12	9	3	9	3	0.0044
15	12	9	3	9	2	0.0440
15	12	9	3	9	1	0.0440
15	12	9	3	9	0	0.0044
15	12	9	3	8	3	0.1626
15	12	9	3	8	1	0.1626
15	12	8	6	8	4	0.0330
15	12	8	6	8	3	0.0769
15	12	8	6	6	6	0.1385
15	12	8	5	8	4	0.0110
15	12	8	5	8	3	0.0945
15	12	8	5	8	2	0.0505
15	12	8	5	7	5	0.0286
15	12	8	4	8	4	0.0022
15	12	8	4	8	3	0.0374
15	12	8	4	8	2	0.0769
15	12	8	4	8	1	0.0110
15	12	8	4	7	4	0.1297
15	12	7	7	7	3	0.0923
15	12	7	7	5	7	0.0923
15	12	7	6	7	5	0.0132
15	12	7	6	7	4	0.1385
15	12	7	6	7	3	0.0725
15	12	7	6	6	6	0.0286
15	12	7	5	7	5	0.0022
15	12	7	5	7	3	0.0571
15	12	7	5	7	3	0.1692
15	12	7	5	7	2	0.0242
15	12	7	5	6	5	0.1033

Tafel 44 (Fortsetzung)

N	N_a	N_1	N_2	a_1	a_2	P	N	N_a	N_1	N_2	a_1	a_2	P	N	N_a	N_1	N_2	a_1	a_2	P
15	12	7	4	7	4	0.0176	15	11	9	3	8	0	0.0242	15	11	6	5	6	3	0.1648
15	12	7	4	7	3	0.1231	15	11	8	6	8	3	0.0256	15	11	6	5	6	2	0.0769
15	12	7	4	7	2	0.1231	15	11	8	6	8	2	0.0110	15	11	6	5	6	1	0.0044
15	12	7	4	7	1	0.0176	15	11	8	6	5	6	0.0667	15	11	6	5	5	5	0.0476
15	12	7	4	4	4	0.2000	15	11	8	6	4	6	0.1179	15	11	6	5	5	2	0.1648
15	12	6	6	6	6	0.0022	15	11	8	5	8	3	0.0110	15	11	6	5	2	5	0.0154
15	12	6	6	6	5	0.0813	15	11	8	5	8	2	0.0256	15	11	5	5	5	5	0.0110
15	12	6	6	6	3	0.1692	15	11	8	5	8	1	0.0037	15	11	5	5	5	1	0.0110
15	12	6	6	5	6	0.0813	15	11	8	5	7	4	0.0755	15	11	5	5	1	5	0.0110
15	12	6	6	3	6	0.1692	15	11	8	5	7	2	0.1853	15	10	13	1	10	0	0.0952
15	12	6	5	6	5	0.0088	15	11	8	5	6	5	0.0462	15	10	12	2	10	0	0.0220
15	12	6	5	6	4	0.1407	15	11	8	5	4	5	0.1267	15	10	12	2	9	0	0.0952
15	12	6	5	6	2	0.0308	15	11	8	4	8	3	0.0037	15	10	11	3	10	0	0.0037
15	12	6	5	3	5	0.0747	15	11	8	4	8	2	0.0315	15	10	11	3	9	1	0.0769
15	12	5	5	5	5	0.0659	15	11	8	4	8	1	0.0183	15	10	11	3	9	0	0.0220
15	12	5	5	5	2	0.0659	15	11	8	4	8	0	0.0007	15	10	11	3	7	3	0.1868
15	12	5	5	2	5	0.0659	15	11	8	4	7	4	0.0095	15	10	11	2	10	0	0.0037
15	11	13	1	11	0	0.0571	15	11	8	4	7	1	0.0549	15	10	11	2	9	1	0.0769
15	11	12	2	11	0	0.0088	15	11	8	4	6	4	0.1678	15	10	11	2	9	0	0.0769
15	11	12	2	10	1	0.1538	15	11	8	4	4	4	0.1062	15	10	11	2	8	2	0.1868
15	11	12	2	10	0	0.0571	15	11	7	7	7	4	0.1026	15	10	11	2	8	0	0.1868
15	11	11	3	11	0	0.0007	15	11	7	7	7	3	0.1026	15	10	10	4	10	0	0.0003
15	11	11	3	10	1	0.0330	15	11	7	7	4	7	0.1026	15	10	10	4	9	1	0.0170
15	11	11	3	10	0	0.0088	15	11	7	7	3	7	0.1026	15	10	10	4	9	0	0.0037
15	11	11	2	11	0	0.0007	15	11	7	6	7	3	0.0220	15	10	10	4	8	1	0.0769
15	11	11	2	10	1	0.0330	15	11	7	6	7	3	0.0923	15	10	10	4	6	4	0.1469
15	11	11	2	10	0	0.0330	15	11	7	6	7	2	0.0220	15	10	10	3	10	0	0.0003
15	11	11	2	9	2	0.1136	15	11	7	6	6	5	0.1231	15	10	10	3	9	1	0.0170
15	11	11	2	9	2	0.1136	15	11	7	6	5	6	0.0374	15	10	10	3	9	0	0.0070
15	11	11	2	9	0	0.1136	15	11	7	6	4	6	0.1744	15	10	10	3	8	2	0.1169
15	11	10	4	10	1	0.0037	15	11	7	6	3	6	0.0630	15	10	10	3	8	0	0.0320
15	11	10	4	10	0	0.0007	15	11	7	5	7	4	0.0073	15	10	10	3	7	3	0.0719
15	11	10	4	9	2	0.0769	15	11	7	5	7	3	0.0564	15	10	9	5	9	1	0.0020
15	11	10	4	9	1	0.0330	15	11	7	5	7	2	0.0564	15	10	9	5	9	0	0.0003
15	11	10	4	7	4	0.1648	15	11	7	5	7	1	0.0073	15	10	9	5	8	2	0.0470
15	11	10	3	10	1	0.0037	15	11	7	5	6	5	0.0125	15	10	9	5	8	1	0.0170
15	11	10	3	10	0	0.0015	15	11	7	5	6	2	0.1795	15	10	9	5	5	5	0.1309
15	11	10	3	9	2	0.0330	15	11	7	5	5	5	0.1282	15	10	9	5	4	5	0.1309
15	11	10	3	9	1	0.1099	15	11	7	5	3	5	0.0821	15	10	9	4	9	1	0.0020
15	11	10	3	9	0	0.0110	15	11	7	4	7	4	0.0015	15	10	9	4	9	0	0.0007
15	11	10	3	8	3	0.0659	15	11	7	4	7	3	0.0249	15	10	9	4	8	2	0.0230
15	11	9	5	9	2	0.0110	15	11	7	4	7	2	0.1179	15	10	9	4	8	1	0.0470
15	11	9	5	9	1	0.0037	15	11	7	4	7	1	0.0249	15	10	9	4	8	0	0.0050
15	11	9	5	5	5	0.0725	15	11	7	4	7	0	0.0015	15	10	9	4	6	4	0.0749
15	11	9	4	9	2	0.0051	15	11	7	4	6	4	0.0659	15	10	9	4	4	4	0.1169
15	11	9	4	9	1	0.0110	15	11	7	4	6	1	0.0659	15	10	9	3	9	1	0.0020
15	11	9	4	9	0	0.0007	15	11	7	4	3	4	0.0916	15	10	9	3	9	0	0.0020
15	11	9	4	8	3	0.0901	15	11	6	6	6	5	0.0088	15	10	9	3	8	2	0.0200
15	11	9	4	8	2	0.1692	15	11	6	6	6	4	0.0967	15	10	9	3	8	1	0.0709
15	11	9	4	8	1	0.0901	15	11	6	6	6	3	0.1846	15	10	9	3	8	0	0.0200
15	11	9	4	7	4	0.0901	15	11	6	6	6	2	0.0308	15	10	9	3	7	3	0.0440
15	11	9	3	9	2	0.0044	15	11	6	6	5	6	0.0088	15	10	9	3	7	0	0.0440
15	11	9	3	9	1	0.0242	15	11	6	6	4	6	0.0967	15	10	9	3	4	3	0.1129
15	11	9	3	9	0	0.0044	15	11	6	6	3	6	0.1846	15	10	8	6	8	2	0.0070
15	11	9	3	8	3	0.0242	15	11	6	6	2	6	0.0308	15	10	8	6	8	1	0.0020
15	11	9	3	8	1	0.0242	15	11	6	5	6	5	0.0007	15	10	8	6	7	3	0.1422
15	11	9	3	8	2	0.1429	15	11	6	5	6	4	0.0300	15	10	8	6	7	2	0.0889

Tafel 44 (Fortsetzung)

N	N_a	N_1	N_2	a_1	a_2	P
15	10	8	6	4	6	0.0490
15	10	8	6	3	6	0.0256
15	10	8	5	8	2	0.0070
15	10	8	5	8	1	0.0070
15	10	8	5	8	0	0.0003
15	10	8	5	7	3	0.0842
15	10	8	5	7	1	0.0203
15	10	8	5	6	4	0.1775
15	10	8	5	5	5	0.0576
15	10	8	5	4	5	0.1775
15	10	8	5	3	5	0.0576
15	10	8	4	8	2	0.0030
15	10	8	4	8	1	0.0097
15	10	8	4	8	0	0.0010
15	10	8	4	7	3	0.0296
15	10	8	4	7	2	0.1655
15	10	8	4	7	1	0.0803
15	10	8	4	7	0	0.0057
15	10	8	4	6	4	0.0190
15	10	8	4	6	1	0.1175
15	10	8	4	3	4	0.0483
15	10	7	7	7	3	0.0373
15	10	7	7	7	2	0.0140
15	10	7	7	3	7	0.0373
15	10	7	7	2	7	0.0140
15	10	7	6	7	3	0.0087
15	10	7	6	7	2	0.0256
15	10	7	6	7	1	0.0020
15	10	7	6	6	4	0.1305
15	10	7	6	6	2	0.1305
15	10	7	6	5	5	0.1725
15	10	7	6	4	6	0.0373
15	10	7	6	3	6	0.0606
15	10	7	6	2	6	0.0157
15	10	7	5	7	3	0.0037
15	10	7	5	7	2	0.0326
15	10	7	5	7	1	0.0087
15	10	7	5	7	0	0.0003
15	10	7	5	6	4	0.0559
15	10	7	5	6	1	0.0559
15	10	7	5	5	5	0.0226
15	10	7	5	4	5	0.1259
15	10	7	5	3	5	0.1259
15	10	7	5	3	4	0.1841
15	10	7	5	2	5	0.0226
15	10	7	4	7	3	0.0027
15	10	7	4	7	2	0.0303
15	10	7	4	7	1	0.0303
15	10	7	4	7	0	0.0027
15	10	7	4	6	4	0.0073
15	10	7	4	6	3	0.1608
15	10	7	4	6	1	0.1608
15	10	7	4	6	0	0.0073
15	10	7	4	5	4	0.0862
15	10	7	4	5	1	0.0862
15	10	7	4	2	4	0.0143
15	10	6	6	6	4	0.0140
15	10	6	6	6	3	0.0959
15	10	6	6	6	2	0.0559
15	10	6	6	6	1	0.0040
15	10	6	6	5	5	0.0260
15	10	6	6	5	2	0.1558
15	10	6	6	4	6	0.0140
15	10	6	6	3	6	0.0959
15	10	6	6	2	6	0.0559
15	10	6	6	2	5	0.1558
15	10	6	6	1	6	0.0040
15	10	6	5	6	4	0.0020
15	10	6	5	6	3	0.0360
15	10	6	5	6	2	0.0959
15	10	6	5	6	1	0.0127
15	10	6	5	6	0	0.0003
15	10	6	5	5	5	0.0060
15	10	6	5	5	1	0.0226
15	10	6	5	4	5	0.0959
15	10	6	5	2	5	0.0959
15	10	6	5	2	4	0.1209
15	10	6	5	1	5	0.0060
15	10	5	5	5	5	0.0010
15	10	5	5	5	4	0.0509
15	10	5	5	5	1	0.0509
15	10	5	5	5	0	0.0010
15	10	5	5	4	5	0.0509
15	10	5	5	4	1	0.0509
15	10	5	5	1	5	0.0509
15	10	5	5	1	4	0.0509
15	10	5	5	0	5	0.0010
15	9	13	1	9	0	0.1429
15	9	12	2	9	0	0.0440
15	9	12	2	8	0	0.1429
15	9	11	3	9	0	0.0110
15	9	11	3	8	0	0.0440
15	9	11	2	9	0	0.0110
15	9	10	4	9	0	0.0020
15	9	10	4	8	1	0.0470
15	9	10	4	8	0	0.0110
15	9	10	4	5	4	0.1393
15	9	10	4	4	4	0.0889
15	9	10	3	9	0	0.0020
15	9	10	3	8	1	0.0709
15	9	10	3	8	0	0.0200
15	9	10	3	7	0	0.0440
15	9	10	3	6	3	0.1548
15	9	10	3	3	6	0.1548
15	9	9	5	9	0	0.0002
15	9	9	5	8	1	0.0110
15	9	9	5	8	0	0.0020
15	9	9	5	7	2	0.1608
15	9	9	5	7	1	0.0889
15	9	9	5	4	5	0.0529
15	9	9	5	3	5	0.0278
15	9	9	4	9	0	0.0002
15	9	9	4	8	1	0.0182
15	9	9	4	8	0	0.0038
15	9	9	4	7	2	0.1033
15	9	9	4	7	0	0.0182
15	9	9	4	5	4	0.0601
15	9	9	4	4	4	0.1536
15	9	9	4	3	4	0.0350
15	9	9	3	9	0	0.0002
15	9	9	3	8	1	0.0110
15	9	9	3	8	0	0.0110
15	9	9	3	7	2	0.1045
15	9	9	3	7	1	0.1692
15	9	9	3	7	0	0.1045
15	9	9	3	6	3	0.0613
15	9	9	3	6	0	0.0613
15	9	9	3	3	3	0.0613
15	9	8	6	8	1	0.0014
15	9	8	6	8	0	0.0002
15	9	8	6	7	2	0.0517
15	9	8	6	7	1	0.0166
15	9	8	6	3	5	0.0278
15	9	8	6	3	5	0.1189
15	9	8	6	2	6	0.0070
15	9	8	5	8	1	0.0014
15	9	8	5	8	0	0.0004
15	9	8	5	7	2	0.0545
15	9	8	5	7	1	0.0545
15	9	8	5	7	0	0.0030
15	9	8	5	6	1	0.1049
15	9	8	5	4	5	0.0226
15	9	8	5	3	5	0.0769
15	9	8	5	2	5	0.0086
15	9	8	4	8	1	0.0014
15	9	8	4	8	0	0.0006
15	9	8	4	7	2	0.0270
15	9	8	4	7	1	0.0573
15	9	8	4	7	0	0.0062
15	9	8	4	6	3	0.0797
15	9	8	4	6	0	0.0174
15	9	8	4	5	4	0.0382
15	9	8	4	4	4	0.1552
15	9	8	4	2	4	0.0174
15	9	7	7	7	2	0.0112
15	9	7	7	7	1	0.0028
15	9	7	7	6	3	0.1678
15	9	7	7	6	2	0.0699
15	9	7	7	3	6	0.1678
15	9	7	7	2	6	0.0699
15	9	7	7	1	7	0.0028
15	9	7	6	7	2	0.0070
15	9	7	6	7	1	0.0040
15	9	7	6	7	0	0.0002
15	9	7	6	6	3	0.0839
15	9	7	6	6	2	0.1678
15	9	7	6	6	1	0.0308
15	9	7	6	4	5	0.1678
15	9	7	6	3	6	0.0140

Tafel 44 (Fortsetzung)

N	N_a	N_1	N_2	a_1	a_2	P	N	N_a	N_1	N_2	a_1	a_2	P	N	N_a	N_1	N_2	a_1	a_2	P
15	9	7	6	2	6	0.0308	15	9	6	5	2	3	0.1409	15	8	9	3	5	0	0.0797
15	9	7	6	2	5	0.0559	15	9	6	5	1	5	0.0120	15	8	9	3	2	3	0.0070
15	9	7	6	1	6	0.0016	15	9	6	5	1	4	0.0300	15	8	8	6	8	0	0.0002
15	9	7	5	7	2	0.0054	15	9	6	5	0	5	0.0002	15	8	8	6	7	1	0.0145
15	9	7	5	7	1	0.0084	15	9	5	5	5	4	0.0060	15	8	8	6	7	0	0.0026
15	9	7	5	7	0	0.0006	15	9	5	5	5	3	0.0659	15	8	8	6	6	2	0.1841
15	9	7	5	6	3	0.0420	15	9	5	5	5	2	0.1259	15	8	8	6	6	1	0.0667
15	9	7	5	6	2	0.1888	15	9	5	5	5	1	0.0659	15	8	8	6	3	5	0.1189
15	9	7	5	6	1	0.1469	15	9	5	5	5	0	0.0060	15	8	8	6	2	6	0.0070
15	9	7	5	6	0	0.0034	15	9	5	5	4	5	0.0060	15	8	8	6	2	5	0.0667
15	9	7	5	5	4	0.1469	15	9	5	5	4	0	0.0060	15	8	8	6	1	6	0.0026
15	9	7	5	5	1	0.1469	15	9	5	5	3	5	0.0659	15	8	8	5	8	0	0.0002
15	9	7	5	4	5	0.0154	15	9	5	5	3	1	0.0659	15	8	8	5	7	1	0.0145
15	9	7	5	3	5	0.1469	15	9	5	5	2	5	0.1259	15	8	8	5	7	0	0.0039
15	9	7	5	2	5	0.0280	15	9	5	5	2	2	0.1259	15	8	8	5	6	2	0.1841
15	9	7	5	2	4	0.1469	15	9	5	5	1	5	0.0659	15	8	8	5	6	1	0.1841
15	9	7	5	1	5	0.0034	15	9	5	5	1	3	0.0659	15	8	8	5	6	0	0.0082
15	9	7	4	7	2	0.0024	15	9	5	5	0	5	0.0060	15	8	8	5	5	1	0.1841
15	9	7	4	7	1	0.0070	15	9	5	5	0	4	0.0060	15	8	8	5	3	5	0.0319
15	9	7	4	7	0	0.0024	15	8	13	1	8	0	0.2000	15	8	8	5	2	5	0.0319
15	9	7	4	6	3	0.0266	15	8	12	2	8	0	0.0769	15	8	8	5	2	4	0.0536
15	9	7	4	6	2	0.1832	15	8	11	3	8	0	0.0256	15	8	8	5	1	5	0.0014
15	9	7	4	6	1	0.1832	15	8	11	3	7	0	0.1282	15	8	8	4	8	0	0.0002
15	9	7	4	6	0	0.0266	15	8	11	3	5	3	0.2000	15	8	8	4	7	1	0.0101
15	9	7	4	5	4	0.0154	15	8	11	3	4	3	0.1282	15	8	8	4	7	0	0.0051
15	9	7	4	5	0	0.0154	15	8	11	2	8	0	0.0256	15	8	8	4	6	2	0.1254
15	9	7	4	4	4	0.1161	15	8	11	2	4	2	0.0769	15	8	8	4	6	0	0.0558
15	9	7	4	4	1	0.1161	15	8	10	4	8	0	0.0070	15	8	8	4	5	3	0.1602
15	9	7	4	2	4	0.0601	15	8	10	4	7	1	0.1515	15	8	8	4	5	0	0.0188
15	9	7	4	2	3	0.0601	15	8	10	4	7	0	0.0443	15	8	8	4	4	4	0.0297
15	9	7	4	1	4	0.0038	15	8	10	4	4	4	0.0769	15	8	8	4	3	4	0.1254
15	9	6	6	6	3	0.0156	15	8	10	4	3	4	0.0443	15	8	8	4	2	4	0.0558
15	9	6	6	6	2	0.0480	15	8	10	3	8	0	0.0070	15	8	8	4	2	3	0.0732
15	9	6	6	6	1	0.0076	15	8	10	3	7	1	0.1907	15	8	8	4	1	4	0.0014
15	9	6	6	6	0	0.0004	15	8	10	3	7	0	0.0956	15	8	7	7	7	1	0.0025
15	9	6	6	5	4	0.0839	15	8	10	3	6	0	0.0583	15	8	7	7	7	0	0.0003
15	9	6	6	5	1	0.0300	15	8	10	3	5	3	0.1347	15	8	7	7	6	2	0.0634
15	9	6	6	4	5	0.0839	15	8	10	3	3	3	0.0256	15	8	7	7	6	1	0.0177
15	9	6	6	4	2	0.1738	15	8	9	5	8	0	0.0014	15	8	7	7	2	6	0.0634
15	9	6	6	3	6	0.0156	15	8	9	5	7	1	0.0536	15	8	7	7	1	7	0.0025
15	9	6	6	2	6	0.0480	15	8	9	5	7	0	0.0126	15	8	7	7	1	6	0.0177
15	9	6	6	2	4	0.1738	15	8	9	5	6	1	0.1841	15	8	7	7	0	7	0.0003
15	9	6	6	1	6	0.0076	15	8	9	5	3	5	0.0256	15	8	7	6	7	1	0.0014
15	9	6	6	1	5	0.0300	15	8	9	5	3	4	0.1841	15	8	7	6	7	0	0.0005
15	9	6	6	0	6	0.0004	15	8	9	5	2	5	0.0126	15	8	7	6	6	2	0.0438
15	9	6	5	6	3	0.0042	15	8	9	4	8	0	0.0014	15	8	7	6	6	1	0.0275
15	9	6	5	6	2	0.0380	15	8	9	4	7	1	0.0732	15	8	7	6	6	0	0.0025
15	9	6	5	6	1	0.0300	15	8	9	4	7	0	0.0182	15	8	7	6	5	1	0.0634
15	9	6	5	6	0	0.0010	15	8	9	4	6	0	0.0312	15	8	7	6	3	5	0.0960
15	9	6	5	5	4	0.0300	15	8	9	4	4	4	0.0508	15	8	7	6	2	6	0.0079
15	9	6	5	5	1	0.1109	15	8	9	4	3	4	0.0993	15	8	7	6	2	5	0.1352
15	9	6	5	4	5	0.0022	15	8	9	4	3	3	0.1515	15	8	7	6	2	4	0.1841
15	9	6	5	4	5	0.0072	15	8	9	4	2	4	0.0070	15	8	7	6	1	6	0.0047
15	9	6	5	4	1	0.0529	15	8	9	3	8	0	0.0014	15	8	7	6	1	5	0.0145
15	9	6	5	3	5	0.0689	15	8	9	3	7	1	0.0406	15	8	7	6	0	6	0.0002
15	9	6	5	3	2	0.1808	15	8	9	3	7	0	0.0406	15	8	7	5	7	1	0.0014
15	9	6	5	2	5	0.0869	15	8	9	3	5	3	0.0797	15	8	7	5	7	0	0.0006

Tafel 44 (Fortsetzung)

N	N_a	N_1	N_2	a_1	a_2	P	N	N_a	N_1	N_2	a_1	a_2	P	N	N_a	N_1	N_2	a_1	a_2	P
15	8	7	5	6	2	0.0427	15	8	7	4	1	4	0.0101	15	8	6	5	4	0	0.0062
15	8	7	5	6	1	0.0591	15	8	7	4	1	3	0.0101	15	8	6	5	3	5	0.0124
15	8	7	5	6	0	0.0112	15	8	7	4	0	4	0.0002	15	8	6	5	3	1	0.0769
15	8	7	5	5	3	0.1787	15	8	6	6	6	2	0.0075	15	8	6	5	2	5	0.0497
15	8	7	5	5	0	0.0112	15	8	6	6	6	1	0.0131	15	8	6	5	2	2	0.1189
15	8	7	5	4	4	0.1134	15	8	6	6	6	0	0.0009	15	8	6	5	1	5	0.0218
15	8	7	5	4	1	0.1134	15	8	6	6	5	3	0.1119	15	8	6	5	1	4	0.0956
15	8	7	5	3	5	0.0221	15	8	6	6	5	1	0.0746	15	8	6	5	1	3	0.0497
15	8	7	5	2	5	0.0319	15	8	6	6	5	0	0.0028	15	8	6	5	0	5	0.0006
15	8	7	5	2	3	0.1787	15	8	6	6	4	4	0.1469	15	8	6	5	0	4	0.0014
15	8	7	5	1	5	0.0112	15	8	6	6	4	1	0.0410	15	8	5	5	5	2	0.0093
15	8	7	5	1	4	0.0221	15	8	6	6	3	5	0.1119	15	8	5	5	5	1	0.0676
15	8	7	5	0	5	0.0002	15	8	6	6	2	6	0.0075	15	8	5	5	5	0	0.0093
15	8	7	4	7	1	0.0014	15	8	6	6	1	6	0.0131	15	8	5	5	4	4	0.0210
15	8	7	4	7	0	0.0014	15	8	6	6	1	5	0.0746	15	8	5	5	4	0	0.0210
15	8	7	4	6	2	0.0340	15	8	6	6	1	4	0.0410	15	8	5	5	3	5	0.0093
15	8	7	4	6	1	0.0775	15	8	6	6	0	6	0.0009	15	8	5	5	3	0	0.0093
15	8	7	4	6	0	0.0340	15	8	6	6	0	5	0.0028	15	8	5	5	2	5	0.0676
15	8	7	4	5	3	0.0601	15	8	6	5	6	2	0.0039	15	8	5	5	2	1	0.0676
15	8	7	4	5	0	0.0601	15	8	6	5	6	1	0.0124	15	8	5	5	1	5	0.0676
15	8	7	4	4	4	0.0210	15	8	6	5	6	0	0.0023	15	8	5	5	1	2	0.0676
15	8	7	4	4	0	0.0210	15	8	6	5	5	3	0.0497	15	8	5	5	0	5	0.0093
15	8	7	4	3	4	0.1602	15	8	6	5	5	2	0.1841	15	8	5	5	0	4	0.0210
15	8	7	4	3	1	0.1602	15	8	6	5	5	1	0.1469	15	8	5	5	0	3	0.0093
15	8	7	4	2	4	0.1167	15	8	6	5	5	0	0.0162							
15	8	7	4	2	2	0.1167	15	8	6	5	4	4	0.0614							

Tafel 45

Exakter 3 × 3-Feldertest. (Aus Krüger 1975)

Die Tafeln enthalten die Schranken der als Prüfgröße fungierenden Summe S der Logarithmen der Fakultäten der 9 Felderfrequenzen einer 3 × 3-Feldertafel, wobei $\log 0! = \log 1! = 0$. Überschreitet oder erreicht ein beobachtetes S die Schranke S_α, besteht eine auf der α-Stufe signifikante Kontingenz zwischen den 3-klassigen Zeilen- und Spalten-Merkmalen. Die Tafel enthält die S_α für $\alpha = 0{,}20$; $0{,}10$; $0{,}05$; $0{,}01$ und $0{,}001$, und für $N = 6(1)20$. Die 4 Parameter $N_1, N_2, N_3,$ und N_4 sind wie folgt definiert: N_1 ist die größte aller 6 Randsummen, N_2 die zweithöchste Zeilensumme, wenn N_1 eine Zeilensumme war, und N_2 ist die zweithöchste Spaltensumme, wenn N_1 eine Spaltensumme war. N_3 ist die größte Spaltensumme, wenn N_1 die größte Zeilensumme, bzw. N_3 die größte Zeilensumme, wenn N_1 die größte Spaltensumme war. N_4 ist zweithöchste zu N_3 gehörige Spalten oder Zeilensumme.

Ablesebeispiel: Es liege folgende 3 x 3-Feldertafel mit N = 15 vor:

	Stufe	Merkmal A 1	2	3	Zeilen summen
Merkmal B	1	2	2	0	4
	2	1	1	2	$4 = N_4$
	3	0	1	6	$7 = N_3$
Spalten summen		3	$4 = N_2$	$8 = N_1$	N = 15

Es ergibt sich ein $S = \log2! + \log2! + \log0! + \log1! + \log1! + \log2! + \log0! + \log1! + \log6! = 0{,}30103 + 0{,}30103 + 0{,}30103 + 2{,}85733 = 3{,}76042$. In der Tafel unter N = 15 und N1 = 8, N2 = 4, N3 = 7 und N4 = 4 lesen wir die 5%-Schranke von 3,76042 ab, die unser berechnetes S gerade erreicht, sodaß die Nullhypothese der Unabhängigkeit von Zeilen- und Spaltenmerkmal zugunsten der Alternative einer bestehenden Kontingenz zu verwerfen ist.

					N = 6			
N_1	N_2	N_3	N_4	20%	10%	5%	1%	0.1%
4	1	4	1	—	1.38021	—	—	—
4	1	3	2	0.77815	—	—	—	—
4	1	2	2	0.60205	—	—	—	—
3	2	3	2	0.60205	—	0.77815	—	—
3	2	2	2	0.60205	—	—	—	—
2	2	2	2	—	0.90308	—	—	—

					N = 7			
N_1	N_2	N_3	N_4	20%	10%	5%	1%	0.1%
5	1	5	1	—	—	2.07918	—	—
5	1	4	2	1.38021	—	—	—	—
5	1	3	3	—	—	—	—	—
5	1	3	2	—	1.07918	—	—	—
4	2	4	2	0.90308	1.07918	1.38021	1.68124	—
4	2	3	3	1.07918	—	—	—	—

Tafel 45 (Fortsetzung)

				N = 7				
N_1	N_2	N_3	N_4	20%	10%	5%	1%	0.1%
4	2	3	2	0.77815	—	1.07918	—	—
3	3	3	3	—	1.07918	1.55630	—	—
3	3	3	2	—	1.07918	—	—	—
3	2	3	3	—	1.07918	—	—	—
3	2	3	2	—	0.77815	—	1.38021	—

				N = 8				
N_1	N_2	N_3	N_4	20%	10%	5%	1%	0.1%
6	1	6	1	—	—	2.85733	—	—
6	1	5	2	2.07918	—	—	—	—
6	1	4	3	1.68124	—	—	—	—
6	1	4	2	—	1.68124	—	—	—
6	1	3	3	—	—	1.55630	—	—
5	2	5	2	—	—	1.68124	2.38021	—
5	2	4	3	1.38021	—	1.68124	—	—
5	2	4	2	1.38021	—	1.68124	—	—
5	2	3	3	—	1.38021	—	—	—
4	3	4	3	—	1.55630	1.68124	2.15836	—
4	3	4	2	1.07918	—	1.38021	—	—
4	3	3	3	1.07918	—	1.38021	—	—
4	2	4	3	1.07918	—	1.38021	—	—
4	2	4	2	1.07918	1.20411	1.38021	1.98227	—
4	2	3	3	—	1.07918	1.38021	—	—
3	3	3	3	0.90308	1.07918	1.38021	1.85733	—

				N = 9				
N_1	N_2	N_3	N_4	20%	10%	5%	1%	0.1%
7	1	7	1	—	—	3.70243	—	—
7	1	6	2	—	2.85733	—	—	—
7	1	5	3	—	2.38021	—	—	—
7	1	5	2	2.07918	2.38021	—	—	—
7	1	4	4	—	—	—	—	—
7	1	4	3	—	—	2.15836	—	—
7	1	3	3	—	—	—	—	—
6	2	6	2	—	—	2.38021	2.85733	—
6	2	5	3	—	2.85733	2.07918	—	—
6	2	5	2	1.68124	1.98227	2.07918	—	—
6	2	4	4	—	—	1.98227	—	—
6	2	4	3	1.55630	1.68124	2.85733	—	—
6	2	3	3	—	—	2.85733	—	—

Tafel 45 (Fortsetzung)

				N = 9				
N_1	N_2	N_3	N_4	20%	10%	5%	1%	0.1%
5	3	5	3	1.55630	—	1.85733	2.38021	—
5	3	5	2	—	1.68124	—	2.38021	—
5	3	4	4	1.55630	1.68124	2.15836	—	—
5	3	4	3	—	1.55630	1.85733	2.15836	—
5	3	3	3	1.38021	—	1.85733	—	—
5	2	5	3	—	1.68124	—	2.38021	—
5	2	5	2	1.68124	—	—	2.07918	—
5	2	4	4	—	1.68124	1.98227	—	—
5	2	4	3	1.20411	—	1.68124	1.98227	—
5	2	3	3	—	—	—	—	—
4	4	4	4	1.55630	—	2.15836	2.76042	—
4	4	4	3	1.20411	1.55630	1.98227	2.15836	—
4	4	3	3	—	1.55630	—	—	—
4	3	4	4	1.20411	1.55630	1.98227	2.15836	—
4	3	4	3	1.20411	1.38021	1.55630	1.85733	2.45939
4	3	3	3	1.07918	1.38021	1.85733	—	—
3	3	3	3	—	1.38021	—	2.33445	—

				N = 10				
N_1	N_2	N_3	N_4	20%	10%	5%	1%	0.1%
8	1	8	1	—	—	4.60552	—	—
8	1	7	2	—	3.70243	—	—	—
8	1	6	3	—	3.15836	—	—	—
8	1	6	2	2.85733	—	3.15836	—	—
8	1	5	4	2.76042	2.85733	—	—	—
8	1	5	3	—	—	2.85733	—	—
8	1	4	4	—	—	2.76042	—	—
8	1	4	3	2.15836	—	—	—	—
7	2	7	2	2.85733	—	3.15836	3.70243	—
7	2	6	3	—	2.45939	2.85733	—	—
7	2	6	2	2.38021	2.68124	2.85733	3.15836	—
7	2	5	4	2.38021	—	2.45939	—	—
7	2	5	3	1.98227	2.15836	2.45939	—	—
7	2	4	4	1.98227	2.15836	2.45939	—	—
7	2	4	3	1.85733	1.98227	2.45939	—	—
6	3	6	3	2.07918	2.33445	—	2.85733	3.63548
6	3	6	2	2.07918	2.38021	—	3.15836	—
6	3	5	4	1.98227	2.15836	2.38021	2.85733	—
6	3	5	3	1.85733	1.98227	2.38021	2.45939	—
6	3	4	4	1.85733	1.98227	2.15836	2.45939	—
6	3	4	3	1.68124	1.85733	1.98227	2.45939	—
6	2	6	3	2.07918	2.38021	—	3.15836	—
6	2	6	2	2.07918	2.28330	2.38021	2.85733	—
6	2	5	4	1.98227	—	2.38021	2.68124	—

Tafel 45 (Fortsetzung)

						N = 10		
N_1	N_2	N_3	N_4	20%	10%	5%	1%	0.1%
6	2	5	3	—	1.98227	2.07918	2.68124	—
6	2	4	4	1.68124	—	1.85733	—	—
6	2	4	3	1.68124	1.85733	1.98227	2.15836	—
5	4	5	4	1.85733	2.15836	2.76042	2.85733	3.45939
5	4	5	3	—	1.85733	2.15836	2.45939	—
5	4	4	4	1.68124	1.85733	1.98227	2.45939	—
5	4	4	3	1.55630	—	1.98227	2.45939	—
5	3	5	4	—	1.85733	2.15836	2.45939	—
5	3	5	3	1.55630	—	1.98227	2.38021	3.15836
5	3	4	4	1.55630	—	1.85733	2.15836	—
5	3	4	3	—	1.68124	1.85733	2.15836	—
4	4	4	4	1.50514	1.55630	1.85733	2.28330	3.06145

						N = 11		
N_1	N_2	N_3	N_4	20%	10%	5%	1%	0.1%
9	1	9	1	—	—	5.55976	—	—
9	1	8	2	4.00346	4.60552	—	—	—
9	1	7	3	3.70243	4.00346	—	—	—
9	1	7	2	3.70243	—	4.00346	—	—
9	1	6	4	3.45939	3.63548	—	—	—
9	1	6	3	3.15836	—	3.63548	—	—
9	1	5	5	3.45939	—	—	—	—
9	1	5	4	2.85733	—	3.45939	—	—
9	1	5	3	2.85733	—	—	—	—
9	1	4	4	—	2.76042	—	—	—
8	2	8	2	3.70243	—	4.00346	4.60552	—
8	2	7	3	—	—	3.70243	4.00346	—
8	2	7	2	3.15836	—	3.45939	4.00346	—
8	2	6	4	—	3.06145	—	3.45939	—
8	2	6	3	2.45939	2.85733	3.15836	3.45939	—
8	2	5	5	2.85733	—	3.15836	—	—
8	2	5	4	2.38021	2.68124	2.85733	3.15836	—
8	2	5	3	2.38021	—	2.68124	3.15836	—
8	2	4	4	2.28330	2.45939	—	3.06145	—
7	3	7	3	2.85733	2.93651	—	3.63548	4.48058
7	3	7	2	—	2.85733	3.15836	4.00346	—
7	3	6	4	—	2.68124	2.85733	3.63548	—
7	3	6	3	2.38021	2.68124	3.15836	3.63548	—
7	3	5	5	—	2.68124	2.85733	—	—
7	3	5	4	2.38021	—	2.68124	2.85733	—
7	3	5	3	2.15836	2.33445	2.45939	2.93651	—
7	3	4	4	—	2.33445	2.45939	2.93651	—
7	2	7	3	—	2.85733	3.15836	4.00346	—
7	2	7	2	2.85733	2.98227	3.15836	3.70243	4.30449
7	2	6	4	2.45939	—	2.68124	3.45939	—

Tafel 45 (Fortsetzung)

				N = 11				
N_1	N_2	N_3	N_4	20%	10%	5%	1%	0.1%
7	2	6	3	2.28330	2.68124	2.76042	3.15836	—
7	2	5	5	2.45939	2.68124	—	—	—
7	2	5	4	2.15836	2.28330	2.45939	2.98227	—
7	2	5	3	2.07918	2.45939	2.68124	—	—
7	2	4	4	1.98227	2.28330	2.45939	2.76042	—
6	4	6	4	2.38021	2.76042	2.85733	3.06145	4.23754
6	4	6	3	2.28330	2.45939	2.68124	2.85733	3.63548
6	4	5	5	2.45939	—	2.76042	3.45939	—
6	4	5	4	1.98227	2.28330	2.45939	2.85733	3.45939
6	4	5	3	1.98227	2.15836	2.68124	2.85733	—
6	4	4	4	1.98227	2.15836	2.45939	2.93651	—
6	3	6	4	2.28330	2.45939	2.68124	2.85733	3.63548
6	3	6	3	2.07918	2.28330	2.63548	2.76042	3.45939
6	3	5	5	2.15836	—	2.45939	2.85733	—
6	3	5	4	1.98227	2.15836	2.28330	2.68124	3.15836
6	3	5	3	1.85733	—	2.15836	2.63548	3.15836
6	3	4	4	1.85733	1.98227	2.28330	2.45939	—
5	5	5	5	—	2.76042	—	3.45939	4.15836
5	5	5	4	1.98227	—	2.45939	3.15836	—
5	5	5	3	1.98227	—	2.45939	3.15836	—
5	5	4	4	—	2.15836	—	2.76042	—
5	4	5	5	1.98227	—	2.45939	3.15836	—
5	4	5	4	1.85733	2.15836	2.28330	2.76042	3.06145
5	4	5	3	1.85733	1.98227	2.45939	2.68124	3.15836
5	4	4	4	1.85733	—	1.98227	2.45939	3.06145
5	3	5	5	1.98227	—	2.45939	3.15836	—
5	3	5	4	1.85733	1.98227	2.45939	2.68124	3.15836
5	3	5	3	—	1.85733	2.15836	2.45939	3.63548
5	3	4	4	—	1.85733	2.15836	2.33445	—

				N = 12				
N_1	N_2	N_3	N_4	20%	10%	5%	1%	0.1%
10	1	10	1	—	—	6.55976	—	—
10	1	9	2	4.90655	—	5.55976	—	—
10	1	8	3	—	4.60552	4.90655	—	—
10	1	8	2	—	4.60552	4.90655	—	—
10	1	7	4	4.23754	4.48058	—	—	—
10	1	7	3	4.00346	—	4.48058	—	—
10	1	6	5	4.15836	4.23754	—	—	—
10	1	6	4	3.63548	—	4.23754	—	—
10	1	6	3	—	3.63548	—	—	—
10	1	5	5	—	—	4.15836	—	—
10	1	5	4	—	—	3.45939	—	—

Tafel 45 (Fortsetzung)

				N = 12				
N_1	N_2	N_3	N_4	20%	10%	5%	1%	0.1%
10	1	4	4	—	—	—	—	—
9	2	9	2	4.30449	—	4.90655	5.55976	—
9	2	8	3	4.00346	—	4.60552	4.90655	—
9	2	8	2	—	4.00346	4.30449	4.90655	—
9	2	7	4	—	3.76042	4.00346	4.30449	—
9	2	7	3	3.45939	3.63548	3.93651	4.30449	—
9	2	6	5	—	3.63548	3.76042	—	—
9	2	6	4	3.06145	3.45939	3.63548	3.93651	—
9	2	6	3	3.15836	—	3.45939	3.93651	—
9	2	5	5	2.98227	—	3.45939	—	—
9	2	5	4	2.85733	2.98227	3.15836	3.76042	—
9	2	4	4	—	3.06145	—	—	—
8	3	8	3	3.45939	3.63548	4.00346	4.48058	5.38367
8	3	8	2	3.45939	3.70243	4.00346	4.90655	—
8	3	7	4	—	3.45939	3.53857	4.00346	—
8	3	7	3	2.93651	—	3.45939	3.93651	4.48058
8	3	6	5	3.15836	—	3.45939	3.93651	—
8	3	6	4	2.76042	3.06145	3.45939	3.63548	—
8	3	6	3	2.68124	3.15836	3.45939	3.63548	—
8	3	5	5	2.76042	3.15836	—	—	—
8	3	5	4	2.63548	2.76042	2.93651	3.53857	—
8	3	4	4	2.45939	2.93651	—	3.53857	—
8	2	8	3	3.45939	3.70243	4.00346	4.90655	—
8	2	8	2	3.70243	3.76042	4.00346	4.60552	5.20758
8	2	7	4	—	—	3.45939	4.00346	—
8	2	7	3	2.98227	—	3.45939	3.70243	—
8	2	6	5	2.98227	—	3.45939	—	—
8	2	6	4	2.76042	2.85733	3.36248	3.76042	—
8	2	6	3	2.68124	2.85733	3.15836	—	—
8	2	5	5	2.68124	2.85733	2.98227	3.45939	—
8	2	5	4	—	2.68124	2.98227	3.15836	—
8	2	4	4	—	2.58433	—	3.36248	—
7	4	7	4	2.98227	3.06145	3.53857	4.23754	4.48058
7	4	7	3	2.76042	2.98227	—	3.45939	4.30449
7	4	6	5	2.85733	3.06145	3.45939	3.63548	—
7	4	6	4	2.68124	2.85733	2.93651	3.45939	4.23754
7	4	6	3	2.38021	2.76042	2.93651	3.45939	—
7	4	5	5	—	2.76042	2.98227	3.45939	—
7	4	5	4	2.33445	2.68124	2.85733	3.06145	3.76042
7	4	4	4	2.33445	2.45939	2.93651	3.53857	—
7	3	7	4	2.76042	2.98227	—	3.45939	4.30449
7	3	7	3	2.68124	2.76042	3.15836	3.45939	4.00346
7	3	6	5	2.76042	2.85733	2.98227	3.45939	3.93651
7	3	6	4	2.45939	2.68124	2.85733	3.15836	3.93651
7	3	6	3	2.38021	2.68124	2.76042	3.23754	3.93651
7	3	5	5	—	2.68124	2.76042	2.98227	—

Tafel 45 (Fortsetzung)

				N = 12				
N_1	N_2	N_3	N_4	20%	10%	5%	1%	0.1%
7	3	5	4	2.28330	2.38021	2.63548	2.98227	3.45939
7	3	4	4	2.28330	2.33445	2.76042	2.93651	—
6	5	6	5	2.63548	2.85733	3.45939	4.15836	4.23754
6	5	6	4	2.45939	2.68124	2.85733	3.45939	3.93651
6	5	6	3	2.63548	2.68124	2.76042	3.63548	3.93651
6	5	5	5	2.45939	2.76042	3.06145	3.45939	4.15836
6	5	5	4	2.28330	2.63548	2.76042	3.15836	3.63548
6	5	4	4	2.33445	2.76042	2.93651	3.06145	—
6	4	6	5	2.45939	2.68124	2.85733	3.45939	3.93651
6	4	6	4	2.33445	2.58433	2.63548	3.15836	3.63548
6	4	6	3	2.28330	2.38021	2.68124	2.85733	3.45939
6	4	5	5	2.28330	2.45939	2.76042	2.98227	3.76042
6	4	5	4	2.15836	2.28330	2.63548	2.85733	3.23754
6	4	4	4	1.98227	2.33445	2.58433	2.93651	—
6	3	6	5	2.63548	2.68124	2.76042	3.63548	3.93651
6	3	6	4	2.28330	2.38021	2.68124	2.85733	3.45939
6	3	6	3	—	2.28330	2.68124	3.11260	3.45939
6	3	5	5	—	2.28330	2.45939	3.15836	—
6	3	5	4	2.15836	2.28330	2.45939	2.76042	3.63548
5	5	5	5	2.15836	—	2.76042	3.06145	4.45939
5	5	5	4	2.15836	2.28330	2.76042	3.06145	3.45939
5	5	4	4	1.98227	2.15836	2.76042	3.06145	—
5	4	5	5	2.15836	2.28330	2.76042	3.06145	3.45939
5	4	5	4	1.98227	—	2.28330	2.63548	3.15836

				N = 13				
N_1	N_2	N_3	N_4	20%	10%	5%	1%	0.1%
11	1	11	1	—	—	—	7.60115	—
11	1	10	2	5.86079	—	6.55976	—	—
11	1	9	3	5.38367	5.55976	5.86079	—	—
11	1	9	2	—	5.55976	5.86079	—	—
11	1	8	4	5.08264	—	5.38367	—	—
11	1	8	3	4.90655	—	—	5.38367	—
11	1	7	5	4.93651	5.08264	—	—	—
11	1	7	4	4.30449	—	—	5.08264	—
11	1	7	3	4.30449	4.48058	—	—	—
11	1	6	6	4.93651	—	—	—	—
11	1	6	5	4.23754	—	—	4.93651	—
11	1	6	4	—	—	4.23754	—	—
11	1	5	5	—	—	4.15836	—	—
11	1	5	4	3.76042	—	—	—	—
10	2	10	2	5.20758	—	5.86079	6.55976	6.86079
10	2	9	3	4.78161	—	—	5.55976	—
10	2	9	2	4.60552	4.90655	5.20758	5.55976	—

Tafel 45 (Fortsetzung)

				N = 13				
N_1	N_2	N_3	N_4	20%	10%	5%	1%	0.1%
10	2	8	4	4.48058	4.53857	4.90655	5.20758	—
10	2	8	3	—	4.30449	4.60552	5.20758	—
10	2	7	5	—	4.30449	4.48058	4.78161	—
10	2	7	4	3.76042	4.00346	4.30449	4.53857	—
10	2	7	3	3.93651	4.00346	4.30449	4.78161	—
10	2	6	6	4.23754	—	4.53857	—	—
10	2	6	5	3.63548	3.93651	4.15836	4.45939	—
10	2	6	4	—	3.63548	3.93651	4.53857	—
10	2	5	5	—	—	3.76042	4.45939	—
10	2	5	4	3.36248	3.45939	3.76042	—	—
9	3	9	3	4.30449	4.41363	4.60552	5.38367	5.86079
9	3	9	2	4.30449	—	4.60552	—	5.86079
9	3	8	4	4.00346	4.23754	4.30449	4.90655	—
9	3	8	3	3.63548	4.00346	4.30449	4.78161	5.38367
9	3	7	5	3.93651	—	4.23754	4.48058	—
9	3	7	4	3.53857	3.63548	3.93651	4.30449	4.78161
9	3	7	3	3.23754	—	3.93651	4.30449	—
9	3	6	6	—	3.93651	—	4.41363	—
9	3	6	5	3.23754	3.63548	3.93651	—	—
9	3	6	4	3.15836	3.45939	3.63548	3.93651	—
9	3	5	5	3.15836	3.23754	3.45939	3.76042	—
9	3	5	4	2.98227	3.15836	3.53857	3.63548	—
9	2	9	3	4.30449	—	4.60552	—	5.86079
9	2	9	2	—	4.60552	4.93655	—	5.55976
9	2	8	4	3.93651	—	4.30449	4.90655	5.20758
9	2	8	3	3.63548	4.00346	4.23754	4.60552	5.20758
9	2	7	5	3.76042	—	3.93651	—	—
9	2	7	4	3.45939	3.63548	3.93651	4.06145	—
9	2	7	3	3.45939	—	3.70243	4.30449	—
9	2	6	6	3.76042	3.93651	—	—	—
9	2	6	5	3.28330	—	3.63548	4.06145	—
9	2	6	4	3.15836	3.36248	3.45939	3.93651	4.23754
9	2	5	5	2.98227	3.06145	—	3.76042	—
9	2	5	4	3.06145	3.15836	3.28330	3.36248	—
8	4	8	4	3.63548	3.76042	4.00346	5.08264	5.38367
8	4	8	3	3.53857	3.63558	3.93651	4.30449	5.20758
8	4	7	5	3.53857	3.63548	3.76042	4.48058	—
8	4	7	4	3.23754	3.45939	3.63458	3.93651	4.53857
8	4	7	3	3.15836	3.45939	3.63548	4.30449	—
8	4	6	6	3.36248	3.76042	3.93651	4.23754	—
8	4	6	5	3.15836	3.36248	3.63548	3.93651	4.53857
8	4	6	4	2.93651	3.15836	3.36248	3.76042	4.23754
8	4	5	5	2.93651	3.06145	3.45939	3.63548	—
8	4	5	4	2.93651	2.98227	3.15836	3.63548	4.23754
8	3	8	4	3.53857	3.63548	3.93651	4.30449	5.20758
8	3	8	3	3.45939	3.70243	3.76042	4.23754	4.90655
8	3	7	5	3.45939	—	3.53857	3.93651	4.78161

Tafel 45 (Fortsetzung)

				N = 13				
N_1	N_2	N_3	N_4	20%	10%	5%	1%	0.1%
8	3	7	4	3.06145	3.36248	3.63548	3.83960	4.48058
8	3	7	3	2.93651	3.23754	—	3.93651	4.78161
8	3	6	6	3.23754	3.36248	3.63548	—	—
8	3	6	5	2.93651	—	3.36248	3.63548	—
8	3	6	4	2.76042	2.93651	3.23754	3.63548	4.23754
8	3	5	5	2.76042	2.98227	3.06145	3.53857	—
8	3	5	4	2.58433	2.93651	2.98227	3.45939	3.83960
7	5	7	5	3.23754	3.53857	3.63548	4.23754	4.93651
7	5	7	4	2.98227	3.15836	3.53857	3.93651	4.78161
7	5	7	3	2.93651	3.23754	3.45939	3.93651	4.78161
7	5	6	6	3.23754	3.45939	3.76042	4.23754	—
7	5	6	5	2.85733	3.15836	3.45939	3.93651	4.45939
7	5	6	4	2.85733	2.98227	3.23754	3.63548	4.23754
7	5	5	5	2.76042	3.06145	3.15836	3.53857	4.45939
7	5	5	4	2.76042	2.93651	3.06145	3.76042	4.23754
7	4	7	5	2.98227	3.15836	3.53857	3.93651	4.78161
7	4	7	4	2.85733	3.06145	3.23754	3.63548	4.23754
7	4	7	3	2.98227	3.15836	3.23754	3.63548	4.30449
7	4	6	6	2.98227	3.23754	3.36248	3.93651	4.53857
7	4	6	5	2.68124	2.93651	3.15836	3.63548	4.23754
7	4	6	4	2.63548	2.85733	2.98227	3.36248	3.93651
7	4	5	5	—	2.76042	2.93651	3.45939	—
7	4	5	4	2.45939	2.63548	2.93651	3.23754	3.83960
7	3	7	5	2.93651	3.23754	3.45939	3.93651	4.78161
7	3	7	4	2.98227	3.15836	3.23754	3.63548	4.30449
7	3	7	3	2.76042	2.98227	3.11260	3.71466	4.30449
7	3	6	6	3.11260	—	3.23754	3.93651	4.41363
7	3	6	5	2.76042	2.85733	2.98227	3.93651	—
7	3	6	4	2.63548	2.76042	2.98227	3.45939	3.93651
7	3	5	5	2.63548	2.68124	2.93651	3.45939	3.93651
7	3	5	4	2.33445	2.68124	2.93651	3.45939	3.63548
6	6	6	6	3.11260	3.45939	4.15836	4.93651	5.71466
6	6	6	5	—	3.06145	3.36248	4.15836	4.53857
6	6	6	4	2.76042	3.06145	3.23754	3.63548	4.41363
6	6	5	5	2.76042	3.06145	3.23754	3.76042	4.15836
6	6	5	4	2.63548	2.93651	3.23754	3.63548	—
6	5	6	6	—	3.06145	3.36248	4.15836	4.53857
6	5	6	5	2.58433	2.85733	3.06145	3.76042	4.23754
6	5	6	4	2.58433	2.68124	2.85733	3.23754	3.93651
6	5	5	5	2.45939	—	2.93651	3.15836	3.93651
6	5	5	4	2.45939	2.58433	2.93651	3.15836	3.76042
6	4	6	6	2.76042	3.06145	3.23754	3.63548	4.41363
6	4	6	5	2.58433	2.68124	2.85733	3.23754	3.93651
6	4	6	4	2.45939	2.63548	2.76042	3.15836	3.76042
6	4	5	5	2.28330	2.63548	2.93651	3.15836	3.63548
6	4	5	4	2.28330	2.58433	2.76042	2.98227	3.63548

Tafel 45 (Fortsetzung)

				N = 13				
N_1	N_2	N_3	N_4	20%	10%	5%	1%	0.1%
5	5	5	5	2.28330	—	2.76042	3.06145	3.93651
5	5	5	4	2.28330	—	2.63548	2.93651	4.23754
5	4	5	5	2.28330	—	2.63548	2.93651	4.23754

				N = 14				
N_1	N_2	N_3	N_4	20%	10%	5%	1%	0.1%
12	1	12	1	—	—	—	8.68033	—
12	1	11	2	6.86079	—	7.60115	—	—
12	1	10	3	6.33791	6.55976	6.86079	—	—
12	1	10	2	—	6.55976	6.86079	—	—
12	1	9	4	5.98573	—	6.33791	—	—
12	1	9	3	5.86079	—	—	6.33791	—
12	1	8	5	5.78161	5.98573	—	—	—
12	1	8	4	5.20758	5.38367	—	5.98573	—
12	1	8	3	5.20758	5.38367	—	—	—
12	1	7	6	5.71466	5.78161	—	—	—
12	1	7	5	5.08264	—	—	5.78161	—
12	1	7	4	—	—	5.08264	—	—
12	1	6	6	—	—	—	5.71466	—
12	1	6	5	4.53857	—	4.93651	—	—
12	1	6	4	4.53857	—	—	—	—
12	1	5	5	—	4.45939	—	—	—
11	2	11	2	6.16182	6.55976	—	6.86079	7.90218
11	2	10	3	5.68470	—	—	6.55976	—
11	2	10	2	5.55976	5.86079	6.16182	6.55976	—
11	2	9	4	5.38367	—	5.86079	6.16182	—
11	2	9	3	—	5.20758	5.38367	6.16182	—
11	2	8	5	5.08264	5.20758	5.23754	5.68470	—
11	2	8	4	4.53857	4.90655	5.20758	5.68470	—
11	2	8	3	4.48058	4.78161	5.20758	5.68470	—
11	2	7	6	—	5.08264	5.23754	5.38367	—
11	2	7	5	4.45939	4.60552	4.78161	5.23754	—
11	2	7	4	4.23754	4.48058	4.60552	5.38367	—
11	2	6	6	—	4.53857	4.93651	5.23754	—
11	2	6	5	4.06145	—	4.45939	5.23754	—
11	2	6	4	4.06145	4.23754	4.53857	—	—
11	2	5	5	3.93651	—	—	4.45939	—
10	3	10	3	5.20758	5.25873	5.55976	6.33791	6.86079
10	3	10	2	5.20758	—	5.55976	—	6.86079
10	3	9	4	4.78161	5.01569	5.20758	5.38367	—
10	3	9	3	4.41363	4.78161	5.20758	5.68470	6.33791
10	3	8	5	4.48058	4.78161	4.93651	5.38367	—
10	3	8	4	4.23754	4.48058	4.78161	5.20758	5.68470

Tafel 45 (Fortsetzung)

				N = 14				
N_1	N_2	N_3	N_4	20%	10%	5%	1%	0.1%
10	3	8	3	4.00346	4.30449	4.78161	5.20758	—
10	3	7	6	4.45939	—	4.78161	5.01569	—
10	3	7	5	4.23754	4.30449	4.53857	—	—
10	3	7	4	3.83960	—	4.30449	4.78161	—
10	3	6	6	4.15836	4.23754	4.45939	—	—
10	3	6	5	—	3.93651	4.23754	4.45939	5.01569
10	3	6	4	3.71466	3.83960	3.93651	4.41363	—
10	3	5	5	—	3.76042	3.93651	—	4.93651
10	2	10	3	5.20758	—	5.55976	—	6.86079
10	2	10	2	4.90655	5.50861	5.55976	—	6.55976
10	2	9	4	4.78161	4.90655	5.20758	5.86079	6.16182
10	2	9	3	4.48058	4.90655	5.08264	5.55976	6.16182
10	2	8	5	4.45939	4.53857	4.78161	—	—
10	2	8	4	4.06145	4.48058	4.78161	5.50861	—
10	2	8	3	4.23754	4.30449	4.60552	5.20758	—
10	2	7	6	4.45939	—	4.60552	—	—
10	2	7	5	3.93651	4.15836	4.30449	4.76042	—
10	2	7	4	3.76042	4.00346	4.06145	4.60552	5.08264
10	2	6	6	3.93651	4.06145	4.23754	4.83960	—
10	2	6	5	3.53857	—	4.06145	4.45939	—
10	2	6	4	3.66351	3.76042	3.93651	4.06145	—
10	2	5	5	3.53857	3.76042	—	4.06145	4.76042
9	4	9	4	4.41363	4.48058	4.83960	5.38367	5.98573
9	4	9	3	4.23754	4.41363	4.60552	5.20758	6.16182
9	4	8	5	—	4.30449	4.48058	4.83960	5.98573
9	4	8	4	3.93651	4.06145	4.30449	4.60552	5.98573
9	4	8	3	3.76042	4.00346	4.30449	4.78161	5.38367
9	4	7	6	4.06145	4.41363	4.53857	4.78161	—
9	4	7	5	3.76042	4.06145	4.23754	4.48058	5.38367
9	4	7	4	3.53857	3.71466	4.06145	4.48058	5.01569
9	4	6	6	3.76042	3.93651	4.23754	4.53857	—
9	4	6	5	3.45939	3.63548	3.83960	4.41363	5.01569
9	4	6	4	3.28330	3.63548	3.76042	4.14063	5.01569
9	4	5	5	3.28330	3.53857	3.63548	4.23754	—
9	3	9	4	4.23754	4.41363	4.60552	5.20758	6.16182
9	3	9	3	4.00346	4.30449	4.60552	5.08264	5.38367
9	3	8	5	4.06145	4.30449	4.48058	4.78161	5.68470
9	3	8	4	3.76042	4.00346	4.06145	4.60552	5.38367
9	3	8	3	3.70243	3.93651	4.23754	4.71466	5.20758
9	3	7	6	3.93651	4.06145	4.41363	4.60552	—
9	3	7	5	3.53857	3.93651	4.06145	4.30449	5.08264
9	3	7	4	3.36248	3.53857	3.83960	4.23754	5.08264
9	3	6	6	3.53857	3.93651	4.06145	4.23754	—
9	3	6	5	3.23754	3.53857	3.63548	4.06145	4.71466
9	3	6	4	3.23754	3.36248	3.53857	4.06145	—
9	3	5	5	3.15836	3.36248	3.53857	3.93651	4.53857

Tafel 45 (Fortsetzung)

					N = 15			
N_1	N_2	N_3	N_4	20%	10%	5%	1%	0.1%
9	4	9	3	4.01569	4.30449	4.71466	4.90655	5.68470
9	4	8	6	4.41363	4.44166	4.78161	5.01569	5.68470
9	4	8	5	4.06145	4.23754	4.36248	4.78161	5.50861
9	4	8	4	3.83960	4.00346	4.30449	4.71466	5.38367
9	4	7	7	4.41363	4.53857	5.01569	5.08264	—
9	4	7	6	3.83960	4.14063	4.36248	4.71466	5.31672
9	4	7	5	3.76042	3.83960	4.01569	4.60552	5.38367
9	4	7	4	3.58433	3.83960	4.14063	4.41363	5.14063
9	4	6	6	3.53857	3.93651	4.14063	4.53857	5.31672
9	4	6	5	3.45939	3.58433	3.93651	4.36248	5.01569
9	4	5	5	3.85857	3.63548	4.14063	4.53857	—
9	3	9	5	4.30449	4.60552	4.78161	5.20758	6.63894
9	3	9	4	4.01569	4.30449	4.71466	4.90655	5.68470
9	3	9	3	4.23754	4.30449	4.60552	5.08264	5.68470
9	3	8	6	4.23754	4.41363	4.71466	—	5.68470
9	3	8	5	3.93651	—	4.30449	4.60552	5.20758
9	3	8	4	3.83960	4.00346	4.23754	4.71466	5.20758
9	3	7	7	4.31672	4.41363	4.53857	5.08264	—
9	3	7	6	3.83960	4.06145	4.23754	4.60552	5.08264
9	3	7	5	3.53857	3.83960	4.01569	4.30449	5.08264
9	3	7	4	3.53857	3.76042	3.93651	4.41363	5.08264
9	3	6	6	3.53857	3.89075	4.06145	4.53857	5.19178
9	3	6	5	3.41363	3.63548	3.83960	4.23754	5.01569
9	3	5	5	3.45939	—	3.93651	4.23754	—
8	6	8	6	4.41363	4.53857	4.83960	5.23754	6.01569
8	6	8	5	4.06145	—	4.44166	4.93651	5.78161
8	6	8	4	—	4.06145	4.31672	4.78161	5.25873
8	6	7	7	4.31672	4.53857	4.93651	5.71466	6.55976
8	6	7	6	3.93651	4.23754	4.45939	4.93651	5.71466
8	6	7	5	3.71466	4.06145	4.23754	4.71466	5.25873
8	6	7	4	3.66351	3.93651	4.23754	4.53857	5.25873
8	6	6	6	3.76042	3.93651	4.06145	4.53857	5.23754
8	6	6	5	3.53857	3.76042	4.06145	4.45939	5.23754
8	6	5	5	3.53857	3.83960	4.06145	4.53857	—
8	5	8	6	4.06145	—	4.44166	4.93651	5.78161
8	5	8	5	3.76042	3.93651	4.44166	4.60552	5.23754
8	5	8	4	3.63548	3.93651	4.06145	4.53857	4.83960
8	5	7	7	3.93651	4.23754	4.76042	4.93651	5.78161
8	5	7	6	3.63548	3.83960	4.14063	4.53857	5.23754
8	5	7	5	3.45939	3.83960	3.93651	4.45939	5.08264
8	5	7	4	3.36248	3.63548	3.93651	4.36248	4.83960
8	5	6	6	3.53857	3.66351	3.93651	4.45939	4.93651
8	5	6	5	3.28330	3.53857	3.76042	4.23754	4.76042
8	5	5	5	3.23754	3.45939	3.76042	4.23754	4.83960
8	4	8	6	—	4.06145	4.31672	4.78161	5.25873
8	4	8	5	3.63548	3.93651	4.06145	4.53857	4.83960
8	4	8	4	3.53857	3.71466	4.06145	4.31672	4.91878

Tafel 45 (Fortsetzung)

				N = 15				
N_1	N_2	N_3	N_4	20%	10%	5%	1%	0.1%
8	4	7	7	3.83960	4.23754	4.31672	5.25873	5.38367
8	4	7	6	3.53857	3.83960	4.01569	4.41363	5.08264
8	4	7	5	3.28330	3.53857	3.83960	4.23754	4.78161
8	4	7	4	3.28330	3.53857	3.76042	4.06145	4.83960
8	4	6	6	3.28330	3.53857	3.66351	4.14063	4.83960
8	4	6	5	3.15836	3.36248	3.63548	4.06145	4.71466
8	4	5	5	3.23754	3.28330	3.53857	4.14063	—
7	7	7	7	4.31672	—	4.76042	5.71466	6.55976
7	7	7	6	4.06145	—	4.15836	4.93651	5.71466
7	7	7	5	3.76042	3.83960	4.06145	4.76042	5.23754
7	7	7	4	3.71466	4.06145	4.31672	4.53857	5.86079
7	7	6	6	3.71466	3.93651	4.06145	4.53857	5.71466
7	7	6	5	3.53857	3.83960	3.93651	4.45939	5.23754
7	7	5	5	3.36248	3.83960	4.23754	4.76042	—
7	6	7	7	4.06145	—	4.15836	4.93651	5.71466
7	6	7	6	3.53857	—	4.01569	4.45939	5.23754
7	6	7	5	3.36248	3.63548	3.83960	4.23754	4.93651
7	6	7	4	3.36248	3.58433	3.76042	4.23754	4.83960
7	6	6	6	3.36248	3.53857	3.93651	4.14063	4.93651
7	6	6	5	3.15863	3.41363	3.71466	4.14063	4.71466
7	6	5	5	3.23754	3.53857	3.63548	4.23754	4.76042
7	5	7	7	3.76042	3.83960	4.06145	4.76042	5.23754
7	5	7	6	3.36248	3.63548	3.83960	4.23754	4.93651
7	5	7	5	3.23754	3.41363	3.71466	4.01569	4.76042
7	5	7	4	3.11260	3.36248	3.63548	4.06145	5.01569
7	5	6	6	3.15836	3.41363	3.53857	4.06145	4.71466
7	5	6	5	3.11260	3.28330	3.53857	3.93651	4.71466
7	5	5	5	3.06145	3.36248	3.53857	4.06145	4.53857
7	4	7	7	3.71466	4.06145	4.31672	4.53857	5.86079
7	4	7	6	3.36248	3.58433	3.76042	4.23754	4.83960
7	4	7	5	3.11260	3.36248	3.63548	4.06145	5.01569
7	4	7	4	3.11260	3.36248	3.58433	3.83960	4.90655
7	4	6	6	3.06145	3.36248	3.66351	4.06145	4.83960
7	4	6	5	2.98227	3.28330	3.45939	3.93651	4.41363
6	6	6	6	3.06145	3.45939	3.66351	4.06145	4.83960
6	6	6	5	3.06145	3.36248	3.45939	3.93651	4.45939
6	5	6	6	3.06145	3.36248	3.45939	3.93651	4.45939
6	5	6	5	2.88536	3.11260	3.36248	3.71466	4.36248

Tafel 45 (Fortsetzung)

				N = 16				
N_1	N_2	N_3	N_4	20%	10%	5%	1%	0.1%
14	1	14	1	—	—	—	10.94040	—
14	1	13	2	8.98136	—	9.79428	—	—
14	1	12	3	8.37930	—	8.68033	—	—
14	1	12	2	—	—	8.68033	—	—
14	1	11	4	7.90218	—	8.37930	—	—
14	1	11	3	—	7.90218	—	8.37930	—
14	1	10	5	7.63894	—	7.93997	—	—
14	1	10	4	7.16182	7.33791	—	7.93997	—
14	1	10	3	7.16182	—	7.33791	—	—
14	1	9	6	7.46285	—	7.63894	—	—
14	1	9	5	—	6.93997	—	7.63894	—
14	1	9	4	6.63894	—	6.93997	—	—
14	1	8	7	7.40486	7.46285	—	—	—
14	1	8	6	6.68470	—	—	7.46285	—
14	1	8	5	6.28676	—	6.68470	—	—
14	1	8	4	—	6.28676	—	—	—
14	1	7	7	—	—	—	7.40486	—
14	1	7	6	6.08264	—	6.55976	—	—
14	1	7	5	—	—	6.08264	—	—
14	1	6	6	—	—	6.01569	—	—
14	1	6	5	5.71466	—	—	—	—
13	2	13	2	8.20321	8.68033	—	8.98136	10.09531
13	2	12	3	7.60115	7.90218	—	8.68033	—
13	2	12	2	7.60115	—	7.90218	8.68033	—
13	2	11	4	7.16182	7.33791	7.90218	8.20321	—
13	2	11	3	—	7.16182	7.33791	7.90218	—
13	2	10	5	6.93997	6.98573	7.16182	7.63894	—
13	2	10	4	—	6.46285	6.86079	7.24100	—
13	2	10	3	6.33791	6.63894	6.86079	7.63894	—
13	2	9	6	6.63894	—	6.86079	7.24100	—
13	2	9	5	6.08264	6.33791	6.63894	6.98573	—
13	2	9	4	5.98573	6.16182	6.33791	7.24100	—
13	2	8	7	6.55976	6.68470	6.86079	6.98573	—
13	2	8	6	5.98573	6.01569	6.28676	6.86079	—
13	2	8	5	5.55976	5.98573	6.08264	6.28676	—
13	2	8	4	5.68470	—	5.98573	—	—
13	2	7	7	5.78161	6.08264	6.55976	6.86079	—
13	2	7	6	5.53857	5.68470	5.78161	6.08264	—
13	2	7	5	5.31672	5.53857	5.68470	6.08264	—
13	2	6	6	5.31672	—	5.53857	6.01569	—
13	2	6	5	5.23754	5.31672	5.53857	—	—
12	3	12	3	7.11606	7.16182	7.60115	8.37930	8.98136
12	3	12	2	6.86079	7.16182	7.60115	7.90218	8.98136
12	3	11	4	6.63894	6.76388	7.16182	7.33791	8.37930
12	3	11	3	—	6.55976	6.86079	7.63894	8.37930
12	3	10	5	6.16182	6.33791	6.63894	7.16182	7.63894

Tafel 45 (Fortsetzung)

				N = 16				
N_1	N_2	N_3	N_4	20%	10%	5%	1%	0.1%
12	3	10	4	5.86079	6.28676	6.33791	6.86079	7.63894
12	3	10	3	5.86079	6.16182	6.63894	6.86079	7.63894
12	3	9	6	6.01569	6.16182	6.49281	7.11606	—
12	3	9	5	5.50861	5.71466	6.08264	6.63894	—
12	3	9	4	5.50861	5.68470	6.16182	6.28676	7.11606
12	3	8	7	6.01569	—	6.16182	6.55976	—
12	3	8	6	5.38367	5.68470	5.98573	6.16182	—
12	3	8	5	5.23754	5.38367	5.50861	6.08264	6.76388
12	3	8	4	5.08264	5.38367	5.50861	6.16182	6.76388
12	3	7	7	5.38367	5.71466	6.01569	—	—
12	3	7	6	5.08264	5.31672	5.38367	6.01569	6.55976
12	3	7	5	4.91878	5.08264	5.23754	5.71466	6.55976
12	3	6	6	4.83960	5.01569	5.23754	5.71466	6.49281
12	3	6	5	4.76042	5.01569	5.23754	5.71466	—
12	2	12	3	6.86079	7.16182	7.60115	7.90218	8.98136
12	2	12	2	6.86079	—	7.46285	7.90218	8.68033
12	2	11	4	6.46285	6.63894	7.16182	7.90218	8.20321
12	2	11	3	6.16182	6.46285	6.86079	7.60115	8.20321
12	2	10	5	6.16182	6.33791	6.62894	7.16182	—
12	2	10	4	5.80964	5.98573	6.33791	6.86079	—
12	2	10	3	5.86079	5.98573	6.16182	7.16182	—
12	2	9	6	5.98573	6.08264	6.28676	6.63894	—
12	2	9	5	5.50861	5.68470	5.98573	6.38367	—
12	2	9	4	5.38367	5.68470	5.86079	6.28676	6.93997
12	2	8	7	5.78161	6.08264	6.28676	—	—
12	2	8	6	5.38367	5.68470	5.78161	6.31672	—·
12	2	8	5	—	5.38367	5.50861	6.08264	—
12	2	8	4	5.14063	5.20758	5.68470	5.80964	6.58779
12	2	7	7	5.38367	—	5.71466	6.38367	—
12	2	7	6	4.93651	5.23754	5.38367	6.01569	—
12	2	7	5	—	5.06145	5.23754	5.68470	6.38367
12	2	6	6	4.74269	5.14063	5.23754	—	6.31672
12	2	6	5	4.83960	—	5.01569	5.06145	—
11	4	11	4	—	6.33791	6.46285	6.86079	7.93997
11	4	11	3	5.98573	6.16182	6.46285	6.86079	8.20321
11	4	10	5	5.71466	5.98573	6.16182	6.63894	7.33791
11	4	10	4	5.50861	5.86079	5.98573	6.33791	7.24100
11	4	10	3	5.31672	5.50861	5.98573	6.63894	7.16182
11	4	9	6	5.68470	5.71466	6.16182	6.31672	7.24100
11	4	9	5	5.20758	5.53857	5.71466	5.98573	6.93997
11	4	9	4	5.01569	5.20758	5.25873	5.86079	6.76388
11	4	8	7	5.38367	5.86079	6.16182	6.28676	—
11	4	8	6	5.08264	5.31672	5.53857	5.71466	—
11	4	8	5	4.78161	5.01569	5.14063	5.71466	6.28676
11	4	8	4	4.78161	4.91878	5.25873	5.68470	6.46285
11	4	7	7	5.23754	5.25873	5.53857	5.86079	—

Tafel 45 (Fortsetzung)

				N = 16				
N_1	N_2	N_3	N_4	20%	10%	5%	1%	0.1%
11	4	7	6	4.71466	5.01569	5.23754	5.68470	—
11	4	7	5	4.53857	4.76042	5.08264	5.25873	6.31672
11	4	6	6	4.45939	4.71466	4.93651	5.31672	6.31672
11	4	6	5	4.53857	—	4.71466	5.14063	6.31672
11	3	11	4	5.98573	6.16182	6.46285	6.86079	8.20321
11	3	11	3	5.68470	5.98573	6.46285	6.86079	7.33791
11	3	10	5	5.53857	5.71466	6.16182	6.33791	7.16182
11	3	10	4	5.25873	5.68470	5.86079	6.33791	6.86079
11	3	10	3	5.20758	5.55976	5.68470	6.46285	6.86079
11	3	9	6	5.50861	—	5.71466	6.16182	—
11	3	9	5	5.08264	5.23754	5.50861	5.98573	6.46285
11	3	9	4	4.83960	5.20758	5.31672	5.86079	6.63894
11	3	8	7	5.25873	5.53857	5.68470	5.98573	—
11	3	8	6	4.90655	5.08264	5.25873	5.98573	6.46285
11	3	8	5	4.60552	4.83960	5.20758	5.50861	6.01569
11	3	8	4	4.60552	4.83960	4.90655	5.50861	6.16182
11	3	7	7	4.83960	5.08264	5.25873	5.68470	—
11	3	7	6	4.61775	4.76042	4.90655	5.31672	6.01569
11	3	7	5	4.41363	4.60552	4.78161	5.23754	5.71466
11	3	6	6	4.41363	—	4.61775	5.01569	5.71466
11	3	6	5	4.31672	4.53857	4.71466	5.01569	6.01569
10	5	10	5	5.55976	5.68470	5.98573	6.23754	7.63894
10	5	10	4	5.20758	5.38367	5.53857	5.98573	6.93997
10	5	10	3	5.08264	5.23754	5.68470	5.98573	6.63894
10	5	9	6	5.25873	5.55976	5.61775	6.28676	6.93997
10	5	9	5	5.01569	5.14063	5.31672	5.68470	6.63894
10	5	9	4	4.71466	5.01569	5.20758	5.68470	6.63894
10	5	8	7	5.23754	5.31672	5.71466	6.08264	6.68470
10	5	8	6	4.83960	4.93651	5.25873	5.55976	6.28676
10	5	8	5	4.53857	4.78161	5.08264	5.38367	6.28676
10	5	8	4	4.44166	4.60552	5.01569	5.31672	6.28676
10	5	7	7	4.83960	5.01569	5.31672	5.55976	—
10	5	7	6	4.31672	4.71466	4.93651	5.38367	6.08264
10	5	7	5	4.31672	4.53857	4.71466	5.14063	5.86079
10	5	6	6	4.23754	—	4.71466	5.01569	5.71466
10	5	6	5	—	4.44166	4.71466	5.01569	6.23754
10	4	10	5	5.20758	5.38367	5.53857	5.98573	6.93997
10	4	10	4	5.01569	5.20758	5.25873	5.86079	6.58779
10	4	10	3	4.78161	5.20758	5.50861	5.86079	6.63894
10	4	9	6	5.01569	5.25873	5.50861	5.98573	6.63894
10	4	9	5	4.78161	4.90655	5.06145	5.50861	6.28676
10	4	9	4	4.44166	4.78161	5.08264	5.50861	6.16182
10	4	8	7	4.93651	5.14063	5.31672	5.68470	—
10	4	8	6	4.60552	4.78161	5.08264	5.25873	5.91878
10	4	8	5	4.30449	4.60552	4.76042	5.23754	5.86079
10	4	8	4	4.30449	4.41363	4.71466	5.14063	5.86079
10	4	7	7	4.53857	4.83960	5.01569	5.31672	6.16182

Tafel 45 (Fortsetzung)

				N = 16				
N₁	N₂	N₃	N₄	20%	10%	5%	1%	0.1%
10	4	7	6	4.23754	4.45939	4.71466	5.08264	5.68470
10	4	7	5	4.14063	4.31672	4.44166	4.93651	5.61775
10	4	6	6	4.01569	4.36248	4.53857	4.83960	5.53857
10	4	6	5	4.01569	—	4.36248	4.83960	5.53857
10	3	10	5	5.08264	5.23754	5.68470	5.98573	6.63894
10	3	10	4	4.78161	5.20758	5.50861	5.86079	6.63894
10	3	10	3	4.71466	5.20758	5.50861	5.86079	6.63894
10	3	9	6	4.93651	5.19178	5.50861	—	6.63894
10	3	9	5	4.60552	5.01569	5.20758	5.38367	6.16182
10	3	9	4	4.49281	4.71466	4.90655	5.50861	6.16182
10	3	8	7	5.01569	5.08264	5.25873	5.55976	6.16182
10	3	8	6	4.53857	4.76042	5.01569	5.23754	5.98573
10	3	8	5	4.30449	4.60552	4.76042	5.08264	5.71466
10	3	8	4	4.14063	4.30449	4.61775	5.20758	5.98573
10	3	7	7	4.53857	4.61775	4.83960	5.31672	—
10	3	7	6	4.14063	4.45939	4.60552	5.08264	5.79384
10	3	7	5	4.06145	—	4.41363	4.83960	—
10	3	6	6	4.01569	4.23754	4.49281	4.76042	5.79384
10	3	6	5	3.83960	4.14063	4.53857	5.01569	5.31672
9	6	9	6	4.93651	5.19178	5.53857	5.98573	7.46285
9	6	9	5	4.78161	4.90655	5.14063	5.68470	6.28676
9	6	9	4	4.60552	4.78161	5.08264	5.38367	6.16182
9	6	8	7	4.93651	5.14063	5.31672	6.01569	6.68470
9	6	8	6	4.71466	4.76042	5.08264	5.38367	6.08264
9	6	8	5	4.41363	4.71466	4.76042	5.14063	6.08264
9	6	8	4	4.31672	4.53857	4.71466	5.25873	6.16182
9	6	7	7	—	4.71466	5.01569	5.31672	6.55976
9	6	7	6	4.23754	—	4.71466	5.23754	5.78161
9	6	7	5	4.14063	4.36248	4.71466	5.14063	5.71466
9	6	6	6	4.06145	4.36248	4.53857	5.14063	5.71466
9	6	6	5	4.01569	4.36248	4.53857	4.93651	5.71466
9	5	9	6	4.78161	4.90655	5.14063	5.68470	6.28676
9	5	9	5	4.41363	4.78161	4.90655	5.38367	6.28676
9	5	9	4	4.30449	4.60552	4.78161	5.14063	5.98573
9	5	8	7	4.71466	4.83960	5.08264	5.53857	6.28676
9	5	8	6	4.36248	4.53857	4.83960	5.14063	5.98573
9	5	8	5	4.14063	4.36248	4.60552	5.08264	5.68470
9	5	8	4	4.06145	4.30449	4.71466	4.90655	5.68470
9	5	7	7	4.36248	4.53857	4.71466	5.23754	5.78161
9	5	7	6	4.01569	4.36248	4.53857	4.93651	5.53857
9	5	7	5	3.93651	4.14063	4.36248	4.78161	5.68470
9	5	6	6	3.93651	4.06145	4.36248	4.71466	5.53857
9	5	6	5	3.83960	3.93651	4.23754	4.83960	5.23754
9	4	9	6	4.60552	4.78161	5.08264	5.38367	6.16182
9	4	9	5	4.30449	4.60552	4.78161	5.14063	5.98573
9	4	9	4	4.14063	4.36248	4.61775	5.19178	5.79384

Tafel 45 (Fortsetzung)

						N = 16		
N_1	N_2	N_3	N_4	20%	10%	5%	1%	0.1%
9	4	8	7	4.71466	4.83960	5.01569	5.25873	5.86079
9	4	8	6	4.23754	4.41363	4.60552	4.90655	5.68470
9	4	8	5	4.01569	4.30449	4.41363	4.78161	5.50861
9	4	8	4	3.93651	4.23754	4.36248	4.78161	5.50861
9	4	7	7	4.23754	4.41363	4.61775	5.08264	5.68470
9	4	7	6	3.89075	4.14063	4.36248	4.71466	5.31672
9	4	7	5	3.83960	4.01569	4.23754	5.60552	5.25873
9	4	6	6	3.58433	4.01569	4.14063	4.61775	5.31672
9	4	6	5	3.58433	3.93651	4.01569	4.71466	5.14063
8	7	8	7	4.83960	5.01569	5.53857	5.78161	7.40486
8	7	8	6	4.45939	4.76042	4.93651	5.38367	6.55976
8	7	8	5	4.31672	4.53857	4.76042	5.25873	5.86079
8	7	8	4	4.31672	4.53857	4.71466	5.25873	5.86079
8	7	7	7	4.45939	4.76042	4.83960	5.53857	6.55976
8	7	7	6	4.23754	4.41363	4.71466	5.23754	5.86079
8	7	7	5	4.01569	4.36248	4.71466	5.14063	5.61775
8	7	6	6	4.01569	4.23754	4.53857	5.01569	5.71466
8	7	6	5	3.93651	4.14063	4.76042	4.93651	5.61775
8	6	8	7	4.45939	4.76042	4.93651	5.38367	6.55976
8	6	8	6	4.14063	4.36248	4.71466	5.23754	5.78161
8	6	8	5	4.06145	4.23754	4.36248	4.83960	5.53857
8	6	8	4	3.96454	4.23754	4.31672	4.74269	5.38367
8	6	7	7	4.06145	4.36248	4.61775	4.93651	5.78161
8	6	7	6	3.83960	4.14063	4.36248	4.76042	5.38367
8	6	7	5	3.76042	4.01569	4.31672	4.61775	5.25873
8	6	6	6	3.71466	3.96454	4.14063	4.71466	5.23754
8	6	6	5	3.66351	3.93651	4.14063	4.71466	5.14063
8	5	8	7	4.31672	4.53857	4.76042	5.25873	5.86079
8	5	8	6	4.06145	4.23754	4.36248	4.83960	5.53857
8	5	8	5	3.76042	4.06145	4.31672	4.60552	5.25873
8	5	8	4	3.71466	4.01569	4.23754	4.60552	5.08264
8	5	7	7	4.01569	4.23754	4.41363	4.76042	5.55976
8	5	7	6	3.71466	3.93651	4.14063	4.61775	5.31672
8	5	7	5	3.63548	3.83960	4.06145	4.36248	5.08264
8	5	6	6	3.53857	3.76042	4.01569	4.53857	5.14063
8	5	6	5	3.53857	4.76042	3.93651	4.31672	5.01569
8	4	8	7	4.31672	4.53857	4.71466	5.25873	5.86079
8	4	8	6	3.96454	4.23754	4.31672	4.74269	5.38367
8	4	8	5	3.71466	4.01569	4.23754	4.60552	5.08264
8	4	8	4	3.71466	3.93651	4.31672	4.41363	5.25873
8	4	7	7	4.06145	4.23754	4.36248	4.31775	5.68470
8	4	7	6	3.58433	3.93651	4.14063	4.53857	5.08264
8	4	7	5	3.53857	3.76042	4.01569	4.36248	5.01569
8	4	6	6	3.53857	3.71466	3.93651	4.36248	5.14063
8	4	6	5	3.36248	3.58433	3.93651	4.41363	5.01569
7	7	7	7	—	4.14063	4.45939	5.23754	6.01569

Tafel 45 (Fortsetzung)

				N = 16				
N_1	N_2	N_3	N_4	20%	10%	5%	1%	0.1%
7	7	7	6	3.83960	4.06145	4.15836	4.83960	5.31672
7	7	7	5	3.71466	3.93651	4.14063	4.61775	5.23754
7	7	6	6	3.66351	3.93651	4.23754	4.61775	5.53857
7	7	6	5	3.53857	4.01569	4.14063	4.76042	5.06145
7	6	7	7	3.83960	4.06145	4.15836	4.83960	5.31672
7	6	7	6	3.58433	3.83960	4.14063	4.53857	5.31672
7	6	7	5	3.45939	3.71466	4.01569	4.36248	5.01569
7	6	6	6	3.41363	3.76042	3.93651	4.41363	4.93651
7	6	6	5	3.41363	3.63548	3.93651	4.36248	4.93651
7	5	7	7	3.71466	3.93651	4.14063	4.61775	5.23754
7	5	7	6	3.45939	3.71466	4.01569	4.36248	5.01569
7	5	7	5	3.41363	3.58433	3.83960	4.31672	4.93651
7	5	6	6	3.41363	3.58433	3.83960	4.23754	4.83960
7	5	6	5	3.28330	3.63548	3.83960	4.23754	5.01569
6	6	6	6	3.23754	3.76042	3.89075	4.23754	4.83960

				N = 17				
N_1	N_2	N_3	N_4	20%	10%	5%	1%	0.1%
15	1	15	1	—	—	—	12.11649	—
15	1	14	2	10.09531	—	10.94040	—	—
15	1	13	3	9.45848	—	9.79428	—	—
15	1	13	2	—	—	9.79428	—	—
15	1	12	4	8.98136	—	9.45848	—	—
15	1	12	3	—	8.98136	—	9.45848	—
15	1	11	5	8.37930	—	8.98136	—	—
15	1	11	4	8.20321	8.37930	—	8.98136	—
15	1	11	3	8.20321	—	8.37930	—	—
15	1	10	6	8.41709	—	8.63894	—	—
15	1	10	5	—	7.93997	—	8.63894	—
15	1	10	4	7.63894	—	7.93997	—	—
15	1	9	7	8.30795	—	8.41709	—	—
15	1	9	6	—	7.63894	—	8.41709	—
15	1	9	5	7.24100	—	7.63894	—	—
15	1	9	4	—	7.24100	—	—	—
15	1	8	8	8.30795	—	—	—	—
15	1	8	7	7.46285	—	—	8.30795	—
15	1	8	6	6.98573	—	7.46285	—	—
15	1	8	5	—	—	6.98573	—	—
15	1	7	7	—	—	7.40486	—	—
15	1	7	6	—	—	6.86079	—	—
15	1	7	5	6.55976	—	—	—	—
15	1	6	6	—	6.49281	—	—	—
14	2	14	2	9.28239	9.79428	—	10.09531	11.24143

Tafel 45 (Fortsetzung)

				N = 17				
N_1	N_2	N_3	N_4	20%	10%	5%	1%	0.1%
14	2	13	3	8.68033	8.98136	—	9.79428	—
14	2	13	2	8.68033	—	8.98136	9.79428	—
14	2	12	4	8.20321	8.37930	8.89136	9.28239	—
14	2	12	3	7.90218	—	8.20321	8.98136	—
14	2	11	5	7.93997	—	8.20321	8.68033	—
14	2	11	4	—	7.46285	7.90218	8.24100	—
14	2	11	3	7.33791	7.63894	7.90218	8.20321	—
14	2	10	6	7.63894	—	7.76388	8.24100	—
14	2	10	5	6.98573	7.33791	7.46285	7.93997	—
14	2	10	4	6.93997	7.16182	7.24100	7.63894	—
14	2	9	7	7.40486	—	7.63894	7.93997	—
14	2	9	6	6.86079	6.93997	7.24100	7.63894	—
14	2	9	5	6.46285	6.68470	6.98573	7.24100	—
14	2	9	4	6.58779	6.63894	6.93997	7.24100	—
14	2	8	8	7.40486	7.46285	7.76388	—	—
14	2	8	7	6.58779	6.86079	6.98573	7.70589	—
14	2	8	6	6.28676	6.55976	6.68470	6.98573	—
14	2	8	5	6.16182	6.38367	6.58779	6.98573	—
14	2	7	7	6.38367	6.55976	6.86079	7.70589	—
14	2	7	6	6.08264	6.16182	6.31672	6.86079	—
14	2	7	5	6.01569	6.16182	6.38367	—	—
14	2	6	6	6.01569	—	6.31672	—	—
13	3	13	3	—	8.11606	8.68033	9.45848	10.09531
13	3	13	2	7.90218	8.20321	8.68033	8.98136	10.09531
13	3	12	4	7.33791	7.71812	7.90218	8.37930	9.45848
13	3	12	3	—	7.60115	7.90218	8.68033	9.45848
13	3	11	5	7.16182	7.33791	7.63894	8.20321	8.68033
13	3	11	4	6.76388	7.16182	7.24100	7.90218	8.37930
13	3	11	3	—	6.86079	7.63894	7.90218	8.68033
13	3	10	6	6.93997	7.11606	7.33791	8.11606	—
13	3	10	5	6.46285	6.93997	6.98573	7.63894	—
13	3	10	4	6.28676	6.46285	7.11606	7.24100	8.11606
13	3	9	7	6.76388	6.98573	7.11606	7.33791	—
13	3	9	6	6.28676	6.46285	6.86079	7.11606	—
13	3	9	5	6.01569	6.28676	6.46285	6.93997	7.71812
13	3	9	4	5.98573	6.28676	6.46285	6.76388	7.71812
13	3	8	8	6.76388	—	6.98573	7.46285	—
13	3	8	7	6.16182	6.28676	6.76388	6.98573	—
13	3	8	6	5.79384	6.03688	6.28676	6.86079	7.46285
13	3	8	5	5.68470	5.71466	6.08264	6.46285	7.46285
13	3	7	7	5.79384	6.08264	6.16182	6.86079	—
13	3	7	6	5.55976	5.79384	6.01569	6.16182	7.33791
13	3	7	5	5.53857	5.68470	5.71466	6.55976	—
13	3	6	6	5.53857	5.71466	5.79384	6.49281	—
13	2	13	3	7.90218	8.20321	8.68033	8.98136	10.09531
13	2	13	2	7.90218	—	8.50424	8.98136	9.79428
13	2	12	4	7.46285	7.63894	7.90218	8.20321	9.28239

Tafel 45 (Fortsetzung)

				N = 17				
N_1	N_2	N_3	N_4	20%	10%	5%	1%	0.1%
13	2	12	3	7.16182	7.46285	7.90218	8.20321	8.98136
13	2	11	5	7.16182	7.24100	7.33791	8.20321	—
13	2	11	4	6.76388	6.93997	7.33791	7.63894	8.50424
13	2	11	3	6.86079	6.93997	7.16182	7.63894	—
13	2	10	6	6.86079	6.98573	7.24100	7.63894	—
13	2	10	5	6.33791	6.63894	6.93997	7.28676	—
13	2	10	4	6.28676	6.46285	6.63894	7.16182	7.93997
13	2	9	7	6.68470	6.93997	6.98573	—	—
13	2	9	6	6.08264	6.55976	6.68470	7.16182	—
13	2	9	5	5.98573	6.28676	6.33791	6.93997	—
13	2	9	4	5.98573	6.16182	6.28676	6.76388	7.54203
13	2	8	8	6.58779	—	6.98573	—	—
13	2	8	7	6.08264	6.28676	6.55976	7.16182	—
13	2	8	6	5.68470	5.98573	6.08264	6.58779	—
13	2	8	5	5.61775	5.83960	5.98573	6.58779	7.28676
13	2	7	7	5.71466	5.86079	6.01569	6.86079	—
13	2	7	6	5.44166	5.61775	5.98573	6.08264	7.16182
13	2	7	5	5.53857	5.68470	5.86079	6.38367	—
13	2	6	6	5.44166	5.61775	5.83960	6.31672	—
12	4	12	4	7.11606	7.33791	7.36594	7.90218	8.98136
12	4	12	3	6.76388	6.93997	7.46285	7.90218	9.28239
12	4	11	5	6.76388	6.93997	7.16182	7.63894	8.37930
12	4	11	4	6.46285	6.63894	6.76388	7.33791	8.20321
12	4	11	3	—	6.46285	6.86079	7.63894	8.20321
12	4	10	6	6.49281	6.58779	7.09487	7.24100	8.24100
12	4	10	5	5.98573	6.31672	6.58779	6.93997	7.63894
12	4	10	4	5.80964	6.16182	6.46285	6.76388	7.63894
12	4	9	7	6.28676	6.49281	6.76388	7.11606	7.71812
12	4	9	6	5.83960	6.16182	6.31672	6.63894	—
12	4	9	5	5.55976	5.71466	6.16182	6.55976	7.11606
12	4	9	4	5.52084	5.80964	5.86079	6.46285	7.36594
12	4	8	8	6.31672	6.55976	6.76388	7.36594	—
12	4	8	7	5.86079	6.08264	6.31672	6.58779	—
12	4	8	6	5.53857	5.61775	5.79384	6.31672	—
12	4	8	5	5.23754	5.53857	5.71466	6.16182	7.16182
12	4	7	7	5.53857	5.68470	5.86079	6.38367	—
12	4	7	6	5.19178	5.38367	5.61775	5.91878	6.55976
12	4	7	5	5.06145	5.38367	5.55976	5.86079	7.16182
12	4	6	6	5.14063	5.31672	5.71466	5.91878	7.09487
12	3	12	4	6.76388	6.93997	7.46285	7.90218	9.28239
12	3	12	3	6.55976	6.93997	7.41709	7.60115	8.37930
12	3	11	5	6.46285	6.63894	7.16182	7.33791	8.20321
12	3	11	4	6.28676	6.46285	6.86079	7.06491	7.90218
12	3	11	3	6.16182	6.46285	6.55976	7.41709	7.90218
12	3	10	6	6.28676	6.49281	6.63894	7.11606	—
12	3	10	5	5.86079	6.16182	6.33791	6.86079	7.46285
12	3	10	4	5.80964	5.98573	6.28676	6.86079	7.46285

Tafel 45 (Fortsetzung)

				N = 17				
N_1	N_2	N_3	N_4	20%	10%	5%	1%	0.1%
12	3	9	7	6.16182	6.38367	6.49281	6.93997	—
12	3	9	6	5.71466	5.86079	6.16182	6.58779	7.41709
12	3	9	5	5.49281	5.53857	5.86079	6.38367	6.93997
12	3	9	4	5.50861	5.61775	5.80964	6.46285	7.11606
12	3	8	8	—	6.31672	6.55976	6.76388	—
12	3	8	7	5.55976	5.78161	6.08264	6.38367	7.06491
12	3	8	6	5.31672	5.53857	5.68470	6.08264	6.79384
12	3	8	5	5.14063	5.38367	5.50861	5.98573	6.58779
12	3	7	7	5.31672	5.53857	5.55976	6.08264	6.86079
12	3	7	6	5.06145	5.21981	5.38367	5.68470	6.49281
12	3	7	5	4.91878	5.08264	5.38367	5.71466	6.86079
12	3	6	6	5.01569	5.14063	5.31672	5.61775	6.79384
11	5	11	5	6.46285	6.63894	6.93997	7.01569	8.63894
11	5	11	4	6.01569	6.31672	6.63894	6.93997	7.63894
11	5	11	3	5.98573	6.16182	6.63894	6.93997	7.63894
11	5	10	6	6.16182	6.31672	6.46285	6.93997	7.63894
11	5	10	5	5.83960	6.01569	6.16182	6.46285	7.24100
11	5	10	4	5.55976	5.68470	5.98573	6.63894	7.24100
11	5	9	7	6.01569	6.28676	6.46285	6.98573	7.63894
11	5	9	6	5.55976	5.71466	6.01569	6.31672	6.98573
11	5	9	5	5.23754	5.53857	5.71466	6.16182	7.24100
11	5	9	4	5.25873	5.50861	5.61775	6.16182	6.93997
11	5	8	8	—	6.01569	6.55976	6.76388	—
11	5	8	7	5.53857	5.68470	6.01569	6.38367	6.98573
11	5	8	6	5.08264	5.31672	5.68470	6.16182	6.55976
11	5	8	5	5.01569	5.14063	5.38367	5.98573	6.76388
11	5	7	7	5.31672	5.53857	5.55976	6.16182	6.55976
11	5	7	6	4.91878	5.14063	5.38367	5.71466	6.46285
11	5	7	5	4.91878	5.14063	5.23754	5.83960	6.46285
11	5	6	6	4.83960	5.14063	5.31672	5.61775	7.01569
11	4	11	5	6.01569	6.31672	6.63894	6.93997	7.63894
11	4	11	4	5.86079	6.16182	6.33791	6.86079	7.54203
11	4	11	3	5.68470	5.98573	6.46285	6.63894	7.33791
11	4	10	6	5.80964	5.98573	6.31672	6.63894	7.24100
11	4	10	5	5.53857	5.71466	5.83960	6.33791	7.24100
11	4	10	4	5.21981	5.55976	5.80964	6.28676	6.93997
11	4	9	7	5.71466	5.86079	6.28676	6.31672	7.24100
11	4	9	6	5.31672	5.55976	5.71466	6.01569	6.76388
11	4	9	5	5.06145	5.38367	5.50861	6.01569	6.76388
11	4	9	4	5.01569	5.21981	5.44166	5.98573	6.76388
11	4	8	8	5.68470	5.91878	6.01569	6.58779	—
11	4	8	7	5.25873	5.44166	5.71466	6.01569	6.58779
11	4	8	6	4.90655	5.14063	5.25873	5.71466	6.46285
11	4	8	5	4.83960	5.01569	5.14063	5.68470	6.46285
11	4	7	7	5.01569	5.23754	5.38367	5.71466	—
11	4	7	6	4.71466	4.93651	5.08264	5.55976	6.31672
11	4	7	5	4.61775	4.90655	5.06145	5.38367	6.31672

Tafel 45 (Fortsetzung)

				N = 17				
N_1	N_2	N_3	N_4	20%	10%	5%	1%	0.1%
11	4	6	6	4.61775	4.76042	5.01569	5.31672	6.01569
11	3	11	5	5.98573	6.16182	6.63894	6.93997	7.63894
11	3	11	4	5.68470	5.98573	6.46285	6.63894	7.33791
11	3	11	3	5.55976	6.16182	6.46285	6.86079	7.63894
11	3	10	6	5.71466	6.01569	6.16182	6.63894	7.63894
11	3	10	5	5.38367	5.68470	6.01569	6.33791	7.16182
11	3	10	4	5.09487	5.55976	5.68470	6.46285	6.93997
11	3	9	7	5.68470	5.98573	6.01569	6.93997	7.11606
11	3	9	6	5.31672	5.53857	5.98573	6.01569	6.93997
11	3	9	5	5.01569	5.23754	5.50861	5.98573	6.63894
11	3	9	4	4.90655	5.08264	5.50861	5.98573	6.46285
11	3	8	8	5.68470	5.71466	6.01569	6.46285	—
11	3	8	7	5.23754	5.38367	5.55976	6.01569	—
11	3	8	6	4.90655	5.08264	5.31672	5.68470	6.49281
11	3	8	5	4.71466	4.90655	5.25873	5.53857	6.46285
11	3	7	7	4.83960	5.01569	5.31672	5.68470	6.63894
11	3	7	6	4.61775	4.90655	5.08264	5.38367	6.03688
11	3	7	5	4.53857	—	4.90655	5.31672	6.16182
11	3	6	6	4.53857	4.71466	4.93651	5.49281	6.01569
10	6	10	6	5.68470	6.03688	6.31672	6.68470	8.41709
10	6	10	5	5.55976	5.68470	5.98573	6.28676	6.98573
10	6	10	4	5.31672	5.68470	5.80964	6.16182	6.93997
10	6	9	7	5.61775	5.83960	6.16182	6.55976	7.46285
10	6	9	6	5.31672	5.55976	5.71466	6.08264	6.98573
10	6	9	5	5.14063	5.31672	5.53857	6.01569	6.55976
10	6	9	4	5.08264	5.19178	5.55976	5.98573	6.58779
10	6	8	8	5.71466	5.86079	6.08264	6.86079	7.46285
10	6	8	7	5.23754	5.38367	5.55976	6.16182	6.98573
10	6	8	6	5.01569	5.31672	5.38367	5.79384	6.55976
10	6	8	5	4.74269	5.08264	5.23754	5.71466	6.46285
10	6	7	7	5.01569	5.06145	5.53857	5.79384	6.49281
10	6	7	6	4.61775	5.01569	5.19178	5.68470	6.31672
10	6	7	5	4.71466	5.01569	5.14063	5.55976	6.55976
10	6	6	6	4.71466	5.01569	5.14063	5.71466	6.31672
10	5	10	6	5.55976	5.68470	5.98573	6.28676	6.98573
10	5	10	5	5.25873	5.50861	5.61775	5.98573	6.939973
10	5	10	4	5.08264	5.31672	5.53857	5.91878	6.93997
10	5	9	7	5.38367	5.53857	5.83960	6.31672	6.98573
10	5	9	6	4.93651	5.23754	5.44166	5.86079	6.61775
10	5	9	5	4.83960	5.08264	5.31672	5.68470	6.63894
10	5	9	4	4.78161	4.90655	5.20758	5.68470	6.28676
10	5	8	8	5.31672	5.61775	5.86079	6.08264	—
10	5	8	7	4.93651	5.14063	5.38367	5.83960	6.38367
10	5	8	6	4.61775	4.90655	5.14063	5.55976	6.08264
10	5	8	5	4.60552	4.74269	5.08264	5.38367	6.16182
10	5	7	7	4.61775	4.93651	5.01569	5.55976	6.16182
10	5	7	6	4.53857	4.61775	4.93651	5.38367	5.91878

Tafel 45 (Fortsetzung)

				N=17				
N_1	N_2	N_3	N_4	20%	10%	5%	1%	0.1%
10	5	7	5	4.36248	4.61775	4.71466	5.31672	5.86079
10	5	6	6	4.31672	4.71466	5.01569	5.14063	5.91878
10	4	10	6	5.31672	5.68470	5.80964	6.16182	6.93997
10	4	10	5	5.08264	5.31672	5.53857	5.91878	6.93997
10	4	10	4	4.83960	5.09487	5.38367	5.98573	6.58779
10	4	9	7	5.25873	5.38367	5.68470	6.03688	7.11606
10	4	9	6	4.90655	5.14063	5.38367	5.80964	6.46285
10	4	9	5	4.61775	4.90655	5.14063	5.55976	6.28676
10	4	9	4	4.60552	4.83960	5.14063	5.55976	6.39590
10	4	8	8	5.23754	5.55976	5.61775	5.91878	6.76388
10	4	8	7	4.76042	5.08264	5.23754	5.61775	6.28676
10	4	8	6	4.60552	4.74269	5.08264	5.38367	6.03688
10	4	8	5	4.36248	4.61775	4.78161	5.25873	5.91878
10	4	7	7	4.61775	4.76042	5.06145	5.38367	6.03688
10	4	7	6	4.36248	4.61775	4.74269	5.19178	5.83960
10	4	7	5	4.31672	4.44166	4.71466	5.14063	5.83960
10	4	6	6	4.23754	4.44166	4.71466	5.14063	5.79384
9	7	9	7	5.61775	5.79384	6.01569	6.55976	7.46285
9	7	9	6	5.19178	5.38367	5.68470	6.08264	6.98573
9	7	9	5	5.01569	5.23754	5.38367	5.79384	6.55976
9	7	9	4	4.91878	5.19178	5.38367	5.79384	6.46285
9	7	8	8	5.53857	5.71466	6.08264	6.55976	7.40486
9	7	8	7	5.06145	5.31672	5.53857	6.08264	6.86079
9	7	8	6	4.93651	5.14063	5.23754	5.68470	6.49281
9	7	8	5	4.61775	4.91878	5.14063	5.68470	6.38367
9	7	7	7	4.83960	5.01569	5.23754	5.71466	6.49281
9	7	7	6	4.61775	4.91878	5.06145	5.61775	6.31672
9	7	7	5	4.53857	4.83960	5.01569	5.53857	6.16182
9	7	6	6	4.44166	4.61775	5.01569	5.53857	6.31672
9	6	9	7	5.19178	5.38367	5.68470	6.08264	6.98573
9	6	9	6	4.93651	5.06145	5.20758	5.71466	6.31672
9	6	9	5	4.71466	4.90655	5.06145	5.49281	6.16182
9	6	9	4	4.60552	4.78161	5.08264	5.38367	6.16182
9	6	8	8	5.23754	5.31672	5.68470	6.31672	6.86079
9	6	8	7	4.71466	4.93651	5.23754	5.61775	6.38367
9	6	8	6	4.53857	4.74269	4.93651	5.38367	6.08264
9	6	8	5	4.36248	4.66351	4.76042	5.25873	5.83960
9	6	7	7	4.36248	4.76042	4.93651	5.31672	6.38367
9	6	7	6	4.23754	4.61775	4.71466	5.19178	5.83960
9	6	7	5	4.23754	4.44166	4.83960	5.06145	5.86079
9	6	6	6	4.19178	4.41363	4.66351	5.23754	5.61775
9	5	9	7	5.01569	5.23754	5.38367	5.79384	6.55976
9	5	9	6	4.71466	4.90655	5.06145	5.49281	6.16182
9	5	9	5	4.36248	4.61775	4.90655	5.38367	6.16182
9	5	9	4	4.31672	4.61775	4.90655	5.31672	5.79384
9	5	8	8	5.01569	5.14063	5.53857	5.86079	6.76388
9	5	8	7	4.61775	4.83960	5.06145	5.38367	6.08264

Tafel 45 (Fortsetzung)

				N = 17				
N_1	N_2	N_3	N_4	20%	10%	5%	1%	0.1%
9	5	8	6	4.31672	4.61775	4.76042	5.14063	5.71466
9	5	8	5	4.23754	4.41363	4.60552	5.06145	5.68470
9	5	7	7	4.31672	4.61775	4.71466	5.19178	5.86079
9	5	7	6	4.14063	4.31672	4.61775	5.01569	5.68470
9	5	7	5	4.01569	4.31672	4.53857	4.91878	5.61775
9	5	6	6	4.01569	4.19178	4.41363	5.01569	5.53857
9	4	9	7	4.91878	5.19178	5.38367	5.79384	6.46285
9	4	9	6	4.60552	4.78161	5.08264	5.38367	6.16182
9	4	9	5	4.31672	4.61775	4.90655	5.31672	5.79384
9	4	9	4	4.30449	4.60552	4.91878	5.19178	5.98573
9	4	8	8	5.01569	5.14063	5.52084	5.68470	6.76388
9	4	8	7	4.61775	4.83960	4.91878	5.38367	5.98573
9	4	8	6	4.36248	4.41363	4.71466	5.14063	5.68470
9	4	8	5	4.14063	4.36248	4.60552	5.08264	5.68470
9	4	7	7	4.14063	4.41363	4.83960	5.01569	6.16182
9	4	7	6	4.01569	4.31672	4.61775	4.91878	5.61775
9	4	7	5	4.01569	4.14063	4.41363	4.90655	5.61775
9	4	6	6	3.88536	4.14063	4.41363	5.01569	5.61775
8	8	8	8	5.52084	5.71466	6.01569	6.55976	8.30795
8	8	8	7	5.01569	—	5.53857	6.01569	6.86079
8	8	8	6	4.74269	5.01569	5.23754	5.71466	6.55976
8	8	8	5	4.71466	5.01569	5.14063	5.61775	6.46285
8	8	7	7	4.76042	5.01569	5.23754	5.71466	6.86079
8	8	7	6	4.53857	4.83960	5.23754	5.53857	6.31672
8	8	7	5	4.36248	4.83960	5.14063	5.53857	6.46285
8	8	6	6	4.53857	4.74269	5.01569	5.61775	6.31672
8	7	8	8	5.01569	—	5.53857	6.01569	6.86079
8	7	8	7	4.66351	4.83960	5.06145	5.68470	6.38367
8	7	8	6	4.36248	4.61775	4.93651	5.31672	6.08264
8	7	8	5	4.31672	4.61775	4.76042	5.21981	5.91878
8	7	7	7	4.41363	4.61775	4.76042	5.31672	6.08264
8	7	7	6	4.14063	4.44166	4.66351	5.21981	5.83960
8	7	6	6	3.96454	4.36248	4.61775	5.01569	5.71466
8	6	8	8	4.74269	5.01569	5.23754	5.71466	6.55976
8	6	8	7	4.36248	4.61775	4.93651	5.31672	6.08264
8	6	8	6	4.19178	4.31672	4.61775	5.19178	5.68470
8	6	8	5	4.01569	4.31672	4.61775	4.91878	5.68470
8	6	7	7	4.14063	4.36248	4.61775	4.93651	5.79384
8	6	7	6	3.93651	4.23754	4.41363	4.93651	5.55976
8	6	7	5	4.01569	4.23754	4.36248	4.91878	5.53857
8	6	6	6	3.93651	4.14063	4.31672	4.76042	5.31672
8	5	8	8	4.71466	5.01569	5.14063	5.61775	6.46285
8	5	8	7	4.31672	4.61775	4.76042	5.21981	5.91878
8	5	8	6	4.01569	4.31672	4.61775	4.91878	5.68470
8	5	8	5	3.93651	4.31672	4.36248	4.90655	5.55976
8	5	7	7	4.06145	4.23754	4.61775	5.01569	5.55976
8	5	7	6	3.83960	4.14063	4.31672	4.74269	5.38367

Tafel 45 (Fortsetzung)

				N=17				
N_1	N_2	N_3	N_4	20%	10%	5%	1%	0.1%
8	5	7	5	3.76042	4.06145	4.31672	4.71466	5.38367
8	5	6	6	3.76042	3.93651	4.31672	4.71466	5.31672
7	7	7	7	4.14063	4.15836	4.49281	5.09487	5.71466
7	7	7	6	3.89075	4.14063	4.41363	5.01569	5.53857
7	7	7	5	3.83960	4.14063	4.36248	4.83960	5.53857
7	7	6	6	3.83960	4.23754	4.31672	4.76042	5.53857
7	6	7	7	3.89075	4.14063	4.41363	5.01569	5.53857
7	6	7	6	3.71466	4.06145	4.31672	4.66351	5.31672
7	6	7	5	3.71466	4.01569	4.23754	4.71466	5.23754
7	6	6	6	3.66351	3.89075	4.23754	4.61775	5.31672
7	5	7	7	3.83960	4.14063	4.36248	4.83960	5.53857
7	5	7	6	3.71466	4.01569	4.23754	4.71466	5.23754
7	5	7	5	3.63548	4.01569	4.23754	4.61775	5.31672

				N = 18				
N_1	N_2	N_3	N_4	20%	10%	5%	1%	0.1%
16	1	16	1	—	—	—	13.32061	—
16	1	15	2	11.24143	—	12.11649	—	—
16	1	14	3	10.57243	—	10.94040	—	—
16	1	14	2	—	—	10.94040	11.24143	—
16	1	13	4	10.06054	10.09531	10.57243	—	—
16	1	13	3	—	10.09531	—	10.57243	—
16	1	12	5	9.45848	—	10.06054	—	—
16	1	12	4	—	9.28239	—	10.06054	—
16	1	12	3	—	9.28239	9.45848	—	—
16	1	11	6	9.41709	—	9.68033	—	—
16	1	11	5	8.68033	8.98136	—	9.68033	—
16	1	11	4	8.68033	—	8.98136	—	—
16	1	10	7	9.26219	—	9.41709	—	—
16	1	10	6	—	8.63894	—	9.41709	—
16	1	10	5	8.11606	—	8.63894	—	—
16	1	10	4	8.11606	8.24100	—	—	—
16	1	9	8	9.21104	—	9.26219	—	—
16	1	9	7	—	8.41709	—	9.26219	—
16	1	9	6	7.93997	—	8.41709	—	—
16	1	9	5	—	—	7.93997	—	—
16	1	8	8	—	—	—	9.21104	—
16	1	8	7	7.76388	—	8.30795	—	—
16	1	8	6	7.46285	—	7.76388	—	—
16	1	8	5	7.46285	—	—	—	—
16	1	7	7	—	—	7.70589	—	—
16	1	7	6	—	7.33791	—	—	—
16	1	6	6	—	—	—	—	—
15	2	15	2	—	10.39634	—	11.24143	12.11649

Tafel 45 (Fortsetzung)

					N = 18			
N_1	N_2	N_3	N_4	20%	10%	5%	1%	0.1%
15	2	14	3	9.75951	10.09531	—	10.94040	—
15	2	14	2	9.79428	—	10.09531	10.94040	—
15	2	13	4	9.28239	9.45848	—	10.09531	—
15	2	13	3	8.98139	—	9.328239	9.79428	—
15	2	12	5	8.68033	8.98136	9.28239	9.45848	—
15	2	12	4	8.37930	8.50424	8.98136	9.45848	—
15	2	12	3	8.37930	—	8.68033	9.28239	—
15	2	11	6	8.41709	8.68033	8.71812	9.28239	—
15	2	11	5	—	8.37930	8.50424	8.93997	—
15	2	11	4	7.93997	8.20321	8.24100	8.68033	9.28239
15	2	10	7	8.30795	—	8.60898	8.93997	—
15	2	10	6	7.76388	7.93997	8.24100	8.63894	—
15	2	10	5	7.28676	7.93997	—	8.24100	8.93997
15	2	10	4	7.54203	7.63894	7.93997	8.24100	—
15	2	9	8	8.30795	—	8.41709	8.71812	—
15	2	9	7	7.54203	7.63894	7.93997	8.41709	—
15	2	9	6	7.16182	7.41709	7.54203	7.93997	8.71812
15	2	9	5	7.06491	7.24100	7.41709	7.93997	—
15	2	8	8	7.46285	7.76388	8.30795	8.60898	—
15	2	8	7	7.06491	7.28676	7.46285	7.76388	8.60898
15	2	8	6	6.79384	7.06491	7.16182	7.76388	—
15	2	8	5	6.86079	7.06491	7.28676	—	—
15	2	7	7	6.86079	—	7.16182	7.70589	—
15	2	7	6	6.76388	6.79384	—	7.16182	—
15	2	6	6	—	6.79384	—	—	—
14	3	14	3	—	9.15745	9.79428	10.09531	11.24143
14	3	14	2	8.98136	9.28239	9.79428	10.09531	11.24143·
14	3	13	4	8.37930	8.71812	8.98136	9.45848	10.57243
14	3	13	3	—	8.68033	8.98136	9.28239	10.57243
14	3	12	5	8.20321	8.37930	8.41709	9.28239	9.75951
14	3	12	4	7.71812	8.20321	8.24100	8.98136	9.45848
14	3	12	3	—	7.90218	8.20321	8.68033	9.75951
14	3	11	6	7.76388	8.11606	8.24100	8.68033	—
14	3	11	5	7.33791	7.63894	8.20321	8.68033	—
14	3	11	4	7.16182	7.46285	7.63894	8.24100	9.15745
14	3	10	7	7.70589	7.93997	8.11606	8.24100	—
14	3	10	6	7.24100	7.33791	7.76388	8.11606	—
14	3	10	5	6.93997	6.98573	7.41709	7.93997	8.41709
14	3	10	4	6.93997	—	7.24100	7.71812	8.71812
14	3	9	8	7.70589	7.76388	7.93997	8.24100	—
14	3	9	7	6.98573	7.24100	7.46285	7.93997	—
14	3	9	6	6.68470	6.93997	7.24100	7.76388	8.24100
14	3	9	5	6.49281	6.93997	6.98573	7.41709	8.41709
14	3	8	8	6.98573	7.06491	7.46285	—	—
14	3	8	7	6.58779	—	6.93997	7.06491	8.18301
14	3	8	6	6.38367	6.49281	6.63894	7.06491	8.24100
14	3	8	5	6.31672	6.46285	6.58779	7.06491	—

Tafel 45 (Fortsetzung)

				\multicolumn{5}{c}{N = 18}

N_1	N_2	N_3	N_4	20%	10%	5%	1%	0.1%
14	3	7	7	6.38367	6.63894	6.86079	7.33791	8.18301
14	3	7	6	6.16182	6.38367	6.49281	6.86079	—
14	3	6	6	—	6.49281	6.79384	—	—
14	2	14	3	8.98136	9.28239	9.79428	10.09531	11.24143
14	2	14	2	8.68033	—	9.58342	10.09531	10.94040
14	2	13	4	8.37930	8.68033	8.98136	9.28239	10.39634
14	2	13	3	8.20321	8.37930	8.68033	9.28239	10.09531
14	2	12	5	8.20321	8.24100	8.37930	9.28239	—
14	2	12	4	7.76388	7.93997	8.37930	8.68033	9.58342
14	2	12	3	7.46285	7.93997	8.20321	8.68033	—
14	2	11	6	7.76388	7.93997	8.24100	8.50424	—
14	2	11	5	7.33791	7.63894	7.93997	8.37930	8.98136
14	2	11	4	7.16182	7.46285	7.63894	8.20321	8.98136
14	2	10	7	7.63894	7.76388	7.93997	8.24100	—
14	2	10	6	6.98573	7.24100	7.63894	8.06491	—
14	2	10	5	6.93997	7.24100	7.28676	7.93997	—
14	2	10	4	6.88882	6.93997	7.16182	7.76388	8.54203
14	2	9	8	7.46285	7.76388	7.93997	—	—
14	2	9	7	6.98573	7.24100	7.40486	7.76388	—
14	2	9	6	6.55976	6.93997	6.98573	7.54203	—
14	2	9	5	6.58779	6.63894	6.93997	7.54203	8.24100
14	2	8	8	6.88882	—	7.40486	7.70589	—
14	2	8	7	6.46285	6.58779	6.76388	7.28676	—
14	2	8	6	6.21981	6.46285	6.61775	6.98573	8.06491
14	2	8	5	6.31672	6.38367	6.58779	7.28676	—
14	2	7	7	6.16182	6.31672	6.68470	—	8.00692
14	2	7	6	6.14063	6.31672	6.38367	6.68470	—
14	2	6	6	—	6.21981	6.61775	—	—
13	4	13	4	8.11606	—	8.32018	8.98136	10.06054
13	4	13	3	7.71812	7.93997	8.50424	8.68033	9.45848
13	4	12	5	7.63894	7.71812	7.93997	8.37930	9.45848
13	4	12	4	7.36594	7.54203	7.71812	8.37930	9.28239
13	4	12	3	7.16182	7.46285	7.90218	8.20321	9.28239
13	4	11	6	7.33791	7.54203	7.93997	8.24100	8.98136
13	4	11	5	6.93997	7.24100	7.46285	7.93997	8.68033
13	4	11	4	6.76388	6.93997	7.16182	7.71812	8.50424
13	4	10	7	7.11606	7.33791	7.71812	7.93997	8.71812
13	4	10	6	6.61775	6.98573	7.16182	7.54203	—
13	4	10	5	6.39590	6.58779	6.93997	7.46285	8.11606
13	4	10	4	6.39590	6.58779	6.76388	7.46285	8.32018
13	4	9	8	6.98573	7.36594	7.46285	8.06491	—
13	4	9	7	6.55976	6.86079	7.06491	7.33791	—
13	4	9	6	6.28676	6.46285	6.58779	7.11606	—
13	4	9	5	6.01569	6.28676	6.46285	6.93997	7.71812
13	4	8	8	6.76388	6.86079	7.06491	7.36594	—
13	4	8	7	6.16182	6.38367	6.58779	7.06491	7.46285
13	4	8	6	5.98573	6.08264	6.39590	6.58779	7.46285

Tafel 45 (Fortsetzung)

				N = 18				
N_1	N_2	N_3	N_4	20%	10%	5%	1%	0.1%
13	4	8	5	5.83960	6.16182	6.28676	6.76388	8.06491
13	4	7	7	5.83960	6.03688	6.38367	6.63894	7.93997
13	4	7	6	5.79384	5.98573	6.03688	6.55976	7.93997
13	4	6	6	5.79384	6.01569	6.61775	7.09487	—
13	3	13	4	7.71812	7.93997	8.50424	8.68033	9.45848
13	3	13	3	7.46285	7.90218	8.20321	8.68033	9.28239
13	3	12	5	7.33791	7.63894	7.93997	8.37930	9.28239
13	3	12	4	7.11606	7.33791	7.54203	8.01915	8.68033
13	3	12	3	7.16182	7.41709	7.60115	8.20321	8.98136
13	3	11	6	7.06491	7.41709	7.63894	8.11606	
13	3	11	5	6.76388	6.98573	7.28676	7.76388	8.37930
13	3	11	4	6.58779	6.86079	7.06491	7.54203	8.50424
13	3	10	7	6.98573	7.16182	7.28676	7.71812	—
13	3	10	6	6.55976	6.68470	6.98573	7.46285	8.41709
13	3	10	5	6.33791	6.58779	6.76388	7.24100	7.93997
13	3	10	4	6.16182	6.58779	6.76388	7.11606	8.11606
13	3	9	8	6.98573	7.06491	7.28676	7.54203	—
13	3	9	7	6.46285	6.55976	6.93997	7.24100	7.63894
13	3	9	6	6.08264	6.31672	6.46285	6.98573	7.54203
13	3	9	5	5.98573	6.08264	6.31672	6.86079	7.46285
13	3	8	8	6.55976	6.58779	6.86079	7.28676	7.76388
13	3	8	7	6.03688	6.16182	6.33791	6.98573	7.33791
13	3	8	6	5.71466	6.01569	6.09487	6.46285	7.28676
13	3	8	5	5.68470	5.86079	6.16182	6.55976	7.76388
13	3	7	7	5.83960	5.91878	6.03688	6.49281	7.33791
13	3	7	6	5.55976	5.79384	5.98573	6.33791	6.86079
13	3	6	6	5.61775	5.83960	6.01569	6.79384	—
12	5	12	5	7.16182	7.41709	7.63894	8.37930	9.68033
12	5	12	4	7.06491	7.16182	7.36594	7.63894	8.68033
12	5	12	3	6.86079	7.16182	7.41709	7.93997	8.68033
12	5	11	6	7.01569	7.11606	7.24100	7.79384	8.63894
12	5	11	5	6.53857	6.86079	7.01569	7.33791	8.24100
12	5	11	4	—	6.49281	6.93997	7.41709	8.24100
12	5	10	7	6.76388	7.06491	7.16182	7.71812	8.63894
12	5	10	6	6.38367	6.61775	6.63894	7.24100	8.24100
12	5	10	5	6.01569	6.31672	6.53857	7.06491	7.93997
12	5	10	4	5.98573	6.21981	6.46285	7.06491	7.93997
12	5	9	8	6.76388	6.79384	7.36594	7.71812	8.41709
12	5	9	7	6.31672	6.46285	6.61775	7.06491	7.71812
12	5	9	6	5.86079	6.16182	6.38367	6.79384	7.46285
12	5	9	5	5.68470	5.98573	6.21981	6.76388	7.41709
12	5	8	8	6.16182	6.46285	6.76388	7.06491	—
12	5	8	7	5.71466	6.01569	6.31672	6.79384	7.28676
12	5	8	6	5.61775	5.79384	6.16182	6.49281	7.36594
12	5	8	5	5.55976	5.86079	6.01569	6.53857	7.36594
12	5	7	7	5.61775	5.86079	6.01569	6.49281	—
12	5	7	6	5.49281	5.71466	5.86079	6.46285	7.09487

Tafel 45 (Fortsetzung)

				N = 18				
N_1	N_2	N_3	N_4	20%	10%	5%	1%	0.1%
12	5	6	6	5.49281	5.83960	5.91878	6.31672	7.79384
12	4	12	5	7.06491	7.16182	7.36594	7.63894	8.68033
12	4	12	4	6.63894	7.11606	7.16182	7.66697	8.54203
12	4	12	3	6.58779	6.93997	7.06491	7.63894	8.37930
12	4	11	6	6.63894	6.79384	7.06491	7.54203	8.24100
12	4	11	5	6.31672	6.63894	6.68470	7.33791	8.24100
12	4	11	4	6.16182	6.46285	6.63894	7.16182	7.93997
12	4	10	7	6.49281	6.76388	6.93997	7.16182	8.24100
12	4	10	6	6.11067	6.31672	6.49281	6.93997	7.76388
12	4	10	5	5.86079	6.09487	6.38367	6.76388	7.46285
12	4	10	4	5.79384	6.11067	6.21981	6.76388	7.66697
12	4	9	8	6.46285	6.58779	6.79384	7.16182	7.71812
12	4	9	7	6.01569	6.28676	6.49281	6.76388	7.46285
12	4	9	6	5.68470	5.98573	6.01569	6.61775	7.24100
12	4	9	5	5.53857	5.80964	5.98573	6.28676	7.11606
12	4	8	8	6.01569	6.16182	6.46285	6.86079	7.66697
12	4	8	7	5.55976	5.86079	6.08264	6.46285	—
12	4	8	6	5.44166	5.55976	5.71466	6.21981	6.88882
12	4	8	5	5.38367	5.55976	5.71466	6.14063	7.06491
12	4	7	7	5.31672	5.55976	5.71466	6.31672	6.76388
12	4	7	6	5.19178	5.36248	5.68470	5.98573	6.76388
12	4	6	6	5.23754	5.44166	5.49281	6.21981	7.39590
12	3	12	5	6.86079	7.16182	7.41709	7.93997	8.68033
12	3	12	4	6.58779	6.93997	7.06491	7.63894	8.37930
12	3	12	3	—	6.55976	7.16182	7.89421	8.68033
12	3	11	6	6.58779	6.93997	7.06491	7.46285	8.68033
12	3	11	5	6.28676	6.58779	6.93997	7.16182	8.20321
12	3	11	4	6.16182	6.46285	6.58779	7.16182	7.93997
12	3	10	7	6.46285	6.63894	6.93997	7.11606	8.11606
12	3	10	6	6.01569	6.31672	6.58779	6.86079	7.63894
12	3	10	5	5.79384	6.01569	6.33791	6.93997	7.46285
12	3	10	4	5.69693	5.86079	6.16182	6.93997	7.46285
12	3	9	8	6.46285	6.55976	6.76388	7.06491	—
12	3	9	7	5.98573	6.28676	6.33791	6.79384	7.41709
12	3	9	6	5.68470	5.96993	6.01569	6.58779	7.06491
12	3	9	5	5.49281	5.68470	5.86079	6.38367	7.06491
12	3	8	8	6.01569	6.08264	6.38367	6.76388	—
12	3	8	7	5.55976	5.68470	5.98573	6.33791	6.93997
12	3	8	6	5.38367	5.55976	5.68470	6.28676	6.93997
12	3	8	5	5.31672	5.53857	5.80964	6.46285	7.06491
12	3	7	7	5.31672	5.53857	5.68470	6.01569	6.86079
12	3	7	6	5.21981	5.38367	5.61775	6.01569	6.49281
12	3	6	6	5.14063	—	5.61775	6.01569	7.27096
11	6	11	6	6.58779	7.01569	7.09487	7.54203	8.63894
11	6	11	5	6.46285	6.58779	6.76388	7.24100	8.24100
11	6	11	4	6.03688	6.46285	6.63894	7.06491	7.93997
11	6	10	7	6.46285	6.63894	7.01569	7.24100	8.41709

Tafel 45 (Fortsetzung)

				N = 18				
N₁	N₂	N₃	N₄	20%	10%	5%	1%	0.1%
11	6	10	6	6.03688	6.31672	6.58779	6.98573	7.93997
11	6	10	5	5.86079	6.03688	6.39590	6.63894	7.41709
11	6	10	4	5.80964	5.98573	6.39590	6.76388	7.54203
11	6	9	8	6.46285	6.61775	6.76388	7.33791	8.24100
11	6	9	7	5.98573	6.28676	6.38367	6.79384	7.63894
11	6	9	6	5.61775	5.91878	6.16182	6.55976	7.41709
11	6	9	5	5.49281	5.71466	5.91878	6.49281	7.24100
11	6	8	8	5.91878	6.16182	6.38367	6.98573	7.76388
11	6	9	6	5.61775	5.91878	6.16182	6.55976	7.41709
11	6	9	5	5.49281	5.71466	5.91878	6.49281	7.24100
11	6	8	8	5.91878	6.16182	6.38367	6.98573	7.76388
11	6	8	7	5.44166	5.83960	6.16182	6.49281	7.16182
11	6	8	6	5.38367	5.61775	5.79384	6.46285	6.98573
11	6	8	5	5.38367	5.61775	5.83960	6.16182	7.06491
11	6	7	7	—	5.44166	5.83960	6.31672	7.09487
11	6	7	6	5.19178	5.49281	5.79384	6.03688	7.09487
11	6	6	6	5.19178	5.49281	5.61775	6.23754	7.01569
11	5	11	6	6.46285	6.58779	6.76388	7.24100	8.24100
11	5	11	5	6.14063	6.28676	6.46285	6.93997	7.63894
11	5	11	4	5.83960	6.01569	6.33791	6.76388	7.63894
11	5	10	7	6.28676	6.46285	6.53587	7.06491	7.63894
11	5	10	6	5.71466	6.01569	6.31672	6.63894	7.31672
11	5	10	5	5.55976	5.83960	6.01569	6.46285	7.24100
11	5	10	4	5.61775	5.68470	5.91878	6.46285	7.06491
11	5	9	8	6.16182	6.31672	6.55976	6.86079	7.54203
11	5	9	7	5.68470	5.86079	6.16182	6.55976	7.24100
11	5	9	6	5.31672	5.68470	5.91878	6.31672	6.98573
11	5	9	5	5.23754	5.44166	5.71466	6.14063	6.93997
11	5	8	8	5.55976	5.91878	6.16182	6.55976	7.28676
11	5	8	7	5.31672	5.55976	5.71466	6.28676	6.86079
11	5	8	6	5.14063	5.38367	5.61775	5.98573	6.76388
11	5	8	5	5.14063	5.31672	5.44166	5.91878	6.58779
11	5	7	7	5.06145	—	5.53857	6.01569	6.61775
11	5	7	6	4.93651	5.21981	5.38367	5.83960	6.46285
11	5	6	6	4.91878	5.14063	5.44166	6.23754	7.01569
11	4	11	6	6.03688	6.46285	6.63894	7.06491	7.93997
11	4	11	5	5.83960	6.01569	6.33791	6.76388	7.63894
11	4	11	4	5.61775	6.03688	6.28676	6.76388	7.33791
11	4	10	7	6.03688	6.28676	6.46285	6.76388	8.11606
11	4	10	6	5.68470	5.98573	6.03688	6.58779	7.41709
11	4	10	5	5.44166	5.68470	5.91878	6.46285	7.06491
11	4	10	4	5.21981	5.55976	5.98573	6.39590	7.06491
11	4	9	8	5.98573	6.31672	6.39590	6.61775	7.41709
11	4	9	7	5.53857	5.83960	6.01569	6.31672	7.06491
11	4	9	6	5.21981	5.50861	6.68470	6.09487	6.93997
11	4	9	5	5.09487	5.38367	5.55976	6.01569	6.76388
11	4	8	8	5.55976	5.83960	5.98573	6.31672	7.06491

Tafel 45 (Fortsetzung)

					N = 18			
N_1	N_2	N_3	N_4	20%	10%	5%	1%	0.1%
11	4	8	7	5.19178	5.38367	5.61775	6.03688	6.63894
11	4	8	6	4.90655	5.19178	5.38367	5.86079	6.49281
11	4	8	5	4.90655	5.14063	5.38367	5.80964	6.61775
11	4	7	7	5.01569	5.14063	5.38367	5.83960	6.61775
11	4	7	6	4.91878	5.06145	5.31672	5.61775	6.39590
11	4	6	6	4.83960	4.91878	5.23754	5.53857	6.49281
10	7	10	7	6.31672	6.49281	6.63894	7.28676	8.18301
10	7	10	6	5.91878	6.16182	6.31672	6.68470	7.63894
10	7	10	5	5.79384	5.91878	6.03688	6.53857	7.28676
10	7	10	4	5.61775	5.83960	6.03688	6.63894	7.24100
10	7	9	8	6.16182	6.39590	6.61775	6.98573	8.30795
10	7	9	7	5.79384	5.86079	6.31672	6.61775	7.70589
10	7	9	6	5.44166	5.79384	6.01569	6.38367	7.16182
10	7	9	5	5.38367	5.68470	5.83960	6.28676	6.98573
10	7	8	8	5.71466	6.01569	6.16182	6.86079	7.70589
10	7	8	7	5.53857	5.61775	5.83960	6.38367	7.06491
10	7	8	6	5.19178	5.44166	5.71466	6.08264	6.98573
10	7	8	5	5.21981	5.53857	5.68470	6.16182	6.86079
10	7	7	7	5.14063	5.44166	5.71466	6.16182	6.86079
10	7	7	6	5.09487	5.31672	5.61775	6.01569	6.63894
10	7	6	6	5.14063	5.31672	5.61775	6.01569	7.01569
10	6	10	7	5.91878	6.16182	6.31672	6.68470	7.63894
10	6	10	6	5.55976	5.83960	6.01569	6.33791	7.24100
10	6	10	5	5.38367	5.68470	5.83960	6.28676	6.98573
10	6	10	4	5.31672	5.50861	5.83960	6.21981	6.93997
10	6	9	8	5.86079	5.98573	6.31672	6.79384	7.46285
10	6	9	7	5.36248	5.68470	5.86079	6.38367	7.16182
10	6	9	6	5.20758	5.44166	5.61775	6.08264	6.68470
10	6	9	5	5.08264	5.23754	5.49281	5.98573	6.61775
10	6	8	8	5.44166	5.61775	5.86079	6.38367	6.98573
10	6	8	7	5.06145	5.38367	5.55976	6.03688	6.68470
10	6	8	6	5.01569	5.14063	5.38367	5.79384	6.49281
10	6	8	5	4.91878	5.08264	5.23754	5.83960	6.55976
10	6	7	7	4.91878	5.14063	5.36248	5.79384	6.49281
10	6	7	6	4.74269	5.01569	5.19178	5.68470	6.33791
10	6	6	6	4.79384	5.01569	5.14063	5.83960	6.31672
10	5	10	7	5.79384	5.91878	6.03688	6.53857	7.28676
10	5	10	6	5.38367	5.68470	5.83960	6.28676	6.98573
10	5	10	5	5.09487	5.38367	5.61775	6.01569	6.76388
10	5	10	4	5.08264	5.38367	5.55976	5.98573	6.93997
10	5	9	8	5.68470	5.86079	6.03688	6.49281	7.06491
10	5	9	7	5.25873	5.53857	5.68470	6.28676	6.68470
10	5	9	6	4.90655	5.31672	5.44166	5.86079	6.58779
10	5	9	5	4.90655	5.08264	5.38367	5.80964	6.39590
10	5	8	8	5.21981	5.53857	5.68470	6.08264	6.86079
10	5	8	7	5.01569	5.21981	5.38367	5.79384	6.39590
10	5	8	6	4.71466	5.01569	5.21981	5.68470	6.31672

Tafel 45 (Fortsetzung)

				N = 18				
N_1	N_2	N_3	N_4	20%	10%	5%	1%	0.1%
10	5	8	5	4.61775	4.90655	5.08264	5.68470	6.28676
10	5	7	7	4.61775	4.91878	5.19178	5.61775	6.38367
10	5	7	6	4.61775	4.91878	5.09487	5.44166	6.16182
10	5	6	6	4.53857	4.83960	5.01569	5.49281	6.23754
10	4	10	7	5.61775	5.83960	6.03688	6.63894	7.24100
10	4	10	6	5.31672	5.50861	5.83960	6.21981	6.93997
10	4	10	5	5.08264	5.38367	5.55976	5.98573	6.93997
10	4	10	4	5.04372	5.38367	5.55976	6.03688	6.88882
10	4	9	8	5.71466	5.86079	6.03688	6.39590	7.06491
10	4	9	7	5.21981	5.38367	5.68470	6.03688	6.58779
10	4	9	6	4.91878	5.14063	5.38367	5.80964	6.58779
10	4	9	5	4.74269	5.08264	5.21981	5.71466	6.46285
10	4	8	8	5.31672	5.53857	5.61775	6.16182	6.76388
10	4	8	7	5.01569	5.09487	5.38367	5.69693	6.39590
10	4	8	6	4.66351	4.90655	5.08264	5.61775	6.21981
10	4	8	5	4.66351	4.74269	5.08264	5.61775	6.21981
10	4	7	7	4.61775	5.01569	5.19178	5.44166	6.39590
10	4	7	6	4.61775	4.71466	4.91878	5.38367	6.03688
10	4	6	6	4.49281	4.71466	5.01569	5.71466	6.21981
9	8	9	8	6.21981	6.38367	6.49281	7.16182	8.30795
9	8	9	7	5.71466	5.98573	6.08264	6.55976	7.46285
9	8	9	6	5.49281	5.68470	5.83960	6.38367	7.16182
9	8	9	5	5.31672	5.68470	5.71466	6.21981	6.98573
9	8	8	8	5.61775	5.83960	6.31672	6.55976	7.70589
9	8	8	7	5.44166	5.61775	5.71466	6.16182	7.16182
9	8	8	6	5.14063	5.44166	5.71466	6.08264	6.79384
9	8	8	5	5.01569	5.52084	5.71466	6.16182	6.86079
9	8	7	7	5.09487	5.44166	5.61775	6.31672	7.16182
9	8	7	6	4.91878	5.21981	5.53857	6.01569	6.76388
9	8	6	6	5.01569	5.23754	5.44166	6.01569	6.79384
9	7	9	8	5.71466	5.98573	6.08264	6.55976	7.46285
9	7	9	7	5.19178	5.61775	5.71466	6.14063	6.98573
9	7	9	6	5.06145	5.38367	5.53857	5.98573	6.68470
9	7	9	5	4.91878	5.19178	5.38367	5.79384	6.55976
9	7	8	8	5.23754	5.44166	5.71466	6.31672	7.16182
9	7	8	7	4.91878	5.19178	5.44166	5.86079	6.55976
9	7	8	6	4.74269	5.06145	5.31672	5.71466	6.38367
9	7	8	5	4.71466	5.01569	5.25873	5.68470	6.38367
9	7	7	7	4.76042	4.93651	5.19178	5.71466	6.46285
9	7	7	6	4.61775	4.91878	5.21981	5.61775	6.38367
9	7	6	6	4.53857	4.83960	5.23754	5.53857	6.31672
9	6	9	8	5.49281	5.68470	5.83960	6.38367	7.16182
9	6	9	7	5.06145	5.38367	5.53857	5.98573	6.68470
9	6	9	6	4.91878	5.06145	5.20758	5.71466	6.38367
9	6	9	5	4.66351	4.90655	5.19178	5.61775	6.31672
9	6	8	8	5.06145	5.23754	5.44166	5.98573	6.55976
9	6	8	7	4.74269	4.91878	5.21981	5.55976	6.38367

Tafel 45 (Fortsetzung)

				N = 18				
N_1	N_2	N_3	N_4	20%	10%	5%	1%	0.1%
9	6	8	6	4.61775	4.74269	5.06145	5.53857	6.09487
9	6	8	5	4.36248	4.83960	5.06145	5.38367	6.31672
9	6	7	7	4.49281	4.83960	5.06145	5.44166	6.03688
9	6	7	6	4.36248	4.66351	4.91878	5.44166	6.01569
9	6	6	6	4.44166	4.66351	4.83960	5.31672	6.01569
9	5	9	8	5.31672	5.68470	5.71466	6.21981	6.98573
9	5	9	7	4.91878	5.19178	5.38367	5.79384	6.55976
9	5	9	6	4.66351	4.90655	5.19178	5.61775	6.31672
9	5	9	5	4.60552	4.90655	5.08264	5.52084	6.21981
9	5	8	8	4.91878	5.21981	5.44166	5.86079	6.38367
9	5	8	7	4.61775	4.91878	5.06145	5.49281	6.31672
9	5	8	6	4.44166	4.71466	4.91878	5.38367	6.01569
9	5	8	5	4.36248	4.61775	4.90655	5.38367	6.16182
9	5	7	7	4.41363	4.66351	4.91878	5.31672	6.01569
9	5	7	6	4.31672	4.61775	4.74269	5.23754	5.91878
9	5	6	6	4.31672	4.53857	4.74269	5.31672	5.91878
8	8	8	8	5.23754	—	5.71466	6.38367	7.40486
8	8	8	7	4.91878	5.21981	5.53857	5.83960	6.86079
8	8	8	6	4.76042	5.04372	5.31672	5.61775	6.46285
8	8	8	5	4.61775	5.01569	5.21981	5.61775	6.38367
8	8	7	7	4.66351	4.91878	5.21981	5.71466	6.31672
8	8	7	6	4.61775	4.83960	5.06145	5.61775	6.46285
8	8	6	6	4.53857	5.04372	5.14063	5.61775	6.61775
8	7	8	8	4.91878	5.21981	5.53857	5.83960	6.86079
8	7	8	7	4.66351	4.93651	5.06145	5.61775	6.31672
8	7	8	6	4.49281	4.74269	4.91878	5.44166	6.08264
8	7	8	5	4.41363	4.71466	4.91878	5.44166	6.16182
8	7	7	7	4.41363	4.61775	5.01569	5.44166	6.16182
8	7	7	6	4.31672	4.61775	4.91878	5.44166	6.01569
8	7	6	6	4.23754	4.61775	4.91878	5.31672	6.01569
8	6	8	8	4.76042	5.04372	5.31672	5.61775	6.46285
8	6	8	7	4.49281	4.74269	4.91878	5.44166	6.08264
8	6	8	6	4.31672	4.61775	4.76042	5.31672	5.86079
8	6	8	5	4.31672	4.53857	4.74269	5.23754	5.86079
8	6	7	7	4.23754	4.53857	4.74269	5.21981	5.98573
8	6	7	6	4.14063	4.49281	4.66351	5.19178	5.79384
8	6	6	6	4.14063	4.36248	4.71466	5.14063	5.83960
8	5	8	8	4.61775	5.01569	5.21981	5.61775	6.38367
8	5	8	7	4.41363	4.71466	4.91878	5.44166	6.16182
8	5	8	6	4.31672	4.53857	4.74269	5.23754	5.86079
8	5	8	5	4.06145	4.53857	4.83930	5.14063	5.83960
8	5	7	7	4.31672	4.61775	4.71466	5.31672	5.86079
8	5	7	6	4.14063	4.36248	4.71466	5.14063	5.83960
7	7	7	7	4.23754	4.45939	4.76042	5.19178	5.91878
7	7	7	6	4.14063	4.41363	4.66351	5.14063	5.83960
7	6	7	7	4.14063	4.41363	4.66351	5.14063	5.83960
7	6	7	6	4.01569	4.36248	4.61775	4.93651	5.71466

Tafel 45 (Fortsetzung)

				N = 19				
N_1	N_2	N_3	N_4	20%	10%	5%	1%	0.1%
17	1	17	1	—	—	—	14.55106	—
17	1	16	2	12.41752	—	13.32061	—	—
17	1	15	3	11.71855	—	12.11649	—	—
17	1	15	2	—	—	12.11649	12.41572	—
17	1	14	4	11.17449	11.24143	11.71855	—	—
17	1	14	3	—	11.24143	—	11.71855	—
17	1	13	5	10.57243	—	11.17449	—	—
17	1	13	4	—	10.39634	10.57243	11.17449	—
17	1	13	3	—	10.39634	10.57243	—	—
17	1	12	6	10.06054	—	10.75951	—	—
17	1	12	5	9.75951	10.06054	—	10.75951	—
17	1	12	4	9.75951	—	10.06054	—	—
17	1	11	7	10.26219	—	10.45848	—	—
17	1	11	6	—	9.68033	—	10.45848	—
17	1	11	5	9.15745	—	9.68033	—	—
17	1	11	4	9.15745	9.28239	—	—	—
17	1	10	8	10.16528	—	10.26219	—	—
17	1	10	7	—	9.41709	—	10.26219	—
17	1	10	6	8.93997	—	9.41709	—	—
17	1	10	5	—	—	8.93997	—	—
17	1	9	9	10.16528	—	—	—	—
17	1	9	8	—	9.26219	—	10.16528	—
17	1	9	7	8.71812	—	9.26219	—	—
17	1	9	6	8.41709	—	8.71812	—	—
17	1	9	5	8.41709	—	—	—	—
17	1	8	8	—	—	9.21104	—	—
17	1	8	7	8.24100	—	8.60898	—	—
17	1	8	6	—	8.24100	—	—	—
17	1	7	7	—	8.18301	—	—	—
17	1	7	6	7.93997	—	—	—	—
16	2	16	2	—	11.54246	12.11649	12.41752	13.32061
16	2	15	3	10.87346	10.94040	—	12.11649	—
16	2	15	2	—	10.94040	11.24143	12.11649	12.41752
16	2	14	4	10.09531	10.39634	—	11.24143	—
16	2	14	3	10.09531	—	10.39634	10.94040	—
16	2	13	5	9.75951	10.06054	10.39634	10.57243	—
16	2	13	4	9.45848	9.58342	10.06054	10.39634	10.87346
16	2	13	3	—	9.45848	9.75951	10.39634	—
16	2	12	6	9.41709	9.71812	9.75951	10.36157	—
16	2	12	5	—	—	9.45848	9.98136	—
16	2	12	4	—	8.98136	9.28239	9.75951	10.36157
16	2	11	7	9.26219	—	9.56322	9.98136	—
16	2	11	6	8.71812	8.98136	9.28239	9.68033	—
16	2	11	5	8.41709	8.63894	8.93997	9.28239	9.98136
16	2	11	4	8.24100	8.54203	8.98136	9.28239	—
16	2	10	8	9.21104	—	9.41709	9.71812	—
16	2	10	7	8.54203	8.60898	8.93997	9.41709	—

Tafel 45 (Fortsetzung)

				N = 19				
N_1	N_2	N_3	N_4	20%	10%	5%	1%	0.1%
16	2	10	6	8.06491	8.41709	8.54203	8.93997	9.71812
16	2	10	5	7.93997	8.24100	8.41709	8.93997	—
16	2	9	9	9.21104	9.26219	9.56322	—	—
16	2	9	8	—	8.41709	8.71812	9.26219	—
16	2	9	7	7.93997	8.24100	8.30795	8.71812	9.56322
16	2	9	6	7.71812	7.93997	8.06491	8.71812	—
16	2	9	5	7.71812	8.01915	8.24100	—	—
16	2	8	8	8.06491	—	8.30795	—	9.51207
16	2	8	7	7.63894	7.76388	8.00692	8.60898	—
16	2	8	6	7.46285	7.66697	7.76388	8.06491	—
16	2	7	7	7.46285	7.63894	—	8.00692	—
16	2	7	6	—	7.46285	7.63894	—	—
15	3	15	3	—	10.23663	10.94040	11.24143	11.71855
15	3	15	2	9.79428	10.39634	10.94040	11.24143	12.41752
15	3	14	4	9.45848	—	10.09531	10.57243	11.24143
15	3	14	3	9.28239	9.75951	9.79428	10.39634	11.24143
15	3	13	5	8.98136	9.41709	9.45848	10.36934	10.87346
15	3	13	4	8.71812	8.98136	9.45848	9.75951	10.57243
15	3	13	3	8.68033	8.98136	9.28239	9.75951	10.87346
15	3	12	6	8.71812	8.98136	9.19524	9.75951	10.23663
15	3	12	5	8.37930	8.50424	8.93997	9.75951	—
15	3	12	4	8.20321	8.37930	8.68033	9.28239	10.23663
15	3	11	7	8.60898	8.93997	9.08610	9.28239	—
15	3	11	6	8.24100	8.41709	8.63894	8.98136	—
15	3	11	5	7.93997	—	8.24100	8.93997	9.41709
15	3	11	4	7.63894	—	8.24100	8.71812	9.75951
15	3	10	8	8.60898	8.71812	8.93997	9.08610	—
15	3	10	7	7.93997	8.01915	8.41709	8.93997	—
15	3	10	6	7.63894	7.89421	8.24100	8.41709	9.19524
15	3	10	5	7.33791	—	7.93997	8.24100	9.41709
15	3	9	9	8.41709	—	8.71812	9.19524	—
15	3	9	8	—	7.93997	8.24100	8.71812	—
15	3	9	7	7.33791	7.70589	7.89421	8.01915	9.08610
15	3	9	6	7.16182	7.41709	7.6388	7.93997	9.19524
15	3	9	5	7.09487	7.28676	7.54203	8.01915	—
15	3	8	8	7.40486	7.70589	—	8.60898	9.08610
15	3	8	7	7.16182	7.28676	7.33791	7.76388	9.08610
15	3	8	6	7.01569	7.09487	7.28676	7.76388	8.24100
15	3	7	7	7.09487	7.16182	7.24100	7.63894	8.18301
15	3	7	6	6.79384	7.09487	7.27096	7.63894	—
15	2	15	3	9.79428	10.39634	10.94040	11.24143	12.41752
15	2	15	2	9.79428	—	10.69737	11.24143	12.11649
15	2	14	4	9.45848	9.75951	10.09531	10.39634	11.24143
15	2	14	3	9.28239	9.45848	9.79428	10.39634	10.94040
15	2	13	5	9.28239	—	9.45848	10.39634	—
15	2	13	4	8.68033	8.98136	9.28239	9.75951	10.69737
15	2	13	3	8.50424	—	9.28239	9.75951	—

Tafel 45 (Fortsetzung)

						N = 19		
N₁	N₂	N₃	N₄	20%	10%	5%	1%	0.1%
15	2	12	6	8.71812	8.93997	9.28239	9.58342	—
15	2	12	5	8.37930	8.50424	8.68033	9.45848	10.06054
15	2	12	4	8.20321	8.37930	8.54203	8.98136	9.75951
15	2	11	7	8.60898	8.71812	8.93997	9.28239	—
15	2	11	6	—	8.24100	8.41709	8.98136	9.58342
15	2	11	5	7.71812	—	8.24100	8.93997	9.28239
15	2	11	4	7.84306	7.93997	8.20321	8.68033	9.58342
15	2	10	8	8.41709	8.60898	8.71812	—	—
15	2	10	7	7.76388	7.93997	8.30795	8.71812	—
15	2	10	6	7.46285	7.63894	8.06491	8.24100	—
15	2	10	5	7.36594	7.58779	7.63894	8.24100	9.24100
15	2	9	9	—	8.60898	8.71812	—	—
15	2	9	8	7.76388	7.84306	8.30795	8.60898	—
15	2	9	7	7.28676	7.54203	7.71812	8.24100	—
15	2	9	6	7.24100	7.28676	7.46285	7.93997	9.01915
15	2	9	5	7.11606	7.28676	7.54203	7.71812	—
15	2	8	8	7.36594	7.40486	7.70589	8.60898	—
15	2	8	7	6.98573	7.16182	7.36594	7.76388	8.91001
15	2	8	6	6.91878	7.09487	7.28676	7.58779	8.06491
15	2	7	7	6.79384	7.16182	—	—	8.00692
15	2	7	6	6.86079	6.91878	7.06491	7.46285	—
14	4	14	4	9.15745	9.28239	9.32018	10.09531	11.17449
14	4	14	3	8.71812	9.15745	9.28239	9.75951	10.57243
14	4	13	5	8.68033	8.71812	8.98136	9.45848	10.57243
14	4	13	4	8.20321	8.54203	8.71812	9.28239	10.36157
14	4	13	3	8.20321	8.50424	8.98136	9.28239	10.39634
14	4	12	6	8.41709	8.54203	8.68033	9.15745	10.06054
14	4	12	5	7.76388	8.06491	8.41709	8.98136	9.58342
14	4	12	4	7.63894	7.76388	8.11606	8.71812	9.45848
14	4	11	7	8.11606	—	8.71812	8.78507	9.75951
14	4	11	6	7.54203	7.93997	8.11606	8.54203	9.28239
14	4	11	5	7.28676	7.54203	7.93997	8.41709	8.98136
14	4	11	4	7.24100	7.54203	7.71812	8.50424	9.15745
14	4	10	8	7.93997	8.18301	8.32018	8.84306	9.32018
14	4	10	7	7.39590	7.71812	8.00692	8.18301	—
14	4	10	6	7.09487	7.28676	7.54203	8.01915	8.71812
14	4	10	5	6.93997	7.06491	7.28676	7.76388	8.71812
14	4	9	9	8.00692	8.24100	8.32018	9.01915	—
14	4	9	8	7.46285	7.66697	7.76388	8.24100	—
14	4	9	7	6.98573	7.16182	7.33791	7.76388	8.41709
14	4	9	6	6.63894	6.98573	7.09487	7.54203	8.32018
14	4	9	5	6.68470	6.91878	7.24100	7.46285	8.32018
14	4	8	8	7.06491	7.16182	7.46285	7.70589	—
14	4	8	7	6.68470	6.86079	7.06491	7.46285	8.18301
14	4	8	6	6.46285	6.76388	6.88882	7.33791	8.06491
14	4	7	7	6.46285	6.68470	6.86079	7.33791	7.93997
14	4	7	6	6.49281	6.63894	6.79384	7.39590	7.93997

Tafel 45 (Fortsetzung)

				N = 19				
N_1	N_2	N_3	N_4	20%	10%	5%	1%	0.1%
14	3	14	4	8.71812	9.15745	9.28239	9.75951	10.57243
14	3	14	3	8.50424	8.98136	9.28239	9.58342	10.39634
14	3	13	5	8.37930	8.50424	8.71812	9.45848	10.39634
14	3	13	4	8.11606	8.37930	8.54203	9.01915	9.75951
14	3	13	3	7.93997	8.41709	8.68033	9.28239	9.75951
14	3	12	6	8.01915	8.41709	8.54203	9.15745	9.75951
14	3	12	5	7.71812	8.20321	8.24100	8.71812	9.45848
14	3	12	4	7.46285	7.71812	8.01915	8.54203	9.28239
14	3	11	7	7.93997	8.11606	—	8.71812	9.15745
14	3	11	6	7.36594	7.71812	7.93997	8.50424	8.98136
14	3	11	5	7.24100	7.33791	7.63894	8.11606	8.98136
14	3	11	4	7.16182	7.36594	7.63894	8.01915	8.98136
14	3	10	8	7.76388	8.06491	8.18301	8.54203	—
14	3	10	7	7.28676	7.36594	7.71812	8.11606	8.54203
14	3	10	6	6.93997	7.16182	7.41709	7.93997	8.54203
14	3	10	5	6.76388	6.98573	7.28676	7.63894	8.41709
14	3	9	9	7.76388	8.00692	8.24100	8.41709	—
14	3	9	8	7.09487	7.36594	7.70589	8.06491	8.54203
14	3	9	7	6.86079	6.98573	7.24100	7.70589	8.48404
14	3	9	6	6.58779	6.86079	6.98573	7.41709	8.06491
14	3	9	5	6.58779	6.61775	6.93997	7.28676	8.71812
14	3	8	8	6.86079	6.98573	7.24100	7.70589	8.18301
14	3	8	7	6.49281	6.68470	6.88882	7.28676	8.00692
14	3	8	6	6.38367	6.58779	6.76388	7.09487	7.76388
14	3	7	7	6.38367	6.49281	6.63894	7.16182	8.48404
14	3	7	6	6.31672	6.46285	6.68470	6.93997	7.63894
13	5	13	5	8.11606	8.41709	8.50424	8.98136	10.06054
13	5	13	4	7.93997	8.06491	8.32018	8.68033	9.75951
13	5	13	3	7.71812	7.93997	8.41709	8.68033	9.75951
13	5	12	6	7.93997	8.06491	8.11606	8.68033	9.68033
13	5	12	5	7.46285	7.71812	8.01915	8.24100	9.28239
13	5	12	4	7.33791	—	7.63894	8.20321	8.98136
13	5	11	7	7.71812	7.86079	8.01915	8.63894	9.28239
13	5	11	6	7.24100	7.46285	7.63894	8.11606	8.98136
13	5	11	5	7.01569	7.09487	7.41709	7.93997	8.71812
13	5	11	4	6.91878	7.09487	7.41709	7.93997	8.98136
13	5	10	8	7.46285	7.76388	7.93997	8.41709	8.93997
13	5	10	7	7.09487	7.31672	7.54203	7.86079	8.71812
13	5	10	6	6.76388	6.93997	7.11606	7.71812	8.41709
13	5	10	5	6.58779	6.86079	7.01569	7.41709	8.41709
13	5	9	9	7.46285	7.63894	8.32018	8.41709	—
13	5	9	8	6.86079	7.28676	7.46285	8.01915	8.41709
13	5	9	7	6.49281	6.79384	7.09487	7.54203	8.24100
13	5	9	6	6.33791	6.55976	6.79384	7.24100	8.06491
13	5	9	5	6.31672	6.76388	6.86079	7.24100	8.06491
13	5	8	8	6.55976	6.86079	7.16182	7.63894	—
13	5	8	7	6.31672	6.49281	6.76388	7.09487	8.06491

Tafel 45 (Fortsetzung)

						N = 19		
N_1	N_2	N_3	N_4	20%	10%	5%	1%	0.1%
13	5	8	6	6.21981	6.33791	6.55976	7.09487	7.86079
13	5	7	7	6.09487	6.39590	6.49281	7.09487	7.86079
13	5	7	6	6.31672	6.33791	6.61775	6.76388	7.79384
13	4	13	5	7.93997	8.06491	8.32018	8.68033	9.75951
13	4	13	4	7.63894	7.90218	8.11606	8.62121	9.45848
13	4	13	3	7.54203	7.90218	8.01915	8.68033	9.45848
13	4	12	6	7.63894	7.71812	8.01915	8.50424	9.28239
13	4	12	5	7.24100	7.54203	7.71812	8.24100	8.98136
13	4	12	4	7.06491	7.24100	7.54203	8.11606	8.98136
13	4	11	7	7.33791	7.54203	7.76388	8.11606	8.98136
13	4	11	6	6.98573	7.24100	7.41709	7.93997	8.68033
13	4	11	5	6.68470	6.93997	7.28676	7.71812	8.50424
13	4	11	4	6.58779	7.06491	7.11606	7.63894	8.62121
13	4	10	8	7.33791	7.46285	7.71812	7.93997	8.71812
13	4	10	7	6.86079	7.09487	7.24100	7.63894	8.54203
13	4	10	6	6.49281	6.69693	6.93997	7.46285	8.01915
13	4	10	5	6.33791	6.63894	6.86079	7.24100	8.01915
13	4	9	9	7.28676	7.46285	7.63894	8.06491	—
13	4	9	8	6.79384	6.91878	7.28676	7.58779	8.36594
13	4	9	7	6.39590	6.61775	6.79384	7.24100	8.01915
13	4	9	6	6.16182	6.33791	6.52084	7.06491	7.71812
13	4	9	5	6.16182	6.31672	6.55976	7.11606	7.76388
13	4	8	8	6.31672	6.61775	6.86079	7.28676	—
13	4	8	7	6.08264	6.33791	6.49281	7.06491	7.58779
13	4	8	6	5.98573	6.14063	6.33791	6.76388	7.39590
13	4	7	7	5.91878	6.03688	6.39590	6.68470	7.63894
13	4	7	6	5.83960	6.09487	6.16182	6.69693	7.16182
13	3	13	5	7.71812	7.93997	8.41709	8.68033	9.75951
13	3	13	4	7.54203	7.90218	8.01915	8.68033	9.45848
13	3	13	3	7.46285	7.60115	8.20321	8.50424	9.28239
13	3	12	6	7.54203	7.89421	8.01915	8.50424	9.75951
13	3	12	5	7.16182	7.41709	7.71812	8.01915	8.98136
13	3	12	4	6.93997	7.24100	7.54203	8.20321	8.98136
13	3	11	7	7.33791	7.54203	7.76388	8.01915	8.98136
13	3	11	6	6.93997	7.16182	7.46285	7.76388	8.50424
13	3	11	5	6.49281	7.06491	7.24100	7.54203	8.50424
13	3	11	4	6.63894	6.93997	7.16182	7.93997	8.20321
13	3	10	8	7.28676	7.41709	7.63894	8.41709	—
13	3	10	7	6.86079	7.06491	7.24100	7.63894	8.41709
13	3	10	6	6.46285	6.76388	6.86079	7.41709	8.01915
13	3	10	5	6.31672	6.46285	6.76388	7.24100	8.01915
13	3	9	9	7.27096	7.46285	7.63894	8.01915	—
13	3	9	8	6.76388	6.98573	7.24100	7.41709	8.01915
13	3	9	7	6.33791	6.57199	6.76388	7.24100	7.76388
13	3	9	6	6.08264	6.33791	6.57199	7.06491	7.63894
13	3	9	5	6.01569	6.28676	6.49281	6.86079	7.76388
13	3	8	8	6.33791	6.38367	6.76388	7.16182	8.24100

Tafel 45 (Fortsetzung)

				N = 19				
N_1	N_2	N_3	N_4	20%	10%	5%	1%	0.1%
13	3	8	7	6.01569	6.28676	6.39590	6.79384	7.63894
13	3	8	6	5.86079	6.09487	6.31672	6.76388	7.24100
13	3	7	7	5.83960	6.09487	6.33791	6.49281	7.33791
13	3	7	6	5.83960	6.09487	6.31672	6.57199	7.27096
12	6	12	6	7.54203	7.86079	7.89421	8.54203	9.68033
12	6	12	5	7.24100	7.46285	7.63894	8.24100	8.93997
12	6	12	4	7.06491	7.16182	7.46285	7.93997	8.98136
12	6	11	7	7.16182	7.71812	7.86079	8.01915	9.41709
12	6	11	6	7.01569	7.16182	7.39590	7.79384	8.63894
12	6	11	5	6.76388	7.01569	7.09487	7.54203	8.41709
12	6	11	4	6.61775	6.93997	6.99796	7.63894	8.24100
12	6	10	8	7.16182	7.36594	7.66697	8.06491	8.84306
12	6	10	7	6.76388	7.01569	7.16182	7.63894	8.54203
12	6	10	6	6.46285	6.86079	6.93997	7.39590	8.24100
12	6	10	5	6.31672	6.49281	6.76388	7.24100	8.06491
12	6	9	9	7.27096	7.46285	8.06491	8.24100	9.19524
12	6	9	8	6.68470	7.06491	7.16182	7.63894	8.24100
12	6	9	7	6.31672	6.58779	6.79384	7.28676	7.93997
12	6	9	6	6.14063	6.31672	6.58779	7.09487	7.66697
12	6	9	5	6.09487	6.31672	6.49281	7.06491	7.86079
12	6	8	8	6.21981	6.49281	7.06491	7.28676	8.06491
12	6	8	7	6.01569	6.21981	6.49281	6.88882	7.63894
12	6	8	6	5.91878	6.14063	6.33791	6.76388	7.66697
12	6	7	7	5.91878	6.09487	6.33791	6.76388	7.79384
12	6	7	6	5.83960	6.09487	6.31672	6.76388	7.79834
12	5	12	6	7.24100	7.46285	7.63894	8.24100	8.93997
12	5	12	5	7.01569	7.11606	7.33791	7.71812	8.50424
12	5	12	4	6.63894	7.06491	7.24100	7.63894	8.50424
12	5	11	7	7.09487	7.16182	7.41709	7.86079	8.63894
12	5	11	6	6.61775	6.88882	7.09487	7.46285	8.24100
12	5	11	5	6.46285	6.63894	6.79384	7.31672	8.24100
12	5	11	4	6.46285	6.49281	6.76388	7.36594	8.01915
12	5	10	8	6.88882	7.06491	7.31672	7.76388	8.41709
12	5	10	7	6.46285	6.68470	6.88882	7.36594	8.01915
12	5	10	6	6.11067	6.38367	6.63894	7.09487	7.76388
12	5	10	5	6.01569	6.21981	6.46285	7.06491	7.71812
12	5	9	9	6.86079	7.16182	7.46285	8.01915	8.41709
12	5	9	8	6.38367	6.61775	6.86079	7.28676	7.93997
12	5	9	7	5.98573	6.31672	6.49281	7.06491	7.54203
12	5	9	6	5.91878	6.09487	6.31672	6.76388	7.46285
12	5	9	5	5.68470	6.01569	6.21981	6.76388	7.54203
12	5	8	8	5.91878	6.21981	6.46285	6.88882	7.66697
12	5	8	7	5.71466	6.01569	6.21981	6.68470	7.36594
12	5	8	6	5.68470	5.91878	5.98573	6.53857	7.31672
12	5	7	7	5.71466	5.86079	6.01569	6.61775	7.79384
12	5	7	6	5.52084	5.79384	6.01569	6.46285	7.31672
12	4	12	6	7.06491	7.16182	7.46285	7.93997	8.98136

Tafel 45 (Fortsetzung)

				N = 19				
N_1	N_2	N_3	N_4	20%	10%	5%	1%	0.1%
12	4	12	5	6.63894	7.06491	7.24100	7.63894	8.50424
12	4	12	4	6.76388	6.86079	7.06491	7.54203	8.24100
12	4	11	7	6.86079	7.09487	7.33791	7.93997	9.15745
12	4	11	6	6.49281	6.76388	7.06491	7.39590	8.41709
12	4	11	5	6.28676	6.58779	6.86079	7.24100	8.01915
12	4	11	4	6.11067	6.46285	6.63894	7.16182	8.01915
12	4	10	8	6.79384	6.88882	7.09487	7.54203	8.41709
12	4	10	7	6.31672	6.61775	6.86079	7.11606	7.93997
12	4	10	6	6.01569	6.31672	6.57199	7.06491	7.63894
12	4	10	5	5.86079	6.14063	6.33791	6.86079	7.46285
12	4	9	9	6.76388	7.06491	7.09487	7.46285	—
12	4	9	8	6.21981	6.49281	6.69693	7.06491	7.66697
12	4	9	7	5.91878	6.14063	6.33791	6.76388	7.41709
12	4	9	6	5.68470	5.96993	6.11067	6.55976	7.27096
12	4	9	5	5.68470	5.91878	6.09487	6.49281	7.36594
12	4	8	8	5.98573	6.09487	6.33791	6.79384	7.54203
12	4	8	7	5.55976	5.86079	6.09487	6.49281	7.06491
12	4	8	6	5.49281	5.71466	5.98573	6.31672	7.09487
12	4	7	7	5.49281	5.68470	5.91878	6.33791	6.93997
12	4	7	6	5.36248	5.61775	5.83960	6.21981	6.76388
11	7	11	7	7.06491	7.28676	7.54203	8.18301	8.78507
11	7	11	6	6.63894	7.01569	7.09487	7.63894	8.63894
11	7	11	5	6.49281	6.76388	6.93997	7.31672	8.24100
11	7	11	4	6.46285	6.63894	7.06491	7.54203	8.11606
11	7	10	8	7.01569	7.16182	7.31672	8.18301	8.71812
11	7	10	7	6.58779	6.68470	7.01569	7.33791	8.24100
11	7	10	6	6.23754	6.53857	6.63894	7.24100	7.93997
11	7	10	5	6.14063	6.46285	6.53857	7.09487	7.71812
11	7	9	9	6.86079	7.16182	7.46285	8.24100	8.71812
11	7	9	8	6.39590	6.68470	6.79384	7.46285	8.24100
11	7	9	7	6.09487	6.38367	6.58779	7.06491	7.93997
11	7	9	6	5.91878	6.09487	6.46285	6.86079	7.63894
11	7	9	5	5.91878	6.14063	6.39590	6.76388	7.71812
11	7	8	8	6.16182	6.38367	6.55976	7.16182	8.18301
11	7	8	7	5.79384	6.03688	6.38367	6.76388	7.54203
11	7	8	6	5.69693	5.98573	6.14063	6.63894	7.46285
11	7	7	7	5.69693	5.91878	6.14063	6.63894	7.33791
11	7	7	6	5.49281	5.91878	6.14063	6.61775	7.31672
11	6	11	7	6.63894	7.01569	7.09487	7.63894	8.63894
11	6	11	6	6.31672	6.61775	6.91878	7.24100	8.09487
11	6	11	5	6.14063	6.58779	6.63894	7.06491	7.76388
11	6	11	4	6.03688	6.31672	6.49281	7.06491	7.84306
11	6	10	8	6.63894	6.86079	6.98573	7.46285	8.24100
11	6	10	7	6.23754	6.46285	6.61775	7.06491	7.93997
11	6	10	6	5.91878	6.21981	6.33791	6.86079	7.54203
11	6	10	5	5.80964	6.01569	6.21981	6.88882	7.41709
11	6	9	9	6.55976	6.76388	7.06491	7.63894	8.71812

Tafel 45 (Fortsetzung)

				N = 19				
N_1	N_2	N_3	N_4	20%	10%	5%	1%	0.1%
11	6	9	8	6.14063	6.38367	6.55976	7.06491	7.84306
11	6	9	7	5.68470	6.09487	6.38367	6.68470	7.46285
11	6	9	6	5.61775	5.86079	6.09487	6.55976	7.16182
11	6	9	5	5.61775	5.71466	5.398573	6.58779	7.31672
11	6	8	8	5.83960	6.16182	6.21981	6.76388	7.28676
11	6	8	7	5.44166	5.71466	6.03688	6.38367	7.09487
11	6	8	6	5.38367	5.68470	5.86079	6.31672	7.06491
11	6	7	7	5.36248	—	5.79384	6.46285	7.01569
11	6	7	6	5.39590	5.53857	5.79384	6.23754	7.06491
11	5	11	7	6.49281	6.76388	6.93997	7.31672	8.24100
11	5	11	6	6.14063	6.58779	6.63894	7.06491	7.76388
11	5	11	5	5.91878	6.16182	6.49281	6.93997	7.63894
11	5	11	4	5.86079	6.09487	6.31672	6.93997	7.63894
11	5	10	8	6.39590	6.63894	6.86079	7.28676	7.93997
11	5	10	7	6.01569	6.31672	6.39590	6.86079	7.46285
11	5	10	6	5.68470	6.01569	6.28676	6.61775	7.28676
11	5	10	5	5.61775	5.83960	6.03688	6.58779	7.24100
11	5	9	9	6.33791	6.49281	6.86079	7.28676	8.01915
11	5	9	8	5.91878	6.16182	6.46285	6.79384	7.46285
11	5	9	7	5.61775	5.86079	6.09487	6.49281	7.09487
11	5	9	6	5.38367	5.68470	5.98573	6.33791	7.09487
11	5	9	5	5.38367	5.53857	5.86079	6.39590	6.93997
11	5	8	8	5.55976	5.86079	6.01569	6.46285	7.24100
11	5	8	7	5.38367	5.61775	5.71466	6.28676	6.86079
11	5	8	6	5.20758	5.49281	5.68470	6.03688	6.79384
11	5	7	7	5.21981	5.39590	5.68470	6.09487	6.76388
11	5	7	6	5.19178	5.39590	5.61775	6.09487	6.76388
11	4	11	7	6.46285	6.63894	7.06491	7.54203	8.11606
11	4	11	6	6.03688	6.31672	6.49281	7.06491	7.84306
11	4	11	5	5.86079	6.09487	6.31672	6.93997	7.63894
11	4	11	4	5.69693	6.16182	6.29899	6.93997	7.63894
11	4	10	8	6.46285	6.63894	6.76388	7.24100	7.71812
11	4	10	7	5.98573	6.09487	6.58779	6.69693	7.36594
11	4	10	6	5.53857	5.98573	6.11067	6.69693	7.24100
11	4	10	5	5.50861	5.80964	6.03688	6.49281	7.36594
11	4	9	9	6.39590	6.49281	6.91878	7.09487	8.01915
11	4	9	8	5.91878	6.28676	6.39590	6.58779	7.36594
11	4	9	7	5.55976	5.69693	6.01569	6.49281	7.11606
11	4	9	6	5.38367	5.61775	5.83960	6.31672	7.09487
11	4	9	5	5.36248	5.61775	5.79384	6.31672	7.09487
11	4	8	8	5.53857	5.83960	5.98573	6.46285	7.06491
11	4	8	7	5.19178	5.55976	5.79384	6.16182	6.88882
11	4	8	6	5.19178	5.38367	5.53857	6.09487	6.91878
11	4	7	7	5.19178	5.36248	5.61775	6.03688	6.61775
11	4	7	6	5.09487	5.31672	5.50861	5.91878	6.69693
10	8	10	8	6.79384	7.01569	7.33791	7.76388	8.60898
10	8	10	7	6.38367	6.61775	6.88882	7.33791	8.18301

Tafel 45 (Fortsetzung)

						N = 19		
N_1	N_2	N_3	N_4	20%	10%	5%	1%	0.1%
10	8	10	6	6.16182	6.38367	6.58779	7.01569	7.93997
10	8	10	5	5.98573	6.31672	6.58779	6.91878	7.71812
10	8	9	9	6.79384	6.91878	7.33791	7.76388	9.21104
10	8	9	8	6.38367	6.61775	6.79384	7.28676	8.30795
10	8	9	7	6.01569	6.31672	6.39590	6.98573	7.76388
10	8	9	6	5.82187	6.09487	6.33791	6.79384	7.39590
10	8	9	5	5.79384	6.01569	6.31672	6.86079	7.28676
10	8	8	8	6.09487	6.21981	6.38367	7.16182	7.76388
10	8	8	7	5.69693	6.01569	6.21981	6.63894	7.39590
10	8	8	6	5.61775	5.82187	6.16182	6.61775	7.36594
10	8	7	7	5.53857	5.83960	6.01569	6.61775	7.31672
10	8	7	6	5.44166	5.79384	6.01569	6.53857	7.33791
10	7	10	8	6.38367	6.61775	6.88882	7.33791	8.18301
10	7	10	7	6.01569	6.23754	6.49281	6.93997	7.70589
10	7	10	6	5.79384	5.98573	6.31672	6.61775	7.39590
10	7	10	5	5.68470	5.86079	6.14063	6.61775	7.16182
10	7	9	9	6.39590	6.68470	6.79384	7.33791	8.30795
10	7	9	8	5.91878	6.08264	6.38367	6.88882	7.70589
10	7	9	7	5.68470	5.86079	6.14063	6.61775	7.33791
10	7	9	6	5.39590	5.71466	5.98573	6.39590	7.06491
10	7	9	5	5.44166	5.68470	5.83960	6.39590	7.16182
10	7	8	8	5.61775	5.79384	6.08264	6.49281	7.36594
10	7	8	7	5.39590	5.61775	5.86079	6.31672	7.06491
10	7	8	6	5.19178	5.52087	5.68470	6.31672	6.91878
10	7	7	7	5.19178	5.53857	5.71466	6.09487	6.93997
10	7	7	6	5.31672	5.39590	5.61775	6.16182	6.91878
10	6	10	8	6.16182	6.38367	6.58779	7.01569	7.93997
10	6	10	7	5.79384	5.98573	6.31672	6.61775	7.39590
10	6	10	6	5.49281	5.83960	6.01569	6.46285	7.01569
10	6	10	5	5.39590	5.61775	5.91878	6.33791	7.01569
10	6	9	9	6.14063	6.33791	6.55976	7.09487	7.76388
10	6	9	8	5.68470	5.91878	6.14063	6.61775	7.28676
10	6	9	7	5.36248	5.68470	5.86079	6.33791	6.98573
10	6	9	6	5.20758	5.44166	5.68470	6.21981	6.79384
10	6	9	5	5.08264	5.49281	5.68470	6.14063	6.79384
10	6	8	8	5.39590	5.61775	5.86079	6.21981	6.98573
10	6	8	7	5.04372	5.38367	5.61775	6.03688	6.76388
10	6	8	6	5.04372	5.31672	5.52084	5.98573	6.69693
10	6	7	7	5.01569	5.19178	5.49281	5.91878	6.79384
10	6	7	6	4.91878	5.27096	5.44166	5.86079	6.61775
10	5	10	8	5.98573	6.31672	6.58779	6.91878	7.71812
10	5	10	7	5.68470	5.86079	6.14063	6.61775	7.16182
10	5	10	6	5.39590	5.61775	5.91878	6.33791	7.01569
10	5	10	5	5.20758	5.49281	5.82187	6.21981	6.99796
10	5	9	9	6.03688	6.31672	6.49281	7.06491	7.46285
10	5	9	8	5.61775	5.83960	6.03688	6.46285	6.98573
10	5	9	7	5.21981	5.61775	5.69693	6.16182	6.86079

Tafel 45 (Fortsetzung)

					N = 19			
N_1	N_2	N_3	N_4	20%	10%	5%	1%	0.1%
10	5	9	6	5.04372	5.36248	5.61775	6.03688	6.69693
10	5	9	5	5.08264	5.31672	5.61775	6.01569	6.58779
10	5	8	8	5.21981	5.53857	5.79384	6.16182	6.88882
10	5	8	7	5.04372	5.31672	5.49281	5.91878	6.68470
10	5	8	6	4.91878	5.14063	5.38367	5.86079	6.58779
10	5	7	7	4.91878	5.14063	5.39590	5.83960	6.46285
10	5	7	6	4.83960	5.04372	5.39590	5.74269	6.46285
9	9	9	9	6.79384	7.16182	7.27096	8.00692	9.21104
9	9	9	8	—	6.49281	6.79384	7.40486	8.30795
9	9	9	7	5.96993	6.14063	6.38367	7.16182	7.76388
9	9	9	6	5.71466	6.09487	6.31672	6.76388	7.46285
9	9	9	5	—	6.09487	6.46285	6.68470	7.46285
9	9	8	8	6.09487	6.31672	6.49281	7.16182	7.70589
9	9	8	7	5.71466	6.01569	6.21981	6.55976	7.63894
9	9	8	6	5.53857	5.71466	6.09487	6.55976	7.46285
9	9	7	7	5.36248	5.91878	6.14063	6.49281	7.46285
9	9	7	6	5.53857	5.71466	6.01569	6.79384	7.46285
9	8	9	9	—	6.49281	6.79384	7.40486	8.30795
9	8	9	8	5.79384	6.14063	6.38367	6.79384	7.70589
9	8	9	7	5.61775	5.79384	6.01569	6.38367	7.28676
9	8	9	6	5.36248	5.68470	5.86079	6.38367	6.98573
9	8	9	5	5.19178	5.71466	5.83960	6.31672	6.79384
9	8	8	8	5.52084	5.79384	6.01569	6.46285	7.33791
9	8	8	7	5.31672	5.61775	5.74269	6.16182	6.91878
9	8	8	6	5.06145	5.44166	5.71466	6.14063	6.86079
9	8	7	7	5.21981	5.31672	5.71466	6.09487	6.79384
9	8	7	6	5.01569	5.31672	5.61775	6.09487	6.86079
9	7	9	9	5.96993	6.14063	6.38367	7.16182	7.76388
9	7	9	8	5.61775	5.79384	6.01569	6.38367	7.28676
9	7	9	7	5.27096	5.53857	5.68470	6.14063	6.98573
9	7	9	6	5.19178	5.36248	5.55976	6.01569	6.76388
9	7	9	5	5.01569	5.36248	5.53857	5.98573	6.58470
9	7	8	8	5.21981	5.39590	5.61775	6.16182	7.16182
9	7	8	7	5.01569	5.21981	5.49281	5.98573	6.63894
9	7	8	6	4.91878	5.19178	5.36248	5.86079	6.61775
9	7	7	7	4.91878	5.21981	5.36248	5.91878	6.61775
9	7	7	6	4.79384	5.14063	5.36248	5.83960	6.57199
9	6	9	9	5.71466	6.09487	6.31672	6.76388	7.46285
9	6	9	8	5.36248	5.68470	5.86079	6.38367	6.98573
9	6	9	7	5.19178	5.36248	5.55976	6.01569	6.76388
9	6	9	6	4.91878	5.19178	5.39590	5.91878	6.55976
9	6	9	5	4.91878	5.19178	5.36248	5.86079	6.49281
9	6	8	8	5.04372	5.44166	5.61775	5.98573	6.76388
9	6	8	7	4.91878	5.14063	5.36248	5.82187	6.52084
9	6	8	6	4.74269	5.01569	5.23754	5.68470	6.33791
9	6	7	7	4.66351	5.01569	5.19178	5.69693	6.46285
9	6	7	6	4.66351	4.91878	5.19178	5.71466	6.31672

Tafel 45 (Fortsetzung)

				N = 19				
N_1	N_2	N_3	N_4	20%	10%	5%	1%	0.1%
9	5	9	9	—	6.09487	6.46285	6.68470	7.46285
9	5	9	8	5.19178	5.71466	5.83960	6.31672	6.79384
9	5	9	7	5.01569	5.36248	5.53857	5.98573	6.68470
9	5	9	6	4.91878	5.19178	5.36248	5.86079	6.49281
9	5	9	5	4.83960	5.14063	5.38367	5.68470	6.46285
9	5	8	8	5.09487	5.31672	5.52084	5.98573	6.79384
9	5	8	7	4.83960	5.09487	5.36248	5.83960	6.46285
9	5	8	6	4.66351	5.01569	5.19178	5.68470	6.39590
9	5	7	7	4.66351	4.91878	5.14063	5.79384	6.39590
9	5	7	6	4.61775	4.91878	5.14063	5.71466	6.16182
8	8	8	8	5.21981	5.49281	5.61775	6.29899	7.09487
8	8	8	7	5.04372	5.21981	5.44166	6.01569	6.63894
8	8	8	6	4.91878	5.09487	5.44166	5.91878	6.55976
8	8	7	7	4.74269	5.06145	5.39590	5.79384	6.39590
8	8	7	6	4.74269	5.04372	5.39590	5.79384	6.49281
8	7	8	8	5.04372	5.21981	5.44166	6.01569	6.63894
8	7	8	7	4.74269	5.06145	5.21981	5.71466	6.39590
8	7	8	6	4.66351	4.91878	5.19178	5.69693	6.38367
8	7	7	7	4.61775	4.91878	5.19178	5.69693	6.39590
8	7	7	6	4.49281	4.91878	5.14063	5.61775	6.21981
8	6	8	8	4.91878	5.09487	5.44166	5.91878	6.55976
8	6	8	7	4.66351	4.91878	5.19178	5.69693	6.38367
8	6	8	6	4.61775	4.91878	5.04372	5.53857	6.31672
8	6	7	7	4.49281	4.71466	5.06145	5.53857	6.31672
8	6	7	6	4.49281	4.74269	5.01569	5.49281	6.14063
7	7	7	7	4.44166	4.83960	4.93651	5.49281	6.01569

				N = 20				
N_1	N_2	N_3	N_4	20%	10%	5%	1%	0.1%
18	1	18	1	14.55106	—	—	15.80634	—
18	1	17	2	13.62164	—	14.55106	—	—
18	1	16	3	12.89465	—	13.32061	—	—
18	1	16	2	—	—	13.32061	13.62164	—
18	1	15	4	12.32061	—	12.41752	—	—
18	1	15	3	—	—	12.41752	12.89465	—
18	1	14	5	11.71855	11.87346	12.32061	—	—
18	1	14	4	—	11.54246	11.71855	12.32061	—
18	1	14	3	—	11.54246	11.71855	—	—
18	1	13	6	11.17449	11.53766	11.87346	—	—
18	1	13	5	10.87346	11.17449	—	11.87346	—
18	1	13	4	10.87346	—	11.17449	—	—
18	1	12	7	—	11.30358	11.53766	—	—
18	1	12	6	10.45848	10.75951	—	11.53766	—
18	1	12	5	10.23663	10.36157	10.75951	—	—

Tafel 45 (Fortsetzung)

						N = 20		
N₁	N₂	N₃	N₄	20%	10%	5%	1%	0.1%
18	1	12	4	10.23663	10.36157	—	—	—
18	1	11	8	—	11.16528	11.30358	—	—
18	1	11	7	10.26219	10.45848	—	11.30358	—
18	1	11	6	9.75951	—	10.45848	—	—
18	1	11	5	9.75951	—	9.98136	—	—
18	1	10	9	—	11.11952	11.16528	—	—
18	1	10	8	10.16528	10.26219	—	11.16528	—
18	1	10	7	9.71812	—	10.26219	—	—
18	1	10	6	9.41709	—	9.71812	—	—
18	1	10	5	9.41709	—	—	—	—
18	1	9	9	10.16528	—	—	11.11952	—
18	1	9	8	9.56322	—	10.16528	—	—
18	1	9	7	9.19524	—	9.56322	—	—
18	1	9	6	—	—	9.19524	—	—
18	1	8	8	—	—	9.51207	—	—
18	1	8	7	—	—	9.08610	—	—
18	1	8	6	8.84306	—	—	—	—
18	1	7	7	—	8.78507	—	—	—
17	2	17	2	—	12.71855	13.32061	13.62164	14.55106
17	2	16	3	11.71855	12.11649	—	13.32061	—
17	2	16	2	—	12.11649	12.41752	12.71855	13.62164
17	2	15	4	11.24143	11.54246	—	12.41752	—
17	2	15	3	10.87346	—	11.54246	12.01958	—
17	2	14	5	10.75951	11.17449	11.54246	11.71855	—
17	2	14	4	10.39634	10.69767	11.17449	11.54246	12.01958
17	2	14	3	10.39636	10.57243	10.87346	11.54246	—
17	2	13	6	10.45848	—	10.87346	11.17449	—
17	2	13	5	10.06054	—	10.57243	11.06054	—
17	2	13	4	—	10.06054	10.36157	10.69737	11.47552
17	2	12	7	10.26219	—	10.56322	11.06054	—
17	2	12	6	—	9.71812	10.36157	10.75951	—
17	2	12	5	9.45848	9.68033	9.98136	10.36157	11.06054
17	2	12	4	9.28239	9.58342	9.75951	10.36157	—
17	2	11	8	9.98136	—	10.45848	10.75951	—
17	2	11	7	9.56322	9.58342	9.68033	10.45848	—
17	2	11	6	9.01915	9.28239	9.58342	9.98136	10.75951
17	2	11	5	8.93997	9.15745	9.28239	9.98136	—
17	2	10	9	10.16528	—	10.26219	10.56322	—
17	2	10	8	—	9.41709	9.71812	10.26219	—
17	2	10	7	8.91001	9.01915	9.26219	9.71812	10.56322
17	2	10	6	8.62121	8.93997	9.24100	9.71812	—
17	2	10	5	8.71812	—	9.01915	—	—
17	2	9	9	9.26219	9.56322	10.16528	10.46631	—
17	2	9	8	8.71812	8.91001	9.21104	9.56322	10.46631
17	2	9	7	8.48404	8.71812	8.91001	9.56322	—
17	2	9	6	8.36594	8.54203	8.71812	9.01915	—
17	2	8	8	8.54203	8.60898	8.91001	9.51207	—

Tafel 45 (Fortsetzung)

					N = 20			
N_1	N_2	N_3	N_4	20%	10%	5%	1%	0.1%
17	2	8	7	8.24100	—	8.48404	8.91001	—
17	2	8	6	8.24100	8.36594	8.54203	—	—
17	2	7	7	8.24100	—	8.48404	—	—
16	3	16	3	11.24143	11.35058	11.54246	12.11649	12.89465
16	3	16	2	10.94040	11.54246	—	12.11649	13.62164
16	3	15	4	10.57243	10.83869	11.24143	11.54246	12.41752
16	3	15	3	10.39634	—	10.87346	11.54246	12.41752
16	3	14	5	10.06054	10.39634	10.57243	11.54246	12.01958
16	3	14	4	9.75951	10.09531	10.39634	10.87346	11.71855
16	3	14	3	9.75951	10.09531	10.39634	10.87346	11.54246
16	3	13	6	9.75951	10.06054	10.23663	10.87346	11.35058
16	3	13	5	9.41709	9.58342	9.98136	10.36157	—
16	3	13	4	9.01915	9.45848	9.75951	10.23663	11.35058
16	3	12	7	9.56322	9.75951	9.98136	10.36157	—
16	3	12	6	8.98136	9.28239	9.68033	10.06054	—
16	3	12	5	8.71812	—	9.28239	9.75951	10.45848
16	3	12	4	8.68033	8.98136	9.28239	9.75951	10.83869
16	3	11	8	9.41709	9.71812	9.75951	9.98919	—
16	3	11	7	8.93997	9.01915	9.28239	9.75951	—
16	3	11	6	8.54203	8.71812	8.93997	9.45848	10.19524
16	3	11	5	8.41709	8.54203	8.93997	9.28239	10.45848
16	3	10	9	9.26219	9.56322	9.71812	10.04034	—
16	3	10	8	8.71812	8.93997	9.08610	9.71812	—
16	3	10	7	8.41709	8.54203	8.71812	9.01915	10.04034
16	3	10	6	8.06491	8.24100	8.49627	8.93997	10.19524
16	3	10	5	8.01915	8.24100	8.41709	9.01915	—
16	3	9	9	8.71812	—	9.19524	—	—
16	3	9	8	8.24100	8.49627	8.71812	9.51207	9.98919
16	3	9	7	8.00692	8.11606	8.24100	8.60898	10.04034
16	3	9	6	7.79384	8.01915	8.06491	8.54203	9.19524
16	3	8	8	8.00692	8.14409	8.24100	8.60898	9.98919
16	3	8	7	7.66697	7.93997	8.00692	8.48404	9.08610
16	3	8	6	7.66697	7.79384	7.87302	8.54203	—
16	3	7	7	7.63894	7.87302	7.93997	8.48404	—
16	2	16	3	10.94040	11.54246	—	12.11649	13.62164
16	2	16	2	10.94040	11.24143	11.84349	12.11649	13.32061
16	2	15	4	10.57243	10.87346	11.24143	11.54246	12.41752
16	2	15	3	10.39634	10.57243	10.94040	11.54246	12.11649
16	2	14	5	—	10.36157	10.57243	10.87346	—
16	2	14	4	9.75951	10.06054	10.39634	10.66260	11.84349
16	2	14	3	9.58342	10.06054	10.39634	10.87346	—
16	2	13	6	9.71812	9.98136	10.06054	10.69737	—
16	2	13	5	9.45848	9.58342	9.75951	10.36157	11.17449
16	2	13	4	9.28239	9.45848	9.75951	10.09531	10.87346
16	2	12	7	9.56322	9.68033	9.98136	10.36157	—
16	2	12	6	8.98136	9.28239	9.41709	9.98136	10.66260
16	2	12	5	8.71812	—	9.24100	9.58342	10.36157

Tafel 45 (Fortsetzung)

				N = 20				
N_1	N_2	N_3	N_4	20%	10%	5%	1%	0.1%
16	2	12	4	8.84306	8.98136	9.28239	9.75951	10.66260
16	2	11	8	9.41709	9.56322	9.58342	9.98136	—
16	2	11	7	8.63894	8.93997	9.26219	9.68033	—
16	2	11	6	8.41709	8.63894	8.93997	9.28239	9.98136
16	2	11	5	8.32018	8.54203	8.68033	9.28239	9.58342
16	2	10	9	9.24100	9.51207	9.71812	—	—
16	2	10	8	8.71812	8.84306	9.21104	9.56322	—
16	2	10	7	8.24100	8.41709	8.63894	9.24100	—
16	2	10	6	8.01915	8.24100	8.41709	8.93997	10.01915
16	2	10	5	8.06491	8.11606	8.54203	8.71812	—
16	2	9	9	8.60898	8.71812	9.21104	9.51207	—
16	2	9	8	8.24100	8.30795	8.41709	9.01915	—
16	2	9	7	7.93997	8.01915	8.30795	8.60898	9.86425
16	2	9	6	7.76388	7.93997	8.06491	8.54203	9.01915
16	2	8	8	—	7.96800	8.36594	8.60898	9.81310
16	2	8	7	7.61775	7.76388	8.00692	—	8.91001
16	2	8	6	7.69693	7.76388	7.96800	8.36594	—
16	2	7	7	7.61775	7.76388	7.93997	8.30795	—
15	4	15	4	10.23663	10.36157	10.57243	10.69737	12.32061
15	4	15	3	—	10.06054	10.23663	10.87346	11.71855
15	4	14	5	9.58342	—	10.01915	10.39634	11.17449
15	4	14	4	9.28239	9.58342	10.06054	10.09531	10.87346
15	4	14	3	9.15745	—	9.58342	10.23663	11.54246
15	4	13	6	9.19524	9.41709	9.75951	10.23663	10.87346
15	4	13	5	8.80527	9.01915	9.41709	10.06054	10.57243
15	4	13	4	8.62121	8.80527	9.15745	9.75951	10.57243
15	4	12	7	9.08610	9.19524	9.28239	10.23663	10.83869
15	4	12	6	8.54203	8.84306	9.01915	9.58342	10.23663
15	4	12	5	8.36594	8.50424	8.68033	9.24100	10.06054
15	4	12	4	8.14409	8.50424	8.68033	9.58342	10.23663
15	4	11	8	8.78507	9.08610	9.32018	9.68816	10.36157
15	4	11	7	8.41709	8.71812	8.78507	9.15742	—
15	4	11	6	8.06491	—	8.41709	9.01915	9.75951
15	4	11	5	7.93997	8.01915	8.41709	8.80527	9.41709
15	4	10	9	8.71812	9.08610	9.19524	9.41709	—
15	4	10	8	8.24100	8.60898	8.71812	9.08610	—
15	4	10	7	7.87302	8.01915	8.18301	8.91001	9.24100
15	4	10	6	7.58779	7.84306	7.93997	8.54203	9.32018
15	4	10	5	7.54203	7.71812	8.01915	8.71812	9.32018
15	4	9	9	8.36594	8.41709	8.62121	9.19524	—
15	4	9	8	7.93997	8.00692	8.14409	8.60898	9.19524
15	4	9	7	7.46285	7.63894	7.89421	8.41709	9.08610
15	4	9	6	7.28676	7.61775	7.76388	8.24100	9.01915
15	4	8	8	7.46285	7.70589	7.84306	8.18301	9.08610
15	4	8	7	7.24100	7.46285	7.63894	8.14409	8.78507
15	4	8	6	7.27096	7.36594	7.63894	7.87302	8.84306
15	4	7	7	7.16182	7.33791	7.63894	7.93997	8.78507

Tafel 45 (Fortsetzung)

				N = 20				
N_1	N_2	N_3	N_4	20%	10%	5%	1%	0.1%
15	3	15	4	—	10.06054	10.23663	10.87346	11.71855
15	3	15	3	9.58342	9.79428	10.39634	10.69737	11.54246
15	3	14	5	9.41709	9.58342	10.06054	10.39634	10.87346
15	3	14	4	8.98136	9.45848	9.75951	10.09531	10.87346
15	3	14	3	—	9.28239	9.58342	10.09531	10.87346
15	3	13	6	9.01915	9.28239	9.58342	10.23663	10.69737
15	3	13	5	8.68033	8.93997	9.28239	9.71812	10.39634
15	3	13	4	8.41709	8.71812	9.01915	9.45848	10.39634
15	3	12	7	8.91001	9.01915	9.24100	9.75951	10.23663
15	3	12	6	8.32018	8.68033	8.80527	9.28239	10.06054
15	3	12	5	8.01915	8.37930	8.54203	9.15745	10.06054
15	3	12	4	8.20321	8.32018	8.54203	9.01915	10.06054
15	3	11	8	8.71812	8.91001	9.01915	9.41709	—
15	3	11	7	8.24100	8.32018	8.60898	9.15745	9.58342
15	3	11	6	7.93997	8.06491	8.41709	8.71812	9.49627
15	3	11	5	7.63894	—	8.06491	8.54203	9.28239
15	3	10	9	8.71812	8.91001	9.01915	9.24100	—
15	3	10	8	8.01915	8.18301	8.54203	8.93997	9.38713
15	3	10	7	7.70589	7.84306	8.01915	8.54203	9.19524
15	3	10	6	7.41709	7.58779	7.89421	8.41709	9.19524
15	3	10	5	7.41709	7.58779	7.71812	8.41709	9.71812
15	3	9	9	7.93997	8.30795	8.41709	8.91001	9.49627
15	3	9	8	7.57199	7.84306	8.00692	8.54203	9.08610
15	3	9	7	7.28676	7.58779	7.70589	8.00692	8.91001
15	3	9	6	7.16182	7.36594	7.57199	7.93997	8.41709
15	3	8	8	7.28676	7.54203	7.70589	8.06491	8.91001
15	3	8	7	7.16182	7.24100	7.39590	7.84306	8.24100
15	3	8	6	7.01569	7.33791	7.39590	7.76388	8.54203
15	3	7	7	7.06491	7.16182	7.33791	7.63894	8.48404
14	5	14	5	9.15745	9.45848	9.58342	10.06054	11.17449
14	5	14	4	8.98136	9.01915	9.28239	9.75951	10.87346
14	5	14	3	8.71812	8.98136	9.45848	9.75951	10.57243
14	5	13	6	8.76388	9.01915	9.15745	9.54203	10.75951
14	5	13	5	8.36594	8.71812	9.01915	9.28239	10.36157
14	5	13	4	8.32018	8.50424	8.68033	9.15745	10.06054
14	5	12	7	8.63894	8.78507	9.01915	9.48404	10.36157
14	5	12	6	8.09487	8.41709	8.63894	8.98136	9.98136
14	5	12	5	7.79384	8.01915	8.24100	8.98136	9.75951
14	5	12	4	7.93997	8.01915	8.11606	8.98136	10.06054
14	5	11	8	8.32018	8.71812	8.78507	9.32018	9.98136
14	5	11	7	8.01915	8.16182	8.48404	8.78507	9.45848
14	5	11	6	7.63894	7.79384	8.01915	8.71812	9.41709
14	5	11	5	7.41709	7.71812	7.79384	8.32018	9.28239
14	5	10	9	8.32018	8.48404	8.84306	9.32018	10.01915
14	5	10	8	7.76388	8.16182	8.24100	8.76388	9.32018
14	5	10	7	7.39590	7.63894	8.01915	8.41709	9.01915
14	5	10	6	7.16182	7.46285	7.66697	8.24100	9.01915

Tafel 45 (Fortsetzung)

					N = 20			
N_1	N_2	N_3	N_4	20%	10%	5%	1%	0.1%
14	5	10	5	7.16182	7.36594	7.71812	8.24100	9.01915
14	5	9	9	7.66697	—	8.24100	8.71812	—
14	5	9	8	7.28676	7.54203	7.93997	8.32018	—
14	5	9	7	7.06491	7.28676	7.63894	8.01915	8.78507
14	5	9	6	6.93997	7.16182	7.36594	7.79384	8.76388
14	5	8	8	7.16182	7.33791	7.54203	7.93997	8.78507
14	5	8	7	6.86079	7.16182	7.33791	7.66697	8.36594
14	5	8	6	6.86079	6.99796	7.24100	7.66697	8.63894
14	5	7	7	6.79384	7.09487	7.16182	7.93997	8.63894
14	4	14	5	8.98136	9.01915	9.28239	9.75951	10.87346
14	4	14	4	8.68033	8.98136	9.15745	9.62121	10.57243
14	4	14	3	8.50424	8.68033	9.01915	9.75951	10.39634
14	4	13	6	8.54203	8.71812	8.98136	9.45848	10.06054
14	4	13	5	8.20321	8.50424	8.71812	9.28239	10.06054
14	4	13	4	8.01915	8.24100	8.50424	9.01915	10.06054
14	4	12	7	8.36594	8.48404	8.78507	9.15745	10.06054
14	4	12	6	7.96800	8.11606	8.36594	8.98136	9.45848
14	4	12	5	7.63894	7.76388	8.20321	8.68033	9.45848
14	4	12	4	7.54203	7.93997	8.06491	8.68033	9.28239
14	4	11	8	8.18301	8.36594	8.62121	8.78507	9.58342
14	4	11	7	7.63894	8.01915	8.11606	8.71812	9.28239
14	4	11	6	7.33791	7.54203	7.93997	8.32018	8.98136
14	4	11	5	7.24100	7.46285	7.76388	8.11606	8.98136
14	4	10	9	8.18301	8.32018	8.48404	8.84306	9.32018
14	4	10	8	7.54203	7.93997	8.00692	8.41709	9.14409
14	4	10	7	7.24100	7.41709	7.63894	8.11606	8.71812
14	4	10	6	6.98573	7.24100	7.41709	7.93997	8.71812
14	4	10	5	6.93997	7.21981	7.39590	7.76388	8.71812
14	4	9	9	7.63894	7.76388	8.06491	8.41709	9.32018
14	4	9	8	7.09487	7.36594	7.58779	8.01915	8.62121
14	4	9	7	6.88882	6.99796	7.28676	7.66697	8.32018
14	4	9	6	6.79384	6.91878	7.09487	7.54203	8.24100
14	4	8	8	6.86079	7.16182	7.28676	7.63894	8.36594
14	4	8	7	6.63894	6.86079	7.09487	7.39590	8.24100
14	4	8	6	6.61775	6.86079	6.93997	7.29899	8.06491
14	4	7	7	6.61775	6.76388	6.93997	7.39590	7.93997
14	3	14	5	8.71812	8.98136	9.45848	9.75951	10.57243
14	3	14	4	8.50424	8.68033	9.01915	9.75951	10.39634
14	3	14	3	8.41709	8.68033	9.28239	9.58342	10.39634
14	3	13	6	8.50424	8.68033	8.98136	9.45848	10.87346
14	3	13	5	7.93997	8.37930	8.71812	9.01915	10.06054
14	3	13	4	7.90218	8.20321	8.54203	9.28239	9.75951
14	3	12	7	8.41709	8.48404	8.54203	9.01915	10.06054
14	3	12	6	7.76388	8.06491	8.41709	8.71812	9.45848
14	3	12	5	7.46285	7.93997	8.19524	8.54203	9.28239
14	3	12	4	7.54203	7.76388	7.93997	8.50424	9.28239
14	3	11	8	8.06491	8.41709	8.54203	9.45848	—

Tafel 45 (Fortsetzung)

				N = 20				
N_1	N_2	N_3	N_4	20%	10%	5%	1%	0.1%
14	3	11	7	7.71812	7.84306	8.11606	8.48404	9.45848
14	3	11	6	7.27096	7.63894	7.76388	8.24100	9.01915
14	3	11	5	7.24100	7.28676	7.63894	8.11606	8.98136
14	3	10	9	8.06491	8.24100	8.41709	8.71812	—
14	3	10	8	7.46285	7.76388	8.00692	8.41709	9.01915
14	3	10	7	7.24100	7.36594	7.54203	8.01915	8.71812
14	3	10	6	6.93997	7.17405	7.28676	7.93997	8.54203
14	3	10	5	6.88882	7.09487	7.28676	7.76388	8.71812
14	3	9	9	7.40486	7.76388	8.01915	8.24100	—
14	3	9	8	7.09487	7.24100	7.36594	8.00692	8.54203
14	3	9	7	6.79384	6.98573	7.17405	7.63894	8.48404
14	3	9	6	6.68470	6.88882	7.16182	7.46285	8.19524
14	3	8	8	6.79384	6.93997	7.24100	7.63894	8.54203
14	3	8	7	6.63894	6.79384	7.09487	7.28676	8.24100
14	3	8	6	6.61775	6.76388	6.88882	7.36594	9.01915
14	3	7	7	6.49281	6.69693	6.93997	7.17405	8.11606
13	6	13	6	8.54203	8.63894	8.89421	9.41709	10.06054
13	6	13	5	8.09487	8.36594	8.54203	8.98136	9.98136
13	6	13	4	7.93997	8.06491	8.49627	8.89421	9.75951
13	6	12	7	8.06491	8.49627	8.71812	9.01915	9.98136
13	6	12	6	7.86079	8.06491	8.36594	8.57199	9.58342
13	6	12	5	7.66697	7.86079	8.01915	8.49627	9.28239
13	6	12	4	7.46285	7.69693	7.89421	8.49627	9.15745
13	6	11	8	8.01915	8.32018	8.62121	8.84306	9.71812
13	6	11	7	7.58779	7.84306	8.09487	8.41709	9.01915
13	6	11	6	7.31672	7.46285	7.84306	8.24100	8.93997
13	6	11	5	7.24100	7.33791	7.54203	8.01915	9.01915
13	6	10	9	7.93997	8.11606	8.36594	9.01915	9.71812
13	6	10	8	7.46285	7.71812	7.93997	8.36594	9.41709
13	6	10	7	7.09487	7.39590	7.58779	8.11606	8.89421
13	6	10	6	6.93997	7.09487	7.33791	7.87302	8.62121
13	6	10	5	6.91878	7.01569	7.33791	7.71812	8.76388
13	6	9	9	7.63894	7.76388	8.06491	8.41709	9.19524
13	6	9	8	6.91878	7.33791	7.63894	8.01915	8.62121
13	6	9	7	6.76388	7.09487	7.27096	7.84306	8.36594
13	6	9	6	6.69693	6.91878	7.09487	7.66697	8.24100
13	6	8	8	6.76388	7.06491	7.33791	7.66697	8.36594
13	6	8	7	6.49281	6.79384	7.01569	7.54203	8.24100
13	6	8	6	6.52084	6.76388	7.01569	7.36594	8.09487
13	6	7	7	6.57199	6.69693	6.93997	7.46285	8.57199
13	5	13	6	8.09487	8.36594	8.54203	8.98136	9.98136
13	5	13	5	7.86079	8.01915	8.11606	8.71812	9.45848
13	5	13	4	7.54203	7.93997	8.06491	8.62121	9.45848
13	5	12	7	8.01915	8.11606	8.36594	8.71812	9.68033
13	5	12	6	7.46285	7.76388	8.06491	8.32018	9.24100
13	5	12	5	7.31672	7.54203	7.76388	8.16182	9.28239
13	5	12	4	7.21981	7.46285	7.63894	8.24100	8.98136

Tafel 45 (Fortsetzung)

				N = 20				
N_1	N_2	N_3	N_4	20%	10%	5%	1%	0.1%
13	5	11	8	7.76388	7.93997	8.09487	8.62121	9.41709
13	5	11	7	7.31672	7.54203	7.76388	8.24100	9.01915
13	5	11	6	7.01569	7.24100	7.46285	7.93997	8.54203
13	5	11	5	6.86079	7.09487	7.24100	7.84306	8.54203
13	5	10	9	7.66697	7.93997	8.16182	8.41709	9.24100
13	5	10	8	7.16182	7.39590	7.66697	8.24100	8.71812
13	5	10	7	6.76388	7.11606	7.31672	7.71812	8.41709
13	5	10	6	6.61775	6.88882	7.09487	7.46285	8.32018
13	5	10	5	6.52084	6.86079	7.11606	7.41709	8.32018
13	5	9	9	7.33791	7.46285	7.58779	8.06491	8.54203
13	5	9	8	6.69693	7.06491	7.28676	7.76388	8.24100
13	5	9	7	6.46285	6.79384	6.93997	7.41709	8.06491
13	5	9	6	6.39590	6.63894	6.79384	7.21981	8.01915
13	5	8	8	6.46285	6.69693	7.06491	7.39590	8.24100
13	5	8	7	6.33791	6.49281	6.68470	7.09487	7.93997
13	5	8	6	6.28676	6.46285	6.69693	7.16182	7.86079
13	5	7	7	6.14063	6.39590	6.63894	7.06491	7.79384
13	4	13	6	7.93997	8.06491	8.49627	8.89421	9.75951
13	4	13	5	7.54203	7.93997	8.06491	8.62121	9.45848
13	4	13	4	7.41709	7.66697	8.01915	8.50424	9.45848
13	4	12	7	7.76388	8.01915	8.14409	8.54203	9.28239
13	4	12	6	7.27096	7.63894	7.89421	8.32018	8.98136
13	4	12	5	7.06491	7.36594	7.58779	8.01915	8.84306
13	4	12	4	6.99796	7.24100	7.54203	8.11606	8.80527
13	4	11	8	7.63894	7.76388	8.14409	8.41709	9.45848
13	4	11	7	7.11606	7.46285	7.58779	8.01915	8.54203
13	4	11	6	6.81503	7.09487	7.36594	7.93997	8.54203
13	4	11	5	6.63894	6.99796	7.24100	7.58779	8.50424
13	4	10	9	7.54203	7.76388	7.93997	8.24100	9.01915
13	4	10	8	6.98573	7.36594	7.54203	7.84306	8.54203
13	4	10	7	6.68470	6.93997	7.17405	7.58779	8.41709
13	4	10	6	6.52084	6.76388	6.93997	7.46285	8.11606
13	4	10	5	6.46285	6.69693	6.88882	7.33791	8.06491
13	4	9	9	7.16182	7.27096	7.58779	7.89421	8.36594
13	4	10	6	6.52084	6.76388	6.93997	7.46285	8.11606
13	4	10	5	6.46285	6.69693	6.88882	7.33791	8.06491
13	4	9	9	7.16182	7.27096	7.58779	7.89421	8.36594
13	4	9	8	6.63894	6.86079	7.09487	7.58779	8.11606
13	4	9	7	6.33791	6.61775	6.79384	7.27096	7.89421
13	4	9	6	6.31672	6.49281	6.68470	7.09487	7.87302
13	4	8	8	6.38367	6.49281	6.76388	7.24100	7.76388
13	4	8	7	6.14063	6.39590	6.61775	6.99796	7.66697
13	4	8	6	6.14063	6.33791	6.52084	6.91878	7.66697
13	4	7	7	6.09487	6.33791	6.57199	6.91878	7.54203
12	7	12	7	7.89421	8.14409	8.49627	8.78507	9.68033
12	7	12	6	7.54203	7.86079	8.09487	8.54203	9.24100
12	7	12	5	7.36594	7.66697	7.79384	8.24100	8.93997

Tafel 45 (Fortsetzung)

						N = 20		
N_1	N_2	N_3	N_4	20%	10%	5%	1%	0.1%
12	7	12	4	7.27096	7.41709	7.84306	8.24100	9.15745
12	7	11	8	7.79384	8.01915	8.14409	8.78507	9.68816
12	7	11	7	7.39590	7.58779	7.93997	8.24100	8.93997
12	7	11	6	7.01569	7.33791	7.71812	8.09487	8.71812
12	7	11	5	6.93997	7.24100	7.31672	8.01915	8.71812
12	7	10	9	7.66697	7.93997	8.16182	8.71812	9.56322
12	7	10	8	7.24100	7.46285	7.66697	8.06491	8.91001
12	7	10	7	6.83960	7.16182	7.36594	7.87302	8.49627
12	7	10	6	6.63894	6.91878	7.24100	7.66697	8.36594
12	7	10	5	6.63894	6.83960	7.24100	7.54203	8.36594
12	7	9	9	7.27096	—	7.63894	8.24100	8.91001
12	7	9	8	6.79384	7.09487	7.27096	7.66697	8.48404
12	7	9	7	6.52084	6.63894	7.06491	7.54203	8.48404
12	7	9	6	6.46285	6.69693	6.88882	7.36594	8.24100
12	7	8	8	6.49281	6.76388	6.91878	7.54203	8.24100
12	7	8	7	6.33791	6.63894	6.76388	7.31672	8.09487
12	7	8	6	6.31672	6.61775	6.76388	7.36594	8.09487
12	7	7	7	6.21981	6.57199	6.83960	7.16182	7.93997
12	6	12	7	7.54203	7.86079	8.09487	8.54203	9.24100
12	6	12	6	7.18985	7.46285	7.71812	8.06491	8.93997
12	6	12	5	7.01569	7.31672	7.46285	7.93997	8.68033
12	6	12	4	7.06491	7.16182	7.29899	7.96800	8.68033
12	6	11	8	7.39590	7.71812	7.84306	8.36594	9.01915
12	6	11	7	7.01569	7.16182	7.41709	7.86079	8.63894
12	6	11	6	6.76388	7.01569	7.31672	7.57199	8.41709
12	6	11	5	6.58779	6.79384	7.09487	7.54203	8.32018
12	6	10	9	7.36594	7.66697	7.76388	8.36594	9.01915
12	6	10	8	6.83960	7.16182	7.28676	7.86079	8.41709
12	6	10	7	6.53857	6.79384	7.09487	7.41709	8.16182
12	6	10	6	6.33791	6.58779	6.79384	7.29899	8.01915
12	6	10	5	6.31672	6.58779	6.76388	7.39590	8.01915
12	6	9	9	6.86079	7.06491	7.36594	7.76388	8.41709
12	6	9	8	6.39590	6.79384	6.91878	7.46285	8.06491
12	6	9	7	6.21981	6.49281	6.76388	7.16182	7.84306
12	6	9	6	6.16182	6.39590	6.52084	7.06491	7.84306
12	6	8	8	6.12290	6.49281	6.63894	7.16182	7.93997
12	6	8	7	6.01569	6.31672	6.49281	6.93997	7.63894
12	6	8	6	6.01569	6.27096	6.52084	6.79384	7.76388
12	6	7	7	5.96993	6.21981	6.33791	6.91878	7.46285
12	5	12	7	7.36594	7.66697	7.79384	8.24100	8.93997
12	5	12	6	7.01569	7.31672	7.46285	7.93997	8.68033
12	5	12	5	6.79384	7.06491	7.31672	7.76388	8.50424
12	5	12	4	6.61775	6.99796	7.24100	7.76388	8.50424
12	5	11	8	7.31672	7.41709	7.66697	8.09487	8.93997
12	5	11	7	6.79384	7.09487	7.31672	7.71812	8.54203
12	5	11	6	6.53857	6.79384	7.06491	7.39590	8.24100
12	5	11	5	6.33791	6.61775	6.83960	7.36594	8.11606

Tafel 45 (Fortsetzung)

						N = 20		
N₁	N₂	N₃	N₄	20%	10%	5%	1%	0.1%
12	5	10	9	7.16182	7.39590	7.54203	8.01915	8.71812
12	5	10	8	6.69693	6.88882	7.24100	7.58779	8.16182
12	5	10	7	6.33791	6.63894	6.83960	7.27096	7.87302
12	5	10	6	6.11067	6.46285	6.68470	7.09487	7.89421
12	5	10	5	6.11067	6.31672	6.63894	7.09487	7.93997
12	5	9	9	6.63894	6.93997	7.36594	7.57199	8.24100
12	5	9	8	6.31672	6.61775	6.79384	7.24100	7.84306
12	5	9	7	5.99796	6.28676	6.49281	6.99796	7.58779
12	5	9	6	5.98573	6.21981	6.46285	6.79384	7.57199
12	5	8	8	5.98573	6.29899	6.46285	6.91878	7.54203
12	5	8	7	5.86079	6.14063	6.33791	6.76388	7.36594
12	5	8	6	5.82187	6.09487	6.27096	6.69693	7.46285
12	5	7	7	5.83960	5.96993	6.21981	6.63894	7.39590
12	4	12	7	7.27096	7.41709	7.84306	8.24100	9.15745
12	4	12	6	7.06491	7.16182	7.29899	7.96800	8.68033
12	4	12	5	6.61775	6.99796	7.24100	7.76388	8.50424
12	4	12	4	6.52084	6.90105	7.41709	7.89421	8.50424
12	4	11	8	7.24100	7.41709	7.71812	8.01915	8.71812
12	4	11	7	6.69693	6.98573	7.33791	7.76388	8.32018
12	4	11	6	6.39590	6.76388	7.06491	7.54203	8.24100
12	4	11	5	6.29899	6.58779	6.88882	7.33791	8.11606
12	4	10	9	7.09487	7.36594	7.66697	7.93997	8.62121
12	4	10	8	6.63894	6.91878	7.16182	7.46285	8.41709
12	4	10	7	6.28676	6.58779	6.79384	7.27096	7.89421
12	4	10	6	6.09487	6.39590	6.57199	7.09487	7.93997
12	4	10	5	6.09487	6.33791	6.58779	7.06491	7.76388
12	4	9	9	6.61775	6.93997	7.09487	7.66697	8.32018
12	4	9	8	6.21981	6.49281	6.69693	7.16182	7.84306
12	4	9	7	5.96993	6.28676	6.49281	6.93997	7.76388
12	4	9	6	5.91878	6.11067	6.31672	6.86079	7.66697
12	4	8	8	5.86079	6.31672	6.49281	6.79384	7.69693
12	4	8	7	5.83960	6.09487	6.21981	6.69693	7.39590
12	4	8	6	5.79384	5.96993	6.14063	6.61775	7.46285
12	4	7	7	5.66351	5.96993	6.16182	6.61775	7.27096
11	8	11	8	7.54203	7.84306	8.06491	8.71812	9.41709
11	8	11	7	7.24100	7.36594	7.63894	8.09487	8.93997
11	8	11	6	6.91878	7.28676	7.33791	7.84306	8.71812
11	8	11	5	6.79384	7.01569	7.31672	7.76388	8.36594
11	8	10	9	7.63894	7.76388	8.06491	8.54203	9.51207
11	8	10	8	7.06491	7.31672	7.39590	8.00692	8.91001
11	8	10	7	6.79384	6.93997	7.24100	7.76388	8.54203
11	8	10	6	6.52084	6.76388	7.09487	7.39590	8.36594
11	8	10	5	6.46285	6.76388	6.99796	7.46285	8.24100
11	8	9	9	7.06491	7.33791	7.63894	8.00692	9.01915
11	8	9	8	6.68470	6.86079	7.16182	7.63894	8.54203
11	8	9	7	6.39590	6.63894	6.86079	7.39590	8.14409
11	8	9	6	6.31672	6.52084	6.86079	7.28676	8.09487

Tafel 45 (Fortsetzung)

				N = 20				
N_1	N_2	N_3	N_4	20%	10%	5%	1%	0.1%
11	8	8	8	6.39590	6.61775	6.86079	7.33791	8.18301
11	8	8	7	6.21981	6.46285	6.63894	7.24100	8.06491
11	8	8	6	6.01569	6.46285	6.63894	7.09487	8.09487
11	8	7	7	6.14063	6.31672	6.69693	7.16182	7.93997
11	7	11	8	7.24100	7.36594	7.63894	8.09487	8.93997
11	7	11	7	6.76388	7.06491	7.28676	7.76388	8.63894
11	7	11	6	6.53857	6.79384	7.01569	7.36594	8.32018
11	7	11	5	6.44166	6.63894	6.88882	7.31672	7.93997
11	7	10	9	7.16182	7.33791	7.58779	8.06491	8.91001
11	7	10	8	6.63894	6.88882	7.09487	7.58779	8.41709
11	7	10	7	6.39590	6.68470	6.83960	7.31672	8.01915
11	7	10	6	6.14063	6.46285	6.63894	7.09487	7.93997
11	7	10	5	6.21981	6.39590	6.49281	7.09487	8.01915
11	7	9	9	6.76388	6.86079	7.09487	7.63894	8.54203
11	7	9	8	6.28676	6.49281	6.79384	7.24100	7.93997
11	7	9	7	5.99796	6.31672	6.55976	6.98573	7.76388
11	7	9	6	5.98573	6.16182	6.44166	6.83960	7.61775
11	7	8	8	6.01569	6.28676	6.49281	7.06491	7.58779
11	7	8	7	5.79384	6.09487	6.39590	6.69693	7.54203
11	7	8	6	5.79384	6.01569	6.31672	6.86079	7.46285
11	7	7	7	5.74269	5.99796	6.23754	6.63894	7.46285
11	6	11	8	6.91878	7.28676	7.33791	7.84306	8.71812
11	6	11	7	6.53857	6.79384	7.01569	7.36594	8.32018
11	6	11	6	6.31672	6.53857	6.79384	7.24100	7.93997
11	6	11	5	6.14063	6.33791	6.69693	7.09487	7.93997
11	6	10	9	6.86079	7.06491	7.28676	7.79384	8.41709
11	6	10	8	6.33791	6.63894	6.88882	7.36594	8.06491
11	6	10	7	6.14063	6.33791	6.61775	6.98573	7.76388
11	6	10	6	5.98573	6.16182	6.33791	6.91878	7.54203
11	6	10	5	5.86079	6.11067	6.39590	6.88882	7.71812
11	6	9	9	6.33791	6.68470	6.86079	7.36594	8.06491
11	6	9	8	6.09487	6.33791	6.49281	6.98573	7.71812
11	6	9	7	5.79384	6.09487	6.33791	6.79384	7.54203
11	6	9	6	5.68470	5.96993	6.21981	6.69693	7.36594
11	6	8	8	5.69693	6.09487	6.28676	6.69693	7.39590
11	6	8	7	5.68470	5.83960	6.14063	6.55976	7.33791
11	6	8	6	5.53857	5.83960	5.99796	6.49281	7.31672
11	6	7	7	5.52084	5.79384	5.99796	6.39590	7.33791
11	5	11	8	6.79384	7.01569	7.31672	7.76388	8.36594
11	5	11	7	6.44166	6.63894	6.88882	7.31672	7.93997
11	5	11	6	6.14063	6.33791	6.69693	7.09487	7.93997
11	5	11	5	5.98573	6.29899	6.49281	6.99796	7.76388
11	5	10	9	6.69693	6.99796	7.16182	7.66697	8.24100
11	5	10	8	6.31672	6.63894	6.79384	7.16182	7.84306
11	5	10	7	5.99796	6.28676	6.49281	7.06491	7.58779
11	5	10	6	5.80964	6.09487	6.33791	6.76388	7.54203
11	5	10	5	5.74269	5.98573	6.28676	6.79384	7.36594

Tafel 45 (Fortsetzung)

				N = 20				
N_1	N_2	N_3	N_4	20%	10%	5%	1%	0.1%
11	5	9	9	6.33791	6.49281	6.79384	7.09487	8.01915
11	5	9	8	5.98573	6.21981	6.46285	6.86079	7.39590
11	5	9	7	5.68470	5.99796	6.16182	6.61775	7.28676
11	5	9	6	5.55976	5.83960	6.09487	6.49281	7.16182
11	5	8	8	5.69693	5.91878	6.16182	6.68470	7.33791
11	5	8	7	5.52084	5.71466	5.98573	6.46285	7.21981
11	5	8	6	5.49281	5.69693	5.99796	6.46285	7.24100
11	5	7	7	5.44166	5.69693	5.91878	6.33791	7.24100
10	9	10	9	7.39590	7.69693	7.87302	8.48404	9.26219
10	9	10	8	6.93997	7.16182	7.39590	7.76388	8.71812
10	9	10	7	6.68470	6.91878	7.09487	7.63894	8.48404
10	9	10	6	6.49281	6.81503	6.99796	7.46285	8.11606
10	9	10	5	6.33791	6.69693	6.99796	7.36594	8.06491
10	9	9	9	7.09487	7.16182	7.46285	8.00692	8.91001
10	9	9	8	6.68470	6.79384	7.09487	7.46285	8.48404
10	9	9	7	6.39590	6.61775	6.79384	7.24100	8.11606
10	9	9	6	6.21981	6.46285	6.79384	7.27096	7.87302
10	9	8	8	6.39590	6.61775	6.79384	7.24100	8.18301
10	9	8	7	6.01569	6.39590	6.69693	7.16182	8.00692
10	9	8	6	6.09487	6.31672	6.61775	7.16182	7.86079
10	9	7	7	6.01569	6.31672	6.61775	7.27096	7.93997
10	8	10	9	6.93997	7.16182	7.39590	7.76388	8.71812
10	8	10	8	6.52084	6.63894	7.09487	7.33791	8.41709
10	8	10	7	6.31672	6.46285	6.79384	7.16182	8.01915
10	8	10	6	6.09487	6.33791	6.58779	6.98573	7.71812
10	8	10	5	5.98573	6.31672	6.52084	6.93997	7.66697
10	8	9	9	6.49281	6.76388	6.91878	7.58779	8.30795
10	8	9	8	6.14063	6.38367	6.63894	7.16182	7.93997
10	8	9	7	5.98573	6.16182	6.39590	6.86079	7.63894
10	8	9	6	5.79384	6.14063	6.38367	6.79384	7.46285
10	8	8	8	5.91878	6.12290	6.38367	6.86079	7.70589
10	8	8	7	5.69693	5.99796	6.31672	6.63894	7.46285
10	8	8	6	5.74269	5.91878	6.16182	6.68470	7.46285
10	8	7	7	5.53857	5.91878	6.14603	6.69693	7.46285
10	7	10	9	6.68470	6.91878	7.09487	7.63894	8.48404
10	7	10	8	6.31672	6.46285	6.79384	7.16182	8.01915
10	7	10	7	5.98573	6.21981	6.46285	6.79384	7.76388
10	7	10	6	5.83960	5.99796	6.28676	6.76388	7.46285
10	7	10	5	5.68470	6.09487	6.28676	6.69693	7.36594
10	7	9	9	6.21981	6.46285	6.63894	7.27096	7.93997
10	7	9	8	5.87302	6.14063	6.33791	6.81503	7.70589
10	7	9	7	5.68470	5.96993	6.14063	6.68470	7.28676
10	7	9	7	5.52084	5.79384	6.09487	6.58779	7.24110
10	7	8	8	5.61775	5.83960	6.14063	6.61775	7.36594
10	7	8	7	5.44166	5.71466	5.98573	6.46285	7.16182
10	7	8	6	5.39590	5.74269	5.98573	6.39590	7.06491
10	7	7	7	5.39590	5.74269	5.87302	6.46285	7.16182

Tafel 45 (Fortsetzung)

				N = 20				
N_1	N_2	N_3	N_4	20%	10%	5%	1%	0.1%
10	6	10	9	6.49281	6.81503	6.99796	7.46285	8.11606
10	6	10	8	6.09487	6.33791	6.58779	6.98573	7.71812
10	6	10	7	5.83960	5.99796	6.28676	6.76388	7.46285
10	6	10	6	5.68470	5.87302	6.12290	6.57199	7.29899
10	6	10	5	5.52084	5.83960	6.09487	6.52084	7.24100
10	6	9	9	6.09487	6.31672	6.49281	7.06491	7.58779
10	6	9	8	5.68470	5.99796	6.21981	6.63894	7.33791
10	6	9	7	5.49281	5.69693	5.98573	6.49281	7.16182
10	6	9	6	5.38367	5.68470	5.91878	6.33791	7.01569
10	6	8	8	5.36248	5.79384	5.98573	6.46285	7.28676
10	6	8	7	5.39590	5.53857	5.83960	6.21981	7.01569
10	6	8	6	5.21981	5.49281	5.79384	6.16182	6.93997
10	6	7	7	5.21981	5.49281	5.74269	6.16182	6.93997
10	5	10	9	6.33791	6.69693	6.99796	7.36594	8.06491
10	5	10	8	5.98573	6.31672	6.52084	6.93997	7.66697
10	5	10	7	5.68470	6.09487	6.28676	6.69693	7.36594
10	5	10	6	5.52084	5.83960	6.09487	6.52084	7.24100
10	5	10	5	5.38367	5.80964	6.09487	6.46285	7.24100
10	5	9	9	6.03688	6.39590	6.49281	7.06491	7.58779
10	5	9	8	5.69693	5.98573	6.21981	6.63894	7.33791
10	5	9	7	5.49281	5.68470	5.98573	6.46285	7.16182
10	5	9	6	5.31672	5.68470	5.82187	6.31672	6.99796
10	5	8	8	5.36248	5.69693	5.98573	6.33791	7.09487
10	5	8	7	5.31672	5.49281	5.79384	6.31672	6.99796
10	5	8	6	5.21981	5.52084	5.68470	6.16182	6.93997
10	5	7	7	5.21981	5.44166	5.69693	6.21981	6.91878
9	9	9	9	6.39590	6.79384	7.09487	7.21981	8.60898˙
9	9	9	8	6.14063	6.39590	6.68470	7.09487	8.00692
9	9	9	7	5.91878	6.21981	6.39590	6.86079	7.70589
9	9	9	6	5.71466	6.09487	6.39590	6.79384	7.57199
9	9	8	8	6.01569	6.09487	6.39590	7.06491	7.63894
9	9	8	7	5.71466	6.01569	6.21981	6.76388	7.46285
9	9	8	6	5.53857	6.01569	6.21981	6.76384	7.46285
9	9	7	7	5.53857	5.83960	6.14063	6.69693	7.46285
9	8	9	9	6.14063	6.39590	6.68470	7.09487	8.00692
9	8	9	8	5.82187	6.09487	6.28676	6.68470	7.57199
9	8	9	7	5.71466	5.82187	6.08264	6.52084	7.28676
9	8	9	6	5.39590	5.74269	5.98573	6.49281	7.27096
9	8	8	8	5.53857	5.83960	6.01569	6.49281	7.24100
9	8	8	7	5.36248	5.69693	5.91878	6.38367	7.16182
9	8	8	6	5.36248	5.61775	5.91878	6.39590	7.06491
9	8	7	7	5.21981	5.52084	5.87302	6.39590	7.06491
9	7	9	9	5.91878	6.21981	6.39590	6.86079	7.70589
9	7	9	8	5.71466	5.82187	6.08264	6.52084	7.28676
9	7	9	7	5.39590	5.66351	5.96993	6.38367	7.16182
9	7	9	6	5.31672	5.52084	5.82187	6.28676	6.93997
9	7	8	8	5.36248	5.61775	5.83960	6.33791	7.06491

Tafel 45 (Fortsetzung)

						N = 20		
N_1	N_2	N_3	N_4	20%	10%	5%	1%	0.1%
9	7	8	7	5.19178	5.49281	5.69693	6.14063	6.76388
9	7	8	6	5.14063	5.36248	5.74269	6.16182	6.91878
9	7	7	7	5.04372	5.39590	5.66351	6.14063	6.91878
9	6	9	9	5.71466	6.09487	6.39590	6.79384	7.57199
9	6	9	8	5.39590	5.74269	5.98573	6.49281	7.27096
9	6	9	7	5.31672	5.52084	5.82187	6.28676	6.93997
9	6	9	6	5.14063	5.39590	5.68470	6.16182	6.93997
9	6	8	8	5.31672	5.52084	5.82187	6.21981	6.99796
9	6	8	7	5.04372	5.36248	5.69693	6.03688	6.79384
9	6	8	6	5.01569	5.39590	5.53857	6.09487	6.69693
9	6	7	7	4.96454	5.27096	5.49281	5.96590	6.69693
8	8	8	8	5.31672	5.69693	5.79384	6.39590	7.09487
8	8	8	7	5.14063	5.36248	5.69693	6.14063	6.86079
8	8	8	6	5.09487	5.36248	5.69693	6.09487	6.86079
8	8	7	7	4.96454	5.39590	5.61775	6.09487	6.79384
8	7	8	8	5.14063	5.36248	5.69693	6.14063	6.86079
8	7	8	7	5.01569	5.23754	5.61775	5.99796	6.63894
8	7	8	6	4.96454	5.21981	5.53857	5.99796	6.63894
8	7	7	7	4.91878	5.19178	5.49281	5.99796	6.69693
8	6	8	8	5.09487	5.36248	5.69693	6.09487	6.86079
8	6	8	7	4.96454	5.21981	5.53857	5.99796	6.63894
8	6	8	6	4.96993	5.21981	5.44166	5.96993	6.76388

Tafel 46

Der exakte Q-Test. (Aus Tate u.Brown 1964)

Die Tafel enthält die exakten Überschreitungswahrscheinlichkeiten (P) zu ausgewählten Werten der Prüfgröße $SS = \Sigma\, T_i^2$, die bei gegebenen Zeilensummen L_i eine Funktion von Cochrans Q ist. m bezeichnet die Zahl der Spalten (Alternativstichproben), r die Zahl der Zeilen (Individuen oder Blöcke homogener Individuen), $Z(L_i)$bezeichnet die Zahl der Zeilensummen bzw. deren Kombinationen, die genau den Wert L_i aufweisen und SS(P) bezeichnet die zu bestimmten SS-Werten gehörigen P-Werte, die nur zwischen 0,005 und 0,205 variieren.

Die Tafel erstreckt sich von m = 2(1)6 und von r = 2(1)20. Man beachte, daß r ≤ N die Zahl der Zeilen ist, die nicht durchweg mit Nullen oder mit Einsen (Plus- oder Minuszeichen) besetzt sind, und daß nur diese Zeilen zur Berechnung von SS zu dienen haben.

Ablesebeispiel: In einer Q-Kontingenztafel mit m = 3 Spalten und r = 7 (nicht durchweg mit 0 oder 1 besetzten) Zeilen sind die Spaltenanteile als gleich anzunehmen (H_o), wenn SS = 41 und wenn 2 Zeilensummen mit 2 und 5 mit 1 besetzt sind, da P = 0,093 > 0,05 = α; die 3 verbundenen Stichproben von Alternativdaten sind als lokationshomogen anzusehen.

m	r	Z(L_i)-Komb.	SS(P)				
2	4	4(1)	16(.125)				
2	5	5(1)	25(.062)				
2	6	6(1)	36(.031)				
2	7	7(1)	37(.125)	49(.016)			
2	8	8(1)	50(.070)	64(.008)			
2	9	9(1)	53(.180)	65(.039)			
2	10	10(1)	68(.109)	82(.021)			
2	11	11(1)	85(.065)	101(.012)			
2	12	12(1)	90(.146)	104(.039)	122(.006)		
2	13	13(1)	109(.092)	125(.022)			
2	14	14(1)	116(.180)	130(.057)	148(.013)		
2	15	15(1)	137(.118)	153(.035)	173(.007)		
2	16	16(1)	160(.077)	178(.021)			
2	17	17(1)	169(.143)	185(.049)	205(.013)		
2	18	18(1)	194(.096)	212(.031)	234(.008)		
2	19	19(1)	205(.167)	221(.064)	241(.019)		
2	20	20(1)	232(.115)	250(.041)	272(.012)		
3	3	3(2)	18(.111)				
3	3	3(1)	9(.111)				
3	4	4(2)	32(.037)				
3	4	3(2),1(1)	25(.074)				
3	4	2(2),2(1)	20(.074)				
3	4	1(2),3(1)	17(.074)				
3	4	4(1)	16(.037)				
3	5	5(2)	42(.136)	50(.012)			
3	5	4(2),1(1)	35(.123)	41(.025)			
3	5	3(2),2(1)	30(.123)	32(.049)	34(.025)		
3	5	2(2),3(1)	25(.123)	27(.049)	29(.025)		
3	5	1(2),4(1)	20(.123)	26(.025)			
3	5	5(1)	17(.136)	25(.012)			
3	6	6(2)	56(.177)	62(.053)			
3	6	5(2),1(1)	49(.177)	51(.095)	53(.049)	61(.008)	
3	6	4(2),2(1)	42(.189)	44(.074)	46(.049)	50(.016)	52(.008)
3	6	3(2),3(1)	35(.181)	41(.058)	45(.008)		
3	6	2(2),4(1)	30(.189)	32(.074)	34(.049)	38(.016)	40(.008)

Tafel 46 (Fortsetzung)

m	r	Z(L$_i$)-Komb.	SS(P)				
3	6	1(2),5(1)	25(.177)	27(.095)	29(.049)	37(.008)	
3	6	6(1)	20(.177)	26(.053)			
3	7	7(2)	76(.136)	78(.078)	86(.021)		
3	7	6(2),1(1)	67(.106)	69(.078)	73(.037)	75(.019)	
3	7	5(2),2(1)	62(.093)	66(.019)	72(.005)		
3	7	4(2),3(1)	51(.123)	53(.082)	57(.030)	59(.022)	61(.011)
3	7	3(2),4(1)	44(.123)	46(.082)	50(.030)	52(.022)	54(.011)
3	7	2(2),5(1)	41(.093)	45(.019)	51(.005)		
3	7	1(2),6(1)	32(.106)	34(.078)	38(.037)	40(.019)	
3	7	7(1)	27(.136)	29(.078)	37(.021)		
3	8	8(2)	96(.142)	98(.110)	102(.059)	104(.033)	114(.008)
3	8	7(2),1(1)	89(.129)	93(.033)	99(.014)	101(.007)	
3	8	6(2),2(1)	76(.167)	78(.114)	82(.048)	86(.026)	90(.007)
3	8	5(2),3(1)	67(.155)	69(.114)	73(.055)	77(.017)	81(.008)
3	8	4(2),4(1)	62(.131)	66(.036)	72(.014)	74(.008)	
3	8	3(2),5(1)	51(.155)	53(.114)	57(.055)	61(.017)	65(.008)
3	8	2(2),6(1)	44(.167)	46(.114)	50(.048)	54(.026)	58(.007)
3	8	1(2),7(1)	41(.129)	45(.033)	51(.014)	53(.007)	
3	8	8(1)	32(.142)	34(.110)	38(.059)	40(.033)	50(.008)
3	9	9(2)	122(.166)	126(.050)	132(.025)	134(.014)	
3	9	8(2),1(1)	109(.146)	113(.070)	117(.042)	121(.014)	129(.005)
3	9	7(2),2(1)	96(.189)	102(.080)	104(.057)	110(.016)	114(.010)
3	9	6(2),3(1)	89(.167)	93(.054)	99(.025)	101(.016)	
3	9	5(2),4(1)	76(.198)	82(.076)	84(.059)	90(.016)	94(.007)
3	9	4(2),5(1)	67(.198)	73(.076)	75(.059)	81(.016)	85(.007)
3	9	3(2),6(1)	62(.167)	66(.054)	72(.025)	74(.016)	
3	9	2(2),7(1)	51(.189)	57(.080)	59(.057)	65(.016)	69(.010)
3	9	1(2),8(1)	46(.146)	50(.070)	54(.042)	58(.014)	66(.005)
3	9	9(1)	41(.166)	45(.050)	51(.025)	53(.014)	
3	10	10(2)	146(.178)	150(.093)	154(.059)	166(.010)	168(.006)
3	10	9(2),1(1)	133(.178)	137(.106)	141(.039)	149(.018)	153(.006)
3	10	8(2),2(1)	122(.202)	126(.073)	132(.039)	134(.025)	140(.007)
3	10	7(2),3(1)	109(.180)	113(.099)	117(.053)	125(.012)	129(.009)
3	10	6(2),4(1)	98(.180)	102(.103)	106(.047)	114(.015)	118(.007)
3	10	5(2),5(1)	89(.202)	93(.074)	99(.039)	101(.026)	107(.007)
3	10	4(2),6(1)	78(.180)	82(.103)	86(.047)	94(.015)	98(.007)
3	10	3(2),7(1)	69(.180)	73(.099)	77(.053)	85(.012)	89(.009)
3	10	2(2),8(1)	62(.202)	66(.073)	72(.039)	74(.025)	80(.007)
3	10	1(2),9(1)	53(.178)	57(.106)	61(.039)	69(.018)	73(.006)
3	10	10(1)	46(.178)	50(.093)	54(.059)	66(.010)	68(.006)
3	11	11(2)	178(.132)	180(.098)	182(.053)	190(.026)	194(.010)
3	11	10(2),1(1)	165(.094)	171(.054)	173(.036)	179(.011)	185(.007)
3	11	9(2),2(1)	150(.123)	152(.103)	158(.036)	166(.015)	168(.008)
3	11	8(2),3(1)	137(.130)	139(.101)	141(.061)	153(.012)	155(.005)
3	11	7(2),4(1)	126(.095)	132(.055)	134(.038)	140(.012)	146(.007)
3	11	6(2),5(1)	113(.127)	115(.103)	121(.038)	129(.014)	131(.007)
3	11	5(2),6(1)	102(.127)	104(.103)	110(.038)	118(.014)	120(.007)
3	11	4(2),7(1)	93(.095)	99(.055)	101(.038)	107(.012)	113(.007)
3	11	3(2),8(1)	82(.130)	84(.101)	86(.061)	98(.012)	100(.005)
3	11	2(2),9(1)	73(.123)	75(.103)	81(.036)	89(.015)	91(.008)
3	11	1(2),10(1)	66(.094)	72(.054)	74(.036)	80(.011)	86(.007)

Tafel 46 (Fortsetzung)

m	r	$Z(L_i)$-Komb.	SS(P)				
3	11	11(1)	57(.132)	59(.098)	61(.053)	69(.026)	73(.010)
3	12	12(2)	210(.115)	216(.070)	218(.048)	224(.017)	230(.012)
3	12	11(2),1(1)	193(.147)	197(.091)	201(.048)	209(.023)	211(.013)
3	12	10(2),2(1)	178(.156)	180(.123)	186(.052)	196(.009)	204(.005)
3	12	9(2),3(1)	165(.117)	171(.071)	173(.050)	179(.018)	185(.011)
3	12	8(2),4(1)	150(.151)	154(.087)	158(.051)	168(.012)	174(.005)
3	12	7(2),5(1)	137(.153)	141(.082)	145(.052)	155(.010)	161(.006)
3	12	6(2),6(1)	126(.117)	132(.072)	134(.051)	140(.018)	146(.011)
3	12	5(2),7(1)	113(.153)	117(.082)	121(.052)	131(.010)	137(.006)
3	12	4(2),8(1)	102(.151)	106(.087)	110(.051)	120(.012)	126(.005)
3	12	3(2),9(1)	93(.117)	99(.071)	101(.050)	107(.018)	113(.011)
3	12	2(2),10(1)	82(.156)	84(.123)	90(.052)	100(.009)	108(.005)
3	12	1(2),11(1)	73(.147)	77(.091)	81(.048)	89(.023)	91(.013)
3	12	12(1)	66(.115)	72(.070)	74(.048)	80(.017)	86(.012)
4	2	2(2)	8(.167)				
4	3	3(3)	27(.062)				
4	3	2(3),1(2)	22(.125)				
4	3	2(3),1(1)	17(.188)				
4	3	1(3),2(2)	19(.083)				
4	3	1(3),2(1)	11(.188)				
4	3	3(2)	18(.028)				
4	3	2(2),1(1)	13(.083)				
4	3	1(2),2(1)	10(.125)				
4	3	3(1)	9(.062)				
4	4	4(3)	42(.203)	48(.016)			
4	4	3(3),1(2)	37(.125)	41(.031)			
4	4	3(3),1(1)	34(.047)				
4	4	2(3),2(2)	34(.083)	36(.021)			
4	4	2(3),1(2),1(1)	27(.156)	29(.062)			
4	4	2(3),2(1)	24(.047)				
4	4	1(3),3(2)	29(.097)	33(.014)			
4	4	1(3),2(2),1(1)	24(.083)	26(.042)			
4	4	1(3),1(2),2(1)	19(.156)	21(.062)			
4	4	1(3),3(1)	18(.047)				
4	4	4(2)	24(.134)	26(.079)			
4	4	3(2),1(1)	21(.097)	25(.014)			
4	4	2(2),2(1)	18(.083)	20(.021)			
4	4	1(2),3(1)	13(.125)	17(.031)			
4	4	4(1)	10(.203)	16(.016)			
4	5	5(3)	63(.180)	67(.062)			
4	5	4(3),1(2)	58(.133)	60(.039)	66(.008)		
4	5	4(3),1(1)	51(.105)	57(.012)			
4	5	3(3),2(2)	51(.146)	55(.031)	57(.016)	59(.005)	
4	5	3(3),2(1)	37(.199)	39(.105)	41(.035)	43(.012)	
4	5	3(3),1(2),1(1)	44(.125)	46(.070)	48(.023)	50(.016)	
4	5	2(3),3(2)	44(.174)	46(.111)	48(.035)	50(.028)	52(.007)
4	5	2(3),2(2),1(1)	39(.141)	41(.057)	43(.031)	45(.010)	
4	5	2(3),1(2),2(1)	34(.141)	36(.047)	38(.016)		
4	5	2(3),3(1)	27(.199)	29(.105)	31(.035)	33(.012)	
4	5	1(3),4(2)	39(.185)	41(.083)	43(.056)	45(.021)	
4	5	1(3),2(2),2(1)	29(.141)	31(.057)	33(.031)	35(.010)	

Tafel 46 (Fortsetzung)

m	r	Z(L$_i$)-Komb.	SS(P)				
4	5	1(3),3(2),1(1)	34(.187)	36(.076)	38(.028)	42(.007)	
4	5	1(3),1(2),3(1)	24(.125)	26(.070)	28(.023)	30(.016)	
4	5	1(3),4(1)	21(.105)	27(.012)			
4	5	5(2)	36(.109)	38(.047)	42(.016)		
4	5	4(2),1(1)	29(.185)	31(.083)	33(.056)	35(.021)	
4	5	3(2),2(1)	24(.174)	26(.111)	28(.035)	30(.028)	32(.007)
4	5	2(2),3(1)	21(.146)	25(.031)	27(.016)	29(.005)	
4	5	1(2),4(1)	18(.133)	20(.039)	26(.008)		
4	5	5(1)	13(.180)	17(.062)			
4	6	6(3)	90(.180)	92(.062)	98(.019)		
4	6	5(3),1(2)	81(.189)	85(.053)	87(.033)	89(.012)	
4	6	5(3),1(1)	72(.165)	74(.106)	76(.048)	78(.032)	
4	6	4(3),2(2)	74(.146)	76(.062)	78(.049)	80(.013)	82(.009)
4	6	4(3),1(2),1(1)	65(.182)	67(.096)	69(.051)	71(.021)	75(.006)
4	6	4(3),2(1)	58(.190)	60(.073)	62(.032)	66(.009)	
4	6	3(3),3(2)	67(.122)	69(.078)	71(.036)	75(.010)	77(.009)
4	6	3(3),2(2),1(1)	60(.105)	62(.048)	66(.020)	68(.005)	
4	6	3(3),1(2),2(1)	51(.191)	53(.078)	55(.055)	57(.029)	59(.008)
4	6	3(3),3(1)	44(.173)	46(.103)	48(.050)	50(.038)	
4	6	2(3),4(2)	60(.139)	62(.069)	66(.032)	68(.009)	70(.006)
4	6	2(3),3(2),1(1)	53(.109)	55(.082)	57(.044)	59(.015)	61(.009)
4	6	2(3),2(2),2(1)	46(.146)	48(.068)	50(.055)	52(.013)	54(.010)
4	6	2(3),1(2),3(1)	39(.191)	41(.078)	43(.055)	45(.029)	47(.008)
4	6	2(3),4(1)	34(.190)	36(.073)	38(.032)	42(.009)	
4	6	1(3),5(2)	53(.142)	55(.111)	57(.062)	61(.016)	63(.008)
4	6	1(3),4(2),1(1)	46(.186)	48(.090)	52(.025)	54(.020)	56(.006)
4	6	1(3),3(2),2(1)	41(.109)	43(.082)	45(.044)	47(.015)	49(.009)
4	6	1(3),2(2),3(1)	36(.105)	38(.048)	42(.020)	44(.005)	
4	6	1(3),1(2),4(1)	29(.182)	31(.096)	33(.051)	35(.021)	39(.006)
4	6	1(3),5(1)	24(.165)	26(.106)	28(.048)	30(.032)	
4	6	6(2)	48(.117)	50(.102)	52(.040)	54(.032)	56(.011)
4	6	5(2),1(1)	41(.142)	43(.111)	45(.062)	49(.016)	51(.008)
4	6	4(2),2(1)	36(.139)	38(.069)	42(.032)	44(.009)	46(.006)
4	6	3(2),3(1)	31(.122)	33(.078)	35(.036)	39(.010)	41(.009)
4	6	2(2),4(1)	26(.146)	28(.062)	30(.049)	32(.013)	34(.009)
4	6	1(2),5(1)	21(.189)	25(.053)	27(.033)	29(.012)	
4	6	6(1)	18(.180)	20(.062)	26(.019)		
4	7	7(3)	123(.077)	125(.052)	127(.021)	135(.005)	
4	7	6(3),1(2)	110(.182)	112(.089)	114(.072)	118(.017)	122(.010)
4	7	6(3),1(1)	101(.132)	103(.073)	105(.036)	109(.014)	111(.010)
4	7	5(3),2(2)	101(.159)	103(.103)	105(.053)	109(.021)	111(.017)
4	7	5(3),1(2),1(1)	92(.135)	94(.069)	98(.035)	100(.012)	102(.006)
4	7	5(3),2(1)	83(.103)	85(.081)	87(.051)	89(.017)	91(.010)
4	7	4(3),3(2)	92(.170)	94(.093)	98(.050)	100(.018)	102(.012)
4	7	4(3),2(2),1(1)	83(.135)	85(.109)	87(.068)	91(.017)	95(.006)
4	7	4(3),1(2),2(1)	74(.182)	76(.098)	78(.080)	82(.020)	84(.008)
4	7	4(3),3(1)	67(.119)	69(.079)	71(.043)	75(.012)	77(.005)
4	7	3(3),4(2)	83(.170)	87(.088)	89(.039)	93(.014)	95(.010)
4	7	3(3),3(2),1(1)	76(.122)	78(.104)	80(.037)	84(.014)	86(.007)
4	7	3(3),2(2),2(1)	67(.149)	69(.107)	71(.062)	75(.020)	77(.011)
4	7	3(3),1(2),3(1)	60(.138)	62(.073)	66(.034)	68(.014)	70(.007)

Tafel 46 (Fortsetzung)

m	r	Z(L_i)-Komb.	SS(P)				
4	7	3(3),4(1)	53(.119)	55(.079)	57(.043)	61(.012)	63(.005)
4	7	2(3),5(2)	76(.149)	78(.130)	82(.046)	86(.011)	90(.006)
4	7	2(3),4(2),1(1)	67(.180)	71(.083)	73(.037)	77(.019)	79(.008)
4	7	2(3),3(2),2(1)	60(.171)	62(.095)	66(.051)	68(.020)	70(.013)
4	7	2(3),2(2),3(1)	53(.149)	55(.107)	57(.062)	61(.020)	63(.011)
4	7	2(3),1(2),4(1)	46(.182)	48(.098)	50(.080)	54(.020)	56(.008)
4	7	2(3),5(1)	41(.103)	43(.081)	45(.052)	47(.017)	49(.010)
4	7	1(3),6(2)	69(.167)	71(.106)	73(.052)	79(.013)	81(.007)
4	7	1(3),5(2),1(1)	60(.204)	62(.120)	66(.069)	70(.020)	74(.006)
4	7	1(3),4(2),2(1)	53(.180)	57(.083)	59(.037)	63(.019)	65(.008)
4	7	1(3),3(2),3(1)	48(.122)	50(.104)	52(.037)	56(.014)	58(.007)
4	7	1(3),2(2),4(1)	41(.135)	43(.109)	45(.068)	49(.017)	53(.006)
4	7	1(3),1(2),5(1)	36(.135)	38(.069)	42(.035)	44(.012)	46(.006)
4	7	1(3),6(1)	31(.132)	33(.073)	35(.036)	39(.014)	41(.010)
4	7	7(2)	62(.147)	66(.090)	68(.041)	74(.011)	76(.006)
4	7	6(2),1(1)	55(.167)	57(.106)	59(.052)	65(.013)	67(.007)
4	7	5(2),2(1)	48(.149)	50(.130)	54(.046)	58(.011)	62(.006)
4	7	4(2),3(1)	41(.170)	45(.088)	47(.039)	51(.014)	53(.010)
4	7	3(2),4(1)	36(.170)	38(.093)	42(.050)	44(.018)	46(.012)
4	7	2(2),5(1)	31(.159)	33(.103)	35(.053)	39(.021)	41(.017)
4	7	1(2),6(1)	26(.182)	28(.089)	30(.072)	34(.017)	38(.010)
4	7	7(1)	25(.077)	27(.052)	29(.021)	37(.005)	
4	8	8(3)	156(.116)	158(.095)	160(.034)	166(.017)	168(.007)
4	8	7(3),1(2)	143(.193)	147(.072)	151(.033)	153(.027)	157(.005)
4	8	7(3),1(1)	132(.166)	134(.091)	138(.053)	140(.019)	142(.012)
4	8	6(3),2(2)	132(.200)	134(.117)	138(.069)	142(.019)	148(.006)
4	8	6(3),1(2),1(1)	121(.163)	125(.091)	127(.041)	133(.011)	135(.007)
4	8	6(3),2(1)	112(.126)	114(.105)	116(.035)	120(.016)	122(.011)
4	8	5(3),3(2)	121(.198)	125(.112)	127(.055)	135(.010)	137(.006)
4	8	5(3),2(2),1(1)	112(.152)	114(.130)	116(.051)	124(.009)	126(.006)
4	8	5(3),1(2),2(1)	101(.186)	105(.082)	107(.039)	111(.021)	113(.007)
4	8	5(3),3(1)	92(.169)	94(.098)	98(.052)	100(.023)	102(.013)
4	8	4(3),4(2)	112(.180)	116(.069)	118(.061)	124(.014)	126(.010)
4	8	4(3),3(2),1(1)	103(.164)	105(.104)	107(.052)	113(.013)	115(.008)
4	8	4(3),2(2),2(1)	92(.202)	94(.121)	100(.032)	102(.020)	106(.007)
4	8	4(3),1(2),3(1)	83(.176)	87(.088)	89(.041)	95(.009)	97(.006)
4	8	4(3),4(1)	76(.129)	78(.108)	80(.035)	86(.010)	88(.005)
4	8	3(3),5(2)	103(.194)	105(.128)	111(.041)	115(.013)	117(.007)
4	8	3(3),4(2),1(1)	94(.146)	98(.090)	100(.043)	106(.011)	108(.007)
4	8	3(3),3(2),2(1)	85(.166)	87(.110)	89(.055)	95(.015)	97(.009)
4	8	3(3),2(2),3(1)	76(.154)	78(.132)	80(.052)	88(.009)	90(.006)
4	8	3(3),1(2),4(1)	67(.176)	71(.088)	73(.041)	79(.009)	81(.006)
4	8	3(3),5(1)	60(.169)	62(.098)	66(.051)	68(.023)	70(.013)
4	8	2(3),6(2)	94(.173)	98(.111)	100(.056)	108(.011)	110(.006)
4	8	2(3),5(2),1(1)	85(.196)	89(.070)	91(.056)	97(.014)	99(.008)
4	8	2(3),4(2),2(1)	76(.181)	80(.070)	82(.062)	88(.015)	90(.011)
4	8	2(3),3(2),3(1)	69(.166)	71(.110)	73(.055)	79(.015)	81(.009)
4	8	2(3),2(2),4(1)	60(.202)	62(.121)	68(.032)	70(.020)	74(.007)
4	8	2(3),1(2),5(1)	53(.186)	57(.082)	59(.039)	63(.021)	65(.007)
4	8	2(3),6(1)	48(.126)	50(.105)	52(.035)	56(.016)	58(.011)
4	8	1(3),7(2)	87(.156)	89(.088)	93(.050)	99(.012)	103(.005)

Tafel 46 (Fortsetzung)

m	r	$Z(L_i)$-Komb.	SS(P)				
4	8	1(3),6(2),1(1)	78(.186)	80(.089)	84(.044)	88(.022)	90(.017)
4	8	1(3),5(2),2(1)	69(.196)	73(.070)	75(.056)	81(.014)	83(.008)
4	8	1(3),4(2),3(1)	62(.146)	66(.090)	68(.043)	74(.011)	76(.007)
4	8	1(3),3(2),4(1)	55(.164)	57(.104)	59(.052)	65(.013)	67(.008)
4	8	1(3),2(2),5(1)	48(.152)	50(.130)	52(.051)	60(.009)	62(.006)
4	8	1(3),1(2),6(1)	41(.163)	45(.091)	47(.041)	53(.011)	55(.007)
4	8	1(3),7(1)	36(.166)	38(.091)	42(.053)	44(.019)	46(.012)
4	8	1(3),7(1)	36(.166)	38(.091)	42(.053)	44(.019)	46(.012)
4	8	8(2)	80(.109)	82(.097)	84(.056)	90(.024)	94(.008)
4	8	7(2),1(1)	71(.156)	73(.088)	77(.050)	83(.012)	87(.005)
4	8	6(2),2(1)	62(.173)	66(.111)	68(.056)	76(.011)	78(.006)
4	8	5(2),3(1)	55(.194)	57(.128)	63(.041)	67(.013)	69(.007)
4	8	4(2),4(1)	48(.180)	52(.069)	54(.061)	60(.014)	62(.010)
4	8	3(2),5(1)	41(.198)	45(.112)	47(.055)	55(.010)	57(.006)
4	8	2(2),6(1)	36(.200)	38(.117)	42(.069)	46(.019)	52(.006)
4	8	1(2),7(1)	31(.193)	35(.072)	39(.033)	41(.027)	45(.005)
4	8	8(1)	28(.116)	30(.095)	32(.034)	38(.017)	40(.007)
5	2	2(4)	16(.200)				
5	2	2(3)	12(.100)				
5	2	2(2)	8(.100)				
5	2	2(1)	4(.200)				
5	3	3(4)	36(.040)				
5	3	2(4),1(3)	29(.160)	31(.080)			
5	3	2(4),1(2)	26(.120)				
5	3	2(4),1(1)	21(.160)				
5	3	1(4),2(3)	26(.160)	28(.040)			
5	3	1(4),1(3),1(2)	23(.120)				
5	3	1(4),2(2)	20(.060)				
5	3	1(4),2(1)	12(.160)				
5	3	3(3)	23(.190)	27(.010)			
5	3	2(3),1(2)	20(.090)	22(.030)			
5	3	2(3),1(1)	17(.060)				
5	3	1(3),2(2)	17(.090)	19(.030)			
5	3	1(3),2(1)	11(.120)				
5	3	1(3),1(2),1(1)	14(.120)				
5	3	3(2)	14(.190)	18(.010)			
5	3	2(2),1(1)	11(.160)	13(.040)			
5	3	1(2),1(1)	8(.160)	10(.080)			
5	3	3(1)	9(.040)				
5	4	4(4)	58(.136)	64(.008)			
5	4	3(4),1(3)	53(.064)	57(.016)			
5	4	3(4),1(2)	46(.168)	50(.024)			
5	4	3(4),1(1)	43(.032)				
5	4	2(4),2(3)	50(.040)	52(.008)			
5	4	2(4),1(3),1(2)	41(.132)	43(.072)	45(.024)		
5	4	2(4),1(3),1(1)	36(.112)	38(.048)			
5	4	2(4),2(2)	36(.144)	38(.084)	40(.012)		
5	4	2(4),1(2),1(1)	31(.192)	33(.048)			
5	4	2(4),2(1)	28(.032)				
5	4	1(4),3(3)	41(.178)	43(.106)	45(.040)		
5	4	1(4),2(3),1(2)	36(.198)	38(.114)	40(.024)	42(.012)	

Tafel 46 (Fortsetzung)

m	r	Z(L_i)-Komb.	SS(P)				
5	4	1(4),2(3),1(1)	33(.072)	35(.024)			
5	4	1(4),1(3),2(2)	33(.102)	35(.042)	37(.012).		
5	4	1(4),1(3),2(1)	23(.192)	25(.048)			
5	4	1(4),1(3),1(2),1(1)	28(.120)	30(.048)			
5	4	1(4),3(2)	28(.166)	30(.078)	34(.006)		
5	4	1(4),2(2),1(1)	25(.072)	27(.024)			
5	4	1(4),1(2),2(1)	20(.112)	22(.048)			
5	4	1(4),3(1)	19(.032)				
5	4	4(3)	38(.151)	40(.043)	42(.025)		
5	4	3(3),1(2)	33(.141)	35(.069)	37(.021)		
5	4	3(3),1(1)	28(.166)	30(.078)	34(.006)		
5	4	2(3),2(2)	30(.111)	34(.015)			
5	4	2(3),1(2),1(1)	25(.102)	27(.042)	29(.012)		
5	4	2(3),2(1)	20(.144)	22(.084)	24(.012)		
5	4	1(3),3(2)	25(.141)	27(.069)	29(.021)		
5	4	1(3),2(2),1(1)	20(.198)	22(.114)	24(.024)	26(.012)	
5	4	1(3),1(2),2(1)	17(.132)	19(.072)	21(.024)		
5	4	1(3),3(1)	14(.168)	18(.024)			
5	4	4(2)	22(.151)	24(.043)	26(.025)		
5	4	3(2),1(1)	17(.178)	19(.106)	21(.040)		
5	4	2(2),2(1)	18(.040)	20(.008)			
5	4	1(2),3(1)	13(.064)	17(.016)			
5	4	4(1)	10(.136)	16(.008)			
5	5	5(4)	88(.098)	92(.034)			
5	5	4(4),1(3)	83(.069)	85(.016)			
5	5	4(4),1(2)	72(.171)	74(.114)	76(.043)		
5	5	4(4),1(1)	65(.168)	67(.083)	73(.006)		
5	5	3(4),2(3)	74(.146)	76(.064)	80(.011)	82(.006)	
5	5	3(4),1(3),1(2)	67(.156)	69(.041)	71(.024)	73(.010)	
5	5	3(4),1(3),1(1)	60(.109)	62(.042)	64(.013)	66(.010)	
5	5	3(4),2(2)	60(.144)	62(.062)	64(.029)	66(.012)	
5	5	3(4),1(2),1(1)	53(.157)	55(.077)	57(.019)	59(.010)	
5	5	3(4),2(1)	48(.083)	50(.026)	52(.006)		
5	5	2(4),3(3)	67(.192)	69(.062)	71(.040)	73(.014)	75(.009)
5	5	2(4),2(3),1(2)	60(.179)	62(.092)	64(.041)	66(.019)	68(.007)
5	5	2(4),2(3),1(1)	53(.203)	55(.107)	57(.030)	59(.019)	
5	5	2(4),1(3),2(2)	55(.143)	57(.042)	59(.032)	61(.010)	
5	5	2(4),1(3),1(2),1(1)	48(.139)	50(.077)	52(.029)	54(.010)	
5	5	2(4),1(3),2(1)	41(.186)	43(.128)	45(.038)	47(.010)	
5	5	2(4),3(2)	48(.178)	50(.106)	52(.042)	54(.018)	
5	5	2(4),2(2),1(1)	43(.158)	45(.058)	47(.024)		
5	5	2(4),1(2),2(1)	36(.186)	38(.128)	40(.038)	42(.010)	
5	5	2(4),3(1)	33(.083)	35(.026)	37(.006)		
5	5	1(4),4(3)	62(.122)	64(.057)	66(.029)	68(.014)	70(.005)
5	5	1(4),3(3),1(2)	55(.177)	57(.059)	59(.049)	61(.017)	
5	5	1(4),3(3),1(1)	48(.171)	50(.106)	52(.046)	54(.017)	
5	5	1(4),2(3),2(2)	50(.135)	52(.063)	54(.027)	56(.008)	
5	5	1(4),2(3),1(2),1(1)	43(.198)	45(.082)	47(.036)	49(.012)	
5	5	1(4),2(3),2(1)	38(.158)	40(.058)	42(.024)		
5	5	1(4),1(3),3(2)	45(.106)	47(.056)	49(.020)	51(.009)	
5	5	1(4),1(3),2(2),1(1)	38(.198)	40(.082)	42(.036)	44(.012)	

Tafel 46 (Fortsetzung)

m	r	Z(L$_i$)-Komb.	SS(P)				
5	5	1(4),1(3),1(2),2(1)	33(.139)	35(.077)	37(.029)	39(.010)	
5	5	1(4),1(3),3(1)	28(.157)	30(.077)	32(.019)	34(.010)	
5	5	1(4),4(2)	40(.109)	42(.051)	44(.023)	46(.010)	
5	5	1(4),3(2),1(1)	33(.171)	35(.106)	37(.046)	39(.017)	
5	5	1(4),2(2),2(1)	28(.203)	30(.107)	32(.030)	34(.019)	
5	5	1(4),1(2),3(1)	25(.109)	27(.042)	29(.013)	31(.010)	
5	5	1(4),4(1)	20(.168)	22(.083)	28(.006)		
5	5	5(3)	57(.080)	59(.068)	61(.027)	63(.009)	
5	5	4(3),1(2)	50(.167)	52(.086)	54(.040)	56(.014)	58(.010)
5	5	4(3),1(1)	45(.109)	47(.051)	49(.023)	51(.010)	
5	5	3(3),2(2)	45(.135)	47(.074)	49(.032)	51(.016)	
5	5	3(3),1(2),1(1)	40(.106)	42(.056)	44(.020)	46(.009)	
5	5	3(3),2(1)	33(.178)	35(.106)	37(.042)	39(.018)	
5	5	2(3),3(2)	40(.135)	42(.074)	44(.032)	46(.016)	
5	5	2(3),2(2),1(1)	35(.135)	37(.063)	39(.027)	41(.008)	
5	5	2(3),1(2),2(1)	30(.143)	32(.042)	34(.032)	36(.010)	
5	5	2(3),3(1)	25(.144)	27(.062)	29(.029)	31(.012)	
5	5	1(3),4(2)	35(.167)	37(.086)	39(.040)	41(.014)	43(.010)
5	5	1(3),3(2),1(1)	30(.177)	32(.059)	34(.049)	36(.017)	
5	5	1(3),2(2),2(1)	25(.179)	27(.092)	29(.041)	31(.019)	33(.007)
5	5	1(3),1(2),3(1)	22(.156)	24(.041)	26(.024)	28(.010)	
5	5	1(3),4(1)	17(.171)	19(.114)	21(.043)		
5	5	5(2)	32(.080)	34(.068)	36(.027)	38(.009)	
5	5	4(2),1(1)	27(.122)	29(.057)	31(.029)	33(.014)	35(.005)
5	5	3(2),2(1)	22(.192)	24(.062)	26(.040)	28(.014)	30(.009)
5	5	2(2),3(1)	19(.146)	21(.064)	25(.011)	27(.006)	
5	5	1(2),4(1)	18(.069)	20(.016)			
5	5	5(1)	13(.098)	17(.034)			
6	2	2(5)	20(.167)				
6	2	2(4)	16(.067)				
6	2	1(4),1(3)	13(.200)				
6	2	2(3)	12(.050)				
6	2	1(3),1(2)	9(.200)				
6	2	2(2)	8(.067)				
6	2	2(1)	4(.167)				
6	3	3(5)	45(.028)				
6	3	2(5),1(4)	38(.111)	40(.056)			
6	3	2(5),1(3)	35(.083)				
6	3	2(5),1(2)	30(.111)				
6	3	2(5),1(1)	25(.139)				
6	3	1(5),2(4)	35(.111)	37(.022)			
6	3	1(5),2(3)	27(.175)	29(.025)			
6	3	1(5),2(2)	21(.044)				
6	3	1(5),2(1)	13(.139)				
6	3	1(5),1(4),1(3)	30(.200)	32(.067)			
6	3	1(5),1(4),1(2)	27(.133)				
6	3	1(5),1(3),1(2)	24(.100)				
6	3	3(4)	32(.111)				
6	3	2(4),1(3)	29(.040)	31(.013)			
6	3	2(4),1(2)	24(.133)	26(.027)			
6	3	2(4),1(1)	21(.044)				

Tafel 46 (Fortsetzung)

m	r	Z(Lᵢ)-Komb.	SS(P)			
6	3	1(4),2(3)	24(.190)	26(.040)	28(.010)	
6	3	1(4),2(2)	18(.133)	20(.027)		
6	3	1(4),2(1)	12(.111)			
6	3	1(4),1(3),1(2)	21(.120)	23(.040)		
6	3	1(4),1(3),1(1)	18(.100)			
6	3	1(4),1(2),1(1)	15(.133)			
6	3	3(3)	21(.160	23(.070)		
6	3	2(3),1(2)	18(.190)	20(.040)	22(.010)	
6	3	2(3),1(1)	15(.175)	17(.025)		
6	3	1(3),2(2)	17(.040)	19(.013)		
6	3	1(3),2(1)	11(.083)			
6	3	1(3),1(2),1(1)	12(.200)	14(.067)		
6	3	3(2)	14(.111)			
6	3	2(2),1(1)	11(.111)	13(.022)		
6	3	1(2),2(1)	8(.111)	10(.056)		
6	3	3(1)	9(.028)			
6	4	4(5)	72(.167)	74(.097)		
6	4	3(5),1(4)	67(.167)	69(.037)	73(.009)	
6	4	3(5),1(3)	62(.097)	66(.014)		
6	4	3(5),1(2)	55(.185)	59(.019)		
6	4	3(5),1(1)	52(.023)			
6	4	2(5),2(4)	62(.141)	66(.022)		
6	4	2(5),2(3)	52(.075)	54(.038)		
6	4	2(5),2(2)	40(.185)	42(.074)	44(.007)	
6	4	2(5),2(1)	32(.023)			
6	4	2(5),1(4),1(3)	57(.067)	59(.039)	61(.011)	
6	4	2(5),1(4),1(2)	50(.170)	52(.059)	54(.022)	
6	4	2(5),1(4),1(1)	45(.083)	47(.037)		
6	4	2(5),1(3),1(2)	45(.161)	47(.083)	49(.017)	
6	4	2(5),1(3),1(1)	40(.153)	42(.042)		
6	4	2(5),1(2),1(1)	35(.204)	37(.037)		
6	4	1(5),3(4)	57(.093)	59(.058)	61(.019)	
6	4	1(5),2(4),1(3)	52(.107)	54(.053)	56(.009)	
6	4	1(5),2(4),1(2)	45(.204)	47(.113)	49(.027)	51(.009)
6	4	1(5),2(4),1(1)	40(.204)	42(.059)	44(.015)	
6	4	1(5),1(4),2(3)	47(.145)	49(.040)	51(.015)	
6	4	1(5),1(4),2(2)	37(.121)	39(.053)	41(.009)	
6	4	1(5),1(4),2(1)	27(.204)	29(.037)		
6	4	1(5),1(4),1(3),1(2)	42(.120)	44(.040)	46(.013)	
6	4	1(5),1(4),1(3),1(1)	37(.094)	39(.033)		
6	4	1(5),1(4),1(2),1(1)	32(.148)	34(.044)		
6	4	1(5),3(3)	42(.149)	44(.059)	46(.024)	
6	4	1(5),2(3),1(2)	37(.155)	39(.077)	41(.015)	43(.005)
6	4	1(5),2(3),1(1)	32(.192)	34(.062)	36(.012)	
6	4	1(5),1(3),2(2)	34(.089)	36(.022)	38(.007)	
6	4	1(5),1(3),2(1)	24(.153)	26(.042)		
6	4	1(5),3(2)	29(.129)	31(.056)		
6	4	1(5),2(2),1(1)	24(.204)	26(.059)	28(.015)	
6	4	1(5),1(2),2(1)	21(.083)	23(.037)		
6	4	1(5),1(3),1(2),1(1)	29(.094)	31(.033)		
6	4	1(5),3(1)	20(.023)			

Tafel 46 (Fortsetzung)

m	r	Z(L$_i$)-Komb.	SS(P)			
6	4	4(4)	52(.138)	54(.074)	56(.017)	58(.010)
6	4	3(4),1(3)	47(.179)	49(.059)	51(.027)	53(.006)
6	4	3(4),1(2)	42(.152)	44(.061)	46(.023)	
6	4	3(4),1(1)	37(.129)	39(.056)		
6	4	2(4),2(3)	42(.182)	44(.082)	46(.036)	
6	4	2(4),2(3)	42(.182)	44(.082)	46(.036)	
6	4	2(4),1(3),1(2)	37(.194)	39(.104)	41(.024)	43(.011)
6	4	2(4),1(3),1(1)	34(.089)	36(.022)	38(.007)	
6	4	2(4),2(2)	34(.119)	36(.033)	38(.015)	
6	4	2(4),1(2),1(1)	29(.121)	31(.053)	33(.009)	
6	4	2(4),2(1)	24(.185)	26(.074)	28(.007)	
6	4	1(4),3(3)	39(.131)	41(.037)	43(.019)	45(.005)
6	4	1(4),2(3),1(2)	34(.148)	36(.052)	38(.024)	
6	4	1(4),2(3),1(1)	29(.155)	31(.077)	33(.015)	35(.005)
6	4	1(4),1(3),2(2)	29(.194)	31(.104)	33(.024)	35(.011)
6	4	1(4),1(3),1(2),1(1)	26(.120)	28(.040)	30(.013)	
6	4	1(4),1(3),2(1)	21(.161)	23(.083)	25(.017)	
6	4	1(4),3(2)	26(.152)	28(.061)	30(.023)	
6	4	1(4),2(2),1(1)	21(.204)	23(.113)	25(.027)	27(.009)
6	4	1(4),1(2),2(1)	18(.170)	20(.059)	22(.022)	
6	4	1(4),3(1)	15(.185)	19(.019)		
6	4	4(3)	34(.179)	36(.071)	38(.035)	40(.008)
6	4	3(3),1(2)	31(.131)	33(.037)	35(.019)	37(.005)
6	4	3(3),1(1)	26(.149)	28(.059)	30(.023)	
6	4	2(3),2(2)	26(.184)	28(.082)	30(.036)	
6	4	2(3),1(2),1(1)	23(.145)	25(.040)	27(.015)	
6	4	2(3),2(1)	20(.075)	22(.038)		
6	4	1(3),3(2)	23(.179)	25(.059)	27(.027)	29(.006)
6	4	1(3),2(2),1(1)	20(.107)	22(.053)	24(.009)	
6	4	1(3),1(2),2(1)	17(.067)	19(.039)	21(.011)	
6	4	1(3),3(1)	14(.097)	18(.014)		
6	4	4(2)	20(.138)	22(.074)	24(.017)	26(.010)
6	4	3(2),1(1)	17(.093)	19(.058)	21(.019)	
6	4	2(2),2(1)	14(.141)	18(.022)		
6	4	1(2),3(1)	11(.167)	13(.037)	17(.009)	
6	4	4(1)	8(.167)	10(.097)		
6	5	5(5)	113(.059)	117(.020)		
6	5	4(5),1(4)	104(.176)	108(.040)	110(.008)	
6	5	4(5),1(3)	97(.093)	99(.065)	101(.021)	
6	5	4(5),1(2)	90(.094)	92(.040)		
6	5	4(5),1(1)	81(.128)	83(.066)		
6	5	3(5),2(4)	97(.122)	99(.084)	101(.032)	
6	5	3(5),1(4),1(3)	90(.141)	92(.078)	94(.017)	96(.010)
6	5	3(5),1(4),1(2)	83(.149)	85(.043)	87(.017)	89(.006)
6	5	3(5),1(4),1(1)	76(.091)	78(.026)	80(.008)	82(.006)
6	5	3(5),2(3)	83(.181)	85(.060)	87(.025)	89(.011)
6	5	3(5),1(3),1(2)	76(.157)	78(.057)	80(.026)	82(.008)
6	5	3(5),1(3),1(1)	69(.127)	71(.053)	73(.012)	75(.007)
6	5	3(5),2(2)	69(.158)	71(.075)	73(.023)	75(.009)
6	5	3(5),1(2),1(1)	62(.184)	64(.071)	66(.015)	68(.006)
6	5	3(5),2(1)	57(.066)	59(.019)		

Tafel 46 (Fortsetzung)

m	r	$Z(L_i)$-Komb.	SS(P)				
6	5	2(5),3(4)	90(.170)	92(.099)	94(.026)	96(.017)	98(.006)
6	5	2(5),2(4),1(3)	85(.079)	87(.039)	89(.016)	91(.008)	
6	5	2(5),2(4),1(2)	76(.186)	78(.080)	80(.038)	82(.013)	84(.006)
6	5	2(5),2(4),1(1)	69(.162)	71(.077)	73(.018)	75(.012)	
6	5	2(5),1(4),2(3)	78(.102)	80(.052)	82(.017)	84(.010)	
6	5	2(5),1(4),1(3),1(2)	71(.129)	73(.043)	75(.024)	77(.008)	
6	5	2(5),1(4),1(3),1(1)	64(.117)	66(.044)	68(.019)	70(.006)	
6	5	2(5),1(4),2(2)	64(.149)	66(.057)	68(.031)	70(.009)	
6	5	2(5),1(4),1(2),1(1)	57(.153)	59(.083)	61(.025)	63(.007)	
6	5	2(5),1(4),2(1)	52(.110)	54(.031)	56(.006)		
6	5	2(5),3(3)	71(.156)	73(.057)	75(.034)	77(.012)	
6	5	2(5),2(3),1(2)	64(.177)	66(.077)	68(.041)	70(.014)	
6	5	2(5),2(3),1(1)	57(.187)	59(.107)	61(.035)	63(.015)	
6	5	2(5),1(3),2(2)	59(.135)	61(.046)	63(.024)	65(.006)	
6	5	2(5),1(3),1(2),1(1)	52(.156)	54(.071)	56(.025)	58(.006)	
6	5	2(5),1(3),2(1)	45(.201)	47(.127)	49(.035)	51(.007)	
6	5	2(5),3(2)	52(.188)	54(.094)	56(.038)	58(.011)	
6	5	2(5),2(2),1(1)	57(.157)	49(.051)	51(.017)		
6	5	2(5),1(2),2(1)	42(.110)	44(.031)	46(.006)		
6	5	2(5),3(1)	37(.066)	39(.019)			
6	5	1(5),4(4)	85(.100)	87(.054)	89(.023)	91(.012)	
6	5	1(5),3(4),1(3)	78(.127)	80(.068)	82(.024)	84(.016)	86(.005)
6	5	1(5),3(4),1(2)	71(.157)	73(.056)	75(.036)	77(.013)	
6	5	1(5),3(4),1(1)	64(.143)	66(.063)	68(.029)	70(.010)	
6	5	1(5),2(4),2(3)	71(.185)	73(.073)	75(.047)	77(.019)	79(.007)
6	5	1(5),2(4),1(3),1(2)	66(.098)	68(.056)	70(.021)	72(.007)	
6	5	1(5),2(4),1(3),1(1)	59(.134)	61(.051)	63(.022)	65(.005)	
6	5	1(5),2(4),2(2)	59(.163)	61(.064)	63(.033)	65(.010)	
6	5	1(5),2(4),1(2),1(1)	52(.192)	54(.092)	56(.037)	58(.012)	
6	5	1(5),2(4),2(1)	47(.157)	49(.051)	51(.017)		
6	5	1(5),1(4),3(3)	66(.119)	68(.071)	70(.029)	72(.012)	
6	5	1(5),1(4),2(3),1(2)	59(.191)	61(.081)	63(.045)	65(.016)	67(.007)
6	5	1(5),1(4),2(3),1(1)	54(.117)	56(.051)	58(.018)	60(.006)	
6	5	1(5),1(4),1(3),1(2)	54(.142)	56(.068)	58(.026)	60(.011)	
6	5	1(5)1(4)1(3)1(2)1(1)	49(.088)	51(.041)	53(.013)		
6	5	1(5),1(4),1(3),2(1)	42(.156)	44(.071)	46(.025)	48(.006)	
6	5	1(5),1(4),3(2)	49(.111)	51(.057)	53(.021)	55(.008)	
6	5	1(5),1(4),2(2),1(1)	42(.192)	44(.092)	46(.037)	48(.012)	
6	5	1(5),1(4),1(2),2(1)	37(.153)	39(.083)	41(.025)	43(.007)	
6	5	1(5),1(4),3(1)	32(.184)	34(.071)	36(.015)	38(.006)	
6	5	1(5),4(3)	61(.099)	63(.059)	65(.023)	67(.010)	
6	5	1(5),3(3),1(2)	54(.167)	56(.087)	58(.035)	60(.017)	
6	5	1(5),3(3),1(1)	49(.108)	51(.056)	53(.021)	55(.008)	
6	5	1(5),2(3),2(2)	49(.133)	51(.073)	53(.030)	55(.013)	
6	5	1(5),2(3),1(2),1(1)	44(.117)	46(.051)	48(.018)	50(.006)	
6	5	1(5),2(3),2(1)	37(.187)	39(.107)	41(.035)	43(.015)	
6	5	1(5),1(3),3(2)	44(.143)	46(.067)	48(.028)	50(.010)	
6	5	1(5),1(3),2(2),1(1)	39(.134)	41(.051)	43(.022)	45(.005)	
6	5	1(5),1(3),1(2),2(1)	34(.117)	36(.044)	38(.019)	40(.006)	
6	5	1(5),1(3),3(1)	29(.127)	31(.053)	33(.012)	35(.007)	
6	5	1(5),4(2)	39(.163)	41(.069)	43(.032)	45(.010)	

Tafel 46 (Fortsetzung)

m	r	Z(L_i)-Komb.	SS(P)				
6	5	1(5),3(2),1(1)	34(.143)	36(.063)	38(.029)	40(.010)	
6	5	1(5),2(2),2(1)	29(.162)	31(.077)	33(.018)	35(.012)	
6	5	1(5),1(2),3(1)	26(.091)	28(.026)	30(.008)	32(.006)	
6	5	1(5),4(1)	21(.128)	23(.066)			
6	5	5(4)	78(.152)	80(.086)	82(.033)	84(.024)	86(.009)
6	5	4(4),1(3)	73(.091)	75(.062)	77(.027)	79(.011)	
6	5	4(4),1(2)	66(.120)	68(.073)	70(.031)	72(.011)	74(.005)
6	5	4(4),1(1)	59(.163)	61(.069)	63(.032)	65(.010)	
6	5	3(4),2(3)	66(.142)	68(.090)	70(.040)	72(.017)	74(.008)
6	5	3(4),1(3),1(2)	61(.102)	63(.058)	65(.023)	67(.012)	
6	5	3(4),1(3),1(1)	54(.143)	56(.067)	58(.028)	60(.010)	
6	5	3(4),2(2)	54(.168)	56(.086)	58(.038)	60(.017)	62(.006)
6	5	3(4),1(2),1(1)	49(.111)	51(.057)	53(.021)	55(.008)	
6	5	3(4),2(1)	42(.188)	44(.094)	46(.038)	48(.011)	
6	5	2(4),3(3)	61(.121)	63(.074)	65(.031)	67(.016)	69(.005)
6	5	2(4),2(3),1(2)	54(.195)	56(.106)	58(.049)	60(.024)	62(.010)
6	5	2(4),2(3),1(1)	49(.133)	51(.073)	53(.030)	55(.013)	
6	5	2(4),1(3),2(2)	49(.159)	51(.093)	53(.041)	55(.020)	
6	5	2(4),1(3),1(2),1(1)	44(.142)	46(.068)	48(.026)	50(.011)	
6	5	2(4),1(3),2(1)	39(.135)	41(.046)	43(.024)	45(.006)	
6	5	2(4),3(2)	44(.168)	46(.086)	48(.038)	50(.017)	52(.006)
6	5	2(4),2(2),1(1)	39(.163)	41(.064)	43(.033)	45(.010)	
6	5	2(4),1(2),2(1)	34(.149)	36(.057)	38(.031)	40(.009)	
6	5	2(4),3(1)	29(.158)	31(.075)	33(.023)	35(.009)	
6	5	1(4),4(3)	56(.126)	58(.061)	60(.032)	62(.015)	64(.006)
6	5	1(4),3(3),1(2)	49(.182)	51(.112)	53(.054)	57(.008)	59(.006)
6	5	1(4),3(3),1(1)	44(.167)	46(.087)	48(.035)	50(.017)	
6	5	1(4),2(3),2(2)	44(.195)	46(.106)	48(.049)	50(.024)	52(.010)
6	5	1(4),2(3),1(2),1(1)	39(.191)	41(.081)	43(.045)	45(.016)	47(.007)
6	5	1(4),2(3),2(1)	34(.177)	36(.077)	38(.041)	40(.014)	
6	5	1(4),1(3),3(2)	41(.102)	43(.058)	45(.023)	47(.012)	
6	5	1(4),1(3),2(2),1(1)	36(.098)	38(.056)	40(.021)	42(.007)	
6	5	1(4),1(3),1(2),2(1)	31(.129)	33(.043)	35(.024)	37(.008)	
6	5	1(4),1(3),3(1)	26(.157)	28(.057)	30(.026)	32(.008)	
6	5	1(4),4(2)	36(.120)	38(.073)	40(.031)	42(.011)	44(.005)
6	5	1(4),3(2),1(1)	31(.157)	33(.056)	35(.036)	37(.013)	
6	5	1(4),2(2),2(1)	26(.186)	28(.080)	30(.038)	32(.013)	34(.006)
6	5	1(4),1(2),3(1)	23(.149)	25(.043)	27(.017)	29(.006)	
6	5	1(4),4(1)	20(.094)	22(.040)			
6	5	5(3)	51(.132)	53(.068)	55(.036)	57(.011)	59(.009)
6	5	4(3),1(2)	46(.126)	48(.061)	50(.032)	52(.015)	54(.006)
6	5	4(3),1(1)	41(.099)	43(.059)	45(.023)	47(.010)	
6	5	3(3),2(2)	41(.121)	43(.074)	45(.031)	47(.016)	49(.005)
6	5	3(3),1(2),1(1)	36(.119)	38(.071)	40(.029)	82(.012)	
6	5	3(3),2(1)	31(.156)	33(.057)	35(.034)	37(.012)	
6	5	2(3),3(2)	36(.142)	38(.090)	40(.040)	42(.017)	44(.008)
6	5	2(3),2(2),1(1)	31(.185)	33(.073)	35(.047)	37(.019)	39(.007)
6	5	2(3),1(2),2(1)	28(.102)	30(.052)	32(.017)	34(.010)	
6	5	2(3),3(1)	23(.181)	25(.060)	27(.025)	29(.011)	
6	5	1(3),4(2)	33(.091)	35(.062)	37(.027)	39(.011)	
6	5	1(3),3(2),1(1)	28(.127)	30(.068)	32(.024)	34(.016)	36(.005)

Tafel 46 (Fortsetzung)

m	r	Z(L$_i$)-Komb.	SS(P)				
6	5	1(3),2(2),2(1) •	25(.079)	27(.039)	29(.016)	31(.008)	
6	5	1(3),1(2),3(1)	20(.141)	22(.078)	24(.017)	26(.010)	
6	5	1(3),4(1)	17(.093)	19(.065)	21(.021)		
6	5	5(2)	28(.152)	30(.086)	32(.033)	34(.024)	36(.009)
6	5	4(2),1(1)	25(.100)	27(.054)	29(.023)	31(.012)	
6	5	3(2),2(1)	20(.170)	22(.099)	24(.026)	26(.017)	28(.006)
6	5	2(2),3(1)	17(.122)	19(.084)	21(.032)		
6	5	1(2),4(1)	14(.176)	18(.040)	20(.008)		
6	5	5(1)	13(.059)	17(.020)			

Tafel 47

Halperins einseitig gestutzter U-Test. (Aus Halperin 1960)

Die Tafel enthält die in der Nähe der 5%- und 1%-Signifikanzschranke befindlichen Werte der Prüfgröße U_C und (daneben in Klammer) die zugehörigen einseitigen Überschreitungswahrscheinlichkeiten P für Stichproben von $N_1 = 2(1)8$ und $N_2 = 1(1)8$ mit $r = r_1 + r_2$ gestutzten Meßwerten, wobei $r \leq N-1$ und $N = N_1 + N_2$. Ein beobachteter U_C-Wert, der den zu N_1, N_2 und r gehörigen Tafelwert erreicht oder unterschreitet, ist auf der bezeichneten Stufe signifikant. Bei zweiseitiger Frage ist das abgelesene P zu verdoppeln.

Ablesebeispiel: Ein $U_C = 4$ ist für $N_1 = 4$ und $N_2 = 8$ bei $r = 6$ auf der 5%-Stufe signifikant ($P = 0,042$), wenn einseitig gefragt wurde.

	($N_1 = 2$)						$\alpha \approx 0,05$	
r	$N_2 = 1$	2	3	4	5	6	7	8
0	0(.333)	0(.167)	0(.100)	0(.067)	0(.048)	0(.036)	1(.056)	1(.044)
1	0(.333)	0(.167)	0(.100)	0(.067)	0(.048)	0(.036)	1(.056)	1(.044)
2	0(.667)	0(.167)	0(.100)	0(.067)	0(.048)	0(.036)	1(.056)	1(.044)
3		0(.500)	0(.100)	0(.067)	0(.048)	0(.036)	1(.056)	1(.044)
4			0(.400)	0(.067)	0(.048)	0(.036)	1(.056)	1(.044)
5				0(.333)	0(.048)	0(.036)	1(.056)	1(.044)
6					0(.286)	0(.036)	1(.056)	1(.044)
7						0(.250)	0(.028)	1(.044)
8							0(.222)	0(.022)
9								0(.200)

	($N_1 = 3$)						$\alpha \approx 0,05$	
r	$N_2 = 1$	2	3	4	5	6	7	8
0	0(.250)	0(.100)	0(.05)	1(.058)	1(.036)	2(.048)	3(.058)	3(.042)
1	0(.250)	0(.100)	0(.05)	1(.058)	1(.036)	2(.048)	3(.058)	3(.042)
2	0(.500)	0(.100)	0(.05)	1(.058)	1(.036)	2(.048)	3(.058)	3(.042)
3	0(.750)	0(.300)	0(.05)	1(.058)	1(.036)	2(.048)	3(.058)	3(.042)
4		0(.600)	0(.200)	0(.029)	1(.036)	2(.048)	3(.058)	3(.042)
5			0(.500)	0(.143)	0(.018)	1(.024)	2(.033)	3(.042)
6				0(.429)	0(.107)	0(.012)	2(.075)	3(.073)
7					0(.375)	0(.083)	1(.067)	2(.061)
8						0(.333)	0(.067)	1(.055)
9							0(.300)	0(.055)
10								0(.273)

Tafel 47 (Fortsetzung)

				($N_1 = 4$)			$\alpha \approx 0{,}05$	
r	$N_2 = 1$	2	3	4	5	6	7	8
0	0(.200)	0(.067)	1(.058)	2(.057)	3(.056)	4(.057)	5(.055)	6(.055)
1	0(.200)	0(.067)	1(.058)	2(.057)	3(.056)	4(.057)	5(.055)	6(.055)
2	0(.400)	0(.067)	1(.058)	2(.057)	3(.056)	4(.057)	5(.055)	6(.055)
3	0(.600)	0(.200)	0(.029)	1(.028)	2(.032)	4(.057)	5(.061)	6(.058)
4	0(.800)	0(.400)	0(.114)	1(.071)	2(.055)	3(.048)	4(.045)	5(.042)
5		0(.667)	0(.286)	0(.071)	1(.048)	3(.062)	4(.058)	5(.051)
6			0(.571)	0(.214)	0(.048)	2(.062)	3(.045)	4(.042)
7				0(.500)	0(.167)	0(.033)	2(.045)	4(.062)
8					0(.444)	0(.133)	0(.024)	3(.044)
9						0(.400)	0(.109)	0(.018)
10							0(.364)	0(.091)
11								0(.333)

				($N_1 = 5$)			$\alpha \approx 0{,}05$	
r	$N_2 = 1$	2	3	4	5	6	7	8
0	0(.167)	0(.048)	1(.036)	3(.056)	4(.048)	5(.041)	7(.053)	8(.047)
1	0(.167)	0(.048)	1(.036)	3(.056)	4(.048)	5(.041)	7(.053)	8(.047)
2	0(.333)	0(.048)	1(.036)	3(.056)	4(.051)	5(.043)	7(.058)	8(.050)
3	0(.500)	0(.143)	1(.072)	2(.048)	4(.060)	5(.047)	7(.059)	8(.050)
4	0(.667)	0(.286)	0(.071)	1(.040)	3(.048)	5(.060)	6(.048)	8(.058)
5	0(.833)	0(.476)	0(.179)	0(.040)	2(.044)	4(.052)	6(.059)	7(.046)
6		0(.714)	0(.357)	0(.119)	0(.024)	3(.041)	5(.051)	6(.042)
7			0(.625)	0(.278)	0(.083)	2(.061)	4(.054)	5(.036)
8				0(.556)	0(.222)	0(.061)	2(.045)	4(.063)
9					0(.500)	0(.182)	0(.045)	3(.063)
10						0(.455)	0(.152)	0(.035)
11							0(.417)	0(.128)
12								0(.385)

Tafel 47 (Fortsetzung)

		(N₁ = 6)					α ≈ 0,05	
r	N₂ = 1	2	3	4	5	6	7	8
0	0(.143)	0(.036)	2(.048)	4(.057)	5(.041)	7(.047)	9(.051)	11(.054)
1	0(.143)	0(.036)	2(.048)	4(.057)	5(.041)	7(.047)	9(.051)	11(.054)
2	0(.286)	0(.036)	2(.048)	4(.062)	5(.043)	7(.049)	9(.052)	11(.056)
3	0(.429)	0(.107)	2(.060)	3(.048)	5(.052)	7(.055)	9(.058)	10(.045)
4	0(.571)	0(.214)	0(.048)	2(.043)	4(.043)	6(.048)	8(.050)	10(.052)
5	0(.714)	0(.357)	0(.119)	2(.071)	3(.033)	5(.037)	7(.041)	9(.045)
6	0(.857)	0(.536)	0(.238)	0(.071)	2(.039)	5(.046)	6(.042)	8(.042)
7		0(.750)	0(.417)	0(.167)	0(.045)	3(.053)	5(.051)	7(.043)
8			0(.667)	0(.333)	0(.121)	0(.030)	4(.054)	6(.048)
9				0(.600)	0(.273)	0(.091)	3(.070)	4(.039)
10					0(.545)	0(.227)	0(.070)	3(.055)
11						0(.500)	0(.192)	0(.055)
12							0(.462)	0(.165)
13								0(.429)

		(N₁ = 7)					α ≈ 0,05	
r	N₂ = 1	2	3	4	5	6	7	8
0	0(.125)	1(.056)	3(.058)	5(.055)	7(.053)	9(.051)	11(.049)	13(.047)
1	0(.125)	1(.056)	3(.058)	5(.055)	7(.053)	9(.051)	11(.049)	13(.047)
2	0(.250)	0(.028)	2(.042)	5(.061)	7(.057)	9(.056)	11(.051)	13(.048)
3	0(.375)	0(.083)	2(.058)	4(.052)	6(.047)	8(.044)	11(.057)	13(.053)
4	0(.500)	0(.167)	0(.033)	3(.038)	6(.059)	8(.052)	10(.051)	12(.047)
5	0(.625)	0(.278)	0(.083)	2(.045)	5(.052)	7(.050)	9(.045)	12(.056)
6	0(.750)	0(.417)	0(.167)	0(.045)	3(.045)	6(.049)	8(.047)	11(.055)
7	0(.875)	0(.583)	0(.292)	0(.106)	3(.071)	5(.053)	7(.045)	10(.054)
8		0(.778)	0(.467)	0(.212)	0(.071)	3(.055)	6(.051)	8(.044)
9			0(.700)	0(.382)	0(.159)	0(.049)	4(.059)	7(.050)
10				0(.636)	0(.318)	0(.122)	0(.035)	4(.044)
11					0(.583)	0(.269)	0(.096)	0(.026)
12						0(.538)	0(.230)	0(.077)
13							0(.500)	0(.200)
14								0(.467)

Tafel 47 (Fortsetzung)

				($N_1 = 8$)			$\alpha \approx 0{,}05$	
r	$N_2 = 1$	2	3	4	5	6	7	8
0	0(.111)	1(.044)	3(.042)	6(.055)	8(.047)	11(.054)	13(.047)	16(.052)
1	0(.111)	1(.044)	3(.042)	6(.055)	8(.047)	11(.054)	13(.047)	16(.052)
2	0(.222)	1(.066)	2(.053)	5(.040)	8(.050)	10(.043)	13(.049)	16(.055)
3	0(.333)	0(.067)	1(.042)	5(.047)	7(.041)	10(.049)	13(.054)	15(.047)
4	0(.444)	0(.133)	0(.024)	4(.047)	7(.051)	9(.043)	12(.050)	15(.054)
5	0(.556)	0(.222)	0(.061)	3(.051)	6(.051)	8(.042)	11(.046)	14(.050)
6	0(.667)	0(.333)	0(.121)	0(.030)	5(.051)	8(.055)	10(.045)	13(.051)
7	0(.778)	0(.467)	0(.212)	0(.071)	3(.044)	7(.054)	9(.050)	12(.054)
8	0(.889)	0(.622)	0(.339)	0(.144)	0(.044)	4(.047)	8(.053)	10(.047)
9		0(.800)	0(.509)	0(.255)	0(.098)	4(.070)	5(.045)	9(.051)
10			0(.727)	0(.424)	0(.196)	0(.070)	4(.051)	8(.057)
11				0(.667)	0(.359)	0(.154)	0(.026)	4(.038)
12					0(.615)	0(.308)	0(.123)	0(.038)
13						0(.571)	0(.267)	0(.100)
14							0(.533)	0(.233)
15								0(.500)

Tafel 47 (Fortsetzung)

$(N_1 = 2)$	$\alpha \approx 0{,}01$
r	$N_2 = 7$	8
0	0(.028)	0(.022)
1	0(.028)	0(.022)
2	0(.028)	0(.022)
3	0(.028)	0(.022)
4	0(.028)	0(.022)
5	0(.028)	0(.022)
6	0(.028)	0(.022)
7		0(.022)

	$(N_1 = 3)$			$\alpha \approx 0{,}01$
r	$N_2 = 4$	5	6	7	8
0	0(.028)	0(.018)	0(.012)	0(.008)	1(.012)
1	0(.028)	0(.018)	0(.012)	0(.008)	1(.012)
2	0(.028)	0(.018)	0(.012)	0(.008)	1(.012)
3	0(.028)	0(.018)	0(.012)	0(.008)	1(.012)
4		0(.018)	0(.012)	0(.008)	1(.012)
5			0(.012)	0(.008)	1(.012)
6				0(.008)	1(.012)
7				0(.008)	1(.012)
8					0(.006)

	$(N_1 = 4)$				$\alpha \approx 0{,}01$
r	$N_2 = 3$	4	5	6	7	8
0	0(.028)	0(.014)	0(.008)	1(.010)	2(.012)	2(.008)
1	0(.028)	0(.014)	0(.008)	1(.010)	2(.012)	2(.008)
2	0(.028)	0(.014)	0(.008)	1(.010)	2(.012)	2(.008)
3		0(.014)	0(.008)	1(.010)	2(.012)	2(.008)
4		0(.014)	0(.008)	1(.010)	2(.012)	2(.008)
5			0(.008)	1(.010)	2(.012)	2(.008)
6				0(.005)	1(.006)	2(.008)
7					0(.003)	1(.004)
8						1(.018)

Tafel 47 (Fortsetzung)

	$(N_1 = 5)$				$\alpha \approx 0{,}01$	
r	$N_2 = 3$	4	5	6	7	8
0	0(.018)	0(.008)	1(.008)	2(.009)	3(.009)	4(.009)
1	0(.018)	0(.008)	1(.008)	2(.009)	3(.009)	4(.009)
2	0(.018)	0(.008)	1(.008)	2(.009)	3(.009)	4(.009)
3	0(.018)	0(.008)	1(.008)	2(.009)	3(.009)	4(.009)
4		0(.008)	1(.008)	2(.009)	3(.009)	4(.009)
5			0(.004)	1(.004)	3(.014)	4(.012)
6				1(.015)	2(.011)	3(.009)
7				0(.015)	1(.010)	2(.008)
8					0(.010)	2(.013)
9						0(.007)

	$(N_1 = 6)$				$\alpha \approx 0{,}01$	
r	$N_2 = 3$	4	5	6	7	8
0	0(.012)	1(.010)	2(.009)	3(.008)	5(.011)	6(.010)
1	0(.012)	1(.010)	2(.009)	3(.008)	5(.011)	6(.010)
2	0(.012)	1(.010)	2(.009)	3(.008)	5(.011)	6(.010)
3	0(.012)	1(.010)	2(.009)	3(.008)	5(.012)	6(.011)
4		0(.005)	2(.015)	3(.011)	4(.009)	6(.012)
5		0(.024)	1(.013)	2(.009)	4(.011)	5(.009)
6			0(.013)	1(.008)	3(.009)	5(.012)
7				0(.008)	2(.009)	4(.011)
8					0(.005)	3(.008)
9					0(.021)	2(.015)
10						0(.015)

	$(N_1 = 7)$					$\alpha \approx 0{,}01$	
r	$N_2 = 2$	3	4	5	6	7	8
0	0(.028)	0(.008)	2(.012)	3(.009)	5(.011)	6(.009)	8(.010)
1	0(.028)	0(.008)	2(.012)	3(.009)	5(.011)	6(.009)	8(.010)
2		0(.008)	2(.012)	3(.009)	5(.012)	6(.009)	8(.010)
3		0(.008)	1(.006)	3(.009)	4(.008)	6(.009)	8(.011)
4			1(.015)	2(.009)	4(.010)	6(.011)	8(.012)
5			0(.015)	1(.008)	3(.008)	5(.009)	7(.010)
6				0(.008)	3(.011)	5(.012)	6(.009)
7				0(.027)	2(.016)	4(.014)	5(.007)
8					0(.016)	2(.011)	4(.009)
9						0(.010)	3(.013)
10							0(.007)

Tafel 47 (Fortsetzung)

r	$N_2 = 2$	3	4	5	6	7	8
			($N_1 = 8$)			$\alpha \approx 0{,}01$	
0	0(.022)	1(.012)	2(.008)	4(.009)	6(.010)	8(.010)	10(.010)
1	0(.022)	1(.012)	2(.008)	4(.009)	6(.010)	8(.010)	10(.010)
2	0(.022)	1(.012)	2(.008)	4(.010)	6(.011)	8(.010)	10(.011)
3		0(.006)	2(.012)	4(.012)	6(.012)	8(.012)	10(.011)
4			1(.010)	3(.009)	5(.009)	7(.009)	9(.009)
5			0(.010)	2(.009)	5(.012)	7(.012)	9(.011)
6				0(.005)	4(.013)	6(.012)	8(.011)
7				0(.016)	2(.009)	5(.012)	7(.010)
8					0(.009)	3(.010)	6(.012)
9					0(.028)	0(.006)	4(.009)
10						0(.019)	3(.013)
11							1(.013)

Literaturverzeichnis

Adam, J., Scharf, J.-H. & Enke, H. (1977). *Methoden der statistischen Analyse in Medizin und Biologie*. Berlin (DDR): Volk und Gesundheit.

Agresti, A. & Wackerly, D. (1977). Some exact conditional tests of independence for R × C cross-classification tables. *Psychometrika, 42*, 111–125.

Aiken, L.R. (1988). Small sample difference tests of goodness of fit and interdependence. *Educational and Psychological Measurement, 48*, 905–912.

Alam, K., Seo, K. & Thompson, J.R. (1971). A sequential sampling rule for selecting the most probable multinomial event. *Annals of the Institute of Statistical Mathematics, 23*, 365–375.

Alling, D.W. (1963). Early decision in the Wilcoxon two-sample test. *Journal of the American Statistical Association, 58*, 713–720.

Anastasi, A. (1961). *Psychological testing*. New York: MacMillan.

Anderson, O. (1956). Verteilungsfreie Testverfahren in den Sozialwissenschaften. *Allgemeines Statistisches Archiv, 40*, 117–127.

Anderson, O. (1963). Ein exakter nichtparametrischer Test der sog. Nullhypothese im Fall von Autokorrelation und Korrelation. In O. Anderson, *Ausgewählte Schriften*, 864–877. Tübingen: Mohr.

Anderson, R.L. (1942). Distribution of the serial correlation coefficient. *The Annals of Mathematical Statistics, 13*, 1–13.

Anderson, T.W. & Darling, D.A. (1952). Asymptotic theory of certain goodness of fit criteria based on stochastic processes. *The Annals of Mathematical Statistics, 23*, 193–212.

Andrews, F.M. & Messenger, R.C. (1973). *Multivariate nominal scale analysis*. Ann Arbor: Survey Research Center.

Ansari, A.R. & Bradley, R.A. (1960). Rank-sum tests for dispersion. *The Annals of Mathematical Statistics, 31*, 1174–1189.

Arbuthnott, J. (1710). An argument for divine providence taken from constant regularity observed in the birth of both sexes. *Philosophical Transactions of the Royal Society of London, 27*, 186–190.

Armitage, P. (1975)[2]: *Sequential medical trials*. Oxford: Blackwell Scientific Publications.

Arnold, H.J. (1965). Small sample power of the one-sample Wilcoxon test for nonnormal shift alternatives. *The Annals of Mathematical Statistics, 36*, 1767–1778.

Bahadur, R.R. & Savage, L.J. (1956). The nonexistence of certain statistical procedures in nonparametric problems. *The Annals of Mathematical Statistics, 27*, 1115–1122.

Baker, B.O., Hardyck, C.D. & Petrinovich, L.F. (1966). Weak measurement vs. strong statistics: An empirical critique of S.S. Stevens' proscriptions on statistics. *Educational and Psychological Measurement, 26*, 291–309.

Barlow, R.E., Bartholomew, D.J., Bremner, J.M. & Brunk, H.D. (1972). *Statistical inference under order restrictions*. New York: Wiley.

Barnard, G.A. (1947). Significance tests for 2×2 tables. *Biometrika, 34*, 128–138.

Bartels, R.H., Horn, S.D., Liebetrau, A.M. & Harris, W.L. (1977). *A computational investigation of Conover's Kolmogorov-Smirnov test for discrete distributions*. Baltimore: Johns Hopkins University, Department of Mathematical Sciences, Technical Report No. 260.

Bartholomew, D.J. (1959). A test of homogeneity of ordered alternatives. *Biometrika, 46*, 38-48, 328–335.

Bartlett, M.S. (1946). On the theoretical specification and sampling properties of autocorrelated time-series. *Journal of the Royal Statistical Society, Supplement, 8*, 27–41, 85–97 [Corrigenda: (1948), 10, 200].

Barton, D.E. & David, F.N. (1957). Multiple runs. *Biometrika, 44*, 168–178.

Basu, A.P. (1967). On two k-sample rank tests for censored data. *The Annals of Mathematical Statistics, 38*, 274–277.

Bell, C.B. & Doksum, K.A. (1965). Some new distribution-free statistics. *The Annals of Mathematical Statistics, 36*, 203–214.

Belz, M.H. & Hooke, R. (1954). Approximate distribution of the range in the neighborhood of low percentage points. *Journal of the American Statistical Association, 49*, 620–636.

Bem, S.L. (1974). The measurement of psychological androgyny. *Journal of Clinical and Consultant Psychology, 42*, 155–162.

Benard, A. & van Elteren, P. (1953). A generalization of the method of m rankings. *Proceedings Koningklijke Nederlandse Akademie van Wetenschappen, A56*, 358–369.

Bennett, B.M. (1962). On multivariate sign tests. *Journal of the Royal Statistical Society, B24*, 159–161.

Bennett, B.M. (1971). On tests for order and treatment differences in a matched 2×2. *Biometrische Zeitschrift, 13*, 95–99.

Berchtold, W. (1976). Analyse eines Cross-Over-Versuchs mit Anteilsziffern. In W.J. Ziegler (Ed.), *Contributions to applied statistics dedicated to Arthur Linder*, 173–182. Basel: Birkhäuser.

Berenson, M.L. (1976). A useful k-sample test for monotonic relationship in completely randomized designs. *SCIMA-Journal of Management Science and Cybernetics, 5*, 2–16.

Berkson, J. (1940). A note on the chi-square test, the Poisson and the binomial. *Journal of the American Statistical Association, 35*, 362–367.

Berry, D.A. & Sobel, M. (1973). An improved procedure for selecting the better of two Bernoulli populations. *Journal of the American Statistical Association, 68*, 971–984.

Berry, K.J. & Mielke, P.W. (1985). Subroutines for computing exact chi-square and Fisher's exact probability tests. *Educational and Psychological Measurement, 45*, 153–159.

Berry, K.J. & Mielke, P.W. (1986). R by C chi-square analysis with small expected cell frequencies. *Educational and Psychological Measurement, 46*, 169–173.

Berry, K.J. & Mielke, P.W. (1988). A generalization of Cohen's Kappa agreement measure to intervall measurement and multiple raters. *Educational and Psychological Measurement, 48*, 921–934.

Beschel, G. (1956). Kritzelschrift und Schulreife. *Psychologische Rundschau, 7*, 31–44.

Bhapkar, V,P. (1966). A note on equivalence of two test criteria for hypotheses in categorial data. *Journal of the American Statistical Association, 61*, 228–235.

Bhapkar, V,P. & Deshpande, J.V. (1968). Some nonparametric tests for multi-sample problems. *Technometrics, 10*, 107–123.

Bhattacharyya, G.K. & Johnson, R.A. (1968). Nonparametric tests for shift at unknown time point. *The Annals of Mathematical Statistics, 39*, 1731–1743.

Bhuchongkul, S. (1964). A class of non-parametric tests for independence in bivariate populations. *The Annals of Mathematical Statistics, 35*, 138–149.

Bickel, P.J. (1969). A distribution-free version of the Smirnov two-sample test in the p-variate case. *The Annals of Mathematical Statistics, 40*, 1–23.

Bierschenk, B. & Lienert, G.A. (1977). Simple methods for clustering profiles and learning curves. *Didaktometry, 56*, 1–21.

Birnbaum, Z.W. & Hall, R.A. (1960). Small sample distributions for multisample statistics of the Smirnov type. *The Annals of Mathematical Statistics, 31*, 710–720.

Birnbaum, Z.W. & Tingey, F.H. (1951). One-sided confidence contours for probability distribution functions. *The Annals of Mathematical Statistics, 22*, 592–596.

Bishop, Y.M.M., Fienberg, S.E. & Holland, P.W. (1978)[5]. *Discrete multivariate analysis: Theory and practice*. Cambridge: MIT Press.

Blalock, H.M. (Ed.) (1971). *Causal models in the social sciences*. London: MacMillan.

Blomqvist, N. (1950). A measure of dependence between two random variables. *The Annals of Mathematical Statistics, 21*, 593–600.

Blumenthal, S. (1975). Sequential estimation and largest normal mean when the variance is unknown. *Communications in Statistics, A4*, 655–669.

Boehnke, K. (1980). *Parametrische und nicht-parametrische varianzanalytische Verfahren*. Berlin: Berichte aus dem Institut für Psychologie der Technischen Universität, 80–84.

Boehnke, K. (1983). *Der Einfluß verschiedener Stichprobencharakteristika auf die Effizienz der parametrischen und nichtparametrischen Varianzanalyse*. Berlin: Springer.

Boehnke, K. (1984). F- and H-test assumptions revisited. *Educational and Psychological Measurement, 44*, 609–617.

Boehnke, K. (1988). *Prosoziale Motivation, Selbstkonzept und politische Orientierung – Entwicklungsbedingungen und Veränderungen im Jugendalter*. Frankfurt: Lang.

Boehnke, K. (1989). A nonparametric test for differences in the dispersion of dependent samples. *Biometrical Journal, 31*, 421–430.

Boehnke, K., Silbereisen, R.K., Reynolds, C.R. & Richmond, B.O. (1986). What I think and feel – German experience with the revised Children's Manifest Anxiety Scale. *Personality and Individual Differences, 7*, 553–560.

Boehnke, K., Merkens, H., Schmidt, F. & Bergs, D. (1987). Ausländer und Wertwandel – hat die 'Stille Revolution' auch bei Arbeitsmigranten stattgefunden. *Kölner Zeitschrift für Soziologie und Sozialpsychologie, 39*, 330–346.

Boersma, F.J., De Jonge, J.J. & Stellwagen, W.R. (1964). A power comparison of the F- and L-test. *Psychological Review, 71*, 505–513.

Böttcher, H.F. & Posthoff, C. (1975). Die mathematische Behandlung der Rangkorrelation – eine vergleichende Betrachtung der Koeffizienten von Kendall und Spearman. *Zeitschrift für Psychologie, 183*, 201–217.

Boneau, C.A. (1962). A comparison of the power of the U and t tests. *Psychological Review, 69*, 246–256.

Bortkiewicz, L. (1917). *Die Iterationen – ein Beitrag zur Wahrscheinlichkeitsrechnung.* Berlin: Springer.

Bortz, J. (1979)^{1a} (1985)^2 (1989)^3. *Lehrbuch der Statistik.* Berlin: Springer.

Bortz, J. (1984). *Lehrbuch der empirischen Forschung.* (Unter Mitarbeit von D. Bongers). Berlin: Springer.

Bortz, J. & Muchowski, E. (1988). Analyse mehrdimensionaler Kontingenztafeln nach dem allgemeinen linearen Modell. *Zeitschrift für Psychologie, 196*, 83–100.

Bose, R.C. (1956). Paired comparison designs for testing concordance between judges. *Biometrika, 43*, 113–121.

Bowker, A.H. (1948). A test for symmetry in contingency tables. *Journal of the American Statistical Association, 43*, 572–574.

Box, G.E.D. & Jenkins, G.M. (1976). *Time series analysis: Forecasting and control.* San Francisco: Holden-Day.

Bradley, J.V. (1960). *Distribution-free tests.* Washington, DC: Office of Technical Services, US Department of Commerce.

Bradley, J.V. (1968). *Distribution-free statistical tests.* Englewood Cliffs, NJ: Prentice Hall.

Bradley, J.V. (1980). Nonrobustness in Z, t, and F tests at large sample sizes. *Bulletin of the Psychonomic Society, 18*, 333–336.

Bradley, J.V. (1982). The insiduous L-shaped distribution. *Bulletin of the Psychonomic Society, 20*, 85–88.

Bradley, J.V. (1984). The complexity of nonrobustness effects. *Bulletin of the Psychonomic Society, 22*, 250–253.

Bradley, J.V., Merchant, S.D. & Wilcoxon, F. (1966). Sequential rank tests II: Modified two-sample procedures. *Technometrics, 8*, 615–623.

Bravais, A. (1846). Analyse mathématique sur les probabilités des erreurs de situation de point. *Memoires presentés par divers savants a l'Académie des Sciences de l'Institut de France, 9*, 255–332.

Bredenkamp, J. (1974). Nichtparametrische Prüfungen von Wechselwirkungen. *Psychologische Beiträge, 16*, 398–416.

Bredenkamp, J. & Erdfelder, E. (1985). Multivariate Varianzanalyse nach dem V-Kriterium. *Psychologische Beiträge, 27*, 127–154.

Breslow, N. (1970). A generalized Kruskal-Wallis test for comparing k samples and subject to unequal patterns of censorship. *Biometrika, 57*, 579–594.

Bronstein, I.N. & Semendjajew, K.A. (1984). *Taschenbuch der Mathematik.* Zürich: Deutsch.

Bross, I.D.J. (1964). Taking a covariable into account. *Journal of the American Statistical Association, 59*, 725–736.

Brown, B.M. (1980). The cross-over experiment for clinical trials. *Biometrics, 36*, 69–79.

Brown, B.M. & Maritz, J.S. (1982). Distribution-free methods in regression. *Australian Journal of Statistics, 24*, 318–331.

Brown, C.C., Heinze, B. & Krüger, H.-P. (1975). Der exakte 2^3-Felder-Kontingenztest. Unveröffentlichtes Manuskript [zit. n. G.A. Lienert, *Verteilungsfreie Methoden in der Biostatistik, Tafelband*, Tafel XVII-1-1B. Meisenheim am Glan: Hain].

Brunden, M.N. (1972). The analysis of non-independent 2×2 tables using rank sums. *Biometrics, 28*, 603–607.

Buck, W. (1975). Der Paardifferenzen-U-Test. *Arzneimittelforschung, 25*, 825–827.

Buck, W. (1976). Der U-Test nach Uleman. *EDV in Medizin und Biologie, 7*, 65–75.

Buck, W. (1979). Signed-rank tests in the presence of ties. *Biometrical Journal, 21*, 501–526.

Buck, W. (1983). Computerprogramm zur Berechnung exakter Wahrscheinlichkeiten für den Mann-Whitney-U-Test mit Bindungen (Uleman-Test). *EDV in Medizin und Biologie, 14*, 61–64.

Büning, H. & Trenkler, G. (1978). *Nichtparametrische statistische Methoden*. Berlin: de Gruyter.

Burr, E.J. (1960). The distribution of Kendall's score S for a pair of tied rankings. *Biometrika, 47*, 151–171.

Burr, E.J. (1964). Small sample distributions of the two-sample Cramer-von Mises W^2 and Watson's U^2. *The Annals of Mathematical Statistics, 35*, 1091–1098.

Camilli, G. & Hopkins, K.D. (1979). Testing for association in 2×2 contingency tables with very small sample sizes. *Psychological Bulletin, 86*, 1011–1014.

Campbell, N.R. (1938). Symposium: Measurement and its importance to philosophy. *Proceedings of the Aristotelian Society, Supplement 17*, 121–142.

Capon, J. (1961). Asymptotic efficiency of certain locally most powerful rank tests. *The Annals of Mathematical Statistics, 32*, 88–100.

Capon, J. (1965). On the asymptotic efficiency of the Kolmogorov-Smirnov test. *Journal of the American Statistical Association, 60*, 843–853.

Carroll, J.B. (1961). The nature of data or how to choose a correlation coefficient. *Psychometrika, 26*, 347–372.

Castellan, N.J. (1965). On partitioning of contingency tables. *Psychological Bulletin, 64*, 330–338.

Chernoff, H. & Lehmann, E.L. (1954). The use of maximum likelihood estimates in χ^2-tests for goodness of fit. *The Annals of Mathematical Statistics, 25*, 579–586.

Clauss, G. & Ebner, H. (1970). *Grundlagen der Statistik*. Frankfurt: Deutsch.

Cochran, W.G. (1938). An extension of Gold's method of examining the apparent persistence of one type of wheather. *Quarterly Journal of the Royal Metereological Society, 44*, 631–634.

Cochran, W.G. (1950). The comparison of percentages in matched samples. *Biometrika, 37*, 256–266.

Cochran, W.G. (1954). Some methods for strengthening the common χ^2-tests. *Biometrics, 10*, 417–451.

Cochran, W.G. (1962). *Sampling techniques*. New York: Wiley.

Cochran, W.G. & Cox, G.M. (1957)[2]. *Experimental design*. New York: Wiley.

Cohen, J. (1960). A coefficient of agreement for nominal scales. *Educational and Psychological Measurement, 20*, 37–46.

Cohen, J. (1968). Weighted kappa: Nominal scale agreement with provision for scaled disagreement or partial credit. *Psychological Bulletin, 70*, 213–220.

Cohen, J. (1969)[1] (1977)[2]. *Statistical power analysis for the behavioral sciences*. New York: Academic.

Cohen, J. (1972). Weighted chi square: An extension of the kappa method. *Educational and Psychological Measurement, 32*, 61–74.

Cohen, J. (1980). Trend analysis the easy way. *Educational and Psychological Measurement, 40*, 565–568.

Cohen, J. (1982). Set correlation as a general multivariate data-analytic method. *Multivariate Behavior Research, 17*, 301–341.

Cohen, J. & Cohen, P. (1975). *Applied multiple regression/correlation analysis for the behavioral sciences*. Hillsdale, NY: Erlbaum.

Cole, L.C. (1949). The measurement of interspecific association. *Ecology, 30*, 411–424.

Cole, L.C. (1957). The measurement of partial interspecific association. *Ecology, 38*, 226–233.

Colton, T. (1968). A rebuttal of statistical ward rounds 4. *Clinical and Pharmacological Therapeutics, 9*, 113–119.

Conger, A.J. (1980). Integration and generalization of kappas for multiple raters. *Psychological Bulletin, 88*, 322–328.

Conger, A.J. & Ward, D.G. (1984). Agreement among 2×2 agreement indices. *Educational and Psychological Measurement, 44*, 301–314.

Conover, W.J. (1965). Several k-sample Kolmogorov-Smirnov tests. *The Annals of Mathematical Statistics, 36*, 1019–1026.

Conover, W.J. (1967). A k-sample extension of the one-sided two-sample Smirnov test statistic. *The Annals of Mathematical Statistics, 38*, 726–730.

Conover, W.J. (1968). Two k-sample slippage tests. *Journal of the American Statistical Association, 63*, 614–626.

Conover, W.J. (1971)[1] (1980)[2]. *Practical nonparametric statistics*. New York: Wiley.

Conover, W.J. (1972). A Kolmogorov goodness-of-fit test for discontinuous distributions. *Journal of the American Statistical Association, 67*, 591–596.

Conover, W.J. (1973). Rank tests for one sample, two samples, and k samples without the assumption of continuous distribution function. *Annals of Statistics, 1*, 1105–1125.

Cornfield, J. (1951). A method of estimating comparative rates from clinical data. Applications to cancer of lung, breast, and cervix. *Journal of the National Cancer Institute, 11*, 1269–1275.

Cox, D.R. (1958). The regression analysis of binary sequences. *Journal of the Royal Statistical Society, B20*, 215–232.

Cox, D.R. (1970). *The analysis of binary data*. London: Methuen.

Cox, D.R. & Lewis, P.A.W. (1978). *The statistical analysis of series of events*. New York: Methuen.

Cox, D.R. & Stuart, A. (1955). Some quick sign tests for trend in location and dispersion. *Biometrika, 42*, 80–95.

Craddock, J.M. (1966). Testing the significance of a 3×3 contingency table. *The Statistician, 16*, 87–94.

Craddock, J.M. & Flood, C.R. (1970). The distribution of the χ^2 statistic in small contingency tables. *Applied Statistics, 19*, 173–181.

Cramer, E.M. & Nicewander, W.A. (1979). Some symmetric, invariant measures of multivariate association. *Psychometrika, 44*, 43–54.

Cramér, H. (1928). On the composition of elementary errors. *Skandinavisk Aktuartidskrift, 11*, 13–74.

Cramér, H. (1958)[8]. *Mathematical methods of statistics*. Princeton: Princeton University Press.

Cronbach, L.J. (1961). *Essentials of psychological testing*. New York: Harper.

Cronbach, L.J. & Furby, L. (1970). How should we measure 'change' – or should we? *Psychological Bulletin, 74*, 68–80.

Cronholm, J.N. & Revusky, S.H. (1965). A sensitive rank test for comparing the effects of two treatments on a single group. *Psychometrika, 30*, 459–467.

Cross, E.M. & Chaffin, W.W. (1982). Use of the binomial theorem in interpreting results of multiple tests of significance. *Educational and Psychological Measurement, 42*, 25–34.

Csörgo, M. (1965). Some Smirnov type theorems of probability. *The Annals of Mathematical Statistics, 36*, 1113–1119.

Cureton, E.E. (1956). Rank biserial correlation. *Psychometrika, 21*, 287–290.

Cureton, E.E. (1959). Note on Phi/Phi$_{max}$. *Psychometrika, 24*, 89–91.

Cureton, E.E. (1967). The normal approximation to the signed rank sampling distribution when zero differences are present. *Journal of the American Statistical Association, 62*, 1068–1069.

David, F.N. (1950). Two combinatorial tests of whether a sample has come from a given population. *Biometrika, 37*, 97–110.

David, F.N. & Barton, D.E. (1958). A test of birth-order effects. *Annals of Human Eugenics, 32*, 250–257.

David, F.N. & Fix, E. (1961). Rank correlation and regression in non-normal surface. *Proceedings of the Fourth Berkeley Symposium on Mathematical Statistics and Probability, 1*, 177–197.

Davis, M.H. (1983). Measuring individual differences in empathy: Evidence for a multidimensional approach. *Journal of Personality and Social Psychology, 44*, 113–126.

Dawson, R.B. (1954). A simplified expression for the variance of the χ^2-function on a contingency table. *Biometrika, 41*, 280.

De Boer, J. (1953). Sequential tests with three possible decisions for testing an unknown probability. *Applied Scientific research, 3*, 249–259.

Delucchi, K.L. (1983). The use and misuse of chi-square: Lewis and Burke revisited. *Psychological Bulletin, 94*, 166–176.

Deshpande, J.V. (1965). A nonparametric test based on U-statistics for the problem of several samples. *Journal of the Indian Statistical Association, 3*, 20–29.

Deuchler, G. (1914). Über die Methode der Korrelationsrechnung in der Pädagogik und Psychologie, I–V. *Zeitschrift für Pädagogische Psychologie und Experimentelle Pädagogik, 15*, 114–131, 145–159, 229–242.

Deuchler, G. (1915). Über die Bestimmung einseitiger Abhängigkeiten in pädagogisch-psychologischen Tatbeständen mit alternativer Variabilität. *Zeitschrift für Pädagogische Psychologie und Experimentelle Pädagogik, 16*, 550–566.

Diepgen, R. (1987). Dropje voor dropje. Oder: Sequentialstatistik, die ignorierte Alternative. *Zeitschrift für Sozialpsychologie, 18*, 19–27.

Dixon, W.J. (1940). A criterion for testing the hypotheses that two samples are from the same population. *The Annals of Mathematical Statistics, 11*, 199–204.

Dixon, W.J. (1953). Power functions of the sign test and power efficiencies for normal alternatives. *The Annals of Mathematical Statistics, 24*, 467–473.

Dixon, W.J. (1954). Power under normality of several nonparametric tests. *The Annals of Mathematical Statistics, 25*, 610–614.

Dixon, W.J. & Massey, F.J. (1957). *Introduction to statistical analysis*. New York: McGraw-Hill.

Dixon, W.J. & Mood, A.M. (1946). The statistical sign test. *Journal of the American Statistical Association, 41*, 557–566.

Drion, F.F. (1952). Some distribution-free tests for the difference between two empirical cumulative distribution functions. *The Annals of Mathematical Statistics, 23*, 563–574.

Dunn, O.J. (1964). Multiple comparisons using rank sums. *Technometrics, 6*, 241–252.

Dunnett, C.W. (1955). A multiple comparison procedure for comparing several treatments with a control. *Journal of the American Statistical Association, 50*, 1096–1121.

Dunnett, C.W. (1964). New tables for multiple comparisons with control. *Biometrics, 20*, 482–491.

Dunn-Rankin, P. (1965). *The true distribution of the range of rank totals and its application to psychological scaling*. Tallahassee: Florida State University, unpubl. Ed.D. diss.

Dunn-Rankin, P. & Wilcoxon, F. (1966). The true distribution of the range of rank totals in the two-way classification. *Psychometrika, 31*, 573–580.

Durbin, J. (1951). Incomplete blocks in ranking experiments. *British Journal of Psychology (Statistical Section), 4*, 85–90.

Durbin, J. (1975). Kolmogorov-Smirnov tests when parameters are estimated with applications to tests of exponentiality and tests on spacings. *Biometrika, 62*, 5–22.

Durbin, J. & Stuart, A. (1951). Inversions and rank correlation coefficients. *Journal of the Royal Statistical Society, B13*, 303–309.

Dwass, M. (1960). Some k-sample rank order tests. In I. Olkin et al. (Eds.), *Contributions to probability and statistics. Essays in honor of Harold Hotelling*, 198–202. Stanford: Standford University Press.

Dwyer, J.H. (1983). *Statistical models for the social and behavioral sciences*. New York: Oxford University Press.

Eberhard, K. (1977). *Einführung in die Wissenschaftstheorie und Forschungsstatistik für soziale Berufe*. Neuwied: Luchterhand.

Edgington, E.S. (1961). Probability table for number of runs of sign for first differences in ordered series. *Journal of the American Statistical Association, 56*, 156–159.

Edgington, E.S. (1980). *Randomization tests*. New York: Dekker.

Eger, K.H. (1985). *Sequential tests*. Leipzig: Teubner.

Ehrenfeld, S. (1972). On group sequential sampling. *Technometrics, 14*, 167–174.

Enke, H. (1974). Untersuchungsmodelle und Hypothesenprüfung bei 3- bis 5-dimensionalen Kontingenztafeln. *Biometrische Zeitschrift, 16*, 473–481.

Epstein, B. (1954). Tables for the distribution of number of exceedances. *The Annals of Mathematical Statistics, 25*, 762–768.

Erdfelder, E. & Bredenkamp, J. (1984). Kritik mehrfaktorieller Rangvarianzanalysen. *Psychologische Beiträge, 26*, 263–282.

Escher, H. & Lienert, G.A. (1971). Ein informationsanalytischer Test auf partielle Kontingenz in Dreiwegtafeln. *Methods of Information in Medicine, 10*, 48–55.

Everitt, B.S. (1977). *The analysis of contingency tables*. London: Chapman & Hall.

Eye, A.v. (1988) The general linear model as a framework for models in configural frequency analysis. *Biometrical Journal, 30*, 59–67.

Fechner, G.T. (1860). *Elemente der Psychophysik*. Leipzig: Breitkopf & Härtel.

Feldman, S.E. & Klinger, E. (1963). Short cut calculation of the Fisher-Yates 'exact test'. *Psychometrika, 28*, 289–291.

Feir-Walsh, B.J. & Toothaker, L.E. (1974). An empirical comparison of the ANOVA F-test, normal scores test, and Kruskal-Wallis-test under violation of assumptions. *Educational and Psychological Measurement, 34*, 789–799.

Feller, W. (1948). On the Kolmogorov-Smirnov limit theorems for empirical distributions. *The Annals of Mathematical Statistics, 19*, 177–189.

Feller, W. (1965). *An introduction to probability theory and its applications – Vol.II*. New York: Wiley.

Ferguson, G.A. (1965). *Nonparametric trend analysis*. Montreal: McGill University Press.

Festinger, L.A. (1946). A statistical test for means of samples from skewed distributions. *Psychometrika, 8*, 205–210.

Fillbrandt, H. (1986). *Verteilungsfreie Methoden in der Biostatistik. EDV-Programmband*. Meisenheim am Glan: Hain.

Finney, D.J. (1948). The Fisher-Yates test of significance in 2×2 contingency tables. *Biometrika, 35*, 145–146.

Fisher, R.A. (1921). On the 'probable error' of a coefficient of correlation deduced from a small sample. *Metron, 1*, 1–32.

Fisher, R.A. (1925). *Statistical methods of research workers*. London: Oliver & Boyd.

Fisher, R.A. (1932). On a property connecting χ^2 measure of discrepancy with the method of maximum likelihood. *Atti Congresso Internationale Matematica, Bologna, (1928), 6*, 94–100.

Fisher, R.A. (1934). The use of simultaneous estimation in the evaluation of linkage. *Annals of Eugenics, 6*, 71–76.

Fisher, R.A. (1936). The coefficient of racial likeness and the future of craniometry. *Journal of the Royal Anthropological Institute of Great Britain and Ireland, 66*, 57–63.

Fisher, R.A. (1962). Confidence limits for a cross-product ratio. *Australian Journal of Statistics, 4*, 41.

Fisher, R.A. & Yates, R. (1957)[5]. *Statistical tables for biological, agricultural, and medical research.* Edinburgh: Oliver-Boyd.

Fisher, R.A. & Yates, R. (1974)[6]. *Statistical tables for biological, agricultural, and medical research.* Edinburgh: Longman Group Ltd.

Fisz, N. (1976). *Wahrscheinlichkeitsrechnung und mathematische Statistik.* Berlin (DDR): VEB Deutscher Verlag der Wissenschaften.

Fleiss, J.L. (1971). Measuring nominal scale agreement among many raters. *Psychological Bulletin, 76*, 378–382.

Fleiss, J.L. (1973). *Statistical methods for rates and proportions.* New York: Wiley.

Fleiss, J.L. (1975). Measuring agreement between judges on the presence or absence of a trait. *Biometrics, 31*, 651–659.

Fleiss, J.L. & Cohen, J. (1973). The equivalence of weighted kappa and intraclass correlation coefficient as measures of reliability. *Educational and Psychological Measurement, 33*, 613–619.

Fleiss, J.L. & Everitt, B.S. (1971). Comparing the marginal totals of square contingency tables. *British Journal of Mathematical and Statistical Psychology, 24*, 117–123.

Fleiss, J.L., Cohen, J. & Everitt, B.S. (1969). Large sample standard errors of kappa and weighted kappa. *Psychological Bulletin, 72*, 323–327.

Foster, F.G. & Stuart, A. (1954). Distribution-free tests in time-series based on the breaking of records. *Journal of the Royal Statistical Society, B16*, 1–22.

Foutz, R.V. (1984). Simultaneous randomization tests. *Biometrical Journal, 26*, 655–663.

Frawley, N.H. & Schucany, W.R. (1972). *Tables of the distribution of the concordance statistic.* Dallas: Southern Methodist University, Department of Statistics, Technical Report No. 116.

Freeman, G.H. & Halton, J.H. (1951). Note on an exact treatment of contingency goodness of fit and other problems of significance. *Biometrika, 38*, 141–149.

Freund, J.E. & Ansari, A.R. (1957). *Two-way rank sum tests for variances.* Blacksburg: Virginia Polytechnic Institute, Technical Report No. 34.

Friedman, M. (1937). The use of ranks to avoid the assumption of normality implicit in the analysis of variance. *Journal of the American Statistical Association, 32*, 675–701.

Friedman, M. (1940). A comparison of alternative tests of significance for the problem of m rankings. *The Annals of Mathematical Statistics, 11*, 86–92.

Fu, K.S. (1968). *Sequential methods in pattern recognition and machine learning.* New York: Academic.

Gabriel, R.K. & Hall, W.J. (1983). Re-randomization inference on regression and shift effects: Computationally feasible methods. *Journal of the American Statistical Association, 78*, 827–836.

Gail, M.H. & Green, S.B. (1976). A generalization of the one-sided two-sample Kolmogorov-Smirnov statistic for evaluating diagnostic tests. *Biometrics, 32*, 561–570.

Gaito, J. (1980). Measurement scales and statistics. Resurgence of an old misconception. *Psychological Bulletin, 87*, 564–567.

Games, O. (1971). Multiple comparisons of means. *American Educational Research Journal, 8*, 531–558.

Gart, J.J. (1963). A median test with sequential application. *Biometrika, 50*, 55–62.

Gart, J.J. (1969). An exact test for comparing matched proportions in cross-over designs. *Biometrika, 56*, 75–80.

Gastwirth, J.L. (1965). Percentile modifications of two sample rank tests. *Journal of the American Statistical Association, 60*, 1127–1141.

Gastwirth, J.L. (1968). The first-median test: A two-sided version of the control median test. *Journal of the American Statistical Association, 63*, 692–706.

Gebhardt, R. & Lienert, G.A. (1978). Vergleich von k Behandlungen nach Erfolgs- und Mißerfolgsbeurteilung. *Zeitschrift für Klinische Psychologie und Psychotherapie, 26*, 212–222.

Geertsema, J.C. (1970). Sequential confidence intervals based on rank tests. *The Annals of Mathematical Statistics, 41*, 1016–1026.

Geertsema, J.C. (1972). Nonparametric sequential procedures for selecting the best of k populations. *Journal of the American Statistical Association, 67*, 614–616.

Gehan, E.A. (1965a). A generalized Wilcoxon test for comparing arbitrarily censored samples. *Biometrika, 52*, 203–224.

Gehan, E.A. (1965b). A generalized two-sample Wilcoxon test for doubly censored data. *Biometrika, 52*, 650–653.

Geigy, J.R. AG (Hg.) (1968). *Dokumenta Geigy – Wissenschaftliche Tabellen*. Basel: J.R. Geigy S.A.

George, S. & Desu, M.M. (1973). Testing for order effects in a cross-over design. *Biometrische Zeitschrift, 15*, 113–116.

Ghosh, B.K. (1970). *Sequential tests of statistical hypotheses*. Reading, MA: Addison-Wesley.

Gibbons, J.D. (1971). *Nonparametric statistical inference*. New York: McGraw-Hill.

Glass, G.V. (1966). Note on rank-biserial correlation. *Educational and Psychological Measurement, 26*, 623–631.

Glass, G.V. & Stanley, J.C. (1970). *Statistical methods in education and psychology*. Englewood Cliffs, NJ: Prentice Hall.

Glass, G.V., Willson, V.L. & Gottman, J.M. (1975). *Design and analysis of time-series experiments*. Boulder, CO: Colorado University Press.

Goodman, L.A. (1978). *Analysing qualitative/categorial data*. Cambridge: Abt Books.

Goodman, L.A. & Kruskal, W.H. (1954). Measures of association for cross classifications. *Journal of the American Statistical Association, 49*, 732–764.

Goodman, L.A. & Kruskal, W.H. (1959). Measures of association for cross classifications – II: Further discussion and references. *Journal of the American Statistical Association, 54*, 123–163.

Govindarajulu, Z. (1975). *Sequential statistical procedures*. New York: Academic.

Grandage, A. (1958). Orthogonal coefficients for unequal intervals. *Biometrics, 14*, 287–289.

Grant, D.A. (1946). New statistical criteria for learning and problem solving in experiments involving repeated trials. *Psychological Bulletin, 43*, 272–282.

Grant, D.A. (1947). Additional tables for probability of 'runs' of correct responses in learning and problem solving in experiments involving repeated trials. *Psychological Bulletin, 44*, 276–279.

Grizzle, J.E., Stahmer, C.F. & Koch, G.G. (1969). Analysis of categorial data by linear models. *Biometrics, 25*, 489–504.

Grünewald-Zuberbier, E., Rasche, A., Grünewald, G. & Kapp, H. (1971). Ein Verfahren zur telemetrischen Messung der Bewegungsaktivität für die Verhaltensanalyse. *Archiv für Psychiatrie und Nervenkrankheiten, 214*, 165–182.

Guilford, J.P. (1954). *Psychometric methods*. New York: McGraw-Hill.

Gumbel, E.J. (1943). On the reliability of the classical chi-square test. *The Annals of Mathematical Statistics, 14*, 253–263.

Gumbel, E.J. & Schelling, H.v. (1950). The distribution of the number of exceedances. *The Annals of Mathematical Statistics, 21*, 247–262.

Gurian, J.M., Cornfield, J. & Mosimann, J.E. (1964). Comparison of power for some exact multinomial significance tests. *Psychometrika, 29*, 409–419.

Gutjahr, W. (1972). *Die Messung psychischer Eigenschaften*. Berlin (DDR): VEB Deutscher Verlag der Wissenschaften.

Haga, T. (1960). A two sample rank test on location. *Annals of the Institute of Statistical Mathematics, 11*, 211–219.

Hager, W. & Westermann, R. (1983). Zur Wahl und Prüfung statistischer Hypothesen in psychologischen Untersuchungen. *Zeitschrift für experimentelle und angewandte Psychologie, 30*, 67–94.

Hájek, J. (1969). *Nonparametric statistics*. San Francisco: Holden-Day.

Hájek, J. & Šidak, Z. (1967). *Theory of rank tests*. New York: Academic.

Hald, A. & Sinkbæk, S.A. (1950). A table of percentage points of the χ^2-distribution. *Skandinavisk Aktuarietidskrift, 33*, 168–175.

Haldane, J.S.B. (1939). Note on the proceeding analysis of Mendelian segregations. *Biometrika, 31*, 67–71.

Haldane, J.S.B. (1940). The mean and variance of χ^2, when used as a test of homogeneity, when expectations are small. *Biometrika, 31*, 346–355.

Haldane, J.S.B. (1955). The rapid calculation of χ^2 as a test of homogeneity from a 2×n table. *Biometrika, 42*, 519–520.

Halperin, M. (1960). Extension of the Wilcoxon-Mann-Whitney test to samples censored at the same fixed point. *Journal of the American Statistical Association, 55*, 125–138.

Hart, B.I. (1942). Significance levels for the ratio of mean square successive differences to the variance. *The Annals of Mathematical Statistics, 13*, 445–447.

Hartung, J. (1984). *Statistik*. München: Oldenbourg.

Haseman, J.K. (1978). Exact sample sizes for use with the Fisher-Irwin-Test for 2×2-tables. *Biometrics, 34*, 106–109.

Havelec, L., Scheiber, V. & Wohlzogen, F.X. (1971). Gruppierungspläne für sequentielle Testverfahren. *Internationale Zeitschrift für Klinische Pharmakologie, Therapie und Toxikologie, 3*, 342–345.

Havlicek, L.L. & Peterson, N.L. (1977). Effects of the violation of assumptions upon significance levels of Pearson r. *Psychological Bulletin, 84*, 373–377.

Hays, W. (1973). *Statistics for the social sciences*. New York: Holt, Rinehart & Winston.

Hays, W.L. & Winkler, R.L. (1970). *Statistics: Probability, Inference and Decision*. New York: Holt, Rinehart & Winston.

Heckendorf, H. (1982). *Grundlagen der sequentiellen Statistik*. Leipzig: Teubner.

Hedayte, A. & Federer, W.T. (1970) An easy method of constructing partially repeated Latin squares. *Biometrics, 26*, 327–330.

Hedges, L.U. & Olkin, J. (1985). *Statistical methods for meta-analysis*. Orlando: Academic.

Heinisch, O. & Weber, E. (Hg.) (1968). *Biometrisches Wörterbuch*. Berlin (DDR): Deutscher Landwirtschaftsverlag.

Heinze, B. & Lienert, G.A. (1980). Trinomial testing: Tables for the trinomial distribution with $p_i = 1/3$ and $p_1 = p_3 = 1/4$. *EDV in Medizin und Biologie, 11*, 18–27.

Helmert, F.R. (1876). Über die Wahrscheinlichkeit von Potenzsummen der Beobachtungsfehler. *Zeitschrift für Mathematik und Physik, 21*, 192–218.

Hemelrijk, J. (1952). A theorem on the sign test when ties are present. *Proceedings Koningklijke Nederlandse Akademie van Wetenschappen, A55*, 322–326.

Hetz, W. & Klinger, H. (1958). Untersuchungen zur Frage der Verteilung von Objekten auf Plätze. *Metrika, 1*, 3–20.

Hildebrand, H. (1980). Asymptotisch verteilungsfreie Rangtests in multivariaten linearen Modellen. In W. Köpcke & K. Überla (Hg.), *Biometrie – heute und morgen*. Interregionales Biometrisches Kolloqium 1980, 344–349. Berlin: Springer [Reihe Medizinische Informatik und Statistik, Bd. 17].

Hodges, J.L. & Lehmann, E.L. (1956). The efficiency of some nonparametric competitors of the t-test. *The Annals of Mathematical Statistics, 27*, 324–335.

Hodges, J.L. & Lehmann, E.L. (1962). Rank methods for combination of independent experiments in analysis of variance. *The Annals of Mathematical Statistics, 33*, 482–497.

Hoeffding, W. (1948). A class of statistics with asymptotically normal distributions. *The Annals of Mathematical Statistics, 19*, 293–325.

Hoeffding, W. (1951). 'Optimum' nonparametric tests. In J. Neyman (Ed.), *Proceedings of the 2nd Berkeley Symposion on Mathematical Statistics*, 88–92. Berkeley: University of California Press.

Hoel, P.G. (1954). *Introduction to mathematical statistics*. New York: Wiley.

Hoffman, M.L. (1977). Moral internalization: Current theory and research. *Advances in Experimental and Social Psychology, 10*, 85–133.

Hofstätter, P.R. (1963). *Einführung in die Sozialpsychologie*. Stuttgart: Kröner.

Hofstätter, P.R. & Wendt, D. (1966)[2] (1967)[3]. *Quantitative Methoden der Psychologie*. München: Barth.

Hogg, R.V. (1976). A new dimension to nonparametric statistics. *Communications in Statistics, A5*, 1313–1325.

Hollander, M. (1963). A nonparametric test for the two-sample problem. *Psychometrika, 28*, 395–403.

Holley, J.W. & Guilford, J.P. (1964). A note on the G index of agreement. *Educational and Psychological Measurement, 24*, 749–753.

Holzkamp, K. (1983). *Grundlegung der Psychologie*. Frankfurt: Campus.

Hommel, G. (1978). Tail probability tables for contingency tables with small expectations. *Journal of the American Statistical Association, 73*, 764–766.

Horn, D. (1942). A correction for the effect of tied ranks on the value of the rank difference correlation coefficient. *Educational and Psychological Measurement, 3*, 686–690.

Horn, S.D. (1977). Goodness-of-fit tests for discrete data: A review and an application to a health impairment scale. *Biometrics, 33*, 237–248.

Horn, S.D. & Pyne, D. (1976). *Comparison of exact and approximate goodness-of-fit tests for discrete data*. Baltimore: Johns Hopkins University, Department of Mathematical Sciences, Technical Report No. 257.

Hornke, L. (1973). Verfahren zur Mittelung von Korrelationen. *Psychologische Beiträge, 15*, 87–105.

Hotelling, H. & Pabst, M.R. (1936). Rank correlation and tests of significance involving no assumption of normality. *The Annals of Mathematical Statistics, 7*, 29–43.

Howell, D.C. & McConaughy, S.H. (1982). Nonorthogonal analysis of variance: Putting the question before the answer. *Educational and Psychological Measurement, 42*, 9–24.

Hsi, B.P. & Louis, T.A. (1975). A modified play-the-winner rule as sequential trials. *Journal of the American Statistical Association, 70*, 644–647.

Hubert, L. (1977). Kappa revisited. *Psychological Bulletin, 84*, 289–297.

Hudimoto, H. (1959). On a two-sample nonparametric test in the case that ties are present. *Annals of the Institute of Statistical Mathematics, 11*, 113–120.

Hübner, R. & Hager, W. (1984). Sind nonparametrische Tests parametrischen bei 'beliebigen' Verteilungen vorzuziehen? *Zeitschrift für Experimentelle und Angewandte Psychologie, 31*, 214–231.

Hüsler, J. & Lienert, G.A. (1985). Treatment evaluation by incremental cross-over designs. *Biometrical Journal, 27*, 47–63.

Illers, W. (1982). *Ein Ansatz zur Beurteilung der Robustheit statistischer Testverfahren*. Karlsruhe: Universität Fridericiana, Fakultät für Wirtschaftswissenschaften, unv. Dr. ing. Diss.

Iman, R.L. (1976). An approximation to the exact distribution of the Wilcoxon-Mann-Whitney rank sum statistic. *Communications in Statistics, A5*, 587–598.

Iman, R.L. & Davenport, J.M. (1980). Approximations of the critical region of the Friedman statistic. *Communications in Statistics, A9*, 571–595.

Immich, H. & Sonnemann, E. (1975). Which statistical models can be used in practice for the comparison of curves over a few time-dependent measurement points. *Biometrie–Proximetrie, 14*, 43–52.

Ireland, C.T., Ku, H.H. & Kullback, S. (1969). Symmetry and marginal homogeneity of an r × r contingency table. *Journal of the American Statistical Association, 64*, 1323–1341.

Irwin, J.O. (1935). Tests of significance for differences between percentages based on small numbers. *Metron, 12*, 83–94.

Irwin, J.O. (1949). A note on the subdivisions of chi-square into components. *Biometrika, 36*, 130–134.

Isaac, P.D. & Milligan, G.W. (1983). A comment on the use of canonical correlation in the analysis of contingency tables. *Psychological Bulletin, 93*, 378–381.

Jaccard, P. (1908). Nouvelles recherches sur la distribution florale. *Bulletin de la Société Vaudoise des Sciences Naturelles, 44*, 223–270.

Jaspen, N. (1965). The calculation of probabilities corresponding to values of z, t, F, and χ^2. *Educational and Psychological Measurement, 25*, 877–880.

Jesdinsky, H.J. (1968). Einige χ^2-Tests zur Hypothesenprüfung bei Kontingenztafeln. *Methods of Information in Medicine, 7*, 187–200.

John, R.P. & Robinson, J. (1983). Significance levels and confidence intervals for permutation tests. *Journal of Statistical Computation and Simulation, 16*, 161–173.

Johnson, R.W. (1966). Note on the use of Phi as a simplified partial rank correlation coefficient. *Psychological Reports, 18*, 973–974.

Jonckheere, A.R. (1954). A distribution-free k-sample test against ordered alternatives. *Biometrika, 41*, 133–145.

Jones, J.A. (1959). An index of consensus on rankings in small groups. *American Sociological Review, 24*, 533–537.

Kaarsemaker, L. & Wijngaarden, A. (1953). Tables for use in rank correlation. *Statistica Neerlandica, 7*, 41–54.

Kaiser, H.F. & Serlin, R.C. (1978). Contributions to the method of paired comparisons. *Applied Psychological Measurement, 2*, 421–430.

Kamat, A.R. (1956). A two-sample distribution-free test. *Biometrika, 43*, 377–385.

Kannemann, K. (1976). An incidence test for k related samples. *Biometrical Journal, 18*, 3–11.

Kastenbaum, M.A. (1960). A note on the additive partitioning of chi-square in contingency tables. *Biometrics, 16*, 416–422.

Keith, V. & Cooper, M. (1974). *Nonparametric design and analysis*. Ottawa: University of Ottawa Press.

Kellerer, H. (1953). *Theorie und Technik des Stichprobenverfahrens*. Würzburg: Physika.

Kellerer, H. (1960). *Statistik im modernen Wirtschafts- und Sozialleben*. Hamburg: Rowohlt.

Kendall, M.G. (1942). Partial rank correlation. *Biometrika, 32*, 277–283.

Kendall, M.G. (1948)[1] (1962)[3] (1970)[4]. *Rank correlation methods*. London: Griffin.

Kendall, M.G. (1953). *Statistics and personnel management*. London: Institute of Personnel Management, Occasional Paper No. 3.

Kendall, M.G. (1955)[2]. Rank correlation methods. New York: Hafner.

Kendall, M.G. & Babington-Smith, B. (1939). The problem of m rankings. *The Annals of Mathematical Statistics, 10*, 275–287.

Kendall, M.G. & Stuart, A. (1968)[2] *Advanced theory of statistics – Vol.III: Design and analysis and time-series.* London: Griffin.

Kimball, A.W. (1954). Short-cut formulae for the exact partition of χ^2 in contingency tables. *Biometrics, 10*, 452–458.

Kimball, A.W., Burnett, W.T. & Dohety, D.G. (1957). Chemical protection against ionizing radiation – I: Sampling methods for screening compounds in radiation protection studies with mice. *Radiation Research, 7*, 1–12.

Kirk, R.E. (1966). *Experimental design – procedures for the behavioral sciences.* Belmont, CA: Brooks.

Klotz, J.H. (1962). Nonparametric tests for scale. *The Annals of Mathematical Statistics, 33*, 498–512.

Klotz, J.H. (1963). Small sample power and efficiency for the one sample Wilcoxon and normal scores test. *The Annals of Mathematical Statistics, 34*, 624–632.

Klotz, J.H. (1964). On the normal scores two-sample test. *Journal of the American Statistical Association, 59*, 652–664.

Klotz, J.H. (1965). Nonparametric tests for scale. *The Annals of Mathematical Statistics, 36*, 1306–1307.

Koch, G. (1957). Myocardinfarkt – Gedanken zur Pathogenese und Therapie. *Die Medizinische, 6*, 824–827.

Koch, G.G., Gitomer, S.G., Shalland, L.L. & Stokes, M.L. (1983). Some nonparametric and categorial data analyses for a change-over design study and discussion of apparent carry-over effects. *Statistics in Medicine, 2*, 397–412.

Kohnen, R. & Lienert, G.A. (1979). Bivariate sign tests sensitive to homo- and heteropoetic treatment effects. *Biometrical Journal, 21*, 755–761.

Koller, S. (1956). Zur Problematik des statistischen Messens. *Allgemeines Statistisches Archiv, 40*, 316–340.

Koller, S. (1958). Über den Umfang und die Genauigkeit von Stichproben. *Wirtschaft und Statistik, 10*, 10–14.

Kolmogoroff, N.A. (1933). Sulla determinazione empirica di una legge di distribuzione. *Giornale dell'Istituto Italiano degli Attuari, 4*, 83–91.

Kolmogoroff, N.A. (1941). Confidence limits for an unknown distribution function. *The Annals of Mathematical Statistics, 12*, 461–463.

Konijn, H.S. (1956). On the power of certain tests for independence in bivariate populations. *The Annals of Mathematical Statistics, 27*, 300–323.

Koopmans, L.H. (1974). *The spectral analysis of time series.* New York: Academic.

Kowalski, C.J. (1971). The OC and ASN functions of some SPR-tests for the correlation coefficient. *Technometrics, 13*, 833–841.

Kramer, M. & Greenhouse, S.W. (1959). *Determination of sample size and selection of cases.* Washington, DC: National Academy of Science, Research Council, Publ. No. 583.

Krauth, J. (1973). Nichtparametrische Ansätze zur Auswertung von Verlaufskurven. *Biometrische Zeitschrift, 15*, 557–566.

Krauth, J. (1985a). Typological personality research by configural frequency analysis. *Personality and Individual Differences, 6*, 161–168.

Krauth, J. (1985b). Principles of configural frequency analysis. *Zeitschrift für Psychologie, 193*, 363–375.

Krauth, J. & Lienert, G.A. (1973). *Die Konfigurationsfrequenzanalyse und ihre Anwendung in Psychologie und Medizin*. Freiburg: Alber.

Krauth, J. & Lienert, G.A. (1974a). Ein lokationsinsensitiver Dispersionstest für zwei unabhängige Stichproben. *Biometrische Zeitschrift, 16*, 83–90.

Krauth, J. & Lienert, G.A. (1974b). Ein lokationsinsensitiver Dispersionstest für zwei abhängige Stichproben. *Biometrische Zeitschrift, 16*, 91–96.

Krauth, J. & Steinebach, J. (1976). Extended tables of the percentage points of the chi-square distribution for at most ten degrees of freedom. *Biometrische Zeitschrift, 18*, 13–22.

Kreyszig, E. (1965)[1] (1973)[2]. *Statistische Methoden und ihre Anwendung*. Göttingen: Vandenhoeck & Ruprecht.

Krishnaiah, P.R. (1984). *Handbook of statistics*. Amsterdam: Elsevier, North Holland.

Krishnaiah, P.R. & Sen, P.K. (1984). *Nonparametric methods. (Handbook of statistics, Vol. IV)*. Amsterdam: Elsevier, North Holland.

Krishna-Iyer, P.V. (1951). A nonparametric method of testing k samples. *Nature, 167*, 33–34.

Krüger, H.P. (1975). Tafeln für einen exakten 3 × 3-Felder-Kontingenztest. Unveröffentlichtes Manuskript [zit. n. G.A. Lienert, *Verteilungsfreie Methoden in der Biostatistik, Tafelband*, Tafel XV-2-4-4. Meisenheim am Glan: Hain].

Krüger, H.P., Lehmacher, W. & Wall, K.-D. (1983). *The fourfold tables up to N = 80*. Stuttgart: Fischer.

Krüger, H.P., Lienert, G.A., Gebert, A. & Eye, A.v. (1979). Eine inferentielle Clusteranalyse für Alternativdaten. *Psychologische Beiträge, 21*, 540–553.

Kruskal, W.H. (1952). A nonparametric test for the several sample problem. *The Annals of Mathematical Statistics, 23*, 525–540.

Kruskal, W.H. & Wallis, W.A. (1952). Use of ranks in one-criterion variance analysis. *Journal of the American Statistical Association, 47*, 583–621.

Kshirsagar, A.M. (1972). *Multivariate Analysis*. New York: Dekker.

Kubinger, K.D. (1986). A note on non-parametric tests for the interaction in two-way layouts. *Biometrical Journal, 28*, 67–72.

Kubinger, K.D. (1989). Übersicht und Interpretation der verschiedenen Assoziationsmaße. *Research Bulletin, 28*, Institute of Psychology, University of Vienna, Austria.

Küchler, M. (1980). The analysis of nonmetric data. *Sociological Methods and Research, 8*, 369–388.

Lancaster, H.O. (1950). The exact partition of chi-square and its application to the problem of pooling small expectancies. *Biometrika, 37*, 267–270.

Latscha, R. (1963). Tests of significance in a 2 × 2 contingency table: Extension of Finney's table. *Biometrika, 40*, 74–86.

Latter, O. (1901). The egg of cuculus canorus. *Biometrika, 1*, 164–176.

Laubscher, N.F., Steffens, F.E. & Delange, E.M. (1968). Exact critical values for Mood's distribution-free test statistic for dispersion and its normal approximation. *Technometrics, 10*, 497–508.

Lehmacher, W. & Wall, K.-D. (1978). A new nonparametric approach to the comparison of k independent samples of response curves. *Biometrical Journal, 20*, 261–273.

Lehmann, E.L. (1951). Consistency and unbiasedness of certain non-parametric tests. *The Annals of Mathematical Statistics, 22*, 165–179.

Lehmann, E.L. (1975). *Nonparametrics: Statistical methods based on ranks*. San Francisco: Holden-Day.

Leiser, E. (1978). *Widerspiegelungscharakter von Logik und Mathematik*. Frankfurt: Campus.

Leonhard, K. (1957). *Aufteilung der endogenen Psychosen*. Berlin (DDR): Akademie-Verlag.

Le Roy, H.L. (1962). Ein einfacher Chi^2-Test für den Simultanvergleich der inneren Struktur von zwei analogen 2 × 2-Häufigkeitstabellen mit freien Kolonnen- und Zeilentotalen. *Schweizerische Landwirtschaftliche Forschung, 1*, 451–454.

Levene, H. & Wolfowitz, J. (1944). The covariance matrix of runs up and down. *The Annals of Mathematical Statistics, 15*, 58–69.

Lewis, A.E. (1966). *Biostatistics*. New York: Reinhold.

Lewis, G.H. & Johnson, R.G. (1971). Kendall's coefficient of concordance for sociometric rankings with self exclusion. *Sociometry, 34*, 496–503.

Li, L. & Schucany, W.R. (1975). Some properties of a test for concordance of two groups of rankings. *Biometrika, 62*, 417–423.

Lienert, G.A. (1962)[1] (1973)[2] (1986)[3]. *Verteilungsfreie Methoden in der Biostatistik, Band 1*. Meisenheim am Glan: Hain.

Lienert, G.A. (1969a)[3]. *Testaufbau und Testanalyse*. Weinheim: Beltz.

Lienert, G.A. (1969b). Die Konfigurationsfrequenzanalyse als Klassifikationsmethode in der Klinischen Psychologie. In M. Irle (Hg.), *Bericht über den 26. Kongreß der Deutschen Gesellschaft für Psychologie in Tübingen, 1968*, 244–253. Göttingen: Hogrefe.

Lienert, G.A. (1971). Die Konfigurationsfrequenzanalyse I: Ein neuer Weg zu Typen und Syndromen. *Zeitschrift für Klinische Psychologie und Psychotherapie, 19*, 99–115.

Lienert, G.A. (1972). Die Konfigurationsfrequenzanalyse IV: Assoziationsstrukturen klinischer Skalen und Symptome. *Zeitschrift für Klinische Psychologie und Psychotherapie, 20*, 231–248.

Lienert, G.A. (1975). *Verteilungsfreie Methoden in der Biostatistik, Tafelband*. Meisenheim am Glan: Hain.

Lienert, G.A. (1978). *Verteilungsfreie Methoden in der Biostatistik, Band 2*. Meisenheim am Glan: Hain.

Lienert, G.A. (1988). *Angewandte Konfigurationsfrequenzanalyse*. Frankfurt: Athenäum.

Lienert, G.A., Huber, H. & Hinkelmann, K. (1965). Methode der Analyse qualitativer Verlaufskurven. *Biometrische Zeitschrift, 7*, 184–193.

Lienert, G.A. & Krauth, J. (1973). Die Konfigurationsfrequenzanalyse V: Kontingenz- und Interaktionsstrukturen multinär skalierter Merkmale. *Zeitschrift für Klinische Psychologie und Psychotherapie, 21*, 26–39.

Lienert, G.A. & Krauth, J. (1974). Die Konfigurationsfrequenzanalyse IX: Auswertung multivariater klinischer Untersuchungspläne, Teil 1 und 2. *Zeitschrift für Klinische Psychologie und Psychotherapie, 22*, 3–17, 106–121.

Lienert, G.A. & Limbourg, M. (1977). Beurteilung der Wirkung von Behandlungsinterventionen in Zeitreihen-Untersuchungsplänen. *Zeitschrift für Klinische Psychologie und Psychotherapie, 25*, 21–28.

Lienert, G.A. & Ludwig, O. (1975). Uleman's U-Test für gleichverteilte Mehrstufen-Ratings und seine Anwendung zur Therapie-Kontrolle. *Zeitschrift für klinische Psychologie und Psychotherapie, 23*, 138–150.

Lienert, G.A. & Sarris, V. (1968). Testing monotonicity of dosage-effect relationship by Mosteller's test and its sequential modification. *Methods of Information in Medicine, 4*, 236–239.

Lienert, G.A. & Schulz, H. (1969). Ein nicht-parametrischer Zweistichproben-F-Test auf Randomisierungsbasis. *Methods of Information in Medicine, 8*, 215–219.

Lienert, G.A. & Straube, E. (1980). Die Konfigurationsfrequenzanalyse XI: Strategien des Symptom-Konfigurationsvergleichs vor und nach einer Therapie. *Zeitschrift für Klinische Psychologie und Psychotherapie, 28*, 110–123.

Lienert, G.A. & Wall, K.D. (1976). Scaling clinical symptoms by testing for multivariate point-axial symmetry. *Methods of Information in Medicine, 15*, 179–184.

Lienert, G.A. & Wolfrum, C. (1979). Die Konfigurationsfrequenzanalyse X: Therapiewirkungsbeurteilung mittels Prädiktions-KFA. *Zeitschrift für Klinische Psychologie und Psychotherapie, 27*, 309–316.

Lilliefors, H.W. (1967). On the Kolmogorov-Smirnov test for normality with mean and variance unknown. *Journal of the American Statistical Association, 62*, 399–402.

Lilliefors, H.W. (1969). On the Kolmogorov-Smirnov test for the exponential distribution with mean unknown. *Journal of the American Statistical Association, 64*, 387–389.

Lilliefors, H.W. (1973). *The Kolmogorov-Smirnov and other distance tests for the gamma distribution and for the extreme-value distribution when parameters must be estimated*. Washington, D.C.: George Washington University, Department of Statistics, unpublished manuscript.

Lord, F.M. (1953). On the statistical treatment of football numbers. *American Psychologist, 8*, 750–751.

Lord, F.M. & Novick, M.R. (1968). *Statistical theories of mental test scores*. Reading, MA: Addison-Wesley.

Ludwig, O. (1962). Über Kombinationen von Rangkorrelationskoeffizienten aus unabhängigen Meßreihen. *Biometrische Zeitschrift, 4*, 40–50.

Ludwig, R. (1969). Einige parametrische Prüfverfahren und ihre Anwendung in den Sozialwissenschaften II. *Jugendforschung, 9*, 81–91.

Lunney, G.H. (1970). Using analysis of variance with a dichotomous variable: An empirical study. *Journal of Educational Measurement, 7*, 263–269.

Magnusson, D. (1969). *Testtheorie*. Wien: Deuticke.

Mainland, D. (1967). Statistical ward rounds 4. *Clinical and Pharmacological Therapeutics, 8*, 615–624.

Mainland, D. (1968). Statistical ward rounds 8. *Clinical and Pharmacological Therapeutics, 9*, 259–266.

Mann, H.B. & Wald, A. (1942). On the choice of the number of class intervals in the application of chi-square. *The Annals of Mathematical Statistics, 13*, 306–317.

Mann, H.B. & Whitney, D.R. (1947). On a test of whether one of two random variables is stochastically larger than the other. *The Annals of Mathematical Statistics, 18*, 50–60.

Mantel, N. (1967). Ranking procedures for arbitrarily restricted observations. *Biometrics, 23*, 65–78.

Marascuilo, L.A. & McSweeney, M. (1977). *Nonparametric and distribution-free methods for the social sciences.* Monterey, CA: Brooks/Cole.

Margolin, B.H. & Maurer, W. (1976). Tests of the Kolmogorov-Smirnov type for exponential data with unknown scale and related problems. *Biometrika, 63*, 149–160.

Mason, D.M. & Scheunemeyer, J.H. (1983). A modified Kolmogorov-Smirnov test sensitive to tail alternatives. *Annals of Statistics, 11*, 933–946.

Massey, F.J. (1950). A note on the estimation of a distribution function by confidence limits. *The Annals of Mathematical Statistics, 21*, 116–119.

Massey, F.J. (1952). Distribution table for the deviation between two sample cumulatives. *The Annals of Mathematical Statistics, 23*, 435–441.

Matthes, T.K. & Truax, D.R. (1965). Optimal invariant rank tests for the k sample problem. *The Annals of Mathematical Statistics, 36*, 1207–1222.

Maxwell, A.E. (1961). *Analysing qualitative data.* London: Methuen.

Maxwell, A.E. (1970). Comparing the classification of subjects by two independent judges. *British Journal of Psychiatry, 116*, 651–655.

McConack, R.L. (1965). Extended tables of the Wilcoxon matched pair signed rank test. *Journal of the American Statistical Association, 60*, 864–871.

McDonald-Schlichting, U. (1979). Note on simply calculating chi-square for r × c contingency tables. *Biometrical Journal, 21*, 787–789.

McNemar, Q. (1947). Note on the sampling error of the difference between correlated proportions or percentages. *Psychometrika, 12*, 153–157.

McSweeney, M. & Katz, D. (1978). Nonparametric statistics: Use and non-use. *Perceptual and Motor Skills, 46*, 1023–1032.

McSweeney, M. & Penfield, D.A. (1969). The normal scores test for the c-sample problem. *British Journal of Mathematical and Statistical Psychology, 22*, 177–192.

Meehl, P. (1950). Configural scoring. *Journal of Consultant Psychology, 14*, 165–171.

Mehra, K.L. & Sarangi, J. (1967). Asymptotic efficiency of certain rank tests for comparative experiments. *The Annals of Mathematical Statistics, 38*, 90–107.

Mehta, C.R. & Patel, N.R. (1983). A network algorithm for performing Fisher's exact test in r × c contingency tables. *Journal of the American Statistical Association, 78*, 427–434.

Metzger, W. (1953). Das Experiment in der Psychologie. *Studium Generale, 5*, 142–163.

Meyer-Bahlburg, H.F.L. (1969). Spearmans rho als punktbiserialer Rangkorrelations-koeffizient. *Biometrische Zeitschrift, 11*, 60–66.

Meyer-Bahlburg, H.F.L. (1970). A nonparametric test for relative spread in unpaired samples. *Metrika, 15*, 23–29.

Mielke, P.W. (1972). Asymptotic behavior of two-sample tests based on powers of ranks detecting scale and location alternatives. *Journal of the American Statistical Association, 67*, 850–854.

Michaelis, J. (1971). Schwellenwerte des Friedman-Tests. *Biometrische Zeitschrift, 13*, 118–129.

Miller, R.G. (1966)[1] (1981)[2]. *Simultaneous statistical inference*. New York: Springer.

Milton, R.C. (1964). An extended table of critical values for the Mann-Whitney (Wilcoxon) two-sample test. *Journal of the American Statistical Association, 59*, 925–934.

Mintz, J. (1970). A correlational method for the investigation of systematic trends in serial data. *Educational and Psychological Measurement, 30*, 575–578.

Mises, R. von (1931). *Vorlesungen aus dem Gebiet der Angewandten Mathematik, Band 1: Wahrscheinlichkeitsrechnung*. Leipzig: Deuticke.

Mittenecker, E. (1963). *Planung und statistische Auswertung von Experimenten*. Wien: Deuticke.

Mood, A.M. (1940). Distribution theory of runs. *The Annals of Mathematical Statistics, 11*, 367–392.

Mood, A.M. (1950). *Introduction to the theory of statistics*. New York: McGraw-Hill.

Mood, A.M. (1954). On the asymptotic efficiency of certain nonparametric two-sample tests. *The Annals of Mathematical Statistics, 25*, 514–522.

Moore, G.H. & Wallis, W.A. (1943). Time series significance tests based on sign of difference. *Journal of the American Statistical Association, 38*, 153–164.

Moore, P.G. (1953). A sequential test for randomness. *Biometrika, 40*, 111–115.

Moran, P.A.P. (1951). Partial and multiple rank correlation. *Biometrika, 38*, 26–32.

Moses, L. E. (1952). Nonparametric statistics for psychological research. *Psychological Bulletin, 49*, 122–143.

Moses, L. E. (1963). Rank tests of dispersion. *The Annals of Mathematical Statistics, 34*, 973–983.

Mosteller, F. (1948). A k sample slippage test for an extreme population. *The Annals of Mathematical Statistics, 19*, 58–65.

Mosteller, F. (1955). Test of predicted order. In Staff of Computation Laboratory (Ed.), *Statistics*, 122–143. Cambridge: Harvard University.

Mosteller, F. (1968). Association and estimation of contingency tables. *Journal of the American Statistical Association, 63*, 1–28.

Muchowski, E. (1988). *Theorie und Anwendung des Allgemeinen Linearen Modells bei nominalskalierten Daten*. Berlin: Technische Universität, unv. Phil. Diss.

Müller, P.H. (Hg.) (1975). *Wahrscheinlichkeitsrechnung und mathematische Statistik – Lexikon der Stochastik*. Berlin (DDR): Akademie-Verlag.

Müller-Funk, U. (1984). Sequential nonparametric tests. In P.R. Krishnaiah & P.K. Sen (Eds.), *Nonparametric methods (Handbook of statistics - Vol. IV)*, 675–698. Amsterdam: Elsevier, North Holland.

Nelson, L.S. (1963). Tables for a precendence life test. *Technometrics, 5*, 491–499.

Nemenyi, P. (1961). Some distribution-free comparison procedures in the asymptotic case. *The Annals of Mathematical Statistics, 32*, 921–922.

Neumann, J.v. (1941). Distribution of ratio of the mean square successive difference to the variance. *The Annals of Mathematical Statistics, 12*, 367–395.

Nicholson, W.L. (1961). Occupancy probability distribution critical points. *Biometrika, 48*, 175–180.

Noether, G.E. (1956). Two sequential tests against trend. *Journal of the American Statistical Association, 51*, 440–450.

Noether, G.E. (1967). *Elements of nonparametric statistics*. New York: Wiley.

Nordbrock, E. (1976). An improved play-the-winner sampling procedure for selecting the better of two binomial populations. *Journal of the American Statistical Association, 71*, 137–139.

Odeh, R.E. (1967). The distribution of the maximum use of ranks. *Technometrics, 9*, 271–278.

Ofenheimer, M. (1971). Ein Kendall-Test gegen U-förmigen Trend. *Biometrische Zeitschrift, 13*, 416–420.

Olmstead, P.S. (1946). Distribution of sample arrangements for runs up and down. *The Annals of Mathematical Statistics, 17*, 24–33.

Olmstead, P.S. (1958). Runs determined in a sample by an arbitrary cut. *Bell System Technical Journal, 37*, 55–82.

Olmstead, P.S. & Tukey, J.W. (1947). A corner test for association. *The Annals of Mathematical Statistics, 18*, 495–513.

Olson, C.L. (1976). On choosing a test statistic in multivariate analysis of variance. *Psychological Bulletin, 83*, 579–586.

Orth, B. (1974). *Einführung in die Theorie des Messens*. Stuttgart: Kohlhammer.

Owen, D.B. (1962). *Handbook of statistical tables*. Reading, MA: Addison-Wesley.

Page, E.B. (1963). Ordered hypotheses for multiple treatments. A significance test for linear ranks. *Journal of the American Statistical Association, 58*, 216–230.

Paulson, E. (1967). Sequential procedures for selecting the best one of several binomial populations. *The Annals of Mathematical Statistics, 38*, 117–123.

Pawlik, K. (1959). Der maximale Kontingenzkoeffizient im Falle nicht-quadratischer Kontingenztafeln. *Metrika, 2*, 150–166.

Pearson, E.S. & Hartley, H.O. (1966). *Biometrika tables for statisticians, Vol. 1*. New York: Cambridge University Press.

Pearson, E.S. & Hartley, H.O. (1972). *Biometrika tables for statisticians, Vol. 2*. New York: Cambridge University Press.

Pearson, K. (1895). Contributions of the mathematical theory of evolution II. *Philosophical Transactions of the Royal Society, A186*, 370.

Pearson, K. (1900). On the criterion that a given system of deviations from the probable in the case of a correlated system of variation is such that it can reasonably be supposed to have arisen from random sampling. *Philosophical Magazine, 50*, 157–172.

Pearson, K. (1901). Mathematical contributions to the theory of evolution. *Philosophical Transactions of the Royal Society, A197*, 372–373.

Pearson, K. (1904). *On the theory of contingency and its relation to association and normal correlation.* London: Draper's Company Memoirs. [Biometric Series, No. 1].

Pearson, K. (1907). *On further methods of determining correlation.* London: Draper's Company Research Memoirs.

Pearson, K. (1933). On a method determining whether a sample of size n supposed to have been drawn from a parent population having a known probability integral has probably been drawn at random. *Biometrika, 25*, 397–410.

Percus, O.E. & Percus, J.K. (1970). Extended criterion for comparison of empirical distributions. *Journal of Applied Probability, 7*, 1–20.

Petermann, F. (1978). *Veränderungsmessung.* Stuttgart: Kohlhammer.

Peters, C.C. & Van Voorhis, W.R. (1940). *Statistical procedures and their mathematical bases.* New York: McGraw-Hill.

Pettitt, A.N. (1976). A two-sample Anderson-Darling rank statistic. *Biometrika, 63*, 161–168.

Pettitt, A.N. & Stephens, M.A.(1976). Modified Cramér-von Mises statistics for censored data. *Biometrika, 63*, 291–298.

Pettitt, A.N. & Stephens, M.A.(1977). The Kolmogorov-Smirnov goodness-of-fit statistic with discrete and grouped data. *Technometrics, 19*, 205–210.

Pfanzagl, J. (1959). *Die axiomatischen Grundlagen einer allgemeinen Theorie des Messens.* Würzburg: Physika.

Pfanzagl, J. (1974). *Allgemeine Methodenlehre der Statistik, Band II.* Berlin: de Gruyter.

Pillai, K.C.S. (1955). Some new test criteria in multivariate analysis. *The Annals of Mathematical Statistics, 26*, 117–121.

Pillai, K.C.S. (1960). *Statistical tables for tests of multivariate hypotheses.* Diliman, Quezon City: University of the Philippines, Center for Statistics.

Pitman, E.J.G. (1937). Significance tests which may be applied to samples from any population. *Journal of the Royal Statistical Society, 4*, 119–130.

Pitman, E.J.G. (1948). *Notes on nonparametric statistical inference.* New York: Columbia University (mimeograph).

Plackett, R.L. (1962). A note on interactions in contingency tables. *Journal of the Royal Statistical Society, B24*, 162–166.

Potthoff, R.F. (1963). Use of the Wilcoxon statistic for a generalized Behrens-Fisher problem. *The Annals of Mathematical Statistics, 34*, 1596–1599.

Priestley, M.B. (1981). *Spectral analysis and time series.* New York: Academic.

Puri, M.L. & Sen, P.K. (1966). On a class of multivariate multisample rank-order tests. *Sankhya, A28*, 353–376.

Puri, M.L. & Sen, P.K. (1969). Analysis of covariance based on general rank scores. *The Annals of Mathematical Statistics, 40*, 610–618.

Puri, M.L. & Sen, P.K. (1971). *Nonparametric methods in multivariate analysis.* New York: Wiley.

Quade, D. (1967). Rank correlation of covariance. *Journal of the American Statistical Association, 62*, 1187–1200.

Quade, D. (1972). *Analysing randomized blocks by weighted rankings.* Amsterdam: Stichting Mathematisch Centrum, Technical Report SW 18/72.

Quade, D. (1979). Using weighted rankings in the analysis of complete blocks with additive block effects. *Journal of the American Statistical Association, 74*, 680–683.

Quade, D. (1984). Nonparametric methods in two-way layouts. In P.R. Krishnaiah & P.K. Sen (Eds.), *Nonparametric methods (Handbook of statistics – Vol. IV)*, 185–228. Amsterdam: Elsevier, North Holland.

Quenouille, M.H. (1952). *Associated measurement*. London: Butterworth's Scientific Publications.

Raatz, U. (1966a). Eine Modifikation des White-Tests bei großen Stichproben. *Biometrische Zeitschrift, 8*, 42–54.

Raatz, U. (1966b). Wie man den White-Test bei großen Stichproben ohne die Verwendung von Rängen verwenden kann. *Archiv für die gesamte Psychologie, 118*, 86–92.

Radlow, R. & Alf, E.F. (1975). An alternate multinomial assessment of the accuracy of the χ^2-test of goodness of fit. *Journal of the American Statistical Association, 80*, 811–813.

Rae, G. (1988). The equivalence of multiple rater kappa statistics and intraclass correlation coefficient. *Educational and Psychological Measurement, 48*, 367–374.

Raghunandanan, K. (1974). On play-the-winner sampling rules. *Communications in Statistics, A3*, 769–776.

Rao, C.R. (1965). *Linear statistical inference and its applications*. New York: Wiley.

Rao, K.S.M. & Gore, A.P. (1984). Testing against ordered alternatives in a one-way layout. *Biometrical Journal, 26*, 25–32.

Ray, W.S. & Schabert, S.A. (1972). An algorithm for a randomization test. *Educational and Psychological Measurement, 32*, 823–829.

Renyi, A. (1953). On the theory of ordered statistics. *Acta Mathematika Academiae Scientiae Hungariae, 4*, 191–231.

Revenstorf, D. (1979). *Zeitreihenanalyse für klinische Daten*. Weinheim: Beltz.

Revusky, S.H. (1967). Some statistical treatments compatible with individual organism methodology. *Journal of Experimental Analysis of Behavior, 10*, 319–330.

Rhyne, A.L. & Steel, R.G.D. (1965). Tables for a treatment vs. control multiple comparison sign test. *Technometrics, 7*, 293–306.

Rogers, D.J. & Tanimoto, T.T. (1960). A computer program for classifying plants. *Science, 132*, 1115–1118.

Rosenbaum, S. (1953). Tables for a nonparametric test of dispersion. *The Annals of Mathematical Statistics, 24*, 663–668.

Rosenbaum, S. (1954). Tables for a nonparametric test of location. *The Annals of Mathematical Statistics, 25*, 146–150.

Rosenbaum, S. (1965). On some two-sample nonparametric tests. *Journal of the American Statistical Association, 60*, 1118–1126.

Rosenthal, I. & Ferguson, T.S. (1965). An asymptotically distribution-free multiple comparison method with application to the problem of n rankings of m objects. *British Journal of Mathematical and Statistical Psychology, 18*, 243–254.

Roth, E. (Hg.) (1984). *Sozialwissenschaftliche Methoden*. München: Oldenbourg.

Rottleuthner-Lutter, M. (1986). *Evaluation mit Hilfe der Box-Jenkins-Methode: Eine Untersuchung zur Überprüfung der Wirksamkeit einer legislativen Maßnahme zur Erhöhung der richterlichen Arbeitseffektivität im Bereich der Zivilgerichtsbarkeit.* Frankfurt: Lang.

Rounds, J.B., Miller, T.W. & Dawis, R.V. (1978). Comparability of multiple rank order and paired comparison methods. *Applied Psychological Measurement, 2*, 413–420.

Rümke, C.L. (1970). Über die Gefahr falscher Schlußfolgerungen aus Krankenblatt-daten. *Methods of Information in Medicine, 9*, 249–254.

Sachs, L. (1968)[1] (1969)[2]. *Angewandte Statistik*. Berlin: Springer.

Sarris, V. (1967). Verteilungsfreie Prüfung paariger Beobachtungsdifferenzen auf Lokationsunterschiede. *Psychologische Beiträge, 15*, 291–316.

Saunders, R. & Laud, P. (1980). The multivariate Kolmogorov goodness of fit. *Biometrika, 67*, 237–243.

Saw, J.G. (1966). A non-parametric comparison of two samples one of which is censored. *Biometrika, 53*, 599–602.

Schaich, E. & Hamerle, A. (1984). *Verteilungsfreie statistische Prüfverfahren*. Berlin: Springer.

Schlittgen, R. & Streitberg, B.H.J. (1984)[1] (1987)[2]. *Zeitreihenanalyse*. München: Oldenbourg.

Schmetterer, L. (1949). Einführung in die Sequentialanalysis. *Statistische Vierteljahresschrift, 2*, 101–105.

Schmetterer, L. (1956)[1] (1966)[2]. *Einführung in die mathematische Statistik*. Wien: Springer.

Schmid, P. (1958). On the Kolmogorov-Smirnov limit theorems for discontinuous distribution functions. *The Annals of Mathematical Statistics, 29*, 1011–1027.

Schmitz, B. (1987). *Zeitreihenanalyse in der Psychologie: Verfahren zur Veränderungsmessung und Prozeßdiagnostik*. Weinheim: Deutscher Studien Verlag.

Schucany, W.R. & Frawley, W.H. (1973). A rank test for two group concordance. *Psychometrika, 38*, 249–258.

Schwarz, H. (1975). *Stichprobenverfahren*. München: Oldenbourg.

Scorgo, M. & Guttman, I. (1962). On the empty cell test. *Technometrics, 4*, 235–247.

Seidenstücker, E. (1977). Therapie, Therapeut und Klient auf dem Prüfstand des lateinischen Quadrats. *Zeitschrift für Klinische Psychologie und Psychotherapie, 25*, 196–202.

Sen, P.K. & Govindarajulu, Z. (1966). On a class of c-sample weighted rank sum tests for location and scale. *Annals of the Institute of Statistical Mathematics, 18*, 87–105.

Shapiro, S.S. & Wilk, M.B. (1965). An analysis of variance test for normality (complete samples). *Biometrika, 52*, 591–611.

Shapiro, S.S. & Wilk, M.B. (1968). Approximation for the null distribution of the W statistic. *Technometrics, 10*, 861–866.

Sheppard, W.F. (1902). New tables of the probability integral. *Biometrika, 2*, 174–190.

Sheps, M.C. (1959). An examination of some methods of comparing several rates or proportions. *Biometrics, 15*, 87–97.

Shewart, W. (1941). *Contributions of statistics to the science of engineering*. New York: Bell Telephone System, Monograph B-1319.

Šhreider, Y.A. (1966). *The Monte-Carlo method – The method of statistical trials*. Oxford: Pergamon.

Šidak, Z. & Vondráček, J. (1957). A simple nonparametric test of the difference of location of two populations. *Aplikace Matematiky, 2*, 215–221.

Siegel, S. (1956). *Nonparametric statistics for the behavioral sciences*. New York: McGraw-Hill.

Siegel, S. & Tukey, J.W. (1960). A non-parametric sum of ranks procedure for relative spread in unpaired samples. *Journal of the American Statistical Association, 55*, 429–445.

Sillitto, G.P. (1947). The distribution of Kendall's τ coefficient in rankings containing ties. *Biometrika, 34*, 36–44.

Sixtl, F. (1967). *Meßmethoden der Psychologie*. Weinheim: Beltz.

Skarabis, H., Schlittgen, R., Buseke, H. & Apostolopoulos, N. (1978). Sequentializing nonparametric tests. In H. Skarabis & P.P. Sint (Eds.), *Compstat Lectures I*, 57–93. Wien: Physika.

Smirnov, N.V. (1939). Sur les écarts de la courbe de distribution empirique. *Bulletin mathématiques de l'Université de Moscou, Série internationale, 2*, 3–16.

Smirnov, N.V. (1948). Table for estimating the goodness of fit of empirical distributions. *The Annals of Mathematical Statistics, 19*, 279–281.

Smith, F.B. & Brown, P.E. (1933). The diffusion of carbon dioxide through soils. *Soil Science, 35*, 413–423.

Snedecor, G.W. (1956). *Statistical methods*. Ames, Iowa: Iowa State University Press.

Snedecor, G.W. & Cochran, W.G. (1967)^2. *Statistical methods*. Ames, Iowa: Iowa State University Press.

Sobel, M. & Weiss, G.H. (1970). Play-the-winner sampling for selecting the better of two binomial populations. *Biometrika, 57*, 357–365.

Sokal, R.R. & Michener, C.D. (1958). A statistical methods for evaluating systematic relationships. *University of Kansas Science Bulletin, 38*, 1409–1438.

Solth, K. (1956). Über die Ermittlung der analytischen Form der Regression. *Klinische Wochenschrift, 34*, 599–600.

Spearman, C. (1904). The proof and measurement of association between two things. *American Journal of Psychology, 15*, 72–101.

Spearman, C. (1906). A footnote for measuring correlation. *British Journal of Psychology, 2*, 89–108.

Sprent, P. (1983). Nonparametric regression. *Journal of the Royal Statistical Society, A146*, 182–191.

Statistisches Bundesamt (Hg.) (1960). *Stichproben in der amtlichen Statistik*. Stuttgart: Kohlhammer.

Steel, R.G.D. (1959). A multiple comparison rank sum test: Treatments versus control. *Biometrics, 15*, 560–572.

Steel, R.G.D. (1960). A rank sum test for compairing all pairs of treatments. *Technometrics, 2*, 197–207.

Steger, J.A. (Ed.) (1971). *Readings in statistics*. New York: Holt, Rinehart & Winston.

Stegie, R. & Wall, K.-D. (1974). Tabellen für den exakten Test in 3 × 2-Felder-Tafeln. *EDV in Biologie und Medizin, 5*, 73–82.

Steingrüber, H.J. (1970). Indikation und psychologische Anwendung verteilungsfreier Äquivalente des Regressionskoeffizienten. *Psychologie und Praxis, 14*, 179–185.

Stelzl, I. (1980). Ein Verfahren zur Überprüfung der Hypothese multivariater Normalverteilung. *Psychologische Beiträge, 22*, 610–621.

Stevens, S.S. (1935). The operational basis of psychology. *American Journal of Psychology, 47*, 517–527.

Stevens, S.S. (1939). On the problem of scales for measurement of psychological magnitudes. *Journal of Unified Science, 9*, 94–99.

Stevens, S.S. (1951). Mathematics, measurement, and psychophysics. In S.S. Stevens (Ed.), *Handbook of experimental psychology*, 1–49. New York: Wiley.

Stevens, W.L. (1937). Significance of grouping and a test for uniovula twins in mice. *Annals of Eugenics, 8*, 57–69.

Stevens, W.L. (1939). Distribution of groups in a sequence of alternatives. *Annals of Eugenics, 9*, 10–17.

Still, A.W. (1967). The use of orthogonal polynomials in nonparametric tests. *Psychological Bulletin, 68*, 327–329.

St. Pierre, R.G. (1980). Planning longitudinal field studies: Considerations in determining sample size. *Evaluation Review, 4*, 405–410.

Strecker, H. (1957). *Moderne Methoden in der Agrarstatistik*. Würzburg: Physika.

Streitberg, B. & Römel, J. (1987). Exakte Verteilungen für Rang-und Randomisierungstests im allgemeinen c-Stichproben-Fall. *EDV in Biologie und Medizin, 18*, 12–19.

Stuart, A. (1955). A test for homogeneity of the marginal distribution in a two-way classification. *Biometrika, 42*, 412–416.

Stuart, A. (1956). The efficiencies of tests of randomness against normal regression. *Journal of the American Statistical Association, 51*, 285–287.

Sundrum, R.M. (1954). On Lehmann's two-sample test. *The Annals of Mathematical Statistics, 25*, 139–145.

Sutcliffe, J.P. (1957). A general method of analysis of frequency data for multiple classification designs. *Psychological Bulletin, 54*, 134–138.

Swaminathan, H. & Algina, J. (1977). Analysis of quasi-experimental time-series designs. *Multivariate behavioral research, 12*, 111–131.

Swed, F.S. & Eisenhart, C.P. (1943). Tables for testing randomness of grouping in a sequence of alternatives. *The Annals of Mathematical Statistics, 14*, 66–87.

Tack, W.H., Petermann, F., Krauth, J., Tölke, J. & Köhler, T. (Hg.) (1986). Veränderungsmessung. *Diagnostika, 32* (1), Themenheft.

Tamura, P. (1963). On a modification of certain rank tests. *The Annals of Mathematical Statistics, 34*, 1101–1103.

Tate, M.W. & Brown, S.M. (1964). *Tables for comparing related-sample percentages and for the median test*. Philadelphia: University of Pennsylvania, Graduate School of Calculation.

Tate, M.W. & Brown, S.M. (1970). Note on the Cochran Q-test. *Journal of the American Statistical Association, 65*, 155–160.

Tate, M.W. & Clelland, R.C. (1957). *Nonparametric and short-cut statistics*. Danville, IL: Interstate Printers and Publishers.

Teichroew, D. (1956). Tables of expected values of order statistics and products of order statistics for samples of size twenty and less from the normal distribution. *The Annals of Mathematical Statistics, 27*, 410–426.

Terpstra, T.J. (1954). A nonparametric test for the problem of k samples. *Proceedings Koninklijke Nederlandse Akademie van Wetenschappen, A57*, 505–512.

Terry, M.E. (1952). Some rank order tests which are most powerful against specific parametric alternatives. *The Annals of Mathematical Statistics, 23*, 346–366.

Terry, M.E. (1960). An optimum replicated two-sample test using ranks. In I. Olkin et al. (Eds.), *Contributions to probability and statistics. Essays in honor of Harold Hotelling*, 444–447. Stanford: Stanford University Press.

Thomas, M. (1951). Some tests for randomness in plant populations. *Biometrika, 38*, 102–111.

Thompson, W.A. & Wilke, T.A. (1963). On an extreme rank sum test for outliers. *Biometrika, 50*, 375–383.

Thurstone, L.L. (1927). A law of comparative judgement. *Psychological Review, 34*, 273–286.

Torgerson, W.S. (1956). A nonparametric test of correlation using rank orders within subgroups. *Psychometrika, 21*, 145–152.

Torgerson, W.S. (1962). *Theory and methods of scaling*. New York: Wiley.

Tsao, C.K. (1954). An extension of Massey's distribution of the maximum deviation between two cumulative step functions. *The Annals of Mathematical Statistics, 25*, 687–702.

Tukey, J.W. (1959). A quick, compact two-sample test to Duckworth specifications. *Technometrics, 1*, 31–48.

Uleman, J.S. (1968). A nonparametric comparison of two small samples with many ties. *Psychological Bulletin, 70*, 794–797.

Ury, H.K. (1966). A note on taking a covariable into account. *Journal of the American Statistical Association, 61*, 490–495.

Vahle, H. & Tews, G. (1969). Wahrscheinlichkeiten einer χ^2-Verteilung. *Biometrische Zeitschrift, 11*, 175–202.

van der Waerden, B.L. (1952). Order tests for the two-sample problem and their power. *Proceedings Koninklijke Nederlandse Akademie van Wetenschappen, A55*, 453–458.

van der Waerden, B.L. (1953). Order tests for the two-sample problem and their power. *Proceedings Koninklijke Nederlandse Akademie van Wetenschappen, A56*, 303–316.

van der Waerden, B.L. (1971)[3]. *Mathematische Statistik*. Berlin: Springer.

van der Waerden, B.L. & Nievergelt, E. (1956). *Tafeln zum Vergleich zweier Stichproben mittels X-Test und Zeichentest*. Berlin: Springer.

van Eeden, C. (1963). The relation between Pitman's asymptotic relative efficiency of two tests and the correlation coefficient between their statistics. *The Annals of Mathematical Statistics, 34*, 1442–1451.

van Eeden, C. (1964). Note on the consistency of some distribution-free tests for dispersion. *Journal of the American Statistical Association, 59*, 105–119.

Verdooren, L.R. (1963). Extended tables of critical values for Wilcoxon's test statistic. *Biometrika, 50*, 177–186.

Victor, N. (1972). Zur Klassifikation mehrdimensionaler Kontingenztafeln. *Biometrics, 28*, 427–442.

Wald, A. & Wolfowitz, J. (1939). Confidence limits for continuous distribution functions. *The Annals of Mathematical Statistics, 10*, 105–118.

Wald, A. & Wolfowitz, J. (1943). An exact test for randomness in the nonparametric case based on serial correlation. *The Annals of Mathematical Statistics, 14*, 378–388.

Walker, H. & Lev, J. (1953). *Statistical inference*. New York: Holt.

Wall, K.-D. (1972). *Kombinatorische Analyse von Kontingenztafeln*. Berlin: Technische Universität, unv. Dr. ing. Diss.

Wall, K.-D. (1976). Ein Test auf Symmetrie in einer J-dimensionalen Kontingenztafel. *EDV in Medizin und Biologie, 7*, 57–64.

Wall, K.-D. & Lienert, G.A. (1976). A test for point-symmetry in J-dimensional contingency cubes. *Biometrical Journal, 18*, 259–264.

Wallis, W.A. (1952). Rough-and-ready statistical tests. *Industrial Quality Control, 8*, 35–40.

Wallis, W.A. & Moore, G.H. (1941). A significance test for time series analysis. *Journal of the American Statistical Association, 20*, 257–267.

Wallis, W.A. & Roberts, H.V. (1956). *Statistics – a new approach*. Glencoe, IL: Free Press.

Walsh, J.E. (1951). Some bounded significance level properties of the equal tail sign test. *The Annals of Mathematical Statistics, 22*, 408–417.

Walter, E. (1951). Über einige nichtparametrische Testverfahren. *Mitteilungsblatt für mathematische Statistik, 3*, 31–44, 73–92.

Wartmann, R. & Wette, R. (1952). Ein statistisches Problem in Theorie und Praxis. Teil 2. *Mitteilungsblatt für mathematische Statistik, 4*, 231–242.

Watson, G.S. (1969). Some problems in the statistics of directions. *Bulletin d'Institut International Statistique, 42*, 374–385.

Weber, E. (1964)[5] (1967)[6] (1972)[7] (1980)[8]. *Grundriß der biologischen Statistik*. Jena: VEB Gustav Fischer.

Weed, H. & Bradley, R.A. (1971). Sequential one-sample grouped signed rank tests for symmetry: Basic procedures. *Journal of the American Statistical Association, 66*, 321–326.

Weede, E. (1970). Zur Methodik der kausalen Abhängigkeitsanalyse (Pfadanalyse) in der nicht-experimentellen Forschung. *Kölner Zeitschrift für Soziologie und Sozialpsychologie, 22*, 532–550.

Wegener, L.H. (1956). Properties of some two-sample tests based on a particular measure of discrepancy. *The Annals of Mathematical Statistics, 27*, 1006–1016.

Weichselberger, K. (1964). Über die Theorie der gleitenden Durchschnitte und verschiedene Anwendungen dieser Theorie. *Metrika, 8*, 185–230.

Wetherill, G.B. (1975)[2]. *Sequential methods in statistics*. London: Methuen.

Wette, R. (1953). Das Ergebnis-Folge-Verfahren. *Zeitschrift für Naturforschung, B8*, 698-700.

Wheeler, S. & Watson, G.S. (1964). A distribution-free two sample test on a circle. *Biometrika, 51*, 256–257.

Whitfield, J.W. (1947). Rank correlation between two variables, one of which is ranked, the other dichotomous. *Biometrika, 34*, 292–296.

Whitfield, J.W. (1949). Intra-class rank correlation. *Biometrika, 36*, 463–465.

Whitfield, J.W. (1954). The distribution of the difference in total rank value for two particular objects in m rankings of n objects. *British Journal of Mathematical and Statistical Psychology, 7*, 45–49.

Whitney, D.R. (1951). A bivariate extension of the U-statistics. *The Annals of Mathematical Statistics, 22*, 274–282.

Wilcoxon, F. (1945). Individual comparisons by ranking methods. *Biometrics, 1*, 80–83.

Wilcoxon, F. (1947). Probability tables for individual comparisons by ranking methods. *Biometrics, 3*, 119–122.

Wilcoxon, F., Katti, S.K. & Wilcox, R.A. (1963). *Critical values and probability levels for the Wilcoxon rank sum test and the Wilcoxon signed rank test*. New York: Cynamid Co.

Wilcoxon, F. & Wilcox, R.A. (1964). *Some rapid approximate statistical procedures*. Pearl River, NY: Lederle Laboratories.

Wilkinson, B. (1951). A statistical consideration in psychological research. *Psychological Bulletin, 48*, 156–158.

Williams, C.A. (1950). On the choice of the number and width of classes for the chi-square test of goodness of fit. *Journal of the American Statistical Association, 45*, 77–86.

Wilson, E.B. & Hilferty, M.M. (1931). The distribution of chi-square. *Proceedings of the National Academy of Sciences, 17*, 684–688.

Winer, B.J. (1962)[1] (1971)[2]. *Statistical principles in experimental design*. New York: McGraw-Hill.

Witting, H. (1960). A generalized Pitman efficiency for nonparametric tests. *The Annals of Mathematical Statistics, 31*, 405–414.

Wise, M.E. (1963). Multinomial probabilities and the χ^2-distribution. *Biometrika, 50*, 145–154.

Wohlzogen, F.X. & Scheiber, V. (1970). Sequentialtests mit gruppierten Stichproben. In *Vorträge der II. Ungarischen Biometrischen Konferenz*, 271–276. Budapest: Akademaia Kaido.

Yamane, T. (1967)[2]. *Statistics – an introductory analysis*. New York: Harper & Row.

Yamane, T. (1976). *Statistik*. Frankfurt: Fischer.

Yates, F. (1934). Contingency tables involving small numbers and the χ^2-test. *Journal of the Royal Statistical Society, Supplement, 1*, 217–235.

Yeomans, K.A. (1968). *Applied Statistics*. Middlesex: Penguin.

Youden, W.J. (1937). Use of incomplete block replications in estimating tobacco mosaic virus. *Contributions of the Boyce Thompson Institute, 9*, 41–48.

Youden, W.J. (1963). Ranking laboratories by round-robin tests. *Materials Research and Standards, 3*, 9–13.

Youden, W.J. & Hunter, J.S. (1955). Partially replicated Latin squares. *Biometrics, 11*, 309–405.

Yule, G.U. (1912). On the methods of measuring associations between two attributes. *Journal of the Royal Statistical Society, 75*, 579–652.

Yule, G.U. & Kendall, M.G. (1950). *An introduction to the theory of statistics.* London: Griffin.

Zelen, M. (1969). Play-the-winner rule and the controlled trial. *Journal of the American Statistical Association, 64*, 134–146.

Zerbe, G.O. (1979). Randomization analysis of the completely randomized block design extended to growth and response curves. *Journal of the American Statistical Association, 74*, 653–657.

Zielke, M. (1980). Darstellung und Vergleich von Verfahren zur individuellen Veränderungsmessung. *Psychologische Beiträge, 22*, 592–609.

Zimmermann, H. & Rahlfs, V.W. (1978). Testing hypotheses in the two-period change-over with binary data. *Biometrical Journal, 20*, 133–141.

Zschommler, G.H. (1968). *Biometrisches Wörterbuch, Band 1+2.* Berlin (DDR): VEB Deutscher Landwirtschaftsverlag.

Zwingmann, C. (Hg.) (1965). *Selbstvernichtung.* Frankfurt: Akademische Verlagsbuchhandlung.

Namenverzeichnis

Kursive Seitenzahlen weisen auf das Literaturverzeichnis hin

Sachverzeichnis